# Internationale Mergers & Acquisitions

Kai Lucks • Reinhard Meckl

# Internationale Mergers & Acquisitions

## Der prozessorientierte Ansatz

2., überarbeitete Auflage

Springer Gabler

Kai Lucks
MMI Merger Management Institut
München
Deutschland

Reinhard Meckl
Universität Bayreuth
Bayreuth
Deutschland



ISBN 978-3-662-46895-1
ISBN 978-3-662-46896-8 (eBook)
DOI 10.1007/978-3-662-46896-8

Die Deutsche Nationalbibliothek verzeichnet diese Publikation in der Deutschen Nationalbibliografie; detaillierte bibliografische Daten sind im Internet über http://dnb.d-nb.de abrufbar.

Springer Gabler


*Lektorat:* Stefanie A. Winter, Wiesbaden

Gedruckt auf säurefreiem und chlorfrei gebleichtem Papier

Springer Berlin Heidelberg ist Teil der Fachverlagsgruppe Springer Science+Business Media
(www.springer.com)

# Vorwort

Die erste Auflage dieses Buchs, die in 2002 erschien, wurde noch unter dem Eindruck der geplatzten Internetblase und der daraus resultierenden Vernichtung großer Vermögenswerte durch strategisch falsche und operativ unzureichend durchgeführte Mergers & Acquisitions (M&A) geschrieben. Inzwischen haben wir, auch aus M&A-Sicht, weitere Krisen hinter uns bringen müssen. Im Zuge der Subprime-Krise in den USA, die sich schnell zu einer Finanzmarkt- und Wirtschaftskrise in wichtigen Industrieländern ausbreitete, gingen M&A, gerade auch Cross-Border-Transaktionen, drastisch zurück. Die immer noch schwelende Euro-Staatsschuldenkrise belastet im Euro-Raum nach wie vor die Kapitalmärkte und auch die M&A-Pläne.

Andererseits steht diesen Krisenphänomenen eine, wenn auch mit Unterbrechungen, stabile globale wirtschaftliche Aufwärtsbewegung gegenüber, zu der auch die nun schon seit einigen Jahren anhaltende positive Entwicklung in Deutschland beiträgt. Im Zuge dieser positiven Grundtendenz hat sich M&A in den letzten 10 Jahren trotz der Dot.com- als auch der Subprime-Krise zu einem wichtigen strategischen Instrument und als finanzielles Investitionsvehikel weiter etabliert und ist im Vergleich zu 2002 in seiner Bedeutung nochmal deutlich angewachsen. Der sehr starke M&A-Markt 2014 zeigt, dass dieses Potenzial noch nicht ausgereizt ist und M&A wohl auch in Zukunft eine maßgebliche, wahrscheinlich noch steigende Bedeutung sowohl für strategische als auch für Finanzinvestoren spielen wird.

Umso wichtiger ist die Bewältigung von M&A in der Management-Umsetzung. Die Komplexität solcher Projekte verlangt nach einer dezidierten und professionellen Projektführung. Vor diesem Hintergrund stellt sich dieses Buch die Aufgabe, ein Projektführungsmodell für M&A vorzustellen, das geeignet ist, von der Zielentwicklung für ein M&A-Projekt bis zur Umsetzung des Zieles Durchgängigkeit und Konsistenz zu gewährleisten.

Wie in der ersten Auflage auch, orientieren wir uns wieder konsequent an der M&A-Prozessidee. Ein M&A-Projekt wird definiert als eine Abfolge spezifischer Arbeitspakete („Working Packages"), die nach ihren inhaltlichen Schwerpunkten im Rahmen von Teilprozessen angeordnet und abgearbeitet werden. Der Gesamtprozess wird dabei in die Phasen Planung/Transaktion/Integration gegliedert. Grundlage dazu ist die Erfahrung, die

die Autoren in zahlreichen Industrieprojekten, in der Entwicklung grundsätzlicher Projektführungsverfahren für M&A und der Spiegelung an wissenschaftlichen Erkenntnissen gewonnen haben.

Die Praxis zeigt, dass ein solches prozessuales Führungsmodell nur ein Rahmen sein kann, der auf die einzelne Situation des Unternehmens, seiner Umwelt und der speziellen Situation des Projektes anzupassen ist. Allerdings bietet die Orientierung an unserem prozessualen Rahmenmodell die Chance, die vielen heterogenen und komplexen Arbeitspakete logisch zu ordnen und konsistent abzuarbeiten. Durchgängigkeit erzeugt Konsistenz, macht persönliche Verantwortungen fest und erlaubt Lernen im Prozess. Und schließlich erlaubt eine konsequente Prozesssicht und die logische Aufreihung und Verknüpfung der einzelnen Aufgabenpakete eine scheinbar unübersehbare Vielfalt von Themen in einer Gesamtordnung zu sehen. Dies ist die „Philosophie“ dieses Buches.

Neben den Empfehlungen zur logischen Strukturierung des M&A-Projektes zeigen wir auf Ebene der Arbeitspakete auch konkrete Instrumente und Methoden, die sich bei der Abarbeitung der einzelnen „Working Packages“ anwenden lassen. Hier greifen wir auf eigene Erfahrungen, auf Informationen aus unseren intensiven Diskussionen mit Mitgliedern der M&A-Community und auch auf die inzwischen durchaus bemerkenswerte Literatur zu M&A zurück.

Die Strukturierungsempfehlungen und die Instrumente werden zu einem Integralen M&A-Management zusammengeführt, so dass idealerweise ein detaillierter Leitfaden für den M&A-Manager entsteht, der (hoffentlich) die Wahrscheinlichkeit, dass ein solches Projekt erfolgreich sein wird, deutlich erhöht.

Mit diesen Zielen vor Augen haben wir das Buch folgendermaßen gegliedert. Im Kap. 1 wird über Daten und Statistiken die historische und aktuelle Situation des „Market for Corporate Control“ gezeigt. Auf Basis praktischer und theoretischer Überlegungen werden Ziele von M&A abgeleitet und der Erfolg von M&A definiert. Kapitel 2 betrachtet die institutionellen Differenzierungen in Zusammenhang mit M&A, insbesondere die Formen von M&A und die Beteiligten am Prozess werden hier vorgestellt. Kapitel 3 legt die prozessualen Grundlagen mit der Entwicklung eines M&A-Prozessmodells. Dieses Modell wird, differenziert nach Kernprozessen (Kap. 4) und Unterstützungsprozessen (Kap. 5) in den folgenden Kapiteln abgearbeitet. Die vielen Einzelbetrachtungen und – empfehlungen werden in Kap. 6 im Rahmen der Konzeption eines „Integralen M&A-Managements“ zusammengeführt. Einem besonderen, weil aktuell und in Zukunft wohl wichtigen Aspekt, widmet sich Kap. 7 mit der Betrachtung ausgewählter Emerging Markets aus M&A-Sicht.

Mit dieser Zielsetzung und mit diesem Aufbau können von den Ausführungen vor allem Leser profitieren, die sich einen Überblick über den Gesamtprozess und seine vielen Interdependenzen, gepaart mit konkreten Handlungsempfehlungen verschaffen wollen. Dies können Mitglieder des Managements eines Unternehmens, die ein M&A-Projekt führen sollen, genauso sein wie Spezialisten eines Teilprozesses innerhalb von M&A, die ihren Blick für das Ganze schärfen wollen. Auch M&A-Dienstleister, die über ihren Schwerpunkt hinaus ein typisches Gesamtprozessmanagement im Blick haben wollen, können von der Lektüre profitieren. Studenten gibt die „Ordnung“ die Möglichkeit, sich in die Zusammenhänge von M&A strukturiert einzuarbeiten und die einzelnen Arbeitsschritte zu verstehen.

Dieses Buch wäre ohne vielfältige Unterstützung nicht zustande gekommen. Ein besonderer Dank geht an die vielen Gesprächspartner, z. B. aus dem Arbeitskreis M&A der Schmalenbach-Gesellschaft, von deren Erfahrungen wir in den langen Diskussionen profitieren konnten. Gleiches gilt für die Teilnehmer der vielen Konferenzen und Workshops, die wir in unserer Funktion als Mitglieder des Vorstands des Bundesverbandes M&A mit organisieren durften. Die technische Umsetzung wurde mit großem Engagement und ausgezeichneter Expertise von Anja Faulde übernommen. Herzlichen Dank dafür. Bei Stefanie Winter, Springer Verlag, bedanken wir uns für die angenehme Zusammenarbeit.

Wir würden uns freuen, wenn uns möglichst viele Leser Anmerkungen und Anregungen zu dem Buch mitteilen würden:

kai.lucks@merger-mi.de reinhard.meckl@uni-bayreuth.de
München und Bayreuth im Februar 2015 Kai Lucks, Reinhard Meckl

# Inhaltsverzeichnis

# Über die Autoren

**Prof. Dr.-Ing. Kai Lucks** ist Honorarprofessor für Mergers & Acquisitions an der technischen Hochschule Ingolstadt, Geschäftsführer des MMI Merger Management Instituts, Lehrbeauftragter für M&A am Jur Grad der Universität Münster, Gründer und Vorsitzender des Bundesverbandes Mergers & Acquisitions und Ehrenmitglied der AMAA American M&A Advisors Association. Prof. Lucks war 35 Jahre bei Siemens und seinen Beteiligungsgesellschaften tätig. Die hier gewonnene Erfahrung im Management für internationale Großprojekte konnte er in die Führung von M&A einbringen. Er ist der Vater des Siemens-Ansatzes für M&A Integrationsmanagement. In seiner Karriere war er an der Integration von über 1500 Gesellschaften beteiligt. An den größten Übernahmen der Siemens AG zeigte sich Kai Lucks seinerzeit als Projektleiter oder Mitglied des Steering Committees verantwortlich. Auf ihn geht der prozessorientierte Ansatz für M&A-Projektmanagement zurück. Er ist Autor und Herausgeber mehrerer Bücher über M&A-Management und trug mit zahlreichen Artikeln zur Weiterentwicklung des M&A-Managements bei.

**Prof. Dr. Reinhard Meckl** ist Inhaber des Lehrstuhls für Internationales Management an der Universität Bayreuth. Er ist Mitglied des Vorstands des Bundesverbandes M&A und Leiter des Arbeitskreises M&A der Schmalenbach-Gesellschaft für Betriebswirtschaft e. V., Köln. Des Weiteren ist er Direktor des bayerischen Hochschulzentrums für China und Gastprofessor am Beijing Institute for Technology. Vor seiner Tätigkeit in Bayreuth war er Ordinarius an der Friedrich Schiller Universität Jena und in der Strategieabteilung eines internationalen Großunternehmens tätig. Reinhard Meckl forscht vorwiegend im Bereich Internationale Mergers & Acquisitions und wertorientierte internationale Unternehmensführung. Zu diesen und anderen Themen hat er einige Bücher und zahlreiche Artikel veröffentlicht.

# Abbildungsverzeichnis

# Tabellenverzeichnis

# Gesamt- und einzelwirtschaftliche Bedeutung von Mergers & Acquisitions (M&A)

# 1

## 1.1 Der M&A-Markt

### 1.1.1 Historische Entwicklung und aktuelle Situation des M&A-Marktes

Es vergeht kaum ein Tag, an dem in der Wirtschaftspresse nicht über eine neue spektakuläre Akquisition oder Fusion, meistens unter Beteiligung von Unternehmen aus verschiedenen Ländern, berichtet wird. Die Übernahme von WhatsApp durch facebook für ca. 22 Mrd. USD oder der Kauf der Customer Care-Sparte von Merk & Co. durch die Bayer AG für ca. 14,2 Mrd. USD sind nur zwei Beispiele für „Mega-Deals“ im Jahr 2014, die eindrucksvoll die Relevanz des Phänomens Unternehmensübernahmen für die Entwicklung ganzer Branchen auf internationaler Ebene zeigen.

Diese großen Transaktionen sind jedoch nur die Spitze des Eisbergs. Sieht man sich die Statistiken insbesondere in historischer Perspektive an, so wird schnell deutlich, dass Mergers & Acquisitions (M&A) über einen längeren Zeitraum einen markanten Aufschwung im Beliebtheitsgrad bei Managern und Eigentümern verzeichnen konnten und dies trotz erheblicher Unsicherheiten im Umfeld der Unternehmen. Abbildung 1.1 zeigt die Entwicklung seit Ende des 19. Jahrhunderts in den USA und listet die auslösenden Faktoren und Treiber auf (vgl. im Detail Müller-Stewens, 2010).

Bei der historischen Betrachtung wird der starke Bedeutungszuwachs deutlich. M&A können hier als Wellenphänomen gesehen werden, die maßgeblich zum Wandel und zur Restrukturierung von Industrien und ganzen Volkswirtschaften beigetragen haben.

Die M&A-Wellen machen aber auch deutlich, dass M&A auf Unsicherheiten im Umfeld, seien sie ökonomisch oder politisch bedingt, sehr sensibel reagieren. Die Hypotheken- und anschließende Finanzkrise in den USA und den westlichen Industrieländern hat zu einem regelrechten Einbruch der M&A-Aktivitäten in 2008 geführt. Von dieser Krise und auch den Auswirkungen der Eurostaatsschuldenkrise hat sich gerade der M&A-Markt in Europa immer noch nicht ganz erholt und erst in 2014 zeigt sich, eingeleitet durch



K. Lucks, R. Meckl, *Internationale Mergers & Acquisitions*,
DOI 10.1007/978-3-662-46896-8_1

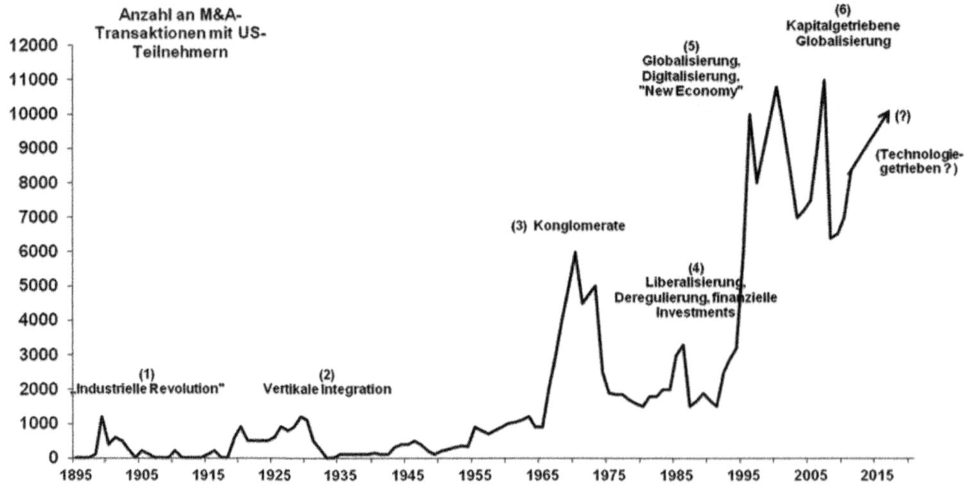


**Abb. 1.1** Die historischen M&A-Wellen. (Quelle: in Anlehnung an Müller-Stewens, 2010, S. 16, Daten ab 2011 auf Grundlage von ZEPHYR Database)

einige große Deals, ein neuer Aufschwung bei M&A-Aktivitäten auch in Europa ab, der in eine neue Welle münden könnte (vgl. Abb. 1.2).

Wichtig ist auch zu sehen, dass die großen Transaktionen, wie der oben erwähnte Deal von Bayer, zu einem guten Teil grenzüberschreitend stattfinden. Abbildung 1.3 zeigt den Anteil der Cross-Border-M&A.

Abbildung 1.3 macht deutlich, dass der Kauf von ausländischen Unternehmen inzwischen ungefähr ein Drittel der gesamten Transaktionen darstellt und der Eintritt in einen ausländischen Markt durch Übernahme eines einheimischen Unternehmens eine häufig gewählte Strategie ist.

Die erhebliche volks- und weltwirtschaftliche Bedeutung solcher Transaktionen wird deutlich, wenn man sich den Anteil von M&A an den gesamten ausländischen Direktinvestitionen vor Augen führt. In 2012 wurde etwa ein Drittel des Volumens ausländischer Direktinvestitionen, also ca. 300 Mrd. USD, in Form von M&A-Transaktionen getätigt (vgl. United Nations Conference on Trade and Development, 2013, S. 7–8). Aus gesamtwirtschaftlicher Sicht sind Unternehmenszusammenschlüsse und –käufe nichts anderes als eine Reallokation von Ressourcen über einen Markt, auf dem Unternehmen gekauft und verkauft werden. Dieser „Markt für Unternehmenskontrolle", unterstellt man die These der Überlegenheit des Marktmechanismus, sorgt für eine effiziente Allokation von Ressourcen. Entscheidungs- und Verfügungsrechte über Kapital und Humanressourcen in Unternehmen werden auf eine effizienzerhöhende Art und Weise umverteilt, da Unternehmenskäufe bzw. -verkäufe bei rational handelnden Beteiligten dort positioniert werden, wo sie den höchsten Gesamtnutzen erwirtschaften.

Es bleibt festzuhalten, dass M&A generell, aber vor allem auch internationale Übernahmen und Fusionen im Zuge der stärkeren Verflechtung der Volkswirtschaften und der

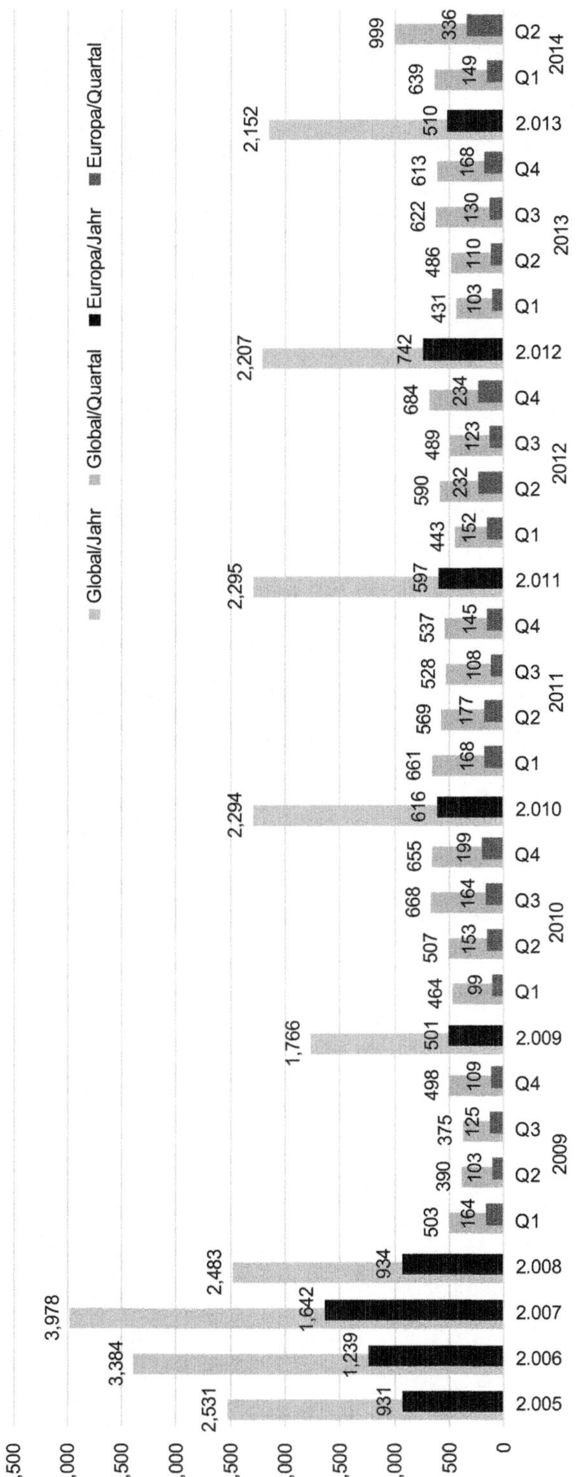


**Abb. 1.2** Wert aller M&A-Transaktionen weltweit von 2005–2013. (Quelle: Maurer & Pachta, 2015, S. 162)

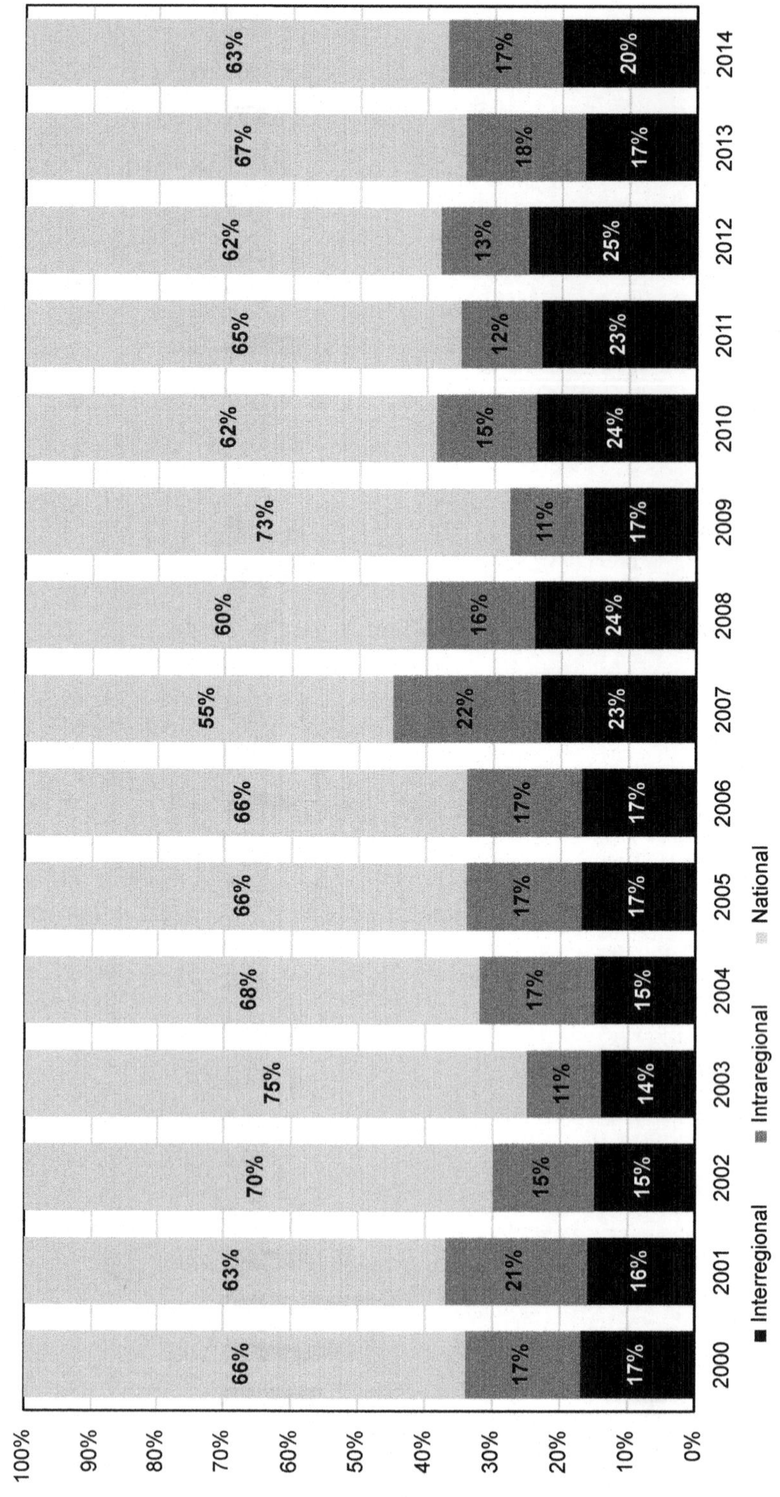


**Abb. 1.3** Anteil der grenzüberschreitenden M&A-Transaktionen. (Quelle: Maurer & Pachta, 2015, S. 163)

Konzentrationstendenzen in vielen Branchen zu einer häufig eingesetzten strategischen Option nicht nur für Großunternehmen geworden sind. M&A sind damit ein wichtiger Erfolgsfaktor und eine wettbewerbsbeeinflussende Variable. Wie bei anderen erfolgsrelevanten Faktoren auch, muss ein effizientes Management von M&A-Transaktionen sicherstellen, dass diese strategische Option für die Unternehmen zu einer Verbesserung der Wettbewerbsposition und insgesamt zu einer Werterhöhung führt. Dieses Buch gibt im Folgenden Empfehlungen, wie ein effizientes Management von M&A aussehen sollte.

### 1.1.2 Definition und Inhalte der wesentlichen Begriffe

Für Mergers & Acquisitions (M&A), ein aus dem angelsächsischen Sprachraum übernommener Begriff, hat sich eine allgemeingültige Definition in der Literatur noch nicht durchgesetzt. Im weiteren Sinne werden mit M&A alle Vorgänge beschrieben, die mit dem Erwerb oder der Veräußerung von Unternehmen bzw. Unternehmensteilen zusammenhängen. Konstitutives Merkmal von M&A ist die Änderung der Eigentumsverhältnisse am Eigenkapital von Unternehmen bzw. Unternehmensteilen. Im Deutschen stehen dem Begriff M&A die unterschiedlichsten Terminologien gegenüber. So spricht man von Unternehmenstransaktion, -zusammenschluss, -übernahme und –erwerb bzw. –verkauf oder –desinvestition. Die direkte deutsche Übersetzung wäre Fusionen und Akquisitionen (vgl. dazu auch Meckl & Weusthoff, 2008, S. 578–579).

Die Abgrenzung zwischen Akquisition und Fusion kann anhand des Eingriffs in die Selbstständigkeit der Partner vorgenommen werden. Eine Fusion (Merger) ist demnach der Zusammenschluss zweier oder mehrerer bis dahin rechtlich und wirtschaftlich selbstständiger Unternehmen, wobei mindestens ein beteiligtes Unternehmen seine rechtliche Selbstständigkeit verliert (vgl. Coenenberg & Schultze, 2011, S. 354). Bei Fusionen werden zwei Formen unterschieden. Das „Aufgehen eines Unternehmens" ist dadurch charakterisiert, dass ein bisher selbstständiges Unternehmen sein Vermögen auf den Partner überträgt und in diesen integriert wird, wobei es gleichzeitig seine bisherige rechtliche und wirtschaftliche Selbstständigkeit verliert. Bei der klassischen Fusion durch Neugründung dagegen wird von den Partnern eine neue organisatorische Einheit geschaffen, so dass die einzelnen Unternehmen nach der Übertragung des Vermögens auf die neue Einheit erlöschen.

Unter einer Akquisition wird der Erwerb von Unternehmen bzw. Unternehmensteilen verstanden, der entweder durch die Übertragung von Gesellschaftsanteilen (Share Deal) oder durch die Übertragung aller oder bestimmter Wirtschaftsgüter und Verbindlichkeiten eines Unternehmens (Asset Deal) oder durch die Kombination von beiden erfolgt (vgl. auch Abschn. 4.2.5.2). Darunter werden sowohl Mehrheits- als auch Minderheitsbeteiligungen zusammengefasst. Bei einer Akquisition kann davon ausgegangen werden, dass die wirtschaftliche Selbstständigkeit eingeschränkt oder vollkommen aufgegeben wird.

Die rechtliche Selbstständigkeit der beiden Partner kann aber durchaus bestehen bleiben (vgl. Coenenberg & Schultze, 2011, S. 353–354).

Aus Managementsicht ist wichtig festzuhalten, dass es sich sowohl bei der Akquisition als auch bei der Fusion um eine strategische Maßnahme handelt, die einen Einfluss auf die Unternehmenspolitik ermöglicht. Deshalb erscheint es für das hier verfolgte Ziel sinnvoll, M&A als Oberbegriff für Transaktionen zu verwenden, die durch den Übergang von Leitungs- und Kontrollbefugnissen an Unternehmen auf andere Unternehmen gekennzeichnet sind. Die Trennung von Fusion und Akquisition nach der juristischen Begrifflichkeit wird im Folgenden nur dann vorgenommen, wenn sich für den M&A-Prozess relevante Unterschiede ergeben. Minderheitsbeteiligungen erlauben zwar in Einzelfällen auch die Einflussnahme auf die Geschäftspolitik. Um aber auch aus didaktischer Sicht Klarheit zu schaffen, wird hier grundsätzlich vor dem Hintergrund einer kompletten Übernahme des Zielunternehmens argumentiert und nur an einigen relevanten Stellen auf die Besonderheiten einer Beteiligung von weniger als 100 % eingegangen.

Für M&A-Transaktionen wird also unterstellt, dass sie zum einen strategische Absichten verfolgen, die durch Eingriffe in das Management des/der Zielunternehmen(s) verwirklicht werden sollen und zum anderen mit einer Kapitalbeteiligung verbunden sind. Dazu zählen neben den klassischen strategischen Investoren, also normalerweise Unternehmen aus der gleichen Branche, auch Private Equity Investoren, die regelmäßig in die strategische und operative Führung des gekauften Unternehmens eingreifen, um die beabsichtigte Wertsteigerung zu erreichen (vgl. im Detail Abschn. 2.1.3.2). Bei Beteiligungen, die ohne strategische oder Kontrollabsicht erfolgen, handelt es sich um reine Finanzinvestitionen. Diese Art von Transaktionen wird hier nicht zu M&A-Aktivitäten gezählt, da sie die oben geforderte Bedingung der strategischen Ausrichtung und des Kontrollmotivs nicht erfüllen.

Normalerweise folgt der Transaktion die Integration von Unternehmensteilen. Damit heben sich M&A-Projekte von strategischen Allianzen ab, die nach gängiger Meinung in der Literatur nicht zwangsläufig eine Eigenkapitalfundierung benötigen.

Ein Joint Venture ist eine Kooperationsform zwischen zwei oder mehreren Unternehmen, die durch die Auskopplung bestehender Kapazitäten, durch einen gemeinsamen Unternehmenserwerb oder, wie in den meisten Fällen, durch die Neugründung eines Unternehmens zu einer von den Muttergesellschaften organisatorisch losgelösten Einheit führen (vgl. Büchel, Prange, Probst, & Rüling, 1997, S. 14; Pieper, 1992, S. 190–191). Häufiges Kennzeichen von Joint Ventures ist, dass neben der reinen Kapitalbeteiligung weitere Produktionsfaktoren eingebracht werden (Know-how, Patente, mitunter ganze Unternehmensteile). Joint Ventures haben den Vorteil, dass die originären Partnerunternehmen in ihrer unternehmerischen Selbstständigkeit nicht eingeschränkt sind, sondern dass sich der Einfluss des Partners nur auf die neu entstandene Einheit bezieht. Gleichzeitig kann die Zusammenarbeit gezielt an einzelnen Wertschöpfungsstufen oder Unternehmensbereichen angesetzt werden. Allerdings sind Joint Ventures was das Zustandekommen und vor allem die Führung betrifft, aus Managementsicht gänzlich anders zu sehen als M&A. Dies zeigt auch der beträchtliche Literaturfundus speziell zu dieser Form der

Unternehmenskooperation mit Kapitalbeteiligung (vgl. z. B. Fett & Spiering, 2010). Aus diesem Grund werden im Folgenden Joint Ventures nicht weiter berücksichtigt.

### 1.1.3 Theoriebasierte Erklärung und Ziele von M&A

Im Folgenden werden Theorien zur Erklärung von M&A beschrieben und daraus jeweils Ziele für solche Transaktionen abgeleitet.

Aus theoretischer Sicht kann der Kauf und Verkauf von Unternehmen bzw. Unternehmensteilen als Marktbeziehung interpretiert werden. Die Anbieterseite wird gebildet von verkaufswilligen Eigentümern, die ganze Unternehmen oder Unternehmensteile zum Kauf anbieten. Die Nachfrageseite setzt sich aus strategischen Investoren oder Finanzinvestoren zusammen (vgl. dazu auch Abschn. 2.1.3) die solche Investitionsmöglichkeiten suchen. Allerdings handelt es sich hier nicht um einen Massenmarkt, sondern um ein hochspezifisches und auch komplexes „Gut", das angeboten bzw. nachgefragt wird. Für die Erklärung der Existenz solcher Märkte und ihrer Mechanismen darauf gibt es eine Reihe von Theorien, von denen die wichtigsten im Folgenden kurz geschildert werden (vgl. allg. zu M&A-relevanten Theorien Hettich, 2014).

**Institutionenökonomische Ansätze** Der Transaktionskostenansatz
Das grundsätzliche Ziel von institutionenökonomischen Ansätzen besteht in der Erklärung von Organisationsformen in Ökonomien (vgl. für Details dazu z. B. Erlei, Leschke, & Sauerland, 2007). Die Existenz und die Gestalt von Unternehmen werden in diesem Zusammenhang insbesondere durch transaktionskostentheoretische Überlegungen erklärt. Williamson argumentiert, dass die zwei wesentlichen Koordinationsmechanismen in einer Ökonomie durch Marktbeziehungen oder Beziehungen in einer Hierarchie, wie z. B. in einem Unternehmen, gekennzeichnet sind (zu den Grundlagen der Transaktionskostentheorie vgl. z. B. Williamson, 1975). Welcher Mechanismus gewählt wird, hängt von Transaktionskostenüberlegungen ab. Transaktionskosten des Marktes werden gebildet von Anbahnungs-, Informations-, Vereinbarungs-, Kontroll-, Durchsetzungs- und Anpassungskosten einer Transaktion (vgl. z. B. Wirtz, 2014, S. 25–29), die definiert ist als Austausch von ökonomischen Gütern und Leistungen. Transaktionskosten der internen Leistungserstellung werden im Wesentlichen gebildet von Koordinationsaufwand und Kosten durch opportunistisches Verhalten aufgrund des fehlenden Wettbewerbs. Ist die ausgetauschte Leistung standardisierbar und wenig spezifisch, so überwiegen die effizienzsteigernden Effekte über einen Markt. Bei hochspezifischen Gütern, die im Extremfall nur von einem Nachfrager verwendet werden können, bietet es sich aus Transaktionskostensicht eher an, die Leistung innerhalb der eigenen Hierarchie, also im Unternehmen, zu erstellen. Hinter dieser Überlegung steht die „Make-or-Buy-Entscheidung", letztendlich also die optimale Wertschöpfungstiefe des Unternehmens (vgl. dazu im Detail Bausch, 2003, S. 128–138). Übertragen auf die M&A-Überlegungen, können insbesondere vertikale M&A-Deals erklärt werden. Die transaktionskostengetriebene Entscheidung eine Leistung selbst zu er-

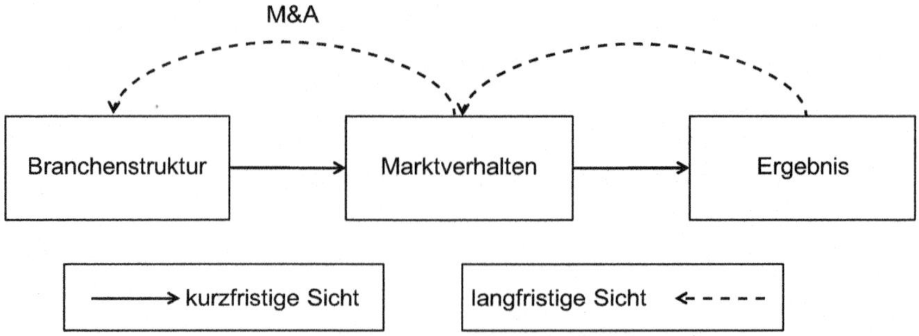


**Abb. 1.4** Das Structure-Conduct-Performance-Paradigma. (adaptiert aus Sudarsanam, 2010, S. 54)

stellen führt zur Akquisition eines Zulieferers oder eines nachgelagerten Händlers.

Formuliert man diesen Erklärungszusammenhang als Ziel, so sollen mit dem Kauf/ Verkauf von Unternehmen bzw. Unternehmensteilen eine optimale Positionierung auf der Wertschöpfungskette erreicht werden. Diese optimale Positionierung unterstützt das Erreichen von Wettbewerbsvorteilen, die im Zentrum der industrieökonomischen Ansätze stehen.

**Industrie ökonomische Ansätze:** Der „Market-Based View"
Diese Ansätze verwenden die möglichen Verbesserungen der Wettbewerbsposition eines Unternehmens auf bearbeiteten Produkt- oder Regionalmärkten durch M&A als Erklärungsgrund für solche Transaktionen. Das klassische Structure-Conduct-Performance-Modell erweist sich als geeigneter Argumentationsrahmen (vgl. Abb. 1.4).

Die Struktur innerhalb einer Branche, z. B. was Anzahl der Wettbewerber oder den rechtlichen Rahmen betrifft, führt zu einem (normalerweise gewinnmaximierenden) Verhalten („Conduct") durch die Unternehmen was letztendlich den Erfolg („Performance") des Unternehmens determiniert. Allerdings gibt es auch Wirkungen in die andere Richtung, insbesondere bei einer längerfristigen Betrachtung. Vor allem M&A-Verhalten der Unternehmen kann die Industriestruktur verändern und entsprechende Konsequenzen auf die Performance haben. Durch diesen Zusammenhang können auch kartellrechtliche Beschränkungen gerechtfertigt werden. Triebfeder einer solchen M&A-induzierten Veränderung der Branchenstruktur sind vor allem Größenvorteile. Die Akquisition eines anderen Unternehmens führt zu Größenzunahme, die dem Käufer erlaubt

- Kostendegressionseffekte zu realisieren: Eine größere Leistungsmenge führt zu einer höheren Auslastung der Kapazitäten in den einzelnen Wertschöpfungsstufen und damit zu einer besseren Fixkostenabdeckung;
- Verbundeffekte zu nutzen: eine integrierte Leistungserstellungsstruktur mehrerer Produkte ermöglicht die kostensenkende Nutzung von gemeinsamen Strukturen;

- Marktmacht auszuspielen: Eine größere Absatz- und vor allem Nachfragemenge auf den Zuliefermärkten bietet eine stärkere Verhandlungsposition gegenüber Kunden und Zulieferern;
- Wettbewerber abzuschrecken: Hochkonzentrierte Wettbewerbskonstellationen in einer Branche schrecken potenzielle neue Wettbewerber, die in den Markt eintreten wollen, ab.

Mit industrieökonomischen Überlegungen können damit insbesondere horizontale Akquisitionen erklärt werden, welche die Wettbewerbsposition auf den Produkt- oder regionalen Märkten verbessern sollen (vgl. dazu auch Abschn. 4.1.2 zur Entwicklung einer Basisstrategie von M&A und die dazugehörigen strategischen Gründe).

Eine in den vergangenen Jahren für nahezu alle, insbesondere aber für internationale Märkte geltende Veränderung besteht in der teilweise erheblichen Verschärfung der Wettbewerbsintensität, die eine solche Verbesserung als dringend notwendig erscheinen lässt. Eine Ursache dafür liegt in der Globalisierung von Märkten. Insbesondere in den Industrieländern ist in vielen Bereichen eine zunehmende Konvergenz von technischen Normen, Bedürfnisstrukturen und Konsumentengewohnheiten zu beobachten, die es Unternehmen ermöglicht, standardisierte Produkte in kostengünstiger Massenproduktion weltweit zu vermarkten. Die Deregulierung und Liberalisierung wichtiger Infrastrukturmärkte und der durch die WTO vorangetriebene Abbau von Handelsbeschränkungen tarifärer und nichttarifärer Art senken immer mehr die Eintrittsbarrieren in bisher national geschützte Märkte, so dass die internationale Expansion einfacher wird für Unternehmen und sich damit der Wettbewerbsdruck in den nationalen Märkten erhöht. Das aktuell zur Diskussion stehende Freihandelsabkommen zwischen den USA und Europa (TTIP) wäre ein weiterer wettbewerbsstärkender Punkt. Der daraus resultierende verstärkte Preiswettbewerb führt zu erhöhtem Konsolidierungsdruck in diesen Branchen, was sich in gehäuften M&A-Aktivitäten niederschlägt (vgl. Meckl, 2001, S. 15–16; zu den Gefahren einer zunehmenden Konzentration durch Fusionen vgl. Ghemawat & Ghadar, 2001). Hinzu kommt, dass zunehmend kostengünstige Konkurrenten aus Schwellenländern als Wettbewerber auf den internationalen Märkten auftreten (vgl. Kap. 7). Ziel von M&A aus dieser Erklärungssicht ist es, durch die Größenvorteile die eigene Wettbewerbsfähigkeit zu erhöhen.

Obwohl deutliche Globalisierungstendenzen zu erkennen sind, bestehen zwischen vielen Ländern große Unterschiede hinsichtlich der wirtschaftlichen, rechtlichen, politischen und kulturellen Rahmenbedingungen, die eine weitgehende Anpassung an lokale Gegebenheiten notwendig machen. Trotz Globalisierung ist es deshalb nötig, eine regionale Marktpräsenz aufzubauen, um einen hohen Service für die Kunden zu ermöglichen und der regionalen Differenzierung Rechnung zu tragen (vgl. Meckl, 2014, S. 139). Eine entsprechende Eintrittsstrategie in regionale Märkte besteht im Erwerb eines geeigneten Unternehmens, das bereits in dem Land tätig ist, was somit als weiteres Ziel von M&A identifiziert werden kann.

Neben der Globalisierung führt der schnelle technologische Wandel in vielen Branchen dazu, dass „Zeit“ einen zentralen Wettbewerbsfaktor darstellt. Gerade in Hochtechnologiebranchen ist der Forschungs- und Entwicklungsaufwand hinsichtlich der Wissens- als auch der finanziellen Ressourcenintensität enorm und zieht eine deutliche Verschiebung der Kostenstruktur von den variablen zu den fixen Kosten nach sich. Gleichzeitig verkürzen sich die Produktlebenszyklen immer mehr, was auf einen rasanten technischen Fortschritt auf der Anbieterseite und einen schnellen Trendwechsel auf der Nachfrageseite zurückzuführen ist. Diese gegenläufigen Trends fordern einen schnellen Markteintritt in gleichzeitig mehreren Märkten mit einem möglichst hohen Absatzvolumen, um die fixen Kosten zu amortisieren. Der Markteintritt mittels M&A erlaubt eine deutliche Beschleunigung der Erschließung eines Marktes, da Vertriebssysteme, Kontakte zu den Kunden, geeignetes Personal, sowie umfassende Marktkenntnisse bereits vorhanden sind. Eine Zeitersparnis ist damit ein weiteres Ziel von M&A.

**Ressourcenorientierte Ansätze**
Bei den ressourcenorientierten Betrachtungen werden die materielle und immaterielle Ausstattung von Unternehmen als letztendlicher Faktor für die Begründung von Wettbewerbsvorteilen und damit für den Erfolg von Unternehmen gesehen (vgl. im Detail Prahalad & Hamel, 1990). Im Gegensatz zur oben beschriebenen Marktbetrachtung bei den industrieökonomischen Ansätzen wird hier eher auf die internen Gegebenheiten von Unternehmen abgestellt. Der Ressourcenbergriff wird dabei sehr weit gefasst. Die materielle Ausstattung mit Maschinen oder auch physischen Distributionssystemen wird dabei ein immer unwichtigerer Stellenwert gegeben. Diese rein materiellen Ressourcen sind üblicherweise leicht von Wettbewerbern imitierbar und damit nicht geeignet nachhaltige Wettbewerbsvorteile zu begründen. Sie stellen, anders formuliert, keine Kernkompetenzen dar (vgl. zum Konzept der Kernkompetenzen z. B. Bouncken, 2000). Häufig liegen die vorteilsbegründenden Faktoren in den immateriellen Ressourcen und hier vor allem in den sog. „Dynamic Capabilities“, die von speziellen Kompetenzen, die ein Unternehmen hat, begründet werden (zum Konzept der „Dynamic Capabilities“ vgl. z. B. Barreto, 2010). Diese „dynamischen Fähigkeiten“ sind letztendlich eine dynamisierte Kernkompetenzbetrachtung und begründen Wettbewerbsvorteile auf Basis von Wissen und organisatorischen Prozesse.

Die Idee des Erwerbs solcher immateriellen dynamischen Fähigkeiten begründet auch die Erklärung von M&A aus ressourcentheoretischer Perspektive. Strategisch relevante Lücken und Defizite in der Fähigkeitsausstattung sollen durch den Kauf eines Zielunternehmens, das über diese Fähigkeiten verfügt, geschlossen werden. Dabei gilt, je größer aktuelle bzw. prognostizierte Fähigkeitslücken, desto unwahrscheinlicher ist die Möglichkeit, durch einen internen Aufbau diese Lücken zu schließen (vgl. Freiling, 2006, S. 19). Der ressourcenorientierte Kompetenzansatz setzt bei einer erfolgreichen Transaktion damit die gelungene Integration der Wissensbasen der beteiligten Unternehmen voraus. Die Post Merger Integration erhält hier besondere Relevanz. Ziel aus dieser Sicht ist entsprechend die Akquisition materieller aber vor allem auch immaterieller Ressourcen, insbesondere Fähigkeiten, die dem eigenen Kompetenzspektrum fehlen, die aber für eine wertsteigernde Unternehmensentwicklung nötig sind.

**Verhaltenstheoretische Ansätze**

Ein gänzlich anderer Begründungszusammenhang wird bei den verhaltenswissenschaftlichen Überlegungen genutzt (grundlegend hier z. B. Cyert & March, 1963). Im Mittelpunkt stehen hier die persönlichen Zielsetzungen der an dem Projekt beteiligten bzw. vom Projekt betroffenen Personen oder Gruppen. Im Folgenden wird exemplarisch die Gruppe der Manager eines Käuferunternehmens thematisiert (für ein verhaltenswissenschaftliche Betrachtung aller „Stakeholder“ vgl. Glaum & Hutzschenreuter, 2010, S. 53–88).

Die risikotheoretische Position eines Managers zeigt ein wenig diversifiziertes Portfolio (vgl. Sudarsanam, 2010, S. 78). Arbeitsentgelt, Bonuszahlungen, Aktien bzw. Aktienoptionen bis hin zu nicht-monetären Vergünstigungen, wie z. B. Dienstwagen etc., hängen alle vom Erfolg des Unternehmens ab. Ihre diesbezügliche Risikoposition ist damit normalerweise deutlich schlechter diversifiziert als diejenige der Aktienbesitzer. Aus Risikosicht ist die rationale Reaktion im Hinblick auf M&A der Kauf von diversifizierenden Zielunternehmen, was entsprechend als M&A-Ziel auf dieser Ebene angegeben werden kann. Unternehmen aus Branchen und/oder regionalen Märkten mit nur schwach korrelierten Cash-Flows zum eigenen Unternehmen stabilisieren den Cash-Flow gerade in Krisenzeiten und machen die Insolvenz des eigenen Unternehmens und damit den Wertverlust der eigenen Portfolio-Assets unwahrscheinlicher. Vor allem diversifizierende Akquisitionen können so erklärt werden.

Eine zweite Ebene mit einem entsprechenden M&A-Ziel betrifft die Steigerung des persönlichen Einkommens eines Managers durch M&A. Es besteht ein Zusammenhang zwischen der Größe eines Unternehmens bzw. der Größe des geleiteten Geschäftsgebiets in einem Unternehmen und dem Gehalt der mit der Führung beauftragten Manager. Daraus kann die Motivation abgeleitet werden, M&A zu tätigen, die eher im Hinblick auf das Größenargument, etwa gemessen am Umsatz oder der Anzahl der Mitarbeiter, durchgeführt werden als mit Blick auf die Wertsteigerung (vgl. Abschn. 2.1.3.2 zur Wertsteigerung durch M&A). Dieser Begründungszusammenhang wird auch als „Empire Building-Hypothese“ bezeichnet. Welche Richtung, also ob horizontale, vertikale oder diversifizierende Akquisitionen getätigt werden, steht hier nicht im Vordergrund. Ein nicht-monetäres Argument im Rahmen der „Empire-Building-Hypothese“ ist durch die Annahme des Strebens nach Prestige gegeben. Der persönliche Nutzen von Managern ist neben Risikominimierung und Einkommensmaximierung durch Verfügungsgewalt über Ressourcen auch abhängig von prestigeträchtigen Maßnahmen (vgl. Glaum & Hutzschenreuter, 2010, S. 84). Das Image eines „Machers“, der in der Lage ist, große Auslandakquisitionen durchzuführen, führt zu höherem Ansehen.

Die dritte Ebene betrifft die individuellen psychologischen Aspekte einer M&A-Entscheidung durch Manager. Der erste wichtige Aspekt ist hier das Machtstreben, das in der Literatur häufig unter dem Begriff der „Mikropolitik“ zusammengefasst wird. Demnach ist die Durchsetzung von individuellen Zielen und Interessen durch Manager eine wesentliche Triebfeder für die Erklärung von Entscheidungen (vgl. Bausch, 2003, S. 149), auch bei M&A. Naheliegenderweise wird in Zusammenhang mit M&A die Ausweitung der eigenen Positionsmacht auf das Zielunternehmen als machttheoretischer Grund für M&A

interpretiert. Allerdings sind auch die mikropolitischen Auswirkungen im Kaufunternehmen selbst zu betrachten. M&A-Entscheidungen können die Machtposition von Managern im kaufenden Unternehmen deutlich verändern. Die oben erläuterte M&A-basierte Veränderung von Quantität und Qualität der Ressourcen, die in der Verfügungsgewalt eines Managers stehen, wird auch die Einflussmöglichkeiten und damit die Karrierechancen verändern.

Der zweite wichtige Aspekt auf dieser Ebene wird unter dem Begriff der „Hybris-These" zusammengefasst (allgemein zur Hybris-These Roll, 1986). Die grundlegende These besagt, dass eine systematische Selbstüberschätzung der Manager, was die erfolgreiche Durchführung einer Akquisition betrifft, zur hohen Misserfolgsquote von M&A führt (vgl. Glaum & Hutzschenreuter, 2010, S. 87). Diese Selbstüberschätzung führt zu einem zu großen Optimismus, zu überhöhten Kaufpreisen und zu risikoreichen M&A-Projekten, die in einem Wertverlust enden.

**Realoptionentheorie**

Eine noch relativ junge Theorie zur Erklärung von M&A, gerade im internationalen Bereich, ist die Realoptionentheorie. Realoptionen sind definiert als Handlungsmöglichkeiten, die sich durch eine Investition grundsätzlich ergeben. Das wichtige dabei ist, dass diese Möglichkeiten nicht unbedingt ausgeführt werden müssen. Nur wenn sich die Aussichten als vielversprechend erweisen, die Option also „ins Geld kommt", wird weiter investiert. Die Analogie zu Finanzoptionen ist erkennbar. Die Realoptionentheorie ist damit in der Unsicherheit zukünftiger Entwicklungen begründet. Dieser Unsicherheit begegnet das Unternehmen durch den Aufbau eines Portfolios von Handlungsmöglichkeiten, die zu einer strategischen Flexibilität führen.

Akquisitionen können solche Realoptionen schaffen. Wachstumsoptionen können sich im Produktbereich ergeben, wenn z. B. durch M&A Zugriff auf eine Technologie erlangt wird, die evtl. zur Kernkompetenz werden könnte. Tritt dieser Fall ein, wird die Option durch weitere Investition gezogen. Regionale Wachstumsoptionen bestehen z. B. durch Kauf eines Vertriebssystems in einem Schwellenland, in dem sich künftig ein Markt für die eigenen Produkte bilden könnte (für eine Übersicht über M&A-initiierte Optionen vgl. Franke & Hopp, 2006, S. 44–47; allgemein zu Realoptionstypen Pelzer & Haas, 2014, S. 443). Verkäufe im Rahmen von M&A wären dann als die Ausübung einer Verkaufsoption zu interpretieren.

Solche Handlungsmöglichkeiten haben, so zumindest die Argumentation im Rahmen dieser Theorie, einen Wert. Die Hebung solcher Wertpotenziale wäre das M&A-Ziel aus Sicht dieser Theorie. Das große Problem hierbei ist aber die Identifizierung und die Quantifizierung dieses Wertes der Realoptionen.

Zusammenfassend lassen sich folgende Zielkategorien für M&A-Transaktionen finden:

Die Positionierung eines Unternehmens kann sich durch externes Wachstum verbessern, wenn es gelingt

- eine optimale Wertschöpfungsstruktur zu erreichen,
- die Marktmacht durch eine Vergrößerung des Marktanteils gegenüber den Zulieferern und Kunden zu erhöhen,
- Volumenvorteile und Größeneffekte zu nutzen,
- einen regionalen Marktzugang zu erreichen bzw. zu verbessern,
- benötigte, aber nicht im eigenen Unternehmen vorhandene Fähigkeiten zu akquirieren,
- Umsatz- und Ertragssteigerungen durch Nutzung von Ressourcen z. B. von Marketing- und Vertriebsnetzwerken des akquirierten Unternehmens zu erreichen.

Neben diesen Gründen, die im wesentlichen auf der Erhöhung des Unternehmenswerts für die Anteilseigner basieren, verfolgen Manager aber auch Eigeninteressen, die nicht in jedem Fall mit den Interessen der Anteilseigner übereinstimmen müssen. Diese ökonomischen und auch nicht-ökonomischen Motive können aufgrund der Entscheidungskompetenzen des Managements auch zu M&A-Maßnahmen führen (vgl. zur Analyse der Anteilseigner/Management-Interessendivergenzen die Literatur zum Principal-Agent-Ansatz, z. B. Ebers & Gotsch, 2006, S. 206–225). Gründe des Managements zur Durchführung einer Akquisition, auch wenn diese nicht zur Unternehmenswertsteigerung beitragen, können sein:

- Senkung des Arbeitsplatzrisikos durch Diversifikationseffekte, aber auch durch Wachstum, was z. B. eine feindliche Übernahme unwahrscheinlicher werden lässt,
- Zunahme der Entlohnungshöhe, die gewöhnlich mit der Unternehmensgröße steigt,
- Bindung bzw. Reinvestition von Cash-Flow, um den Abfluss von Ressourcen und damit einen Substanzverlust zu vermeiden,
- Erweiterung des Einflussbereichs des Managements und damit von Macht, Prestige, Ansehen und Selbstbestätigung.

Der Vollständigkeit halber wird noch auf die gesamtwirtschaftliche Bedeutung von M&A hingewiesen. Aus *gesamtwirtschaftlicher Sicht* sind Unternehmenszusammenschlüsse und –käufe nichts anderes als eine Reallokation von Ressourcen über einen Markt, auf dem Unternehmen gekauft und verkauft werden. Unterstellt man die These der Überlegenheit des Marktmechanismus, wenn es um die effiziente Allokation von Ressourcen geht, so sind M&A als ein gesamtwirtschaftlich gesehen effizienzerhöhendes Instrument bei der Verteilung von Kapital einzustufen. Dies gilt aber nur, wenn durch M&A die bedienten Gütermärkte nicht beeinträchtigt werden, weswegen kartellrechtliche Vorschriften in Verbindung mit M&A von hoher Relevanz sind (vgl. dazu auch Abschn. 4.2.7). Das makroökonomische Ziel von M&A wäre damit die gesamtwirtschaftliche Effizienzerhöhung. Zusammenfassend lässt sich damit feststellen, dass es gesamtwirtschaftliche, und vor allem überzeugende einzelwirtschaftliche, Gründe gibt, die M&A als eine zunehmend an Relevanz gewinnende strategische Alternative erscheinen lässt, was durch die empirischen Ergebnisse (vgl. Abschn. 1.1.1) auch gestützt wird.

### 1.1.4 Erfolg und Erfolgsmessung von M&A

Vor dem Hintergrund der im vorigen Abschnitt beschriebenen Erklärungsansätze und Ziele von M&A muss als nächstes die Frage beantwortet werden: Wann ist ein M&A-Projekt als erfolgreich anzusehen und wann nicht?

Allgemein wird Erfolg als das Erreichen eines Ziels angesehen, entsprechend ist als Erfolg von M&A-Aktivitäten deren Beitrag zur Verwirklichung der angestrebten Unternehmensziele zu bewerten (vgl. Bamberger, 1994, S. 9).

Deshalb zunächst einige Gedanken zum Unternehmenserfolg. Generell werden finanzielle und strategische Erfolgsmaße unterschieden. Zu den strategischen Erfolgsgrößen zählen Kennzahlen wie Marktanteile, der Zugang zu Absatz- oder Beschaffungsmärkten, die internationale Wettbewerbsfähigkeit oder die strategische Positionierung als Nummer eins oder Nummer zwei in einem Markt. Letztendlich müssen sich aber die strategischen Erfolgsgrößen, evtl. mit zeitlicher Verzögerung, in einem positiven Effekt auf die finanziellen Größen zeigen.

Die Erfolgsmaße können in absoluten oder relativen Werten, d. h. im Vergleich zu aktuellen oder vergangenen, unternehmensinternen oder –externen Daten betrachtet werden. Die Erhebung kann dabei auf Basis objektiver Größen oder subjektiver Einschätzungen erfolgen. Um der Kritik an der Operationalisierung einzelner Maße sowie dem Problem eines Zielmonismus entgegenzuwirken, wird in den meisten Fällen auf mehrere Erfolgsmaße zurückgegriffen (vgl. im Detail zur Erfolgsmessung Abschn. 5.4.4). Ausgehend von diesen Erfolgsmaßen wird ein M&A-Projekt dann als erfolgreich bezeichnet, wenn bei einer oder bei mehreren Erfolgsgrößen ein ex ante definiertes Niveau durch das Projekt erreicht wird. Dieser Ansatz der Vorgabe von Soll-Niveaus setzt eine explizite Planung dieser Größen voraus.

Als finanzielle Erfolgsgrößen werden in Anlehnung an die Bedeutung der langfristigen Gewinnmaximierung als oberstes Ziel marktwirtschaftlicher Unternehmen (vgl. Wöhe & Döring, 2013, S. 66–72) häufig „traditionelle" Erfolgskennzahlen, d. h. Gewinn- bzw. Rentabilitätsgrößen, als Erfolg definiert. Relevant ist dabei die Veränderung dieser Kennzahlen durch die M&A-Transaktion. Die Umsatzrendite, die Eigenkapital- oder Gesamtkapitalrendite oder der Return on Investment (ROI), z. B. nach dem DuPont-Schema berechnet, zeigen den Effekt der M&A-Aktivitäten auf diese Größen. Der bilanz-/jahresabschlussorientierte Erfolgsansatz berechnet z. B. aus den Bilanzen bzw. GuV-Rechnungen die ex ante und ex post Eigenkapital- bzw. Gesamtkapitalrentabilität und vergleicht diese. Allerdings sind diese Messgrößen des Erfolgs, unabhängig von der Anwendung im M&A-Fall, umstritten. So wird an der Eigenkapitalrendite oder am ROI z. B. kritisiert, dass sie nur einen Maßstab für einzelne Perioden darstellen und der Zeitwert des Geldes unberücksichtigt bleibt, die Berechnungsgrößen stark von buchhalterischen Methoden abhängen und Risikobetrachtungen bestenfalls indirekt in die Berechnung eingehen (vgl. Eisenbarth, 2013, S. 226–232; Rappaport, 1999, S. 15–38; Seidel, 1995, S. 15).

Die in der betriebswirtschaftlichen Literatur schon seit langem geführte Zieldiskussion von Unternehmen (vgl. dazu z. B. Heinen, 1979) hat in den letzten Jahren eine eindeutige

Wendung hin zur Steigerung des Unternehmenswerts im Sinne des Shareholder Value erfahren (vgl. allgemein dazu z. B. Stiefl & Westerholt, 2008). Im Zuge der zunehmenden Shareholder Value-Orientierung der Unternehmen ist der Unternehmenswert als Erfolgsmaßstab in den Vordergrund gerückt (vgl. für einen Überblick z. B. Fechtel, 2001; zur praktischen Anwendung z. B. Neubürger, 2000). Ein Investitionsprojekt ist dann erfolgreich, wenn es den Unternehmenswert steigert. Der Kauf eines Unternehmens wird vom Grundsatz her betrachtet wie jedes andere Investitionsprojekt, das getätigt wird.

Stellt sich die Frage, wie nun eine solche Wertsteigerung (oder auch –vernichtung) berechnet bzw. festgestellt wird. Ein Verfahren, das sich international etabliert hat, besteht darin, die durch den Unternehmenskauf generierten Cash-Flows mit einem risikoadjustierten Zinssatz zu diskontieren. Von diesem Wert wird der Kaufpreis abgezogen (vgl. im Detail dazu Abschn. 5.3.2). Ergibt sich ein positiver Nettowert bei diesem Discounted-Cash-Flow-Verfahren, hat die „Investition in M&A" den Gesamtwert des Unternehmens gesteigert. Nur wenn dies zumindest langfristig eintritt, kann das M&A-Projekt als Erfolg gewertet werden. Bei einer unterstellten Kapitalmarkteffizienz würde dann auch nur bei diesem Fall eine Steigerung des Börsenwerts eintreten.

Als eine Erweiterung oder auch Variante der Cash-Flow-Betrachtung gilt der Ansatz des Economic Value Added (EVA) (vgl. dazu z. B. Young & O'Byrne, 2001). Dieser ergibt sich als Differenz aus dem Cash-Flow nach Steuern und vor Zinsen pro Periode und den Kapitalkosten (vgl. Günther, 1997, S. 233–238). Die Kapitalkosten sind wiederum der Multiplikator aus dem eingesetzten Kapital, bei M&A also normalerweise des Kaufpreises und evtl. nötiger Zusatz- und Restrukturierungsinvestitionen, und dem risikoangepassten Kapitalkostensatz. Hinter dieser Idee steht die These, dass ein M&A-Projekt mindestens die Kapitalkosten verdienen muss, die es verursacht, um als erfolgreich gelten zu können (für weitere Erfolgsmessungsansätze bei M&A vgl. Abschn. 5.4.4.2).

Aus ökonomischer Sicht nicht zu erfassen und somit auch nicht begründbar sind Zielgrößen, die im persönlichen Bereich z. B. der Manager (vgl. genauer dazu Abschn. 1.1.3 zu den verhaltensorientierten Ansätzen) oder auch von Mehrheitsaktionären liegen. Der Prestigegewinn durch Zukauf von internationalen Unternehmen oder Machtargumente z. B. bei Kauf eines langjährigen Konkurrenten fallen unter diese Zielkategorie, die aber unter normalen Umständen nicht als Erfolgskriterium für M&A-Projekte hergenommen werden sollten.

Über die Verschiedenartigkeit der Erfolgsgrößen hinaus stellt sich die Frage nach der Quantifizierbarkeit der einzelnen Größen (vgl. dazu auch Abschn. 5.4. zum M&A-Controlling). Können finanzielle Größen zumindest ex post mit einigermaßen hinreichender Genauigkeit festgestellt werden, so stellt sich aber auch hier die Frage, ob die Effekte aus der M&A-Transaktion isoliert erfasst werden können. Wurde die gekaufte Einheit auf eine unternehmensinterne Einheit verschmolzen, so ist die isolierte Betrachtung nach einiger Zeit kaum mehr sinnvoll möglich. Die genannten Erfolgskriterien sind „... letztlich für Aussagen zum Erfolg oder Misserfolg von M&A-Tätigkeit unzureichend. Dies liegt naturgemäß in der fehlenden Vergleichbarkeit der Entwicklung eines Unternehmens, das eine M&A-Transaktion durchführt, mit der Entwicklung desselben Unternehmens, das keine solche Transaktion durchführt. Erst ein solcher praktisch unmöglicher … Beweis … würde hinreichend sicher nachweisen, ob… eine Transaktion zum Erfolg eines Unternehmens beigetragen hat …“ (Dibelius, 2000, S. 42). Bei strategischen Kriterien treten darüber hinaus oftmals große Ungenauigkeiten bei der Erhebung der Zielgröße an sich auf.

Erschwerend kommt hinzu, dass der korrekte Zeitpunkt der Erfolgsmessung nicht feststeht. Womöglich liegt dieser Zeitpunkt erst Jahre nach dem Kauf, nachdem die Integration vollständig abgeschlossen ist (vgl. genauer dazu Abschn. 5.4). Die oben beschriebenen Probleme treten dann aber massiv auf.

Aus diesen Gründen kann der Erfolg einer Transaktion durchaus sehr unterschiedlich beurteilt werden. Vor diesem Hintergrund ist es dann auch nicht verwunderlich, wenn Studien zum Erfolg von M&A-Projekten zu sehr unterschiedlichen Ergebnissen kommen, was die Erfolgsquote betrifft (vgl. Abschn. 1.2.2, insbesondere Abb. 1.6).

Angesichts der theoretischen Schlüssigkeit und der praktischen Dominanz erscheint das Erfolgskriterium der „Wertschaffung durch M&A“ für dieses Buch als am besten geeignet, da

- ex post die Überprüfbarkeit dieses Erfolgsmaßstabs bei Wahl einer geeigneten Basisgröße wie z. B. Free Cash-Flow gut möglich ist,
- ex ante diese Größe als Planzielkriterium durchgängig für alle Prozessstufen geeignet ist,
- die Wertbetrachtung unter ökonomischen Effizienzgesichtspunkten die sinnvollste ist,
- sich in der Praxis diese Sichtweise und dieses Kriterium im Zuge der Kapitalmarktorientierung und der theoriegeleiteten Diskussion zur optimalen Ressourcenallokation durchgesetzt hat.

Das bedeutet, dass als letztendliche Zielgröße bei der konzeptionellen und inhaltlichen Strukturierung und Erarbeitung des M&A-Prozesses die Erhöhung des Gesamtunternehmenswerts das Leitbild darstellt.

## 1.2 M&A als Managementaufgabe

### 1.2.1 M&A als Instrument der wertsteigernden externen Unternehmensentwicklung

Angesichts der oben beschriebenen hohen Relevanz, was die Zahl und das Volumen von M&A-Aktivitäten betrifft (vgl. Abschn. 1.1.1), stellt sich die Frage, warum externes Wachstum zu einem solch wichtigen Faktor in der Unternehmensentwicklung geworden ist.

Dazu ist eine Einordnung des Phänomens „M&A“ in den breiteren Kontext der Unternehmensführung hilfreich. Als oberste Zielkategorie, vor allem im internationalen Bereich und bei größeren Unternehmen, hat sich die Steigerung des Unternehmenswerts als Orientierungs- und auch Anreizgröße für das Management durchgesetzt. Diese vor allem aus den angelsächsischen Ländern stammende, stark shareholderorientierte Zielgröße verlangt von einer erfolgreichen Unternehmensführung, das die von den Kapitalgebern geforderte, risikobasierte Rendite mindestens erwirtschaftet wird (vgl. dazu im Detail Abschn. 5.3 zur Unternehmensbewertung oder auch z. B. Stiefl & Westerholt, 2008).

Aus dieser Sicht ist M&A und zwar sowohl von Käufer- als auch von Verkäuferseite als Instrument zur Steigerung des Unternehmenswerts zu interpretieren. Eine M&A-Transaktion ist zu sehen wie ein klassisches, wenn auch sehr komplexes Investitionsprojekt, das seine Kapitalkosten zu verdienen hat. Diese Sichtweise wird in diesem Buch auch grundsätzlich eingenommen, wenngleich an relevanten Stellen auch die Interessen und Aktivitäten anderer Stakeholder thematisiert werden.

Zur Erreichung dieses übergeordneten Ziels stellt sich für das Management eines Unternehmens die Aufgabe, M&A

- als strategisches Instrument der Unternehmensentwicklung richtig einzusetzen und
- die operativ effiziente Umsetzung dieses Instruments sicherzustellen.

Für beide Ebenen werden in diesem Buch im Zuge der Beschreibung eines effizienten M&A-Prozesses Handlungsempfehlungen abgeleitet.

Was M&A als strategisches Instrument betrifft, so kann es als Reaktionsmöglichkeit auf grundlegende Entwicklungstendenzen im Umfeld der Unternehmen eingesetzt werden (zur Ableitung konkreter strategischer M&A-Ziele für ein Unternehmen vgl. Abschn. 4.1.2).

Eine in den vergangenen Jahren für nahezu alle, insbesondere aber für internationale Märkte, geltende Veränderung besteht in der teilweise erheblichen Verschärfung der Wettbewerbsintensität. Eine Ursache dafür liegt in der Globalisierung von Märkten. Eine zunehmende Konvergenz von technischen Normen, Bedürfnisstrukturen und Konsumentengewohnheiten, die es Unternehmen ermöglicht, standardisierte Produkte in kostengünstiger Massenproduktion weltweit zu vermarkten, ist zu beobachten. Die Deregulierung und Liberalisierung wichtiger Infrastrukturmärkte und der durch die WTO vorangetriebene Abbau von Handelsbeschränkungen tarifärer und nicht-tarifärer Art senken immer mehr die Eintrittsbarrieren in bisher national geschützte Märkte. Damit wird die internationale Expansion für Unternehmen einfacher, wodurch sich der Wettbewerbsdruck in den nationalen Märkten erhöht. Gerade Unternehmen aus den Schwellenländern nutzen dies, um in internationalen Märkten Markanteile zu erhöhen. Der daraus resultierende verstärkte Preiswettbewerb führt zu erhöhtem Konsolidierungsdruck in diesen Branchen, was sich in gehäuften M&A-Aktivitäten niederschlägt (zu den Gefahren einer zunehmenden Konzentration durch M&A vgl. Ghemawat & Ghadar, 2001). M&A bieten die grundsätzliche Möglichkeit, die Kostenposition zu verbessern. Über den Kauf eines Wettbewerbers und die anschließende Zusammenlegung der Produktion und die Abstimmung des Produktprogramms ist es z. B. möglich, Größeneffekte in Form einer günstigeren Kostenposition im Vergleich zu kleineren Unternehmen zu realisieren und damit die interne Ressourcenstruktur zu verbessern.

Obwohl deutliche Globalisierungstendenzen zu erkennen sind, bestehen zwischen vielen Ländern große Unterschiede hinsichtlich der wirtschaftlichen, rechtlichen, politischen und kulturellen Rahmenbedingungen, die eine weitgehende Anpassung an lokale Gegebenheiten notwendig machen. Trotz Globalisierung ist es deshalb nötig, eine regionale Marktpräsenz aufzubauen, um einen hohen Service für die Kunden zu ermöglichen und der regionalen Differenzierung Rechnung zu tragen (vgl. Schaper-Rinkel, 1998, S. 64–67). Eine entsprechende Eintrittsstrategie in regionale Märkte besteht im Erwerb eines geeigneten Unternehmens, das bereits in dem Land tätig ist.

Neben der Globalisierung führt der schnelle technologische Wandel in vielen Branchen dazu, dass „Zeit“ einen zentralen Wettbewerbsfaktor darstellt. Gerade in Hochtechnologiebranchen ist der Forschungs- und Entwicklungsaufwand hinsichtlich der Wissens- als auch der finanziellen Ressourcenintensität enorm und zieht eine deutliche Verschiebung der Kostenstruktur von den variablen zu den fixen Kosten nach sich. Gleichzeitig verkürzen sich die Produktlebenszyklen immer mehr, was auf einen rasanten technischen Fortschritt auf der Anbieterseite und den schnellen Trendwechsel auf der Nachfrageseite zurückzuführen ist. Die, häufig technisch bedingte, Konvergenz von bisher separierten Märkten baut weiteren Anpassungsdruck bei den Unternehmen auf. Die Akquisition von WhatsApp durch facebook ist ein Paradebeispiel wie Unternehmen durch M&A auf diese schnellen Verschiebungen reagieren. Der Markteintritt mittels M&A erlaubt eine deutliche Beschleunigung der Erschließung eines neuen Marktes, der von Wettbewerbern besetzt ist.

Fasst man diese Veränderungen vor allem aus dem Blickwinkel der internationalen Geschäftstätigkeit zusammen, so hat das Umfeld von Unternehmen deutlich an Komplexität und Dynamik zugenommen. Die Erfolgsfaktoren für internationales Geschäft sind vor diesem Hintergrund eine hohe Skaleneffizienz und ein permanenter Ausbau der eigenen Fähigkeiten bei gleichzeitiger Anpassung an lokale Gegebenheiten (vgl. Bartlett & Beamish, 2011). Wie oben ausgeführt, stellt der Kauf von Unternehmen eine Alternative dar, international wettbewerbsfähige Betriebsgrößen zu erreichen und aktuelles Technologie-Know-how sowie umfassende Kenntnisse nationaler Märkte schnell zu akquirieren. Das erhöht die Wettbewerbsfähigkeit und erschließt neue, wertsteigernde Marktpotenziale. Damit ist M&A häufig die Alternative der Wahl zu Wertsteigerung von Unternehmen.

Diese allgemeinen M&A-fördernden Entwicklungen können in ihrer Relevanz und ihren Konsequenzen nach Branchen unterschieden werden. So ist es in Branchen, die durch eine hohe Dynamik gekennzeichnet sind (z. B. Social Media oder Telekommunikation) wichtig, den Anschluss an technologische Entwicklungen nicht zu verlieren. Hier kommt es bei M&A vor allem darauf an, strategische Ressourcen, insbesondere Wissen, zu gewinnen. Unternehmen in Branchen, die vor allem von Volumeneffekten profitieren können (insbesondere traditionelle Industriegüterbranchen), werden hingegen M&A dazu nutzen, ihre Größenvorteile auszubauen. Die größte Bedeutung haben Unternehmenskäufe da, wo beide Eigenschaften zusammenfallen. Dieser Zusammenhang ist in Abb. 1.5 verdeutlicht.

M&A sind also Anpassungsreaktionen der Unternehmen auf die veränderten Umwelt- bzw. Wettbewerbsbedingungen. Diese strategischen Reaktionen sind nötig, um vor dem

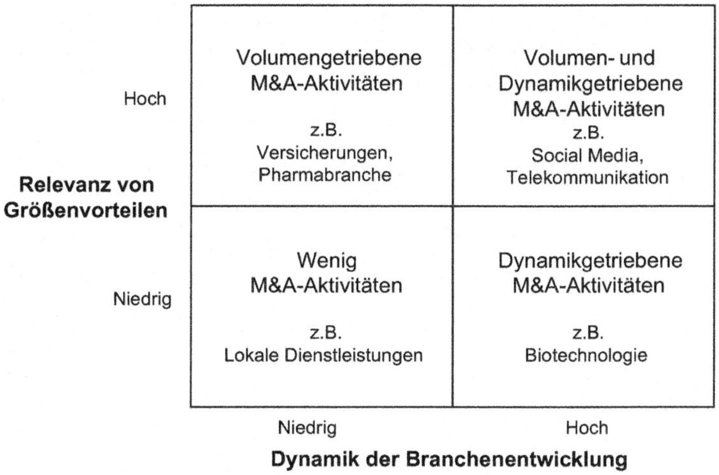


**Abb. 1.5** Typisierung von Branchen nach M&A-Relevanz

geänderten Hintergrund die Unternehmensziele und insbesondere das Wertsteigerungsziel zu erreichen.

Neben der strategischen Ebene stellt sich für das Management bei M&A die Aufgabe der effizienten operativen Umsetzung. Eine konsistente Prozessführung, wie sie in den nachfolgenden Kapiteln entwickelt werden soll, ist die Basis der Zielerreichung auf dieser Ebene. Ganz speziell kommt es hierbei, und das ist eine der Besonderheiten bei M&A, auf die Ausnutzung und Realisierung von Synergien an. Dahinter verbirgt sich die Annahme, dass durch Unternehmenszusammenschlüsse neue Erfolgspotentiale geschaffen werden, weil eigene Ressourcen und Fähigkeiten mit den neu hinzukommenden Ressourcen und Fähigkeiten wertsteigernd kombiniert werden können (ausführlich zu Synergien vgl. Abschn. 5.3.2.4). Diese Synergien sind häufig die Haupttriebfeder bei der Durchführung von M&A und deshalb von besonderer Bedeutung in der operativen Umsetzung.

Wie oben geschildert, wird im Wesentlichen aus Sicht der Wertsteigerung durch M&A argumentiert. Allerdings wäre es naiv zu glauben, dass dieses Ziel das Einzige wäre, das in der Realität auftritt. Manager verfolgen Eigeninteressen (vgl. die verhaltensorientierten Ansätze in Abschn. 1.1.3), die nicht in jedem Fall mit den Interessen der Anteilseigner übereinstimmen müssen. Diese ökonomischen und auch nicht-ökonomischen Motive können aufgrund der Entscheidungskompetenzen des Managements auch zu M&A-Maßnahmen führen (vgl. zur Analyse der Anteilseigner/Management-Interessendivergenzen die Literatur zum Principal-Agent-Ansatz, z. B. Ebers & Gotsch, 2006, S. 258–277).

Zusammenfassend lässt sich damit feststellen, dass es aus Sicht der Unternehmensentwicklung gewichtige Gründe für den Einsatz von M&A als externes Entwicklungsinstrument gibt.

| Der Erfolg von Akquisitionen | | | | | | |
|---|---|---|---|---|---|---|
| **Studie** | **Jahr der Publikation** | **Land der Käufer** | **Inhalt und Untersuchungszeitraum** | **Performance** | | |
| | | | | **Erfolg** | **Indifferenz** | **Misserfolg** |
| **Umsatz** | | | | | | |
| Jansen/Körner | 2000 | Deutschland | 103 internationale und deutsche Fusionen zwischen 1994 und 1999 | 44% | | |
| **Erreichen kommunizierter Ziele** | | | | | | |
| Booz-Allen/Hamilton | 1998 | International | 150 Unternehmen | | | 34% |
| **Kapitalmarktorientiert** | | | | | | |
| Jansen/Körner | 2000 | Deutschland/ International | 103 internationale und deutsche Fusionen zwischen 1994 und 1999 | 24% | | |
| McKinsey | 2000 | International | 507 Fusionen und Akquisitionen (1996-98) | | | 50% (Käufer) 10% (Verkäufer) |
| KPMG | 2000 | International | 107 der 700 größten grenzüber-schreitenden M&A (1996-98) | 16% | 30% | 54% |
| A.T.Kearney | 1999 | Amerika, Europa, Asien | 115 Mergers (1993-96) | | | 58% |
| Linn/Switzer | 2001 | USA | 1997-1987, Cash Flow aus laufender Geschäftstätigkeit/Markt-wert der Aktiva | | | X |
| Heron/Lie | 2002 | USA | 1985-1997, Betriebsergebnis/ Umsatz | X | | |
| Gugler et al. | 2003 | International | 1981-1998, Umsatz/Bilanzsumme | | | X |
| Chakrabarti | 2009 | International | 1991-2004, cumulative abnormal return | | X | |
| **Jahresabschlussorientiert** | | | | | | |
| Gugler et al. | 2003 | USA, Europa, Rest der Welt | Umsatz/Bilanzsumme, 1981-1998 | | | mehrheitlich Misserfolg |
| Powell/Stark | 2005 | UK | Cash Flow/Marktwert | mehrheitlich Erfolg | | |
| Martynova/Oost-ing/Renneboog | 2007 | Europa | EBITDA-ΔNettoumlaufvermögen/ Bilanzsumme; 1997-2001 | | | mehrheitlich Misserfolg |

**Abb. 1.6** Übersicht über ausgewählte M&A-Erfolgsstudien. (Quelle: teilweise entnommen aus Eisenbarth, 2013, S. 240–242)

## 1.2.2 Risiken und Erfolgsfaktoren von M&A

Die mannigfaltigen einleuchtenden Gründe und die Entwicklung der Zahlen lassen vermuten, dass M&A ein sehr erfolgreiches Instrument der Unternehmensführung sind. Bei einem Blick auf die inzwischen zahlreichen empirischen Untersuchungen zeigt sich aber, dass dies mitnichten der Fall ist. Abbildung 1.6 stellt exemplarisch empirische Ergebnisse, geordnet nach der Art der Erfolgsmessung vor (für einen Überblick über Metastudien zur

M&A Erfolgsmessung vgl. z. B. Hutzschenreuter, Kleindienst, & Schmitt, 2012; Eisenbarth, 2013, S. 238; vgl. dazu auch Abschn. 1.1.4).

Aus der Zusammenstellung ist zu ersehen, dass die Studien hohe Misserfolgsquoten ausweisen. Zwar sind die Studien hinsichtlich der Definition der Erfolgsgröße eines M&A-Projekts (vgl. dazu im Detail Abschn. 5.4.4), der Erhebungsmethode, des Erhebungsumfangs und der Auswertungsmethode nur schwer vergleichbar. Allerdings ist über alle Studien hinweg festzustellen, dass der Kauf oder die Verschmelzung mit einem Unternehmen eine strategische Variante mit einem hohen Risiko darstellt. Die hohe Misserfolgsquote ist umso erstaunlicher als man durch die Vielzahl der inzwischen gerade auch grenzüberschreitenden Transaktionen annehmen sollte, dass Lerneffekte bei den Unternehmen selbst und vor allem bei den eingeschalteten Beratern eine tendenziell steigende Erfolgsquote bedingen müssten. Dies ist aber, wie die Empirie zeigt, nicht der Fall.

Die Entscheidung, angesichts dieser hohen Risikoträchtigkeit auf die Alternative „M&A“ zu verzichten, ist allerdings angesichts der beträchtlichen Vorteile, die die Strategie bringen kann (vgl. Abschn. 1.1.2 und 1.2.1), auch nicht zielführend. So bleibt also nur der Versuch, über die Entwicklung von spezifischen Managementfähigkeiten die Erfolgsaussichten von M&A zu erhöhen.

Worauf ist die hohe Misserfolgsquote bei M&A-Projekten zurückzuführen? Um die kritischen Themen eines solchen Projekts zu identifizieren und die geeigneten Managementinstrumente zu entwickeln, müssen die Ursachen für die hohe Misserfolgsquote aufgedeckt werden. Grundsätzlich ist hier festzustellen, dass M&A-Projekte im Vergleich zur „normalen“ Geschäftsführung ganz andere Fähigkeiten erfordern. M&A sind im Wesentlichen im Bereich des Diskontinuitätenmanagements, also des Managements des Wandels angesiedelt. Strukturen sowie Managementinstrumente und -denkmuster, die für Kontinuitätenmanagement und Stabilisierung eines bestehenden Geschäfts entwickelt und erfolgreich eingesetzt werden, erweisen sich im instabilen Umfeld von M&A als wenig zielführend. Vor diesem Hintergrund wurden in der Literatur inzwischen eine Vielzahl von Studien durchgeführt, die sich mit den Risiken, oder positiv formuliert mit den Erfolgsfaktoren, von M&A-Projekten beschäftigen (für einen Überblick vgl. Meckl, Sodeik, & Fischer, 2006). Dabei berufen sich die Autoren auf statistische Erhebungen, Befragungen von einzelnen Managern, auf Plausibilitätsüberlegungen oder aber auf persönliche Erfahrungen, die sie aus der Betreuung von M&A-Projekten als Berater bzw. als Verantwortliche in M&A-Projekten gewonnen haben. Um das Ergebnis aber gleich vorweg zu nehmen: Es ist nicht möglich eindeutige und allgemeingültige Aussagen darüber zu treffen, welches die tatsächlich relevanten Erfolgsfaktoren bzw. die primär zu beachtenden Risiken sind. Dazu sind die Projekte wohl auch zu unterschiedlich. Die Absicht der nachfolgenden Überlegungen ist es deshalb, auf einige Faktoren hinzuweisen, die in den Projekten regelmäßig als relevante Faktoren für die Beherrschung des Risikos bzw. der Erhöhung der Erfolgsträchtigkeit auftauchen und deswegen grundsätzlichen Charakter haben (für eine Einteilung und einen Überblick über Erfolgs- und Misserfolgsfaktoren von M&A vgl. Kengelbach, Klemmer, & Schwetzler, 2011, 2012; Meckl et al., 2006; Theuerkorn, 2013, S. 100–108).

**Integrationsart und –geschwindigkeit**

Integration gilt generell als eine zentrale Phase für den Erfolg eines M&A-Projekts (vgl. im Detail dazu z. B. Abschn. 4.3.7 und die Ausführungen in den einzelnen Teilprozessen). Ein relativ einhelliges Bild besteht in der Literatur über die Bedeutung von Integrationsmaßnahmen beim Abbau von emotionalen Barrieren und bei der Verhinderung einer Klassifizierung als Sieger und Besiegter (vgl. Buchard & Bongartz, 1998, S. 395; Heuschele, 1998, S. 384). Vielfach wird als Erfolgsfaktor auch die Integrationsgeschwindigkeit identifiziert. Während manche eine möglichst schnelle Umsetzung bevorzugen (vgl. bspw. PricewaterhouseCoopers, 2000, S. 3–11; Töpfer, 2000, S. 15–16), glauben andere, dass es ein Fehler sein kann, die beiden Unternehmen zu schnell zu verschmelzen (vgl. Bark & Kötzle, 2003; Gerds, 2000, S. 188–189). Das Risiko einer zu schnellen Integration liegt vor allem in der Überforderung der beteiligten Mitarbeiter und einer zu starken Beeinträchtigung des laufenden Geschäfts. Eine starke Verzögerung der Integration führt zu einer zeitlichen Verlagerung der möglichen Synergien. Jansen und Körner messen dagegen keinen Zusammenhang zwischen Umsetzungsgeschwindigkeit und Fusionserfolg (vgl. Jansen & Körner, 2000, S. 14). Zusammenfassend ist die optimale Integrationsgeschwindigkeit wohl von Faktoren wie internen Widerständen, kulturellen Barrieren oder dem Grad der Verunsicherung der Kunden abhängig (vgl. Dicken, 2000, S. 361; Homburg & Bucerius, 2006) und damit stark einzelfallbedingt.

**Strategie**

Vergleichsweise einheitlich sind die Meinungen über die Notwendigkeit einer strategischen Harmonie der Partner, einer klaren Vision und Strategie (vgl. bspw. AT Kearney, 2008; Penzel, 2000, S. 25–36; Habeck, Kröger, & Träm, 2002, S. 27–50; Jansen & Körner, 2000, S. 49), die zumindest in groben Zügen die strategischen Vorteile aus einem Zusammengehen deutlich werden lässt (vgl. dazu im Detail Abschn. 4.1).

**Personal/Kultur**

Ein besonders kontrovers diskutierter mutmaßlicher Erfolgsfaktor ist der Kulturunterschied zwischen dem Akquisiteur und dem Zielunternehmen. Einige Autoren schreiben der Kompatibilität der Unternehmenskulturen eine geradezu überragende Bedeutung für den M&A-Erfolg zu (vgl. Bamberger, 1994, S. 267–275; Datta & Puia, 1995, S. 350–354), andere wiederum behaupten, dass der Erfolg umso größer ist, je größer die kulturelle Distanz zwischen den beiden Unternehmen ist (vgl. Morosini, Shane, & Singh, 1998). Jansen und Körner stellen in einer Studie fest, dass Unternehmenskultur scheinbar gar keinen Einfluss auf den M&A-Erfolg hat (2000, S. 10). In diesem Sinn behaupten auch Feldman und Spratt, dass Inkompatibilität der Unternehmenskulturen zwar von den Verantwortlichen gerne als Hauptgrund für M&A-Misserfolg bezeichnet wird. Die Kulturunterschiede würden aber eher eine „Sündenbockfunktion" übernehmen, da in Wirklichkeit andere Faktoren über Erfolg und Misserfolg von M&A-Aktivitäten entscheiden (2000, S. 165–190). Als wichtiger Erfolgsfaktor wird aber in vielen Studien eine klare Personalstrategie im Sinne der frühzeitigen Festlegung von Führungskräften und der Einbindung von Mitarbeitervertretern gesehen (vgl. Auerbach, 2009; Theuerkorn, 2013, S. 105). Ähnlich wichtig ist die Bindung von Schlüsselmitarbeitern durch entsprechende Incentive- und Anreizsysteme (vgl. Gerds & Schewe, 2011, Ungerath & Hoyningen-Huene, 2005).

**Kommunikation**
Auf wenig Widerspruch stößt die Einschätzung, dass eine klare, überzeugende Kommunikationsstrategie nach innen und außen stabilisierend wirkt, Verwirrung vermeidet und deshalb Einfluss auf den M&A-Erfolg hat (vgl. bspw. Ungerath & Hoyningen-Huene, 2005; Towers Watson, 2010; vgl. dazu im Detail Abschn. 5.2).

Neben diesen breit untersuchten Faktoren tauchen punktuell weitere Größen auf, denen Beachtung geschenkt werden sollte. So wird z. B. auch die Bedeutung von M&A-Erfahrung des Managements als Erfolgsfaktor erwähnt (vgl. z. B. Bühner, 1990, S. 173–204, 1991, S. 168–182). Eine generelle Empfehlung geht dahin, dass die explizite Berücksichtigung aller Stakeholder (vgl. Penzel, 2000, S. 25–36), insbesondere der Kunden (vgl. Jansen & Müller-Stewens, 2000, S. 50; Homburg, 2000, S. 169–193) sowie der Mitarbeiter erfolgserhöhend wirkt (vgl. Töpfer, 2000, S. 12–13). Volkart schließlich stellt den bezahlten Transaktionspreis in den Fokus der Erfolgsbetrachtung (2010, S. 159). Manche Autoren weisen auch auf die Relevanz externer Einflussfaktoren, wie z. B. den volkswirtschaftlichen Rahmenbedingungen zum Zeitpunkt der Transaktion und der konjunkturellen Situation im Heimatland (vgl. Bamberger, 1994, S. 190–193) oder dem Außenwert der Heimatwährung (vgl. Dörr, 2000, S. 171–177) hin.

Insgesamt herrscht zwar bezüglich einiger Faktoren weitestgehend Einigkeit, stellt man die einzelnen Studien jedoch in ihrer Gesamtheit gegenüber, so werden die teilweise erheblichen Differenzen hinsichtlich der Risiken/Erfolgsfaktoren und daraus abgeleiteter Empfehlungen deutlich erkennbar (vgl. Meckl et al., 2006). Darüber hinaus ist es plausibel anzunehmen, dass die Bedeutung der Schlüsselfaktoren je nach Prozessstufe variiert und grundsätzlich alle wesentlichen Erfolgstreiber zu berücksichtigen sind (vgl. Töpfer, 2000, S. 16). Die empirisch ermittelte Rangfolge, die in Abb. 1.7 wiedergegeben wird, liefert daher nur einen Anhaltspunkt für die Risiken und die daraus resultierenden notwendigen Maßnahmen zur Senkung der Misserfolgsquote von M&A-Projekten.

Ein weiteres Problem sowohl in der Theorie als auch der Praxis ist, dass eine interdisziplinäre Betrachtungsweise meist zu kurz kommt und das Grundverständnis für die Aspekte und Probleme anderer Fachbereiche fehlt. Darüber hinaus fehlt zumeist eine ganzheitliche Betrachtung der Planung, Durchführung und Implementierung bzw. Integration. Transaktionserfolge werden sich deshalb nachhaltig nur optimieren lassen, wenn Manager und Berater das Transaktionsmanagement verbessern und den Bereich des M&A einer ganzheitlichen Betrachtung und Handhabung unterziehen (vgl. Picot & Picot, 2012, S. 22).

Zieht man die hohen Misserfolgsraten und die fehlende Eindeutigkeit der Erfolgsfaktoren in Betracht, stellt sich die Durchführung eines M&A-Vorhabens somit als eine riskante Strategie dar. Offensichtlich gelingt es in der Mehrzahl der Fälle nicht, die Komplexität und das Diskontinuitätenmanagement eines solchen Projekts zumindest soweit

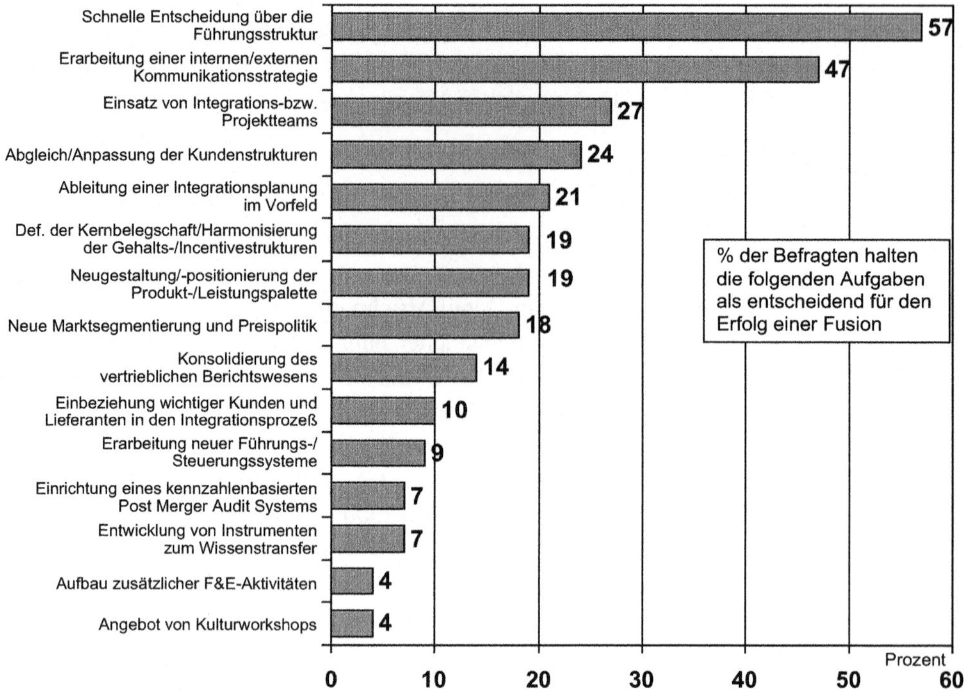


**Abb. 1.7** Wichtige Erfolgsfaktoren bei Unternehmenszusammenschlüssen. (Quelle: Jansen & Körner, 2000, S. 7)

zu beherrschen, dass der Erfolg eine Wahrscheinlichkeit von deutlich über 50 % hat, was aber angesichts der teilweise hohen Kaufpreise und des damit verbundenen hohen Wertvernichtungsrisikos zu fordern ist. Eine explizite und professionelle Umsetzung von M&A ist deswegen umso wichtiger.

## Literatur

AT Kearney. (2008). Three years after the marriage – Merger integration revisited. http://www.atkearney.de/content/veroeffentlichungen/whitepaper_detail.php/id/50371/practice/strat_strategie. Zugegriffen: 13. Feb. 2015.

Auerbach, C. M. (2009). *Fusionen deutscher Kreditinstitute: Erfolg und Erfolgsfaktoren am Beispiel von Sparkassen und Kreditgenossenschaften.* Zugl.: Oestrich-Winkel, Europ. Business School, Diss., 2009. Gabler Research: Schriften zum europäischen Management. Wiesbaden: Gabler.

Bamberger, B. (1994). *Der Erfolg von Unternehmensakquisitionen in Deutschland: Eine theoretische und empirische Untersuchung.* Bergisch Gladbach: Eul.

Bark, C., & Kötzle, A. (2003). Erfolgsfaktoren der Post-Merger-Integrations-Phase: Ergebnisse einer empirischen Untersuchung. *Finanz-Betrieb, 5*(3/2003), 133–146.

Barreto, I. (2010). Dynamic capabilities: A review of past research and an agenda for the future. *Journal of Management, 36*(1), 256–280.

Bartlett, C. A., & Beamish, P. W. (2011). *Transnational management: Text, cases, and readings in cross-border management* (6. Aufl.). New York: McGraw-Hill/Irwin.

Bausch, A. (2003). *Unternehmenszusammenschlüsse – Strategien und Strukturen für kooperatives und akquisitorisches Wachstum in Industrieunternehmungen.* Wiesbaden: Dt. Univ.-Verl.

Bouncken, R. B. (2000). Dem Kern des Erfolgs auf der Spur? State of the Art zur Identifikation von Kernkompetenzen. *Zeitschrift für Betriebswirtschaft, 70*(7/8), 865–885.

Buchard, U., & Bongartz, U. (1998). Fusionen: Der Reiz des schnellen Wachstums. *Die Bank: Zeitschrift für Bankpolitik und Praxis,* (7), 392–395.

Büchel, B., Prange, C., Probst, G., & Rüling, C.-C. (1997). *Joint Venture-Management: Aus Kooperationen lernen.* Bern: Haupt.

Bühner, R. (1990). *Erfolg von Unternehmenszusammenschlüssen in der Bundesrepublik Deutschland: Ergebnisse empirischer Analysen.* Stuttgart: Poeschel.

Bühner, R. (1991). *Grenzüberschreitende Unternehmenszusammenschlüsse deutscher Unternehmen.* Stuttgart: C.E. Poeschel.

Coenenberg, A. G., & Schultze, W. (2011). Akquisition und Unternehmensbewertung. In W. Busse von Colbe, A. G. Coenenberg, P. Kajüter, U. Linnhoff, & B. Pellens (Hrsg.), *Betriebswirtschaft für Führungskräfte. Eine Einführung für Ingenieure, Naturwissenschaftler, Juristen und Geisteswissenschaftler* (4. Aufl., S. 353–384). Stuttgart: Schäffer-Poeschel.

Cyert, R. M., & March, J. G. (1963). *A behavioral theory of the firm.* New Jersey: Prentice Hall.

Datta, D. K., & Puia, G. (1995). Cross-border acquisitions: An examination of the influence of relatedness and cultural fit on shareholder value creation in US acquiring firms. *Management International Review, 35*(4), 337–359.

Dibelius, A. (2000). Mergers & Acquisitions aus Sicht der Kapitalmärkte. In A. Picot (Hrsg.), *Handbuch Mergers & Acquisitions. Planung, Durchführung, Integration* (S. 33–52). Stuttgart: Schäffer-Poeschel.

Dicken, A. J. (2000). Erfolg von Unternehmensfusionen aus aktueller Sicht. *Betriebswirtschaftliche Forschung und Praxis, 52*(4), 358–372.

Dörr, T. (2000). *Grenzüberschreitende Unternehmensakquisitionen: Erfolg und Einflussfaktoren. Gabler-Edition Wissenschaft.* Wiesbaden: Dt. Univ.-Verl.

Ebers, M., & Gotsch, W. (2006). Institutionenökonomische Theorien der Organisation. In A. Kieser (Hrsg.), *Organisationstheorien* (6. Aufl., S. 247–308). Stuttgart: Kohlhammer.

Eisenbarth, I. (2013). *Zeitliche Optimierung von M&A-Entscheidungen: Eine Analyse pro- und antizyklischen M&A-Verhaltens in Deutschland. Finanzierung, Kapitalmarkt und Banken: Vol. 87.* Lohmar – Köln: Eul.

Erlei, M., Leschke, M., & Sauerland, D. (2007). *Neue Institutionenökonomik* (2. Aufl.). Stuttgart: Schäffer-Poeschel.

Fechtel, A. (2001). *Wertorientiertes, strategisches Management von Mehrgeschäfts-Unternehmungen. Gabler Edition Wissenschaft.* Wiesbaden: Dt. Univ.-Verl.

Feldman, M. L., & Spratt, M. F. (2000). *Speedmanagement für Fusionen: schnell entscheiden, handeln, integrieren.* Wiesbaden: Gabler.

Fett, T., & Spiering, C. (2010). *Handbuch Joint Venture. Wirtschaftsrecht.* Heidelberg: C.F. Müller.

Franke, G., & Hopp, C. (2006). M&A-Transaktionen – Fluch oder Segen der Realoptionstheorie. In B. W. Wirtz (Hrsg.), *Handbuch Mergers & Acquisitions Management* (S. 35–56). Wiesbaden.

Freiling, J. (2006). Ressourcenmotivierte Mergers & Acquisitions: Kompetenzbasierte Erklärungen von Unternehmenszusammenschlüssen. In B. W. Wirtz (Hrsg.), *Handbuch Mergers & Acquisitions Management* (S. 11–34). Wiesbaden: Gabler.

Gerds, J. (2000). *Post Merger Integration: Eine empirische Untersuchung zum Integrationsmanagement* (1. Aufl.). *Gabler-Edition Wissenschaft.* Wiesbaden: Dt. Univ.-Verl.

Gerds, J., & Schewe, G. (2011). *Post-Merger-Integration: Unternehmenserfolg durch Integration Excellence* (4. Aufl.). Heidelberg: Springer.

Ghemawat, P., & Ghadar, F. (2001). Globale Megafusionen – ökonomisch nur selten zwingend geboten. *Harvard Business Manager, 23*(1), 32–41.
Glaum, M., & Hutzschenreuter, T. (2010). *Mergers & Acquisitions – Management des externen Unternehmenswachstums*. Stuttgart: Kohlhammer.
Günther, T. (1997). *Unternehmenswertorientiertes Controlling*. München: Vahlen.
Habeck, M. M., Kröger, F., & Träm, M. (2002). *Wi(e)der das Fusionsfieber: Die sieben Schlüsselfaktoren erfolgreicher Fusionen* (2., überarb. Aufl.). Wiesbaden: Gabler.
Heinen, E. (1979). *Grundlagen betriebswirtschaftlicher Entscheidungen – Das Zielsystem der Unternehmung* (3. Aufl.). Wiesbaden: Gabler.
Hettich, E. (2014). M&A in der Wissenschaft: Theoretische Perspektiven und Einblicke in die Forschung. *M&A Review, 25*(5), 186–191.
Heuschele, W. (1998). Sind Fusionen ein Irrweg? *Die Sparkassen-Zeitung,* (8), 384–385.
Homburg, C. (2000). Kundenbindung im Umfeld von Fusionen und Akquisitionen. In A. Picot, A. Nordmeyer, & P. Pribilla (Hrsg.), *Management von Akquisitionen* (S. 169–180). Stuttgart: Schäffer-Poeschel.
Homburg, C., & Bucerius, M. (2006). Is speed of integration really a success factor of mergers & acquisitions?: An analysis of the role of internal and external relatedness. *Strategic Management Journal, 27*(4), 347–367.
Hutzschenreuter, T., Kleindienst, I., & Schmitt, M. (2012). Path-related empirical research on M&A-outcome: Review and research agenda. *Review of Managerial Science, 6*(4), 375–405.
Jansen, S. A., & Körner, K. (2000). *Fusionsmanagement in Deutschland: Eine empirische Analyse von 103 Zusammenschlüssen mit deutscher Beteiligung zwischen 1994 und 1998 unter spezifischer Auswertung der Erfolgswirkungen des Typus der Fusion, der (Inter)Nationalität, der Branche und der Unternehmensgröße*. Witten: Univ., Inst. for Mergers Acquisitions.
Jansen, S. A., & Müller-Stewens, G. (2000). Endet die fünfte Welle auf dem Markt für Unternehmensübernahmen in einer neuen Rezession? *Frankfurter Allgemeine Zeitung,* 49–50.
Kengelbach, J., Klemmer, D. C., & Schwetzler, B. (2011). Kapitalmarktorientierte Wertschaffung mit M&A aus der Käuferperspektive: Teil 1: Erfolgsfaktoren im zyklischen Umfeld. *M&A Review, 22*(12), 520–530.
Kengelbach, J., Klemmer, D. C., & Schwetzler, B. (2012). Kapitalmarktorientierte Wertschaffung mit M&A aus der Käuferperspektive: Teil 2: Erfolgsfaktoren von Serienkäufern. *M&A Review, 23*(1), 1–5.
Maurer, J., & Pachta, J. (2014). M&A-Markt Q2 2014: Stagnierende Wirtschaft und florierender M&A-Markt. *M&A Review, 25*(11), 426–431.
Meckl, R. (2001). Der Mergers & Acquisitions-Prozeß. In J. Bolten & D. Schröter (Hrsg.), *Schriftenreihe interkulturelle Wirtschaftskommunikation: Bd. 6. Im Netzwerk interkulturellen Handelns. Theoretische und praktische Perspektiven der interkulturellen Kommunikationsforschung* (S. 14–32). Sternenfels: Verlag Wissenschaft & Praxis.
Meckl, R. (2014). *Internationales Management* (3. Aufl.). *Lernbücher für Wirtschaft und Recht*. München: Vahlen.
Meckl, R., & Weusthoff, S. (2008). Internationale Unternehmenszusammenschlüsse. *Wirtschaftswissenschaftliches Studium, 37*(11), 578–584.
Meckl, R., Sodeik, N., & Fischer, L. (2006). Erfolgsfaktoren für Mergers & Acquisitions – Ergebnisse einer empirischen Studie. In W. Seidenschwarz (Hrsg.), *Prozessorientiertes M&A-Management. Strategien-Prozesse-Erfolgsfaktoren* (S. 163–181). München: Vahlen.
Morosini, P., Shane, S., & Singh, H. (1998). National cultural distance and cross-border acquisition performance. *Journal of International Business Studies, 29*(1), 137–158.
Müller-Stewens, G. (2010). M&A als Wellen-Phänomen: Analyse und Erklärungsansatz. In G. Müller-Stewens, S. Kunisch, & A. Binder (Hrsg.), *Mergers & Acquisitions. Analysen, Trends und Best Practices* (S. 14–44). Stuttgart: Schäffer-Poeschel.

Neubürger, H.-J. (2000). Wertorientierte Unternehmensführung bei Siemens. *Zeitschrift für betriebswirtschaftliche Forschung, 52*(3), 188–196.

Pelzer, S., & Haas, S. (2014). Unternehmensbewertung auf Basis von Realoptionen. *Corporate Finance, 1*(10), 438–447.

Penzel, H.-G. (2000). Klare Strategie und Zielausrichtung: Erfolgsfaktoren für das Post-Merger-Management. *Zeitschrift Führung + Organisation, 69*(1), 25–36.

Picot, G., & Picot, M. A. (2012). Wirtschaftliche und wirtschaftsrechtliche Aspekte bei der Planung der Mergers & Acquisitions. In G. Picot (Hrsg.), *Handbuch Mergers & Acquisitions. Planung, Durchführung, Integration* (5. Aufl., S. 2–47). Stuttgart: Schäffer-Poeschel.

Pieper, R. (Hrsg.). (1992). *Lexikon Management*. Wiesbaden: Gabler.

Prahalad, C. K., & Hamel, G. (1990). The core competence of the corporation. *Harvard Business Review, 68*(3), 79–91.

PricewaterhouseCoopers (PwC). (2000). *Speed makes the difference: A Survey of Mergers & Acquisitions*. www.pwc.com.

Rappaport, A. (1999). *Shareholder-Value: Ein Handbuch für Manager und Investoren* (2., vollst. überarb. und aktualisierte Aufl.). *Handelsblatt*. Stuttgart: Schäffer-Poeschel.

Roll, R. (1986). The hubris hypothesis of corporate takeovers. *Journal of Business, 59*(2), 197–216.

Schaper-Rinkel, W. (1998). *Akquisitionen und strategische Allianzen: alternative, externe Wachstumswege. Wirtschaftswissenschaft*. Wiesbaden: DUV.

Seidel, G. R. (1995). *Kritische Erfolgsfaktoren bei Unternehmensübernahmen: Eine Analyse der US-Bankenbranche. Gabler Edition Wissenschaft*. Wiesbaden: Dt. Univ.-Verl.; Gabler.

Stiefl, J., & Westerholt, K. von. (2008). *Wertorientiertes Management: Wie der Unternehmenswert gesteigert werden kann*. München: Oldenbourg.

Sudarsanam, S. (2010). *Creating value from mergers and acquisitions – The challanges* (2. Aufl.). Essex: Pearson.

Theuerkorn, K. (2013). *Corporate Social Responsibility als Erfolgsfaktor bei M&A-Transaktionen*. Lohmar – Köln: Eul.

Töpfer, A. (2000). Mergers & Acquisitions: Anforderungen und Stolpersteine. *Zeitschrift Führung + Organisation, 69*(1), 10–17.

Towers Watson. (2010). *Mergers & Acquisitions: HR als kritischer Erfolgsfaktor in M&A Deals.: Ergebnisericht Towers Watson Pulse Survey*. http://www.towerswatson.com/DownloadMedia.aspx?media=%7BBB3BDDF1-2160-467D-8B83-9F5A94A3F04B%7D. Zugegriffen: 13. Feb. 2015.

Ungerath, M., & Hoyningen-Huene, J. v. (2005). PMI: Integrationserfolg zwischen Konsens und Durchsetzungskraft: 2. Global PMI Survey von AT Kearney. *M&A Review, 16*(3), 131–132.

United Nations Conference on Trade and Development. (2013). *World investment report 2013: Global value chains: Investment and trade for development*: United Nations Pubns.

Volkart, R. (2010). *Unternehmensbewertung und Akquisitionen* (3., vollst. überarb. Aufl.). Zürich: Versus.

Williamson, O. E. (1975). *Markets and hierarchies: Analysis and antitrust implications*. New York: Free Press.

Wirtz, B. W. (2014). *Mergers & Acquisitions Management: Strategie und Organisation von Unternehmenszusammenschlüssen* (3., aktualisierte und überarbeitete Aufl.). Wiesbaden: Springer.

Wöhe, G., & Döring, U. (2013). *Einführung in die allgemeine Betriebswirtschaftslehre* (25., überarb. und aktualisierte Aufl.). *Vahlens Handbücher der Wirtschafts- und Sozialwissenschaften*. München: Vahlen.

Young, S. D., & O'Byrne, S. F. (2001). *EVA and value based management: A practical guide to implementation*. New York: McGraw Hill.

# Formen von M&A und Beteiligte an M&A-Transaktionen 2

## 2.1 Formen von M&A

### 2.1.1 Akquisitionsrichtung: Horizontal, vertikal oder lateral

Angesichts der vielen Komponenten von M&A-Transaktionen bietet sich auch eine Vielzahl von Formen und Unterteilungsmöglichkeiten von solchen Deals an (vgl. für einen eher theoretisch konzipierten Überblick z. B. Angwin, 2012). Im Folgenden werden wesentliche Unterscheidungskriterien referiert und in ihren Spezifika beschrieben.

Für das betriebswirtschaftliche Verständnis von M&A ist die Differenzierung der Transaktionen nach der strategischen Ausrichtung wichtig. Die strategische Ausrichtung leitet sich aus den strategischen Zielen und Motiven ab (vgl. zu den einzelnen strategischen Zielen Abschn. 4.1). Sie äußern sich grundlegend in der Akquisitionsrichtung. Hier kann unterschieden werden nach einer horizontalen, einer vertikalen und einer lateralen (auch als konglomerat bezeichneten) Richtung (vgl. Abb. 2.1).

*Horizontal* bedeutet, dass sich die zusammenschließenden Unternehmen in einem eng verwandten Geschäft der gleichen Branche und Wertschöpfungsstufe befinden und untereinander im Wettbewerb stehen. Die Ziele, die bei dieser Transaktionsrichtung verfolgt werden, liegen häufig im Bereich der Kapazitätsbereinigung, also der Marktkonsolidierung. Volumeneffekte, d. h. positive Auswirkungen insbesondere auf die Kostenposition durch höhere Stückzahlen in der eigenen Wertschöpfungsstufe und/oder Verbundeffekte mit positiven Synergien durch ein breiteres Produktangebot sind hier ebenfalls zu nennen. Eine höhere Effizienz in der F&E, der Produktion und vor allem auch dem Vertrieb können bei gelungener Integration verwirklicht werden.

*Vertikale* Verbindungen liegen dann vor, wenn die Unternehmen zwar in der gleichen Branche tätig sind, sich aber auf unterschiedlichen, aufeinanderfolgenden Wertschöpfungsstufen befinden. Durch vertikale M&A-Transaktionen wird eine Erhöhung der Fer-



K. Lucks, R. Meckl, *Internationale Mergers & Acquisitions*,
DOI 10.1007/978-3-662-46896-8_2

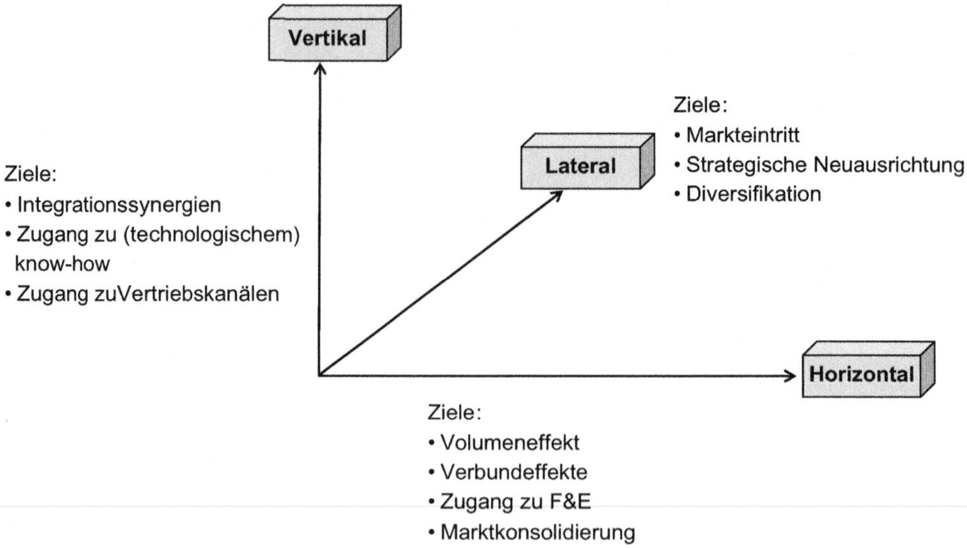


**Abb. 2.1** Die Akquisitionsrichtungen

tigungs- bzw. Leistungstiefe eines Unternehmens durch den Zusammenschluss mit Abnehmern („Down-Stream-M&A") oder Lieferanten („Up-Stream-M&A") erreicht (vgl. Paprottka, 1996, S. 11–12). Die Reduktion von Schnittstellen und die Optimierung von Prozessen zum (bisherigen) Zulieferer oder Abnehmer führen zu Synergien (vgl. Horzella, 2010, S. 133). Der Abbau von Abhängigkeiten durch Zugang zu einer Technologiekomponente, die in Zukunft besonders wichtig werden wird und beim Zulieferer liegt, oder der Zugang zum Endkunden, der bisher bei einer zwischengelagerten Handelsstufe lag, sind Beispiele für weitere Gründe für diese Akquisitionsrichtung.

Werden Unternehmensverbindungen über die angestammte Branchengrenze hinweg durchgeführt, d. h. es besteht keine Übereinstimmung von Markt und Produkt, so werden diese als *lateral* oder konglomerat bezeichnet (vgl. Ebert, 1998, S. 13; Horzella, 2010, S. 133–134). Eine Diversifizierung des Portfolios der eigenen Aktivitäten mit dem Ziel der Streuung des Risikos steht häufig hinter solchen Transaktionen. Da normalerweise wenig Wissen über die neue Branche vorhanden ist, empfiehlt sich der Einstieg über den Kauf eines Unternehmens aus der Zielbranche. Allerdings hat diese strategische Richtung in den letzten Jahren im Zuge der Fokussierung auf Kernkompetenzen an Bedeutung verloren (vgl. Horzella, 2010, S. 133–134).

### 2.1.2 Akquisitionsintensität: Höhe der Beteiligung

Ein zweites, wesentliches Merkmal bei M&A ist die Höhe der Beteiligung, die am Zielunternehmen erworben wird. Wie oben definiert, stellen M&A Transaktionen dar, die durch den Übergang von Leitungs- und Kontrollbefugnissen gekennzeichnet sind (vgl.

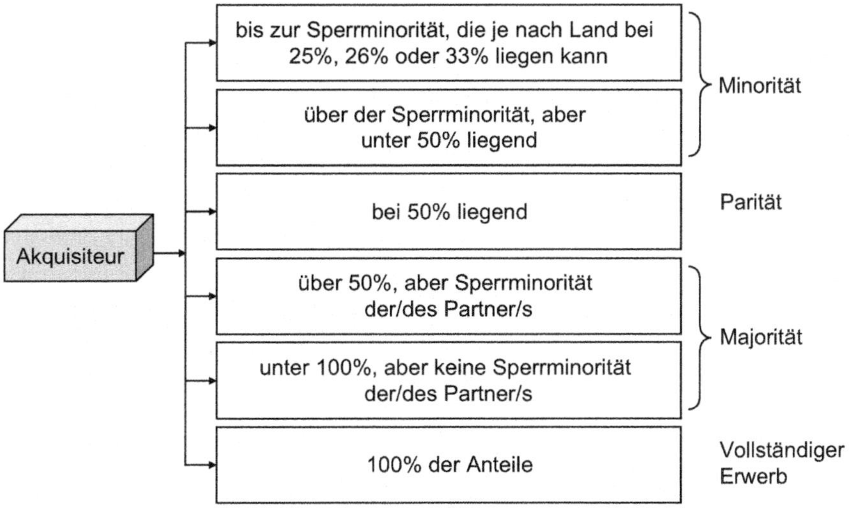


**Abb. 2.2** Beteiligungsstufen bei M&A. (vgl. Scholz, 2000, S. 9)

Abschn. 1.1.2). Mit zunehmender Kapitalbeteiligung des Käuferunternehmens steigt dessen Einfluss auf das Zielunternehmen bzw. steigt die Abhängigkeit des Zielunternehmens vom Käufer. Der Grad der Abhängigkeit wird auch als Bindungsintensität bezeichnet, die ein wichtiges Klassifizierungsmerkmal darstellt. Je nach Möglichkeit der Einflussnahme auf die unternehmerischen Aktivitäten des Akquisitionsobjekts werden Minderheits-, paritätische, Mehrheitsbeteiligungen und der vollständige Anteilserwerb unterschieden (vgl. Abb. 2.2).

*Minderheitsbeteiligungen* erlauben an sich keinen beherrschenden Einfluss auf die unternehmerischen Tätigkeiten des Beteiligungsunternehmens. Ein wichtiger erster Mindestsatz stellt das Erreichen der Sperrminorität dar. Im deutschen Aktiengesetz ist diese Beteiligungsschwelle mit 25 % am Kapital festgelegt, international variiert diese jedoch. So liegt sie z. B. in Frankreich bei 33,33 %. Mit einer Beteiligung in Höhe der Sperrminorität können wichtige Beschlüsse der Gesellschaft verhindert werden, wie z. B. Satzungsänderung und Änderung des Gegenstands des Unternehmens, Ausschluss des Bezugsrechts, Beschluss über die bedingte Kapitalerhöhung und das genehmigte Kapital oder Abschluss eines Unternehmensvertrags. Sollte die Streuung des übrigen Kapitals sehr hoch und in der Hauptversammlung regelmäßig ein bestimmter Teil der Aktionäre nicht vertreten sein, kann es dazu führen, dass eine Beteiligung mit weniger als 50 % zur Mehrheit führt (vgl. Kleinschnittger, 1993, S. 18–19) und dadurch ein nicht unbedeutender Einfluss auf die Zielgesellschaft ausgeübt werden kann.

Minderheitsbeteiligungen werden häufig als Unterstützung strategischer Allianzen verwendet, bei denen der Gegenstand der Zusammenarbeit der Unternehmen und deren Befugnisse normalerweise nur vertraglich geregelt sind. Der Vorteil solcher Minderheitsbeteiligungen liegt in der geringen Kapitalintensität. Strategische Ziele können durch kooperative Zusammenarbeit mit dem Partnerunternehmen durch eine höhere Flexibilität der Kooperation bei Umwelt-/Wettbewerbsveränderungen trotzdem erreicht werden. Nachteilig zu bewerten ist die fehlende hierarchische Kontrolle, die z. B. opportunistisches Verhalten des Partners ausschließen könnte. Eine Integration des Zielunternehmens mit Realisierung von Synergien ist nicht möglich.

Erst eine *Mehrheitsbeteiligung* (>50 %) gewährt dem Käuferunternehmen einen beherrschenden Einfluss auf das Akquisitionsobjekt und stellt insofern eine Akquisition im engeren Sinne dar. Mit ihr sind die Voraussetzungen für ein faktisches Konzernverhältnis gegeben und eine einheitliche Leitung kann wahrgenommen werden. Für strategische Käufer ist zur Realisierung ihrer Transaktionsziele häufig nur eine Mehrheitsbeteiligung zielführend (vgl. Dryander, 2013, S. 23). Eine wichtige Schwelle innerhalb der Mehrheitsbeteiligung ist die Ausschaltung der Sperrminorität, um die für die oben genannten Beschlüsse notwendige qualifizierte Mehrheit zu erreichen. Damit können nach deutschem Aktiengesetz z. B. Beherrschungs- und Gewinnabführungsverträge sowie die Verschmelzung mit anderen Gesellschaften unabhängig von Dritten beschlossen werden.

Die komplette „Bewegungsfreiheit" bei der Zusammenarbeit und Integration des Zielunternehmens hat der Käufer aber nur, wenn er 100 % übernimmt. In diesem Buch wird, wenn nicht anders vermerkt, auch von dieser Konstellation ausgegangen. Hier stellt sich die Frage, was passiert, wenn eine kleine Minderheit von Eigentümern des Zielunternehmens aus grundsätzlichen oder auch taktischen Überlegungen heraus nicht verkaufen will. Diese kleine Minderheit hat ein grundsätzliches „Erpressungspotenzial" gegenüber dem Käufer, da z. B. über Klagen zum Minderheitenschutz Beschlüsse zur Integration verhindert oder hinausgezögert werden können. In diesem Zusammenhang ist häufig von räuberischen Aktionären die Rede (vgl. Oberhuber, 2012) die gezielt wenige Aktien kaufen, um dann mit dem Käuferunternehmen unter Androhung von Klagen Ausgleichszahlungen verhandeln zu können. Um dies zumindest einzuschränken und nicht eine Großzahl von Transaktionen an diesem Minderheitenproblem scheitern zu lassen, wurde die sog. Squeeze-Out Regelung eingeführt (vgl. dazu im Detail z. B. Cascante & Tyrolt, 2013, S. 333–337). Nach § 39a WpÜG können ab einer Eigentumsschwelle von 95 % gegen eine angemessene Abfindung die Minderheitsgesellschafter der Zielgesellschaft ausgeschlossen werden.

An dieser Stelle ist auch eine besondere Form der Verschmelzung von zwei Unternehmen zu nennen, der sog. *„Merger of Equals"*. Bei dieser Art der Transaktion schließen sich zwei Unternehmen, meist mit ungefähr gleicher Größe, gleichberechtigt zusammen. Es findet also im eigentlichen Sinn keine Übernahme statt, sondern eine Verschmelzung, meist zu einer rechtlich gesehen neuen Gesellschaft. Das bekannteste Beispiel ist wohl der Merger der Daimler AG und der Chrysler Corp. Allerdings zeigt sich sehr häufig, dass solche Konstrukte sehr instabil sind und Wert vernichten (vgl. Dryander, 2013, S. 24). Unklare Führungskonstellationen und machtpolitische Querelen verhindern oft eine effiziente Integration. Auch das genannte Beispiel von Daimler und Chrysler wurde wieder aufgelöst und hat letztendlich zur Vernichtung von Milliardenwerten geführt.

Neben Mehrheits- bzw. Minderheitsbeteiligung gibt es auch die Möglichkeit, einen *50 %-Anteil* an einem Unternehmen zu erwerben. Ob hier ein maßgeblicher Einfluss ausgeübt werden kann, hängt u. a. von den Besitzverhältnissen der zweiten 50 % ab. Interessant ist dabei der Fall, wenn zwei Partnerunternehmen zu gleichen Kapitalanteilen, also zu jeweils 50 % an einem dritten Unternehmen beteiligt sind. Hier handelt es sich um ein paritätisches Joint Venture. Aufgrund der paritätischen Verteilung von Anteilen bzw. Stimmrechten können wichtige unternehmerische Entscheidungen nur gemeinschaftlich gefällt werden. Dies stellt für die Unternehmensführung eine große Herausforderung dar. Da hier keine dominanten Kontrollverhältnisse bestehen, sind die Aufgaben, Pflichten und Rechte der Partner detailliert im Gesellschaftsvertrag zu regeln.

Generell gilt bei einem Joint Venture, dass hier nicht eine der Muttergesellschaften das Transaktionsobjekt darstellt, sondern eine dritte Gesellschaft, in die die Muttergesellschaften Werte einbringen. In einem solchen Fall werden von vornherein bestimmte Beteiligungsverhältnisse angestrebt. Zu deren Erreichung stehen den Partnern die Möglichkeiten der Einbringung von Unternehmensteilen bzw. Vermögensgegenständen oder des Wertausgleichs durch Cash-Zahlungen zwischen den Muttergesellschaften zur Verfügung.

Da Joint Ventures gänzlich andere Erfolgs- und Risikofaktoren aufweisen und strategisch sowie aus Sicht der Unternehmensführung auch gänzlich anders angelegt werden müssen, wird auf sie in diesem Buch nicht näher eingegangen.

### 2.1.3 Akquisitionstypen: Strategische Käufer, MBOs und Finanzinvestoren

#### 2.1.3.1 Strategische Käufer und Management Buy Outs (MBOs)

Eine durchaus sinnvolle Einteilung nach Transaktionstypen lässt sich anhand der Käufer vornehmen. Es lassen sich hier drei grundsätzliche Gruppen unterscheiden, die strategischen Käufer, das Management eines Unternehmens und die Finanzinvestoren.

*Strategische Käufer* wollen Kontrolle über die gekauften Aktivitäten erlangen, um langfristig den Wert des Gesamtunternehmens zu steigern. Sie stammen in den meisten Fällen aus der gleichen oder einer verwandten Branche, was allerdings bei einer lateralen Akquisition (vgl. Abschn. 2.1.1) nicht unbedingt der Fall sein muss. Hinter dem Kauf sollte eine Strategie zur Wertsteigerung stehen. Die Erhöhung eines regionalen Marktanteils durch eine internationale Akquisition oder der Kauf eines Patents für die Entwicklung einer neuen Produktgeneration sind typische Beispiele solcher Strategien (vgl. im Detail dazu Abschn. 4.2). Das Engagement des strategischen Käufers ist langfristig angelegt, eine Exitstrategie mit möglichst hoher Nettorendite ist normalerweise nicht primäres Ziel dieser Käufergruppe.

Eine spezielle Gruppe von strategischen Käufern, die aber aufgrund besonderer Rahmenbedingungen zu recht separat gesehen wird, stellt das Management des Unternehmens bzw. in den meisten Fällen des Geschäftsfelds dar, das verkauft wird. Bei solchen *Management-Buy-Outs (MBOs)* erwerben die Manager des Geschäftsfelds die Eigentumsrechte an den von ihnen geführten Aktivitäten von der Muttergesellschaft bzw. den

Eigentümern. Aus Sicht der Muttergesellschaft/Eigentümer hat eine solche Transaktion folgende Vorteile:

- schnelle Prozessdurchführung, da eine aufwändige Suche nach einem potenziellen Käufer und eine Due Diligence meist nicht nötig sind, da die Manager den Kaufgegenstand sehr gut kennen,
- niedrige Publizität,
- es müssen keine Informationen an Externe, z. B. interessierte Wettbewerber gegeben werden,
- Mitarbeiter akzeptieren den Verkauf eher, da sie das Management kennen, evtl. ist auch ein Beteiligung der Mitarbeiter möglich („Employee Buy Out"),
- Möglichkeit für Familienunternehmen, das Nachfolgeproblem zu lösen,
- es kann, evtl. für einen Übergangszeit, eine Beteiligung gehalten werden.

Aus Sicht des Managements bietet sich die Chance, dass sie Eigentumsrechte und damit Wertzuwächse an einem Unternehmen erwerben, dessen Zukunftspotenzial sie sehr gut einschätzen können. Ist diese Einschätzung positiv, so kommt es auf die Kaufkonditionen an, wie hoch dieser Wertzuwachs und damit die Reichtumsmehrung der Manager langfristig ausfällt. Hier zeigt die Praxis, dass gerade Mutterunternehmen, die vielleicht aus strategischen Gründen kleinere Einheiten schnell und geräuschlos loswerden wollen, hier zu Zugeständnissen bereit sind. Umsatzgarantien, Übernahme spezieller Risiken, eine gut ausgestattete Bilanz oder auch ein niedriger Verkaufspreis sind solche Zugeständnisse, die den Start für die dann selbstständige Einheit erleichtern.

Allerdings eignen sich nicht alle Geschäfte für ein MBO. Für die Manager stellt sich das Problem, die Übernahme zu finanzieren. Zwar helfen zinsgünstige Darlehen des Verkäufers (Vendor Notes, vgl. Abschn. 5.3.3) zur Finanzierung von Transaktionen, allerdings wird in den meisten Fällen neben Eigenmitteln der Manager auch Fremdkapital benötigt. Hier wird normalerweise die Konstruktion gewählt, dass Vermögensgegenstände aus den gekauften Aktivitäten als Sicherheiten dienen und der Kredit aus dem Cash-Flow des dann selbstständigen Unternehmens bedient wird. Dies bedeutet, dass die im Rahmen des MBO gekauften Aktivitäten einen stabilen Cash-Flow aufweisen und über werthaltige Sicherheiten verfügen sollten sowie keine hohen Investitionen in der ersten Phase nach dem Kauf nötig sein sollten. Es ist zu beobachten, dass gerade bei größeren MBOs auch Finanzinvestoren, wie im nächsten Abschnitt beschrieben oder auch Family Offices, also die Vermögensverwaltungen von vermögenden Familien, als Co-Investoren an der Finanzierung beteiligt werden können.

#### 2.1.3.2 Finanzinvestoren

Die im vorherigen Abschnitt beschriebenen strategischen Käufe bilden die Mehrzahl der M&A-Transaktionen (vgl. Abb. 2.3). In diesem Buch wird auch, wenn nicht anders vermerkt, aus Sicht dieser Gruppe argumentiert.

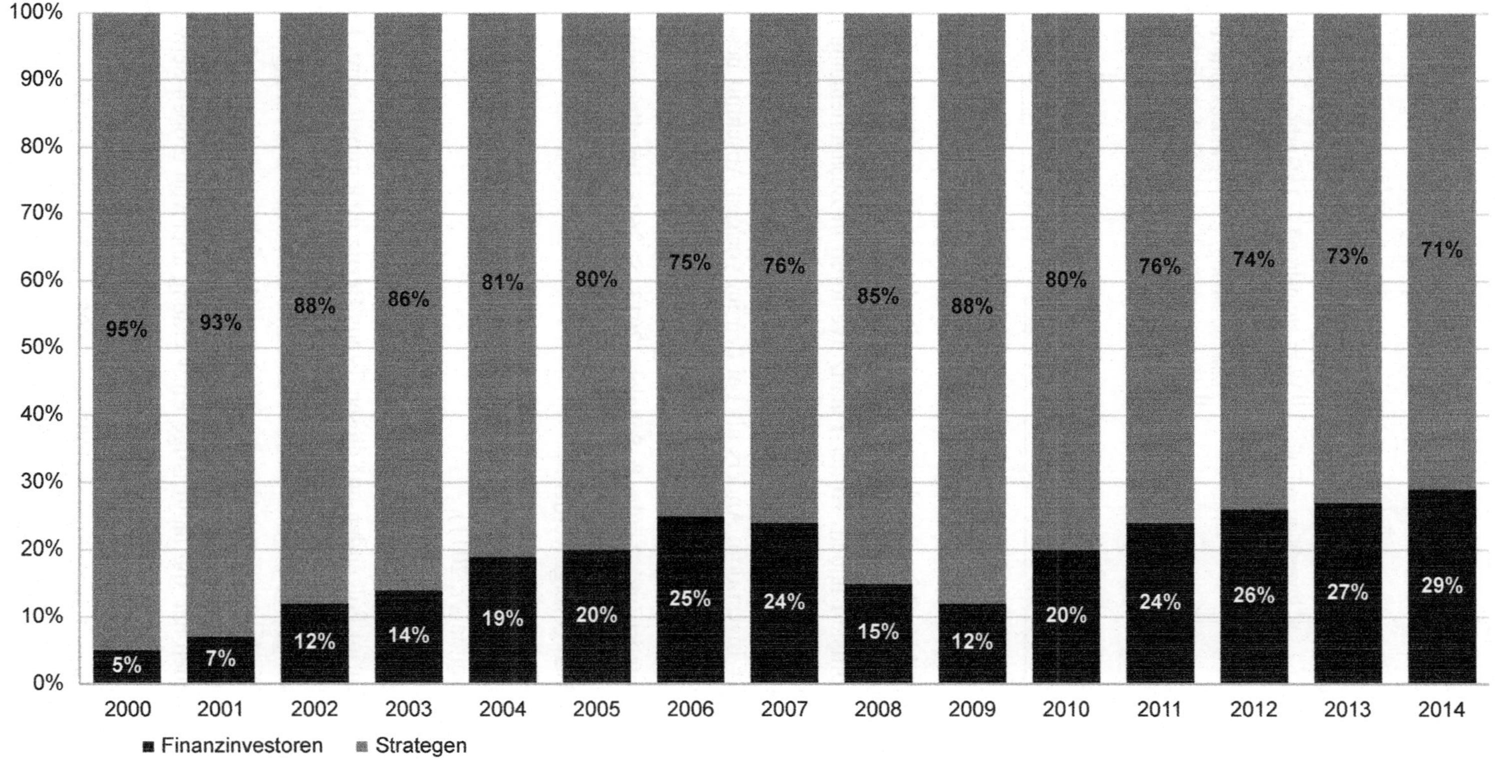


**Abb. 2.3** Strategische vs. Finanzinvestoren. (Quelle: Maurer & Pachta, 2015, S. 166)

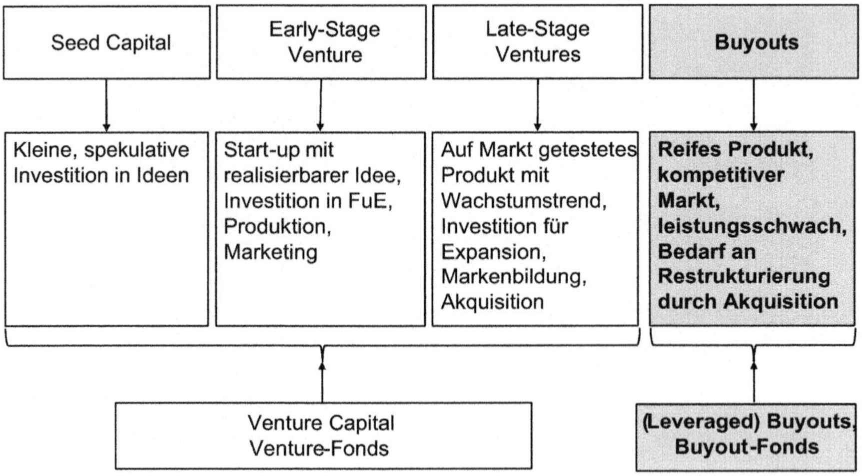


**Abb. 2.4** Arten von Private Equity Transaktionen. (Quelle: Sudarsanam, 2010, S. 309)

Allerdings zeigt Abb. 2.3 auch, dass gerade in den letzten Jahren die Finanzinvestoren wieder an Bedeutung gewonnen haben und sich auf einem Niveau von ungefähr ¼ aller Transaktionen stabilisiert haben. Hinter Finanzinvestoren in Zusammenhang mit M&A verbergen sich vor allem Private Equity Unternehmen. Private Equity besagt zunächst nur, dass privates (Eigen-)Kapital in Unternehmen investiert wird. Wichtig ist hier aber die Zielsetzung der Investition: Anders als bei den im vorigen Abschnitt beschriebenen strategischen Käufern ist das Engagement eher mittelfristig angelegt, wobei die Exitstrategie von vornherein mit dem Ziel der Realisierung einer möglichst hohen Rendite Teil des Gesamtengagements ist (vgl. Leube & Schalast, 2013, S. 267). Im allgemeinen Sprachgebrauch haben sich zwei Arten von Private Equity Investitionen herausgebildet, die in Abb. 2.4 schematisch gezeigt werden.

Die *Venture Capital-Finanzierungen* stellen häufig Minderheitsbeteiligungen an jungen Firmen dar, die ein großes Potenzial versprechen (vgl. im Detail dazu z. B. Gompers & Lerner, 2004; Weitnauer, 2011).

Aus M&A-Sicht interessanter sind die Buy Outs, auch häufig als Leveraged Buy Outs (LBOs) bezeichnet, da diese ein Geschäftsmodell darstellen, das auf M&A als Instrument aufbaut, weswegen im Folgenden auf diesen Typus Bezug genommen wird. Dieses Geschäftsmodell „Private Equity" stammt ursprünglich aus den angelsächsischen Ländern, hat aber inzwischen gerade auch in Deutschland eine erhebliche Bedeutung erlangt. Abbildung 2.5 zeigt die Investitionsvolumina in diesem Bereich.

In Abb. 2.5 ist zu sehen, dass Private Equity in den letzten zwei Jahren wieder an Bedeutung gewonnen hat, die langfristige Entwicklung aber von großen Schwankungen gekennzeichnet ist. Der erste Boom in den Jahren 2000 und 2001 war von großen Venture Capital Finanzierungen im Zuge der „New Economy"-Blase gekennzeichnet. Der eigentliche Peak von Private Equity kam in 2007 und 2008, wo billiges Kapitel zur Verfügung stand und Finanzierungen sehr leicht möglich waren. Die von den USA ausgehende Fi-

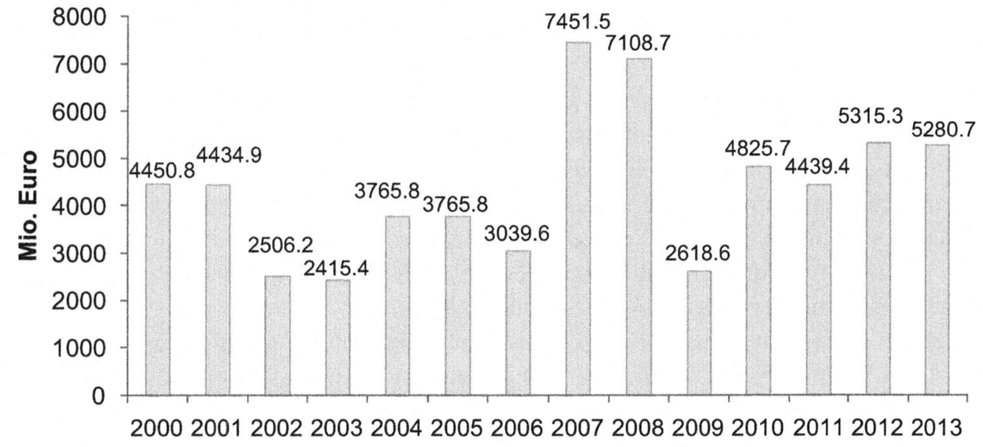


**Abb. 2.5** Entwicklung Private Equity Investitionen in Deutschland. (Quelle: Bundesverband Deutscher Kapitalbeteiligungsgesellschaften e. V., 2014)

nanzkrise, die sich schnell zu einer realökonomischen Krise ausweitete, führte zu einem jähen Absturz der Private Equity Investitionen und zu einer Branchenbereinigung.

Das *LBO-basierte Geschäftsmodell von Private Equity* lässt sich folgendermaßen in Stufen beschreiben (für eine detaillierte Darstellung vgl. Eilers, Koffka, & Mackensen, 2012).

**Kapitalbeschaffung („Funding")**

Private Equity-Gesellschaften wie z. B. Blackstone Group, KKR oder CVC Capital Partners legen einen Fonds zu einem bestimmten Thema, beispielsweise Telekommunikationsgesellschaften, häufig noch mit regionalem Bezug, auf. Der nächste Schritt besteht darin, große Investoren davon zu überzeugen, in den Fonds zu investieren. Typischerweise treten Pensionsfonds, Versicherungen, Unternehmen oder auch vermögende Individuen oder Familien, häufig über Family Offices, als Investoren auf. Sie erwerben Anteile an dem Fonds, wobei das investierte Kapital i. W. Eigenkapitalcharakter hat. Solche Fonds können durchaus Milliardenvolumen aufweisen.

Die zweite sehr wichtige Finanzierungskomponente ist Fremdkapital. Ist ein Zielunternehmen identifiziert, so wird mit Banken über Darlehen der verschiedenen Risikoklassen verhandelt (vgl. im Detail dazu Abschn. 5.3.3 zur Finanzierung von M&A). Ziel ist es dabei, den Leverage-Effekt auszunutzen (deswegen auch der Name Leveraged Buy Out), bei dem teures Eigenkapital durch billiges Fremdkapital ersetzt wird, was rein rechnerisch zu einer Steigerung der Eigenkapitalrendite führen wird. Hier zeigt sich auch, wie wichtig die Kapitalmarktbedingungen, insbesondere die Fremdkapitalkosten für Private Equity Unternehmen sind.

**Akquisition von Zielunternehmen**

Ein entscheidender Schritt ist die Identifikation und Akquisition von geeigneten Unternehmen. Wichtigstes Kriterium dabei ist, dass das Zielunternehmen Wertsteigerungspotenzial hat. Anders als strategische Käufer hat ein Private Equity normalerweise kein Synergiepotenzial, das verwirklicht werden kann, also muss inhärentes, „Stand-Alone"-Wertsteigerungspotenzial gehoben werden (vgl. Leube & Schalast, 2013, S. 272; Maßnahmen zur Wertsteigerung siehe unten). Ein stabiler Cash-Flow, aus dem das Fremdkapital bedient werden kann (siehe oben), ist ebenfalls wünschenswert. Das Transaktionsvolumen muss finanzierbar sein und es muss grundsätzlich eine Kaufgelegenheit gegeben sein, z. B. weil Nachfolgeprobleme bestehen. Private Equity-Gesellschaften wollen dabei normalerweise die Mehrheit im Unternehmen haben oder 100 % der Anteile übernehmen um bei den Maßnahmen zur Wertsteigerung freie Hand zu haben.

Unternehmen mit solchen Eigenschaften sind nicht immer einfach zu finden, so dass die Identifikation geeigneter Zielunternehmen häufig der Engpassfaktor im Geschäftsmodell LBO darstellt. Ein geringes Angebot an geeigneten Unternehmen auf dem Markt, wie aktuell, also 2014, zu beobachten ist, führt wiederum zu steigenden Preisen, was zu einer Überhitzung des Private Equity-Marktes führen kann (vgl. CMS Hasche Sigle, 2014). Die Wertsteigerungsaussichten fallen und auch das Risiko für die Finanzierung wird durch einen erhöhten Eigenkapitaleinsatz, auf den die finanzierenden Banken bestehen, höher, so dass das Geschäftsmodell in diesen Phasen unattraktiver wird. Eine Spezialität einer Gruppe von Private Equity-Unternehmen ist der Kauf von Zielunternehmen, die erhebliche wirtschaftliche Probleme haben bis hin zur Insolvenz. Dieses Geschäftsmodell („Distressed M&A", vgl. dazu auch Ehle & Ahrens, 2013; Tschauner, 2013) weist aber auch ein hohes Risiko auf.

**Maßnahmen zur Wertsteigerung**

Bei den Maßnahmen zur Wertsteigerung lassen sich grundsätzlich drei Bereiche unterscheiden.

Der *strategische* Bereich umfasst die Repositionierung des Zielunternehmens auf den Märkten. Die Erschließung neuer Produktbereiche, neuer Käuferschichten oder auch die Veränderung/Erweiterung der regionalen Ausrichtung wären Beispiele. Im Zuge einer „Pearls on a String"-Strategie können mehrere Unternehmen gekauft und verschmolzen werden, um einen höheren Marktanteil und eine stabilere Marktposition zu erreichen.

Auf der *operativen* Ebene werden die klassischen Wertsteigerungshebel wie Kostensenkungsprogramme, besseres Working Capital Management und Prozessverbesserungen genutzt. Private Equity-Unternehmen bedienen sich dabei häufig Unternehmensberatungen, um diese Potenziale zu heben.

Berühmt-berüchtigt sind Private Equity-Unternehmen aber vor allem wegen ihres *„Financial Engineering"*, also der Nutzung von Wertsteigerungshebeln im finanziellen Bereich. Ein manchmal bis ins Extrem genutzter Leverage-Effekt z. B. durch das Herausnehmen von so viel Eigenkapital wie möglich aus dem Unternehmen und eine dementsprechende risikoreichere Finanzierung zählen hier ebenfalls dazu. Allerdings muss auch gesehen werden, dass in vielen Fällen die Private Equity-Unternehmen zunächst stark investieren müssen, um Wertsteigerungen zu erreichen.

Wichtig ist für viele Private Equity-Unternehmen die starke Erfolgsbeteiligung des für die Wertsteigerung zuständigen Managements. So ist es nicht selten, dass ein Teil der Entlohnung des Managements eine Beteiligung am Unternehmen darstellt.

**Exitstrategien**
Ziel des Exits ist es, eine möglichst hohe Wertsteigerung des eingesetzten Eigenkapitals für die Investoren des Private Equity-Fonds (siehe oben) zu erreichen. Dazu stehen den Private Equity-Unternehmen grundsätzlich mehrere Möglichkeiten zur Verfügung. Beim Verkauf an einen *strategischen Käufer* können ein großer „strategischer Fit" und mögliche Synergien zu einem hohen Verkaufspreis führen. Möglich sind aber auch sogenannte „*Secondaries*", also der Verkauf an ein anderes Private Equity-Unternehmen, wobei allerdings hier von Seiten des Käufers genau zu überlegen ist, ob die oben beschriebenen Maßnahmen zur Wertsteigerung nochmals zielführend angewandt werden können. Man kann sich des Eindrucks nicht erwehren, dass bei einigen „Secondaries" ein gewisser Anlagenotstand bei einem Private Equity-Unternehmen zu der Kaufentscheidung beiträgt. Bei einem *IPO* wird das Unternehmen an die Börse gebracht. Dem zeitaufwändigen, teuren und auch unsicheren Platzierungsprozess steht die Aussicht gegenüber, durch die Platzierung hohe Multiples verwirklichen zu können (vgl. zu Multiples Abschn. 5.3.2.2), wobei allerdings die aktuelle Börsenverfassung ein große Rolle spielt. Auch bei Private Equity ist ein MBO (siehe oben) möglich. Auf die Beteiligung des Managements am Unternehmen als Anreiz für eine hohe Wertsteigerung bei Private Equities wurde hingewiesen. Der Kauf der restlichen Anteile vom Private Equity-Fonds durch das Management (MBO) ist deshalb eine naheliegende weitere Exitstrategie.

Eine Besonderheit ist das sogenannte „Dual Track"-Verfahren beim Exit (vgl. im Detail dazu Eilers et al., 2012, S. 643–649). Häufig besteht bei der Entscheidung, ein Unternehmen aus dem Portfolio des Private Equity-Fonds zu verkaufen, eine große Unsicherheit über die verkaufspreismaximierende Exitstrategie. Beim „Dual Track" werden zwei Exitstrategien so lange wie möglich verfolgt. Gelingt es dadurch, eine glaubhafte Alternative beim Verkauf zu schaffen, so kann dies z. B. dazu führen, dass ein strategischer Investor bereit ist, einen höheren Preis zu bezahlen, wenn die Alternative, z. B. ein IPO, mit hoher Wahrscheinlichkeit zu einem höheren Erlös für den Private Equity-Fonds führen würde (vgl. Dryander, 2013, S. 30–31).

### 2.1.4 Akquisitionsinitiative und -abwicklung: Auktionen vs. Exklusivität

Für die Art der Abwicklung einer Akquisition ist die Frage, wer die Initiative zu dem Deal ergreift, von großer Bedeutung. Hier drängt sich die Unterscheidung nach Käufer- und Verkäuferinitiative auf. Abbildung 2.6 zeigt einen möglichen Abwicklungsweg bei *Käuferinitiative*.

Aufgrund des Ergebnisses der Screeninganalyse (vgl. dazu Abschn. 4.1.3) kommt der Käufer zu dem Ergebnis, dass ein bestimmtes Zielunternehmen der am besten ge-

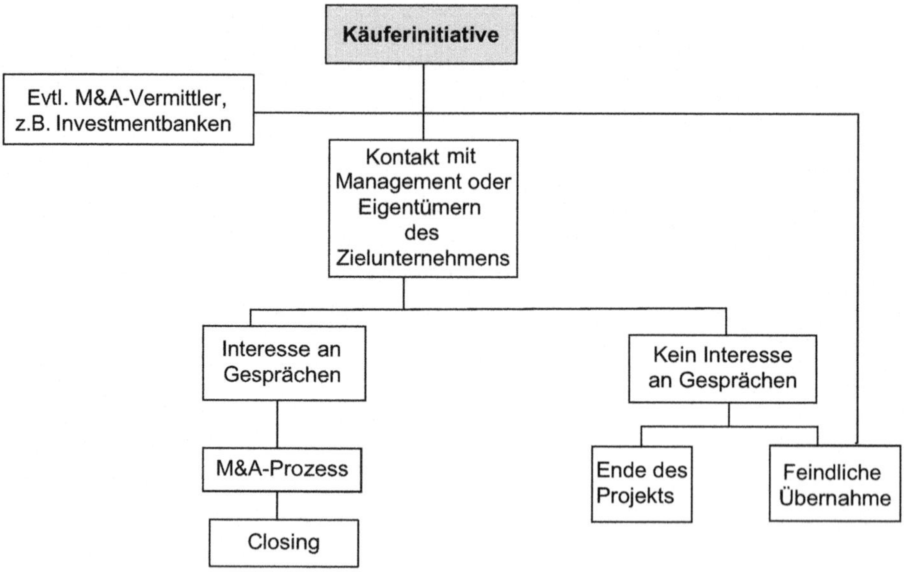


**Abb. 2.6** Käuferinitiative

eignete Kandidat für eine Übernahme ist. Der Kontakt erfolgt bei einem börsengelisteten Zielunternehmen erst mal zum Management, was bei Interesse und erfolgreichem M&A-Prozess zunächst zu einem öffentlichen Übernahmeangebot führen kann (vgl. dazu Abschn. 2.1.5). Bei der Initiative eines möglichen Käufers sind häufig exklusive Verhandlungen die Abwicklungsform der Wahl (siehe unten im Detail dazu). Die Kontaktanbahnung kann auch über M&A-Dienstleister aus diesem Bereich, wie z. B. Investmentbanken erfolgen. Diese können dann auch die Beraterrolle im Prozess übernehmen.

Besteht kein Interesse auf Seiten des Zielunternehmens, so endet das Projekt. Allerdings, das zeigt die praktische Erfahrung, ist ein „Nein" bei einer erstmaligen Kontaktaufnahme nicht unbedingt als ein endgültiges Aus zu sehen. Interessenlagen können sich über die Zeit verändern und vor allem am Markt für Unternehmensübernahmen gilt, dass „jeder seinen Preis hat", so dass sich eine gewisse Hartnäckigkeit durchaus auszahlen kann.

Aufgrund von Portfolioüberlegungen oder auch weil bei einem Familienunternehmen ein Nachfolgeproblem besteht, kann ein Eigentümer bzw. das Management zu dem Ergebnis kommen, dass das Unternehmen oder Teile davon verkauft werden sollten. In diesem Fall geht die *Initiative vom Verkäufer* aus, Abb. 2.7 zeigt diese Konstellation.

Der Verkäufer kann grundsätzlich wählen, über welches Abwicklungsverfahren die Transaktion durchgeführt werden soll. Am weitesten verbreitet ist das *Exklusivverfahren.* Hier verhandelt der Verkäufer ausschließlich mit einem Interessenten. Dieses Verfahren bietet sich an, wenn es einen „prädestinierten" Käufer für einen Unternehmensteil gibt, z. B. weil ein Kunde, an den ein bestimmtes Teil geliefert wird, Integrationssynergien verwirklichen könnte (vgl. zu vertikalen M&A Abschn. 2.1.1). Der große Vorteil der Exklusivverhandlungen liegt für den Verkäufer in der Vertraulichkeit, da nur ein Bieter mit

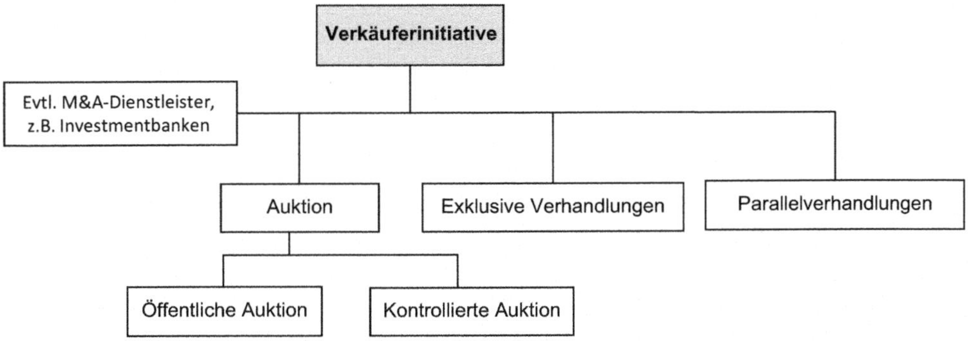


**Abb. 2.7** Verkäuferinitiative

Informationen versorgt werden muss. Damit kann der Prozess relativ schnell abgeschlossen und die Transaktion von ihrer Struktur her auch genau auf diesen einen Bieter zugeschnitten werden (vgl. Dreher & Ernst, 2014, S. 78). Der klare Nachteil liegt im fehlenden Wettbewerb zwischen den Interessenten. Dies kann zu einem Verkaufspreis führen, der nicht das am Markt erzielbare Volumen widerspiegelt.

Dieser Nachteil wird reduziert, wenn *Parallelverhandlungen* geführt werden. Bei dieser Abwicklungsform werden, häufig auch unter Einschaltung von Vermittlern und Beratern, mehrere Interessenten angesprochen. Diese Ansprache erfolgt in den meisten Fällen durch M&A-Vermittler, die in einem ersten Schritt die interessantesten potenziellen Investoren identifizieren und evtl. auch anonymisiert ansprechen. Es werden dann mit den interessierten Unternehmen Verkaufsverhandlungen geführt, die durch den Bieterwettbewerb, der entstehen kann, auch zu einem für den Verkäufer höheren Preis führen können. Allerdings ist der Aufwand im Prozess höher und die Vertraulichkeit ist geringer als bei den exklusiven Verhandlungen.

Noch einen Schritt weiter geht die *Auktion* (vgl. im Detail dazu Abschn. 4.2.5.4). Bei einer kontrollierten Auktion werden nach einem genau festgelegten Ablaufschema Gebote für die zum Verkauf stehenden „Assets" von einer vorher ausgewählten Zahl von Bietern abgegeben.

Eine solche *kontrollierte Auktion* erhöht den Wettbewerb zwischen den Bietern erheblich. Allerdings ist auch der Aufwand deutlich höher als bei den exklusiven Verhandlungen. Damit die Auktion ihre positive Wirkung entfalten kann, muss aber auch entsprechendes Interesse von mehreren Investoren vorhanden sein. Die Vertraulichkeit ist problematisch und der Verkauf kann nicht ohne das Management durchgeführt werden (vgl. Dreher & Ernst, 2014, S. 82). Außerdem ist ein Abbruch des Prozesses problematisch. Strategische Investoren fürchten den hohen Ressourcenaufwand, der bei Auktionen betrieben werden muss, während Finanzinvestoren primär den „Winner's Curse" fürchten. „Winner's Curse" bedeutet, dass der Gewinner der Auktion aufgrund des Bieterwettbewerbs einen überhöhten Preis bezahlt hat (vgl. Sudarsanam, 2010, S. 631).

Bei einer *öffentlichen Auktion* wird nicht nur eine begrenzte Anzahl von möglichen Interessenten angesprochen, sondern es wird eine öffentliche Ankündigung der Verkaufsabsicht gemacht und der Verkauf erfolgt dann in einem Auktionsprozess. Dem Vorteil der Ansprache einer großen Anzahl von potenziellen Käufern steht hier die nicht vorhandene Vertraulichkeit gegenüber.

### 2.1.5 Akquisitionsbeziehung: Öffentliche vs. Private und Freundliche vs. Feindliche Übernahmen

Für die Beziehung zwischen Käufer und Verkäufer ist eine ganz wesentliche Unterscheidung, ob das Zielunternehmen an einer Börse notiert ist (öffentliche Übernahme) oder nicht (private Übernahme).

Bei *privaten Übernahmen* verhandelt der Käufer mit einer überschaubaren Anzahl von Eigentümern bzw. deren Vertretern. Die Beziehung ist damit direkter. Das Übernahmeangebot in Form des Kaufvertrags muss auch nicht veröffentlicht werden. Der Ablauf des M&A-Prozesses ist hier ungleich weniger reguliert als bei der öffentlichen Übernahme. In diesem Fall sind die in Abschn. 2.1.4 erläuterten Abwicklungsvarianten möglich.

Im zweiten Fall, also bei der *öffentlichen Übernahme*, muss der Käufer, da er es bei börsennotierten Unternehmen normalerweise mit sehr vielen Eigentümern zu tun hat, das Angebot zum Kauf ihrer Anteile öffentlich machen. Hier ist die Beziehung zwischen Käufer und Verkäufern eher anonymer Natur, da die Verkäufer als Aktionäre des Zielunternehmens das öffentliche Angebot unterbreitet bekommen, aber normalerweise nicht persönlich mit dem Bieter verhandeln. Hauptansprechpartner hier ist der Vorstand, bei deutschen Aktiengesellschaften auch der Aufsichtsrat. Dabei gelten eine ganze Reihe von Regelungen, die i. W. gewährleisten sollen, dass die Aktionäre fair und gleich behandelt werden. Das maßgebliche Gesetz ist hierbei das Wertpapiererwerbs- und -übernahmegesetz (WpÜG, vgl. im Detail dazu Cascante & Tyrolt, 2013, S. 297–302). So ist detailliert festgelegt, wie ein solches Verfahren zeitlich und inhaltlich abzulaufen hat (vgl. für einen Überblick Cascante & Tyrolt, 2013, S. 303–305). Es ist z. B. auch die Pflicht zur Abgabe eines Angebots enthalten, wenn der Erwerber unmittelbar oder mittelbar die Kontrolle über das gelistete Unternehmen erlangt. Generell wird unterstellt, dass bei einer Schwelle von mindestens 30 % der Stimmrechte eine solche Kontrolle erreicht ist. In diesem Fall muss den ausstehenden Aktionären ein angemessenes Übernahmeangebot unterbreitet werden (vgl. Dryander, 2013, S. 26). Ein „Anschleichen" durch den sukzessiven Erwerb von Aktien oder Aktienpaketen über die Börse ist durch Meldeschwellen nur schwer möglich. So muss z. B. bei Überschreiten von 3 % der Stimmrechte die Beteiligung öffentlich gemacht werden.

Eine weitere grundlegende Unterscheidung im Hinblick auf die Akquisitionsbeziehungen betrifft das grundsätzliche Einverständnis zwischen den Beteiligten. Eine Übernahme wird dann als *freundlich* bezeichnet, wenn das Management und/oder der Aufsichtsrat des Zielunternehmens der Transaktion grundsätzlich positiv gegenüber stehen. Entsprechend spricht man von einer *feindlichen Übernahme*, wenn das Management und/oder der Aufsichtsrat das Übernahmeangebot ablehnen und eine dementsprechende Empfehlung an die Aktionäre geben. Strategische Gründe wie sie in Abschn. 4.1.2 erläutert werden, aber auch z. B. die Idee des Kaufs von unterbewerteten Unternehmen und Verkauf der Unternehmen, meist zerlegt in einzelne Teile, zu in der Summe deutlich höheren Preisen, sind Motive hinter feindlichen Übernahmen. Feindliche Übernahmen sind allerdings gerade in Deutschland eher selten, da viele Unternehmen diesen Ansatz ablehnen. Ein unsicherer Ausgang des Verfahrens, eine hohe und evtl. langwierige Ressourcenbindung und Reputationsverluste lassen den Versuch einer feindlichen Übernahme als gewagtes Projekt erscheinen. Beispiele jüngeren Datums sind die feindliche Übernahme von Hochtief durch die spanische ACS oder der Versuch der feindlichen Übernahme von Schering durch Merck, die schließlich in einem Verkauf von Schering an die Bayer AG endete.

Auch für feindliche Übernahmen bestehen detaillierte rechtliche Regelungen, die z. B. bestimmte Abwehrmaßnahmen verbieten und ein grundsätzliches Verhinderungsverbot für den Vorstand der Zielgesellschaft vorsehen (vgl. Dryander, 2013, S. 27; für einen Überblick z. B. Cascante & Tyrolt, 2013, S. 325–333). Der Vorstand ist auch bei der Verteidigung gegen einen unerwünschten Bieter gehalten, im besten Interesse des Unternehmens zu handeln, was einige Verteidigungsmaßnahmen, die in den USA z. B. häufig vorkommen, wie z. B. horrende Abfindungszahlungen an Manager bei einem „Change of Control", als problematisch erscheinen lassen. Allerdings stehen dem Management durchaus legale Verteidigungsmaßnahmen zur Verfügung. Die beste Verteidigungsmaßnahme besteht in einem hohen Aktienkurs. Da der „Angreifer" eine Prämie zur Marktkapitalisierung noch zusätzlich zahlen muss, ist bei einer hohen Bewertung des Zielunternehmens am Kapitalmarkt das Risiko einer Wertvernichtung durch den Käufer sehr hoch. Auch die Suche nach einem „weißen Ritter" („White Knight") ist zulässig. Dies bedeutet, dass der Vorstand/Aufsichtsrat nach einem Bieter suchen, der ein Gegenangebot abgibt. Dies führt zwar auch zu einer Übernahme, aber evtl. zu besseren Konditionen für die Eigentümer und vor allem auch für das Management. So könnte der weiße Ritter eine Weiterbeschäftigungsgarantie oder hohe Abfindungszahlungen für die Manager versprechen.

## 2.2 Beteiligte am M&A-Prozess und deren Steuerung

Bei der Abwicklung eines M&A-Projekts sind aufgrund der hohen Quantität und Heterogenität der zu erfüllenden Aufgaben und der verschiedenen Interessen in Zusammenhang mit einem solchen Projekt eine Vielzahl von Gruppen und Personen beteiligt. Um später bei der detaillierten Besprechung der Teilprozesse von M&A (vgl. Kap. 4 und 5) die einzelnen Tätigkeiten und Probleme darlegen zu können, müssen zunächst die Beteiligten an einer Transaktion vorgestellt werden. Die Beschreibung konzentriert sich auf die Darstellung der Interessen der jeweiligen Gruppe und deren Funktion in Zusammenhang mit dem M&A-Projekt.

Ein M&A-Projekt unterscheidet sich von anderen Projekten vor allem durch die vielen Gruppen von Beteiligten und durch die nur beschränkte Steuerbarkeit verschiedener Gruppen. Während bei einem alltäglichen Projektgeschäft als unmittelbar Beteiligte nur

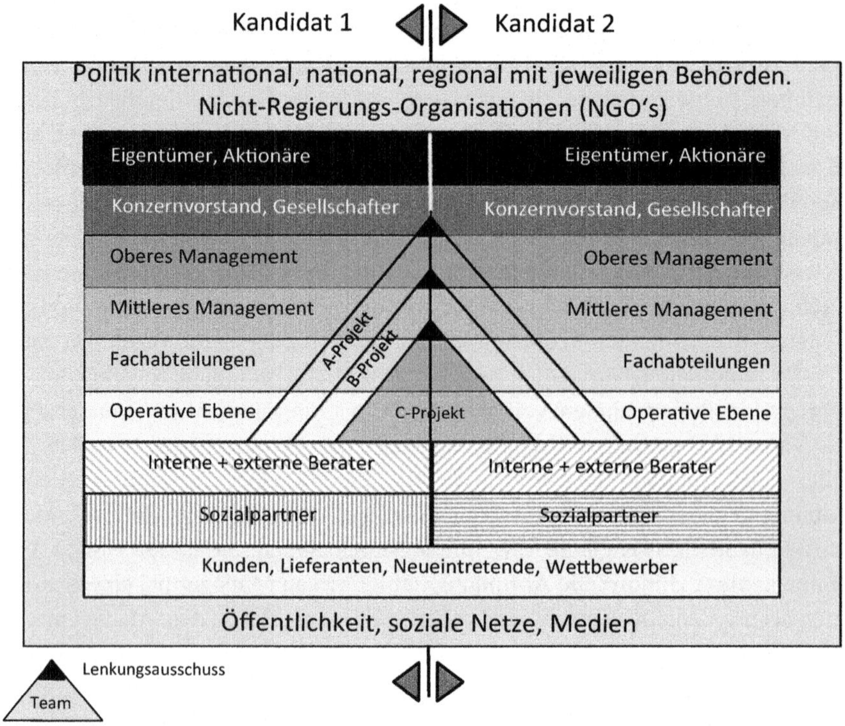


**Abb. 2.8** Topographie der Beteiligten an einem M&A-Projekt

das Projektteam tätig ist, unterstützt durch die Vertreter der einzelnen Wertschöpfungsstufen und gecoacht von der Unternehmensleitung, sind bei einem M&A-Projekt praktisch alle Führungsebenen und alle Mitarbeitergruppen aktiv oder als Zielgruppe – oft auch in beiden Rollen gleichzeitig – beteiligt. Bei sehr großen Projektgeschäften spielen Politik und Sozialpartner auch eine Rolle, jedoch nicht in dem Umfang wie bei einem M&A-Projekt, bei dem in fast allen Fällen die verschiedenen Ebenen der Politik berührt werden: international, national oder regional. Insgesamt kann gesagt werden, dass bei keinem Projekt das Unternehmensumfeld eine so große Rolle spielt, insbesondere bei internationalen Transaktionen. Es ist die Vielzahl der Beteiligten, die M&A zur „Königsklasse" im Projektmanagement erhebt.

Bevor die Beschreibung der Gruppen, ihrer Interessenlagen und ihrer Steuerung erfolgt, ist kurz die Topographie der Beteiligten vorzustellen, die in unterschiedlicher Weise in verschiedenen M&A-Projekttypen einzubinden sind (vgl. Abb. 2.8).

Wie in Kap. 6 dieses Buches vertiefend dargelegt wird, werden Projekte verschiedener Kategorien, nämlich große und komplexe „A-Projekte", mittelgroße „B-Projekte" und kleinere „C-Projekte" unterschieden (vgl. Abschn. 6.1.3). Die Projekte der *Kategorie „A"* sind meist Einzelfälle mit besonderen Ausprägungen und von Relevanz für große Teile des akquirierenden Unternehmens. Deshalb versteht sich der Eigentümer – stellvertretend ein Konzernvorstand – als „Owner" (Eigentümer) des Projektes und zeichnet für die

Steuerung des M&A-Projektes unmittelbar verantwortlich. Dementsprechend wird das temporäre Aufsichtsorgan des M&A-Projektes, der Lenkungsausschuss, unmittelbar vom Vorstand geführt. Diese Regelung ist je nach Eigentümerstruktur (Einzelgesellschafter, Aktionäre…), nach Gesellschaftsform (AG, GmbH…) und Größe des Unternehmens anzupassen. So wurde die Übernahme der BOC durch die Linde AG vom Linde-Vorstandsvorsitzenden Wolfgang Reitzle persönlich geleitet. Bei der Knorr Bremse AG war der geschäftsführende Gesellschafter (heute: Aufsichtsratsvorsitzender) Hermann Thiele der persönliche Treiber für die großen Übernahmen und bei Siemens wurde die Übernahme der VA Tech direkt von den zuständigen Zentralvorständen von Pierer (Vorsitz) und Neubürger (Finanzen) gelenkt. Dementsprechend hoch wurde die gesamte Projektorganisation aufgehängt. Bei „mittelgroßen *B-Projekten*", die häufiger vorkommen, liegt die Führung in der Regel eine Ebene niedriger beim oberen Management (Lenkungsausschuss) und kleinere Projekte (*C-Projekte*) werden wiederum eine bis zwei Ebenen niedriger angesiedelt. Die Ebene bestimmt auch weitgehend die Größe des Integrationsteams. Legt man eine einheitliche Leitungsspanne für die verschiedenen Führungsebenen zugrunde ergibt sich daraus die Größe des „Kapazitätsdreiecks". Je nach Bedarf und Verfügbarkeit werden in das Projekt noch interne und externe Berater einbezogen. Siemens verfügt dazu beispielsweise über die SMC Siemens Management Consulting. Andere Unternehmen ohne eigene Consulting-Abteilung sind auf den freien Markt der M&A-Berater angewiesen (weiteres siehe Abschn. 2.2.2). In der Regel sind die Unternehmen so aufgestellt, dass sie kleinere und mittelgroße Projekte aus eigener Kraft führen und umsetzen können. Nur selektiv werden Kräfte von außen beauftragt, etwa wenn spezielle personalrechtliche Belange im Ausland zur Lösung anstehen, für die kein internes Fachpersonal verfügbar ist. Für Großprojekte werden dagegen in höherem Maße externe M&A-Berater eingekauft, weil es sich nicht lohnt, M&A-Spezialisten intern vorzuhalten bzw. weil die betroffenen Organisationen nicht genügend Reserven haben, um temporär noch größere Teile ihrer Belegschaft mit M&A zu beaufschlagen.

Zur „Zwittergruppe" der teilweise internen und teilweise externen Kräfte bei M&A zählen die Sozialpartner, bestehend aus Betriebsräten (intern) und (internen wie externen) Gewerkschaftsvertretern. Unmittelbar betroffen von einem M&A-Projekt sind Kunden, Lieferanten, Wettbewerber sowie Neu-Ein- und Austritte als Konkurrenten und in die vor- und nachgelagerten Wertschöpfungsstufen. Eingebunden wird das jeweilige M&A-Projekt von seinem Umfeld: der breiten Öffentlichkeit mit ihren Medien und (neuerdings) den sozialen Netzwerken. Hinzu kommt als externe Gruppe die Politiker auf der internationalen, der nationalen und regionalen Ebene. Zu ihnen gesellen sich die entsprechenden Behörden, zum Beispiel auf internationaler Ebene die Brüsseler Kartellbehörde. Zunehmend Gehör verschaffen sich darüber hinaus die Vertreter der Nicht-Regierungs-Organisationen. Zu verweisen ist hier auf den zunehmenden Einfluss der Gruppierungen, die sich die Rechtssysteme (Antikorruption), Umwelt und soziale Arbeitsbedingungen, insbesondere in Entwicklungs- und Schwellenländern, auf die Fahne geschrieben haben.

### 2.2.1 Interne Gruppen

#### 2.2.1.1 Akquirierendes Unternehmen

Eine der bedeutendsten beteiligten Gruppen im Rahmen von M&A stellen die *Eigentümer des akquirierenden Unternehmens* dar. Sie haben ein hohes Interesse an einer erfolgreichen M&A-Transaktion, da dadurch eine Wertsteigerung des Unternehmens möglich ist, was das Ziel einer hohen Dividendenzahlung und steigenden Aktienkursen begünstigt. Mitunter sind jedoch auch nicht-finanzielle Ziele zu berücksichtigen (vgl. Janisch, 1992, S. 144–147). So können Machtansprüche, insbesondere von Großaktionären, können z. B. in der Einflussnahme auf die Geschäftspolitik begründet sein. Entsprechenden Aktionären ist dann insbesondere an einer möglichst geringen Verwässerung ihrer Anteile bei Aktientausch bzw. bei Kapitalerhöhungen zur Finanzierung der Transaktion gelegen.

In manchen Fällen ist die Durchführung einer Transaktion von der expliziten Zustimmung der Aktionäre abhängig. Dies gilt z. B. bei Verschmelzungen von Unternehmen nach § 340c AktG. Selbst wenn eine aktive Zustimmung der Aktionäre nicht erforderlich ist, können die Anteilseigner mitunter eine geplante Transaktion verhindern, indem sie Anteile verkaufen. Dies führt c. p. zu einem Sinken des Aktienkurses und damit im Falle einer geplanten Übernahme durch Aktientausch zu einer Reduzierung des Wertes der Akquisitionswährung. Entsprechend von den Verkäufern geforderte Nachbesserungen des Angebotes (vgl. dazu bspw. die Fusion von QXL und Ricardo) können zum Scheitern einer geplanten Übernahme führen. Ebenso kann dieses Verhalten der Aktionäre zum Scheitern einer Akquisition führen, wenn der Kurs unter eine zuvor vereinbarte Marke sinkt.

Eine weitere bedeutende Gruppe beim kaufenden Unternehmen umfasst das *Management in der Zentrale*, also z. B. der Vorstand einer Aktiengesellschaft. Aufgabe des Vorstands ist es, den Wert des Unternehmens für die Aktionäre zu steigern. Entstehende Konflikte mit anderen Interessengruppen im Unternehmen, wie z. B. den Arbeitnehmern, müssen dabei gelöst werden. Dies führt zwangsläufig zu Kompromisslösungen. Allerdings verleiten M&A-Vorhaben aufgrund ihrer Größe und Bedeutung in erhöhtem Maße dazu, dass Manager eigene Ziele mit der Durchsetzung einer M&A-Transaktion verbinden. In Abschn. 1.1.3 wurden die persönlichen Motive wie Prestige und Machtstreben erläutert. Ein besonderes Problem entsteht, wenn diese Ziele den Zielen anderer Stakeholder, insbesondere denen der Shareholder, entgegenstehen, was z. B. in zu optimistisch angesetzten Prognosen oder als zu gering erachteten Risiken des M&A-Projekts zum Ausdruck kommt. Da das Management jedoch über bessere Informationen und Gestaltungsmöglichkeiten als die Shareholder verfügt, ist das Handeln des Managements - unter der Annahme einer Trennung von Eigentum und Geschäftsleitung – mit den typischen Principal-Agent-Problemen verbunden (vgl. hierzu bspw. Ebers & Gotsch, 2006, S. 266–272).

Vor dem Hintergrund dieser Interessenlage kommt dem Top-Management im Rahmen einer M&A-Transaktion die zentrale Führungsaufgabe zu. Der Vorstand ist durchgängig, d. h. mit dem „Gesamt-Portfolio" aller Beteiligungsprojekte vom Vorfeld bis zur Abwicklung befasst und der zentrale Entscheidungsträger im Projekt. Bei Vielkäufern pflegt der Vorstand die Entscheidungen über kleine M&A-Projekte an niedrigere Managementebenen zu delegieren (vgl. die oben genannten „B-" und „C-" Projekte). Es liegt an ihm, während des Prozesses die notwendigen Entscheidungen zu treffen bzw. die Kompetenzen zu verteilen (vgl. Kerler, 2000, S. 231–233). Zu den Hauptaufgaben zählen die Festlegung von Zielen und Strategien und die Sicherstellung ihrer Umsetzung, was ebenso die Messung der Zielerreichung sowie eine entsprechende Anpassung beinhaltet. Besonders wichtig ist seine Beteiligung bei der Vertragsverhandlung. Ebenso zählt es zu seinem Aufgabenbereich, Projekte gegebenenfalls neu zu definieren oder gar abzubrechen. Die Gründe für die Einschaltung des Vorstands liegen insbesondere in den mit der Transaktion verbundenen geschäftlichen Risiken und den Überlappungen mit anderen Maßnahmen und Bereichen. Der Grad der aktiven Beteiligung aus der Zentrale richtet sich nach den Anforderungen des Projekts sowie der Kompetenz und M&A-Erfahrung des Vorstands (vgl. Thommen & Sauermann, 1999, S. 319). Da aber bei der Durchführung von M&A andere Qualifikationen gefragt sind als in stabilen Unternehmensphasen, sind sie meist auf die Unterstützung weiterer interner bzw. externer Berater (vgl. Abschn. 2.2.2.2) angewiesen.

Die Vorteile einer starken Einbindung des Managements der Zentrale sind die Einsparung von Beratungskosten und die Möglichkeit der Bewahrung höchster Diskretion. Nachteile einer zu starken oder gar alleinigen Betätigung sind die Gefahr möglicher Mängel in der Durchführung aufgrund fehlender Erfahrung und das Fehlen einer objektiven Betrachtung. Diese Probleme werden dann verstärkt, wenn das Top-Management die Fusion oder Akquisition nicht primär aus strategischen, sondern aus persönlichen Motiven antreibt (vgl. Abschn. 1.1.3).

Wichtig ist eine Einbindung des Vorstands auch aus rechtlicher Sicht. So hat der Vorstand Leitungsentscheidungen nach eigenem Ermessen zu treffen (vgl. BGHZ 125, S. 239–246). Da er die Risiken seines unternehmerischen Handelns erkennen muss, hat er die Pflicht zur Selbstinformation (vgl. Kerler, 2000, S. 231). Unter Bezug auf § 91 II AktG sind besonders die Identifikation, Analyse, Bewertung und Beeinflussung des entstehenden Risikos bei M&A relevant.

Das *operative Management* stellt eine weitere Gruppe von Beteiligten dar, zu der leitende Angestellte einzelner Funktionen oder Geschäftsbereiche zählen, die nicht der obersten Geschäftsleitung angehören. Einige operative Managementbereiche wie die Funktionsbereiche Personalwesen oder Informationstechnologie sind in jedem M&A-Prozess für fachspezifische Fragen hinzuziehen (vgl. dazu ausführlich Penzel & Pietig, 2000, S. 85–187). Insbesondere in (Geschäfts-)Bereichen, die stark von einer Transaktion betroffen sind, kann das operative Management aber auch durchgängige Verantwortung, d. h., Vorfeldüberlegungen über Projektführung bis zur Integration und späteren Führung im Geschäftsportfolio, übernehmen. Dies hat den Vorteil, dass diejenigen die Projektführung verantworten, die später eine wesentliche Verantwortung im laufenden Geschäft tragen, was einen Bruch zwischen der Projektführung und späterer Geschäftsverantwortung vermeidet.

Ein genereller Vorteil des Einbezugs operativer Manager ist, dass diese als direkte Marktteilnehmer durch Kunden- und Wettbewerberkontakte Hinweise über mögliche Verkaufsabsichten und Bewegungen anderer Marktteilnehmer gewinnen. Nachteilig wirkt sich jedoch aus, dass die Aktivitäten im M&A-Prozess für operative Manager eine erhebliche zusätzliche Arbeitsbelastung neben der eigentlichen Tätigkeit darstellen.

Aufgrund der Qualifikationen und der Interessenlage sollte die Gesamtverantwortung bzw. die Leitung des M&A-Projekts dem operativen Bereich nur bei wenig komplexen und geschäftsbereichsspezifischen Transaktionen übertragen werden (vgl. Thommen & Sauermann, 1999, S. 321). Erfahrungsgemäß ist eine Transaktion schneller umsetzbar und die Durchsetzungsfähigkeit besser, wenn das Projekt-Team eine enge Verzahnung mit dem Tagesgeschehen hat (vgl. Töpfer, 2000, S. 14).

Allerdings unterliegen auch operative Manager potentiellen Interessenkonflikten. Es besteht die Gefahr, dass durch die direkte Betroffenheit des eigenen Geschäftsbereichs persönliche oder rein bereichsbezogene Interessen und nicht die Gesamtinteressen des Unternehmens in den Mittelpunkt rücken. Streben die operativen Manager in dem zusammengeschlossenen Unternehmen nach bestimmten Schlüsselpositionen, werden sie von der Verkäuferseite nicht als Partner anerkannt und als Gesprächspartner abgelehnt (vgl. Kerler, 2000, S. 232). Schließlich ist nicht auszuschließen, dass ihnen in bestimmten Bereichen, in denen das Zielunternehmen als kompetenter gilt, Entlassung oder zumindest Machtverlust droht und sie die Transaktion zu verhindern versuchen.

Neben dem operativen Management nehmen als weitere interne Gruppe *Fachabteilungen und Stäbe* wichtige Rollen im M&A-Prozess ein, wobei zwischen M&A-Profis wie einer eigenständigen M&A-Abteilung und „Support"-Stäben unterschieden wird.

Zur letztgenannten Gruppe gehören z. B. die Abteilungen „Unternehmensentwicklung" und „Strategische Unternehmensplanung", die v. a. die Initiierungsphase und die Kandidatensuche übernehmen und die M&A-Strategie in die Gesamtstrategie des Unternehmens integrieren (vgl. dazu im Detail Abschn. 4.1). Die Finanzabteilung hingegen ist häufig zuständig für die Bewertung geeigneter Kandidaten und der Ausarbeitung von Finanzplänen, in einigen Fällen auch für die Verhandlungsführung. Ebenso kann die Fachabteilung „Beteiligungscontrolling" an der Transaktion beteiligt sein. In der Planungsphase unterstützt sie die strategische Kontrolle, bei der Vertragsverhandlung die Preisfindung und nach dem Closing steuert sie aktiv die Integration der beiden Unternehmen (vgl. Thommen & Sauermann, 1999, S. 319). Verfügt ein Unternehmen über eine eigene Unternehmensberatung, ist diese v. a. in der Analyse- und Strategieformulierungsphase in den M&A-Prozess integriert. Sonstige Experten, die bei M&A-Projekten zur Lösung fachspezifischer Probleme zum Einsatz kommen, sind firmeneigene Rechtsberatungen, insbesondere Spezialisten für Kartell-, Fusions-, Vertragsrecht und Compliance.

Nachteile einer (zu) starken Beanspruchung der Fachabteilungen sind die Doppelbelastung für die Mitarbeiter sowie in vielen Fällen das Fehlen von Erfahrung im M&A-Bereich und daher mangelnde Betrachtung der Gesamtsituation. Allerdings erspart die Substitution externer Berater hohe Kosten. Die Beauftragung externer Berater trägt auch zum Risiko bei, dass der Projektumfang zunimmt, weil die umsatzgetriebenen Berater immer neue Projektmodule kreieren, die auf das M&A-Projekt „draufgesattelt" werden, zum Beispiel zusätzliche Strategiemodule, um weitere operative Pfade zu erkunden oder vertiefende Untersuchungen zum Produktportfolio.

*Institutionalisierte Spezialabteilungen für M&A* erfüllen das Aufgabenspektrum von M&A-Beratern (vgl. Abschn. 2.2.2.2). Sie vereinigen Fachkompetenz und Erfahrung, wirken in sämtlichen Phasen einer M&A-Transaktion mit und steuern den Gesamtprozess (für einen Überblick zu Aufgabenspektrum und Prozessbeteiligung von M&A-Abteilungen vgl. Meckl, Linke, & Theuerkorn, 2011). Jedoch führen sie Transaktionen selten alleine durch. Vielmehr ziehen sie interne Experten aus den Bereichen oder Fachabteilungen/ Stäbe sowie externe Berater für die Lösung konkreter Fragen hinzu (vgl. Thommen & Sauermann, 1999, S. 319). In diesem Fall sind sie auch mit deren Steuerung und Koordination betraut.

Die Vorteile des Aufbaus einer eigenen M&A-Abteilung liegen in deren hohen spezifischen Kompetenz und Erfahrung. Zu unterscheiden ist dabei die Verantwortung für die Transaktion selber bzw. für die M&A-Integration. Hinzu kommen die Tätigkeiten für die M&A-Strategie, die naheliegenderweise in der Hand der Strategieabteilung liegen sollten. Aus diesen drei Aufgaben haben sich unterschiedliche Modelle der Aufgabenzuordnung ergeben, etwa der Zusammenschluss von Unternehmensstrategie mit der M&A-Integration (Pre Closing-Vorbereitung und Post Closing-Umsetzung) oder der Zusammenschluss der Verantwortung für die Transaktion mit der Post Closing Integration. Beide Lösungen haben ihre Vorteile. Es sollte jedoch in jedem Fall darauf geachtet werden, dass die Durchgängigkeit im Gesamtprozess gewährleistet ist. Die M&A-orientierten Abteilungen sind die zentralen Anlaufstellen für alle internen und externen Beteiligten des M&A-Projekts und sie sorgen für den Wissenstransfer in die Bereiche. Ihre Nachteile bestehen in der subjektiven Einschätzung eines M&A-Vorhabens aus Sicht ihres Unternehmens und den Konflikten durch eigene Interessen. Beispielsweise gefährden sie ihren eigenen Arbeitsplatz, wenn sie die – u. U. sinnvolle – Strategie vertreten würden, von größeren Akquisitionen Abstand zu nehmen. Der Aufbau eigener M&A-Abteilungen ist grundsätzlich nur sinnvoll, wenn es sich um ein Unternehmen handelt, das regelmäßig M&A-Transaktionen durchführt und das Management von M&A-Projekten zu einer Kernkompetenz ausbauen möchte, da eine solche Abteilung auch hohe Kosten verursachen kann.

Unter den Begriff der *Mitarbeiter* als eine bedeutende Gruppe der Beteiligten fallen Arbeitnehmer, die keine leitenden Angestellten im Sinne des § 5 III und IV BetrVG sind und somit i. d. R. keine außertariflichen Gehälter beziehen. Mitarbeiter tragen, selbst wenn sie nicht aktiv in die Planung und Durchführung einer M&A-Transaktion involviert sind, entscheidend zum Gelingen einer Transaktion bei (vgl. diverse Studien über Erfolgsfaktoren in Abschn. 1.2.2). Mitarbeiter interessieren weniger Wachstumsaussichten oder die Aktienkursentwicklung, als vielmehr Auswirkungen auf die Sicherheit ihres Arbeitsplatzes, auf die Höhe ihres Einkommens, einen womöglich anstehenden örtlichen Wechsel oder den Bestand der bisherigen Sozialleistungen. Wichtig ist ihnen ebenso, dass sie sich in ihrem Arbeitsumfeld wohl und den Aufgaben gewachsen fühlen. M&A bedeuten auch für Mitarbeiter des akquirierenden Unternehmens einen tiefgreifenden Einschnitt in den Arbeitsalltag und sind anfangs regelmäßig mit Verunsicherung verbunden, was allgemein mit dem „Merger-Syndrom“ beschrieben wird (vgl. Abschn. 4.3.4). Meist ist eine höhere Fluktuation die Folge, was bei Leistungsträgern mit erheblichen Konsequenzen für den Erfolg der Transaktion verbunden ist (vgl. Picot, 2012a, S. 602–604).

Neben der direkten Beeinflussung des Gesamterfolgs der Transaktion durch die operative Tätigkeit ist auch der Einfluss über entsprechende *Arbeitnehmer-Vertretungsorgane* von Bedeutung. Ab einer Mitarbeiterzahl von 500 können sie über mindestens ein Drittel der Aufsichtsräte entscheiden (vgl. dazu Drumm, 2008, S. 39). Darüber hinaus werden ihre Interessen durch den Betriebsrat vertreten. Insbesondere bei Betriebsänderungen, wie sie bei größeren M&A-Vorhaben durchaus gegeben sein können, ist den Arbeitnehmervertretern ein geeignetes Instrumentarium gegeben, auf die Entscheidungsfindung des Unternehmers einzuwirken. So darf der Unternehmer mit der vollständigen oder auch nur teilweisen Umsetzung der Betriebsänderung nur beginnen, nachdem das gesetzlich vorgesehene Interessenausgleichsverfahren durchlaufen wurde. Ebenso ist der Betriebsrat gemäß §§ 17 KSchG und 111 ff. BetrVG bei Massenentlassungen hinzuzuziehen (vgl. Picot, 2012b, S. 573–577).

Trotz z. T. zeitaufwändiger Beratungen mit dem Betriebsrat und folglich einem Aufschub des Beginns der Integrationsmaßnahmen zögern zahlreiche Unternehmen, die Arbeitnehmer frühzeitig über geplante Veränderungen zu informieren. Gründe dafür können die große Unruhe in der Belegschaft sein, die ausgelöst würde, oder die vom Bieter aufgestellten Regeln des Bietungsverfahrens, die vorschreiben, dass die geplante Transaktion möglichst lange geheim gehalten wird. Gelingt es allerdings, ein partnerschaftliches Verhältnis zur Arbeitnehmervertretung herzustellen, hat dies Vorteile, da diese als Multiplikatoren großen Einfluss auf die Mitarbeiter haben und dadurch die Verunsicherung innerhalb der Belegschaft mildern und die Akzeptanz gegenüber der Transaktion erhöhen können (vgl. Picot, 2012a, S. 604).

#### 2.2.1.2 Zielunternehmen

Im Folgenden werden die internen Beteiligten im Zielunternehmen erläutert, wobei sich die Darstellung auf die Unterschiede aufgrund ihrer Position als „Target“ im Vergleich zu denen der Käufer beschränkt. Insbesondere bei einer unfreundlichen Übernahme sind ihre Rollen sehr unterschiedlich, weshalb in der Folge auch dieser Fall interessiert.

Die *Eigentümer des Zielunternehmens* haben eine sehr hohe Bedeutung im Rahmen von M&A, da sie durch einen möglichen Verkauf oder Tausch der Anteile die Entscheidung darüber treffen, ob ein Übernahmeangebot angenommen wird. Ihr Ziel ist es dabei, einen möglichst hohen Kaufpreis zu erlangen, der mindestens dem Stand-Alone-Wert ihres Unternehmens entspricht, weil nur dann für sie Wert generiert wird (vgl. zur Bewertung Abschn. 5.3.2). Des Weiteren obliegt es ihnen, in ordentlichen Hauptversammlungen zu entscheiden, welche Maßnahmen der Vorstand im Falle eines zukünftigen feindlichen Übernahmeversuchs ergreifen kann. Anders als beim akquirierenden Unternehmen können allerdings aufgrund von erschwerten Bedingungen eines Ausschlusses von Minderheitsaktionären aber auch Eigentümer mit einem nur geringen Stimmenanteil hinderlich auf Unternehmensübernahmen wirken (vgl. Dibelius, 2005, S. 66–67). Daher wird meist versucht, die Anteilseigner durch das Angebot einer Prämie auf den derzeitigen Wert ihrer Anteile zum Verkauf bzw. Umtausch zu bewegen.

Sehr kontrovers wird die Rolle des *Managements in der Zentrale* bei feindlichen Übernahmeversuchen diskutiert. Gemäß dem Übernahmegesetz in Deutschland sowie der Übernahmerichtlinie der EU soll der Vorstand zu Neutralität und Stillhalten verpflichtet werden. Somit darf er keine Maßnahmen ergreifen, die dem Interesse der Aktionäre zuwiderlaufen. Dennoch stehen ihm, wenngleich in geringerem Ausmaß als z. B. in den USA, Möglichkeiten frei, einen „Hostile Takeover" abzuwehren. In Deutschland beschränken sich diese aber im Wesentlichen auf die Anwendung von Präventivmaßnahmen (vgl. ausführlich Picot, 2012c, S. 415–421.

Auch gegenüber dem potentiellen Käufer unterliegt der Vorstand gewissen Pflichten. So muss er eine redliche und loyale Verhandlungsführung gewährleisten, weil das Unternehmen sonst, z. B. bei schuldhaftem Abbruch von Vertragsverhandlungen (vgl. Picot, 2013, S. 42, Rn. 48) oder dem Abbruch der Verhandlungen ohne triftigen Grund, zu Schadenersatz verpflichtet wird.

Die Kooperation des Managements mit dem Käuferunternehmen kann entscheidend bei der Umsetzung des Integrationskonzepts und der Bereitschaft der Mitarbeiter des Zielunternehmens zur Umstrukturierung beitragen. Die Bereitschaft zur Zusammenarbeit mit dem Käufer ist aber dann eingeschränkt, wenn zu vermuten ist, dass die Vorstandsmitglieder zukünftig keinen Vorstandsposten mehr im neu zu bildenden Gesamtvorstand des fusionierten Unternehmens erhalten.

Auch das *operative Management* des Zielunternehmens ist mit konkreten Aufgaben in den Integrationsprozess eingebunden, denn nur in diesem Fall entsteht beim Management der für das Zusammenwachsen nötige Gemeinschaftssinn (vgl. Töpfer, 2000, S. 14). Allerdings müssen diese Manager einen persönlichen Machtverlust oder gar Entlassungen befürchten, weil sie im Gegensatz zum Management des Käufers eine schwächere Position einnehmen und eher „wegrationalisiert" werden. Überdies könnten ihnen Kürzungen bei Gehaltszulagen drohen, was zu Verunsicherung beiträgt und in vielen Fällen zu Widerstand gegen die Integration, zu innerer Kündigung oder zum Verlassen des Unternehmens führt.

Die *Fachabteilungen/Stäbe des Zielunternehmens*, die bei M&A-Projekten Einsatz finden, sind prinzipiell dieselben wie beim akquirierenden Unternehmen (vgl. Storck, 1993, S. 99). Sie werden allerdings weniger selbstständig und außer bei vom Verkäufer initiierten Transaktionen auch nicht in der Analyse- und Planungsphase tätig. Da sie aber über das notwendige Wissen hinsichtlich des Zielunternehmens verfügen, sollten sie bei speziellen Integrations- und Strukturierungsaufgaben eingebunden werden. Dies kann durch Teilnahme am gemeinsamen Integrationsteam nach dem Closing erfolgen.

Die Flexibilität der *Mitarbeiter des Zielunternehmens* ist begrenzt und es ist ihnen keineswegs gleichgültig, für wen sie arbeiten (vgl. Backhaus, 2000, S. 188), insbesondere wenn sie sich aufgrund jahrelanger Tätigkeit für einen Arbeitgeber sehr mit diesem identifiziert haben. Darum hegen sie häufig anhaltendes Misstrauen gegenüber dem Käufer, insbesondere wenn Zusagen nicht umgesetzt werden oder der Käufer ein bisheriger Wettbewerber ist.

Eine gewisse Sicherheit für die Mitarbeiter des Zielunternehmens versuchen gesetzliche Bestimmungen zu schaffen, wie z. B. § 613a BGB, der die Fortführung des Arbeitsverhältnisses sowie der Tarifverträge und Betriebsvereinbarungen bei einer Übernahme durch das akquirierende Unternehmen gewährleistet (vgl. dazu Abschn. 4.2.10).

#### 2.2.1.3 Interessenausgleich zwischen den Gruppen

Um ein Gelingen des M&A-Prozesses zu ermöglichen, ist es essentiell, die teilweise stark divergierenden Interessen der unterschiedlichen Beteiligten in Einklang zu bringen. Dieser Interessenausgleich muss auf mehreren Ebenen erfolgen. Zum einen müssen die Interessen der Beteiligten im akquirierenden Unternehmen untereinander und zum anderen die Interessen der Gruppen im Zielunternehmen abgestimmt werden. Schließlich ist es unausweichlich, für eine Koordination der Interessen zwischen den einzelnen Gruppen im akquirierenden und im Zielunternehmen zu sorgen.

Als grundsätzlich zur Beilegung der Interessenkonflikte innerhalb der Unternehmen geeignete Maßnahme gilt die Offenlegung der Zielkonflikte verbunden mit der Darstellung entsprechender Ausgleichsmechanismen. Diese sollten allerdings frühzeitig von den Unternehmensleitungen festgelegt werden.

Beim unternehmensübergreifenden Interessenausgleich kommt den mit Mitgliedern beider Unternehmen besetzten Task-Forces eine besondere Bedeutung zu (vgl. z. B. Abschn. 4.3.3). Auf oberster Ebene ist das Verhandlungsteam als eine solche Task-Force anzusehen. Hier erfolgt der letztendliche Interessenausgleich zwischen den Anteilseignern der beteiligten Unternehmen, meist natürlich in Stellvertretung wahrgenommen durch den Vorstand bzw. beauftragte Mitarbeiter (vgl. genauer dazu den Unterstützungsprozess Bewertung/Finanzierung Abschn. 5.3). Der Aufsichtsrat, als offizielles Vertretungsorgan der Aktionäre in Deutschland, ist meist nicht direkt in die Verhandlungen eingebunden. Eine Ausnahme ist, dass die Vertreter der Kapitalseite in Form der Gesellschafterdelegation in den Lauf großer Projekte („Kategorie A“) kontinuierlich mit eingebunden werden (siehe Abb. 2.8).

Auf der operativen Ebene, vor allem in der Integrationsphase, können durch eine temporäre Freistellung von Mitarbeitern für die Teilnahme am M&A-Projekt sowohl die notwendigen Aufgaben bei der Integration als auch die Interessen der operativ tätigen Manager und Mitarbeiter beider Unternehmen einbezogen werden. Bei der Besetzung des Integrations- bzw. des Implementierungsteams und der Vergabe einzelner Teamfunktionen sollten die Motive der Beteiligten, ihre späteren Rollen und die Konfliktpotentiale selbst in Betracht gezogen werden. Beide Unternehmen sollten im Team Mitarbeiter vergleichbarer Aufgabenstellung benennen, die füreinander die direkten Ansprechpartner sind und gleichzeitig ein themenverantwortliches Duo bilden. Den Organisationsfunktionen entsprechend ist es sinnvoll, dass das Team die einzelnen Geschäftsaktivitäten (z. B. in Produktteams) oder aber die einzubindenden Ressourcen abbildet. Bei größeren Zusammenschlüssen entstehen auch Standort-Teams, die koordinierende Aufgaben bezüglich geschäftlicher Aktivitäten und Ressourcen auf Standortebene übernehmen (vgl. Abb. 3.8).

Neben dieser Art von Regelungsmechanismen, die eine Integration verschiedener Interessen zum Ziel hat, kann auch durch zusätzliche Anreize die Zustimmung zur Transaktion gefördert werden. Diese Anreize können monetär oder nicht-monetär ausgerichtet sein. Zusätzlich ist zu empfehlen, um Macht- und Positionskämpfe der Beteiligten untereinander möglichst schon im Ansatz zu verhindern, dass in einem frühen Stadium des Prozesses hierarchische Positionen und Machtverhältnisse zwischen den Betroffenen festgelegt werden. Dies erleichtert den Beteiligten die Einschätzung der persönlichen Folgen durch die Transaktion und legt die Basis für die zukünftigen Perspektiven im Unternehmen. Ebenso sollten Beteiligte, insbesondere die Mitarbeiter, von einem Ausschluss frühzeitig in Kenntnis gesetzt und dieser vollzogen werden. Auf diese Weise werden Konflikte reduziert und die Betroffenen können ihre individuellen Planungen entsprechend gestalten, sich neue Arbeitsmöglichkeiten suchen und treten nicht als Blockierer im weiteren Prozess auf (vgl. dazu auch Abschn. 4.3.9).

## 2.2.2 Externe Gruppen

### 2.2.2.1 Wirtschafts- und Sozialpartner

Die externen Beteiligten, die bei M&A zu beachten sind, teilen sich in zwei Gruppen auf. Zum einen haben sogenannte M&A-Experten Einfluss auf den Erfolg einer M&A-Transaktion. Darunter fallen bspw. Unternehmensberater, Investmentbanker, Wirtschaftsprüfer und Anwälte verschiedenster Ausprägungen (Vertragsrecht, Personalrecht, Kartellrecht, Compliance…), die von den beteiligten Unternehmen innerhalb eines M&A-Prozesses engagiert werden (vgl. Abschn. 2.2.2.2). Zunächst werden hier jedoch die Wirtschafts- und Sozialpartner behandelt. Zu dieser Gruppe zählen Wettbewerber, Zulieferer, Kunden, Neueintretende in den Markt, öffentliche Institutionen wie Regierung und Verwaltung, Gewerkschaften und Verbände sowie Nichtregierungsorganisationen, sogenannte NGOs (Non-Government Organizations). Sie stellen Ansprüche an die beteiligten Unternehmen und sind von einer M&A-Transaktion bisweilen in hohem Ausmaß in ihren Interessen betroffen und können zumindest passiv, z. B. durch Blockade, zum (Miss-)Erfolg von M&A beitragen.

Eine bedeutende Gruppe der Wirtschafts- und Sozialpartner, die in hohem Maße von einer M&A-Transaktion betroffen sind, stellen *Wettbewerber* der an der Transaktion beteiligten Unternehmen dar. Durch den Zusammenschluss zweier Konkurrenten verändern sich die Größenverhältnisse im Markt, was die eigene Marktposition stark beeinflussen kann. Der Druck zu Rationalisierungs- oder Wachstumsmaßnahmen steigt in dem Maße, in dem die sich verbindenden Unternehmen durch M&A einen Wettbewerbsvorteil erzielen können (vgl. dazu Abschn. 1.2.1). Unter Umständen kann sich auch für Wettbewerber der Konsolidierungsdruck so stark erhöhen, dass sie mittel- bis langfristig zu eigenen M&A-Aktivitäten gezwungen werden.

Kurzfristig allerdings werden die Konkurrenten versuchen, die von Unsicherheit geprägte Situation nach der Bekanntgabe des Vorhabens bis zur abgeschlossenen Integration für ihre eigenen Ziele auszunutzen. Zum einen werden sie beabsichtigen, den beiden involvierten Unternehmen qualifizierte Mitarbeiter und Manager abzuwerben, die in der von Ungewissheit über die persönliche Zukunft im integrierten Unternehmen geprägten Lage leichter zu einem Wechsel veranlasst werden können. Zum anderen sind die beiden M&A-involvierten Unternehmen oft so sehr mit sich beschäftigt, dass sie die Beziehungen zu ihren Kunden vernachlässigen, die aufgrund der Unsicherheiten in Hinblick auf die Auswirkungen der Transaktion offener für Angebote von Dritten sind (vgl. Homburg, 2000, S. 176).

*Zulieferer* der beiden Unternehmen haben auch mit erheblichen Konsequenzen durch M&A-Projekte ihrer Kunden zu rechnen. Um diese analysieren zu können ist es sinnvoll, die Zulieferer in drei Gruppen aufzuteilen:Lieferanten, die bereits vor der Transaktion beide Unternehmen belieferten, Zulieferer, deren Kunde das Käuferunternehmen war und solche, die das akquirierte Unternehmen belieferten. Da M&A-Projekte regelmäßig mit dem Ausschöpfen von Synergievorteilen einhergehen, versuchen die Unternehmen, den Einkauf von Inputfaktoren zu bündeln und niedrigere Preise durchzusetzen. Geht man davon aus, dass tendenziell der Käufer sich gegenüber dem Verkäufer durchsetzt und Nachfrage von den ehemaligen Lieferanten des Verkäufers auf seine eigenen verlagert, so stellt sich die Situation für die oben definierten Gruppen tendenziell wie folgt dar. Die erste Gruppe muss durch eine steigende Marktmacht des fusionierten Unternehmens aufgrund der gebündelten Nachfrage befürchten, dass das Unternehmen seinen Druck erhöht und Preissenkungen bzw. veränderte Konditionen durchsetzt, die nicht durch einen höheren Gesamtabsatz kompensiert werden können. Für Lieferanten des Käufers hingegen sind zwar auch Preissenkungen möglich, die aber durch die erhöhte Nachfragemenge eventuell ausgeglichen werden können. Für die letzte Gruppe der Lieferanten jedoch ist die Gefahr gegeben, einen Kunden durch die Fusion zu verlieren.

Ebenso sind auch die *Kunden* von in M&A-Aktivitäten verwickelten Unternehmen betroffen, denen es im allgemeinen nicht gleichgültig ist, von wem sie bedient werden und deren Flexibilität nur als bedingt einzuschätzen ist (vgl. Fischer, 2008, S. 145–168). Oft ist der Zusammenschluss für sie mit einer hohen Unsicherheit verbunden, die sich in einer Leistungs-, einer Preis- und einer Beziehungsunsicherheit ausdrückt (vgl. Homburg, 2000, S. 174). Insbesondere für Kunden des Verkäufers besteht die Gefahr, dass Liefer- oder Serviceleistungen, mit denen der Kunde zufrieden war oder sich sogar identifiziert hat, nicht mehr angeboten werden. Dies tritt vor allem auf, wenn es im Zusammenhang mit einer Transaktion zu einer Zusammenfassung des Sortiments oder einer Stilllegung von Vertriebsauslässen kommt. Auch der persönliche Ansprechpartner im Unternehmen kann sich durch die Umstrukturierungsmaßnahmen ändern, was sich bei jahrelangen, vertrauensbasierten, persönlichen Beziehungen negativ auf die Geschäftsbeziehung mit dem Unternehmen auswirken kann. Darüber hinaus ist mit der Erhöhung der Marktmacht des zusammengeschlossenen Unternehmens eine latente Gefahr höherer Preise oder veränderter Konditionensysteme verbunden. Insbesondere während der Umstrukturierungsmaßnahmen wird es aufgrund organisatorischer Umstellungen zudem verstärkt zu Serviceproblemen kommen. Diese werden in der Übergangsphase zusätzlich durch Unsicherheit oder Demotivation der Mitarbeiter verstärkt (vgl. Homburg, 2000, S. 174–176). Vorteile ergeben sich allerdings dann, wenn M&A unter dem primären Ziel von Umsatzsynergien durch Cross-Selling-Effekte stehen. In diesem Fall können die Kunden auf das größere Angebot ihres Lieferanten zurückgreifen. Eine mögliche Strategie des akquirierenden Unternehmens besteht darin, die Kunden frühzeitig aktiv zu informieren und die Vorteile, die die Kunden selbst von der Akquisition haben, herauszustellen.

Eine Besonderheit stellen in diesem Zusammenhang interne Dienstleistungen dar, die das verkaufende Unternehmen zeitlich begrenzt dem Verkaufsobjekt zur Verfügung stellt, sogenannte TSAs (Transitional Service Agreements), bis der Käufer selber diese Leistungen für das Target mit erbringen kann. Der Verkäufer ist meistens bestrebt, diese Dienste so kurzfristig wie möglich zu leisten, zumal seine Mitarbeiter nicht so aufgestellt sind, dass sie als professionelle Dienstleister am Markt operieren möchten. Der Käufer dagegen möchte Offenheit, indem er die Leistungen so lange beziehen kann bis er sie selber kostengünstiger zu erbringen in der Lage ist (vgl. im Detail dazu Abschn. 6.2.3.5).

Eine bedeutende Rolle im M&A-Prozess spielen des Weiteren die Interessen der betroffenen *Staaten* bzw. *Regionen*. Der Staat strebt in erster Linie nach volkswirtschaftlicher Wohlfahrt und trägt soziale Verantwortung für das Gemeinwohl. Insbesondere grenzüberschreitende M&A, die mit einer Verlagerung des Hauptsitzes sowie von Produktionsstandorten verbunden sind, beeinträchtigen den Staat in der Verwirklichung seiner Ziele, da der Arbeitsplatzabbau im eigenen Land zumindest kurzfristig zu einer Belastung der Volkswirtschaft und zu geringeren (Steuer-) Einnahmen bei gleichzeitig höheren Ausgaben führt. Auch regionale Interessen werden durch M&A tangiert. Kommt es zu einer Schließung von Teilbereichen setzt dies nicht nur die direkt betroffenen Arbeitnehmer frei, auch die Nachfrage nach spezialisierten regionalen Dienstleistern oder Zulieferern schwindet, was regionale Arbeitslosigkeit und Rückgang von Steueraufkommen mit sich bringt.

Vertreten werden diese Interessen der Öffentlichkeit im Wesentlichen durch *öffentliche Institutionen* wie Regierung, Verwaltung, Gerichte etc. Prominentestes Instrument ist in diesem Zusammenhang die Fusionskontrolle durch die relevanten Kartellämter, wie dem Bundeskartellamt und der Europäischen Kommission. Diese kann, wenn zu befürchten ist, dass das zusammengeschlossene Unternehmen eine führende oder gar marktbeherrschende Stellung einnehmen wird, die Transaktion verbieten oder an bestimmte Auflagen binden. Wenngleich bislang nur wenige Transaktionen untersagt oder nur mit Auflagen genehmigt wurden, muss die Rolle der Fusionskontrollvorschriften als Präventivmaßnahme hervorgehoben werden (vgl. Bergmann, 2012, S. 505–506).

Selbst wenn eine Transaktion genehmigt, aber an Auflagen gebunden wird, können sich erhebliche Nachteile für die Unternehmen ergeben, da ursprünglich geplante Vorteile reduziert oder gar vernichtet werden. Ein weiterer wichtiger Aspekt in Verbindung mit der Kontrolle durch die entsprechenden Behörden ist die damit verbundene Dauer, in der die

Transaktion nicht voranschreiten kann. Damit verschieben sich wichtige Synergiepotenziale in die Zukunft und die Phase der Verunsicherung aller Beteiligten verlängert sich.

*Fremdkapitalgeber* als eine weitere externe Anspruchsgruppe haben Interesse an einer hohen Attraktivität der Investition. M&A beurteilen sie somit dann positiv, wenn sich eine höhere Verzinsung, ein höheres Einflusspotential oder bei sonst gleichen Bedingungen ein niedrigeres Risiko ergibt. Letzteres ist in hohem Maß relevant, wenn ein problembehaftetes Unternehmen von einem Unternehmen mit hoher Liquidität und Bonität aufgekauft wird (vgl. dazu auch Abschn. 5.3.3).

Einzelne der soeben beschriebenen Gruppen werden häufig durch *Verbände* repräsentiert. Diese kanalisieren die Interessen Einzelner, die sich unkoordiniert nur schwer Gehör verschaffen können, und erhöhen damit Macht und Einfluss der Gruppe, die sie vertreten. Die wohl bedeutendste Verbandsgruppe sind Gewerkschaften, deren Aufgabe es ist, über die Tarifverhandlungen hinaus den Interessen der Arbeitnehmer Geltung zu verschaffen. Insbesondere bei internationalen M&A-Transaktionen, die durch eine Verlagerung des Firmensitzes ins Ausland dazu führen könnten, Einflussmöglichkeiten zu beschneiden, werden Gewerkschaften blockierend auf geplante Vorhaben einwirken. Die Interessen der von den Gewerkschaften vertretenen Mitglieder wurden bereits bei den internen Gruppen deutlich gemacht (vgl. Abschn. 2.2.1).

Gerade im internationalen Bereich sind Nichtregierungsorganisationen anzutreffen. Der dafür geschaffene Begriff der *Non-Government Organizations* (NGOs) wurde von der Vereinten Nationen (UNO) eingeführt, um Vertreter der Zivilgesellschaft, die sich an den politischen Prozessen der UNO beteiligen, von den staatlichen Vertretern abzugrenzen. Heute wird der Begriff von und für Vereinigungen benutzt, die sich insbesondere sozial- und umweltpolitisch engagieren, und zwar unabhängig von einer Beziehung zur UNO. In zunehmendem Maße nehmen diese Organisationen auch Einfluss auf internationales M&A, insbesondere wenn es um soziale Arbeitsbedingungen in Entwicklungs- und Schwellenländern geht (Kinderarbeit, Entlohnung und Versicherungen…) sowie um Umweltstandards für Fertigungen. Im Rahmen von Compliance- und Corporate Social Responsibility-Überlegungen (vgl. Theuerkorn, 2013) werden hieraus zunehmend Verhaltensnormen bei internationalen Übernahmen abgeleitet (siehe Abschn. 4.2.9 und 6.1.4.3).

#### 2.2.2.2 M&A-Experten

Traditionell unterscheidet man zwischen externen M&A-Beratern, die generell sämtliche Phasen des M&A-Prozesses betreuen können, wie z. B. Investmentbanken und Unternehmensberatungen, und M&A-Beratern, die auf bestimmte Prozessphasen spezialisiert sind, wie Wirtschaftsprüfer, Steuerberater etc. (vgl. Beier, 2009, S. 51–61). Aufgrund des gestiegenen Wettbewerbs kommt es allerdings auch unter Wirtschaftsprüfern und Anwälten vermehrt zu einem Angebot überlappender Dienstleistungen im Sinn einer „One-Stop-Shopping-Beratung", das heißt einer ganzheitlichen Beratung aller Phasen der Transaktion aus einer Hand. So treten Anwaltskanzleien und Wirtschaftsprüfer zunehmend in den Markt für Transaktionsberatung ein, werden also zu Konkurrenten der mittelständischen M&A-Boutiquen und der mittelgroßen Investmentbanken. Um der zunehmenden Anzahl auch internationaler Transaktionen gerecht zu werden, benötigen sie länderübergreifende und hochqualifizierte Beratungskompetenz, die bislang nur große Investment- und Corporate-Finance-Beratungsgesellschaften sowie die ausländischen „Law Firms“ bieten können. Aus diesem Grund vereinen diese auch die meisten Deals und die größten Transaktionsvolumina auf sich (vgl. Picot & Picot, 2012, S. 45–46).

Anders als für die meisten Unternehmen gehört die Transaktionsvorbereitung und -abwicklung zum Tagesgeschäft spezialisierter Berater. Die daraus resultierende Transaktionserfahrung und Fachkenntnis ermöglicht ihnen das Angebot einer Vielzahl an Dienstleistungen, die sich in die Bereiche Beratung, Zusatzleistungen, z. B. Finanzierung, bis hin zur Kontaktvermittlung zwischen Unternehmen einteilen lassen. In der Vorphase einer Transaktion gehen von den Experten oft wichtige Impulse aus. So entwickeln sie Transaktionskonzepte, die das Unternehmen nicht in Erwägung gezogen hätte und raten idealerweise auch von nicht sinnvollen Transaktionen ab (vgl. Müller-Stewens, Spickers, & Deiss, 1999, S. 44–45). Die Identifizierungsfunktion potentieller Objekte können sie insbesondere durch eine langjährige Tätigkeit und dadurch resultierende Marktübersicht sowie eine Vielzahl historisch gewachsener Kontakte erfüllen. Beim sogenannten „Deal Drafting“ spüren die Berater selbstständig Kauf- und Verkaufsmöglichkeiten auf und treten mit einem Transaktionskonzept an die betroffenen Unternehmen heran. Für grenzüberschreitende Transaktionen ist die Einschaltung wegen kultureller und sprachlicher Barrieren sowie fehlender Marktkenntnis oft unumgänglich (vgl. Müller-Stewens et al., 1999, S. 44–50).

Auch im Rahmen der Due Diligence empfiehlt sich der Einsatz eines neutralen und zur Verschwiegenheit verpflichteten Sachverständigen, da in dieser Phase das tatsächliche Zusammengehen der Beteiligten noch nicht sicher ist und der Dritte dem Auftraggeber somit nur das Gesamtergebnis, nicht aber Details über das Unternehmen mitteilen möchte.

Wichtig sind in diesem Zusammenhang die sogenannten „Clean Teams“. Ein solches, meist mit Externen besetztes Team wird von beiden Unternehmen beauftragt, Daten, die zur Beurteilung strategischer und finanzieller Auswirkungen nötig sind, aber z. B. aus wettbewerbsrechtlichen Gründen nicht offengelegt werden dürfen, auszutauschen und zu bewerten. Ein hohes Vertrauen der Unternehmen in „ihre“ entsandten Berater und vor allem eine hohe Qualifikation der Externen was Branchen- und Unternehmenskenntnisse betrifft, ist Voraussetzung für den erfolgreichen Einsatz von „Clean Teams“.

Während der Integration können Berater bei brisanten Themen, z. B. der IT-Systementscheidung, darüber hinaus die Funktion eines neutralen, sachverständigen Dritten einnehmen, der im Sinne einer optimalen und von eigenen Interessen freien Lösung entscheidet (vgl. Penzel & Pietig, 2000, S. 115). Betreuen externe Berater den gesamten Prozess, obliegt ihnen die Optimierung der Prozesssteuerung durch geeignete Aufgabenverteilung und die Gestaltung der Schnittstellen zwischen Beratern und Mitgliedern des Klienten. Nachteile einer zu starken Einbindung externer Berater sind im Verlust der direkten Verbindungen zum Unternehmensgeschehen (vgl. Töpfer, 2000, S. 14), den hohen Kosten und dem Steuerungsaufwand der Externen zu sehen. Weitere Nachteile lassen sich aus der

Vielzahl potentieller Konflikte ableiten, denen die M&A-Berater unterliegen (vgl. dazu im Detail die Beschreibungen der einzelnen Berater weiter unten).

Die Vergütung teilt sich in den Fällen einer durchgehenden Betreuung über den gesamten Prozess in aufwandsbezogene und erfolgsbezogene Komponenten sowie eine „Sign-up Fee" auf (für einen Überblick vgl. Beier, 2009, S. 238–241). Letztere ist bereits bei Auftragserteilung für eine erste Analyse fällig, die zur Überprüfung der Ernsthaftigkeit des Mandanten dient. Des Weiteren wird häufig eine „Break-up Fee" gefordert, die fällig wird, falls der Mandant den Erfolg der Übernahme in den Verhandlungen selbst verhindert (vgl. Müller-Stewens et al., 1999, S. 38). Insbesondere bei Kaufmandaten kann eine (zu) hohe erfolgsabhängige Vergütung jedoch dazu führen, dass der Berater dem Klienten von einer wenig erfolgversprechenden Transaktion nicht abrät. Eine Lösung dieses Problems ergibt sich in erster Linie durch die hohe Bedeutung der Reputation einer Beratungsgesellschaft. So ist ein schlechter Ruf aufgrund opportunistischen Verhaltens mit großen Problemen bei der zukünftigen Mandatsakquisition verbunden.

Obschon die M&A-Beratungstätigkeit als nützlich und für das reibungslose Zustandekommen einer Transaktion als förderlich gewürdigt wird (vgl. Müller-Stewens et al., 1999, S. 35), existieren in der Praxis divergierende Meinungen über die Sinnhaftigkeit der Einschaltung von M&A-Beratern (vgl. Kerler, 2000, S. 243). Berater rechtfertigen ihre Tätigkeit damit, dass sie in der Lage sind, die Wertgenerierung eines Unternehmens durch ihren Input zu verbessern (vgl. Kerler, 2000, S. 246). Wichtig ist es für beide Unternehmen, insbesondere in Hinblick auf die hohen Kosten, die mit dem Einsatz externer Berater verbunden sind, genaue Aufgaben für die jeweiligen Berater zu definieren und diese nur in den Bereichen einzusetzen, in denen die potentiellen Erträge höher sind als die entstehenden Kosten. Um sich zumindest einen Teil des Wissens für mögliche Folgeprojekte selbst anzueignen, sollte ein hoher Informationsaustausch zwischen den Beratern und internen Mitarbeitern stattfinden (vgl. auch Abschn. 6.1.6.4).

Der Wertbeitrag, den externe Berater bringen, hängt stark von ihrer Steuerung ab. Einfach einen Auftrag zu geben und zu hoffen, dass es der Berater richtig machen wird, führt nicht zum Erfolg. Das Risiko eines falschen Fokus bei der Analyse oder einer nicht ausreichenden Qualifikation ist immer gegeben. Die Einbindung in das interne Projektteam ist deshalb sehr wichtig. Als Faustregel kann gelten, dass ein externer Berater in eine Gruppe mit mindestens drei internen Mitarbeitern eingebunden werden sollte. Ein weiteres Problem ist die zeitliche Optimierung des Beratereinsatzes. Im Zweifelsfall sollten die Berater besser früher und konzentriert als später und verteilt eingesetzt werden. Abbildung 2.9 zeigt im Überblick Einsatzschwerpunkte von externen M&A-Experten.

Bei einer phasenorientierten Betrachtung bilden die *Unternehmensberater für Strategie und Struktur* die erste relevante Gruppe. Der Schwerpunkt ihres Einsatzes liegt im M&A-Vorfeld bei der Entwicklung der Basisstrategie und dem Kandidatenscreening. Sofern keine belastbare Strategie vorliegt, die auf die Priorisierung von M&A hinweist, ist vor dem M&A-Projekt ein Strategieprojekt vorzuschalten, zumindest jedoch ein Strategie-Check, mit dem – aufsetzend auf der strategischen Datenlage – der Nachweis geführt wird, dass organische Maßnahmen zum Ausbau des Geschäftes nicht ausreichen und

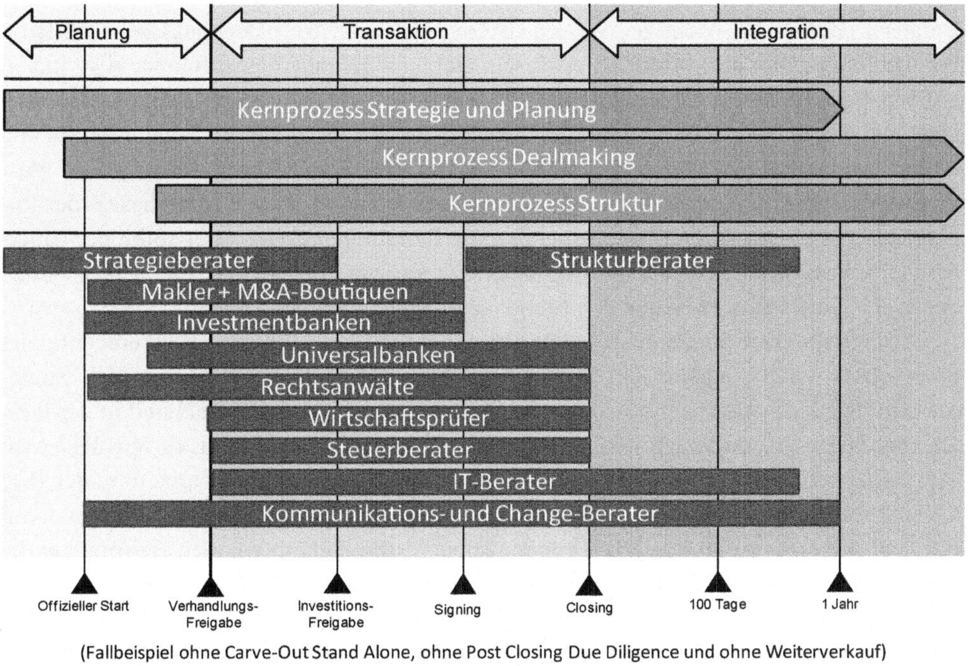


**Abb. 2.9** Der Einsatz von externen M&A-Experten

M&A notwendig sind. Insbesondere geht es in dieser Phase um die zu erreichenden relativen Geschäftspositionen und das Mithalten im Technologie- und Konsolidierungswettbewerb. Einzelne Unternehmensberatungen haben dazu spezielle Tools für Konsolidierungsmodelle im Markt entwickelt, wie etwa AT Kearney. Zum Kandidatenscreening werden Suchraster entwickelt, auf der Basis von Stärken-Schwächen-Analysen von Käufer und potenziellen Kandidaten. Nach Identifikation des M&A-Kandidaten liegt ein weiterer Schwerpunkt bei der Entwicklung des Business Cases. Die Einschaltung von Strategieberatern begründet sich aus spezieller Strategieentwicklungskompetenz, internationalen Netzwerken, spezieller Branchenexpertise und der Neutralität, mit der Berater gegenüber Dritten im Markt auftreten können. Wenn Berater erst einmal „im Geschäft" sind, dann bemühen sie sich allerdings, den Prozess durchgängig zu begleiten, das heißt, dass sie bei der Entwicklung des Integrationskonzeptes und der Integrationsvorbereitung mitwirken und ihre Teilhabe auch auf die Post Closing Integration ausweiten. Solche Projekte sind für Beratungen finanziell äußerst attraktiv und es lässt sich nachweisen, dass der Aufwand für das Projekt nicht nur durch die hohen Tagessätze für Berater steigt, sondern auch das Tagesvolumen, weil Berater immer wieder Gebiete finden, die auch noch abgedeckt werden sollten. Solche Rucksackprojekte, wie etwa zusätzliche Strategiemodule, fokussieren z. B. Spezialfragen nach dem Closing. Es empfiehlt sich deshalb, das Beratervolumen so weit wie möglich zu beschränken und sie gezielt dort einzusetzen, wo eigene Kräfte nicht ausreichen. Neben den hohen externen Kosten ist noch zu berücksichtigen, dass mit der

Berater-Einschaltung wichtiges Wissen extern generiert wird beziehungsweise abfließt. Deshalb hat es sich als vorteilhaft erwiesen, Quotenregelungen einzuführen, etwa indem auf einen externen Berater drei interne Köpfe kommen, die von einem Berater zu steuern sind. Die Praxis hat zudem gezeigt, dass externe Kosten vor allem, im Projektvorfeld und in der Transaktionsphase generiert werden, letztere vor allem wegen der Anwälte, Wirtschaftsprüfer und Steuerberater. In der für den M&A-Erfolg wichtigsten Phase – der Implementierung – werden am wenigsten externe Berater eingesetzt. Hier sollte der Unternehmer selbstkritisch sein und im Zweifel externe Berater hinzuziehen, zumal sie wichtige „neutrale" Positionen zwischen den Merger-Parteien einnehmen können.

Um Beratungskosten zu sparen, können vermehrt Workshops mit Beraterbeteiligung eingesetzt werden, anstelle von ganzen Projektmodulen. Auch ist es sinnvoll, Strategie- und Strukturberater nur punktuell einzusetzen, vor allem im Vorfeld und in der Peri-Closing Phase vor und nach dem Closing. Meist wird der Beratereinsatz auf die ersten 100 Tage nach dem Closing zu begrenzen sein. Die längerfristige Abarbeitung der Post Closing-Maßnahmen sollte so strukturiert sein, dass sie gänzlich ohne Berater auskommt oder nur mit tageweisen Einsätzen von einzelnen externen Köpfen, zum Beispiel bei der Verfolgung des Ein-Jahres-Implementierungs-Programms. Hierbei spielt auch die Organisation des Übergangs vom Interims-Integrationsteam auf das gemeinsame Management-Team der integrierten Einheit eine Rolle. Wie noch zu zeigen ist, sollte dies möglichst früh erfolgen und kann schrittweise durchgeführt werden, je nach Fortschritt der Maßnahmen-Identifizierung für die jeweilige Organisationseinheit (vgl. Abschn. 4.3.7).

Die unbestrittenen Marktführer für M&A-Strategie und –Umsetzung sind McKinsey und die Boston Consulting Group. Eine namhafte Position nimmt die bereits erwähnte AT Kearney ein. In jüngster Zeit haben große Bewegungen und eine Konsolidierung unter großen Beratungsunternehmen stattgefunden, die besonders auch den deutschen Markt betroffen haben. Insbesondere die „Big Four" der großen Wirtschaftsprüfer (PricewaterhouseCoopers, Ernst & Young, KPMG und Deloitte) haben ihr Beratungsfeld neu entdeckt. Sie realisieren Synergien durch „One-Stop-Shopping" bei M&A und durch die durchgängige Präsenz im M&A-Prozess. Hierbei spielt die zeitliche Komplementarität eine Rolle, indem nämlich ihre „Strategie- und Struktur-Arme" die Präsenz im Vorfeld und nach dem Closing ausbauen, während ihr Kerngeschäft der Prüfung selber während der Transaktionsphase angesiedelt ist. So hat PWC die Strategieberatung von Booz & Company übernommen, die als Tochter nun unter „Strategy&" firmiert.

Eine weitere wichtige Rolle im M&A-Prozess spielen *M&A-Makler, -Boutiquen und Investmentbanken*. Makler decken das untere Segment ab und konzentrieren ihre Aktivitäten auf die Anbahnung von Kontakten sowie um Wertfindungen auf der Basis von vergleichbaren Transaktionen und Branchen-Multiples. Detaillierte Bewertungen mithilfe von langfristigen Geschäftsplänen und Discounted Cash-Flow-Ansätzen sind in diesem Segment von Unternehmenswerten in der Größenordnung bis zu einer Million Euro eher die Ausnahme. Die Tätigkeit ähnelt derer von Immobilienmaklern. Der Makler erhält fallweise vom Käufer, vom Verkäufer oder von beiden Seiten eine Provision bei erfolgreicher Vermittlung. Die Vorteile des Maklers liegen somit in seiner neutralen Position bei den

Verhandlungen, in denen er als Schlichter und Vermittler zur Versachlichung der Atmosphäre beiträgt. Da sein Honorar an die Durchführung einer Transaktion gebunden ist, unterliegt er der Versuchung, eine Ausführung der Akquisition trotz widriger Umstände durchzusetzen (vgl. Schmitz, 1993, S. 110–112).

Darüber angesiedelt sind die sogenannten M&A-Boutiquen, deren Kundenfokus von Transaktionen in der Größenordnung von mehreren Millionen bis 50 Mio. € Transaktionswert liegt – in Ausnahmefällen bis über 100 Mio. Hierzu gehören in Deutschland die in der Vereinigung Deutscher M&A-Berater zusammengeschlossenen mittelständischen Firmen. Diese Unternehmen wurden teilweise ehemaligen Investmentbankern gegründet und ihr Geschäftsmodell ist auch das gleiche. Ihr Schwerpunkt liegt – im Gegensatz zu den Strategie- und Strukturberatern – bei der Transaktion im eigentlichen „Financial Engineering". Ihr Leistungsspektrum reicht jedoch von der Kandidatensuche bis zum Signing. Die Entwicklung unabhängiger *M&A-Datenbanken* (z. B. Merrill Datasite, Reuters, Thomson Financial, Van Dijk…) gibt ihnen die Möglichkeit, ihr Wirkungsspektrum dem der Investmentbanken anzunähern. Der geringeren Größe entsprechend sind die mittelständischen M&A-Beratungen regional ausgerichtet und auf Branchen spezialisiert. Ihre Arbeit beginnt mit der datenbankgestützten Targetidentifizierung. Eine Stärke ist die Unternehmensansprache, bei der sie den Vorteil ausspielen können, dass dies neutral und ohne Nennung des Auftraggebers erfolgen kann. Schwerpunkt ist dann die Targetbewertung und Fairness Opinion einschließlich Synergiewerten aufgrund von langfristigen Geschäftsplänen mit Multiple- und DCF-Verfahren (vgl. Abschn. 5.3.2). Unter ihrer Leitung wird die Due Diligence vorbereitet und durchgeführt. Schließlich bringen sie deren Ergebnisse in den Vertrag ein. Dementsprechend eng ist die Zusammenarbeit mit Wirtschaftsprüfern und Anwälten. Der starke Wettbewerb und der in den letzten Jahren zu beobachtende Rückgang des M&A-Marktes hat dazu geführt, dass die kleineren M&A-Boutiquen sich teilweise an größere Player angelehnt haben, zum Beispiel durch exklusive Zusammenarbeit mit einzelnen Private Equity-Unternehmen. Hinzu kommt der Druck von Anwälten und Wirtschaftsprüfern, von denen einige ihrerseits diversifizieren und in die Domäne der M&A-Boutiquen eindringen, indem größere Kanzleien eigene Bewertungs- und Transaktionsteams aufbauen.

Eine wichtige Gruppe der externen Berater stellen die größeren *Investmentberater* dar. Dazu zählen Investmentbanken und die M&A-Einheiten der Kreditinstitute. Deren Aufgaben sind praktisch identisch und werden daher gemeinsam beschrieben, wobei Unterschiede in der Aufgabenerfüllung im Anschluss dargelegt werden. Aufgrund umfassender Marktkenntnis, einem Netz von internationalen Kontakten, großer Erfahrung im M&A-Geschäft und insbesondere der Bewertung von Unternehmen nehmen die Investmentbanken eine herausragende Stellung in der M&A-Beratung ein (vgl. Schmitz, 1993, S. 119). Die Abb. 2.10 stellt die größten Investmentbanken mit ihren Umsätzen im ersten Halbjahr 2014 vor. Im Ranking gibt es Jahr für Jahr große Veränderungen. So hatte z. B. die Deutsche Bank im 1. Halbjahr 2013 gegenüber dem Vorjahr 50 % ihres Umsatzes eingebüßt (2012 weltweit # 3, 2013 # 8). Die erheblichen Volumina, die die Investmentberater betreut haben, zeigen die Wichtigkeit dieser Gruppe im M&A-Prozess.

| Ranking | Company Name | Global Value (US$m) | European Value (US$m) |
|---|---|---|---|
| 1 | Goldman Sachs | 893.936 | 112.178 |
| 2 | Morgan Stanley | 653.715 | 84.098 |
| 3 | JPMorgan | 652.065 | 106.674 |
| 4 | Bank of America Merrill Lynch | 623.821 | 65.493 |
| 5 | Citi | 591.390 | 58.500 |
| 6 | Barclays | 507.100 | 68.335 |
| 7 | Lazard | 465.082 | 66.060 |
| 8 | Deutsche Bank | 400.918 | 56.737 |
| 9 | Credit Suisse | 358.317 | 26.923 |
| 10 | UBS Investment Bank | 222.026 | 27.500 |
| 11 | Centerview Partners | 215.937 | 8.584 |
| 12 | Rothschild | 199.902 | 35.470 |

**Abb. 2.10** Investmentberatungen bei Übernahmen im ersten Halbjahr 2014. (Quelle: Mergermarket)

Eine wichtige Dienstleistung, die Investmentberater für den Akquisiteur vornehmen, ist insbesondere die Bewertung des Zielunternehmens sowohl aus neutraler wie aus strategischer Sicht (Fairness Opinion) (vgl. Borowicz, 2005). Beim Eintritt in die Kontakt- und Verhandlungsphase nehmen sie aus Gründen der Diskretion und Anonymität eine bedeutende Maklerposition ein (vgl. Krüger, 1988, S. 376). Des Weiteren führen sie die Due Diligence durch, erstellen Memoranden, unterstützen die Prozessstrukturierung und –steuerung sowie die Verhandlungsführung und erarbeiten eine Finanzierungsstruktur (vgl.; Schmitz, 1993, S. 117–118). Für ein zu akquirierendes Unternehmen identifizieren sie Verkaufsmöglichkeiten und leiten erste Schritte ein. Ferner bewerten sie das Unternehmen und erstellen Verkaufsdokumentationen wie bspw. ein „Information Memorandum". Bei rechtlichen und steuerlichen Problemen nehmen sie häufig die Unterstützung externer Spezialisten in Anspruch (vgl. Deiß, 1997a, S. 498), deren Einschaltung durch ihr bestehendes Kontaktnetzwerk problemlos möglich ist (vgl. Dibelius, 2005, S. 55).

Nachteile der Beratung durch die Investmentberater ergeben sich insbesondere durch potenzielle Loyalitätskonflikte, denen sie ausgesetzt sind. Ihre Unabhängigkeit wird beispielsweise durch Interessenkonflikte zum Wertpapiergeschäft eingeschränkt. So stellt die Weitergabe von Insiderinformationen an die eigene Arbitrageabteilung einen Konflikt zwischen der Wahrung der Diskretion im Sinne des Mandanten und der Erzielung eigener Gewinne dar. Diese Abteilungen könnten versucht sein, potentielle Übernahmekandidaten zu identifizieren und durch den rechtzeitigen Kauf von deren Aktien an den mit der Übernahme einhergehenden Gewinnen zu partizipieren (vgl. Schmitz, 1993, S. 119–120).

Überdies handeln die Investmentberater häufig dealorientiert. Eine einheitliche Gebührenordnung besteht nicht. Dennoch hat sich im Markt ein gewisser Standard durchgesetzt, der durch die sogenannte Lehman-Formel (auch: Lehman Scale) definiert wird. Diese wird – soweit nicht anders vereinbart – weitgehend sowohl von den M&A-Maklern und den M&A-Boutiquen bis hin zu den großen Investmentbanken angewendet. Die Lehman-Formel besagt, dass das Erfolgshonorar für eine Transaktion stufenweise mit größer werdendem Transaktionsvolumen abnimmt. Die Formel wird vor allem bei Mid Market M&A (Größenordnung bis ca. 500 Mio. € Transaktionswert) angewendet. Hintergrund ist, dass die Erfolgsprovisionen bei größeren Transaktionen gedeckelt werden sollen. Es hat sich aber auch eine gegenteilige Praxis durchgesetzt, indem für das Erreichen eines Kaufpreises, der dem rechnerisch ermittelten Unternehmenswert (DCF-Verfahren auf Basis des Geschäftsplans) entspricht, eine eher niedrigere Erfolgsprovision vereinbart wird (typisch z. B. auf einen Transaktionswert von 50 Mio. € eine Provision von 2 %). Für den darüber hinaus gehenden erzielten Mehrwert jedoch ein höherer Provisions-Prozentsatz. Dieser kann mehrfach gestaffelt werden und dient als Incentive für den Transaktionsberater, einen möglichst hohen Verkaufspreis zu erzielen. Wie dieses Beispiel zeigt geht man heute von einer „mechanischen" Anwendung der Lehman-Formel ab und verhandelt die Provision weitgehend frei in Abhängigkeit vom Schwierigkeitsgrad, Motivation des Kunden (z. B. verkaufspreismaximierend oder Erhalt der alten Identität) und der Größe der Transaktion. Insgesamt wird die Entlohnung bei M&A immer mehr eine Verhandlungssache. Dies ist vor allem dem Umstand geschuldet, dass es mehrere kombinierbare Entlohnungskomponenten gibt und dass der Wettbewerb immer stärker und immer breiter wird. Früher üblich waren zum Beispiel zu Beginn einer Transaktion sogenannte *Engagement Fees* mit dem der Berater bereits für die Aufnahme eines Mandats (teilweise) entlohnt wird. Dies sollte das Risiko für die nicht unerheblichen Vorleistungen teilweise decken, wenn es sich zum Beispiel um Markt-Recherchen und vorgeleistete Unternehmensbewertungen handelt. Reine Engagement Fees lassen sich heute aufgrund des hohen Wettbewerbs kaum noch durchsetzen – sie sind auch moralisch nicht (mehr) vertretbar, weil sie wenig leistungsorientiert und nicht erfolgsorientiert sind. Verbreiteter sind sogenannte *Retainer*. Dies sind (staffelbare) Pauschalsummen für die eigentliche Dienstleistung bei M&A, wobei die Leistung als solches vorab definiert (z. B. in Mannmonaten) oder später vereinbart werden kann. Retainer dienen vor allem dazu, die häufig sehr umfänglichen Leistungen eines Transaktionsberaters (teilweise) abzudecken und somit sein Risiko zu mindern, insbesondere wenn offen ist, ob die angestrebte Transaktion überhaupt zum Erfolg führen wird. Üblich ist auch, Retainer auf die Erfolgsprovision anzurechnen. Je größer der Retainer (und damit je kleiner das Risiko des Transaktionshauses) desto schmaler kann die Erfolgsprovision ausfallen. Damit ist ein Gleichgewicht zwischen dem Risiko, das der Transaktionsberater eingeht und dem Erfolgsinteresse von Klient und Berater erreichbar. Schließlich bleibt als weitere Entlohnungskomponente noch die *Break Up Fee* zu nennen, die zwischen dem Klienten und seinem Berater verabredet werden kann, häufiger aber zwischen Verkäufer und Käufer in einer Transaktion vereinbart wird. Fällig wird diese Zahlung dann, wenn eine Partei (schuldhaft) den Transaktionsprozess abbricht, insbesondere dann, wenn keine erkennbaren objektiven Gründe vorliegen. Gründe, die zu einem Abbruch von Verhandlungen führen können und die keine Break up Fee hervorrufen dürfen, sind vertraglich zu regeln. Break-up Fees zwischen Berater und Kunde (z. B. Verkäufer) mindern für den Berater das Risiko des Scheiterns und wirken sich wiederum dämpfend auf die Erfolgsprovision aus. Trotz aller dieser Marktusancen kann insgesamt gesagt werden, dass die spezifischen Beratungskosten bei kleinen Deals prozentual auf den Verkaufspreis bezogen zwar höher liegen, die absoluten Gebühren bei großen Deals jedoch weit höher ausfallen. Aufgrund ihrer Marktmacht können große Transaktionshäuser bei großen Deals hohe Transaktionsgebühren durchsetzen, die mittelständischen M&A-Boutiquen bleiben im Überlappungsbereich deutlich darunter und die vorgenannten M&A-Makler mit ihrem sehr begrenzten Leistungsspektrum liegen im unteren Preissegment.

Je nach dem vereinbarten Kombinationsmodell der Honorare sind Transaktionshäuser (vom Makler bis zum Investment Banker) mehr oder weniger transaktionsorientiert. Deshalb ist es auch für den Kunden wichtig – je nachdem ob er den festen Willen zu einer Transaktion hat – wie die Kombination des Entlohnungsmodells für den Berater ausfällt. Um daher die fällige „Success Fee“ im Fall der Durchführung der Transaktion realisieren zu können, raten Transaktionsberater ihren Mandanten naturgemäß eher zu einer M&A-Transaktion zu als ihre Unterlassung zu empfehlen (vgl. Schmitz, 1993, S. 119–120). Als Konsequenz der potentiellen Konflikte sind aber ein guter Ruf und die Qualität eines Investmentberaters neben Preisüberlegungen die zentralen Selektionskriterien (vgl. zum Free-split und zur Auswahlentscheidung und Beauftragung von Investmentbanken Beitel, Börner, & Schiereck, 2005). Dazu gehört natürlich vor allem die Erfahrung, die der Berater in einer bestimmten Branche und in bestimmten Regionen mitbringt. Zudem sind positive Erfahrungen aus früherer Zusammenarbeit sowie persönliche Beziehungen und Sympathie von hoher Bedeutung (vgl. Kerler, 2000, S. 247). Große Konzerne sichern sich die Loyalität der Investmentbanken dadurch, dass sie von Fall zu Fall mit anderen Investmentbanken zusammenarbeiten, weil man sich dadurch immer mal wieder auf derselben Seite wie auf der Seite des Gegenparts wiederfindet. Großkonzerne mit großen Transaktionen und regelmäßigem M&A-Geschäft versuchen, sich mehrere Transaktionshäuser pro Branche und Region „warm“ zu halten, um immer Konkurrenz und Ausweichoptionen für einen konkreten M&A-Fall parat zu halten.

Während für Investmentbanken M&A-Beratungen seit jeher zum Kerngeschäft gehören, ist dies für *Universalbanken* nicht der Fall. Mittlerweile haben diese die einst unentgeltlich angebotene M&A-Beratung aber als lukratives Geschäft entdeckt und daraus einen professionellen Service entwickelt. Um eine hohe Qualität der Beratung zu sichern, gründen Universalbanken bzw. Bankenverbände, wie die Genossenschaftsbanken, häufig Tochtergesellschaften, die die M&A-Beratungsleistungen anbieten. Der Beratungsbedarf insbesondere von Seiten mittelständischer Unternehmen ist gestiegen die die Banken aufgrund des durch langjährige Geschäftsbeziehungen entwickelten Vertrauensverhältnisses häufig als geeignete Partner betrachten (vgl. Schmitz, 1993, S. 102–104).

Die Vorteile der Beratung durch die Universalbanken resultieren aus den Synergieeffekten, die diese nutzen können und dadurch ihr Angebot verbilligen. So können sie die Hausbeziehung nicht nur für den Vertrieb der Beratungs-Dienstleistung nutzen, auch bedeutet die Entwicklung der langfristigen Beziehung ein Qualitätssiegel. Des Weiteren verfügen die Banken über ein umfassendes Leistungsangebot, das dem Kunden die Vorteile meist kürzerer Informationswege und niedrigerer Kosten einbringt.

Synergiepotenziale durch Vernetzung der M&A-Beratung mit anderen Geschäftsbereichen bergen aber neben Vorteilen auch Gefahren. Entsprechend ist die Unabhängigkeit der Beratung nicht gewährleistet, falls der Mandant Kunde in anderen Geschäftsbereichen ist. Ein Interessenkonflikt ergibt sich bei gleichzeitiger Betreuung im M&A- und im Kreditbereich. Beispielsweise könnte eine mit einem Verkaufsmandat beauftragte Bank versuchen, durch die Eingliederung eines angeschlagenen Unternehmens in ein kapitalstarkes Unternehmen die Bonität eines zuvor notleidenden Kredits wiederherzustellen und so das eigene Kreditausfallrisiko zu minimieren (vgl. Schmitz, 1993, S. 142–144). Weitere Loyalitätskonflikte bestehen, wenn ein potentieller Käufer nicht ebenfalls Kunde der Bank ist und zu befürchten ist, dass sich der Umfang der Geschäftsbeziehung bei einer Transaktion stark mindern wird. Daher wird eine Verkaufsempfehlung tendenziell eher unterlassen, um das Unternehmen im eigenen Einflussbereich zu halten. Zwar werden die einzelnen Abteilungen strikt voneinander getrennt und auch von den erwähnten speziellen Tochtergesellschaften geführt (vgl. Kerler, 2000, S. 248), dennoch ist die Glaubwürdigkeit der Trennung der Geschäftsbereiche fraglich, insbesondere wenn das M&A-Geschäft von anderen Bereichen vermittelt wurde.

Allerdings müssen nicht alle Interessenkonflikte zwangsläufig zu einer Verletzung der Interessen der Kunden führen. Zum einen gibt es rechtliche Regelungen wie das Insiderhandelsverbot (vgl. §§ 12–20, 38, 39 WpHG), zum anderen werden Banken von opportunistischem Verhalten Abstand nehmen, um die eigene Reputation nicht aufs Spiel zu setzen und eine Verlagerung der gesamten Geschäftsverbindung auf andere Banken zu verhindern (vgl. Schmitz, 1993, S. 138–142).

Das Kerngeschäft eines *Wirtschaftsprüfers* in Zusammenhang mit M&A besteht in der Prüfung und der gutachterlichen Bewertung des Kauf- bzw. Verkaufsobjekts sowie in der Durchführung der Financial Due Diligence (vgl. Müller-Stewens et al., 1999, S. 56). Um die Vermögens-, Ertrags- und Finanzlage des Unternehmens zu analysieren und Fehlbewertungen aufzudecken, müssen sie die Werthaltigkeit von Vermögensgegenständen und Verbindlichkeiten kontrollieren, Jahresabschlüsse und Prüfungsberichte sowie die Projekt- und Betriebsbuchhaltung prüfen. Des Weiteren müssen sie Plausibilitätsüberlegungen zu den Planrechnungen durchführen und einen Due Diligence-Report (vgl. Abschn. 5.1.4) erstellen, der gewisse Garantiefunktionen besitzt. Im Auftrag von Zielunternehmen beschränkt sich die Tätigkeit im Wesentlichen auf die Zusammenstellung der Due Diligence-Unterlagen im „Data Room", für kleinere Unternehmen übernehmen Wirtschaftsprüfer bisweilen sämtliche Beratungsaufgaben (vgl. Beier, 2009, S. 58).

Wesentliche Aufgabe der *Steuerberater* ist die Durchführung der Tax Due Diligence (vgl. Hawranek, 2004, S. 82). Darunter fallen einerseits die steuerlich optimale Gestaltung der Transaktion für den Käufer bzw. Verkäufer und andererseits das Aufdecken von steuerlich begründeten finanziellen Risiken aus der Vergangenheit und Empfehlung von entsprechenden Maßnahmen zum Schutz des Käufers vor diesen Risiken (vgl. Eilers & Schwahn, 2012, S. 240–243). Die bereits angesprochene Erweiterung in Richtung eines Full-Service-Angebots bezieht sich insbesondere auf die Beratung des Mittelstands. Allerdings ist zu vermuten, dass sie durch ihre Konzentration auf steuerliche Aspekte andere Bereiche des M&A-Managements nicht ausreichend abdecken können, weil ihnen eine ganzheitliche Betrachtungsweise fehlt (vgl. Schmitz, 1993, S. 124–125). Wie oben angeführt, relativiert sich diese Motivation in dem Maße wie Anwälte, Wirtschaftsprüfer und Steuerberater ihrerseits in das Transaktionsgeschäft einsteigen, sei es organisch oder durch Übernahme von Beratern.

Eine Unternehmenstransaktion ist zwangsläufig mit einer Vielzahl vor allem bei internationalen Transaktionen auch teilweise sehr komplexer juristischer Fragen verbunden. Aufgabe der in der M&A-Branche tätigen *Rechtsanwälte* ist die Durchführung der juristischen Aufgaben innerhalb eines solchen Projekts und die Beurteilung der juristischen Konsequenzen eines M&A-Vorhabens (vgl. allgemein zur Einschaltung von Rechtsanwälten Deiß, 1997a, S. 497; Lamberts, 2013; Wolf, 2015, S. 193–197). In diesem Zusammenhang sind sie, v. a. im Auftrag des Käufers, mit der Durchführung der Legal Due Diligence betraut (vgl. Beier, 2009, S. 59). Dabei prüfen die Anwälte unter anderem die Erfüllung gesellschaftsrechtlicher Ansprüche und die Existenz ungewöhnlicher Risiken aus betrieblichen Verträgen (vgl. Abschn. 5.1.4.7). Darauf aufbauend entwerfen sie alle juristischen Dokumentationen, insbesondere die Kaufverträge, und passen sie im Rahmen der Schlussverhandlungen an. Ziel ist es, die vom Kunden gewünschten wirtschaftlichen Effekte in eine juristisch eindeutige Form umzusetzen. Gleichzeitig müssen möglichst alle Eventualitäten durch das Vertragswerk abgedeckt und das Risiko einer späteren gerichtlichen Auseinandersetzung minimiert werden. Weitere wichtige Betätigungen sind die Formulierung eines Letter of Intent (vgl. dazu z. B. Göthel, 2015, S. 29–33) sowie die Teilnahme an den Vertragsverhandlungen (vgl. Müller-Stewens et al., 1999, S. 57–58). Als Berater des Verkäufers sind Anwälte insbesondere bei feindlichen Übernahmen wichtig. Bei freundlichen M&A-Transaktionen beschränken sich die Aufgaben auf die eigentlichen Vertragsverhandlungen (vgl. Kerler, 2000, S. 250). Aufgrund der starken Zunahme von M&A-Transaktionen haben sich hochspezialisierte Anwaltskanzleien entwickelt, die vor allem bei internationalen Projekten zum Einsatz kommen. Abbildung 2.11 zeigt eine Aufstellung der wichtigsten Firmen in diesem Bereich.

Wirtschaftsprüfer, Steuerberater und Anwälte gehören zur Gruppe der Kammerberufe. Da diese strengen Ausbildungs- und Zulassungsregeln unterworfen sind, kann ein gewisses Maß an Qualität vermutet werden (vgl. Schmitz, 1993, S. 124). Gerade mittelständische Unternehmen greifen bevorzugt auf diese Gruppe als Berater zurück, wobei ein über Jahre bestehendes Vertrauensverhältnis durch die Prüfungs- bzw. Beratungstätigkeit, das insbesondere an die Person des Beraters gebunden ist, die Grundvoraussetzung für die Mandatierung bildet (vgl. Müller-Stewens et al., 1999, S. 74–75). Jedoch können auch bei diesen Berufsgruppen Interessenkonflikte auftreten. Zum einen besteht die Gefahr, dass die Berater wider besseren Wissens vom Verkauf eines Unternehmens abraten, wenn sie

Rang nach Wert:

| Rang | Kanzlei | Wert (m€) | Anzahl Deals |
|---|---|---|---|
| 1 | Skadden Arps Slate Meagher & Flom | 1.298.262 | 1081 |
| 2 | Freshfields Bruckhaus Deringer | 1.132.514 | 1265 |
| 3 | Simpson Thacher & Bartlett | 1.075.602 | 705 |
| 4 | Sullivan & Cromwell | 1.070.689 | 639 |
| 5 | Latham & Watkins | 978.469 | 1569 |
| 6 | Cleary Gottlieb Steen & Hamilton | 905.981 | 631 |
| 7 | Linklaters | 904.328 | 1273 |
| 8 | Davis Polk & Wardwell | 868.079 | 576 |
| 9 | Wachtell, Lipton, Rosen & Katz | 852.646 | 332 |
| 10 | Weil Gotshal & Manges | 821.375 | 885 |

Rang nach Anzahl Deals:

| Rang | Kanzlei | Wert (m€) | Anzahl Deals |
|---|---|---|---|
| 1 | DLA Piper | 187.961 | 1826 |
| 2 | Latham & Watkins | 978.469 | 1569 |
| 3 | Jones Day | 489.762 | 1455 |
| 4 | Baker & McKenzie | 367.509 | 1363 |
| 5 | Kirkland & Ellis | 392.337 | 1321 |
| 6 | Linklaters | 904.328 | 1273 |
| 7 | Freshfields Bruckhaus Deringer | 1.132.514 | 1265 |
| 8 | Allen & Overy | 589.606 | 1209 |
| 9 | Clifford Chance | 676.022 | 1134 |
| 10 | Skadden Arps Slate Meagher & Flom | 1.298.262 | 1081 |

**Abb. 2.11** Die größten M&A-Rechtsanwalts-Kanzleien (betreute Volumina in Mrd. Euro; 01.01.2009–15.05.2014). (Quelle: Mergermarket)

befürchten, dadurch ein Mandat im Bereich der Rechts-, Steuerberatung oder Wirtschaftsprüfung zu verlieren. Zum anderen könnte es zu einer Interessenkollision kommen, wenn sich der Berater erhofft, mit der gesamten Betreuung der Transaktion beauftragt zu werden und deshalb zum Kauf oder Verkauf eines Unternehmens rät (vgl. Schmitz, 1993, S. 126).

Innerhalb der Anwälte haben sich Spezialitäten durchgesetzt, wie etwa für Kartell- und Fusionsrecht, Intellectual Property sowie für Compliance und IT-Recht. Die großen Kanzleien versuchen, diese Themen im Sinne eines „One-Stop-Shoppings" mit abzudecken, es haben sich jedoch einige Kanzleien auf einzelne Themen spezialisiert. Zu nennen in Deutschland sind z. B. Gleiss Lutz, die für Kartell- und Fusionsrecht eine herausragende Expertise haben.

Zudem werden *Spezialisten* am M&A-Projekt beteiligt, die nur eng abgegrenzte, sehr spezifische Aufgaben erfüllen. Dazu zählen Investor-Relations- und Public-Relations- (Kommunikations-) Berater, die aufgrund des hohen Aufsehens von M&A in der Öffentlichkeit früh einzubeziehen sind (vgl. dazu auch Abschn. 5.2). Weitere Experten wie Immobilien-, Umweltspezialisten und Technik-Berater werden in Abhängigkeit von Branche, Nationalität, Größe und Struktur der Unternehmen zu Rate gezogen. Dies betrifft etwa Spezialisten für Fertigung und Customer Relations. Diese ergänzen die Due Diligence-Teams und geben Meinungen zu speziellen Fachfragen, welche in den Verhandlungen als Basis dienen. Spezialisierte Personalberater für M&A führen insbesondere Managementbeurteilungen durch und entwickeln „Retention-Programme", also Maßnahmen, mit denen Leistungsträger im Unternehmen gehalten werden sollen (vgl. genauer dazu Abschn. 4.3.9).

Angesichts der großen Zahl allgemeiner und spezialisierter Beratungsgesellschaften in Zusammenhang mit M&A-Projekten stellt sich die Frage nach der grundsätzlichen Sinnhaftigkeit des Einsatzes von Beratern und anschließend nach der Art und Weise des Einsatzes im speziellen Projekt. Die Beantwortung dieser Frage ist abhängig von unternehmens- und transaktionsspezifischen Faktoren, insbesondere der Erfahrung des Managements, regulatorischen Bestimmungen und der Komplexität der Transaktion (vgl. Kerler, 2000, S. 246). So sollte man sich vor allem bei großen Transaktionen sowie bei geringer Erfahrung und Kompetenz des Managements dem Dienst externer Berater bedienen. Landesspezifische rechtliche, politische und steuerliche Besonderheiten machen ihre Einschaltung auch bei internationalen M&A-Aktivitäten unverzichtbar (vgl. Thommen & Sauermann, 1999, S. 320–322). Eine Kosten-Nutzen-Analyse bzgl. des Einsatzes von Beratern ist jedoch nur im Einzelfall möglich (vgl. dazu z. B. Beier, 2009).

Eine Problematik, die sich in der Praxis manchmal zeigt und welche durch die Eigeninteressen der Berater bedingt ist, kann als „Eskalationsrisiko" bezeichnet werden (vgl. die o. g. Rucksackprojekte). Darunter ist das Bestreben der Berater wie z. B. der Kartellanwälte zu verstehen, dass eine Unmenge von Daten beschafft und Modelle entwickelt werden, die im Endeffekt aber zur Problemlösung irrelevant sind. Diese Thematik ist aber nicht M&A-spezifisch sondern ist bei vielen Beratereinsätzen zu lösen.

Der Grad der Rivalität unter den externen Beratern ist innerhalb der jeweiligen Gruppen sehr hoch. Die lukrativen Mandate werden normalerweise durch sogenannte „Beauty Contests", also Kurzpräsentationen der Berater als Bewerbung für ein bestimmtes M&A-Projekt vergeben. Die Reputation als auch die persönlichen Kontakte spielen dabei eine große Rolle.

Während der Durchführung eines Projekts ist die Kooperation der externen Berater aber unerlässlich, weshalb die Berater eigenen Angaben zufolge ihr Verhältnis untereinander eher als kooperativ bezeichnen (vgl. Deiß, 1997b, S. 539). Ob dies aufgrund der generellen Konkurrenz tatsächlich immer gewährleistet ist, scheint hingegen zweifelhaft. Um sich selbst vom Verdacht jeglicher schuldhafter Handlung zu befreien, ist es das Ziel der Externen, Unsicherheiten und Risiken bspw. durch das gegenseitige Verlangen von Vollständigkeitserklärungen auf andere abzuwälzen. Umso bedeutender sind Steuerung und Interessenausgleich der Experten im Prozess. Eine kontrollierte Interaktion und Kommunikation zwischen den Experten sollte durch festgelegte Prinzipien der Zusammenschaltung gesichert werden. Um zudem eine Konzentration der jeweiligen Beteiligten auf ihre Aufgaben und damit eine Optimierung der Teile, die zu Suboptimalität des Ganzen führt, zu verhindern, sollten an den „Projekt-Brennpunkten" die in Abschn. 2.2.1.3 beschriebenen gemischten Teams und Task-Forces eingeführt werden. In diesen können nicht nur interne Beteiligte, sondern auch Externe ihre Beiträge und Ziele untereinander abstimmen. Wichtig ist in diesem Zusammenhang auch die Integration der Berater des initiierenden Unternehmens mit denen des Zielunternehmens (Abb. 2.12).

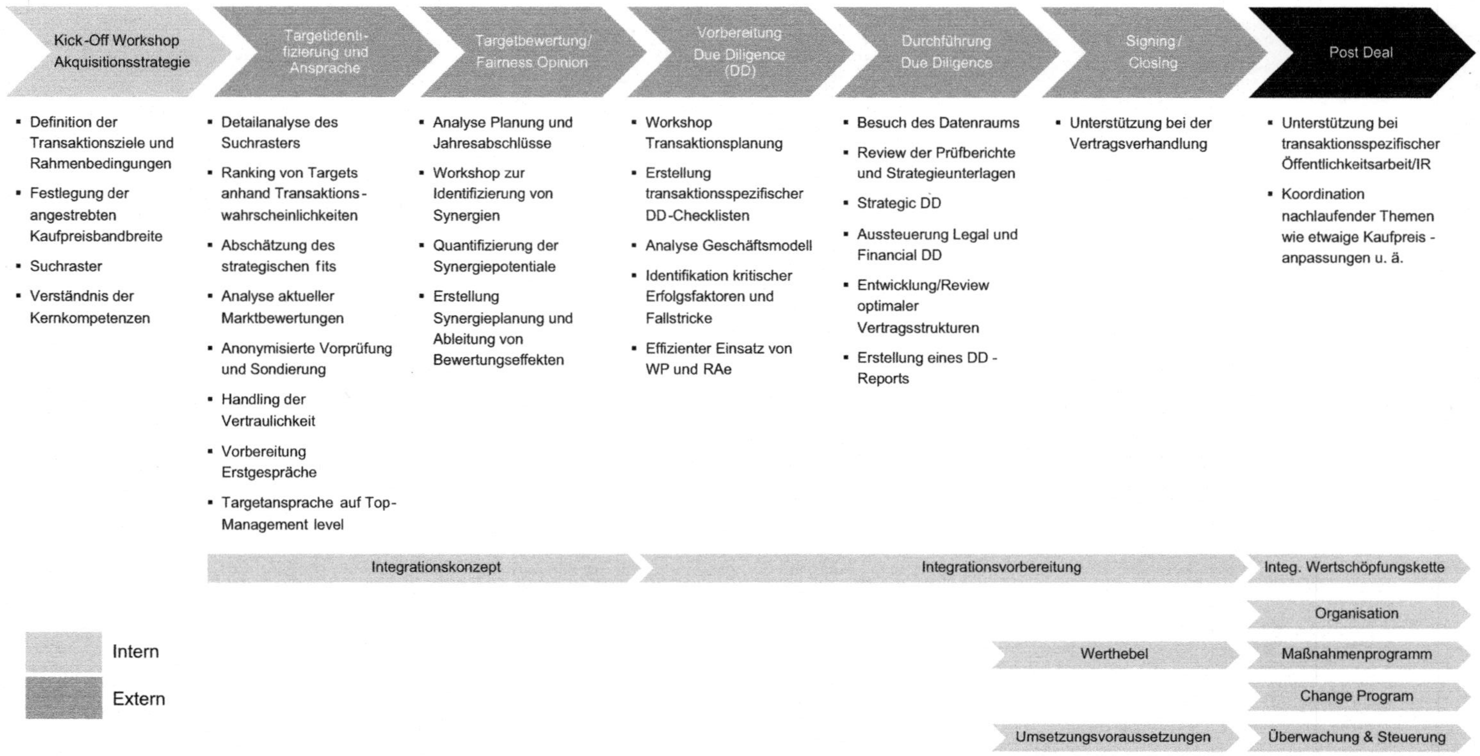


**Abb. 2.12** Deal Struktur aus der Sicht eines Transaktionshauses. (Quelle: Aschenbach Corporate Finance GmbH, 2014)

| Transaktions-Berater / M&A-Management | Target-Identifizierung und Ansprache | Target-Bewertung / Fairness Opinion | Vorbereitung Due Diligence | Durchführung Due Diligence | Signing / Closing |
|---|---|---|---|---|---|
| **Screening** | Kapitel 4.1.3 | | | | |
| **Sondierung** | Kapitel 4.2.2 | | | | |
| **Grobbewertung** | | Kapitel 5.3.2 | | | |
| **Detailbewertung** | | Kapitel 5.3.2 | | | |
| **Due Diligence** | | | Kapitel 5.1.3 | | |
| **Verhandlungen/ Verträge** | | | | | Kapitel 4.2.6 |

**Abb. 2.13** Gegenüberstellung Deal-Struktur Transaktionshäuser versus integrales M&A-Management

Bei den großen Corporates verband sich damit eine Neudefinition von M&A, nämlich das „Integrale M&A-Management" unter Einbezug des M&A-Vorfeldes und der M&A-Integration, wobei sich die Pre-Closing Transaktion und die Integrationsplanung zeitlich überlappen (vgl. im Detail dazu Kap. 6). Insofern haben wir es heute mit zwei Sichtweisen und Anspruchshaltungen bei M&A zu tun, nämlich derjenigen der Transaktionshäuser (vom Screening bis zum Closing) und der breiteren Corporate-Sicht (vom „Strategie-Check" bis zum Abschluss der Integration).

Für die Prozesssicht aus dem von uns propagierten Modell des „integralen M&A-Managements" mit den durchgängigen Kern- und Unterstützungsprozessen bedeutet dies, dass ein Großteil der „klassischen" Aktivitäten im Verständnis der Transaktionshäuser in anderen Arbeitspaketen abgedeckt wird. Um Wiederholungen zu vermeiden, sei auf die jeweiligen Kapitel (vgl. Abb. 2.13) verwiesen.

## Literatur

Angwin, D. (2012). Mergers & acquisition typologies: A review. In D. Faulkner, S. Teerikangas, & R. J. Joseph (Hrsg.), *The handbook of mergers and acquisitions* (S. 40–70). Oxford: Oxford University Press.

Aschenbach Corporate Finance GmbH. (2014). *Standard-Angebots-Präsentation 2014.*

Backhaus, K. (2000). Risikofaktor Mensch. *manager magazin,* (6/2000), 188–191.

Beier, A. (2009). *Die Nachfrage nach M&A-Dienstleistungen: Eine Analyse des Beschaffungsprozesses und der Auswahlkriterien.* Lohmar – Köln: Josef Eul.

Beitel, D., Börner, C. J., & Schiereck, D. (2005). Warum beauftragen deutsche Käuferunternehmen Investmentbanken bei der Durchführung ihrer M&A-Transaktionen. *Zeitschrift für betriebswirtschaftliche Forschung, 57,* 283–309.

Bergmann, H. (2012). Zusammenschlusskontrolle. In G. Picot (Hrsg.), *Handbuch Mergers & Acquisitions. Planung, Durchführung, Integration* (5. Aufl., S. 484–531). Stuttgart: Schäffer-Poeschel.

Borowicz, F. (2005). Fairness Opinions: Feigenblatt oder ernstzunehmendes Gutachten?: Zu den Inhalten, Zielen und der Unabhängigkeit des Sachverständigen. *M&A Review, 16*(6), 253–258.

Bundesverband Deutscher Kapitalbeteiligungsgesellschaften e. V. (2014). *Zahlen & Fakten – Interaktive Charts*. Retrieved from Bundesverband Deutscher Kapitalbeteiligungsgesellschaften e. V.

Cascante, C., & Tyrolt, J. (2013). Takeovers (Öffentliche Übernahmen). In C. Schalast & L. Raettig (Hrsg.), *Grundlagen des M&A-Geschäftes. Strategie – Recht – Steuern* (S. 293–338). Frankfurt a. M.: Frankfurt School Verlag.

CMS Hasche Sigle. (2014). FINANCE Private Equity Panel Mai 2014: Ergebnisse. http://www.cms-hs.com/PM_PE-Panel_26_05_2014. Zugegriffen: 13. Feb. 2015.

Deiß, C. (1997a). M&A-Beratung in Deutschland – Funktionen und Akteure. *M&A Review, 8*(11), 488–498.

Deiß, C. (1997b). M&A-Beratung in Deutschland – Organisation und Wettbewerbsstruktur. *M&A Review, 8*(12), 539–547.

Dibelius, A. (2005). Mergers & Acquisitions: Schnittstelle zwischen Unternehmen und Kapitalmärkten. In G. Picot (Hrsg.), *Handbuch mergers & acquisitions* (3. Aufl., S. 41–67). Stuttgart: Schäffer-Poeschel.

Dreher, M., & Ernst, D. (2014). *Mergers & Acquisitions: Grundlagen und Verkaufsprozess mittlerer und großer Unternehmen. UTB: 4203: Betriebswirtschaftslehre*. Konstanz: UVK Verlagsgesellschaft mbH, Lucius.

Drumm, H. J. (2008). *Personalwirtschaft* (6. Aufl.). Berlin: Springer.

Dryander, C. v. (2013). M&A-Strategien bei Käufern und Verkäufern. In C. Schalast & L. Raettig (Hrsg.), *Grundlagen des M&A-Geschäftes. Strategie – Recht – Steuern* (S. 17–32). Frankfurt a. M.: Frankfurt School.

Ebers, M., & Gotsch, W. (2006). Institutionenökonomische Theorien der Organisation. In A. Kieser (Hrsg.), *Organisationstheorien* (6. Aufl., S. 247–308). Stuttgart: Kohlhammer.

Ebert, M. (1998). *Evaluation von Synergien bei Unternehmenszusammenschlüssen. Schriftenreihe innovative betriebswirtschaftliche Forschung und Praxis: Vol. 86*. Hamburg: Kovač.

Ehle, T. L., & Ahrens, S. (2013). Distressed M&A auf der Verkäuferseite – Unternehmensverkauf unter anderen Vorzeichen. *M&A Review, 24*(10), 382–388.

Eilers, S., & Schwahn, A. (2012). Steuerliche Strukturierung der Transaktion. In G. Picot (Hrsg.), *Handbuch Mergers & Acquisitions. Planung, Durchführung, Integration* (5. Aufl., S. 202–245). Stuttgart: Schäffer-Poeschel.

Eilers, S., Koffka, N. M., & Mackensen, M. (2012). *Private Equity: Unternehmenskauf, Finanzierung, Restrukturierung, Exitstrategien* (2. Aufl.). München: Beck.

Fischer, L.-J. (2008). *Wertorientiertes Kundenmanagement bei M&A-Transaktionen. Reihe: Planung, Organisation und Unternehmungsführung: Bd. 120*. Lohmar: Eul.

Gompers, P. A., & Lerner, J. (2004). *The venture capital cycle* (2. Aufl.). Cambridge: Mit Press.

Göthel, S. R. (2015). Ablauf und Vertragsgestaltung. In S. R. Göthel (Hrsg.), *Grenzüberschreitende M&A-Transaktionen. Unternehmenskäufe, Umstrukturierungen, Joint Ventures, SE* (4. Aufl., S. 15–126). Köln: RWS.

Hawranek, F. (2004). *Schnittstellenmanagement bei M&A-Transaktionen. Gabler Edition Wissenschaft*. Wiesbaden: Deutscher Universitäts-Verlag.

Homburg, C. (2000). Kundenbindung im Umfeld von Fusionen und Akquisitionen. In A. Picot, A. Nordmeyer, & P. Pribilla (Hrsg.), *Management von Akquisitionen* (S. 169–180). Stuttgart: Schäffer-Poeschel.

Horzella, A. (2010). *Wertsteigerung im M&A-Prozess: Erfolgsfaktoren, Instrumente, Kennzahlen*. Wiesbaden: Gabler.

Janisch, M. (1992). *Das strategische Anspruchsgruppenmanagement: Vom Shareholder-Value zum Stakeholder Value*. Bamberg: Difo Druck.
Kerler, P. (2000). *Mergers & Acquisitions und Shareholder Value*. Bern: Haupt.
Kleinschnittger, U. (1993). *Beteiligungs-Controlling. Controlling-Praxis*. München: Vahlen.
Krüger, W. (1988). Management von Akquisitionsprojekten - Probleme, Erfolgsfaktoren und Aufgaben bei der Durchführung von Unternehmenszusammenschlüssen. *Zeitschrift Führung + Organisation, 57*(6), 371–377.
Lamberts, C. (2013). Vom Service Center zum Manager – Die Rolle von Juristen bei M&A-Prozessen. *M&A Review, 24*(2), 73–80.
Leube, H. P., & Schalast, C. (2013). Private Equity. In C. Schalast & L. Raettig (Hrsg.), *Grundlagen des M&A-Geschäftes. Strategie – Recht – Steuern* (S. 259–292). Frankfurt a. M.: Frankfurt School.
Maurer, J., & Pachta, J. (2014). M&A-Markt Q2 2014: Stagnierende Wirtschaft und florierender M&A-Markt. *M&A Review, 25*(11), 426–431.
Meckl, R., Linke, A., & Theuerkorn, K. (2011). Organisation von M&A-Aktivitäten in Unternehmen. *M&A Review, 22*(4), 165–170.
Mergermarket. www.mergermarket.com. Zugegriffen: 22. Nov. 2014.
Müller-Stewens, G., Spickers, J., & Deiss, C. (1999). *Mergers & Acquisitions: Markttendenzen und Beraterprofile*. Stuttgart: Schäffer-Poeschel.
Oberhuber, N. (2012). Räuberische Aktionäre. Frankfurter Allgemeine Zeitung. http://www.faz.net/aktuell/wirtschaft/geschaeftsmodell-klage-raeuberische-aktionaere-11734425.html?printPagedArticle=true#pageIndex_2. Zugegriffen: 18. Dez. 2014.
Paprottka, S. (1996). *Unternehmenszusammenschlüsse: Synergiepotentiale und ihre Umsetzungsmöglichkeiten durch Integration*. Wiesbaden: Gabler.
Penzel, H.-G., & Pietig, C. (2000). *MergerGuide: Handbuch für die Integration von Banken*. Wiesbaden: Gabler.
Picot, G. (2012a). Personelle und kulturelle Integration. In G. Picot (Hrsg.), *Handbuch Mergers & Acquisitions. Planung, Durchführung, Integration* (5. Aufl., S. 586–623). Stuttgart: Schäffer-Poeschel.
Picot, G. (2012b). Rechtliche Parameter der Integrations- bzw. Implementierungs-Maßnahmen, insbesondere der Restrukturierungsmaßnahmen. In G. Picot (Hrsg.), *Handbuch Mergers & Acquisitions. Planung, Durchführung, Integration* (5. Aufl., S. 558–585). Stuttgart: Schäffer-Poeschel.
Picot, G. (2012c). Vertragliche Gestaltung besonderer Erscheinungsformen der Mergers & Acquisitions. In G. Picot (Hrsg.), *Handbuch Mergers & Acquisitions. Planung, Durchführung, Integration* (5. Aufl., S. 368–484). Stuttgart: Schäffer-Poeschel.
Picot, G. (2013). Das vorvertragliche Verhandlungsstadium. In G. Picot (Hrsg.), *Unternehmenskauf und Restrukturierung. Handbuch zum Wirtschaftsrecht* (4. Aufl., S. 29–80). München: Beck.
Picot, G., & Picot, M. A. (2012). Wirtschaftliche und wirtschaftsrechtliche Aspekte bei der Planung der Mergers & Acquisitions. In G. Picot (Hrsg.), *Handbuch Mergers & Acquisitions. Planung, Durchführung, Integration* (5. Aufl., S. 2–47). Stuttgart: Schäffer-Poeschel.
Schmitz, R. (1993). *Mergers & Acquisitions-Beratung als Bankdienstleistung: Grundlagen und Probleme. DUV: Wirtschaftswissenschaft*. Wiesbaden: Deutscher Universitätsverlag.
Scholz, J. (2000). *Wert und Bewertung internationaler Akquisitionen. mir-Edition*. Wiesbaden: Gabler.
Storck, J. (1993). *Mergers & Acquisitions: Marktentwicklung und bankpolitische Konsequenzen*. Wiesbaden: Gabler.
Sudarsanam, S. (2010). *Creating value from mergers and acquisitions – The challanges* (2. Aufl.). Essex: Pearson.
Theuerkorn, K. (2013). *Corporate Social Responsibility als Erfolgsfaktor bei M&A-Transaktionen*. Lohmar – Köln: Eul.

Thommen, J.-P., & Sauermann, S. (1999). Organisatorische Lösungskonzepte des M&A-Managements: Neuere Entwicklungen des ganzheitlichen Managements von M&A-Prozessen. *Zeitschrift Führung und Organisation, 68*(6), 318–322.

Töpfer, A. (2000). Mergers & Acquisitions: Anforderungen und Stolpersteine. *Zeitschrift Führung + Organisation, 69*(1), 10–17.

Weitnauer, W. (2011). *Handbuch Venture Capital: Von der Innovation zum Börsengang* (4. Aufl.). München: Beck.

Wolf, C. U. (2015). Rechtsfragen der Einschaltung von Beratern. In S. R. Göthel (Hrsg.), *Grenzüberschreitende M&A-Transaktionen. Unternehmenskäufe, Umstrukturierungen, Joint Ventures, SE* (4. Aufl., S. 193–201). Köln: RWS.

# Der M&A-Prozess

# 3

## 3.1 Führungsmodelle für M&A-Projekte – Aufbau, Ablauf und praktische Lösungspräferenzen

Obwohl M&A so vielfältig ist und die in der Praxis gewählten Organisationsmodelle so variantenreich, gibt es einige Grundprinzipien, die jedem ordentlich geführten M&A-Projekt zu Eigen sind. Das sind: die Konsistenz eines M&A-Projektes mit der Strategie und die frühzeitige Beschäftigung mit dem Ergebnis des Projektes durch Abschätzung des Projektpfades. Es bestehen drei grundsätzliche Organisationsformen: das Funktionsmodell, die Matrix-Organisation und die Prozess-Lösung (vgl. Abschn. 3.1.3). Diese werden in der Praxis in drei unterschiedlichen Formen umgesetzt, nämlich der Gliederung in relativ selbstständige Teilprojekte, das Stufen-Modell mit Wechsel des Hauptverantwortlichen in den Einzelschritten und dem „reinen" Prozess-Modell mit durchgängigen funktionsübergreifenden Verantwortungen pro Teilprozess im Sinne von „Lösungsprozessen". Die Modelle haben unterschiedliche Stärken und Schwächen und werden deshalb zu unterschiedlichen Zwecken angewendet. Die Unterscheidung der Modellvarianten ist in der Praxis gradueller Natur. Darüber hinaus finden Hybridmodelle Anwendung. Im Folgenden werden die wesentlichen Modellcharakteristika dargestellt.

### 3.1.1 Entscheidungsketten im M&A-Projekt

M&A ist nicht nur ein riskantes Vorhaben sondern auch ein langfristig bindendes und teures Vergnügen. Deshalb sollte der Vorstand so früh wie möglich die Entscheidungen und Pfade erkennen, die einzuschlagen sind. Dies muss im Laufe des Projektes immer wieder überprüft werden, denn ein frühzeitig eingeschlagener Weg hat weitreichende Konsequenzen. Je früher die Machbarkeit der einzuschlagenden Pfade erkannt wird, desto geringer ist das Risiko, im Laufe eines abzubrechenden oder neu anzuschiebenden M&A-Projektes



K. Lucks, R. Meckl, *Internationale Mergers & Acquisitions*,
DOI 10.1007/978-3-662-46896-8_3

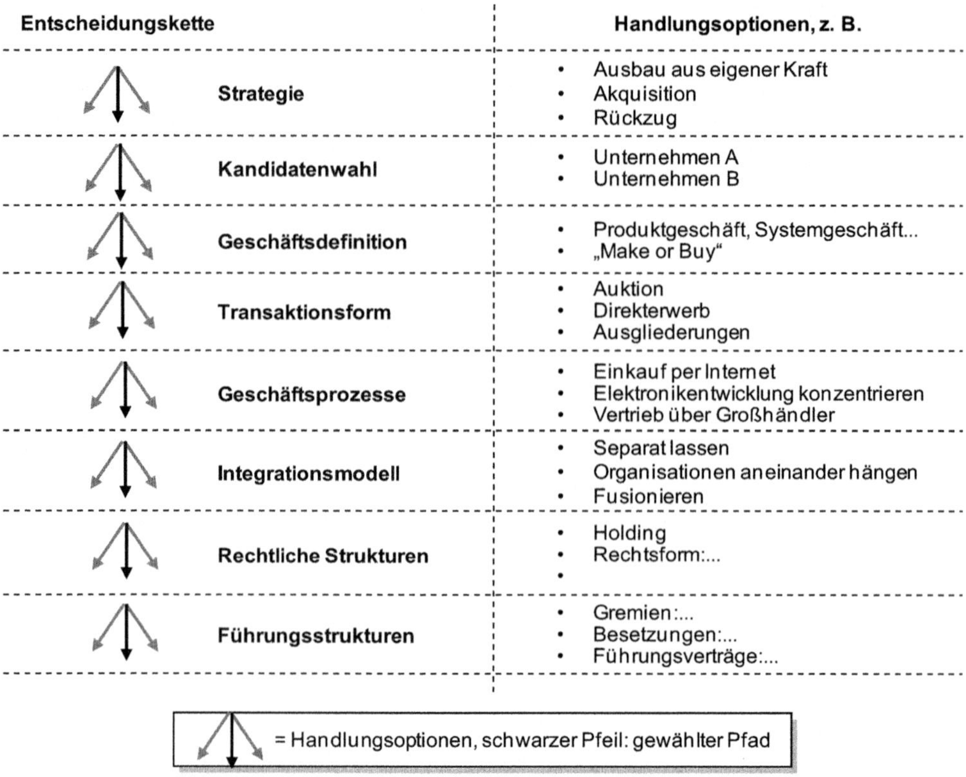


**Abb. 3.1** Grundlegende Weichenstellungen bei M&A

viel Geld und Zeit zu verlieren. Im prozessorientierten Ansatz dieses Buches ist die Entscheidungskette im Zuge der Simulation im Projektvorfeld anzuwenden (Abb. 3.1).

Ausgangspunkt für jedes M&A-Projekt ist eine belastbare Strategie. Wenn die Strategie nicht stimmig ist, das Projekt im Laufe der Zeit strategisch aus dem Ruder läuft oder erkennbar ist, dass der Kandidat das strategische Ziel nicht erfüllen kann, dann sollte das Projekt gestoppt werden. Je früher, desto geringer ist der Schaden. Aus diesem Grunde ist es nötig, dass zu Beginn eines jeden M&A-Projektes die Belastbarkeit der Strategie geprüft wird. Entweder liegt das Ergebnis eines selbstständigen Strategieprojektes unmittelbar vor oder es muss als erster Schritt eines M&A-Projektes ein spezifischer *Strategie Check* durchgeführt werden.

Es ist nicht untypisch, dass abgebrochene und wieder neu angeschobene M&A-Projekte einen Zeitverlust von einem halben Jahr zur Folge haben. In dynamischen Branchen bedeutet dies einen Zeitverlust von einer Produktgeneration, z. B. bei Halbleitern und Mobilfunk-Endgeräten. Wichtig bei der Entscheidungskette sind die Beschränkungen, denen man sich unterwirft, wenn man einen Weg eingeschlagen hat. Sind zum Beispiel die Finanzmittel klamm und damit der Kauf eines nur relativ kleinen Unternehmens möglich, dann kann der betreffende Unternehmer im Konsolidierungswettlauf zurückfallen, weil

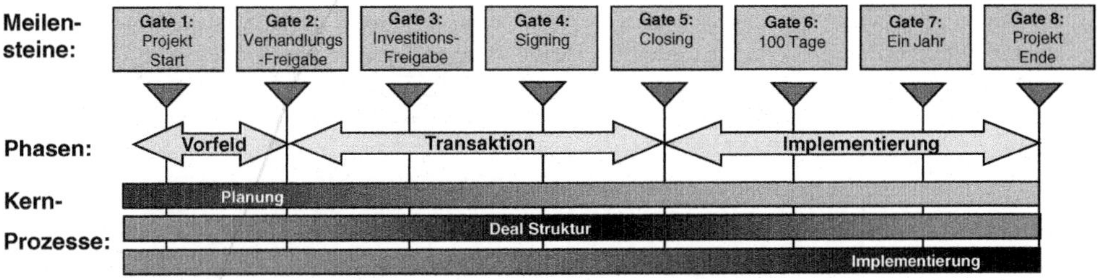


**Abb. 3.2** Die Projektphasen und Hauptmeilensteine

ein größerer und finanziell besser aufgestellter Konkurrent in dieser Konsolidierungswelle einen relativ großen Kandidaten erwirbt. Nach dieser Welle hat sich dann „seine" Position im relativen Marktanteil nicht verbessert, sondern verschlechtert. In diesem Fall wäre es besser gewesen, man hätte eine Anlehnungsstrategie verfolgt, man wäre mit einem größeren Wettbewerber zusammengegangen und hätte die Minderheit in diesem Zusammenschluss akzeptiert. Unabhängig vom Projektführungsmodell sind diese Grundüberlegungen im Zuge des Vorhabens immer wieder anzustellen, um die Perspektive des Vorhabens frühzeitig abschätzen zu können.

Wenn die Weichenstellungen für ein konkretes Vorhaben mit einem priorisierten Kandidaten identifiziert sind, dann sollte man bereits im Vorfeld simulieren, wie denn das Modell eines Zusammenschlusses aussieht. Auch dies ist ein Schritt, der im Zuge des Projektes zu wiederholen und der unabhängig vom Führungsmodell umzusetzen ist.

### 3.1.2 Projektphasen und Haupt-Meilensteine

Zu den Grundsatzentscheidungen über die Führung von M&A-Projekten gehört die Definition der Projektphasen und Haupt-Meilensteine, zu denen dem Vorstand das jeweilige Projekt vorzutragen ist (vgl. Abb. 3.2; vgl. auch Abb. 3.3 zur Detaillierung der Arbeitspakete und insbesondere Abschn. 6.1.9.3 zu den Details der Meilensteine; allg. zur Erstellung einer M&A-Richtlinie z. B. Hahn, 2013).

Um informellen und kostentreibenden Aktivitäten Grenzen zu setzen, ist das Anstoßen eines „offiziellen" M&A-Projektes erforderlich. Damit ist der Startpunkt gesetzt (Gate 1). Die Vorfeldphase endet mit dem Antrag für die Verhandlungsfreigabe an den Vorstand (Gate 2). Mit der Verhandlungsfreigabe (Gate 2) darf der externe Kontakt mit dem Target aufgenommen werden. Diese Freigabe ist besonders für Konzerne wichtig, weil damit vorschnelle Commitments des operativen Managements gegenüber dem Target vermieden werden können. Hierdurch könnte der Vorstand genötigt werden, ein Projekt umzusetzen, zu dem er nicht seine Zustimmung gegeben hat. Damit beginnt die Transaktionsphase. Diese beinhaltet die Investitionsfreigabe (Gate 3) und endet mit dem Closing (Gate 5). Das Ende des Projektes ist mit Abschluss der Implementierung zu setzen, zu dem ein Performance-Report anzufertigen ist. Diese Hauptmeilensteine sind die grundlegenden

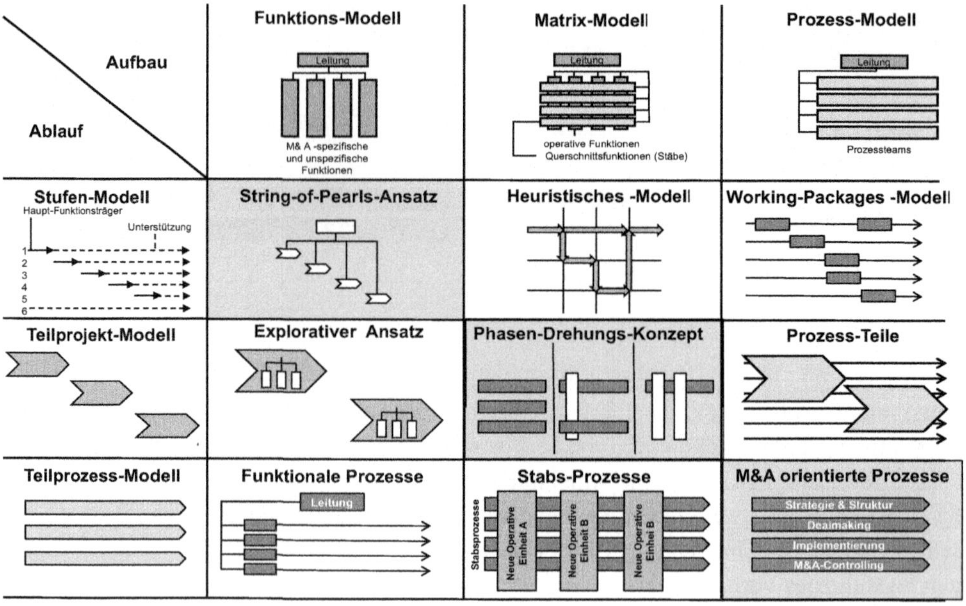


**Abb. 3.3** Führungsmodelle für M&A-Projekte

in der Projektführung, in der dem Vorstand über das Projekt zu berichten ist, damit die Unternehmensleitung die entsprechenden Freigaben erteilen kann. Darüber hinaus hat es sich als sinnvoll herausgestellt, wenn weitere Meilensteine eingeführt werden. Ein weiterer Meilenstein ist das Signing (Gate 4), zu dem der Vertrag unterschriftsreif ist und das Vorhaben öffentlich gemacht werden muss, damit die kartellrechtliche Prüfung beginnen kann. In der Regel bestimmt das eventuell anzuberaumende Kartellverfahren über den Zeitabstand zwischen Signing und Closing. Nach dem Closing (Gate 5) kann die Implementierung erfolgen, die sich aus „Kontinuitätsmanagement" zur Werterhaltung des Targets und „Diskontinuitätsmanagement" zur Umsetzung des Maßnahmenprogramms für Stand-Alone-Restrukturierung beziehungsweise für die Integration zusammensetzt. Des Weiteren hat sich als sinnvoll erwiesen, dem Vorstand nach den ersten drei Monaten einen Zwischenbericht über die unmittelbaren Maßnahmen nach dem Closing und eine Vorschau auf das weitere Implementierungsprogramm zu geben (Gate 6). Ein Jahr nach dem Closing kann in der Regel auch bei länger dauernden Großvorhaben ein vorläufiger Bericht über die Performance gegeben werden (Gate 7) und können Weichen für weitere Schritte gestellt werden, zum Beispiel Weiterverkauf von Unternehmensteilen oder ein weiterer Umbau der Wertschöpfungskette. In der Regel sollten jedoch überschaubare „kompakte" Projekte innerhalb der Ein-Jahres-Frist abgeschlossen werden können. Das Gesamtkonzept mit den acht Hauptmeilensteinen mit Berichterstattung hat sich als praktisch sinnvoll erwiesen und als „De-Facto-Standard" für große Unternehmen, Vielkäufer und Großkonzerne etabliert.

### 3.1.3 Grundlegende Führungsmodelle

Die vorgenannten Instrumente, Phasen und Meilensteine können als „Best Practice" für alle Formen der Projektführung zugrunde gelegt werden. Die grundlegenden Führungsmodelle von M&A können anhand der beiden Dimensionen Aufbau- bzw. Ablauforganisation des Projekts beschrieben werden. Innerhalb dieses Rahmens kann man drei grundsätzliche und grundlegend unterschiedliche *Modelle der aufbauorganisatorischen Projektführung* unterscheiden (vgl. Abb. 3.3):

- Das Funktionsmodell,
- Das Matrixmodell,
- Das Prozessmodell.

Jedes dieser Aufbau-Modelle kommt in der Praxis in drei *Ablauf-Modellen* vor, und zwar:

- Das Stufen-Modell
- Das Teilprojekt-Modell,
- Das Teilprozess-Modell.

Die grundlegenden Eigenschaften des **Stufen-**(Ablauf-)**Modells** liegen in der Hintereinanderschaltung der einzelnen Funktionsträger im Projektablauf, und zwar a) die M&A-spezifischen Funktionen wie M&A-Strategie, M&A-Vertragsrecht, M&A-Transaktion, M&A-Integration sowie sonstige Stabsabteilungen und b) die Vertreter der einzelnen Wertschöpfungsstufen der betroffenen operativen Geschäfte. Angesichts der Fülle der Funktionsträger ist dieses Ablaufmodell weniger geeignet für die besonders komplexen M&A-Projekte, aber gut geeignet für Standardprojekte, bei der sich die einzelnen Protagonisten in den Fachabteilungen und im operativen Geschäft gut kennen und – bedingt durch die höhere M&A-Frequenz – im M&A-Ablauf ein eingespieltes Team bilden. Bei höherer M&A-Frequenz befruchtet sich die enge und häufige Zusammenarbeit durch eine höhere Lernkurve. Ein grundsätzlicher Schwachpunkt ist die Koordination der hintereinander liegenden Einzelschritte, die – bei Nicht-Erfüllung oder Misfit eines Schrittes – unter Umständen häufigere und längere Iterationen zur Folge haben können und damit einen signifikanten Zeitverlust bedeuten.

Das **Teilprojekt-**(Ablauf-)**Modell** zollt seine Existenz vor allem der Tatsache, dass in den meisten M&A-Projekten nicht die Voraussetzungen gegeben sind, alle M&A-orientierten Aktivitäten von der Strategieentwicklung bis zum Integrationsabschluss und Weiterverkauf von Unternehmensteilen in ein durchgängiges Projekt zu integrieren. Die Realität ist viel häufiger, dass eine verwertbare Strategie in groben Zügen vorliegt, die auf ein Strategieprojekt vor geraumer Zeit zurückgeht. Das Monate oder Jahre später beginnende M&A-Projekt nimmt den Faden wieder auf durch den *Strategie-Check,* auf den dann das eigentliche M&A-Vorfeld mit Kandidatenscreening und Simulation aufsetzt. In den meisten Fällen kommt es danach wieder zu einer Pause, bedingt durch die Nicht-Verfügbarkeit des priorisierten Kandidaten, durch Mangel an personellen oder finanziellen Ressourcen, durch den falschen Zeitpunkt im M&A-Markt, etwa bei fallenden Märkten, hohen Kaufpreisen, konjunkturellen Abschwüngen oder Wechsel in den unternehmerischen Prioritäten. Somit liegen die dann einsetzenden zur Transaktion zu rechnenden Aktivitäten in einem „eigenständigen" Projekt, dem (im Idealfall) ein unmittelbar anzusetzendes Implementierungs- oder Integrationsprojekt folgt, das wiederum zeitlich abgesetzt sein kann, weil etwa verbleibende Minderheitseigentümer eine sofortige gesellschaftsrechtliche Eingliederung und operative Integration nicht erlauben. Vielmehr kann über Jahre ein schrittweiser Rückzug der Alteigentümer geplant sein, etwa mithilfe von Put- und Call-Vereinbarungen.

Das **Teilprozess**-(Ablauf-)**Modell** gleicht die Schwächen des Stufen-Modells aus, indem es die Gleichzeitigkeit und die Durchgängigkeit verschiedener Prozesse zum Grundsatz erhebt. Das wird erkauft durch eine Vielzahl von Stabs- und operativen Prozessen, die kontinuierlicher Abstimmung bedürfen. Dieses Modell ist grundsätzlich für große Vorhaben geeignet, verlangt aber von seinen „Spielern", dass sie nicht nur ihren eigenen Prozess gut kennen sondern dass auch ein grundsätzliches Verständnis für die Belange der anderen Prozesse vorhanden ist. Das gute Schnittstellenmanagement ist hier eine besondere Herausforderung. Deshalb haben sich in der Praxis besondere Instrumente herausgebildet, wie etwa speziell zu benennende Schnittstellenmanager, die dafür Sorge tragen, dass Input und Output zwischen den Prozessen ständig kommuniziert werden. Dies kann in größeren Projekten zu beträchtlichem Kapazitätsbedarf führen – wenn zum Beispiel jeder Prozess für jeden anderen Prozess einen Schnittstellenverantwortlichen benennen muss. In der Praxis wird dieses bei den regelmäßig tagenden Projektleitungs-Sitzungen (Steering Committees) gelöst, bei dem jeder Prozessleiter über den Status der anderen Prozesse informiert wird und Hol- und Bringpflichten für Informationen vereinbart werden.

Abbildung 3.3 verbindet die beiden Dimensionen Aufbau- und Ablauforganisation eines M&A-Projekts, wodurch einzelne Führungsmodelle entstehen, die in den folgenden Abschnitten erläutert werden.

#### 3.1.3.1 Das Funktionsmodell

Das *Funktionsmodell* gliedert sich im Aufbau in die M&A-spezifischen Funktionen, wie M&A-Strategie und M&A-Transaktionsabteilung sowie die Funktionen aller anderen internen und in das Projekt eingebundenen Fachdisziplinen und operativen Funktionen des betreffenden Geschäftes. Diese werden in der Regel hintereinander eingeschaltet beziehungsweise stellen die Haupt-Funktionsträger in der jeweiligen Stufe dar, die von anderen Abteilungs-Teams unterstützt werden. Dieses Modell impliziert somit einen stufenförmigen Ablauf, indem ein Haupt-Funktionsträger seine Aufgabe an den nachfolgenden Funktionsträger weiterreicht. Die Stufen können dabei wie folgt definiert sein:

- In der Vorbereitungsphase: Strategie und Screening, Plansimulation und Bewertung,
- In der Transaktionsphase Due Diligence und Management Audit/Verhandlung und Verträge,
- Für die Implementierung: Integrationsvorbereitung vor dem Closing/Integration/Performance Kontrolle/Teile-Weiterverkauf.

Diese Organisationsform hat den Vorteil, relativ einfach und verständlich zu sein. Andererseits riskiert eine strenge schrittweise Abarbeitung, dass jede Funktion nur den jeweiligen Schritt im Auge hat und optimiert. Die übergreifende Verantwortung bleibt allein bei der Projektleitung, bei der alle Fäden zusammenlaufen. Um fehllaufende Projektrichtungen auszugleichen, sind Rücksprünge erforderlich, Iterationen, die Zeit und Geld kosten. Dennoch hat diese Organisationsform den Vorteil der Einfachheit und ist somit für überschaubare kleinere Projekte die Form der Wahl (eine ausführliche Ableitung und Bewertung der Modelle findet sich in Lucks, 2002). Voraussetzung für den erfolgreichen Einsatz ist die Verfügbarkeit der entsprechenden Fachfunktionen im Unternehmen (z. B. Strategieabteilung und M&A-Transaktionsabteilung) beziehungsweise die Einschaltung Externer für diese Aufgaben.

Die in der Praxis im Rahmen des Funktionsmodells anzutreffenden Ablaufmodelle sind:

- Der String-of-Pearls-Ansatz (Stufen-Modell),
- Der explorative Ansatz und (Teilprojekt-Modell),
- Die rein funktionalen Prozesse (Prozessmodell).

**String-of-Pearls-Ansatz**

Der String-of-Pearls-Ansatz ist die am häufigsten anzutreffende Anwendung des Funktionsmodells (deshalb in Abb. 3.3 grau hinterlegt). Wie der Name bereits ausdrückt, findet dieses Modell vor allem Anwendung, wenn wiederholt und mit relativ hoher Frequenz ähnliche Unternehmen (dieselbe Branche, vergleichbare Wertschöpfung) erworben werden. Die einzelnen Funktionen spielen hierbei streng definierte Rollen, die sich von Projekt zu Projekt wiederholen. In der Grafik (siehe Abb. 3.3) ist ein solches Modell für „*eine* Perle" dargestellt, dieses Modell wiederholt sich also mit relativ hoher Frequenz. Cisco verfolgt die Vorgehensweise mit großem Erfolg, indem regelmäßig hoch innovative IT-Unternehmen erworben werden. Ihre Innovationskerne (F&E, Pilotfertigung) bleiben unter dem Gründer-CEO als Einheiten erhalten, während die administrativen Funktionen in den korrespondierenden Hauptabteilungen von Cisco aufgehen.

**Explorativer Ansatz**

Der explorative Ansatz im Teilprojekt-Modell findet durch Verbindung mit dem Funktions-Modell statt, wenn spezifische Funktionen (Stäbe, operative Einheiten) ausgewählt werden, um Teilprojekte adäquat zu besetzen. Solch ein Teilprojekt kann in der Vorfeldphase ein Strategieprojekt sein, das im Wesentlichen von den Strategen der Konzernzentrale, den Geschäftsführern der betroffenen Geschäfte und ihrer Strategen bzw. Marketing-Heads besetzt wird. Häufig findet hier ein „übergreifendes" Strategieprojekt statt, einschließlich eines Kandidatenscreenings. Dies ist dann der Ausgangspunkt für mehrere Transaktionsprojekte, wobei – im Unterschied zum „String-of-Pearls-Ansatz" – sehr unterschiedliche Einzelprojekte angegangen werden können. Die Erfahrungen aus dem ersten Transaktionsprojekt können dabei zur „Exploration" für nachgelagerte M&A-Pro-

jekte dienen. Man findet dies bisweilen bei „Neueinsteigern" in M&A, die mit einem kleinen überschaubaren M&A-Projekt anfangen, um danach ein mittelgroßes Projekt anzugehen, das wiederum als „Lernobjekt" für den „großen Schlag" dient – der von vornherein das eigentliche Ziel der Transaktionsfolge war, um – etwa in einem Konsolidierungswettbewerb – ein größeres Wachstum durch M&A zu realisieren als die unmittelbaren Konkurrenten, die gleichfalls M&A ins Auge fassen.

**Funktionale Prozesse**

Dieses Modell verbindet unter einer Projektleitung streng (und „klassisch rein") funktionale Teams, die vom Start eines M&A-Projektes hinweg durchgängig vom Vorfeld über die Transaktion bis zur Implementierung eingeschaltet bleiben und ihren funktionsspezifischen Teilprozess abarbeiten. Die Aufgabenschwerpunkte verlagern sich während des Projektverlaufes, etwa von den Strategie- und Marketing-Fachleuten über die Transaktionsabteilung bis zu den operativen Funktionen aus F&E, Fertigung und Vertrieb mit dem Schwergewicht in der Implementierungsphase. Das Zusammenspiel im M&A-Prozess ist ein Abbild der „normalen organischen" Zusammenarbeit. Aufgrund der Vielzahl der Prozesse und der Andersartigkeit eines M&A-Projektes gegenüber dem „normalen" Geschäft (etwa aufgrund der viel größeren Anzahl der Stakeholder – zusätzliche externe Stakeholder sowie die internen Stakeholder des Targets) eignet sich dieses Modell eher für mittelgroße Projekte. Für Großprojekte ist dieser Ansatz zu komplex. Naheliegenderweise ist dieser Ansatz in Industrien zuhause, die auf oberster Ebene grundsätzlich eine Funktions-Verantwortung haben, etwa in der Automobil- und Kfz-Zulieferindustrie.

#### 3.1.3.2 Das Matrixmodell

Das *Matrixmodell* bietet eine zweidimensionale Gliederung an. Die „Horizontale" kann die M&A-Fachfunktionen darstellen wie M&A-Strategie und M&A-Transaktion sowie die grundlegenden operativen Funktionen, wie F&E, Fertigung, Vertrieb, Marketing, IT, Personal und andere. Die „Vertikale" kann die Gliederung der Geschäfte sein, etwa die unterschiedlichen Produktlinien des zukünftigen Geschäftes. Die Koordination erfolgt über die Schnittstellen der Matrix. Vorteil dieser Organisationsform ist die umfängliche Abstimmung in allen Knotenpunkten des Projektes und damit der Einbau einer Art „Selbststeuerung". Die Nachteile dieses Projektaufbaues liegen in der zweidimensionalen Führung und in der nicht aus der Organisationsform hervorgehenden Koordination „parallel" laufender Aktionen, in diesem Beispiel etwa zwischen Personal und Strategie. Dieses Modell findet in der M&A-Praxis häufig Anwendung bei größeren Projekten mit umfangreicherem Umbau. Es bietet sich zum Beispiel an, die „Vertikale" nach dem zukünftigen Geschäftsaufbau in Produktlinien und Geschäftsverantwortungen zu organisieren. So können die „horizontal" angeordneten Disziplinen Schritt für Schritt ihre Verantwortung an die jeweils korrespondierende zukünftige Produkt- und Funktionseinheit abgeben und sich dabei auflösen.

**Das Heuristische Modell**

Das Heuristische Modell setzt auf „freie Bewegung" in der Matrix – das heißt, nach Abschluss einer Projektstufe (siehe Stufenmodell) wird pragmatisch entschieden, wer als nächster „drankommt". Die Stärke dieses Vorgehens liegt in der unmittelbaren Bearbeitung des nächst anstehenden Problems. Eine Gefahr ist zweifellos, dass der als nächster drankommt, der „am lautesten ruft". Insofern setzt dieses Modell voraus, dass das Unternehmen gute Erfahrungen mit Matrixorganisationen hat, etwa ein Geschäft, das stark auf Projektorganisationen aufbaut, wie die Bau- und Infrastrukturbranche. Hier findet sich (formal oder informell) die eine „Dimension" der Matrix in der Verantwortung seitens der „klassischen" Funktionen (F&E, Akquise, Bautechnik, Vertrieb, Rechnungswesen...), auf der anderen Seite das jeweilige (Infrastruktur-)Projekt. Vor allem ist dieses Modell natürlich bei jenen Unternehmen verbreitet, die eine reine Matrix-Organisation aufweisen, etwa mit den Dimensionen „operative und Stabsabteilungen versus Landesorganisation" und die den Umgang mit zwei Berichtslinien (zu einem „Chef" in der „horizontalen" und zu einem anderen „Chef" in der vertikalen Achse der Matrix) gewohnt sind. Dieses Modell verbindet die Vorzüge durch Senkung der Komplexität, indem nur der eingeschaltet wird, der unmittelbar etwas zu sagen hat. Es können in einer Projektstufe auch mehrere Pfade eingeschaltet werden, die sich dann unmittelbar koordinieren müssen. Insofern überwindet dieses Modell teilweise die typische Schwachstelle einer Matrixorganisation, nämlich die Vielzahl der (vertikalen versus horizontalen) Abstimmungen in der Gesamtmatrix. Das Geheimnis der Senkung der Komplexität lautet schlichtweg „Komplexitätsabbau durch Selektion der Pfade". Trotzdem gibt es natürlich auch hier Limitierungen, etwa durch die genannten unterschiedlichen Gewichte der Vertreter in der Matrix oder der Begrenzung der Größe eines M&A-Projektes, bedingt durch die typischen Eigenschaften eines Stufen-Modells.

**Das Phasen-Drehungs-Konzept**

Eine eigenständige Projektmatrix bildet die Grundlage für das „Phasen-Drehungs-Konzept". Dieses sehr beliebte und von führenden Beratern empfohlene Vorgehen setzt den Start eines M&A-Projektes mit einer Dimension einer Matrix an, hier dargestellt durch die (horizontal gezeichneten) Stabsfunktionen, die das Projektteam in der Anfangsphase wahrnimmt. Mit zunehmendem Projektfortschritt wird eine Stabsfunktion nach der anderen abgelöst durch die korrespondierende und aus den Fusionskandidaten neu gebildete operative Funktionseinheit. Die besondere Stärke dieses Modells ist der frühzeitige und schrittweise Übergang von der „Interims-Organisation" des M&A-Projektes in die endgültige Organisation der zu fusionierenden Geschäfte. Diese Schritte können im Wechsel von einem Teilprojekt zu einem nächsten wahrgenommen werden (Teilprojekt-Modell) oder auch in einer Stufe, etwa in der Integrationsphase. Dieses Modell ist für mittelgroße und Großprojekte geeignet, mit hoher Wertschöpfung und dementsprechend vielen operativen Einheiten. Des Weiteren empfiehlt sich dieses Vorgehen für Projekte mit besonders tiefer Integration. Siemens hat dieses Modell etwa für die Integration der Alstom Industriekraftwerke in die Siemens-Kraftwerksparte angewendet. Hierbei wurden etwa die auf die verschiedenen Geschäftsgebiete verteilten Service-Geschäfte zu einer weltweiten Service-Einheit zusammengeführt. Wegen seiner hohen Bedeutung und großen Verbreitung ist dieser Projekttyp in der Abb. 3.3 grau hinterlegt.

**Stabs-Prozesse**

Hierzulande seltener anzutreffen ist ein weiteres auf der Matrix aufbauendes Modell, das Modell, das auf (horizontal eingezeichneten) „Stabs- und M&A-Support-Prozessen" basiert. Dies sind Prozesse, die jeweils in der Hand der M&A-orientierten Fachabteilungen sind wie zum Beispiel Strategie(Abteilung), Verträge (Rechtsabteilung), Due Diligence (Finanzabteilung) und Kommunikation. Diese unterstützen die von vornherein gebildeten neuen operativen Funktionen bis diese „in die Gänge" kommen. Dieses Modell ist im US-amerikanischen Raum häufiger anzutreffen, da dort das Führungssystem stark auf den Chief Executive Officer ausgerichtet ist – und der sagt, wo es lang geht. Die endgültige Organisation ist von vornherein durch die Anpassung des Targets auf die Organisation des neuen Eigentümers festgelegt bzw. wird hier typischerweise in frühestmöglichen Workshops mit den operativen Chefs des Zielunternehmens bestätigt. Im Gegensatz zum „Phasen-Drehungs-Konzept" findet beim Stabs-Prozess-Ansatz weder eine „Drehung" statt noch eine „Ableitung" der Organisation im Zuge des Projektfortschrittes. Hierin ist für den Stabs-Prozess-Ansatz ein Nachteil zu sehen, denn die „Friss-Vogel-oder-stirb"-Haltung ist nicht jedem Executive zugänglich, insbesondere nicht in der durch kooperativen Führungsstil geprägten deutschen Kultur. Die Stärke des Stabs-Prozess-Ansatzes ist andererseits in der Schnelligkeit der Umsetzung zu finden, denn a) wird die gesamte neue Organisationsform a priori vorgegeben, b) findet die Infragestellung bzw. Bestätigung durch Vertreter der Target-Organisation in (einem) zentralen Workshop statt und c) läuft die Anpassung auf die Steuerung und das Berichtswesen durch die wenigen und einfachen (zentralen) Stabs-Prozesse.

#### 3.1.3.3 Das Prozessmodell

Das *Prozessmodell* lebt von der Durchgängigkeit der Verantwortlichen für die Einzelprozesse von Projektbeginn bis zum Ende (vgl. zu Details der Prozessdefinition bei M&A Abschn. 3.2.1). Damit sichert es am konsequentesten die Zielkonsistenz von der Strategie bis zur Implementierung. Man kann drei Kernprozesse unterscheiden: den Planungsprozess, den Dealmaking-Prozess und den Implementierungs- und Change-Prozess (Eine genauere Darstellung des Prozessmodells findet sich bei Lucks, 2010). Diese teilen sich die Führung, indem etwa der Planungsprozess-Verantwortliche in der Vorfeldphase die Leitung innehat, diese für die Transaktionsphase an den Verantwortlichen für Dealmaking übergibt, der seinerseits die Leitung an den Integrationsmanager transferiert, der in der Implementierungsphase die Hauptverantwortung trägt. Neben den Kernprozessen sind quer-funktionale Unterstützungsprozesse einzubauen wie die Bewertung, Informationsbeschaffung, Kommunikation, die alle Kernprozesse gleichermaßen unterstützen. Daneben gibt es zahlreiche Fachfunktionen wie Personal, Informationstechnik, Umwelt und Gesundheit, die als einfache Unterstützungsprozesse einzubauen sind. Die Koordination im

Projekt erfolgt in einzelnen Projektstufen durch prozessübergreifende Zusammenarbeit. Die Stärken dieses Konzeptes liegen in der stringenten Zielorientierung. Die Schwächen dieses Modells sind die notwendigerweise hohe Eigeninitiative und Durchsetzungskraft der für die einzelnen Arbeitspakete Verantwortlichen und das grundlegende Verständnis, das jeder Verantwortliche für die benachbarten Prozesse haben muss. Erfolgsbestimmend für dieses Modell sind die Erfahrungen, die die Verantwortlichen für dieses Modell haben müssen. Damit steht oder fällt dieses Projektkonzept mit der Verfügbarkeit erfahrener Prozessleiter.

**Working-Packages-Modell**

Das Prozess-Modell in der Ausprägung als Stufen-Modellführt zum „klassischen" Working-Packages-Modell (Synonym:„Arbeitspakete"), das durch „End-to-End"-Prozesse geprägt ist. Die Working Packages innerhalb der einzelnen Kern- und Unterstützungsprozesse decken die nacheinander abzuarbeitenden Stufen(-aufgaben) ab. Die Prozesse sind durch die jeweiligen Haupt-Funktionsträger definiert. Stärke dieses Modells ist vor allem die Konsistenz auf der Zeitachse und die durchgängige Verantwortung durch die Funktionsträger. Werden die Funktionsträger – sprich:die Prozesse – nach den einzubindenden Fachabteilungen (Stäbe und operative Einheiten) definiert, dann ergibt sich eine hohe Zahl von Prozessen, die schwer zu koordinieren sind. Das Working Packages-Modell ist dennoch als grundlegendes Modell für das Einsatzgebiet der großen und komplexen M&A-Projekte das Instrument der Wahl, insbesondere wenn es sich um durchgängige Vorhaben, von der Strategieentwicklung bis zum Abschluss der Integration (und dem Weiterverkauf nicht benötigter Geschäftsteile) handelt. Die Schwäche dieses Modells liegt beim Koordinationsaufwand, der wiederum durch definierte Schnittstellenmanager zu den jeweils anderen Prozessen zu lösen ist (Push-and-Pull-Prinzip).

**Prozess-Teile**

Wenn man das Ablaufmodell der Teilprojekte auf das Prozessmodell anwendet, dann führt dies zum Prozess-Teile-Modell. Die Architektur dieser Lösung basiert auf der Tatsache, dass ein Teil der zugrunde liegenden Stabs- und operativen Prozesse im Schwerpunkt nur einzelne Teilprojekte wesentlich bestimmt. Andere Prozesse „laufen durch", das heißt, sie sind für alle drei Teilprojekte (Vorfeld/Transaktion/Implementierung) von großer Relevanz. Dieses Modell ist speziell für Großvorhaben geeignet, die in Teilprojekten abgewickelt werden. Die besondere Stärke liegt in der Vermeidung eines Nachteils des „klassischen" Working Packages-Modell, nämlich in der großen Anzahl der „durchgeschleppten" Prozesse. Für die Teilprojekte braucht man nur die Prozesse heranzuziehen, die unbedingt für die Abwicklung des jeweiligen Teilprojektes notwendig sind. Darin liegt auch ein grundlegender Vorteil gegenüber einem „einfachen" Teilprojekt-Modell, nämlich der Wahrung der Konsistenz der Teilprojekte. Die in mehreren Teilprojekten „durchgezogenen" Prozesse, wie „Strategie" oder „Bewertung", sichern das Gesamtunterfangen dagegen ab, in die Inkonsistenz abzurutschen. Von zentraler Bedeutung ist dabei natürlich, dass insbesondere die „durchgezogenen“ Prozesse von ein und derselben Person verantwortet werden, also zum Beispiel vom jeweiligen Strategie- und Bewertungsleiter.

**M&A-orientierte Prozesse**
Bei diesem Modell steht die Definition der einzelnen Prozesse hinsichtlich der M&A-Transaktion im Vordergrund (vgl. zu Grundlagen der Prozessorganisation Abschn. 3.2). Dies führt zu speziellen lösungsorientierten Prozessen und reduziert die Anzahl der primär einzubindenden Prozesse erheblich. So hat sich als sinnvoll ergeben, sogenannte Kern- und Unterstützungsprozesse zu definieren, erstere bestehend aus a) dem Strategie- und Planungsprozess, b) dem Dealmakingprozess und c) dem Implementierungsprozess. Daneben gibt es „quer-funktionale“ Unterstützungsprozesse – „quer-funktional“ deshalb, weil sie gleichzeitig mehrere Kernprozesse unterstützen. Dies sind der Informationsprozess, der Kommunikationsprozess, der Bewertungs- und Finanzierungsprozess und der Controlling-Prozess (vgl. Kap. 5). Dies vermeidet auch eine M&A-typische Schwäche:häufig werden die hinter den Unterstützungsprozessen liegenden Funktionen nur einem Kernprozess (oder einer Kernfunktion) zugerechnet. So wird das Bewertungsthema häufig als Teil der Transaktionsphase gesehen und damit als „Hoheitsgebiet“ der Transaktionsabteilung. Die strategische Bewertung und das Wertsteigerungsprogramm nach dem Closing bleiben damit „auf der Strecke“. Dieses Führungsmodell wird im weiteren Verlauf dieses Buches zugrunde gelegt (vgl. insbesondere Abschn. 3.2).

### 3.1.4 Differenzierung der Modelle und Hybride

Die vorgenannten Modelle sind nicht unabhängig und als streng diskret abgrenzbar anzusehen, sondern existieren jede Menge Übergänge. Man muss sich auch der Tatsache beugen, dass in der unternehmerischen Praxis häufig „M&A-Modelle“ gewachsen sind, aufbauend auf der Organisation und den Prozessen (Verhaltensweisen, Machtpositionen…) im jeweiligen Betrieb. Oft sind sich die Akteur nicht einmal bewusst, wie ihr Projekt in eine Systematik einzuordnen ist. Dennoch hat sich mit der Zeit ein gewisses Bewusstsein eingestellt über verschiedene Vorgehensweisen bei M&A-Projekten. Dies betrifft besonders den deutschen Sprachraum, in dem eine größere Bereitschaft besteht, Systematiken für das M&A-Projektmanagement anzuwenden. Damit unterscheidet sich die DACH-Region (DACH=Deutschland, Österreich, Schweiz) auch vom anglo-amerikanischen Sprachraum, der deutlich geringere Ansprüche an Systematiken bei der M&A-Organisation stellt. Letztlich muss jedes Unternehmen sein eigenes „Modell“ kreieren, dafür sind die unterschiedlichen Implikationen aus Größe der Targets, Einheitlichkeit der Geschäfte versus Unterschiedlichkeit (zum Beispiel Kombination von Komponenten-, Produkt- und Systemgeschäften), M&A-Frequenz, Branche und Zielregion(en) zu unterschiedlich. Neben den – im Sinne der Abb. 3.3 – „typenreinen“ Modellen haben sich auch Hybride durch Kombination unterschiedlicher Grundmodelle als sinnvoll erwiesen. Als besonders tragfähig hat sich die Kombination von M&A-orientierten Prozessen mit Arbeitspaketen (Working Packages) herausgestellt. Zwei Modelle seien in diesem Kontext vorgestellt:

- Das Prozessmodell mit M&A-orientierten Prozessen (vgl. Abb. 3.3 rechts unten) in Kombination mit Working Packages für große und komplexe Projekte (vgl. Abb. 3.4).
- Eine Projektstufen-Lösung mit M&A-orientierten Prozessen für kleine M&A-Projekte (Abb. 3.5).

Daneben findet man auch Kombinationen einfacher Stufenmodelle. Als konkretes Projektbeispiel wird dazu ein Stufen-Ablauf-Modell in Kombination mit einer Matrix (=Aufbauorganisation) vorgestellt.

#### 3.1.4.1 Das Prozessmodell mit M&A-orientierten Prozessen und Working Packages für große und komplexe Projekte

Die auf der ersten Organisationsebene liegende Grundstruktur ist das „reine“ Prozessmodell mit den speziell auf M&A zugeschnittenen M&A-Prozessen, die dieses Modell – trotz seiner Komplexität – relativ schlank machen. Auf zweiter Organisationsebene liegen Arbeitspakete (Working Packages) nach dem (Ablauf-)Modell mit den Projektstufen. Dieses Modell erlaubt eine Strukturierung, die für die Projektteilnehmer unmittelbar einsichtig ist. Alle Prozesse werden in sogenannte Working Packages heruntergebrochen, die eine überschaubare Arbeitseinheit zusammenfassen. Jede Arbeitseinheit hat eine Input-Seite, die aus vorgelagerten Arbeitseinheiten kommt und eine Output-Seite, die auf nachgelagerte Arbeitspakete hinführt. Letzteres können Working Packages desselben Prozesses, anderer Prozesse oder gleichzeitig laufende Working Packages verschiedener Prozesse sein. Diese Arbeitseinheiten können wiederum in Einzelstufen heruntergebrochen werden, wie dies im Abschnitt zum IT-Carve-Out und Carve-In dargestellt wird. Die einzelnen Arbeitspakete – das ist der Sinn der grafischen Darstellung – können nach praktischem Bedarf auch „verschoben“, zusammengefasst oder geteilt werden, wenn sich dies im konkreten Einsatzfall als sinnvoll erweist. Insofern handelt es sich hier nicht um ein „Korsett“ sondern um einen Lösungsrahmen, in dem es eine breite Phalanx an Ausprägungen gibt.

#### 3.1.4.2 Projektstufen-Lösung mit M&A-orientierten Prozessen für kleine M&A-Projekte

Der Anwendung des vorgenannten Modells sind jedoch Grenzen „nach unten“ gesetzt, das heißt, das „Downscaling“ auf kleinere Projekte führt zu relativ teuren Lösungen, da sich die Anzahl der Prozesse und Working Packages nur begrenzt reduzieren lassen. Deshalb haben wir ein Modell entwickelt, dass die Vorteile einer Prozessorganisation (Konsistenz in der Zeitachse, durchgängige Verantwortung…) mit den Vorzügen des Stufenmodells (Abb. 3.3 links oben: einfache und grob geclusterte Schritte) vereint (Abb. 3.5).

Die Schrittfolge und ihre Granularität werden reduziert und in ein möglichst einfaches Modell der Projektphasen (Vorfeld, Transaktionsphase, Implementierung) eingebunden.

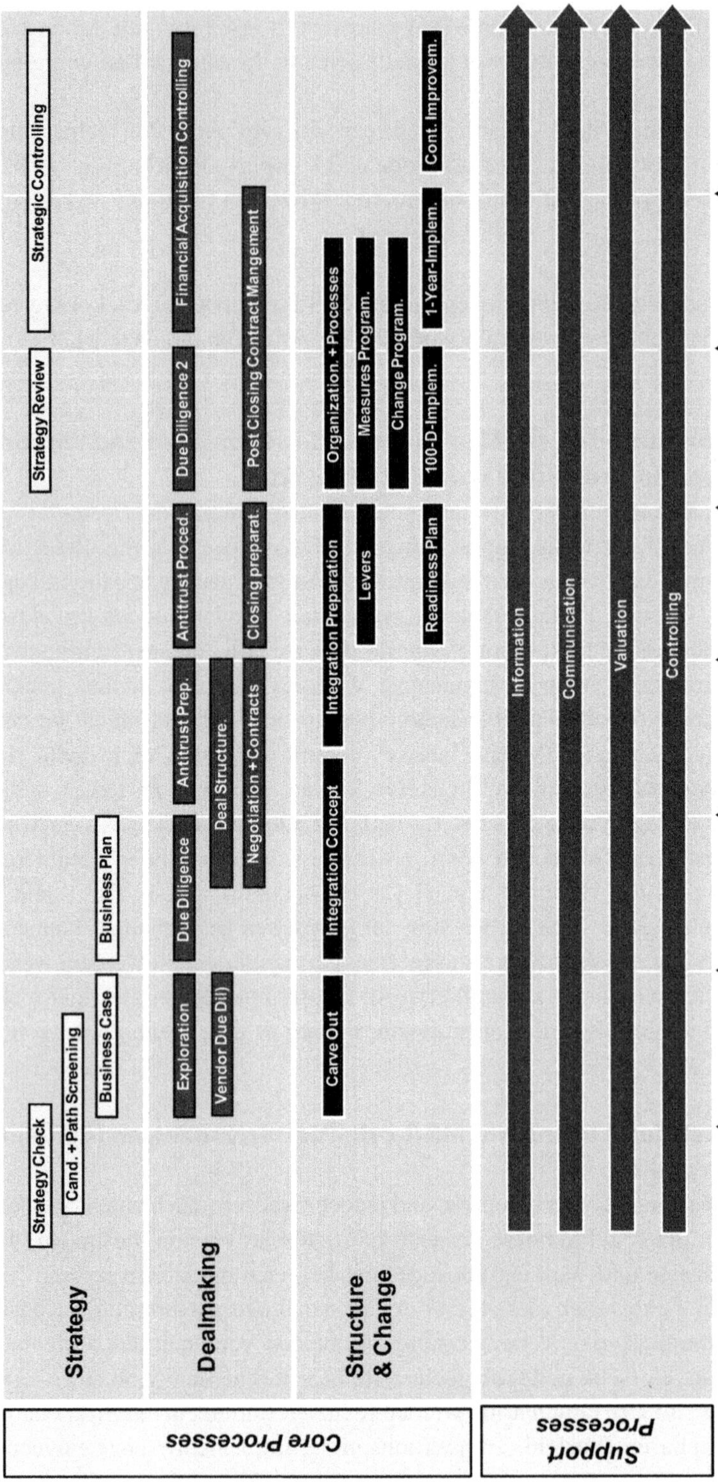


**Abb. 3.4** Das Prozessmodell mit den Working Packages der Kernprozesse

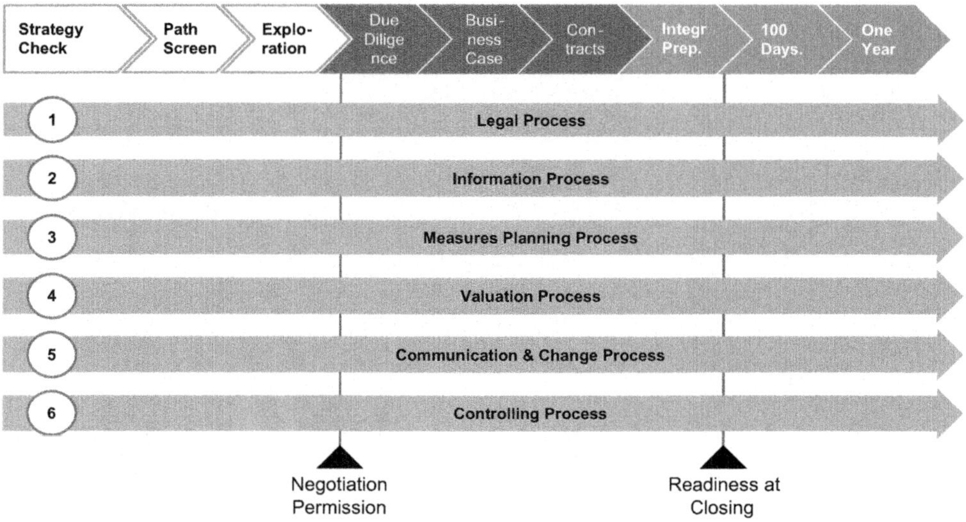


**Abb. 3.5** Beispiel-Hybridmodell bestehend aus Projektstufen und durchgängigen Prozessen

Die Projektphasen sind bezüglich Projektsteuerung auf das Minimum beschränkt, nämlich die Verhandlungsfreigabe durch die Geschäftsführung und das Closing zum Start der Implementierung (Stand-Alone-Fall) oder Integration (bei einer Übernahme durch einen Strategen). Soweit das dem Projekt zugrunde liegende „Stufenkonzept". Die Prozessorientierung wird erreicht mithilfe von durchgängigen (End-to-End-)Prozessen. Diese sind so gestaltet, dass im Minimalfall jeder Prozess durch eine(n) Prozessverantwortliche(n) besetzt wird, der Vor-Erfahrung aus der M&A-Praxis mitbringt sodass sie/er die genannten Arbeitsstufen des jeweils zu verantwortenden Prozesses kompetent steuern kann. Im vorliegenden Fall wurden sechs Prozesse/Prozessverantwortliche definiert, die ein minimalistisches M&A-Projekt-Konzept kompetent tragen können. Kompetenz für den gesamten M&A-Prozess und gute Zusammenarbeit mit den Verantwortlichen der jeweils anderen Prozesse ist dabei eine Voraussetzung für die Besetzungen (vgl. auch Abschn. 6.1.4.2 zu Key Performance Indicators für M&A-Abteilungen).

#### 3.1.4.3 Projektbeispiel: ein Stufen-Ablauf-Modell in Kombination mit einer Matrix

Eine ganz andere Genese hat das dritte Beispiel für Hybridorganisationen: es kommt aus der Praxis des Übernahmeprojektes für das Geschäft der Alstom Industrieturbinen in das Industriekraftwerk-Geschäft der Siemens AG (Closing: 2003). Die grundsätzliche Architektur des Projektes beruht auf einem Teilprojekt-Ansatz. Das vorliegende Modell (Abb. 3.6) stellt lediglich die Integrationsphase nach dem Closing dar.

In diesem Fall zeigte sich ein in der Praxis häufig anzutreffendes Phänomen. Die grundlegende strategische Ausrichtung (hier: Zugang zu kleinen Gasturbinen) war aufgrund langer Vorüberlegungen klar und die Transaktion bot sich an, weil Alstom in wirtschaft-

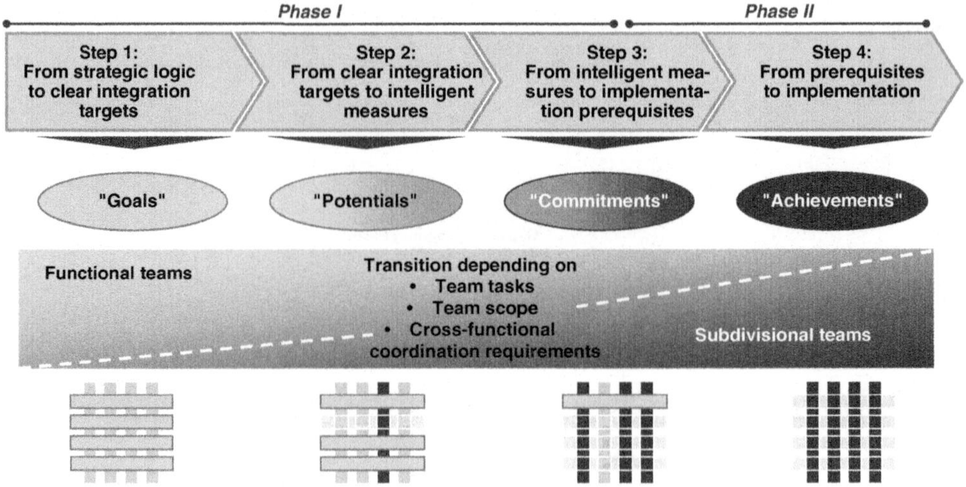


**Abb. 3.6** Beispiel-Projekt Alstom Industriekraftwerke: 4 Stufen, 2 Sorten von Teams

liche Nöte kam und im Vorfeld des Projektes tiefgreifende Überlegungen zur Zusammenarbeit zwischen Siemens und Alstom angestellt wurden. Angedacht war unter anderem, die gesamte Kraftwerksparte beider Unternehmen bei Siemens zu konzentrieren und die beiden Bahnsparten unter die Leitung von Alstom zusammenzuführen. Dies wurde letztlich deshalb nicht realisiert, weil der „Tausch mit Zuzahlung" der Siemens AG ein viel größeres Gewicht gegeben hätte und Alstom an Gewicht eingebüßt hätte. Dieses Modell wurde im Juni 2014 von Siemens wieder aufgenommen, war jedoch nicht erfolgreich weil General Electric mit seinem Zusammenarbeits-Modell mit Alstom unter einem 20 %-Anteil des Staates von den Franzosen präferiert wurde.

Die Architektur dieses Teilprojektes (nach dem Closing) basiert wiederum auf einem (relativ einfachen) umsetzungsorientierten Stufenkonzept, das in zwei Phasen gegliedert wurde: Phase 1 von der Definition (bzw. Bestätigung) der strategischen Ziele bis zur Verpflichtung des Managements auf die jeweils zu verantwortenden Maßnahmenpakete, unter starker Mitwirkung interner und externer Berater und Phase 2 für die Umsetzung bis zur Erreichung der vereinbarten Ziele mit nur marginaler Berater-Mitwirkung und hauptsächlicher Verantwortung durch das eingesetzte Management. Der Übergang vom Beginn der Phase 1 bis zum Abschluss der Phase 2 wurde nach dem Modell des „Phasen-Drehungs-Konzeptes" gelöst (vgl. Abb. 3.3), indem in der ersten Phase Querschnitts-Funktionsträger unter der Leitung des Interim-Projektteams starteten (siehe Abb. 3.6 Matrix unten links), die für die (Top-down) Zieldefinition des gesamten Geschäftsgebietes verantwortlich zeichneten (Stufe 1). In der Stufe 2 wurden daraus (Bottom-up) die Maßnahmen abgeleitet. Zum Abschluss dieser Stufe fand bereits die Übergabe an den ersten Geschäftszweig (GZ) statt, der unter der Leitung eines GZ-Leiters die operative Führung übernahm. Siemens gliedert seine weltweiten Geschäfte in Geschäftsgebiete und darunter Geschäftszweige. Im besagten Geschäft war das Geschäftsgebiet „Industrieturbinen" in

Geschäftszweige, z. B. „Fertigung kleiner Gasturbinen" gegliedert. Mit fortschreitenden Projektstufen wurden Schritt um Schritt die unter der Führung des Integrationsprojektleiters liegenden Querschnittsteams aufgelöst und die Verantwortung an die jeweils neu zu gründenden Geschäftszweige übergeben. Die Gliederung der Geschäftszweige war dabei von vornherein festgelegt, und zwar als „non discussable" für die Organisation. So wurde beispielsweise ein weltweit verantwortlicher GZ für Service und Wartung aller Produkte und Systeme in diesem Geschäft gegründet.

### 3.1.5 Kapazitätsbedarf bei M&A-Projekten

In der operativen Umsetzung haben die vorgestellten Grundlagen- und Hybridmodelle mehrere Gemeinsamkeiten. Zum ersten muss jeder Lösungsansatz die Schritte abbilden, die im Abschnitt zum Funktionsmodell genannt sind – jedes auf seine Weise. Alle Teams vor dem Closing sind rein interne Teams des handelnden Protagonisten. Mitglieder aus des Zielunternehmens kommen erst nach dem Closing hinzu. Bei jedweder Unterbrechung durch interne oder externe Umstände zerfällt ein Projekt in mehrere Teilprojekte. So kann ein vorlaufendes Strategieprojekt durchaus mehrere Jahre vor dem anschließenden M&A-Projekt laufen, weil der richtige Kandidat erst nach einer längeren Phase verfügbar ist. Auch die kartellrechtliche Prüfung kann zu Unterbrechungen führen, messbar im Zeitabstand zwischen Signing und Closing. Bei einem „Second Request" vor den US-Kartellbehörden kann die Zeitverzögerung 6–9 Monate dauern. In dieser Zeit sind dem Unternehmer die Hände gebunden, während die Absicht bekannt ist, mit einem bestimmten Partner zusammenzugehen. Um diese Zeit zu überbrücken sind überlegte Kommunikations- und Kulturmaßnahmen erforderlich, um negative Kundenreaktionen oder Missstimmungen bei den Mitarbeitern vorzubeugen. Im ungünstigsten Fall zerfällt das integrierte M&A-Projekt in mehrere unabhängige Teilprojekte für Vorfeld, Transaktion und Implementierung, wobei mit zunehmendem Zeitabstand als zusätzliches Risiko sinkende Konsistenz zwischen Planung und Umsetzung zu Buche schlägt.

Die Wahl des Projektführungsmodells ist – wie bereits angesprochen– eine Frage der Größe, der Komplexität und der Treiber des Vorhabens. Grundsätzlich sind vier Kategorien zu unterscheiden. Diese sind auf zwei Achsen darstellbar.

Bei einer reinen Akquisition ohne Integration des Partnerunternehmens (Abb. 3.7 unten) ist der Kapazitätsbedarf im Vorfeld grundsätzlich niedrig, da die Planung nur die Optimierung und Werterhaltung/Wertsteigerung des Stand-Alone-Unternehmens betrifft. Unterschiede in diesem Fall entstehen bei der Frage, ob auf Stand-Alone-Basis Kostensenkungen erforderlich sind oder nicht. Sind Kostensenkungsmaßnahmen notwendig, dann sollte nach dem Closing schnell und mit größerer Kapazität zugepackt werden, um durch den Überraschungseffekt die Reaktionen aus den Restrukturierungen begrenzt zu halten. Bei einem Projekt, das Unternehmenskauf und integration verbindet (Abb. 3.7 oben), ist im Überlappungsfall (oben links) bereits vor dem Closing mit größerem Aufwand zu planen. Nach dem Closing steigt der Kapazitätsbedarf nochmals stark an, da in möglichst

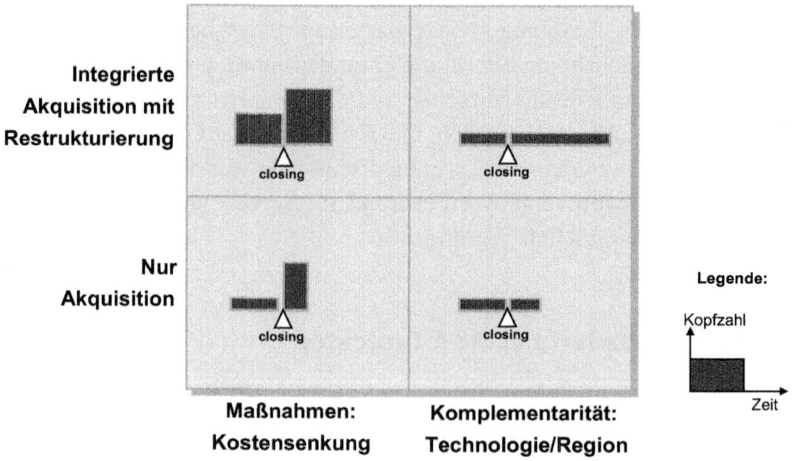


**Abb. 3.7** Integrationstiefe, -maßnahmen und Kapazitätsbedarf

kurzer Zeit viele Maßnahmen umzusetzen sind. Anders verhält es sich beim Kauf/der Integration, wenn die Geschäfte regional bzw. technologisch komplementär liegen: in diesem Fall sollte man die Harmonisierung der Produktlinien (gemeinsame Plattformprodukte…) dem operativen Management überlassen. Die zeitliche Ziellinie orientiert sich an der Notwendigkeit, die Produkte über einen Zeitraum von 1–2 Lebenszyklen zusammenzuführen. In diesem Fall ist die Spitzenkapazität niedrig aber der Zeitbedarf höher.

Es ist logisch, dass die weit auseinander liegenden Kapazitätsspitzen jeweils besondere Modelle für die Teamaufstellung benötigen. Neben der Teamgröße ist auch der Übergang des Teams von einer zur anderen Projektphase entscheidend. Abbildung 3.8 zeigt dies an einem Beispiel für ein Projekt mit 4 Geschäftssegmenten und 4 Standorten (2 im Inland, 2 im Ausland).

Im Projektvorfeld beschränkt sich das Team auf Strategie/Struktur, bestehend aus Strategen und dem Explorationsteam, das sich aus operativ Verantwortlichen rekrutiert. Aus Sicherheitsgründen gegen kartellrechtliche und steuerliche Risiken wird ihnen ein Tax/Antitrust-Team zur Seite gestellt. Die Projektleitung liegt bei einem operativ Verantwortlichen oder einem Strategen. Mit der Verhandlungsfreigabe vergrößert sich der Apparat beträchtlich, denn nun gilt es, die Due Diligence in großer Breite abzudecken (vgl. Abschn. 5.1) sowie die Verhandlungen zu führen. Die Kontinuität der Projektführung, einer der wichtigsten Stolpersteine im Projekt, wird gewährleistet, in dem auf operativer Teamebene der Projektleiter aus den Vorfeld-Aktivitäten als Mitglied in das Transaktionsteam wechselt. Die durchgängige Kontinuität des Projektes von Beginn bis zum Abschluss ist gewährleistet durch ein Steering Committee, das einheitlich besetzt ist, sowie durch den „Project Owner“, der später das integrierte Unternehmen führen wird. Der Zuwachs der Abteilungen, die das Transaktionsteam anreichern, kommt aus der Finanz-, Steuer- und Rechtsabteilung. Nochmals signifikanten Zuwachs bekommt das Team nach dem Closing, wenn die Vertreter der Target Company zum Mitmachen eingeladen werden.

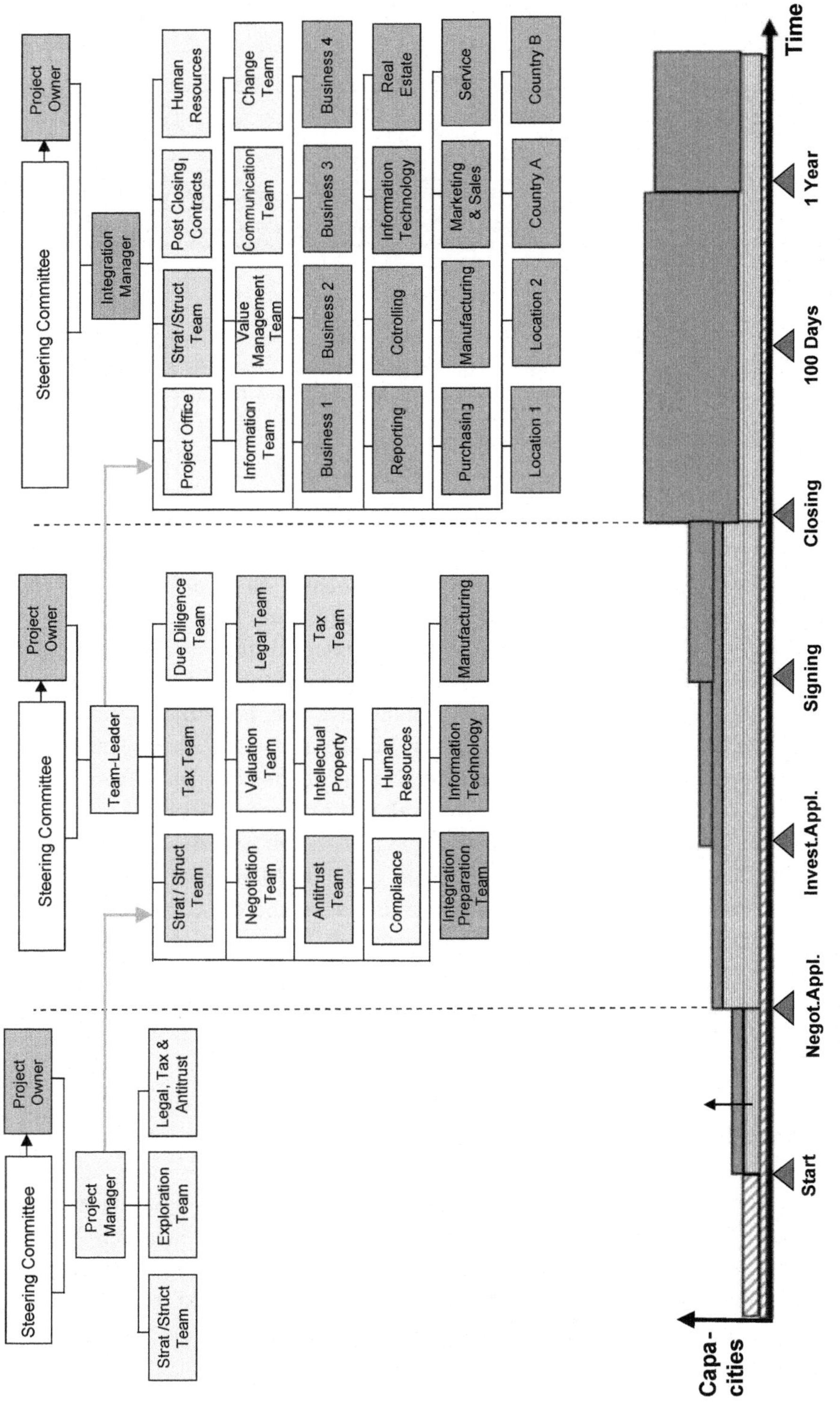


**Abb. 3.8** Team-Aufstellung, Migration und Kapazitäten

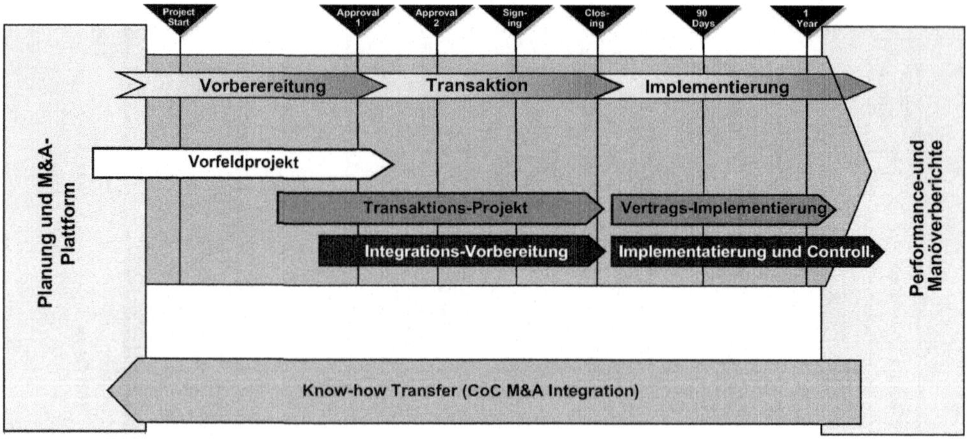


**Abb. 3.9** Erfahrungsmanagement im geschlossenen Kreislauf

Im vorliegenden Modell haben wir es mit zwei Standorten der übernehmenden Einheit und mit zwei Auslandsstandorten des Zielunternehmens zu tun. Funktionale Teams treten nun hinzu, wie etwa die IT (wegen ihrer besonderen Rolle im Bezug auf die operativen Wertschöpfungsstufen, sowie des notwendigen Vorlaufs bei einem Carve-Out wird die IT-Thematik im Abschn. 6.2 behandelt). Operative Teams werden aufgebaut, die die betroffene Wertschöpfungskette abdecken. Die Sicherung gegen Brüche in der Kontinuität wird wiederum geleistet durch das Steering Committee und den Project Owner, die nun durch Vertreter des Zielunternehmens angereichert werden. Bereits zur Investitionsfreigabe sollte ein Integrations-Projektleiter benannt werden, der nun das ganze Team führt. Der Team-Leader aus der Transaktionsphase wechselt in die operative Ebene des Teams. Dem Project Owner steht ein Projektbüro zur Verfügung, in dem zu zentralisierende Funktionen zusammengeführt werden. Hierzu gehören im vorgestellten Modell das Informationsteam, das Value Management Team, das Kommunikationsteam und das Change Team für den kulturellen Wandel. Die unter dem Organisationsplan in Abb. 3.8 dargestellte Kapazitätslinie stellt quantitativ dar, wie das Team über den Zeitrahmen des Projektes aufgebaut wird (vgl. zur Kapazitätsplanung im Rahmen des Integralen M&A-Managements Abschn. 6.1.5).

### 3.1.6 Lern-Kreislauf und Ausblick

Untersuchungen haben gezeigt, dass eine Verbesserung der M&A-Leistung nicht automatisch eintritt, auch wenn man viele Projekte durchgeführt hat (vgl. Hansell, Walker, & Kengelbach, 2014). Zum Lernen bei M&A braucht man einen etablierten übergeordneten Prozess des Wissens- und Erfahrungstransfers von Projekt zu Projekt. Hier bietet es sich an, einen geschlossenen Lernkreislauf zu etablieren, wie dies z. B. die Siemens AG eingeführt hat (Abb. 3.9).

In diesem Modell ist ein Teilprojekt-Konzept, wie es vielfach der unternehmerischen Praxis entspricht, dargestellt. Ein mit Strategen besetztes Vorfeld-Projekt mündet in ein Transaktions-Projekt, das von der zentralen M&A-Abteilung angeschoben wird. Parallel läuft die (pre Closing-)Integrations-Vorbereitung, die in ein Implementierungsprojekt übergeführt wird. Zeitgleich läuft die Vertrags-Umsetzung an, getriggert durch eine zentrale Vertrags-Controlling-Abteilung. Am Ende des Projektes stehen zwei Berichte, a) der Performance-Report, der Aufschluss über den Zielerreichungsgrad gibt und b) der Manöverbericht, der über die positiven und negativen Erfahrungen Auskunft gibt. Beide werden dem Center of Competence für M&A-Integration zur Verfügung gestellt, die die Erfahrungen in der M&A-Wissensplattform abspeichern.

Der Bundesverband Mergers & Acquisitions (vgl. www.bm-a.de) konnte in seinem nunmehr 11-jährigen Bestehen dazu beitragen, dass sich bei M&A in Deutschland eine Best Practice-Kultur verbreiten konnte. Wie zahlreiche Untersuchungen zeigen, ist die Erfolgsquote von M&A in der Breite der Unternehmen erst im Bereich von 50 % angekommen, für eine hoch industrielle und global ausgerichtete Volkswirtschaft wie Deutschland noch immer zu wenig. Wenn aber die zentralen Aussagen des vorliegenden Ansatzes beherzigt werden (vgl. im Detail Abschn. 3.2), dann sollte es auch Wenig-Akquisiteuren gelingen, ein anständiges Leistungsprofil zu erreichen.

## 3.2 Das M&A Prozessmodell im Detail

### 3.2.1 Grundlagen der Prozessorganisation

In Abschn. 3.1 wurden verschiedene Grundsatzmodelle zur Führung von M&A erläutert und bewertet. Die Diskussion der einzelnen Modelle hat gezeigt, dass die Prozessorganisation mit ihrer speziellen Orientierung an Arbeitspaketen (Working-Packages) und M&A-orientierten Teilprozessen große Vorteile aufweist und ein leistungsfähiges strukturelles Referenzmodell für das Management von M&A-Transaktionen darstellt (vgl. Abb. 3.3 (rechts unten) und 3.4). In diesem Abschnitt wird dieses prozessorientierte Führungsmodell als Referenzmodell für die nachfolgenden Ausführungen in diesem Buch näher ausgearbeitet und beschrieben. Zunächst wird erläutert, auf welchen prozessorganisatorischen Grundlagen ein M&A-Prozess entwickelt werden kann.

Allgemein kann ein Prozess in einem Unternehmen definiert werden als eine inhaltlich abgeschlossene, zeitliche und sachlogische Abfolge von Aktivitäten, die zur Erreichung eines für das Unternehmen relevanten Ziels notwendig sind (vgl. ähnlich Becker & Kahn, 2012, S. 6; Kosiol, 1976, S. 185–186). Die Gesamtheit aller Prozesse bildet die Ablauforganisation eines Unternehmens. Während also die Aufbauorganisation („Struktur") sich mit der Gliederung der Unternehmen in Teilsysteme wie z. B. Divisionen oder Abteilungen beschäftigt, ist der Gegenstand der Ablauforganisation („Prozesse") die zeitliche und räumliche Durchführung der Aufgabenbearbeitung (vgl. Bea & Göbel, 2010, S. 329–330). Aufbau- und Ablauforganisation sind dabei zwei Seiten derselben Medaille (vgl. Krüger,

1994, S. 119–120), da die Prozesse innerhalb der Struktur ablaufen und auch von diesen in ihrer Effizienz beeinflusst werden.

Betrachtet man die wissenschaftliche Literatur aber auch die Schwerpunkte der Organisationsprojekte von Unternehmensberatungen in den letzten Jahren, so ist eine deutliche Erhöhung der Relevanz der prozessorientierten Sichtweise zu verzeichnen (vgl. z. B. Gaitanides, 2012; Wilhelm, 2007). Die Rationalisierung und Flexibilisierung betrieblicher Prozesse durch Reorganisation des Ablaufs und der Anordnung von Arbeitsschritten wird als ein Haupthebel zur Erhöhung der Produktivität von Unternehmen gesehen. Die Verringerung von Durchlaufzeiten oder die Verbesserung der Qualität sind typische Größen, die mit neu organisierten Prozessen erreicht werden. Startpunkt für diese Entwicklung war das Konzept des „Business Process Reengineering" und der dazugehörigen Instrumente, das durch Hammer und Champy zu Beginn der 90er Jahre vorgestellt wurde (vgl. Hammer & Champy, 1994). Die grundlegende Idee des Business Process Reengineering besteht in der fundamentalen Neuorganisation eines Unternehmens durch eine konsequente Orientierung an den Abläufen. Während zu Beginn der stärkeren Prozessorientierung der Schwerpunkt bei der Verbesserung der Leistungserstellung in der Produktion von physischen Gütern lag, wurden die Konzepte nach und nach auf Verwaltungsprozesse ausgedehnt.

Die Basis einer Verbesserung der Ablauforganisation ist dabei die Identifikation verschiedener „Hierarchieebenen" von Prozessen. Aufbauend auf der Idee der Wertschöpfungskette von Porter (1989, S. 59–61) werden Kern- und Unterstützungsprozesse unterschieden. Wenn die Anforderungen und die Grundstruktur der Kernprozesse festgelegt sind, sind die Unterstützungsprozesse so zu konzipieren, dass sie zeit- und inhaltsgerecht die Erfüllung der Ziele und Effizienzkennzahlen der Kernprozesse erleichtern bzw. erst ermöglichen. Die Einteilung in Kern- und Teilprozesse verbessert die Konzentration auf das Wesentliche bei der Leistungserstellung und identifiziert die wichtigen Stellhebel für den Gesamterfolg. Zusätzlich verbessert sie die Transparenz der Abläufe. Aus diesen Gründen wird auch der M&A-Prozess in diese beiden Kategorien von Teilprozessen eingeteilt (vgl. im Detail dazu Abschn. 3.2.2).

Neben der Hierarchieebene kann als weiteres Einteilungskriterium für Prozesse der Prozessinhalt verwendet werden. Dementsprechend lassen sich folgende Prozesse unterteilen (vgl. Meckl, 2000, S. 38):

- Entscheidungsprozesse:
  Definieren den Ablauf der Entscheidungsfindung in Unternehmen durch Identifikation der Informationen für die Entscheidung, der Entscheidungsschritte, der Verfahren und der Entscheidungsträger.
- Leistungserstellungsprozesse:
  Beschreiben die Einzelschritte zur Erfüllung betrieblicher Sachziele. Im Rahmen dieser Prozesse werden Produktionsfaktoren kombiniert und zu physischen Gütern und/oder Dienstleistungen transformiert. Die oben angesprochenen Kernprozesse der Wertschöpfungskette von Porter, der Einkauf, die Produktion, die Logistik als auch das Mar-

keting und der Kundendienst stellen die am höchsten aggregierte Form von Leistungserstellungsprozessen dar.

- Informationsprozesse:
  Beschreiben die Inhalte, die Weiterverarbeitung, die Reihenfolge und evtl. die Medien, mit denen Informationen zwischen organisatorischen Einheiten transferiert werden. Dieser Prozess ist im Wesentlichen ein Unterstützungsprozess zu den oben genannten Prozesstypen, die häufig Kernprozesse darstellen.

Der Prozesstyp ist wichtig für die Optimierung der Abläufe und für die Erreichung der Effizienzziele, die mit dem Prozess verbunden sind, da die verschiedenen Typen unterschiedliche inhaltliche und strukturelle Maßnahmen für die Optimierung erfordern. Da im Rahmen eines M&A-Projekts alle drei Arten von Prozesstypen auftreten, muss jeweils dem Typ nach unterschieden werden, wenn inhaltlich und strukturell optimiert werden soll (vgl. dazu die Teilprozessbeschreibungen in Abschn. 3.2.2, Kap. 4 und 5).

Innerhalb eines Unternehmens laufen damit eine Vielzahl inhaltlich und strukturell heterogener Prozesse ab. Diese Einzelprozesse sind wiederum sehr stark interdependent. So kann der Output eines Prozesses ein wichtiger Input für einen folgenden Prozess sein, oder beide Prozesse greifen auf dieselben Ressourcen zurück. Diese Zusammenhänge führen zu zwei Problemkreisen, die gelöst werden müssen, um eine hohe Effizienz im Unternehmen zu erreichen. Zum einen muss eine zielgerichtete Koordination der Interaktionen zwischen den Teilprozessen erreicht werden. Hier spielen z. B. Netzwerkkonzepte eine wichtige Rolle (vgl. zu dieser Problematik bei M&A Abschn. 6.1.9.6). Zum anderen muss überlegt werden, wie der Austausch in den Schnittstellen zwischen den Prozessen geregelt wird. Dieses Schnittstellenmanagement (vgl. dazu z. B. Brockhoff & Hauschild, 1993, S. 396–403; Meckl, 1996, S. 83–87) ist abhängig von Art und Inhalt der Beziehung zwischen den Teilprozessen und muss deshalb einzelfallbezogen gelöst werden (vgl. genauer dazu Abschn. 6.1.9.4).

### 3.2.2 Struktur des M&A-Prozesses

Der erste Schritt bei der Optimierung von M&A-Projekten durch eine detaillierte Prozessbetrachtung muss im grundsätzlichen Nachweis des Prozesscharakters von M&A-Projekten bestehen. Nach der obigen Definition von Prozessen müssen mehrere Arbeitsschritte in einer inhaltlichen und zeitlichen Interdependenz zueinander angeordnet werden, damit die Betrachtung als Ablauforganisation sinnvoll ist. Dies ist umso mehr der Fall, je größer die Zahl der Arbeitsschritte und je komplexer die Interdependenzen, da dann eine logische Anordnung der Einzelschritte bei dem Ziel der Effizienzverbesserung schon rein aus Komplexitätsgründen unerlässlich erscheint. Bei M&A ist das gegeben. Im Rahmen eines M&A-Projekts ist eine Vielzahl von unterschiedlichen inhaltlichen Aufgaben abzuarbeiten, die in einem teilweise komplizierten Geflecht von Input-Output-Beziehungen zueinander stehen und aufeinander aufbauen.

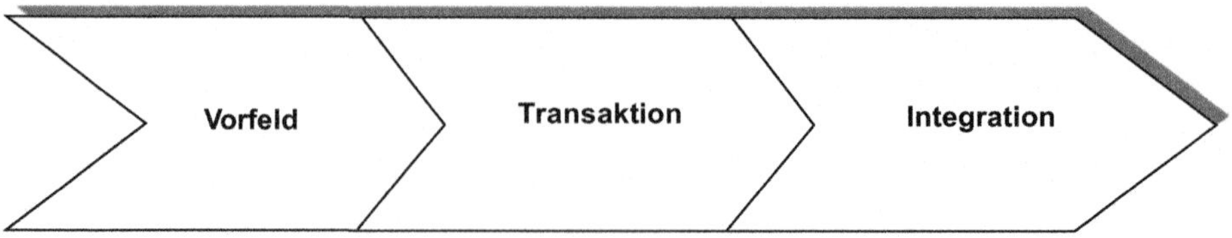


**Abb. 3.10** Phasen eines M&A-Projekts

Vor diesem Hintergrund kann der M&A-Prozess definiert werden als eine logische Abfolge notwendiger inhaltlicher Tätigkeiten, die in ihrer Gesamtheit zu einer ökonomisch und rechtlich abgeschlossenen Transaktion führen.

Aus Managementsicht müssen diese diversen und komplexen Tätigkeiten so geordnet werden, dass eine effiziente Prozessführung möglich ist. Ein Einteilungskriterium bilden logische und chronologische Phasen, nach denen ein M&A-Projekt gegliedert werden kann. Sowohl in der Literatur (vgl. z. B. Coenenberg & Schultze, 2011; Jansen, 2008) als auch in der Managementpraxis hat sich die Einteilung in drei Phasen inzwischen weitgehend etabliert (vgl. auch Abschn. 3.2). Demnach wird ein typisches M&A-Projekt in die Phasen Planung, Transaktion und (Post Merger-)Integration gegliedert (vgl. Abb. 3.10; vgl. auch Lucks, 2013, S. 35).

Die Benennung der einzelnen Phasen mag in Literatur und Praxis variieren (vgl. für eine teilweise andere Benennung z. B. Wirtz, 2014, S. 116), allerdings zeigen sich große Parallelen bei den inhaltlichen Abgrenzungen. Die Einteilung in drei Phasen erweist sich als sinnvoll, da sich jeweils grundlegend unterschiedliche Anforderungen an Aufgabeninhalte und damit auch an die notwendigen Personalressourcen stellen. Allerdings ist diese Einteilung so hoch aggregiert, dass sie für eine effiziente Projektsteuerung noch deutlich differenziert werden muss. Insbesondere muss klar werden, was genau unter den oben erwähnten Inhalten der einzelnen Phasen zu verstehen ist. Abbildung 3.11 zeigt schlagwortartig, welche inhaltlichen Aktivitäten typischerweise abzuarbeiten sind. Diese Aktivitäten entsprechen weitestgehend den „Working Packages" aus Abschn. 3.1.3.3.

Die Planungsphase ist gekennzeichnet durch eine Unverbindlichkeit der M&A-Überlegungen. Viele Aktivitäten sind rein vorbereitender Natur, wie z. B. die Suche nach einem geeigneten Zielunternehmen. Es bietet sich an, diese Vorfeldphase mit dem Abschluss der Vorverträge enden zu lassen. Wenn ein Letter of Intent oder ein Memorandum of Understanding unterzeichnet sind (vgl. dazu auch Abschn. 4.2.3.4), zeigt sich das erste Mal, dass beide Unternehmen ein wirkliches Interesse an der Transaktion haben. In der Transaktionsphase wird konkret verhandelt mit der anderen Partei. Diese Phase ist gekennzeichnet durch die technische Abwicklung des Deals, die mit dem Übergang des Eigentums am Zielunternehmen, also mit dem Closing, endet, da sich dann die rechtlichen Positionen der Beteiligten grundlegend verändern. Alle Maßnahmen in der dritten Phase dienen der Integration der gekauften/verschmolzenen Aktivitäten. Hier spielt der Verkäufer keine zentrale Rolle mehr.

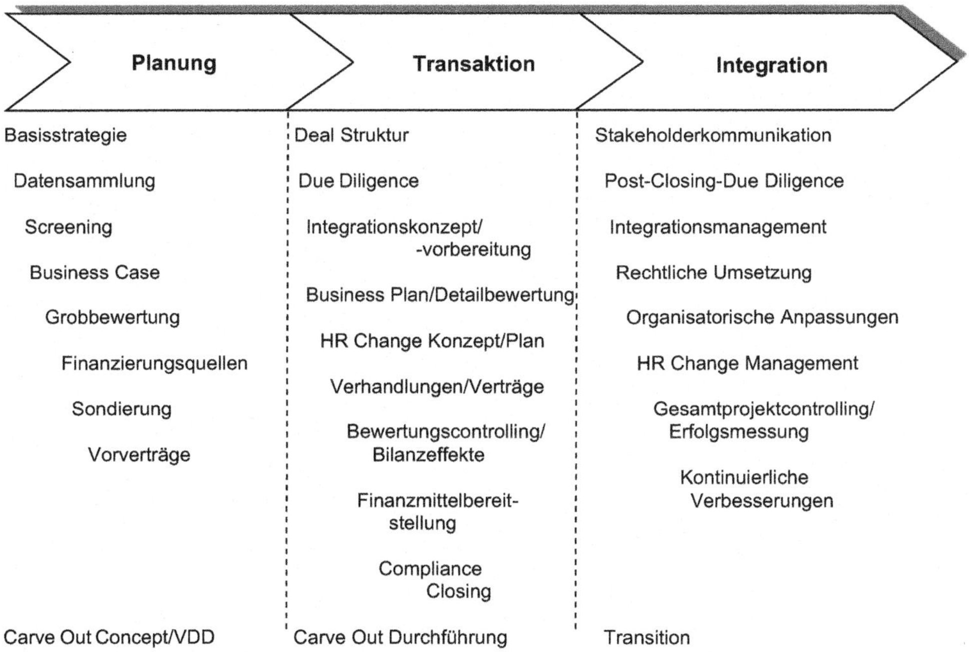


**Abb. 3.11** Typische Aufgaben („Working Packages") in den einzelnen Phasen einer M&A-Transaktion

Die Aufgaben und ihre logische Anordnung repräsentieren die wichtigsten und typischen inhaltlichen Schritte eines M&A-Projekts und werden in den Kap. 4 und 5 im Rahmen der Teilprozesse im Detail beschrieben. Im Einzelfall einer M&A-Transaktion mag es Besonderheiten geben, die zusätzliche Anforderungen mit sich bringen. Es ist durchaus möglich und in spezifischen Einzelfällen wohl auch nötig, dass die Aufgaben inhaltlich und eventuell auch in ihrer Anordnung anders gewählt werden müssen. Die Aufgaben werden aus didaktischen Gründen auch nur schwerpunktmäßig zugewiesen in Abb. 3.11. In der Realität ist es häufig so, dass sie phasenübergreifend und/oder in iterativen Prozessen immer wieder durchgeführt werden müssen. Außerdem vermittelt die Einteilung in Abb. 3.11, dass die Aufgaben isoliert nebeneinander stehen, lediglich geordnet nach ihrer logischen Zughörigkeit. Dies wäre aber für ein M&A-Projekt mit seinen vielen und komplexen Zusammenhängen ein falscher Managementansatz.

Wie im Vorwort schon angemerkt und in Abschn. 3.2.1 begründet, nimmt der in diesem Buch vertretene Ansatz zum M&A-Management deshalb eine konsequente Orientierung an einer Prozesssichtweise ein. Der nächste Schritt bei der typisierenden Einteilung von M&A-Projekten besteht deshalb in einer weiteren ordnenden Einteilung der wichtigsten „Working Packages" nach dem Prozessprinzip.

Die hier gewählte grundlegende Vorgehensweise zur weiteren Detaillierung basiert auf der These, dass der M&A-Prozess in Teilprozesse aufgeteilt werden kann. Jeder Teilprozess deckt einen wichtigen inhaltlichen und instrumentellen Bereich ab, der zur Abwick-

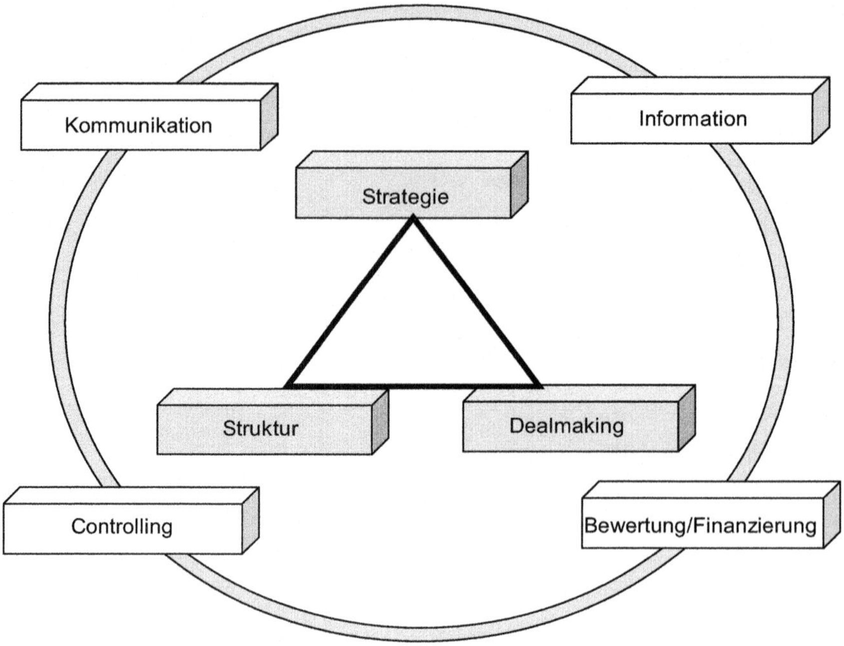


**Abb. 3.12** Die Teilprozesse des M&A

lung des Gesamtprozesses notwendig ist. Als Gliederungskriterien zur Zusammenfassung von Einzelaufgaben zu einem Teilprozess bieten sich insbesondere die Gleichartigkeit der zu erfüllenden Aufgaben und die zur Abarbeitung des Teilprozesses notwendigen Kompetenzen an.

Die Aufgaben innerhalb eines M&A-Projekts (vgl. Abb. 3.11) sind von ihrer Relevanz und ihrer Komplexität her allerdings nicht gleichgewichtig. Dies muss sich in der Einteilung der Teilprozesse widerspiegeln. Es bietet sich an, eine Hierarchisierung der Teilprozesse durch die Festlegung von Kernprozessen und Unterstützungsprozessen vorzunehmen. Diese Einteilung entspricht auch der generellen Vorgehensweise bei Business Process Reengineering-Projekten. Die Vorteile der Hierarchisierung der Teilprozesse liegen in der besseren Übersichtlichkeit und vor allem in den besseren Steuerungsmöglichkeiten des Gesamtprozesses. Das Hauptaugenmerk des Managements von M&A-Projekten liegt auf der Gestaltung der Kernprozesse. Die Unterstützungsprozesse liefern wichtige Daten, Instrumente und Ergebnisse zur effizienten Durchführung der Aufgaben in den Kernprozessen (vgl. auch Abschn. 3.1.3.3).

Die zentrale Fragestellung liegt damit in der Festlegung und Abgrenzung der Teilprozesse und der jeweiligen Charakterisierung als Kernprozess oder Unterstützungsprozess. Was sind zentrale, erfolgsbestimmende Themenkomplexe und wie sollten diese zu Kernprozessen zusammengefasst werden? Welche Working Packages haben eher unterstützenden Charakter? Abbildung 3.12 zeigt im Überblick schlagwortartig die vorgenommene Einteilung.

Die inneren Schlagworte repräsentieren die Kernprozesse, die äußeren die Unterstützungsprozesse. Dabei sind Unterstützungsprozesse nicht so zu verstehen, dass deren Aktivitäten unwichtig und damit auch verzichtbar wären. Sie liefern wichtige Entscheidungsgrundlagen für die zentralen Prozesse, die den Kern der M&A-Transaktion bilden. Der Finanzvorstand eines Käuferunternehmens würde vielleicht die Finanzierung als den zentralen Kernprozess definieren wollen, da die Möglichkeit der Mittelbereitstellung eine unabdingbare Voraussetzung für das Zustandekommen des Deals darstellt. Die Festlegung in Abb. 3.12 ist also teilweise durchaus subjektiver Natur und beruht auf der Erfahrung der Autoren bei der Durchführung vieler Transaktionen.

Diesen so definierten Teilprozessen müssen im nächsten Schritt die damit verbundenen Aktivitäten nach logischen und evtl. chronologischen Prinzipien zugeordnet werden, damit der einzelne Teilprozess inhaltlich und logisch beschrieben werden kann. Basis ist das M&A-Prozessmodell mit Working Packages (vgl. Abschn. 3.1.4, insbesondere Abb. 3.4). Graphisch gesehen werden dazu Abb. 3.11 und 3.12 zusammengeführt und in Prozessform dargestellt. Es ergibt sich das in Abb. 3.13 enthaltene zentrale Prozessbild für eine M&A-Transaktion.

Der logisch und auch zeitlich erste Kernprozess deckt den strategischen Teil einer M&A-Transaktion ab. Ziel dieses Teilprozesses „*Strategie*" (vgl. dazu im Detail Abschn. 4.1) ist zunächst die Überprüfung der grundsätzlichen Sinnhaftigkeit von M&A als Strategiealternative im Vergleich zu endogenem Wachstum oder Kooperationen ohne Eigenkapitalbeteiligung (vgl. zu diesen Alternativen z. B. Meckl, 2014, S. 10–16). Ist diese Frage bejaht, so können erste strategische Überlegungen zur konkreten M&A-Strategie, also z. B. ob eine große Transaktion oder mehrere kleine zur Erreichung der Ziele getätigt werden sollen, angestellt werden. Als nächste Aktivität im Kernprozess Strategie ist die Identifikation konkreter Kandidaten und deren Beurteilung hinsichtlich ihres Potentials zur Erreichung der strategischen Ziele des eigenen Unternehmens zu nennen („Screening", vgl. Abb. 3.13; im Detail dazu Abschn. 4.1.3). Um eine ausreichende informatorische Basis für die Erstellung einer Liste geeigneter Kandidaten zu haben, muss bereits in diesem frühen Stadium einer (potenziellen) Transaktion mit einer systematischen Datensammlung begonnen werden. Sind potenzielle Kandidaten für eine Übernahme identifiziert, sollte im Rahmen einer Simulation der nach einer Übernahme entstehenden Einheit der Business Case, also die grundsätzliche Möglichkeit, mit der neuen, dann integrierten Einheit Wettbewerbsvorteile zu erzielen, überprüft werden. Diese grundsätzlichen Überlegungen zum Business Case sind bei Vorhandensein von besseren Informationen, also dann in der Transaktionsphase, im Rahmen der Erstellung eines konkreten Business Plans zu detaillieren. Zusätzlich sind die strategischen Festlegungen in der weiteren Entwicklung des M&A-Projektes in der Transaktionsphase zu überprüfen, damit sichergestellt ist, dass die strategischen Ziele im Prozess nicht „verloren" gehen. Dies gilt auch für die Integrationsphase, wo regelmäßig ein „Strategic Review" die Zielkonformität der Integrationsmaßnahmen sicherstellen sollte. Insgesamt gesehen liegen die wichtigsten Beiträge des Kernprozesses Strategie damit in der Planungsphase, was auch dem Planungscharakter strategischer Überlegungen entspricht.

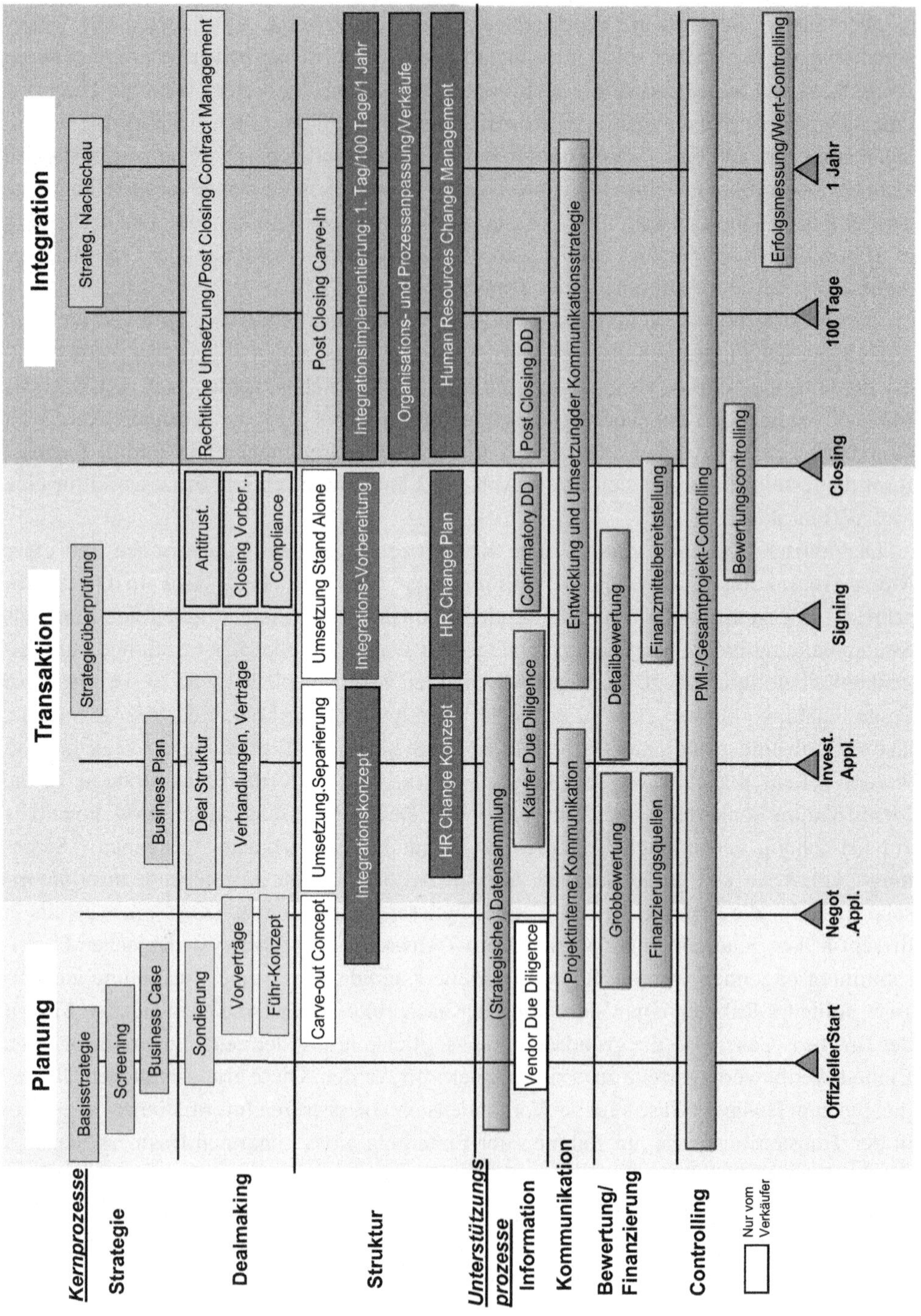


**Abb. 3.13** Prozesse und Working Packages im M&A-Prozess

Der zweite Kernprozess „*Dealmaking*" hat seinen Schwerpunkt in der Transaktionsphase. Die wesentlichen Inhalte des Teilprozesses „Dealmaking" (vgl. dazu im Detail Abschn. 4.2) sind die strukturellen Festlegungen und die rechtliche Seite der Transaktion. Dieser Teilprozess beschäftigt sich damit schwerpunktmäßig in der Transaktionsphase mit der technischen Abwicklung des Deals. Nach der Sondierung, Überlegungen zur Führungsstruktur und den Vorverträgen, die eher noch der Planungsphase zuzuordnen sind, enthält dieser Kernprozess als wesentliche Komponenten z. B. die Festlegung der Deal-Struktur, die Erstellung und Verhandlung der Verträge, die Vorbereitung des Closings und auch die Sicherstellung der Compliance der Transaktion, z. B. durch Einholen der kartellrechtlichen Genehmigung. In der Integrationsphase sind die Umsetzung der rechtlichen Vorgaben und eine Überprüfung der gemachten Zusagen durch den Verkäufer zu nennen.

M&A-Transaktionen, die zum Eigentumsübergang führen, haben immer auch strukturelle Veränderungen, Anpassungen oder auch grundlegende Umwälzungen und Restrukturierungen der betroffenen Geschäftsaktivitäten zur Folge. Der dritte Kernprozess fasst all diese strukturellen Veränderungsvorgänge zusammen und wird deshalb als „*Strukturprozess*" bezeichnet (vgl. im Detail dazu Abschn. 4.3). In der Transaktionsphase werden Pläne zur Integration auf Basis der vorhandenen Informationen erstellt. Der eindeutige Schwerpunkt dieses Kernprozesses liegt in der Integrationsphase. Organisatorische Anpassungen wie z. B. koordinierende Instrumente für die Prozesse in der integrierten Einheit müssen hier implementiert werden. Eine wesentliche Komponente ist das Personalmanagement. Personalbedarf, Personalentwicklung aber auch Personalfreisetzung sind hier zu nennen, genauso wie kulturelle Maßnahmen zur Integrationserleichterung. Aufgrund der starken Umwälzungen muss hier ein aktives Change Management betrieben werden, um dem Faktor Personal und seiner erfolgsbestimmenden Stellung gerecht zu werden. Diese Maßnahmen sind eingebettet in ein Integrationsmanagement, das z. B. in eine erste, 100-Tage dauernde Phase und eine zweite, ein Jahr dauernde Phase eingeteilt werden kann. Danach gehen integrationsspezifische Maßnahmen in grundlegendes Verbesserungsmanagement über.

Betrachtet man die in Abb. 3.11 aufgelisteten Arbeitspakete, so kann man feststellen, dass die oben genannten drei Kernprozesse nicht alle Aufgaben abdecken, die im Rahmen eines M&A-Projekts erledigt werden müssen. Es gibt eine Reihe von Inhalten, die für einen M&A-Prozess zwar nicht zwingend notwendig sind, aber doch einen Beitrag zur Steigerung der Erfolgswahrscheinlichkeit leisten, indem sie die Kernprozesse informatorisch oder instrumentell unterstützen. Diese Aktivitäten werden den in Abb. 3.12 definierten Unterstützungsprozessen (äußerer Kreis) zugeordnet.

Ein solcher Unterstützungsprozess umfasst das *Informationsmanagement* (vgl. Abb. 3.12 und 3.13; im Detail zu diesem Teilprozess vgl. Abschn. 5.1). Ziel dieses Teilprozesses ist es, während aller Phasen des M&A-Projekts, also sowohl im Vorfeld, in der Transaktion als auch in der Integration die Kernprozesse mit den nötigen Informationen zu versorgen, die für eine richtige Entscheidung und z. B. eine gute Taktik in den Verhandlungen nötig sind. Dass die Informationsbeschaffung kontinuierlich über das Gesamtprojekt hinweg zu erfolgen hat, somit also für sich einen Prozess darstellt, ist offensichtlich, da sowohl die Qualität als auch die Quantität der benötigten sowie der zur Verfügung stehenden Informationen in den M&A-Phasen unterschiedlich sind. Ein Schwerpunkt dieses Teilprozesses liegt auf der Due Diligence, die sozusagen die institutionalisierte Form der Informationsbeschaffung über das Akquisitionsobjekt darstellt (vgl. genauer dazu Abschn. 5.1.4). Strategisch relevante Informationen z. B. für das Screening im Kernprozess Strategie werden in der Planungsphase, detaillierte Informationen z. B. für das Integrationsmanagement werden in der Integrationsphase beschafft.

Ein M&A-Projekt unterliegt vielfältigen Kommunikationsnotwendigkeiten. Ziel des Teilprozesses „*Kommunikation*" als zweitem Unterstützungsprozess ist eine adäquate inhaltliche und zeitliche Bereitstellung von Informationen für die beteiligten Prozessgruppen, so dass die Wertsteigerung durch das M&A-Projekt gewährleistet ist. In der Transaktionsphase kommt einer interne Kommunikation im Sinne des Austausches von Informationen zwischen den direkt an der Transaktion Beteiligten in den Unternehmen als auch unternehmensübergreifend eine zentrale Bedeutung zu. Ähnlich wichtig ist vor allem am Ende der Transaktionsphase bzw. zu Beginn der Integrationsphase, wenn die Deals öffentlich gemacht werden, die Kommunikation mit den verschiedenen Stakeholdergruppen und die unternehmensexterne Öffentlichkeit im Rahmen einer Kommunikationsstrategie. Eine zentrale Bedeutung kommt in der Integrationsphase z. B. der Informationspolitik gegenüber den eigenen bzw. den Mitarbeitern des gekauften Unternehmens zu (vgl. im Detail Abschn. 5.2).

Die Wertsteigerung des Unternehmens durch ein M&A-Projekt, und damit die Erreichung des letztendlichen Ziels eines solchen Vorhabens, wird auch stark beeinflusst vom gezahlten Kaufpreis. Der Kaufpreis muss unterhalb des Werts des gekauften Unternehmens einschließlich der erwarteten Netto-Synergien liegen, um eine Wertsteigerung zu erreichen (vgl. genauer dazu Abb. 5.8). Eine wichtige Aufgabe insbesondere für die Verhandlungen mit dem Akquisitionskandidaten stellt deshalb die *Bewertung des Kaufobjekts* dar, was die Formulierung dieser Aufgabe in einem eigenen Teilprozess rechtfertigt (vgl. Abschn. 5.3). Einer relativ groben Bewertung z. B. zur Unterstützung des Screening in der Planungsphase folgt eine detaillierte Bewertung, evtl. auch unter Einsatz mehrerer Verfahren in der Transaktionsphase z. B. zur Verhandlungsunterstützung (vgl. dazu Abschn. 5.3.2). Die Bewertung setzt das Plafonds für den Kaufpreis, so dass nach der Bewertung abgeschätzt werden kann, in welcher Höhe und aus welchen Quellen die Finanzmittel dazu bereitgestellt werden (vgl. dazu Abschn. 5.3.3). Dies rechtfertigt die Zusammenfassung des Bewertungs- und *Finanzierungsaspekts* in einem Teilprozess. Die Optimierung der Finanzierungsstruktur für einen Deal ist gekennzeichnet durch die Identifikation der kostenminimalen Finanzmittelquellen und die letztendliche Bereitstellung der Mittel gegen Ende der Transaktionsphase.

Aufgrund der Komplexität des Gesamtprojekts bietet sich auch für eine M&A-Transaktion ein *Controlling* an. Analog dem klassischen Controlling sollte ein solches M&A-Controlling Prämissen-, Fortschritts- und Konsistenzkontrolle enthalten und bei Abweichungen von Plangrößen durch die Initiierung von Korrekturmaßnahmen den Erfolg des Gesamtprojekts sicherstellen. Diese Maßnahmen beschränken sich nicht nur auf die Zeit nach Abschluss des Projekts, sondern sollten parallel dazu ablaufen, weswegen die Definition eines entsprechenden Teilprozesses als notwendig erscheint (vgl. allgemein zu Prozesscontrolling z. B. Heilmann, 1996; vgl. genauer dazu Abschn. 5.4). Ein erster wichtiger Ansatzpunkt ergibt sich dabei in der Transaktionsphase, wenn eine Überprüfung der Bewertungsergebnisse und im Hinblick darauf des verhandelten Kaufpreises sicherstellen muss, dass eine Wertschaffung durch den Deal erreicht wird. In diesem Zusammenhang sind auch die Bilanzierungseffekte einer vollzogenen Transaktion zu prognostizieren und in ihren Auswirkungen auf das Unternehmen zu bewerten. Die Integration muss ebenfalls mit Hilfe eines geeigneten Controllinginstrumentariums begleitet werden, wobei letztendlich dem M&A-Controlling die Aufgabe zukommt, eine Erfolgsmessung für das Gesamtprojekt vorzunehmen.

Der bisher anhand von Abb. 3.13 erläuterte M&A-Prozess wurde im Wesentlichen aus Sicht eines Käufers konzipiert. Die Abbildung enthält zusätzlich aber auch Arbeitspakete, die spezifisch für den Verkäufer definiert werden können (vgl. Abb. 3.13). In der Planungsphase kann, falls die zu verkaufenden Aktivitäten nicht schon in einer selbstständigen organisatorischen Einheit gebündelt sind, ein Konzept für einen Carve-Out erstellt werden, der dann in der Transaktionsphase durchgeführt wird (vgl. im Detail dazu Abschn. 4.3.2). Eine Vendor Due Diligence, also eine vom Verkäufer durchgeführte Due Diligence, kann den Verkaufsprozess beschleunigen und ein vertrauensbildendes Signal an die potenziellen Käufer sein.

Der in Abb. 3.13 entwickelte M&A-Prozess dient im Weiteren als Referenzmodell für die Beschreibung von effizientem M&A-Management. Er ist zu sehen als detaillierte Ausführung des in Abb. 3.4 (vgl. Abschn. 3.1.4) dargestellten prozessorientierten Führungsmodells. Die beschriebene Einteilung in die Kern- und Unterstützungsprozesse bündelt gleichartige Aufgaben und verbindet sie zu einer Prozessorganisation. Damit sind die Voraussetzungen für ein effizientes Management der einzelnen Aufgaben geschaffen. Wichtig ist die Erkenntnis, dass die Teilprozesse grundsätzlich durchgängig, d. h. in jeder Phase des M&A-Projekts von Relevanz sind, wenn auch durch die oben beschriebene Aufgabenzuordnung deutlich gemacht wurde, eine Schwerpunktsetzung in einzelnen Phasen zu beobachten ist. Die Erfolgsfaktoren, die generell für die Organisation von Prozessen gelten, können auch hier angewendet und als Zielgrößen für die Gestaltung der Teilprozesse des M&A-Projekts verwendet werden (vgl. genauer dazu Abschn. 3.2.3). Eine andere oder auch detailliertere Untergliederung vor allem der Unterstützungsprozesse ist möglich, allerdings erscheint die hier vorgenommene Einteilung vor allem bei der praktischen Umsetzung von M&A-Projekten als eine sinnvolle Konzeption.

Aus didaktischen und Übersichtlichkeitsgründen wird in Kap. 4 (Kernprozesse) und in Kap. 5 (Unterstützungsprozesse) jeder Teilprozess zunächst für sich allein beschrieben. Ziel ist dabei, die Teilprozesse in ihren Inhalten, Instrumenten und ihrer Organisation so zu konzipieren, dass sie einen möglichst großen Beitrag zur Unternehmenswertsteigerung durch das M&A-Projekt erbringen. Wie in Abschn. 3.2.1 bei der Erläuterung der Grundlagen der Prozessorganisation deutlich geworden ist, kommt aber auch der Verknüpfung der einzelnen Prozesse eine große Bedeutung für die Gesamteffizienz des Projekts zu. Gerade bei M&A-Projekten, die eine hohe Komplexität durch die starken Wechselwirkungen zwischen den einzelnen Aufgaben aufweisen, ist diese Integration ein zentraler Erfolgsfaktor. Die Teilprozesse laufen zwar grundsätzlich parallel ab, weisen aber eine Vielzahl von Querverbindungen auf. Deshalb wird diesem Thema bei dem jeweiligen Teilprozess ein eigener Abschnitt gewidmet (vgl. Abschn. 4.1.6 oder 5.1.1).

### 3.2.3 Effiziente Strukturierung von M&A-Prozessen

Mit der Unterteilung des M&A-Prozesses in Teilprozesse und die inhaltliche Definition von Einzelaufgaben, die im Rahmen dieser Teilprozesse abgearbeitet werden müssen, ist ein konzeptionelles Gerüst geschaffen, das eine Komplexitätsreduktion der häufig sehr unübersichtlichen M&A-Projekte erlaubt. Um dem Ziel der Erhöhung der Erfolgsaussichten einer Unternehmenstransaktion und damit der Verbesserung des Beitrags zum Unternehmensgesamtwert näher zu kommen, reicht diese Konzeptionierung allerdings noch nicht aus. Damit konkrete Empfehlungen zur erfolgversprechenden Gestaltung der Teilprozesse abgeleitet werden können, müssen Kriterien identifiziert werden, die die Effizienz der Teilprozesse beeinflussen und die als Referenzpunkte für die inhaltliche und strukturelle Gestaltung, wie sie in Kap. 4 und 5 vorgenommen wird, dienen.

Unter Effizienz wird, wie in der Ökonomie allgemein üblich, auch hier eine Input-Output-Beziehung verstanden. Der Grad der Zielerreichung einer Maßnahme bzw. in diesem Fall eines Prozesses („Effektivität") wird in Bezug gesetzt zu dem für diese Zielerreichung notwendigen Aufwand (vgl. dazu im Detail z. B. Bohr, 1993).

In der Literatur zur Prozessorganisation finden sich zahlreiche Effizienz- bzw. Effektivitätskriterien (vgl. z. B. Bea & Göbel, 2010, S. 330–331, vgl. auch Abschn. 3.1). Allerdings ist festzustellen, dass eine Vielzahl dieser Kriterien auf Produktionsprozesse zugeschnitten ist (z. B. Minimierung der Transportwege) oder für M&A ungeeignete Schwerpunkte setzen (z. B. Maximierung der Kapazitätsauslastung). Es empfiehlt sich deshalb, eine für M&A-Projekte spezifische Ableitung von Effizienz- bzw. Effektivitätskriterien vorzunehmen.

Der Grad der Zielerreichung eines M&A-Teilprozesses wird bestimmt durch den Beitrag zum Erfolg des Gesamtprozesses und damit indirekt durch eine Erhöhung des Unternehmenswerts. Die theoretisch richtige Messzahl für die Effizienz von M&A-Teilprozessen wäre damit der Wertbeitrag bezogen auf den bewerteten Ressourceneinsatz. Zumindest was den Zähler dieser Effizienzkennzahl betrifft, machen Messprobleme eine direkte Bestimmung dieser Größe unmöglich. Es ist also nötig, nach Sekundärkriterien zu suchen, die eine möglichst enge Beziehung zu der Zählergröße haben.

Der Wertbeitrag eines M&A-Teilprozesses hängt zum einen von der *Qualität der Entscheidungen* ab, die innerhalb des Teilprozesses und im Zusammenspiel mit anderen Teilprozessen getroffen werden. Die richtige Entscheidung, was die Auswahl eines geeigneten Kandidaten, einer erfolgversprechenden Organisationsstruktur und des maximalen Unternehmenswerts betrifft, sind zentrale Erfolgsgrößen für ein M&A-Projekt. Die Qualität solcher Entscheidungen wiederum hängt ab

- vom Einsatz geeigneter Instrumente zur Informationsbeschaffung und Problemanalyse,
- vom Einsatz geeigneter Entscheidungsverfahren, die z. B. auch den Abbruch des Prozesses bei sich ungünstig verändernden Rahmenbedingungen sicherstellen,
- von der Berücksichtigung aller für die Entscheidung wichtigen Interdependenzen und Beteiligten am M&A-Projekt durch ein geeignetes Schnittstellenmanagement,
- von der logisch und chronologisch richtigen Abarbeitung der Einzelaufgaben,
- von der Flexibilität mit der auf Veränderungen von Umweltvariablen reagiert werden kann,
- von den Anreizsystemen, die für die Entscheidungsträger.

Neben die Qualität der Entscheidungen tritt als zweites Kriterium, das einen wichtigen Einfluss auf den Wertbeitrag hat, die für die Entscheidungsfindung benötigte Zeit, da der Ablauf des Gesamtprozesses durch einen verzögerten Teilprozess aufgehalten werden kann. Die Teilprozessdurchlaufzeit wird beeinflusst von

- der für die Abarbeitung der Einzelaufgaben benötigten Zeit,
- der für die Abstimmung zwischen den Prozessstufen benötigten Zeit,
- den notwendigen Iterationsschleifen innerhalb des Prozesses,
- der für die prozessexterne Abstimmung benötigten Zeit.

Die *Aufwandseite* wird gebildet von den Kosten, die z. B. in Form von Personal- oder Sachausgaben auftreten und direkt dem M&A-Prozess zuzuordnen sind. Zu betrachten sind aber auch etwaige Opportunitätskosten, die vor allem dann entstehen, wenn Mitglieder des operativen Managements in den Prozess eingebunden werden und damit diese Kapazität nicht mehr für die Abwicklung des operativen Geschäfts zur Verfügung steht.

Insgesamt gesehen zeigen sich für die Effizienz der Teilprozesse die „klassischen“ Einflussfaktoren Qualität, Zeit und Kosten als maßgeblich. An dieser Stelle wird auch nochmals deutlich, welche Vorteile die Prozesssicht im Vergleich zu anderen Abwicklungskonzeptionen für M&A-Projekte hat (vgl. dazu Abschn. 3.1 zu den verschiedenen Führungsmodellen). Im Prozess gut mögliche Lerneffekte durch Erfahrungsaufbau und Iterationsschleifen unterstützen die Qualität der Entscheidungen. Die Genese und Übertragungsmöglichkeit von Lerneffekten durch die Prozesssichtweise stellen einen der wichtigsten effizienzsteigernden Faktoren dar. Durch Parallelisierung innerhalb oder zwischen Teilprozessen können Zeit und Kosten eingespart werden.

Neben diesen allgemeinen Kriterien der Effizienzsteigerung können für M&A-Projekte aber noch Spezifika identifiziert werden, die für die effiziente Gestaltung von großer Bedeutung sind. Als besonderes Spezifikum bei einem M&A-Prozess ist sein „Alles-oder-Nichts“-Charakter zu werten. Entweder wird eine Transaktion durchgeführt oder das Projekt wird unvollendet abgebrochen. Wie oben bei der Beschreibung des Qualitätskriteriums erwähnt, ist deshalb die Fähigkeit, das Projekt an der richtigen Stelle bei Eintreten von negativen Umweltveränderungen abzubrechen, eine zentrale Größe der Effektivität eines M&A-Prozesses. Ein guter Teil der erfolglosen M&A-Projekte (vgl. zu den Erfolgsquoten Abschn. 1.2.2) könnte vermieden werden, wenn geeignete Indikatoren die hohe Misserfolgswahrscheinlichkeit bereits in frühen Prozessphasen anzeigen. Dies zu erreichen ist Aufgabe der Inhaltsdefinition der Teilprozesse (vgl. Kap. 4 und 5). In diesem Zusammenhang ist es auch von Bedeutung, sich möglichst lange die Abbruchoption durch Vermeidung rechtlich bindender oder auch etwaiger öffentlichkeitswirksamer Maßnahmen offen zu halten.

Gerade bei komplexen, mit hoher Unsicherheit belasteten Projekten, zu denen M&A ohne Zweifel gehören, ist die oben kurz erwähnte Flexibilität eine wichtige effizienzsteigernde Größe. Flexibilität im Rahmen eines Prozesses heißt im Einzelnen:

- Inhaltliche Anpassungsfähigkeit der Instrumente und Methoden an sich verändernde Umweltvariablen,
- Planung und Simulation von möglichen Szenarien im Vorfeld, d. h. vor Eintritt der jeweiligen Situation,
- Übertragung von Erfahrungen aus anderen Projekten, um einen Zeit- und Lernvorteil zu erreichen,
- „Vorhalten" von Kompetenz und Kapazität, um reagieren zu können, wenn unvorhergesehene Veränderungen eintreten.

Insbesondere die Fähigkeit, unternehmensexterne Beteiligte, die bei M&A wichtige inhaltliche Beiträge liefern können (vgl. Abschn. 2.2.2), zielgerichtet einzubinden, ist für die Effizienz des Gesamtprozesses zentral.

### 3.2.4 Zwischenergebnis: Ein Plädoyer für die Prozesssicht

Die bisherigen Kapitel dieses Buches hatten im Wesentlichen den Zweck, die Rahmenbedingungen von M&A deutlich zu machen und den Gedanken der Prozessorientierung bei M&A-Projekten zu illustrieren und zu begründen. Als ein zentrales Ergebnis ist festzuhalten, dass vor dem Hintergrund der hohen Komplexität von M&A-Projekten die konsequente Prozesssichtweise anderen gängigen Abwicklungskonzeptionen überlegen ist (vgl. Abschn. 3.1.4.1). Dies betrifft insbesondere große und komplexe M&A-Projekte, während kleine und überschaubare Projekte auch mit dem „klassischen" Stufenkonzept bewältigt werden können (vgl. Abschn. 3.1.4.2). Das in diesem Buch vorgestellte Prozessmodell beansprucht jedoch eine „vollständige" Behandlung aller M&A-relevanten Themen und Aktivitäten. Diese in einem „Stufenkonzept" zu behandeln, würde jedoch dessen Möglichkeiten sprengen und zu unnötigen Iterationen und nachträglichen „Reparaturen" führen. „Konsequent" heißt in diesem Zusammenhang auch, dass nicht nur, wie bisher in der Literatur durchaus üblich, eine Phaseneinteilung Planung/Transaktion/Integration, die als sehr hoch aggregierter Prozess gedeutet werden kann, vorgenommen wird, sondern dass grundsätzlich alle zu erfüllenden Einzelaktivitäten eines M&A-Projekts in Teilprozesse gegliedert werden. Die Hierarchisierung durch Definition von Kern- (vgl. Kap. 4) und Unterstützungsprozessen (vgl. Kap. 5) erleichtert dabei die in den folgenden Kapiteln vorgenommene Ableitung von Gestaltungsempfehlungen.

Insbesondere die Möglichkeit von Lerneffekten, die Komplexitätsreduktion und die Flexibilität, vor allem was die Integration von Expertenwissen aus vielen Gebieten betrifft, lassen die konsequente Prozessorientierung, zumindest bei komplexeren Projekten, als überlegen erscheinen. Der parallele Ablauf der Teilprozesse führt zu großen Vorteilen, was die Interaktion und auch die Zeitersparnis betrifft. Wenn ein komplexes Projekt mit wechselnden Inhalten aber ähnlicher Struktur jedes Mal einen Prozessrahmen durchläuft, so führt dies zu Lernprozessen und Volumeneffekten, die bei einer hohen Anzahl von Projekten dann auch zur Kostenreduktion durch Standardisierung, durch Spezialisierung der Beteiligten zu Professionalisierung und durch Sicherstellung der Durchgängigkeit aller Teilprozesse zu einer Gesamtoptimierung und nicht zur Teiloptimierung führen.

## Literatur


Bea, F. X., & Göbel, E. (2010). *Organisation: Theorie und Gestaltung. Grundwissen der Ökonomik: Betriebswirtschaftslehre: Vol. 2077* (4., neu bearb. und erw. Aufl.). Stuttgart: Lucius & Lucius.

Becker, J., & Kahn, D. (2012). Der Prozess im Fokus. In J. Becker, M. Kugeler, & M. Rosemann (Hrsg.), *Prozessmanagement. Ein Leitfaden zur prozessorientierten Organisationsgestaltung* (7. Aufl., S. 3–16). Berlin: Springer Gabler.

Bohr, K. (1993). Effizienz und Effektivität. In W. Kern & W. Wittmann (Hrsg.), *HWB* (5. Aufl., Teilbd. 1, S. 855–869). Stuttgart: Schäffer-Poeschel.

Brockhoff, K., & Hauschild, J. (1993). Schnittstellen-Management, Koordination ohne Hierarchie. *Zeitschrift Führung + Organisation, 62*(6), 396–403.

Coenenberg, A. G., & Schultze, W. (2011). Akquisition und Unternehmensbewertung. In W. Busse von Colbe, A. G. Coenenberg, P. Kajüter, U. Linnhoff, & B. Pellens (Hrsg.), *Betriebswirtschaft für Führungskräfte. Eine Einführung für Ingenieure, Naturwissenschaftler, Juristen und Geisteswissenschaftler* (4. Aufl., S. 353–384). Stuttgart: Schäffer-Poeschel.

Gaitanides, M. (2012). *Prozessorganisation: Entwicklung, Ansätze und Programme des Managements von Geschäftsprozessen. Vahlens Handbücher der Wirtschafts- und Sozialwissenschaften* (3. Aufl.). München: Vahlen.

Hahn, J. (2013). Die M & A-Richtlinie als Werkzeug zur Professionalisierung des Corporate M & A – Der Rahmen für M & A-Governance und Best Practice. *M & A Review, 24*(11), 433–438.

Hammer, M., & Champy, J. (1994). *Reengineering the corporation: A manifesto for business revolution*. New York: HarperBusiness.

Hansell, G., Walker, D., & Kengelbach, J. (2014). Lessons from successful serial acquirers: Unlocking acquisitive growth. https://www.bcgperspectives.com/content/articles/mergers_acquisitions_unlocking_acquisitive_growth/. Zugegriffen: 4. Nov. 2014.

Heilmann, M. L. (1996). *Geschäftsprozess-Controlling. Schriftenreihe des Instituts für Rechnungslegung und Controlling: Bd. 2*. Bern: Haupt.

Jansen, S. A. (2008). *Mergers & Acquisitions: Unternehmensakquisitionen und -kooperationen; eine strategische, organisatorische und kapitalmarkttheoretische Einführung* (5., überarb. und erw. Aufl.). Wiesbaden: Gabler.

Kosiol, E. (1976). *Organisation der Unternehmung. Die Wirtschaftswissenschaften* (2., durchges. Aufl.). Wiesbaden: Betriebswirtschaftlicher Verlag Gabler.

Krüger, W. (1994). *Organisation der Unternehmung. Kohlhammer-Lehrbuchreihe Betriebswirtschaft* (3., verb. Aufl.). Stuttgart: Kohlhammer.

Lucks, K. (2002). Die Organisation von M & A in internationalen Konzernen. *Die Unternehmung, 56*(4), 197–211.

Lucks, K. (2010). Wertorientierte M & A-Integration. In G. Müller-Stewens, S. Kunisch, & A. Binder (Hrsg.), *Mergers & Acquisitions. Analysen, Trends und Best Practices* (S. 379–417). Stuttgart: Schäffer-Poeschel.

Lucks, K. (2013). Führungsmodelle für M & A-Projekte – Aufbau, Ablauf, Instrumente. In K. Lucks (Hrsg.), *M & A-Projekte erfolgreich führen. Instrumente und Best Practices* (S. 29–41). Stuttgart: Schäffer-Poeschel.

Meckl, R. (1996). Schnittstellenmanagement bei Unternehmenskooperationen. *io Management Zeitschrift Industrielle Organisation, 65*(10), 83–87.

Meckl, R. (2000). *Controlling im internationalen Unternehmen: Erfolgsorientiertes Management internationaler Organisationsstrukturen*. München: Vahlen.

Meckl, R. (2014). *Internationales Management. Lernbücher für Wirtschaft und Recht* (3. Aufl.). München: Vahlen.

Porter, M. E. (1989). Der Wettbewerb auf globalen Märkten: Ein Rahmenkonzept. In M. E. Porter (Hrsg.), *Globaler Wettbewerb. Strategien der neuen Internationalisierung* (S. 17–68). Wiesbaden: Gabler.

Wilhelm, R. (2007). *Prozessorganisation* (2. Aufl.). München: Oldenbourg.

Wirtz, B. W. (2014). *Mergers & Acquisitions Management: Strategie und Organisation von Unternehmenszusammenschlüssen* (3., aktualisierte und überarbeitete Aufl.). Wiesbaden: Springer Gabler.

# Die Kernprozesse einer M&A-Transaktion 4

## 4.1 Der Strategieprozess

### 4.1.1 Arbeitspakete und Ziele des Strategieprozesses

In Abb. 3.13 wurde der erste Kernprozess eines M&A-Projekts mit „Strategie" überschrieben. Das wesentliche Ziel dieses Teilprozesses besteht darin, ausgehend von den allgemeinen strategischen Zielen die generelle Notwendigkeit von externem Wachstum, also M&A, für die erfolgreiche Entwicklung des Unternehmens festzustellen oder auch abzulehnen. Dies sollte auf der Basis der Ableitung einer Basisstrategie erfolgen. Wird M&A als strategisch sinnvolle Alternative identifiziert, so ist es zunächst die Aufgabe des Strategieprozesses als Teilprozess des M&A diejenigen Übernahmekandidaten zu identifizieren, die am geeignetsten sind, um die strategischen Ziele am besten zu erreichen. Ausgehend von dem Ergebnis dieses „Screenings" sollte dann für den/die identifizierten Kandidaten ein Business Case entwickelt werden, der das angestrebte Geschäftsmodell in seinen Grundzügen definiert. Dieser Business Case ist in einer späteren Phase, der Transaktionsphase des Deals, im Rahmen eines Business Plans zu detaillieren. Ein weiteres Ziel bzw. Aufgabe des Teilprozesses Strategie ist es, die Ausrichtung der einzelnen Arbeitspakete, die in den anderen Teilprozessen abgearbeitet werden, auf die strategischen Ziele sicherzustellen. Daraus ergeben sich im Überblick die in Abb. 4.1 dargestellten Aktivitäten.

Der Strategieplanungsprozess ist als Initiator vieler M&A-Projekte zu sehen, da die strategische Notwendigkeit eine wesentliche Voraussetzung einer solchen Maßnahme darstellt. Dementsprechend hat der Teilprozess Strategie seinen Schwerpunkt in der Planungsphase. Hier werden die grundlegenden Fragen zur Sinnhaftigkeit des Projekts gestellt und wesentliche Parameter festgelegt. Über diese Festlegungen in der Vorfeldphase hinaus hat der Strategieprozess wichtige Implikationen für den weiteren Verlauf des Projekts (vgl. dazu z. B. Abschn. 4.3.6). Da die Interdependenz dieses Kernprozesses mit anderen Teilprozessen sehr hoch ist, muss vor allem bei den Koordinationsüberlegungen zu den Teil-



K. Lucks, R. Meckl, *Internationale Mergers & Acquisitions*,
DOI 10.1007/978-3-662-46896-8_4

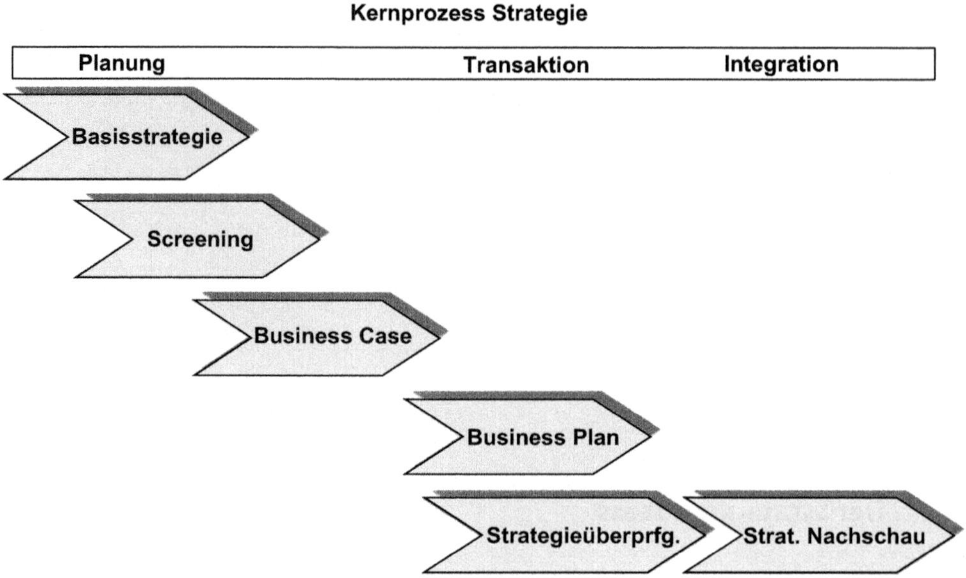


**Abb. 4.1** Die Arbeitspakete des Kernprozesses Strategie

prozessen im Rahmen des Gesamtprojektmanagementprozesses (vgl. Abschn. 6.1.9) ein besonderer Schwerpunkt auf den Strategieprozess gelegt werden.

Beim Strategieprozess ist die Beziehung zum übergeordneten Unternehmensziel am unmittelbarsten. Sicherzustellen, dass der Einsatz des strategischen Instruments M&A die Erreichung des Unternehmensziels unterstützt, ist die zentrale Aufgabe dieses Teilprozesses. Wird als Unternehmensziel die Maximierung bzw. Steigerung des Unternehmenswerts ausgegeben, so ist durch den Strategieprozess in Zusammenhang mit M&A zu gewährleisten, dass nur (potenziell) wertsteigernde Transaktionen initiiert und durchgeführt werden. Da strategische Überlegungen immer grundsätzlicher Natur mit einer hohen Relevanz für die weitere Unternehmensentwicklung sind, kommt diesen Überlegungen im Rahmen von M&A eine erfolgsbestimmende Rolle für das Gesamtunternehmen zu.

Zwei grundsätzliche strategische Fragen müssen dazu im Rahmen des Kernprozesses „Strategie" beantwortet werden:

1. Ist M&A die strategisch sinnvolle Entwicklungsvariante?
2. Wie ist M&A strategisch sinnvoll durchzuführen?

Die Beantwortung der ersten Frage erfolgt im Rahmen der allgemeinen Strategieplanung im Unternehmen. Die zweite Frage muss durch konkrete strukturelle und inhaltliche Maßnahmen im Rahmen des M&A-Prozesses beantwortet bzw. garantiert werden. Die erste Frage wird im folgenden Abschn. 4.1.2 unter dem Überbegriff „Basisstrategie" behandelt, bevor dann in den weiteren Arbeitspaketen die Beantwortung der zweiten Frage detailliert wird. Dabei werden bei jedem Arbeitspaket zunächst die inhaltlichen und methodischen Arbeiten erläutert, bevor am Schluss dann auf die Einbindung des Arbeitspakets in die übergeordneten Vorgänge im M&A-Prozess eingegangen wird. Diese Vorgehensweise wird auch für die Arbeitspakete der anderen Teilprozesse beibehalten.

## 4.1.2 Entwicklung der Basisstrategie

### 4.1.2.1 Inhalte des Arbeitspaketes „Basisstrategie"

Wie oben beschrieben muss am Anfang geklärt werden, ob externes Wachstum im Sinne einer Akquisition diejenige Alternative darstellt, die die höchste Wertsteigerung bringt (zur allgemeinen Zielbeschreibung von M&A vgl. Abschn. 1.1.3). Vergleichsalternativen sind internes Wachstum und die unternehmensübergreifende Zusammenarbeit ohne Kapitalbeteiligung, wie sie z. B. im Rahmen von Kooperationen erfolgen kann (vgl. dazu z. B. Meckl & Weusthoff, 2008, S. 579–580; Meckl, 2014, S. 54–57). Kooperationen werden im Folgenden nicht weiter berücksichtigt. Der erste Schritt zur Bestimmung der Vorteilhaftigkeit von externem oder internem Wachstum ist das Aufzeigen der Alternativen, die grundsätzlich zur Erreichung der strategischen Unternehmensziele zur Verfügung stehen (vgl. dazu auch Wiese & Sohns, 2013, S. 18–21). Abbildung 4.2 gibt einen Überblick.

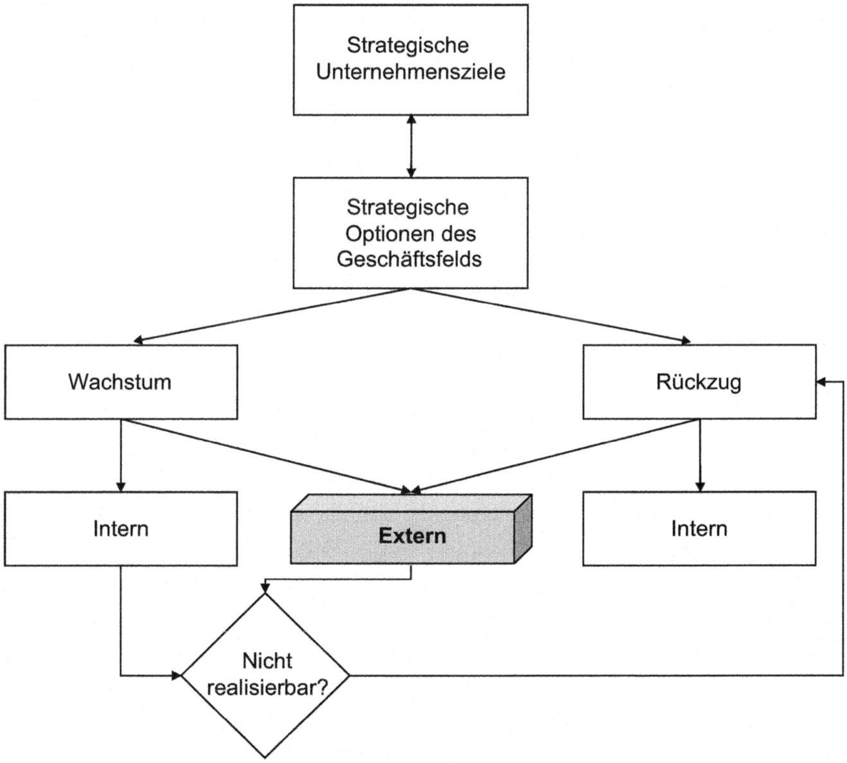


**Abb. 4.2** Strategische Grundsatzoptionen

Zwingend notwendig ist die Verankerung der M&A-Strategie in der Gesamtstrategie des Unternehmens (vgl. auch Haspeslagh & Jemison, 1991, S. 242–243). Um die übergeordneten Unternehmensziele zu erreichen, stehen für ein Geschäftsfeld, verstanden als strategische Geschäftseinheit, die Grundsatzoptionen Wachstum oder Rückzug zur Verfügung (vgl. genauer zur strategischen Akquisitionsplanung für Geschäftsfelder Seidenschwarz, 2006, S. 15; Hungenberg, 2012, S. 75–193; Wirtz, 2014, S. 136–160; Rothenbücher & Niewiem, 2013, S. 91–100).

Die Option *Wachstum* ist dann relevant, wenn das Marktwachstum bzw. die Marktattraktivität generell als hoch einzustufen sind und die Möglichkeit der Erfolg versprechenden Positionierung bzw. der Ausbau der eigenen Position gegeben ist.

Hat man sich für das Wachstumsziel entschieden, so kann dieses durch interne Anstrengungen erreicht werden. Dazu müssen Ressourcen, also Kapital und Personal zur Verfügung gestellt werden, um aus eigener Kraft strategische Messgrößen wie z. B. Umsatz, Marktanteil oder auch regionale Verbreitung zu verbessern. Verbesserung der operativen Prozesse, Optimierung und Leistungssteigerung in allen Wertschöpfungsstufen oder auch die Kreativität und die Fähigkeit neue Wachstumsfelder zu erkennen und zu erschließen sind Beispiele für die notwendigen Managementfähigkeiten bei dieser klassischen Variante des Wachstums. Dieses organische Wachstums kann als der „normale" Weg der Expansion gesehen werden, der aber mit einem relativ hohen Zeitaufwand verbunden ist.

Die zweite Variante, das externe Wachstum, erlaubt einen schnelleren Aufbau des Geschäfts und damit ein zügiges Erreichen der Wachstumsziele (vgl. Glaum & Hutzschenreuter, 2010, S. 43–45). Diese Option stellt den Fall des M&A dar. Durch den Kauf eines anderen Unternehmens können der Umsatz oder der Marktanteil sprunghaft erhöht werden. Natürlich gilt auch für diese Option, dass hier Ressourcen in Form des Kaufpreises eingesetzt werden müssen. Bei welcher Alternative der Ressourceneinsatz höher ist, lässt sich allgemein nicht sagen.

Wie ist zu entscheiden, ob die interne oder die externe Wachstumsoption gewählt werden sollte? Grundsätzlich muss bestimmt werden, welche der Alternativen den größeren Wertbeitrag für das Unternehmen schafft. Diese vergleichende Berechnung ist aber regelmäßig mit einer erheblichen Unsicherheit verbunden. Diese resultiert bei der internen Variante aus dem Risiko des Nichterreichens der angepeilten Marktposition und bei der externen Variante aus der Verfügbarkeit eines geeigneten Akquisitionsobjekts und den Risiken eines M&A-Projekts. Für die Einschätzung der internen Variante werden in den Lehrbüchern zur strategischen Unternehmensplanung eine Vielzahl von Instrumenten und Prozessen vorgeschlagen (vgl. z. B. Camphausen, 2013; Hungenberg, 2012, S. 262–322). Die M&A-Variante und Möglichkeiten ihrer Wertbeiträge wird in den folgenden Abschnitten thematisiert.

Falls sich weder die interne noch die externe Wachstumsvariante als realisierbar erweisen, führt der strategische Pfad zur Option Rückzug. Die Rückzugsvariante liegt dann nahe, wenn realistischerweise kein dauerhafter Wettbewerbsvorteil für das Geschäftsfeld in einem Markt zu erreichen ist. Vor allem eine schwache strategische Position z. B. gemessen am Marktanteil oder auch qualitativ oder quantitativ unzureichende Ressourcen wie z. B. fehlende Finanzmittel für notwendige Investitionen in einem Geschäftsfeld zwingen zum Rückzug. Interner Rückzug bedeutet, dass die Aktivitäten geschlossen werden. Ein externer Rückzug besteht im Verkauf des Geschäfts und stellt damit bei diesem Zweig aus Abb. 4.2 die M&A-Variante, diesmal auf der Verkaufsseite dar.

Die Entscheidung, ob M&A die vorzugswürdige Entwicklungsvariante darstellt, wird im Folgenden anhand der externen Wachstumsvariante erläutert. Damit wird die oben gestellte *Frage 1* beantwortet. Wie oben ausgeführt, stellen die strategischen Ziele des betrachteten Geschäftsfelds den Ausgangspunkt dar. Diese sollten das Ergebnis der Analyse des Umfelds und der eigenen Position im Markt sein. Es ist zu klären, ob die strategischen Ziele des Geschäftsfelds durch eine Akquisition am besten erreicht werden können. Dazu müssen diese Ziele zunächst bestimmt werden. Abbildung 4.3 zeigt empirische Ergebnisse aus der Befragung von europäischen Unternehmensvorständen zu den strategischen Zielen von M&A, die für das Jahr 2012 ausschlaggebend waren.

Clustert und verallgemeinert man diese Ziele, so kann man die *Verbesserung der eigenen Fähigkeiten*, die *Internationalisierung* und die Anpassung an sich ändernde Rahmenbedingungen durch *Portfoliomanagement* als wesentliche Gründe für M&A identifizieren (zur detaillierten Aufgliederung von M&A Motiven vgl. z. B. Behringer, 2013, S. 43–80). Abbildung 4.4 zeigt diese drei Kategorien von strategischen Zielen.

Mit einem aktiven *Portfoliomanagement* will ein Unternehmen in neue Wachstumsfelder einsteigen, die strategische Position der eigenen Geschäftsfelder stärken, oder wenig aussichtsreiche Märkte verlassen (siehe Rückzugsstrategie in Abb. 4.5).

In der Strategieplanung eines Unternehmens muss für die bestehenden Geschäftsfelder festgelegt werden, ob sie ausgebaut, unverändert weitergeführt oder abgebaut werden sollen. Diese klassischen Führungsentscheidungen werden auf der Basis von Markteinschätzungen durch das Top-Management gefällt. Die M&A-Aktivitäten müssen mit diesen Portfolioüberlegungen übereinstimmen. Eine großvolumige Akquisition in einem Geschäftsfeld, das nicht als Ausbaugebiet ausgewiesen wurde, würde Ressourcen binden, die für die strategische Neuausrichtung des Unternehmens nicht mehr zur Verfügung stehen.

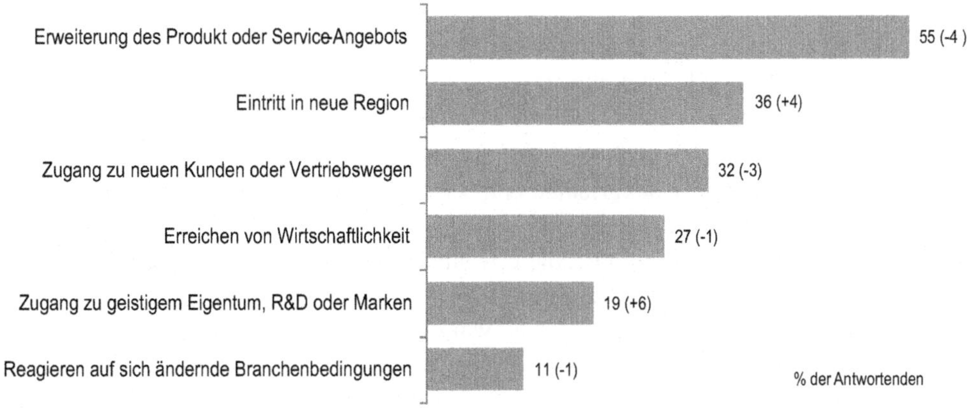


**Abb. 4.3** Empirische Ergebnisse zu strategischen Zielen von M&A. (Quelle: Kronimus, Nowotnik, Roos, & Stange, 2011, S. 9)

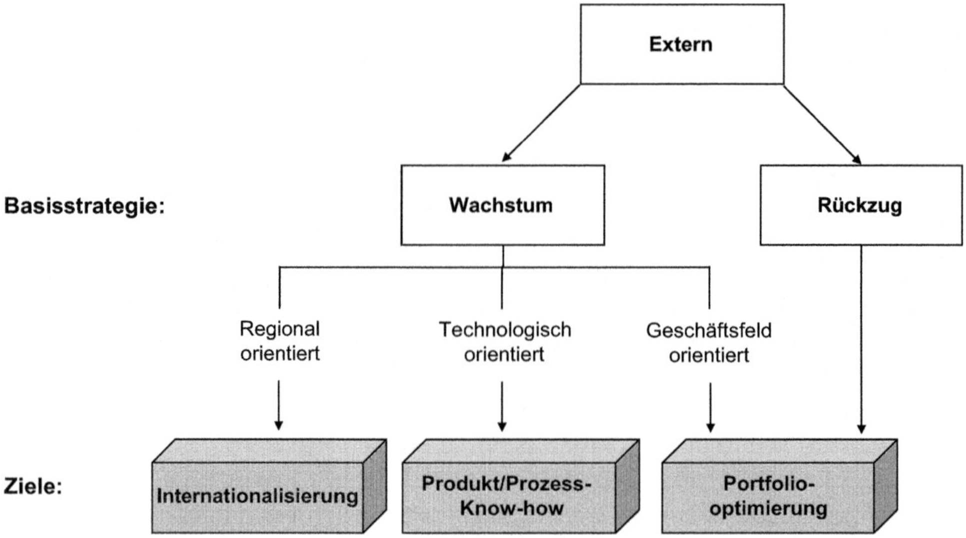


**Abb. 4.4** Strategische Ziele von M&A

| | vertikal | horizontal | lateral |
|---|---|---|---|
| Acquisition | Vervollständigung der Wertschöpfungskette<br>z.B. Siemens/Bonus Wind | Investitionen in das Kerngeschäft<br>z.B. SAP/Successfactors (cloud applications) | Diversifikation<br>z.B. Preussag/TUI |
| Divestment | Outsourcing von Aktivitäten<br>z.B. Deutsche Bank money transfer systems | Ausstieg aus Nicht-Kerngeschäft<br>z.B. Siemens/Infineon, Linde/Kion | Rückzug aus strategischen Randbereichen<br>z.B. EVU/Telekomgeschäft |

**Abb. 4.5** Optimierung der Portfoliostruktur

Solche Akquisitionsvorhaben, die sich z. B. durch eine günstige Gelegenheit durch Nachfolgeprobleme bei einem Konkurrenten ergeben können, müssen aus strategischer Sicht besonders kritisch überprüft werden.

Abbildung 4.5 zeigt im Überblick die verschiedenen Möglichkeiten eines Portfoliomanagements mit Hilfe von M&A und enthält Beispiele für die jeweilige strategische Bewegung. Ein prominentes Beispiel ist der Kauf von Bonus Wind durch Siemens, um die Wertschöpfungskette in diesem Bereich zu schließen. Siemens war bis dato nur bei Komponenten tätig (Generatoren, Getriebe…) und im Projektentwicklungsgeschäft aktiv. Durch den Erwerb von Bonus stieg Siemens in das „dazwischen" liegende Systemgeschäft ein.

Die Identifikation von Wachstumsmärkten ist klassische Aufgabe der strategischen Unternehmensplanung. Im Zuge einer Diversifikation (vgl. Abb. 4.5, rechte Spalte, oben) können diese Märkte nahe am bisherigen Kerngeschäft sein oder auch, bei einer grundlegenden strategischen Neuausrichtung, eine ganz andere Branche betreffen. (im Detail zur Vorgehensweise bei Diversifikationsüberlegungen vgl. z. B. Camphausen, 2013, S. 128–131). Die entsprechende Zielvorgabe ist vom M&A zu übernehmen und in eine M&A-Strategie, die im Kauf von Geschäftsaktivitäten aus den festgelegten Wachstumsfeldern besteht, zu überführen (vgl. Abschn. 4.1.2.2). Falls sich eine solche Maßnahme als falsch herausgestellt hat, ist entsprechend das Geschäftsfeld wieder zu verkaufen (vgl. Abb. 4.5, rechte Spalte unten).

Neben der Diversifikation besteht eine Optimierung der Portfoliostruktur wie oben beschrieben in der Stärkung der eigenen Wettbewerbsposition. M&A kann hier eingesetzt werden zur gezielten Ergänzung/Veränderung der eigenen Wertschöpfungskette (vgl. Abb. 4.5, linke Spalte). Zu unterscheiden sind vertikale Transaktionen, bei denen ein Zulieferer oder ein Kunde gekauft werden. Strategisches Ziel hier ist die Vervollständigung der Wertschöpfungskette, z. B. um die Kontrolle über eine für das Kerngeschäft wichtige Technologie zu bekommen, die bisher bei einem Zulieferer liegt. Auf der Kundenseite kann es Sinn machen, z. B. eine Handelsstufe selbst zu betreiben, um den direkten Zugang zum Endkunden zu erhalten. Die in den vergangenen Jahren sehr häufigen Outsourcing-Transaktionen, bei denen der Verkäufer bisher selbst durchgeführte Aktivitäten verkauft und diese dann von Dritten bezieht, entspringen in vielen Fällen der Absicht, Kosten, insbesondere Fixkosten zu senken und stellen die vertikale Desinvestitionsstrategie dar.

Der klassische Fall des Einsatzes von M&A zur Portfolioptimierung ist in Abb. 4.5 in der mittleren Spalte dargestellt. Hier soll das Kerngeschäft durch Zukauf gestärkt werden, z. B. im Hinblick auf eine neue Technologie, die wichtig wird. Entsprechend stehen hier auf der Desinvestitionsseite Transaktionen, die den Ausstieg aus einem bisherigen Kerngeschäft bedeuten. Hintergrund ist hier in vielen Fällen die Reduzierung der bearbeiteten Märkte und Fokussierung der Managementkapazitäten auf eine Branche. Der Verkauf der Gabelstaplersparte von Linde ist hier ein treffendes Beispiel.

Was diese Stärkung der strategischen Position der bereits bestehenden Geschäftsfelder im Portfolio betrifft, so spielt M&A dabei häufig in Branchen eine Rolle, die sich in einer Konsolidierungsphase befinden. Abbildung 4.6 skizziert diese Entwicklung.

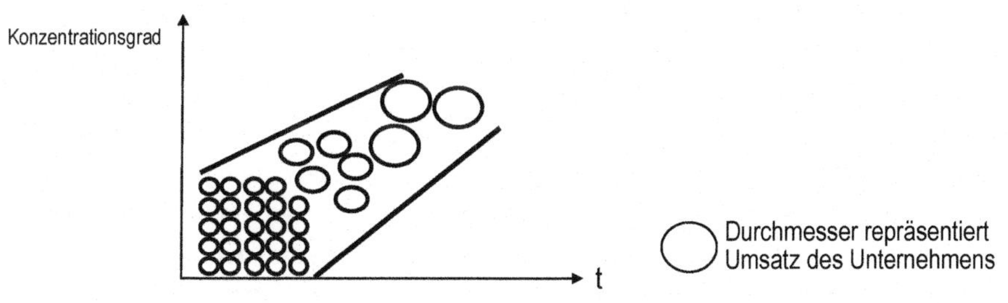


**Abb. 4.6** Portfoliomanagement bei Branchenkonsolidierung durch M&A

Wesentliche Triebfeder solcher Konsolidierungsentwicklungen sind aus strategischer Sicht Volumenvorteile, die größere Einheiten erzielen können. Größenvorteile für Unternehmen ergeben sich durch (vgl. auch Abschn. 1.1.3):

- „Economies of Scale“: Durchschnittskosten pro Stück sinken mit kumulierter Outputmenge,
- „Economies of Scope“: integrierte Produktion/Marketing etc. von mehreren Produkten führen zu geringeren Kosten als bei nur einem Produkt,
- ein höherer Marktanteil führt zu größerer Verhandlungsmacht gegenüber Lieferanten und Kunden,
- ein hoher Konzentrationsgrad schreckt neue Wettbewerber ab.

Eine Portfoliooptimierung mit dem Ziel der aktiven Teilnahme an einer solchen volumengetriebenen Konsolidierung ist durch den Kauf der entsprechenden Aktivitäten von Unternehmen, die ausscheiden wollen aus dem Markt, realisierbar (für eine idealtypische Darstellung für verschiedene Branchen vgl. Deans, Kröger, & Zeisel, 2002). Aus strategischer Sicht kommt M&A damit eine wichtige Rolle bei der Portfoliobereinigung in konsolidierenden Branchen zu.

Die zweite wichtige strategische Motivkategorie für M&A sind *Internationalisierungsüberlegungen* (vgl. Abb. 4.4; generell zu Internationalisierungsstrategie z. B. Meckl, 2014, S. 133–150). Eine Verbesserung des internationalen „Footprints“ eines Unternehmens kann durch die gezielte Verstärkung der Aktivitäten in Ländern mit interessanten Entwicklungsperspektiven erreicht werden. Immerhin waren ca. 40 % der Deals in Deutschland in 2014 Cross-Border-Transaktionen (vgl. Abschn. 1.1.1, Abb. 1.3). Strategische Ziele in diesem Zusammenhang sind typischerweise der Eintritt bzw. die Stärkung des Geschäfts in einem vielversprechenden Auslandsmarkt. Die Ausweitung der Geschäftsaktivitäten in Emerging Markets kann hier genannt werden (aufgrund der hohen aktuellen Relevanz und der Transaktionsbesonderheiten wird diese regionale M&A-Strategie in Abschn. 7 gesondert behandelt). Eine Stärkung der Präsenz im Auslandsmarkt kann z. B. durch Kauf eines lokalen Unternehmens zur Verbesserung der Wertschöpfungsstruktur erreicht werden. Der Kauf von Vertriebsstrukturen ist ein typisches Beispiel hierfür. Interessant sind bei so motivierten Transaktionen insbesondere Zielunternehmen, die in mehreren Auslandsmärkten tätig sind, und so eine deutliche Verbesserung der internationalen Ausrichtung mit einem Deal erlauben (vgl. dazu auch die Big Bang-Strategie in Abschn. 4.1.2.2).

Die dritte Motivkategorie bei strategischen Zielen von M&A wird gebildet von technologie- oder allgemein gesprochen *fähigkeitsorientierten Überlegungen* (vgl. Abb. 4.4). Hintergrund dieser Argumentation ist die ressourcenorientierte Betrachtung der Wettbewerbsfähigkeit eines Unternehmens. Unternehmen mit Defiziten in ihren Ressourcenportfolios können ein anderes Unternehmen mit einem komplementären Ressourcenprofil akquirieren und so ihre Defizite kompensieren. Dadurch kann Know-how z. B. in der Produkt- oder auch Produktionstechnologie oder auch in administrativen und logistischen Prozessen gewonnen werden. Grundsätzlich ist die Aneignung von Fähigkeiten über den

Kauf eines anderen Unternehmens in nahezu allen Fähigkeitsbereichen denkbar, sowohl im Bereich der materiellen als auch vor allem bei immateriellen, also nicht greifbaren Ressourcen wie Patenten, Kompetenzen, Engagement der Mitarbeiter, Markenname, Managementfähigkeiten usw.. Von großer Bedeutung ist der Erwerb von Kernkompetenzen. Kernkompetenzen sind per Definition schwer zu imitieren, so dass es in vielen Fällen keinen anderen Weg gibt, als die Firma, die sie besitzt, zu erwerben um solche Kernkompetenzen nutzen zu können (zu den Details von Kernkompetenzen vgl. z. B. Abschn. 1.1.3).

Zusammenfassend ist für das Arbeitspaket „Basisstrategie" festzuhalten, dass als erster Schritt im Kernprozess Strategie, eigentlich als erster Schritt bei einem M&A-Vorhaben überhaupt, die strategische Sinnhaftigkeit der Alternative „M&A" überprüft werden muss. Eine überzeugende strategische Begründung für eine Akquisition ist zu entwickeln (vgl. Voss & Müller-Stewens, 2006, S. 13). Die drei Zielkategorien Portfoliooptimierung, Internationalisierung und Know-how Zugang bieten hier geeignete Orientierungshilfen.

Die Ziele, die mit M&A verfolgt werden, sollten sich konsistent aus der strategischen Analyse der eigenen Stärken und Schwächen ergeben. In späteren Phasen des Projekts, wenn Zwänge und Kompromisse in den Verhandlungen mit dem Verkäufer aber auch mit den internen Beteiligten, z. B. aus dem Geschäftsfeld oder auch aus Stabsabteilungen, zu Zugeständnissen zwingen, dürfen diese strategischen Ziele nicht außer Acht gelassen werden. Sie bestimmen den Kompromisspunkt, der in den Verhandlungen nicht überschritten werden darf, und stellen damit zumindest mittelbar den „Breaking Point" für das Projekt dar (vgl. dazu auch Abschn. 4.1.5 die strategische Überprüfung und Nachschau und zur Verhandlungsführung Abschn. 4.2.6.1). Ergebnis der Kernaktivität Basisstrategie ist eine Entscheidung für die M&A-Alternative und eine klare Festlegung der Ziele, die mit einer Akquisition erreicht werden sollen. Diese Ziele sind der Maßstab und der Referenzpunkt für viele nachfolgende Entscheidungen, weswegen eine genaue und klare Formulierung besonders wichtig ist.

#### 4.1.2.2 Typen und Timing von M&A-Strategien

Ist die Entscheidung für M&A als Entwicklungsalternative getroffen, so ist als nächstes zu überlegen, wie die M&A-Strategie aussehen soll, um die formulierten Ziele zu erreichen. Damit wird die in Abschn. 4.1.1 formulierte zweite Frage behandelt. Folgende M&A-Strategien stehen zur Verfügung (vgl. für einen Überblick auch Meckl & Müller, 2013, S. 296–297; für eine andere Einteilung z. B. Bower, 2006, S. 22–23):

**Big Bang**

Kauf eines großen „Players" z. B. zur Branchenkonsolidierung oder um schnell weltweit Marktanteile auszubauen. „Großer Player" macht dabei nicht zwingend an der Höhe des Umsatzes oder des Kaufpreises fest, sondern orientiert sich an der Marktposition des Zielunternehmens. Das schnelle Erreichen bzw. Verbessern der Marktposition, evtl. in vielen Ländermärkten ist der größte Vorteil dieser Strategie. Problematisch ist die Finanzierung, Integration und Steuerung einer so großen Einheit.

**Buy and Build**
Das Zielunternehmen ist hier eher kleiner. Die Hauptfunktion des Kaufes ist es, das Zielunternehmen als Kern/Nukleus für den Ausbau eines neuen strategischen Geschäftsfelds zu verwenden. Ressourcen und Fähigkeiten des gekauften Unternehmens werden genutzt, um den langwierigen Aufbau gegenüber internem Wachstum zu beschleunigen. Hauptrisiko bei dieser Strategie ist, dass sich das gekaufte Unternehmen als nicht geeignet für dieses Ziel herausstellt, z. B. weil das Fähigkeitenprofil nicht richtig eingeschätzt wurde.

**Selective/Strategic Assembler**
Mit dieser Strategie kann am ehesten das Ziel der Know-how-Ergänzung erreicht werden. Nicht vorhandene Einzelfähigkeiten werden zielgerichtet ergänzt durch Zukauf. Der Schwerpunkt des Aufbaus des Geschäfts liegt aber nach wie vor beim organischen Wachstum, das an speziellen Stellen durch eher kleine Zielobjekte ergänzt wird (vgl. Kummer, 2005, S. 43). Die Identifikation von Zielunternehmen, die genau das benötigte Profil haben, stellt hier die größte Schwierigkeit dar (vgl. dazu auch Abschn. 4.1.3 zum Screening).

**String-of-Pearls**
Hier handelt es sich um den sequentiellen Zukauf von mehreren Zielunternehmen. Vor allem im Zuge der Internationalisierung oder zum Aufbau eines Marken- oder Produktportfolios ist diese M&A-Strategie sinnvoll (vgl. Kummer, 2005, S. 43). Sie stellt höchste Anforderungen an die Integrationsfähigkeit des kaufenden Unternehmens. Bei dieser Strategie tritt das Unternehmen als „Serial Acquirer" auf, der mehrere Akquisitionen tätigt (vgl. dazu und allgemein zu Akquisitionsstrategie auch Voss & Müller-Stewens, 2006, S. 7; Kengelbach, Klemmer, & Schwetzler, 2012).

Welche dieser Strategien gewählt wird, hängt von den verfolgten Zielen ab. Unbedingt empfehlenswert ist, dass die Entscheidung, welche M&A-Strategie angewandt werden soll, planerisch vorbereitet wird. Besonders wichtig ist es hierbei, im Rahmen der Identifikation von potenziellen Kandidaten für einen Kauf die Realisierungsmöglichkeiten der einzelnen M&A-Strategien zu prüfen. Dieses Screening wird im folgenden Abschnitt im Detail vorgestellt (vgl. Abschn. 4.1.3).

Ein weiterer Aspekt der M&A-Strategie ist deren *Timing*. Dahinter steht die Frage, wann das Zielobjekt kontaktiert und damit letztendlich die Kaufabsicht offen gelegt wird. Hier spielen unternehmensspezifische Überlegungen, was den Zeithorizont der Umsetzung der grundlegenden Strategie betrifft, die zentrale Rolle. Grundsätzliche Überlegungen bei der Initiierung einer M&A-Transaktion stellen die Frage nach einem pro- oder antizyklischen Verhalten. Ein prozyklisches Verhalten liegt dann vor, wenn der Kauf während eines allgemeinen Wirtschaftsaufschwungs erfolgt. Repräsentativ kann dazu die Entwicklung eines zentralen Aktienindexes verwendet werden. Ein antizyklisches M&A-Verhalten würde in die Phase einer Abwärtsbewegung eines solchen Indexes fallen. Abbildung 4.7 zeigt den Zusammenhang der Transaktionszahl in Deutschland mit der Entwicklung des DAX.

Es zeigt sich, dass ein statistisch signifikanter Zusammenhang zwischen der Transaktionszahl und der Entwicklung des DAX besteht (vgl. Eisenbarth, 2013, S. 279). Dies

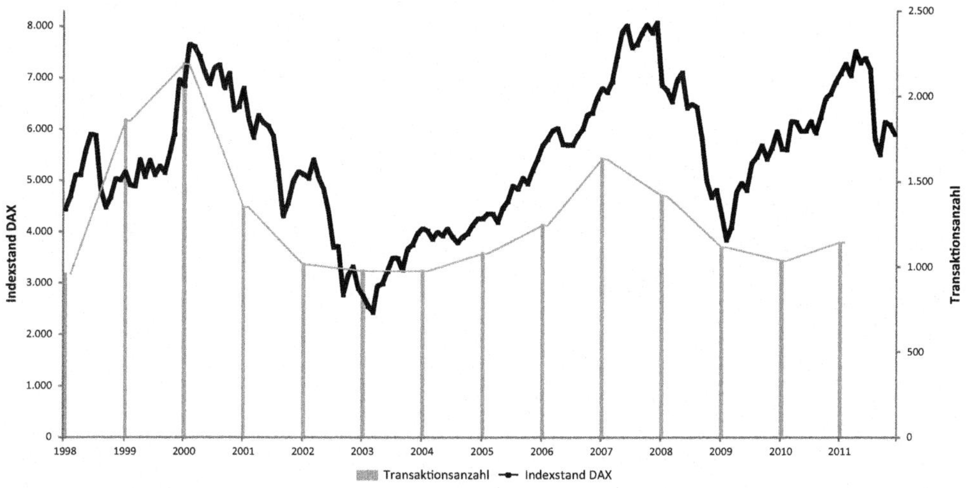


**Abb. 4.7** Pro- und antizyklisches M&A-Verhalten. (vgl. Eisenbarth & Meckl, 2013, S. 443)

überrascht zunächst, da ein Kauf in einer Abwärtsphase niedrigere Kaufpreise implizieren würden, so dass hier die M&A-Nachfrage von Käuferseite größer sein sollte und zu einem größeren Volumen führen könnte. Es kann auch gezeigt werden, dass antizyklische Transaktionen erfolgreicher sind als prozyklische (vgl. Eisenbarth, 2013, S. 294).

Der Befund kann dadurch erklärt werden, dass unternehmensspezifische Ausbaustrategien eher in einer (beginnenden) Aufschwungphase „angepackt" werden, wenn sich auch eine bessere Finanzmittelausstattung durch einen steigenden Cash-Flow abzeichnet. Außerdem kann auch der Fall eintreten, dass in der Abschwungphase die Bereitschaft der Verkäufer die Assets zu niedrigeren Preisen zum Verkauf zu stellen gering sein könnte, so dass sich die Angebotsseite auf dem M&A-Markt schwach darstellt. Risikoüberlegungen auf Seiten der Manager könnten auch dazu führen, dass lieber in einem stabilen wirtschaftlichen Umfeld die schwierige Phase der Integration eines gekauften Unternehmens durchgeführt wird.

### 4.1.3 Screening: Kandidatenbewertung und -auswahl

Ist die Entscheidung zur Verfolgung der Strategie „M&A" gefallen und die Akquisitionsstrategie festgelegt, beginnt mit der Suche nach Erfolg versprechenden Kandidaten die Umsetzung der Strategie. Das zweite Arbeitspaket im Rahmen des Kernprozesses Strategie ist deshalb das „Screening", also die systematische Suche nach geeigneten Zielunternehmen (vgl. Abb. 4.1).

Das Ergebnis dieser zweiten Hauptaktivität des Strategieplanungsprozesses soll sein, dass eine Rangordnung von Unternehmen nach ihrer Eignung als Akquisitionsobjekt erstellt wird. Diese auch als Screening bezeichnete Such- und Analyseaktivität erfolgt auf der Basis von Anforderungen, die für ein Akquisitionsobjekt definiert werden. Diese An-

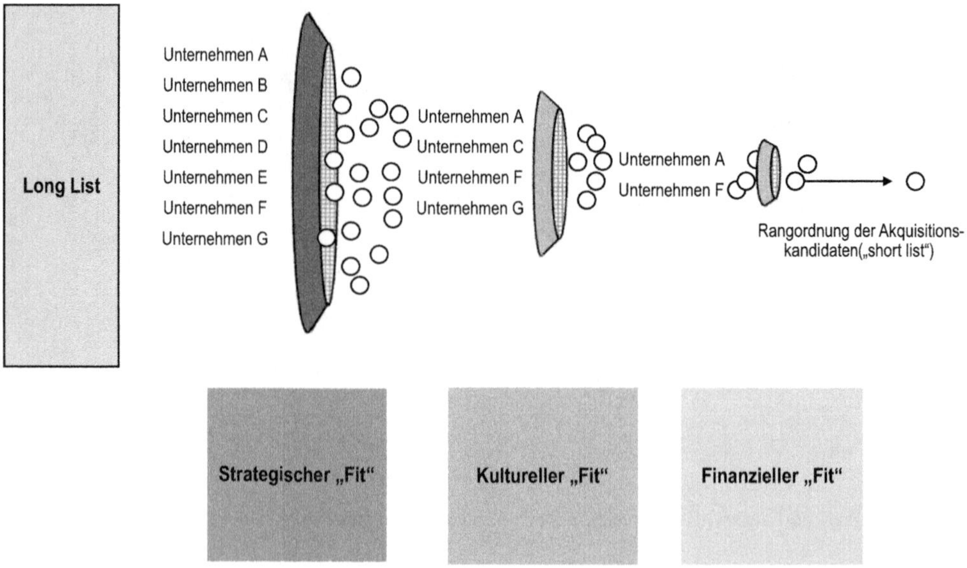


**Abb. 4.8** Der Screening-Prozess

forderungen müssen aus den oben definierten strategischen Zielen abgeleitet werden. Es empfiehlt sich, die Kandidatenauswahl als stufenweisen Selektionsprozess zu organisieren, wie in Abb. 4.8 dargestellt (vgl. ähnlich Jung, 1993, S. 163; Glaum & Hutzschenreuter, 2010, S. 121).

Der erste Schritt besteht in der Zusammenstellung einer Liste aller grundsätzlich möglichen Kandidaten. Die Liste sollte das Ergebnis einer systematischen Suche z. B. auf Basis von Datenbanken oder Branchenverzeichnissen und Erfahrungen im Markt sein. Die Befragung des Managements oder gerade von Vertriebsmitarbeitern, auch von ausländischen Tochtergesellschaften, hat das Potenzial, interessante Informationen zu bringen. Unternehmen, die man bei dieser Basissuche übersieht, können vergebene Chancen sein. Nur diejenigen Unternehmen aufzunehmen, die man persönlich, evtl. durch Zufall durch einen Messekontakt kennengelernt hat, würde deutlich zu kurz greifen. Auch sollte nicht nur auf Wettbewerber geschaut werden, sondern durchaus auch auf Unternehmen aus anderen Branchen oder Wertschöpfungsstufen, die unter Umständen die benötigten Fähigkeiten und Ressourcen haben. Regionale Einschränkungen sollten im ersten Schritt nicht vorgenommen werden. Aus den Unternehmen dieser Liste soll eine Rangordnung gebildet werden, an deren Spitze das Unternehmen steht, das sich als Akquisitionsobjekt am besten eignet.

Eine häufig gestellte Frage betrifft die Verfügbarkeit der potenziellen Zielunternehmen. Sollen von der „Long List" diejenigen Unternehmen gestrichen werden, von denen man weiß, dass sie nicht verkauft werden? Ein Beispiel wäre hier ein mittelständisches Familienunternehmen, bei dem die Nachfolge gerade familienintern geregelt worden ist und auch nach außen kundgetan wurde, dass die neue Generation das Unternehmen auf jeden Fall weiterführen möchte. Zu empfehlen ist hier, solche Unternehmen auf der Long List zu belassen. Zum einen ist Wdh. nicht so ganz klar, ob es wirklich keine Verkaufsneigung gibt, oftmals ist es letztendlich doch eine Frage des Preises. Zum zweiten ist es auch grundsätzlich gut zu wissen, welche Unternehmen denn am besten passen würden. Für einzelne Geschäftsbereiche eines Unternehmens, die als Zielobjekt in Frage kommen, gilt die Empfehlung zum Belassen auf der Long List umso mehr.

Die Erfahrung der Autoren zeigt, dass die strategische Eignung des Zielunternehmens ein zentraler Erfolgsfaktor jeder M&A-Transaktion ist. Aus diesem Grund besteht der vorgeschlagene zweite Schritt im Screening darin, diejenigen Unternehmen aus der „Long List" zu identifizieren, die unter strategischen Gesichtspunkten in Frage kommen. Die Überprüfung des *„Strategischen Fits"* („strategische Stimmigkeit") erfolgt anhand der Ziele, die in der Basisstrategie festgelegt worden sind. Hieraus werden Kriterien abgeleitet, anhand derer die Unternehmen hinsichtlich ihrer strategischen Eignung bewertet werden. Für diese Bewertung stehen verschiedene Instrumente zur Verfügung. Abbildung 4.9 zeigt relativ einfach gehaltene Darstellungen, die erlauben, einen regionalen Vergleich und einen Vergleich der besetzten Marktsegmente zwischen zwei Unternehmen A und B anzustellen.

Steht als strategische Zielkategorie die Internationalisierung Richtung nordamerikanische Märkte im Vordergrund (vgl. Abb. 4.4), so wäre das Unternehmen B ein geeigneter Kandidat was den strategischen Fit diesbezüglich betrifft. Ist der strategische Fokus die stärkere Durchdringung des europäischen oder asiatischen Marktes, so scheidet Unternehmen B aus strategischen Gründen aus. Ist auch noch aus Produkt-Know-how-Sicht ein Zugang zu Technologiewissen für leistungsfähigere Produkte wichtig, so wäre das nochmals ein unterstützendes strategisches Argument für eine Akquisition von Unternehmen B (siehe Abb. 4.9, rechte Graphik). Besteht das Ziel eher in der Erzielung von Volumeneffekten zur Verbesserung der Kostenposition, so ist B eher ein sekundärer Kandidat.

Abbildung 4.10 zeigt als weiteres strategisches Analyseinstrument eine Matrix, die die Aspekte der regionalen und der Produktstimmigkeit in einem Bild erfasst. Der Begriff

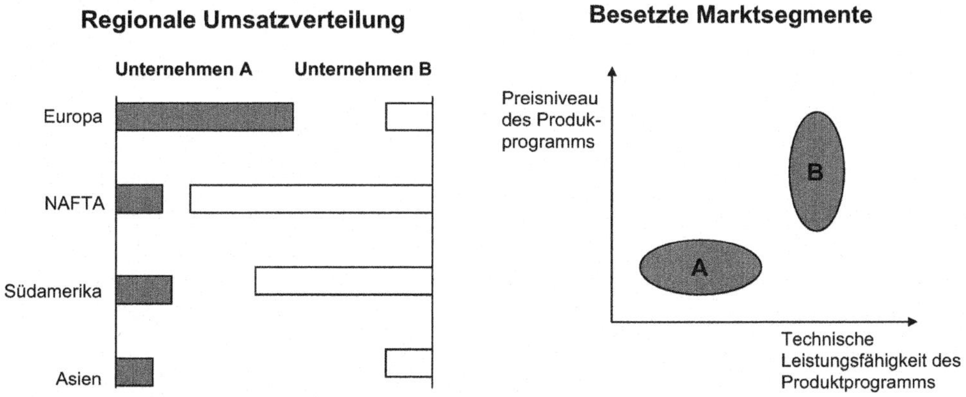


**Abb. 4.9** Überprüfung des „strategischen Fit" anhand von regionaler Umsatzverteilung und besetzten Marktsegmenten

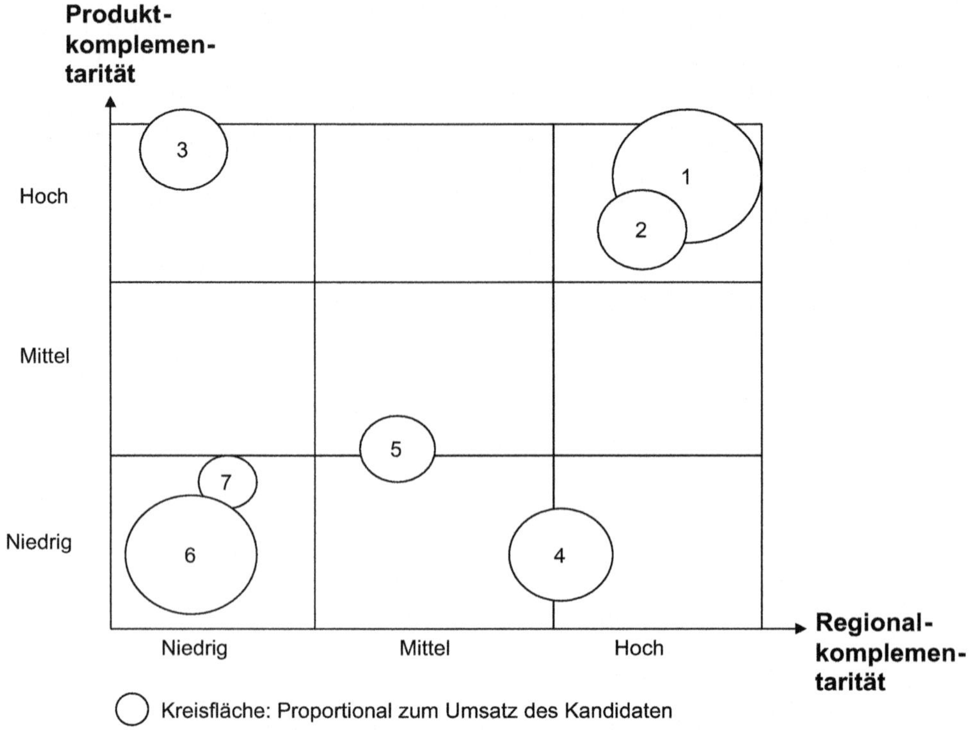


**Abb. 4.10** Strategische Kandidatenauswahl mit Hilfe einer Produkt/Regionenmatrix

„Komplementarität" ist im Sinne von „Ergänzung" zu verstehen. Eine hohe Regionalkomplementarität impliziert geringe Überschneidungen der Geschäftsaktivitäten in verschiedenen Regionen, ähnlich wie im linken Teil der Abb. 4.9. Für die Produktkomplementarität gilt entsprechendes. Die Größe des Kreises repräsentiert die Höhe des Umsatzes des betrachteten Kandidaten. Hier gilt bezüglich der strategischen Bewertung der Analyseergebnisse das gleiche wie oben: Die normativen Aussagen hängen von den Zielen ab. Das Unternehmen 1 weist sowohl eine hohe Produkt- als auch eine hohe Regionalkomplementarität auf. Es ist damit geeignet, sowohl eine regionale Expansion als auch eine produkttechnische Diversifikation zu erreichen. Volumeneffekte lassen sich wohl nur eingeschränkt realisieren, obwohl das Unternehmen einen relativ zu den anderen Wettbewerbern hohen Umsatz aufweist. Genau das Gegenteil gilt für das Unternehmen 6. Das Unternehmen 3 ist als Nischenanbieter zu interpretieren, der regional in den gleichen, vom Produktmarktsegment sich aber in anderen Teilen des Marktes bewegt. Dieses Unternehmen kommt nur in Frage, wenn an eine Erweiterung der produkttechnischen Marktsegmente gedacht ist.

An dieser Stelle wird eine generelle Schwierigkeit der Kandidatenauswahl deutlich. Die Qualität der Ergebnisse der vorgestellten Instrumente hängt wesentlich von den Informationen ab, mit denen sie „gefüttert" werden. Hier kommt dem Informationsprozess eine wichtige Rolle zu (vgl. Abb. 3.13 und Abschn. 5.1). Die relevanten Informationen sind aber vielfach öffentlich nicht zugänglich und können auch durch eine weit entwickelte Konkurrentenanalyse im Rahmen dieses Informationsprozesses (vgl. zur Vorgehensweise bei der Konkurrentenanalyse z. B. Camphausen, 2013, S. 45–51) nur abgeschätzt werden. In diesem Fall bleibt zunächst nur die Möglichkeit, die Erfahrung und die Kenntnisse, die im Unternehmen bezüglich des betrachteten Kandidaten vorhanden sind, abzufragen und zu bündeln. Ob die Annahmen richtig sind, kann, falls es dazu kommt, im weiteren M&A-Prozess überprüft werden, wenn sich vor allem durch den direkten Kontakt zum Akquisitionsobjekt die Informationsbasis verbessert (vgl. zu dieser Problematik generell auch Abschn. 5.1.2 zur Informationsbeschaffung).

Die bisher gezeigten Instrumente dienen dazu, Einzelgrößen und -ziele in eine Darstellungsform zu bringen, die für diesen einen Aspekt, also z. B. Region oder Produkt, eine Entscheidungshilfe bieten. Neben diesen Größen gibt es aber noch eine Vielzahl von weiteren strategisch wichtigen Variablen und Zielen, die im Einzelfall relevant sein können. Eine solche Einzelbewertung und Aggregation der Analyseergebnisse kann auf Basis einer Nutzwertanalyse, die für jeden Kandidaten durchgeführt wird, erfolgen. Abbildung 4.11 zeigt skizzenhaft die Konzeption einer solchen Vorgehensweise.

Für jeden Kandidaten wird eine wie in Abb. 4.11 gezeigte Tabelle erstellt. In der ersten Spalte finden sich die Bewertungskriterien, die aus der konkreten strategischen Zielsetzung abgeleitet sind. Die qualitative Bewertung des jeweiligen Kandidaten erfolgt in der zweiten Spalte. Diese Aussagen dienen als Basis für die Festlegung eines Punktwerts, den

| Bewertungs-kriterium | Bewertung | Gewichtung (Σ=1) | Punktwert (z.B. 1-7) | Gewichteter Punktwert |
|---|---|---|---|---|
| Produktprogramm | + Kaum Überlappung, da niedriges Marktsegment bedient | 0,1 | 6 | 0,6 |
| Regionen-abdeckung | + Unterschiedliche regionale Schwerpunkte in Europa<br>- Keine Präsenz in den USA | 0,3 | 3 | 0,9 |
| Technologien<br>Führungssystem<br>Marktposition<br>Ertragsstärke<br>Wertschöpfungs-tiefe<br>Kostenposition | ........ | ⋮ | ⋮ | ⋮ |
| | | | | **Gesamt-punktzahl Kandidat** |

**Abb. 4.11** Überprüfung des „Strategic Fit" mit Hilfe eines Scoring-Modells

der Kandidat bezüglich des betrachteten Ziels bekommt und der in der rechten Spalte festgehalten wird. Da nicht alle Ziele und Eigenschaften gleich wichtig sind, kann eine Gewichtung der Faktoren vorgenommen werden, wie in der dritten Spalte zu sehen ist. Die Einzelpunktwerte werden mit den Gewichten multipliziert und addiert. Es ergibt sich für jeden Kandidaten ein Punktwert, der seine Position in der Rangliste festlegt.

Diese auf den ersten Blick mechanistische Vorgehensweise hat den Nachteil, dass hier subjektive Einschätzungen verarbeitet werden, die vor allem bei schwacher Informationslage im Einzelfall fast willkürlich sein können. Allerdings helfen diese Scoring-Verfahren, die teilweise vielfältigen und auch konfusen Einzelargumente zu identifizieren, zu gewichten und in eine Rangfolge zu bringen. Sie zwingen den potentiellen Akquisiteur dazu, eine systematische Ordnung in die strategischen Aspekte der beabsichtigten Akquisition zu bringen.

Wie in Abb. 4.8 zu sehen, besteht der nächste Schritt, der der strategischen Auswahl folgt, in der Überprüfung des *„Cultural Fit"* („kulturelle Stimmigkeit"). Das Konstrukt Unternehmenskultur beschreibt die Werte, Normen und Einstellungen, die in einem Unternehmen gelebt werden. Die durchaus abstrakte Unternehmenskultur hat gewichtige Auswirkungen auf die Art und Weise, wie in einem Unternehmen Probleme angegangen werden, wie die Zusammenarbeit im Unternehmen und mit Gruppen außerhalb des Unternehmens funktioniert, wie Prozesse gestaltet werden, welche Ziele sich ein Unternehmen setzt und welche Verhaltensweisen der Mitarbeiter gewünscht sind und auch belohnt werden (zum Konstrukt Unternehmenskultur und den Stärken und Schwächen dieses Ansatzes vgl. z. B. Bea & Haas, 2013, S. 443–486).

Diese kulturellen Aspekte werden häufig als Begründung für den Misserfolg einer Akquisition oder generell einer Zusammenarbeit genannt (vgl. Abschn. 1.2.2). Gerade in der Integrationsphase bei einem M&A-Projekt kommen unternehmenskulturell bedingte Probleme zum Tragen. Natürlich besteht die Gefahr, dass bei einem Misserfolg relativ undifferenziert auf die Unternehmenskultur verwiesen wird, da man unter diesem Begriff sehr leicht alle „weichen" Faktoren der Zusammenarbeit und jegliche Art von Konflikten subsumieren kann. Trotzdem bleibt die Erkenntnis, dass große Unterschiede in der Auffassung über die Führung eines Geschäfts bis hin zum Umgang der Mitarbeiter untereinander zu einer gewichtigen Beeinträchtigung des M&A-Erfolgs führen können. Aus diesem Grund erscheint es angebracht, auch das Kriterium des „Cultural Fit" in den Kandidatenauswahlprozess einzubeziehen.

Besonders brisant wird dieses Thema vor einem internationalen Hintergrund. Die vorhandenen Unterschiede in den Unternehmenskulturen sind größer als im nationalen Kontext, da sozio-kulturelle Faktoren, die die Unternehmenskultur beeinflussen, zwischen vielen Ländern stark variieren (vgl. dazu z. B. Björkman, Stahl, & Vaara, 2007; Slangen, 2006; zu sozio-kulturellen Unterschieden generell vgl. z. B. Hofstede, 2003). Unterschiede im Führungsverhalten, in der Teamorientierung oder in der Leistungshonorierung erschweren eine Zusammenarbeit bzw. eine Integration über Unternehmensgrenzen hinweg.

Vom Grundprinzip her müssen die beiden Unternehmenskulturen gemessen und abgebildet und anschließend die Kompatibilität überprüft werden. Die grundlegende These dabei ist, dass Kulturen umso kompatibler sind, je ähnlicher sie sich sind. Das zentrale

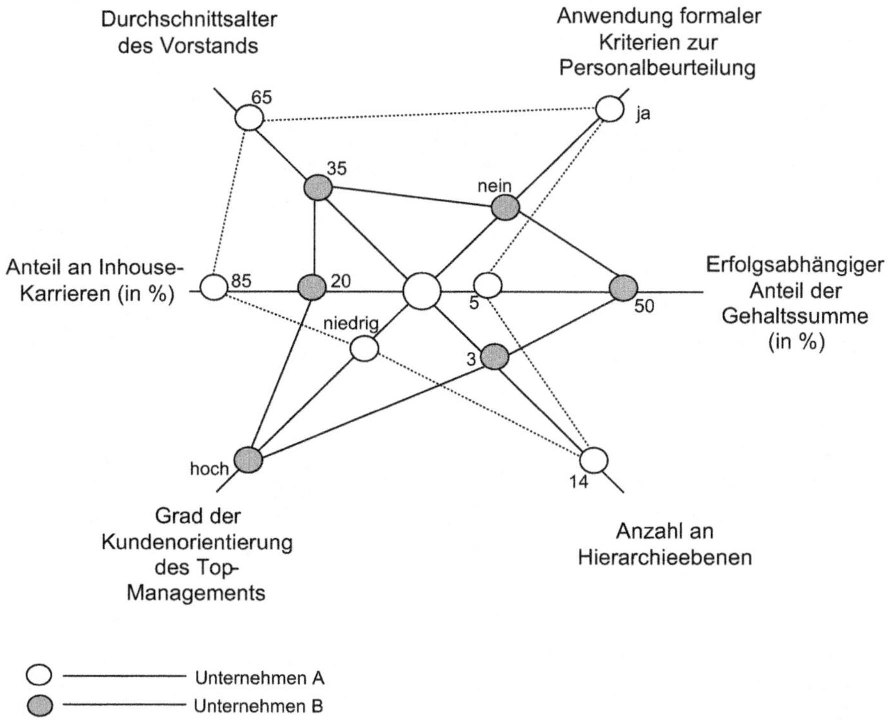


**Abb. 4.12** Das „Culture Web". (vgl. ähnlich z. B. Clarke, 1987, S. 18)

Problem bei der Überprüfung der kulturellen Stimmigkeit ist die Messung von Unternehmenskultur (vgl. zu den Messproblemen im Detail Drumm, 1991). Wie an der obigen Definition leicht zu sehen ist, handelt es sich bei den kulturbestimmenden Faktoren um Konstrukte, die quantitativ nur sehr schwer zu fassen und auch zeitlich nicht stabil sind. Die teilweise sehr kontroverse Diskussion über die Möglichkeiten der Messung und gezielten Manipulation der Unternehmenskultur soll hier nicht näher nachvollzogen werden. Zur Lösung des hier behandelten Problems kann man versuchen, Kulturindikatoren zu finden und zu messen. Kulturindikatoren sind beobachtbare Sekundärkriterien, die einen Hinweis auf die im Unternehmen gelebten Werte geben. Abbildung 4.12 zeigt ein sogenanntes „Culture Web", in dem einige Indikatoren aufgeführt sind. Die Indikatoren sind als exemplarisch zu sehen.

Dieses „Culture Web" erlaubt die Überprüfung der Stimmigkeit der Kulturen zweier Unternehmen. Die Sekundärindikatoren wie z. B. „Durchschnittsalter des Vorstands" werden in ihrer Ausprägung für jedes Unternehmen quantifiziert. Verbindet man die Ausprägungspunkte, so entsteht eine Fläche für jedes der betrachteten Unternehmen. Im Idealfall, also bei absoluter Kompatibilität sind die Flächen gleich. Je stärker die Flächen voneinander abweichen, je unterschiedlicher sind die Kulturen.

Wie kann man die Ergebnisse aus der „Cultural Fit"-Analyse verwenden? Es fällt schwer, eine allgemein gültige Schwelle zu finden, ab der man sagen würde, dass die Kulturen so unterschiedlich sind, dass eine Akquisition oder eine Fusion keinen Sinn macht. Hinzu kommt, dass einige Autoren gerade in Kulturunterschieden einen Vorteil von M&A sehen (vgl. z. B. Jansen, 2000, S. 41–42). Die „Cultural Fit"-Analyse erlaubt allerdings, die in der strategischen Auswahlstufe gebildete Rangordnung zu ergänzen und gemäß dem Kriterium der Kulturkompatibilität zu modifizieren. Als Ergebnis nach diesem Teilschritt des Screening hat man dann eine um den Kulturaspekt angereicherte Rangordnung von Akquisitionskandidaten.

Der letzte Auswahlschritt besteht in der Überprüfung des *„Financial Fit"*. Hier ist nicht gemeint, dass eine detaillierte Unternehmensbewertung durchgeführt und überprüft wird, ob der prognostizierte Kaufpreis unterhalb dieses Werts liegt (vgl. genauer zur Bewertung Abschn. 5.3). Es geht zum einen darum, die grundsätzliche Finanzierbarkeit der Transaktion und die finanziellen Auswirkungen für das akquirierende Unternehmen zu prüfen. Eine wichtige Rolle spielt dabei die absolute Höhe des Kaufpreises. Eine sehr grobe Vorstellung von der Höhe des Kaufpreises kann z. B. durch eine multiplikatorbasierte Bewertung erreicht werden (vgl. dazu im Detail Abschn. 5.3.2.2). Es ist zu entscheiden, ob der geschätzte Kaufpreis finanzierbar ist. Dabei ist die Abschätzung der notwendigen Höhe der Fremdfinanzierung ebenfalls vorzunehmen. Es muss überlegt werden, ob dieses Fremdkapitalvolumen beschafft werden kann und wie dies gegebenenfalls kostenminimal erfolgen kann. Außerdem sind die (groben) Effekte für das Jahresergebnis und andere wichtige Kennzahlen wie z. B. Gewinn pro Aktie abzuschätzen. Die aktuelle finanzielle Situation des Akquisitionsobjekts ist damit wichtig, genauso wie die Investitionserfordernisse, die sich eventuell ergeben. Darunter zählen z. B. Restrukturierungskosten, Investitionen für neue Produkte bzw. für die Zusammenführung von Produktlinien. Unternehmen, die einen zu großen Investitionsbedarf bzw. zu hohe Anlaufkosten verursachen würden, scheiden aus.

Zusammenfassend kann bezüglich der Kandidatenauswahl folgendes festgehalten werden. Die in Abb. 4.8 gezeigte Trichterform impliziert die Vorgehensweise: Durch das sequentielle „Abprüfen" von Stimmigkeitsanforderungen wird die identifizierte Grundgesamtheit von potentiellen Akquisitionsobjekten auf Kandidaten verringert, die ein hohes Erfolgspotential für das M&A-Projekt versprechen. Diese Kandidaten werden in eine Rangordnung gebracht, die als Referenzpunkt für die folgenden Schritte der Kernprozesses Strategie bzw. generell der Vorfeldphase verwendet wird.

Fehler, die häufig bei diesem Screening gemacht werden, sind insbesondere (vgl. ähnlich Rothenbücher & Niewiem, 2013, S. 98–99):

- Es wird kein systematischer Suchprozess gestartet. Die Kandidaten ergeben sich durch Zufall, wie z. B. durch ein zufälliges Treffen auf einer Messe (sog. „opportunistische Transaktionen"),
- die Bewertungs- und Auswahlkriterien werden nicht konsequent aus den strategischen Zielen abgeleitet und sind zu allgemein,

- es erfolgt eine falsche Gewichtung der Kriterien, insbesondere Unterschätzen der Relevanz einzelner Kriterien,
- die Anstrengungen eine quantitativ und qualitativ ausreichende Informationsbasis zu bekommen reichen nicht aus,
- es kommt zu einer falschen „Fit"-Einschätzung,
- es wird keine konsequente Aktualisierung der Short List erarbeitet, wenn neue Informationen gewonnen werden.

### 4.1.4 Der Business Case und der Business Plan

In Abb. 3.13 und 4.1 folgt im Rahmen des Kernprozesses Strategie die Entwicklung eines Business Case für das/die Unternehmen, die sich als Ergebnis des Screening als lohnenswertes Zielobjekt herausgestellt haben. Der Business Case wird in der Transaktionsphase weiterentwickelt zu einem detaillierten Business Plan, weswegen diese beiden Arbeitspakete in einem Abschnitt behandelt werden.

**Business Case**
Die Erstellung eines Business Case für die Übernahme eines bestimmten Zielunternehmens folgt der Idee, sich planerisch das Geschäftsmodell des integrierten Unternehmens zumindest in seinen Grundzügen zu überlegen. Gedanklich wird eine „NewCo" konstruiert, die aus den gekauften und, falls vorhanden, den eigenen Geschäftsaktivitäten in einem bestimmten Feld bestehen. Diese integrierte Einheit soll einen Cash-Flow- bzw. Ergebnisbeitrag liefern, der über die Zeit werterhöhend für das Unternehmen wirkt.

Die Errichtung und möglichst erfolgversprechende Aufstellung und Positionierung dieser integrierten Einheit ist das operative Ziel der M&A-Aktivitäten. Um eine zielgerichtete inhaltliche Ausrichtung der Einzelaktivitäten im M&A-Prozess zu erreichen und schon frühzeitig die Möglichkeiten und Notwendigkeiten für die integrierte Einheit einschätzen zu können, macht es Sinn, sich das Geschäftsmodell, also den Business Case, dieser NewCo schon vorher zu überlegen. Diese Business Case-Darstellung ist eine wichtige Aktivität des Strategieprozesses, da hier ermittelt wird, ob die integrierte Einheit in der Lage ist, die angepeilten strategischen Ziele zu erreichen.

Basis dieser Überlegungen ist eine Simulation von NewCo, also eine planerische Konzeption der Integration und der daraus entstehenden integrierten Einheit.

Die Simulation vertieft die im Screening vorgenommene Analyse für einen oder wenige priorisierte Partner. Ausgangsbasis für die Simulation sind die Ergebnisse der Basisstrategie und die Informationen, die bei der Kandidatenauswahl und durch die Vorfeldsondierung zur Verfügung stehen. Das Führungskonzept aus dem Strukturprozess gibt den organisatorischen Rahmen. Die Simulation besteht aus zwei Komponenten, die in Abb. 4.13 dargestellt werden.

In der ersten Komponente wird angenommen, dass das Akquisitionsobjekt unabhängig (Stand-Alone) weitergeführt wird. Zunächst wird das Zielunternehmen in seiner strategi-

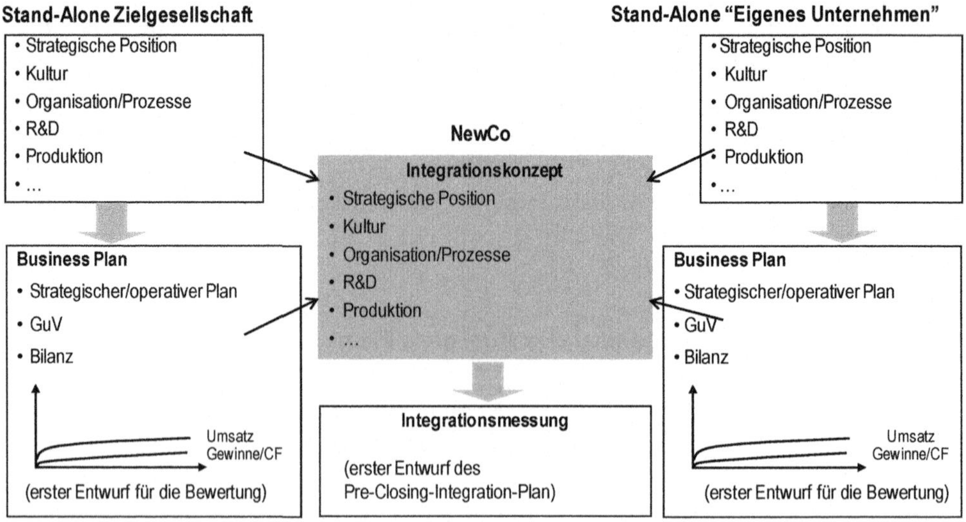


**Abb. 4.13** Simulation von NewCo zur Abschätzung des Business Case

schen Positionierung, seiner internationalen Tätigkeit, seinen Organisationsstrukturen und auch seinen unternehmenskulturellen Besonderheiten beschrieben. Informationen, die noch nicht aus dem Screening übernommen werden können, sollten zusätzlich beschafft werden. Im nächsten Schritt wird ein Business Plan erstellt. In dieser Vorfeldphase ist dieser aber auf die strategische Planung und grundsätzliche Komponenten der GuV sowie der Bilanz beschränkt. Einnahmequellen, Kostenstrukturen und Entwicklungstendenzen sind hier grob festzulegen. Die Detaillierung erfolgt im Business Plan in der Transaktionsphase (siehe weiter unten).

Ähnlich geht man bei der Beschreibung der eigenen Geschäftsaktivitäten vor, die in dem Geschäftsfeld, das durch den Zukauf betroffen ist, schon vorhanden sind (vgl. Abb. 4.13, rechte Seite).

So vorbereitet kann die letztendliche Simulation erfolgen. Zunächst ist dazu eine Idealvorstellung von NewCo zu konstruieren. Die strategische Position, die regionale Tätigkeit mit den dazugehörigen Organisationsstrukturen und einer geschätzten Personalausstattung und weitere, evtl. einzelfallspezifische Aspekte wie Technologie-Know-how werden formuliert. Vor dem Hintergrund der bekannten Informationen sollte NewCo im integrierten Zustand aussehen, wie sie hier beschrieben wird.

Orientiert an diesem Idealbild werden dann, wiederum auf sehr allgemeinem Niveau, Integrationsmaßnahmen identifiziert. Die Summe dieser Maßnahmen stellt das erste (grobe) Integrationskonzept für die Transaktion dar. Dieses soll zumindest die wichtigsten Maßnahmen beinhalten, die dann zur letztendlichen Gestalt der integrierten Einheit führen. Dazu zählen, natürlich wieder abhängig von der strategischen Zielsetzung, z. B. die Vereinheitlichung des Produktprogramms, die Bereinigung des Standortportfolios, insbesondere was Produktion und Vertrieb betrifft, die Neustrukturierung der Verwaltungseinheiten, wo regelmäßig hohe Synergien durch Kosteneinsparungen zu erwarten sind, und generell Dissynergien und Risiken (vgl. Lucks, 2013a, S. 87). Hierbei muss das im Strukturprozess beabsichtigte Führungskonzept als Rahmen beachtet werden. Der Tiefgang ist bei dieser Simulation des Business Case gering. Es geht zu diesem Zeitpunkt vor allem um Machbarkeit, um das Aufwand-Nutzen-Verhältnis und um Risiko-Szenarien.

Die Überlegungen zur Etablierung der integrierten Einheit müssen in einem Maßnahmenplan zusammengefasst und dokumentiert werden. Dieser Plan stellt eine sehr grobe Vorversion des Pre-Closing-Integration-Plans, also des Integrationskonzeptes im Strukturprozess dar (vgl. Abschn. 4.3.3) dar. Über einen individuell festzulegenden Zeitraum werden in diesem Plan die wichtigsten Einzelmaßnahmen zur Integration identifiziert, deren Kosten und zu erwartenden positiven Auswirkungen auf Cash-Flow bzw. Ergebnis geschätzt und saldiert sowie Meilensteine festgelegt. Meilensteine betreffen wichtige im Sinne von für den Erfolg maßgebliche Entscheidungen und legen einen Zeitrahmen fest, bis wann diese Maßnahmen umgesetzt sein müssen.

Wo möglich, müssen die Maßnahmen quantifiziert und vor allem auf ihre Realisierbarkeit hin „abgeklopft“ werden. Des Weiteren müssen die einzelnen Maßnahmen, die in die Simulation eingehen, genau und nachvollziehbar dokumentiert werden. Im weiteren Verlauf des M&A-Prozesses werden diese noch groben Pläne sukzessive verbessert und genauer ausgeführt. Dazu ist es nötig, nachvollziehen zu können, welches die getroffenen Annahmen bei der Planerstellung waren. Diese Dokumentation gilt nicht nur für das Integrationsszenario, für das man sich letztendlich entschieden hat, sondern auch für diskutierte Alternativvarianten, die im Lichte zusätzlicher Informationen aber wieder relevant werden können. An dieser Stelle wird die Vorteilhaftigkeit der Durchgängigkeit des M&A-Prozesses gut deutlich, da die Organisation von M&A als Prozess den Verlust an Daten und Informationen, die bereits einmal erarbeitet worden sind, mindert.

Diese Business Case Simulation ist ein wichtiger Ausgangspunkt für einige andere Arbeitspakete. Die Grobbewertung greift z. B. auf Daten aus der Simulation zurück (vgl. Abschn. 5.3.2). Die Simulation ist wie erwähnt Basis für die Integrationskonzepte und -vorbereitungen. Eine weitere hohe Relevanz hat die Simulation des Business Case für die interne Kommunikation (vgl. genauer dazu Abschn. 5.2.3). Das Ergebnis aus dieser Aktivität hat maßgeblichen Einfluss auf die Entscheidung bzgl. der Durchführung oder des Stopps eines Projekts. Zeigt sich bei der Simulation, dass das definierte strategische und damit verbundene Wertsteigerungsziel nicht erreicht werden kann, so wird das Projekt nicht weiter verfolgt. Ähnliches gilt für die Überprüfung der externen Genehmigungsfähigkeit (vgl. Abschn. 4.2.9 zu Compliance), wie etwa durch die Kartellbehörden. Anhand der strategischen Simulation kann z. B. eingeschätzt werden, ob die neue integrierte Einheit im Gesamtmarkt oder in regionalen bzw. produktbezogenen Teilmärkten eine beherrschende Stellung einnimmt. Dies müsste zu Modifikationen des Konzepts führen, um eine Genehmigung durch die Kartellbehörden zu erreichen.

**Business Plan**

Wie oben erwähnt kann in der Planungsphase der Business Case nur auf relativ allgemeinem Niveau konstruiert werden. Abbildung 3.13 zeigt, dass mit Fortschreiten des M&A-

Projekts in die Transaktionsphase diese allgemeinen Pläne detailliert werden zu konkreteren Business Plänen. Dies ist dann auch möglich, da durch eine bessere Informationslage durch Verhandlungen und Due Diligence (vgl. Abschn. 4.2.6.1 und 5.1.4) eine zielgenauere Einschätzung der relevanten Größen erfolgen kann. Ein extensiver Business Plan umfasst dann die detaillierte Beschreibung und alle wichtigen Aspekte des zu erwerbenden Unternehmens und wird bei Private Equity Investoren auch häufig als „Business Review" bezeichnet (vgl. Wiese & Sohns, 2013, S. 32).

Herzstück eines Business Plans ist die Plan-GuV (vgl. allgemein zur Erstellung eines Business Plans z. B. Harvard Business Press, 2007; McKeever, 2014; McKinsey&Company, 2014; zum generellen Aufbau einer GuV Thommen & Achleitner, 2006, S. 437–439). Da sie für die folgenden Arbeitspakete des M&A-Prozesses besonders wichtig ist, wird auf sie genauer eingegangen. Wie in Abb. 4.13 zu sehen, sollte eine solche detaillierte Erarbeitung zunächst für das Zielunternehmen, dann für die eigenen Aktivitäten erfolgen.

Bei der Erstellung können im einfachsten Fall die Daten der Vergangenheit zunächst fortgeschrieben werden. Im zweiten Schritt werden dann prognostizierte Veränderungen im Markt- und Technologieumfeld sowie interne Potentiale des betrachteten Kandidaten berücksichtigt. So sollten z. B. Überkapazitäten in der Fertigung als Restrukturierungskosten eingearbeitet werden. Technologische Wettbewerbsvorteile oder neue Produkte, die vor der Markteinführung stehen, können als zusätzliches Umsatzpotential berücksichtigt werden.

Die Plausibilisierung der Geschäftspläne muss insbesondere bei der Begründung von deutlichen Marktanteilsgewinnen/-verlusten oder über längere Zeit bestehende Über- oder Unterrenditen im Vergleich zum Branchendurchschnitt ansetzen. Fruchtbar bei der Plausibilisierung ist auch der Vergleich mit der Entwicklung der eigenen in diesem Bereich tätigen Einheit.

Eine besondere Problematik stellt die Stand-Alone-Simulation von jungen Start-Up-Unternehmen dar. Dieser in den letzten Jahren häufig auftretende Fall, dass junge High-Tech-Unternehmen z. B. aus der Internetbranche, vor allem aus Technologiezugangsüberlegungen gekauft werden, erlaubt nicht den Zugriff auf Vergangenheitsdaten. Die Geschäftsentwicklung des Akquisitionsobjekts ist stark abhängig von der Tragfähigkeit der Technologie oder der Produktidee. Die in Zukunft zu erzielenden Cash-Flows sind deshalb nur sehr schwer zu schätzen.

Die separat erstellten Plan-GuV werden dann zur Gesamt-GuV der NewCo zusammengefasst. Die wesentliche Arbeit, die hier zu leisten ist, besteht in der Einarbeitung der Integrationsmaßnahmen in die Plan-GuV. Die dazu nötigen Daten sollten dem Integrationskonzept entnommen werden (vgl. dazu Abschn. 4.3.3), das in der Transaktionsphase inzwischen schon eine fortgeschrittene Ausbaustufe erreicht hat. Hier sollten die ersten Synergien quantifiziert werden, die sich aus der Integration der Aktivitäten ergeben (zu Details für Synergien und deren Quantifizierung vgl. Abschn. 5.3.2.4). Dies bildet dann eine wichtige Grundlage für die Detailbewertung (vgl. Abschn. 5.3.2). An dieser Stelle wird deutlich, wie wichtig die strategischen Vorgaben für den M&A-Prozess und die nachfolgenden Arbeitspakete letztendlich sind.

### 4.1.5 Strategische Überprüfung und strategische Nachschau

Die vorherigen Abschnitte haben gezeigt, dass die strategischen Vorgaben einen wichtigen, vielleicht den zentralen Erfolgsfaktor für eine M&A-Transaktion darstellen. Passt die strategische Ausrichtung nicht, so hilft langfristig in den meisten Fällen wohl auch eine gute operative Abwicklung des M&A-Prozesses nicht, um nachhaltig Wert für das Unternehmen zu schaffen.

Umso wichtiger ist es, dass die strategischen Überlegungen aus der Planungsphase konsequent in der Transaktions- und der Integrationsphase umgesetzt werden. Dabei gibt es aber durchaus das Risiko, dass die strategischen Vorgaben „verloren gehen".

Eine zentrale Ursache für dieses Risiko liegt an den beteiligten Personen. Strategische Planer, die die Grundsatzüberlegungen im Vorfeld angestellt haben, scheiden häufig aus dem Projekt aus, wenn es in die Transaktionsphase, also in die technische Umsetzung des Projekts geht. Damit geht Wissen über die strategischen Ziele verloren, das auch über eine weitergereichte Dokumentation nur teilweise in die Transaktionsphase transfereiert werden kann. Außerdem fehlt häufig der Protagonist für strategische Fragen, der diesen Komplex mit Nachdruck vertritt. Durch die Fülle von (häufig operativen) Informationen, die große Zahl beteiligter (auch unternehmensexterner) Personen, die Komplexität der Durchführungsfragen und vor allem auch durch den Verhandlungsfortgang gewinnen Deals eine Eigendynamik, in der die Vorgaben aus der Planungsphase nicht mehr Priorität haben. Dann wird häufig eine Transaktion weitergeführt, obwohl Informationen aus der Due Diligence oder das Verhandlungsergebnis das Erreichen des strategischen Ziels als unwahrscheinlich erscheinen lassen.

Angesichts dieser Problematik macht es Sinn, eigene Arbeitspakete für eine prozessbegleitende Strategieüberprüfung zu definieren, die sowohl in der Transaktions- als auch in der Integrationsphase die Orientierung an den entwickelten strategischen Zielen sicherstellen (vgl. Abb. 4.1 bzw. 3.13). Diese Strategieüberprüfung bzw. die strategische Nachschau könnten grundsätzlich auch dem Controllingprozess zugeordnet werden. Allerdings ist das klassische Controlling eher operativ orientiert. Diese Aufgabe der Steuerung des Gesamtprozesses im Hinblick auf die operative Zielerreichung, wie z. B. der Realisierung von Synergien ist auch die wesentliche Aufgabe des im Teilprozess Controlling definierten M&A-Controllingkonzeptes. Um aber der strategischen Seite das notwendige Gewicht zu geben, werden hier eigene Arbeitspakete für das Strategiecontrolling definiert.

**Strategieüberprüfung**

Diese Aktivität hat zum einen die Aufgabe, die Ziele aus der Strategieplanungsphase entsprechend in die Transaktionsphase zu tragen und dort sicherzustellen, dass sie als Entscheidungsmaßstab gelten. Es sollen also im Wesentlichen die oben beschriebenen Risiken minimiert werden. Dazu bieten sich verschiedene Lösungsmöglichkeiten und Instrumente an.

Ein wichtiger Punkt ist die Sicherstellung der personellen Kontinuität. Dazu muss nicht unbedingt ein Vertreter der Strategieabteilung Vollmitglied im M&A-Team in der Transaktionsphase sein. Allerdings sollte eine Anwesenheit, evtl. auch ein Mitentscheidungsrecht in wichtigen Besprechungen, in denen grundsätzliche Entscheidungen zum weiteren Vorgehen getroffen werden, festgeschrieben werden. Das Mitentscheidungsrecht könnte ersetzt werden durch ein Vetorecht oder zumindest eine vorgeschriebene Kommentierung des Erreichten bzw. Besprochenen im Rahmen des unternehmensinternen Entscheidungsprozesses.

Letztendlich ist bei diesem Controlling eine Prämissenkontrolle durchzuführen. Diese Wird-/Ist-Kontrolle (vgl. Alter, 2011, S. 354) dient dazu, die getroffenen Annahmen in der Planungsphase in ihrer Gültigkeit bei Fortschreiten des M&A-Prozesses zu überprüfen. Die strategisch relevanten Informationen zum Zielunternehmen müssen dahingehend geprüft werden, ob sie die postulierten strategischen Ziele zu erreichen helfen oder nicht. Vielleicht stellt sich heraus, dass der Kandidat doch nicht über die vermutete Technologie verfügt oder das Vertriebssystem in einem Zielland doch eine andere Ausrichtung hat, als dies für die Erreichung der eigenen strategischen Ziele notwendig wäre. In diesen Fällen müssen die Auswirkungen für die Erreichung der strategischen Ziele überprüft und gegebenenfalls muss aus Sicht des Strategieprozesses dafür plädiert werden, dass das Projekt gestoppt wird und Verhandlungen z. B. mit dem Zweitplazierten in der Rangordnung der Akquisitionsobjekte aufgenommen werden.

In der praktischen Ausgestaltung sind die Annahmen, die in der Planungsphase getroffen wurden, zu identifizieren und mit den diesbezüglichen Informationen im weiteren Prozess, in diesem Fall in der Transaktionsphase, zu vergleichen. Dazu können die Instrumente, die in der Planungsphase benutzt wurden, mit den neuen Daten „gefüttert" und ausgewertet werden. Es ist aber auch denkbar, dass neue strategische Analysen durchgeführt werden müssen, die auf neuen Instrumenten basieren (eine Übersicht über das Instrumentarium zum strategischen Controlling allgemein findet sich z. B. bei Buchholz, 2009, Kap. 2).

Die Prämissenkontrolle wird bei der Strategieüberprüfung aber auch durch einen Steuerungsaspekt ergänzt. Dieser Aspekt betrifft die strategischen Ziele selbst. Durch weitere Informationen und evtl. Möglichkeiten, die sich in der Transaktionsphase ergeben, kann es auch sinnvoll sein die strategischen Ziele aus der Planungsphase zu ergänzen oder zu verändern. Grundsätzlich würden aber die Ergänzung und vor allem die Änderung der Ziele einen kompletten neuen strategischen Planungsprozess für das Geschäftsfeld voraussetzen. Zwar könnte dies im Rahmen der internen Genehmigungen (vgl. Abschn. 3.1.2) durch einen Vorstandsbeschluss ersetzt werden. Trotzdem bleibt die Gefahr bzw. der Verdacht, dass hier ein nicht gerechtfertigtes Anpassen an die Gegebenheiten der aktuellen Transaktion „missbraucht" werden könnte, um den Deal trotz fehlendem strategischem Fit durchführen zu können. Auf jeden Fall wäre diese Änderung mit der heißen Nadel gestrickt, was gerade bei strategisch wichtigen Entscheidungen, die definitionsgemäß hohe Lock-in-Effekte haben, problematisch ist. Aus diesem Grund ist diese anpassende Steuerung mit Vorsicht zu genießen.

**Strategische Nachschau**

Die strategische Nachschau ist in der Integrationsphase angesiedelt (vgl. Abb. 3.13 bzw. 4.1). Das Closing ist Vergangenheit, die Integration ist in wichtigen Maßnahmen nach der 100-Tage-Frist (vgl. dazu Abschn. 4.3.7) durchgeführt oder zumindest initiiert.

Erste Aufgabe der strategischen Nachschau ist die Sicherstellung der strategiekonformen Umsetzung der Integrationspläne, die ihren Anfang im Vorfeld bei der Erstellung des Business Case (vgl. Abschn. 4.1.4) der integrierten Einheit genommen haben. Deshalb macht es Sinn, Mitglieder des Strategieprozesses im Sinne einer Durchgängigkeit des Prozesses auch in die Integrationsteams zu berufen. Insbesondere beim *Integrationskonzept* (vgl. Abschn. 4.3.3), also z. B. bei der Bereinigung der Standorte sind die Maßgaben aus der Strategieplanung als Richtlinien relevant. Auch bei der organisatorischen und personalwirtschaftlichen Umsetzung ist auf eine strategiekonforme Umsetzung zu achten. Bei der *personalwirtschaftlichen Umsetzung* z. B. ist aus Sicht des Strategieprozesses darauf zu achten, dass relevante Qualifikationen auf individueller Ebene nicht durch rigorose Restrukturierungen verloren gehen.

Damit arbeitet das strategische M&A-Controlling in dieser Phase mit der klassischen Form der Ergebniskontrolle auf Basis eines Soll-Ist-Vergleichs (vgl. dazu Alter, 2011, S. 351). Die realisierte Zielerreichung wird der gewünschten Zielerreichung gegenübergestellt (vgl. Küpper, 2008, S. 217). Exemplarisch werden hier auf instrumenteller Ebene ex post Lücken- und GAP-Analysen (vgl. dazu z. B. Küpper, 2008, S. 473–474) verwendet.

Um diese Ergebniskontrolle bewerkstelligen zu können, müssen die ursprünglichen strategischen Ziele nachvollziehbar, und das heißt in den meisten Fällen quantifiziert zu Beginn des Prozesses formuliert worden sein, damit die Soll-Werte ausreichend genau vorliegen. Typische strategische Zielgrößen sind Marktanteil, Umsatzgrößen, relative Wettbewerbsstärke und dazugehörige finanzielle Zielgrößen wie absolute Gewinngrößen oder Renditeziel (vgl. Meckl, 2014, S. 137; allgemein zur strategischen Zielableitung Alter, 2011, S. 47–72). Wichtig ist, dass auch immer ein Zeitbezug der Zielerreichung hergestellt wird. Die entsprechenden Ist-Größen sind aus dem aktuellen Geschäft der NewCo zu ermitteln und den Soll-Größen gegenüberzustellen. Die identifizierten Lücken sind wichtige Ergebnisse für die strategische Planung des Geschäftsfelds. Sie dienen als Einflussfaktor für die Ableitung von weiteren strategischen Maßnahmen, falls die ursprünglichen Ziele (noch) nicht erreicht wurden oder neue strategische Ziele gesetzt werden.

Zwei Aspekte sind in Zusammenhang mit der strategischen Nachschau noch wichtig. Ähnlich wie beim operativen M&A-Controlling (vgl. Abschn. 5.4) stellt sich auch hier die Frage nach dem *Zeitpunkt der Durchführung* dieses Arbeitspakets. Einen genauen Zeitpunkt anzugeben, ab wann nach Closing eine solche strategische Nachschau Sinn macht, ist kaum möglich. Eine unterschiedliche Branchendynamik oder auch eine bewusst festgelegte Integrationsgeschwindigkeit (vgl. dazu Abschn. 1.2.2) müssen hier beachtet werden. Als erster Ansatzpunkt erscheint aber für eine strategische Nachschau der Ablauf der 100-Tage-Frist des Integrationsmanagements als sinnvoll. Hier wird zwar eher eine Fortführung der oben beschriebenen Strategieüberprüfung stattfinden, allerdings können hier schon wichtige Daten für die nach evtl. einem Jahr beginnende letztendliche Strategische Nachschau gesammelt werden.

Der zweite Aspekt betrifft die Frage nach der *Institution*, die die strategische Nachschau durchführt. Hier kommt die Strategieabteilung in Betracht, die ja auch die Ergebnisse als Input für die weitere Strategieentwicklung für das Geschäftsfeld bzw. für NewCo benötigt. Auf personeller Ebene können das durchaus auch dieselben Personen übernehmen, die auch die ursprüngliche Basisstrategie mit Ableitung der M&A-Alternative entwickelt haben (vgl. Abschn. 4.1.2.1). Damit schließt sich der Kreis im Kernprozess Strategie, da damit eine neue strategische Planungsrunde eingeläutet wird, bei der als Ergebnis weitere M&A-Transaktionen in dem Geschäftsfeld resultieren können.

### 4.1.6 Schnittstellen des Strategieprozesses zu anderen Teilprozessen

In den vorherigen Abschnitten wurde deutlich gemacht, wie die einzelnen Arbeitspakete innerhalb des Kernprozesses Strategie aufeinander aufbauen. An einigen Stellen wurde aber auch schon darauf hingewiesen, dass der Kernprozess Strategie eine teilweise enge Verbindung zu Arbeitspaketen anderer Kern- und Unterstützungsprozesse aufweist (vgl. zum Überblick über alle Teilprozesse Abb. 3.13). Im Folgenden werden diese Querverbindungen erläutert.

Was die Einbindung in die übergeordneten Vorgänge betrifft, so ist die *Entwicklung der Basisstrategie* auf den Input aus der strategischen Planung des Unternehmens angewiesen. Die Ergebnisse dieser Planung sind ein wichtiger Input für den M&A-Prozess. Die Basisstrategie selbst ist wiederum maßgeblich für die weiteren Teilprozesse des M&A. Es muss sichergestellt sein, dass sich die Arbeitspakete der nachfolgenden Teilprozesse an den strategischen Vorgaben orientieren, damit die strategische Zielrichtung der Transaktion nicht verloren geht. Dies gilt insbesondere auch für die Integrationsphase, die eine Zusammenführung der Teile zur NewCo unter der Maßgabe der strategischen Zielerreichung vornehmen muss. Die Entwicklung der Basisstrategie (vgl. Abschn. 4.1.2) wird im Wesentlichen unterstützt durch den Informationsprozess und hier insbesondere durch die Strategische Datensammlung (vgl. dazu im Detail Abschn. 5.1.2). Informationen zu Markt- und Ressourcenanalyse, die im Rahmen dieser Datensammlung erhoben werden, werden durch die Planungsinstrumente zu entscheidungsrelevanten Aussagen verdichtet.

Bei der Einbindung in die übergeordneten Vorgänge ist für das Screening die Basisstrategie als Input entscheidend. Die Bewertung der einzelnen Kandidaten hängt maßgeblich von den strategischen Vorgaben ab. Das Screening stellt im Hinblick auf die nachfolgenden Arbeitspakete in den verschiedenen Teilprozessen den ersten Schritt der systematischen Informationsgewinnung über die Zielobjekte dar. Diese hier gewonnenen Erkenntnisse werden im Folgenden detailliert. Sollte sich herausstellen, dass im Screening falsche Annahmen getroffen worden sind, so ist eventuell eine Neubewertung durchzuführen, die auch in eine Änderung des Zielobjekts münden kann. Insofern ist das Screening häufig Teil von „iterativen Schleifen" im M&A-Prozess.

Sehr stark sind die Wechselwirkungen, die die Erarbeitung des *Business Case* bzw. des *Business Plans* mit anderen Arbeitspaketen hat. Abbildung 4.14 zeigt im Überblick die Verbindungen.

Der Business Case simuliert die idealtypische NewCo. Dieser Idealtypus ist als Vorgabe bzw. Referenzpunkt in den Gesprächen mit dem Verkäufer zu sehen, die in dieser Frühphase des Deals in Sondierungen bestehen. Diese Vorgaben sind ebenso für das Füh-

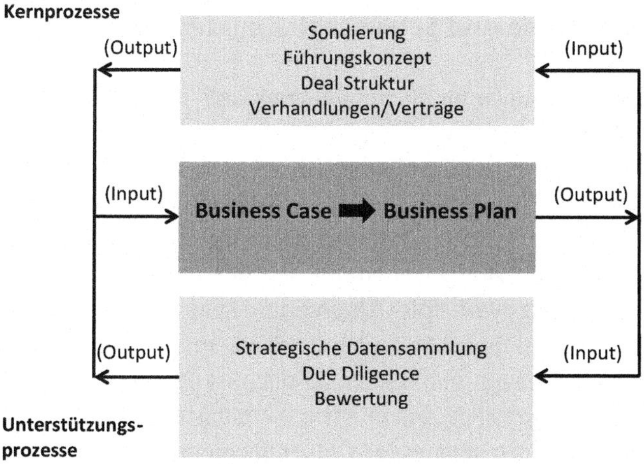


**Abb. 4.14** Schnittstellen von Business Case und Business Plan mit anderen Arbeitspaketen

rungskonzept, die Deal Struktur und die Verhandlungen und letztendlich die Verträge relevant. Diese Arbeitspakete werden gemessen am Erreichen des Idealzustands von NewCo, der in der Simulation des Business Case entwickelt wurde. Insofern bildet der Business Case einen Input für diese Arbeitspakete (vgl. Abb. 4.14, oben). Gleichzeitig sind Informationen aus diesen Arbeitspaketen ein wichtiger Input für die Weiterentwicklung des Idealzustands. Sind neue Informationen erhältlich, z. B. in den Sondierungen oder Verhandlungen, so sind diese zu integrieren (vgl. Abb. 4.14, links oben). Die Argumentation für den Business Plan ist analog, da er im Wesentlichen in einer Detaillierung des Business Case besteht.

Auch bei den Unterstützungsprozessen (unterer Teil der Abb. 4.14) sind solche Schnittstellen zu identifizieren. Informationen aus der Strategischen Datensammlung kommen indirekt über das Screening aber auch direkt in die Simulation. Während der Due Diligence wird gezielt nach Informationen für die Erstellung des Business Plans gesucht. Gleichzeitig gibt der Business Plan Informationsanforderungen an die Due Diligence. Der Business Plan ist dann wiederum die Grundlage für die Bewertung des Zielunternehmens, weswegen die beiden Arbeitspakete Business Case und Business Plan auch Input für die Unterstützungsprozesse liefern.

Was die *Strategieüberprüfung* betrifft, so ist diese angewiesen auf die Informationen aus der Due Diligence. Im Rahmen der Commercial Due Diligence werden Markt- und generell Geschäftsanalysen erstellt, die wichtige Daten zur strategischen Position der integrierten Einheit enthalten. Das Integrationskonzept aus dem Strukturkonzept soll helfen, die strategischen Ziele zu erreichen, weswegen hier auch eine Überprüfung stattfinden sollte. Letztendlich müssen die Deal Struktur und die Verträge dahingehend untersucht werden, ob die getroffenen Vereinbarungen die strategischen Ziele unterstützen.

Bei der *Strategischen Nachschau* werden Informationen über die dann bestehende NewCo und ihre Position auf den Märkten erhoben. Insofern sind hier zusätzliche Datenerhebungen außerhalb des M&A-Prozesses nötig.

### 4.1.7 Erfolgsfaktoren und Schwachstellen des Strategieprozesses

Auf wichtige Voraussetzungen für einen fundierten und damit erfolgversprechenden Strategieprozess wurde oben an mehreren Stellen bereits hingewiesen. Zentral ist die Qualität der erhobenen Daten bzw. der Einschätzungen z. B. über die zukünftige Marktentwicklung. Dies macht deutlich, dass die Durchführung des Kernprozesses Strategie keine „Nebentätigkeit" sein darf. Er sollte von Mitarbeitern ausgeführt werden, die zum Ersten mit dem betroffenen Geschäft, zum Zweiten mit den Instrumentarien der strategischen Planung und zum Dritten mit den Erfolgsfaktoren und dem Prozess des M&A vertraut sind. Ein frühzeitiges Einbinden dieser M&A-Strategieplaner und eine ausreichende Kapazität für die Abarbeitung der Haupt- und Randaktivitäten ist unerlässlich.

Eine wichtige Prämisse bei der inhaltlichen Aufgabenerfüllung gerade im Strategieteil ist die Objektivität der Einschätzungen. Die Annahmensetzung, z. B. was die zukünftige Entwicklung und die Stärken und Schwächen des eigenen Geschäfts betrifft, müssen mit größtmöglicher Objektivität getroffen werden. Dies kann schmerzhafte und teilweise durchaus umstrittene Einschätzungen mit sich bringen. Aus diesem Grund ist zumindest am Anfang empfehlenswert, eine Strategieplanung durchzuführen, die auch personell losgelöst ist von den Mitarbeitern, die im Geschäftsfeld, das von der M&A-Aktivität betroffen ist, arbeiten. Falls intern keine Kapazität dafür bereit steht, können Externe eingeschalten werden, wodurch sich allerdings ein Qualitätsverlust durch fehlende unternehmensinterne Kenntnisse der Berater ergeben kann (vgl. zur Einschaltung Externer Abschn. 6.1.6.4).

Abschließend bleibt festzuhalten, dass der Strategieplanungsprozess durch seine grundlegenden Festlegungen im Vorfeld durch die Basisstrategie, das Screening und den Business Case wesentliche Implikationen für den gesamten M&A-Prozess hat. Die Sicherstellung der Zielkonformität der Vereinbarungen im weiteren Verlauf des M&A-Prozesses mit den strategischen Vorgaben ist eine unabdingbare Voraussetzung für den strategischen Erfolg des Projekts, weswegen dem Kernprozess Strategie eine zentrale Bedeutung zukommt.

## 4.2 Der Dealmaking-Prozess

### 4.2.1 Arbeitspakete und Ziele des Dealmaking-Prozesses

Der Dealmaking-Prozess, auch als „Transaktionsprozess" bezeichnet, soll die optimalen Voraussetzungen zur Umsetzung der Strategie bilden. Er stellt den zweiten Kernprozess im Rahmen des Gesamtprozesses M&A dar (vgl. Abb. 3.13). Der wichtigste und der mit dem größten Risiko behaftete Prozess ist allerdings der Strukturprozess, bei dem es um den operativen Turnaround des Targets (Stand-Alone-Akquisition, meist von Private Equity) bzw. um die Integration (meist Akquisition von strategischen Käufern) geht (weiteres vgl. Abschn. 4.3). Diesem Ziel hat sich der Dealmaking-Prozess unterzuordnen. Der Dealmaking-Prozess ist auch der am stärksten regulierte, das heißt, von juristischen und finanztechnischen Standards geprägter Prozess. Dementsprechend trägt er unter den drei Kernprozessen am geringsten zum Gesamtprojekt-Risiko bei. Der risikoträchtigste Prozess ist der Strukturprozess. Der Dealmaking-Prozess bildet aber die Brücke zwischen dem Strategie- und dem Strukturprozess, indem er die optimalen Voraussetzungen zur Umsetzung der Strategie in die strukturelle Form des Targets bzw. des Joint Ventures schaffen soll.

Der Dealmakingprozess wird vielfach auch als der „älteste" der drei M&A-Kernprozesse angesehen. Bereits in den 80er Jahren hatten die großen Konzerne in Deutschland eine zentrale Abteilung für M&A, allerdings speziell auf die Transaktion ausgerichtet. Die Strategieentwicklung wurde als eine zeitlich vorgeschaltete Aktivität angesehen und nicht als Teil des M&A-Prozesses betrachtet. Die M&A-Integration trat zu Beginn der 2000er Jahre als eine zentrale M&A-Aktivität hinzu. Somit ist der Dealmaking Prozess auch der „klassische" oder „Ur-Prozess" von M&A – heute noch wird M&A von einigen Protagonisten mit dem Dealmaking gleichgesetzt, vor allem von der Investment-Banker-Seite. Das schlug sich auch in der unglücklichen Wortfindung der sogenannten „Post Merger Integration" nieder, die nicht etwa die Phase des operativen Mergers (wann ist der überhaupt?), sondern den Zeitpunkt des Closings bezeichnet. Insofern ist besser von „Post Closing Integration" die Rede, wobei dieser Begriff den Fehler impliziert, mit der Integration erst nach dem Closing zu beginnen. Gerade die Pre Closing Integrationsvorbereitung hat sich als einer der wichtigsten Erfolgsfaktoren für M&A herausgestellt.

Die zentrale Zeitphase des Dealmaking ist die Phase zwischen der Verhandlungsfreigabe und des Closings. Wie die Abb. 3.13 zeigt, greift dieser Prozess jedoch weit in das Vorfeld hinein und führt in der Implementierungsphase mit dem „Post Closing Contract Management" über das eigentliche Projektende („One Year") hinaus in das Langfrist-Programm hinein, parallel zum kontinuierlichen Verbesserungsprogramm. Das Post Closing Contract Management läuft so lange, wie die Risiken reichen, die in den Vertragsklauseln genannt werden. Umgekehrt erstreckt sich der Strategieprozess vom Projektvorfeld (vor dem eigentlichen Start mit dem ausgewählten M&A-Kandidaten) über die Transaktionsphase bis in die Integration mit der „strategischen Nachschau". Auch der Strukturprozess ist phasenübergreifend (vgl. im Detail dazu Abschn. 4.3): der *Project Owner*, der Geschäftsführer des übernehmenden Geschäftes, ist die treibende Kraft, die bereits bei der Entwicklung der Basisstrategie hinter dem Projekt steht. Der eigentliche Beginn des Strukturprozesses wurde in unserem Führungsmodell mit dem Integrationskonzept angesetzt und er endet jenseits der eigentlichen Projektlaufzeit mit Abschluss des kontinuierlichen Verbesserungsprogramms. Auch dieser Prozess ist also phasenübergreifend. Dies alles sind auch Argumente für das Prozessmodell, das wir diesem Buch zugrunde legen. Es zeigt aber auch, wie stark der Dealmaking-Prozess in die anderen beiden Kernprozesse eingebunden ist.

Auch vom Kapazitätsbedarf liegt der Dealmaking-Prozess in der Mitte. Während der Strategieprozess nur mit wenigen Teilteams auskommt – neben den Strategen im Wesentlichen die juristische Begleitung – treten beim Dealmaking die im folgenden Absatz zu nennenden Spezialisten der Transaktionsphase hinzu. Somit vervielfacht sich die Projektkapazität. Im Vergleich mit dem Strukturprozess ist dies jedoch nur ein Bruchteil der Folgeperiode, weil mit Beginn der „Peri-Closing-Phase" (die Zeit kurz vor und unmittelbar nach dem Closing) eine große Zahl von operativen Einheiten aus dem Geschäft und aus den verschiedenen Standort- und Landesorganisationen hinzutreten. Nach dem Closing kommen die ergänzenden Vertreter des Targets hinzu, sodass der Peak unmittelbar nach dem Closing liegt. Die Abb. 3.8 erläutert den Zuwachs auf der Implementierungs-Team-Ebene (im Falle von Stand-Alone-Übernahmen, etwa von Private Equity) bzw. Integrations-Team-Ebene (etwa für Übernahmen von strategischen Käufern zwecks Integration). Hinzu kommen der Zuwachs im Lenkungsausschuss, sowie von Vollzeit- und Teilzeit-Zuarbeitenden aus den operativen Einheiten und das Project Office, das dem jeweiligen Projektleiter zur Hand geht.

Der Dealmaking-Prozess ist der „diversifizierteste" der drei Kernprozesse, was die M&A-Spezialisten betrifft. Er hat vier Schwerpunkte, die hauptsächlich von verschiedenen Teilnehmergruppen getragen werden,

1. die Sondierung, die Verhandlung und das Führungskonzept, getragen vom „Project Owner" bzw. dem operativen Managementteam des Projektes,
2. die zwischen den Parteien zu behandelnden Vorverträge, Verträge und die rechtliche Umsetzung beim Käufer. Bei ihnen ist besonders der M&A-Jurist gefragt,
3. die externen Prüfungen bei Antitrust und Compliance, getragen von speziellen Fachjuristen und Beratern, und
4. die im Hintergrund tätigen Wirtschaftsprüfer und Steuerberater, deren Einsatz sich auf alle Vertrags- und Due-Diligence-orientierten Arbeitspakete erstreckt.

Bei internationalen M&A-Vorhaben und Großprojekten sind hierfür externe Spezialisten heranzuziehen, denn nur wenige Unternehmen verfügen über eine genügende Anzahl von Fachleuten, welche die für ein M&A-Projekt erforderliche Zusatzkapazität stemmen können bzw. welche die lokale Kompetenz aufweisen, die hier gefordert ist. Dies betrifft unter anderem (lokale) Juristen, Wirtschaftsprüfer (wegen lokaler Besonderheiten der Buchführung und Bilanzierung) und Personal-Berater mit Kenntnissen aus dem nationalen Personalgeschäft, etwa zur Bewertung von Einkommens- und Funktionsstufen. In der Transaktionsphase ist also besonders auf Kapazität und Kompetenz von M&A-Spezialisten zu achten.

So „alt" der Dealmaking-Prozess ist, so sehr hat er sich in der letzten Dekade weiterentwickelt. Dies zeigt sich zum Beispiel an Veränderungen der Rechtsprechung und am Zuwachs der juristischen Literatur. Besonders deutlich wird dies an den heute gebotenen Compliance-Untersuchungen, die in den letzten Jahren hinzugekommen sind. Mit der Globalisierung der Weltmärkte haben viele Länder heute international agierende Kartellbehörden geschaffen, so vor allem die BRIC-Länder (Brasilien, Russland, Indien und China). Ein großes und international relevantes M&A-Projekt durchzubringen erfordert heute allein im Kartellsektor ein professionelles Projektmanagement, derartig viele Länder und länderübergreifende Organisationen (z. B. Europäische Kommission) prüfen heute und derartig viele unterschiedliche Regelungen sind zu berücksichtigen.

Neben der erforderlichen Kapazität, die es zu bewältigen gilt, bereitet die Dauer der Prüfung zusätzliche Probleme. Da mittlerweile für die meisten der betroffenen Länder eine fusionsrechtliche Prüfung angeschoben werden muss und diese Länder jeweils auf unterschiedliche Maßstäbe (Marktanteile, Assets, Umsätze...) und Grenzwerte abstellen, erhöht sich nicht nur der Kapazitätsbedarf, sondern die Prozesse werden auch länger. So kann die kartellrechtliche Prüfung im Einzelfall ein bis sieben Monate dauern. Im Falle einer Untersagung, Abhilfe durch Teilausgliederung und Weiterverkauf von fusionsrechtlich kritischen Einheiten kann der gesamte Prozess auch ein Jahr und länger dauern. Dies erschwert enorm das Management eines M&A-Projektes, sind doch den M&A-Parteien in dieser Zeit die Hände gebunden, weil sie den Zusammenschluss nicht realisieren dürfen. Dies ist auch die Periode, in der das Vorhaben (eben wegen der Öffentlichkeit der Kartellprüfung) allgemein bekannt ist, sodass sich Wettbewerber, Kunden und Lieferanten mit entsprechenden Gegenmaßnahmen auf die Fusionskandidaten „einschießen" können.

Dies wird mit „*Retaliation*" (Abwehr durch feindliche Stakeholder) bezeichnet und ist schon so verbreitet, dass man dies bereits als „M&A-Workstream" bezeichnen kann, jedoch als Workstream von dritter Seite, weil er gegen die beiden Fusionskandidaten angeht. Er startet, sobald Dritte „Wind" von einem M&A-Deal bekommen beziehungsweise wenn Indikatoren auf einen anstehenden Deal hinweisen. Er endet mit Abschluss der M&A-Integration etwa ein Jahr nach dem Closing. Dann geht dieser Prozess in die allgemeine Wettbewerbsarbeit über. Im Grunde geht es darum, den oder die beiden Wettbewerber an allen Stellen anzugreifen, an denen sie im Zuge des M&A-Prozesses besonders verwundbar sind. Dabei ist darauf zu achten, dass die Grenze des rechtlich Zulässigen nicht überschritten wird. Ein beliebter Weg ist hierbei, den M&A-Kandidaten Führungskräfte und Schlüsselmitarbeiter abzujagen. Dies kann durch Einschaltung eines *Headhunters* erfolgen, sofern man die betreffenden Mitarbeiter identifizieren kann. Beliebt ist auch, an den Hauptstandorten der M&A-Partner Annoncen in Zeitungen zu schalten oder per Internet gezielt nach Mitarbeitern Ausschau zu halten. Die Annoncen werden dann gezielt auf die Profile der gesuchten Mitarbeiter ausgerichtet. Der Retaliation-Prozess umfasst auch die gesamte Wertschöpfungskette der potenziellen M&A-Partner, indem man forciert deren Kunden und Lieferanten angeht – denn während eines M&A-Prozesses werden diese aus Kapazitätsgründen häufig vernachlässigt.

Alles in allem zeigt die Bandbreite des Dealmaking-Prozesses eine hohe Komplexität wegen der Vielfalt der Prozesse, ihrer vielfältigen fachlichen und regionalen Ausprägungen und den hohen Transaktionskosten, die dadurch ausgelöst werden. Selbst letzteres erfordert wiederum neue Kapazitäten. So wurde im Siemens-Westinghouse-Fall eine gemeinsam agierende externe Anwaltskanzlei eingeschaltet, deren Aufgabe es war, die Kartellanwälte von beiden Seiten zu kontrollieren und deren ständige Anforderungen an zusätzliche Daten für das Fusionskontrollverfahren zu begrenzen.

Im Folgenden werden die Arbeitspakete des Dealmaking-Prozesses inhaltlich erläutert. Gleichzeitig wird in jedem Abschnitt auf die Einordnung des jeweiligen Arbeitspaketes in die übergeordneten Vorgänge eingegangen, um die teilweise komplexen Querverbindungen deutlich zu machen.

### 4.2.2 Sondierung

Der Begriff *Sondierung* steht allgemein für Untersuchungen zur Beurteilung und Abschätzung bestimmter Verhältnisse, insbesondere für die informelle Annäherung zweier möglicher Gesprächs- bzw. Koalitionspartner. Bei M&A zählen dazu Aktivitäten, um die Bereitschaft eines Kandidaten zu einer Form der Zusammenarbeit (Kooperation), zu einem Zusammengehen (Joint Venture) oder zum Kauf/Verkauf eines Targets (Unternehmen, Unternehmensteile) herauszufinden. Im Gegensatz zu konkreten *Verhandlungen* stehen Sondierungen für unverbindliche Kontakte, die so zu gestalten sind, dass daraus keine weiterreichenden Verpflichtungen für die Sondierungspartner erwachsen.

Zunächst ist die Frage zu stellen, ob und auf welchem Wege mit dem angedachten Kandidaten bereits Kontakte bestehen oder bestanden haben. Wenn es sich um einen direkten Wettbewerber handelt, dann dürfte man sich aus Messen, Verbänden und (z. B. Normen-) Institutionen kennen und die Vertriebe dürften sich aus Kundenkontakten kennen. Erfahrungsgemäß liegen solche Kontakte beim Vorstand/bei der Geschäftsführung, beim Vertrieb und/oder bei der Entwicklung.

Im nächsten Schritt ist zu klären, wer Kontakt zum Kandidaten in der speziellen M&A-Frage aufnehmen sollte. Hierbei steht die Frage im Vordergrund, ob man sich gegenüber dem Kandidaten zu erkennen geben möchte oder nicht und wie der Kandidat auf eine direkte Kontaktaufnahme zu diesem Thema reagieren würde.

Dabei ist auch die Frage zu stellen, welche Absicht man dem Kandidaten signalisieren sollte. Erfahrungsgemäß reagieren Unternehmen im mitteleuropäischen Raum sehr sensibel (ablehnend) auf die direkte Frage nach dem Kauf ihres Unternehmens. In den angelsächsischen Ländern ist man gewohnt, damit direkter umzugehen. Besonders hohe Sensibilität haben von Eigentümern geführte mittelständische Unternehmen.

Bei hoher Sensibilität ist es auf alle Fälle sinnvoll, nicht die Karten gleich voll auf den Tisch zu legen sondern das Thema breiter anzugehen, etwa mit der Frage, ob man sich eine Zusammenarbeit vorstellen könnte. Eine solche Frage kann auch bei einer sich bietenden Gelegenheit (z. B. Messeauftritt, Verbandstagung) vom Vorstand oder vom Vertrieb gestellt werden, damit sie möglichst „Low Key" aufgehängt wird.

Wenn man die Offenlegung des eigenen Unternehmens vermeiden möchte, dann ist es auf alle Fälle sinnvoll, einen Mittelsmann einzuschalten. Hierzu bietet sich bei mittelständischen Targets der Dienst eines M&A-Transaktionshauses (einer sogenannten *M&A-Boutique*), eines Anwaltes oder eines Wirtschaftsprüfers an (vgl. auch Abschn. 2.2.2). Bei komplexen und großen Vorhaben empfiehlt sich die Einschaltung eines Investment Bankers, der sorgfältig vorzubereiten und mit einer gemeinsam zu entwickelnden „Story" bewaffnet sein sollte.

Sehr wichtig ist, sich zu diesem Stadium juristischen Beistand einzuholen, denn solche Kooperationen können wettbewerbs- und kartellrechtlich kritisch sein. Insbesondere ist darauf zu achten, dass keine Informationen ausgetauscht werden, die aktuelle Vertriebsprojekte oder die Preisbildung betreffen.

Ein vorrangiges Ziel sollte sein, mit dem Kandidaten in exklusive Verhandlungen einzusteigen und die Exklusivität über den ganzen M&A-Prozess zu sichern. Dazu ist der frühzeitige Abschluss einer *Vertraulichkeitserklärung* und *Exklusivitätsvereinbarung* vonnöten. Vor allem ist im weiteren Prozess, wenn sich die Positionen langsam herausschälen, darauf zu achten, dass der Kandidat nicht plötzlich auf eine Auktion umschaltet. Bei Auktionen ist der Preis- und Abschlussdruck höher, weshalb viele Unternehmen (mit Recht) grundsätzlich Auktionen ausschließen. Dies betrifft nicht nur strategische Käufer, sondern auch eine Reihe bekannter Private Equity-Unternehmen.

Ein geradezu idealer Weg ist, wenn sich beide Kandidaten zur Bildung eines gemeinsam zu besetzenden Explorationsteams entschließen. Dieses Team kann dann unabhängig die verschiedenen Modelle zur Zusammenarbeit vorschlagen, von der freien punktuellen Kooperation bis zu einem vollständigen Merger oder einer Übernahme. Dabei sollte das Team auf konzeptionellen Daten aufsetzen. Erfahrungsgemäß ist die Dauer eines gemeinsamen Explorationsteams mit etwa sechs Wochen anzusetzen, vorausgesetzt, dass der Übernehmer bzw. beide Seiten im Vorfeld auf der Basis von Strategie- und Screeningprojekten eine hinreichende Informationsbasis geschaffen haben.

Sollte es dazu nötig sein, dass wettbewerblich kritische Daten zugrunde gelegt werden müssen, die einander nicht offengelegt werden dürfen, dann ist dazu die Bildung eines sogenannten *Clean Teams* erforderlich. Dieses Team besteht aus Personen, die nicht im betreffenden Geschäft tätig sind und die zur Verschwiegenheit verpflichtet sind. Idealerweise wird dazu ein Berater herangezogen, der das Vertrauen beider Verhandlungsparteien besitzt. Das Clean Team kann dann von beiden Parteien Daten beziehen (z. B. über einzelne Projekte), die dann so aggregiert werden, dass daraus keine Rückschlüsse für aktuelle im Wettbewerb befindliche Projekte und auf die Preise möglich sind. Die aggregierten Daten werden dann dem gemeinsamen Explorationsteam zur Verfügung gestellt.

Bei komplexeren Projekten ist zu empfehlen, dass parallel zum gemeinsamen Explorationsteam das interne Team (des „Übernehmers") weiterhin vertiefende Untersuchungen anstellt, die über das gemeinsame Explorationsteam hinausgehen. Hier können dann detailliertere Untersuchungen zu den einzelnen Modellen zum Beispiel unter Einbezug des Produkt- und Technologie-Portfolios angestellt werden. Hintergrund ist, dass der initiierende Part („der Übernehmer") einen Wettbewerbsvorsprung an Informationen gegenüber dem Target sicherstellen sollte.

Mit fortschreitendem Erkenntnisstand des gemeinsamen Explorationsteams, spätestens mit dem Abschluss der Teamarbeiten, liegen die Modelle der „Annäherung" bzw. der Kooperation und des (eigentumsrechtlichen) Zusammenschlusses auf dem Tisch. Nun gilt es, sich von beiden Seiten den gemeinsam zu tragenden und zu priorisierenden Modellen zu nähern. Dies muss mit größter Sensitivität verfolgt werden, um keinen Bruch zu erzeugen. Es kann auch sinnvoll sein, zeitweise unter „falscher Flagge" zu fahren. So wurde bei Siemens das Westinghouse-Projekt zunächst als „Merger of Equals" gefahren, um Westinghouse nicht zu verlieren. Es war jedoch auf der Siemens-Seite von vornherein klar, dass am Ende nur eine Übernahme infrage kam. Erst nach einer zwischenzeitlichen

Unterbrechung der Sondierungen und nachdem klar wurde, dass Westinghouse in eine Gesellschaft zum Betrieb von Fernsehstationen (CBS) überführt werden sollte, wurden die Karten auf den Tisch gelegt.

**Einbindung in die übergeordneten Vorgänge**

Ein M&A-Projekt ist in den Führungs- und Planungsprozess eines Unternehmens einzubinden. Das bedeutet, dass in einer rollierenden jährlichen (strategischen und finanziellen) Planung Raum gegeben werden muss für die Planung von M&A-Projekten. So ist in der jährlichen Planung der Geschäftsausbau mit dem Ziel der zu erreichenden Wettbewerbsposition zu adressieren, insbesondere wenn sich der Markt konsolidiert und die Wettbewerber ihrerseits Anstrengungen zum organischen oder externen Ausbau ihres Geschäftes machen. Daraus ergeben sich die zu treffenden strategischen Maßnahmen, zu dem auch M&A gehört. In schwierig gelagerten Fällen ist es nötig, ein eigenes Strategieprojekt aufzusetzen, um den strategischen Pfad zu bestimmen. Das eigentliche M&A-Projekt beginnt mit einem „Strategy Check", bei dem die Belastbarkeit der Strategie zu prüfen ist.

Mit der Sondierung startet der Dealmaking-Prozess. Der Eigentümer („Owner") des Dealmaking-Prozesses ist gleichzeitig der (operative) Owner des vorliegenden M&A-Projektes und damit der führende Kopf des Vorhabens. Über ihm wird mit dem offiziellen Start des konkreten M&A-Projektes der Lenkungsausschuss gebildet. Der Lenkungsausschuss rekrutiert sich aus der nächsthöheren Managementebene, ergänzt um die entsprechend hoch angesiedelten Vertreter der zuständigen Fachabteilungen (Strategieabteilung, M&A-Transaktionsabteilung) bzw. deren Chefs (wenn sie denn entsprechend hoch angesiedelt sind). Große und das Gesamtunternehmen betreffende sogenannte „A"-Projekte werden höher anzusiedeln sein als mittelgroße und nur einzelne Branchen übergreifende „B"-Projekte. Niedriger aufzuhängen sind kleine Spezialprojekte, sog. „C"-Projekte, die häufig zur Abrundung des bestehenden Geschäftes anfallen (vgl. Lucks, 2014, S. VI; vgl. auch Abschn. 6.1.3). Bei der Auswahl der M&A-Projekte ist darauf zu achten, dass die jeweils zuständigen Managementebenen zeitgleich nur mit jeweils einem Projekt betraut sind, es sei denn der Prozess ist (bei kleinen Serien-Übernahmen) weit standardisiert und schnell abwickelbar. So ist bei der Priorisierung und Auswahl der Projekte nicht nur auf die kritische Größe *Finanzmittel* zu achten sondern auch auf die kritische Größe *Managementkapazität.* Hier muss man weit vorausschauen und den gesamten Prozess beurteilen, denn M&A-Projekte fangen mit geringer Kapazität an, wachsen nach der Verhandlungsfreigabe um Faktoren an und erleben unmittelbar nach dem Closing nochmals einen sprunghaften Anstieg auf die Spitzenwerte. Beim Siemens-Westinghouse-Projekt lag der „Peak" bei 300 Projektmitarbeitern, davon 100 Beratern. Neben der Bereitstellung der notwendigen (internen/externen) Kapazitäten ist an die erforderlichen Kompetenzen zu denken. Die Erfahrung zeigt, dass Serienkäufer die häufigeren kleineren bis mittleren M&A-Projekte weitgehend mit internen Kräften abdecken können – abgesehen von Spezialisten in Auslandsmärkten. Für Großprojekte werden jedoch in wesentlichem Umfang externe Berater und Dienstleister benötigt, weil die entsprechenden Kapazitäten nicht dauerhaft intern vorgehalten werden können (weiteres vgl. Kap. 6 Integrales M&A-Management).

**Aufsetzpunkte und Schnittstellen mit vorlaufenden Arbeitspaketen**

Die Sondierung stellt den ersten zielgerichteten Kontakt eines Unternehmens zum Zweck von M&A oder einer Kooperation mit einem Target-Unternehmen dar. Zuvor müssen die strategischen Vorarbeiten geleistet worden sein. Dazu gehört eine belastbare Basisstrategie, aus der eindeutig hervorgeht, dass man ein Geschäftsgebiet (Geschäftsfeld, Geschäftszweig...) durch M&A (Kauf) stärken oder sich von ihm trennen will (Verkauf).

Diese Basisstrategie (vgl. Abschn. 4.1.2) muss eindeutig belegen, dass ein Unternehmenserwerb einem organischen Wachstum vorzuziehen ist bzw. dass ein Rückzug besser durch Verkauf anstatt durch organischen Rückzug oder Schließung zu bewerkstelligen ist. Wenn sich die Basisstrategie als belastbar erweist, dann folgt das Screening, aus der die zu priorisierenden Kandidaten hervorgehen (vgl. Abschn. 4.1.3). Sind die strategischen, kulturellen und finanziellen Kriterien bei einem Kandidaten erfüllt, dann erfolgt die Kontaktierung, um dessen Bereitschaft zum gewünschten Kooperations- bzw. M&A-Modell herauszufinden. Notwendigerweise ist hierzu ein Vorstandsbeschluss erforderlich, dass nun ein bestimmtes M&A-Projekt startet. Das Risiko beim Fehlen eines „offiziellen" Startes ist, dass verschiedene Abteilungen „informell" ein M&A-Projekt verfolgen und damit Kosten, Kapazitäten und Zeit vergeuden, ohne dass der notwendige Druck auf die Einsatzfaktoren besteht und eine Verpflichtung zur Zielerreichung gegeben ist.

**Output und Schnittstellen mit parallelen und nachlaufenden Arbeitspaketen**

Durch das Kandidatenscreening liegen frühzeitig Eckwerte des Targets vor, dem das Sondierungsteam Priorität eingeräumt hat. Diese Daten sind auch die Grundlagen des Business Case (vgl. Abschn. 4.1.4). Im frühen Stadium ist damit eine erste Simulation zum Zusammenschluss der beiden Unternehmen(-steile) gemeint, aus der die Investitionen (Kaufpreisszenarien...), die Kostenbelastungen, die Synergien, die Dissynergien, die Risiken, Markt- und Technologiepositionen hervorgehen. Der Intermediär sollte nun nicht die Story offenlegen sondern „vorsichtig anklopfen", ob und zu welchem Modell einer Zusammenarbeit beim Target Bereitschaft besteht. Dabei sollte auch überlegt werden, ob man sich schrittweise näherkommen möchte und ob dies nicht grundsätzlich ein Pfad der Annäherung sein sollte, etwa zum Start über eine Zusammenarbeit, etwa ein Entwicklungs-Joint-Venture, gegenseitige Bezüge, Pooling des Einkaufs oder Ähnliches. Bei strategischen Vorhaben mag es auch sinnvoll sein, an mehreren Stellen gleichzeitig die Zusammenarbeit zu sichern.

Weitgehend eingebunden in die Sondierung laufen die Arbeitspakete Vorverträge (Abschn. 4.2.3) und Führungskonzept (Abschn. 4.2.4). Sind diese Themen aufbereitet, dann ist in einem zweiten Meilenstein (nach dem offiziellen Projektstart) wiederum der Vorstand einzuschalten und das Vorhaben in einer Vorstandsvorlage zur Genehmigung vorzustellen (vgl. Abb. 3.2). Erst nach Genehmigung dürfen verbindliche Zusagen getroffen und die vorbereiteten verbindlichen Vorverträge unterzeichnet werden. Lediglich eine Vertraulichkeitsvereinbarung darf vor diesem Meilenstein abgegeben werden. Es muss dabei jedoch explizit hingewiesen werden, dass darauf keine Folgeverpflichtungen abgeleitet werden dürfen.

### 4.2.3 Vorverträge und Transaktionspfad

#### 4.2.3.1 Exklusivität versus Auktion

Grundsätzlich bestehen zwei verschiedene Pfade für den Transaktionsprozess: exklusive Verhandlungen und Auktionen (vgl. dazu auch Abschn. 2.1.4). Für beide Verfahren gibt Vor- und Nachteile. Die Wahl des Verfahrens ist jedoch von der jeweiligen Situation abhängig. Für exklusive Verhandlungen sprechen im Wesentlichen, dass dadurch Gerüchte im Markt minimiert werden können. Wenn ein Unternehmen sich in seinem Wettbewerbsumfeld gut auskennt, dann weiß es auch, welcher Wettbewerber als Partner (Joint Venture) oder Käufer in die engste Wahl gezogen werden sollte bzw. wer die größten Synergien hat. Neben der Maximierung des Kaufpreises stehen auch ganz andere Argumente zur Disposition, zum Beispiel der Erhalt des Firmennamens, Erhalt der Standorte und Mitarbeiter. Wenn hier klar die Prioritäten zu setzen sind, dann sollte der Weg der exklusiven Verhandlungen gewählt werden.

Andererseits ist in der Praxis gelegentlich zu beobachten, dass Eigentümer von mittelständischen Unternehmen bereit sind, dem Drängen eines vermeintlichen Wunschpartners nach frühzeitiger Exklusivität nachzugeben, weil die Komplexität eines Auktionsprozesses überbewertet wird. Da exklusive Verhandlungen frühzeitig scheitern können, fällt dann nach mehreren erfolglosen Anläufen manchmal doch die Entscheidung für einen Auktionsprozess. Insofern sollten exklusive Verhandlungen dann priorisiert werden, wenn

- der Markt für den Kauf des zur Disposition stehenden Unternehmens klein ist,
- das Risiko besteht, dass die Transaktion durch eine breitere Auktion in der Öffentlichkeit bekannt wird,
- der Käufer über sehr gute Wettbewerbsinformationen verfügt und den Käuferkreis gut einschätzen kann,
- historisch gute Beziehungen zwischen einem speziellen Kaufinteressenten und dem Verkäufer bestehen,
- die strategische Logik für den Kauf/Verkauf schlagend ist und damit erkennbar besser ist als eine Alternative.

Für eine Auktion spricht hingegen:

- der potenzielle Käufermarkt ist größer bzw. unüberschaubar, insbesondere unter Einbezug von Lieferanten und Kunden, die sich geschäftlich ausdehnen wollen,
- die Maximierung des Verkaufspreises steht im Vordergrund, vor Erhalt der Unternehmens-Identität,
- der Markt ist nicht so klein, dass der Verkäufer allein durch seine Eckdaten (Produkte, Umsatzgröße, Region…) unmittelbar erkannt werden kann: die Anonymität ist gewährleistet,
- es besteht hohe Sicherheit gegen Informationslecks.

Die Vor- und Nachteile zwischen einer exklusiven Verhandlung und einer Auktion sind gründlich abzuwägen. Bei einem Unternehmensverkauf mit früher Exklusivität legt sich der Verkäufer bereits anfangs auf einen „Wunschpartner" fest, der in der Regel aus einem kleinen Kreis von bekannten Unternehmen ausgesucht wird. Es besteht ein gewisses Risiko, dass der Prozess vom Käufer bestimmt und dominiert wird. Ohne Zweifel gibt der Verkäufer dem Kandidaten damit einen starken Vertrauensvorschuss und hofft, dass sich dessen Interesse im Zeitablauf erhärtet und die ursprünglichen Zusagen eingehalten werden. Gleichzeitig gerät der Verkäufer in eine eher passive Rolle und verliert leicht die Kontrolle über den Prozess. Deshalb sollte der Verkaufsprozess möglichst professionell und „neutral" geführt werden. Es empfiehlt sich demnach, auf beiden Seiten erfahrene Berater einzusetzen, im Mittelstand jeweils eine der führenden M&A-Boutiquen, nicht nur bei exklusiver Verhandlung sondern auch bei einer Auktion.

Bei einem Auktionsprozess durchlaufen mehrere potentielle Käufer parallel einen zeitlich und inhaltlich klar strukturierten Prozess, der darauf ausgelegt ist, eine Konkurrenzsituation zu schaffen und diese Wettbewerbssituation zu Gunsten des Verkäufers auszunutzen. Hier hat der Verkäufer eindeutig den größeren Hebel. Die Prozessstufen sind üblicherweise wie folgt:

- Vorbereitung des Unternehmens auf den Verkaufsprozess (Erstellung eines *Informationsmemorandums*, einer Unternehmensbewertung, Analyse und Festlegung möglicher Käufer),
- Individuelle Ansprache der festgelegten Interessenten und Versand des Informationsmemorandums gegen unterzeichnete Vertraulichkeitserklärung,
- Abgabe einer ersten indikativen Interessenbekundung („*Letter of Interest*"),
- Managementpräsentation, Due Diligence,
- Erhärtete Angebote („*Letter of Intent*"),
- Auf Basis der Letters of Intent folgt die Auswahl der Kandidaten für die Endrunde (mit parallelen Vertragsverhandlungen),
- Ein Verkäufer stellt mit dieser Vorgehensweise sicher, dass er konkrete und vergleichbare Angebote erhält, die er miteinander abwägen und verhandeln kann. Am Ende erhält der „beste" Käufer den Zuschlag.

Bei einer großen Zahl von Interessenten kann die Auktion auch zweistufig erfolgen oder es kann in einer ersten Stufe ein Auswahlprozess vorgeschaltet werden – etwa durch Abgabe von verbindlichen oder unverbindlichen Kaufpreisangeboten. Nach der Vorauswahlstufe erfolgt dann die eigentliche Auktion. Die Vor- und Nachteile von Exklusivverhandlungen und Auktionen sind im Folgenden nochmals anhand der wesentlichen Kriterien zu beleuchten:

**Machtverhältnisse** Bei einer Unternehmensauktion kann der Verkäufer die Spielregeln bis zum Schluss bestimmen und steuern. Wenn das Unternehmen gut auf den Verkaufsprozess vorbereitet ist, entsteht im Prozess eine eigene Dynamik, so dass der Verkäufer zeitlich Druck aufbauen kann. Zudem gibt es jederzeit Handlungsalternativen, falls ein Käufer abspringt (z. B. weil er im gegenwärtigen Marktumfeld keine Transaktionsfinanzierung von seiner Bank erhält). Damit besteht eine hohe Sicherheit, dass die Transaktion innerhalb eines bestimmten Zeitraumes abgeschlossen wird (z. B. sechs Monate). Andererseits gibt es zunehmend viele Kaufinteressenten, die eine Auktion grundsätzlich ablehnen, weil die Gefahr von überhöhten Preisen zu groß ist. Damit ist auch das Risiko groß, dass das Target zu radikal umstrukturiert werden muss und seine Identität verliert.

**Transaktionssicherheit und -geschwindigkeit** Diese sind bei früher Exklusivität generell deutlich geringer. Ein Teil des (zeitlichen) Drucks wird bereits vorzeitig von den Verhandlungspartnern genommen. Zudem gibt der Verkäufer die Kontrolle über den Verkaufsprozess zumindest teilweise aus der Hand, da wesentliche Schritte nur gemeinsam mit dem Partner durchsetzbar sind. Falls der Wunschpartner im Laufe der Verhandlungen absagt, muss ein neuer Kandidat aufgebaut werden. Der hierdurch entstehende Zeitverlust und die enorme Belastung des Managements sind kaum vertretbar.

**Vertraulichkeit** Unternehmer haben häufig große Bedenken, dass mögliche Verkaufsabsichten am Markt bekannt werden könnten. Da ein Auktionsprozess auf die Ansprache mehrerer Interessenten setzt, ist das theoretische Risiko von Marktgerüchten grundsätzlich höher zu bewerten als bei früher Exklusivität. Dieses Risiko lässt sich bei Auktionsverfahren jedoch minimieren, indem die Interessenten sehr gründlich ausgewählt und die Entscheidungsträger auf der Käuferseite persönlich angesprochen werden. Der Name des Verkaufsobjekts wird erst nach abstrakter Klärung der Interessenlage gegen eine unterschriebene Vertraulichkeitserklärung offen gelegt.

**Informationsaustausch** Im Auktionsverfahren folgt der Informationsaustausch einem standardisierten Ablauf, der für alle Interessenten gleich ist. Die Käufer erhalten eingeschränkten Zugang zum Verkaufsobjekt und limitierte Informationen, die vom Verkäufer vorgegeben, kontrolliert und gegebenenfalls stufenweise ausgegeben werden. Der Verkäufer kann die Dynamik des Auktionsprozesses ausnutzen, damit sich die Interessenten auf transaktionsrelevante Themen fokussieren. Bei früher Exklusivität dürfte es dagegen schwerer fallen, dem Wunschpartner die Anforderungen und den Umfang seiner Due Diligence vorzugeben, so dass die Prüfungen in der Regel wesentlich umfangreicher sind. Dies kann sich positiv auswirken, wenn es darum geht, durch mehr Raum für individuelle Gespräche eine gegenseitige Vertrauensbasis zu schaffen. Hierbei sollte eine unstrukturierte Informationsweitergabe jedoch in jedem Fall vermieden werden. Falls der Interessent unabgestimmte oder widersprüchliche Informationen bzw. Aussagen erhält, besteht ein erhebliches Risiko, dass er dies in späteren Verhandlungen zu seinen Gunsten ausnutzt.

**Kaufpreis** Ein Auktionsprozess stellt sicher, dass derjenige Bieter den Zuschlag erhält, der dem Unternehmen zum Zeitpunkt des Verkaufs den höchsten Wert beimisst. Durch den Wettbewerb werden Bieter häufig dazu verleitet, ihre Synergiepotenziale bzw. Teile einer erwarteten Wertsteigerung einzupreisen. Der Verkäufer schafft eine Wettbewerbssituation, die sich sowohl auf den Kaufpreis vorteilhaft auswirkt, als auch auf die Bereitschaft der Bieterseite, auf bestimmte Garantien und Zusagen seitens der Verkäufer zu verzichten. Bei früher Exklusivität begrenzt ein Verkäufer von Beginn an seinen Handlungsspielraum und schwächt damit seine Position in den Preisverhandlungen. In der Praxis zeigt sich leider häufig, dass Bieter zunächst einen hohen Kaufpreis nennen, um Exklusivität zu erlangen, der dann schrittweise aufgrund von teilweise konstruierten Erkenntnissen aus der Due Diligence (sogenannte „*Due Diligence Findings*") zurückgenommen wird.

Spezielle M&A-Boutiquen beschreiten deshalb für ihre Kandidaten den Mittelweg zwischen Auktion und exklusiver Verhandlung. Durch eine intensive Vorstudie wird der strategische Fit der besten potenziellen Käufer ermittelt, deren Synergiepotenzial und deren Fähigkeit zur integrierten Unternehmensführung wird quantifiziert. Anstatt nun in einer Auktion auf viele Kandidaten zuzugehen, wird nur der erste und beste Kandidat angegangen, bei Nicht-Interesse die Nummer zwei. So kann in einer engen Wettbewerbssituation der Prozess mit zwei Interessenten strukturiert, unter Druck und mit mehr Tiefgang als bei einer Auktion in der Breite – weil für die Interessenten genug Raum für Sonderwünsche bleibt – geführt werden.

Maßgeblich für die Wahl der M&A-Strategie sind die individuellen Ziele des Verkäufers sowie die spezifische Situation des Unternehmens. Bei früher Exklusivität ist der Prozess wesentlich mehr von einem gemeinschaftlichen Miteinander geprägt. Dies kann eine geeignete M&A-Strategie sein, wenn der Erfolg wesentlich von dem Aufbau eines Vertrauensverhältnisses zwischen Verkäufer und Käufer bestimmt wird. Auch bei früher Exklusivität sollte ein Verkäufer versuchen, ein „Momentum" aufzubauen und zu halten, z. B. einen zügigen Zeitplan aufstellen und auf dessen strikte Einhaltung drängen (mit entsprechenden Konsequenzen bei Nichteinhaltung). Die Einhaltung eines strukturierten Prozesses, auf den man sich vorab einigt, ist damit ein wichtiger Erfolgsfaktor.

Im Folgenden soll auf einzelne Verträge eingegangen werden. Im Vordergrund steht dabei aus Platzgründen die exklusive Verhandlung. Im Auktionsfall kann aber ähnlich vorgegangen werden.

#### 4.2.3.2 Vertraulichkeitsvereinbarung

Im Zuge des Dealmaking-Prozesses werden üblicherweise eine Reihe von Vorverträgen und Verträgen geschlossen. Wie im Abschn. 4.2.2 beschrieben, wird die erste Sondierung mit dem priorisierten Partnerunternehmen aufgenommen, um zunächst einmal die grundsätzliche Bereitschaft zu dem angedachten Deal auszutesten. Dies kann durch spezielle und gezielte Direktkontakte, durch spezielle Kontaktierung über Dritte oder informell bei entsprechender Gelegenheit bei Treffen der Vertriebe, bei Verbandstreffen, in Symposien (Vorstände) oder bei anderen Gelegenheiten erfolgen. Wie bereits erwähnt, sind deutsche und kontinentaleuropäische Unternehmen ganz allgemein sehr sensibel in der Ansprache und im Angesprochen-Werden, während man in anglo-amerikanischen Ländern sehr direkt vorgeht und durchaus einen Telefonanruf tätigen kann, mit dem Inhalt „I want to buy you". Amerikaner sehen dies „sportlich", während der zurückhaltende Kontinentaleuropäer darauf eher mit Ablehnung reagiert. Er fürchtet, dass eine positive Antwort in die Öffentlichkeit dringt und damit Gerüchte über einen Rückzug aus dem Geschäft die Runde machen. Es kommt also darauf an, ganz zu Beginn des Sondierungsprozesses, wenn noch keinerlei Vorvertrag besteht– insbesondere keine Vertraulichkeitsvereinbarung – möglichst nichts rauszulassen. Deshalb wird auch gern ganz allgemein angeregt, „...einmal über Möglichkeiten der Zusammenarbeit zu sprechen." Bei einem gewissen Gesprächsfortschritt, wenn das überlappende Interesse sich als groß genug herausgestellt hat, wird dann ein erster Vertrag, die Vertraulichkeitsvereinbarung (*Confidentiality Agreement*), geschlossen.

Die Vertraulichkeitserklärung regelt, dass weder der Tatbestand von Gesprächen und auszutauschenden Unterlagen noch deren Inhalte nach außen bekannt gemacht werden dürfen. Oft wird der Einbezug der Personen, die Kenntnis von den Gesprächen haben, auch noch namentlich begrenzt, zum Beispiel auf die Geschäftsführung und die Mitglieder eines Sondierungsteams und auf beiden Seiten jeweils ein Jurist, der die Rechtskonformität durch Beobachtung der Gespräche und Durchsicht der auszutauschenden Unterlagen hinsichtlich Konformität mit dem Wettbewerbsrecht (Antitrust...) und Compliance (Bestechung...) prüft. Es sollte auch geregelt werden, ob und in welchem Umfang Gespräche protokolliert werden sollen und ob die Protokolle von beiden Seiten abzusegnen sind. Auszutauschende Unterlagen sind mit einem Anschreiben zu versehen. Es muss geregelt werden, ob und in welchem Umfang Kopien der auszutauschenden Unterlagen angefertigt werden dürfen. Auch ist zu regeln, dass im Falle des Abbruchs der Gespräche die Originalunterlagen und die Kopien davon zurückzugeben und dass alle diesbezüglichen elektronischen Medien zu löschen sind. Idealerweise sind die erhaltenen Unterlagen in einem zentralen Ordner, mit Datum, Anschreiben und mit durchnummerierten Seiten abzulegen, um im Falle einer späteren Rechtsstreitigkeit eine durchgängige Historie des Sondierungs- und Austauschprozesses nachweisen zu können. Es ist eine Frage der Ausgangspositionen, ob man frühzeitig eine allgemeine Vertraulichkeitsvereinbarung abschließt, um (fast) von Anfang an abgesichert zu sein, oder ob man erst einmal abwartet, bis das grundsätzliche Modell soweit herausgearbeitet ist, dass man grundsätzlich weiß, in welchen Rollen – zum Beispiel Käufer versus Verkäufer oder als Joint-Venture-Partner – man die Sondierungen führt. Bei einem Verkaufsfall fließen dann die Informationen meist nur an den Käufer (mit geringen Gegeninformationen, ob der Käufer zum Beispiel in der Lage ist, einen gewissen Kaufpreis auch zu finanzieren). Eine Vertraulichkeitsvereinbarung besteht typischerweise aus folgenden Bestandteilen (vgl. Müller-Michaelis, 2010, S. 1499–1502):

**Bezeichnung der Vertragspartner:** wer ist Verkäufer, wer ist Käufer
**Präambel: Zweck der Vereinbarung** (z. B. Veräußerung, Hintergrund für den Informationsfluss), Bezeichnung des Objektes (Kaufgegenstandes)
**§ 1 Vertrauliche Informationen:** was sind vertrauliche Informationen (alle Informationen, die nicht öffentlich sind) gegenüber nicht-vertrauliche Informationen (alle Informationen, die dem Käufer/Partner bereits bekannt sind, die öffentlich sind, die der Verkäufer öffentlich zugänglich macht...), gegenüber rechtlichen Verpflichtungen zur Offenlegung von erhaltenen Informationen.

**§ 2 Vertraulichkeit der Transaktion:** Keine Offenlegung der beabsichtigten Transaktion gegenüber Dritten, Bedingungen, Konditionen, oder andere Umstände der Transaktion und deren Status.
**§ 3 Kommunikation und externe Berater:** Verpflichtung des Bieters, Anfragen, Terminwünsche und sonstige Formen der Kommunikation ausschließlich an in der Anlage benannte gesetzliche Vertreter offen zu legen. Einschaltung externer Berater nur nach Zustimmung des Verkäufers. Haftung des Bieters für seine Repräsentanten.
**§ 4 Rückgabe:** Berechtigung des Verkäufers, jederzeit vom Bieter zu verlangen, dass die vertraulichen Dokumente und ihre Kopien zurückgegeben oder vernichtet werden.
**§ 5 Abwerbeverbot:** Verpflichtung des Bieters, über die Dauer (z. B. von zwei Jahren) keinen gesetzlichen Vertreter, Arbeitnehmer oder Berater (mit Ausnahme von eingeschalteten Investmentbankern, Wirtschaftsprüfern, Steuerberatern oder Rechtsanwälten) abzuwerben. Kontaktverbot des Bieters mit Kunden und Lieferanten des Verkäufers.
**§ 6 Haftungsausschluss und Freistellung:** Weder Verkäufer noch eines seiner verbundenen Unternehmen übernimmt eine Haftung oder Gewährleistung für die Richtigkeit und Vollständigkeit der vertraulichen Informationen. Der Bieter verpflichtet sich, den Verkäufer und seine verbundenen Unternehmen von jeglichen Verpflichtungen und Verbindlichkeiten, Schäden, Kosten usw., die dem Verkäufer im Zusammenhang mit einer Verletzung dieser Vereinbarung entstehen, freizustellen.
**§ 7 Vertragsstrafe:** Verpflichtung des Bieters, dem Verkäufer für jede einzelne Verletzung einer Verpflichtung aus dieser Vereinbarung eine Vertragsstrafe von x Euro zu zahlen.
**§ 8 Schlussbestimmungen:** Jede Vertragspartei trägt die im Zusammenhang mit dem Abschluss und Durchführung dieses Vertrages anfallenden Kosten, Steuern und Kosten ihrer (internen und externen) Berater selbst. Änderungen und Ergänzungen dieses Vertrages bedürfen der Schriftform. Unwirksamkeit einer Bestimmung dieses Vertrages berührt nicht die Wirksamkeit der übrigen Bestimmungen dieses Vertrages.
**Ort, Datum, Unterschriften**

Im Zuge der Sondierungen wird es sinnvoll sein, die Exklusivität der Gespräche zu sichern. Dies geschieht für einen überschaubaren Zeitraum, in dem zu erwarten ist, dass die Gespräche zu einem Abschluss führen. Typischerweise ist dies ein Zeitraum von sechs Wochen. Meist wird eine Exklusivitätsvereinbarung in Verbindung mit einem Term Sheet vereinbart (vgl. Abschn. 4.2.3.5).

#### 4.2.3.3 Information Memorandum:

Bei einem durch eine Investmentbank oder eine M&A-Boutique geführten M&A-Prozess, insbesondere bei einer Auktion, wird ein sogenanntes „*Information Memorandum*“ (oder auch „*Teaser*“ bezeichnet) erstellt, das eine detaillierte Darstellung über das Kaufobjekt (Target) liefert. Dieses soll die potentiellen Käufer „neugierig“ auf das Target machen und sie auf ein erstes Gespräch vorbereiten. Somit bildet dies die Grundlage für das *Indicative Bid* (vgl. Lucks, 2013b, S. 682). In der Regel wird zugleich mit dem Information Memorandum ein zusammenfassender Begleitbrief („*Teaser Letter*“) und eine Vertraulichkeitsvereinbarung zugestellt. Bei Einzelansprache von potenziellen Käufern ist besonders darauf zu achten, die Interessenlagen des angesprochenen Kaufkandidaten, seine spezifischen Schnittstellen zum Target (Quelle möglicher Synergien) und somit die Passfähigkeit zwischen Käufer und Verkäufer zu beachten. Damit werden die Weichen für eine vorteilhafte Kaufpreisverhandlung gelegt.

#### 4.2.3.4 Memorandum of Understanding und Letter of Intent

Ein *Memorandum of Understanding* (MoU) ist eine bilaterale oder multilaterale Absichtserklärung über den Kauf eines Unternehmens oder eine andere Unternehmenstransaktion, welche zwischen dem potenziellen Käufer und dem Verkäufer vereinbart wird. Ein MoU adressiert alle Aspekte der angestrebten Transaktion. Es handelt sich somit um ein Dokument, das die Eckpunkte eines noch abzuschließenden Vertrages festlegt. Diese Grundsatzvereinbarung hat keine rechtliche Bindungswirkung, kann also vor Gericht nicht eingeklagt werden. Man spricht deshalb explizit über ein „*Non binding MoU*". Das MoU kann aber auch bindende Klauseln haben, dann spricht man von einem „*Binding MoU*". Darin kann zum Beispiel geregelt werden, dass bei einseitiger Auflösung des Binding MoU eine gewisse Kompensationszahlung an den Verhandlungspartner zu leisten ist, die dessen Aufwendungen im M&A-Prozess abdeckt. Streng genommen darf also ein Non binding MoU vor der Verhandlungsfreigabe geschlossen werden, ein Binding MoU aber erst nach Genehmigung durch den Vorstand, also nach der Verhandlungsfreigabe. Während das Memorandum grundsätzlich zwischen zwei Parteien geschlossen wird, ist der Letter of Intent (LoI) eine einseitige Interessenbekundung, also eine Erklärung eines Kaufinteressenten gegenüber einem Verkäufer (vgl. Lucks, 2013d, S. 684, 686). Die Begriffe werden jedoch in der Praxis häufig synonym verwendet. Auch der Begriff *Term Sheet* (siehe unten) wird manchmal anstelle der Begriffe für MoU oder LoI benutzt, insbesondere wenn es sich um eine kurze Version eines Term Sheets handelt (vgl. Reiter & Domani, 2013, S. 536). Insofern sind die Begriffe in der Praxis nicht scharf abgrenzbar. Festzuhalten bleibt aber, dass die Synonymität nur bei kurzen Verträgen besteht. Für umfangreiche Verträge wird in der Regel der Begriff „Term Sheet" verwendet.

#### 4.2.3.5 Term Sheet

Ein Term Sheet ist eine Zusammenstellung der Eckpunkte (Terms) eines beabsichtigten Vertrages (vgl. Lucks, 2013d, S. 693). Er geht also dem Vertrag unmittelbar voraus und ist damit der typische finale Output des Arbeitspaketes „Vorverträge". Die Ausrichtung und der Umfang eines Term Sheets können dabei sehr unterschiedlich sein. Der anzustrebende Vertrag kann dabei genauso ein SPA (Share Purchase Agreement) sein, ein „Strategischer" Term Sheet für einen Unternehmens- oder Beteiligungskauf oder ein Term Sheet für eine LBO (Leveraged Buy Out)–Finanzierung. Für Letzteres gibt Hölters ein umfangreiches Grundraster, das aus Platzgründen hier nicht wiedergegeben werden kann (vgl. Hölters, 2010b, S. 1503–1532). Term Sheets stellen in der Regel auch ein Hauptthemenfeld eines Carve-Outs dar (vgl. Abschn. 4.3.2). Zunächst sind hier die möglichen Schnittstellen und Funktionen zu identifizieren, die ein Term Sheet bzw. eine neue Vertragsbeziehung notwendig machen. Dann gilt es, die Leistungsbeziehungen finanziell abzubilden. Leistungsbeziehungen innerhalb eines Verkäufers werden meist zu „Cost Plus"-Preisen verrechnet. Der Carve-Out verlangt nun die Umstellung auf Marktpreise (vgl. Nibler, 2013, S. 503). Entsprechend der Regelungstiefe können derartige Term Sheets sehr umfänglich werden. Frühzeitige Zusammenfassungen von – im Wesentlichen – strategischen Eckpunkten eines Kaufvertrages können sehr kurz abgefasst sein, insbesondere wenn sie als Share

Purchase Agreement Unternehmenseinheiten betreffen, die ganze Gesellschaften (z. B. GmbHs) umfassen. Die Länge und der Tiefgang eines Term Sheets bestimmen wesentlich den Umfang des Kaufvertrages, auf den sie abzielen.

**Einbindung in die übergeordneten Vorgänge**
Die Vorverträge kennzeichnen eine frühzeitige Phase der Sondierung (vgl. Abschn. 4.2.2), wenn erkennbar ist, dass der Kaufkandidat die grundlegenden Kriterien für einen Deal zu erfüllen scheint, sodass es sich lohnt im Sondierungsprozess weiterzumachen und eine Transaktion ins Auge zu fassen. Wenn der Kandidat wenig Erfahrung in M&A-Prozessen besitzt, hat es sich als vorteilhaft erwiesen, sich zu Beginn der Sondierungen die Zeit zu nehmen, dem Verkäufer zu verdeutlichen, in welche Phasen sich der M&A-Prozess typischerweise gliedert, welche Meilensteine bestehen (Zustimmungen der Unternehmensführungen), welche vertraglichen Dokumente im Zuge des Prozesses zu erstellen sind und mit welcher Detailtiefe und mit welchem Umfang typischerweise zu rechnen ist. Detailtiefe und Umfänge der (Vor-)Verträge sind Kulturfragen, die unternehmerische Usancen oder regionale Besonderheiten spiegeln. So waren in Deutschland früher kurze Verträge kennzeichnend. Zunehmend hat sich aber der amerikanische Ansatz zu sehr umfänglichen Verträgen durchgesetzt. Der Rahmen der Detailtiefe der Verträge ist also sehr breit und damit können die Eckpunkte, die hier gegeben werden, nur Beispiele sein. So besteht zum Beispiel der Kaufvertrag eines kleinen Konzerns für einen mittelständischen Dienstleister nicht selten aus 60 Seiten, wobei nach oben praktisch keine Grenzen gesetzt sind (vgl. dazu Reiter & Domani, 2013, S. 536–537). Wenn zum Beispiel in einem Prozess für den Kauf eines mittelständischen Dienstleistungs-Unternehmens kein *Informations-Memorandum* durch eine Investment Bank oder eine M&A-Boutique zur Verfügung gestellt wird, auf dessen Basis der Kaufinteressent ein erstes nicht bindendes Angebot abgeben kann, dann muss dies der Verkäufer selber erstellen. Um keine Überraschungen zu erleben sollte der Kaufinteressent deshalb frühzeitig eine Liste der Informationen anfertigen, die er über das Target benötigt. Damit sollte er sich nicht nur eine erste Vorstellung bilden, ob das Target seinen strategischen Vorstellungen entspricht sondern auch, um sich eine Indikation über den Unternehmenswert bilden zu können.

**Output zu und Schnittstellen mit parallelen und nachlaufenden Arbeitspaketen**
Wie gezeigt besteht ein enger Zusammenhang zwischen der Sondierung und den Vorverträgen. Die Sondierungen benötigen aber einen gewissen Vorlauf gegenüber den Vorverträgen, da in einer ersten Sondierungsstufe erst einmal ausgelotet werden muss, ob eine gemeinsame Basis für den Gedankenaustausch gegeben ist. Parallel zu dem Prozess der Vorverträge läuft die Entwicklung grundlegender Ideen für das Führungskonzept. Hier geht es vornehmlich um das Wechselspiel zwischen der gesellschaftsrechtlichen Lösung versus Management-Modell, konkret: besteht eine hohe Deckung (was aus führungstechnischen Gründen wünschenswert ist) oder klaffen die beiden Konzepte auseinander, weil einerseits eine steuerliche Optimierung angesagt ist (derentwegen zum Beispiel mehrere Gesellschaften unter eine Holding zu hängen sind) und andererseits ein möglichst direk-

ter operativer Durchgriff in die Gesellschaften. Dies betrifft insbesondere internationale M&A wegen der Möglichkeiten, hier Gewinne mit Verlusten aus verschiedenen Gesellschaften zu konsolidieren (näheres dazu vgl. Abschn. 4.2.4). Das unmittelbar nachlaufende Arbeitspaket auf der vertraglichen Prozessebene sind die (nunmehr verbindlichen) Verhandlungen und Verträge, die mit der Verhandlungsfreigabe beginnen und nach Unterschriftsreife das Signing (jedoch noch nicht die Umsetzung) ermöglichen. Parallel mit den Verhandlungen wird die Struktur der Transaktion (Dealstruktur) entwickelt. Sie schlägt sich als wesentlicher Teil in den Verträgen nieder. Damit sind die Zusammenhänge innerhalb des Dealmaking-Kernprozesses erläutert. Zum Kernprozess „Strategie" gibt es noch Überlappungen mit dem Screening, insbesondere wenn Sondierungen mit dem „ersten" Kandidaten nicht zielführend verlaufen sind und eine Vertiefung des Screenings erforderlich ist, um den nächsten Kandidaten sicher zu priorisieren. Weitgehend parallel läuft die Entwicklung des „Business Case". Diese und die Sondierungsergebnisse fließen in die Vorverträge ein. Zum Kernprozess der Strukturentwicklung gibt es zeitliche und inhaltliche Überlappungen mit dem Arbeitspaket „Integrationskonzept". Wie bereits beschrieben haben der Dealmaking-Prozess – und somit auch die Vorverträge – die Funktion, eine optimale Unternehmensstruktur zu erreichen, sei es interimistisch Stand-Alone, dauerhaft Stand-Alone oder integriert mit der betreffenden eigenen Unternehmenseinheit

### 4.2.4 Führungskonzept

Das Führungskozept beinhaltet a) die strategische (operative) Führung und b) die gesellschaftsrechtliche Lösung. Im Idealfall wird beides zur Deckung gebracht. Das muss aber nicht sein, denn es kann zum Beispiel aus steuerlichen Gründen oder wegen bestehender Konzernstrukturen eine (Landes-)Holding zwischengeschaltet werden, die lediglich Konsolidierungszwecken dient, aber sonst nur geringe operative Funktionen hat. So bündelt Siemens die operativen (strategischen) nationalen Geschäfte unter jeweils einer *Landesgesellschaft* als Holding für die einzelnen Geschäfte. Strategisch und operativ werden diese jedoch von der global operierenden Geschäftsführung gesteuert. Generell kann festgestellt werden, dass die Führung von lokalen Einheiten umso schwieriger wird, je mehr die gesellschaftsrechtliche Führungsstruktur von der operativen Führungsstruktur abweicht.

Im Folgenden sollen die verschiedenen Führungsoptionen vereinfachend dargestellt werden ohne auf die Dualität zwischen operativer Führung und gesellschaftsrechtlicher Lösung im Einzelnen einzugehen, um zusätzliche Komplexitäten zu vermeiden. Hierbei geht es um die Bandbreite zwischen Kooperation zweier Unternehmen über Joint Venture(s) bis hin zum (teilweisen bis vollständigen) Verkauf.

Die Modelle im Einzelnen sind wie folgt zu erläutern (vgl. Abb. 4.15), wobei die Reihenfolge der Modelle von 1 bis 5 die zunehmende Intensität der Zusammenführung der Tochterunternehmen kennzeichnet. Die Holdingmodelle 6 und 7 dagegen verfolgen komplexere Ziele, wie etwa Konsolidierung versus Führungslinien. Bewusst werden auch diejenigen Führungsmodelle vorgestellt, die nicht direkt aus M&A-Transaktionen resul-

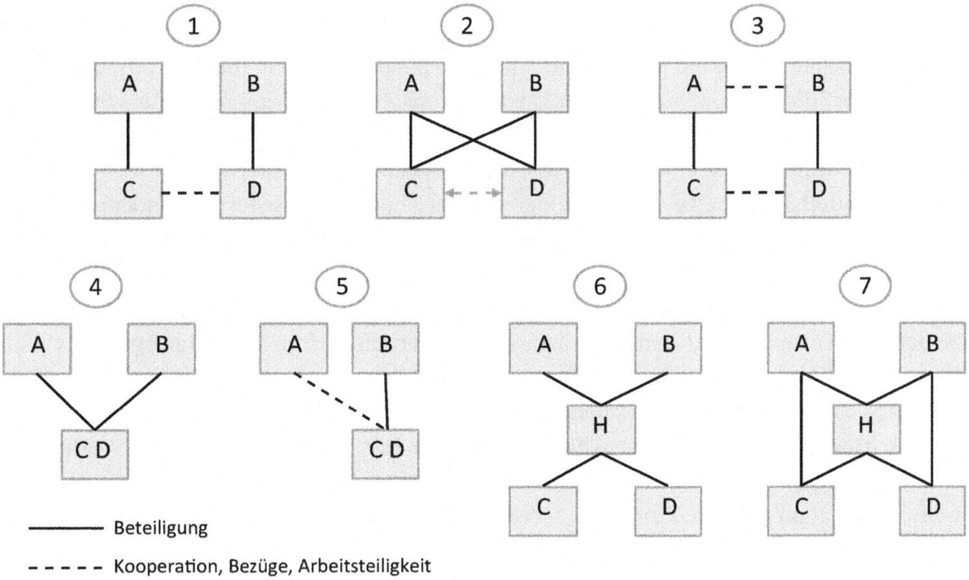


**Abb. 4.15** Führungskonzepte

tieren, da diese Konstrukte, wie erläutert, häufig die erste Stufe der Sondierungsgespräche darstellen.

Das **Modell 1** stellt zwei Partner dar, Partner A und Partner B, die ihre Tochtergesellschaften oder Abteilungen C und D zu einer Kooperation ohne gegenseitige Beteiligung bringen. Die ist die „niedrigste" Form der Gemeinsamkeit, mit dem Risiko (oder auch mit dem Willen), dass diese Zusammenarbeit temporär begrenzt ist oder jederzeit gelöst werden kann. Eine derartige Form der Zusammenarbeit stellt zum Beispiel ein Konsortium aus komplementär zusammenarbeitenden Unternehmen dar. Anstelle der Kooperation über einen Konsortialvertrag kann eine stärkere Verbindung auch über gegenseitige Beteiligungen der Tochtergesellschaften hergestellt werden. Eine Variante dieses Beispiels ist, dass die Töchter gegenseitige Minderheitsbeteiligungen halten.

Das **Modell 2** zeichnet einen höheren Grad der Zusammenarbeit, den man als „Strategische Partnerschaft" bezeichnen kann, weil dieses Modell zeitlich länger angelegt ist. Hier halten die Mütter an den Töchtern kreuzweise jeweils eine direkte Minderheitsbeteiligung. Diese dient der Absicherung der Partnerschaft C – D und dem Signal an den Markt, dass man auf dem betreffenden Gebiet zusammenarbeitet. Die gegenseitige Beteiligung an den Tochtergesellschaften kann bis zu 49 % gehen. Die Töchter bleiben in der Regel voll im Konsolidierungskreis der darüber stehenden Mutter. Siemens hatte solch ein Modell auf dem Gebiet der Glasfaser-Nachrichtenkabel mit Corning Glass (USA). Dazu wurde der Weltmarkt in zwei Hemisphären aufgeteilt. Die eine Hemisphäre, mit Zentrum USA, wurde bedient durch ein Joint Venture, an dem Corning die Mehrheit hielt. Siemens lieferte dazu die Verkabelung. Für das andere Hemisphären-Joint Venture, mit Zentrum Deutschland und 51 % Siemens-Anteil, lieferte Corning die Glasfasern. Eine Variante dieses Modells ist, dass nur eine der Muttergesellschaften einen Anteil an der Tochter des Gegenübers hält. Solch ein Modell hatte Siemens auch mit Fujitsu für die Computersparte eingerichtet: für Europa war die gemeinsame Tochter zuständig, außerhalb von Europa lediglich die Fujitsu-Gesellschaften. Die Produkte (vor allem PCs) waren weltweit baugleich. Die europäische Einheit bezog die Bildschirme von Fujitsu-Welt.

Das **Modell 3** stellt eine Variante einer strategischen Partnerschaft dar, indem die Mütter jeweils eine Minderheit am Partnerunternehmen halten und damit eine Kooperation der Tochtergesellschaften absichern. Dieses Modell macht nur Sinn, wenn die Aktivitäten der Tochtergesellschaften einen wesentlichen Teil der Mutter-Aktivitäten ausmachen beziehungsweise wenn alle in derselben Branche arbeiten. Für breit angelegte, in vielen Branchen arbeitende Konzerne macht dies zur Absicherung einer relativ fokussierten Kooperation zwischen Tochterunternehmen wenig Sinn.

Das **Modell 4** stellt eine typische Joint-Venture-Lösung dar, in dem zwei Aktivitäten C und D ausgegliedert und in ein Gemeinschaftsunternehmen überführt wurden. Die Anteile an der Joint-Venture-Company werden in der Regel nach den Einbringungswerten der Mütter berechnet, Zuzahlungen zum Ausgleich sind möglich. Das bekannteste und am längsten existierende derartige Joint Venture ging Siemens bei den Hausgeräten mit Bosch ein, die BSH Bosch-Siemens-Hausgeräte GmbH. Diese Gesellschaft wird von beiden Seiten zu 50 % gehalten, Bosch hat einen „Golden Share“ und konsolidiert die Gesellschaft zu 100 %. In 2014 stieg Siemens aus und verkaufte seinen Anteil an Bosch.

Das **Modell 5** ist das „Klassische M&A-Modell“: Der strategische Käufer B kauft von A die Einheit C und führt sie mit der eigenen Tochter D zusammen. Sehr häufig bleibt A auf eine bestimmte Zeitstrecke involviert durch Zuliefer- oder Abnahme-Garantien oder durch Transitional Service Agreements (vgl. Abschn. 6.2.3.5). Auch das Earn-Out-Modell ist eine Art Kooperation, wenn der Verkäufer über einen begrenzten Zeitraum noch Nachzahlungen erhält, abhängig von der Performance der zusammengeführten Tochter C-D. Ein Finanzkäufer B, zum Beispiel eine Private Equity-Company, hat nur dann eine Tochter D, wenn er eine Buy-and-Build-Strategie verfolgt, sich also wie ein strategischer Käufer verhält. Ansonsten wechselt nur C den Eigentümer und D gibt es nicht.

Das **Modell 6** verbindet zwei oder mehrere Tochtergesellschaften über eine Finanzholding H. Die Mütter haben dazu Geschäftseinheiten ausgegliedert und diese der Holding unterstellt. Diese konsolidiert die von den beiden Partnern kommenden Töchter zu 100 %. Auf der Holding-Ebene können die Eigentümer zu unterschiedlichen Anteilen beteiligt sein, entsprechend der Einbringungswerte, korrigiert über Zuzahlungen der Mütter. Abbildung 4.16 erläutert das Konstrukt im Detail. Das Modell 6 bedarf im internationalen Kontext noch etwas tieferer Erläuterung (vgl. Abb. 4.16):

Auf der obersten Ebene befinden sich wiederum die beiden Eigentümer-Gesellschaften, dies seien internationale Konzerne, die ihre Sitze in verschiedenen Ländern haben. Sie halten eine Joint Venture-Company, deren Sitz als eine konsolidierende Finanzholding in einem steuerfreundlichen Land liegt. Die Finanzholding hält die Anteile aller operativen Gesellschaften in Drittländern. Denkbar ist auch, die Finanzholding mit der operativen Gesellschaft (OC = Operating Company) in diesem Land zu verschmelzen; dann ist sie

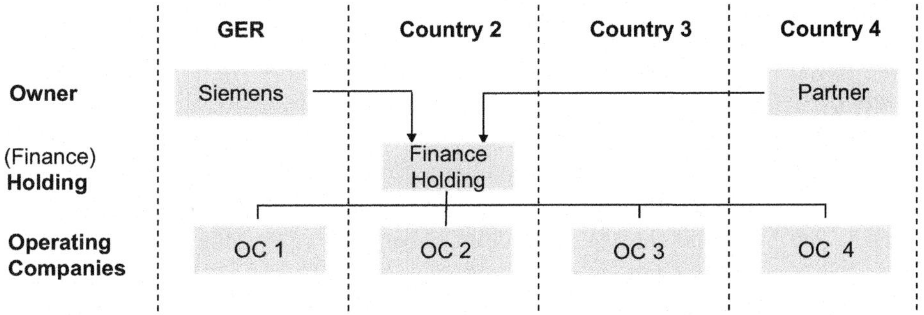


**Abb. 4.16** Gesellschaftsrechtliches Lösungsmodell für internationales M&A

eine operative Holding und es wird eine Gesellschaft eingespart. In die Verhandlung über den Standort einer konsolidierenden Finanzholding fließt die Frage ein, welcher der beiden Joint Venture-Partner durch den Sitz der Finanzholding mehr an Steuern spart, bzw. wem sie regional näher liegt. Das wird derjenige sein, der in diesem Land noch andere Gesellschaften (außerhalb des Joint Ventures) besitzt und ein größeres Potenzial zur Verrechnung von Gewinnen mit Verlusten hat. Hieraus kann sich auch ein Wettstreit um den Standort der Finanzholding ergeben, wenn beide JV-Partner etwa in unterschiedlichen Ländern unterschiedlich hohe Steuersynergien haben. Eine Brücke zur Verständigung wäre, eine regelmäßige Ausgleichszahlung zu vereinbaren.

Das **Modell 7** erweitert das Modell 6 um Direktbeteiligungen an den Tochtergesellschaften, die von den Müttern in die Holding eingebracht wurden. Dieses sogenannte „Hosenträgermodell" erlaubt den Müttern einerseits, operativ direkt auf das Geschäft der einzelnen Tochter Einfluss zu nehmen und andererseits die volle Konsolidierung der jeweiligen ex-Tochter, selbst wenn die darüber liegende Mutter direkt nur (zusätzlich) 1 % hält. Insofern ist diese Lösung recht elegant, denn trotz der einseitigen Konsolidierung können die Gesellschaften C und D voll aus der Holding gesteuert werden. Häufig halten die Mütter an den Töchtern direkte höhere Anteile, um entsprechenden höheren Einfluss auf die Geschäftspolitik der jeweiligen Tochter zu haben (z. B. wegen Bezügen von der Mutter). Je größer jedoch die direkt gehaltenen Anteile werden, desto machtloser wird die (operative) Holding. Dies konterkariert die Grundidee der Holding, nämlich alle darunter liegenden Geschäfte zu harmonisieren.

Die vorgenannten Modelle können sehr unterschiedlich eingesetzt werden: im globalen Geschäft (multi-national), in einer Region (zur Erschließung eines neuen Landes…), sektoral (nur gewisse Branchen betreffend), in einzelnen Wertschöpfungsstufen (z. B. im Wettbewerbs-Vorfeld für Forschung, für einen gemeinsamen Vertrieb…) sowie in beliebiger Kombination.

Die Modelle 6 und 7 sind international verteilten Lösungen vorbehalten, wenn mehrere Töchter zusammenkommen und differenziert geführt/konsolidiert werden sollen. In der strategischen Sondierungspraxis hat sich als positiv herausgestellt, alle Modelle auf den Tisch zu legen, da sich daraus ein breites Spektrum an Handlungsoptionen ergibt und die Wahrscheinlichkeit größer ist, den Verhandlungspartner für exklusive Gespräche „einzufangen". Grundsätzlich sollten jedoch einfache Lösungen angestrebt werden. Hier hat das Modell 5, also das klassische M&A-Modelle, unbestreitbare Vorteile.

Die oben vorgestellten Modelle haben allesamt großen Einfluss auf die Personalpolitik, insbesondere auf die jeweils oberen Führungsebenen (Mütter, Holding, operative Gesellschaften). Dabei ist besonders auf die Beherrschung von Zielkonflikten zu verweisen, die durch Eskalationsregeln geregelt werden müssen (bestimmte Entscheidungen müssen bei fehlendem Konsens der nächst höheren Ebene vorgetragen werden). Auch die Auswirkung auf die Verbesserungsprogramme, die Unternehmenskulturen und mögliche Kulturkonflikte, die sich bei der Zusammenlegung von Unternehmenseinheiten auf den verschiedenen Ebenen ergeben können sind dabei nicht zu verachten. Nach einer M&A-Transaktion scheiden mehr Führungskräfte aus als bei normaler Geschäftstätigkeit. In Deutschland ist die Ausscheidequote allerdings geringer als in den USA (vgl. Gerpott, 1993, S. 46). Die Fusion von Unternehmen und die Verschachtelung in Holdings und operative Einheiten haben große Konsequenzen für die Form der Führung und auf die Führungskulturen. In erster Linie zeigen sich Auswirkungen auf die Führungsstruktur bei dem Unternehmen, das erworben wurde. Bei einem Minderheitserwerb (unter 50 %) werden die Veränderungen begrenzt sein, weil eines der rechtlichen Kriterien der Minderheit in der Möglichkeit zur Abblockung von Entscheidungen liegt. Mehrheitsübernahmen verschieben aber deutlich die Entscheidungsgewichte. Gerade aber die Blockademöglichkeiten stellen ein Risiko für eine durchgängige und konsistente Führung der Geschäfte dar. Die Minderheit ermöglicht nicht, eigene unternehmerische Leitlinien durchzusetzen. Kontrollfunktionen werden nicht in der Geschäftsleitungsebene ausgeübt, sondern in den Kontrollorganen (Aufsichtsrat, Beirat) oder in der Gesellschafterversammlung (vgl. Hölters, 2010a, S. 40). Der Wechsel des Führungsklimas ist besonders groß, wenn ein mittelständisch agierendes Familienunternehmen von einem Konzern übernommen oder in dessen Verbund integriert wird. Konnte der Unternehmer bislang Entscheidungen in einem kleinen Kreis Vertrauter schnell fällen und umsetzen, ist nun die Entscheidung eines höheren Gremiums erforderlich, das eine Entscheidungsvorlage verlangt und dessen Entscheidung auf sich warten lässt, weil Gutachter eingeschaltet werden und die nächste Sitzung erst in einigen Wochen stattfindet. Das rasche Ausscheiden mittelständisch geprägter Manager aus dem Konzernverbund ist die Folge. Bei Fusionen kommt es oft zu Rivalitäten zwischen dem Management des übernommenen Unternehmens und dem des Übernehmers. Wichtig ist deshalb, die Neubesetzungen nach der Qualität des Managements zu besorgen und den persönlichen „Fit" durch Management Assessments zu klären (weiteres dazu siehe Abschn. 4.3.4). In der Praxis wird man bei Besetzungen von Vorständen und Aufsichtsräten nach einer Übernahme oder bei einem Zusammenschluss Quotenregelungen folgen, was die Führungs- und Kontrollgremien betrifft. Die Besetzung kann im Einzelnen sehr

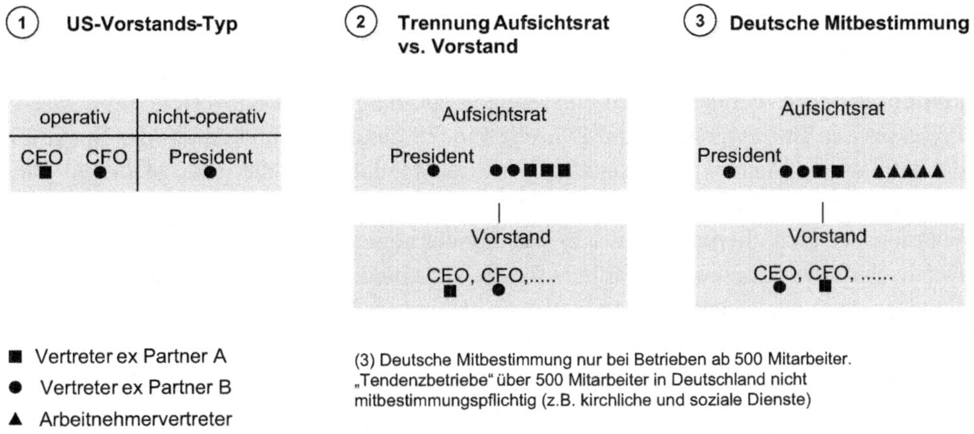


**Abb. 4.17** Internationale Vorstandstypen und Besetzungen

schwierig werden, weil ein Manager, der sich auf gleicher Höhe wähnt wie sein Counterpart beim Partner, sich nicht auf einer Ebene niedriger wiederfinden will. Der Bildung von Gremien und deren Besetzungen ist also große Aufmerksamkeit beizumessen. Weiteres dazu findet sich im Workstream „Change" des Strukturprozesses (vgl. ab Abschn. 4.3.4). Diese Thematik gehört jedoch bereits zu Beginn des Prozesses angesprochen und ist damit Bestandteil des vorliegenden Kapitels zum Führungskonzept. An einigen Beispielen zu den obersten Führungs- und Kontrollgremien soll dies erläutert werden (vgl. Abb. 4.17).

Zu unterscheiden sind Länder nach dem USA-Modell, das die operativen Vertreter und die nicht-operativen Vertreter in einem gemeinsamen Gremium sitzen hat (Board System). Der oberste operative Vertreter (Chief Executive Officer, CEO oder Vorstandsvorsitzender) kann gleichzeitig der oberste nicht-operative Aufseher (President) sein und somit President und CEO in einer Person. In anderen Ländern sind die Aufsichtsrats-Ebene und die oberste operative Ebene getrennt (vgl. Abb. 4.17 Mitte). In Deutschland haben wir ab 500 Mitarbeitern die Mitbestimmung, und gleichfalls zwei Führungsebenen. Wenn zum Beispiel ein Joint Venture gebildet wird oder ein Unternehmen ist in Gemeinschaftseigentum mit unterschiedlichen Anteilen der Teilhaber, dann sind die Führungsposten etwa in der Proportion der Anteile zu verteilen. In Abb. 4.17 ist in allen drei Fällen ein Besetzungsbeispiel gegeben, wenn zwei Unternehmen je 50 % an einem Joint Venture halten. Wenn ein Partner zum Beispiel ein Stimmrecht mehr hat („Casting Vote"), dann wird er auch die Besetzung des Vorstandsvorsitzenden (CEO) von seiner Seite verlangen. Dies kann zusätzlich zum 50 %-Wert des Anteils erheblich mehr kosten, denn das Casting Vote und CEO-Position verlangen eine Prämie. Die andere Seite wird als Gegengewicht den Chef des Aufsichtsrates bzw. den Präsidentenstuhl besetzen. Wegen dessen minderen Gewichtes wird sie möglicherweise zusätzlich den CFO fordern (Abb. 4.17 links). Analog lassen sich die beiden Joint-Venture-Parteien auf einen „Kuhhandel" ein, wer wie viel Gewicht hat und wer welchen Posten besetzen darf. Dabei spielen natürlich auch die anderen Mitglieder eines Vorstandes und eines Aufsichtsrates eine Rolle.

**Einbindung in die übergeordneten Vorgänge**
Es ist ein Risiko, ohne grundlegende Vorstellungen über das anzustrebende Führungskonzept in M&A-Verhandlungen einzusteigen. Deshalb sollten im Vorfeld eines M&A-Projektes die Einflussgrößen zum Führungsmodell gesammelt und daraus das Spektrum der infrage kommenden gesellschaftsrechtlichen Modelle und die dazu gehörigen Führungspositionen entwickelt werden. Allzu oft wird die Organisation um das bestehende Führungspersonal „herumgebaut". In den Sondierungen ist zunächst die grundsätzliche Bereitschaft des angestrebten Partners für die verschiedenen Führungsmodelle herauszufinden und mit den eigenen Vorstellungen abzugleichen. Es wäre eher ein Zufall, wenn die Vorstellungen beider Seiten voll kompatibel sind. Dies mag in der Zeit des M&A-Hypes – um das Jahr 2007 herum – leichter gewesen sein. Seitdem hat sich aber der M&A-Markt sehr schwer getan, er ist weltweit fast um die Hälfte eingebrochen und die M&A-Prozesse sind viel aufwändiger geworden. Dabei sind die strategischen Beweggründe nicht kleiner geworden, im Gegenteil: die Multi-Zentralität der Welt durch die aufkommenden Wirtschaften der Schwellenländer, die nach wie vor dominierende M&A-Achse USA-Europa, die ökonomischen Spannungsfelder im Euro-Raum und vieles mehr sind Triebkräfte für M&A und machen die Analyse der einzuschlagenden Pfade sehr schwierig. In der Folge ist der Einstieg in M&A mit nur wenigen potenziellen Kandidaten (aus dem Screening) und nur wenigen denkbaren Modellen („nur Kauf", „nur Mehrheit") in nur wenigen Fällen zielführend. Es gibt auf der einen Seite viel mehr denkbare Führungsmodelle und auf der anderen Seite viele rechtliche Restriktionen und Rahmenbedingungen, auf die die Modelle abgestimmt werden müssen. Wie im Abschn. 4.2.2 Sondierungen gezeigt wurde, macht es bei hoher Sensibilität des anzusprechenden priorisierten Partners Sinn, mit einem breiteren Spektrum von Optionen in die ersten Gespräche zu gehen, um diese schrittweise einzugrenzen oder schrittweise aus einem Modell einer strategischen Zusammenarbeit eine Partnerschaft und dann eine Fusion zu entwickeln. Dies kann die Erfolgschancen deutlich erhöhen und insbesondere eine Auktion umgehen, die aus der Sicht des Kaufinteressenten immer unangenehm, risikoreich und teuer ist.

In die Verhandlungen sollte man also erst gehen, wenn man klare Vorstellungen über das Spektrum der anzustrebenden oder noch akzeptablen strukturellen Grundmodelle und über die damit verbundenen Führungskonzepte hat. Auf der einen Seite steht hier das strategische Ziel, das mit dem Deal erreicht werden soll, auf der anderen Seite stehen die strukturellen Rahmenvorgaben, die durch die Organisation des übernehmenden Konzerns (Regularien des Vorstands) sowie durch die rechtlichen und personellen Rahmenbedingungen gegeben sind.

Durch das Screening wurde nicht nur der Kandidat für das M&A-Projekt festgelegt, sondern mit ihm auch eine Reihe (vielleicht auch nur eine) von mehreren Handlungsoptionen: Übernahme, Verkauf, Joint Venture, Integration, reverse Integration und andere. Deshalb geht es hier um zweierlei: wer führt und in welchen rechtlichen Rahmen soll das gegossen werden: Gesellschaften, Zwischenholding, Gesellschaftsform, (gemeinsames) Managementteam.

**Aufsetzpunkte und Schnittstellen mit vorlaufenden und parallelen Arbeitspaketen**
Beim Führungskonzept geht es um die gesellschaftsrechtlichen Lösungen und um das (gesellschaftsrechtliche) Führungsmodell. Im Unterschied dazu hat das Integrationskonzept (vgl. Abschn. 4.3.3) die Aufbauorganisation zum Ziel und findet mit dem Arbeitspaket Organisations- und Prozessanpassung (vgl. Abschn. 4.3.8) seinen Abschluss. In der Praxis wird zwischen diesen Aufgaben nicht immer so genau unterschieden, dennoch macht es Sinn, das Führungskonzept explizit herauszustellen, in den Kernprozess „Dealmaking" aufzunehmen und den anderen Aufgaben vorzuschalten, weil dies eine der Grundlagen für die Transaktion bildet und innerhalb der juristischen Domäne abläuft.

Zur Klarstellung soll an dieser Stelle auch schon einmal vermerkt werden, dass die im Kernprozess „Struktur" zu findende Aufbau- und Ablauforganisation (vgl. Abschn. 4.3.8.1) der Zieleinheit aus dem betroffenen Geschäft des Käufers und des Targets sauber von den Prozessen des M&A-Projektes als solchem zu unterscheiden sind.

Das Grundmodell der Übernahme und damit die Wahl des Führungskonzeptes ist eine der wichtigsten Festlegungen im Vorfeld des Projektes. Das Screening legt nicht nur den Kandidaten fest, sondern impliziert das Spektrum der Führungsmodelle. Deshalb laufen in diesem frühen Stadium des M&A-Projektes viele Aktivitäten parallel, das heißt – trotz der kleinen Teams – haben wir es an dieser Stelle mit einer relativ hohen Komplexität zu tun (vgl. Abb. 4.18). An dieser Stelle ist auch schon eine der ersten zentralen Konsistenzfragen zu stellen, nämlich ob die Wahl des Kandidaten mit den verbundenen (gegebenen, möglichen) Führungsmodellen überhaupt mit der Strategie kompatibel ist. Zum Beispiel müsste abgewogen werden, ob der ausgesuchte Kandidat im Konsolidierungswettbewerb einen ausreichend großen strategischen Sprung erlaubt oder ob ein anderer Kandidat zu wählen ist, an den man sich zwar anlehnen muss, weil er größer ist als der M&A-Initiator

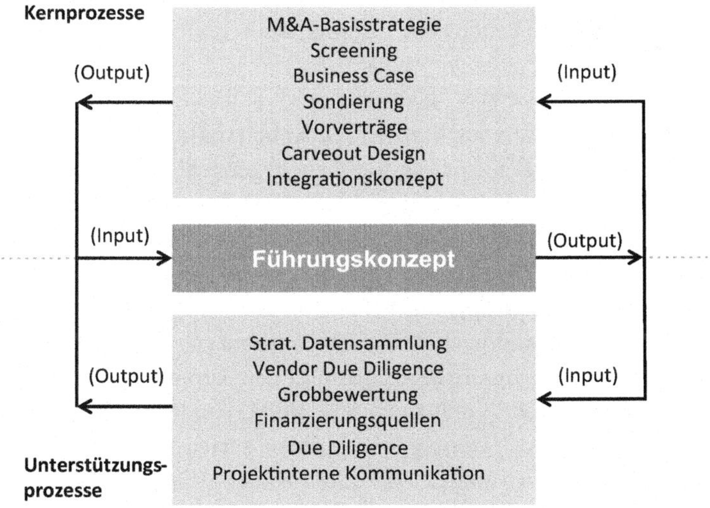


**Abb. 4.18** Schnittstellen zum Arbeitspaket „Führungskonzept"

selber, mit dem man aber den notwendigen Größensprung hinbekommt. Aus diesen Zielen können sehr unterschiedliche Modelle abgeleitet werden, wie im Einzelnen noch zu zeigen ist. Diese Überlegungen fließen in die Sondierungen ein und oft ist es so, dass sie auch auf der Seite des Targets auf Akzeptanz stoßen, weil die strategische Logik des Geschäftes in derselben Branche für beide Kandidaten gilt. Hier bietet sich auch die Chance zur Bildung von Brücken zwischen den Kandidaten an, etwa in einer schrittweisen Annäherung auf der Basis der Erkenntnisse eines gemeinsamen Explorativ-Teams (so im Fall Siemens-Westinghouse Power Generation umgesetzt). Dies muss auch im Business Case abgebildet und mit ersten geschätzten Zahlen hinterlegt werden. Sondierungen, Business Case und Führungskonzept gehören also eng zusammen. Der Austausch der dazu notwendigen Zahlen und die gemeinsamen Gedankenspiele erfordern ein hohes Maß an Vertrauen und eine Exklusivität für die gemeinsamen Sondierungen und Modellierungen, für die erfahrungsgemäß ein Zeitraum von sechs Wochen zu kalkulieren ist. Hier liegt also auch eine Reihe von Schnittstellen zum Arbeitspaket für Vorverträge. Unter den Verbindungen zu den Kernprozessen wäre noch das Carve-Out-Design zu nennen, sofern der Verkäufer das Target in einem kurzen Carve-Out-Prozess (integrierte Einheit mit gesellschaftsrechtlich weitgehender Eigenständigkeit) interimistisch Stand-Alone stellen will. Wie im Abschn. 4.3.2 ausgeführt, benötigen komplexere, rechtlich und regional verteilte Einheiten bedeutend mehr Zeit bis eine vollständige Stand-Alone-Stellung erreicht ist.

Zu den Schnittstellen mit den Unterstützungsprozessen ist als erstes die strategische Datensammlung zu nennen, denn alle Informationen fließen in der Vorbereitungsphase in der sogenannten „Strategic Database" zusammen (vgl. Lucks, 2013c, S. 104–106). Der Verkäufer führt zunehmend die sogenannte *Vendor Due Diligence* durch, deren Ergebnisse spätestens zur Verhandlungsfreigabe vorliegen müssen (vgl. Abb. 3.13 und Abschn. 5.1.3). Der Business Case, ergänzt um die Modelle aus dem Führungskonzept, erlaubt auch eine erste Grobbewertung unter Einrechnung des Stand-Alone-Wertes und der Synergien (vgl. Abschn. 5.3.2.4). Dazu sollten auch erste Informationen zu den Finanzierungsquellen vorliegen (vgl. Abschn. 5.3.3).

**Output und Schnittstellen mit nachlaufenden Arbeitspaketen**

Das Arbeitspaket „Führungskonzept" besitzt viele gegenseitige Bezüge mit dem Arbeitspaket „Integrationskonzept" (vgl. Abschn. 4.3.3). Das Führungskonzept nimmt die wesentlichen Gedanken zur Strukturierung des M&A-Targets und zur Verschmelzung mit dem betreffenden eigenen Geschäft auf und stellt darauf basierend die Weichen für die gesellschaftsrechtliche Umsetzung. Dies fließt dann als Input in die eigentlichen Verhandlungen und in die Verträge ein. Das Führungskonzept bildet gemeinsam mit dem Business Case, den Sondierungs-Ergebnissen und den Vorverträgen die Grundlage, das Vorhaben dem Gesamtvorstand vorzulegen und die Verhandlungsfreigabe zu beantragen (Negotiation Application). Ist letztere gegeben, dann dürfen verbindliche externe Schritte unternommen werden, etwa die Unterzeichnung eines binding Letter of Intent (vgl. Abschn. 4.3.2.4) und die Teilnahme an einer Due Diligence.

### 4.2.5 Deal Struktur

In früheren Zeiten wiesen Unternehmenstransaktionen wenig strukturierte Abläufe auf. Es waren in der Regel die persönlichen Netzwerke über Verbände und Wettbewerbskontakte, über die mögliche Verkäufer und potenzielle Käufer ins Gespräch kamen. Unternehmenskäufe waren meist vereinzelte Projekte, für die mehr oder weniger ad hoc Projektleiter aus dem Unternehmen gesucht wurden. Strukturierte M&A-Prozesse gab es frühzeitig bei Konzernen, bei denen der Kauf und Verkauf von Unternehmen zum Alltag des Geschäftes gehören (vgl. dazu Semler, 2010, S. 712). Diese Projekte wurden als einzelne informell optimiert, pragmatisch durchgeführt und das Target dann an das Management übergeben, das seinen Weg suchen musste, dieses zu führen und zu integrieren. Für die *Kernkompetenz Unternehmenskauf* wurden in den Konzernzentralen zunächst sogenannte M&A-Abteilungen gebildet, deren Geschäft darin bestand, die Transaktion per se zu realisieren. Damit wurde der erste große M&A-Boom nach dem 2. Weltkrieg bewältigt, der heute als „Dritte M&A-Welle" (1965–1969) bezeichnet wird (vgl. Müller-Stewens, 2010, S. 17), hauptsächlich der Diversifikation diente und zu Konglomeraten führte (weiteres zur Wellentheorie bei M&A vgl. Müller-Stewens, 2010 und Abschn. 1.1.1). Erst mit der Liberalisierung und Deregulierung in den 80er Jahren wurden daraus bei den Großunternehmen, die regelmäßig M&A-Projekte durchführten, mehr oder weniger durchgängige und strukturierte Prozesse: von der Bewertung über die Kaufpreisermittlung, Klärung der rechtlichen Genehmigung, Verträge und Signing/Closing. Diese Prozesse wurden wiederum zu Projekten gebündelt und mit einem definierten Start bzw. Ende in Projektphasen gegliedert, mit einem definierten Ende. Getriggert wurde dies durch professionelle Transaktionsberatungen, am Anfang vor allem von den Investmentbanken, deren Kerngeschäft die Strukturierung des Deals ist. Bei mittleren bis kleinen Transaktionen sind dies die sogenannten M&A-Boutiquen, die sich oft aus Abspaltungen von Banken und Investmentbanken bildeten. Im unteren Segment befinden sich die *Unternehmensmakler*, deren Geschäftsprozesse eher begrenzt sind und die sich im Wesentlichen auf die reine Vermittlertätigkeit und Kaufpreisfindung beschränken.

#### 4.2.5.1 Umfang (Scope) der Transaktion

Jede M&A-Transaktion sollte von einer belastbaren Strategie ausgehen. Hier sollten die Geschäftsfelder adressiert werden, die man über M&A ausbauen will, mit der gewünschten Region und mit der gewählten Wertschöpfung. Ein Target, das in den gewünschten Zielländern genau den gewünschten Fokus (Vertikalisierungsgrad, Geschäftsfelder) hat, dürfte kaum zu finden sein. Deshalb muss man Abstriche machen, sei es, dass man Geschäfte mit übernehmen muss, die man nicht haben will, sei es, der Kandidat ist in anderen Ländern aktiv, die nicht erwünscht sind (bei einer auslandsorientierten Akquisition etwa im Heimatland des Käufers – Kartellprobleme?), sei es, dass man „eigentlich" nur den Vertrieb haben will, aber das Unternehmen hat eigene Fertigungswertschöpfung und eigene Produkte. Oft passiert es auch, dass das Target keine eigene Technologie hat, sondern als Lizenznehmer von anderen Unternehmen (Wettbewerber?) abhängt und es kommt immer wieder vor, dass das Target-Unternehmen seine Fertigung nicht auslasten kann und deshalb auch noch als Fertigungs-Dienstleister für andere Unternehmen in ganz anderen Branchen tätig ist. Auf der anderen Seite kann ein breiterer Scope auch unerwartete zusätzliche Chancen bieten, wie etwa als Low Cost-Standort von Komponenten für andere Geschäfte des Konzerns oder zusätzliche Dienstleistungs-Segmente.

Die Praxis zeigt, dass es immer wieder Überraschungen gibt. Jedes dieser angesprochenen Themen muss systematisch erfasst werden, denn gerade bei großen Übernahmen wird manche Geschäftsaktivität übersehen. Am besten wäre es, wenn dieses Thema bereits mit der Due Diligence erhoben wird. Auf der Seite der Geschäftsfelder müssen alle Geschäfte erfasst werden, vor allem auch Rumpfgeschäfte, die sich nicht als „strategisch" einordnen lassen. Zu analysieren sind interne Verflechtungen unter den Geschäften des Targets und mit der verkaufenden Muttergesellschaft. Dazu gehört eine Untersuchung der Wertschöpfungskette: was wird wo hergestellt? Hierbei ist eine Standortanalyse erforderlich. Als sinnvoll hat sich herausgestellt, einen sogenannten „Standort-Atlas" zu entwickeln, mit Angabe der Gebäude, Fertigungsanlagen, Verwaltung, Ver- und Entsorgungstechnik, Leistungen der Standorte sowie der Verflechtungen derselben. Auch Eigenleistungen gehören dazu, wie etwa Recycling, Rohstoffversorgung, Energieerzeugung für Eigenbedarf. Letztlich gehört auch eine Umwelt-(Altlasten)-Analyse dazu. Schon mancher Deal hat sich zur Katastrophe entwickelt, weil Altlasten nicht vernünftig erfasst wurden. Die Haftung dagegen wird in vielen Ländern unterschiedlich gehandhabt; so lassen sich in Deutschland Altlasten so abgrenzen, dass der Vor-Unternehmer in der Haftung bleibt. In den USA ist das aber nicht möglich: hier haftet der Neu-Unternehmer mit, sodass es sich verbietet, einen möglicherweise belasteten Standort zu übernehmen. Vor allem sollte bei der Due Diligence darauf geachtet werden, dass der Vertikalisierungsgrad dem neuesten Standard und den Regeln des Wettbewerbs gehorcht. Aufmerksam sollte man sich vor allem die Integration des Herstellungsprozesses in den östlichen Staaten Europas, sowie Russland und seinen Anrainerstaaten ansehen. Überraschungen zeigten sich beispielsweise als Siemens gedachte, die Industriesparte und die Bahntechnik von Skoda Pilzen zu übernehmen. Dabei stellte sich heraus, dass Altmetall gesammelt und geschmolzen wurde, dass die Fertigungsmaschinen selber gebaut und sämtliche Schrauben selber gedreht wurden. Wichtige Stabsabteilungen hatten sich schon verselbstständigt. Ein Rechnungswesen und ein Controlling fehlten. Auf dem Hof standen 30 unverkäufliche Loks, für die der Abnehmer in Russland „weggebrochen" war. Das führte letztlich dazu, dass der Deal scheiterte. Nicht viel anders dürfte es in entlegenen Regionen anderer Schwellenländer aussehen.

Aus Kostengründen sollte man die dazu geeigneten Untersuchungen im Zuge der Due Diligence durchführen. Viele der angesprochenen Themen sind in einer normalen Due Diligence jedoch nicht erkennbar. Der Branchenkenner weiß aber meistens über branchentypische Probleme Bescheid und er sollte darauf drängen, dass entsprechende Standortbesichtigungen gemacht werden, um die Risiken zu identifizieren. Es wird jedoch nicht immer möglich sein, alle Themen in der Due Diligence zu identifizieren. Offene Risiken müssen deshalb in den Verträgen angesprochen und ausgeschaltet werden (vgl.

Abschn. 4.2.6). Aktivitäten, die man nicht übernehmen will, sollten explizit ausgeklammert werden. Dafür bieten sich entsprechende Strukturen der Transaktion an.

#### 4.2.5.2 Struktur der Transaktion

Die beiden grundlegenden Modelle eines Unternehmenskaufs sind der *Share Deal* und der *Asset Deal.* Der Share Deal bezeichnet den Kauf von Geschäftsanteilen einer GmbH oder der Aktien einer Aktiengesellschaft. Der Share Deal ist ein Rechtskauf gemäß § 453 Abs. 1 BGB, demzufolge die Vorschriften über den Kauf von Sachen auf den Kauf von Rechten und sonstigen Gegenständen Anwendung finden. Dem neuen Recht entsprechend (nach der Schuldrechtsreform zum 01.01.2002) hat der Verkäufer nicht nur eine Erfüllungspflicht für den Bestand und die rechtlichen Eigenschaften des verkauften Unternehmens, sondern auch für seine Werthaltigkeit. Wenn ein Käufer im Rahmen eines Share Deals alle Anteile an einem Unternehmen erworben hat, darf er rechtlich nicht schlechter behandelt werden als ein Käufer, der durch einen Asset Deal sämtliche Vermögensgegenstände eines Unternehmens erworben hat (vgl. Picot, 2010, S. 526; im Detail Göthel, 2015, S. 8–13).

Die Übernahme rechtlich selbstständiger Unternehmen wird in der Regel über den Erwerb der Kapital- und Stimmrechtsmehrheit erreicht. Bestreben des Verkäufers dabei ist die möglichst steuerneutrale Veräußerung und eine Haftungsbefreiung von Risiken aus vergangenen Geschäften. Der Käufer dagegen strebt eine möglichst risikofreie Zukunft des Geschäftes an. Steuerliche Gesichtspunkte spielen für den Übernehmer eine überaus wichtige Rolle. Durch eine Reduktion der Steuerlast kann ein Wertsteigerungseffekt bei der Übernahme erreicht werden. Dies betrifft Stand-Alone-Akquisitionen (Private Equity) ebenso wie Strategische Käufer, die Synergien mit einem ihrer Geschäfte realisieren wollen. Die Vorteile bei der Verhandlung sind, dass der Käufer individuell mit den Anteilseignern des Target-Unternehmens verhandeln und so für gleichgroße Aktienpakete unterschiedlich günstige Preise erzielen kann. Wenn ein Käufer alle Anteile eines Unternehmens erwerben will, so muss er im Allgemeinen eine *Kontrollprämie* bezahlen. Diese steht vor dem Hintergrund, dass ein Kauf von der Börse die Aktien in die Höhe treibt. Bei einem Kauf vom freien Markt wird eine Kaufpreisprämie erwartet, weil der Verkäufer einen Anteil an den Synergien des Käufers (Restrukturierungsvorteile, Verbundeffekte und steuerliche Synergien) fordert. Dies ist jedoch von einseitigem Nachteil für den Käufer, da er risikofreies Geld für die Geschäftsanteile auf den Tisch legt und dafür risikobehaftete Anteile an einem Unternehmen erwirbt. Keinesfalls sollte deshalb ein Käufer den gesamten Wert für die Synergien hingeben. Es gibt keine Regel, wie viel der Käufer für die Synergien bezahlen darf. Das hängt vor allem vom Zeithorizont der Synergien ab, denn wenn sie später kommen, zum Beispiel in der Terminal-Value-Periode, dann sind sie stärker risikobehaftet als wenn sie kurzfristig erwartet werden. Ein Daumen- und Richtwert aus der Praxis ist, dass man sich etwa bei der Hälfte des Synergiewertes einigen sollte (vgl. dazu auch Abschn. 5.3.2.4).

Ein Sonderfall des Share Deals ist der *Aktientausch* oder die Bezahlung mit Aktien. Dies war zur Zeit des Börsen-Hypes 2004 bis 2007 ein beliebtes Mittel und hat mit dazu beigetragen, dass abnorm hohe Preise gezahlt wurden. Der Käufer hat dem Verkäufer als

Gegenwert für das Target eigene Aktien angeboten. Damit war der Verkäufer weiter an den Chancen des Geschäftes plus der Synergien beteiligt, aber auch am Risiko des Gesamtgeschäftes. Dieses Modell trug in den Boom-Zeiten von M&A letztlich zur Blasenbildung bei, die mit der Lehmann-Pleite ihr jähes Ende fand.

Dem Share Deal gegenüber steht der *Asset Deal*, bei dem der Verkäufer betriebsrelevante Vermögensgegenstände (Assets) an den Erwerber überträgt. Hier handelt es sich um einen Sachkauf nach § 433 I, 1 BGB. Die Vorteile des Akquisiteurs liegen vor allem darin, dass er entscheiden kann, welche Vermögensgegenstände er erwerben will. Er kann zum Beispiel einzelne Kundenverträge, die ihm zu riskant erscheinen, zurückweisen. Ob ihm das gelingt und zu welchen Konzessionen, das bleibt seinem Verhandlungsgeschick vorbehalten. Ein weiterer günstiger Effekt für den Käufer ist, dass er in der Regel nicht die Zustimmung der Anteilseigner benötigt, jedenfalls nicht, wenn unerhebliche Teile aus dem Vermögen des Verkäufers transferiert werden sollen, also zum Beispiel gebrauchte Maschinen und Anlagen. Doch hier sollte Vorsicht walten: der Ausverkauf wesentlicher Teile des Vermögens, der zur Schädigung des Geschäftes führt, kann als Untreue bestraft werden. Üblich ist auch, Immobilien außen vor zu lassen. Das verkäuferseitige Interesse daran ist die feste Rendite, die er durch die Weitervermietung an den Käufer erzielt. Für den Käufer ist dies interessant, weil sich der Kaufpreis entsprechend mindert. Wenn Verkäufer und Käufer so nicht zusammenkommen, dann können die Immobilien auch mit verkauft und dann vom Käufer an einen Dritten verkauft und zurückgemietet werden. Dieses Modell ist unter der Bezeichnung „*Sale & Lease Back*" verbreitet. Bei operativ komplexen und kartellrechtlich kritischen Deals hat sich der Asset Deal zunehmend durchgesetzt, weil sich damit flexibel Teile ausklammern oder zurückstellen lassen. Wenn man innerhalb eines größeren Deals ganze Geschäftsaktivitäten ausklammern will, dann kann man diese auch in einer Gesellschaft zusammenfassen und dann diese gesondert (später) verkaufen. Dafür wäre dann ein gesondertes Carve-Out mit anschließendem Carve-In in die besagte Gesellschaft nötig. Ein Anlass dazu wäre zum Beispiel, dass beim Kauf eines ganzen Konzerns ein Branchenbereich kartellrechtliche Probleme bereitet. Hier wäre die gesellschaftsrechtliche Separierung angesagt und danach der Verkauf dieser Gesellschaft an einen anderen Käufer. Es kommt auch vor, dass das Target Geschäftsbeziehungen mit einem Wettbewerber hat und dass diese Beziehungen wettbewerbsrechtlich kritisch sind. Wenn dies zum Beispiel Zulieferungen oder eine technologische Zusammenarbeit betrifft, dann können mit den Kartellbehörden sogenannte Abklingphasen vereinbart werden, in denen die Zusammenarbeit auf null gestellt wird, sodass danach eine Übernahme durch den Hauptkäufer möglich ist. In diesem Fall sind zwei Closings angesagt, das erste für das Gros der Geschäfte, das zweite z. B. ein halbes Jahr später für das ehemals wettbewerbskritische Geschäft, so geschehen bei der Übernahme der Alstom Industriekraftwerksparte, deren Geschäftszweig für kleine Gasturbinen Zulieferbeziehungen zum Siemens-Hauptwettbewerber General Electric pflegte, die erst abgelöst werden mussten.

Neben den strategisch-operativen und kartellrechtlichen Fragen ist die Entscheidung zwischen Share Deal und Asset Deal vor allem eine Frage der Steuern (vgl. auch Göthel, 2015, S. 10–11). Im folgenden Beispiel wird angenommen, dass Verkäufer und Käufer beide Kapitalgesellschaften sind. Aus Käufersicht ist in diesem Fall der Asset Deal vorzuziehen, da die erworbenen Wirtschaftsgüter in den Folgejahren abgeschrieben werden können. Zudem können stille Reserven aufgedeckt und unmittelbar steuerwirksam abgeschrieben werden. Der Verkäufer dürfte dagegen aus steuerlichen Gründen eher auf einen Share Deal drängen. Der Gewinn aus der Veräußerung von Wirtschaftsgütern unterliegt nämlich bei Kapitalgesellschaften der Gewerbesteuer. Wollen Privatpersonen als Eigentümer der Kapitalgesellschaft den Veräußerungsgewinn durch Gewinnausschüttung persönlich realisieren, dann fallen dafür in der persönlichen Steuererklärung Einkommensteuern an. Wenn sich unter den Assets inländische Immobilien befinden, dann fallen für den Käufer immer Grunderwerbsteuern an. Grundsteuern sind beim Share Deal dagegen nur zu zahlen, wenn mindestens 95 % der Anteile an der Kapitalgesellschaft erworben werden. Verlustvorträge können beim Asset Deal nicht übertragen werden.

Aus rechtlichen Gründen kann ein Asset Deal für den Käufer dennoch ausscheiden. So können Verträge nur übertragen werden, wenn die jeweiligen externen Vertragspartner, z. B. Lizenzgeber, dem zustimmen. Wenn die Zustimmung nicht gegeben wird oder nur teuer erkauft werden kann, dann scheidet der Asset Deal für den Käufer aus. Somit wäre ein Share Deal vorzuziehen, es sei denn es besteht ein Sonderkündigungsrecht für den Fall des Gesellschafterwechsels – eine sogenannte „*Change-of-Control-Klausel*“, mit der zum Beispiel geregelt wird, dass im Verkaufsfall die von der Drittpartei gewährten Lizenzen erlöschen, insbesondere wenn der Käufer ein Wettbewerber ist.

Ein weiterer Fall betrifft den deutschen Bestimmtheitsgrundsatz. Hiernach erwirbt der Käufer bei einem Asset Deal nur die im Unternehmenskaufvertrag hinreichend bestimmten Vermögensgegenstände. Wenn sich diese nach Aufdeckung ihres Fehlens nicht mehr im Eigentum des Verkäufers befinden, sind diese verloren. Wenn es sich dabei um nicht reproduzierbare Vermögensgegenstände handelt – etwa Patente oder zur Produktion wichtige Grundstücke und Gebäude - dann sind dem erworbenen Unternehmen wesentliche Betriebsgrundlagen infolge der Strukturierung als Asset Deal entzogen. Der Anwalt des Käufers hat beim Asset Deal also darauf zu achten, dass alle betriebsnotwendigen Gegenstände einzeln erfasst worden sind. Wenn dies aufgrund der Informationslage nicht mit hinreichender Sicherheit gewährleistet werden kann, dann ist von einem Asset Deal abzuraten.

Ein Share Deal wäre aus formal-rechtlichen Gründen zu bevorzugen, wenn der Käufer befürchtet, dass wichtige Mitarbeiter des Targets nicht für den Käufer arbeiten wollen, denn bei einem Asset Deal können sie den Übergang ihrer Arbeitsverhältnisse verhindern.

Sowohl der Share- als auch der Asset Deal lassen sich noch um Erfolgsprämien (*Deferred Payment*) ergänzen, die bei Erreichen gewisser Performance-Ziffern zusätzlich gezahlt werden. Der Vollständigkeit halber sei noch auf weitere „Tauschgeschäfte“ hingewiesen (der einfache Aktientausch Käufer versus Target wurde ja schon als Sonderfall des Share Deal erwähnt). Hierbei gibt es Misch-Angebote (*Mixed Offer*), bestehend aus einer festgelegten Anzahl von Aktien des Käufer-Unternehmens oder alternativ ein bestimmter Zahlungsmittelbetrag für jeden Aktionär des Zielunternehmens. Hinzu kommt der *Convertible Loan Offer* bzw. *Preferred Shares Offer*, bei dem der Käufer aus seinem Portfolio eine festgelegte Anzahl von Wandelobligationen oder Vorzugsaktien (ggf. auch Schuldverschreibungen) anbietet. Schließlich sei noch auf den *Cash Underwritten Share Offer* hingewiesen, an dem drei Parteien beteiligt sind. Hier wird eine festgelegte Anzahl von Aktien des übernehmenden Unternehmens an eine Bank gegen einen festen Zahlungsmittelbetrag verkauft, der dem Verkäufer für das Target gutgeschrieben wird (vgl. Rudolph, 2000, S. 131–151).

Letztlich kann nur eine detaillierte Einzelfallprüfung Aufschluss geben, welche Erwerbsform die passendste für eine bestimmte Transaktion ist. Dazu sollte der Anwalt frühzeitig in die Planung eingebunden werden. Dies ist wieder ein Argument für den prozessorientierten Ansatz, mit der Forderung nach durchgängiger Präsenz von Juristen, vom offiziellen Start des Projektes bis zum formalen Abschluss rund ein Jahr nach dem Closing. Der Anwalt ist der zentrale Knotenpunkt zur Zusammenführung aller Sachargumente für die Wahl der Transaktionsform. Wenn die Entscheidung zu einer Transaktionsform einmal gefallen ist, dann muss er allen rechtlichen und steuerlichen Konsequenzen nachgehen. Um den relativen Steuernachteil des Verkäufers bei einem Asset Deal auszugleichen, wird dessen Anwalt oft mit Erfolg versuchen, einen höheren Kaufpreis durchzusetzen (vgl. Haarmann & Wildberger, 2006, S. 185–187).

#### 4.2.5.3 Prozess der Transaktion: Exklusive Verhandlungen

Exklusive Verhandlungen sind angesagt, wenn der Interessent sicher ist, dass er mit dem passendsten Target spricht und wenn das Target der Überzeugung ist, dass der Verhandlungspartner die Ziele des Verkäufers am besten abbilden kann (vgl. dazu auch Abschn. 2.1.4). Das kann der Fall sein, wenn der Markt eng ist, sodass sich die Wettbewerber untereinander gut kennen oder wenn auf der Käufer- wie auf der Verkäuferseite bereits Vorfeldanalysen und Sondierungen gelaufen sind, die darauf hindeuten, dass die angedachte Transaktion die strategisch wünschenswerteste ist und dass sie aus folgenden Gründen machbar ist: a) die Größenverhältnisse stimmen und b) auf beiden Seiten die Bereitschaft zur Transaktion gegeben ist, wenn c) ein besonderes Maß an Vertraulichkeit gefordert ist, das eine Auktion ausschließt und wenn d) andere Ziele als reine Preismaximierung im Vordergrund stehen, wie etwa Erhalt des Namens, Erhalt der Arbeitsplätze für die Mitarbeiter, Erhalt der Standorte und der Identität des Unternehmens. Sind diese Rahmenbedingungen gegeben, dann ist der Prozess exklusiv zu führen. Die exklusive Verhandlung ist die formloseste Art der Prozessführung. Sie setzt sich dennoch aus den bekannten drei Phasen zusammen, dem unverbindlichen Vorfeld, in dem die strategisch-operativen Randbedingungen und die Auswahl des Targets geklärt werden, die eigentliche Transaktionsphase mit den Schwerpunkten auf Informationsbeschaffung, Bewertung und Verträgen sowie die Implementierung bzw. Integration des Targets. Als Führungskonzept bietet sich somit der in diesem Buch beschriebene prozessorientierte Ansatz mit den drei Kernprozessen an. Deshalb braucht an dieser Stelle nicht tiefer darauf eingegangen zu werden.

#### 4.2.5.4 Auktionen

Der primäre Zweck von Unternehmens-Auktionen ist, den Verkaufspreis des Targets zu maximieren und den Prozess so kurz wie möglich zu halten (vgl. auch Abschn. 2.1.4).

Demgegenüber rücken andere Ziele, wie im Abschn. 4.2.5.4 beschrieben, in den Hintergrund. Unternehmens-Auktionen können öffentlich oder privat sein. Seltener sind öffentliche Auktionen von börsennotierten Unternehmen. Ihr Prozess ist durch öffentliche Übernahmevorschriften und andere börsenbezogene Offenlegungsgesetze stark geregelt (vgl. im Detail z. B. Schulz, 2015). So ist das Management von börsennotierten Unternehmen in den meisten Ländern verpflichtet, alle Aktionäre gleich zu behandeln. Die große Mehrzahl der Versteigerungen ist jedoch privater Natur, bei der weitgehende Gestaltungsfreiheit der Prozesse besteht. Wegen ihrer dominierenden Bedeutung widmet sich dieser Abschnitt privaten Auktionen. Im Folgenden wird eine Auktion aus der Sicht des Verkäufers einer nicht zum Kerngeschäft gehörigen Gesellschaft betrachtet. Die wesentlichen Stufen einer typischen privaten Auktion sind:

1. Zieldefinition des Verkäufers,
2. Strukturierung des Auktionsprozesses,
3. Auktionsvorbereitung,
4. Auswahl von potenziellen Käufern,
5. Erste Bieterrunde: Einholung unverbindlicher Angebote,
6. Zweite Bieterrunde: Einholung verbindlicher Angebote,
7. Vertragsverhandlungen und Signing.

**Zieldefinition des Verkäufers** Jede Situation ist durch andere Umstände geprägt. Das Zielbündel einer Unternehmensauktion beinhaltet in den meisten Fällen 1) die Maximierung des Preises, 2) die Transaktionssicherheit und 3) Transaktionsgeschwindigkeit. Unter diesen Kriterien ist die Preismaximierung das wichtigste Ziel und das deutlichste Signal an die Außenwelt. Dennoch gibt es einige Größen, die in das Preisgefüge eingehen. Preise können zum Beispiel als fester Betrag oder als variable Formel ausgedrückt werden. Der Kaufpreis kann in liquiden Barmitteln, in Aktien und in Form eines Asset-Tausches erfolgen. Alle Kombinationen sind denkbar. Der Bezugszeitpunkt für die Berechnung kann variieren, zwischen der Vertragsunterzeichnung (Signing), der Eigentumsübertragung (Closing) oder auch zu einem Bezugstermin nach dem Closing in Form einer erfolgsorientierten Komponente, der sogenannten Earn Out-Struktur (vgl. allg. zu Earn Out z. B. Toll & Rolinck, 2014). Die Bezugsgröße dafür ist häufig der in einer bestimmten Periode erzielte Umsatz, EBITDA oder EBIT. Ein hoher Preis am Tag der Bekanntmachung mag zwar attraktiv erscheinen, verdeckt aber Transaktionsrisiken, die etwa von der Genehmigung von Kartellbehörden abhängig sind oder durch Material Adverse Change-Klauseln (MAC) gemindert werden können, die auch den Abschluss verhindern können. Der Verkäufer wird ein Konditionenbündel bevorzugen, bei dem ein hohes Maß an Abschlusssicherheit gegeben ist. Eine weitere Schlüsselgröße ist die Transaktionsgeschwindigkeit. Käufer und Verkäufer wollen durch einen kurzen Prozess den Grad der Verunsicherung bei den Mitarbeitern minimieren. Zusätzlich erhöht sich das Risiko, dass sich mit einem langen Prozess das Marktumfeld und die Performance des Targets verschlechtern. Daneben erhöht eine langwierige Abwicklung der Auktion das Risiko, dass Informationen über die angedachte Transaktion nach außen dringen und dem zu verkaufenden Unternehmen schaden. Unter den genannten Hauptzielen bestehen durchaus Zielkonflikte. So kann eine einseitige Preismaximierung zur Bedingung haben, dass eine zeitaufwendige Due Diligence durchgeführt wird, die den Informations- und Verhandlungsprozess deutlich verlängert. Die Gebote der Kaufinteressenten werden hinsichtlich der Hauptkriterien unterschiedlich ausfallen. Durch Parallelgebote und –verhandlungen kann der Druck auf die Interessenten jedoch hoch gehalten werden, sodass sich gegenüber sequenziellen und exklusiven Einzelverhandlungen Vorteile für den Verkäufer ergeben.

**Strukturierung des Auktionsprozesses** Die Struktur einer privaten Auktion wird vor allem durch die Ziele des Verkäufers geprägt. Mithilfe seines Transaktionsberaters kann er dementsprechend die Regeln der Auktion, den Zeitrahmen, den Mindestpreis und anderer Wettbewerbstreiber flexibel festlegen. Zu den wichtigsten grundlegenden Erfolgsfaktoren einer erfolgreichen Auktion gehören:

- **Die Schaffung einer anhaltend gespannten Wettbewerbssituation** über den gesamten Prozess durch Wahl eines Bieterkreises, der real am Erwerb des Targets interessiert und in der Lage ist, die Kaufkriterien zu erfüllen.
- **Die Durchführung eines straffen und strukturierten Prozesses,** indem der Verkäufer die volle Kontrolle über den Zeitplan und die Kommunikation mit den Kaufinteressenten behält. Dazu zählen realistische Einschätzung der benötigten Zeiten, gezielter Termindruck unter Vermeidung von jeglichen Fristverlängerungen.
- **Offenlegung und Transparenz** durch Gewährleistung einer umfassenden finanziellen, rechtlichen und operativen Due Diligence, um die Interessenten in die Lage zu versetzen, ein angemessenes Angebot unter Einrechnung von Chancen und Risiken abgeben zu können.
- **Sicherstellung der Vertraulichkeit.** Informationslecks können den Prozess empfindlich stören, wenn etwa das Target vorzeitig bekannt wird, indem Anbieter/Wettbewerber in der Due Diligence gewonnene Fakten gegen das Target einsetzen können. Angesagt sind deshalb die Unterzeichnung von Vertraulichkeitsvereinbarungen vor Eröffnung der Due Diligence und die Offenlegung sensibler Daten erst unmittelbar vor dem Signing.
- **Entlastung des Managements** durch gute Zusammenarbeit mit dem Transaktionsberater. Über Monate kann der Auktionsprozess mit einer Reihe von Bietern eine hohe Beanspruchung des Managements verursachen, sodass die Bewältigung des Tagesgeschäftes beeinträchtigt wird. Durch Einsatz von Beratern und Strukturierung von Informationsdokumenten kann das Management hier geschützt werden.
- **Die Flexibilität zu wahren** ist ein großer Vorteil der privaten Auktion. Durch die Verträge sollte sich der Verkäufer vorbehalten, jederzeit das Prozedere und die Termine zu ändern, weil sich im Laufe des Prozesses andere Konstellationen – zum Beispiel ein zu präferierender Interessent – einstellen können.

Abhängig von der Breite des Interesses und der Wettbewerbsintensität ist zwischen einstufigen und zweistufigen Auktions-Ansätzen zu entscheiden. In der einstufigen Auktion erhalten die Bieter umfangreiche Informationen über das Target bevor sie ihr verbindliches Angebot einreichen. Dieser Weg ist angesagt, wenn der Kreis der Interessenten klein, mit der Materie vertraut und die Wettbewerbssensitivität von Anfang an niedrig ist. Für wettbewerbsintensive Auktionen mit vielen potenziellen Anbietern aus verschiedenen Branchen, die ein hohes Maß an Vertraulichkeit erfordern, wie etwa wissensbasierte Industrien, ermöglicht der zweistufige Prozess eine graduelle Offenlegung. Hierbei werden Kaufinteressenten in einer ersten Stufe aufgrund von begrenzten Informationen aufgefordert, unverbindliche Angebote abzugeben. Der Verkäufer prüft dann die Qualität der Gebote und lädt einen begrenzten Kreis von Bietern in eine zweite Runde auf der Basis einer Due Diligence und von Managementpräsentationen ein.

**Auktionsvorbereitung** Eine Auktion bedarf sorgfältiger Vorbereitung. Insbesondere gilt es, den Zeitbedarf für die einzelnen Arbeitsschritte gut abzuschätzen, um hinterher nicht in Hetze zu verfallen oder den Zeitplan umstellen zu müssen. Ein Schlüssel für den Erfolg ist, ein erstklassiges Team zusammenzustellen, das den Zeitplan einhalten kann, stets das Momentum aufrecht erhält und die Maximierung des Erfolges für den Verkäufer sicherstellt. Neben einem guten internen operativen Team sind in der Regel auch ein Finanzberater, ein Wirtschaftsprüfer und ein Anwalt einzuschalten. Die Kompetenz dieser externen Berater ist hinsichtlich M&A-Erfahrung, Branchenkenntnissen, Finanzen und Verhandlungsgeschick für Erfolg oder Misserfolg des Prozesses entscheidend (vgl. dazu auch Abschn. 1.1.4 und 2.2.2). Vor Beginn des Prozesses ist es ein Muss, eine tiefgehende Verkäufer-Due Diligence unter Einbezug der Berater durchzuführen. Kaum etwas ist im Prozess unangenehmer und wertmindernder als die Aufdeckung unbekannter Risiken beim Target. Schlechte Vorbereitung und Organisationsmängel können erhebliche negative Auswirkungen auf den Wert des zu veräußernden Unternehmens haben. Tragend für den Prozess sind die Schlüsselpersonen des Targets. Dazu zählen nicht nur dessen Vorstände, sondern auch die Verantwortlichen für die wichtigsten Wertschöpfungsstufen. Aus Gründen der Vertraulichkeit ist der Kreis der Involvierten klein zu halten. Das führt zu umso mehr Arbeit bei diesem Personenkreis, der ja auch das Tagesgeschäft zu bewältigen hat. Es empfiehlt sich deshalb, für diese Personen besondere Anreize für die Beschaffung und Aufbereitung hochwertiger Informationen bereit zu stellen. Eine gefährliche Werterosion stellt der Weggang von Schlüsselpersonal dar. Dieser Personenkreis ist frühzeitig zu identifizieren und mit entsprechenden „Bleibeprämien“ an das Unternehmen zu binden.

**Die Auswahl von potenziellen Käufern** orientiert sich an 5 Gruppen, 1) unmittelbare Wettbewerber, 2) Kunden und Lieferanten, 3) Private Equity, 4) mögliche Markteindringlinge/exotische Käufer und 5) das Management selber. Häufig ist eine Verbindung von Private Equity mit dem Management als MBO (Management Buyout) mit LBO (Leveraged Buyout, vgl. Abschn. 2.1.3.1) anzutreffen. Strategische Käufer sind häufig bereit,

Prämien für Synergien zu bezahlen. Sie verfügen meist über großes Branchenwissen, sodass sie die Due Diligence zügiger und fokussierter als andere Bieter durchführen können. Private Equity-Unternehmen verfügen dagegen mehr über erfahrene Bewertungsexperten. Beim Management des Targets sind sie beliebt, weil sie häufig die Führungspositionen erhalten und langfristige finanzielle Anreize bieten. Eindringlinge in den Markt kommen häufig aus Staatsfonds, sogenannte Sovereign Wealth Funds (SWF), Family Offices, Hedgefonds oder Privatpersonen mit hohem Eigenkapital, sogenannte High Net Worth Individuals (HNWI). Diese können attraktive Bieter sein, da sie über beträchtliches Kapital verfügen und sich langfristig engagieren möchten. Die Gruppe des Managements steht in einem Konflikt, ist sie doch dem Verkäufer gegenüber verpflichtet und kann sie gleichzeitig auch als Kaufinteressent auftreten. Der Verkäufer muss versuchen, die Bieter-Gruppe des Managements mit ihren Finanziers vom Verkäufer-Team zu separieren und sie allen übrigen Bietern gleichzustellen („At Arm's Length-Prinzip"). Das wird nicht immer möglich sein und die Gefahr ist groß, dass die Loyalität von der Seite des Verkäufers auf die Käuferseite wechselt. Dabei kann das Management zum Beispiel die Ziele des Targets heruntersetzen (was zu einer Wertminderung führt), um später die Ziele zu übertreffen und eine Erfolgsprämie zu kassieren. Hier ist es nötig, entsprechende Verpflichtungen für die Führung des Prozesses unterzeichnen zu lassen und mit Incentives zu arbeiten, die bis zum Closing reichen.

**Erste Bieterrunde die Einholung unverbindlicher Angebote** besteht aus drei Schritten, 1) Kontaktaufnahme zum Bieterkreis, 2) Offenlegung von Informationen und 3) Einholung unverbindlicher Angebote. Die Auswahl der Bieter für die erste Runde sollte relativ breit sein, weil erfahrungsgemäß die meisten Parteien kein indikatives Angebot (*Indicative Offer)* abgeben werden. Nach einer Erklärung ihres Interesses lassen die Berater des Targets den Interessenten eine schriftliche Einladung zukommen, in der der geplante Prozess, die Frist bis zur Einreichung eines vorläufigen unverbindlichen Angebotes und die vom Verkäufer gewünschten Informationen zur Kenntnis gegeben werden. Dazu gehören Erläuterungen zur Preisfindung, Bewertungsannahmen und die Voraussetzungen zu einem verbindlichen Gebot. Liegt ein ernsthaftes Interesse vor, sollte der Kaufinteressent angemessene Kapazitäten zur Bearbeitung des Indicative Offer bereitstellen, unter Einbezug von externen Kräften für die Transaktionsberatung, Wirtschaftsprüfung, Rechts- und Strategieberatung. Wenn es sich um branchen- oder regionalspezifische Besonderheiten handelt, dann kann der Verkäufer auch Empfehlungen über die Wahl von Beratern aussprechen. Zum Erhalt von indikativen Angeboten ist es üblich, dass der Verkäufer nur begrenzte Informationen zum Business Plan bekannt gibt, jedoch so viel, dass eine erste Bewertung des Targets möglich ist. Der Verkäufer und seine Berater geben dies in einem standardisierten *Informationsmemorandum* bekannt. Potenzielle Käufer sollten darauf ihr Interesse in einem unverbindlichen Angebot (*Non binding Offer*) termingerecht kundtun. Der Verkäufer wird dann die eingegangenen Indikationen sorgfältig prüfen, und zwar nicht nur hinsichtlich Preis und Bewertung, sondern auch zu strategischem Fit, Synergien, finanzieller Stärke, Erfolgshistorie, Zukunftsplänen und kartellrechtlicher Risiken. Gehen nicht genügend glaubwürdige oder kein Angebot ein, kann der Verkäufer die Bieterrunde verlängern oder gänzlich absagen. Liegen unzulängliche Informationen in den Geboten vor, dann kann der Verkäufer auch die Bieter kontaktieren und um weitergehende Informationen bitten, etwa bei der Frage, ob das unverbindliche Angebot den Segen des Vorstandes hat. Aus den belastbaren Geboten wird nunmehr eine *Short List* generiert. Es ist eine taktische Frage, ob diese eher breit oder sehr selektiv sein soll, um entweder durch Breite mehr Wettbewerb zu erzeugen oder mittels starker Auslese nur einen kleinen Kreis zur nächsten Bieterrunde zuzulassen und so nur in die seriösesten Gebote Arbeit zu investieren. Je nach Marktlage und Eigenart des Targets werden typischerweise drei bis vier potenzielle Käufer in die zweite Runde des Prozesses eingeladen.

**Die zweite Bieterrunde** dient der Einholung verbindlicher Angebote. Der erste Schritt dazu ist eine umfassende Due Diligence, für die – je nach Komplexitätsgrad - vier bis sechs Wochen zu rechnen sind. Dafür sind umfangreiche Informationen zur Verfügung zu stellen. Unzureichende Transparenz führt nur dazu, dass sich die potenziellen Käufer durch Garantien und Zusatzklauseln gegen unbekannte Risiken absichern. Bei einer sehr kleinen Anzahl von Interessenten wird dazu ein physischer Datenraum zur Verfügung gestellt. Ist das Bieterfeld größer, wird man heute einen virtuellen Datenraum bereitstellen, der bis zum Closing offen gelassen werden kann. Der Datenraum sollte unter anderem die Verkäufer-Due-Diligence-Berichte umfassen. Neben dem Datenraum sollte jeder Interessentenpartei die Möglichkeit eines *Management Audits* gegeben werden, die zwei Zwecke verfolgt: a) Antwort auf weitere Fragen und b) Darstellung der Qualität des Managements. Daneben gibt es die Möglichkeit, einen parallelen*Question & Answer-Prozess* (Q&A) zu führen. Dies ermöglicht den Kaufinteressenten, weiterführende schriftliche Fragen einzureichen. Doch sollten derartige Möglichkeiten begrenzt werden, da dieses Angebot zu einem ausufernden Prozess führen kann. Daneben wird der Verkäufer den Interessenten einen Entwurf des Kaufvertrages zusenden. Dieser wird im Zuge der Due Diligence von den Kaufinteressenten überarbeitet. Zum Angebotsstichtag reichen die noch im Wettbewerb stehenden Kaufinteressenten ihr formales und bindendes Angebot (*Binding Offer*) zusammen mit dem überarbeiteten Kaufvertrag (*Markup*) ein. In manchen Fällen verlangt der Käufer noch eine konfirmatorische Due Diligence über bestimmte Teile des Kaufobjektes als Bedingung zur Unterzeichnung des Vertrages. Dazu ist Voraussetzung auf der Käuferseite, dass das jeweilige Gebot und die weiteren Unterlagen vom Vorstand des kaufenden Unternehmens genehmigt sind (Investitionsfreigabe). Der bindende Angebotspreis, Ziel und Umfang der konfirmatorischen Due Diligence sowie der abgeänderte Kaufvertrag werden dann vom Verkäufer hinsichtlich Preis, Transaktionssicherheit und Angemessenheit des vorgesehenen Zeitrahmens bis zum Closing evaluiert.

**Die Vertragsverhandlungen und das Signing** sind die letzten und entscheidenden Schritte des Auktionsprozesses. Anhand des gebotenen Preises, der Risiken aus der Confirmatory Due Diligence und der angebotenen Verträge wird der Kreis der akzeptablen Offerten nochmals verringert. Mit dem zu priorisierenden Kaufinteressenten werden dann abschließende Vertragsverhandlungen geführt. Der umsichtige Verkäufer wird jedoch mindestens einen Kaufinteressenten „in der Hinterhand" behalten, um im Falle unvorhergesehener Störungen alternativ umschalten zu können. So können aus der Confirmatory Due Diligence Probleme erwachsen, die sich nicht beseitigen lassen. Deshalb sollten deren Themen vorab definiert und in der Kaufofferte spezifiziert werden. Es können kartellrechtliche Genehmigungen ausbleiben und es können während des Prozesses auch andere Kandidaten auf den Markt kommen („Konsolidierungswettbewerb"), die das Interesse vom priorisierten Kaufkandidaten ablenken. Um nicht ohne Alternative dazustehen, sollte der Transaktionsberater gegebenenfalls andere Pfade offenhalten, wie etwa einen Börsengang oder ein Joint Venture mit einem anderen Unternehmen. Auf jeden Fall muss der Eindruck eines „verzweifelten Verkäufers" (*Distressed Seller*) vermieden werden. Einzelne stark interessierte Käufer werden versuchen, dem Wettbewerb aus dem Wege zu gehen und Exklusivverhandlungen vorzuschlagen. Wenn es unvermeidbar erscheint und für die Angebote förderlich ist, dürfen im Sinne der Einhaltung des Biet-Wettbewerbs, Konzessionen gemacht werden. Diese sollten jedoch minimal sein und von einigen Stunden bis zu einem Wochenende reichen. In den abschließenden Verhandlungen ist häufig Flexibilität und Geschick gefragt. Fordert der Käufer an einer Stelle Sicherheiten, kann dem nachgegeben werden, wenn man die Hintergründe besser kennt und die Risiken hierfür gering einschätzt, um im Gegenzug dafür von der Käuferseite Konzessionen zu erhalten, die mehr wert sind. Drängt der Verkäufer auf Preis- und Transaktionssicherheit, dann wird er wertmindernde Faktoren abwehren. Dazu gehören zum Beispiel MAC-Klauseln (Material Adverse Change), Rückbehaltungsrechte für den Kaufpreis, um potenzielle Ansprüche des Käufers nach Abschluss der Transaktion abzudecken, Earn Out-Klauseln, die eine hohe Performance des Targets verlangen sowie exzessive Übertragung von Risiken auf den Verkäufer. Schlussendlich sollte der Verkäufer in der Lage sein, mit dem priorisierten Käufer zum endgültigen Vertragsabschluss mit dem besten Preis und der höchsten Transaktionssicherheit zu kommen. Dennoch ist die (zweistufige) Auktion nicht ohne Alternative. Es bleibt abzuwägen, ob der Handlungsspielraum so begrenzt ist und ein Bieter so im Vorteil ist, sodass durch die Synergieprämie, die er zu zahlen bereit ist, die beschriebenen exklusiven Verhandlungen vorzuziehen sind. Exklusivverhandlungen können in besonderen Fällen einen schnelleren Prozess, geringere Prozesskomplexität und reduziertes Störungsrisiko gegenüber dem Tagesgeschäft des Zielunternehmens bedeuten. Angesichts der Breite des Unternehmensmarktes und der Vielfalt der Bieter ist davon auszugehen, dass Auktionen weiterhin einen bedeutenden Anteil des M&A-Marktes einnehmen werden (vgl. Rochat & Korp, 2010, S. 270–287).

**Einbindung in die übergeordneten Vorgänge**

Ein durchgängiges M&A-Kompetenzmanagement unter Einbezug des M&A-Vorfeldes (Strategie, Screening…) und der Integration bzw. Implementierung (Optimierung des Targets Stand-Alone) entstand erst Ende der 80er Jahre. Dies stand im Zusammenhang mit der sogenannten fünften Welle von M&A, mit dem M&A-Boom, der aus der Liberalisierung und Deregulierung hervorkam und zur Globalisierungsbewegung führte (vgl.

Abschn. 1.1.1). Das M&A-Geschäft versprach damit für die großen Strategieberater wie McKinsey, Boston Consulting Group, AT Kearney und andere zu einem wichtigen Geschäft zu werden, mit dem Schwerpunkt auf das Vorfeld (Strategie, Screening) und der Post Closing M&A-Integration. Die auf die eigentliche Transaktion ausgerichteten Investmentbanken und M&A-Boutiquen beanspruchten dagegen den Prozess vom Kandidatenscreening bis zum Closing, wie in Abb. 2.12 dargestellt. Damit entstand ein direkter Wettbewerb zwischen den Strategieberatern und den Transaktionshäusern beim Kandidatenscreening.

**Aufsetzpunkte und Schnittstellen mit vorlaufenden und parallelen Arbeitspaketen**
Zurückkommend auf unser Modell des Integralen M&A-Managements sind bei diesem wichtigen und zentralen Arbeitspaket die Schnittstellen und Aufsetzpunkte mit vorlaufenden und parallelen Arbeitspaketen zu behandeln.

Wie in Abb. 4.19 dargestellt spielt das Arbeitspaket „Deal Struktur" nicht nur im Dealmaking-Prozess, sondern im gesamten Projektkontext eine zentrale Rolle. Die Basisstrategie und das Kandidatenscreening sind die beiden grundlegenden Säulen, auf der die Deal Strukturierung ruht. Der Business Case ist die konzeptionell-strategische Umsetzung der Strategie, bezogen auf den ausgewählten M&A-Kandidaten. Der für die Deal Strukturierung verantwortliche Anwalt oder Transaktionsberater (falls einer eingeschaltet wurde) übersetzt dies in die grundlegende Struktur für den Deal. Zu Beginn der Sondierung wurde der Kandidat und der mit ihm verbundene M&A-Pfad (Kauf, Joint Venture, Integration, Verkauf, reverse Integration…) definiert und die daraus folgenden Eckpunkte festgelegt. Die Vorverträge (Memorandum of Understanding, Vertraulichkeitsvereinbarung, Exklusivität…) sichern die jetzt folgenden Aktivitäten gegenüber dem Umfeld (Wettbewerber, Kunden, Lieferanten, andere Kandidaten…) ab. Mit dem angedachten Führungskonzept

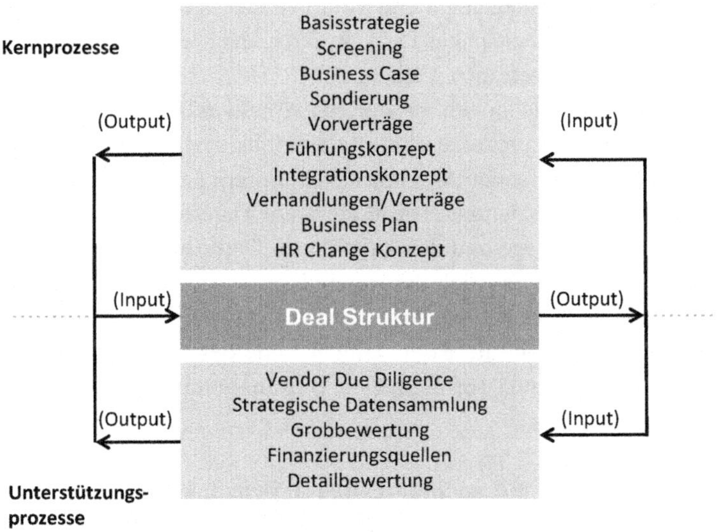


**Abb. 4.19** Schnittstellen des Arbeitspakets „Deal Struktur"

wurden die ersten inhaltlichen Festlegungen getroffen (Führungsmodelle, Organisation der Führung), die nun mithilfe der Deal Strukturierung in eine gesellschaftsrechtliche Form umzusetzen sind. Das Integrationskonzept ist gewissermaßen das Spiegelbild der Deal Struktur, denn bei der Konzeption der Integration werden alle operativen Modelle der Zusammenführung der beiden Unternehmen durchgespielt. Dafür ist ein gewisser Vorlauf des Integrationskonzeptes erforderlich, um im frühen Stadium einen Aufsetzpunkt für die Deal Strukturierung zu haben (vgl. Abb. 4.25). Danach laufen diese beiden Arbeitspakete parallel und in enger Abstimmung, wobei das Integrationskonzept in der Regel das Primat über die Deal Strukturierung hat. So fallen beim Integrationskonzept die Vorentscheidungen über das Produktportfolio, die Wertschöpfung und die Standorte. Dies hat Implikationen auf die Frage nach Share Deal oder Asset Deal, der in der Deal Struktur nachzugehen ist. Wenn der Käufer nur bestimmte Geschäftsaktivitäten übernehmen will, dann wäre ein Asset Deal anzustreben. Dies träfe sich auf der Käuferseite auch gut mit der steuerlichen Abschreibbarkeit von Wirtschaftsgütern. Die Rechnung kann aber nicht ohne den Wirt gemacht werden, denn für den Verkäufer ist dies steuerlich von Nachteil, weil er den Wertgewinn der verkauften Assets versteuern muss. Um dies auszugleichen wird er einen höheren Kaufpreis fordern, wie bereits gezeigt wurde. Also könnte man sich auf einen für den Käufer ungünstigeren Share Deal einigen, insbesondere dann, wenn der Verkäufer keine Projekte mit besonderen Risiken zurückbehalten möchte, auf die der Käufer keinen Wert legt. Der optimale Weg kann nur durch ständige Abstimmung zwischen den Teams für die Deal Struktur und das Integrationskonzept gelöst werden. Hier kommt natürlich auch dem Verhandlungsteam ein großes Gewicht zu, denn es liegt an seinem Geschick, die Übernahme und die Kaufkonditionen zu optimieren. Das daraus resultierende „operative Optimum“ schlägt sich schließlich im Business Plan nieder. Im HR Change Konzept ist alles aufzunehmen und auf der kulturellen Seite so zu entwickeln, dass klare und gute Botschaften für Management und Mitarbeiter entstehen. Auch hier gibt es jedoch Rückwirkungen auf das Arbeitspaket Deal Struktur, denn ein Transaktionsmodell muss auch von den Mitarbeitern getragen werden.

Soweit die engsten Beziehungen zu anderen Arbeitspaketen der Kernprozesse. Hinsichtlich der Unterstützungsprozesse gibt es gleichfalls eine Reihe wichtiger Schnittstellen mit vor- und parallel laufenden Arbeitspaketen. Sofern eine Auktion stattfindet ist eine Vendor Due Diligence unverzichtbar. Die strategische Datensammlung ist in der Frühphase des Projektes für die Ablage und den Zugriff von Daten aus allen Teams einzurichten. In der Grobbewertung schlagen sich die Ergebnisse aus der Deal Strukturierung nieder. Besonders eng ist die Beziehung zum Arbeitspaket Finanzierungsquellen, denn hier spielt die Transaktionsform die zentrale Rolle. Gegen Ende des Arbeitspaketes Deal Struktur liegen aus all den vorgenannten Teams so viele Informationen vor, dass man in die Detailbewertung einsteigen kann.

**Output und Schnittstellen mit nachlaufenden Arbeitspaketen**

Naturgemäß läuft die Deal Strukturierung parallel mit den Verhandlungen und der Entwicklung der Verträge, doch nachdem die Deal Struktur einmal steht, laufen die Verhandlungen fort und diese münden schließlich in die finalen Verträge. Die letzte Phase der

Deal Strukturierung ist auch der Zeitpunkt, noch einmal zur Strategieüberprüfung überzuwechseln, mit der Frage, ob die Deal Struktur nun wirklich noch volle Konsistenz mit der Strategie besitzt. Der Abschluss der Deal Struktur gibt dann den Startpunkt für gleich mehrere Arbeitspakete. Sollte der Verkäufer ein vollständiges Carve-Out mit anschließender Stand-Alone-Stellung im Auge haben, dann ist jetzt der späteste Zeitpunkt, in die Stand-Alone-Umsetzung einzusteigen. Wie in Abschn. 4.3.2 erläutert, werden aus Kostengründen jedoch nur etwa 30 % der Desinvestitionen temporär Stand-Alone gestellt. Insofern fällt dieses Arbeitspaket in den meisten Fällen nicht an. Die weiteren, an die Deal Strukturierung anschließenden Arbeitspakete liegen im Kernprozess Struktur. Es ist die unmittelbar zum Closing führende Integrations-Vorbereitung (vgl. Abschn. 4.3.5) und der parallel damit laufende Change Plan (vgl. Abschn. 4.3.6). Der Abschluss der Deal Strukturierung führt also in die Phase des stärksten Anstiegs der Kapazitäten im M&A-Prozess. Das resultiert auch aus den zahlreichen Arbeitspaketen der Unterstützungsprozesse, die jetzt im Anlauf begriffen sind. Dazu gehören im Kommunikationsprozess die projektinterne Kommunikation und eine ganze Reihe von finanztechnischen Aktivitäten wie die Detailbewertung und Finanzmittelbereitstellung (beide im Unterstützungsprozess Bewertung/Finanzierung) sowie Bilanzierungseffekte/Bewertungscontrolling (beide im Unterstützungsprozess Controlling). Schon im Projektvorfeld ist für die Kapazitäten und für die Kompetenzen zu sorgen, um diesen Anstieg bewältigen zu können.

## 4.2.6 Verhandlungen, Verträge

### 4.2.6.1 Die M&A-Verhandlungen

Bereits der Eintritt in Kaufverhandlungen begründet Verpflichtungen für die Beteiligten, deren Verletzung Schadensansprüche aus dem Gesichtspunkt des *Verschuldens bei Vertragsanbahnung* (culpa in contrahendo – c. i. c.) begründen können. Im Kontext von M&A-Transaktionen kommen im Einzelnen die folgenden Regeln in Betracht: Ein Eintritt in Vertragsverhandlungen verpflichtet noch keine Partei zum Abschluss eines Vertrages, es ist aber unredlich, wenn jemand Vertragsverhandlungen nur zum Schein und ohne Abschlussabsicht führt, nur um z. B. Wettbewerbsinformationen zu gewinnen. Unredlich ist ebenfalls, wenn jemand Vertragsverhandlungen führt, ohne in der Lage zu sein, den Kaufpreis zu entrichten. Der willkürliche Abbruch von Verhandlungen begründet noch keine Ansprüche von der anderen Verhandlungspartei, auch wenn hohe Kosten für Berater und Marktanalysen angefallen sind. Wer jedoch ohne triftigen Grund abbricht, aber das Vertrauen erweckt hat, der Abschluss sei nur eine Formsache, der handelt unredlich (vgl. Semler, 2010, S. 714). Dies kann rechtliche Konsequenzen haben und das ist auch der Grund für den von uns propagierten zweistufigen Genehmigungsprozess, bei dem das verantwortliche Management zunächst unter dem Vorbehalt der Zustimmung durch den Vorstand sondiert (vor der Verhandlungsfreigabe – *Negotiation Application*) und erst in der nächsten Stufe nach Due Diligence und Vorstandsvorlage verbindlich und mit Auftrag durch den Vorstand verhandeln darf (Investitionsvorlage – *Investment Application,* vgl. auch Abschn. 3.1.2).

Im Idealfall sollen die Vertragsverhandlungen dazu führen, dass eine Vielzahl unterschiedlicher Positionen zur Deckung gebracht wird. Dies wird nicht nur eins-zu-eins Position für Position geschehen, sondern es werden – quer über die „Verhandlungsmasse" hinweg, Argumente vorgebracht, mit denen sich Gewichte ausgleichen lassen. Am Ende sollen sich beide Parteien mit dem Ergebnis so wohlfühlen, dass nicht später ein Streitfall entsteht oder sogar das Gericht bemüht werden muss. Während der Verhandlungen geht es immer wieder darum, dass beide verhandelnden Seiten „das Gesicht wahren" können. Ein gutes Verhandlungsergebnis ist eines, bei dem sich beide Seiten als „Gewinner" sehen können, also eine „Win-Win-Lösung". Ein Erfolgsrezept dafür ist eine prozessorientierte Vorgehensweise bei den Verhandlungen:

1. Die richtige Vorbereitung der Verhandlungen,
2. Der angemessene Einstieg in die Verhandlungen,
3. Das professionelle Management der Kernphase der Verhandlungen,
4. Der sach- und zeitgerechte Abschluss der Verhandlungen.

**Vorbereitung** Ein besonderes Augenmerk ist auf die immer (!) bestehenden Kulturunterschiede zwischen den Verhandlungsparteien zu richten. Dies mag bei Verhandlungspartnern ein und derselben Branche und derselben Region gering erscheinen. In der Tat macht es aber psychologisch einen großen Unterschied aus, ob man auf der Käufer- oder Verkäuferseite steht und wie sich die Unternehmen, die heute miteinander verhandeln, im gestrigen Wettbewerb gegeneinander ausgerichtet haben. Hier werden „die Geister der Vergangenheit" wieder wach. Auch die Unterschiede zwischen großen und kleinen Unternehmen mit ihren mehr oder weniger kurzen Entscheidungswegen, ihren unterschiedlich großen Verhandlungs- und Support-Teams spielen in der Verhandlung eine Rolle. Dies kann nur durch eine möglichst gleichgroße und spiegelbildliche Aufstellung der Verhandlungsteams und ihrer Rechtsberater ausgeglichen werden. So sollte, wenn eine Partei einen Transaktionsberater einschaltet, die andere Partei dieses auch tun, um „auf Augenhöhe" miteinander verhandeln zu können.

Wichtig in den Verhandlungen ist das fortschreitende und parallele „Drafting" der Verträge. Diese „Drafts" sollten nie als endgültige Positionierung angesehen werden, sondern als „Wunschliste" der Partei, die den Draft geschrieben hat. Durch den gesamten Verhandlungsprozess durchgehend sollten beide Parteien versuchen, sich im Draft einander anzunähern, aber man sollte sich immer bewusst sein, dass dies nur vorläufige Positionen sind, bis zuletzt zu allen Positionen eine für beide Seiten akzeptable Lösung gefunden worden ist. Schritt für Schritt müssen dabei Positionen der Parteien aufgegeben werden, entweder durch Annäherung, durch Übernahme der Gegenposition oder durch Aufwiegen mit einer anderen Position. In diesem Prozess der Annäherung wird es nie möglich sein, die nächsten Schritte ableitend-logisch zu planen. Es gehört zur Verhandlung, dass diese von Überraschungen geprägt sind. Immer stehen sich zwei „Wunschlisten" einander gegenüber, nämlich der erste Draft eines Share Purchase Agreements (oder Asset Purchase Agreements) von der einen Seite und die Markups (Änderungsvorschläge) auf der anderen

Seite. Das oft mühsame Voranschreiten in diesem Prozess sollte als gegeben angenommen werden.

Kulturelle Besonderheiten unterschiedlicher Länder machen diesen Prozess noch schwerer (vgl. zu kulturellen Unterschieden und deren Bestimmung Meckl, 2014, S. 289–318). Man sollte immer einkalkulieren, dass die andere Seite (als Gegner sollte man sie nicht sehen) wieder einen Schritt zurückgeht; bei Verhandlungen mit Partnern aus Fernost (insbesondere China) ist davon auszugehen, dass plötzlich alles Erreichte infrage gestellt wird und man „am Ende“ wieder „am Anfang“ steht. Wer in diesem Prozess nicht die Ruhe bewahrt, hat schon verloren. Es ist ein himmelweiter Unterschied, ob man am Anfang einer Verhandlungsrunde im Mittleren Osten oder in Fernost auf die Frage, wann man wieder abreisen möchte, sagt „am Wochenende“ oder „any time from now“. Letzteres sollte gewählt werden. Man sollte auch nicht davon ausgehen, dass die Verhandler auf der anderen Seite des Tisches mit denselben Wertvorstellungen angetreten sind. Möglicherweise sind deren Werte völlig andere. Hier muss versucht werden, dies herauszubekommen.

Die Interessenlagen beider Seiten sind immer wieder zu hinterfragen, auch die eigene. Jeder Informations-Input – insbesondere aus der Due Diligence – kann die Werte verschieben und Dinge, die gestern noch unverrückbar waren, in einem anderen Licht erscheinen lassen. Es darf sich durch die Verhandlungen nicht in Sackgassen geleitet werden, sondern es sollten immer mehrere Optionen im Auge behalten werden. Derjenige hat die besseren Karten, der immer mehrere Wege vor sich hat. Deshalb ist es aus der Verhandlungsplanung auch wichtig zu wissen, welche Möglichkeiten die andere Seite hat, um von ihren Forderungen nicht überrascht zu werden. Dies ist ein kontinuierlicher (manchmal diskontinuierlicher) Prozess, der sich im Zuge der Verhandlungen ständig fortentwickelt. Wichtig ist weiterhin, immer das strategische Ziel im Auge zu haben. Dazu sollte ein strategisches Basispapier entwickelt worden sein, das allen Verhandlern der eigenen Seite zur Verfügung gestellt wurde. Zu oft verbeißen sich die Anwälte beider Seiten in Formalitäten oder scheinbar wichtige Positionen, während das strategische Ziel beider Seiten aus dem Auge verloren wird. Deshalb sollte sich das Verhandlungsteam auf jede Runde auch gut vorbereiten, das strategische Ziel nochmals intern durchgehen und am Vertragsentwurf (bzw. dem Entwurf der anderen Seite) spiegeln. Dazu ist auch die Kenntnis wichtiger Data et Facta der Branche und des Geschäftsplans erforderlich. Bevor man in die nächste Runde geht, ist dafür zu sorgen, dass alle Mitglieder des Verhandlungsteams gut vorbereitet sind. Dazu gehört auch die Kontinuität des Teams. Von Anfang an ist dafür Sorge zu tragen, dass immer dieselben Gesichter am Tisch sitzen – ausnahmsweise können Experten hinzugezogen werden, doch das Verhandlungsteam sollte unverändert bleiben. Was die Einsetzung von Anwälten betrifft sollten immer die Personen verhandeln, die auch den Vertrag entworfen bzw. die Markups dazu geschrieben haben. Angesichts der vielen Herausforderungen sollte sich das Verhandlungsteam in Partnerschaft mit der anderen Seite immer als Problemlöser verstehen. Eine höhere Instanz kann bei Bedarf eingeschaltet werden – etwa durch Rückfrage beim Vorstand. Dies darf jedoch nicht zur Regel werden. Die Verhandlungsparteien verhandeln auf der Basis eines gegebenen Mandates autonom. Dabei können sie – auch das ist vorzubereiten – zur Bestärkung der eigenen Position auf

Gesetze auf Standards und branchenübliche Usancen verweisen. Dies sollte nicht ad-hoc aufgebracht, sondern vor der Sitzung abgesprochen werden. Dazu ist zu analysieren, welche Möglichkeiten die andere Seite für die Verhandlung hat und wer auf dieser Seite des Tisches die Gegenposition vertritt. Bei dieser Rollenverteilung kann auch geregelt werden, wer den „Bad Guy" und wer den „Good Guy" spielt.

Zu den Grundregeln gehört auch in gewissen Situationen um ein „Time Out" zu bitten, das heißt das Team zieht sich zur Beratung zurück. Wenn Positionen festgefahren sind, dann können auch Break Out-Teams gebildet werden, bestehend etwa aus jeweils einem Vertreter beider Seiten, die Vorschläge für eine gemeinsame Lösung zu entwickeln haben. Im Sinne der Lösungsorientierung ist es auch, eine Liste der Konsens- und Dissens-Punkte zu führen und abzuarbeiten. Die Dissenspunkte können dann zeitgleich von jeweils einem Zweierteam behandelt werden. Die Offene-Punkte-Liste kann tagesaktuell geführt werden oder auch tagesübergreifend. Wenn die Punkte dieser Liste – auch „Basket" genannt – nicht eins-zu-eins lösbar sind, dann bietet sich auch an, daraus ein Paket zu schnüren, in dem Werte angegeben werden, seien es aus der Sicht der einen oder anderen Partei solche positiver Natur oder Risiken. Die Punkte des „Baskets" sollten revolvierend verhandelt und bewertet werden. Konzessionen gibt es grundsätzlich nur, wenn die andere Seite zu Konzessionen bereit ist. Offene Punkte sollte man sammeln, um diese dann gegen andere austauschen zu können. Dabei sollte man offen lassen, wie viel einem der eine Punkt wert ist, um bei der Verhandlung des „Baskets" hoch pokern zu können. Es ist nicht unüblich, dass – bei dieser Taktik – die andere Partei nicht weiß, wie viel einem die einzelnen Punkte wert sind. Um die Ordnung nicht zu verlieren, sollte man sich hinsichtlich des „Baskets" und des Vertragsentwurfes auf jeweils ein einziges Dokument einigen. Nach Möglichkeit strebt man an, den ersten Vertragsentwurf selber zu schreiben. Das Marking-Up wird dann wechselseitig gemacht. Der Vertragstext kann dann auch als Agenda für die fortlaufenden Gespräche genutzt werden, wobei man aufpassen sollte, dass man sich auch auf die wichtigsten Themen konzentriert. Um den zur Verfügung stehenden Zeitraum der Verhandlungen optimal zu nutzen, sollte ein Zeitplan für die „Big Points" abgestimmt werden.

**Einstieg in die Verhandlungen** Nach Einigung auf die Grundzüge der Verhandlungen (Vertrag als Agenda, Basket mit Vorrang der Big Points) ist die Verhandlung zu eröffnen. Dabei sollte man der anderen Seite den Vortritt lassen (vgl. Kunkel, Bräutigam, & Hatzelmann, 2006, S. 125–126). Dies gilt sowohl für den Beginn der Verhandlungen als auch für die Wiederaufnahme nach einer Verhandlungspause. Der Eröffnung durch die Gegenseite sollte eine Ablehnung des ersten Angebotes folgen (vgl. Dawson, 2011, Kap. 2). Dies folgt der Prämisse, dass beide Seiten akzeptieren, dass die Positionen beider Seiten nur Wünsche sind. Würde man dagegen die Position der anderen Seite akzeptieren, dann würde dies zur Enttäuschung der anderen Seite führen, denn sie müsste den Glauben gewinnen, dass sie zu wenig gefordert hat oder dass „etwas im Busche ist". Sollte man gezwungen sein, die Verhandlungen zu eröffnen, dann sollte man mehr fordern als zu erwarten ist. Diese Maßnahme gibt Verhandlungsspielraum und führt zur Zufriedenheit der anderen Seite, weil sie nun die Möglichkeit hat, etwas von der Position wegzuverhandeln. Die ergriffene

„*Maximum Plausible Position*" (vgl. Dawson, 2011, S. 6) sollte mit der Bereitschaft signalisiert werden, dass man präpariert sei, Zugeständnisse zu machen. Diese Zugeständnisse sollten jedoch nur dann konzediert werden, wenn die andere Partei selber Zugeständnisse macht (vgl. Kunkel et al., 2006, S. 137–138). Der Erfolg dieser taktischen Vorgehensweise (Maximum Plausible Position versus Zugeständnisse) ist durch empirische Forschungen bestätigt worden (vgl. Kunkel et al., 2006, S. 134).

**Kernphasen der Verhandlung** Die nachfolgenden Verhandlungsphasen sollten abwechselnd geprägt sein durch drei Modi, 1) dem argumentativen Modus, 2) dem kreativen Modus und dem 3) Win-Win-Modus. Der argumentative Modus beruht auf Bezugnahme von Data et Facta mit Verweis auf Marktbedingungen, Standards und Best Practices. Der kreative Modus zielt auf Ideen und „Brückenbildungen", die geeignet sind, Konflikte zu lösen. Dabei kommen drei Instrumente zum Einsatz, a) Fragen/Schweigen/Zuhören, b) Analyse der Interessen und der besten Handlungsoptionen und c) Time-Outs. Zu (a) ist festzustellen, dass das Stellen offener Fragen und die Betonung des Zuhörens bei langatmiger Antwort zu neuen Lösungen führen, insbesondere zu Lösungen, die die fragende Partei womöglich selber vorgebracht hätte. Studien belegen, „dass gute Verhandler etwa doppelt so viele Fragen stellen wie die durchschnittlichen oder schlechten Verhandler" (vgl. Kunkel et al., 2006, S. 90). Zu (b) zeigt die Erfahrung, dass ständig „in den Hinterköpfen" die Optionen, die die verhandelnden Parteien haben, abgewogen werden sollten. Es kommen nämlich im Duktus der Verhandlungen ständig neue Möglichkeiten auf, die verfolgenswert sind. Das Timeout (c) setzt dagegen eine Zäsur, indem die laufenden Verhandlungen unterbrochen und in separaten Räumen die strittigen Punkte aufgelistet werden. In einem zweiten Schritt werden dazu in einem Brainstorming Lösungsoptionen gesucht, im dritten Schritt werden diese nach eigenem Nutzen und Akzeptanz von der anderen Seite bewertet. Treffen die Parteien dann wieder aufeinander dann „finden sich – im argumentativen Modus – erstaunlich oft Kompromisse, bei denen beide Parteien subjektiv das Gefühl haben, eine für sie akzeptable Lösung gefunden zu haben (‚Win-Win-Modus')" (vgl. Rock, 2010, S. 546).

**Abschluss der Verhandlungen** Jeweils am Ende einer Verhandlungsrunde vergleichen beide Parteien ihre Offene-Punkte-Listen (Baskets), um bis zur nächsten Runde zu überlegen, welche Punkte mit welchen Positionen zu verhandeln sind. In der Praxis sind zahlreiche derartige „Runden" erforderlich, um die Baskets auf beiden Seiten abzuarbeiten. Viele Male werden sich die Verhandlungen im „argumentativen Modus" festfahren, um dann – bewusst gesteuert – in den kreativen Modus und von diesem in den „Win-Win-Modus" überzuwechseln. Sollte sich – trotz aller Modi-Wechsel – kein Weg mehr finden, sodass der Käufer die Bereitschaft erklärt, die Verhandlungen abzubrechen, dann muss er seine „*Walk-Away-Power*" zeigen: dass er andere Optionen hat, wie z. B. andere Kandidaten oder den Alleingang. Dies ist allerdings dann die „letzte Waffe", denn nun kann der Käufer tatsächlich abbrechen und den Verhandlungsraum verlassen und abreisen (um einige Tage später die Wiederaufnahme der Verhandlungen zu signalisieren) oder es wird nun das Spiel „Good Guy/Bad Guy“ aufgeführt: eine der Personen (die vorab dafür bestimmt wurde) „explodiert“ und trägt lautstark vor, dass sie „noch nie einen Fall wie diesen erlebt hat, bei dem…“. Sie verlässt also absichtlich die sachliche Ebene, um zu zeigen, dass sie die Position des Verkäufers für abwegig hält. Nun wird sich der Bad Guy aus dem Verkäufer-Team gegen die Entgleisungen auf der Käufer-Seite lautstark zur Wehr setzen. Danach werden die Good Guys der Verhandlungsteams aktiv, die argumentieren, dass man sich unter vernünftigen Geschäftsleuten immer einigen sollte. Nun wäre wieder ein Time-Out angesagt, um auf sachlicher Ebene fortfahren zu können. Als Lösungsmöglichkeit böte sich dann zum Beispiel an, einen neutralen Gutachter einzuschalten. Wichtig ist, dass beide Seiten mit dieser Lösung einverstanden sind, das Gesicht wahren und dass der besagte offene Punkt vom Basket genommen wird. Auf diese Weise ließe sich die Offene-Punkte-Liste abarbeiten und möglicherweise der kritische Punkt sogar als „Non-Issue“ behandeln, wobei die Chance besteht, dass das Gutachten gar nicht eingefordert wird. Die Lösung mag für die eine oder andere Seite nicht „fair“ sein; entscheidend ist jedoch vielmehr, dass am Ende ein Vertragstext herauskommt, der die Risiken nachgerecht behandelt und sie so verteilt, dass beide Vertragsparteien dies als fair empfinden, sich als Gewinner im Prozess sehen und diese Risiken tragen.

Bleibt die Frage, was getan werden soll, wenn es zu einem Stillstand aufgrund von unterschiedlichen und nicht überbrückbaren Risikoeinschätzungen kommt. Wie oben geschildert ist die Verteilung von Risiken der zentrale Gegenstand bei M&A-Verhandlungen. Je nach übernommenem bzw. behaltenem Risiko werden Käufer bzw. Verkäufer Abstriche bzw. Erhöhungen beim Kaufvertrag durchsetzen wollen. Das grundsätzliche Problem ist aber, dass unsichere zukünftige Belastungen, die auftreten können, die weitere Geschäftstätigkeit und die operative Umsetzung der Integration gerade beim Käuferunternehmen behindern können. Zu bildende Rückstellungen oder eine detaillierte Verfolgung eines Risikos, für das der Verkäufer eine Gewährleistung übernommen hat, und die anschließenden Rückverhandlungen wirken belastend. Beide Parteien scheuen häufig, solche Risiken z. B. aus laufenden Gerichtsprozessen oder auch aus Steuerfragen zu übernehmen, auch wenn sie quantifizierbar sind und beim Kaufpreis berücksichtigt werden können. Besonders problematisch sind Garantien und Freistellungserklärungen für den Verkäufer, wenn die daraus möglichen Belastungen von der Höhe her nur schwer einzuschätzen sind. Verhandlungsblockaden und Pattsituationen, bis hin zum Abbruch der Verhandlungen, können die Folge sein. Ob und ggf. wie solche Verhandlungsblockaden aufgelöst werden können, ist natürlich sehr einzelfallspezifisch. Exemplarisch für eine solche Lösung werden im folgenden M&A-Versicherungen näher ausgeführt.

**M&A Versicherungen**

Eine „saubere“ Lösung im Sinne von Käufer/Verkäufer wäre es in vielen Fällen, wenn nicht akzeptable Risiken auf Dritte übergewälzt werden können. In so einem Fall kann eine Versicherungslösung ein geeigneter Lösungsweg sein. Solche „Warranty & Indemnity (W&I-)Versicherungen“ stammen ursprünglich aus dem angelsächsischen und amerikanischen M&A-Markt (vgl. Grossmann & Mönnich, 2003, S. 708). Typischerweise werden solche Versicherungen vom Verkäufer initiiert und abgeschlossen (Verkäufer-Police), um die Risiken aus Garantien und Freistellungserklärungen, die der Verkäufer dem Käufer gibt, abzusichern (vgl. Grossmann & Mönnich, 2003, S. 710; Mangoldt & Feifel, 2013, S. 318). Bei Käufer-Policen ist der Käufer der Versicherungsnehmer. Der Käufer wird entschädigt, wenn er die Fehlerhaftigkeit der Garantie des Verkäufers nachweisen kann. Dies gilt auch dann, wenn der Verkäufer arglistig getäuscht hat, der Versicherungsnehmer darf aber natürlich nichts von der Täuschung gewusst haben. Es kann sogar ein Regressverzicht, der zu Gunsten des Verkäufers wirkt, vereinbart werden. Da bei der Käufer-Police der Versicherungsschutz also weiter geht als bei der Verkäufer-Police, ist die Käufer-Police im Normalfall teurer als die Verkäufer-Police. Dies liegt auch daran, weil bei der Käufer-Police in vielen Fällen vom Versicherer eine detaillierte Due Diligence durchgeführt wird (vgl. Grossmann & Mönnich, 2003, S. 710).

Solche W&I-Versicherungen decken verschiedenste inhaltliche Risiken in Zusammenhang mit M&A-Transaktionen ab. Typisch sind Garantien, die der Verkäufer im Kaufvertrag gibt, z. B. im Hinblick auf seine Eigentumsrechte an der Zielgesellschaft (vgl. dazu Hiort, 2013, S. 241–242). Ein Schaden, der dem Käufer aus einer Garantieverletzung entstehen würde, wäre bei einer W&I Insurance mit diesem Inhalt abgesichert. Genauso eignen sich Freistellungen von Seiten des Verkäufers, die typischerweise bestehende, aber (noch) nicht realisierte Risiken umfassen. So können verschiedene Themen wie Umweltprobleme oder Steuerrisiken hier abgedeckt werden. Eine Deckung kann auch für Risiken aus Rechtsstreitigkeiten erreicht werden (vgl. Hiort, 2013, S. 241).

Allerdings gibt es auch einige Standardausschlüsse, die nicht versicherbar sind (vgl. dazu Mangoldt & Feifel, 2013, S. 320; Hiort, 2013, S. 242; Grossmann & Mönnich, 2003, S. 711):

- Garantien für zukünftige Ereignisse wie z. B. Garantien für Umsatz oder Gewinngrößen in der Zukunft,
- Garantien für die Angemessenheit von Altersvorsorgerückstellungen,
- Bußgelder und Strafen, für die ein Versicherungsverbot besteht,
- Pauschale, unspezifizierte Garantien wie z. B. „Die Gesellschaft hat alle Compliance-Regelungen beachtet".

Die Prämien, die von den vor allem aus den angelsächsischen Ländern stammenden Versicherern gefordert werden, sind naturgemäß stark vom Einzelfall geprägt und liegen bei 1–3 % der Deckungssumme, bei Versicherung von steuerlichen Risiken bei ca. 3–6 % der Deckungssumme (vgl. Hiort, 2013, S. 245–246).

Im Hinblick auf die Einbindung in den M&A-Prozess ist es von Vorteil, wenn die Idee einer Versicherungslösung möglichst frühzeitig berücksichtigt wird. Dies wird nicht immer möglich sein, da Versicherungen wie oben ausgeführt häufig als Lösung bei nicht mehr zu verhandelnden Pattsituationen ins Spiel gebracht werden und dann zeitkritisch erstellt werden müssen. Gerade in diesen zeitkritischen Situationen ist eine detaillierte Dokumentation insbesondere der Due Diligence-Ergebnisse hilfreich, da der Versicherer bzw. der Versicherungsmakler darauf zur Einschätzung des von ihm übernommenen Risikos zurückgreifen kann.

In Deutschland sind W&I Versicherungen, soweit ersichtlich, noch wenig verbreitet. Sie gewinnen aber an Bedeutung, was zum einen auf eine Ausweitung des Angebots von Seiten der Versicherer zurückzuführen ist. Der andere, wohl wichtigere Grund liegt in der besonderen Relevanz dieses Instruments für Finanzinvestoren wie Private Equity Häuser, die nach ihrem Exit keine Risiken bei sich mehr behalten wollen und deshalb die Versicherungslösung als attraktiv empfinden.

#### 4.2.6.2 Der Unternehmenskaufvertrag

Der Unternehmenskaufvertrag ist das zentrale Dokument jeder M&A-Transaktion. Dies kann im Rahmen eines Share Deals als SPA (Share Purchase Agreement) oder im Falle eines Asset Deals als APA (Asset Purchase Agreement) gefasst werden. In ihm schlagen sich die Ergebnisse zahlreicher vorlaufender Arbeitspakete nieder: die Bewertung, Due Diligence, Struktur, Steuern, Risiken und die technische Abwicklung. Für M&A-Verantwortliche sind nur einige Bereiche des Vertrages von wesentlicher Bedeutung, während andere eher formaljuristischer Natur sind. Die Vertragspraxis ist heutzutage stark vom anglo-amerikanischen Modell geprägt. Häufig werden deshalb Verträge – auch zwischen deutschen Partnerfirmen – auf Englisch abgefasst, insbesondere bei Auktionen oder wenn finanzierende Banken aus dem Ausland beteiligt sind. Im Folgenden wird der Fokus auf die Bereiche gelegt, die für den M&A-Verantwortlichen in einem Unternehmen von besonderer Bedeutung sind.

**Der Kaufpreis** ist einer der Schwerpunkte im Unternehmenskaufvertrag. Ausgangspunkt sind die Bestimmungen über die Höhe des Kaufpreises und gegebenenfalls deren Anpassungen einschließlich festgelegte Verfahren zur Streitbeilegung. Durch die Wahl des Stichtags auf den sich der Kaufpreis bezieht, sowie Elementen zur Anpassung, die sich auf Garantien, Freistellungen und Verpflichtungen (Covenants) beziehen, kommt dem Kaufpreis auch eine erhebliche Rolle als Instrument zur Risikoverteilung zu. Der Verkäufer wird vor Abschluss des Unternehmenskaufvertrages zu prüfen haben, ob die Kaufpreisforderung zum Closing auch durchsetzbar ist. Tritt zum Beispiel ein speziell für die Akquisition vom Käufer gegründetes Erwerbsvehikel auf, so hat dies zum Tag des Signings in der Regel noch keine ausreichenden Finanzmittel, um den Kaufpreis beim Closing auch zahlen zu können. So wird der Verkäufer etwa eine Garantie der Muttergesellschaft des Käufers verlangen. Der Erwerber wird dagegen überlegen, ob der gesamte Kaufpreis schon zum Closing an den Verkäufer fließen soll oder ob ein Teil des Kaufpreises mittels einer sogenannten Earn-Out-Klausel an den geschäftlichen Erfolg des Targets gebunden sein soll. Darüber hinaus wird der Erwerber oft zur Absicherung von Garantie- und Freistellungsansprüchen eine Zahlung eines Teilbetrages erst nach Ablauf der Verjährung von Garantie- und Freistellungsansprüchen verlangen. Alternativ kann vereinbart werden, dass Kaufpreiskomponenten an einen Treuhänder (Escrow) gezahlt werden. Erst wenn feststeht, dass keine Garantie- und Freistellungsansprüche durch den Erwerber geltend gemacht werden können, werden die entsprechenden Beträge an den Verkäufer ausgezahlt.

**Die Risiken** sind bei einem Unternehmenskaufvertrag ungleich verteilt: der Käufer gibt eine risikofreie Zahlung und er erwirbt ein lebendes Unternehmen mit allen darin verborgenen Risiken, Haftungsverhältnissen und Verbindlichkeiten. Da auch eine Due Diligence nicht alle Risiken aufdecken kann, wird der Erwerber darauf dringen, zumindest seine zentralen Bewertungsannahmen und die wichtigsten Erkenntnisse aus der Due Diligence durch Garantien des Verkäufers abzusichern.

**Garantien** regeln meist den Parteien unbekannte Sachverhalte, deren Eintritt die Parteien nicht erwarten. Da das gesetzliche Gewährleistungssystem für Sach- und Rechtskäufe für M&A-Transaktionen als nicht tauglich angesehen wird, hat sich in der Vertragspraxis ein vollständiger Ausschluss der sonst gesetzlich anwendbaren Mängelgewährleistung durchgesetzt. Dies wird durch verschuldensunabhängige Garantieversprechen erreicht. Der Erwerber wird sich zum Beispiel garantieren lassen, dass nur die Rechtsstreitigkeiten beim Target bestehen, die ihm im Rahmen der Due Diligence bekannt geworden sind. Größere Diskussionen nimmt häufig die Frage ein, ob Garantien nur bis zum Signing gegeben werden oder ob der Sachverhalt auch noch zum Closing richtig ist. Sofern der Verkäufer keinen Einfluss auf den Sachverhalt hat (z. B. keine Rechtsstreitigkeiten des Targets), wird er regelmäßig darauf dringen, dass seine Haftung nur für Sachverhalte am Abschluss-Stichtag (Signing) besteht. Dagegen wird der Käufer in besagtem Beispiel eine Garantie bis zum Closing verlangen, wenn seine Kalkulation davon ausgeht, dass in der Zwischenzeit keine Rechtsstreitigkeiten bestehen. Garantien werden in der Regel mit sogenannten *Materiality Thresholds* versehen; das bedeutet, dass ein Garantieverstoß nur dann vorliegt, wenn z. B. ein Rechtsstreit einen bestimmten Streitwert überschreitet (sogenannte „*de minimis-Klausel*"). In den Vertragsverhandlungen sind Umfang und Details der Garantien häufig sehr umstritten, sodass eine genaue Planung der Verhandlungen (siehe oben genannte Baskets in Abschn. 4.2.6.1) notwendig ist.

**Freistellungen** regeln die Übernahme eines bekannten Risikos. Der Käufer wird so z. B. eine Freistellung durch den Veräußerer für eine Bodenverunreinigung auf einem Betriebsgrundstück verlangen, sodass das wirtschaftliche Risiko aus der Kontamination beim Verkäufer verbleibt. In einer Due Diligence ist herauszufinden, welche Sachverhalte über eine Freistellung abgesichert werden müssen.

**Covenants** sind vertragliche Verpflichtungen, etwas zu tun beziehungsweise zu unterlassen. In einem Unternehmenskaufvertrag sind Covenants die Pflichten, die vor Vertragsabschluss (Signing) und -vollzug (Closing) von den Vertragsparteien erfüllt werden müssen, z. B. die Verpflichtung des Verkäufers, den Geschäftsbetrieb des Zielunternehmens bis zum Closing wie bisher fortzuführen (vgl. Lucks, 2013b, S. 675). Zwischen Signing und Closing ist der Verkäufer immer noch Gesellschafter des Targets (bzw. beim Asset Deal Inhaber der Vermögensgegenstände), wenn auch das Risiko des Geschäftsbetriebs schon zum Teil vom Käufer getragen wird. Dieser hat somit großes Interesse, dass beim Target keine Maßnahmen getroffen werden, die die Ertragslage signifikant schmälern können, z. B. teure Betriebsvereinbarungen, Schließung und Eröffnung von Zweigstellen. In der Regel vereinbaren deshalb Käufer und Verkäufer, dass das Zielunternehmen nur im Rahmen des bisherigen Geschäftes und der aktuellen Planung weiterbetrieben wird. Für außerordentliche Maßnahmen muss dann die Genehmigung des Käufers eingeholt werden. Dies ist oft Gegenstand intensiver Verhandlungen. Neben Zustimmungsvorbehalten werden häufig auch Informationspflichten zugunsten des Erwerbers vereinbart, etwa um die Integration des Targets in die Organisation des Käufers vorzubereiten. Bei der Verhandlung der Covenants ist darauf zu achten, dass der Käufer vor dem Closing nicht etwa weisungsberechtigte Vollmachten über das Target erhält, die kartellrechtlich kritisch sind.

**Die Haftungsbeschränkungen des Verkäufers** bei M&A weichen -wie erläutert- vom gesetzlichen Gewährleistungssystem ab, weil sich dieses für M&A-Projekte als nicht praktikabel herausgestellt hat. Der Verkäufer hat im Unternehmenskaufvertrag zwar regelmäßig Garantien und Freistellungen zu übernehmen; dennoch wird er versuchen, die Folgen einer Garantieverletzung oder eines Freistellungsfalles so einzuschränken, dass sein Interesse an der Durchführung des Deals nicht vollständig durch eventuelle Ansprüche des Käufers eliminiert wird. Damit soll ein Ausgleich zwischen Käufer und Verkäufer geschaffen werden, indem der Verkäufer nicht im Übermaß wegen Garantieverletzungen haftet. Dem dienen insbesondere Bagatellklauseln (de minimis, Basket), Haftungshöchstgrenzen (Caps), Verjährungsregelungen und die Regelung anspruchsausschließender Sachverhalte. Ein Vertragsrücktritt und damit eine Rückabwicklung des Kaufvertrages im Falle von Garantieverletzungen werden regelmäßig ausgeschlossen (vgl. Thun, 2013, S. 266).

**De minimis** Unter einer de minimis-Klausel ist zu verstehen, dass der Käufer Ansprüche aus einzelnen Garantieverletzungen nur geltend machen darf, wenn der Anspruch eine bestimmte Höhe überschreitet. Damit soll vermieden werden, dass der Käufer nach dem Closing auch nach nur kleinsten Garantieansprüchen sucht, um seinen Kaufpreis nachträglich zu reduzieren. Die Anwälte des Käufers werden bei Serienschäden darauf achten, dass diese zusammengerechnet werden können und damit verhindern, dass nicht jeder einzelne Schaden wegen Unterschreitens der de minimis-Schwelle von einer Erstattung ausgenommen ist. Unter einem Basket versteht man in diesem Zusammenhang, dass der Käufer Ansprüche nur dann geltend machen darf, wenn die Summe der einzelnen Ansprüche, die jeweils den de minimis-Betrag überschreiten, zusammen gerechnet die für den Basket festgesetzte Höhe überschreiten.

**Caps** stellen – im Gegensatz zu de minimis-Regelungen, die Mindestgrenzen für die Abwicklung von Garantieansprüchen festlegen – Begrenzungen der Haftung nach oben dar. Dies soll verhindern, dass der Erwerber Garantien in unbegrenzter Höhe gegen den Verkäufer geltend machen kann. Von der konkreten Transaktion ist abhängig, welche Beträge für de minimis und Caps angesetzt werden. Je mehr Risiken der Käufer in den Kaufpreis eingerechnet hat, desto eher wird er bereit sein, eine für ihn nachteiligere Regelung zu akzeptieren.

**Verjährungen** Ein weiteres Instrument zur Einschränkung von Ansprüchen sind Verjährungsregelungen. Damit wird festgelegt, in welcher Frist der Käufer mögliche Garantien geltend machen muss. Die Länge der Verjährungsfrist wird nach einzelnen Garantiebereichen unterschieden. Wichtig ist die Festlegung, ob die Verjährungsfrist etwa mit dem

Signing beginnt oder erst mit der Kenntnis des Erwerbers von den Umständen, die einen Garantiefall auslösen können. Darüber hinaus vereinbaren die Vertragsparteien regelmäßig, ab wann Ansprüche des Käufers wegen Garantieverletzungen ausgeschlossen sein sollen.

**Anspruchausschließende Sachverhalte** In Unternehmenskaufverträgen werden häufig Regelungen vereinbart, wann Ansprüche des Erwerbers gegen den Verkäufer ausgeschlossen werden sollen. Dabei gibt es drei Kategorien 1) Kenntnis des Erwerbers vom schadenauslösenden Sachverhalt vor Abschluss des Unternehmenskaufvertrages, 2) Mitwirkung des Erwerbers bei der Schadensentstehung oder -erhöhung und 3) Nachteilskompensation auf anderem Wege. Zum ersten geht es z. B. um die Frage, ob der Erwerber auch Ansprüche aus Garantieverletzungen erheben darf, wenn ihm der Tatbestand – etwa aus der Due Diligence – bekannt war. Dies ist eine meist sehr umstrittene Frage, in der es um die Tiefe der Due Diligence geht und um die Vollständigkeit des Datenraumes. Der Verkäufer wird argumentieren, dass sich der Tatbestand in der Bewertung des Käufers niedergeschlagen haben wird. Sollte sich der Käufer auf diese verkäuferfreundliche Regelung einlassen, dann wird er im Gegenzug zumindest eine Garantie verlangen, dass der Datenraum im Wesentlichen vollständig ist und ein zutreffendes Bild des Targets gibt. In der Frage der Mitwirkung des Käufers bei der Schadensverursachung (2) bilden die Regelungen des Kaufvertrages die Rechte und Pflichten der Parteien bei Garantieverletzungen umfassend ab, sodass solche Mitverschuldungsszenarien geregelt sind. In der letzten Gruppe geht es um die Frage, ob Dritte, wie etwa Versicherungen, den Schaden übernehmen.

**Wettbewerbsverbot** Es liegt auf der Hand, dass in den Kaufvertrag ein Wettbewerbsverbot für den Verkäufer aufgenommen wird, da dieser nach dem Verkauf erneut in das Geschäft des Targets einsteigen und somit dessen Wert mindern kann. Dieses Wettbewerbsverbot darf nicht mit dem Kartellrecht in Konflikt geraten. Deshalb wird es auf einen Zeitraum zu begrenzen sein, der erforderlich ist, das Target beim Käufer im Markt fest zu etablieren. In der Regel wird ein Zeitraum von zwei bis drei Jahren dafür als angemessen angesehen. Daneben darf dieses Verbot auch nur für den konkreten Markt und für die konkrete Region ausgesprochen werden, in dem das Target bisher tätig war.

**Signing und Closing** Es gilt zwischen zwei wesentlichen Meilensteinen zu unterscheiden: Der Begriff *Signing* bezeichnet den Abschluss des Unternehmenskaufvertrages, wenn die Unterschriften unter dem Vertrag geleistet werden und die notarielle Beglaubigung stattfindet. Das *Closing* oder auch *Completion* stellt den Vollzug des Vertrages dar, also das rechtliche Wirksamwerden des Vertrages. Bis zum Abschluss des Signing bestehen keine Verpflichtungen zum Verkauf/Kauf des Targets, höchstens Schadensersatzverpflichtungen wegen treuewidrigen Verhaltens. Mit dem Abschluss des Unternehmenskaufvertrages (Signing) ändert sich dies: hier sind die Rechte und Pflichten von Verkäufer und Käufer zur Durchführung der Transaktion im Einzelnen festgelegt. Mit der Unterzeichnung des Unternehmenskaufvertrages hat der Käufer das Unternehmen jedoch noch nicht erworben. Dazu ist der Vollzug (Closing) des Kaufvertrages abzuwarten, bei dem die Shares oder Assets des Targets gegen Zahlung des Kaufpreises an den Verkäufer in den Besitz des Käufers übergehen. An sich wäre wünschenswert, dass Signing und Closing aufeinander fallen. Es gilt jedoch nach Unterschrift der „eingefrorenen" Verträge die rechtlichen Genehmigungen einzuholen, z. B. die fusionsrechtliche Prüfung (vgl. Abschn. 4.2.7) durchzuführen, (in bestimmten Ländern) Bescheide über die Zulässigkeit des Erwerbs in verschiedenen Branchen zu erhalten oder etwa die Prüfung bezüglich *Dual Use* (militärische Verwendbarkeit der Produkte) zu veranlassen. Auch die Einholung von Verzichtserklärungen von Drittpartnern bezüglich Kündigung – etwa von Lizenzen, Übergängen von Verträgen beim Asset Deal – fällt in diesen Zeitraum (*Change of Control*-Klauseln). Der Verkäufer wird Closing-Bedingungen auf ein Mindestmaß reduzieren wollen, da sie die Transaktionssicherheit mindern. Der Käufer wird auf zusätzliche Bedingungen pochen, etwa der Absicherung des Übergangs wichtiger Kundenverträge. Wenn vorhersehbar ist, dass zwischen Signing und Closing ein größerer Zeitraum liegen wird, weil etwa kartellrechtliche Freigaben komplex und vielfältig sind (viele Länderbehörden…), dann wird der Verkäufer versuchen, die Risiken der Verschlechterung der Kaufsache durch Material Adverse Change-Klauseln (MAC) abzusichern. MAC-Klauseln können im Extremfall auch dazu hergenommen werden, den Kauf abzusagen. Um das Risiko des Scheiterns der Transaktion zu begrenzen, wird der Verkäufer eine Größenordnung vereinbaren wollen, ab welcher die Veränderungen als „material" anzusehen sind. Für den Fall dass ein Streit über das Vorliegen oder Nicht-Vorliegen eines MAC entsteht ist vorab ein Schiedsverfahren im Kaufvertrag festzulegen. Aus Gründen des Nachweises vertraglicher Abreden wird ein Unternehmenskaufvertrag schriftlich geschlossen. Nach deutschem Recht ist eine notarielle Beurkundung erforderlich, insbesondere wenn a) der Kauf von GmbH-Anteilen betroffen ist, b) wenn bei einem Asset Deal Grundstücke mit betroffen sind und c) wenn der Verkäufer im Rahmen der M&A-Transaktion nahezu sein ganzes Vermögen verkauft. Die Beurkundung erfordert, dass der Kaufvertrag insgesamt im Rahmen eines Notartermins den Vertretern der beteiligten Parteien vorgelesen wird. Die Parteien können bevollmächtigte Vertreter entsenden. Um den Zeitbedarf wegen der Fülle der Anlagen (die alle vorgelesen werden müssten) zu beschränken, werden die Anlagen in Vor-Terminen durchgesprochen und eine Bezugsurkunde erstellt, die gesondert beurkundet wird und auf die im Haupttermin Bezug genommen wird. Dies erfordert, dass alle Anlagen zu den Vor-Terminen rechtzeitig in finaler Form vorliegen und dass die entsprechenden Fachabteilungen diese zuvor auch durcharbeiten konnten.

**Einbindung in die übergeordneten Vorgänge**

Bei der Gesamtbetrachtung des Arbeitspakets „Verhandlungen und Verträge" ist zu konzidieren, dass die Verhandlungen und die Entwicklung der Verträge die zentrale Aktivität in der Transaktionsphase darstellen. Der Input in die Verhandlungen kommt von zahlreichen Seiten. Die Verkäuferseite kennt das Target und weiß warum sie verkaufen will. Nach Möglichkeit hat sie sich durch eine Vendor Due Diligence vorbereitet und führt ein Carve-Out durch. Die Käuferseite geht von der strategischen Datenlage aus, die in den Business Case mündet und bis zum Führungskonzept reicht. M&A wird spätestens jetzt zum Informationswettbewerb, bei dem der Verkäufer von Natur aus die Nase vorn hat und bei dem der Käufer nun ein Aufholrennen startet. Informiert sein ist nun alles und das ist die Grundlage jeglichen Verhandelns.

**Aufsetzpunkte und Schnittstellen mit vorlaufenden und parallelen Arbeitspaketen**
Die Sondierungsgespräche haben die Grundlage für die Verhandlungen gelegt, durch die Vorverträge (MoU, LoI) wurden sie abgesichert. Den nun beginnenden Verhandlungen parallel läuft die Entwicklung des Business Plans (Kernprozess Strategie) und die Deal Strukturierung, gleichfalls im Dealmaking-Prozess. Die gleichzeitig anlaufenden Due Diligence liefert nun sukzessive die Grundlage für die Verhandlungen und synchron mit den Verhandlungen läuft die fortschreitende Niederschrift des Kaufvertrages. Das ganze wird untermauert durch die Aktivitäten der Unterstützungsprozesse, der Due Diligence, der strategischen Datensammlung, Grob- und Detailbewertung, Finanzierungsquellen und Finanzmittelbereitstellung. Durch ihre zeitgleiche Positionierung im Gesamtprozess liegen der Input und die Schnittstellen des Arbeitspaketes für Verhandlungen und Verträge fast baugleich mit denen der Deal Strukturierung (vgl. Abschn. 4.2.5, Abb. 4.19). Die Verhandlungen und die entwerfende Niederschrift des Kaufvertrages mit seinen Anlagen laufen weitgehend parallel und kennzeichnen zusammen den Fortschritt des M&A-Projektes. Obwohl sie parallel erfolgen wurden sie aufgrund ihrer Komplementarität im Prozess hintereinander dargestellt.

**Output und Schnittstellen mit nachlaufenden Arbeitspaketen**
Die Verhandlungen und Verträge sind abgeschlossen wenn der Vertrag mit seinen Anhängen unterschrieben und notariell beglaubigt ist. Diesem mit Signing bezeichnete Meilenstein folgen zeitgleich drei Arbeitspakete des Dealmaking-Prozesses, nämlich die fusionsrechtliche Prüfung (Antitrust), die Closing Vorbereitungen und die Compliance-Prüfung. Zeitkritisch dabei ist meist die fusionsrechtliche Prüfung. Parallel laufen im Struktur-Prozess die Integrations-Vorbereitung und der Change Plan. Diese beschränken sich im Wesentlichen auf Stand-Alone-Aktivitäten bei der Planung, gegebenenfalls unter Einschaltung eines Clean Teams, sowie auf Veröffentlichungen in den Medien und im Internet, um die positiven Signale an die Mitarbeiter des Targets zu verstärken. Auf operativer Team-Ebene kann es zu einzelnen Kontakten unter Einbindung von Anwälten kommen, um Maßnahmen zum kulturellen Wandel vorzubereiten und um die Aufstellung des Integrationsteams abzustimmen, wenn am „Day One" ein gemeinsames Team zu bilden ist.

### 4.2.7 Kartell- und fusionsrechtliche Prüfung

In diesem Bereich gilt es frühzeitig zu klären, ob ein M&A-Deal Zusammenschluss-Tatbestände auslöst. Als Zusammenschluss-Tatbestände sehen das deutsche sowie das europäische Recht u. a. den Erwerb der Kontrolle über ein anderes Unternehmen sowie gewisse Formen von Gemeinschaftsunternehmen (Joint Ventures) vor. Das deutsche Recht sieht daneben den formellen Tatbestand des 25 %igen und des 50 %igen Anteilserwerbs. Die Art des Zusammenschlusses bestimmt die beteiligten Unternehmen; bei einem einfachen Unternehmenskaufvertrag sind dies der Käufer und das Target, seltener der Verkäufer. Dazu gibt es in den verschiedenen Ländern gewisse Grenzen, ab derer ein Vollzugsverbot vorliegt und eine kartellrechtliche Prüfung erforderlich ist (vgl. allgemein zur kartellrechtlichen Prüfung Hartmann-Rüppel, 2015; Hartmann-Rüppel & Wurmnest, 2015; Wurmnest, 2015). Diese Grenzen sind unterschiedlich, sodass Land für Land, in denen Geschäfte getätigt werden, die kartellrechtliche Relevanz festzustellen ist. In den meisten Ländern ist die fusionskontrollrechtliche Anmeldepflicht vom Erreichen bestimmter Umsatzschwellen abhängig, daneben gibt es auch Länder, in denen es auf die Transaktionsgröße, auf Marktanteile oder den Wert von Vermögensgegenständen ankommt.

In **Deutschland** ist eine fusionsrechtliche Pflicht zur Anmeldung ab einem Umsatz von 500 Mio. EUR gegeben. Materiell unproblematische Fälle werden innerhalb eines Monats freigegeben (sog. Vorverfahren). Schwierige Fälle dauern 4 Monate in sogenannten Hauptprüfverfahren.

In **Europa** gilt es zu klären, ob die Europäische Kommission das Verfahren für die fusionsrechtliche Prüfung an sich ziehen kann. Es gibt zwei verschiedene Konstellationen, bei denen die Schwellen erreicht sind:

*Entweder* Ein Zusammenschluss hat gemeinschaftsweite Bedeutung, wenn folgende Umsätze erzielt werden:

a) ein weltweiter Gesamtumsatz aller beteiligten Unternehmen zusammen von mehr als 5 Mrd. EUR und
b) ein gemeinschaftsweiter Gesamtumsatz von mindestens zwei beteiligten Unternehmen von jeweils mehr als 250 Mio. EUR;

dies gilt nicht, wenn die beteiligten Unternehmen jeweils mehr als zwei Drittel ihres gemeinschaftsweiten Gesamtumsatzes in ein und demselben Mitgliedstaat erzielen.

*Oder* Ein Zusammenschluss, der die in Absatz 2 vorgesehenen Schwellen nicht erreicht, hat gemeinschaftsweite Bedeutung, wenn

a) der weltweite Gesamtumsatz aller beteiligten Unternehmen zusammen mehr als 2,5 Mrd. EUR beträgt,
a) der Gesamtumsatz aller beteiligten Unternehmen in mindestens drei Mitgliedstaaten jeweils 100 Mio. EUR übersteigt,
b) in jedem von mindestens drei von Buchstabe b) erfassten Mitgliedstaaten der Gesamtumsatz von mindestens zwei beteiligten Unternehmen jeweils mehr als 25 Mio. EUR beträgt und
c) der gemeinschaftsweite Gesamtumsatz von mindestens zwei beteiligten Unternehmen jeweils 100 Mio. EUR übersteigt;

dies gilt nicht, wenn die beteiligten Unternehmen jeweils mehr als zwei Drittel ihres gemeinschaftsweiten Gesamtumsatzes in ein und demselben Mitgliedstaat erzielen.

Es kommt bei der kartellrechtlichen Relevanz nicht darauf an, ob die sich zusammenschließenden Parteien ihren Sitz in Europa haben, sondern welchen Umsatz sie hier machen. Das gleiche Prinzip gilt praktisch weltweit, sodass sich die regionalübergreifenden Prüfungen weit ausdehnen. Sobald die sich zusammenschließenden Parteien eine vollständige Meldung (inklusive des unterschriebenen und notariell beglaubigten Unternehmenskaufvertrages samt aller Anlagen) eingereicht haben, läuft eine Frist von 25 Arbeitstagen, in der die Kommission eine sogenannte Phase 1 Entscheidung gefällt haben muss. Für kartellrechtlich relevante Fälle wäre dies dann gleichzeitig die Mindestdauer zwischen Signing und Closing. Wenn die Kommission nach der Phase 1 entscheidet, dass gegen den Zusammenschluss erhebliche Bedenken (*Serious Doubts*) bestehen, dann beginnt eine vertiefende Phase-2-Prüfung. Die Dauer dafür ist mit 90 Arbeitstagen festgelegt, die auf 105 Arbeitstage verlängert werden kann. In schwierigen Fällen kann sich die Verfahrensdauer durch die Berechnung weiterer Verlängerungsmöglichkeiten auf rund 7 Monaten erhöhen (vgl. Sura, 2013, S. 289). Die Übernahme der Mannesmann-Industriesparte ATECS 2001 durch Siemens und Bosch war ein Beispiel komplexen Antitrust-Managements, deshalb mussten hier für die verschiedensten Geschäfte in einem koordinierten Vorstoß zahlreiche Genehmigungen in den unterschiedlichsten Jurisdiktionen eingeholt werden (vgl. Abb. 4.20).

In den **USA** gilt der *Hart Scott Rodino Act* (HSR), der besagt, dass eine fusionsrechtliche Prüfung angesagt ist, wenn die Transaktion Einfluss auf die US-Wirtschaft hat und das Transaktionsvolumen den Umsatz von 50 Mio. USD übersteigt. Die anfängliche Warteperiode dauert 30 Tage. Die prüfende Behörde kann dann eine zweite Informations-Anfor-

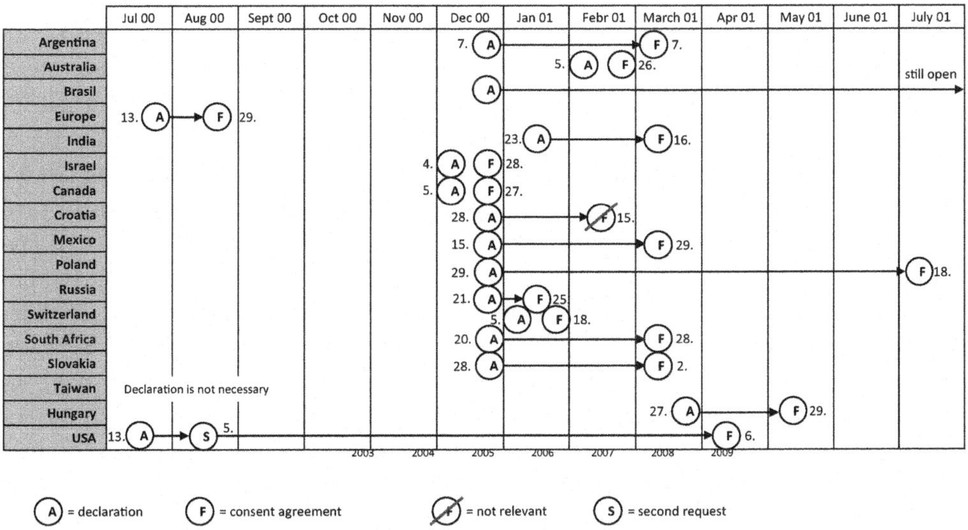


**Abb. 4.20** Antitrust-Übersichtsplan Siemens-ATECS (Mannesmann-Industrie)

derung (Second Request) stellen. Diese unterbricht die anfängliche Warteperiode und es beginnt eine erneute 30-tägige Warteperiode. Wenn die Behörde dann erhebliche Einwände (Substantial Compliance) feststellt, dann kann diese Periode auf drei bis acht Monate ausgedehnt werden, abhängig von den Informationsanforderungen, die gestellt werden.

In anderen Ländern können zusätzliche zeitraubende kartellrechtliche Prüfungen angesagt sein, abhängig vom Umsatz und den Anteilen der Akquisition. Bei global relevanten Übernahmen oder Zusammenschlüssen sind zahlreiche nationale und regionale Genehmigungen einzuholen, sodass eine umfängliche Planung erforderlich ist. Erst nach Zustimmung aller relevanten Behörden ist ein Closing möglich. Gelegentlich wird der Versuch unternommen, Teile von Transaktionen in der Schwebe zu halten, wenn die dort tätigen Behörden besonders lange für das Fusionskontrollverfahren benötigen. Die sonstigen Geschäfte möchte man – etwa auf dem Wege eines Carve-Outs – vollziehen. Dies sollte jedoch nur in enger Abstimmung mit den Behörden angestrebt werden, da hier ein erhebliches Risiko besteht, gegen ein Vollzugsverbot zu verstoßen.

Nach Eingang der Anmeldung prüfen die zuständigen Behörden, ob der Zusammenschluss den Wettbewerb auf den relevanten Märkten schädigen könnte. Das Bundeskartellamt stellt dabei auf die Frage nach Verstärkung einer marktbeherrschenden Stellung ab. Vor der europäischen Kommission wird die erhebliche Beeinträchtigung des wesentlichen Wettbewerbs geprüft, im sogenannten *SIEC-Test* (*Significant, Impediment of Effective Competition*), welches zu ähnlichen Ergebnissen führt. Bestehen wettbewerbliche Bedenken, dann können Zusagen der Beteiligten – z. B. Carve-Out und Weiterveräußerung von Geschäften – die kartellrechtlichen Vorbehalte entkräften. Bestehen demnach keine Bedenken, gibt die Behörde die Transaktion frei (vgl. Sura, 2013, S. 288–290).

**Einbindung in die übergeordneten Vorgänge**

Zu beachten ist, dass das Thema Kartell- und Fusionsrecht bis auf den Startpunkt des Projektes zurückgreift. Bereits im Screening (vgl. Abschn. 4.1.3) ist grob zu prüfen, ob der Zusammenschluss wettbewerbsrechtlich unkritisch ist. Mit der Strategieüberprüfung (vgl. Abschn. 4.1.5) liegen so genaue Daten vor, dass diese Frage mit großer Wahrscheinlichkeit richtig beantwortet werden kann. Dennoch gibt es einen Punkt, bei dem der Kaufinteressent auf die Durchsetzbarkeit des Deals frühzeitig aktiv einwirken kann. Dies ist die Geschäftsfelddefinition für das kombinierte Target. Gegenüber einem Konzernvorstand wird der Project Owner das Geschäftsfeld bzw. die Geschäftsfelder so eng definieren, dass sich eine sehr gute Marktposition ergibt, mit der sich das Vorhaben finanziell gut begründen lässt, da die Geschäftsposition ein Indikator für die Ertragsposition ist. Die Kartellbehörden lassen sich nach dem Signing darüber informieren und werden bei einer zu starken Wettbewerbsposition, mit dem Verdacht auf eine marktbeherrschende Stellung, sich sehr kritisch gegenüber dem Vorhaben zeigen und es möglicherweise untersagen. In diesem Fall ist es besser, den Markt von Anfang an breiter zu definieren und sich eher bescheidene Marktanteile zuzurechnen. Dabei kann es sinnvoll sein, auf dynamische Marktprozesse zu verweisen, die eine breitere Marktdefinition rechtfertigen. Dieser Weg ist zwar schwierig, da die Kartellbehörden die Wettbewerber, Kunden und Lieferanten ansprechen und

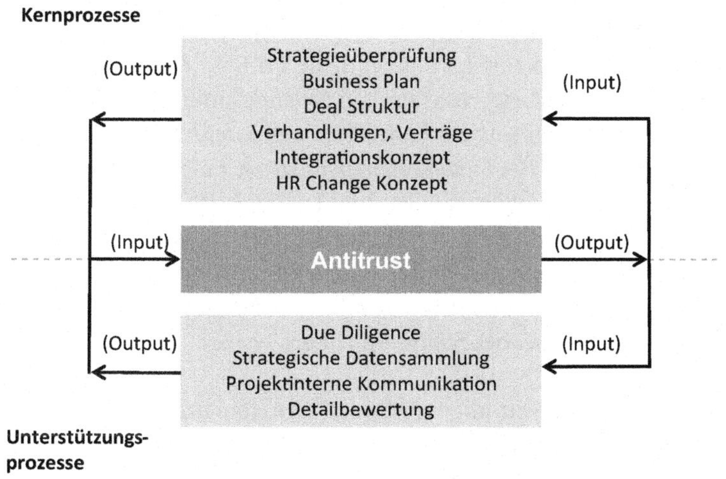


**Abb. 4.21** Schnittstellen des Arbeitspakets „Antitrust" (Fusionskontrolle)

diese eher geneigt sind, dem betreffenden M&A-Projekt hohe Marktanteile und marktbeherrschende Stellungen nachzuweisen. Der Weg der Bescheidenheit erhöht jedoch die Genehmigungschancen.

Diese Vorüberlegungen konkretisieren sich im Business Plan (vgl. Abschn. 4.1.4), denn die Marktvolumina und Marktanteile schlagen sich in den Umsätzen nieder (vgl. Abb. 4.21). Somit liegt hier eine wichtige Schnittstelle vor. Eine weitere wichtige Schnittstelle bezieht sich auf die Deal Struktur (vgl. Abschn. 4.2.5). Liegen kartellrechtlich kritische Themen vor oder besteht ein hoher Non-Compliance-Verdacht (vgl. Abschn. 4.2.9), dann kann der Versuch gelingen, solche Themen aus dem Deal von vornherein auszugrenzen, um keinen Zeitverlust bei der Genehmigung zu erleiden. So hat Siemens bei der Übernahme des VA Tech-Konzerns von vornherein die kartellrechtlich kritische Wasserkrafttechnik aus dem Deal ausgeklammert, an Voith „durchgeleitet" und sich aus dem vorher bestehenden Wasserkraft-Joint-Venture mit Voith verabschiedet. Einzelne Kartellrechts-Risiken können auch durch Carve-Outs oder teilweise Asset Deals ausgeklammert werden, wie noch zu zeigen ist. Dies verkompliziert zwar die Verhandlungen und Verträge (vgl. Abschn. 4.2.6), ist jedoch häufig unvermeidbar. Auch das Integrationskonzept hat Bezüge zur Antitrust-Thematik, denn es können enge Beziehungen des Targets zu einem der Hauptwettbewerber vorliegen. Diese müssen dann in einer „Abkling-Phase " geregelt werden. So musste Siemens bei der Übernahme der Alstom Industriekraftwerke das Closing teilen, weil zwischen Alstom Industrie und dem Hauptwettbewerber General Electric enge Zulieferungen vorlagen. Das betreffende Turbinengeschäft wurde damit später übernommen und integriert.

**Aufsetzpunkte und Schnittstellen mit vorlaufenden und parallelen Arbeitspaketen**
Der entscheidende Zeitpunkt für den Start der kartellrechtlichen Prüfungen ist die notarielle Beglaubigung des Unternehmenskaufvertrages (Signing). Der davor kritische Zeitpfad ist die Verhandlung mit der Entwicklung des Kaufvertrags. Die eigentlichen Closing-

Vorbereitungen können mit der kartellrechtlichen Prüfung parallel laufen, sie werden nur dann zeitkritisch, wenn gar keine kartellrechtliche Prüfung fällig ist (die Partner sind zu klein), auch sonst keine wettbewerbskritischen Belange anfallen (z. B. Außenwirtschaftsgesetz) und wenn nur eine Mini-Compliance-Prüfung durchzuführen ist. Soweit die Kernprozesse. Die Arbeitspakete der Unterstützungsprozesse liefern keine sach- und zeitkritischen Beiträge: der Controllingprozess läuft im Hintergrund, desgleichen die Bewertung/Finanzierung. Der eigentliche „externe" Träger in dieser Phase des Projektes ist das Kommunikationsprogramm, dem in der Phase zwischen Veröffentlichung des Vorhabens (Signing) und Freigabe zur Integration (Closing) die schwierige Aufgabe zufällt, alle internen und externen Stakeholder „bei der Stange zu halten".

**Output und Schnittstellen mit nachlaufenden Arbeitspaketen**
Die kartellrechtliche Prüfung bestimmt als kritischer Pfad den zeitlichen Abstand zwischen Signing und Closing. In vielen Fällen stellen sich Manager auf eine Routine-Phase von einem Monat oder ein „Second Request" von mehreren Monaten ein. Doch es kann Überraschungen geben, im Kürzeren wie im Längeren. So kann ein komplexer Fall mit kartellrechtlichen Problemen bis zu deren Lösung oder Lösungsanerkennung und Separierung des kritischen Kandidaten aus dem Portfolio einer größeren Übernahme durchaus sieben Monate dauern. Da alle Wettbewerber das Vorhaben kennen, werden sie die M&A-Kandidaten nach allen Regeln der Kunst am Markt angreifen, ihm Kunden und Mitarbeiter abjagen wollen. Aber auch sehr kurz kann es werden, viel kürzer als erwartet. So haben wir miterlebt, wie das Closing einer Telekom-Übernahme in den USA bereits einen Monat nach dem Signing kam. Der Unternehmer hatte sich auf mehrere Monate eingestellt und den Beginn der Integrations-Vorbereitung auf das Signing gelegt. Das war natürlich viel zu spät und so sollte man sich nicht auf die Kartellprüfung als Taktgeber für die Integration verlassen. Ansonsten ist darauf zu achten, dass die Aktivitäten nach dem Signing und vor dem Closing im Idealfall auf denselben Zeitpunkt für das Closing zulaufen – je früher desto besser für die Integration.

### 4.2.8 Closing Vorbereitung

Die aus fusionskontrollrechtlicher Sicht zentrale Regelung im Unternehmenskaufvertrag ist die aufschiebende Bedingung, dass alle genehmigungsrechtlichen Freigaben vorliegen müssen, bevor das Closing erfolgen kann (*„Condition Precedent")*. Sinnvollerweise wird dies durch Vertragsklauseln ergänzt, die die Rechte der Einflussnahme des Käufers auf das Zielunternehmen in der Phase zwischen Signing und Closing regeln (*„Conduct of Business*"-Klauseln). Um Verstöße gegen das Vollzugsverbot zu vermeiden, die regelmäßig mit Bußgeldern belegt werden, darf das Zielunternehmen nur wie bisher geführt werden (*„Ordinary Course of Business*"). Der Käufer darf sich in die Geschäfte des Zielunternehmens nicht aktiv einmischen. Das Geschäft des Targets führt bis zum Closing der Verkäufer.

Unmittelbar nach dem Signing beginnt die Vorbereitung auf das Closing. Bei komplexen Vorhaben sollte eine *Closing-Checkliste* erstellt werden, aus der die Einzelschritte und die zeitlichen Abhängigkeiten etwa für den Lauf der Dokumente hervorgehen. Diese Liste sollte zwischen den Parteien abgestimmt werden. Dadurch kann man Überraschungen aufgrund unterschiedlicher Erwartungen vermeiden. In der Praxis hat sich allerdings gezeigt, dass Verzögerungen weniger durch den Dokumentenlauf verursacht werden, sondern meist durch den Lauf der Zahlungen, wie zum Beispiel Kaufpreiszahlung, Ablösung von Darlehen und Einzahlung auf das Escrow-Account. Insbesondere bei internationalen Deals, wenn Auslandsbanken einzubinden sind, ist der Zahlungsfluss zwischen den beteiligten Kreditinstituten abzustimmen und ein Laufdiagramm zu erstellen, aus der die zeitkritischen Pfade für den Geldfluss hervorgehen. Bei größeren Closings hat sich als hilfreich erwiesen, wenige Tage vor dem eigentlichen Closing ein „Probe Closing" durchzuspielen, bei dem das Vorliegen der erforderlichen Dokumente geprüft wird, sodass bei Fehlen von Papieren ausreichend Zeit bleibt, diese noch zu beschaffen.

**Einbindung in die übergeordneten Vorgänge**

Mit dem Signing ist der Unternehmenskaufvertrag geschlossen und notariell beglaubigt. Nun beginnt die Periode, deren Länge meist durch die fusionsrechtliche Prüfung bestimmt wird – es sei denn das Vorhaben liegt größenmäßig unter den Genehmigungsgrenzen und es liegen gleichzeitig Compliance-relevante Tatbestände vor, die jenes Thema zum sach- und zeitkritischen Pfad aufwerten.

**Aufsetzpunkte mit vorlaufenden und parallelen Arbeitspaketen**

Der Schwerpunkt der Arbeiten zwischen Signing und Closing liegt hinsichtlich der Kernprozesse einerseits im Strukturprozess mit der Integrations-Vorbereitung und der externen Maßnahmen für den kulturellen Wandel und andererseits beim Dealmaking-Prozess, bei dem drei Aktivitäten parallel laufen, nämlich die fusionsrechtliche Prüfung („Antitrust"), die Closing Vorbereitung und die Compliance-Prüfungen. Der Closing Vorbereitung kommt in dieser Phase die Rolle des „Aufpassers" im Sinne der Einhaltung der Verträge und des Fusionskontrollrechts zu, dass keine Aktivitäten unternommen werden, die dem zuwiderlaufen. Dies betrifft zum Beispiel die fortschreitende Integrations-Vorbereitung (vgl. Abb. 3.13). Hier sind interne Teams des Übernehmers weiterhin aktiv, um die strategisch-operative Planung zu verfeinern. Im Mittelpunkt stehen hier die Simulationen und Weiterentwicklungen für das kombinierte Produktportfolio, die Wertschöpfung und die Standortszenarien. Für diese Arbeiten werden zunehmend weitere Daten benötigt, die möglichst über ein Clean Team zu beschaffen sind. Für die Dauer der Phase zwischen Signing und Closing gelten nach wie vor die kartellrechtlichen Grenzen des Informationsaustausches. Insbesondere dürfen keinerlei Informationen über Preise, Mengen und Kostenstrukturen ausgetauscht werden (weiteres vgl. Abschn. 5.1.4 zur Due Diligence). Andererseits steht im M&A-Prozess der berechtigte Bedarf der Parteien, die Ertragskraft des Zielunternehmens und das künftig zu planende Mengengerüst der Produkte abzuschätzen.

Hier sind die Interessen abzuwägen und es ist die Verhältnismäßigkeit der Maßnahmen und Informationen sicherzustellen (vgl. Sura, 2013, S. 290–292).

**Output zu und Schnittstellen mit nachlaufenden Arbeitspaketen**

Zum Closing muss die Integrations-Vorbereitung abgeschlossen sein und der Change Plan muss stehen, dann kann man vom strategisch-operativ entscheidenden „Readiness at Closing" sprechen. Alle vorgenannten Prozesse setzen sich – nun unter Einbezug der Führungskräfte und Mitarbeiter des Targets - fort, wie in Abb. 3.13 dargestellt. Das Target und die übernehmende Einheit - die Fusionskandidaten - agieren nun, wie wenn sie bereits eine Einheit sind, auch wenn sie in den ersten Tagen (manchmal Wochen) nach dem Closing noch als separate Organisationen „nebeneinander gehängt" sind und deren Aktivitäten im Wesentlichen erst bei der Unternehmensleitung zusammenlaufen. Auf operativer Ebene wird man sich auf die Ernte der unmittelbar nach dem Closing relevanten „low hanging fruits" konzentrieren, kostengünstige Maßnahmen mit schneller Wirkung, die also einen hohen Net Present Value haben.

Während die Kapazität für den Dealmaking-Prozess mit dem Closing stark heruntergefahren werden kann (nur eine kleine Mannschaft für die rechtliche Umsetzung/das Post Closing Contract Management wird aktiv), steigt die Kapazität für das Integrationsmanagement nochmals stark an, um für wenige Monate nach dem Closing seinen Peak zu behalten und nach dem 100-Tage-Programm deutlich herunterzufahren.

### 4.2.9 Compliance

#### 4.2.9.1 Compliance Due Diligence

Der Grundsatz, dass sich Handlungen von Unternehmungen und ihrer Einheiten im Einklang mit dem geltenden Recht bewegen müssen, wird mit dem Begriff „Compliance" bezeichnet (vgl. Hauschka, 2010, § 1 Rn. 2; Störk & Görtz, 2010, § 41 Rn. 2). „In immer mehr M&A-Prozessen prüfen Käufer vorab die Compliance-Strukturen des Targets. Ist ein Transaktionspartner mit Sitz in Großbritannien oder USA am M&A-Deal beteiligt, ist dies sogar Pflicht" (Reifenberger, 2013). Dies bedeutet in einem M&A-Fall sehr weitgehende, alle Organe aller Parteien und alle ihre Mehrheits- und Minderheitsbeteiligungen umfassende Restriktionen. Aus dieser legalen Verantwortung ergeben sich auch ohne eine Rechtsnorm, die die Einführung einer Compliance-Organisation vorschreibt, weitgehende Pflichten für Vorstände und Managements. Es ist fahrlässig, wenn sich ein Erwerber gar nicht mit möglichen Compliance-Risiken des Targets auseinandersetzt. Andererseits muss Compliance nicht bei jedem M&A-Fall von herausragender Bedeutung sein. Entscheidend ist vielmehr dass sich ein Verkäufer und ein Erwerber mit der Thematik umfassend auseinandersetzen und ihre entsprechenden Vorgehensweisen im Transaktionsprozess abstimmen, beschließen und dokumentieren (vgl. allg. zu Compliance bei M&A Mellert, 2009).

Die Untersuchung von Compliance-Strukturen und -Risiken des Targets ist zuallererst Teil der Due Diligence der Parteien (vgl. Liese, 2010; Klöpper, 2010, § 28 Rn. 14–18; Moosmayer, 2012, S. 79–81, vgl. im Detail Abschn. 5.1.4). Die Compliance Due Diligence (im Spezialisierteren auch „*Integrity Due Diligence*") ist Bestandteil der Legal Due Diligence, zu der auch die Gebiete Gesellschaftsrecht, Verträge, Finanzierung, Intellectual Property, Immobilien, Kartellrecht und Litigation (Rechtsstreitigkeiten und Klagen) gehören. Im Rahmen der Due Diligence Prüfung müssen aus Sicht des Käufers Haftungsrisiken aufgedeckt werden. Eine spezielle Compliance Due Diligence kann hierbei sinnvoll sein. Sie untersucht das Compliance-Programm des Zielunternehmens und dient dem Aufspüren ungerechtfertigter Zahlungen und unlauterer Geschäfte bzw. allgemein gesprochen von Gesetzesverstößen durch das Zielunternehmen. Die Verkäuferseite hingegen muss geeignete Vorkehrungen treffen, um vertrauliche Informationen und Geschäftsgeheimnisse nicht ungeschützt preiszugeben.

**Vendor Due Diligence**

Bereits im Vorfeld einer Transaktion sollte der Verkäufer mögliche Compliance-Risiken beim Target analysieren und Verdachtsmomenten nachgehen. Aus diesen Gründen ist eine Vendor Due Diligence zu empfehlen (weiteres dazu vgl. Abschn. 5.1.3) Der Verkäufer schützt sich dadurch vor einer ihn überraschenden Konfrontation mit Erkenntnissen des Erwerbers aus der Due Diligence und er vermeidet eventuelle Haftungsansprüche des Erwerbers nach Vollzug der Transaktion. Bereits eine billigende Inkaufnahme von Compliance-Risiken, die zu unmittelbaren Schäden führen, können als vorsätzlich ausgelegt werden. Die Vorsatzhaftung nach § 276 Abs. 3 BGB kann im SPA nicht im Voraus ausgeschlossen werden. Deshalb würde ein solches Verhalten möglichen Haftungsansprüchen des Verkäufers eine breite Angriffsflanke bieten. Vom Verkäufer wird deshalb in Bezug auf Compliance eine weitreichende Offenlegung erwartet.

**Käufer-Due Diligence (vgl. allg. dazu Abschn. 5.1.4)**

Die Erwerber Due Diligence sollte als eine der Hauptsäulen von Compliance genutzt werden. Soweit möglich sollte sie dabei die Compliance-Strukturen beim Target herausarbeiten. Vorbereitend dazu sollte die *Due Diligence Request List* Fragen nach bestehenden Compliance-Strukturen und ihrer Implementierung beinhalten, vor allem Manuals, Richtlinien, Gestaltung von Berichtswegen, Schulungen usw.. Besondere Risikobereiche sollten vertieft untersucht werden, zum Beispiel Einkauf, Vertrieb und Datenschutz. Besondere Aufmerksamkeit ist angesagt wenn Präzedenzfälle bekannt sind und deren Aufarbeitung im Gange ist. Als hilfreich hat sich ein strukturiertes Vorgehen erwiesen, wenn zum Beispiel grundsätzlich darauf geachtet wird, ob auffallend viele Beratungsverträge in einem sonst von Standards geprägten Geschäft angetroffen werden. Dies ist ein Verdachtsmoment, dass hier Zahlungen verdeckt werden sollen, denen nur unerhebliche Leistungen gegenüberstehen. Eine derartige „Rasterfahndung" ist bei Compliance immer hilfreich. Diese ist jedoch einzelfallabhängig, jedes M&A-Projekt führt zu anderen Indikatoren. So sollte sich der Interessent in einem Bieterverfahren nicht dem Druck beugen, Compliance außen vor zu lassen, sondern besonders achtsam behandeln. Es bedarf einer beharrlichen Nachfrage und ggf. einer tiefer gehenden Untersuchung in einer sogenannten Integrity Due Diligence, wenn ein Korruptionsfall beim Target aus jüngster Zeit bekannt ist.

Der Komplex der vorhandenen Compliance-Struktur richtet sich primär auf den Verhaltenskodex und auf die internen Richtlinien. Dazu müssen der Verhaltenskodex kommuniziert (wie? Wie weitreichend?) und Mitarbeiter geschult werden. Z. B. sind die Berichtswege Top-down und Bottom-up zu analysieren, letzteres unter anderem durch *Whistleblower-Hotlines* (vgl. Liese, 2010; Rieder & Falge, 2010, S. 417–419, Rn. 815). Empfehlenswert ist auch ein Benchmarking, um Branchen-Verhaltensweisen und Best Practice-Ansätze herauszuarbeiten und daraus Indikatoren zu gewinnen. Im Rahmen der Compliance-Aufarbeitung bei Siemens hat sich zum Beispiel - im Vergleich zum Kraftwerkgeschäft - erst sehr spät herausgestellt, dass beträchtliche Compliance-Vorfälle auch im Medizinsektor vorgefallen sind. Durch eine Branchenuntersuchung oder Analyse seiner Beteiligungsgesellschaften hätte man früher auf dieses Thema stoßen können. Die Integrity Due Diligence ist auch der richtige Zeitpunkt, um darüber nachzudenken, wie das Target nach dem Closing schnell in die eigene Compliance-Struktur eingebettet werden sollte. Je klarer bereits im Vorfeld Compliance-Verdachtsmomente auftreten, desto dringender ist eine tiefgehende Integrity Due Diligence angesagt. Zunächst ist das Risikoprofil des Targets zu bewerten. Compliance-Risiken sind zu erwarten, wenn

- das Target in einer korruptionsgefährdeten Branche tätig ist,
- der Verkäufer bzw. das Target bereits mit Compliance-Verstößen konfrontiert wurde
- oder entsprechende Geschäfte in korruptionsgefährdeten Ländern getätigt werden. (Die Priorisierung korruptionsgefährdeter Länder wird angegeben im Corruption Perception Index, CPI von Transparency International. Siehe Internet http://www.transparency.de/Corruption-Perceptions-Index.2164.0.html).

Hat ein Target oder eine Geschäftseinheit des Zielunternehmens in korruptionsgefährdeten Branchen oder Regionen viel Geschäft, sollte der Kaufinteressent genau hinschauen. Hohe Bargeldbestände in solchen Unternehmen können ein weiterer Anlass für eine Prüfung sein. Auch die Zusammenarbeit mit einer Vielzahl an freien Handelsvertretern ist aus Compliance-Sicht mitunter problematisch. Für den Käufer ist es besonders schwer, deren Arbeitsweise nachzuvollziehen. Im Datenraum sollte sich daher zumindest ein Mustervertrag finden, in dem die Handelsvertreter deutlich auf die Compliance-Regeln hingewiesen werden.

An möglichen Verstößen sind zu nennen: Korruption, Kartelle, Verstoß gegen arbeitsrechtliche Bestimmungen (Leiharbeit, Arbeitssicherheit), Datenschutz, Umweltrisiken aus der typischen Produktionsweise (Chemie, Metallindustrie, Papierverarbeitung…), Produktionssicherheit und Produkthaftung (Kinderspielzeug, Sicherheitsnormen…). Mit dem Verkäufer ist zu verhandeln, ob er in diesbezüglichen Risiken am Verkauf festhalten will und in welcher Form die Erkenntnisse im SPA ihren Niederschlag finden sollen.

„Die Kosten für eine Compliance Due Diligence schwanken stark, je nachdem, wie risikoanfällig ein Target zu sein scheint. Üblicherweise liegen die Kosten im unteren fünfstelligen Bereich – doch Ausnahmen bestätigen die Regel. ‚Wir hatten schon Fälle, bei denen die Compliance Due Diligence nach kurzer Zeit erledigt war und die Aufwendungen bei 5.000 Euro lagen'“. Ein anderes Mandat dagegen erforderte eine äußerst langwierige Compliance Due Diligence. „Das Thema war von zentraler Bedeutung, die Prüfung kostete mehr als 500.000 Euro“ (Reifenberger, 2013). Letztlich scheiterte dieser M&A-Deal dann auch an den Ergebnissen der Compliance Due Diligence. Eine gute Entscheidung des Käufers, wie sich wenig später herausstellen sollte. Nur Monate nach dem Abbruch der Verhandlungen wurde eine zentrale Figur aus dem Umkreis des Zielunternehmens wegen ihrer Verstöße zu einer Haftstrafe verurteilt.

#### 4.2.9.2 Compliance im Kaufvertrag

Der Unternehmenskaufvertrag ist die rechtliche Abbildung der gesamten Transaktion. Stellt der Kaufinteressent im Rahmen der Prüfung Compliance-Verstöße fest, heißt es im Zweifel: Finger weg von dem M&A-Deal. Andernfalls läuft der Käufer Gefahr, dass der frisch erworbene Unternehmensteil mit teuren Sanktionen belegt oder die Marke stark beschädigt wird. Häufig sind auch wichtige Mitarbeiter dann nicht mehr haltbar. Konzentrieren sich die Verstöße nur auf einen Unternehmensteil, wird dieser in der Praxis häufig aus dem Target herausgelöst, etwa über einen Carve-Out (vgl. Abschn. 4.3.2). Als Käufer wird man die korrupten Geschäftsteile nicht mit übernehmen. Drohen Sanktionen, weil man Inhaber der übergeordneten Rechtseinheit des einstmals korrupten Firmenteils geworden ist, kann man sich dagegen zusätzlich über Klauseln im Kaufvertrag absichern. Neben der richtigen Vorbereitung der M&A Transaktion kommt hier also der Gestaltung des Kaufvertrags eine entscheidende Rolle zu. Ziel ist hierbei insbesondere, eine den Interessen der beteiligten Unternehmen entsprechende Ausgestaltung des Katalogs der Garantien und Haftungsfreistellungen zu erreichen.

Grundlage der Absicherung eines Käufers im Kaufvertrag bilden die Erkenntnisse aus der Compliance (Integrity) Due Diligence. Aus diesem Grunde kann ein käuferfreundlicher SPA nicht auf eine vorherige Due Diligence verzichten. Noch mehr: es wurde quantitativ nachgewiesen, dass eine aufwändigere Due Diligence verglichen mit einer „dünnen“ Due Diligence den Kaufpreis deutlich senken und die Konditionen zugunsten des Käufers verschieben kann (vgl. M&A Research Centre at Cass Business School, 2013).

**Vollzugsbedingungen**

Im SPA kann eine Vollzugsbedingung (*Closing Condition*) dergestalt vereinbart werden, dass sie die Behebung eines konkreten und substanziellen Compliance-Risikos beinhalten, sofern der Verkäufer dieses vor dem Closing noch beheben kann. Andernfalls lässt ein alternativer Asset-Deal solche Verträge (Assets) vom Deal ausschließen, die mit Compliance-Risiken behaftet sind. Der Erwerber klammert also mit Compliance-Risiken behaftete Gebiete aus oder er macht den Vollzug der Transaktion davon abhängig, dass der Verkäufer die Gefahr innerhalb eines bestimmten Zeitraumes (*Long Stop Date*) beseitigt. Aus Sicht eines Verkäufers beinhaltet jedoch eine Vollzugsbedingung ein hohes zeitliches und finanzielles Risiko, wenn sie nach dem Signing des Vertrages den Vollzug der Transaktion infrage stellt. Eine solche Vollzugsbedingung wird seitens des Verkäufers nur akzeptierbar sein, wenn er das Compliance-Risiko selber sieht bzw. anerkennt und wenn er überzeugt ist, dass er dieses Risiko innerhalb des zu vereinbarenden Zeitraumes auch beseitigen kann. Die Beseitigung dieses Risikos kann demnach auch zum zeitkritischen Pfad zwischen Signing und Closing werden. Für den Käufer ist diese Exit-Option besonders wichtig, weil eine Rückabwicklung der Transaktion besonders nach dem Closing kaum oder nur mit hohem finanziellen Aufwand möglich ist. Zudem bedeutet dies für beide Seiten einen erheblichen Zeitverlust und zusätzlichen Kapazitätsbedarf, da der Verkäufer einen neuen Desinvestitionsprozess anstoßen muss und der Käufer sich erst einmal ein alternatives Target suchen bzw. den M&A-Prozess nochmals bis zum Closing bringen muss.

**Garantien**
Sofern der Käufer Themen mit Compliance-Relevanz vermutet, deren Realisierungswahrscheinlichkeit sich nicht näher aufklären lässt, wird er entsprechende Absicherungen verlangen. Dies betrifft den Rahmen des allgemeinen Garantiekatalogs, insbesondere für Kartell- und Wettbewerbsrisiken, Antikorruption, Arbeitnehmerüberlassung, Umweltrisiken, Bestechung und andere Delikte. In Käufer-freundlichen Verträgen finden sich dazu regelmäßig sogenannte *Catch All-Klauseln*, wie zum Beispiel: „…Seller represents that the target is in compliance with all [material] laws relevant for its business…“ (Findeisen, 2013, S. 314). Der Verkäufer wird sich gegen eine solche pauschale und abdeckende Compliance-Garantie wehren, insbesondere wenn es sich beim Target um eine internationale Transaktion, um eine größere Gruppe von Unternehmensteilen und um eine hohe Wertschöpfung mit mehreren international verteilten Fertigungen und Vertrieben handelt. Unter Umständen ist er jedoch bereit, eine solche Klausel nach „bestem Wissen“ abzugeben (vgl. Findeisen, 2013).

**Kaufpreis**
Unmittelbar in die Bewertung können solche Compliance-Risiken einfließen, deren Schadenshöhe sich finanziell genau bemessen lässt, zum Beispiel Bußgelder. Damit lässt sich der Kaufpreis unmittelbar reduzieren. Sollte die Höhe eines Bußgeldes bereits feststehen, der zugrunde liegende Bescheid aber noch nicht Rechtskraft besitzen, dann kann die Kaufpreisreduzierung mit einem vertraglichen Besserungsschein (*Earn-Out*) geregelt werden, falls es gelingen sollte, das Bußgeld zu reduzieren oder gänzlich abzuwehren. Dazu kann es sinnvoll sein, dass der Verkäufer mit einer speziellen *Task Force* und für eine bestimmte Zeit im Target noch aktiv bleibt. Auch kann ein Teil des Kaufpreises auf einem Treuhandkonto (*Escrow*) hinterlegt werden. Tritt das Compliance-Risiko nicht ein, fällt dieser Teil an den Verkäufer zurück. Anderenfalls wird er dem Käufer ausgezahlt (vgl. hierzu Findeisen, 2013).

**Freistellungen**
Lassen sich Compliance-Risiken konkretisieren, jedoch nicht in der Schadenshöhe beziffern, dann sollte dies seitens des Käufers mit einer Freistellung im Kaufvertrag aus-

gegrenzt werden. Sollte der Schaden in einer bestimmten Höhe eintreten, dann hat der Verkäufer den Schaden nach Maßgabe des SPA entsprechend auszugleichen. Wenn es um einen konkreten Sachverhalt geht, dann wird der Erwerber finanzielle Beschränkungen der Freistellung ablehnen. Deshalb sollte der Sachverhalt, der das Compliance-Risiko begründet, aus Sicht des Verkäufers möglichst genau dargelegt und somit eingegrenzt werden (vgl. Findeisen, 2013, S. 314).

**Covenants**
Covenants bezeichnen vertragliche Verpflichtungen, etwas zu tun beziehungsweise zu unterlassen. In einem Unternehmenskaufvertrag sind Covenants die Pflichten, die vor Vertragsabschluss (Signing) und -vollzug (Closing) von den Vertragspartnern erfüllt werden müssen, z. B. die Verpflichtung des Verkäufers, den Geschäftsbetrieb des Zielunternehmens bis zum Closing wie bisher fortzuführen (vgl. Lucks, 2013b, S. 675). Compliance-relevante Covenants können spezielle Verhaltenspflichten des Verkäufers sein, insbesondere in der Phase zwischen Signing und Closing. Dieser Zeitraum ist aus Sicht des Käufers mit besonderen Risiken verbunden, wenn die Periode lang ist (z. B. wegen kartellrechtlicher Prüfungen) und wenn das Target zwar noch vom Verkäufer geführt wird, jedoch dem Käufer bereits das wirtschaftliche Ergebnis zugerechnet wird. Daher wird der Käufer erwarten, dass der Verkäufer die Anwendung und Einhaltung der Compliance-Regelungen auch weiterhin garantiert.

Entsprechende Covenants können auch mit einer MAC-Klausel verbunden werden (*MAC = Material Adverse Change Clause),* einer Klausel in einem Unternehmenskaufvertrag, die dem Unternehmenskäufer das Recht einräumt, bei Vorliegen einer grundlegenden Verschlechterung (=Adverse Change) den Vollzug des Vertrags zu verweigern. Sollte etwa vor dem Closing ein abstrakt definierter, einen bestimmten Schwellenwert überschreitender schwerwiegender Compliance-Verstoß auftreten (zum Beispiel Korruptionsdelikte oder Wettbewerbsabsprachen), dann begründet dies eine wertmäßige Verschlechterung des Targets, die es dem Erwerber erlauben würde, vom Vertrag zurückzutreten. Auch dies ist vom Verkäufer schwer akzeptabel, da die Transaktion als Ganzes zur Disposition gestellt würde.

Des Weiteren kommen Covenants in Betracht, bei denen sich der Verkäufer verpflichtet, bestimmte Compliance-Verstöße oder -Risiken bis zum Closing zu beseitigen. Der Verkäufer kann unter Image-Gesichtspunkten auch vom Käufer verlangen, gewisse Compliance-Standards nach Vollzug der Transaktion einzuhalten. Das kann zum Beispiel den internationalen Ausbau des Geschäftes mit Eintritt in ein Land bedeuten, bei dem es in der Korruptionsbekämpfung oder bei Arbeitsstandards (Kinderarbeit und Sozialstandards…) noch großen Nachholbedarf gibt (vgl. zu Covenants auch Findeisen, 2013, S. 314–315).

#### 4.2.9.3 Compliance und M&A-Integration

Der Erfolg einer M&A-Transaktion zeigt sich schließlich in der gelungenen Eingliederung des erworbenen Unternehmens in bestehende Strukturen („Post Merger Integration"). Dies schließt die Schaffung einer effektiven Compliance-Organisation ein. Aus Synergiegründen und zur Sicherheit der Performance ist dem Käufer gelegen, das Target zeitoptimal in seine Organisation zu integrieren. Ob nun zügig oder mit Bedacht: immer gibt es Verlierer im Prozess, oder Stakeholder, die sich geschädigt fühlen. Diese sind eine potenzielle Quelle von Compliance-Verstößen: Mitarbeiter, Führungskräfte, aber auch Lieferanten und Kunden können dies sein. Aus diesen Gründen ist das Target möglichst zügig in die konzernweiten Compliance-Strukturen zu integrieren. Dazu gehören:

- Ausdehnung des Anwendungsbereiches von Compliance-Richtlinien auf das Target,
- Integration des Targets in konzernweite Berichtswege,
- Schulung von Mitarbeitern des Targets,
- Verpflichtung des Target-Managements auf Compliance-Richtlinien,
- Bottom-up-Berichtswesen, etwa Ansprechpartner für Whistleblower.

Die Planung dazu sollte im Zuge der Integrations-Vorbereitung (vgl. Abschn. 4.3.5) beginnen, am besten mit dem Signing der Verträge, mit der die Bearbeitung der Genehmigungen beginnt (vgl. Abschn. 4.2.6). Grundlage ist die Compliance (Integrity) Due Diligence. Mit dem Closing geht die Verantwortung für verbleibende Compliance-Risiken des Targets nun auf das Käufer-Unternehmen über, unabhängig von etwaigen Rückgriffs-Rechten gegenüber dem Verkäufer. Insofern sind Compliance-Risiken des Targets nunmehr vom Käufer-Unternehmen abzuwehren. Gesellschaftsrechtliche Vorgaben, wie die Vornahme von Umsetzungsbeschlüssen durch die Gesellschafterversammlung, Geschäftsführung und Vorstand sowie arbeitsrechtliche Regelungen (z. B. Einbindung des Betriebsrates des Targets) sind dabei zu berücksichtigen. Sollten neue Compliance-Risiken entstehen, ist die bestehende Compliance-Struktur des Käufers an die neuen Gegebenheiten anzupassen.

Im Zuge des 100-Tages-Programms nach dem Closing sollte die Implementierung der Compliance-Strukturen beim Target erfolgen (vgl. Abschn. 4.3.7). Sollte eine Post Closing Due Diligence durchgeführt werden, bietet dies den Anlass, gezielt nach Compliance-Verstößen beim Target zu suchen. Ansonsten sollte eine separate Task Force mit dieser Aufgabe betraut werden. So können Schwachstellen aufgedeckt werden und es können – noch vor Ablauf von Verjährungsfristen – etwaige Garantie- und Freistellungsansprüche aus dem Kaufvertrag geltend gemacht werden, wenn der gefundene Verstoß zu einem Schaden führt.

Zur Implementierung der neuen Compliance-Strukturen gehören auch die Einführung von Monitoring-Prozessen und Mitarbeiterschulungen. Hierzu sind Regelungen über zyklische Durchführungen zu schaffen. Im Zuge der Ein-Jahres-Implementierung ist dieses umzusetzen, um den Nachweis zu erbringen, dass die Implementierung der Compliance-Struktur des Erwerbers auch beim Target und seinen Mitarbeitern erfolgreich war.

#### 4.2.9.4 Aufsetzpunkte und Schnittstellen mit anderen Arbeitspaketen

Compliance ist die Sammelbezeichnung für die Einhaltung von Gesetzen, Richtlinien und Verhaltensweisen in einem Unternehmen, insbesondere gilt es, Bestechung und Betrug (*Bribery & Corruption*) zu bekämpfen. Viele Industriezweige sehen sich zunehmend mit

Ermittlungen von Regulierungs- und Strafverfolgungsbehörden konfrontiert. Die Einführung von Compliance-Strukturen hat sich seit den 2000er-Jahren als Marktstandard durchgesetzt, insbesondere bei international tätigen börsennotierten Konzernen. Damit verbreitete sich ein zunehmend abdeckender Compliance-Ansatz auch bei M&A (vgl. Findeisen, 2013, S. 310). Dies beinhaltet in jüngster Zeit auch kriminaltechnische Untersuchungen über leitende Angestellte des Targets. Dazu wurden Sicherheitsberatungen von ehemaligen leitenden Polizei- und Geheimdienst-Mitarbeitern gegründet. Mit dem Closing gehen die Risiken des Targets vom Verkäufer auf den Käufer über. Handelt es sich beim Übernehmer um einen internationalen Großkonzern und beim Target lediglich um kleinere lokal tätige Unternehmen, können nationale Behörden einem besonders exponiertem Käufer in die Taschen greifen und Compliance-Verstöße geltend machen. Die hieraus resultierenden Risiken können das Geschäftsmodell des Übernehmers und des Targets nachhaltig gefährden. Aus diesem Grunde sollte Compliance in voller Bandbreite (einschließlich der Prüfung von Betrug, Verbrechen und Bestechung), insbesondere bei internationalen Deals zur Regel werden. Dazu setzt Compliance an drei Hebeln an: 1) bei der Due Diligence, 2) beim Kaufvertrag und 3) bei der M&A-Integration.

Zur Vermeidung von Haftungen und Reputationsschäden ist dem Verkäufer eine Untersuchung und Offenlegung bekannter Compliance-Risiken zu empfehlen, am besten in einer vorgelagerten Vendor Due Diligence (vgl. Abschn. 5.1.3). Die Durchführung einer Compliance-Due Diligence (Integrity Due Diligence) des Käufers ist unerlässlich und eine Pflicht für das Management. Dies beinhaltet die Identifikation und die Bewertung der Compliance-Struktur und möglicher Compliance-Risiken des Targets.

Sind Compliance-Risiken durch problembehaftete Länder, Branchen oder Wettbewerber indiziert, sollte der Erwerber eine umfassende Integrity Due Diligence durchführen. Sollte diese – etwa im Zuge einer Versteigerung – nicht opportun oder zeitlich nicht möglich sein, muss die Geschäftsführung des Erwerbers anstreben, mögliche Compliance-Risiken abzufedern, zum Beispiel durch Klauseln zur Kaufpreisreduzierung oder durch Freistellungen und Garantien im Kaufvertrag. Diese Überlegungen sind schriftlich zu fixieren, um die Einhaltung der gebotenen Sorgfalt zum Schutz des Käufers durch seine Geschäftsleitung nachweisen zu können.

Garantien oder Freistellungen im Kaufvertrag ersetzen nicht die Risikoanalyse oder die Durchführung einer Integrity Due Diligence. Letztere bildet vielmehr die Grundlage für eine wirksame Absicherung gegen Compliance-Risiken im Kaufvertrag. Je nach Art des Risikos kann dies durch Kaufpreisanrechnung, Garantien des Verkäufers, Vollzugsbedingungen, Freistellungen oder Covenants umgesetzt werden (vgl. Findeisen, 2013, S. 316).

Unmittelbar nach dem Closing ist eine konsequente und zügige Integration des Targets in die konzernweite Compliance-Struktur des Käufer-Unternehmens angesagt, gefolgt von einem Monitoring zum Nachweis der funktionierenden Compliance-Prozesse.

Unternehmensübernahmen bergen nicht unerhebliche Risiken und stellen die Unternehmensleitung stets vor besondere Herausforderungen. Bereits kleine Fehler können gravierende wirtschaftliche und haftungsrechtliche Folgen haben. Unter Compliance-Gesichtspunkten ist es daher von entscheidender Bedeutung, bereits vor Aufnahme von

Vertragsverhandlungen die einschlägigen kapitalmarktrechtlichen Transparenz- und Publizitätsvorschriften einzuhalten und eine vorvertragliche Haftung zu vermeiden. Der Erwerb eines Unternehmens oder Unternehmensteils zielt auf Wertsteigerung. Dem stehen potenzielle Wertminderungen durch Risiken entgegen, die effektiv zu begrenzen sind. Mit wachsender Bedeutung setzt hier die Compliance an. Hohe Geldbußen drohen bei Korruption, Kartell- und Wettbewerbsdelikten sowie aus Datenschutzverstößen und Betriebsspionage. Zusätzlich drohen der Ausschluss aus Vergabeverfahren und ein enormer Reputationsverlust. Durch Realisierung von Compliance-Risiken kann sich eine Übernahme als unwirtschaftlich erweisen oder sie kann zum Abbruch des Übernahmeverfahrens führen.

Das Arbeitspaket Compliance ist ähnlich eingebunden wie das Arbeitspaket Kartell- und Fusionsrecht. Insofern kann hier auf die Abb. 4.23 verwiesen werden. Unter den hier genannten Punkten kommt dem Business Plan Bedeutung zu, als dort Projekte zugrunde liegen, die von Compliance-Relevanz sind. Ein Cross-Check wäre deshalb aus Compliance-Seite sinnvoll. Stärker noch ist das Arbeitspaket Verhandlungen und Verträge von Relevanz, weil es hier konkret um Kundenverträge geht, insbesondere bei einem Asset Deal. Beim Integrationskonzept ist von Compliance-Relevanz, wie die Architektur der Führungsstrukturen mit Finanzplan und operativem Top Management aussieht. Hier geht es um die Frage der Unbescholtenheit der Kandidaten für diese Schlüsselpositionen - nicht nur der zu fusionierenden Einheiten selber, sondern auch aus den übergeordneten Unternehmenseinheiten. Auch zum HR Change Konzept (vgl. Abschn. 4.3.4) liegt ein enges Schnittstellenverhältnis vor: sofern Verdachtsmomente bestehen, sind Personen des Targets von der Übernahme auszuschließen. Dies schlägt sich auch im Unterstützungsprozess „Information" nieder, denn eine der Säulen der Compliance ist die Compliance (Integrity)-Due Diligence. Ein weiteres Thema von Schnittstellen-Relevanz ist die projektinterne Kommunikation (vgl. Abschn. 5.3.2). Diese sollte bis zum Signing naturgemäß auf den engen Kreis der Projektbeteiligten des Käufers (bzw. der beiden Projektteams) begrenzt werden. Sollten personalkritische Entscheidungen anstehen, ist dieses Wissen möglicherweise auf den Vorstand einzuengen. Enge Rückkopplungen hat das Compliance-Thema auch mit der Detailbewertung, denn es gilt, Kaufpreisabschläge wegen Compliance-Risiken zu berücksichtigen. Nach dem Closing wird Compliance zum „Tagesgeschäft". Sollte es sich beim vorliegenden M&A-Projekt um eine Compliance-gefährdete Region oder um ein spezifisch Compliance-gefährdetes Geschäft handeln, dann wäre dies im Zuge einer Post Closing Due Diligence abzuhandeln (vgl. Abschn. 5.1.6).

### 4.2.10 Rechtliche Umsetzung/Post Closing Contract Management

Der Unternehmenskaufvertrag soll beiden Seiten „gerecht" werden und dennoch gibt es strittige Vorfälle, die es zu klären gilt. Die Vorbereitung und die Bereitschaft, aus diesen Kapital zu schlagen, haben in den vergangenen Jahren deutlich zugenommen. Die juristischen M&A-Berater sollten deshalb bereits vor dem Closing im Unternehmenskaufvertrag regeln, wie diese Fälle durchgesetzt respektive abgewehrt werden sollen. Dabei ist die Frage zu beantworten, ob später ein Schiedsgericht oder staatliche Gerichte über Streitigkeiten aus dem Kaufvertrag entscheiden sollen. Für die Wahl eines Schiedsgerichts sprechen eine Reihe von Argumenten, insbesondere 1) die Parteien können Einfluss nehmen auf die Zusammensetzung des Schiedsgerichts und auf die Verfahrensgestaltung, 2) die Verfahrenssprache ist frei wählbar, 3) das Verfahren ist nicht-öffentlich und 4) der Schiedsspruch lässt sich im Ausland leicht durchsetzen. Einen gravierenden Nachteil hat allerdings ein Schiedsgericht: es gibt regulär keine zweite Instanz. Bei großen M&A-Deals wäre deshalb abzuwägen, ob der staatliche Weg wegen der Revisionsmöglichkeit nicht doch der bessere ist. Bei kleinen Transaktionen bietet die erstinstanzliche Lösung über ein staatliches Gericht die kostengünstigere Lösung.

Aber auch außerhalb strittiger Auseinandersetzungen gibt es genügend zu tun. So erwachsen aus der fortschreitenden Integration einschließlich Verlagerung, Schließung und Neuerrichtung von Gesellschaften und Arbeitsstätten rechtliche Folgen für Betriebsübergänge (vgl. § 613 a BGB) und Folgen, die mit den Sozialpartnern einvernehmlich gelöst werden müssen. Nicht jeder strategisch-operative Lösungsansatz ist derjenige, der von allen Vertragsparteien befürwortet wird. Hier gilt es, die Handlungsoptionen nebeneinanderzulegen und zu versuchen, zwischen dem strategischen Optimum und dem juristisch (bzw. auf dem Verhandlungsweg) Durchsetzbaren das Mögliche zu erreichen. Dafür eine zentrale Anlaufstelle zu haben, die im günstigen Fall bei der Verhandlung der Verträge mitgewirkt hat, oder die zumindest den Kaufvertrag in den Einzelheiten kennt, ist ein großer Vorteil.

**Einbindung in die übergeordneten Vorgänge**

Zu beachten ist, dass mit dem Closing der Deal abgeschlossen, der Dealmaking-Prozess aber noch nicht beendet ist, wie von vielen Seiten postuliert. Vielmehr müssen die abgeschlossenen und genehmigten Verträge nach dem Closing aktiv betreut werden. Bei großen Vielkäufern wie Siemens gibt es in der Zentrale eine besondere Abteilung für Post Closing Contract Management, die sich dieser Aufgabe widmet. Hier münden zentral alle Vorgänge von juristischer Relevanz und dies ist im Sinne des Informationsmanagements der abschließende Datenraum für alle rechtlichen Vorgänge dieses Deals (vgl. Datenraumstruktur im Informationsprozess Abschn. 5.1.4.5).

**Aufsetzpunkte und Schnittstellen mit anderen Arbeitspaketen**

Das Post Closing Contract Management ist die zentrale Sammelstelle für alle juristisch relevanten Unterlagen des Deals. Sie sichtet den Kaufvertrag mitsamt seiner Anlagen und wertet ihn nach Terminen und Grenzwerten aus, bei denen zum Beispiel Garantien und Freistellungen fällig werden. Darüber hinaus gilt es nun, eventuelle Folgeprozesse in die Wege zu leiten. Dazu gehört zum Beispiel die Prüfung, ob eine Post Closing Due Diligence noch Sachverhalte erbracht hat, die auf juristischem Wege (eventuell im Schiedsverfahren) mit dem Verkäufer zu regeln sind. Der kartellrechtliche Prozess kann noch „Nachläufer" haben, die es noch abzuwickeln gilt, etwa der Abschluss des Verkaufs einer Unternehmenseinheit. Schnittstellen mit anderen Arbeitspaketen gibt es einige. Da ist das

Post Closing Carve-In, bei dem zu klären ist, ob alle Teile des Targets in die neue Organisation mit der eigenen Einheit zusammengeführt werden sollen. Falls das nicht sein sollte, ist ein neuer Prozess für die Trennung von Einheiten anzustoßen. Gleiches gilt für die Arbeitspakete des Integrationsteams, das seine Aufgaben zunehmend an das neue und gemeinsame operative Management der fusionierten Einheiten überträgt. Dies betrifft vor allem die Arbeitspakete für die operative Implementierung, für die Organisations- und Prozessanpassung.

### 4.2.11 Schnittstellen des Dealmaking-Prozesses zu anderen Teilprozessen

Die Einbindung der einzelnen Arbeitspakete des Dealmaking-Prozesses in den Gesamtprozess wurde bereits bei den jeweiligen Abschnitten thematisiert. An dieser Stelle muss deswegen nur mehr auf den Teilprozess Dealmaking und seine Einordnung in den M&A-Gesamtprozess eingegangen werden.

Das Dealmaking, wie der Name sagt, hat den Schwerpunkt in der technischen Abarbeitung der Transaktion und damit in der Transaktionsphase. Der Strategieprozess liefert vor allem Maßgaben für das Führungskonzept, das die strategischen Zielvorgaben unterstützen muss. Der für das Führungskonzept maßgebliche Teil des Strategieprozesses, also insbesondere das Screening und der Business Case sollten deshalb abgeschlossen sein.

Das Dealmaking wiederum liefert wichtige Vorgaben für den Strukturprozess. Die zur Integration notwendigen Maßnahmen werden maßgeblich bestimmt durch das festgelegte Führungskonzept und die Deal-Struktur. Ähnliches gilt für die Human Resources Arbeitspakete. Vor allem die rechtliche Struktur und Umsetzung liefern einen Rahmen für die Integrationsmaßnahmen im Strukturprozess.

Ansonsten „lebt" der Dealmaking-Prozess von vielfältigem Input der Unterstützungsprozesse. Allen voran der Teilprozess Information sollte wichtige Daten z. B. für die Verhandlungen bereitstellen. Die Bewertung zeigt den maximal akzeptablen Kaufpreis und die Annahmen, die zu dem Bewertungsergebnis geführt haben. Diese müssen in den Verhandlungen verifiziert werden.

### 4.2.12 Erfolgsfaktoren und Schwachstellen des Dealmaking-Prozesses

In den vergangenen zehn Jahren hat sich der Prozess für Verhandlungen und Verträge enorm professionalisiert. In der Vorgehensweise hat sich das anglo-amerikanische Vorgehen mit harten Verhandlungen, detaillierten Verträgen, vermehrten Asset Deals (vgl. Abschn. 4.2.5.2), steuerlicher Optimierung, konsequenter rechtlicher Umsetzung (Nachforderungen nach Eintreten von Risiken…) und Berücksichtigung von Compliance weltweit weitgehend durchgesetzt. In Deutschland ist es mittlerweile so, dass Verträge auf Englisch geschlossen werden, auch wenn beide Partner (Verkäufer und Käufer) deutsche Unternehmen sind. Dies erfordert ein sehr erfahrenes Verhandlungs- und Vertragsteam. In großen Unternehmen, die M&A regelmäßig betreiben, können diese Aufgaben von speziellen M&A-orientierten Stäben für Rechtsberatung und M&A-Transaktion übernommen werden, die ihr Wissen konsequent pflegen und weiterentwickeln. Transaktionsmodelle und Verträge/Vertragsmodule, die sich bewährt haben, können wiederholt eingesetzt werden. Insofern ist dieses Führungsmodell für solche M&A-Projekte anwendbar, die sich in ihrer Strategie, Grundstruktur und Implementierung ähneln.

Sobald aber außergewöhnliche Umstände auftreten, besonders große Deals zu handhaben sind (Megadeals, Projektkategorie der Klasse A, vgl. Abschn. 6.1.3), empfiehlt sich auch für große Vielkäufer die Einschaltung von externen, für den speziellen Fall erfahrenen Beratern. Dies ist bereits der Fall, wenn eine internationale Transaktion ansteht, die also in den Rechtsrahmen einer fremden Target-Region fällt. Hier können beispielsweise besondere steuerliche Rahmenbedingungen gelten oder die Mitarbeiterverträge und der Betriebsübergang erfordern spezielle Kompetenzen. In diesen Fällen empfiehlt sich die Einschaltung von in der Target-Region verankerten M&A-Anwälten. Siemens hat dies in den USA beispielsweise durch die US-Holding, der in New York ansässigen Siemens Corporation, gelöst. Diese ist nicht nur die Landesgesellschaft, unter die alle US-Beteiligungen zu hängen sind. Sie bietet auch einen Pool von M&A-Anwälten, die für die US-Teile von M&A-Transaktionen einzuschalten sind. Man ist hier also nicht unbedingt auf externe Anwälte angewiesen.

Bei kleinen und mittelgroßen M&A-Projekten (Kategorie B und C), die regelmäßig anfallen und den gewöhnlichen Rahmen nicht sprengen, kann die Transaktion auch von einer internen M&A-Abteilung abgewickelt werden. Sobald aber große außergewöhnliche Transaktionen anstehen und sobald die Gegenseite einen Investmentbanker einschaltet, sollte gleichfalls ein Investmentbanker beauftragt werden. Dies ist vor allem durch zweierlei bedingt, (1.) wegen der fehlenden Kapazität, die in der internen M&A-Abteilung vorgehalten werden kann und (2.) aus Symmetriegründen, weil die Investmentbanken bei Verhandlungen die Brücke zwischen den verhandelnden Parteien bilden können. Hier können sie die Rolle des „Bad Guy" übernehmen, versuchsweise mit Modellen operieren, die noch nicht vom Auftraggeber abgesegnet sein müssen, um Lösungswege zu finden.

In Summa kann gesagt werden, dass der Erfolg des Dealmaking von der Professionalität seiner (internen bzw. externen) Protagonisten abhängt. Hierbei spielt auch die Zusammenarbeit zwischen beiden eine Rolle. So sollten die interne M&A-Abteilung und der Verhandlungsführer so erfahren sein, dass sie auch in der Lage sind, einen externen M&A-Berater professionell zu steuern, sei es eine sogenannte M&A-Boutique (für kleine bis mittelgroße Fälle) oder eine Investment Bank (für große Fälle).

Einer der größten Fehler ist, wenn interne Kräfte, die keine M&A-Erfahrung haben, mit einem Deal beauftragt werden oder wenn ein externer Berater ohne M&A-Erfahrung beaufschlagt wird. Dies passiert immer wieder, etwa indem ein M&A-Deal dem externen „Hausanwalt" übertragen wird oder dem (M&A-unerfahrenen) Steuerberater, der die Rolle der M&A-Boutique übernehmen soll. Solche Fälle kommen oft bei kleinen und mittelgroßen Unternehmen vor, die auf eine lange Vertrauensbasis mit ihren Hausberatern zurückblicken. Das Ergebnis kann im ungünstigen Fall ein Desaster werden, im günstigeren Fall ein M&A-Prozess, der sich unendlich in die Länge zieht, weil die Usancen des Transaktionsprozesses nicht bekannt sind. Damit steigen auch die Transaktionskosten des Deals, etwa wegen abzurechnender hoher Stundenzahl. So konnten Fälle bei Mittelständlern beobachtet werden, deren Hausanwalt die Verhandlungen regelmäßig blockierte, weil er gegenüber den hochprofessionellen M&A-Anwälten der Gegenseite immer wieder ins Hintertreffen geriet. Dies wurde damit auch für die Gegenseite teuer. Das verlorene Geld hätte man besser in den Kaufpreis investiert.

Generell gibt es bestimmte Mindestanforderungn für das M&A-Transaktionsmanagement. Diese liegt darin, dass auf beiden Verhandlungsseiten sehr gute Berufsträger für das operative Geschäft bereit stehen sollten, die ihre Branche gut kennen und die gute (Projekt-) Manager sind, sodass sie in der Lage sind, externe Berater steuern zu können. Auch dies ist nicht immer gegeben und solche Fälle verlaufen zu Lasten der suboptimal verhandelnden Partei. Dies bedeutet nicht, dass immer ein schwacher Deal zustande kommt – oft wird ein Deal abgebrochen, obwohl er strategisch sinnvoll, ja sogar notwendig gewesen wäre, um das betreffende Unternehmen in einem sich konsolidierenden Wettbewerbsumfeld zu retten. Den kritischen Ausgangspunkt bilden dabei häufig völlig überzogene Kaufpreisvorstellungen mittelständischer Verkäufer. Die erste Pflicht einer jeden Partei ist somit, einen belastbaren Business Plan zu generieren und diesen angemessen zu bewerten (weiteres dazu vgl. Abschn. 4.1.4 und 5.3.2). Ansonsten kann ein strategisch notwendiger M&A-Deal in die Sackgasse führen und angesichts mangelhafter Stand-Alone-Perspektiven des Verkäufers in die Krise und Insolvenz führen. Die Minimal-Voraussetzung für eine erfolgreiche M&A-Transaktion ist also eine gute Branchen-Kompetenz und gute Management-Kompetenzen. Bei älteren familiengeführten Unternehmen, deren Lebenszyklus sich im Abschwung befindet, empfiehlt es sich deshalb, professionelles Management mit an Bord zu holen. Hierbei sollte auch darauf geachtet werden, welche Erfahrung die Kandidaten bei der Strategieentwicklung und womöglich auch bei M&A haben.

Bei der Einschaltung externer Berater (M&A-Anwälte, Transaktionshäuser) soll insofern auch Führungskompetenz an Bord sein, als dass man den Externen auch Grenzen setzen kann und setzen muss. An anderer Stelle wurde bereits darauf hingewiesen, dass die Beaufschlagung Externer das grundsätzliche Risiko beinhaltet, den Beratungsaufwand zu maximieren. Deshalb sollten Beratungsaufträge gut verhandelt und auf die Kernthemen fokussiert ausgerichtet werden. Notfalls sollte ein Dritter – eventuell als Coach – einbezogen werden. Dass dieses Thema nicht „exotisch" ist, beweisen große Beratungsaufträge, die zu einer derartigen Eskalation der Kosten geführt haben. So gab es Fälle bei der Antitrust-Beratung, bei der sich die auf beiden Seiten beauftragten Kanzleien nach oben geschaukelt haben, sodass die Einschaltung eines dritten Anwaltes notwendig war, der gemeinsam für die Verhandlungsparteien gearbeitet hat, und dessen Aufgabe es war, den Antitrust-Beratungsaufwand zu begrenzen.

Zusammenfassend kann konstatiert werden, dass dem Dealmaking-Prozess die Klammerfunktion zwischen Strategie und Strukturierung zukommt und dass diese Klammerfunktion eine „dienende" Funktion ist: es geht letztendlich um die konsistente Umsetzung der Strategie durch eine optimale Strukturierung der neuen unternehmerischen Einheit.

Einer „Verselbständigung“ des Dealmaking-Prozesses durch Inkompetenz oder Kostenexplosion gilt es in jedem Fall Einhalt zu gebieten.

## 4.3 Der Strukturprozess

### 4.3.1 Arbeitspakete und Ziele des Strukturprozesses

Der Strukturprozess beinhaltet vor allem die Implementierungsmaßnahmen. Auch hier handelt es sich um einen durchgängigen Prozess, der nicht erst nach dem Closing mit der Umsetzung beginnt sondern in seiner Konzeption bereits in der Planungsphase aufsetzt. Unter „Strukturierung“ sind alle Maßnahmen zu verstehen, die „harten“ Restrukturierungsmaßnahmen und die „weichen“ kulturellen Faktoren.

Die Strukturierung zielt auf die Schaffung der optimalen Aufbau- und Ablauforganisation für das gekaufte Unternehmen im Stand-Alone-Fall (bei reinem Eigentumsübergang etwa beim Kauf durch ein Private Equity-Unternehmen) wie im Synergie-Fall, wenn ein strategischer Käufer das Target mit einem seiner Geschäfte zusammenführt und integriert. Ziel ist die Hebung der Wertpotenziale, die im Planungsprozess identifiziert werden und für die im Dealmakingprozess die optimalen rechtlichen Rahmendbedingungen geschaffen werden. Dazu sind das Management und die Mitarbeiter derartig einzubinden und zu motivieren, dass sie sich Wert- und Werte-orientiert verhalten – also den Bestand und die Weiterentwicklung des Geschäftes mit hohen sozialen und ethischen Standards sicherstellen.

Der Struktur- und Change-Prozess (in Folge als Strukturprozess bezeichnet) stellt den dritten Kernprozess im Rahmen des Gesamtprozesses M&A dar (vgl. Abb. 3.13). Auch für den Strukturprozess gilt „Structure Follows Strategy“ (vgl. Chandler, 1978, S. 314), was bedeutet, dass sich der Strukturprozess inhaltlich als auch zeitlich an den vorgelagerten Prozess für Strategie ausrichtet. Während der Dealmaking-Prozess die optimalen vertraglichen Voraussetzungen zur Umsetzung der Strategie bilden soll, hat der Strukturprozess die Aufgabe, im Rahmen der durchsetzbaren Verträge die optimale Umsetzung zu sichern, sei es als Stand-Alone-Case (vor allem wenn ein Private Equity-Unternehmen der Käufer ist) oder im Integrationsfall, wenn ein strategischer Käufer das Target mit seinen korrespondierenden Geschäftseinheiten zusammenführen will. Diese zwei Fälle sind hinsichtlich des Strukturprozesses im Grundsatz deutlich zu unterscheiden: Im ersten Fall sind in der Regel lediglich Stand-Alone-Restrukturierungen und „Financial Engineering“ möglich, während im Integrationsfall auch noch strategisch-operative Synergien hinzukommen. Aber auch bei Private Equity können operative Synergien hinzukommen, wenn sogenannte „Buy & Build“-Strategien verfolgt werden, wenn also Zusatz-Unternehmen gekauft werden, die mit einem im Portfolio bereits vorhandenen Beteiligungsunternehmen zusammengeführt werden.

Der Strukturprozess ist der eigentliche Umsetzungsprozess. Er stellt letztlich die Weichen sowohl für das Kontinuitätsmanagement nach dem Closing – also die unbeschädigte

Weiterführung der Geschäfte unmittelbar nach dem Closing – als auch für das Diskontinuitätsmanagement, also die Restrukturierung und den Umbau der Geschäfte nach Vertragsabschluss, aber auch für den Stand-Alone-Fall sowie für die Integration zweier oder mehrerer Geschäftseinheiten. Aufgrund seiner herausragenden Bedeutung ist der Strukturprozess als Kernprozess zu definieren.

In der Literatur wird der Strukturprozess vielfach mit dem Dealmaking-Prozess „in einen Topf geworfen" oder rein als „Personalveränderungsprozess" definiert. Die Praxis der letzten 10 Jahre hat jedoch gezeigt, dass der eigentliche Strukturprozess unmittelbar zur Findung der Aufbau- und Ablaufstruktur des Targets dient und sich vom Inhalt und den Zielen des Dealmaking-Prozesses deutlich abhebt. Der Dealmaking-Prozess dient der Schaffung der rechtlichen Voraussetzungen für die eigentliche Restrukturierung. So werden die Kernprozesse in der neueren Praxis und in der jüngsten Literatur definiert (vgl. Lucks, 2013d). Insofern ist das in diesem Buch vorgestellte Prozessführungsmodell mit den drei Kernprozessen Strategie, Dealmaking und Struktur bereits in der Praxis erprobt. Der Strukturprozess beinhaltet dabei die harten *und* die weichen Faktoren; er widmet sich also zum einen dem Verbesserungsprogramm mit seinen Veränderungen in den Aufbau- und Ablaufstrukturen, zum anderen dem kulturellen Wandel mit seinen Implikationen für die Personaländerungen (Human Resources).

Inhaltlich wird der Zusammenhang in der Prozessdarstellung aus Abb. 3.13 deutlich. Die Anordnung der Arbeitspakete im Ablauf der Kern- und Unterstützungsprozesse zeigen, wo die zeitlichen Überlappungen liegen und welche vorgelagerten Arbeiten zu berücksichtigen sind. Aus der Lage im Gesamtprozess wird deutlich, dass der Strukturprozess die meisten Schnittstellen mit den Arbeitspaketen der anderen Prozesse aufweist. Somit sind an ihn die größten Anforderungen in einem M&A-Projekt zu stellen. Für das jeweils zu behandelnde Arbeitspaket wird deshalb der Input und Output aus und von den vorlaufenden, parallel und nachlaufenden Arbeitspaketen der anderen Haupt- und der Unterstützungsprozesse zu erläutern sein.

Der eindeutige Schwerpunkt liegt beim Strukturprozess in der Implementierungs-/Integrationsphase, in der die wesentlichen Rahmenbedingungen der Strategie und des „Deals" teils alleine durch die Unternehmen, teils in Verhandlungen bestimmt werden. Damit folgt der Strukturprozess in seinem Schwerpunkt dem vorwiegend in der Vorfeldphase angesiedelten Strategieprozess. Die Struktur soll die Strategiekonformität dadurch sicherstellen, dass die operativen Maßnahmen im Sinne der entwickelten Strategie eingesetzt werden. Wertsteigerungsvorgaben werden somit direkt aus dem Strategieplanungsprozess abgeleitet, im Rahmen der Transaktionsphase mittels des Dealmaking-Prozesses durchgesetzt und in konkrete Maßnahmen der Stand-Alone-Implementierung bzw. der Integration übersetzt.

Die Trennung der Prozesse „Dealmaking" und „Struktur & Change" ist zwar logisch schlüssig, birgt jedoch die Gefahr, dass die enge Verzahnung zwischen diesen Prozessen verloren geht. Dem ist jedoch entgegen zu halten, dass alle der Implementierung vorlaufenden Aktivitäten als „Implementierungs-orientiert" zu gelten haben. Insbesondere ist bei der Strategieentwicklung darauf zu achten, dass es sich um eine „implementierungs- bzw.

integrationsorientierte“ Strategie handeln muss. Der dem Strategieprozess vorsitzende Prozessleiter hat also permanent die Implementierung bzw. Integration im Auge zu behalten. Somit ist er auch im gesamten Prozess einzubinden, im Vorfeld meist als der führende Protagonist, in den weiteren Phasen als Mitglied der Projektleitung im Sinne eines „Sounding Board Members“ bzw. in seiner führenden Funktion bei der Strategieüberprüfung und dem „Strategic Review/Controlling“. In diese Aktivitäten fließt auch der Output aus dem Strukturprozess ein, insbesondere mit der Frage, ob die Umsetzung wirklich das erreicht hat, was strategischerseits angestrebt wurde. Wie gezeigt, fordert damit die Prozessorientierung vom Strategen eine realistische Sicht ab, was operativ erreicht werden kann. Der Stratege hat deshalb die Grundzüge des vertragsorientierten Dealmaking-Prozesses und des Strukturprozesses zu verstehen. Das Gleiche gilt im Prinzip auch für den Leiter des Dealmaking-Prozesses, häufig der Leiter der M&A-(Transaktions-)Abteilung des Übernehmers. Dieser hat sich auch als „Bindeglied“ zwischen den beiden anderen Kernprozessen zu verstehen, nämlich als „Auftragnehmer“, indem er den gewählten strategischen Pfad in den „Deal“ umzusetzen hat und den Deal so gestalten soll, dass er möglichst umsetzungsfreundlich ist. Dabei kann es zu Zielkonflikten kommen, bei denen aber immer die Strategie das Primat hat. Erwachsen aus Gründen der Verhandlung oder aus externen Gründen, z. B. kartell- und fusionsrechtliche Prozesse und Auflagen, Nachteile für die Umsetzung, also etwa Verzögerungen oder Einschränkungen hinsichtlich der Übernahme, dann müsste dies frühestmöglich vom Verhandlungsführer (oder „Dealmaker“) an den verantwortlichen Strategen „durchgereicht“ werden, verbunden mit der Frage, ob der Deal weiter umgesetzt oder abgebrochen werden sollte. Da die Kosten für ein M&A-Projekt mit Projektfortschritt exponentiell steigen, ist es vonnöten, dass diese Rückmeldungen möglichst frühzeitig erfolgen, am besten also mit der Entwicklung des Integrationskonzeptes noch vor der Investitionsfreigabe durch den Vorstand. Dies erlaubt auch dem verantwortlichen Geschäftsführer in seiner Eigenschaft als Projekteigentümer („Project Owner“), das Vorhaben vor der ersten Genehmigung durch den Gesamtvorstand zu stoppen und damit nicht sein Gesicht zu verlieren. Denn mit zunehmendem Projektfortschritt wird das M&A-Vorhaben nicht nur teurer, sondern auch emotional und sachlich verpflichtender.

Die Zusammenhänge zwischen der strategischen Logik und der Implementierung werden am Konzept der Boston Consulting Group (BCG) für die Positionierung eines Integrationsprojektes besonders deutlich (vgl. Abb. 4.22). Dieses wird zum Start eines Integrationsprojektes eingesetzt, etwa beim Projekt der Übernahme der Alstom Industrieturbinen durch die Siemens Industriekraftwerk-Sparte. Vereinfachend wird hier polar entschieden. So wird zu Anfang eines M&A-Integrationsprojektes die Frage nach dem Primat zwischen der strategischen Logik eines M&A-Projektes gestellt oder dem Erreichen kurzfristiger operativer Ziele (z. B. infolge einer laufenden Industrie-Konsolidierung). Durch das Bild der „Schieberegler“ kann das eine oder das andere Vorrang haben. Stellt man den „Regler“ in die Mitte ein, dann sind (vereinfachend) sowohl die langfristige Strategie als auch kurzfristige operative Ziele gleichgewichtig miteinander zu verbinden. (BCG) leitet aus der zu wählenden „Grundeinstellung des Reglers“ die Einstellungen für die Geschwindigkeit (Speed of Integration), den kulturellen Geist (Spirit of Integration) und die

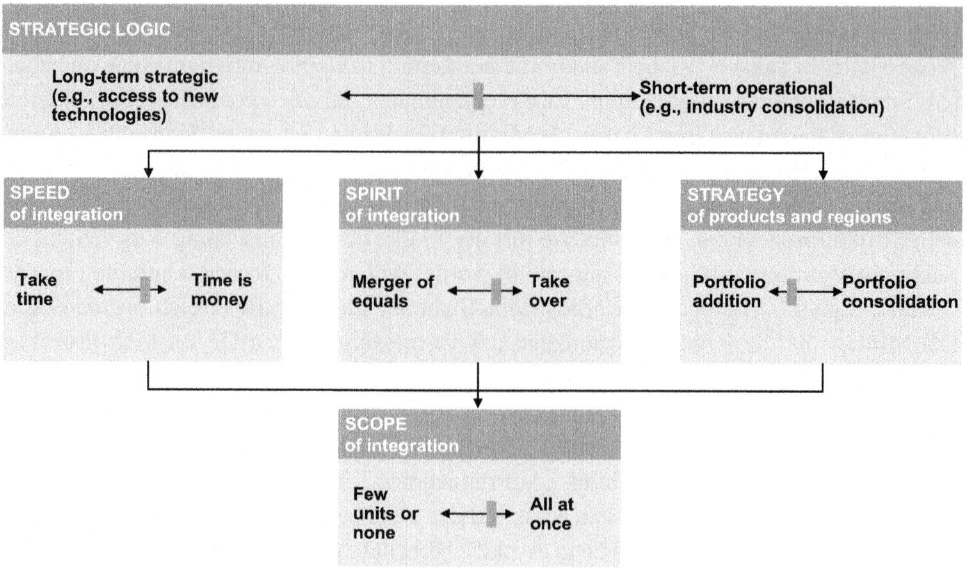


**Abb. 4.22** Von der strategischen Logik zum Implementierungspfad. (Quelle: Boston Consulting Group, Projekt Siemens-Alstom Industriekraftwerke)

Strategieumsetzung (Strategy) ab. Im Siemens-Alstom-Fall wurde – nach der neutralen Grundeinstellung für die strategische Logik – vorwiegend eine höhere Geschwindigkeit für die Umsetzung definiert, begründet mit „Time is Money". Dies entspricht auch der Erfahrung, dass Konsolidierungsfälle schnell zu lösen sind, damit sich Hemmschwellen gegenüber Veränderungen gar nicht erst entwickeln können. In der kulturellen Frage nach dem „Spirit" der Integration ist (polar) zwischen einer Kultur des „Mergers of Equals" und eher einer „Übernahmehaltung" (Take-over-Mentality) zu entscheiden. Die gewählte Einstellung geht mehr in Richtung „Take Over". Dies ist bei Siemens historisch begründet, wurde doch der Westinghouse-Fall in 1999 zunächst als „Merger of Equals" gefahren, und erst mit fortschreitendem Projekt als offenes Übernahme-Projekt. Dies geschah zunächst aus rein taktischen Gesichtspunkten: man wollte die Westinghouse-Spieler zunächst „einwickeln". Erst als Westinghouse offenlegte, dass die Muttergesellschaft sich von der Industrie abwenden und sich zu einer reinen Fernsehstationsgesellschaft wandeln wollte, schwenkte Siemens zu einer offenen Übernahmestrategie über, da man sich die Hemmnisse einer „branchenfremden" zweiten Mutter in einem Joint-Venture-Modell nicht ans Bein binden wollte. Ende der 90er Jahre war die Bereitschaft zu „Mergers of Equals" in der gesamten Industrie, beispielsweise beim Zusammenschluss zwischen Daimler und Chrysler. Mit den Westinghouse-Erfahrungen und mit dem zwischenzeitlichen Wissen über M&A-Projekte wurde der Alstom-Industrieturbinen-Deal von vornherein in der vorwiegenden Kultur als „Übernahmeprojekt" abgefahren. Die Betonung liegt auf „vorwiegend" und das heißt, dass sogenannte „Non Discussables" festgelegt wurden, denen sich der Alstom-Industrieturbinen-Führungskreis beugen musste: wie zum Beispiel der von Siemens vorab festgelegten Grundorganisation und der klaren Prämisse, dass Reporting,

IT und andere grundlegende Funktionen nach dem Siemens-Muster zu verfahren hatten sowie der Eingliederung sämtlicher geschäftlicher Einheiten in die weltweite Siemens-Organisation. Auf der anderen Seite wurden die Strategien und Maßnahmenbündel der einzelnen Geschäftsgebiete im gemischten Siemens-Alstom-Team gemeinsam entwickelt, schrittweise das Management aus dem gemeinsamen Pool der Führungskräfte ausgewählt und die Verantwortungen sukzessive übertragen. Dabei war nicht die Herkunft (ob Siemens oder Alstom) das Kriterium, sondern der „Fit" des zur Verfügung stehenden Managementpotenzials mit den gegebenen Positionen.

Zusammengefasst lässt sich das ideale Zusammenwirken der Kernprozesse als „Perfektion des Schnittstellenmanagements" bezeichnen. Um diesem Idealbild Genüge zu tun, sind in jedem Kernprozess Schnittstellenmanager zu benennen, die sowohl eine Hol- als auch eine Bringpflicht für entscheidende Erkenntnisse oder Ereignisse in ihren Prozessen haben. Diese Manager können ihre Schnittstellenfunktion als Haupt- oder als Nebenaufgabe im Projekt wahrnehmen – insofern bedingt dies nicht notwendigerweise eine zusätzliche Kapazität im Gesamtprojekt-Führungsteam oder im Integrationsteam, das spätestens mit der Investitionsfreigabe vom Käufer installiert werden muss. Der zweistufige Genehmigungsprozess mit a) Verhandlungsfreigabe und b) Investitionsfreigabe hat sich dabei mittlerweile als Industriestandard etabliert. Spätestens wenn die Vorverträge abgezeichnet sind, ist als Teil der Verhandlungsfreigabe der Implementierungs- bzw. der Integrationsprojektleiter der übernehmenden Gesellschaft zu bestimmen. Auch die Unterstützungsprozesse tragen zur Koordination zwischen den Kernprozessen bei, denn die in Abb. 3.13 dargestellten Unterstützungsprozesse sind als Querschnittsprozesse zu definieren, indem sie nicht nur einen Kernprozess unterstützen sondern *alle* Kernprozesse. Dies ist insofern von besonderer Wichtigkeit, als dass damit auch vermieden wird, dass ein Unterstützungsprozess einem Kernprozess „gehört" oder „hörig" ist. In der Praxis hat sich z. B. die Unart breit gemacht, dass das Thema „Bewertung" als ein „Eigentum" der M&A-Transaktionsabteilung gesehen wurde und auch so behandelt wird. Dabei ist die Bewertung, wie in diesem Unterstützungsprozess gezeigt wird, keineswegs exklusiv auf die Transaktion begrenzt (vgl. Abschn. 5.3.2). Vielmehr hat jede Strategie, ob organisch oder via M&A ihren „Wert" und muss folglich einer Bewertung zugrunde gelegt werden. Das Gleiche gilt für die Implementierungsphase, in der die Wert*realisierung* im Vordergrund steht. Sinngemäß gilt es auch für die Unterstützungsprozesse der Information, der Kommunikation und des Controllings: a) sie unterstützen alle Kernprozesse und b) sie haben die fachliche Hoheit über ihre Domäne, und c) können nicht von einem Kernprozess „überstimmt" werden. Deshalb haben die Leiter der Unterstützungsprozesse auch „Sitz und Stimme" in den Sitzungen des projektübergreifenden Lenkungsausschusses („Steering Committee"). Dies gilt übrigens nicht nur für die vorgenannten quer-funktionalen („Cross Functional") Unterstützungsprozesse, sondern auch für die Fachleute aus Stäben und operativen Einheiten, wie den Controllern, Vertrags- und Kartellrechtlern, Steuerfachleuten, Transaktionsberatern, Wirtschaftsprüfern und Investmentbankern. Ihr Einsatz soll daher integriert und problemabdeckend geschehen, was in einer Prozessorganisation am besten vollzogen werden kann.

Insgesamt soll durch den Teilprozess für Struktur und Wandel die Wert-Realisierung gesichert werden, sowohl was das Target als solches (Stand-Alone) betrifft als auch hinsichtlich der Synergien zwischen den zusammenzuführenden Einheiten. Dies erfordert ein sorgfältiges Abwägen hinsichtlich Kontinuitätsmanagement (für den Erhalt und die Sicherung des Stand-Alone-Wertes des Targets, auch in der Übergangsphase) und das Diskontinuitätsmanagement, das vor allem für die Restrukturierung und die Synergien verantwortlich zeichnet. Somit ist auch das Gleichgewicht zwischen Kontinuität und Diskontinuität der Geschäfte zu wahren. Beides sicherzustellen ist die Aufgabe des Implementierungsteams, das sich vor dem Closing allein aus der Käufergesellschaft rekrutiert, danach aus beiden Seiten des Käufers und Targets, bzw. im Joint-Venture-Fall aus beiden Parteien. Der Begriff „Implementierungsteam" wird hier übergreifend verwendet als „Team für die Realisierung der Maßnahmen im Stand-Alone-Modus" (reiner Verkauf ohne Integration) und als „Integrationsteam" im Zusammenführungs-Modus, also dem Kauf durch Strategen zur Zusammenführung mit dessen korrespondierenden Geschäften. Im Übrigen ist daran zu erinnern, dass das Implementierungsteam aus dem Transaktionsteam erwächst (vgl. Abb. 3.8), indem der Projektleiter der Transaktionsphase und der Leiter der Planungsphase beide in das Implementierungsprojektmanagement überwechseln, um die Durchgängigkeit der Prozesse sicherzustellen. Zu beachten ist, dass hierbei „Kontinuität" und „Diskontinuität" nicht polar zu verstehen sind, sondern als komplementär und durchlässig. Über die Frage nach der zeitoptimalen Gestaltung der Maßnahmen wird noch im weiteren Kontext des Struktur-Prozesses zu berichten sein. An dieser Stelle ist festzuhalten, dass das Kontinuitätsmanagement und das Diskontinuitätsmanagement unterschiedlichen Logiken folgen.

In diesem Zusammenhang ist auch zu erwähnen, dass das Zeitmanagement für ein M&A-Projekt, insbesondere für die Strukturmaßnahmen, differenziert zu handhaben ist. Dies ist auf vier ganz unterschiedliche Typen von M&A-Projekten zurückzuführen.

Zum einen ist zu unterscheiden zwischen M&A-Vorhaben, die vorwiegend zur Kostenreduktion angestrebt werden, also einen Schritt zur Konsolidierung des Marktes darstellen. Dies ist möglich durch Überlappung von Geschäftsaktivitäten, etwa durch vergleichbare Produkte oder Komponenten. Dem steht gegenüber das Komplementaritätsmodell, das sich durch ergänzende Technologien, komplementäre Produkte oder unterschiedliche Regionen auszeichnet, in denen die zu fusionierenden Geschäfte tätig sind. Durch Cross-Selling können hier Komplementaritätseffekte zur Wirkung gebracht werden, durch die sich Zusatz-Umsätze erzeugen lassen. Diese beiden Modelle sind in der Abb. 4.23 auf der x-Achse dargestellt. Auf der y-Achse wird unterschieden zwischen der „reinen" Akquisition im Stand-Alone-Modus (auf der y-Achse unten), wie sie meist von Private Equity-Unternehmen durchgeführt werden und zwischen dem strategischen Käufer, der das Target mit einem seiner Geschäfte zusammenführt. Während im Stand-Alone-Modus nur begrenzter Umbau möglich ist, vor allem „Financial Reengineering", erlaubt die Zusammenführung von zwei oder mehr Geschäften die Realisierung von zusätzlichen Synergien: im Überlappungsfall (links) vor allem die besagten Kosteneinsparungen, im Komplementaritätsfall (rechts) zum Beispiel die Ausweitung der Produktfamilie und eine weitreichende Erschlie-

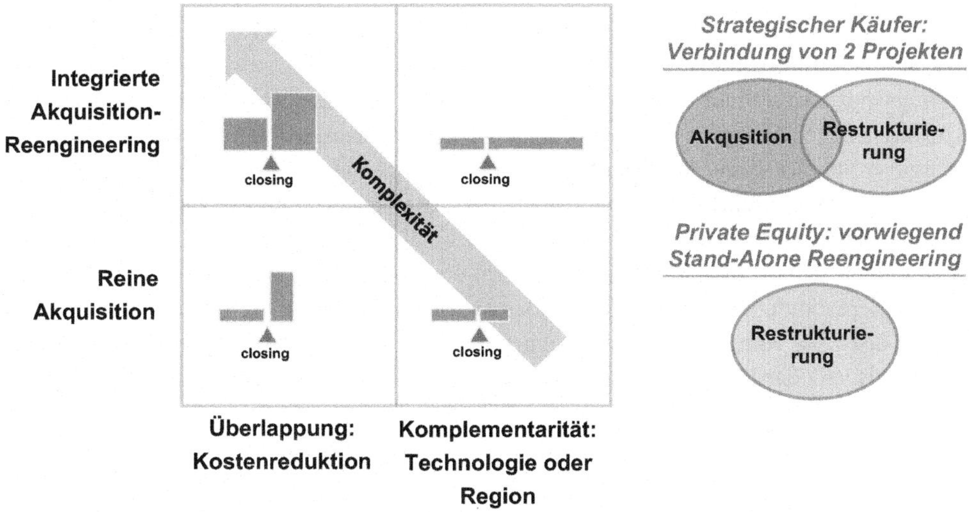


**Abb. 4.23** Einordnung der grundsätzlichen Projektmodelle

ßung der Marktsegmente sowie der regionalen Abdeckung. Diese vier Modelle werden hinsichtlich ihres Zeit- und Kapazitätsmanagements unterschiedlich geführt. Im unteren Bereich der y-Achse (Stand-Alone-Fall) liegt der Unterschied im Wesentlichen bei der Kapazität, die in das Vorhaben investiert werden muss. Vor dem Closing unterscheiden sich die beiden Fälle hinsichtlich Zeitbedarf und Kapazität kaum. Nach dem Closing empfiehlt sich im Kostenreduktionsfall der Einsatz einer hohen Kapazität, um die Maßnahmen schnell zu identifizieren und umzusetzen. Wenn das Target jedoch im Stand-Alone-Modus eine neue Region oder neue Technologien erschließen soll, dann sind nach dem Closing nur geringe Maßnahmen erforderlich, etwa beim Kulturwandel, weil die Einheit nun einen neuen Eigentümer hat. Hinsichtlich der Dauer der Maßnahmen sind im Grundsatz keine großen Unterschiede messbar. Größere Unterschiede sind im integrierten Akquisitions-Reengineering-Fall festzustellen: schon in der Vorbereitung der Integration vor dem Closing ist ein höherer Aufwand durch größere Teamkapazität erforderlich, um die zahlreichen Kostensenkungsmaßnahmen zu identifizieren, während bei einer reinen Komplementarität der Kapazitätsaufwand nicht steigt. Nach dem Closing ist im Überlappungsfall ein sehr großer Kapazitätsbedarf gegeben, der in möglichst kurzer Zeit abzuwickeln ist, solange sich kein größerer Widerstand aufbauen kann. Anders bei Komplementaritätsfall mit zwei Kandidaten und Technologiefamilien: die Harmonisierung von Produktfamilien lässt sich nicht mit Gewalt (hohe Kapazität) abwickeln, sondern dies braucht Zeit für Strategie, Marketing und vor allem Forschung und Entwicklung – im Wesentlichen auch das Networking zwischen diesen. Diese Aktivitäten können auch nicht allein durch das Integrationsteam abgedeckt werden, sondern sie müssen dem zukünftigen Management unterstellt werden. Es können auch zwei oder mehr Produktfamilien zu verschmelzen sein, auch wenn nur ein Target übernommen wird. So kann zum Beispiel einer der Kandidaten zwei nicht integrierte Produktfamilien mitbringen, die im Zuge der Integration mit zu verschmelzen sind. So geschehen im Siemens-Alstom-Fall, in dem Alstom zwei Produktfamilien bei den Gasturbinen mitbrachte – allerdings in zwei unterschiedlichen Leistungsbereichen. Deshalb ist für dieses Modell eine niedrigere Kapazität, aber ein langer Zeitraum nach dem Closing zur Verfügung zu stellen. Die Unterschiede zwischen diesen Modellen sind nicht marginal: für den Komplementaritätsfall bei zwei Kandidaten ist zur Entwicklung einer gemeinsamen Produktfamilie das Zweifache des jeweiligen Lebenszyklus zu rechnen. Der Kapazitätsbedarf zur Kostenreduktion ist im Reengineering-Fall ein Vielfaches des Komplementaritätsfalles. Im Siemens-Westinghouse-Fall zum Beispiel lag die Peak-Last des Implementierungsteams bei 270 Personen. In der Realität wird man die in der Matrix (vgl. Abb. 4.22) vorgestellten Modelle nur selten in der Reinform antreffen, sondern eher Mischformen oder Kombinationen, z. B. regionale Ergänzungen unter teilweisem Konsolidierungsbedarf, etwa bei Komponenten-Technologien.

In der Literatur findet man häufig den pauschalen Rat, dass „schnelles" Handeln einem bedächtigen Vorgehen vorzuziehen sei. In der Praxis hat sich jedoch differenziertes Handeln als vorteilhaft erwiesen, selbst innerhalb eines Projektes. So ist es grundsätzlich sinnvoll, das Target über den „Tag 1" (nach dem Closing) hinaus weitgehend zu erhalten und vor allem sicherzustellen, dass das Tagesgeschäft ungestört weiterläuft (Kontinuitätsmanagement). Als „schnelle" Maßnahmen sollten nur solche ergriffen werden, die die Kontinuität des Tagesgeschäftes sichern, etwa der Ersatz einer Führungskraft, wo durch das Closing eine Lücke entstanden ist. Auch das Diskontinuitätsmanagement ist differenziert zu gestalten. So sollten „low hanging fruits" schnell gehoben werden, wie etwa die Gegenüberstellung von Lieferantenlisten und das „Umschalten" auf den Vertrag, der die günstigeren Konditionen bietet. Andere Maßnahmen, wie etwa die Harmonisierung der Produktfamilien, benötigen lange Zeitstrecken und sind nach den für die Branche typischen Lebenszyklen der Produkte zu bemessen. Als Daumenwert kann für die Harmonisierung der Produktfamilien die doppelte Dauer des Produktlebenszyklus genommen werden. Dies ist jedoch vor allem eine strategische Entscheidung, die in der operativen Umsetzung wiederum differenziert ablaufen kann, etwa indem die Komponenten-Innovation durch die größere gemeinsame F&E-Kapazität beschleunigt wird, sodass kostengünstigere Komponenten frühzeitiger für das Produktgeschäft zur Verfügung stehen. Weiteres ist in diesem Zusammenhang unter dem Arbeitspaket Integrationsvorbereitung (vgl. Abschn. 4.3.5) und unter den Implementierungsprogrammen (vgl. Abschn. 4.3.7) zu finden.

Die Einordnung des Strukturprozesses als Kernprozess ergibt sich auch aus der großen Bedeutung der Lösung der Aufbau- und Ablauforganisation für die Erfolgsträchtigkeit eines M&A-Projekts. Das spiegelt sich bereits in der Auswahl des Führungsmodells für das M&A-Vorhaben (vgl. Abschn. 4.2.4). Die Findung der passenden Organisation für das zusammenzuführende Unternehmen ist im Grunde die Kernaufgabe eines jeden M&A-Projektes. Dies gilt sogar für den „Stand-Alone-Fall", bei dem sich die Frage stellt, ob das Unternehmen nach dem Closing völlig unverändert weitergeführt werden soll oder ob aufgrund des Ausscheidens von Führungskräften und einer Neuausrichtung grundsätzliche Änderungen in der Aufbauorganisation und in den Abläufen vorgenommen werden sollen. In der Praxis hat sich gezeigt, dass grundsätzlich alle Teile eines Unternehmens nach einer Übernahme auf den Prüfstand kommen sollen, nicht nur die offensichtlich zu verändernden, sondern gerade auch die Teile, die scheinbar keiner Veränderung unterzogen werden müssen. Bei großen M&A-Projekten hat sich gezeigt, dass gerade die Stellen, auf die – wegen ihrer offensichtlichen Kontinuitätsstrategie – nicht geachtet wurde, auf die schiefe Bahn geraten sind, weil der Anschein entstand, dass das Integrationsteam und das Management sich nicht ausreichend den betroffenen Gebieten gewidmet haben. So geschehen bei der Siemens-Übernahme der VA Tech in Österreich, bei der – aufgrund der Größe des Projektes – die ganze Aufmerksamkeit auf die zu integrierenden und zu restrukturierenden Teile gewidmet wurde. Die Einheiten, die offensichtlich keinen größeren Veränderungen zu unterziehen waren, wurden beim „Change Management" weniger adressiert, was zu Unzufriedenheit und Demotivation führte.

Hier kommt das Management des kulturellen Wandels ins Spiel, das dieses Defizit ausgleichen kann. Dem wird im Strukturprozess eine große Rolle zuzuweisen sein, sind dies doch nicht nur die „harten" Faktoren, sondern auch die „weichen". Darin wird dem Faktor „Humanressourcen" eine zentrale Stellung im M&A-Prozess gegeben (vgl. z. B. Picot, 2012, S. 586–588). Besonders deutlich wird die Relevanz des „Humankapitals" bei der Akquisition von jungen High-Tech-Unternehmen, bei denen der Substanzwert häufig gegen Null geht und im Wesentlichen die Fähigkeiten und das technologische Potential der Mitarbeiter des Unternehmens gekauft werden. Funktioniert das Management des Faktors Personal bei solchen Akquisitionen nicht, führt dies schnell zu einer Komplettabschreibung des Kaufpreises. Dies gilt zwar in dieser Extremform nicht bei lange bestehenden und etablierten Unternehmen, allerdings ist auch hier normalerweise ein deutlicher Wertverlust zu verzeichnen, wenn das Humankapital des gekauften Unternehmens nicht gut genutzt wird. Hinzu kommt, dass Personalfragen wichtige Auswirkungen und Einflüsse auf die anderen Kern- und auch Teilprozesse im M&A haben, was die hohe Bedeutung dieses Fragenkomplexes unterstreicht (vgl. genauer dazu Abschn. 6.1.9 zur Koordination der Teilprozesse).

Das grundsätzliche Problem bei M&A-Prozessen besteht aus Personalsicht darin, dass die Mitarbeiter der beiden Unternehmen so zusammengeführt werden müssen, dass eine möglichst hohe Effizienz in der integrierten Einheit gegeben ist. Das letztendliche Ziel des Strukturprozesses besteht denn auch darin, eine aus qualitativer und quantitativer Sicht optimale Versorgung der angestrebten integrierten Einheit mit Humanressourcen zu erreichen. Dieses eigentlich offensichtliche Ziel darf während des Gesamtprozesses nicht aus den Augen verloren werden.

Die Aktivitäten im Rahmen des Strukturprozesses stellen gerade bei einer Akquisition oder einem Merger eine große Unsicherheitskomponente und eine schier unerschöpfliche Quelle von Konflikten dar. Generell führen vor allem große M&A-Vorhaben zu einer tiefgreifenden Verunsicherung bei den Mitarbeitern. Dies gilt im Übrigen nicht nur für die Mitarbeiter des gekauften Unternehmens, sondern auch für die Einheit des Übernehmers. Eine erhebliche Wertsteigerung bei M&A-Projekten ist häufig nur dadurch möglich, dass Doppelaktivitäten zusammengelegt und dadurch Kostensynergien realisiert werden. Dies bedeutet regelmäßig, dass Mitarbeiter andere Aufgaben bekommen oder im schlimmsten Fall eine betriebsbedingte Kündigung ausgesprochen wird.

Um hier vorzubeugen, sind verschiedene organisatorische Szenarien zu vergleichen, die sowohl aus betriebswirtschaftlicher Sicht als auch aus Personalsicht dem Projektziel am nächsten kommen. Dies kann zu offensichtlichen Zielkonflikten führen. Es hat sich jedoch gezeigt, dass – wenn diese Aufgabe frühzeitig im M&A-Prozess wahrgenommen wird – der Zeitaufwand zur Entwicklung und Durchrechnung verschiedenster Szenarien doch zu Lösungen führt, die von allen Sozialpartnern getragen werden können. Denn letztendlich geht es um die Schaffung eines neuen Unternehmens, das im Wettbewerb besser und anhaltender bestehen kann, als die vormaligen Stand-Alone-Einheiten, die im aktuell laufenden (oder absehbaren) Konsolidierungswettbewerb keine ausreichende Perspektive haben: das Festhalten an überzähligem Personal kann ein ganzes (fusioniertes) Unternehmen in den Untergang führen. Das ist auch aus der Sicht eines Betriebsrates und der zuständigen Gewerkschaften zu vermeiden. Deshalb sollten frühzeitig verschiedenste Szenarien entwickelt werden, von a) tiefgreifender und schneller Restrukturierung unter starkem Kapazitätsabbau bis zu b) sanftem Umbau unter Einbezug neuer Geschäftssegmente oder vertiefter Wertschöpfung, um möglichst das ganze Personalgerüst zu tragen. Eine weitere Praxiserfahrung ist dabei, dass fusionierte Unternehmen, aufgrund ihres Größenwachstums, zusätzliche Wertschöpfungsstufen wirtschaftlich erschließen können, da größere Geschäftsvolumina zur Verfügung stehen.

Ganz grundsätzlich ist festzustellen, dass reine Konsolidierungs-Übernahmen mit dem Ziel von Personalabbau und ohne Perspektiven auf Wachstum sehr viel schwerer zu handhaben sind als „Vorwärts-" Akquisitionen mit zahlreichen Optionen, das Geschäft auszubauen. Letztere sind viel motivierender für die Beschäftigten, erstere erzeugen vor allem Angst. Und Angst ist kein guter Ratgeber – auch nicht für das Management. Die Situation ist aber nicht allein „gottgegeben", sondern vom Unternehmer beeinflussbar. Zunächst gibt es hierfür Vermeidungsstrategien: bringe Dich und Deine Mitarbeiter nicht in eine reine Konsolidierungssituation! Vermeide vielmehr reine Konsolidierungsfälle! Wenn eine Konsolidierung ansteht, dann wäge ab, ob es ausreichende Pfade zum Ausbau des Geschäftes, zum Wachstum, gibt. Nokia Siemens Networks ist ein solcher Fall: Siemens hatte es nicht geschafft, das Telekom-Übertragungsgeschäft in der Konsolidierung auf eine tragfähige Basis zu stellen. Naheliegenderweise legte man es unter der Führung von Nokia zusammen. Der Rückzug war von vornherein programmiert: Siemens würde aussteigen, wenn eine tragfähige Basis nicht mehr erkennbar sein sollte. So geschah es. Nun trägt Nokia allein die Probleme, dass in der Branche die Konsolidierung weitergeht, dass durch die neuen Anbieter in China die Preise verfallen und sich im „Endspiel" die Gewichte nach Fernost und in die Schwellenländer verlagern, sowohl was den Markt als auch was die Wettbewerber betrifft. Hier ist eine derartige Situation eingetreten, die man keinem M&A-Protagonisten wünscht: Ausweglosigkeit. Denn vom Kunden (Betreiber) bis zum Hersteller fallen die Preise angesichts sinkender Wertschöpfung. In diesem Fall ist der rechtzeitige Rückzug (Siemens) der bessere Weg. Nokia hatte keine andere Wahl. Weitere Konsolidierungen durch die Chinesen, zum Beispiel Huawei, sind nicht auszuschließen. Damit könnte in einem weiteren Schritt auch Nokia zum Junior Partner degradiert werden.

## 4.3.2 Der operativ-rechtliche Carve-Out

Carve-Out bezeichnet das Herauslösen eines zu verkaufenden Unternehmensteils oder seiner Assets aus einem Unternehmen, um dies zu veräußern, eventuell unter temporärer Stand-Alone-Stellung als selbstständig funktionierende Gesellschaft. Der Carve-Out-Prozess kann sehr umfänglich sein, sodass sein Start weiträumig vor Beginn des eigentlichen M&A-Projektes anzusiedeln ist. Neben dem operativ-rechtlichen Carve-Out, das nachfolgend behandelt wird, gibt es den Carve-Out des IT-Systems, das wegen seiner übergreifenden Rolle als virtuelles Abbild aller M&A-Prozesse im Zuge des Gesamtprojektmanagements für M&A vorgestellt wird (vgl. Abschn. 6.2.3.1).

Ein Carve-Out-Projekt wird heute meist im Vorfeld von der Verkäuferseite initiiert, um eine verkaufsfähige Unternehmenseinheit zu generieren. Es gibt deutlich unterschiedliche Komplexitätsklassen. Einfache Carve-Outs in Form von Herauslösungen bestehender Gesellschaften lassen sich in einen M&A-Prozess integrieren, wie wir ihn mit diesem Buch vorlegen (Klasse 3). Kompliziertere Fälle unter Separierung von Assets (Klasse 2) und interimistische Stand-Alone-Fähigkeit unter Abrundung der Wertschöpfung und Führung (Klasse 1) benötigen erfahrungsgemäß ein bis drei Jahre bis zur Übergabe an einen Käufer und stellen somit eigenständige Projekte dar. Die Begriffsbildung „Carve-Out" ist nicht einheitlich. Es ist irreführend, jedes Desinvestitionsprojekt als „Carve-Out-Projekt" zu bezeichnen, wie dies heute vielfach passiert. Man sollte nur solche Projekte als Carve-Out-Projekte bezeichnen, bei denen es um die Separierung von Asset-Gruppen aus einer oder mehrerer Gesellschaften geht, die teilweise beim Käufer verbleiben und teilweise, zu einer neuen Unternehmenseinheit gebündelt, zum Verkauf angeboten werden. Insofern umfasst Carve-Out eine breite Palette von Anwendungen, die bisher wenig standardisiert sind. Das unserem Gesamtprozess vorgelegte Modell stellt eine „Klasse 3-Anwendung" dar. Wegen der Durchgängigkeit der Themen werden die Arbeitspakete eines Carve-Outs im Folgenden – abweichend von den anderen Arbeitspaketen - „en Suite" abgehandelt, zumal der „Project Owner" hier bis zum Closing der Verkäufer ist. Somit betreffen die einzelnen Themenkreise im Folgenden den gesamten Carve-Out-Prozess, da die Einordnung des Carve-Out in unseren übergeordneten Prozess einen Sonderfall darstellt (vgl. Abb. 3.13).

### 4.3.2.1 Einführung

Zunehmende Konkurrenz und Konsolidierung im Zuge der Globalisierung erzeugen bei Konzernen und großen Mittelständlern einen hohen Performance-Druck. Es wird zunehmend unmöglich, schwache Geschäfte und Wertschöpfungsstufen „mitzuschleppen". Besser ist es vielmehr, sich auf Kerngeschäfte und darin auf Kern-Wertschöpfungsstufen zu konzentrieren und Randaktivitäten abzustoßen, die in einem passenderen Anbieter-Umfeld besser aufgehoben sind. Ein Carve-Out-Prozess dient der reibungslosen Ausgliederung von Teil-Unternehmen, um diese „Stand-Alone" weiterzuführen, zu verkaufen oder in ein Joint Venture einzubringen. Dabei ist unter Vermeidung von Unruhe bei den Mitarbeitern und negativen Schlagzeilen in der Presse ein möglichst hoher Geschäftswert anzustreben (vgl. Lubos & Feldmann, 2012). Der Begriff „Carve-Out" bezeichnet das

| Begriff | Erläuterung | Carve-Out ? |
|---|---|---|
| **Spin off** | Ausgliederung und Verselbständigung unselbständiger Bereiche eines Unternehmens | möglich |
| **Split-off** | (a) In deutscher Verwendung umgangssprachlich meist synonym für Spin off, (b) im amerikanischen Sprachgebrauch Abspaltung einer Gesellschaft, wobei die Gesellschafter der Muttergesellschaft die Anteile der abgespaltenen Tochtergesellschaft erhalten. | (a): möglich<br>(b): nein |
| **Split up** | Aufspaltung eines Unternehmens, v.a. zur Abfindung eines Gesellschafters. Dadurch entstehen Gesellschaften mit unterschiedlichem Gesellschafterkreis. | möglich |

**Abb. 4.24** Zu den Begriffen einer Unternehmensabspaltung. (vgl. Lucks, 2013b, S. 692)

„Herausschneiden" eines Unternehmensteils aus einem Unternehmen oder Konzernverbund. Ein Carve-Out beinhaltet aus Zeit- und Kostengründen nur in der Minderheit der Fälle die interimistische Stand-Alone-Fähigkeit der betroffenen Einheit. In den meisten Fällen wird auf eine Stand-Alone-Stellung verzichtet und es werden die Assets direkt vom Verkäufer auf den Käufer übertragen. Carve-Out ist zu unterscheiden von den Begriffen „Spin Off", „Split Off" und „Split Up" (zur Definition vgl. Abb. 4.24; vgl. auch Franzke, 2015, S. 2).

Wenn man „Carve-Out" eng definiert mit a) Herausschneiden aus einem integrierten Unternehmens-Organismus und b) temporärer Stand-Alone-Stellung (vor dem Carve-In in ein anderes Unternehmen), dann kann ein Carve-Out bei allen drei Pfaden Anwendung finden, er umfasst jedoch nicht eine reine Abspaltung einer vertikalisierten und organisch abgeschlossenen Gesellschaft (im amerikanischen Sprachgebrauch: „Split-Off").

Der Gesamt-Zeitaufwand für einen Carve-Out-Prozess kann beträchtlich sein und die Prozesse eines laufenden M&A-Projektes bei Weitem sprengen. Einfache Vorhaben, bei denen das Verkaufs-Target bereits gesellschaftsrechtlich separiert ist, sind im engeren Sinne keine echten Carve-Outs („Carve-Out Klasse 3"). Hier können die Shares oder die Assets direkt vom Verkäufer auf den Käufer übertragen werden. Eine interimistische Stand-Alone-Fähigkeit kann dadurch vermieden werden. Es sind juristisch und operativ lediglich Transitional Service Agreements (TSAs) abzuschließen für Leistungen, die in einer Übergangszeit vom Verkäufer erbracht werden sollen. Komplexere Fälle („Carve-Out Klasse 2") entstehen, wenn aus mehreren Gesellschaften Einheiten herausgelöst werden sollen. Hier ist der Trennungsprozess aufwändiger, weil einzelne Assetgruppen aufgeteilt werden müssen, und zwar so, dass auf beiden Seiten lebensfähige Einheiten entstehen. Deshalb spielen hier TSAs eine größere Rolle. Auch hier kann der Übergang vom Verkäufer zum Verkäufer in einem Schritt ohne interim Stand-Alone-Stellung erfolgen. Der Zeitaufwand für eine derartige Transaktion liegt bei Größenordnung von einem Jahr. Der aufwändigste Fall ist eine (möglicherweise weltweite) Sammlung von Assets, die in eine Interim-Gesellschaft angelagert werden, die auch noch vertikalisiert (d. h. um fehlen-

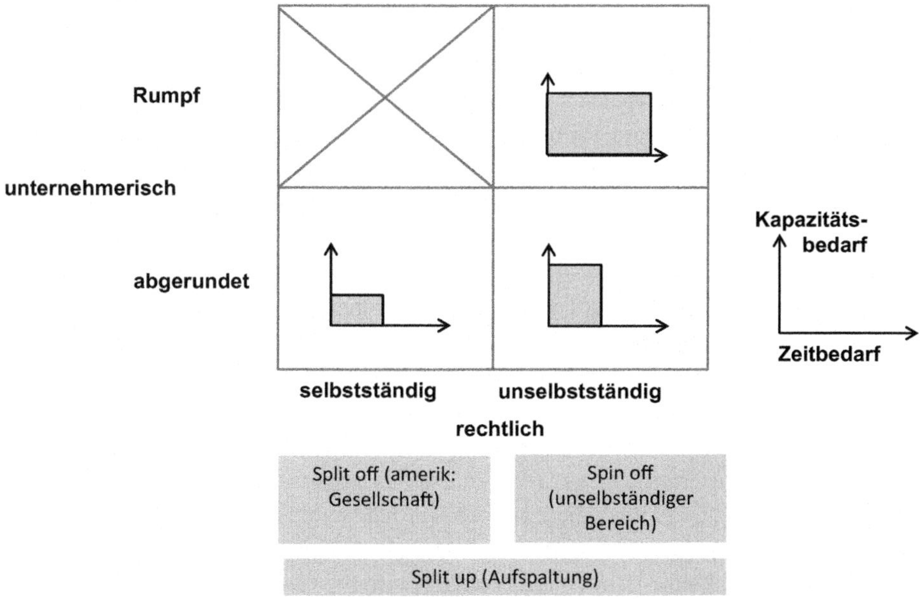


**Abb. 4.25** Carve-Out Zeit- und Kapazitätsbedarf

de Wertschöpfungsstufen und eine Unternehmensführung angereichert) werden muss. Der Zeitaufwand ist aus Erfahrungen mit großen und komplexen Projekten bei durchaus bis zu 3 Jahren zu bemessen („Carve-Out-Klasse 1"). Der Prozess von Carve-Outs ist insofern wenig standardisiert, dies hängt vor allem mit der unterschiedlichen Einbindung des Carve-Out-Targets in das übergeordnete Unternehmen zusammen. Abbildung 4.25 zeigt die verschiedenen Anwendungsfelder eines Carve-Out mit einer qualitativen Angabe über den Zeit- und Kapazitätsbedarf. Bei einer rechtlich selbstständigen und abgerundeten (über alle relevanten Wertschöpfungsstufen und ein eigenes Management verfügenden) Unternehmenseinheit (Quadrant links unten) sind Zeit- und Kapazitätsbedarf relativ niedrig. Eine rechtlich selbstständige unternehmerische Einheit, die nur ein Rumpf ist, gibt es per definitionem nicht. Rechtlich selbstständige Gesellschaften, die Bezugs- oder Lieferverhältnisse mit Mutter- oder Schwestergesellschaften haben, werden per Definition als „abgerundet" dem Quadranten links unten zugerechnet. Bei rechtlich unselbstständigen Gesellschaften (rechte Seite der Matrix) ist der Aufwand (=Fläche des Quadranten) insgesamt größer. Rechtlich unselbstständige aber abgerundete Einheiten benötigen zumindest eine höhere Kapazität für den Carve-Out-Fall. Bei rechtlich unselbstständigen Rumpfgeschäften ist darüber hinaus der Zeitbedarf größer, da hier Ergänzungen in der Wertschöpfungskette vorgenommen und zusätzlich externe Mitarbeiter (eventuell eine eigene Geschäftsführung) angeheuert werden müssen. Dies lässt sich nicht allein durch eine weitere Erhöhung der Kapazität abdecken, da hier Prozessstufen hintereinander geschaltet werden müssen (z. B. erst Identifikation und Abrundung der Wertschöpfung und dann Suche und Einsetzung eines Managements).

Der große Zeitaufwand und die hohen Kosten für einen Carve-Out-Prozess, insbesondere unter Zusammenführung von Unternehmenseinheiten, die in einem Konzern regional verteilt und in unterschiedlichen Linien konsolidiert werden, führt dazu, dass bei nur rund 30 % der Desinvestitionen ein förmlicher Carve-Out mit dem Zwischenziel der Stand-Alone-Fähigkeit durchgeführt wird. In 70 % der Fälle wird auf eine interimistische Stand-Alone-Fähigkeit verzichtet und die Übernahme von Shares oder Assets oder kombiniert auf direktem Wege vollzogen. Der große Aufwand für Carve-Out führt dazu, dass mehrere große Unternehmensberatungen heutzutage mehr Umsatz aus Carve-Out-Projekten ziehen als aus klassischem M&A-Projekten. Aus diesem Grunde wird der Carve-Out-Prozess im vorliegenden Buch separat vom M&A-Prozess behandelt. In der Übersicht der Abb. 3.13 ist der operativ-rechtliche Carve-Out-Prozess in den Strukturprozess eines M&A-Projektes eingebunden. Hier handelt es sich jedoch um ein sehr überschaubares Carve-Out („Klasse 3-Carve-Out"), bestehend aus einer bereits weitgehend vertikalisierten, gesellschaftsrechtlich separierten und an wenigen Standorten konzentrierten Einheit, die vom Erwerber weitgehend „en bloc" übernommen werden kann. Nur in diesem Fall sind nämlich die Working Packages so kurz abwickelbar, dass sie unmittelbar in den M&A-Prozess eingebunden werden können. Im Gegensatz dazu wird der IT-Carve-Out-Prozess an einem hochkomplexen Beispiel erläutert, das eine ganz eigene Projektstruktur erfordert (vgl. Abschn. 6.2.3). Aber auch diese lässt sich – analog zum operativ-rechtlichen Carve-Out unter den oben genannten günstigen Bedingungen voll in den M&A-Prozess einbinden.

#### 4.3.2.2 Strategie und zeitlicher Vorlauf

Voraussetzung für den Start eines Carve-Out-Projektes im Allgemeinen und des weitgehend parallel laufenden IT-Carve-Out-Projektes im Besonderen ist der Beschluss des Vorstandes, ein Geschäft zu verselbstständigen bzw. zu veräußern. Dem sollte eine konsistente Strategie zur geschäftlichen Ausrichtung zugrunde gelegt werden, aus der hervorgeht, dass die Verselbstständigung bzw. der Verkauf des Geschäftes den Bestand des Geschäftes am besten sichert und den größten Wertbeitrag bringt. Sofern sich die Strategie nicht als belastbar erweist, ist ein eigenes Strategieprojekt erforderlich. Aufgrund des langen Zeitstrahls eines operativ-rechtlichen Carve-Out-Projektes bzw. eines IT-Carve-Out-Projektes kann dieses Strategieprojekt nicht unmittelbar vor dem eigentlichen M&A-(Transaktions-) Projekt liegen, sondern weiträumig davor, sodass die Carve-Out-Projekte unmittelbar auf den Abschluss des relevanten Strategieprojektes aufsetzen können. Für ein eigenständiges Strategieprojekt ist ein Zeitraum von 3–6 Monaten zu rechnen. Die Unruhe und die Unsicherheit, die ein Carve-Out-Projekt mit sich bringt, macht eine klare Kommunikation an die Mitarbeiter notwendig, aus der die Tragfähigkeit einer Stand-Alone-Stellung bzw. einer Zusammenführung des betreffenden Geschäftes mit einer entsprechenden Einheit eines anderen Unternehmens hervorgehen. Diese ist auf dem Strategiekonzept aufzusetzen. Erfahrungsgemäß ist mit großen Widerständen gegen eine Ausgliederung zu rechnen; deshalb muss die Sinnhaftigkeit einer Ausgliederung von den Mitarbeitern gut verstanden und von ihrem Management voll getragen werden. So ist es auch notwendig, eine belastungsfähige Strategie zu haben, die nachvollziehbar ist und unmittelbar in die Unternehmenskommunikation überführt werden kann.

### 4.3.2.3 Teambuilding und Verflechtung und Verantwortung

Für das Carve-Out ist ein *Carve-Out-Interim-Team* zu bilden, das zu Beginn des Projektes (hier zu Anfang des Carve-Out-Designs und der Carve-Out-Struktur) tätig wird und mit dem „final handover" aufgelöst wird. Es empfiehlt sich, die Auflösung des Teams schrittweise mit Fertigstellung der Teilaufgaben durchzuführen. Dieses Team berichtet an einen *Carve-Out-Lenkungsausschuss*, der zu besetzen ist 1) vom Leiter des operativ-juristischen Carve-Out-Teams und 2) vom Geschäftsführer der vom Carve-Out betroffenen Einheit. Gegebenenfalls treten hinzu 3) der Geschäftsstratege, der die gesamtstrategische Maßnahme zu vertreten hat, 4) der Vertreter der Rechtsabteilung, der den juristischen Carve-Out vertritt sowie ein Vertreter von *Corporate Communication*, um die Kommunikation zu den betroffenen Mitarbeitern zu kanalisieren und ein gegebenenfalls aufzustellendes Kommunikationsteam zu steuern.

Die heutigen Unternehmensstrukturen zeigen zumeist einen hohen Verflechtungs- und Integrationsgrad. Dies betrifft vor allem große Konzerne, bei denen die operativen Einheiten nicht über eine Passivseite der Bilanz verfügen und die nicht vollständig vertikalisiert sind. Sie haben zum Beispiel keine eigenständige Fertigung und keinen selbstständigen Inlandsvertrieb. Wesentliche Stabsabteilungen können in der Konzernholding oder in der darunter liegenden Branchen- oder Sektorführung angesiedelt sein. Auslandsaktivitäten – von der Kundenakquise, über die lokale Produktintegration bis hin zu Vertrieb und Service – können bei zahlreichen Landesgesellschaften liegen. Diese können – insbesondere bei globalisierten Geschäften – an ganz anderer Stelle im Konzern angesiedelt sein, im Berichtswesen und in der Konsolidierung zum Beispiel unterhalb einer Kontinentalholding, die einem anderen Konzernvorstand zugeordnet ist. In diesem Fall führen die Berichtspfade für die Finanzen erst auf der Ebene des zentralen Vorstandes zusammen. Es ist dabei auch möglich, dass die strategische Führung bei der auszugliedernden operativen Einheit im Sinne eines globalen Unternehmers liegt. Der „Fluss" der Finanzdaten läuft damit häufig anders als die strategische und operative Führungslinie. Bei solchen Strukturen hat die zur Disposition stehende operative Einheit häufig nur unmittelbare operative Kontrolle über 25 % der Wertschöpfung (z. B. bei der Siemens-Matrixorganisation bis 1989 mit einem über alle Industriebereiche zentralisierten und matrixförmig angesiedelten Vertrieb), die übrige Verantwortung liegt z. B. bei einer branchenübergreifenden (sektoralen) Fertigung, bzw. vertrieblich bei den genannten Landesgesellschaften. Das Berichtswesen mit den beschriebenen unterschiedlichen finanziellen und strategisch-operativen Wertströmen ist in diesen Fällen auf die Besonderheiten großer Konzerne abgestimmt und besonders aufwändig. Zur strukturbedingten Größe und Komplexität kommen spezielle Anforderungen, wie zum Beispiel aus Compliance-Gesichtspunkten, die in dieser ausgeprägten Form bei kleinen und mittleren Unternehmen nicht angetroffen werden. Diese beruhen auf der Einbindung vieler Verantwortlicher bei einzelnen Wertschöpfungsstufen des Geschäftes. Dazu gehören lokale Händler (vor allem bei Produkt- oder Komponentengeschäften) oder Systemhäuser mit lokaler Integrationsleistung unter regionalspezifischem Engineering und unter Zukauf lokaler Komponenten. Bezüglich Carve-Out kann zusammenfassend gesagt werden: je höher der Integrationsgrad, desto höher ist die Komplexität der Abtrennung, der strukturellen Verlagerung und der operativen Ergänzung. Siemens hat z. B. zur Durchführung von Carve-Out Aktivitäten eine zentrale Mannschaft von Spezialisten, die bei einer M&A-Frequenz von 20 bis 50 Projekten pro Jahr kontinuierlich ausgelastet sind. Hinzu kommen projektspezifisch Abgeordnete aus den operativen Einheiten, den Regionalgesellschaften sowie regionalspezifische externe Kräfte von entsprechenden M&A-Dienstleistern. Zu unterscheiden sind dabei (intern und extern) Carve-Out-Aktivitäten operativer juristischer und IT-bezogener Natur. Zur Führung derartiger Prozesse bieten sich neuerdings auch eigens entwickelte IT-basierte ERP-Modelle (Enterprise Resource Planning. Weiteres siehe Lucks, 2009) an. Die Umsetzung mit ERP-Systemen hat sich jedoch bislang nicht recht durchsetzen können, da die Modelle zu komplex und für die praktische Anwendung nicht unmittelbar zugänglich sind. Insgesamt hat das Carve-Out – sei es bei hochkomplexen tief integrierten Einheiten, sei es bei einfachen gesellschaftlich selbstständigen Einheiten – die Stand-Alone-Fähigkeit zum Ziel und muss damit alle Wertschöpfungsstufen, alle betroffenen Gesellschaften und alle regionalen Aktivitäten bis zum Berichtswesen an die Eigentümer beinhalten. Da die vollständige Stand-Alone-Fähigkeit jedoch zeitlich aufwändig und teuer erkauft ist, wird diese – wie einleitend vermerkt - jedoch nur in ca. 30 % der Desinvestitionsfälle realisiert. 70 % der Desinvestitionen werden ohne förmliches Carve-Out und ohne Stand-Alone-Fähigkeit durchgezogen (Konsens-Aussage in der Carve-Out-Konferenz des Bundesverbandes Mergers & Acquisitions und Bearing Point in München am 5.12.2013).

#### 4.3.2.4 Herausforderungen und kritische Erfolgsfaktoren

Wenn eine Geschäftseinheit verkauft werden soll, die integraler Bestandteil einer übergeordneten Geschäftseinheit ist, also rechtlich unselbstständig in die Konzernstrukturen und Geschäftsprozesse arbeitsteilig eingebunden ist, dann muss diese auf mehr oder weniger eigenständige Basis gestellt werden, *Full Stand-Alone* oder zumindest S*tand-Alone Ready*. Dazu müssen Prozesse identifiziert und dargestellt werden. In diesem Zuge sind alle für die Durchführung dieser Prozesse notwendigen Funktionen und Wertgegenstände wie IT-Systeme, Mitarbeiter, Produktionsmaschinen und Gebäude der zu veräußernden Einheit zuzuordnen und anschließend aus dem Mutterkonzern zu separieren. Diese sind anschließend zu einer eigenständig operierenden, funktionsfähigen Einheit zusammenzuführen. Dem IT-Carve-Out fällt dabei eine besondere Rolle zu, werden doch alle Organisationseinheiten und Geschäftsprozesse von der IT widergespiegelt. Darüber hinaus ist der Carve-Out der IT in besonders tief integrierten Einheiten besonders zeitaufwändig und damit zeitkritisch. Aus diesem Grunde wird der IT-Carve-Out im vorliegenden Buch gesondert behandelt (vgl. Abschn. 6.2.3). Zusätzlich sind noch rechtliche und steuerliche Themen zu beachten (*Legal Carve-Out, Tax Carve-Out*). Dieser Prozess wird häufig als *Operational Carve-Out* bezeichnet. Im Zuge dieses Prozesses ist zu berücksichtigen, dass für die auszugliedernden Geschäftseinheiten, wenn sie nicht in einer gesellschaftlich separaten Einheit geführt werden, oftmals keine separaten Finanzdaten vorhanden sind, sodass diese erst durch Separierung erstellt werden müssen (*Financial Carve-Out*). Das sollte mit dem Ziel erfolgen, das zu veräußernde Unternehmen auf eine selbstständige und möglichst ertragsfähige Basis zu stellen. Letzteres ist häufig im Konzernverbund nicht der Fall, kann aber durch abgespeckte Strukturen und durch die Entbindung von konzerntypischen Kostentreibern (z. B. umfangreiche Berichterstattung, komplexe Prozesse und aufwändige IT-Systeme) hergestellt werden. Insofern geht es bei dieser Aufgabe häufig darum, *mittelständische* kostengünstige Strukturen herzustellen. Wenn dies nicht auf Stand-Alone-Basis machbar ist, dann kann zum Beispiel eine Fusion der auszugliedernden Einheit mit einer korrespondierenden Einheit eines Wettbewerbers zu diesem Ziel führen, da damit die Geschäftsposition verbessert wird, indem man Volumeneffekte realisiert. Siemens hat zum Beispiel gemeinsam mit Philips die Fertigung von Röntgenröhren ausgegliedert und damit Volumeneffekte realisiert. Um den – aufgrund der starken Wettbewerbsposition – entstehenden Problemen hoher Marktkonzentration entgegen zu wirken, wurden alle Wettbewerber der Röntgendiagnostik in die Position versetzt, zu gleichen Bedingungen zu beziehen wie die beiden Muttergesellschaften.

Die Hauptprobleme in der Aufgabe der Herauslösung liegen in der Organisationsform, der Wertschöpfung und den Geschäftsprozessen der auszugliedernden Einheit. Insbesondere die häufig bei Großkonzernen anzutreffende Matrixorganisation erschwert die Definition der Schnittstellen zwischen der abgebenden Einheit und dem Carve-Out Ziel. Wesentliche Herausforderung an dieser Stelle ist die Zuordnung interner Dienstleistungen und Leistungsbeziehungen zwischen Target und auszugliedernder Einheit. Dies ist nicht nur eine Frage der (Aufbau-)Organisation, sondern auch ein Thema für die Geschäftsprozesse, sodass es zu Brüchen in der Leistungskette der sich herausbildenden verbleibenden Einheiten im Konzern und in dem auszugliedernden Target kommt. Während des Herauslösungsprozesses darf zudem die Leistungsfähigkeit der unternehmerischen Einheiten nicht geschmälert werden, um die Ertragskraft des laufenden Geschäftes nicht zu gefährden (vgl. Nibler, 2013, S. 500–501). Ein weiterer Faktor tritt hinzu: vor allem in Matrixorganisationen werden Dienstleistungen von mehreren operativen Einheiten genutzt. Diese werden als *Shared Services* geführt, etwa die Finanzbuchhaltung oder Personalabteilung. Durch die gemeinsame Nutzung ergeben sich Kostendegressionseffekte und Spezialisierungsvorteile, die mit der Ausgliederung verloren gehen, es sei denn, diese werden als externe Dienstleistung für das Target dauerhaft vollständig oder teilweise (*Service Level Agreements*) oder interimistisch (*Interim Service Agreements)* weitergeführt, bis dieses selbstständig aufgebaut wird oder im Zuge der Fusion mit einer Einheit eines Wettbewerbers übernommen werden kann.

Der hohe Integrationsgrad von Dienstleistungen und Wertschöpfungsstufen muss im Zuge eines Carve-Outs aufgelöst bzw. ersetzt werden. Dazu sind die Verflechtungen mit den internen Leistungserbringern zu identifizieren. Aus dieser Analyse ergeben sich die Hebel für die notwendigen Aktionen zur Herausarbeitung des Carve-Out-Objektes. Typische, beim Financial Carve-Out zu behandelnde Dienstleistungen betreffen IT (vgl.

Abschn. 6.2), Treasury, Rechnungswesen und Controlling, Steuern, Recht, Einkauf und Vertrieb. Dazu kommen meist noch Themen aus Real Estate sowie eine Vielzahl rechtlicher Aspekte im Zusammenhang mit Neugründungen oder Umhängungen von rechtlichen Einheiten als auch mit der Übertragung bestehender Vertragsbeziehungen mit externen Dritten. Typische Fragen betreffen die Zuordnung bzw. Schlüsselung verschiedener nicht direkt zuordenbarer Erlöse oder Kosten, den für die geplante Transaktion benötigten Detaillierungsgrad sowie die Vergleichbarkeit historischer Kostensätze von intern bezogenen Leistungen mit zukünftigen Leistungen, mit am freien Markt orientierten Kostenstrukturen.

Ein juristisch-operativer Carve-Out-Prozess verursacht einen zeitlich sehr hohen Aufwand – bei einer integrierten Einheit im Optimalfall ein halbes bis ganzes Jahr. Dabei werden erhebliche Kapazitäten gebunden und frühzeitige Sichtbarkeit über die Unternehmensgrenzen hinaus erzeugt. Die zeitkritischen Prozesse und potenziellen Widerstände sind frühzeitig zu identifizieren und deren Maßnahmen anzustoßen, um das Ziel der *Stand-Alone-Stellung* und Bereitschaft für das Closing rechtzeitig zu erreichen. Von vornherein muss der *Perimeter* des auszugliedernden Geschäftes bestimmt werden, der die strategischen Geschäftseinheiten umfasst, die Geschäftsprozesse, die Wertschöpfungsstufen und die Größenordnungen für Assets, Vermögen und Mitarbeiter. Change-of-Control-Themen bei Verträgen mit Dritten sind rechtzeitig zu adressieren, da etwa der daraus hervorgehende Verlust von Lizenzrechten ein *Knock-Out-Kriterium* darstellen kann. Frühzeitig sollte die Transaktionsstruktur festgelegt werden. Dabei gilt: je einfacher desto besser. Eine eigenständige Interimsgesellschaft zur Aufnahme von Vermögensgegenständen ist aufwändig und die Kosten werden vom Erwerber selten honoriert. Deshalb sollten die Vermögensgegenstände direkt auf die Zielgesellschaft (Stand-Alone-Gesellschaft bzw. die Target-Gesellschaft) überführt werden. Beim Financial Carve-Out sollten Schlüsselungen auf Basis plausibler und nachvollziehbarer Annahmen erfolgen, die sich kostenmäßig an Marktpreisen orientieren. Angesichts der langen Prozesse muss abgewogen werden, welche Teile des Carve-Outs bereits vor der Veräußerung umgesetzt sein müssen und welche nach dem Closing realisiert werden können. Die Interessen von Käufer und Verkäufer sind sorgfältig abzuwägen, vor allem wenn die Mitarbeiter des Transaktionsobjektes nennenswerte Teile des Carve-Outs durchführen (vgl. Nibler, 2013, S. 504).

Voraussetzung für ein erfolgreiches Carve-Out ist eine klare Abgrenzung zwischen dem verbleibenden Geschäft und dem Carve-Out-Objekt. Dafür ist zwischen beiden eine eindeutige Perimeterlinie zu ziehen, die die Geschäftseinheiten, Wertschöpfungsstufen, Geschäftsprozesse, Mitarbeiter und die zugehörigen Assets abgrenzt. Kritische Prozesse müssen frühzeitig identifiziert werden, zeitkritische Prozesse sind frühzeitig anzugehen (vgl. allg. zu Erfolgsfaktoren des Carve-Out Franzke, 2015, S. 8).

#### 4.3.2.5 Carve-Out im Vorfeld: taktische Flexibilität

Nicht immer ist im Vorfeld eines M&A-Projektes klar, welcher Pfad einzuschlagen ist. Erfahrungsgemäß führt die operative und finanztechnische Separierung auch zu Überraschungen, zum Beispiel weil eine vorher bestehende Schlüsselung von Kosten sich nach der Trennung als nicht tragfähig erweist. Der Carve-Out-Prozess aus einem Konzern heraus und in eine kleine selbstständige Einheit hinein kann auch zu viel einfacheren Strukturen führen und eine kostenmäßige Entlastung hervorbringen. So kann ein Unternehmensteil, das vor Carve-Out als verlustträchtig angesehen wurde, nach der Stand-Alone-Separierung ein tragfähiges und gewinnbringendes Geschäft darstellen, ohne dass dieses verkauft werden muss. Dementsprechend sollte man sich bis zur Stand-Alone-Separierung alle Optionen offen halten. Anstelle ein „verlustträchtiges" Geschäft von vornherein als Verkaufskandidaten zu führen, sollte man den Kandidaten zunächst separieren und danach entscheiden, ob der Verkauf, ein Joint Venture oder die Belassung als rechtlich und operativ selbstständige Einheit unter dem Schirm des (abgabewilligen) Konzerns vorzuziehen ist. Diese Überlegung impliziert, dass a) eine „Stand-Alone-Simulation" durchgeführt werden kann, ohne dass der betroffene Unternehmensteil bereits rechtlich und operativ abgetrennt wird und dass b) der gesamte Carve-Out-Prozess (von der Analyse bis zur rechtlichen, operativen und IT-bezogenen Durchführung) als ein separates Projekt noch vor dem eigentlichen M&A-Projekt (z. B. beginnend mit Kandidaten- und Pfad-Screening) vollständig durchgeführt werden sollte. Nur wenn das finanzielle Ergebnis relativ klar vorhergesagt werden kann und wenn die Strategie der Trennung und Abgabe des Geschäftes bereits feststeht, dann sollte aus Gründen des Zeitdruckes und der Wertoptimierung der Carve-Out-Prozess weitgehend parallel zum M&A-Projekt durchgeführt werden. Dabei ist zu beachten, dass die Dauer des eigentlichen Carve-Out-Projektes auch zielgenau zum Closing des M&A-Projektes abgeschlossen ist, sodass der „Carve-In" in die übernehmende Einheit unmittelbar nach dem Closing durchgeführt werden kann. Das Motiv ist dabei, dass eine juristisch, operativ und IT-bezogene Einheit für den Verkäufer weniger Risiken beinhaltet und damit das Potenzial für einen besseren Verkaufspreis (Stand-Alone- bzw. inklusive Kontrollprämie) höher liegt. Auch kann es sein, dass zwar die Abgabe des Targets bereits beschlossene Sache ist, jedoch der Rückzugspfad noch offen bleibt. Hierzu bietet sich beispielsweise ein „Dual-Track" Verfahren an, bei dem die Separierung des Geschäftes durchgeführt wird, jedoch die Rückzugspfade, Verkauf oder Börsengang (IPO) noch offen bleiben.

#### 4.3.2.6 Timing und Performance

Allein bei Geschäften, deren Wert sich aufgrund der Konjunktur und verschlechternder Geschäftslage laufend mindert, sollte auf einen schnellen Carve-Out und weitgehend parallelen M&A-Prozess gedrängt werden. Dabei gibt es auch die Möglichkeit, den Carve-Out zunächst zu simulieren und die faktische Trennung danach durchzuführen. Dies führt dann temporär zu einer Hybridlösung, indem das Target virtuell separat gestellt wird. Hierzu ist es nötig, dem Unternehmen sämtliche Kosten und Ergebnisse zuzurechnen, die konzernweit der betroffenen strategischen Geschäftseinheit zuzuordnen sind, insbesondere also die Geschäftsführung (sofern bislang von einer übergeordneten Einheit durchgeführt), Controlling, einschließlich Rechnungswesen (nicht nur GuV sondern auch Bilanzierung), Bezüge aus dem Konzernverbund, (Vor-)Fertigungen, zentrale Dienste (z. B. Strategieentwicklung) und Leistungen (z. B. IT) sowie Vertrieb aus den jeweiligen Einheiten des Inlandes und des Auslandes. Hierzu sind schriftliche Vereinbarungen zwischen der auszugliedernden Einheit und den betroffenen Stellen erforderlich, die als Dienstleistungen zu definieren und zu quantifizieren sind. Diese werden üblicherweise als „Service Agreements“ bzw. temporär als „Transitional Service Agreements“ bezeichnet. Meistens bleiben nach der Realisierung eines Carve-Outs noch Verbindungen zur Muttergesellschaft erhalten. Die Mehrzahl der Unternehmen nennen dabei Lieferanten- und Kundenbeziehungen (vgl. Lubos & Feldmann, 2012, S. 30). Es bietet sich an, die Carve-Out-Arbeiten durch eine „Vendor Due Diligence“ zu ergänzen, bzw. beide Prozesse integriert zusammenzuführen, weil es viele gemeinsame Aktivitäten gibt, vor allem den „Virtual Stand-Alone-Geschäftsplan“ mit der „Virtuellen Stand-Alone-Bilanz“.

Ein herausragendes Problem bei der taktischen Offenhaltung des zu wählenden Pfades ist der Sachverhalt, dass in der Regel die GuV- und Bilanzdaten zielorientiert optimiert werden und dass die notwendige Stand-Alone-Stellung teuer und zeitaufwändig ist. Ein Käufer wird dies nur in seltenen Fällen honorieren. Die Anforderungen an den oder an die Adressaten unterscheiden sich erheblich (vgl. Boelke, 2013). Unerlässlich ist eine investorengerechte Aufbereitung der Daten. Verfolgt man mehrere Szenarien, dann sind möglicherweise spezielle und differenzierte Schattenrechnungen erforderlich. Ein potenzieller Investor erwartet im Rahmen einer (Vendor) Due Diligence und zur Angebotspreisfindung zum Beispiel detaillierte Daten der internen Berichterstattung und eine um Sondereffekte bereinigte integrierte Planung. Im Börsengangszenario (IPO) sind dagegen testierfähige historische Carve-Out-Abschlüsse aufzubereiten. Dies ist zeitintensiv, zahlt sich im weiteren Prozessverlauf manchmal aber aus, da diese Arbeiten später (vom Verkäufer oder Käufer) ohnehin durchgeführt werden müssen. Im Sinne einer Stand-Alone-Betrachtung sind etwa Working-Capital- oder Aufwandsposten zu allozieren. Des Weiteren sind Anpassungen notwendig, etwa zur Eliminierung der von der Ausgliederung auszunehmenden Bereiche. Die Aggregation mehrerer operativ bis dato getrennter Geschäftseinheiten macht ebenfalls Anpassungen nötig. Die hierfür erforderliche detaillierte Datengewinnung bei Sicherstellung der Konsistenz zwischen historischen und zukunftsorientierten Finanzinformationen und ihrer Überleitung zur externen Finanzberichterstattung ist eine große Herausforderung. Voraussetzung für ein Carve-Out mit offenem Ziel („Dual Track“) ist also eine stabile und konsistente Zahlenbasis. Nur dann ist ein für alle Pfade wertorientierter Transaktionsprozess realisierbar. Der Zeitbedarf für ein Carve-Out bei einer hoch integrierten und rechtlich unselbstständigen Unternehmenseinheit wird mit über einem Jahr veranschlagt. Die Haupt-Erfolgsfaktoren für ein Carve-Out sind a) die genaue Definition des Carve-Out-Objekts, b) die frühzeitige Abgrenzung des Objekts und c) eine klare Kommunikation gegenüber den betroffenen Mitarbeitern. Hinsichtlich der Positionierung der auszugliedernden Einheit werden als Erfolgsfaktoren genannt a) eine klare strategische Ausrichtung, b) ein stabiles Geschäftsmodell und c) klare Strategien der einzelnen Aktivitäten. Zur Reduzierung von Widerständen und zur Erhöhung der Akzeptanz empfiehlt es sich, sich nicht nur den „harten“ betriebswirtschaftlichen, steuerlichen oder rechtlichen Problemlösungen zu widmen, sondern auch die „weichen“ Faktoren in der Carve-Out-Gestaltung zu würdigen (vgl. Lubos & Feldmann, 2012, S. 18, 31–32, 35).

#### 4.3.2.7 Abstoßung von rechtlich selbstständigen unternehmerischen Einheiten

Der Verkauf von rechtlich selbstständigen, voll vertikalisierten unternehmerischen Einheiten verlangt nur wenige strukturelle Vorbereitungsmaßnahmen. Diese Einheiten können vom abgebenden Unternehmen praktisch „abgestoßen" werden, wobei dies nur wenige Anpassungen erfordert. Diese liegen vor allem im Reporting, das vom verkaufenden Unternehmen „abgehängt" werden muss, um es – nach dem Closing – an die neue Einheit „anzuhängen". Der Eingliederungsvorgang in das neue Unternehmen bzw. das „Anhängen" an den neuen Eigentümer erfordern Anpassungen im Berichtswesen und im dahinter liegenden IT-Infrastruktur-System (Hardware, Software, Schnittstellen). Diese Aktivitäten werden üblicherweise mit „Carve-in" bezeichnet. Wenn das auszugliedernde Unternehmen ein Konzernteil, aber rechtlich selbstständig ist, liegt der Zeitbedarf für ein Carve-Out bei unter einem Jahr. Ähnliches gilt für die Ausgliederung einzelner Vermögensgegenstände. Bei der Ausgliederung sind die Fertigung und Logistik die kostenträchtigsten Wertschöpfungsstufen. Hauptprobleme sind Verzögerungen bei der ursprünglichen Zeitplanung und zu geringes Interesse bzw. das Abspringen von potenziellen Käufern (vgl. Lubos & Feldmann, 2012, S. 17–18, 27).

#### 4.3.2.8 Kommunikation und Geschäftsführung

Einer der Haupt-Erfolgsfaktoren für ein Carve-Out ist eine angemessene Kommunikation mit den Mitarbeitern und den externen Stakeholdern, vor allem Kunden und Lieferanten. Dabei darf keinesfalls davor zurückgeschreckt werden, die Mitarbeiter von der Absicht eines Carve-Outs zu informieren. Sie erfahren ohnehin von dem Vorhaben, sobald dieses angestoßen ist. Es ist eine „natürliche" Reaktion, dass Mitarbeiter, mittleres Management und manchmal auch das Management der betroffenen Einheit, sich gegen ein Carve-Out-Vorhaben sperren. In einer ersten Stufe muss daher vor allem das Management der betroffenen Einheit für das Carve-Out gewonnen werden. Sollte die auszugliedernde Einheit kein eigenes Top-Management haben, so ist eine der Haupt-Voraussetzungen für den Erfolg die Findung eines geeigneten Geschäftsführers, der den Mut und das Engagement hat, die Geschäftseinheit zum Erfolg zu führen. Im Falle einer Übernahme kann die Führung auch von der Seite des Erwerbers kommen.

#### 4.3.2.9 Umsetzung

Zur Umsetzung eines Carve-Outs sind die Geschäftsfelder und Wertschöpfungsstufen zu definieren, die beim abgebenden Geschäft (*Remaining Business)* verbleiben sollen und diejenigen Geschäftsfelder und Wertschöpfungsstufen, die in der auszugliedernden Einheit (*Carve-Out Business*) anzusiedeln sind. In einem zweiten Schritt sind die Wertschöpfungsstufen in Prozessstufen herunterzubrechen. Bei sogenannten Prozesshäusern, wie der Siemens AG, die ihre Geschäftsprozesse definiert haben, sollten hier die Prozessstufen zur Grundlage genommen werden, etwa CRM Customer Relationship Management, PLM Product Lifecycle Management und SCM Supply Chain Management. Diese sind um die Management-Prozesse zu ergänzen und dann so tief in Leistungseinheiten aufzuteilen bis sich daraus eine sinnvolle (geschäftsrelevante, nicht zu kleinteilige) und manövrierbare Gliederung ergibt. Entscheidend für die Granularität der Gliederung ist, dass sich die geschäftlichen Assets gut zuordnen lassen. Zur Umsetzung eines Carve-Out empfiehlt sich die Konzentration auf drei Assetgruppen: Vermögensgegenstände, Mitarbeiter und Verträge (Detail s. u.). In einem ersten Schritt sind diese für die aufzuspaltende unternehmerische Einheit zu erfassen. In einem Folgeschritt findet die Zuordnung statt, in die zu bildende neue Einheit (*Carve-Out Business*) bzw. in das verbleibende Geschäft (*Remaining Business*). Dabei kann es vorkommen, dass sich die Nutzung gewisser Assets durch beide Einheiten aufdrängt, da die Trennung zu unterkritischen Einheiten führen würde oder sich eine Trennung aus operativen Gründen verbietet. Diese Unterkritikalität kann von Dauer sein, wenn das Carve-Out Business Stand-Alone weitergeführt werden soll, es kann aber auch nur temporär sein, wenn das Carve-Out-Business übernommen wird und wenn die Zielgesellschaft über entsprechende Ressourcen bzw. Volumina verfügt, die die Leistungseinheit abrunden und zu einer überkritischen Wertschöpfungsstufe verhelfen. Als temporäre Lösung bieten sich auch *Service Level Agreements* an, indem die abgebende Einheit oder das Carve-Out-Business graduell zu differenzierende Leistungen für die jeweils andere Einheit übernimmt und diese in Rechnung stellt. Darüber hinaus ist zu prüfen, ob unterkritische Leistungen von dritter Stelle übernommen werden können, also etwa von externen Dienstleistern. Erfahrungsgemäß führt eine Spaltung bestehender Leistungseinheiten eher zu Unterkritikalitäten und Remanenzkosten, sodass sich als dauerhafter Lösungsweg das Outsourcing anbietet.

**Vermögensgegenstände**
Nunmehr ist zu definieren, welche Vermögensgegenstände zum Carve-Out Business transferiert werden bzw. welche beim abgebenden Geschäft verbleiben sollen. Die direkte Zuordnung von Anlagen und Maschinen in die entsprechenden Leistungseinheiten sollte keine großen Probleme bereiten. Wenn es sich um gemischt genutzte Vermögensgegenstände handelt, wie zum Beispiel Einkauf, Komponentenfertigung oder bei einem Industriepark, dann ist zu entscheiden, welche Vermögensgegenstände dem Carve-Out-Business zuzuordnen sind. Das Entscheidungskriterium für die Zuordnung wird in der Regel die mehrheitliche Nutzung sein.

**Mitarbeiter**
Um die operative Leistungsfähigkeit der Prozessstufen des Carve-Out Business sicherzustellen, müssen die dafür notwendigen Mitarbeiter unmittelbar mit der Ausgliederung an das Carve-Out Business transferiert werden. Sofern dies nicht möglich ist, müssen Übergangszeit-Vereinbarungen (TSA, Transitional Service Agreements) geschlossen werden, die die entsprechenden Leistungen bereitstellen, bis der Erwerber oder außenstehende Dienstleister diese Leistungen übernehmen können. In manchen Fällen wird es nicht zweifelsfrei möglich sein, einen Mitarbeiter dem abgebenden Unternehmen oder dem Carve-Out Business zuzuordnen. Auch kann sich ein Mitarbeiter weigern, in das Carve-Out Business überführt zu werden. Hier empfiehlt es sich, vorab Entscheidungsregeln zu

schaffen und diese klar und nachvollziehbar anzuwenden. *Cherry Picking* ist unbedingt zu vermeiden. Das Hauptziel, die Schaffung von zwei möglichst leistungsfähigen unternehmerischen Einheiten, nämlich der abgebenden Einheit und dem Carve-Out Business (bzw. dem sich daraus ergebenden Verkaufsobjekt), sollte das übergeordnete Ziel bei der Zuordnung von Personal sein.

**Legal Carve-Out Verträge:**
Neben den strategisch-operativen und betriebswirtschaftlichen Aspekten eines Carve-Outs haben Verkäufer und Übernehmer auch dessen rechtliche Rahmenbedingungen und Rechtsfolgen in ihre Transaktionsüberlegungen einzubeziehen. Dabei gilt es, neben strategischen und allgemeinvertraglichen Überlegungen insbesondere auch haftungs- und arbeitsrechtliche Gesichtspunkte zu beachten, vor allem § 316 a BGB hinsichtlich eines Betriebsüberganges.

Für Leistungen, die vormals innerhalb der gemeinsamen Unternehmensstruktur erbracht wurden und die im Zuge des Carve-Out getrennt werden, sind Dienstleistungsverträge zu schließen. Diese werden zunächst in sogenannten *Term Sheets* umrissen. Sie beinhalten Beschreibungen der Tätigkeiten, ergänzt um Fakten und Finanzinformationen, um daraus zu einem späteren Zeitpunkt Verträge zu erstellen, die die Zusammenarbeit regeln sollen. Unvollständige oder ungenaue Term Sheets können rechtliche Streitigkeiten zur Folge haben sowie die operative und finanzielle Situation des Carve-Out Business und der abgebenden Einheit schädigen.

Die Definition der Leistungseinheiten und die Erstellung der damit verbundenen Term Sheets stellt in der Regel ein Hauptthema eines Carve-Out-Prozesses dar. Zunächst sind die zwischen den Leistungseinheiten befindlichen Beziehungen und Schnittstellen zu definieren und zu quantifizieren, die ein Term Sheet bzw. einen neue Vertragsbeziehung notwendig machen. Dann sind die Leistungsbeziehungen operativ (z. B. Zeitbedarf, Personalbedarf, Maschinenstunden) und finanziell (Verrechnungspreise etc.) zu quantifizieren. Interne Leistungsbeziehungen von einer Kostenstelle zu einer anderen werden zumeist zu *Cost plus*-Preisen verrechnet. Der Carve-Out erfordert nunmehr die Umstellung auf Marktpreise. Die dafür notwendigen Benchmarks und Wettbewerbsvergleiche zu bekommen ist in der Praxis oft schwierig. Zu empfehlen ist, sich dazu Angebote von dritter Seite (z. B. mittelständische Dienstleister) einzuholen. Dies wird jedoch nur insoweit gelingen, wie Dritte auch konkrete Chancen haben, an Aufträge heranzukommen. Die Einigung auf Verrechnungspreise ist oft ein schwieriger Prozess. Naheliegenderweise gibt es einen Interessenskonflikt: die Transaktionsabteilungen des Verkäufers bevorzugen niedrige Verrechnungspreise, um damit das Ergebnis der Carve-Out-Einheit und deren Verkaufspreis zu erhöhen. Der Käufer der Carve-Out-Einheit setzt dagegen häufig höhere Bezugspreise von Dritten an, um den Wert und damit den Kaufpreis für die Carve-Out-Einheit zu mindern.

Typischerweise werden zentrale Dienste von der abgebenden Muttergesellschaft geleistet. Dazu gehören die Geschäftsplanung, Rechnungswesen, Controlling, IT, Steuerabteilung, Recht und Personal. Hinzu kommt die von mehreren Geschäften genutzte Infrastruktur, wie Büro-, Fertigungs- und Lagergebäude sowie die Kosten für Logistik und gemeinsam genutzte Organisationen wie zum Beispiel den Vertrieb.

Die Erstellung der Term Sheets sollte in standardisierten Schritten erfolgen. Zunächst sollten a) Leistungseinheiten (Services) definiert werden, die künftig nicht mehr für das Carve-Out-Business zur Verfügung gestellt werden, z. B. Geschäftsplanung, Steuern und M&A-Dienstleistungen. Dann sollten b) Services identifiziert werden, die für eine Übergangszeit notwendig sind, wie z. B. IT und Rechnungswesen, sowie c) laufend oder dauerhaft bereitzustellende Dienste wie Mietkosten und Energie. Aus alldem ergeben sich die notwendigerweise von Dritten neu zu beziehenden Leistungen, Terms und Verträge.

Auch bereits bestehende Verträge mit Dritten kommen auf den Prüfstand. Hierbei ist festzulegen, welcher Teil der Leistungen an den jeweiligen Dritten zu übertragen ist und ob die Konditionen (etwa infolge niedrigerer Volumina) angepasst werden sollten. Lieferanten nutzen den Wechsel von Eigentümern gern, um Preise zu erhöhen. Die Aufmerksamkeit sollte auf sogenannte *Change of Control*-Klauseln gerichtet werden, die einer Übertragung im Wege stehen. Im Vordergrund sollten hierbei Patente und Lizenzen stehen, die die Grundlage für das bestehende Geschäft bilden und zwar sowohl Produkt- als auch Prozess-Patente und -Lizenzen. Die Prüfung dieser sollte frühzeitig angestoßen werden, da sie entscheidend für das Zustandekommen der Ausgliederung und der daraus folgenden Bildung eines Joint Ventures bzw. der Übernahme sind.

#### 4.3.2.10 Financial Carve-Out: Berichtswesen und Abschlüsse

Die Erstellung von sogenannten Carve-Out-Abschlüssen ist eine wesentliche Voraussetzung für den Verkauf des ‚Carve-Out-Business' bzw. für die wertoptimierte Einbringung in ein Joint Venture. Üblicherweise bestehen diese aus der Gewinn- und Verlustrechnung, Bilanz und Kapitalflussrechnung. Sie dienen dem Verkäufer und dem Käufer auch als Grundlage für die finanzielle Einschätzung und die Bewertung des Unternehmens. Zur Absicherung sollte der Geschäftsplan durch strategische Daten hinterlegt sein, die die Nachhaltigkeit des Geschäftes in der angedachten Position nachweisen. Insofern sind finanzielle und strategische Ziele im Verbund zu beurteilen. Die Optimierung kurzfristiger finanzieller Ziele zur Steigerung des errechneten Geschäftswertes in der diskreten Planungsphase unter Außerachtlassung von notwendigen langfristigen Kosten wie etwa Forschung, Entwicklung und Marketing hat sich auf lange Sicht als verheerend für den Bestand eines Geschäftes erwiesen. Auch sogenannte Hockeystick-Planungen sollten kritisch betrachtet werden, insbesondere wenn diese auf die Einführung zukünftiger neuer Produkte basieren, deren Markterfolg noch nicht erwiesen ist.

Vorhandene Daten aus dem Strategieplan und aus dem Rechnungswesen sind als Ausgangspunkt für die Erstellung der Carve-Out-Abschlüsse heranzuziehen. Diese Zahlenwerke sollten im Einklang stehen mit dem definierten Carve-Out-Objekt, unter genauer Berücksichtigung, welche Geschäfte, welche Wertschöpfungsstufen, und welche Assets (Vermögensgegenstände, Mitarbeiter und Verträge) mit ausgegliedert werden sollen. Die Grenzlinie zwischen den Geschäften (*Perimeter*) bestimmt wesentlich die Performance des ausgliedernden (Remaining Business) und des auszugliedernden Carve-Out-Geschäftes. Die Analysen hinsichtlich der Assets, der Strategieposition und der Finanzen sind aufzugreifen und bei Bedarf mit Hilfe von entsprechenden Geldwerten – beispielsweise für den Preis einer Leistung – in die entsprechenden Erträge und Aufwendungen zu überführen. Immer ist dabei darauf zu achten, dass sowohl die abgebende Einheit als auch die neu zu bildende Einheit wirtschaftlich gesund, (für die weiter angedachte unternehmerische Zusammenführung) transformierbar und nachhaltig stark sind. Hierbei spielen nicht nur die sogenannten „harten" Faktoren eine Rolle sondern auch die „weichen", nämlich der personelle Fit der Mitarbeiter, die Vision für das Geschäft und die kulturelle Integrierbarkeit in die zukünftig zu bildende Einheit.

Die Abbildung der Beziehungen zwischen dem Remaining Business und dem Carve-Out-Objekt ist ein wesentlicher Faktor bei der Erstellung der Carve-Out-Abschlüsse, insbesondere hinsichtlich der verbleibenden gegenseitigen Liefer- und Leistungsbeziehungen. Ein weiteres typisches Problem ist die Ermittlung von Eigen- und Fremdkapital. Diese lassen sich in der Regel nicht eindeutig dem Carve-Out-Business zuordnen. Hier bietet sich die Ableitung aus der branchenüblichen Eigen- und Fremdkapitalquote an. Darüber hinaus sind die zu erwartenden Vorstellungen des potenziellen Käufers hinsichtlich Kapitalausstattung zu berücksichtigen. Des Weiteren sind sogenannte *Combined Financials* ins Auge zu fassen. Hierbei handelt es sich um pro-forma konsolidierte Abschlüsse mit dem Ziel, eine Unternehmensgruppe als „Als-ob-Konzern" darzustellen (vgl. Nibler, 2013, S. 503). Nicht zu vergessen ist, dass im Zuge des Carve-Out das Remaining Business das Anrecht hat, mit der gleichen Sorgfalt hinsichtlich seiner Existenz, Wirtschaftlichkeit und Nachhaltigkeit versorgt zu werden. Im Zuge des Übereifers bei der Transaktion und des Übergewichts der mit der Transaktion betrauten zentralen M&A-Abteilung kommt es immer wieder vor, dass der Restbestand des verbleibenden Geschäftes keine nachhaltige Perspektive hat, weil es unterkritisch wird und unerwartete Remanenzkosten auftreten.

#### 4.3.2.11 Transaktionsstrukturen und Überlebensfähigkeit

Grundsätzlich ist zu unterscheiden, ob der Carve-Out aus einer unternehmerisch bereits bestehenden Organisationseinheit erfolgen soll oder ob Bruchteils-Aktivitäten aus zahlreichen operativen Einheiten zusammengeführt und verkauft werden sollen. Letzteres wurde bei Siemens zum Beispiel beim Rückzug aus dem konzernweit verteilten Leiterplattengeschäft und aus den Geschäftssegmenten für unterbrechungsfreie Stromversorgung getätigt. Sofern es sich um eine organisatorische Einheit handelt, ist die Frage nach der optimalen Transaktionsstruktur relativ leicht zu beantworten: hier bietet sich entweder eine *virtuelle* Ausgliederung an oder die Ausgliederung in eine gesellschaftsrechtlich selbstständige Einheit. Letztere ist teurer; dies kann aber durch die Bereitschaft eines Käufers, dafür eine höhere Prämie zu bezahlen, aufgewogen werden. Außerdem dürfte der potenzielle Käuferkreis deutlich größer sein. Im Fall der konzernweit verstreuten Einheiten, die auch keiner einheitlichen Führung unterliegen, sondern als interne Zulieferer für das jeweilige Produkt- oder Systemgeschäft fungieren, ist die gesellschaftsrechtliche Zusammenführung und Vertikalisierung durch Hinzufügung einer einheitlichen Leitung und eines gemeinsamen Vertriebes sicher die aufwändigere Lösung. Die Mehrkosten sind hier so hoch, dass der Käufer dafür im Regelfall nicht aufkommen möchte. In diesem Fall bietet sich der vereinzelte Carve-Out der jeweils zugehörigen Assets an, die dann gebündelt und als Asset-Deal zum Verkauf angeboten werden können. Hierbei ist es auch möglich, verlustbehaftete Aktivitäten zu schließen und nur die Assets mit einem positiven Ertragswert zu veräußern. Der Deal mit zahlreichen Assets dürfte aber vertraglich aufwändiger sein als ein Share-Deal einer zusammengeführten Einheit. Beides ist im konkreten Fall abzuwägen.

Der *größte anzunehmende Unfall* eines Carve-Outs ist der Zusammenbruch der nunmehr frei stehenden Geschäftseinheit, insbesondere wenn der Name des abgebenden Unternehmens damit beschädigt wird. Um diesem Szenario vorzubeugen, ist ein stabiles Geschäftsmodell gefordert, dessen Tragfähigkeit durch Stand-Alone-Robustheit, Tragfähigkeit und Zukunftsfähigkeit nachweisbar ist. Dieses darf nicht erst nach Carve-Out außerhalb des betreffenden Konzerns ausprobiert werden, sondern sollte mit einer entsprechenden Simulation auf „virtueller" Stand-Alone-Basis noch innerhalb des Konzerns auf den Prüfstand kommen. Dafür sollte das Wettbewerbsumfeld analysiert werden, um zum Beispiel festzustellen, bis zu welcher Wettbewerbsposition ertragreich gewirtschaftet werden kann und ob eine Konsolidierung des Marktes ins Haus steht. Besser als das Risiko eines „externen" Konkurses ist es, nicht erfolgversprechende Konzerneinheiten intern möglichst still zu schließen.

**Einbindung des Carve-Out in die übergeordneten Prozesse**

Das Carve-Out ist im Grunde genommen ein eigenständiges Projekt, das einem M&A-Projekt vorgelagert ist. Es dient eigentlich der „Schaffung" eines eigenständigen und verkaufsfähigen Geschäftes durch Herauslösung von Unternehmensteilen aus einem Unternehmensverbund, durch Separierung einzelner (häufig in vielen Gesellschaften verstreuter) Teile und der „Abrundung" zu einem Geschäft durch Ergänzung von fehlenden Teilen, wenn etwa ein selbstständiger Vertrieb nicht vorhanden ist.

Die „Schnittstelle" eines eigenständigen und komplexen Carve-Out-Projektes mit einem M&A-Projekt liegt im Idealfall unmittelbar vor dem „Strategy Check" des M&A-Projektes. Der Carve-Out ist also „fertig", die gewünschte Vertikalisierung ist abgeschlossen und das Target ist damit Stand-Alone-stehend „abgerundet und verkaufsfähig". Die Stand-Alone-Fähigkeit kann virtuell (das heißt: noch im Unternehmensverbund) oder real, etwa in einer separaten Gesellschaft, vollzogen sein. Während der Carve-Out beim Verkäufer liegt, ist der Strategy Check der erste Schritt des Käufers, der sich das Stand-Alone stehende Target ansieht und bewertet, ob eine Übernahme dem optimalen strategischen Pfad entsprechen würde.

Der Aufwand für ein regelrechtes Carve-Out mit Stand-Alone-Fähigkeit ist größer, als wenn man einen Unternehmensrumpf oder einzelne in einem Konzernverbund verteilte Geschäfte en bloc oder einzeln (als Asset Deal) verkaufen würde. Der Grund, dennoch einen Carve-Out mit Stand-Alone-Fähigkeit durchzuführen liegt darin, dass der Verkäufer (etwa mithilfe einer Vendor Due Diligence) nachweisen kann, dass das entstandene Target nachhaltig lebensfähig ist. Nichts ist für einen Verkäufer eines angesehenen Konzerns katastrophaler, als wenn ein Target nach der Einbringung in ein Joint Venture oder nach Verkauf zusammenbricht. Das ohne ausreichenden Nachweis realisierte Joint Venture der

Siemens-Mobilfunksparte mit BenQ ist ein beredtes Beispiel. Ein weiterer Grund für die Stand-Alone-Lösung (Carve-Out) ist, dass das Target einen höheren Kaufpreis erlangen kann: das Werterhöhungs-Potenzial ist trotz größerer Aufwendungen höher.

Neben diesem „Idealfall" gibt es Projekte, bei denen der Carve-Out und der M&A-Transaktionsprozess verzahnt ablaufen, also zeitlich weitgehend parallel. Wie gezeigt wurde, ist dieses ein Sonderfall, geeignet für überschaubarere Projekte einer niederen Kategorie, wenn sich die einzelnen Arbeitspakete zeitlich so zusammendrängen lassen, dass sie parallel zu den auf der Käuferseite liegenden eigentlichen Arbeitspaketen des Strukturprozesses abgewickelt werden können. Um solche Verzahnungen darzustellen wurde in unserem Modellbild dieser Projekttyp zugrunde gelegt (vgl. Abb. 3.13).

Für diesen Fall eines „kompakten" Carve-Outs stehen für die einzelnen Carve-Out-Arbeitspakete nur Zeitphasen zur Verfügung, die mit den Arbeitspaketen des Käufers – vornehmlich dessen Strukturprozess - kompatibel sind. Bei aufwändigen, komplexen Übernahmeprojekten kann der Zeitbedarf für die Arbeitspakete des eigentlichen Strukturprozesses zeitkritisch sein. In der Regel wird der Zeitbedarf bei parallel laufenden Carve-Out-Projekten jedoch durch die Arbeitspakete des Carve-Outs bestimmt. Um den Verkaufsprozess nicht unnötig zu belasten, sollte der Verkäufer im Vorfeld der beiden Projekte (Carve-Out und M&A-Transaktion) sorgfältig prüfen, ob das Carve-Out zeitlich auch so gestaltet werden kann, dass er den M&A-Transaktionsprozess nicht unnötig (und den Verkauf gefährdend) behindert. In der Regel wird jedoch der Carve-Out mit seinen Arbeitspaketen den Zeitbedarf bestimmen.

Die der Abb. 3.13 zugrunde gelegte Modellvariante sieht vor, dass der Verkäufer das Arbeitspaket „Carve-Out-Konzept" parallel zum Führungskonzept des Käufers durchführt und dass die Vorverträge zwischen beiden Parteien gleichfalls parallel durchgeführt werden. Diese Konstellation ist insofern plausibel, als dass in diesem Fall der Käufer bereits bekannt ist und somit der Carve-Out auf ihn zugeschnitten werden kann, was den Carve-Out-Prozess erheblich erleichtert.

Der Käufer kann das Arbeitspaket „Integrationskonzept" (vgl. Abschn. 4.3.3) bereits während der Detaillierung des Carve-Out-Konzeptes anlaufen lassen, weil sich beide Parteien im Dealmaking-Prozess abstimmen und somit der Käufer weiß und anregen kann, was das Target beinhaltet.

Die Umsetzung der Separierung auf der Verkäuferseite sollte parallel so geführt werden, dass sie gleichzeitig mit dem Integrationskonzept auf der Käuferseite abschließt. Erfahrungsgemäß wird die Umsetzung der Separierung auf der Verkäuferseite bei komplexeren Fällen länger dauern als die Entwicklung des Integrationskonzeptes auf der Käuferseite. Dementsprechend früher muss der Verkäufer den Beginn der Umsetzung der Separierung ansetzen.

Ein kritischer Zeitpunkt ist der Start des Arbeitspaketes „Integrations-Vorbereitung" (vgl. Abschn. 4.3.5). Spätestens hierzu muss die Umsetzung der Separierung abgeschlossen sein, damit die Umsetzung des Carve-Outs parallel zur Integrations-Vorbereitung durchgeführt werden kann. So kann auf der Verkäuferseite die Carve-Out Umsetzung Stand-Alone Zug um Zug und parallel mit der Integrations-Vorbereitung auf der Käuferseite vollzogen werden. Diese Parallelität macht insofern viel Sinn, weil sich Verkäufer und Käufer innerhalb des Arbeitspaketes schrittweise abstimmen können und sich der Käufer operativ vorbereiten kann.

Die Zeitkritikalität kann in dieser Phase sowohl im Strukturprozess liegen – bei einem Carve-Out am ehesten in der Umsetzung Stand-Alone – als auch beim Dealmaking-Prozess in der kartellrechtlichen Genehmigung (vgl. Abschn. 4.2.7), sofern es sich um ein Antitrust-kritisches Projekt handelt. Da letzteres erfahrungsgemäß frühzeitig abgeschätzt werden kann, kann man dies in der Zeitplanung des Carve-Out berücksichtigen. Allerdings ist zu bedenken, dass ein Vorhaben, das kartellrechtlich fraglich ist, sich nicht immer für exklusive Verhandlungen eignet, insbesondere nicht für einen „kurzen" Carve-Out, der auf einen speziellen (kartellrechtlich kritischen) Kaufkandidaten zugeschnitten ist.

Wie bei allen anderen Arbeitspaketen, ist das Closing auch für den Carve-Out-Prozess der kritischste Zeitpunkt. Hier wechselt der Eigentümer des Targets und nun beginnt die Verantwortung des Käufers für die Integration – auf der Carve-Out-Schiene ist dies das Post Closing Carve-In. Die Gestaltung als ein über den Jahreshorizont hinaus laufenden Prozess, wie in Abb. 3.13 dargestellt, impliziert, dass hier ein Target (etwa in Form einer Stand-Alone-gestellten eigenständigen GmbH), schrittweise in eine größere Einheit (des Käufers) einzugliedern ist. Dies impliziert einen umfangreicheren Prozess der Integration in Verbindung mit einem größeren unternehmerischen Umbau.

### 4.3.3 Das Integrationskonzept

#### 4.3.3.1 Inhalte des Integrationskonzeptes

Die Integration beginnt nicht mit dem Closing, sondern ist weiträumig vor dem Closing zu konzipieren. Da der Mehrwert aus einem M&A-Projekt aus der erfolgreichen Weiterführung des übernommenen Geschäftes und der Realisierung von Synergien besteht, ist das ganze M&A-Projekt „Integrations-orientiert" zu führen. Das heißt, dass auch alle Arbeitspakete der anderen Kern- und Unterstützungsprozesse integrationsorientiert zu führen sind. Aus diesem Grunde wird im folgenden Kapitel exemplarisch die Bedeutung der vorlaufenden, parallel laufenden und nachlaufenden Arbeitspakete mit ihren Schnittstellen zum Integrationskonzept behandelt. Die zahlreichen Aktivitäten, die mit dem Integrationskonzept aufgenommen werden müssen und die durchgängig bis zum Post Closing Integrationsmanagement geführt werden, sind durch sogenannte Workstreams (Strukturprozesse) beschrieben, die hier vorgestellt werden.

Die Findung des Integrationskonzeptes ist aufgrund ihrer hohen Bedeutung für die Struktur des zusammenzuführenden Unternehmens, wie gezeigt wurde, eine Hauptaktivität des Strukturprozesses. Der Strukturprozess als solcher zeichnet sich dadurch aus, dass sehr viele Aktivitäten gleichzeitig aufgenommen, verfolgt und in Einklang gebracht werden müssen. Hierbei kommt es zu zahlreichen gegenseitigen Beeinflussungen und notwendiger Wiederaufnahmen von Tätigkeiten. Dies lässt sich am besten durch sogenannte *Workstreams* abbilden, für die sich zwölf ausgeprägte Tätigkeiten differenzieren lassen (vgl. Abb. 4.26).

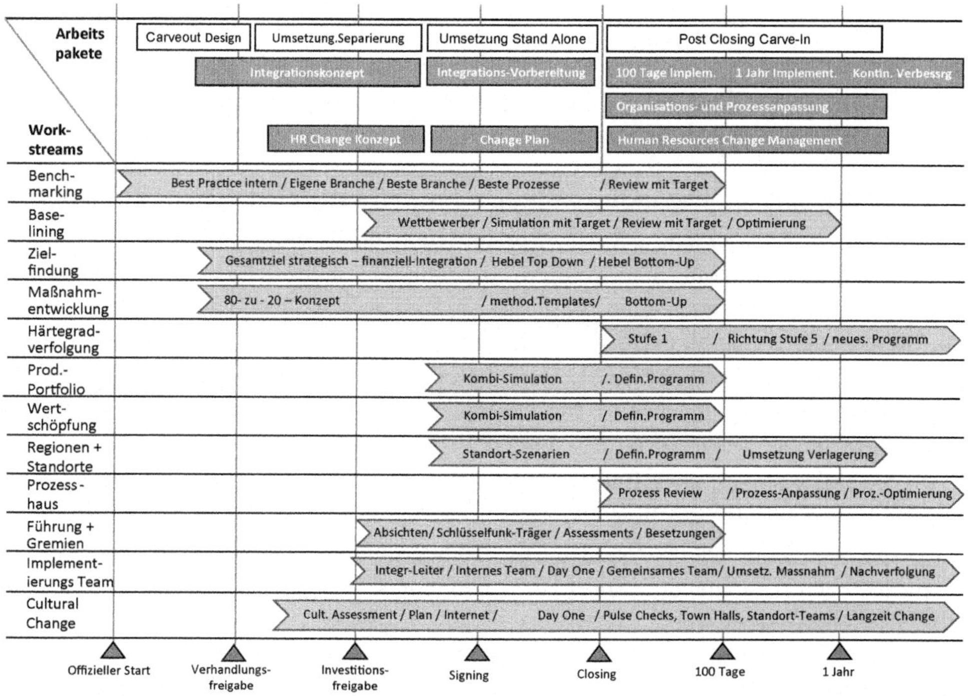


**Abb. 4.26** Die Workstreams der Struktur-Prozesse

Diese Workstreams sind als durchgängige Sub-Prozesse des Hauptprozesses Struktur zu verstehen. Die organisatorisch dazwischen liegenden Arbeitspakete (mittlere Organisationsebene) haben den Sinn, in sich zusammenhängende Arbeitsabschnitte definieren zu können, denen am Beginn und am Ende klare Inputs bzw. Outputs zugeordnet werden. Diese stellen die Verbundeffekte zwischen den Subprozessen sicher, da sie einer einheitlichen Führung unterstellt werden können. Im Folgenden seien die Workstreams in ihrer Bedeutung und Inhalte für das Arbeitspaket Integrationskonzept vorgestellt. In der Projektpraxis kommt es dabei zu individuellen Lösungen, das heißt – abweichend von der Abb. 4.26 - können Tätigkeiten auch vorgezogen oder später realisiert werden. Dies betrifft vor allem die Aufgaben, die – abweichend vom vorgestellten Modell – aufgrund externer Gründe (z. B. Auktion, feindliche Übernahme) – erst nach dem Closing durchgeführt werden können. Das vorgestellte Modell stellt insofern eine Ideallösung dar, indem nach Möglichkeit grundlegende Richtungsentscheidungen früh gestellt werden, um Entscheidungen frühzeitig fällen zu können. Dies spart Zeit und senkt den Kapazitätsbedarf, da eine spätere Durchführung – insbesondere in den ersten Tagen nach dem Closing – aufgrund der Vielzahl der nun fälligen Tätigkeiten nicht nur kapazitätssteigernd wirken, sondern auch die Komplexität treiben würden. Der höchste Peak in der Teamkapazität ist in den ersten hundert Tagen nach dem Closing zu erwarten. Jede Tätigkeit, die vorgezogen werden kann, sollte zu einem früheren Zeitpunkt durchgeführt werden. Dies senkt auch die Komplexität und der Gesamtaufwand für das Implementierungsteam lässt sich minimieren. Nachfolgend seien die auf das Arbeitspaket Integrationskonzept zukommenden Aktivitäten der Workstreams kurz vorgestellt. Aufgrund der hohen Bedeutung soll grundlegenden Fragen der Organisation anschließend ein vertiefender Exkurs gewidmet werden.

**Benchmarking**, also Wettbewerbsvergleich, ist eine Grundvoraussetzung für M&A. Bereits bei der Entwicklung der M&A-orientierten Basisstrategie sollte die Frage nach der relativen Verbesserung der Wettbewerbsposition gestellt werden, insbesondere mit der Frage, ob das Zusammengehen mit den anvisierten Kandidaten auch – im Vergleich zu M&A-Deals der Konkurrenz – die größte Verbesserung mit sich bringt. Im Stadium des Integrationskonzeptes sollten die Verbesserungspotenziale aufgrund von internen Vergleichen im Konzern (welches ist das Benchmark-Geschäftsfeld?) sowie in der eigenen Branche vorliegen.

Erste Überlegungen zum **Baselining** sollten gegen Ende des Integrationskonzeptes angestellt werden, also zur Frage, wie hoch das Verbesserungsziel beispielsweise beim EBIT liegen soll, um von den Ist-EBITs der beiden Kandidaten auf das – aus dem Wettbewerbsvergleich abzuleitende – Soll-EBIT zu kommen. Vertiefendes wird im Arbeitspaket „100-Tage-Implementierung" erörtert.

Die **Zielfindung** ist ein typisch revolvierender und sich mit der Zeit verfeinernder Prozess. Sie korrespondiert zur Zeit des Integrationskonzeptes mit der bracheninternen Wettbewerbsanalyse. Für das Zielbündel, bestehend aus Strategie, Finanzen und Integration ist zu diesem Zeitpunkt der führende Branchenwettbewerber heranzuziehen und im Sinne eines Top-down Gesamtziels zu definieren.

Die **Maßnahmenentwicklung** sollte im Zeitraum des Integrationskonzeptes soweit gediehen sein, als dass die relativ wenigen (ca. 20 %) Maßnahmen, die 80 % des Wertsteigerungspotenzials betreffen, inhaltlich identifiziert und grob quantifiziert werden können. Die Maßnahmen mit dem größten Net Present Value sind erfahrungsgemäß der Einkauf (relativ früh realisierbar, mit relativ wenig Investitionen) sowie die Fertigung (relativ zeitaufwändig, eventuell mit hohen Investitionen verbunden, insbesondere wenn Standortschließungen und Fertigungsverlagerungen vonnöten sind). Im Klartext: die Anzahl der zu schließenden Standorte und der zu verlagernde Wertschöpfungsanteil müssen bekannt und durch eine grobe Schätzung der dafür notwenigen Investitionen und der zu erwartenden EBIT-Verbesserung hinterlegt sein.

### 4.3.3.2 Organisationale Grundüberlegungen zur Organisation

Der erste Schritt bei der Entwicklung des Integrationskonzeptes ist die Entwicklung der grundlegend zu verfolgenden Kooperations- und Organisationsmodelle, auf deren Basis die Wertsteigerungspotentiale im Sinne des „Strategic" und des „Financial Fit" ermittelt werden können. Diese Modelle müssen kandidatenspezifisch erstellt und mit den strategischen Zielen in Einklang gebracht werden.

Die **Erstellung des Organisationsmodells** bildet im Grunde genommen eine Brücke zwischen dem Dealmaking-Prozess und dem Strukturprozess. Da keine allgemein gültigen Aussagen abgeleitet werden können, empfiehlt es sich, zur Bestimmung der optimalen Organisationsstruktur differenziert und situativ zu verfahren. Ein dazu systematisches Vorgehen baut auf den strategischen Zielvorgaben auf, weshalb eine intensive Interaktion mit den Verantwortlichen des Strategieprozesses bei dieser Aufgabe unausweichlich scheint (vgl. allgemein zur Bestimmung einer optimierten Organisationsstruktur z. B. Meckl, 2000).

Speziell im internationalen Umfeld kann man sich bei der Festlegung der organisatorischen Anbindung und in Zusammenhang damit bei der Ausstattung des akquirierten Unternehmens mit eigenständigen Entscheidungsrechten an den Führungsmodellen von Bartlett/Ghoshal bzw. Ghoshal/Noriah zurückgreifen (vgl. Ghoshal & Nohria, 1993; Bartlett & Ghoshal, 2002). Gemäß der Einordnung nach den Dimensionen „Tendenz zur globalen Integration“ und „Tendenz zur lokalen Anpassung“ werden vier Umwelttypologien gebildet und entsprechend passende Organisationsmuster abgeleitet.

Je nach Einordnung des akquirierten Unternehmens in die in Abb. 4.27 dargestellte Typologie würde eine Anbindung an das Mutterunternehmen entsprechend der in Abb. 4.28 gezeigten Organisationsformen vorgenommen.

Die internationale, multinationale, globale und transnationale Organisationsform spiegeln dabei unterschiedliche Mentalitäten wider und unterscheiden sich nach Verteilung der Entscheidungskompetenzen zwischen der Zentrale und den (Auslands-) Gesellschaften.

Besondere Brisanz erhält die Frage der Organisationsstruktur, wenn sich zwei internationale Unternehmen gegenüberstehen, die verschiedene Organisationsstrukturen aufweisen und damit erfolgreich waren. Dadurch ergeben sich vielfältige Spannungsfelder im Zuge neuer Machtverhältnisse, die sich langfristig in Orientierungslosigkeit und Ef-

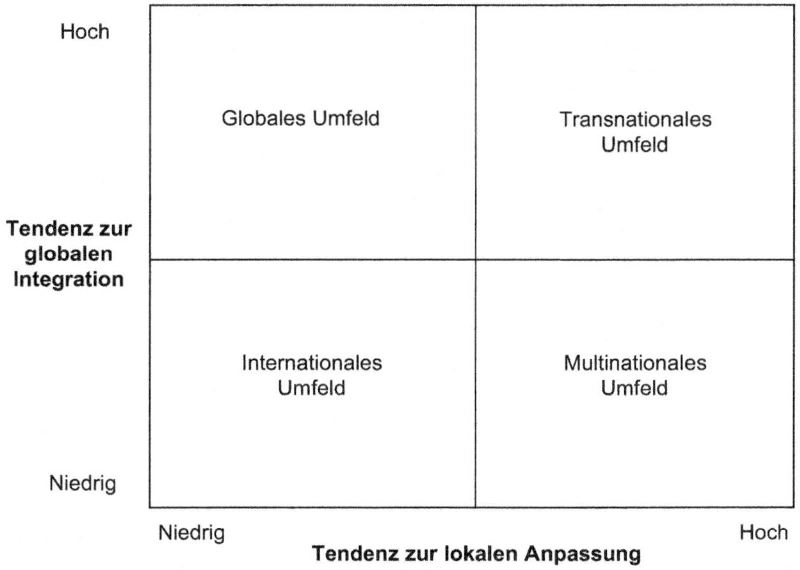


**Abb. 4.27** Umwelttypologien. (vgl. Ghoshal & Nohria, 1993, S. 27)

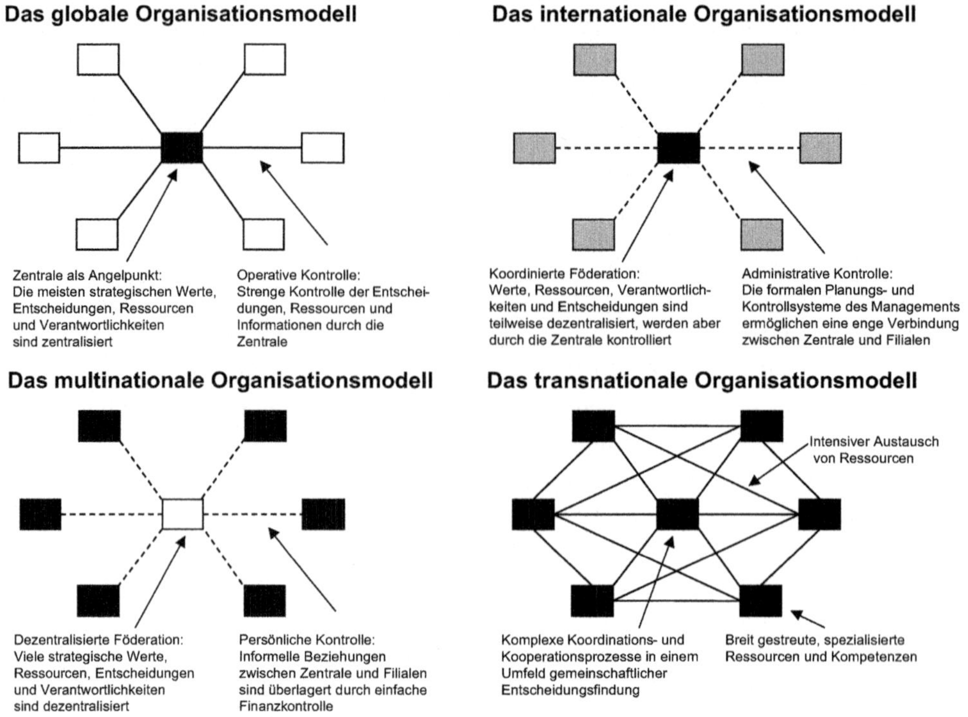


**Abb. 4.28** Die Organisationsformen nach Bartlett & Ghoshal (2002, S. 55–63, 85–108)

fizienzeinbußen niederschlagen können (vgl. Leitner & Ladage, 1999, S. 345–347). Ein „Machtwort" durch das kaufende Unternehmen löst den Strukturkonflikt nur vordergründig, da die Akzeptanz bzgl. der neuen Struktur bei den Mitarbeitern des gekauften Unternehmens niedrig sein dürfte.

Abschließend ist für die Diskussion der Führungs- bzw. Organisationsmodelle noch zu erwähnen, dass eine beliebige Festlegung der Beziehung zwischen der gekauften Einheit und dem Mutterunternehmen im internationalen Bereich nicht möglich ist. Auch bei Tochtergesellschaften, die aus einer Akquisition hervorgegangen sind, gilt das im Wesentlichen aus steuerlicher Sicht motivierte „At Arm's Length Principle", das besagt, dass die Verrechnungspreise zwischen Mutter- und Tochterunternehmen wie zwischen Dritten festgelegt werden müssen. Dadurch sollen vor allem Gewinnverschiebungen vermieden werden.

Wie oben erwähnt, implizieren diese Überlegungen zur optimalen gesellschaftsrechtlichen Struktur und vor allem zur optimalen Organisationsstruktur den anzustrebenden wirtschaftlichen und kulturellen Integrationsgrad. Dieser beeinflusst entscheidend die im weiteren Verlauf des Prozesses zu planenden Integrationsmaßnahmen sowie den Post-Merger-Integrationsprozess selbst. Welche Möglichkeiten des Integrationsgrads kann man bei der Festlegung des Führungskonzepts wählen? Haspeslagh und Jemison unterscheiden je nach Ausprägung der beiden Dimensionen „Autonomiebedarf des gekauften Unterneh-

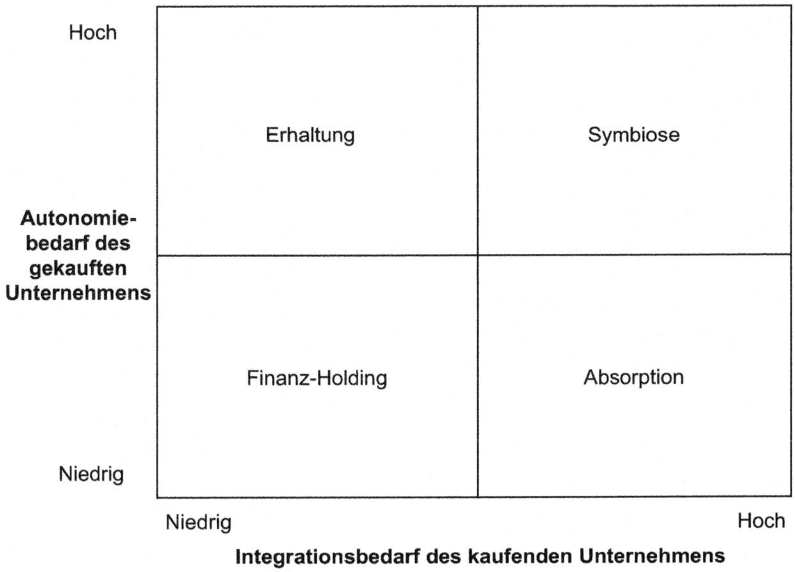


**Abb. 4.29** Integrationsansätze. (vgl. Haspeslagh & Jemison, 1992, S. 174)

mens“ und „Integrationsbedarf des kaufenden Unternehmens“ unterschiedliche Integrationsansätze (vgl. Abb. 4.29).

Bei einer Finanz-Holding übernimmt die Obergesellschaft lediglich die Koordination der selbstständigen Geschäftsbereiche. Hier ergeben sich nach der Akquisition keine Integrationsprobleme. Im Feld links oben wird das gekaufte Unternehmen nicht verändert. Diese Variante empfiehlt sich dann, wenn ein ausländisches Unternehmen gekauft worden ist, das auf einem Markt arbeitet, der nach anderen Gesetzmäßigkeiten funktioniert als der Heimatmarkt des kaufenden Unternehmens. Allerdings muss überlegt werden, wie trotz einer weitgehenden Selbstständigkeit ausreichende Synergien realisiert werden können. Die dazu gegensätzliche Variante ist die Absorption. Sind die Geschäftsmodelle ähnlich und können durch einen hohen Integrationsgrad z. B. Volumeneffekte realisiert werden, so empfiehlt sich die weitgehende Übertragung der Prozesse meist vom kaufenden auf das gekaufte Unternehmen. Die komplexeste Herausforderung für das Management stellt sich bei der symbiotischen Variante (vgl. Haspeslagh & Jemison, 1992, S. 165–183). Zum einen ergibt sich hier die Notwendigkeit der großen Autonomie des akquirierten Unternehmens z. B. aufgrund von kulturellen Besonderheiten des bearbeiteten Auslandsmarkts. Andererseits können aber auch beachtliche Synergien verwirklicht werden, wenn ein hoher Integrationsgrad durchgesetzt wird. Der zu beschreitende Mittelweg integriert alle Funktionen, bei denen die Synergien realisiert werden können, ohne dass die Besonderheiten des Geschäftsmodells bzw. der Kultur des gekauften Unternehmens verloren gehen.

Wie die Ausführungen zeigen, sollte fallweise über die Integration des akquirierten Unternehmens entschieden werden. Dennoch wenden einige Unternehmen allgemein gültige Rezepte mit überdurchschnittlichem Erfolg an. So verfolgt General Electric (GE) mit Ausnahme seiner New Economy-Beteiligungen im Wesentlichen 100 %-Übernahmen, um die akquirierten Unternehmen rigoros in die GE-Struktur zu überführen und Wertsteigerung durch Restrukturierung und Integration mit einer bestehenden Unternehmenseinheit zu erzielen (vgl. Ashkenas, DeMonaco, & Francis, 1998). Andere Unternehmen, wie Emerson Electric, führen die gekauften Unternehmen als Stand-Alone-Unternehmen weiter und erhöhen das Ergebnis des akquirierten Unternehmens, indem sie vor allem operative Prozesse und das Controlling verbessern.

Ein weiteres Element der Organisationsstrukturgestaltung ist die Festlegung des künftigen Unternehmenssitzes. In der Regel sollte die Wahl des Unternehmenssitzes dem gewählten Integrationspfad folgen: derjenige, der in sein Unternehmen integriert, dessen Firmensitz wird auch Unternehmenssitz der fusionierten Einheit. Bei einer Übernahme im Ausland, zum Ausbau der globalen Präsenz, wird der Übernehmende den Hauptsitz an seinem Hauptstandort erhalten und den Hauptstandort der Target-Company zum Leitungsstandort des lokalen Geschäftes definieren. So geschehen im Fall der Übernahme der Westinghouse Power Generation Business Unit (PGBU) durch Siemens: der Hauptsitz von Westinghouse PGBU in Orlando wurde zum Leitungsstandort des US-amerikanischen Geschäftes ernannt und die vormaligen Siemensgeschäfte der Power Generation in den USA wurden hier integriert. Im Falle der Übernahme der Gebäudetechnik der schweizerischen Elektrowatt durch Siemens wurde Zürich zum Hauptsitz des Geschäftes, weil es sich hier um eine „Reverse Integration" handelte: das kleinere Siemens-Gebäudegeschäft wurde in das größere Elektrowatt-Gebäudegeschäft integriert. Im Falle nationaler Zusammenschlüsse sollte der Hauptstandort des größeren Partners gewählt werden. Grundsätzlich sollte man sich im Klaren sein, dass die Wahl des Firmensitzes eine „kulturelle" Vorentscheidung für die nachfolgende Integration bedeutet: bei wem der Firmensitz liegt, der will auch das Sagen bei der Integration haben. Das macht „reverse" Integrationen so schwer. Einer der Gründe, weshalb beispielsweise die Integration von Nixdorf Computer in die Siemens AG nicht gelang, war, weil als Hauptstandort die vormalige Nixdorf-Zentrale in Paderborn gewählt wurde, dagegen aber Siemens bei der Umsetzung der Integration die Führung hatte. Von Doppelsitzen ist im Grunde abzuraten, weil dies der operativen Integration zuwiderläuft. Hier besteht die Gefahr, dass eine nachlaufende Integration gar nicht durchgesetzt werden kann. So geschehen beim Fall Daimler Chrysler.

Eine Hauptfrage für das Integrationskonzept ist, wie die Geschäfte der zusammengeführten Einheiten gegliedert werden sollten und wo die Führung der einzelnen Geschäfte anzusiedeln ist. Auch hier gibt die Strategie den Weg vor. Handelt es sich zum Beispiel um globale Geschäfte, dann sollte das Geschäft auch einer globalen Führung unterstellt werden. Im Falle der Übernahme der Alstom Industriekraftwerke durch die Siemens AG hatte Alstom zum Beispiel den Turbinenservice auf die einzelnen Geschäftssegmente verteilt. Angesichts der globalen Rolle des Servicegeschäftes („Life Cycle-Geschäft") entschied Siemens, dass ein global agierender Geschäftszweig „Service" gebildet werden sollte, an den alle anderen Geschäftszweige ihren Service-Arm abgeben sollten. Somit mussten alle Alstom-Geschäftszweige ihren Service ausgliedern und in einen gemeinsamen globalen Geschäftszweig „Service" abgeben. Siemens hatte zu diesem Zeitpunkt bereits den Service global konzentriert. Die Frage nach dem regionalen Sitz wurde im Folgenden pragmatisch nach dem größten Gewicht des Servicegeschäftes festgelegt.

Eine weitere Frage ist, welche Weichenstellungen frühzeitig – also mit der Entwicklung des Integrationskonzeptes – hinsichtlich des Standortes zentraler Funktionen gestellt werden können. Grundsätzlich können zentrale Funktionen des fusionierten Unternehmens im Stammsitz des Übernehmers wie auch im ehemaligen Sitzland des Partnerunternehmens angesiedelt werden (vgl. Gaitanides & Sjurts, 1999, S. 352). Die Entscheidung darüber sollte aber nicht zu früh getroffen werden, sondern ist einer sorgfältigen Analyse zur Integrationsvorbereitung vorbehalten und im 100-Tage-Plan gemeinsam mit den Vertretern des Targets zu verifizieren. Wenn man die Entscheidung vor dem Closing fällt, dann besteht die Gefahr der „einseitigen" Besetzung aller Schlüsselfunktionen durch den Übernehmer und damit eines „Cultural Clash". Es sollte jedoch jede Schlüsselposition durch den „Besten" besetzt werden und das heißt, dass diese Frage belastbar erst nach dem Closing beantwortet werden kann (weiteres darüber in Abschn. 4.3.9 Human Resources Change Management).

**Einbindung in die übergeordneten Vorgänge**

Für das Integrationskonzept ist zu bedenken, dass dies das erste große Arbeitspaket, das als Teil des Strukturprozesses und unter der Leitung des Strukturmanagements geführt wird, ist. (vgl. auch Abb. 3.13). Hiermit setzt auch die Aktivität ein, die den weitaus größten Kapazitätsbedarf und das ausgeprägteste Kompetenzmanagement im gesamten M&A-Projekt beansprucht. Insbesondere die Entwicklung des Integrationskonzeptes bedarf vertiefender Behandlung, weil hier eine zentrale Schaltstelle im Übergang der vorlaufenden Kernprozesse vorliegt. Die Führung dieses Arbeitspaketes liegt in der Hand des operativen Managements desjenigen Geschäftes, das als Käufer in diesem Projekt auftritt. Dessen Geschäftsführer wird auch als „Projekteigentümer" (Project Owner) bezeichnet. Zu Beginn des Arbeitspaketes sind nur geringe Kapazitäten gefordert. Das Arbeitspaket stellt jedoch hohe Ansprüche an das Kompetenzmanagement. Im Idealfall wird bereits mit Beginn dieses Arbeitspaketes der Integrationsprojektleiter zu benennen sein. Bei großen Konzernen hat sich als ausreichend erwiesen, dass der Integrationsprojektleiter mit der Investitionsfreigabe zu benennen ist. Die Entwicklung des Integrationskonzeptes ist alleinige Aufgabe des übernehmenden Geschäftes, da das Target erst nach dem Closing offiziell eingebunden werden darf. Vor dem Closing ist jeder Kontakt zum Target untersagt, mit Ausnahme der Sondierungen und Verhandlungen durch den verantwortlichen Vorstand bzw. durch das Verhandlungsteam. Insofern muss im Team große Disziplin herrschen. Es passiert immer wieder, dass einzelne Projektmitarbeiter ohne Auftrag Kontakt mit dem Target aufnehmen, weil sie jemanden – zum Beispiel aus der gemeinsamen Verbandsarbeit - kennen. Solche Störungen sind unbedingt zu vermeiden, insbesondere vor dem Signing, denn in dieser Zeit ist das Vorhaben noch streng geheim. Jeglicher Kontakt auf operativer Ebene kann das Vorhaben zum Scheitern bringen, weil es plötzlich bekannt wird und die Presse davon Wind bekommt. Erst mit dem Signing wird das Vorhaben öffentlich, weil durch die externen Prüfungen, etwa der kartellrechtlichen, das Projekt gegenüber Wettbewerbern, Kunden und Lieferanten bekannt gemacht wird.

Im Fall des Unternehmenskaufs auf der Basis exklusiver Verhandlungen liegt das Integrationskonzept allein beim Übernehmer. Gelegentlich wird auf operativer Ebene auch ein gemeinsames Explorativ-Team gebildet, das modellhaft Szenarien zur Zusammenführung mit tiefergehenden Analysen zum gemeinsamen Projektportfolio, Finanzplan und operativer Führung entwickelt. Dies erfolgt in der Praxis häufig als kombinierte Aktivität von *Business Case* (Strategieprozess) und Integrationskonzept und wird im Arbeitspaket Business Case (Strategieprozess) weitergehend erläutert. Im Falle der Übernahme der Westinghouse Power Generation Business Unit durch Siemens wurde im Vorfeld, solange noch ein „Merger of Equals" im Raum stand ein derartiges „Exploratory Team" gegründet, unter der Leitung des zentralen Head of Cooperation Strategies und M&A Integration der Siemens AG und des Strategiechefs der Westinghouse Power Generation. Der Sonderfall *Auktion* erlaubt bis zum Closing in der Regel keinen direkten Zugang zum Target. Günstigenfalls liegen Daten aus der *Vendor Due Diligence* vor, auf deren Basis das Integrationskonzept mit Integrationsplan als graduell sich verfeinernde durchgängige Aktivität durchgeführt werden kann.

Als „Kern" der M&A-Aktivitäten liegt die oberste Verantwortung für das Integrationskonzept beim sogenannten Project Owner, dem Geschäftsführer der übernehmenden Unternehmenseinheit. Diesem wird - im Idealfall mit der Investitionsfreigabe – ein Lenkungsausschuss zur Seite gestellt, dem auch Vertreter der übergeordneten unternehmerischen Einheit angehören. Darüber hinaus wird ein Integrations-Projektleiter benannt, der mit seinem Team an den Lenkungsausschuss berichtet. Dies findet idealerweise noch im Zuge der Entwicklung des Integrationskonzeptes statt. Die Kapazität für das Integrationskonzept ist mit etwa fünf Vollzeit-Kräften zu veranschlagen, allerdings im Verbund mit dem Business Case, dem dieselben Leute angehören. Dies sind für ein Fertigungsunternehmen ein Verantwortlicher für Strategie und je ein Vertreter der wichtigsten Wertschöpfungsstufen (F&E, Fertigung, Vertrieb) sowie ein Jurist für wettbewerbsrechtliche Fragen und als Schnittstelle zum Dealmaking-Prozess. Das weitere Stakeholder-Management ist streng limitiert: da das Vorhaben noch vor dem Signing steht, ist es vertraulich; nichts darf nach außen sickern. Deshalb ist die Anzahl der zu involvierenden Personen äußerst begrenzt zu halten.

**Aufsetzpunkte und Schnittstellen mit vorlaufenden Arbeitspaketen**

Die Basisstrategie (Abb. 4.30) stellt die ersten Weichen für das Integrationskonzept (vgl. Abschn. 4.1.2), da sie die Grundentscheidung für einen organischen oder einen externen Pfad legt. Im Screening werden die potenziellen Kandidaten priorisiert. Maßstäbe dazu sind die strategischen und finanziellen Zielgrößen, wobei die strategischen Zielgrößen das „Wunschbild" darstellen können und die finanziellen den Rahmen der Möglichkeiten aufzeigen, etwa bis zu welchem Investment man bei einer Akquisition gehen kann oder ab wann nur ein Joint Venture infrage kommt. Es kann auch sein, dass der Konsolidierungsbedarf so groß ist und dass die Wettbewerbsposition des agierenden Unternehmens so schwach ist, dass nur eine Anlehnung an ein größeres Unternehmen infrage kommt. An dieser Stelle wäre dann die Entscheidung zu fällen, ob man wirklich eine Anlehnungs-

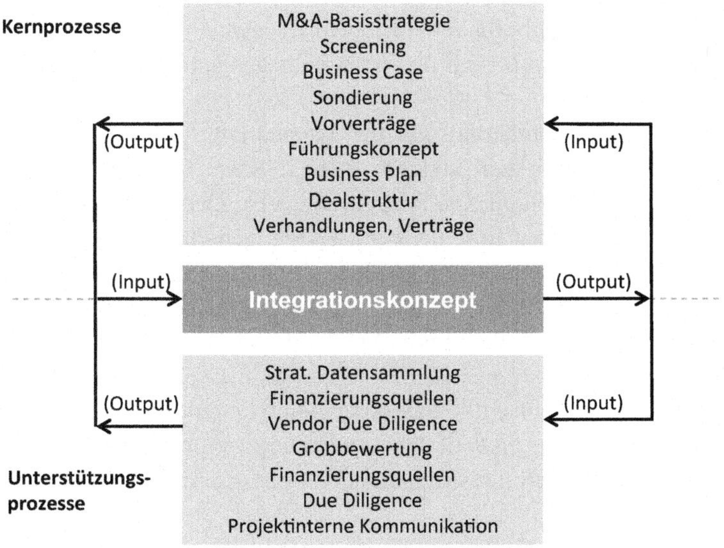


**Abb. 4.30** Schnittstellen des Arbeitspakets „Integrationskonzept"

strategie unter Aufgabe der unternehmerischen Führung eingehen will oder ob dann nicht doch der rechtzeitige Verkauf des Unternehmensteils der richtige Weg wäre. Es ist offensichtlich, dass der betroffene Geschäftsführer in diese Entscheidungen einzubinden ist. Führende Konzerne verbinden mit dieser Weichenstellung die Entscheidung, ob der Prozess unter der Eigentümerschaft des betroffenen Geschäftsführers oder unter der Führung der M&A-Transaktionsabteilung geführt werden soll. Dies gebietet das Eigeninteresse des Geschäftsführers, der vorwiegend die Ausweitung seiner Macht im Auge hat und dem man nicht die Aufgabe überlassen darf (bzw. nicht zumuten kann), im anstehenden M&A-Prozess die Macht abzugeben und „sein" Geschäft an ein anderes Unternehmen zu übertragen. Mit der Auswahl des Kandidaten und dem damit verbundenen Pfad ist die Grundlage für den Business Case gelegt, dessen Führung unter den beschriebenen Prämissen abläuft.

Nachdem die Basisstrategie eindeutig den „externen" (M&A-)Weg vorgegeben hat, wurde in einem Screening der zu priorisierende Kandidat definiert. Zum Screening gehören unbedingt auch Kriterien über die Integrierbarkeit der zu erwerbenden Einheit. Beispielsweise hatte sich die Integration der Nixdorf-AG in die Computersparte der Siemens AG kulturell als besonders schwierig erwiesen, weil der kurz zuvor verstorbene Gründer Heinz Nixdorf seine Vertriebsmitarbeiter immer auf den „Feind Siemens" eingeschworen hatte. Neben den „harten" Faktoren sind also auch „weiche" zu beurteilen. Damit greift das Screening auch der Kulturfrage vor, die unter Führung des Projekteigentümers im Arbeitspaket „HR Change Konzept" (Konzept des kulturellen Wandels) abzuarbeiten ist. Jeder Kandidat impliziert dabei spezifische - aber unterschiedliche - Wege, etwa die Übernahme (wenn das Target kleiner ist als der Übernehmer), Joint Venture oder Merger of Equals (wenn beide Kandidaten sich gleichgewichtig ergänzen bzw. gleichgroß sind) oder Verkauf und reverse Integration (wenn das Target-Unternehmen größer ist als die übernehmende Einheit). Auf die besonderen Probleme sogenannter „Merger of Equals“, wie etwa dem Fall Daimler-Chrysler soll hier nicht eingegangen werden; es geht hier nur um die Logik der Lösungen.

Der erste Schritt der Sondierung gilt der Feststellung, ob der durch das Screening priorisierte Kandidat willens zum Verkauf ist. Es müssen solange „Sondierungsrunden“ gefahren werden, bis der willige Kandidat gefunden ist. Den Vorsitz der Sondierungsgespräche hat der Project Owner. In seiner Person liegt auch der Übergang zur Entwicklung des Integrationskonzeptes. Mit der Feststellung des definitiven M&A-Kandidaten findet auch der offizielle Start des M&A-Projektes statt. Der Project Owner erhält im Kauf- und im Mehrheits-Joint-Venture-Fall nun vom Vorstand auch das Mandat zum Abschluss von *Vorverträgen*, etwa einer *Vertraulichkeitsvereinbarung* (Confidentiality Agreement) und einer unverbindlichen Absichtserklärung (non binding Letter of Intent). Um genau zu sein, darf ein bindender Vorvertrag erst mit der Verhandlungsfreigabe durch den Vorstand gegeben werden. Dies liegt wegen ihres Charakters als juristische Verträge unter der Führung des *Dealmaking*-Prozesses.

Die *Vorfeldsondierung* („Exploration“) greift – wie oben beschrieben – dem Strukturprozess insofern vor, als dass mit jedem Kandidaten spezifische Modelle der Zusammenführung implizit verbunden sind. Hier kommt es aus Sicht des Strukturprozesses darauf an, die Basis für die spätere Verhandlungsführung in der Transaktionsphase durch Ausarbeitung und Festlegung einer Verhandlungstaktik zu legen, da hier der erste Kontakt zu dem anderen Unternehmen hergestellt wird. Eine Beteiligung der für den Kernprozess "Struktur" Verantwortlichen ist deshalb bei der Vorfeldsondierung unerlässlich, um die Durchgängigkeit des Gesamtprozesses zu sichern. Dabei ist von Seiten der übergeordneten Leitungsebene bzw. von den Verantwortlichen des Strategieprozesses sicherzustellen, dass ausreichend M&A-Erfahrung in die Verhandlungsführung und deren Konzeption einfließt (zu den Grundlagen der Verhandlungsführung vgl. z. B. Fisher, Ury, & Patton, 2009). Unkritische Selbsteinschätzung, Unkenntnis über die Usancen und taktische Kniffe haben manches Vorhaben frühzeitig in Schieflagen gebracht, etwa wenn Geschäftsinformationen voreilig, ungesichert, einseitig oder in der falschen Form an die Gegenseite geliefert wurden.

Wenn der Business Case in seinen Grundzügen „steht“ und wenn sich die dazu parallel laufende Sondierung in gewünschtem Maße mit dem Modell deckt, dann sind die Vorverträge zu schließen und das Führungskonzept zu entwickeln. Der „Eigentümer“ (Project Owner) des Projektes hat hier seine maßgeblichste Rolle, werden hier doch essenzielle Weichen für die spätere Integration gestellt.

Parallel zu den Vorverträgen wird das *Führungskonzept* entwickelt – auch dies wieder wegen seiner stark juristischen Prägung als Arbeitspaket des Dealmaking-Prozesses. Hier wird nun das strategische Ziel in ein operatives Führungsziel überführt und in einem Konzeptpapier verankert, das den Verhandlungen und Verträgen zugrunde gelegt wird.

Alle Erkenntnisse zum Projekt, von der Basisstrategie über das Screening bis zur Konzeption der Integration sind zentral zu sammeln. Dies geschieht im Arbeitspaket *Strategische Datensammlung* des Unterstützungsprozesses *Information.* Auch dieser Prozess ist ein quer-funktionaler, wie der *Bewertungs- und Finanzierungsprozess,* weil er keinem einzelnen Kernprozess zuzuordnen ist, sondern unterstützend für alle Kernprozesse eingerichtet ist. Für die Lokalität der frühen strategischen Datensammlung hat sich auch der Begriff des *War Rooms* eingeprägt, der ausdrückt, dass es sich hier nicht nur um strategische Daten, sondern auch um operative und rechtliche handelt. Dieser „War Room" ist über den gesamten Prozess fortzuschreiben, er durchläuft verschiedene Arbeitsstadien, über den Project Dataroom (für die Due Diligence auf der *Käufer*seite), das Project Office während der Integrationsphase bis zum Program Office zur Abarbeitung der Maßnahmenpläne (vgl. Lucks, 2013c).

Gleichfalls zum Unterstützungsprozess Information gehörig läuft spätestens mit dem offiziellen Projekt-Start die verkäuferseitige *Vendor Due Diligence* an. Ist auf beiden Seiten der jeweils andere Partner bekannt und priorisiert, dann kann dieses Arbeitspaket bereits speziell auf den Käufer ausgerichtet werden. Die Vendor Due Diligence sollte speziell auch die Belange der Integration und des kulturellen Wandels abdecken. Mit der Verhandlungsfreigabe durch den Vorstand des Käufers sind die Wege frei, die käuferseitige Due Diligence durchzuführen. Auch diese muss einen Abschnitt zur Integration und zur Fähigkeit des kulturellen Wandels beinhalten.

Ist das Target ausgewählt, der Verkäufer bekannt und das Transaktionsmodell entschieden, dann ist der Zeitpunkt für die *Grobbewertung* und die Entwicklung des *Finanzierungsmodells* gekommen und die Umschau nach den *Finanzierungsquellen.* Das Transaktions- und Integrationsmodell spielt hier eine entscheidende Rolle, kommt es doch vor allem darauf an, wie der Kaufpreis zu entrichten ist, etwa als Entrichtung von Finanzmitteln (*Share Deal* oder *Asset Deal*), Sofortzahlung, gestundet oder mit erfolgsbasierter Komponente (z. B. *Earn-Out*) oder durch Aktientausch.

Die - nach der internen Verhandlungsfreigabe - stattfindende Due Diligence muss einen übergeordneten Aspekt zur Integrierbarkeit des Targets beinhalten, übernimmt also Fragestellungen aus dem Integrationskonzept. Alle Segmente der Due Diligence sind dabei auf die Frage nach der Integrierbarkeit zu untersuchen. Man spricht auch von der „integrationsorientierten Due Diligence". Hier geht es, auf der Seite der „harten Fakten" um die Gegenüberstellung der Organisationen und Prozesse der beiden zu integrierenden unternehmerischen Einheiten. Die Kernfragen sind:

- in welcher grundlegenden Form lassen sich beide Organisationen am besten vereinigen?
- Wie passt die vereinigte Organisation in die Gesamtorganisation des übernehmenden Konzerns?
- Wie viele Führungsebenen haben die beiden Einheiten, wie lässt sich dies vereinheitlichen?
- Wie sehen die grundlegenden Geschäftsprozesse beider Seiten aus?
- Welches könnte das Integrationsmodell dabei sein?
- Welche Konflikte sind zu erwarten, insbesondere bei der Gegenüberstellung des Führungspersonals?

Diese Erörterungen dienen in der Phase des Integrationskonzeptes noch der grundlegenden Machbarkeit. Damit werden jedoch bereits die Optionen eingeschränkt. Eine detaillierte Untersuchung und Konzeption findet erst mit der Integrations-Vorbereitung statt.

Die Schnittstelle zur projektinternen Kommunikation ist in dieser Phase noch sehr eng zu halten. An besagtem M&A-Projekt arbeiten zu dieser Zeit die definierten („handverlesenen") Mitarbeiter der Strategieabteilung, der Rechtsabteilung und der M&A-Transaktionsabteilung. Des Weiteren sind involviert: der Project Owner (Geschäftsführer der übernehmenden Unternehmenseinheit) sowie engste Mitarbeiter, die den Geschäftsprozess abdecken, und der Vorstand des Konzerns. Einzubinden ist bei großen Erwerbungen der Vorsitzende des Aufsichtsrates, jedoch keinesfalls der gesamte Aufsichtsrat, da eine zu frühe Information an die Arbeitnehmervertreter zu einem „Schuss nach hinten" führen kann. Es ist schon öfter passiert, dass Arbeitnehmervertreter und ihre Gewerkschaften sich in solchen Prozessen „verselbstständigt" haben und ohne Genehmigung das Target und dessen Arbeitnehmervertreter kontaktiert haben, um zum Beispiel ein gemeinsames Bollwerk gegen Kostensenkungsprogramme aufzubauen. Besser ist es dann, das Vorhaben in der Gesellschafterversammlung vorzubesprechen, in der nur diejenigen Aufsichtsratsmitglieder vertreten sind, die der Kapitalseite angehören. Zur Sicherung der Vertraulichkeit ist bereits zu Beginn des Arbeitspaketes zum Integrationskonzept eine Liste der betrauten Projektmitarbeiter, ihrer Unterstützer in der Organisation sowie die involvierten Vertreter der Leitungsebene aufzustellen, mit genauer Angabe, wann die besagte Person in den Mitwisserkreis aufgenommen wurde und in welcher Funktion. Dies dient im Falle von Informationsabflüssen der Absicherung gegenüber den Wettbewerbsbehörden beziehungsweise als Hebel, Täter zur Rechenschaft zu ziehen.

**Schnittstellen mit parallelen und nachlaufenden Arbeitspaketen**

Hier ist zunächst das Carve-Out zu betrachten. Wie bereits im Abschnitt über das Carve-Out berichtet wurde, kann der Zeitaufwand für das Carve-Out so groß sein, dass dessen Aktivitäten sich weit im Vorfeld des konkreten M&A-Projektes bewegen müssen. Dies betrifft insbesondere weltweit verteilte Geschäftsaktivitäten und –Rümpfe, die zuerst identifiziert, gebündelt und zusammengeführt werden müssen, insbesondere dann, wenn eine mit dem Target mitgehende Führung bisher fehlt und die notwendigen Stand-Alone-Wertschöpfungsstufen (z. B. eigener Vertrieb) nicht abgedeckt sind. Der in Abb. 3.13 gezeigte Ablauf stellt eine günstige Konstellation dar, bei der das – allein beim Verkäufer liegende – Carve-Out Design dann Einfluss auf das Integrationskonzept hat (und anders herum), wenn beide Parteien wissen, dass und mit welchem Modell sie zusammengehen werden. Die Planung und Umsetzung der Separierung kann – wie beim IT-Carve-Out Prozess dargestellt - durchaus zehn Monate und mehr kosten, insbesondere wenn es sich um eine Ausgliederung eines weltweit verteilten Geschäftes handelt (Carve-Out Typus Klasse 1).

Das unmittelbar nachfolgende Arbeitspaket *Integrationsvorbereitung* vor dem Closing setzt die Arbeiten des Integrationskonzeptes mit gleichbleibender Besetzung fort (siehe Arbeitspaket Integrationsvorbereitung).

Was die Beziehung zum Strategie- und Planungsprozess betrifft, so gibt es hier eine unmittelbare Rückkopplung zum Arbeitspaket *Strategieüberprüfung*. Der Schnittstellen-Verantwortliche, der im Arbeitspaket Strukturkonzept für den Strategieprozess zuständig ist, sollte andauernd mit dem Strategieleiter kurzgeschlossen bleiben, um sicherzustellen, dass die Strukturkonzepte auch strategiekonform sind. Sollten die zur Disposition stehenden Strukturmodelle nunmehr im Widerspruch zur gewählten M&A-Strategie stehen, dann ist an dieser Stelle die „Notbremse“ zu ziehen und das Projekt zu stoppen, um eine weitere Kosten-Eskalation für den ins Auge gefassten Projektpfad zu vermeiden. Dann müsste man mit der Kandidatensuche wieder von Neuem beginnen. Neben dem Verlust für die Investition in dieses Projekt kommt also der Zeitverlust, der typischerweise mit Größenordnung sechs Monaten zu veranschlagen ist. Das ist ein Durchschnittswert aus der Siemens-Praxis für mittelgroße M&A-Projekte, die wegen Nicht-Konsistenz abgebrochen werden mussten. Abbrüche wurden dabei auch wegen kritischer Erkenntnisse aus der Vendor oder Purchaser Due Diligence getätigt. Es empfiehlt sich im konkreten Fall, den Zeitverlust individuell durchzukalkulieren und abzuwägen, ob es sich lohnt, das in Angriff genommene M&A-Projekt doch durchzuführen, auch mit einer Finanz- und Strategieabweichung. Die notwendigen Zusatzinvestitionen (Geld, Zeit, Managementkapazitäten) sind dabei in Rechnung zu stellen.

Aus dem Dealmaking-Prozess fließen die (Zwischen-)Ergebnisse des Integrationskonzeptes direkt in das zeitlich weitgehend parallel laufende Arbeitspaket *Verhandlungen/ Verträge* ein. Sofern das Übernahmemodell zu Beginn des Integrationskonzeptes noch offen war, ist dies im Zuge dieses Arbeitspaketes gelöst und im Vordergrund der Verhandlungen/Verträge stellt sich die Form der gesellschaftsrechtlichen Umsetzung der Transaktion. Hierbei kann es, zum Beispiel aus steuerrechtlichen Gründen, Abweichungen zwischen der strategischen und der gesellschaftsrechtlichen Lösung geben. So ist es denkbar, dass das fusionierte Geschäft von einem Geschäftsführer global und direkt geführt wird, aber aus steuerlichen Gründen (Steueroasen! Verrechnung von Gewinnen mit Verlusten einer anderen Einheit) in einem vorteilhaften Land eine nationale Finanzholding zwischengeschaltet wird. Auf das erforderliche „Arm's Length Principle“, die Begrenzungen von Verrechnungspreisen und internen Lizenzgebühren wurde im Abschn. 4.2.5.4 bereits hingewiesen. Dabei ist grundsätzlich davon auszugehen, dass jede Abweichung zwischen der gesellschaftsrechtlichen Struktur und der (strategischen) Führungsstruktur in der Praxis für unternehmerischen Konfliktstoff sorgt.

Im Hinblick auf die Unterstützungsprozesse fließen die Inputs und Ergebnisse aus dem Arbeitspaket Integrationskonzept „real time“ beim Informationsprozess in die parallel laufende *Strategische Datensammlung* („Dataroom, War Room…“) ein und stehen damit dem gesamten Implementierungsteam zur Verfügung. Sofern dazu ein „Virtual Dataroom“ eingerichtet wurde, haben die Vertreter des Strukturteams Implementierungskonzept das Schreiberecht (Dokumentationsrecht) und die Vertreter der anderen Prozesse das Leserecht, das auch auf bestimmte leitende Mitarbeiter beschränkt sein kann. Damit ist auch die *projektinterne Kommunikation* vor dem Signing (im definierten Projektmitarbeiterkreis) geregelt.

Im Unterstützungsprozess *Bewertung und Finanzierung* findet während der Aktivität Integrationskonzept der gleitende Übergang von der Grobbewertung zur Detailbewertung statt. Dies betrifft nicht nur den Detaillierungsgrad von GuV und (Plan-)Bilanzen, sondern auch die schrittweise Ergänzung des Bewertungsansatzes vom Stand-Alone-Wert des Targets um die Synergiewerte innerhalb der zu fusionierenden Geschäfte und darüber hinaus der konzernübergreifenden Synergien. Die zum Ende des Integrationskonzeptes vorliegenden Daten dazu dürften aber immer noch (konzeptionelle) Top-down-Ansätze sein, die in dieser Phase auch in das Controlling, Arbeitspaket Bewertungscontrolling einfließen.

### 4.3.4 Human Resources (HR) Change Konzept

Wie der Titel zeigt setzt sich das „HR Change" aus zwei Teilen zusammen, dem eher „harten" und „klassischen" Human Resources (Personal-)Management und dem „weichen" kulturellen Change Management. Beide werden in den diesbezüglichen Kapiteln beleuchtet. Die HR-Seite hat die Personalbestandsanalyse zum Kern, aus der mittels Simulation ein erstes Bild für den Personalaufbau der integrierten operativen Einheit abgeleitet wird. Grundlagen dazu liefern das Führungskonzept und das Personalprofil, das sich aus der Strategie ergibt. Zum „weichen" kulturellen Change Management werden verschiedene Modelle vorgestellt. Darin geht es um das Erkennen der Unterschiede zwischen den zu fusionierenden Unternehmen(steilen) sowie um den Transformationsprozess. Kern der kulturellen Integration ist, die Motive des einzelnen Mitarbeiters und die des zusammengeführten Unternehmens zur Deckung zu bringen.

**Die personalwirtschaftliche Seite**

Beim Vergleich der Altersstruktur (vgl. Abb. 4.31 links) wird deutlich, ob beide Unternehmen z. B. an einer Überalterung der Belegschaft leiden und ob damit in naher Zukunft

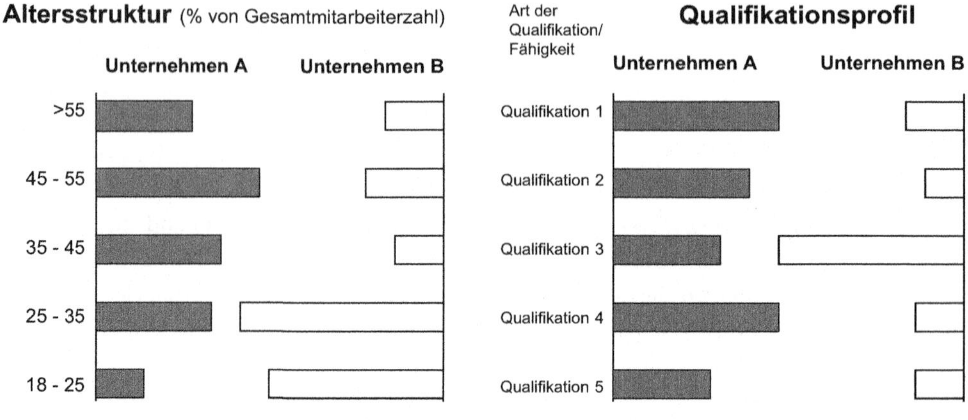


**Abb. 4.31** Gegenüberstellung des Personalbestandes

erhebliche Beschaffungsaktivitäten notwendig sind. Wichtig ist vor allem auch die Erfassung des Qualifikationsprofils der Belegschaft beider Unternehmen (vgl. Abb. 4.31 rechte Hälfte). Die in der Vertikalen aufgetragenen Qualifikationen können z. B. bestimmte für die weitere Strategieentwicklung wichtige technische Fähigkeiten oder auch im einfachsten Fall Bildungsabschlüsse von Lehre bis zum Hochschulabschluss, evtl. gegliedert in technische und kaufmännische Gebiete, abbilden.

Diese Art der Personalbestandsanalyse liefert wichtige Daten für die Erstellung der Personalpläne. Diese Personalpläne setzen sich im Wesentlichen aus den Bereichen Personalfreisetzung, Personalbeschaffung und Personalentwicklung zusammen. Eine detaillierte Erläuterung der personalwirtschaftlichen Instrumente und Grundlagen bei der Erstellung solcher Pläne, die ja unabhängig von M&A sind, würde hier aus Kapazitätsgründen zu weit führen. Nützliche Hinweise dazu finden sich z. B. bei Becker (2013) und Drumm (2008, S. 197–374). In der Vorfeldphase dienen diese Überlegungen im Wesentlichen dazu, den Strategieplanungsprozess mit relevanten Informationen zum Feld Personalwirtschaft zu versorgen.

Ähnliche Aktivitäten bestehen in der Vorfeldsondierung, der Entwicklung des Führungskonzepts und der Simulation. In der *Vorfeldsondierung* wird versucht, Datenlücken zum Personalbestand des zu kaufenden Unternehmens zu schließen und insbesondere die Personalplanung und auch die weichen Faktoren wie z. B. Führungsstil zu eruieren.

Bei der Entwicklung des *Führungskonzepts* sind die qualitativen und quantitativen personalwirtschaftlichen Implikationen eines entwickelten Konzepts (vgl. dazu Abschn. 4.2.4) einzuschätzen und als Information für den Strukturentwicklungsprozess bereitzustellen. Wichtige Implikationen sind die sich bei der Umsetzung des Führungskonzepts ergebenden Beschaffungs-, Entwicklungs- und Freisetzungsnotwendigkeiten. Es ist durchaus vorstellbar, dass ein Konzept ausscheidet, weil sich problematische personalwirtschaftliche Konsequenzen ergeben.

Bei der *Simulation* geht es aus HR-Sicht darum, die ersten, noch ziemlich hoch aggregierten Personalpläne für die integrierte Einheit zu entwerfen. Dazu ist folgendermaßen vorzugehen:

Auf Basis des Führungskonzepts und des im Strukturprozess festgelegten Profils der integrierten Einheit wird der qualitativ und quantitativ anzustrebende Personalbestand des neuen Unternehmens abgeleitet. Hier wird keine Rücksicht auf vorhandene Personalpotenziale genommen, sondern es erfolgt eine Bestandsfestlegung rein vor dem Hintergrund des festgesetzten strategischen Ziels des neuen Unternehmens (zur Personalbestandsableitung vgl. z. B. Drumm, 2008, S. 241–248). Die Festlegung des anzustrebenden Bestands sollte quantitativ als auch qualitativ und differenziert nach Regionen erfolgen. In der Vorfeldphase empfiehlt es sich allerdings nicht, die Bestandsplanung bis in die einzelne Stelle herunterzubrechen. Pauschalierende Annahmen und die Verwendung von Kennziffern z. B. „Umsatz" pro Mitarbeiter erleichtern die Planung erheblich.

Aus dem Vergleich des Soll-Bestands mit dem aktuellen Bestand ergibt sich, wiederum getrennt nach qualitativen und quantitativen Gesichtspunkten, der Personalbedarf. Bei M&A besteht aber die Schwierigkeit, dass sich der aktuelle Bestand an Mitarbeitern aus zwei selbstständigen Unternehmen zusammensetzt. Wenn nicht eine erhebliche Ausweitung des Geschäfts geplant ist, wird es normalerweise so sein, dass der Soll-Bestand kleiner als die Summe der Ist-Bestände ist. Daraus ergibt sich ein Freisetzungsbedarf, dem eine Selektion von Mitarbeitern, die in die neue integrierte Einheit wechseln sollen, vorausgeht. Allerdings wäre für die Vorfeldphase eine detaillierte Planung zur Selektion und Freisetzung auch angesichts der erheblichen Unsicherheiten, die noch bestehen, verfrüht. Bei der Simulation kommt es lediglich darauf an, eine ungefähre Abschätzung über überschüssige oder fehlende Personalpotentiale zu bekommen.

Als letztes ist bei der Simulation aus HR-Sicht auf der Basis der Ergebnisse aus dem zweiten Schritt eine Abschätzung der monetären Konsequenzen der Beseitigung des „Mis-Fit" zwischen Soll-Bestand und der Addition der Ist-Bestände der noch nicht integrierten Unternehmen vorzunehmen. Das Ergebnis ist als Information für den Strategie- und Strukturprozess bereitzustellen. Abbildung 4.32 zeigt schematisch die Vorgehensweise.

Je nach Ergebnis des Vergleichs zwischen Soll- und kombiniertem Ist-Bestand sind Personalbeschaffungs-, Personalentwicklungs- oder -freisetzungmaßnahmen notwendig. Die drei Schritte der Simulation sind gegebenenfalls für verschiedene Konzepte durchzuführen.

Als grundlegendes Problem bleibt festzuhalten, dass in der Vorfeldphase eine Personalstrategie entwickelt werden muss, obwohl nur unzuverlässige Daten vorhanden sind. Deswegen kommt es entscheidend darauf an, dass bei einer Verbesserung der Datenlage in den folgenden Prozessschritten diese Pläne auf ihre Tragfähigkeit hin überprüft und gegebenenfalls an die neue Informationslage angepasst werden.

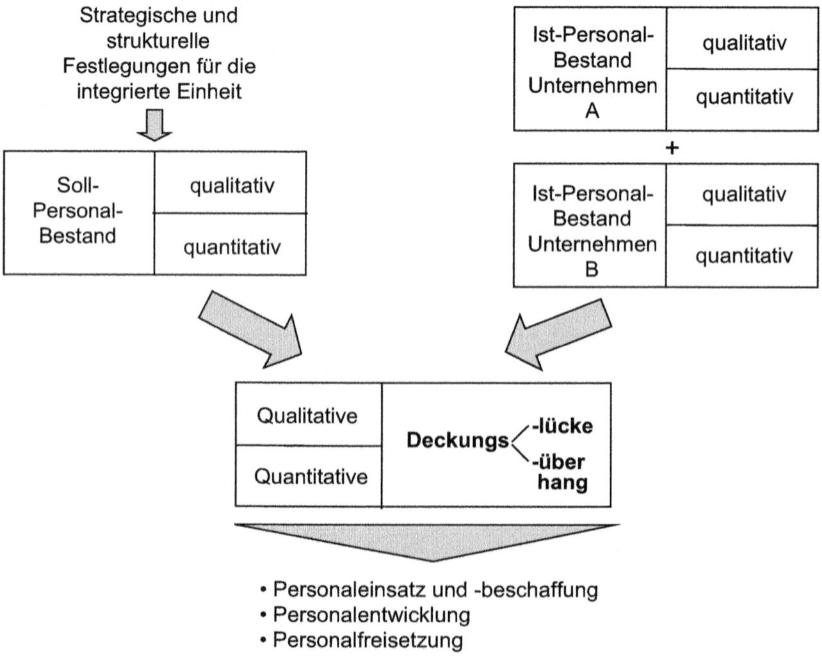


**Abb. 4.32** Personalplanung bei M&A

**Die (weiche) Cultural Change-Seite**

Bevor notwendige Instrumente und Methoden gezeigt werden, ist es sinnvoll, auf grundsätzliche Aspekte von Personal und M&A einzugehen, um die möglichen Konflikt- und Problemfelder identifizieren zu können. Grundsätzlich gilt, dass Voraussetzung für eine erfolgreiche Integration die Interaktion zwischen den beiden Mitarbeiterstämmen ist. Diese Interaktion kann durch M&A-induzierte Verhaltensweisen, die man als „*Merger-Syndrom*" (vgl. z. B. Gut-Villa, 1997, S. 121) bezeichnen kann, empfindlich gestört werden. Das Merger-Syndrom beschreibt generell die psychischen und verhaltensbedingten Auswirkungen, die M&A-Transaktionen auf die von den Projekten betroffenen Mitarbeiter haben. Natürlich sind die Auswirkungen auf das Verhalten, die Einstellungen und die Motivation der Mitarbeiter abhängig von den Ausgangssituationen sowohl des kaufenden als auch des gekauften Unternehmens. So ist es offensichtlich, dass die Einstellung der Mitarbeiter eines gekauften Unternehmens, das sich durch den Verkauf vor einer nahenden Insolvenz retten konnte, eine andere ist als bei einem erfolgreichen Unternehmen, das von einem Wettbewerber oder einem Branchenfremden gekauft wird. Allerdings kann festgestellt werden, dass eine Akquisition und die nachfolgende Integration normalerweise mit einer Unsicherheit der Mitarbeiter der Tätigkeit im Unternehmen bis hin zur Arbeitsplatzsicherheit und der Verwirklichung ihrer persönlichen Ziele verbunden ist (vgl. z. B. Friederichs, 2001, S. 855; Buono & Bowditch, 2003). Die Mitarbeiter des gekauften Unternehmens sind tendenziell stärker von dieser Unsicherheit betroffen.

Unsichere, neue Situationen führen zu Verhaltensweisen, die kennzeichnend für das Merger-Syndrom sind. Gerüchte und Spekulationen lassen „Worst-Case-Szenarien" und eine Voreingenommenheit noch vor offizieller Bekanntgabe der Akquisition und Beginn der Integration entstehen. Leistungsträger beginnen sich neu zu orientieren und sind anfällig für Abwerbungsversuche durch Konkurrenten (vgl. Picot, 2012, S. 586). Die Erfüllung der eigentlichen Aufgabe im Unternehmen gerät in den Hintergrund, da viele Mitarbeiter damit beschäftigt sind, sich Absicherungsmöglichkeiten für den „Worst-Case-Fall" zu überlegen. Verteidigungspositionen im Sinne der Prüfung der rechtlichen Position und der Möglichkeiten zur Verteidigung des Besitzstands werden eruiert. Bei einer solchen Ausgangslage hat die Integration nach Vollzug der Transaktion eine sehr schwierige Basis für eine erfolgreiche Zusammenarbeit. Es kommt zu einer offiziellen oder inoffiziellen Ablehnung der verkündeten Maßnahmen. Ein „Wir gegen Sie"-Gefühl kann entstehen, das in einen wahren Kulturkampf münden kann (vgl. dazu unten zum kulturellen Wandel). Die fehlende Bereitschaft zum Wandel, hohe Produktivitätseinbußen und Motivationsdefizite können die Konsequenz des Merger-Syndroms sein. Dies kann den Erfolg der gesamten Transaktion gefährden.

Das beschriebene Szenario muss nicht in dieser extremen Variante auftreten. Da aber die Gefahr und die potentiellen Konsequenzen sehr groß sind, muss dies bereits bei der Planung der personalwirtschaftlichen Maßnahmen berücksichtigt und spätestens bei der Umsetzung (siehe unten) beachtet werden. Ein wesentliches Ziel des Personalmanagements bei M&A muss deshalb darin bestehen, die Sicherheit wiederherzustellen und die Motivation der Mitarbeiter zu gewährleisten. Das Schaffen von Sicherheit im personalwirtschaftlichen Bereich wird dadurch gefördert, dass relativ zügig vorgegangen wird und die Ergebnisse auch bald nach Vollzug der Transaktion verkündet werden (vgl. dazu Abschn. 5.2 zur Kommunikation). Zum Zweiten sollen nachvollziehbare Verfahren zur Ermittlung der Ergebnisse angewendet werden (vgl. Wickel-Kirsch & Kaiser, 1999, S. 9).

Vor dem Hintergrund der Tragweite des kulturellen Wandels einerseits und der reichhaltigen Tools und Literatur andererseits geht es nun an eine tiefergehende Analyse, um den „richtigen“ Pfad für das „Cultural Change Management“ herauszuschälen. Ganz anders als beim „harten Integrationsmanagement“, bei der es kaum Spezialliteratur gibt, wurde das „weiche Change Management“ in der Literatur umfassend behandelt und dazu zahlreiche Modelle entwickelt.

Unter den Modellen für „Cultural Alignment“ (Kulturelle Anpassung) seien drei herausgegriffen, die sich in Pfaden und Anwendungen grundlegend unterscheiden. Allen vorgeschaltet werden kann das grundlegende Konzept von Lewin. Es beinhaltet a) die Erfassung des zu untersuchenden Gebietes und das „Schmelzen“ (unfreeze) des Eises, dann b) Wandlung der „geschmolzenen“ Einheit und c) wieder einfrieren der neuen Einheit, das heißt Stabilisierung (vgl. Lewin, 1947; Abb. 4.33).

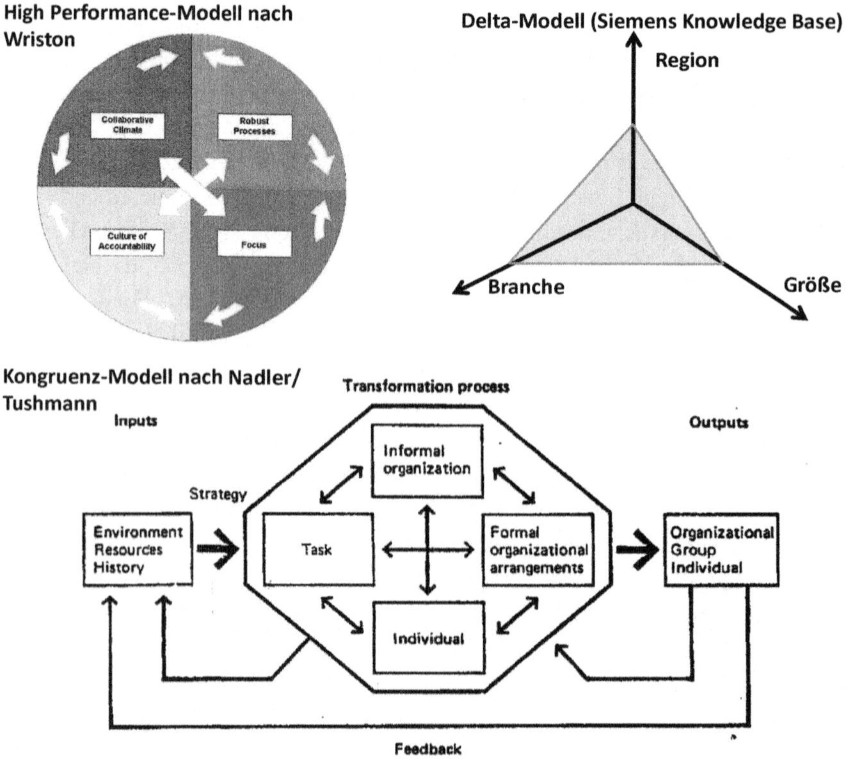


**Abb. 4.33** Grundsätzliche Change-Modelle

Wriston (2007) sieht mit seinem High Performance Modell die vier interaktiv wirkenden Ziele 1) Klima der Kollaboration, 2) Kultur der Verantwortung, 3) Fokussierung der Tätigkeiten und 4) Robuste Prozesse. Nadler & Tushman (1997) beschreiben einen interaktiven Transformationsprozess, der im Zentrum einerseits die Korrespondenzbeziehungen zwischen Aufgabe („Task") und formale Organisation („Formal Organizational Arrangements") zugeordnet sind, andererseits die Informale Organisation („Informal Organization") versus die Individuellen Triebkräfte („Individual"). Die sich daraus ergebenden Interaktionen sind eingebunden in einen Regelkreis zwischen Umwelt/Ressourcen/Historie (Input) und Organisation/Gruppe/Individuum (Output). Beide Modelle erklären allgemeine Veränderungen, sind also nicht spezialisiert auf M&A.

Dies versucht das auf den Change-Prozess bei M&A ausgerichtete „Delta-Modell" aus der Siemens M&A-Integration Knowledge Base umzusetzen. Es geht von der Annahme aus, dass sich fusionierende Unternehmen im Grunde durch drei Dimensionen frühzeitig und mit geringem Aufwand unterscheiden lassen, nämlich 1) regionale Herkunft, 2) Größe und 3) Branche bzw. Wertschöpfung. Dieses Modell hat sich in der Siemens-Praxis für die M&A-Integration bewährt, denn es kennzeichnet die größten Unterschiede zwischen Unternehmen. Die Dimensionen sind zu indexieren. Aufzutragen an den drei Achsen sind nur die *Unterschiede* zwischen den beiden Kandidaten. Große regional-kulturelle Unterschiede gibt es beispielsweise zwischen Kandidaten aus Europa versus Fernost, mittelgroße in unterschiedlichen Ländern Europas. Die kulturellen Unterschiede zwischen Österreich und Deutschland sind kleiner als zum Beispiel zwischen Frankreich und Deutschland (vielleicht die größten Unterschiede innerhalb Westeuropas). Die Branchen- und Wertschöpfungsunterschiede kennzeichnen am besten branchentypische Verhaltensweisen. Die Größe markiert verschiedenartige Organisationen und z. B. typische Projektorganisationen, stärker vertikal oder horizontal gegliederte Unternehmen. Die Analyse zeigt am deutlichsten, wo der Änderungshebel anzusetzen ist, beispielsweise in der organisatorischen Einordnung eines kleinen Software-Unternehmens in einen großen Konzern mit hoher Wertschöpfung. Dementsprechend sind die weiteren (detaillierenden) Maßnahmen und Instrumente anzusetzen.

In das „weiche" Change-Konzept sind auch die ersten Weichenstellungen für das Thema „Human Resources" einzubetten. Im Vordergrund steht hier die Lokalisierung von Leitungsfunktionen und Schlüsselpersonen in den beiden Organisationen. In der Due Diligence, die auch eine Human Resources und Cultural Due Diligence beinhalten sollte, sind diese Funktionsträger identifiziert worden. Im Management Assessment wurden die erste (und möglicherweise auch die zweite) Führungsebene und nach Möglichkeit einzelne Schlüsselfunktionsträger interviewt, um sich nicht nur ein Bild von der Lage des Geschäftes zu machen, sondern um auch einen Eindruck über die handelnden Personen zu gewinnen. Diese Interviews sollten – neben der Vorbereitung auf ein Personal Assessment nach dem Closing – auch Aufschlüsse auf die innere Einstellung zur Übernahme und zur Fusion geben, sodass daraus Schlüsse für die Change-Maßnahmen gezogen werden können.

**Einbindung in die übergeordneten Vorgänge**

Hier gilt sowohl für die harte als auch für die weiche Seite, dass die Aufgaben des Personalmanagements bis auf das Kandidatenscreening zurückgehen, denn dort sind die potenziellen Kandidaten unter personellen Gesichtspunkten zu bewerten. In Abschn. 4.1.3 wurden die verschiedenen Stufen der Kandidatenauswahl erläutert. Insbesondere bei der Überprüfung des „Cultural Fit" werden personalwirtschaftlich relevante Faktoren wie z. B. Führungsstil oder Karrierewege relevant. Die eher „harten" Fakten der Personalwirtschaft sollten aber bereits bei der Einschätzung des „Strategic Fit" ins Kalkül gezogen werden. Hier macht es Sinn, analog zu einer Gegenüberstellung der regionalen Umsatzverteilung bzw. der besetzten Marktsegmente z. B. die Altersstruktur und vor allem auch die Qualifikationsstruktur der Beschäftigten der zu verschmelzenden Einheiten zu erfassen und zu vergleichen. In Abb. 4.31 wurde exemplarisch eine solche Gegenüberstellung aufgezeigt.

Das (weiche) Management des kulturellen Wandels ist aufs Engste verzahnt mit dem (harten) Integrationsmanagement, das von der Konzeption (vgl. Abschn. 4.3.3) bis zur Implementierung (vgl. Abschn. 4.3.7) läuft. Im Übrigen gilt für das HR Change-Konzept die gleiche Einordnung wie für das Integrationskonzept. Insofern ist auf die Abb. 4.30 zu verweisen. Die harte und weiche Seite „sind zwei Seiten ein und derselben Medaille". Es ist die Aufgabe des gemeinsamen Integrationsteams, die Brücke zwischen diesen Seiten zu bilden. Auf beiden Seiten geht es auch um das Machbare, insofern gibt es keine Priorität, sondern es ist das für das jeweilige Projekt anzusetzende optimale Gewichtsverhältnis zu bilden. Das kann manchmal mehr auf der „harten", manchmal mehr auf der „weichen" Seite liegen, ja – innerhalb eines Projektes gibt es mehrere kombinierbare Optionen, die einmal „weicher" ein andermal „härter" sind. Die verschiedenen Handlungsoptionen sind im Zuge der Integrations-Vorbereitung (vgl. Abschn. 4.3.5) in den Grundzügen „Stand-Alone" zu entwickeln und in der Implementierungsphase (vgl. Abschn. 4.3.7 und 4.3.8) gemeinsam mit den Vertretern des Zielunternehmens zu definieren. Die herauskommenden Modelle sind mit den Sozialpartnern (Mitarbeitervertretern) zu verhandeln und nach den Kriterien des wirtschaftlich Vertretbaren und des kulturell durchsetzbaren Modells herauszuarbeiten.

**Schnittstellen und Aufsetzpunkte mit vorlaufenden Arbeitspaketen**

Wie in Abb. 4.34 dargestellt, zielt die Bewältigung der Schnittstellen-Herausforderung auf die Vermeidung gängiger Fehler ab.

Grundsätzlich ist bei jedem Projekt die Frage zu stellen, ob die Zielrichtung in Richtung eines Kulturmix geht, der Übernahme der Kultur eines Kandidaten oder eines Kultur-Pluralismus, nämlich von „zwei Kulturen unter einem Dach". Alle drei Modelle können tragfähig sein, vgl. Abb. 4.35. Auch diese Frage ist ganz am Anfang des Projektes zu behandeln und muss in den nachfolgenden Arbeitspaketen für HR Change-Management nachgehalten werden. In Ausnahmefällen kann sie revidiert werden, sofern sich ganz andere übergeordnete Gesichtspunkte ergeben, indem sich beispielsweise eine Kultur eines der beiden Unternehmen als deutlich unterlegen herausstellt. In der Regel wird sich die erste Einschätzung jedoch als tragfähig erweisen, vorausgesetzt man erwirbt ein Unternehmen mit einer konsistenten und tragfähigen Kultur, die zum Zusammenwachsen ge-

| Mistakes | Rules |
|---|---|
| **Victory Syndrome**<br>• acquiror superior to acquiree<br>• integrating unit has priority (e.g. retrograde acquisition) | **Partnership**, everybody to participate in new network |
| **Inside Analysis**<br>• compare acquiree to acquirer | **Client** and competitive **orientation** |
| **Inflexibility**<br>• "the others have to move"<br>• acquiree has to adopt acquirer's culture | Jointly to develop **new behavior** |
| **Upcoming Realization Barriers**<br>• realization always more difficult than analysis | **Foresee contingency plans** and **iterations** |
| **Cultural Integration Most Time Consuming**<br>• ongoing tendencies for segregation wars | Ongoing formal task, activate **informal network** |
| **Upcoming Surprises**<br>• permanently new problems, failures ... | **Fast reactions**, lean **communication** |

**Abb. 4.34** Grundlegende Change Management-Fehler. (Quelle: Siemens M&A-Integration Knowledge Base 2002)

| | | PRO | CONTRA |
|---|---|---|---|
| Kombination aus bestehenden Kulturen | **Kultur-mischung** | • Kulturschock gering<br>• gemeinsame Kultur führt zu stärkerem Zusammen-wachsen | • aufwendig umzusetzen<br>• Bereiche, die bislang als selbst-verständlich galten, sind neu zu verhandeln |
| Übernahme der Kultur eines Partners | **Kultur-übernahme** | • schnell abzuwickeln<br>• nur ein Partner muss mit einer neuen Kultur vertraut gemacht werden | • Kulturschock tritt auf<br>• „passt" Kultur wirklich? |
| Beide Kulturen bestehen gleich-berechtigt neben-einander | **Kultur-pluralismus** | • Kulturschock bleibt aus<br>• bisherige Tätigkeiten können (fast) nahtlos fortgesetzt werden | • Subkulturen sind schwierig zu kontrollieren |

**Abb. 4.35** Typen kultureller Integration. (Quelle: Siemens M&A-Integration Knowledge Base 2001)

eignet ist – denn dies ist die Mindestforderung an alle Kulturen: sie müssen mit der Unternehmenskultur des Übernehmers kompatibel sein, sei es beim Mix, bei der Dominanz oder beim Pluralismus. So ist zu einem frühen Zeitpunkt auch an kulturelle Barrieren zu denken, die ein Zusammenfügen – egal unter welchem Modell – schwierig machen.

Die Auswahl des Grundmodells für kulturelle Integration wird schon mit der Auswahl des strategischen Pfades und des Kandidaten eingeengt. Bei einer Akquisition eines etwa gleichgroßen, in derselben Branche tätigen Unternehmens im Inland dürfte der Kulturmix im Vordergrund stehen. Der Erwerb eines Unternehmens im Ausland, insbesondere mit anderer technologischer Orientierung und in Fernost (wenn der Übernehmer etwa aus Europa kommt) wird den Kultur-Pluralismus zur Folge haben, um in der neuen Zielregion mit der Kultur des Targets reüssieren zu können. In der Sondierung (vgl. Abschn. 4.2.2) hat sich der „Project Owner" (das Verantwortliche Management) über das Führungsmodell unter dem Gesichtspunkt der kulturellen Vereinbarkeit konkret Gedanken zu machen. Unter den drei gegebenen kulturellen Führungsoptionen muss bereits zu diesem Zeitpunkt eine konkrete Auswahl getroffen werden. Erschwerend dabei ist, dass nur ein geringer Teil der Werte und ihrer Treiber offen erkennbar sind und dass viele Treiber miteinander in Wechselbeziehungen stehen (vgl. Abb. 4.36). Mit fortschreitendem Projekt werden die Analysen jedoch feiner und es kommen Werkzeuge ins Spiel, die näher erläutert werden müssen. Diese Werkzeuge erschließen dann auch das zunächst „Unsichtbare". Dies gilt es, greifbar zu machen, denn nach außen tritt nur das Verhalten des Einzelnen. Wie es mit der inneren Motivation, des Wertesystems und der Antriebskräfte aussieht, bleibt zunächst im Verborgenen.

Als Beispiel kann eine Szene dienen, die im Zuge der Westinghouse-Übernahme bei der Siemens AG eintrat: einer der Westinghouse-Teilnehmer hatte sich in der Sitzung stark exponiert und für die Fusion stark gemacht. Als die Sitzung zu Ende war, wurde er gefragt,

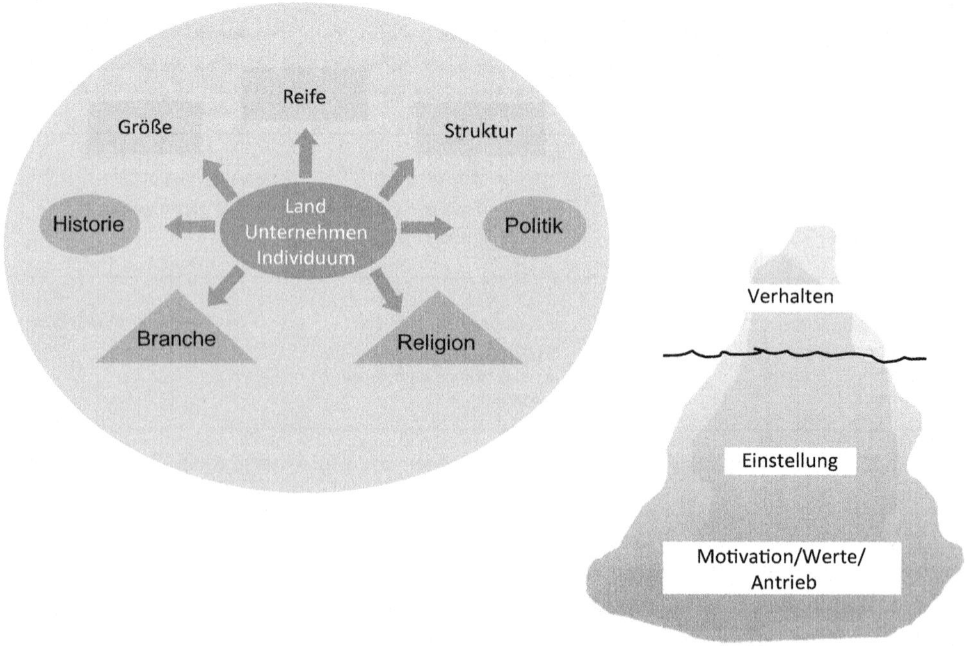


**Abb. 4.36** Die versteckten Werte. (Quelle: Siemens M&A Integration Knowledge Base 2001)

wie es ihm ginge. Seine Antwort darauf „sehr schlecht“. Das wirft ein Licht darauf, dass äußeres Engagement und innere Einstellung weit auseinander klaffen können. Die betreffende Person hatte auch Grund, sich schlecht zu fühlen, weil nämlich noch gar nicht feststand, welche Position sie in der zusammengeschlossenen Einheit einnehmen würde. Wenn viele Mitarbeiter in einer derartigen Situation stecken, dann kann das ein Unternehmen stark destabilisieren. Um das Ganze zu behandeln bedarf es einer Faktorenanalyse, wie sie in Abb. 4.36 impliziert wird. Im Zentrum steht das Unternehmen, das geprägt wird durch die einzelnen Stakeholder, vor allem die Mitarbeiter (Individuen). Das Unternehmen ist gekennzeichnet durch seine Größe, die Reife seines Geschäftes und seine Strukturen. Aber auch seine Historie spielt eine Rolle und die Politik, die das Unternehmen beeinflusst und von der es beeinflusst wird. Die Branchenherkunft und die sozio-kulturelle Prägung bestimmen weitgehend die Verhaltensweisen der Mitarbeiter. So stellte man bei Übernahmen von Wettbewerbern aus derselben Branche und speziell in reifen Anlagenbau-Geschäften fest, dass die (meist älteren) Mitarbeiter aus den beiden Unternehmen sich sachlich sehr gut verstanden. Insofern gab es keine großen Integrationshürden und es gab – wegen des relativ hohen Alters der Mitarbeiter - nur sehr wenige Abgänge aus den Unternehmen.

**Schnittstellen mit parallelen und nachlaufenden Arbeitspaketen**
Hierfür gilt, dass das Human Resources Change Konzept den Rahmen für die Personalwirtschaft und für die kulturelle Integration setzt. Es stellt fest, welcher Integrationstyp (Kulturmix, Dominanz einer Seite, Kulturpluralismus) zu bewältigen ist und wie hoch die Herausforderungen sind („Cultural Assessment“). Der Output aus dem Change-Konzept fließt in die laufenden Verhandlungen und Verträge ein und kann sich dort strukturell niederschlagen, besonders dann, wenn eine gesellschaftsrechtliche Struktur zu schaffen ist, die ein bestimmtes kulturelles Change-Modell unterstützen soll. Dies betrifft auch die Integrations-Vorbereitung (vgl. Abschn. 4.3.5), in der die „harten“ Maßnahmen vorzubereiten sind. Das HR Change Konzept steckt den Rahmen für den unmittelbar nachfolgenden Change Plan ab, in dem die Maßnahmen für Human Resources und Change Management entwickelt und auch erste Schritte realisiert werden.

### 4.3.5 Die Integrations-Vorbereitung

Die Integrations-Vorbereitung setzt sich aus der weiträumigeren Planung, bestehend aus Pre- und Post Signing-Phase sowie aus der direkt um das Closing herum liegenden „Peri-Closing-Phase“ zusammen. Auf Basis der Gesamtziele (vgl. Integrationskonzept Abschn. 4.3.3) sind nunmehr die Zielhebel zu quantifizieren, anhand von Dimensionen Wertschöpfung, Produktlinien oder Standorten. Daneben sind auch Szenarien abzuleiten, wie das von beiden Seiten zusammenkommende Produktportfolio harmonisiert und weiterentwickelt werden kann. Zur Beschaffung von Detaildaten kann der Einsatz eines Clean Teams notwendig werden. Kritische Beobachtung und vorausschauende Planung sieht das starke Ansteigen der Teamkapazität voraus. Mit dem Signing werden alle Aktivitäten öffentlich. Die Planung für den Day One erfordert generalstabsmäßige Detaillierung, da der „innere Kreis“ der Stakeholder quasi im Stundenrhythmus ein Veranstaltungs- und Maßnahmenprogramm abarbeiten muss. Noch vor dem Closing sind die Übernahme der Macht und die unmittelbaren Maßnahmen zur Sicherung des Geschäftes sicherzustellen.

#### 4.3.5.1 Inhalte des Arbeitspaketes Integrations-Vorbereitung

Mit dem Fortschritt des Projektes muss auch das Benchmarking vertieft werden (vgl. Abb. 4.37). Es ist eine Frage der unternehmenstypischen Vorgehensweise (Prozesse) und des Charakters des Projektes, zu welchem Zeitpunkt wie tiefgehend solch ein Wettbewerbsvergleich gezogen werden sollte. Auch hier ist zu unterscheiden, ob es sich um eine Übernahme vor dem Hintergrund exklusiver Verhandlungen um eine Auktion oder eine feindliche Übernahme handelt. In jedem der genannten Fälle kann ein Unternehmens-interner Best Practice-Vergleich gemacht werden. Diese Möglichkeit sollte auf alle Fälle genutzt werden. Wenn dies nicht schon im Planungszyklus des Unternehmens hinterlegt ist, sollte der spezifische M&A-Fall zum Anlass genommen werden, einen grundlegenden Vergleich anzustellen, wie das für M&A vorgesehene Geschäft in seinen Prozessen und Kosten intern positioniert ist. Bei Siemens werden alle Geschäfte – ob mit oder ohne M&A-Hintergrund - im zweijährigen Rhythmus einem Benchmarking unterzogen. Daraus sind regelmäßig Verbesserungspotenziale abzuleiten.

Diese Übung sollte so früh wie möglich angestellt werden, also idealerweise im Zeitraum, der für das Integrationskonzept angesetzt ist. Das interne Benchmarking stellt die erste Ebene eines systematischen Performance-Vergleichs dar. Die nächste Ebene ist der

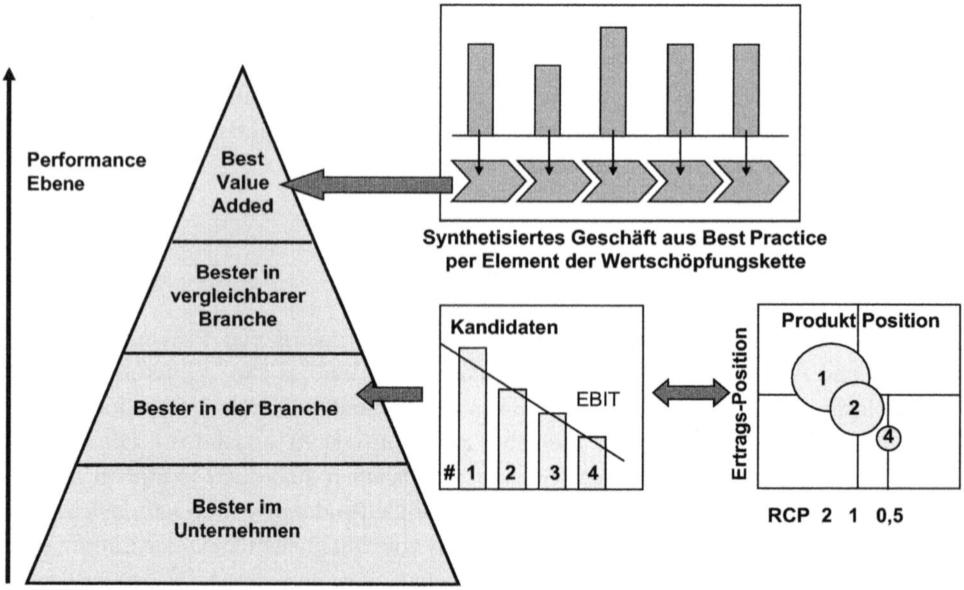


**Abb. 4.37** Ebenen des Benchmarking

Vergleich mit den führenden Wettbewerbern der Branche. Auch dies kann im Stand-Alone-Modus angestellt werden, gilt also für alle vorgenannten Fälle eines M&A-Ansatzes. Hier ist vor allem die Analyse fällig, wie sich die Ertragspositionen (EBIT in Bezug auf Umsatz) zu den Wettbewerbspositionen (Größenverhältnisse der Wettbewerber) zueinander verhalten. Für diese Analyse wäre es allerdings schon von Vorteil, wenn man Zugang zu den Daten des M&A-Partners hätte. In der dritten Stufe wäre diese Analyse im Vergleich mit den Besten anderer und ähnlich strukturierter Branchen anzustellen. Die vierte Stufe schließlich erfordert ein eigenes und umfassenderes Arbeitsmodul, für das ein Team mit mehreren Monaten Arbeit anzusetzen ist, nämlich die Analyse der einzelnen Wertschöpfungsstufen in Bezug auf die jeweils führende Branche in einem Einzelglied der Wertschöpfungskette. Hierbei wird die führende Kosten- und Wettbewerbsposition aus den führenden Positionen der einzelnen Wertschöpfungsstufe synthetisiert. Das Ergebnis kann als *„Stretched Goal"* (ausgeweitetes Ziel) für das relevante Geschäft ausgegeben werden. Sinnvollerweise sollte für eine derartige umfangreiche Analyse auch das Wissen des Zielunternehmens berücksichtigt werden. Dies würde dafür sprechen, diese Untersuchung nach dem Closing, also am besten im Programm der ersten hundert Tage, anzustellen. Das führt aber dazu, dass die Peak-Last der Arbeiten in den ersten hundert Tagen weiter erhöht wird. Zu empfehlen wäre deshalb, die vorgenannten Analysen bereits im Vorfeld des Closings soweit voran zu treiben, dass Methoden und Zwischenergebnisse bereits zum Tag 1 nach dem Closing vorliegen. Diese können dann den relevanten Mitarbeitern des Zielunternehmens vorgestellt werden, um die Untersuchung dann in gemeinsamer Runde noch einmal mit den Erfahrungen aus dem Vorprojekt beschleunigt durchzuführen.

Eng verbunden mit dem Benchmarking ist das Baselining, das auf die Ableitung des Ergebnisverbesserungs-Ziel insgesamt in der Verbindung der beiden M&A-Partner abzielt (vgl. Abb. 4.44). Auch diese Untersuchung kann schon einmal vor dem Closing durchgeführt werden, quasi in einer Simulation, wie sich das Verbesserungsziel in einer Außensicht auf das Target darstellt. Diese Untersuchung ist insofern komplementär zum Benchmarking, als dass sie eine (simulierte) Innensicht darstellt, im Gegensatz zur Außen (Wettbewerbs-) Sicht des Benchmarkings. Da für eine belastbare Analyse die Daten aus dem Rechnungswesen des Targets erforderlich sind, sollte diese Untersuchung als Teil des 100-Tage-Programms durchgeführt werden. Deshalb wird sie in Abschn. 4.3.7 vertiefend erläutert.

Beide Analysen, das Benchmarking und das Baselining, liefern Daten über das finanzielle und strategische Gesamtziel des M&A-Deals, also die anzustrebende Verbesserungshöhe, ausgedrückt durch das gemeinsame Ziel-EBIT und die gemeinsame Wettbewerbsposition nach der Umsetzung der Integration. Diese Untersuchungen sind nicht nur relevant aus der Einzelsicht des Unternehmens-Zusammenschlusses sondern auch aus der Sicht des M&A-Wettbewerbs. Da ein Deal möglicherweise eine Konsolidierungswelle in der Branche auslöst oder in eine bestehende Konsolidierungswelle hinein einen M&A-Deal vorantreibt, ist es die Frage, ob mit der gegebenen Wettbewerbsposition und dem angestrebten Deal weiter vorangekommen wird als der führende Wettbewerber mit dem von ihm ausersehenen Target. Die ersten Überlegungen dazu wurden bereits mit dem Strategieentwicklungs- und mit dem Integrationskonzept angestellt. Mit der fortschreitend sich vertiefenden Datenlage und dem Zugang zum Target sollte diese Untersuchung vor dem Closing wiederholt und vertieft werden. Es liegt also in der Natur des prozessorientierten Ansatzes für M&A-Projekte, Analysen schrittweise zu vertiefen. Wie und wann dies zu geschehen hat, hängt von den Umständen des Projektes und vom Willen der Projektverantwortlichen ab.

Das Gesamtziel, das sich aus dem Benchmarking und dem Baselining ergibt, gibt den Rahmen vor für das erste Herunterbrechen in die sogenannten *Zielhebel* (vgl. Abb. 4.26, 3. Workstream). Bereits mit dem Integrationskonzept sollte die Zieldefinition soweit abgesichert sein, dass diejenigen 20 % der Maßnahmen, die 80 % der Ergebnisverbesserung darstellen, identifiziert sind. Auch dies geschieht zunächst Top-down. Dazu sind die Dimensionen zu bestimmen, die zum Zeitpunkt vor dem Closing am besten zugänglich sind, denn zu dem gegebenen Zeitpunkt für die Integrations-Vorbereitung vor dem Closing stehen immer noch begrenzte Informationen zur Verfügung. Diese gehen im Wesentlichen auf die (Vendor) Due Diligence zurück und die Wettbewerbsinformationen, die bis dato gesammelt werden konnten. Zur Auswahl stehen a) das Produktportfolio, b) die Standorte/Regionen und c) die Wertschöpfungskette (vgl. Abb. 4.26).

Im Rahmen der Strategieentwicklung wurde das von beiden Fusionskandidaten kommende *Produktportfolio* gegenübergestellt und bewertet. Zum jetzigen Zeitpunkt müssen erste Szenarien abgeleitet werden, wie das Portfolio harmonisiert und weiterentwickelt werden kann. Im Falle von exklusiven Verhandlungen können bereits vor dem Closing dafür notwendige (Top-down-) Daten ausgetauscht werden, die Angaben über die Entwicklung von Marktanteilen und Gesamtvolumina beinhalten. Sollten dazu weitergehende Informationen notwendig sein, wie etwa Daten über konkrete Projekte und Kostenstrukturen, so muss die Sammlung und Analyse einem Clean Team überlassen bleiben, das von beiden Seiten eingesetzt (und bezahlt) wird, da es sich möglicherweise um Wettbewerbs- und kartellrechtlich kritische Daten handelt. Was die Erstellung des Portfolios über die Zeit betrifft, so sollten mehrere Szenarien konzipiert werden. Entsprechend dieser Szenarien sind die Risiken, die mit den einzelnen Portfolios in Hinblick auf die Erreichung der strategischen Vorgaben verbunden sind, einzuschätzen.

Die alternativen Portfolios sind bezüglich der *Wertschöpfungsverteilung* und vor allem bzgl. des nötigen Restrukturierungsaufwands zu bewerten. Speziell bei internationalen Akquisitionen muss im Rahmen der Beurteilung des Standortrisikos das Länderrisiko eingeschätzt werden. So steht z. B. die Begrenzung regionaler Risiken durch zentralisierte technologieoptimale Fertigung in nur einem Land oftmals in Konflikt mit nationalen Vorschriften zur Gesellschaftsgründung in den Zielländern. Hinsichtlich der Wertschöpfungsstufen sollte genau geprüft werden, auf welchen Plattformen die Produkte beider Parteien aufsetzen. Es hat sich nämlich herausgestellt, dass zum Beispiel unterschiedliche Bauelement-Architekturen eine Integration verhindern. So geschehen in der Zusammenführung der Siemens Private Nebenstellenanlagen mit dem Target ROLM, das von IBM übernommen wurde. Aufgrund unterschiedlicher Halbleiterarchitektur war es nicht möglich, die Produkte beider Seiten zu harmonisieren. Erst mit der vollständigen Neuentwicklung einer Nachfolge-Generation konnte die Harmonisierung durchgeführt werden. Auch der Zusammenschluss von Daimler und Chrysler lief ohne gemeinsame Plattformen ab und der Mini-Coopers, den BMW übernahm, wurde erst Jahre später mit den BMW-Plattformen harmonisiert (z. B. Heckmotor versus Frontmotor: Harmonisierung in 2013). Siemens hatte mit der Übernahme von Westinghouse Power Generation ursprünglich vor, die regional überlappenden Turbinen auszublenden, sodass im US-Markt nur noch Westinghouse-Turbinen (60 Hertz-Markt) und in den 50-Hertz-Märkten nur noch Siemens-Turbinen ausgeliefert werden sollten. Insofern war die Idee, die 50-Hertz-Familie von Westinghouse und die 60-Hertz-Familie von Siemens aufzugeben. Tatsächlich stellte sich aber heraus, dass Westinghouse im 50-Hertz-Markt über eine gut eingeführte Turbine mit hoher Zuverlässigkeit verfügte während Siemens in diesem Segment eine neue Turbine mit höherem Wirkungsgrad hatte, deren Verfügbarkeit aber noch nicht ausreichend geprüft war. Viele Kunden entschieden sich deshalb für die gut eingeführte Westinghouse-Turbine trotz des geringeren Wirkungsgrades. Im Resultat behielt Siemens also über Jahre die überlappenden Produktfamilien bei, bis es zu einer ganz neuen Generation kam. Die Erfahrung zeigt also, dass Produktharmonisierungen, und damit der Realisierung von Synergien, in der Umsetzung enge Grenzen gesetzt sind, die technik- oder marktbestimmt sind.

Eng verbunden mit der Entwicklung der Produktfamilien ist die Entscheidung über die *Standorte* des Mergers. Im „Grundmodell" ist davon auszugehen, dass alle Standorte in ihrem Wertschöpfungsbeitrag erhalten bleiben. Als erste Stufe einer Konsolidierung ist das Modell der produktreinen Fertigung anzusehen, in der die Fertigung eines Produktes weltweit an einem Standort konzentriert wird. Dies lässt sich auf die Wertschöpfungsstufen eines Produktes ausweiten: es geht also kein Standort „verloren", alle Fertigungsstandorte weltweit sind spezialisiert und „einmalig". Die nächste Stufe ist die Konzentration von Fertigungsaktivitäten unter völliger Aufgabe einzelner Standorte.

In der Vorfeldphase, in der nur ungesicherte Informationen über Kostenstruktur, Produktprogramm und Mitarbeiterstruktur der Standorte des Kaufobjekts vorliegen, sollte noch offen gelassen werden, welche Standorte im Zuge einer Synergierealisierung zu streichen sind. Es ist jedoch wichtig, dass zumindest in einer Grobstruktur die Gesamtzahl der Standorte, die mittel- und langfristig als sinnvoll erscheint, und die dazugehörige Verteilung der Ressourcen und Aufgabeninhalte innerhalb des neuen Portfolios festgelegt werden. Insbesondere sind dafür erforderliche organisatorische und geographische Restrukturierungsmaßnahmen auf Seiten des Verkäufers wie des Akquisiteurs und die Anzahl der zu bearbeitenden Regionen zu identifizieren.

Vor allem bei großen Akquisitionsprojekten, die eine erhebliche Veränderung der organisatorischen Strukturen mit sich bringen, ist zu empfehlen, dass zur Erreichung der geplanten Endstruktur auch die Bildung einer Übergangsstruktur in die Planung einbezogen wird. Hier können „Zwischenstadien" der Transformation überlegt werden, die die Anpassung der Geschäftsbeziehungen und auch der individuellen Dispositionen erleichtern. Die Startstruktur wird im Laufe der Integration zur Zielstruktur weitergebildet, wobei dies unterschiedlich schnell vonstattengehen kann. Allerdings darf das letztendliche Ziel nicht aus den Augen verloren werden.

Insgesamt stellt die Integrations-Vorbereitung an das Management hohe Ansprüche, denn

- die erforderliche Teamkapazität steigt um Faktoren an,
- das gesamte Integrations-/Implementierungsteam ist zu besetzen aus Vertretern des betreffenden Geschäftes, der zuständigen Stabsabteilungen und externen Fachleuten, sofern erforderlich,
- das Interim-Team unter dem Integrations-Projektleiter arbeitet in voller Breite, jedoch ohne interne Kontakte zum Target (außer: es wurde ein gemeinsames Explorativ-Team aufgesetzt),
- im Falle von Informationskonflikten wurde ein „Clean Team" aufgesetzt, das wettbewerbskritische Informationen aus dem Target in strategie- und implementierungsrelevante Daten aggregiert,
- die Tools für Führung und Controlling sind aufzusetzen und für den Zeitpunkt ab „Day One" funktionstüchtig zu halten,
- die entsprechende Projekt-Infrastruktur inklusive IT-Lösung wurde aufgesetzt,
- das Steering Committee wurde definiert und besetzt, hinterlegt mit einer Arbeitsbeschreibung und mit einem Sitzungsprogramm versehen, das in der Umsetzungsphase nach Closing durchgehalten wird,
- Vorkehrungen für das Kontinuitätsmanagement nach dem Closing wurden getroffen, insbesondere wurden Kandidaten identifiziert, die als Ersatz für auszutauschende Stellen beim Target bereitstehen.

Besondere Aufmerksamkeit ist der Zusammenarbeit zwischen den „permanenten Institutionen" (zentrale Abteilungen, dem Linienmanagement) und den temporären Institutionen (Lenkungsausschuss, Implementierungsteam) zu widmen. Für die Arbeitsteilung und Zusammenarbeit sind Aufgabenbeschreibungen anzufertigen und Schnittstellen-Verantwortliche zu benennen. Durch die grundsätzlich komplementären Rollen des Kontinuitätsmanagements (Manager der übernehmenden Unternehmenseinheit und des Targets) und des Diskontinuitätsmanagements (Implementierungsteam, Integrationsleiter) beziehungsweise der Doppelrolle, in der der Project Owner sitzt, entstehen Zielkonflikte, die aktiv aufgelöst werden müssen.

#### 4.3.5.2 Vorbereitung auf den „Tag 1" (Day One)

Der „Tag 1" nach dem Closing ist einer der wichtigsten Eckpunkte des M&A-Prozesses. An diesem Tag hat der neue Besitzer erstmals vollen Zugang zu den Mitarbeitern, zu allen dazugehörigen rechtlichen Einheiten, zur gesamten Infrastruktur und zu allen Büchern und Daten des Zielunternehmens.

Der „förmliche Tag 1" ist voll gespickt mit Aufgaben – so viele, dass die Haupt-Protagonisten, die bislang aktiv oder informatorisch eingebunden waren, an diesem Tag und in den folgenden Tagen konkrete Aufgaben übernehmen müssen. In den Wochen vor dem Tag 1 mussten diese auf ihre Aufgabe eingestimmt werden. Die Frage, wer nun eine aktive

Rolle zu spielen hat, richtet sich auch nach der Kategorie der Übernahme, insbesondere nach der Größe und damit der politischen Tragweite des Projektes.

Dazu ist an dieser Stelle ein Exkurs erforderlich, denn die Herausforderungen für den „Tag 1“ sind für „Megaprojekte“ besonders groß. Als Megaprojekte werden im fachlichen Sprachgebrauch etwa bei der M&A Review Projekte mit einem Investment von über 1 Mrd. € bezeichnet. Man muss hier jedoch differenzieren, ohne zu komplex zu werden. Vereinfachend kann man „A“- „B“- und „C-Projekte unterscheiden“ (vgl. dazu auch Abschn. 6.1.3). In der Praxis des Centers für M&A-Integration der Siemens AG hat sich die Unterscheidung nach drei Dimensionen als sinnvoll erwiesen, nämlich reine Größe, Komplexität und Grad der Restrukturierung (vgl. Abb. 4.38) Um dies grafisch darzustellen wurde ein Spinnendiagramm entwickelt, in dem jeder dieser Dimensionen vier Größen zugeordnet wurden (vgl. Abb. 4.39). So wurde die Dimension „Größe“ (Volume) in die Unter-Dimension „Umsatzvolumen“ einerseits für die eigene Einheit und andererseits für die Target-Einheit zerlegt, dazu die Unter-Dimensionen für die Mitarbeiter beider Seiten. Für die Dimension „Komplexität“ wurden die Unter-Dimensionen der Anzahl der Länder (Countries), Anzahl der Standorte (Locations), Anzahl der Geschäfte sowie die Tiefe der Wertschöpfung gewählt. Die übergeordnete Dimension dieser drei Haupt-Dimensionen wurde als „Herausforderungen“ definiert.

Die Wahl dieser Dimensionen offenbart, dass es sich um einfache Größen handeln muss, die frühzeitig und durch Außensicht bekannt sein müssen. Darüber hinaus müssen die Größen tariert und indexiert werden, um einen Vergleich verschiedener Projekte zu ermöglichen. Dies muss unternehmensspezifisch erfolgen, denn die Einordnung der Projekte nach ihren Treibern muss sich nach der Größe des jeweiligen Unternehmens richten. So kann bereits zu einem frühen Zeitpunkt definiert werden, ob es sich um ein Projekt (relativ) großer, mittlerer oder eher geringer Herausforderungen handelt. Dementsprechend ist die Aufhängung in einem Konzern festzulegen, also „A“-Projekte auf höchster Ebene (bei Siemens z. B. der Kreis der Sektorenleitungen: Industry, Energy, Health und

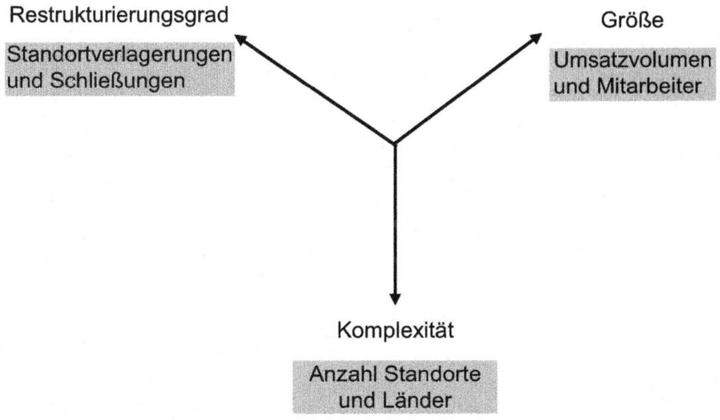


**Abb. 4.38** Treiber für Größe und Kompetenzen

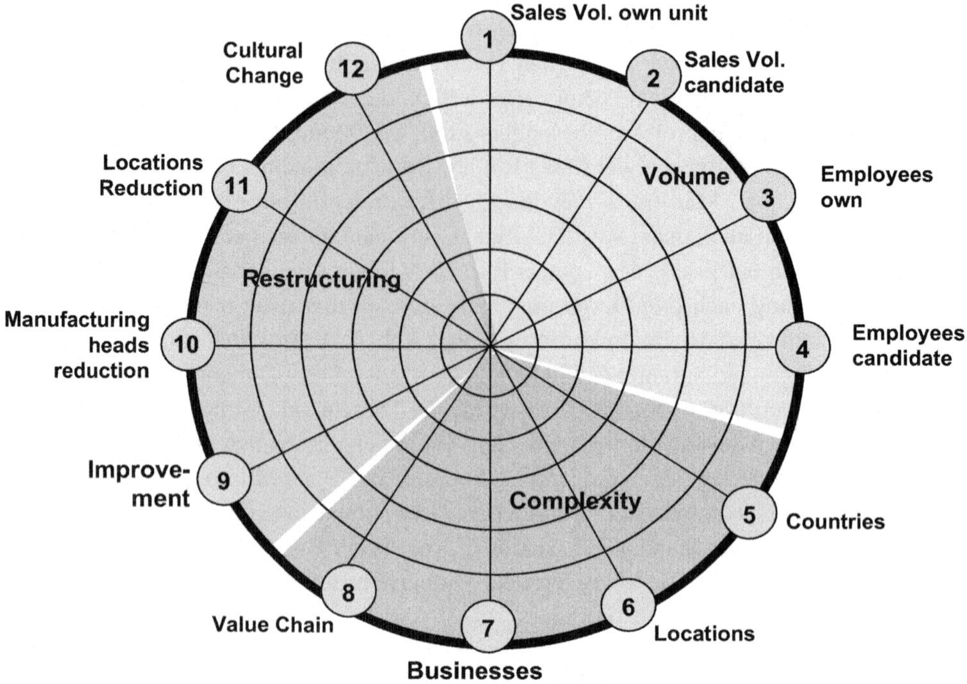


**Abb. 4.39** Spinnendiagramm für Projektkategorien

Infrastructure), das heißt, der Leitungskreis rekrutiert sich aus Mitgliedern des Vorstands. Bei „B"-Projekten kann dies die Ebene der Industriebereichsleitung sein und bei kleinen Projekten der Kreis der oberen operativen Ebene.

In dieses Übernahmeprojekt wurden 200 Mannjahre über einen Zeitraum von 6 Jahren investiert. Genauer soll auf dieses Projekt im Zuge des Abschn. 4.3.7 eingegangen werden. Bereits 5 Jahre zuvor hatte Siemens für seine damalige Tochter Osram die US-amerikanische Sylvania übernommen und 5 Jahre später wurde von General Motors der Elektronik-Standort Huntsville gekauft. Diese drei Projekte wurden wegen ihrer Herausforderungen als „Projekt Kategorie A" eingeordnet (Abb. 4.40).

Abbildung 4.41 zeigt, wie sich diese drei Projekte auf dem vorgestellten Spinnendiagramm darstellen. Zunächst ist festzuhalten, dass die regionale Zielrichtung USA für alle drei Projekte dieselbe ist. Dann kann konstatiert werden, dass sich die vier Dimensionen „kombinierter Umsatz", „kombinierte Anzahl der Mitarbeiter", „Ergebnis-Verbesserungsziel" und „Fabrik-Transfer" in vergleichbaren Größen bewegen, zumindest was Osram und Westinghouse betreffen. Aus der grafischen Abbildung geht als erster Eindruck hervor, dass Sylvania in dieselbe Größenkategorie gehören, weil hier das gesamte Unternehmen Osram (alle Lampensegmente) betroffen war und damit eine besonders große Anzahl von Mitarbeitern und ein großer kombinierter Umsatz. Aber auch Huntsville wurde aufgrund der Anzahl der betroffenen Mitarbeiter und der hohen Umsätze in „Kate-

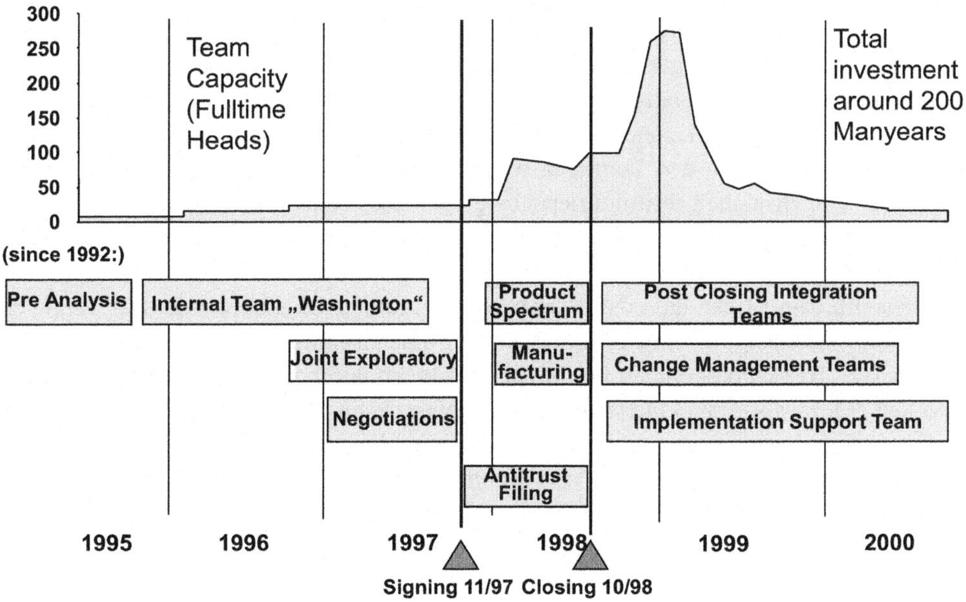


**Abb. 4.40** Kapazitätsverlauf Siemens-Westinghouse

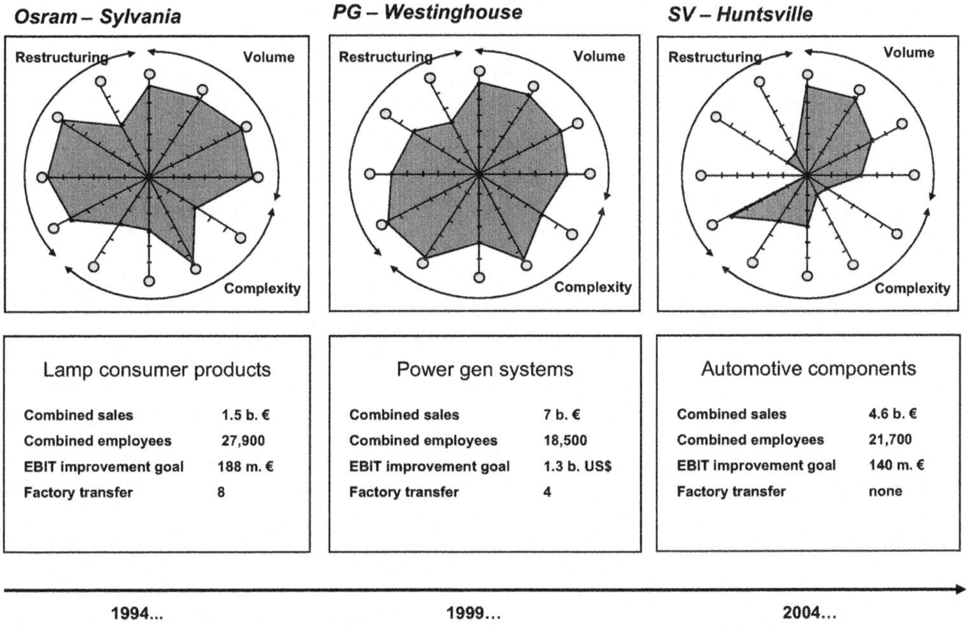


**Abb. 4.41** Komplexitätstreiber-Erfahrungen

gorie A“ eingeordnet,. Auffallend bei der „Spinnen-Darstellung“ ist im Vergleich der drei Übernahmen die deutlich geringere Fläche (Integral) im Huntsville-Fall. Dies ist nur teilweise auf den hier nicht stattgefundenen Transfer von Fertigungen und dem geringerem EBIT-Verbesserungs-Ziel, sondern auch durch das deutlich geringere Restrukturierungsziel zurückzuführen. In den Verträgen wurde nämlich vereinbart, dass General Motors die Unternehmenseinheit restrukturiert übergibt, sodass bei Siemens nur geringe weitere Restrukturierungen anfallen. Dies war durch entsprechende Verträge möglich, in denen die Verantwortung für die EBIT-Verbesserung an den Verkäufer übergeleitet wurde, allerdings mit dem Effekt, dass dafür ein besserer Kaufpreis gezahlt wurde. Der Vergleich dieser drei Fälle zeigt auch den Lerneffekt über einen Zeitraum von 10 Jahren, in denen das Risiko „Herausforderungen bei M&A-Projekten“ durch günstige Vertragsgestaltung deutlich reduziert werden konnte. Zusammengefasst kann gesagt werden, dass es bei den eher seltenen sogenannten „A“-Projekten durchaus Erfahrungen gibt, die sich in einer Erfahrungskurve abbilden lassen. Das vorgeführte Spinnendiagramm wurde bei Siemens auch für mittlere und kleinere Projekte eingesetzt und damit eindeutige Zuordnungen in Projekte der Kategorien „B“ und „C“ vorgenommen.

So können alle M&A-Projekte nach „Herausforderungs-Dimensionen“ kategorisiert werden. Auf Basis dieser Dimensionen kann dann die Bearbeitung in der adäquaten Hierarchieebene erfolgen. Dies betrifft neben der Bearbeitung im gesamten Prozess auf besondere Weise die Planung und Abarbeitung des Tages 1 nach dem Closing. Insofern sind die Bezeichnungen der Verantwortlichen im Folgenden auf die jeweils zu wählenden hierarchischen Ebenen zu beziehen: Projekte mit geringen Herausforderungen auf unterer Ebene, Projekte mit mittleren Herausforderungen auf mittlerer Ebene und Projekte großer Herausforderungen auf oberster Ebene. Für alle drei Ebenen gilt: als oberstes Level ist der Lenkungsausschuss zu besetzen, darin als unmittelbar Betroffener der Eigentümer („Owner“) des Projektes, darunter das Implementierungsteam, an dessen Spitze der Integrationsleiter steht und darunter die Leiter der Subteams sowie die operativen Geschäftsverantwortlichen.

Angesichts der Vielzahl der zu beteiligenden und der Kürze der zur Verfügung stehenden Zeit ist dieser „Day One“ generalstabsmäßig zu planen. Dieser Tag vereint auch die „harten“ (Integrations-Vorbereitung) und „weichen“ („Change Plan“) Faktoren und er stellt eine der größten Herausforderungen an die Kommunikation. Dies soll wegen der Bedeutung der „harten“ operativen Maßnahmen an dieser Stelle im Kontext der Integrations-Vorbereitung zusammenfassend erläutert werden. In den besagten Abschnitten „Change Plan“ (vgl. Abschn. 4.3.6) und „Projektinterne Kommunikation“ (vgl. Abschn. 5.2.3) wird hierauf Bezug genommen.

Die Botschaften, die an die verschiedenen Stakeholder-Gruppen auszugeben sind, müssen je nach der Nähe zum „Inneren Kreis“ der Übernahme leicht differenziert werden. Die Betonung liegt auf „leicht“, denn das Problem, das es hier zu bewältigen gibt, ist die Durchlässigkeit der Informationen, die sogenannten „Informations-Lecks“ von einer Stakeholder-Gruppe (etwa Betriebsräte) an die andere (z. B. die Presse). Aus diesem Grunde sollte man mit Informationen zurückhaltend umgehen und möglichst nur belastungsfähiges Material zugrunde legen. Idealerweise ist ein grundlegendes Strategiepapier zu entwickeln (vgl. Abschn. 4.1.2), das auf Tatsachen fußt und auch die Motivation für den angestrebten Deal beinhaltet. Dieses Papier ist als Gemeinschaftsarbeit der Kernprozesse und unter Federführung des Kernprozesses Strategie zu entwickeln. Insbesondere bei komplexen Projekten, bei denen die Gefahr besteht, dass die Übersicht und die Zielrichtung verloren gehen, füllt dieses Papier eine wichtige Informationslücke. Im Falle einer regulären Übernahme muss dieses vor dem Closing allein mit den Daten des Übernehmers durchgeführt werden. Auch bei Übernahmen aus einer Auktion oder bei feindlichen Übernahmen wird das Strategiepapier vor dem Closing im Alleingang von der übernehmenden Seite erstellt. Damit kann dieses Papier rechtzeitig vor dem Tag 1 bereitgestellt werden. In der Praxis wird ein solches Papier häufig erst nach dem Closing erstellt – wenn überhaupt. Bei weniger komplexen Projekten reicht es aus, wenn die Unternehmens-Kommunikation sich zu Schnittstellen-Gesprächen mit der Strategieabteilung zusammensetzt und darauf basierend die Botschaften an die Stakeholder entwickelt werden. Dies ist ein iterativer Prozess, der nach dem Signing im Arbeitspaket Verhandlungen/Verträge (vgl. Abschn. 4.2.6) beginnt und sich über die Implementierung bis ein Jahr nach dem Closing fortsetzt (vgl. Abschn. 4.3.7). Im Falle der Übernahme der Mannesmann- ATECS Industriegeschäfte durch die Siemens AG mit der Robert Bosch GmbH wurde dies exemplarisch gelöst. Dazu forderte die zentrale Strategieabteilung in der Konzernzentrale der Siemens AG von den einzelnen Strategieabteilungen der ATECS-Geschäfte zusammenfassende Strategie-Präsentationen ein und führte diese – ergänzt um die Zielpapiere von Siemens und Bosch – zu einem Gesamtpapier mit rund 100 Folien zusammen. Dieses Papier wurde mit den Vorständen der drei beteiligten Unternehmen (Siemens, Bosch, Mannesmann ATECS) abgestimmt und dann der Siemens-Abteilung Corporate Communications zugeleitet, die dann auf dieser Basis das gesamte Kommunikationsprogramm aufsetzte.

Tatsachen, die zum Zeitpunkt des „Tag 1" noch offen sind, etwa die Schließung von Standorten (welcher?) oder Transfer von Wertschöpfungsstufen (welche, wohin?) sollten allgemein angesprochen, aber offen gelassen werden. Hier genügt ein Hinweis, dass es ein gemeinsames Team gibt, das sich dieser Themen annimmt und das in möglichst kurzer Zeit Modelle vorlegt, die wettbewerbskonform und möglichst sozialverträglich sind. Man muss an dieser Stelle auch einräumen, dass mehrere Szenarien vorgelegt werden müssen, deren Wert (Net Present Value), Durchsetzbarkeit und Sozialverträglichkeit einander gegenübergestellt werden müssen. Als eine Kernbotschaft ist zu vermitteln, auf welchen Wegen die Kommunikation in der Folgezeit durchgeführt werden soll und in welchen Zeitabständen mit neuen Meldungen zu rechnen ist. Zu empfehlen ist, einen gewissen Zyklus festzulegen, der für alle Stakeholder gilt, da es ansonsten „Lecks" (Leaks) gibt, die das Verhältnis zu einzelnen Stakeholdern belasten, weil sie nicht direkt angesprochen werden, sondern die Information aus zweiter Hand erhalten. Im Rahmen des Abschn. 5.2.3 „Projektinterne Kommunikation" ist tiefer auf dieses einzugehen. Der Zyklus, in dem neue Botschaften vermittelt werden, sollte nicht zu kurz bemessen sein und er sollte sich an den operativen Notwendigkeiten orientieren. Als zeitliches Grundraster hat sich der Wochenrhythmus bewährt, nachdem der Integrations-Projektleiter im zwei-Wochen-Rhythmus mit ausgewählten Vertretern des Lenkungsausschusses zusammentrifft (also in erster Linie mit dem Project Owner und ausgewählten Teilnehmern des Lenkungsausschusses) und wöchentliche Telefonkonferenzen unter den Teil-Projektleitern stattfinden. Der Aufwand für Fortschrittsberichte sollte nicht unterschätzt werden. Bei internationalen oder globalen Geschäften ist es sinnvoll und realistisch, den Lenkungsausschuss in einem 6-Wochen-Rhythmus tagen zu lassen. Man bedenke, dass dafür alle Teilteams Zwischenberichte über den Projektfortschritt abzuliefern haben, einschließlich einer Bewertung, ob man „im Plan ist", „über Erwartungen liegt" oder „hinterher hinkt". Nach diesem Rhythmus sollte sich auch die gesamte Stakeholder-Zusammenarbeit und -Kommunikation ausrichten, das heißt, im 6-Wochen-Rhythmus ist mit Botschaften an alle Stakeholder zu rechnen. Wichtig dabei sind auch kritische Informationen, zum Beispiel für die Besetzung von Posten oder börsenrelevante Informationen. Hierbei ist besonders eng mit den Abteilungen für Unternehmenskommunikation und Investor Relations zusammenzuarbeiten. Es gibt übergeordnete Zeitraster, die zu berücksichtigen sind, etwa die „Silent Period" vor Bekanntgabe von Quartalszahlen, vor Pressekonferenzen und Geschäftsjahres-Berichterstattungen. Die Fortschrittsberichte größerer Projekte (Kategorie A oder B) sollten außerhalb dieser Perioden erfolgen. Deshalb sollte der Kommunikationsplan unter Berücksichtigung dieser Phasen mittelfristig (ca. über einen Zeitraum von 6 Monaten) festgezurrt werden.

Die Vorbereitung auf den „Tag 1" sollte im Implementierungsteam erfolgen. Idealerweise wird dem Integrations-Projektleiter dazu eine spezielle Stabsabteilung zur Seite gestellt, die in den Monaten vor dem Closing speziell auf den „Tag 1" vorbereitet. Der Lenkungsausschuss ist damit ständig über den Stand der Vorbereitungen informiert. Er informiert den Vorstand und die engsten Vertrauten aus der Leitung des operativen Geschäftes und der Stäbe sind eingebunden. Dies sind dann auch die Protagonisten, die die Arbeit am „Tag 1" auszuführen haben.

Die wichtigste Aufgabe gilt der Sicherstellung des laufenden Geschäftes beim Target, das sogenannte Kontinuitätsmanagement. Dazu wurden im Vorfeld Absichtserklärungen über die Beibehaltung des Managements mit dem jeweils Betroffenen abgefasst, soweit dieser (rechtlich und faktisch) ansprechbar und willens war. In diesen Papieren wurde dem Stelleninhaber die Position zugesichert und damit versichert, ob der Funktionsträger an Bord bleiben würde. Vor dem Closing können solche Papiere nicht rechtsverbindlich unterschrieben werden, es ist jedoch möglich, solche Papiere zu erarbeiten und „in den Tresor zu legen", um sie am Tag 1 herauszuholen und von beiden Seiten zu unterschreiben. Im Falle der Übernahme der schweizerischen Elektrowatt durch Siemens wurden solche Papiere entwickelt und „schubladisiert" – wie man in der Schweiz sagt. Entscheidend ist, vor dem Closing zu wissen, von welcher Führungsposition man sich trennen will bzw. welche Person nicht mehr zur Verfügung steht und ersetzt werden muss. Dafür müssen Führungskader aus den eigenen Reihen oder Nachwuchskräfte des Targets identifiziert und bereitgestellt werden, um einen möglichst friktionsfreien Übergang zu gewährleisten. In der Praxis wird man dies vor dem Closing für die erste Ebene (Gesamtgeschäftsführer und Finanzvorstand des Targets) und der zweiten Ebene (Geschäftszweigleiter oder Ressortleiter oder Regionalleiter) möglichst noch vor dem Closing festzurren. Man kann diese Regelungen auch in den Kaufverträgen unterbringen. Diese Regelungen haben aber auch ihre Schattenseiten, denn man kann sich natürlich auch verschätzen, indem man sich des Verbleibs einer Führungskraft versichert (und dies noch durch eine Bleibeprämie honoriert), diese sich jedoch als nicht passend erweist, sodass man sich kurze Zeit später (teuer) von ihr trennen muss. Deshalb ist eine frühzeitige Einschätzung über die Eignung der ersten und zweiten Führungsebene für den betreffenden Job unerlässlich. Dies sollte Bestandteil der Sondierungsgespräche sein und in der Due Diligence abgebildet werden. Für die Tage und Wochen nach dem „Tag 1" sind Management Assessments über die verbleibenden Positionen und über die Neubesetzungen – sowohl im Stand-Alone-Modus als auch für die Positionen nach der Restrukturierung anzusetzen. Diese sind eine Voraussetzung zum Verbleib bzw. zur Übernahme von Schlüsselpositionen.

Ein weiteres Gebiet, das vor dem Closing für den „Tag 1" gelöst werden muss, ist die Veränderung der IT-Infrastruktur. Mit dem Tag 1 muss der Zugang des Targets zur ehemaligen Mutter „abgeschnitten" werden, sowie der Zugang der Mutter zum verkauften Target. Als einzige Verbindungen dürfen IT-Brücken für sogenannte Service-Agreements, die im Zuge des Carve-Outs zu entwickeln sind bestehen oder neu aufgestellt werden. Auf der anderen Seite sind nun Verbindungen zum IT-Netz der neuen Mutter herzustellen. Dafür muss im Vorfeld der Transaktion entsprechend vorgesorgt werden, durch Harmonisierung der Datenstrukturen, durch Aufstellung entsprechender temporärer IT-Infrastruktur und durch Aufstellung eines gemeinsamen IT-Teams, das sich unmittelbar nach dem Closing an die Arbeit macht, die Infrastrukturen und Datenstrukturen für die dauerhafte gemeinsame Lösung zu harmonisieren (weiteres dazu vgl. Carve-Out Abschn. 4.3.2 und IT Abschn. 6.2).

Basierend auf der IT-Infrastruktur sind das Reporting und Accounting des Targets auf die Strukturen der neuen Mutter abzustimmen. Auch dies verlangt ein Team, das am „Tag 1" an die Arbeit geht. In der Regel wird man die Strukturen der Mutter voll übernehmen. Wenn es sich um sehr kleine Einheiten handelt, wird man diese in die größeren Einheiten des Übernehmers eingliedern. Kleine Unternehmensteile können auch an das breit angelegte Berichtswesen eines Konzerns mit einer beschränkten Datenbreite angehängt werden, um die laufenden Aufwendungen nicht zu groß werden zu lassen. Es hat sich nämlich herausgestellt, dass es gerade bei der Übernahme von (Teilen von) kleinen Mittelständlern, zu negativen Synergieefekten kommt, weil der Aufwand für Accounting, Reporting und IT pro Arbeitsplatz mit dem Einzug in einen Konzern um eine Größenordnung zunehmen kann. Im Großen und Ganzen wird sich das Target jedoch an die Strukturen und Usancen der neuen Mutter anpassen müssen. All dies sollte als „Non Discussables" fixiert und dem Target mit dem Tag 1 kommuniziert werden, damit gar nicht erst das Gefühl aufkommt, auf einer Insel weiterleben zu können. Dennoch ist hier viel Fingerspitzengefühl erforderlich, insbesondere was die Breite der Bericht zu erstattenden Einheit betrifft und der Tiefgang der Berichterstattung. Am besten ist es, dass am Tag 1 ein Auftrag an ein kombiniertes Team ergeht, das sich mit diesen Harmonisierungen zu beschäftigen hat.

Neben IT und Berichtswesen sind zahlreiche unmittelbare Maßnahmen zu kommunizieren bzw. zu vereinbaren. Dazu gehört die Besetzung des Implementierungs- bzw. Integrationsteams von der Seite des Targets. Auf der Käuferseite ist dies ja schon vorhanden. Es ist der grundsätzliche Ablauf des Projektes über die kommenden 6 Monate offen zu legen, am besten mit den geplanten Meilensteinen, z. B. „100-Tage-Report". Einzelne Unternehmen setzen nach dem Closing ein spezielles „Post Closing Due Diligence Team" auf, das unabhängig vom Integrationsteam arbeitet. General Electric macht das so. Bei Siemens wird es anders gemacht. Hier befürchtet man eher die Vielzahl der Teams und man hat sich in der Konzernleitung auf ein „Self Assessment" nach 100 Tagen geeinigt. Dabei sind die Listen der übergehenden Mitarbeiter der beiden Fusionskandidaten auszutauschen, einschließlich ihrer vollständigen Koordinaten. Diese sollten dann auf einen gemeinsam zugänglichen Server zugreifen können.

Gleichfalls am „Tag 1" sind organisatorische Sofortmaßnahmen zu kommunizieren, weil etwa augenfällige Parallelen bestehen, die unmittelbar zusammengeknüpft gehören. Hier sollte man ad hoc nicht zu weit gehen, weil es sinnvoll sein kann, die Tatsachen noch einmal gemeinsam zu evaluieren und dann schrittweise vorzugehen. Dabei können auch Interim-Lösungen sinnvoll sein. Auch diese Aufgaben wären an das Integrationsteam zu übertragen. Sofortlösungen sind gefragt, wo beide Fusionskandidaten in einem unmittelbaren Kundenwettbewerb stehen, etwa mit zwei Angeboten beim selben Kundenprojekt. Diese müssen sofort zusammengeschaltet werden, um etwa gegenseitige Preis- und Konditionen-Unterbietung Einhalt zu gebieten oder um auf die leistungsfähigere Technologie umzusteigen. Um dies flächendeckend abwickeln zu können, sind alle Parallel-Akquisen zu erfassen und über jedes Projektpaar ist ein Status-Quo-Report mit einem Maßnahmenprogramm vor dem Lenkungsausschuss abzuliefern. Des Weiteren sind Programmpunkte vorzustellen, die nicht sofort anfallen, auf die aber hinzuarbeiten ist, beispielsweise die strategische Nachschau nach den ersten 100 Tagen und das Management Assessment (siehe oben), das nun für alle Führungskräfte möglichst innerhalb der ersten 100 Tage durchzuführen ist. Insbesondere gilt dies nun für die anstehenden Neubesetzungen. Weitere Sofort-Maßnahmen betreffen die sogenannten „low hanging fruits", also Integrationsaktivitäten, die sofort gestartet werden können. Dazu gehört die Gegenüberstellung von Zulieferern. Dabei geht es vor allem um den Konditionenvergleich, wobei es in einer ersten Stufe – ohne dass es externer Maßnahmen bedarf – auf das Umsteigen auf die günstigeren Konditionen bei demselben Zulieferer geht. Möglicherweise hat man frühzeitig auch Geschäfte identifiziert, die nicht in das Portfolio des neuen Geschäftes gehören und die verkauft werden sollen. Entsprechende gemeinsame Task Forces sind nunmehr aufzusetzen.

Viele dieser Maßnahmen sind dem Target noch nicht bewusst und diese sollten vor Bekanntgabe und Umsetzung noch einer Prüfung unterzogen werden. Dazu ist ein gemeinsamer und mehrtägiger Management-Workshop vonnöten, der unmittelbar an den „Tag 1", aber besser kurz danach durchzuführen ist, da es in den Tagen nach „Day One" auf beiden Seiten noch an vielen Stellen individuell Feuer zu löschen gibt.

Alle diese Aufgaben und Maßnahmenverfolgungen laufen beim Integrationsteam und im Lenkungsausschuss zusammen, die nun auch von der Target-Seite mitbesetzt werden müssen. Hier wird auch – mithilfe der Kommunikationsabteilungen beider Seiten – die Bekanntgabe aller relevanten Themen gegenüber allen wichtigen Stakeholdergruppen vorbereitet (vgl. Abschn. 5.2). Die Synchronisierung der Zielgruppen und Botschaften ist dabei ganz entscheidend. So sollten bei großen Vorhaben die Regierungen der betroffenen

Länder informiert werden, beginnend bei den Regierungschefs, bis hinunter zur Lokalpolitikern an den betroffenen Standorten. Parallel dazu sind an allen Standorten die Managementteams im kleinen Kreis zu informieren und unmittelbar danach die Mitarbeiter in sogenannten Town Hall Meetings. Schnelligkeit ist angesagt, damit die Botschaft unter Kontrolle bleibt und nicht zuerst „durchsickert" bevor die einzelne Kommunikationsmaßnahme greift. Neben den persönlichen Treffen (Mehr-Augen-Gespräche, Town Hall Meetings) sind alle Medien zu nutzen, vom individuellen Telefonat über Pressekonferenzen bis hin zu Internet-Auftritten und Intranet-Lösungen. Eine wichtige Zielgruppe sind dabei die Lieferanten, die Kunden und die Wettbewerber. Besonders die Kunden wollen wissen, wie es nun weitergeht und unter welchen Auspizien die Lieferantenbeziehungen stehen. Bei allen drei Gruppen von Geschäftsbeziehungen ist davon auszugehen, dass der Wandel nicht ohne Probleme abläuft. So werden sich Wettbewerber schon frühzeitig auf Gegenhalte-Maßnahmen eingeschossen haben, etwa die Abwerbung von Kunden. Lieferanten werden sich Gedanken gemacht haben, wie sich die Kostenpositionen des fusionierten Unternehmens verbessern könnten und sie werden kommen, um ihren Anteil davon einzufordern. Sie werden sich Gedanken machen, wer von der Liste der präferierten Zulieferer verschwinden wird und sie werden Gegenmaßnahmen ergreifen. Dies alles ist bei der Kommunikation für den Tag 1 zu berücksichtigen und vorzubereiten – wie etwa Mails an Kunden, Lieferanten und Wettbewerber. Besonders schwierig ist dies bei internationalen Geschäften, insbesondere bei globaler Präsenz – vom Politiker über Zulieferer und Kunden bis zum Wettbewerber. Hierfür müssen nun die adäquaten Mittel ausgewählt werden, wie etwa Rundreisen, Presseveröffentlichungen, Informationsbriefe und vieles mehr. All dies muss vor dem Tag 1 geplant werden – die „Day-One-Vorbereitung" ist also ein eigenes Modul und eine eigene Aufgabe im Stab des Implementierungsteams.

**Einbindung in die übergeordneten Vorgänge**

Bzgl. der Gesamtbetrachtung des Arbeitspakets „Integrations-Vorbereitung" ist folgendes zu beachten: Die unmittelbare Integrations-Vorbereitung vor dem Closing ist das zweite große Arbeitspaket, das sich mit den „harten" Maßnahmen der Integration auseinandersetzt. Dieses Arbeitspaket widmet sich – im Unterschied zu dem eher konzeptionellen und grundsätzlicher angelegten Integrationskonzept – nun der unmittelbaren Umsetzung nach dem Closing, wobei der berühmt-berüchtigte „Tag 1" gesondert herauszuarbeiten ist. Dieses Arbeitspaket wird in seiner Tiefe und dem einzusetzenden Arbeitsaufwand häufig unterschätzt, ja, „vergessen", sodass die unmittelbaren Umsetzungsaktivitäten erst nach dem Closing erarbeitet werden müssen. Dies ist einer der größten Fehler bei einem komplexen M&A-Projekt.

Wieder ist es der Projekteigentümer, der hier die oberste operative Führung hat und der im Lenkungsausschuss vertreten ist. Der Integrationsmanager, der zum Zeitpunkt der Investitionsvorlage benannt wurde, hatte Zeit, sich im Arbeitspaket „Integrationskonzept" einzuarbeiten. Im Übernahmefall arbeitet das vom Käufer benannte Integrationsteam bis zum Closing auf Stand-Alone-Basis. In den Sonderfällen einer Versteigerung oder einer feindlichen Übernahme kann sich der Interessent für die Übernahme nur rüsten, sodass er zum Day One vorbereitet ist und nun das im Hintergrund tätige Stand-Alone arbeitende Integrationsteam durch Mitarbeiter der Target Company ergänzt. Hier ist es ganz entscheidend, dass am Tag 1 das gemeinsame Interim (Integrations-)Team die Arbeit aufnimmt. Wichtig ist insbesondere, dass in den ersten Tagen ein gemeinsames Management-Meeting der obersten Führungsebene stattfindet, dem das vom Übernehmer (Stand-Alone) erarbeitete Integrationskonzept vorgestellt wird. In diesen Tagen wird dem Target die Möglichkeit gegeben, Gegenvorschläge zur grundsätzlichen Integrationsrichtung zu machen und deren Eignung dem gemeinsamen Integrationsteam dazu den Auftrag zur Prüfung zu geben (weiteres vgl. Abschn. 4.3.7 100-Tage-Implementierung). Das weitere Stakeholder-Involvement hat sich mit dem Meilenstein „Signing" stark ausgeweitet, denn mit dem Signing der Verträge ist das M&A-Projekt nunmehr öffentlich und es sind alle internen Stakeholder beider Seiten sowie die Externen angemessen zu informieren (weiteres vgl. Abschn. 5.2 Kommunikationsprogramm). Mit der Einschaltung zusätzlicher interner Abteilungen und Protagonisten steigt die in diesem Projekt gebundene Kapazität um ein Mehrfaches, insbesondere wenn es sich um ein diversifiziertes, an mehreren Standorten und Regionen tätiges Geschäft handelt. Es ist unbedingt vonnöten, dass diese Kapazitätssteigerung von langer Hand geplant wird, spätestens mit der Investitionsvorlage. Die Abb. 3.8 zeigt plastisch, dass sich die Anzahl der Sub-Teams im Stand-Alone-Modus in etwa verdoppelt, wenn man ein Geschäft mit zwei Produktlinien, zwei Standorten und zwei Regionen (Landesorganisationen) zugrunde legt, wobei die zusätzlichen Teams sich nicht nur aus den hinzutretenden Standorten und Regionen rekrutieren, sondern auch aus der Zuschaltung weiterer Fachabteilungen der Unternehmenszentrale und des betreffenden operativen Geschäftes. Im unmittelbaren Vorfeld vor dem Closing sollte das interne Integrationsteam auch so aufgestellt sein, dass möglichst in jedem Sub-Team symmetrisch die Vertreter der Target-Organisation hinzutreten können. Dies betrifft auf alle Fälle die überlappenden Geschäftsaktivitäten. Bei ausgesprochen komplementären Aktivitäten kann es sein, dass nur einer der beiden Fusionskandidaten die Teammitglieder stellt. Mit der Definition der Sub-Teams einher geht auch die Entscheidung über die Organisation des Stabes des Integrations-Projektleiters. Als tragfähig hat sich erwiesen, dass folgende Themen in dieser als „Project Office" bezeichneten Organisationseinheit zentral zusammengefasst werden, und zwar jeweils ein Team aus wenigen Personen bestehend für:

- Maßnahmen-Sammlung und Controlling (Ziel- und Maßnahmen-Verfolgung)
- Kommunikation und Change
- Day One-Planung und Umsetzung
- Regionale Einheiten (Involvement, Planung Townhall-Meetings etc.)
- Produkt-Portfolio (sofern Veränderungen relevant).

Diese Teams müssen unbedingt vor dem Closing tätig werden, um zum Tag 1 nach dem Closing klare Vorstellungen über das Arbeitsprogramm mitzubringen. Am Tag 1 wird jedes Team durch Vertreter des Targets ergänzt, sodass auch hier – in etwa - eine Verdoppelung der Teamkapazität stattfindet. Neben der Kapazität spielt in den Project-Office-Aktivitäten die spezielle M&A-Kompetenz eine entscheidende Rolle. Bei großen Projekten, die einen derartigen Projektstab benötigen, ist es nötig, dass speziell erfahrene Mitarbeiter die Führungsaufgaben im Project Office übernehmen. So sollten bei der Maßnahmen-Sammlung und -Verfolgung zum Beispiel erfahrene Projekt-Controller eingeschaltet werden, die in der Lage sind, die Umsetzungs-Verfolgung nach dem Härtegrad-Konzept aufzusetzen und durchzuführen. Da die zentralen M&A-Abteilungen der Konzerne möglichst schlank aufgestellt sind und kapazitätsmäßig diese Aufgaben nicht wahrnehmen können, empfiehlt sich hier, externe Berater einzuschalten. Häufig wird an dieser Stelle (falsch) gespart (vgl. dazu auch Abschn. 4.3.7).

**Aufsetzpunkte und Schnittstellen mit vorlaufenden Arbeitspaketen**
Die Integrationsvorbereitung bildet innerhalb des jeweiligen Strukturprozesses das Bindeglied zwischen dem Integrationskonzept und der 100-Tage-Implementierung. Der unmittelbare Übergabe-Punkt zur Implementierung ist der „Day One", der noch gesondert zu erörtern ist (vgl. Abb. 3.13). Parallel zur Integrations-Vorbereitung der „harten" Maßnahmen läuft der „Change Plan" für die „weiche" Einbettung und die Mitarbeiter-getriebene Umsetzung. Beide Aktivitäten sind eng verzahnt.

In den anderen Kernprozessen finden sich Schnittstellen und Übergabepunkte zur Integrationsvorbereitung (vgl. Abb. 4.42). Die im Dealmaking-Prozess liegende Deal-Struktur entscheidet über die Abwicklung der Integration und findet unmittelbar ihren Niederschlag im Implementierungs-Prozess und seinen Workstreams. Jede Weichenstellung des Deal-Teams hat sich danach auszurichten, welches Integrations- und Implementierungs-Modell anzustreben ist. Dabei kann es aus juristischen Gründen durchaus Einschränkungen geben, etwa aus kartellrechtlicher Sicht, wenn etwa ein „Second Request" nötig ist, um Wettbewerbs-relevante Fragen zu klären. Dies kann zu Verzögerungen bei der Genehmigung des Vorhabens führen, die im Bereich zwischen drei und sieben Monaten liegen. Aufgrund von wettbewerbsrelevanten Problemen kann es auch nötig werden, dass das

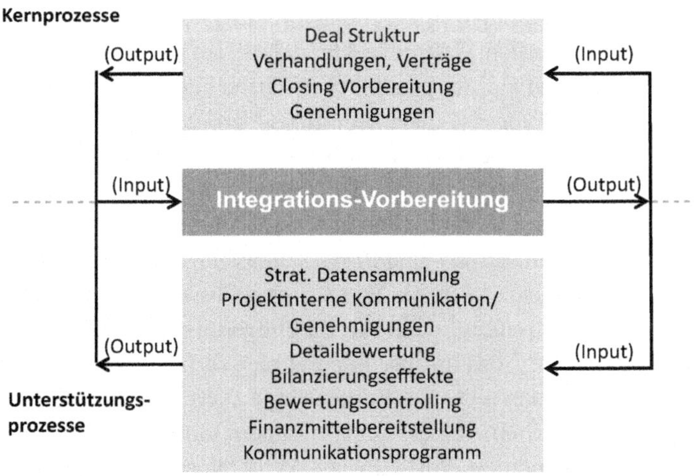


**Abb. 4.42** Schnittstellen zum Arbeitspaket „Integrations-Vorbereitung"

Vorhaben nicht als Ganzes zum Closing gebracht wird, sondern dass gewisse Teile herausgenommen und später geclosed werden. So kann in einzelnen Ländern aufgrund von Projekt-Besonderheiten die Genehmigung länger dauern als andernorts und es kann durch Verflechtungen mit einem anderen Wettbewerber eine „Abkling- und Abnabelungsfrist" festgelegt werden, in der etwa Zulieferbeziehungen zu Dritten abgelöst werden müssen. Die Verhandlungen und Verträge haben unmittelbare Auswirkungen auf die Integration und damit auf die Integrations-Vorbereitung, deshalb müssen sie auf das angestrebte Integrationsmodell ausgerichtet werden. Mit dem Signing beginnt die Offenlegungs-Frist. Nunmehr können die Aktivitäten gestartet werden, die öffentlichkeitswirksam sind, aber noch nicht der Freistellung unterliegen. Jetzt ist es zum Beispiel möglich, dass gemeinsame Clean Teams vertiefend Analysen über Projekte und Geschäftsvolumina durchführen, die den unmittelbar Beteiligten noch verschlossen bleiben müssen. Die gesammelten Resultate dienen dabei der unmittelbaren Vorbereitung für die Planungen und für die Maßnahmen, die nun zu entwickeln sind.

Unter den Unterstützungsprozessen ragt beim Informationsprozess die strategische Datensammlung heraus, in die alle Zwischenergebnisse (z. B. aus einem Clean Team) einzuspeisen sind. Die projektinterne Kommunikation erfährt mit dem Signing den völligen Wandel, denn nun ist das Thema öffentlich. Für die Integrations-Vorbereitung ergibt sich daraus die Herausforderung, dass nun für alle Planentwicklungen Stakeholder-adäquate Botschaften zu entwickeln sind. Auf der Grundlage der Integrations- bzw. Implementierungspläne ist somit das Kommunikationsprogramm zu entwickeln (vgl. Abschn. 5.2.4). Aufbauend auf den nunmehr detailliert – wenn auch noch „extern" – vorliegenden Daten aus der Integrations-Vorbereitung kann die Detailbewertung durchgeführt werden, in die Bilanzierungseffekte einfließen und die im Arbeitspaket Detailbewertung ihren Niederschlag finden (vgl. Abschn. 5.3.2).

**Schnittstellen mit parallelen und nachlaufenden Arbeitspaketen**

Hierfür gilt, dass die Integrations-Vorbereitung aufs Engste verzahnt ist mit dem Change Plan. Dies wird daran deutlich, dass jede Maßnahme auf der Unternehmensebene eine Wirkung und eine Reaktion auf der persönlichen Ebene hervorruft. Wie im vorhergehenden Abschnitt erläutert wurde, ist die Integrations-Vorbereitung, insbesondere was den „Tag 1-Plan" betrifft, eng mit dem Kommunikations-Programm verbunden. Für sämtliche unmittelbaren Post-Closing- Aktivitäten hat die Integrations-Vorbereitung einen unmittelbaren Einfluss. Innerhalb des Struktur-Prozesses prägt sie die 100-Tage-Implementierung, sie charakterisiert die Organisations- und Prozessanpassung und bestimmt das Human Resources Change Management. Auch das Post Closing Carve-In hat direkte Arbeitsbezüge mit der Integrations-Vorbereitung, denn die Eingliederung (Carve-In) geschieht auf der Basis des Strukturkonzeptes, das mit der Integrations-Vorbereitung angelegt wurde. Von der Denkweise her sollte man diese Zusammenhänge allerdings nicht aus der Perspektive des fortschreitenden zeitlichen Ablaufs sehen, sondern umgekehrt, aus der Ergebnisperspektive. Insofern bestimmen die Post-Closing-Aktivitäten all das, was vor Closing umzusetzen ist. Dies geht auch über den Strukturprozess hinaus. Das Dealmaking folgt mit seiner rechtlichen Umsetzung dem, was strukturell nötig und juristisch machbar ist. Die strategische Nachschau prüft, ob die Umsetzung, auch in der Integrations-Vorbereitung und beim „Tag 1" noch strategiekonform sind. Auch die Unterstützungsprozesse haben im Post Closing enge Schnittstellen zur Integrations-Vorbereitung. Dazu gehört die bereits angesprochene Post Closing Due Diligence und – ganz entscheidend – das Stakeholder-Kommunikationsprogramm. Hinsichtlich des Bewertungs- und Finanzierungsprozesses hat die Integrations-Vorbereitung auch noch Einflüsse auf die erforderlichen Finanzmittel, die bereitgestellt werden müssen und der Unterstützungsprozess „Controlling" setzt letztlich mit seiner Erfolgsmessung und dem Wert-Controlling auf den Maßnahmen auf, die bei der Integrations-Vorbereitung vorgezeichnet wurden.

### 4.3.6 HR Change Plan vor dem Closing

Der HR Change Plan vor dem Closing setzt sich – wie das HR Change Konzept (vgl. Abschn. 4.3.4) wiederum aus zwei Seiten zusammen, der (härteren) technisch-personalwirtschaftlichen Seite und der (weichen) Cultural Change-Seite. Diese sind auch im vorliegenden Kapitel separat zu behandeln, jedoch integriert zu führen. Die wichtigsten Führungskräfte und Schlüsselpersonen werden im Change Plan weitgehend festgelegt – basierend auf der vorgelaufenen HR Due Diligence. Die Personalplanung ist soweit fortgeschritten, dass bis zur Ebene einzelner Abteilungen die Personalbeschaffungen und Versetzungen quantifiziert werden können. Mit den Schlüssel-Funktionsträgern sind bereits vor dem Closing Verträge zum Verbleib zu schließen. Das emotionale Stimmungsbild ist mit Bekanntgabe des Deals (Signing) von starken Schwankungen geprägt. Kommunikations- und Change-Maßnahmen sind auf positive Stimmungen zu trimmen. Mit dem Signing kann eine breit angelegte Informationskampagne beginnen, die alle Stakeholder erreicht. Dazu sollte eine Parole im Wettbewerb ausgerufen werden, die glaubhaft die Siegerspur vermittelt, auf der sich das fusionierende Unternehmen befindet. Der unmittelbar bevorstehende „Day One" muss kommunikativ vorbereitet und begleitet werden. Dazu ist ein Medienplan (alle Medien, alle Maßnahmen) zu entwickeln.

**Die personalwirtschaftliche Seite**
Mit der HR Due Diligence liegen konkrete Zahlen zur personellen Besetzung vor. Erste konzeptionelle Überlegungen wurden auf dieser Basis mit dem HR Change Konzept angestellt. Mit dem HR Change Plan sind nun konkrete Szenarioplanungen zum Personalbedarf durchzuführen. Personalfreisetzungsüberlegungen sind dann anzustellen, wenn quantitative und/oder qualitative Personalüberhänge zu erwarten sind. Personalfreisetzung ist dabei nicht mit Entlassung gleichzusetzen (zu den Details der Personalfreisetzung vgl. z. B. Scholz, 2014, S. 613–631). Umsetzungen in eine andere Unternehmenseinheit oder an eine andere Stelle in der integrierten Einheit bilden sinnvolle Alternativen zur Entlassung, die, sollte es dann doch dazu kommen, auch von einem detaillierten Outplacement begleitet werden kann. In der Personalplanung in dieser Phase müssen mindestens bis zur

Abteilungsebene die freizusetzenden Personalpotentiale identifiziert werden. Die Ergebnisse bilden die Voraussetzung für eine Abschätzung der Freisetzungskosten. Diese Kosten sind im Übrigen auch interpretierbar als Investitionen in die Realisierung von Synergien.

Quantitative Überhänge in einigen Abteilungen oder auch Regionen des integrierten Unternehmens können häufig dadurch abgebaut werden, dass durch Personalentwicklung die Überführung dieser Mitarbeiter in andere Tätigkeiten, bei denen eine quantitative oder auch qualitative Lücke besteht, möglich ist. Personalentwicklung bedeutet, dass Kenntnisse und Fähigkeiten vermittelt werden, die einen Mitarbeiter in die Lage versetzen, eine neue Aufgabe erfolgreich zu übernehmen (vgl. im Detail dazu Becker, 2013). Es ist der Personalentwicklungsbedarf zu ermitteln, was auf Basis des Vergleichs der festgestellten Qualifikationen (vgl. Abb. 4.31) mit den für die integrierte Einheit zu erwartenden Anforderungen geschehen kann. In diesem Zusammenhang sind auch die Personalentwicklungssysteme der beiden Unternehmen zu vergleichen und hinsichtlich ihrer Effektivität zu überprüfen. Dies kann allerdings in detaillierter Form wohl erst zu Beginn der Integrationsphase nach dem Closing geschehen (vgl. Abschn. 4.3.9) Es sollte aber bereits jetzt auf Basis der erhaltenen Informationen und der daraus abgeleiteten Maßnahmen eine Abschätzung der Personalentwicklungskosten vorgenommen werden.

Personalbeschaffung ist dann geboten, wenn in keiner der beiden zu verschmelzenden Einheiten die benötigte Anzahl der Mitarbeiter und/oder bestimmte Qualifikationen vorhanden sind. Diese Konstellation ist häufig dann zu beobachten, wenn eine strategische Neuausrichtung, die andere Fähigkeiten erfordert, vorgenommen wird oder sich die integrierte Einheit international neu oder anders ausrichtet. In diesem Fall sind Beschaffungsstrategien gerade auch auf internationalen Arbeitsmärkten nötig (vgl. dazu z. B. Scherm, 1999, S. 151–165). Im Rahmen der Entwicklung des HR-Change-Konzepts muss zunächst abgeschätzt werden, ob die benötigten Personalpotentiale überhaupt beschaffbar sind und wenn ja, ist zu überlegen, welche Kategorien von Beschaffungsmaßnahmen zu ergreifen und welche Beschaffungskosten zu erwarten sind.

Ergebnis dieser Aktivitäten im Rahmen des HR Change Plans sind konkrete Maßnahmen zur Erreichung des angestrebten Personalbestands und eine Kostenabschätzung, die mit diesen Maßnahmen verbunden ist.

Diese Informationen gehen dann im Rahmen der Detailbewertung in die Geschäftspläne ein, die im Unterstützungsprozess „Bewertung/Finanzierung" erstellt werden (vgl. Abschn. 5.3). Sie decken einen wichtigen Teil der Restrukturierungskosten ab und haben damit einen gewichtigen Einfluss auf das Gesamtergebnis und auf die „harten" Maßnahmen der Integrationsvorbereitung (vgl. Abschn. 4.3.5). Insbesondere kommt es darauf an, die durch das personalwirtschaftliche Konzept implizierten Maßnahmen deutlich zu machen und in den Beschlüssen bzw. Verträgen zu verankern. Sie bilden die formelle Grundlage für die in der Integrationsphase vorzunehmenden, teilweise auch schmerzhaften Anpassungsmaßnahmen im Personalbereich.

Besondere Aufmerksamkeit ist im Zuge des HR Change Plans den Schlüsselfunktionsträgern zu widmen. Erstmals wurde in den Sondierungen abgeschätzt, welches Führungspersonal beim Target zur Verfügung steht. In der HR Due Diligence wurde diese Frage konkretisiert und unmittelbar nach dem Signing ist es möglich, mit solchen Personen Absichtserklärungen zu unterzeichnen, deren Verbleib im Target sichergestellt werden soll. Dies ist vor dem Closing natürlich nur im freundlichen Einvernehmen mit dem abgebenden Unternehmen möglich beziehungsweise kann nur bewerkstelligt werden, indem mit den einzelnen Kandidaten Verträge vorbereitet werden, deren Paraphierung nach dem Closing zugesichert wird. Im Übrigen kann der Übergang von Schlüsselfunktionsträgern mit dem Target auch in den Kaufverträgen vereinbart werden.

**Die (weiche) Cultural Change-Seite**

Mit dem Arbeitspaket „HR Change Konzept" wurde das grundlegende Change-Modell festgelegt, nämlich Kulturmix, Dominanz einer Kultur oder Kultur-Pluralismus. Wie gezeigt wurde, implizieren die Frage nach nationalem oder internationalem M&A verschiedene Modelle des Kulturwandels und es sind in unterschiedlichen Einheiten eines einzigen M&A-Projektes auch unterschiedliche Modelle in Kombination möglich – insbesondere wenn es sich um multinationale Übernahmen in gleichzeitig mehreren Branchen handelt. Dies betrifft dann naturgemäß Megadeals in Großkonzernen. Wichtig ist die Erkenntnis, dass eine Kulturentscheidung eine langfristige Weichenstellung ist und dass unmittelbare Maßnahmen erfolgen müssen, solche Kulturen auch zu entwickeln und zu pflegen. Da auch langfristig die Gefahr besteht, dass ein eingeschlagener Kulturpfad wieder verfällt, sind immer wieder – auch langfristig – kulturunterstützende Maßnahmen erforderlich.

Wie wichtig eine andauernde Beschäftigung mit der Kultur ist, zeigt ein Stimmungsbild, das die typischen Entwicklungen in Motivationsphasen darstellt (vgl. Abb. 4.43, vgl.

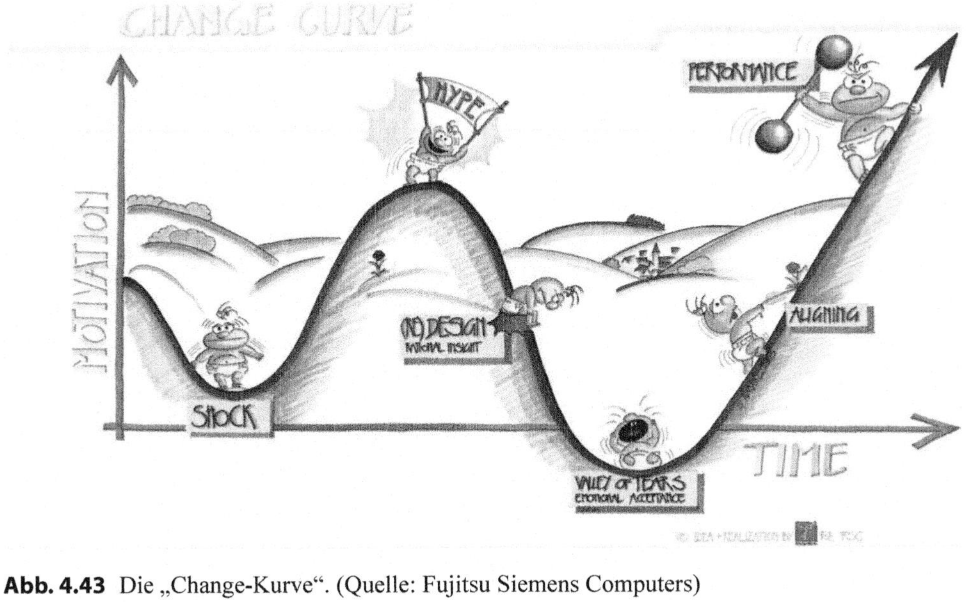


**Abb. 4.43** Die „Change-Kurve". (Quelle: Fujitsu Siemens Computers)

auch Stichwort „Merger Syndrom" in Abschn. 4.3.4). Bei Bekanntwerden einer Übernahme kommt es zunächst zu einer Schockstarre verbunden mit einem Motivations-Abfall bei den Mitarbeitern. Durch Gegenmaßnahmen in der Unternehmenskommunikation verbreitet sich dann ein vorzeitiger Optimismus, der in der Phase um das Closing herum seinen Höhepunkt erfährt. Die ersten (bitteren) Maßnahmen, unerfüllte Hoffnungen und Frustrationen führen dann zu einem Stimmungstief, das von innerer Auswanderung und Trauer geprägt ist. Dann kommt der Scheidepunkt: entweder es gelingt der stimmungsmäßige Turnaround, indem die Maßnahmen verständlich und das Ziel positiv gesehen werden oder es folgt ein weiterer Abfall, der zum Desaster des ganzen Deals führen kann. Das aktive Change Management spielt eine entscheidende Rolle in dieser Entwicklung. Vor allem geht es darum, ein verständliches Gesamtziel zu kommunizieren, das motivierend wirkt. Zum einen muss nachvollziehbar sein, dass der Weg „weiter wie bisher" in der sich ändernden Wettbewerbslandschaft langfristig keine Option darstellt und dass die Zusammenführung der beiden Fusionskandidaten zu einer langfristig tragfähigen unternehmerischen Einheit führt. Am besten ist es, ein Ziel im Wettbewerb auszurufen, wie etwa weltweite Marktführerschaft bzw. das Schlagen eines Hauptwettbewerbers. Problematisch und sehr schwer beherrschbar ist die persönliche Erwartungshaltung und die Verunsicherung des Einzelnen, vor allem in der Periode, in der noch keine ausreichenden Struktur- und Positionsentscheidungen gefällt werden können. Dies betrifft vor allem die Phase zwischen Signing und Closing, deren Länge von externen Faktoren bestimmt wird, vor allem kartellrechtlicher und fusionsrechtlicher Natur. Da ab Signing alle Stakeholder (interne wie externe) über die beabsichtigte Übernahme Bescheid wissen, Erwartungen hegen, die beiden Fusionskandidaten sich aber im weiteren Wettbewerb befinden, sind nun alle Teilnehmer auf eine gut angelegte Unternehmenskommunikation angewiesen, wie sie vom Übernehmer erwartet wird. Damit stellt die Phase zwischen Signing und Closing die am schwierigsten zu bewältigende Zeitspanne für den Kulturwandel dar. Zusammen mit dem Leiter der Unternehmenskommunikation ist ein Programm und eine Medienkonzept für die Botschaften zu entwickeln, die an die interne und externe Öffentlichkeit adressiert sind. Dazu bieten sich vor allem das Intranet des Übernehmers und das Internet als Medien an, sowie hausinterne Flugblätter und Zeitschriften (vgl. Abschn. 5.2) Für größere Übernahmen werden dazu häufig bestehende Hauszeitschriften „umfunktioniert". Wichtig zu wissen ist, dass die Ansprache der einzelnen Stakeholder immer an andere Adressaten weitergetragen wird. Hausinterne Blätter landen mit Sicherheit bei der Lokalpresse und Inhalte des konzerninternen Intranets werden kopiert (Copy and Paste) und an Externe weitergeleitet. Man sollte also nicht dem Fehler verfallen, dass bestimmte breite Stakeholdergruppen bevorzugt behandelt werden können – immer gibt es „Lecks". Diese kann man aber auch gezielt nutzen, indem beispielsweise Botschaften an die Presse geleitet werden, damit sie umso glaubwürdiger von der Belegschaft des Targets aufgenommen werden. Dies betrifft nicht nur die Übernahme selber, sondern die ganze Firmendarstellung, die sich zukunftsorientiert, erfolgsgetrieben und übernahmebereit präsentieren will.

Ein weiterer Schritt im kulturellen Change Management ist die Vorbereitung auf die Tage vor und nach dem Closing (vgl. Abb. 4.26, Workstream „Cultural Change"). Wie bereits im Kapitel „Integrations-Vorbereitung" dargestellt, sind die unmittelbaren Erwartungen der Vertreter des Zielunternehmens an den „Tag 1“ zu erfüllen. Dazu gehört die Botschaft, welcher Art die kulturelle Integration sein soll, welche unternehmerischen und ethischen Werte hochgehalten werden sollen. Derzeit ist das Thema „Nachhaltigkeit“ en vogue – auch dies sollte adressiert werden. Jedes M&A-Vorhaben ist langfristig orientiert (selbst bei Private Equity – da Wertzuwachs, weit über die Haltefrist hinaus, immer auf langfristiger Performance-basierter Rechnung fußt). Diese langfristige Orientierung, verbunden mit dem Wertzuwachs, sollte in den Mittelpunkt gestellt werden. Zu beachten ist auch, dass jede Maßnahme, seien es strukturelle Änderungen oder Neubesetzungen, immer Nebeneffekte oder Verlierer zur Folge haben. Deshalb sind die diesbezüglichen Verlautbarungen um den Tag 1 nach dem Closing herum in entsprechende Botschaften einzupacken, die auf Verbesserung der Strukturen und Geschäftserwartungen abzielen. Sowohl die „Gewinner“ als auch die „Verlierer“ sollten vorab informiert werden, nicht etwa erst in sogenannten „Townhall-Meetings“ davon erfahren. Das ist ein bequemer und häufig gewählter Weg, aber schlechter Stil! – er führt immer zu Unverständnis, Verbitterung und innerer Auswanderung. Besser ist es, mit den Betroffenen vorab ein Vier-Augen-Gespräch zu führen und – besonders den „Verlierern“ – deren Perspektiven in einer anderen Funktion oder in einer attraktiven „intermediate-Rolle“, etwa im Integrations-Management, zu eröffnen. Das erfordert ein fein abgestimmtes Zeitmanagement und eine Rollenteilung bei den Aktivisten der Integrations-Vorbereitung, denn die Vorgespräche können nur unmittelbar vor dem jeweiligen „Townhall-Meeting“ und unter dem Siegel der Verschwiegenheit geführt werden.

**Einbindung in die übergeordneten Vorgänge**

„Readiness at Closing“ lautet das Ziel, auch für den HR Change Plan. Damit umfasst er zwei wichtige Haupt-Meilensteine, nämlich das Signing, mit dem das Vorhaben in der Öffentlichkeit bekannt gemacht wird und die Vorbereitung auf den „Day One“ nach dem Closing. Die unmittelbare Verantwortung für den Change Plan liegt beim Integrations-Leiter, der spätestens mit der Investitionsvorlage (Investment Application) zu bestimmen ist, idealerweise jedoch schon zu Beginn der Due Diligence, die auch die personalbezogenen Gebiete abdecken sollte (häufig paketiert in „HR Due Diligence“, „Cultural Due Diligence“, „§ 13a Due Diligence“, „Betriebliche Altersversorgungs-Due Diligence“. Weiteres vgl. Lucks, 2013b, 2013c). Oberster Projektverantwortlicher ist weiterhin der „Project Owner“ (Projekteigentümer), der seinen Sitz im Lenkungsausschuss hat. Hier laufen auch die Fäden für die Gesamtprojektleitung zusammen. Im Akquisitionsfall agiert der Übernehmer über die ganze Strecke des Change Plans im „Stand-Alone-Modus“, mit gezielten Einzelkontakten der Projektleitung mit dem Target. Für notwendige und wettbewerbskritische Informationen können sogenannte „Clean Teams“ zwischengeschaltet werden, die auch für HR und Change-Themen genutzt werden können. Nach dem Signing sind gemeinsame Maßnahmen, wie beispielsweise Informationen für die Mitarbeiter und für die Öffentlichkeit möglich.

**Aufsetzpunkte und Schnittstellen mit vorlaufenden Arbeitspaketen**

Der HR Change Plan ist die unmittelbare Fortsetzung des HR Change Konzeptes (vgl. Abschn. 4.3.4). Die einzelnen Schnittstellen zu den vorlaufenden und parallel zu führenden

Arbeitspaketen sind identisch mit den Schnittstellen zur Integrations-Vorbereitung (vgl. Abb. 4.32). Im Abschn. 4.3.10 werden diese erläutert. Hier ist nur auf die wichtigsten Verbindungen hinzuweisen. Das Integrationskonzept (vgl. Abschn. 4.3.5) sollte so gefasst werden, dass es für das HR Change Konzept förderlich ist. Der Dealmaking-Prozess sollte mit seinen Arbeitspaketen „Deal Struktur" (vgl. Abschn. 4.2.5) und „Verhandlung und Verträge" (vgl. Abschn. 4.2.6) auf eine günstige Konstellation für das Change Management abzielen. Wichtigstes vorlaufendes Arbeitspaket ist die bereits genannte HR- und Change-orientierte Due Diligence, deren Ergebnisse sich in dem weitgehend parallel laufenden HR Change Konzept niedergeschlagen haben.

**Schnittstellen mit parallelen und nachlaufenden Arbeitspaketen**
Parallel zu den vorbereitenden Maßnahmen auf der Käuferseite beschäftigt sich der Verkäufer mit dem Carve-Out. Idealerweise ist die vollständige Separierung mit dem Signing umgesetzt. Nun ist die Frage, ob der zu übernehmende Unternehmensteil „vertikalisiert" werden muss, unter Hinzufügung fehlender Teile wie etwa Führung und Vertrieb. Dies sollte frühzeitig klar sein, spätestens mit Ausgang der Due Diligence. Es hat sich gezeigt, dass dies entscheidende Weichenstellungen sind, denn eine Vertikalisierung und eine Stand-Alone-Stellung etwa zum Signing sind aufwändig. Obwohl der formale Carve-Out als Prozess (bei uns als Teil des Strukturprozesses dargestellt) immer mehr um sich greift, wird nach jüngsten Erfahrungen in rund 70 % der Fälle auf eine formale Stand-Alone-Stellung verzichtet, sondern das Target wie es steht und liegt als teilweiser „Rumpf" übernommen, oft als Asset-Deal (Wert genannt im Workshop „Carve-Out" des Bundesverbandes Mergers & Acquisitions mit Bearing Point in München am 5. Dezember 2013).

Die Integrations-Vorbereitung mit ihren „harten" Maßnahmen und der HR Change Plan mit den „härteren" Personal- und „weicheren" Cultural Change-Maßnahmen gehen in jeder Teilphase Hand in Hand. Sie zielen auf einen Fokus, nämlich den „Day One". Ihnen folgen nach dem Closing in zeitlicher Parallele die 100 Tage Implementierung, die Organisations- und Prozessanpassung und das Human Resources Change Management. Als besonders heraushebenswert ist nach dem Closing das Stakeholder-Kommunikationsprogramm in das als wichtigste Säulen der grundlegende Strategieplan, die Integrationsmaßnahmen und der Change Plan als eine Einheit einfließen.

### 4.3.7 Integrations-Implementierung

Die Implementierung durchläuft 4 Teilphasen, nämlich den „Day One" als Teil der Peri-Merger-Phase, die Periode der ersten 100 Tage, die eigentliche Implementierung, die sich meist innerhalb eines Jahres abwickeln lässt und das kontinuierliche Verbesserungsprogramm, schon jenseits des eigentlichen M&A-Projektes und als Teil des „Ordinary Business". Die Arbeitsschwerpunkte liegen in dieser Phase einerseits auf dem Kontinuitätsmanagement zur Sicherung des laufenden Geschäftes und andererseits auf der Umsetzung der Änderungen im Zuge der Integration der Geschäfte der Fusionspartner bzw.

der Implementierung des Turnarounds im Falle einer Stand-Alone-Akquisition. Zentrale Aufgabe ist die Abarbeitung der Workstreams und des Maßnahmenprogramms, beides nun mit vollem Zugang zum Target und am „lebenden Objekt" der sich zunehmend integrierenden Organisation.

Grundsätzlich beginnt mit dem Tag 1 nach dem Closing die Umsetzungsphase. Damit haben wir – im Unterschied zur Pre-Closing-Situation zwei parallel laufende und miteinander verwobene Handlungsstränge, nämlich auf der einen Seite die Umsetzung und auf der anderen Seite die weitergehende Analyse und Planung der Maßnahmen. Der Dreh- und Angelpunkt zwischen Vorbereitung und Umsetzung ist der „Tag 1" nach dem Closing. Dabei ist zu beachten, dass er ohne Abstriche nach Plan abläuft. Deshalb kann an dieser Stelle auf eine Schilderung verzichtet und auf Abschn. 4.3.5 verwiesen werden.

Die ersten Tage nach dem Closing sind entscheidend für den Integrationserfolg, denn hier besteht die größte Erwartung an Änderungen und damit die höchste Chance, Änderungen anzunehmen. Eine sorgfältige Vorbereitung und die plangemäße Abarbeitung sind die zentralen Voraussetzungen. Hieraus ergibt sich jedoch auch ein Zielkonflikt, der aus der Frage resultiert: wie viel ad-hoc-Veränderungen sind optimal? Im Idealfall, insbesondere bei Exklusivverhandlungen, wenn ein gemeinsames Explorativ-Team bestand, wurden so viele Informationen und Ideen ausgetauscht, dass der Grad und die Geschwindigkeit des Wandels auf beiden Seiten als „vereinbart und kommuniziert" angesehen werden können. Im Einzelfall ist jedoch zu entscheiden, wie schnell mit der Integration zu verfahren ist, analog der Darstellung in Abb. 4.22, wobei für die unterschiedlichen Workstreams auch innerhalb eines Projektes unterschiedliche Geschwindigkeiten vereinbart werden können. Die Abarbeitung der Ziele ist in hohem Maße davon abhängig, inwieweit vor dem Closing ein detaillierter Plan entwickelt und unmittelbar nach dem Closing mit dem Target vereinbart werden konnte. In Abschn. 4.3.5, Integrations-Vorbereitung, wurde gezeigt, dass es sinnvoll ist, angesichts der beschränkten Informationen vor dem Closing zunächst das Gesamtziel abzuleiten und dann Top-down in solche Hebel herunter zu brechen, die einfach verständlich sind, also nach Wertschöpfungsstufen, nach Produkten oder Regionen. Angesichts der hohen Kapazitätsbelastung, die auf die Task Forces und generell auf die M&A-Organisation kurz nach dem Closing zukommt, ist es sinnvoll, sich für die Umsetzung der Integrationsmaßnahmen Regeln zur Priorisierung zu überlegen.

Da es eher unwahrscheinlich ist, dass alle Bereiche mit der gleichen Intensität verfolgt werden können, sollte das Management im Rahmen einer Value-Driver-Analyse Prioritäten setzen. Dem sind die Analysen aus der Pre-Closing-Phase zugrunde zu legen. Als Faustregel könnte z. B. gelten, dass sich das Implementierungsteam auf diejenigen 20 % der Maßnahmen konzentriert, deren Umsetzung mit der größtmöglichen Erfolgswahrscheinlichkeit und mit geringstem Investment in kürzest-möglicher Zeit zu einer Wertsteigerung von 80 % des gesamten Wertpotentials führen kann (vgl. Dicken, 2000, S. 365).

Konzeptionell müsste bei der Prioritätensetzung aber differenzierter vorgegangen werden. Jedes der anstehenden Projekte kann entlang der Dimensionen „Ausmaß der anstehenden Veränderung" und „zu erwartende Wertsteigerung" in einer Matrix positioniert werden, wie dies exemplarisch in Abb. 4.44 geschehen ist.

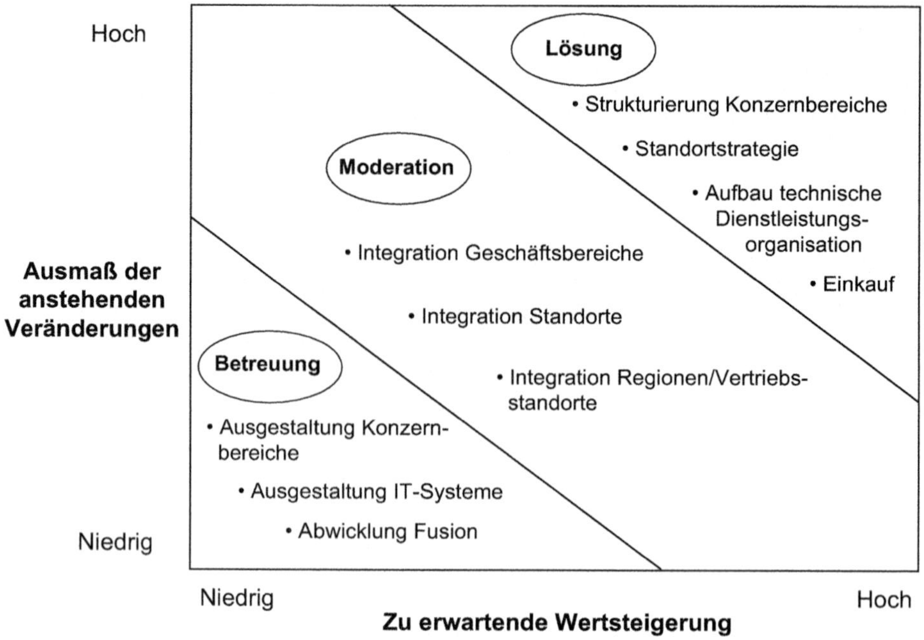


**Abb. 4.44** Entwicklung eines Projektportfolios. (vgl. ähnlich Koch, 2000, S. 352)

Die jeweilige Stellung im Portfolio hat mehrere Implikationen. Erstens wird darauf basierend die Ressourcenallokation vorgenommen. Zweitens hat die Priorisierung Auswirkung auf die zeitliche Gestaltung der Maßnahme und drittens kann damit eine bestimmte Organisation der Durchführung verbunden sein. Projekte mit hohem Wertsteigerungspotential und großem Ausmaß an Veränderungen sollten von Task Forces mit hoher Kapazität gelöst werden. Maßnahmen der zweiten Priorität können vom Integrationsmanager bzw. Mitgliedern der Task Forces als einem eher neutralen Moderator betreut werden und Maßnahmen der dritten Priorität werden vollständig den jeweiligen operativen Projektteams überlassen (vgl. Bartels & Cosack, 2012, S. 548–552), evtl. ausgestattet mit Vorgaben, die aus dem Implementierungsteam kommen.

Erfahrungsgemäß hat bei der Auswahl der zu priorisierenden Maßnahmen die Zusammenlegung des Einkaufsvolumens einen relativ hohen Synergiewert, weil dies a) frühzeitig möglich ist (Net Present Value!), b) mit geringen Aufwendungen verbunden ist, mit c) relativ großen Synergiewerten infolge von Einsparungen.

Nach dem Closing werden die Workstreams weiter bearbeitet, im Implementierungsteam für den Stand-Alone-Fall bzw. nunmehr im gemeinsamen Integrationsteam von Übernehmer und Target (vgl. Abb. 4.26). Zunächst ist im (gemeinsamen) Team das Wettbewerber-Benchmarking zu überprüfen. Dies geschieht nach den in Abschn. 4.3.5.1, Abb. 4.37 vorgestellten 4 Ebenen. Nachdem nun die Geschäftsdaten beider Kandidaten offen gelegt werden können, ist mit dem Baselining quantitativ fortzufahren. Dazu bietet sich die Kalkulationsweise nach Abb. 4.45 an. Wichtig ist dabei, dass nach dem Closing grundsätzlich Gesamtbetrachtungen angestellt werden, die beide betroffenen Unternehmensteile umfassen.

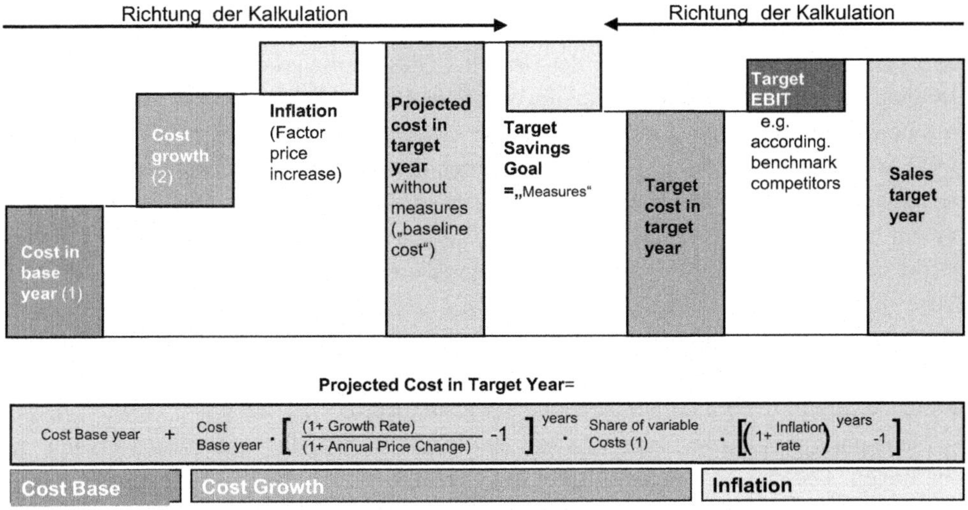


**Abb. 4.45** Baselining Kalkulation

Deshalb beziehen sich beim Baselining alle Werte auf die Summen der Unternehmensteile von beiden Seiten. Nur im Falle der Übernahme eines Unternehmens(teils) ohne Integration ist natürlich allein für das Target ein Post Closing Baselining anzustellen. Ziel des Baselining ist die quantitative Absicherung des bisher in Schätzungen vorliegenden Gesamtziels für die Einsparungen aus dem Zusammenschluss („Target Savings Goal"), und zwar auf *dynamischer* Basis, das heißt, hochgerechnet auf das Zieljahr. Die Festlegung dieses Zieljahres ist nicht ganz einfach. Auf der einen Seite sollte es ein „hohes" Ziel sein, auf der anderen Seite sollte dieses Ziel auch unmittelbar wirken, das heißt: es sollte keinen Aufschub ermöglichen. Als vernünftiger Zielhorizont hat sich ein Zeitraum von 4 bis 5 Jahren erwiesen, denn damit ist das Ziel nicht zu weit entfernt und nicht zu kurz gesetzt. Man sollte sich bei der Setzung des Zeithorizontes aber auch an den Lebenszyklen der betroffenen Produkte orientieren: je kürzer der Produktlebenszyklus, desto kürzer die Phase für die Ermittlung des Gesamtzieles. Um in einem Unternehmen Vergleichswerte für verschiedene M&A-Projekte zu haben und damit Projekte priorisieren zu können, hat es sich als sinnvoll erwiesen, dass für alle Geschäfte – ob mit kurzen Lebenszyklen oder mit langen – ein einheitlicher Planungshorizont sinnvoll ist. Siemens hat dafür den Planungshorizont konzernübergreifend auf 5 Jahre festgelegt.

Die Kalkulation zur Ermittlung der Einsparungsziele verläuft in zwei Richtungen. Nach der Abb. 4.45 sind von links kommend die Gesamtkosten (Summe beider Kandidaten) im Basisjahr aufzutragen, darauf ist die Kostensteigerung in den 4 oder 5 Planjahren zu addieren sowie der Faktorkostenzuwachs hinzuzurechnen. Für letzteren kann man die projizierte branchenspezifische Inflationsrate nehmen. Auf diese Weise erhält man die projizierten Kosten im Zieljahr, die entstehen würden, wenn keine kostensenkenden Maßnahmen wirksam würden. Von der rechten Seite der Grafik kommend ist der Zielumsatz im Zieljahr aufzutragen. Dieser berechnet sich nach dem angestrebten Wachstum der kombinierten Geschäfte unter Berücksichtigung des organischen Branchenwachstums zuzüglich der zu erwartenden Zuwächse aus Unternehmenszusammenschlüssen. Letzteres beinhaltet also die Konsolidierung der Branche. Dies impliziert eine wichtige Zwischenprüfung, nämlich, ob der Zielumsatz im Wettbewerbsvergleich zu einer Verbesserung der Wettbewerbsposition führt oder zu einer Verschlechterung. Somit ist diese „Zwischenprüfung“ ein Test, ob der angestrebte Unternehmenszusammenschluss überhaupt wettbewerbsfähig ist. Von dem besagten Zielumsatz ist das Zielergebnis (EBIT) abzuziehen, um auf die Zielkosten im Zieljahr zu kommen. Auch das Zielergebnis ist am Wettbewerb zu prüfen bzw. ist durch die im Zieljahr angestrebte Kapitalrendite abzuleiten. Aus der Differenz von Zielkosten im Zieljahr und der projizierten Kosten im Zieljahr ergeben sich die Kosteneinsparungen, die in der Planphase von 4 oder 5 Jahren erreicht werden müssen. Damit ist ein wesentlicher Teil des Workstreams „Zielfindung“ erfüllt, die Top-down-Ableitung aufgrund realer interner Daten beider Kandidaten.

Nunmehr gilt es, diese Ergebnisse auf den Workstream „Maßnahmenentwicklung“ zu übertragen. Dies ist an einem Beispiel aus dem Projekt Siemens-Westinghouse (Übernahme der Westinghouse Power Generation Business Unit (PGBU) durch Siemens 1997) zu erläutern. Die Abb. 4.46 stellt auf der Basis der EBITs die Spanne vom Benchmarking bis zur Bottom-up-Maßnahmenentwicklung dar. Dies läuft in der Logik von links nach rechts in folgenden Stufen ab: in der ersten Spalte die Darstellung der EBITs führender Wettbewerber und Best Practice vergleichbarer Branchen. Dann (zweite Spalte) Eintragung des eigenen Ist-EBIT und Ziel-EBIT aufgrund des Wettbewerbs-Vergleiches. In einer Überleitungs-Rechnung wird darauf das dynamische Ist-EBIT abgeleitet, wie es sich ohne Maßnahmen in 5 Jahren darstellen würde, und zwar durch Einrechnung der Faktorkosten-Steigerung (Inflation), des anzunehmenden (hier dramatischen) Preisverfalls und des Goodwills aus der Restrukturierung. Gegenzurechnen sind in diesem Fall positive Volumeneffekte aus der Zusammenlegung der Fertigung der beiden Partner. Aus dem Del-

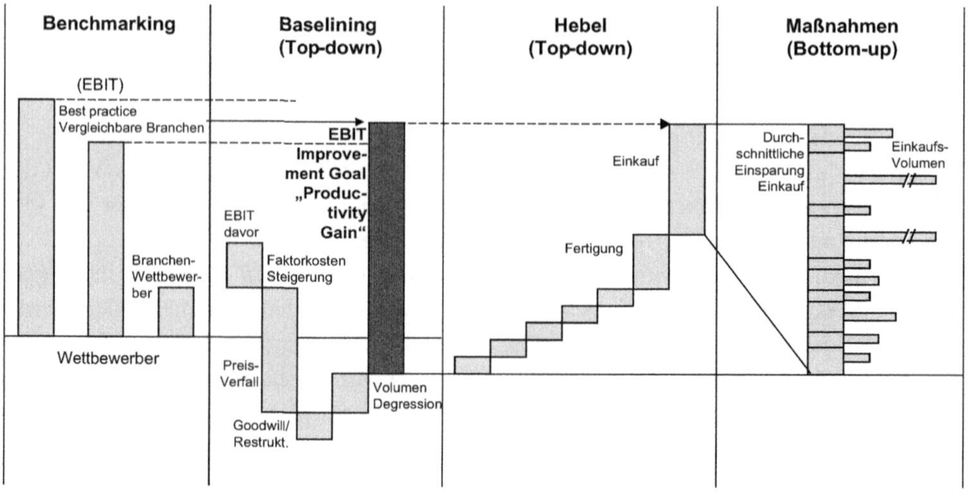


**Abb. 4.46** Beispiel Siemens-Westinghouse

ta zwischen dem dynamischen Ist-EBIT und dem aus dem Benchmarking abgeleiteten Ziel-EBIT ergibt sich das EBIT-Ziel-Delta, der Gesamt-Produktivitäts-Gewinn. Dieses ist nun in die Hebel herunterzubrechen. Diese Übung wurde bereits vor dem Closing in einer Abschätzung im Stand-Alone-Modus unter Annahmen für das Target simuliert. Wir haben es hier also mit der für M&A-Integration typischen Wiederholung von Analysen zu tun, von anfänglichen groben Annahmen bis zu immer feingliedrigeren Untersuchungen. Vor dem Closing (vgl. Abschn. 4.3.5) wurde diese Simulation in einer naheliegenden Dimension (Produkte, Wertschöpfungsstufen oder Standorte) durchgeführt, nunmehr ist eine vollständige Untersuchung in allen drei Dimensionen auf der Basis von Originaldaten beider Kandidaten angesagt. Entscheidend hierbei ist die Zusammenarbeit zwischen dem Implementierungs- (Integrations-)Team mit den Leitern der jeweiligen Geschäfte beider Fusionskandidaten, den Verantwortlichen für die gesamte Wertschöpfung, den Führungskräften, die für die Produktlinien verantwortlich zeichnen und den Standort-Chefs. In jedem Fall ist unter Hinzuziehung der Vertreter beider Seiten der jeweilige Hebel Top-down soweit zu ermitteln, bis alle (EBIT-) Hebel zusammen das Gesamtziel ergeben. Sofern sich Ziel-Lücken ergeben sind diese Untersuchungen zu wiederholen, bis die Lücke geschlossen ist. In der vierten Spalte der Abb. 4.46 ist – unter Hinzuziehung derselben Geschäftsverantwortlichen – die ergänzende und Bottom-up durchzuführende Zusammenstellung der Einzelmaßnahmen zu leisten, hier dargestellt in der Dimension der Wertschöpfungsstufen. Es ist eine Frage der Projektgestaltung, der Komplexität des Gesamtprojektes und der Verfügbarkeit von Daten, inwieweit die Bestimmung der Hebel schon vor dem Closing durchgeführt werden kann oder ob die Berechnung grundsätzlich nach dem Closing durchgeführt werden muss. Es ist grundsätzlich auch zu hinterfragen, ob die Bottom-up-Ableitung der Einzelmaßnahmen in der 100-Tage-Priode nach dem Closing durchgeführt werden kann oder ob man dafür längere Zeit benötigt, also etwa die Ein-Jahres-Periode nach dem Closing. Auf alle Fälle ist hierfür ein gesondertes Team bereitzustellen, etwa als Stab des Integrations-Projektleiters in seinem „Project Office".

Die Bottom-up-Entwicklung der Einzelmaßnahmen wird in Abb. 4.47 exemplarisch dargestellt. Ihre Abarbeitung geht bei komplexeren Projekten in die Ein-Jahres-Planung über, denn sie umfasst pro Einzelmaßnahme alle wesentlichen Plandetails. Dies beinhaltet die Zuordnung zum betreffenden Geschäft, die Daten zur Einordnung der Maßnahme, die zugehörigen Meilensteine mit den zeitlichen Zielvorgaben. Im Vergleich steht dazu die zeitliche Erreichung der Ziele, aus der sich die Erfüllung/Nichterfüllung ableiten lässt. Daraus folgen die Kosteneinsparungen über die kommenden 5 Planjahre und dem gegenübergestellt die Einmalkosten für die Maßnahme, wiederum aufgeteilt auf die 5 Planjahre. Schließlich ist dies von den Verantwortlichen für die betreffende Maßnahme zu unterzeichnen.

Die Umsetzung der Maßnahmen erfolgt in einem Härtegrad-Konzept, für das bei Siemens 5 Stufen angesetzt werden (vgl. Abb. 4.48; vgl. zur Einordnung auch Abb. 4.26. Die einzelnen Härtegradstufen gelten als erreicht wenn folgendes erfüllt wird:

- Stufe 1: Die Integrationsziele sind definiert und von den Fachleuten bestätigt,
- Stufe 2: Die Startpunkte für die Aktionen sind analytisch quantifiziert,

| | | | | | |
|---|---|---|---|---|---|
| Business Field: | Gas | Org.-Unit: | Gasturbine | Reference Calculation Project | XYZ |
| System No. | 5678 | System Title: | XY | | |
| Measure No. | 5 | Measure Title | Umbrella Agreement XY | | |
| System No. | 123 | | | | |

| No. | Milestone | Deadline | Actual |
|---|---|---|---|
| 1. | Transfer Implementation to stage 2 | | |
| 2. | Relevant suppliers identified | | |
| 3. | Qualifikation/capacity of supplier approved | | |
| 4. | Binding offer received | | |
| 5. | New cost reflected in reference plant calculation | | |
| 6. | Measure application in first project | | |
| 7. | Booking of new cost | | |

**Cost Impact: A Savings**

| Item | 99 | 00 | 01 | 02 | 03 |
|---|---|---|---|---|---|
| 1 Savings | | | | | |
| 2 Engin. Hours | | | | | |
| 3 Project Multiplier | | | | | |
| 4 PMstatic | | | | | |
| Sum: savings p.a. | | | | | |

**Cost Impact: B One time cost**

| | 99 | 00 | 01 | 02 | 03 |
|---|---|---|---|---|---|
| One time cost Investment | | | | | |

| Responsible for | Name | Date | Signed |
|---|---|---|---|
| Cost target | | | |
| Implementation | | | |
| Implem. support | | | |

**Abb. 4.47** Einzelmaßnahmen-Verfolgungsblatt

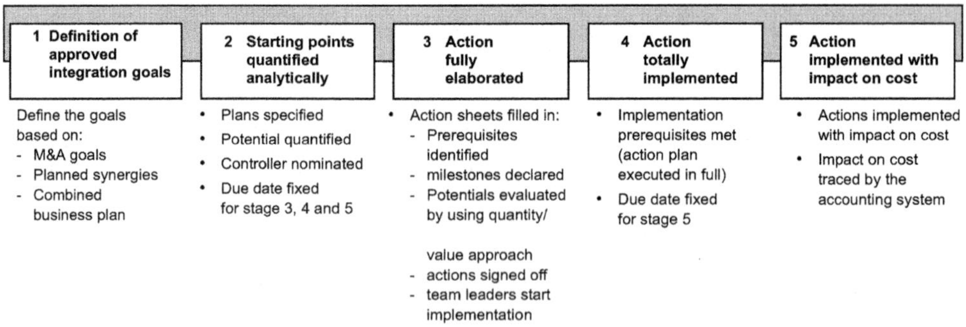


**Abb. 4.48** Härtegrad-Konzept

- Stufe 3: Die zugehörigen Maßnahmen sind voll abgearbeitet,
- Stufe 4: Die Maßnahmen sind voll implementiert,
- Stufe 5: Die zugehörigen Einsparungen sind kostenwirksam gebucht.

Diese Maßnahmen können in einem Säulendiagramm verfolgt werden. Die Abb. 4.49 stellt dazu beispielhaft den Härtegrad-Verlauf über einen Zeitraum von einem Jahr in monatlichen Messschritten dar.

Bei Projekten, in denen aus den beteiligten Kandidaten ein neues Produktportfolio entsteht, ist in den ersten 100 Tagen das dazugehörige Programm für die Weiterentwicklung der gemeinsamen Produktfamilie aufzustellen (vgl. Abb. 4.26). Auch hierfür ist innerhalb

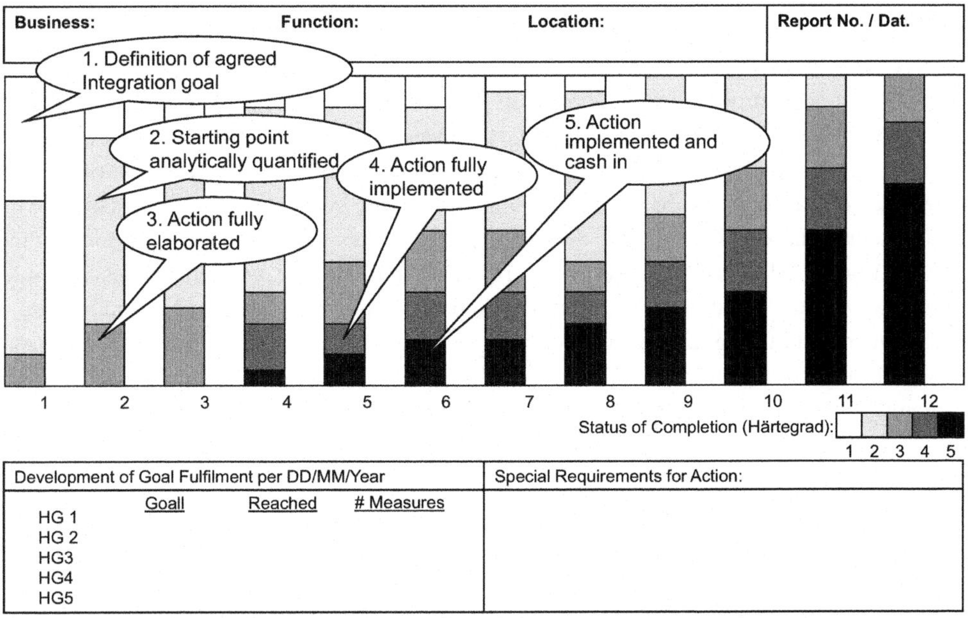


**Abb. 4.49** Härtegrad-Verlauf

des Integrationsteams ein gemeinsames Subteam einzusetzen. In der Regel sollte das Produktprogramm innerhalb der ersten 100 Tage definitiv festgelegt werden.

Das Gleiche gilt für die Wertschöpfung. Ein Zusammenschluss bietet immer die Chance, diese umzubauen und dadurch das Geschäft weiter zu optimieren. Dies kann erfolgen durch Vertiefung etwa bei der Komponentenfertigung, deren Ausbau sich wegen des größeren Volumens nun lohnen könnte. Handelt es sich um einen Zukauf in einem Schwellenland, dann wäre zu untersuchen, ob in der Zielregion Standardkomponenten für den Weltbedarf gefertigt werden können und ob, umgekehrt, High-End-Produktlinien für den Weltmarkt in Europa gefertigt werden sollten. Die Frage nach Spezialisierungen von Standorten ist zu prüfen, oder eine globale Lokalisierungspolitik in der Nähe der Haupt-Abnehmer. Überlegungen in diese Richtungen sind bereits vor dem Closing angestellt worden, etwa in Szenarien über Standortschließungen und – Verlagerungen. Jetzt ist der Zeitpunkt gekommen, verschiedene Szenarien konkret und quantitativ durchzurechnen. Dazu gehören „radikale" Schließungsszenarien und Verlagerungsmodelle in Niedriglohnländer, um auszuloten, wie etwa eine kostenminimierende Strategie aussehen könnte. Diese mag aus sozialen Gründen nicht durchsetzbar sein, dennoch ist sie sinnvoll, um einen Vergleichspunkt für andere Szenarien zu haben, etwa ein Erhalt aller Standorte unter dem Modell produktreiner Fertigungen. Verschiedene Regional- und Standortmodelle sollten in den ersten 100 Tagen ermittelt werden, um diese mit den Sozialpartnern durchzusprechen, denn nicht alles was betriebswirtschaftlich machbar erscheint, ist auch sozial verträglich. Die Wahl mag auf ein „mittleres" Modell hinauslaufen, das über mehrere Schritte in den Folgejahren ohne betriebsbedingte Kündigungen erreichbar ist. Die Kombination verschiedener Produktstrategien, unterschiedlicher Wertschöpfungsszenarien (durch weiteren organischen Ausbau, Abbau, Zukauf und Verkauf) und Variablen in der Standortpolitik kann so komplex werden, dass dies rechnerisch im Detail nicht mehr darstellbar ist. Deshalb sollte man sich durch eine Grobbewertung der Szenarien auf zwei bis drei Grundmodelle einstellen, die dann vertiefend in alle Richtungen (Investitionsbedarf, Erträge, Personalaufbau, -Abbau, -Verlagerungen, Zukauf, Verkauf, Finanzierungsmöglichkeiten…) und unter Einbezug der Sozialpartner zu untersuchen und zu verhandeln sind. Diese Aufgabe sollte innerhalb der ersten 100 Tage durchgeführt werden, sodass am Ende dieser Periode das endgültige Standortkonzept steht und die Umsetzung beginnen kann.

In enger Verbindung mit der Wertschöpfung und dem Standortkonzept steht die Anpassung der Organisation und der Prozesse. Auf diese Themen ist im Zuge des Abschn. 4.3.8 Organisations- und Prozessanpassung einzugehen.

**Einbindung in die übergeordneten Vorgänge**

Die Implementierung nach dem Closing schließt unverzüglich an die Integrationsvorbereitung vor dem Closing an. Zu unterscheiden sind vier Stufen dieses Arbeitspaketes, und zwar 1) der Tag 1 nach dem Closing und die Tage davor/danach, auch als „Peri-Merger-Phase" bezeichnet, dann 2) die ersten 100 Tage, die 3) Ein-Jahres-Implementierung mit dem Abschluss des Implementierungs-Programmes und 4) das kontinuierliche Verbesserungsprogramm. Die vorgegebenen Zeitwerte sind nur Durchschnittsgrößen und im Einzelfall variabel. So kann die Ein-Jahres-Implementierung kürzer oder länger dauern, je nach Komplexität des Projektes. Bei kleinen und überschaubaren Projekten („Klasse C", vgl. Abschn. 6.1.3.1) kann die eigentliche Integration oder Stand-Alone-Implementierung innerhalb von 3 Monaten abgeschlossen sein. Umfangreiche Projekte mit einem großen umzusetzenden Verbesserungspotenzial können im Kern durchaus zwei Jahre und mehr dauern. Zumindest zwei Aktivitäten sollten deutlich über einem Jahr ausgelegt werden: die Umsetzung des Verbesserungsprogrammes und das Human Resources Change Management. Die Ein-Jahres-Implementierung wird nach Ablauf des Verbesserungsprogramms aus dem Closing in ein mehrjähriges kontinuierliches Verbesserungsprogramm überführt, wie es etwa bei wissensbasierten Industrien sinnvoll ist. In der Abb. 3.13 sind darüber hinaus als Langfrist-Aktivitäten noch die Strategische Nachschau dargestellt, für die sich aus der praktischen Erfahrung ein Horizont von zwei Jahren als sinnvoll herausgestellt hat. Nach zwei Jahren lassen sich erfahrungsgemäß die meisten Projekte eindeutig nach ihrer strategischen und finanziellen Erfolgskategorie zuordnen. Daneben ist das Post Closing Contract Management zu nennen, dessen Dauer naheliegenderweise durch die Vertragslaufzeiten bestimmt wird. Als Aktivitäten mit etwa zweijähriger Laufzeit nach dem Closing können das Post Closing Carve-In (einschließlich der zu verändernden Service Level-Agreements) genannt werden sowie die Organisations- und Prozessanpassung, sofern es darum geht, neue Produktlinien und Produktfamilien aus dem Zusammenschluss zu generieren. Auch das Human Resources Change Management ist über einen Zeitraum von zwei Jahren zu betrachten, vor allem wenn ein kulturell besser verträglicher langsamer Wandel angestrebt wurde. Nach diesem Zeithorizont richtet sich auch das Stakehol-

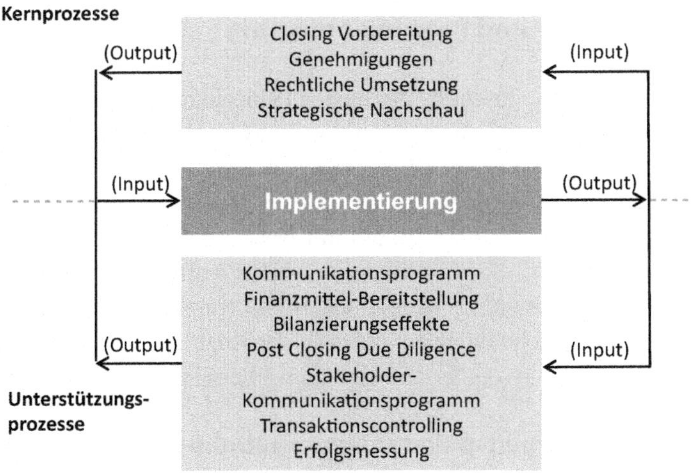


**Abb. 4.50** Schnittstellen des Arbeitspakets „Implementierung“

der-Kommunikationsprogramm. Summarisch sind die Outputs und Inputs aus und in die Kern- und Unterstützungsprozesse in der Abb. 4.50 dargestellt.

Der Abschluss der vorgenannten Arbeiten im Zuge der M&A-Integration kann in der Regel innerhalb einer Ein-Jahres-Frist erfolgen, bei komplexen Projekten („Klasse A“) innerhalb von 2 Jahren. Für einfache und standardisierbare Projekte („Klasse C“) reicht in der Regel die 100-Tage-Frist aus. in jedem Fall ist nach Ablauf des M&A-Projektes ein Erfahrungsbericht anzufertigen, der in die M&A-Wissensplattform einzuspeisen ist. Daneben sollte ein Performance-Bericht angefertigt werden. Hierfür hat sich ein Zeitraum von zwei Jahren nach dem Closing als sinnvoll erwiesen, da der Grad der Zielerreichung fast immer belastbar nach zwei Jahren abgegeben werden kann.

**Schnittstellen mit parallelen und nachlaufenden Arbeitspaketen**

Parallel mit dem hier beschriebenen Arbeitspaket innerhalb des Strukturprozesses müssen die Organisations- und Prozessanpassung (vgl. Abschn. 4.3.8) und das Human Resources Change Management (vgl. Abschn. 4.3.9) ablaufen. Zusammen mit der Implementierung und kontinuierlichen Verbesserung gehen die nachlaufenden Aktivitäten über den 2-Jahres-Zeitraum hinaus. Unter den Unterstützungsprozessen sind es nur noch die Aktivitäten des Dealmaking, die so weit ausgreifen, denn die M&A-Verträge können auch noch nach zwei Jahren wesentliche Implikationen auf das Wertmanagement haben, indem auch in den Folgejahren noch Gelder aus vertraglichen Verpflichtungen des Verkäufers gezogen werden können.

Unmittelbar nach Abschluss des M&A-Projektes sollte das kontinuierliche Verbesserungsprogramm aufgesetzt werden, das sich an der Dynamik des Wettbewerbs orientiert, die Produktivitätsfortschritte im Auge hat und auf eine führende Position im technologischen Wettbewerb abhebt. Dies ist jedoch ein Teil des zukünftigen Kontinuitätsmanagements und liegt damit außerhalb der Betrachtungen des vorliegenden Buches.

### 4.3.8 Organisations- und Prozessanpassung

Die Zusammenführung der Geschäfte der beiden Fusionskandidaten erfordert die Harmonisierung der Aufbau- und Ablauforganisation sowie der IT-Systeme (vgl. Abschn. 6.2). Dies beinhaltet die Haupt-Geschäftsprozesse: Customer Relationship Management (CRM), Supply Chain Management (SCM) mit der Beschaffung und Produktion sowie das Product Lifecycle Management (PLM) mit der Forschung und Entwicklung. Hinzu kommen Management- und Support-Prozesse. Diese Auflistung plausibilisiert, dass in dieser Phase die Kapazitätsspitze beim Integrations (Implementierungs)-Team erreicht wird. Die größten Synergiepotenziale werden in der Regel von den Kernaktivitäten Einkauf, von der Fertigung und von der Forschung und Entwicklung realisiert.

#### 4.3.8.1 Inhalte des Arbeitspaketes Organisations- und Prozessanpassung

Auch bei der organisatorischen Umsetzung gilt das Prinzip des Benchmarking, mit der Frage, wie der Wettbewerb sich organisatorisch aufstellt und welches die Best-Practice-Organisationsaufstellung ist. Siemens hatte beispielsweise das Kabelgeschäft in den Einheiten Energieversorgung (für Starkstromkabel, mit Trafos, Schaltern und Wechselrichtern) eingeordnet und die Nachrichtenkabel in der Einheit für Nachrichtentechnik geführt. Als die Haupt-Wettbewerber das Kabelgeschäft für Energie- und Nachrichtenkabel bündelten, empfahl sich auch für Siemens, die beiden Kabel-Geschäftsfelder zusammenzulegen. Im Zuge der schnell fortschreitenden Konsolidierung der Branche entschied sich Siemens dann jedoch zum Ausstieg und verkaufte beide Sparten getrennt.

Im Rahmen des Arbeitspaketes Organisations- und Prozessanpassung werden die Planungsgrößen aus der Vorfeld- und Transaktionsplanung und insbesondere aus dem Post-Closing-Integration-Plan in konkrete aufbau- und ablauforganisatorische Integrationsmaßnahmen umgesetzt. Die Realisierung erfolgt dadurch, dass Aktivitäten, die vor der Integration von den Unternehmen getrennt, nun dauerhaft gemeinsam durchgeführt werden (vgl. Gerds, 2000, S. 51). Erweisen sich einzelne Aspekte der geplanten Struktur bei der Umsetzung als nicht erfüllbar, so ist es Aufgabe des Strukturprozesses, Alternativmaßnahmen zu erarbeiten und bereitzustellen.

Ziel der organisatorischen Umsetzung ist es, die in der Vorfeld- und Transaktionsphase identifizierten Synergiepotentiale zu realisieren, darüber hinaus weitere Potentiale zu identifizieren und ferner administrative Integrationsbarrieren abzubauen.

Mehrere Einflussfaktoren müssen bei der Integrationsgestaltung berücksichtigt werden. Primäre Faktoren sind natürlich die Struktur des integrierten Unternehmens, die zugrundeliegende Akquisitionszielsetzung sowie der angestrebte Integrationsgrad. Dies wurde zu einem Teil in den Plänen, die der Umsetzung vorangegangen sind, berücksichtigt. Außerdem sollte aber beachtet werden, in welcher Weise eine Integration bzw. *Zusammenführung von Wissen* nötig ist. Falls ein guter Teil des Wertsteigerungspotentials auf dem Transfer von solchem personenbezogenen Wissen basiert, müssen im Rahmen gezielter Personalentwicklung Lernprozesse initiiert werden (vgl. dazu Abschn. 4.3.9).

Die Frage nach der optimalen Integrationsgeschwindigkeit ist aus Sicht des Strukturprozesses ziemlich eindeutig zu beantworten. Im Gegensatz zu den personellen und kulturellen Aspekten der Integration kann hier eindeutig der Vorteil einer schnellen Integration unterstrichen werden, da dadurch eine schnelle Realisierung von Wertsteigerungspotenzialen möglich ist und die Opportunitätskosten unveränderter Ressourcennutzung verringert werden. Außerdem ist die Bereitschaft zum Wandel bei schneller organisatorischer Umsetzung größer.

Die einzelnen Funktions-Task Forces bzw. Schwerpunkt-Task Forces müssen die Einzelmaßnahmen sukzessive abarbeiten. Exemplarisch werden im Folgenden einige der Funktionen bzw. Schwerpunktthemen dargestellt.

Wie bei der Synergieidentifikation bereits angeführt, ist die *Systemintegration*, also die Harmonisierung und Vernetzung der Informations- und Kommunikationstechnologien ein Schritt mit hoher Priorität. Folgende Aufgaben sind dabei vom entsprechenden Integrationsteam zu erledigen: Einer Bestandsaufnahme über Hard- und Software für die Berichterstattung und Abschlusserstellung und einer Dokumentation der Unterschiede in den Bilanzierungsrichtlinien folgt die Harmonisierung finanzieller Berichtseinheiten, von Kalkulationsverfahren, Kostenstelleninhalten und Kostenrechnungsabläufen. Schließlich muss insbesondere bei internationalem M&A eine Anpassung der unterschiedlichen Rechnungslegungssysteme vorgenommen werden (vgl. Lehner & Schmidt, 2000, S. 186). Aufgrund deren zunehmender Bedeutung bietet sich dabei generell die Umstellung auf die den internationalen Anforderungen besser gerecht werdenden IAS oder US-GAAP an.

Ein weiterer insbesondere in wissensintensiven Branchen wichtiger Bereich ist die Zusammenlegung von *Forschung und Entwicklung*, da in diesem Feld hohe Synergiepotenziale stecken, die bei mangelhafter Durchführung der Integration nicht realisiert werden können und nicht selten zum Misserfolg der Transaktion beitragen. Wesentliche Quellen von Kostensenkungspotentialen stellen dabei die genaue Abstimmung der Produkttechnologien und die Vermeidung von Doppelarbeiten bei Zusammenlegung der Aktivitäten dar. Im Fall einer vertikalen Akquisition wird eine Abstimmung und Koordination der F&E-Aktivitäten über die unterschiedlichen Produktionsstufen hinweg angestrebt. Die Produktentwicklung erfolgt dadurch zwar weiterhin getrennt, aber gleichgerichtet und endproduktorientiert.

Für Zulieferer besonders interessant ist die Integration des *Einkaufs*, bei dem die Selektion von Kernlieferanten im Vordergrund steht. Bei der Integration der Logistik geht es z. B. um die Fuhrparkoptimierung, sowie die Optimierung der Logistikregionen und der internen Logistik. Hohe Synergiepotenziale entstehen darüber hinaus bei der Integration von Vertrieb und Marketing. Dazu müssen Maßnahmen wie eine Kundenklassifizierung und die Zusammenlegung des Vertriebsnetzes durchgeführt werden. Im Bereich der Produktpolitik sind die Produktlinien zu konsolidieren und die Produktion beschäftigt sich mit der Abstimmung der Produktionstechnologien. Die finanztechnische und fiskalische Integration umfasst die Einrichtung eines zentralen Cash-Flow-Managements, die Aufdeckung von stillen Reserven, sowie ein gemeinsames Kreditlinien-, Risiko- und Anlagenmanagement. Nicht vernachlässigt werden darf die externe Integration, die auf die Kommunikation und Einbindung von Analysten, Kunden, Lieferanten, Beratern und anderen Stakeholdern abzielt (vgl. Jansen, 2008, S. 220–223; Steinöcker, 1998, S. 111–112).

Diese ganzen Einzelmaßnahmen müssen in eine neue Aufbau- und vor allem Ablauforganisation „gepackt“ werden. Die prozessuale Integration umfasst das Zusammenführen von Systemen und Prozessen wie z. B. die Standardisierung von Planungs- und Kontrollabläufen. Die damit einhergehende physische Integration bezieht sich auf Maßnahmen bezüglich des vorhandenen Vermögens und der vorhandenen Ressourcen. Die Managementintegration schließlich beinhaltet Fragen der Anpassung von Organisationsstrukturen sowie die Klärung künftiger Schnittstellen.

Die Konsolidierung der Geschäftsprozesse als ein wesentlicher Teil der ablauforganisatorischen Integration kann nach folgendem Muster erfolgen. Zunächst müssen dazu die zu integrierenden Funktionsfelder erfasst, verglichen und beurteilt werden. Als Beurteilungskriterium bietet sich naturgemäß die Qualität der Geschäftsabläufe an. Die Beurteilung der Qualität erfolgt anhand integrationsspezifischer Kriterien wie Kosten, Durchlaufzeit und Transparenz und Konsistenz der Geschäftsabläufe (zur Qualitätsbeurteilung von Prozessen vgl. z. B. Osterloh & Frost, 2006; Hammer & Champy, 1994). Ein weiteres Kriterium für die Prozessangleichung ist der Grad der Unterschiedlichkeit der Abläufe in den beiden Unternehmen. Daraus kann ein Entscheidungsmodell der prozessorientierten Integration gebildet werden (vgl. Abb. 4.51).

Den Idealfall im Integrationsprozess stellt eine Übernahme identischer und qualitativ hochwertiger Geschäftsabläufe dar, die nur teilweise noch optimiert und aufeinander abgestimmt werden müssen. Bei differierenden Prozessen ist eine Vereinheitlichung anzustreben. Unproblematisch ist dabei der Fall der eindeutigen Überlegenheit des Geschäftsablaufs des Übernehmers. Ist jedoch das System der Unternehmensprozesse beim Käufer schwächer, so ist das Integrationsgeschick besonders gefragt, da der generelle Einsatz des Systems des Käufers negative Auswirkungen auf die Motivation des erworbenen Unternehmens haben dürfte, da es ein qualitativ hochwertiges System aufgeben und sich an ein

| | Erhebliche Unterschiede der Prozesse | Geringe Unterschiede der Prozesse |
|---|---|---|
| Qualität beider Geschäftsabläufe hoch | Vereinheitlichung der Geschäftsabläufe | Übernahme und Optimierung der Geschäftsabläufe |
| Qualität eines Geschäftsablaufs hoch | Übernahme und Optimierung des überlegenen Modells | X |
| Qualität beider Geschäftsabläufe gering | Neugestaltung der Geschäftsabläufe | |

**Abb. 4.51** Entscheidungsmodell der prozessorientierten Integration. (vgl. Clever, 1993, S. 88)

neues anpassen muss. In Abhängigkeit von den Größenverhältnissen der Unternehmen und den damit verbundenen Änderungskosten beim Käufer sollten daher auch Elemente des akquirierten Systems übernommen werden. Werden beide Systeme als geringwertig erachtet, so kann der M&A-Prozess als Anlass gesehen werden, ein für beide Unternehmen einheitliches und qualitativ hochwertiges System zu implementieren. Dabei ist allerdings grundsätzlich die Frage zu stellen, ob die fusionierte Geschäftseinheit sich in der Prozessgestaltung an die Mutter anpassen muss, weil etwa ein konzernweit einheitliches Berichtswesen mit einheitlichen organisatorischen Grenzen der einzelnen Arbeitseinheiten gefordert ist.

Ein Bestandteil der Restrukturierung ist auch die Anpassung der Prozesse und damit die Festlegung der Tätigkeiten in den einzelnen Organisationseinheiten. Bereits bei der Ermittlung der Standortszenarien wird man auf unterschiedliche Definitionen der einzelnen Sachaufgaben stoßen. Beispielsweise werden Engineering-Aufgaben bei Kundenprojekten häufig der Forschung und Entwicklung zugerechnet. Hier sind genaue Abgrenzungen gefordert und einheitliche Definitionen. Das ist bereits beim Benchmarking von Bedeutung und zieht sich durch das Reporting bis hin zur Bilanzierung. Deshalb empfiehlt es sich, mit dem Closing auf einheitliche Prozessdefinitionen zu drängen. Die Prozessabläufe bei Unternehmen sind häufig historisch gewachsen und nicht nach Effizienzgesichtspunkten gestaltet. Die *Optimierung von Kerngeschäftsprozessen* und die Erschließung von *Kostensenkungspotenzialen* gelten somit als Hebel, um die Wettbewerbsfähigkeit von Unternehmen zu steigern. Es gilt, die Mitarbeiter von nicht-wertschöpfenden und administrativen Tätigkeiten zu entlasten sowie die Schnittstellen zu verbessern, um die Prozessbearbeitung reibungsloser und effizienter darstellen zu können. Bisher wurden die Abläufe bei Unternehmen schwerpunktmäßig am Tagesgeschäft ausgerichtet. Eine ganzheitliche Prozessstrategie, um fehlerfreie und schnelle Prozessabläufe zu erreichen, wurde nicht verfolgt. Um die Prozessoptimierung nachhaltig vornehmen zu können, ist eine Gliederung und *graphische Darstellung der Prozessabläufe in Form eines Prozesshauses* zu empfehlen. Das Prozesshaus dient einerseits zur Strukturierung sämtlicher Kerngeschäftsprozesse, um darauf aufbauend Optimierungsanstrengungen vornehmen zu können. Andererseits wird das Prozesshaus als Informationsmedium für die Mitarbeiter eingesetzt. Hierdurch können sich die Mitarbeiter über die Prozessabläufe und die einzusetzenden Instrumente und Medien informieren.

In der Abb. 4.52 sind die Management- und Schlüssel-Prozesse des Siemens-Prozesshauses dargestellt. Bei der Prozess-Harmonisierung der Fusions-Kandidaten wird man naheliegenderweise die Prozessdefinition des Übernehmers zugrunde legen. Die Prozesse sind in Ebenen gegliedert: auf der Ebene 1 findet sich die Funktionsebene mit Bezeichnung des Managementprozesses, der Kernprozesse und der Unterstützungsprozesse. Ebene 2 beschreibt die Stufen der einzelnen Prozesse. In der Abb. 4.53 sind die Stufen des Supply Chain Management eines Projektgeschäftes dargestellt und diese exemplarisch für den Detailablauf der Produktion heruntergebrochen.

Durch konsequente logistische Ausrichtung aller Prozesse lassen sich eindrucksvolle Erfolge erzielen. Siemens SPLS nennt für das Geschäftsgebiet Computertomographie:

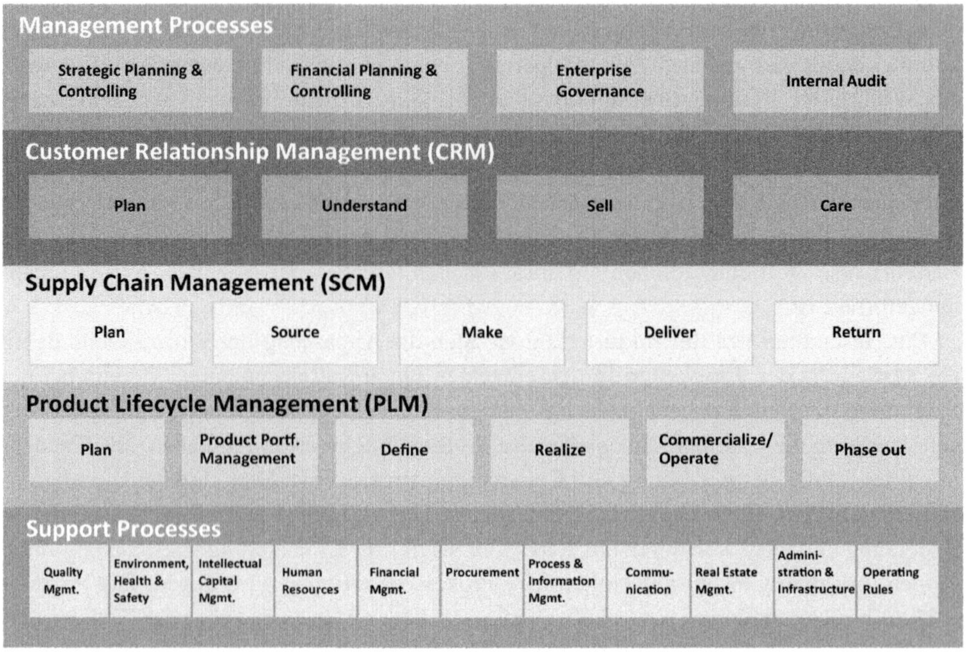


**Abb. 4.52** Das Siemens-Prozesshaus

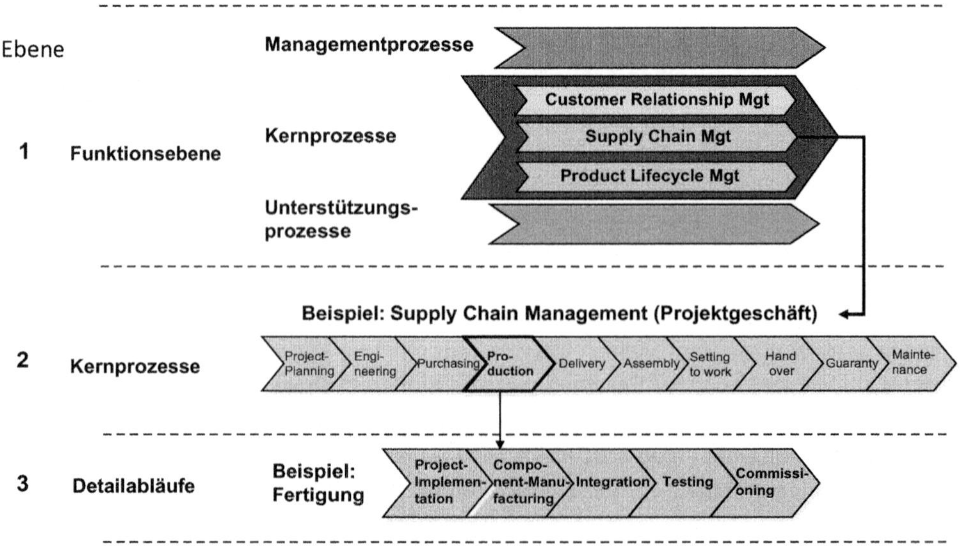


**Abb. 4.53** Siemens-Prozesse in den Ebenen

Liefertreue +65 %, Lieferfähigkeit +66 %, Lieferzeit −86 %, Bestände −40 %, Durchlaufzeit −67 %, Fläche −50 %. (vgl. Nyhuis, 2003). Die Gelegenheit einer M&A-Integration sollte genutzt werden, um diese in der Zusammenarbeit zwischen Übernehmer und Target zu realisieren. Die Analyse sollte dazu in der 100-Tage-Frist laufen, für die Umsetzung ist ein Jahr zu veranschlagen.

Ein weiterer wichtiger Aspekt bei der organisatorischen Integration besteht im *effektiven Management von Schnittstellen* zwischen dem kaufenden und dem gekauften Unternehmen. Um die vielfältigen Integrationsaktivitäten zu koordinieren, spielen folgende Koordinationsinstrumente zwischen Akquisiteur und Zielunternehmen eine gewichtige Rolle. Die strukturelle Verzahnung der Organisationsstrukturen, d. h. das Zusammenlegen der Abteilungen, das unmittelbar nach Vertragsabschluss erfolgt, bündelt Abstimmungsprobleme zwischen den Unternehmen (vgl. Gerds, 2000, S. 136). Schnittstellen werden sozusagen „internalisiert". Weiterhin bestehende Schnittstellen zwischen den zu integrierenden Einheiten müssen zumindest für die Zeit der Transformationsphase durch die Task Forces des Integrationsteams besetzt werden.

Neben der Zusammenlegung und dem Transfer von Aktivitäten offenbart auch die Desinvestition als Elimination materieller Ressourcen einen Ansatzpunkt zur Wertsteigerung durch Integration (vgl. Dabui, 1998, S. 122–130). Grundlage dafür ist die Analyse ihrer Auswirkungen auf die Wettbewerbsfähigkeit des Unternehmens, die Teil der Strategieentwicklung ist. Als Desinvestitionsmöglichkeiten kommen die Stilllegung oder eine marktliche Verwertung in Frage. Neben Vermietung, Lizenzierung, Verpachtung o. ä. ist insbesondere an einen Verkauf der Ressourcen zu denken, wobei vor allem der Verkauf ganzer Produktionseinheiten abhängig von deren Handelbarkeit ist (vgl. zur Durchführung einer Desinvestition z. B. Brüggerhoff, 1992).

Abschließend soll noch auf einige Besonderheiten im Rahmen der *organisatorischen Umsetzung* hingewiesen werden, die besonderes Augenmerk verdienen. Zum einen bewirken Interdependenzen zwischen den Funktionen und Schwerpunkten, dass auf bestimmte Gebiete begrenzte Restrukturierungsmaßnahmen Anpassungen anderer Teilsysteme nach sich ziehen (vgl. Dabui, 1998, S. 156). Ebenso sind die Maßnahmen selbst interdependent. Die Konsolidierung von Abteilungen als Lösung für die durch einen gemeinsamen Sachmitteleinsatz entstehenden Koordinationsprobleme schafft z. B. zugleich die erforderliche Nähe für einen Ressourcentransfer. Allerdings können die Maßnahmen auch in konfligierendem Verhältnis zueinander stehen. Eine Implementierung neuer Planungs- und Kontrollsysteme beim akquirierten Unternehmen kann die sozio-emotionale Grundstimmung zwischen den Partnern beeinträchtigen und auf diese Weise der für den Wissenstransfer entscheidenden Lernatmosphäre abträglich sein.

#### 4.3.8.2 Folgerestrukturierung

Die letzten Aktivitäten des Strukturprozesses sind das kontinuierliche Verbesserungsprogramm (vgl. Abschn. 4.3.7) und damit einhergehend beziehungsweise daraus hervorgehend Folgerestrukturierungen. Grundidee dieser Aktivität ist es, die integrierte Einheit nach Abschluss der eigentlichen organisatorischen Integration gemäß Integrationsplanung umzustrukturieren, wenn diese sich nicht gemäß der strategischen Vorgaben entwickelt hat und wichtige Ziele verfehlt wurden. Eine Folgerestrukturierung kann daher auch erst einige Jahre nach erfolgtem Closing stattfinden.

Im Falle eines eher geringen Erfolgs der M&A-Transaktion wird bei der Restrukturierung bewusst von den in den Integrationsplänen bzw. im Führungskonzept beschriebenen Vorgaben abgewichen. Einzelne Aspekte der Strategieplanung, Strukturentwicklung und Personalveränderung müssen nochmals diskutiert werden, wobei insbesondere die vor der Transaktion gesetzten Prämissen kontrolliert werden müssen. Aufbauend auf der neuen Informationslage und der Erfahrung durch die Zusammenarbeit werden neue Analysen erstellt, Folgerungen gezogen und daraus neue Pläne entwickelt.

Wegen der langen Zeitspanne nach der erfolgten rechtlichen Integration und dem Vorliegen bereits intensiver gemeinsamer Erfahrung scheint die Trennung zwischen einer Folgerestrukturierung und einer „normalen“ Restrukturierung eines Unternehmens nicht eindeutig. Nichtsdestotrotz sind einige M&A-Spezifika auch lange nach der rechtlichen Integration noch zu beachten. Der Bezug zum M&A-Prozess ist gegeben, da durch die Restrukturierung alte, aus dem M&A-Prozess bekannte Probleme wieder aufbrechen. So kann das ehemalige „Lagerdenken“ zwischen den jeweiligen Unternehmensvertretern wieder zum Vorschein kommen und die nachträgliche Behandlung des akquirierten Unternehmensteils als Verlierer viele der vielleicht schon erfolgreichen Integrationsmaßnahmen zunichtemachen. Aus diesem Grund sind auch bei der Planung und Durchführung derartiger Folgerestrukturierungen sämtliche während des M&A-Prozesses auftretende organisatorische, kulturelle und personelle Aspekte zumindest in gewissem Ausmaß zu berücksichtigen.

**Einbindung in die übergeordneten Vorgänge**

Die Organisations- und Prozessanpassung läuft parallel zum Arbeitspaket „Implementierung“ (vgl. Abschn. 4.3.7). Während sich die Implementierung auf die Definition und Abarbeitung der Maßnahmen konzentriert, geht es im vorliegenden Arbeitspaket um die Findung und Harmonisierung der Aufbau- und Ablauforganisation. Diese beiden Arbeitspakete sind eng miteinander verflochten. Im Schwerpunkt liegt die Implementierung der Maßnahmen in der Hand des Integrationsteams, während für die Organisations- und Prozessanpassung unter der Führung des gemeinsamen Organisations- und Qualitätsmanagements ablaufen sollte. Daraus folgen Restrukturierungen im Sinne von Structure (Organisation) follows Strategy (Maßnahmenprogramm). Die Reorganisations-Aktivität sollte – wie in unserem Prozessmodell gezeigt – für die Laufzeit der Integration in das gemeinsame Integrations/Implementierungsteam verlagert werden, um so eng mit der Maßnahmenentwicklung verzahnt zu werden (vgl. Abb. 3.13).

Die Einbindung in die anderen Kern- und Unterstützungsprozesse läuft in ihrer Logik analog zur Abb. 4.50 ab, wobei die organisatorische Umsetzung der Maßnahmen sich unter anderem in der rechtlichen Umsetzung (vgl. Abschn. 4.2.10) niederschlägt beziehungsweise kompatibel mit ihr gelöst werden muss, etwa in der optimalen steuerrechtlichen Gestaltung. Wie bereits im Zuge des Abschn. 4.3.3 erläutert wurde, kann die gesellschaftsrechtliche Aufstellung, zum Beispiel unter einer Zwischenholding, anders aussehen als die rein operative Organisation. Je größer die Abweichung ist, desto schwerer wird später die operative Führung, weil zum Beispiel „Arm's Lenght Principles" den operativen Durchgriff verhindern können. In der strategischen Nachschau (vgl. Abschn. 4.1.5) ist letztlich zu prüfen, ob die operativ-rechtliche Organisation so aufgesetzt ist, dass die strategischen Ziele auch realisiert werden können. Das Gleiche betrifft auf der finanziellen Seite die finale Erfolgsmessung (vgl. Abschn. 1.1.4) und das Wert-Controlling (vgl. Abschn. 5.4.5).

**Aufsetzpunkte und Schnittstellen mit vorlaufenden Arbeitspaketen**
Für die Umsetzung der Organisations- und Prozessanpassung ist entscheidend, wieweit das Post Closing Carve-In vorangekommen ist, denn es können ja nur die Organisationseinheiten zusammengeführt werden, die (als separierte Rümpfe) zur Zusammenführung bereit stehen oder die bereits eine mehr oder weniger abgerundete Stand-Alone-Stellung haben, einschließlich eines eigenen Vertriebes und eigener Geschäftsführung. In 70 % der Fälle wird auf temporäre Stand-Alone-Readiness aus Kosten- und Zeitgründen verzichtet. Die wichtigste Voraussetzung für den Start der Organisations- und Prozessanpassung sind die Readiness at Closing und der in Abschn. 4.3.5 beschriebene Day One mit seinen umfänglichen Aktivitäten. Unter den parallel laufenden Arbeitspaketen ist das Stakeholder-Kommunikationsprogramm herauszustellen, denn es bereitet Schritt für Schritt die Mitarbeiter in der Breite der Organisation auf die anstehenden Veränderungen vor.

**Schnittstellen mit parallelen und nachlaufenden Arbeitspaketen**
Auf die enge Verzahnung mit dem Arbeitspaket „Implementierung" und seinen verschiedenen Phasen wurde bereits hingewiesen. Das M&A-Projekt als solches ist per Definition dann beendet, wenn die definierten Maßnahmen erreicht („Implementierung") und die damit in Verbindung stehenden Organisations- und Prozessanpassungen realisiert sind. Zum definitiven Abschluss gehört dann die strategische Nachschau (vgl. Abschn. 4.1.5) und die Erfolgsmessung mit dem Wertcontrolling (vgl. Abschn. 5.4.5).

### 4.3.9 Human Resources Change Management

Wie in den vorlaufenden personalorientierten Kapiteln so sind auch hier zwei Teil-Workstreams zu verfolgen, die personalwirtschaftliche Umsetzung und die Implementierung der kulturellen Integration. Ersteres dreht sich um die Kandidatenauswahl und Stellenbesetzung. Hier steht auch die Anpassung der Gehalts- und Anreizsysteme im Vordergrund. Die Besetzung der Schlüsselpositionen erfolgt nach Eignung (Personal Assessment) und Bereitschaft, die zu vereinbarenden Teilziele aus dem Maßnahmenplan zu unterzeichnen. Die „weiche" Cultural Change-Seite folgt dem vor dem Closing definierten Integrationspfad, der unmittelbar nach dem Closing unter Teilnahme von Vertretern des Targets zu prüfen, dann gemeinsam zu verabschieden und der gemeinsamen Umsetzung zuzuführen ist. Zur Prüfung der Stimmungslage werden sogenannte „Pulse Checks" durchgeführt. In Cultural Awareness Workshops werden Pfade zur kulturellen Zusammenführung entwickelt.

**Die personalwirtschaftliche Seite**

Das Ziel dieser Hauptaktivität liegt darin, dass die Planungsgrößen aus der Vorfeld- und Transaktionsplanung und vor allem die detaillierten Vorgaben aus dem HR Change Konzept in konkrete Maßnahmen umgesetzt werden. Es empfiehlt sich, bei der Umsetzung nach den einzelnen personalwirtschaftlichen Funktionsfeldern vorzugehen. Dementsprechend ist zu überlegen, wie der angestrebte Personalbestand durch den konkreten Einsatz, durch Entwicklung und durch Freisetzung von Personal erreicht werden kann.

Die Umsetzung im Bereich des *Personaleinsatzes* dreht sich vor allem um die Themengebiete der Stellenbesetzung und der Auswahl von Kandidaten. Im Folgenden wird nicht näher auf die externe Personalbeschaffung eingegangen, da hier keine M&A-spezifischen Kriterien auftreten. Das besondere Charakteristikum bei M&A liegt in der internen Suche und Besetzung von Stellen mit Bewerbern, die aus den zwei zu integrierenden Einheiten stammen. Die Auswahl und Besetzung erlangt in den meisten Fällen dadurch erhebliche Brisanz, dass im Zuge von Synergierealisierungen bei der Zusammenlegung meistens mehrere interne Bewerber auf eine Stelle kommen (vgl. unten auch Personalfreisetzungsmaßnahmen) und sich implizit auch immer wieder die Frage stellt, ob Bewerber aus dem kaufenden Unternehmen bevorzugt werden sollen.

Sowohl die Zahl und Art der zu besetzenden Stellen als auch das Potential an Bewerbern liegen aus der Planung bereits vor. Sollten Anforderungsprofile von Stellen noch nicht oder in stark divergierender Art und Weise erstellt sein, so ist dies zunächst zu homogenisieren. Sie dienen als Referenzpunkt für die geforderten Qualifikationen bei der Bewertung der einzelnen Kandidaten.

Sowohl die generelle Forderung bei dem Auswahl- und Besetzungsprozess geht dahin, dass eine möglichst hohe Transparenz und Fairness erreicht werden sollte (vgl. Penzel & Ratzke, 2000, S. 24). Transparenz bedeutet in diesem Zusammenhang, dass die Auswahlkriterien und das Verfahren möglichst objektiv nachvollziehbar sein sollen. Fairness heißt, dass „politische" Überlegungen, vor allem was die Herkunft aus den bisherigen Unternehmen betrifft, keine Rolle spielen sollte (vgl. Bartels & Cosack, 2012, S. 546–547). Rationale, ökonomische und individuell qualitative Kriterien sollten im Vordergrund stehen.

Was das Auswahlverfahren betrifft, so sind verschiedene Wege möglich. Die begrenzte Variante bei der Besetzung wählt nur zwischen den Mitarbeitern der beiden zu fusionierenden Unternehmen aus, die die zur Disposition stehende oder sehr ähnliche Stellen in den getrennten Einheiten innehaben. Der Vorteil hier liegt im niedrigen Kosten- und Zeitaufwand. Diese in Frage kommenden Mitarbeiter werden direkt angesprochen. Es ist aber auch möglich, dass man die „fusionierten" Stellen gänzlich neu ausschreibt und das Besetzungsverfahren für alle internen Bewerber öffnet. Zwar ist mit einem erhöhten Aufwand zu rechnen, was die Sichtung der Bewerbungsunterlagen und der Interviews betrifft. Allerdings steht ein deutlich größeres Potential zur Verfügung.

Die Umsetzung im Bereich *Personalfreisetzung* ist geprägt von dem Ziel der Synergierealisierung. Ziel ist es hierbei, die in den Strategie- und Strukturplänen errechneten und auf den Personalbereich entfallenden Synergien sicherzustellen. Als Alternativen zur Entlassung sollten Umsetzungen auf eine andere Stelle, Neuregelungen der Arbeitszeit und vorzeitige Pensionierung gründlich geprüft werden, da Entlassungen in großer Zahl zu einer starken Verunsicherung führen. Besonders fruchtbar ist eine proaktive Vorgehensweise. So sollte bereits in der Business Case Simulation (vgl. Abschn. 4.1.4) die Wertschöpfung des Kernunternehmens definiert werden. Darauf aufbauend ist zu überlegen, welche Teile der beiden zu fusionierenden Unternehmen nicht zu dieser Wertschöpfung gehören und ob diese evtl. in separate Unternehmen eingebracht, z. B. an Zulieferer verkauft bzw. mit diesen fusioniert, werden können. Dadurch können bereits im Vorfeld schwierige Freisetzungsfragen gelöst werden.

Es empfiehlt sich, die Phase vom Closing bis zur Ankündigung und Umsetzung der Freisetzungsmaßnahmen möglichst kurz zu halten. Aber auch bei einer raschen Umsetzung bleibt eine gehörige Portion Unsicherheit für die Verbleibenden, da möglicherweise gleich nach der Übernahme weitere Umorganisationen mit neuen Entlassungen folgen können. Sind Entlassungen unumgänglich, sollte als Ausdruck einer Loyalität gegenüber den Mitarbeitern z. B. durch eine Outplacement-Beratung (vgl. dazu z. B. Drumm, 2008, S. 256) der Wechsel in ein anderes Unternehmen erleichtert werden.

Wichtig ist die explizite Behandlung von freiwilligen Kündigungen. Um sich den Veränderungen und der Unsicherheit des Integrationsprozesses nicht auszusetzen, kommt es vor, dass Mitarbeiter das kaufende oder tendenziell noch häufiger das gekaufte Unternehmen verlassen. In diesen Fällen ist durch die Personalabteilung zu überprüfen, ob die Kündigung erwünscht oder unerwünscht ist. Eine unerwünschte Kündigung liegt dann vor, wenn ein Leistungsträger das Unternehmen verlässt. In diesen Fällen sollten Fluktuationsbarrieren eingesetzt werden, um die qualifizierten Mitarbeiter zu halten. Zunächst ist hier eine gezielte Information dieser kündigungsbereiten Mitarbeiter über ihre individuelle Zukunft im integrierten Unternehmen möglichst frühzeitig nötig. Eventuell kann über zusätzliche Aufgaben oder auch über ein gesteigertes Gehalt und/oder eine Beförderung die Bleibemotivation erhöht werden. Sogenannte „Retention-Boni", die für ein Verbleiben im Unternehmen gezahlt werden, stellen einen direkten materiellen Anreiz dar.

Ein spezielles Problem ergibt sich, wenn der Manager-Eigentümer eines Unternehmens zumindest für eine bestimmte Zeit im gekauften Unternehmen gehalten werden soll, um sein Wissen und seine Kontakte weiter einsetzen zu können. Hier bietet es sich an, über „Earn-Out"-Modelle die Zahlung eines Teils des Kaufpreises von dem Verbleib des Manager-Eigentümers und dem Erreichen von bestimmten Kennzahlen, z. B. in den ersten zwei Jahren nach der Transaktion, abhängig zu machen (vgl. allg. zu Earn-Out Ewelt-Knauer, Knauer, & Pex, 2011).

Grundsätzlich sind natürlich die sich aus individuell-arbeitsvertraglichen, betrieblichen, tarifvertraglichen oder gesetzlichen Regelungen ergebenden Schutzvorschriften für die Arbeitnehmer auch bei M&A zu beachten. Diese werden deshalb im Folgenden auch nicht im Detail ausgeführt. Generell empfiehlt es sich aber, mit den Organen der Arbeitnehmervertretung(en) in ihren landesspezifischen Ausprägungen möglichst frühzeitig Kontakt aufzunehmen und sie zumindest zu informieren oder falls möglich, in die Umsetzungsaktivitäten einzubinden. Ein partnerschaftliches Verhältnis mit den Personalvertretern, die als Multiplikatoren wirken, vermindert das „Merger-Syndrom" und kann die Belegschaft generell kooperationswilliger machen.

Spezifisch für den M&A-Fall ist in Deutschland die Vorschrift aus § 613a BGB. Das wesentliche Element dieser Vorschrift besagt, dass der Erwerber eines Betriebs oder Betriebsteils in die Rechte und Pflichten aus den zum Zeitpunkt des Betriebsübergangs bestehenden Arbeitsverhältnissen eintritt (zu den juristischen Details der Anwendung und zur Rechtsprechung vgl. z. B. Henssler, 2013, S. 987–1046). § 613a BGB ist aufgrund seines Schutzzwecks eine zwingende Vorschrift, d. h. alle diesbezüglich anders lautenden Vereinbarungen zwischen dem Käufer und Verkäufer des Unternehmens sind nichtig.

Aus ökonomischer Sicht stellt sich die Frage, inwieweit diese Vorschrift der Synergierealisierung Grenzen setzt. Der Besitzstand und die Rechte der Arbeitnehmer können einer Umsetzung mit neuen Arbeitsinhalten oder einer *Kündigung* entgegenstehen. § 613a Abs. 4 BGB stellt eine spezifizierende Vorschrift dar, die speziell Kündigungen aufgrund des Übergangs und Umgehungsmöglichkeiten verhindern soll. Dies bedeutet aber nicht, dass eine Kündigung oder eine Änderungskündigung im M&A-Fall gänzlich ausgeschlossen ist. Unabhängig vom Übergangstatbestand sind die Rechte des Arbeitgebers, des alten oder des neuen, zur Kündigung aus anderen Gründen, also z. B. betriebs- oder personenbedingt, grundsätzlich gegeben. Betriebsbedingte Kündigungen aus Rationalisierungsgründen sind insbesondere dann zulässig, wenn sie auch bei Weiterführung des Betriebs durch den Veräußerer vorgenommen worden wären (vgl. Henssler, 2013, S. 1000, Rn. 40). Bezüglich der Geltung von Tarifverträgen und Betriebsvereinbarungen ist eine 1-Jahres-Frist relevant. Dies bedeutet, dass Regelungen aus einem Tarifvertrag oder einer Betriebsvereinbarung für ein Jahr nicht zum Nachteil des Arbeitnehmers verändert werden dürfen. Allerdings entfällt dieser Bestandschutz, wenn beim Erwerber ein anderer Tarifvertrag oder eine andere Betriebsvereinbarung gilt (§ 613a BGB, Abs. 1, Satz 2–5).

Inhalt der *Personalentwicklungsmaßnahmen* sind zum einen neue Fertigkeiten und Fähigkeiten, die im fusionierten Unternehmen benötigt werden. Zum anderen kann auch bei Umsetzungen hin zu neuen Tätigkeitsinhalten eine individuelle Schulung zur Abdeckung des Anforderungsprofils der neuen Stelle vonnöten sein. Des Weiteren empfiehlt es sich, vor allem denjenigen Mitarbeitern, die in Teams mit „neuen" Kollegen aus dem anderen Unternehmen zusammenarbeiten, Fähigkeiten zur unternehmensübergreifenden Zusammenarbeit insbesondere im Bereich der Kulturkompetenz bei internationalen Akquisitionen zu vermitteln (vgl. dazu unten zum Kulturellen Wandel). Hierzu zählt auch die Vermittlung von organisatorischen und verwaltungstechnischen Abläufen, die für die integrierte Einheit geplant sind. Falls z. B. die ablauforganisatorischen Prinzipien eines Unternehmens, häufig des akquirierenden Unternehmens, übernommen werden, so sollten die damit einhergehenden Aktivitäten und verwaltungstechnischen Verfahren auch Inhalt der Entwicklungsmaßnahmen sein.

Gerade im Hinblick auf eine Homogenisierung der Entwicklungsinhalte empfiehlt sich eine rasche Vereinheitlichung der Instrumente der Personalentwicklung. So muss entschieden werden, ob Seminare, Workshops, Traineeprogramme, Projektarbeit oder andere Instrumente verwendet werden. Als besonders fruchtbar hat sich die temporäre Job-Rotation herausgestellt. Die gezielte Versetzung in andere Teile des integrierten Unternehmens fördert das Kennenlernen und trägt zur schnellen Bildung der informellen Strukturen der neuen Organisation bei. Auf Gruppenebene kann dies durch übergreifende Teams erfolgen.

Ein weiterer wichtiger Bestandteil der Personalentwicklung ist die Karriereplanung. Die Inhalte der Personalentwicklungsmaßnahmen sind auf die weitere Verwendung des Mitarbeiters abzustimmen. In Einklang mit der unten erläuterten Zusammenführung der Entgelt- und Anreizsysteme sollten die im kaufenden Unternehmen bestehenden Verfahren der Karriereplanung auf die neuen Mitarbeiter übertragen und auch schnell kommuniziert werden.

Neben diesen personalwirtschaftlichen Funktionsfeldern sind bei der Integration noch eine Reihe von Themengebieten abzudecken, die im Hinblick auf eine funktionierende integrierte Einheit explizit beachtet werden müssen. Ein wesentlicher Problembereich ist hier die Angleichung der *Gehalts- und Anreizsysteme*. Während im nationalen Rahmen die Divergenzen zwischen den Unternehmen nicht sehr groß sind, ergeben sich im internationalen Umfeld erhebliche Unterschiede, gerade im Führungskräftebereich. Im Fall DaimlerChrysler, wo die leistungsabhängigen und -unabhängigen Gehaltsbestandteile des Managements der Daimler-Benz AG und der Chrysler Corporation erheblich differierten, führte die Angleichung der Bezüge zu erheblicher Unruhe.

Unterschiede im Gehaltsniveau bei internationalen M&A können durch die regionalen Unterschiede im Lohnniveau gerechtfertigt werden. Ist ein Unternehmen bereits international aktiv, so sollte auch für die neu hinzugekommene Einheit die Entgeltpolitik gelten, wie sie für die bereits bestehenden Auslandsgesellschaften angewendet wird. Dies kann z. B. die Orientierung an regionalen Referenzgrößen sein.

Was nun die Anreizsysteme betrifft, so ist grundsätzlich festzuhalten, dass bei einer einheitlichen Unternehmensstrategie und damit gleichen Erfolgsfaktoren auch ein einheitliches Belohnungssystem entwickelt werden sollte. Von dieser Frage sind primär die Führungskräfte betroffen. Eine ähnliche Verteilung von fixem und leistungsabhängigem Entlohnungsanteil und gleiche Bewertungsmaßstäbe für die Leistung sind besonders wichtige Kriterien, die zumindest mittelfristig homogenisiert werden sollten. Eine kapitalmäßige Beteiligung der Führungskräfte an der neu geschaffenen Einheit ist dann relativ leicht möglich, wenn die Gesellschaftsform der AG gewählt und ein Teil der Aktien an der Börse notiert wird. Hier ist auch eine hohe Bleibemotivation z. B. bei der Ausgabe von Aktienoptionen gegeben. Ersatzweise kann die Entlohnung mit Aktien der Muttergesellschaft vorgenommen werden.

Neben diesen Themenbereichen gibt es noch eine Vielzahl von Spezialfragen, die mit der Integration und Homogenisierung einhergehen. Die Regelung der Arbeitszeiten bis hin zur Betrieblichen Altersversorgung sind an nationale Vorschriften anzupassen und auch mit den unternehmensinternen Politiken in Einklang zu bringen. Vom Grundsatz her muss, wenn die rechtlichen Regelungen nicht zwingend etwas anderes vorschreiben, entschieden werden, ob eine unternehmensweite Homogenisierung bei den Regelungsgebieten im Personalbereich vorgenommen wird oder ob eventuell nach regionalen/nationalen Gegebenheiten differenziert wird und ob speziell die Mitarbeiter des akquirierten Unternehmens besonders behandelt werden. Für eine Homogenisierung spricht, dass Neidgefühle oder eine „Zweiklassengesellschaft" nicht auftreten. Die kulturelle Zusammenführung wird dadurch ebenfalls erleichtert. Gerade aus Sicht eines deutschen Unternehmens gehen jedoch bei einer Übertragung der hohen Standards auf ausländische akquirierte Unternehmen vielfach Kostensenkungspotenziale verloren, die häufig der Grund für die Übernahme waren. Hier ist im Einzelfall, evtl. nach Hierarchieebenen differenziert, die Homogenisierungsfrage zu entscheiden.

Wie ist bei der Planentwicklung vorzugehen? Als Ergebnis sollen die Inhalte der Maßnahmen, das gewünschte Endergebnis, der zeitliche Horizont, evtl. aufgespalten in Einzelschritte und vor allem auch die für die einzelnen Maßnahmen Verantwortlichen festgelegt sein. Um diese Daten alle komprimiert und übersichtlich zu erfassen und darstellen zu können, empfiehlt es sich, den HR Change Konzept in Form eines Meilensteinplans zu konzipieren. Abbildung 4.54 zeigt die Grundstruktur eines solchen Meilensteinplans.

Bei den Maßnahmenkategorien zeigt sich wie in den „Vorplänen" der Vorfeld- bzw. Transaktionsphase das Einteilungsprinzip nach personalwirtschaftlichen Funktionsfeldern. Diese können natürlich noch beliebig erweitert werden. Auf der zweiten Ebene wurde als Einteilungskriterium die organisatorische Struktur gewählt. Dies empfiehlt sich besonders für international aufgestellte, große Unternehmen, da hier eine Zusammenlegung der Einheiten vor allem auf regionaler Ebene geschieht. Es ist aber auch denkbar, dass auf

| **Maßnahmenkategorie** | Anzahl MA | Kostenabschätzung | Zeithorizont/ Zwischenergebnisse | Verantwortlicher |
|---|---|---|---|---|
| **Personalfreisetzung:**<br>Unternehmen A<br>Organ. Einheit 1<br>Organ. Einheit n:<br>Unternehmen B<br>Organ. Einheit 1:<br>Organ. Einheit n: | | | | |
| **Personalbeschaffung:**<br>Unternehmen A<br>Organ. Einheit 1:<br>Organ. Einheit n:<br>Unternehmen B<br>Organ. Einheit 1:<br>Organ. Einheit n: | | | | |
| **Personalentwicklung:**<br>Unternehmen A<br>Organ. Einheit 1:<br>Organ. Einheit n:<br>Unternehmen B<br>Organ. Einheit 1:<br>Organ. Einheit n: | | | | |

**Abb. 4.54** Der Meilensteinplan für den Personalveränderungsprozess

der zweiten Ebene nach Funktionsfeldern, also Einkauf, Produktion, Verwaltung, Vertrieb etc. unterschieden wird.

Um eine gute Ausgangsbasis für die folgende Umsetzung der Pläne zu haben, sollte hier die Anzahl der betroffenen Mitarbeiter festgelegt sein. Damit wird klar, dass das in Abb. 4.54 aufgezeigte Schema die höchst aggregierte Form der Planung darstellt. Hinter den einzelnen Teilplänen müssen Erläuterungen stehen, die die Details, z. B. zu den Ergebnissen bzgl. der Anzahl der betroffenen Mitarbeiter enthalten. Hier sind auch die zur Ableitung der Ergebnisse angewandten personalwirtschaftlichen Instrumente wie z. B. die Personalbedarfsplanung aufzuführen. Wie erwähnt kommen hier die grundlegenden personalwirtschaftlichen Instrumente zum Einsatz, die in der einschlägigen Literatur ausführlich beschrieben werden (vgl. z. B. Drumm, 2008). Als ein Beispiel sei hier eine mögliche Vorgehensweise zur Festlegung der Anzahl der Stellen pro Hierarchieebene gezeigt. Abbildung 4.55 zeigt ein schematisches Vorgehen (vgl. in Anlehnung an Wickel-Kirsch & Kaiser, 1999, S. 11).

Die addierte Stellenzahl der beiden Unternehmen wird mit einem Faktor multipliziert. Da in den meisten Fällen Kostensynergien bei der Zusammenlegung realisiert werden sollen, dürfte dieser Faktor kleiner als 1 sein. Die zentrale Frage ist natürlich, wie hoch der Faktor, differenziert nach den einzelnen Hierarchieebenen, sein soll. Folgende alternative Wege zur Festlegung bieten sich an:

1. Die Einsparungsziele werden von der neuen Leitung des Unternehmens festgelegt und „Top-down" auf die Hierarchieebenen heruntergebrochen ohne Berücksichtigung der Kapazitätsengpässe, die auf den Ebenen auftreten können.
2. In einem Gegenstromverfahren werden die jeweiligen Führungskräfte in den Prozess der Multiplikatorbestimmung eingebunden.
3. Über eine Stellenbewertung wird jede Führungsposition einer individuellen Evaluation hinsichtlich Aufgabeninhalt und -quantität unterzogen. Auf Basis der Ergebnisse wird der Multiplikator festgelegt.

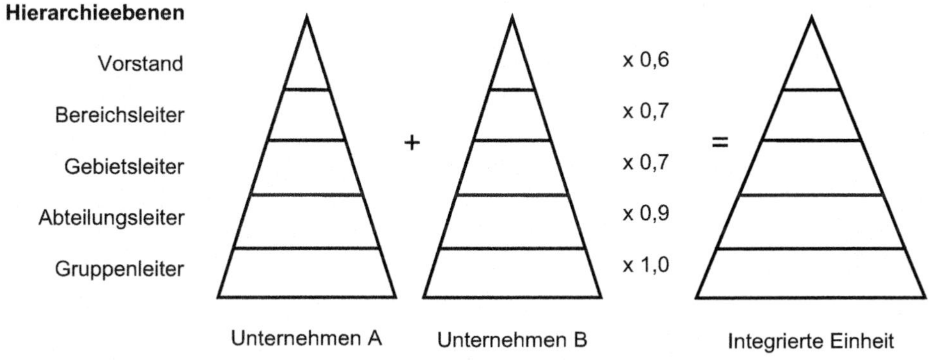


**Abb. 4.55** Berechnung der Stellenanzahl pro Hierarchieebene in der neuen Einheit

Gegen die erste Variante spricht die Nichtberücksichtigung der operativen Erfordernisse, dafür die schnelle zeitliche Verfügbarkeit der Festlegungen. Verfahren zwei ist zwar zeitaufwendiger, bindet aber die Betroffenen ein. Allerdings besteht während der Diskussionsphase eine erhebliche Unsicherheit. Eine vorgenommene Stellenbewertung liefert die beste Entscheidungsgrundlage, birgt aber die Gefahr der großen Zeitverzögerung, weswegen diese Variante möglichst früh und rasch vollzogen werden sollte. Dieses Vorgehen kann im Übrigen auch bei der Zusammenlegung von organisatorischen Einheiten und nicht nur bei Hierarchieebenen angewendet werden. Das geschilderte Vorgehen sollte aber nur als ein Minimalmodell, das zur Verwendung nur in einer sehr frühen Phase geeignet ist, verstanden werden. Die Ergebnisse und Ableitungen müssen noch wesentlich spezifiziert werden. Dies hat auf Basis von Erfahrungs- und Vergleichswerten aus dem operativen Geschäft und auch vor dem Hintergrund der Zielsetzungen aus der Simulation zu erfolgen.

Grundsätzlich sollte die Besetzung von Führungspositionen eng an die Maßnahmenentwicklung gekoppelt werden (vgl. Abschn. 4.3.3 und Abschn. 4.3.5), indem nur diejenigen Kandidaten zur Disposition gestellt werden, die a) die fachlichen Voraussetzungen haben, b) die sich auf die Umsetzungsziele für die Maßnahmen ihrer Abteilung verpflichten und die c) ein Management-Assessment bestanden haben. Letzteres sollte, um die Objektivität und die fachlichen Voraussetzungen zu erfüllen, von einem externen Personalberater durchgeführt werden. Konzepte zur Potentialbewertung finden sich z. B. bei Scholz (2014, S. 345–412). Allerdings müssen bei der Freisetzungsplanung betriebsverfassungsrechtliche, mitbestimmungsrechtliche und individualarbeitsrechtliche Regelungen beachtet werden (vgl. Gerpott, 1999, S. 71, vgl. auch weiter unten zur Umsetzung der personalwirtschaftlichen Maßnahmen). Der zugrunde zu legende Verantwortungskatalog an Maßnahmen beinhaltet beide zusammenzuführenden Unternehmensteile/Unternehmen sowie die Synergien, die zwischen den fusionierenden Unternehmenseinheiten entstehen sowie die Ergebniseffekte bei der Muttergesellschaft, zum Beispiel bei zusätzlichen Bezügen der neuen Tochter von der Mutter.

Eine grundsätzliche Frage, die bei Personalüberlegungen im M&A-Fall immer besteht, ist die Bevorzugung der Mitarbeiter des Unternehmens, das akquiriert, gegenüber den Mitarbeitern des Targets. Aus rein objektiv-ökonomischer Sicht sollen in der integrierten Einheit die leistungsfähigsten Mitarbeiter an den für sie am besten geeigneten Stellen platziert werden. Auch wenn dies bedeutet, dass Personal des akquirierenden Unternehmens im Extremfall entlassen wird oder der Chef der ganzen Einheit oder einzelner Abteilungen aus dem akquirierten Unternehmen kommt. Die Praxis zeigt, dass dies eine nur schwer zu vermittelnde Sichtweise darstellt. Hier werden besondere Anforderungen an den Kommunikationsprozess (vgl. Abschn. 5.2) gestellt und es müssen wohl in einigen Fällen Besetzungen vorgenommen werden, die nicht obiger Richtlinie entsprechen.

Die Berechnungsschemata für die Kostenabschätzung (vgl. Abb. 4.54, Spalte 2), die ebenfalls in den Erläuterungen enthalten sein sollen, dienen als Basis für das spätere Controlling. Die Höhe der hier eingetragenen Zahlen ist stark vom Einzelfall abhängig. Hier sollten Erfahrungswerte, soweit vorhanden aus dem eigenen Unternehmen oder von Beratern verwendet werden, die gegebenenfalls auch auf nationale Besonderheiten, z. B. was Freisetzungskosten betrifft, eingehen.

**Die (weiche) Cultural Change-Seite**

In Abschn. 4.3.4 (vgl. insbesondere Abb. 4.35) wurden die verschiedenen „Kulturstrategien" mit ihren Vor- und Nachteilen bereits angesprochen. Es wurde festgestellt, dass bestimmte M&A-Pfade (z. B. Akquisition eines Targets in Fernost) bestimmte Kulturstrategien implizieren. Mit der Cultural Due Diligence wurde eine Erhebung über die Kultur und ihre Treiber beim Target durchgeführt. Im Folgenden werden Post Closing-Maßnahmen vorgestellt und diskutiert, wie Divergenzen überwunden werden können.

Beim **Kulturpluralismus** sind nur geringe kulturelle Integrationsmaßnahmen erforderlich. Allerdings ist ein hoher Integrationsgrad bei dieser Kulturstrategie mit einem hohen Steuerungsaufwand verbunden (vgl. dazu Meckl, 2000, S. 47–48). Es geht hier nämlich um die Verträglichkeit der beiden zusammenzuführenden Kulturen. So ist ein hohes Maß an Verständnis auf beiden Seiten für die jeweils „andersartigen" Kultur der anderen Seite erforderlich.

Bei der **Kulturübernahme** wird eine Kultur, in den meisten Fällen die des gekauften Unternehmens, an die Kultur des kaufenden Unternehmens angeglichen. Trotz der grundlegenden Fragestellung, ob eine Unternehmenskultur überhaupt angesichts der Messprobleme gezielt verändert werden kann, gibt es doch konkrete Möglichkeiten, die die direkte Zusammenarbeit über Unternehmens- und damit zusammenhängend sozio-kulturelle Grenzen hinweg erleichtern können. Eine wichtige Maßnahme ist hier die explizite Verankerung der Kulturfragestellung in der Organisation des Integrationsprozesses (zur generellen Vorgehensweise im Kulturmanagement bei M&A vgl. z. B. Hilb, 2000).

Während des Integrationsprozesses ist unter der Verantwortung des Integrationsleiters innerhalb des Project Offices eine eigene Gruppe für die Umsetzung der Cultural Change-Aufgaben einzusetzen. Da diese Aktivität ein langfristiges Engagement erfordert, sollte nach Abschluss des Integrationsprojektes (Zeithorizont ca. ein Jahr) eine eigene Abteilung gebildet werden, die speziell für die kulturellen Fragen zuständig ist. Diese kann als Ansprechpartner für Probleme bei der Harmonisierung von Prozessabläufen bis hin zu Divergenzen beim Führungsstil oder sozio-kulturellen Problemen dienen. Eine wichtige Rolle spielen Trainingsmaßnahmen speziell für Führungskräfte und Mitarbeiter, die sehr eng mit Kollegen aus dem anderen Unternehmen zusammenarbeiten. Inhalt dieser Seminare sollten sowohl die Geschäftsmethoden und bei Auslandsakquisitionen vor allem auch kulturelle Hintergründe des anderen Landes sein. Unternehmensweite Kommunikationsmittel und -foren, wie z. B. eine Führungskräftezeitschrift oder Business-TV sollten als Diskussions- und als Informationsforum eingesetzt werden. Hier wird die wichtige Rolle des Teilprozesses „Kommunikation" (vgl. Abschn. 5.2) beim kulturellen Wandel deutlich.

Unternehmenskultur zeigt sich für die Mitarbeiter des gekauften Unternehmens in direktester Form anhand des Führungsstils, den Führungskräfte aus dem Käuferunternehmen an den Tag legen. Deshalb kommt dieser Gruppe eine Schlüsselstellung bei der Kulturübertragung zu. Eine spezielle Schulung und Informationen bzgl. möglicher Unterschiede zum bisherigen Führungsstil im gekauften Unternehmen sind neben der generellen Führungskompetenz wichtig. Ob nun der Führungsstil des kaufenden Unternehmens sofort übertragen werden sollte, was bei der Strategie der Kulturübernahme angebracht wäre, oder ob für eine Übergangszeit z. B. ein eher kooperativer Stil gepflegt werden sollte, hängt vom Ausmaß der Divergenz der Führungsstile ab. Ein kooperativer Stil als Übergangslösung, wenn dieser nicht ohnehin vom kaufenden Unternehmen gepflegt wird, hat den Vorteil, dass in der unsicheren Restrukturierungsphase die "neuen" Mitarbeiter besser eingebunden werden können.

Die **Kulturmischung** stellt die größte Herausforderung dar. Hier ist die Veränderungsnotwendigkeit auf beiden Seiten gegeben, sodass die oben angeführten Maßnahmen der Kulturübernahme auf die Mitarbeiter beider betroffenen Unternehmen angewendet werden müssen. Hinzu kommt, dass von vornherein die neue Kultur, die sich als Synthese ergeben soll, nicht feststeht. Eine Maßnahme, die z. B. bei der Verschmelzung von Ciba Geigy und Sandoz Novartis angewendet wurde, war die Etablierung des neuen Firmennamens „Novartis". Bei der Fusion der Commerzbank mit der Dresdner Bank bediente man sich des Namens der Commerzbank, in Kombination mit dem Logo der Dresdner Bank. Zwar handelt es sich hier eher um symbolische Gesten. Allerdings ist dies ein eindeutiges Zeichen an die Mitarbeiter, dass keines der alten Unternehmen die Oberhand behalten soll und man sich von alten Strukturen verabschiedet.

Grundsätzlich und für alle gewählten Modelle der kulturellen Zusammenführung ist die Frage zu stellen, ob für die zu fusionierenden Unternehmen Assessments und Kulturworkshops („Cultural Alignment Workshops") durchgeführt werden sollten. Im Prinzip ist diese Frage zu bejahen. Die Praxis hat gezeigt, dass eine einseitige Zuwendung auf die Mitarbeiter, die einer Veränderung ausgesetzt sind und eine Nicht-Behandlung der Mitarbeiter, bei denen es zu keinen Veränderungen kommt, Neidgefühle und Demotivation bei den nicht-Befragten zur Folge haben. Dies zeigte sich beispielsweise bei der Übernahme des österreichischen VA Tech-Konzerns durch die Siemens AG. Hier wurden Alignment-Workshops für die zusammenzuführenden Geschäfte z. B. für den zu fusionierenden Stahlwerk-Bau durchgeführt, während nicht betroffene Mitarbeiter anderer Geschäfte außen vor blieben. Letztere fühlten sich vernachlässigt und das zeigte sich bei den gleichzeitig vorgenommenen Umfragen zur Mitarbeiter-Zufriedenheit. Die Frage nach Kulturworkshops ist aber auch eine Frage der Größenverhältnisse. Bei kleinen Übernahmen durch ein Großunternehmen reicht es zum Beispiel aus, Assessments auf die neue kleinere Akquisition zu begrenzen und nur die unmittelbar Beteiligten der neuen Muttergesellschaft einzubeziehen.

Als Mittel stehen Erhebungen und Workshops zur Verfügung. Die Erhebungen können per Online-Befragung erfolgen. Diese werden auch als „*Pulse Checks*" bezeichnet und sie sollten in regelmäßigen Abständen wiederholt durchgeführt werden, um einen Vergleich und einen Trend zu erkennen. Während sich Online-Befragungen auf nur wenige Punkte, wie etwa dem Grad der Zufriedenheit und die Meinung zu kürzlich durchgeführten Maßnahmen beschränken, sind Assessments für Gruppen (etwa für das Management-Team) geeignet und können sehr umfassend sein.

**Pulse Checks** können bereits vor dem Closing durchgeführt werden, wenn etwa Fragen auf die Homepage gestellt werden und die Mitarbeiter des Targets freiwillig darauf zugreifen und ihre Antworten hinterlassen. Üblich ist auch, dass sich Vertreter beider Seiten des zukünftigen Integrationsteams vor dem Closing treffen und dass beide Seiten getrennt, aber auf gleicher Fragen-Basis eine Umfrage durchführen. Die Ergebnisse kann man dann einander zuspielen. Dies ist zu empfehlen, weil man dann frühzeitige Referenzpunkte für die späteren Befragungen erhält. Diese Pulse Checks können frühestens im Monatsabstand wiederholt werden. Diese Zeit ist nötig für die Erstellung der Fragebögen, die Befragung, die Auswertung, das Gegensteuern durch Maßnahmen und die Rückwirkung, die diese Maßnahmen erzeugen.

**Cultural Awareness-Workshops** verfolgen das gleiche Ziel in Gruppen, etwa aus dem gemeinsamen mittleren Management. Besonders beliebt sind Assessments von Hall Tonna auf der Basis der Hall Tonna Values Map (siehe Internet) und Barrett Assessments aus dem Barrett Values Centre (Personal Values Assessment – PVA, siehe Internet). Siemens Corporate Personnel hat beide Assessments ihren Workshops für den „Fit of Values" zugrunde gelegt. Daraus leitete Siemens mit der M&A-Integration Knowledge Base (2001) einen dreistufigen Prozess ab:

1. **Check zum Fit von Werten**. Instrumente: Hall Tonna Assessment oder Barrett Assessment.
   Vorgehensweise: jedes Mitglied des Management – Teams oder anderer ausgewählter Gruppen definiert ihre Werte mit Hilfe von vorgefertigten Listen. Ergebnis: Werte und Paradigmen werden offenbar gemacht und visualisiert.
2. **Kulturelle Bewusstwerdung**. Instrumente: Awareness – Workshops.
   Vorgehensweise: das Management – Team diskutiert Übereinstimmungen und Unterschiede von Vision, Paradigmen und Werten und entwickelt Maßnahmen, um Kulturen zu harmonisieren. Ergebnis: Cultural Alignment Programm für den Merger.
3. **Kulturelle Ausrichtung**. Instrumente: monatlicher Statusbericht und Kommunikation der Ausrichtungsmaßnahmen.
   Vorgehensweise: Übergangsteam aus beiden Unternehmen implementiert die vereinbarten Ausrichtungsmaßnahmen. Ergebnis: besser abgestimmte Kulturen.

Um eine Größenordnung über den Aufwand solcher Maßnahmen zu bekommen: bei der Integration der Dresdner Bank mit der Commerzbank wurden in 10 sogenannte „Big Picture-Workshops" zur Kulturdiagnose 370 Führungskräfte der ersten und zweiten Führungsebene eingebunden. Zeitgleich zu den Big Picture-Workshops starteten sogenannte *Fishbowl-Workshops*. Insgesamt kamen 300 Mitarbeiter und Führungskräfte der Ebene 3 und 4 aus allen Segmenten beider Banken über 16 Workshops verteilt für jeweils einen halben Tag zusammen. Pro Workshop diskutierten jeweils ca. zehn Mitarbeiter aus den beiden Banken die Gemeinsamkeiten und Unterschiede entlang von Themen wie Führungsstil, Kommunikations- und Entscheidungsprozesse, Vertriebsphilosophie und Unternehmenswerte. Die Fishbowl-Methode wird charakterisiert durch Aufteilung der Teilnehmer in einen Innen- und einen Außenkreis. Der Innenkreis diskutiert, während der Außenkreis in die Zuhörer-/Beobachterrolle geht. Der Sinn der Fishbowl-Methode für die Kulturdiagnose liegt in der intensiven Reflexion der eigenen wie auch der anderen Unternehmenskultur. Der „Außenblick" (Außenkreis) hilft, Aspekte als kulturprägend bewusst zu machen, die in der Innenperspektive (Innenkreis) als selbstverständlich angesehen werden. Gemeinsamkeiten und Unterschiede auf den Kulturebenen Identität und Werte können damit gezielt identifiziert werden. Darüber hinaus wurde ein Workshop-Baukasten für das Zusammenwachsen neuer Teams entwickelt. Integraler Bestandteil aller Workshops waren die „Com-Werte" der „Neuen Commerzbank" als gemeinsamer Werterahmen im Integrationsprozess, mit den Modulen:

- Zusammenwachsen Team zur Unterstützung des Teambuildings,
- Zusammenwachsen Kultur zur Unterstützung gemischter Teams,
- Zusammenwachsen Führung zur Unterstützung neuer Führungsteams,
- Zusammenwachsen ComWerte richtete sich im frühen Stadium an interessierte Mitarbeiter der Dresdner Bank.

Insgesamt wurden im Zeitraum von Mitte 2009 bis Mitte 2011 über 3.500 Workshops durchgeführt. Als weiteres zentrales Feedback- und Monitoring-Instrument zur kulturellen Integration wurde die Befragungs-Aktion „Change Monitor" in zwei Wellen 2009 und 2010 durchgeführt. Er umfasste mehr als 20.000 Mitarbeiter und ermöglichte Rückschlüsse auf die Zuversicht der Mitarbeiter hinsichtlich des Gelingens der kulturellen Integration, ihres erlebten Status Quo und der Verankerung der Führungsleitlinien in der täglichen Führungsarbeit (vgl. Houben & Ganswig, 2013).

Welche Instrumente werden in den Alignment-Workshops und (indirekt) den Pulse Checks zugrunde gelegt? Dies sind Matrizen, mit denen man die unterschiedlichen kulturellen Positionierungen von Individuen und Organisationen darstellen kann. In der Siemens M&A Integration Knowledge Base wird eine kulturelle Assessment Matrix verwendet, die auf zwei Dimensionen beruht, nämlich Kontrolle versus Freiheit und Job versus Individualität (Abb. 4.56).

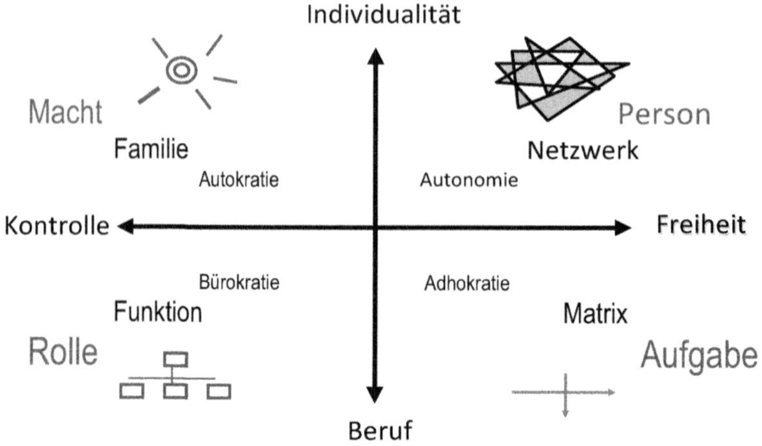


**Abb. 4.56** Kulturelle Assessment-Matrix

Der einzelne Befragte hat hier die Möglichkeit, sich selbst beziehungsweise seine Organisation kulturell in eine von vier Ausprägungstypen einzuordnen. Präferiert er auf der x-Achse eher die Kontrolle und hebt er auf der y-Achse die Individualität hervor (in der Matrix links oben), dann liegen die Schwerpunkte bei Macht, die präferierte Organisation ist die Familie und der entsprechende Organisationstypus des Unternehmens wird als „Autokratie" bezeichnet. Präferiert der Befragte die Individualität gleichermaßen, aber in Kombination mit der individuellen Freiheit (rechts oben), dann steht die Einzelperson im Vordergrund und organisatorisch das Netzwerk. Das Unternehmen ist dann eher Autonomie-bestimmt. Werden im Gegensatz dazu (links unten) Kontrolle und Beruf als die stärkeren Treiber angesehen, dann steht beim Individuum die Funktion im Vordergrund, die dahinterliegende Organisation ist eher funktional und Bürokratie-orientiert. Legt der Befragte stattdessen stärkeren Wert auf Freiheit und Beruf (rechts unten in der Matrix) dann ist er eher Aufgaben-orientiert. Die entsprechende Organisation ist die Matrix und der Typus wird als „Adhokratie" bezeichnet. Die Abb. 4.57 zeigt dazu eine erweiterte Interpretation für die dominierenden Treiber des Individuums.

Für Befragungs-zwecke lassen sich die Eigenschaften in ein Polardiagramm übertragen. In Workshops können damit die persönlichen Einschätzungen eingetragen werden, für die Lokalisierung einzelner Positionen oder für die Lokalisierung der fusionierenden Unternehmensteile. Dies geschieht typischerweise in Gruppen, bestehend aus Vertretern der beiden fusionierenden Unternehmenseinheiten. Es ist üblich, die Einschätzung auf beiden Seiten einmal für die eigene Position zu tätigen und einmal für die Einschätzung, wo die andere Seite zu lokalisieren ist. Die Eigen-Einschätzung dient der Kalibrierung der Aussagen. Die Dimensionen geben nicht „schlecht" oder „gut" an, sondern sie sind wertfrei. Entscheidend ist weniger die Positionierung der einzelnen Eintragungen, sondern mehr die Lokalisierung, wo sich die großen Deltas befinden. Wenn man die Punkte ver-

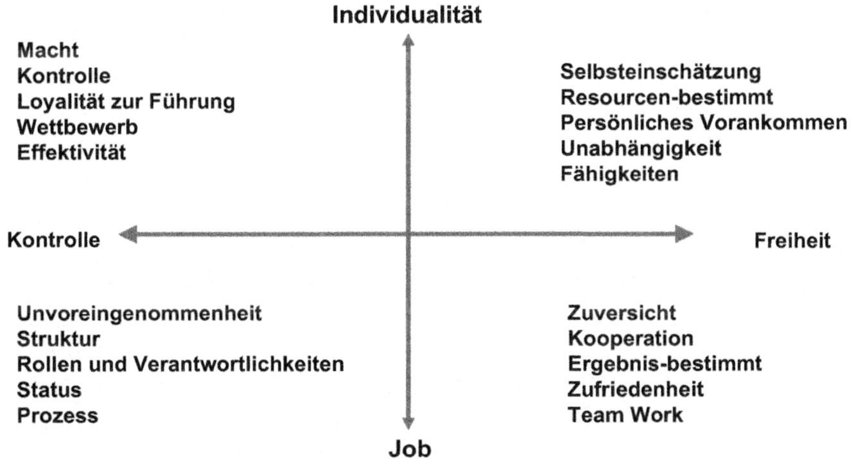


**Abb. 4.57** Persönliche Struktur-Charakteristika. (Quelle: Siemens M&A Integration Knowledge Base 2001)

bindet, dann ergibt sich eine grafische Linie aus der die größten Unterschiede erkennbar sind. Da die Matrix tendenziell die „härteren" Ausprägungen der Eigenschaften auf der linken Seite, die „weicheren" Ausprägungen auf der rechten Seite darstellt, ergibt sich ein Gesamtbild, das die Gegensätze oder auch Überlappungen und Überkreuz-Darstellungen hervorhebt. Ziel der Ergebnisse ist keine finale Wertung sondern sie sollen zur Diskussion anregen und zur Kernfrage nach dem Kulturmodell zurückführen. Jetzt nicht mehr „Top-down" und pauschal (vgl. Abschn. 4.3.4), sondern im Detail, quasi „Bottom-up" für jede Dimension mit den Fragen:

- Sind die Positionierungen richtig? – deshalb die Eigen-Einschätzung,
- Wie groß sind die kulturellen Unterschiede?
- Entsprechen sie dem gewählten Modell der kulturellen Integration (vgl. Abb. 4.35)?
- Entsprechen die Detailwerte den pauschalen Annahmen aus den vorlaufenden Arbeitspaketen?
- Wie sollen die Unterschiede überbrückt werden?
- Wie können die Unterschiede zum Nutzen für das fusionierte Unternehmen führen?

Wichtig dabei ist vor allem die Achtung vor der anderen Kultur, die Anerkennung des Wertekodex der anderen Seite und die Behandlung der Unterschiede – denn in jedem (!) Kulturmodell muss die Brücke zur anderen Seite gefunden werden, sei es nun ein Kulturmix oder die Beibehaltung von komplementären Kulturen, zum Beispiel weil andere Produktsegmente, andere Branchen oder andere Regionen bedient werden sollen. Insofern soll diese Übung etwas in den Köpfen der Mitarbeiter bewegen, Mobilität der gesamten Belegschaft hervorrufen.

Soweit nun die Betrachtung der einzelnen Ausprägungen mit dem Ziel einer Dynamisierung der Werte. Ein weiteres Feld ist, wie nun im Fortschritt des M&A-Projektes mit den zu erwartenden „harten" Maßnahmen umzugehen ist. Zunächst ist festzustellen, dass jede Maßnahme nicht nur auf der Sachebene zu Veränderungen führt, sondern dass diese auch auf der persönlich-emotionalen Ebene zu Wirkungen, oft Verletzungen, führen. Auf eine Maßnahme in der Sachebene folgt eine emotionale (manchmal negative, abweisende) Reaktion auf der persönlichen Ebene. Die persönlichen Reaktionen müssen bei den Sach-Maßnahmen antizipiert werden. Spätestens wenn eine Negativ-Reaktion eingetreten ist, muss gegengesteuert werden, denn nicht jede Reaktion kann vorhergesehen werden. Hier liegen zwei Regelkreise vor, die miteinander zu koppeln sind (vgl. Abb. 4.58).

Die Verkündung von Maßnahmen auf der Sachebene ist im oberen Regelkreis „Strategy & Structure Level" dargestellt. Zunächst muss ein Strukturziel erkannt werden, dann werden die entsprechenden Maßnahmen ergriffen und schließlich erfolgt das Controlling der Maßnahmen-Umsetzung. Das geht ins Auge, wenn man dies ohne Kopplung zur Ebene der Betroffenen „einfach durchzieht", denn die Betroffenen werden nicht auf ihrer individuell-emotionalen Ebene angesprochen. Diese ist auf dem „Culture & Motivation Level" angesprochen. Hier gibt es (individuelle oder Gruppen-bezogene) Kulturziele oder Erwartungen, die mit dem Sachziel korrespondieren oder dem widersprechen. Deshalb ist

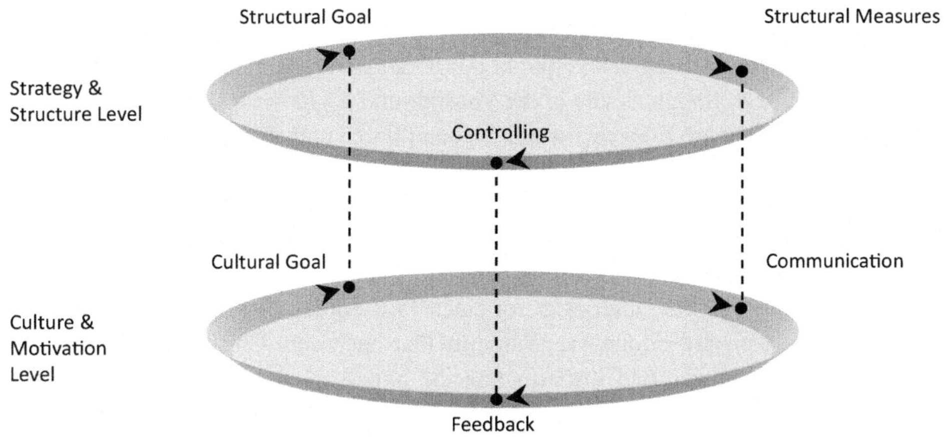


**Abb. 4.58** Korrespondenzbeziehung Struktur versus Change

im weiteren Verlauf die jeweilige Strukturmaßnahme zu kommunizieren und verständlich zu machen. Im dritten Schritt dieses Regelkreises ist das Feedback aus der individuellen oder Gruppen-Ebene der Betroffenen einzuholen. Dieses geht (Bottom-up) in die weiteren Maßnahmen ein, wiederum im Rundlauf von Zielen (nun auf der Strukturebene), Maßnahmen und Controlling.

Die komplexe Verknüpfung zeigt, dass dies nicht für die gesamte Belegschaft und für jede Maßnahme pauschal durchgeführt werden kann. Insofern ist dieser Regelkreis auf die jeweils betroffene Gruppe zu fokussieren und – soweit möglich – durch persönliche Treffen mit den Gruppen und Vier-Augen-Gesprächen zu individualisieren. Hierdurch ergibt sich eine Kaskade, die von Unternehmensübergreifenden Maßnahmen über gruppenorientierte Maßnahmen bis hin zu den individuell Betroffenen reicht – insbesondere auf den verschiedenen Management-Ebenen. Wie das Commerzbank-Beispiel zeigt, können unternehmensübergreifende Regelkreise von Maßnahme bis zu Feedback aufgrund ihrer Komplexität nur etwa im Monatsrhythmus durchgeführt werden. Aber es ist erforderlich, die Hauptbetroffenen (das sind vor allem die Management-Ebenen vom oberen Management bis zum Gruppenleiter) möglichst zeitnah einzubinden. Es hat sich gezeigt, dass dazu wöchentliche Telefonkonferenzen und Präsenzsitzungen zwischen Lenkungsausschuss und Implementierungsteam nötig und machbar sind. Eine höhere Frequenz ist faktisch kaum machbar und führt auch zu Komplexitäten bzw. zu unproduktiver Mehrarbeit, da die Protagonisten dann vornehmlich mit der Produktion von Folien (für die Lenkungsausschuss-Sitzungen) beschäftigt sind und weniger für das wünschenswerte „Management by Walking around". Dieser „Trade-off" zeigt auch, wie hoch der Arbeitsaufwand für eine M&A-Integration ist, wenn man diese ernst nimmt und wie viel Zusatzarbeit auf das Tagesgeschäft der Betroffenen hinzukommt. Damit wird auch deutlich, wie wichtig es ist, eine Zusatzkapazität wie das Implementierungsteam mit seinen Stäben (dem Project Office) und gegebenenfalls temporären Sonderteams zu haben.

**Einbindung in die übergeordneten Vorgänge**
Hierbei ist zu sehen, dass der Schwerpunkt des Personalveränderungsprozesses in der Integrationsphase liegt. So gilt es, die in der Vorfeld- und der Transaktionsphase entwickelten Pläne des HR Change Konzepts weiter zu detaillieren und sie schließlich umzusetzen.

**Aufsetzpunkte und Schnittstellen mit vorlaufenden Arbeitspaketen**
Dies Aufsetzpunkte ergeben sich dadurch, dass das Human Resources Change Management unmittelbar nach dem Closing die im Change Plan (vgl. Abschn. 4.3.6) Stand-Alone entwickelten Pläne umsetzt, und zwar mit einer Task Force, die von beiden Seiten „bestückt“ ist. Insofern wird in den Tagen unmittelbar nach dem Closing das gemeinsame Change Team aufzusetzen und insbesondere die hinzukommenden Change-Mitarbeiter des Targets auf die „Change-Normen und -Prozeduren“ zu trainieren und zu synchronisieren sein. Nach diesem Modell haben wir es mit einer Kaskadierung der Change-Funktionen zu tun: zuerst Bildung eines „Inneren Teams“ (erstmals bestehend aus Vertretern beider M&A-Partner) und danach „Roll-Out“ an die gesamte Mitarbeiterschaft. Grundsätzlich kann man, wie bereits im Abschn. 4.3.6 erörtert, zwischen der Integration von „harten“ Personalprogrammen, wie z. B. der Personalentwicklung oder auch Entgeltsystemen, und den eher „weichen“ Faktoren, wie z. B. dem Führungsstil, unterscheiden (vgl. Wächter, 1990, S. 114–116). Der Übersichtlichkeit halber werden diese Aktivitäten im Folgenden getrennt dargestellt, sind jedoch integriert zu führen, wie bereits im Abschn. 4.3.6 vermerkt.

**Schnittstellen mit nachlaufenden Arbeitspaketen**
Hier ist zu bedenken, dass die Aktivitäten des Cultural Change Managements zu den Langfrist-Maßnahmen eines M&A-Projektes gehören. Einmal sei an den Ausspruch von Randy Zwirn (CEO von Siemens-Westinghouse) erinnert „Integration never ends“, des Weiteren erfordert die Umsetzung und das „Einfahren“ der Ergebnisse aus den Einzelmaßnahmen eine ständige Begleitung durch kulturelle Change-Maßnahmen. Wir haben die Erfahrung gemacht, dass besonders in der Unternehmens-Peripherie und auf der Werkstattebene, den sogenannten Shop-Floors, viele Botschaften nicht ankommen oder unverständlich sind, weil sie hier nur noch auf indirektem Wege vermittelt werden. Deshalb hat sich herausgestellt, dass man nicht nur die „formalen“ Führungskräfte direkt einbinden sollte, sondern gerade bei großen Belegschaften versuchen sollte, sogenannte „Meinungsmacher“ auf der Belegschafts- und Shop-Floor-Ebene zu involvieren. Das ist der Personenkreis, unabhängig von Alter und Rang, der „das große Wort schwingt“ und sich häufig in Betriebsvereinen und Betriebsräten engagiert. Mit diesen sollte man ins Gespräch kommen. Überhaupt ist die Frage entscheidend, wie man bei Großprojekten an die Vielzahl von Mitarbeitern direkt herankommt. C4 Consulting hat mit seinem Commerzbank-Beispiel gezeigt, dass man durch viele Workshops auch viele erreichen kann. Dennoch hat sich bei Großakquisitionen herausgestellt, dass man nicht alle erreichen kann und erst recht nicht in Zyklen von einem Monat. Ein anderer Weg ist auch gangbar, nämlich die Change Management Teams zu kaskadieren, will sagen: man nehme ein internes, externes oder

gemischtes Team als Hauptteam, das Change Manager im Sinne des Projektes schult, die dann ihrerseits an die Peripherie gehen, um dort regelmäßig Workshops durchzuführen. Dies betrifft nicht nur die „weiche" Seite, sondern dies bietet sich auch für die Entwicklung des Maßnahmenkataloges an (vgl. Abschn. 4.3.7). Man kann zum Beispiel den „zentralen" Maßnahmenkatalog bis auf die vorletzte Ebene begrenzen und es den Peripherie- oder Shop Floor-Teams überlassen, die Maßnahmen weiter runter zu brechen. Damit sich alle darauf verpflichtet fühlen, kann man auch auf dieser Ebene Unterschriften derer sammeln, die sich gemeinsam auf das Ziel der jeweiligen Gruppe am jeweiligen Standort verpflichten. Die Ziele und ihr Erfüllungsgrad können auch auf großen Wandplakaten in der Fabrik vermerkt sein, verbunden mit dem Motto, unter dem die ganze Integration abläuft. Damit wäre die Brücke vom Ganzen zum Detail gebaut. Wie wichtig dies ist, zeigte eine Erfahrung aus der VA Tech-Übernahme durch Siemens, bei der sich – lange nach Abschluss des Projektes – Stimmen meldeten, die der Meinung waren, es hätte an der kulturellen Integration gefehlt, obwohl ein großer Aufwand in den kulturellen Wandel und in die Pulse Checks gesteckt wurde. Generell kann gesagt werden, dass die kulturelle Integration bei Großprojekten vornehmlich an zwei Problemen krankt: a) an der Nachhaltigkeit der Maßnahmen und b) am Durchdringungsgrad der Organisation. Die Nachhaltigkeit sollte gewahrt werden, indem das Change Management über mehrere Jahre nach dem Closing durch ein kleines Team fortgeführt wird. In den meisten Fällen genügen dafür eine Person oder mehrere Aktivisten, die zu einem Teil ihrer Arbeitszeit für das Nachhalten bereitgestellt werden. Dies sollte – darauf wurde bereits hingewiesen – Hand in Hand mit der Ergebnisverfolgung für die „harten" Maßnahmen durchgeführt werden. Der größte Fehler – dies sei abschließend vermerkt – liegt in der viel zu kurzen „Strohfeuerpolitik" für Change-Maßnahmen mit einem immensen Teamaufwand unmittelbar nach dem Closing und dem schnellen „Abschalten" dieser Aktivitäten. Insgesamt kann resümiert werden, dass für Großprojekte, insbesondere wenn sie personalintensiv sind, die drei Arbeitspakete „kontinuierliches Verbesserungsprogramm", „Organisations- und Prozessanpassung" mit den Folge-Verkäufen und das „Change Management" mit jeweils kleinen Teams über mehrere Jahre nachgehalten werden müssen.

### 4.3.10 Schnittstellen des Strukturprozesses zu anderen Teilprozessen

Die wesentlichen Schnittstellen der Arbeitspakete des Strukturprozesses wurden in den vorangegangenen Abschnitten schon detailliert dargestellt. Was die Einordnung des Teilprozesses „Struktur" im Rahmen des Gesamt-M&A-Prozesses betrifft, so zeigt die Charakterisierung als Kernprozess schon die große Relevanz der Aktivitäten dieses Teilprozesses für den Erfolg.

Der Strukturprozess liegt inhaltlich mit dem Schwerpunkt in der Integrationsphase. Er muss damit i. W. die Ergebnisse aus dem Strategie- und dem Dealmaking-Prozess in eine effizient arbeitende organisatorische Einheit, die NewCo überführen. Um adäquate i. S. v. umsetzbaren Festlegungen in den beiden anderen Kernprozessen zu erreichen, müssen die

Belange des Strukturprozesses bereits bei der Strategie und beim Deal-Making berücksichtigt werden. So muss dort beispielsweise realistisch über die Umsetzungsmöglichkeiten von geplanten Synergien nachgedacht werden. Regelungen, die in den Verträgen akzeptiert sind, können in der Integrationsphase nur mehr mit großem Aufwand, wenn überhaupt revidiert werden. „Iterative Schleifen" sind also kaum mehr möglich. Problematisiert wird diese Abstimmungsnotwendigkeit noch dadurch, dass es häufig zu einem personellen Bruch bei den Prozessbeteiligten nach dem Closing kommt. Waren vorher die M&A-Experten in der Leitung des Prozesses maßgeblich, so sind es danach in den meisten Fällen die Leute aus den betroffenen operativen Bereichen, die die Integration betreiben müssen. Informationsverluste können die Folge sein. Frühzeitig sollte dafür gesorgt werden, dass durch Einbeziehung der Integrationsmanager gewonnene Erkenntnisse aus der Transaktionsphase in die Integrationsphase mitgenommen werden. Außerdem können diese Personen allzu unrealistische Überlegungen in der Integrationsplanung vermeiden helfen.

Bei den Unterstützungsprozessen ist insbesondere auf die wichtige Rolle des Controllings für den Strukturprozess hinzuweisen. Im Rahmen des Gesamtprojektcontrollings (vgl. Abschn. 5.4.2) wird der Integrationsfortschritt gemessen und es werden ggf. Korrekturmaßnahmen eingeleitet. Angesichts der hohen Erfolgsrelevanz des Integrationsfortschritts ist die Verbindung zwischen Strukturprozess und Controlling damit sehr wichtig.

### 4.3.11 Erfolgsfaktoren und Schwachstellen des Strukturprozesses

Das Haupt-Erfolgskriterium für den Strukturprozess ist in dem Schlagwort „Structure follows Strategy" zusammengefasst: ohne eine belastbare Strategie gibt es keine Basis für die Struktur des neuen Unternehmens und bei Abweichung von der angestrebten Struktur im Laufe des Gesamtprozesses kein Erfolg des Projektes. Häufig kommen derartige Abweichungen aus dem Dealmaking-Prozess, weil sich angestrebte Modelle nicht durchsetzen lassen. Dies muss kurzfristig erkannt und entsprechend gehandelt werden. Das ist auch der Grund für die Bildung der Arbeitspakete und der Hauptmeilensteine. Diese stehen für einen „eingebauten Mechanismus", indem jedes Arbeitspaket ein (in sich abgeschlossenes) „Produkt" ist und jeder Meilenstein eine Schwelle, bei dem zu verifizieren ist, ob das M&A-Projekt noch zielkonform läuft und – wenn nicht – schleunigst abgebrochen werden sollte. Je früher dies erkannt wird, je schneller der Abbruch kommt, desto geringer fällt der materielle, personelle und zeitliche Verlust aus.

Das Grundkonzept des Strukturprozesses ist auf Eskalationsstufen ausgelegt: die Arbeitspakete bauen aufeinander auf. Der konsistente Aufbau sichert die Durchgängigkeit und die Wirtschaftlichkeit des Prozesses. Um beides zu gewährleisten sind als „dritte strukturelle Ebene" die Workstreams eingebaut (siehe Abb. 4.26). Sie stellen die Verbindung zwischen den Arbeitspaketen her und sorgen durch das eskalierende Konzept dafür, dass alle Aspekte des Strukturprozesses frühzeitig adressiert, aber kostenmäßig in Grenzen gehalten werden. Erst mit fortschreitendem Projekt werden die Detaillierungsgrade und damit der zeitliche, personelle und finanzielle Aufwand größer.

Ein Grundpfeiler des Prozessmodells, das besonders in dem komplexen Strukturprozess zum Tragen kommt (für die anderen Kernprozesse gilt dies aber auch), ist die durchgängige Verantwortung „End-to-End“ für den gesamten Strukturprozess. Hierin liegt die Aufgabe des „Implementierungs-Manager“ (im Stand-Alone-Fall) bzw. des „Integration Managers“ (im Fall der Zusammenführung zweier oder mehrerer unternehmerischen Einheiten). Seine Auswahl und seine fachliche wie soziale Kompetenz sind entscheidend für den Projekterfolg des M&A-Vorhabens. Die frühzeitige Setzung des Zieles für das M&A-Projekt und die Verpflichtung des Projektmanagers auf dieses Ziel, das schrittweise (Top-down) Herunterbrechen des Zieles auf seine Teilziele („Hebel“) und die (Bottom-up-) Verifikation der Ziele durch die (harten) Maßnahmen sind die entscheidenden Stellgrößen für das gesamte M&A-Projekt. Hier im Strukturprozess kristallisiert sich dessen Erfolg.

Alle Kernprozesse tragen zum Gesamterfolg des Projektes bei. Fehler wirken sich jedoch – wie mehrere Studien beweisen (etwa die wiederholten Untersuchungen von AT Kearney) – im Strukturprozess bei der Implementierung am stärksten aus. Deshalb ist auf die Performance des Strukturprozesses stärkstes Augenmerk zu legen. Die Performance ist besonders durch Brüche gefährdet, einmal durch die bereits angesprochene „vertikale“ Konsistenz unter den Kernprozessen, zum anderen in der „horizontalen“ Konsistenz der Prozesse von Arbeitspaket zu Arbeitspaket.

Der optimale „geniale“ Projektleiter für den Strukturprozess bzw. für die Implementierung/Integration ist nicht immer zu finden – obwohl man für diesen kritischen Job nur aus den besten Kandidaten auswählen sollte. Deshalb ist die Teambildung für das Projekt, insbesondere für die Implementierung nach dem Closing, allesentscheidend. Angesichts der immer anzutreffenden Defizite der einzelnen Manager und ihrer Schlüssel-Mitarbeiter sollte auf Komplementarität der Funktionsträger geachtet werden. Wenn etwa der Integrationsleiter ein guter Branchen-Manager ist und über Durchsetzungs- und Überzeugungskraft verfügt, aber keine M&A-Erfahrung besitzt, dann sollten ihm (interne oder externe) M&A-Fachleute als Assistenten oder Mitarbeiter im Project Office zur Seite gestellt werden, um dieses Defizit auszugleichen. Dies kann auch durch komplementäre Besetzung des Lenkungsausschusses geschehen, etwa wenn der Leiter des Lenkungsausschusses über viel Vorerfahrung bei M&A verfügt.

Ein weiterer Schlüssel für Erfolg ist das Zusammenspiel zwischen „harten“ und „weichen“ Faktoren, in unserem Modell des Strukturprozesses dargestellt durch die „harten“ implementierungsorientierten Arbeitspakete (vgl. Abschn. 4.3.3, 4.3.5, 4.3.7 und 4.3.8) versus der „weichen“ Seite der personalbezogenen Working Packages (vgl. Abschn. 4.3.4, 4.3.6 und 4.3.9). Die Interaktion zwischen beiden ist in Abb. 4.58 dargestellt. Der Strukturprozess ist der Ort, an dem dieses Zusammenspiel zum Tragen kommt: jede „harte“ Maßnahme hat personenbezogene Konsequenzen, die Maßnahmendurchsetzung scheitert häufig an fehlender Bereitschaft, die Maßnahmen persönlich zu tragen. Erfolgreich ist, wer beides zur Deckung bringt, der Misserfolg ist durch Inkonsistenz der beiden Ebenen verursacht. Gerade hier liegt die oben geforderte fachliche (Branche und M&A) versus soziale Kompetenz, die für den Implementierungs-Manager, sein Team (etwa die genannten Mitglieder des Project Office) und den Lenkungsausschuss („Steering Committee“) gefordert sind.

Ein weiterer Erfolgsfaktor beim Strukturprozess liegt im Zusammenspiel zwischen dem (Interim)Projektteam, das im Wesentlichen das Integrations-Konzept verantwortet und dem (zu benennenden) Management-Team, das die Geschäfte übernimmt und für die Umsetzung der Implementierung sorgt. Der (zukünftige) Manager hat nicht einfach das zu erfüllen, was das Interim-Team entwickelt, er sollte die Ideen und Konzepte auch mittragen. Insofern ist er im Kontext von Interim-Team und Lenkungsausschuss aktiv mit einzubinden (vgl. dazu Abschn. 4.3.6 und 4.3.9). Hier ist auf die Notwendigkeit von Management Assessments und die Verpflichtung auf die Managementziele (gleich Projektziele) zu verweisen.

Wie in Abschn. 5.3.1 erläutert wird, ist der Wert einer Transaktion im Wesentlichen von der langfristigen Entwicklung des Geschäftes bestimmt. Das bedeutet für den Strukturprozess, dass die im längeren Zeithorizont liegende Maßnahmen und Wirkungen nicht vernachlässigt werden dürfen. Hier gilt es, bereits bei der Bewertung (vgl. Abschn. 5.3) die über den diskreten Planungszeitraum von 5 Jahren hinausgehenden großen Maßnahmen, etwa die Errichtung eines neuen Werkes, mit in die Betrachtung einzubeziehen und diese dann auch konsistent auszuführen. Neben dem organischen unternehmerischen Umbau sind auch anorganische Maßnahmen zu berücksichtigen, etwa der Carve-Out (vgl. Abschn. 4.3.2) von nicht benötigten Unternehmenseinheiten und der konsequente Verkauf derselben.

Summierend kann gesagt werden, dass die vertikale (zwischen den Kernprozessen) und die horizontale (auf der Zeitachse liegende) Konsistenz erfolgsentscheidend ist, gepaart mit der richtigen Besetzung bzw. mit der Kombination und Abdeckung der geforderten Kompetenzen im Projektteam, dem Lenkungsausschuss und dem Managementteam.

## Literatur

Alter, R. (2011). *Strategisches Controlling: Unterstützung des strategischen Managements*. München: Oldenbourg.

Ashkenas, R. N., DeMonaco, L. J., & Francis, S. C. (1998). Making the deal real: How GE capital integrates acquisitions. *Harvard Business Review, 76*(1), 165–178.

Bartels, E., & Cosack, S. (2012). Integrationsmanagement. In G. Picot (Hrsg.), *Handbuch Mergers & Acquisitions. Planung, Durchführung, Integration* (5. Aufl., S. 534–557). Stuttgart: Schäffer-Poeschel.

Bartlett, C. A., & Ghoshal, S. (2002). *Managing across borders: The transnational solution* (2. Aufl.). Boston: Harvard Business School Press.

Bea, F. X., & Haas, J. (2013). *Strategisches Management* (6., vollst. überarb. Aufl.). *UTB: 8498: Betriebswirtschaftslehre*. Konstanz: UVK; Lucius.

Becker, M. (2013). *Personalentwicklung: Bildung, Förderung und Organisationsentwicklung in Theorie und Praxis* (6., überarb. und aktualisierte Aufl.). Stuttgart: Schäffer-Poeschel.

Behringer, S. (2013). *Unternehmenstransaktionen: Basiswissen - Unternehmensbewertung – Ablauf von M & A. ESVbasics*. Berlin: Erich Schmidt.

Björkman, I., Stahl, G. K., & Vaara, E. (2007). Cultural differences and capability transfer in cross-border acquisitions: The mediating roles of capability complementarity, absorptive capacity, and social integration. *Journal of International Business Studies, 38*(4), 658–672.

Boelke, U. (2013). Carve-Out birgt Überraschungen. *Handelsblatt.*

Bower, J. L. (2006). Not all M & As are alike: And that matters – From Harvard Business Review (2001). In A. Risberg (Hrsg.), *Mergers and acquisitions. A critical reader* (S. 21–30). London: Routledge.

Brüggerhoff, J. (1992). *Management von Desinvestitionen. Bochumer Beiträge zur Unternehmungsführung und Unternehmensforschung: Vol. 41.* Wiesbaden: Gabler.

Buchholz, L. (2009). *Strategisches Controlling: Grundlagen - Instrumente – Konzepte.* Wiesbaden: Gabler.

Buono, A. F., & Bowditch, J. L. (2003). *The human side of mergers and acquisitions: Managing collisions between people, cultures, and organizations.* Washington: Beard Books.

Camphausen, B. (2013). *Strategisches Management: Planung, Entscheidung, Controlling* (3. Aufl.). *Managementwissen für Studium und Praxis.* München: Oldenbourg.

Chandler, A. D. (1978). *Strategy and structure: Chapters in the history of the industrial enterprise.* Cambridge: M.I.T.

Clarke, C. J. (1987). Acquisitions-techniques for measuring strategic fit. *Long Range Planning, 20*(3), 12–18.

Clever, H. (1993). *Post-merger-management. Mergers & acquisitions: Vol. 4.* Stuttgart: W. Kohlhammer.

Dabui, M. (1998). *Postmerger-Management: Zielgerichtete Integration bei Akquisitionen und Fusionen. Gabler Edition Wissenschaft.* Wiesbaden: Dt. Univ.-Verl.

Dawson, R. (2011). *Secrets of power negotiating: Inside secrets from a master negotiator, 15th anniversary edition: updated for the 21st century* (15. Jahresausgabe). Pompton Plains: Career Press.

Deans, G. K., Kröger, F., & Zeisel, S. (2002). *Merger Endgames – Strategien für die Konsolidierungswelle.* Wiesbaden: Gabler.

Dicken, A. J. (2000). Erfolg von Unternehmensfusionen aus aktueller Sicht. *Betriebswirtschaftliche Forschung und Praxis, 52*(4), 358–372.

Drumm, H. J. (1991). Probleme der Erfassung und Messung von Unternehmenskultur. In E. Dülfer (Hrsg.), *Organisationskultur. Phänomen, Philosophie, Technologie* (2. Aufl., S. 163–171). Stuttgart: C.E. Poeschel.

Drumm, H. J. (2008). *Personalwirtschaft* (6. Aufl.). Berlin: Springer.

Eisenbarth, I. (2013). *Zeitliche Optimierung von M & A-Entscheidungen: Eine Analyse pro- und antizyklischen M & A-Verhaltens in Deutschland. Finanzierung, Kapitalmarkt und Banken: Vol. 87.* Lohmar – Köln: EUL.

Eisenbarth, I., & Meckl, R. (2013). Zeitliche Optimierung von M & A-Entscheidungen – Eine Analyse pro- und antizyklischen M & A-Verhaltens in Deutschland. *Corporate Finance biz, 4*(8), 442–456.

Ewelt-Knauer, C., Knauer, T., & Pex, S. (2011). Ausgestaltung und Einsatzbereiche von Earn-Outs in Unternehmenskaufverträgen. *Zeitschrift für betriebswirtschaftliche Forschung, 63*(4), 371–400.

Findeisen, M. (2013). Compliance in der M & A-Transaktion. In K. Lucks (Hrsg.), *M & A-Projekte erfolgreich führen. Instrumente und Best Practices* (S. 310–317). Stuttgart: Schäffer-Poeschel.

Fisher, R., Ury, W., & Patton, B. (2009). *Das Harvard-Konzept: Der Klassiker der Verhandlungstechnik* (23., durchges. Aufl.). Frankfurt a. M.: Campus.

Franzke, E. (2015). Carve-out erfolgreich gestalten: Eine gesamtheitliche Perspektive. *M & A-Review, 26*(1), 2–8.

Friederichs, P. (2001). Personal als Change Agent bei Fusionen. In A. Clermont, W. Schmeisser, & D. Krimphove (Hrsg.), *Strategisches Personalmanagement in globalen Unternehmen.* München: Vahlen.

Gaitanides, M., & Sjurts, I. (1999). Interview mit Rüdiger Grube und Olaf Koch, DaimlerChrysler AG. *Zeitschrift Führung + Organisation, 68*(6), 349–355.

Gerds, J. (2000). *Post Merger Integration: Eine empirische Untersuchung zum Integrationsmanagement. Gabler-Edition Wissenschaft*. Wiesbaden: Dt. Univ.-Verl.
Gerpott, T. J. (1993). *Integrationsgestaltung und Erfolg von Unternehmensakquisitionen*. Stuttgart: Schäffer-Poeschel.
Gerpott, T. J. (1999). Personalwirtschaftliche Unterstützung von Akquisitionen - Unterstützungsfunktionen des Personalbereichs bei Unternehmensakquisitionen unter besonderer Berücksichtigung der Informationspolitik. *Personalführung*, (5), 70–78.
Ghoshal, S., & Nohria, N. (1993). Horses for courses: Organizational forms for multinational corporations. *Sloan Management Review, 34*(2), 23–35.
Glaum, M., & Hutzschenreuter, T. (2010). *Mergers & Acquisitions – Management des externen Unternehmenswachstums*. Stuttgart: Kohlhammer.
Göthel, S. R. (2015). Einleitung. In S. R. Göthel (Hrsg.), *Grenzüberschreitende M & A-Transaktionen. Unternehmenskäufe, Umstrukturierungen, Joint Ventures, SE* (4. Aufl., S. 3–13). Köln: RWS.
Grossmann, K., & Mönnich, U. (2003). Warranty & Indemnity Insurance – Die Versicherbarkeit von Garantierisiken aus Unternehmenskaufverträgen. *Neue Zeitschrift für Gesellschaftsrecht, 6*(15), 708–714.
Gut-Villa, C. (1997). *Human Resource Management bei Mergers & Acquisitions. des Instituts für betriebswirtschaftliche Forschung an der Universität Zürich*. Bern: Haupt.
Haarmann, W., & Wildberger, J. (2006). Die Rolle des Anwalts in M & A-Transaktionen. In B. W. Wirtz (Hrsg.), *Handbuch mergers & acquisitions management* (S. 179–201). Wiesbaden: Gabler.
Hammer, M., & Champy, J. (1994). *Reengineering the corporation: A manifesto for business revolution*. New York: HarperBusiness.
Hartmann-Rüppel, M. (2015). Deutsches Kartellrecht. In S. R. Göthel (Hrsg.), *Grenzüberschreitende M & A-Transaktionen. Unternehmenskäufe, Umstrukturierungen, Joint Ventures, SE* (4. Aufl., S. 619–654). Köln: RWS.
Hartmann-Rüppel, M., & Wurmnest, W. (2015). Grundlagen. In S. R. Göthel (Hrsg.), *Grenzüberschreitende M & A-Transaktionen. Unternehmenskäufe, Umstrukturierungen, Joint Ventures, SE* (4. Aufl., S. 527–536). Köln: RWS.
Harvard Business Press. (2007). *Creating a business plan: Expert solutions to everyday challenges. Pocket mentor series*. Boston: Harvard Business School Pub.
Haspeslagh, P. C., & Jemison, D. B. (1991). *Managing acquisitions – Creating value through corporate renewal*. New York: Free Press.
Haspeslagh, P. C., & Jemison, D. B. (1992). *Akquisitionsmanagement: Wertschöpfung durch strategische Neuausrichtung des Unternehmens*. Frankfurt a. M.: Campus.
Hauschka, C. E. (2010). Einführung. In C. E. Hauschka (Hrsg.), *Corporate Compliance. Handbuch der Haftungsvermeidung im Unternehmen* (2. Aufl., S. 1–27). München: Beck.
Henssler, M. (2013). Das Arbeitsrecht des Unternehmenskaufs. In G. Picot (Hrsg.), *Unternehmenskauf und Restrukturierung. Handbuch zum Wirtschaftsrecht* (4. Aufl., S. 985–1071). München: Beck.
Hilb, M. (2000). Human Resources bei globalen Fusionen. *Personalwirtschaft*, (9), S. 45–48.
Hiort, M. (2013). Transaction Insurance zur Überbrückung von (potenziellen) Price Gaps bei M & A-Transaktionen. In Corporate Finance & R. Meckl (Hrsg.), *Jahrbuch des Unternehmenskaufs. Rahmenbedingungen, Strategie und Transaktionsabwicklung von M & A* (S. 241–249). Düsseldorf: Fachverlag der Verlagsgruppe Handelsblatt.
Hofstede, G. H. (2003). *Cultures and organizations: Software of the mind*. New York: McGraw-Hill.
Hölters, W. (2010a). Mergers & Acquisitions. In W. Hölters (Hrsg.), *Handbuch Unternehmenskauf. Bewertung, Finanzierung, Steuern, Arbeitsrecht, Kartellrecht, Vertragsgestaltung, öffentliche Übernahmen; Besonderheiten bei Aktiengesellschaften, Immobilien, Insolvenz und im internationalen Rechtsverkehr; Vertragsbeispiele und Checklisten* (7. Aufl., S. 2–70). Köln: Otto Schmidt.

Hölters, W. (Hrsg.). (2010b). *Handbuch Unternehmenskauf: Bewertung, Finanzierung, Steuern, Arbeitsrecht, Kartellrecht, Vertragsgestaltung, öffentliche Übernahmen; Besonderheiten bei Aktiengesellschaften, Immobilien, Insolvenz und im internationalen Rechtsverkehr; Vertragsbeispiele und Checklisten* (7., neu bearb. und erw. Aufl.). Köln: Dr. Otto Schmidt.

Houben, A., & Ganswig, M. (2013). Zusammen wachsen - kulturelles Integrationsprojektmanagement bei der Übernahme der Dresdner Bank durch die Commerzbank. In K. Lucks (Hrsg.), *M & A-Projekte erfolgreich führen. Instrumente und Best Practices* (S. 660–666). Stuttgart: Schäffer-Poeschel.

Hungenberg, H. (2012). *Strategisches Management in Unternehmen: Ziele – Prozesse – Verfahren* (7., aktualisierte Aufl.). Wiesbaden: Springer Gabler.

Jansen, S. A. (2000). 10 Thesen gegen Post Merger Integration Management. *Organisationsentwicklung, 19*(1), 32–47.

Jansen, S. A. (2008). *Mergers & Acquisitions: Unternehmensakquisitionen und -kooperationen; eine strategische, organisatorische und kapitalmarkttheoretische Einführung* (5., überarb. und erw. Aufl.). Wiesbaden: Gabler.

Jung, H. (1993). *Erfolgsfaktoren von Unternehmensakquisitionen*. Stuttgart: M und P.

Kengelbach, J., Klemmer, D. C., & Schwetzler, B. (2012). Kapitalmarktorientierte Wertschaffung mit M & A aus der Käuferperspektive: Teil 2: Erfolgsfaktoren von Serienkäufern. *M & A Review, 23*(1), 1–5.

Klöpper, W. (2010). Besonderheiten des M & A-Geschäfts. In C. E. Hauschka (Hrsg.), *Corporate Compliance. Handbuch der Haftungsvermeidung im Unternehmen* (2. Aufl., S. 687–700). München: Beck.

Koch, T. (2000). Post-Merger Management. In A. Picot (Hrsg.), *Handbuch Mergers & Acquisitions. Planung, Durchführung, Integration* (S. 335–358). Stuttgart: Schäffer-Poeschel.

Kronimus, A., Nowotnik, P., Roos, A., & Stange, S. (2011). M & A: Using uncertainty to your advantage. A survey of European companies' M & A Plans for 2012.

Kummer, C. (2005). *Internationale Fusions- und Akquisitionsaktivität: Historische Entwicklung, Verbreitung und strategische Intentionen. Wirtschaftswissenschaft*. Wiesbaden: Dt. Univ.-Verl.

Kunkel, A., Bräutigam, P., & Hatzelmann, E. (2006). *Verhandeln nach Drehbuch: Aus Hollywood-Filmen für eigene Verhandlungen lernen*. Heidelberg: Redline Wirtschaft.

Küpper, H.-U. (2008). *Controlling: Konzeption, Aufgaben, Instrumente* (5., überarb. Aufl.). Stuttgart: Schäffer-Poeschel.

Lehner, U., & Schmidt, M. (2000). Akquisitionsmanagement: Integration von Rechnungswesen und Controlling. In A. Picot, A. Nordmeyer, & P. Pribilla (Hrsg.), *Management von Akquisitionen* (S. 181–193). Stuttgart: Schäffer-Poeschel.

Leitner, U., & Ladage, N. (1999). Den Merger als Katalysator nutzen. *Zeitschrift Führung + Organisation, 68*(6), 342–348.

Lewin, K. (1947). Frontiers in group dynamics: II. channels of group life; social planning and action research. *Human Relations, 1*(2), 143–153.

Liese, J. (2010). Compliance in Due-Diligence-Fragelisten: Oder: Ob ein Mensch klug ist, erkennt man an seinen Antworten. Ob ein Mensch weise ist, erkennt man an seinen Fragen. *Betriebs-Berater, 65*(50), 27–30.

Lubos, G., & Feldmann, C. (2012). *Ausgestaltung von Carve-Out-Prozessen: Ergebnisbericht einer Umfrage*. München.

Lucks, H. (2009). Carve-Out Prozessunterstützung mit dem Einsatz von Enterprise Architecture Management Modellen: Master's Thesis in Wirtschaftsinformatik.

Lucks, K. (2013a). Vorbereitung und Sondierung. In K. Lucks (Hrsg.), *M & A-Projekte erfolgreich führen. Instrumente und Best Practices* (S. 85–89). Stuttgart: Schäffer-Poeschel.

Lucks, K. (Hrsg.). (2013b). *M & A-Projekte erfolgreich führen: Instrumente und Best Practices*. Stuttgart: Schäffer-Poeschel.

Lucks, K. (2013c). Der Informationsprozess und Due Dilligence. In K. Lucks (Hrsg.), *M & A-Projekte erfolgreich führen. Instrumente und Best Practices* (S. 101–112). Stuttgart: Schäffer-Poeschel.

Lucks, K. (2013d). M & A als komplexe Projekte – Erfahrungen bei Siemens. In K. Lucks (Hrsg.), *M & A-Projekte erfolgreich führen. Instrumente und Best Practices* (S. 541–551). Stuttgart: Schäffer-Poeschel.

Lucks, K. (2014). Das A-B-C von M & A-Projekten. *M & A Review, 25*(1), VI.

M & A Research Centre at Cass Business School. (2013). M & A confidential: What happens when deals leak. http://www.morethanavdr.com/Intralinks_M&A_Confidential_report.pdf. Zugegriffen: 11. Nov. 2014.

Mangoldt, G. v., & Feifel, M. C. (2013). M & A-Versicherungen. In K. Lucks (Hrsg.), *M & A-Projekte erfolgreich führen. Instrumente und Best Practices* (S. 318–324). Stuttgart: Schäffer-Poeschel.

McKeever, M. P. (2014). *How to write a business plan* (12. Aufl.). Berkeley: Nolo.

McKinsey & Company. (2014). *Planen, gründen, wachsen: Mit dem professionellen Businessplan zum Erfolg* (6. Aufl.). München: Redline.

Meckl, R. (2000). *Controlling im internationalen Unternehmen: Erfolgsorientiertes Management internationaler Organisationsstrukturen*. München: Vahlen.

Meckl, R. (2014). *Internationales Management* (3. Aufl.). *Lernbücher für Wirtschaft und Recht*. München: Vahlen.

Meckl, R., & Müller, A. M. (2013). Mergers & Acquisitions (M & A): M & A-Management und aktuelle Themen in Forschung und Praxis. *Wirtschaftswissenschaftliches Studium, 42*(6), 294–304.

Meckl, R., & Weusthoff, S. (2008). Internationale Unternehmenszusammenschlüsse. *Wirtschaftswissenschaftliches Studium, 37*(11), 578–584.

Mellert. (2009). Compliance bei M & A. In G. Wecker (Hrsg.), *Compliance in der Unternehmerpraxis* (2. Aufl., S. 87–96). Wiesbaden: Gabler.

Moosmayer, K. (2012). *Compliance: Praxisleitfaden für Unternehmen* (2. Aufl.). *Betriebswirtschaft Premium*. München: Beck.

Müller-Michaelis, O. (2010). Vertraulichkeitsvereinbarung. In W. Hölters (Hrsg.), *Handbuch Unternehmenskauf. Bewertung, Finanzierung, Steuern, Arbeitsrecht, Kartellrecht, Vertragsgestaltung, öffentliche Übernahmen; Besonderheiten bei Aktiengesellschaften, Immobilien, Insolvenz und im internationalen Rechtsverkehr; Vertragsbeispiele und Checklisten* (7. Aufl., S. 1499–1502). Köln: Otto Schmidt.

Müller-Stewens, G. (2010). M & A als Wellen-Phänomen: Analyse und Erklärungsansatz. In G. Müller-Stewens, S. Kunisch, & A. Binder (Hrsg.), *Mergers & Acquisitions. Analysen, Trends und Best Practices* (S. 14–44). Stuttgart: Schäffer-Poeschel.

Nadler, D. A., & Tushman, M. (1997). *Competing by design: The power of organizational architecture*. New York: Oxford University Press.

Nibler, M. (2013). Erfolg beim Carve-Out - Anmerkungen aus der Praxis. In K. Lucks (Hrsg.), *M & A-Projekte erfolgreich führen. Instrumente und Best Practices* (S. 500–504). Stuttgart: Schäffer-Poeschel.

Nyhuis, P. (2003). *Ganzheitliche Gestaltung von Unternehmensprozessen*. Siemens Procurement & Logistics Services. Beitrag zur IFA-Fachtagung „Die wandlungsfähige Fabrik“, Hannover.

Osterloh, M., & Frost, J. (2006). *Prozessmanagement als Kernkompetenz: Wie Sie business reengineering strategisch nutzen können* (5., überarb. Aufl.). *Uniscope*. Wiesbaden: Gabler.

Penzel, H.-G., & Ratzke, B. (2000). Die virtuelle Bank im Merger – Eine Organisation im Übergang. *Personalführung,* (2), 22–29.

Picot, G. (2010). Entwicklungen des Unternehmenskaufrechts im deutschen Bürgerlichen Recht. In G. Müller-Stewens, S. Kunisch, & A. Binder (Hrsg.), *Mergers & Acquisitions. Analysen, Trends und Best Practices* (S. 513–533). Stuttgart: Schäffer-Poeschel.

Picot, G. (2012). Personelle und kulturelle Integration. In G. Picot (Hrsg.), *Handbuch Mergers & Acquisitions. Planung, Durchführung, Integration* (5. Aufl., S. 586–623). Stuttgart: Schäffer-Poeschel.

Reifenberger, S. (7 February 2013). Wie Compliance M & A-Deals beeinflusst. *Finance Magazin*. Von: http://www.finance-magazin.de/risiko-it/compliance/wie-compliance-ma-deals-beeinflusst/. Zugegriffen: 9. Dez. 2014.

Reiter, S., & Domani, M. S. (2013). Konzern trifft auf kleines, inhabergeführtes Unternehmen. In K. Lucks (Hrsg.), *M & A-Projekte erfolgreich führen. Instrumente und Best Practices* (S. 535–540). Stuttgart: Schäffer-Poeschel.

Rieder, M. S., & Falge, S. (2010). Compliance-Due Diligence -dargestellt am Beispiel der Anti-Korruptions-Due Diligence. In H. Görling, C. Inderst, & B. Bannenberg (Hrsg.), *C.F. Müller Wirtschaftsrecht. Compliance. Aufbau – Management – Risikobereiche* (S. 407–429). Heidelberg: Müller.

Rochat, F., & Korp, J. (2010). Private Auktionen im M & A-Kontext – Ausgewählte Best-Practice-Beispiele aus Verkäuferperspektive. In G. Müller-Stewens, S. Kunisch, & A. Binder (Hrsg.), *Mergers & Acquisitions. Analysen, Trends und Best Practices* (S. 268–288). Stuttgart: Schäffer-Poeschel.

Rock, H. (2010). Win-Win-orientierte Verhandlungstaktik – Das Paket entsteht im Kreisverkehr. In G. Müller-Stewens, S. Kunisch, & A. Binder (Hrsg.), *Mergers & Acquisitions. Analysen, Trends und Best Practices* (S. 534–552). Stuttgart: Schäffer-Poeschel.

Rothenbücher, J., & Niewiem, S. (2013). Von der Unternehmensstrategie zum passenden Partner – mit einem durchgängigen ganzheitlichen Ansatz zum Erfolg. In K. Lucks (Hrsg.), *M & A-Projekte erfolgreich führen. Instrumente und Best Practices* (S. 90–100). Stuttgart: Schäffer-Poeschel.

Rudolph, B. (2000). Ökonomische Gesichtspunkte für die Wahl der Akquisitionswährung und Akquisitionsfinanzierung. In A. Picot, A. Nordmeyer, & P. Pribilla (Hrsg.), *Management von Akquisitionen* (S. 131–151). Stuttgart: Schäffer-Poeschel.

Scherm, E. (1999). *Internationales Personalmanagement* (2., unwesentl. veränd. Aufl.). München: Oldenbourg.

Scholz, C. (2014). *Personalmanagement: Informationsorientierte und verhaltenstheoretische Grundlagen* (6., neubearb. und erw. Aufl.). *Vahlens Handbücher der Wirtschafts- und Sozialwissenschaften*. München: Vahlen.

Schulz, S. (2015). Grenzüberschreitende Kapitalmarkttransaktionen. In S. R. Göthel (Hrsg.), *Grenzüberschreitende M & A-Transaktionen. Unternehmenskäufe, Umstrukturierungen, Joint Ventures, SE* (4. Aufl., S. 407–464). Köln: RWS.

Seidenschwarz, W. (2006). Sicherung eines nachhaltigen Akquisitionserfolges durch Anwendung des Ansatzes *from idea to value®*. In W. Seidenschwarz (Hrsg.), *Prozessorientiertes M & A-Management. Strategien-Prozesse-Erfolgsfaktoren* (S. 1–42). München: Vahlen.

Semler, F.-J. (2010). Der Unternehmens- und Beteiligungskaufvertrag. In W. Hölters (Hrsg.), *Handbuch Unternehmenskauf. Bewertung, Finanzierung, Steuern, Arbeitsrecht, Kartellrecht, Vertragsgestaltung, öffentliche Übernahmen; Besonderheiten bei Aktiengesellschaften, Immobilien, Insolvenz und im internationalen Rechtsverkehr; Vertragsbeispiele und Checklisten* (7. Aufl., S. 708–809). Köln: Dr. Otto Schmidt.

Slangen, A. H. (2006). National cultural distance and initial foreign acquisition performance: The moderating effect of integration. *Journal of World Business, 41*(2), 161–170.

Steinöcker, R. (1998). *Mergers and Acquisitions: Strategische Planung von Firmenübernahmen. Metropolitan professional*. Düsseldorf: Metropolitan.

Störk, U., & Görtz, B. (2010). Compliance Due Dilligence. In D. Beisel, & F. E. Andreas (Hrsg.), *Beck'sches Mandats-Handbuch Due Diligence* (S. 669–675). München: Beck.

Sura, M. (2013). Kartellrechtliche Asprekte des M & A-Deals. In K. Lucks (Hrsg.), *M & A-Projekte erfolgreich führen. Instrumente und Best Practices* (S. 288–293). Stuttgart: Schäffer-Poeschel.

Thommen, J.-P., & Achleitner, A.-K. (2006). *Allgemeine Betriebswirtschaftslehre: Umfassende Einführung aus managementorientierter Sicht* (5. Aufl.). Wiesbaden: Gabler.
Thun, A. (2013). Der Unternehmenskaufvertrag. In K. Lucks (Hrsg.), *M & A-Projekte erfolgreich führen. Instrumente und Best Practices* (S. 261–273). Stuttgart: Schäffer-Poeschel.
Toll, C., & Rolinck, J.-P. (2014). Earn-out-Klauseln zur Überwindung divergierender Erfolgserwartungen – Fluch oder Segen? *M & A Review, 25*(4), 154–159.
Voss, I., & Müller-Stewens, G. (2006). Strategische M & A-Kompetenz im Rahmen von Akquisitionsstrategien. In F. Keuper, M. Häfner, & C. von Glahn (Hrsg.), *Der M & A-Prozess. Konzepte, Ansätze und Strategien für die Pre- und Post-Phase* (S. 3–32). Wiesbaden: Gabler.
Wächter, H. (1990). Personalwirtschaftliche Voraussetzungen und Folgen von Unternehmenszusammenschlüssen. *Betriebswirtschaftliche Forschung und Praxis, 42*(2), 114–128.
Wickel-Kirsch, S., & Kaiser, A. (1999). Personalplanung als Erfolgsfaktor von Fusionen. *Personal, 51*(1), 9–13.
Wiese, H.-P., & Sohns, S. (2013). Strategie bei Mergers & Acquisitions. In N. Klamar, U. Sommer, & I. Weber (Hrsg.), *Der effiziente M & A Prozess. Die Aquisition Value Chain* (S. 17–41). Freiburg: Haufe.
Wirtz, B. W. (2014). *Mergers & Acquisitions Management: Strategie und Organisation von Unternehmenszusammenschlüssen* (3., aktualisierte und überarbeitete Aufl.). Wiesbaden: Springer Gabler.
Wriston, M. J. (2007). Creating a high performance culture. *Organization Development Journal, 25*(1), 8–16.
Wurmnest, W. (2015). Europäisches Kartellrecht. In S. R. Göthel (Hrsg.), *Grenzüberschreitende M & A-Transaktionen. Unternehmenskäufe, Umstrukturierungen, Joint Ventures, SE* (4. Aufl., S. 537–617). Köln: RWS.

## Weiterführende Literatur

Borowicz, F., & Mittermair, K. (Hrsg.). (2006). *Strategisches Management von Mergers Acquisitions: State of the Art in Deutschland und Österreich.* Wiesbaden: Gabler.
Collins, J. C., & Porras, J. I. (2000). *Built to last: Successful habits of visionary companies* (3. Aufl.). London: Random House Business.
Connors, R., Smith, T., & Hickman, C. R. (2004). *The Oz principle: Getting results through individual and organizational accountability* (2., überarb. u. aktualisierte Aufl.). New York: Portfolio.
Dreikorn, M. J. (2004). *The synergy of one: Creating high-performing sustainable organizations through integrated performance leadership.* Milwaukee: ASQ Quality Press.
Duck, J. D. (2001). *The change monster: The human forces that fuel or foil corporate transformation and change.* New York: Crown Business.
Gerstner, L. V. (2003). *Who says elephants can't dance?: Leading a great enterprise through dramatic change.* New York: HarperBusiness.
Hammer, M. (1995). *The reengineering revolution: A handbook.* New York: HarperBusiness.
Holzapfel, H. J., & Pöllath, R. (2008). *Unternehmenskauf in Recht und Praxis: Rechtliche und steuerliche Aspekte* (13., veränd. Aufl.). *RWS-Skript: Vol. 135.* Köln: RWS.
Lucks, K. (2003). Management des personellen und kulturellen Wandels bei Fusionen: der Siemens-Ansatz. In J. Hesse, M.-O. Schwab, & D. Frey (Hrsg.), *Heidelberger Fachbücher für Praxis und Studium. Fusionen. Herausforderungen für das Personalmanagement* (S. 271–287). Heidelberg: Verlag Recht und Wirtschaft.
Lucks, K. (2013). Die Entwicklung des kulturellen Change Managements bei Siemens. In K. Lucks (Hrsg.), *M & A-Projekte erfolgreich führen. Instrumente und Best Practices* (S. 325–333). Stuttgart: Schäffer-Poeschel.

Müller-Stewens, G., & Schäfer, M. (2010). M & A als Beratungsdienstleistung: Dienstleistungsspektrum und Beratertypen. In G. Müller-Stewens, S. Kunisch, & A. Binder (Hrsg.), *Mergers & Acquisitions. Analysen, Trends und Best Practices* (S. 437–449). Stuttgart: Schäffer-Poeschel.

Schipper, K., & Smith, A. (1986). A comparison of equity carve-outs and seasoned equity offerings: Share price effects and corporate restructuring. *Journal of Financial Economics, 15*(1–2), 153–186.

Shell, G. R. (2006). *Bargaining for advantage: Negotiation strategies for reasonable people* (2. Aufl.). New York: Penguin Books.

Singer, B. (2004). *The ABC's of building a business team that wins: The invisible code of honor that takes ordinary people and turns them into a championship team. Rich dad's advisors*. New York: Warner Business Books.

Smith, H. (1995). *Rethinking America*. New York: Random House.

Tamm, J. W., & Luyet, R. (2005). *Radical collaboration: Five essential skills to overcome defensiveness and build successful relationships*. New York: Collins.

Tracy, B. (2005). *Focal point: A proven system to simplify your life, double your productivity, and achieve all your goals*. New York: AMACOM.

Turknett, R. L., & Turknett, C. N. (2005). *Decent people, decent company: How to lead with character at work and in life*. Mountain View: Davies-Black Pub.

# Die Unterstützungsprozesse einer M&A-Transaktion

# 5

## 5.1 Der Informationsprozess

### 5.1.1 Einordnung und Ziele des Informationsprozesses

Ein M&A-Projekt ist immer gleichzeitig ein Informationswettbewerb zwischen den beteiligten Unternehmen bzw. zwischen den in ihrem Auftrag handelnden Personen. In kaum einem anderen Bereich wird ähnlich deutlich, dass Informationen bzw. Informationsvorsprünge einen entscheidenden Wert für die Realisierung der eigenen Ziele haben. Aus diesem Grund wurde als erster Unterstützungsprozess für die drei in den vorherigen Abschnitten beschriebenen Kernprozesse der Informationsprozess definiert (vgl. Abb. 3.13).

Das übergeordnete Ziel des Informationsprozesses besteht darin, alle Informationen, die für die Entscheidungsfindung im M&A-Prozess wichtig sind, zum richtigen Zeitpunkt in der benötigten Qualität und an den richtigen Stellen zur Verfügung zu stellen. Um die ökonomische Effizienz zu gewährleisten, müssen die Beschaffungskosten der Information möglichst niedrig sein. Auf jeden Fall sollten sie, so zumindest die ex ante Forderung, niedriger sein als der erwartete Nutzen. Diese Forderung dient als Richtgröße, ist aber in der Realität aufgrund der Unbestimmtheit des Nutzens einer Information bevor sie erhoben wurde, meist nur schwer zu erfüllen.

Die Ausgangssituation bei einem M&A-Projekt ist dadurch gekennzeichnet, dass der Verkäufer über einen Informationsvorsprung, was das Kaufobjekt betrifft, verfügt. Er kennt die Potentiale aber vor allem auch die Schwächen des zur Disposition stehenden Unternehmens und kann deshalb die Risiken besser abschätzen als ein Externer. Naturgemäß ist der Verkäufer bestrebt, seinen Informationsvorsprung gegenüber dem Käufer zu seinem Vorteil, z. B. in der Bewertung des Zielunternehmens, zu nutzen.

Der Käufer seinerseits versucht, den „natürlichen" Informationsvorsprung des Verkäufers zumindest teilweise auszugleichen. Der Informationsprozess ist deshalb als der systematisierte Versuch des Käufers zu verstehen, seine Entscheidungen durch qualitativ höher



K. Lucks, R. Meckl, *Internationale Mergers & Acquisitions*,
DOI 10.1007/978-3-662-46896-8_5

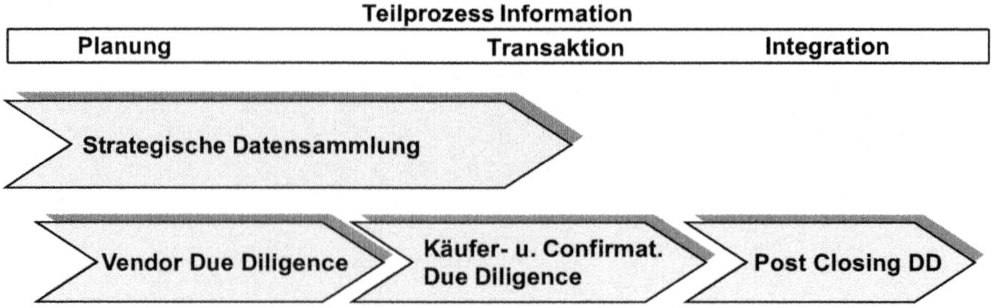


**Abb. 5.1** Die Arbeitspakete des Teilprozesses Information

einzuschätzende Informationen zu verbessern. Damit ist klar, dass der Informationsprozess als begleitender Teilprozess in sehr vielen Stufen des Gesamtprozesses M&A wichtig ist. Abbildung 5.1 zeigt die Aktivitäten des Informationsprozesses.

Vor dem Einstieg in ein neues Geschäft steht die Informationsarbeit – dies betrifft organische Pfade gleichermaßen wie M&A. Erst durch gute Vorbereitung ist man auch in der Lage, in einer Due Diligence und dem damit verbundenen Management Audit auf die richtigen werttreibenden oder wertvernichtenden Faktoren zu stoßen. Dies impliziert, dass eine gute Due Diligence schon weit vor Öffnung des Datenraumes beginnt und zwar mit Beginn der strategischen Analyse, zu Beginn des M&A-Vorfeldprojektes. Erfahrungsträger wissen, dass die Know-how-Träger aus der strategischen Vorfeldanalyse in das Due Diligence-Team gehören. Was hier wie eine Selbstverständlichkeit klingt, entspricht jedoch in den meisten Fällen nicht der Realität. Und dies ist eine der größten Fehlerquellen bei M&A: die mangelhafte Verbindung zwischen der strategischen Vorfeldanalyse und der Due Diligence. Dies ist auch einer der Hauptgründe, weshalb noch 50 bis 70 % der M&A-Projekte scheitern.

Die Due Diligence sollte nicht als isolierte Übung angesehen werden, und sie sollte nicht allein externen Partnern wie Anwälten und Wirtschaftsprüfern überlassen werden, sondern sie ist als Teil eines Informationsprozesses anzusehen, in dem die wichtigsten Protagonisten der verschiedenen Projektphasen vom Vorfeld bis zur Implementierung persönlich vertreten sein müssen.

Abbildung 5.1 macht deutlich, dass Informationen in nahezu allen Schritten des M&A-Prozesses beschafft, verarbeitet, ausgewertet und in die Entscheidungen integriert werden müssen. Kulminationspunkt der Informationsbeschaffung in einem M&A-Prozess ist aber die Due Diligence, die ausschließlich der Beschaffung von Informationen dient. Hier können drei Arbeitspakete unterschieden werden. Die Vendor Due Diligence (vgl. Abschn. 5.1.3) wird vom Verkäufer durchgeführt bzw. in Auftrag gegeben, während die klassische Due Diligence (Käufer und Confirmatory) vom Käufer initiiert und vorangetrieben wird (vgl. Abschn. 5.1.4). Die Post Due Diligence ist nach dem Closing platziert und versucht die Annahmen aber auch Zusicherungen und Garantiern vom Verkäufer über das Kaufobjekt nachzuprüfen (vgl. Abschn. 5.1.6). Bei einer reinen Due Diligence-Betrachtung würden die strategischen Informationsinhalte, die in der Praxis großen Einfluss auf die Entscheidungsfindung und damit auch den Erfolg haben, vernachlässigt, weswegen hier ein weiteres Arbeitspaket im Informationsprozess, die strategische Datensammlung, definiert wird (vgl. genauer dazu Abschn. 5.1.2).

Was die *Beschaffungsinhalte* im Teilprozess Information betrifft, so sind diese sehr stark von der Prozessphase abhängig. Primär beziehen sich die Inhalte auf das Kaufobjekt, können aber auch nur indirekt mit diesem zusammenhängen. So sind z. B. auch Informationen über das Marktumfeld in einem Auslandsmarkt bei der strategischen Datensammlung zu erheben. Grundsätzlich sind die Inhalte am Anfang des Prozesses eher grob und müssen dann sukzessive detailliert werden. Dies hängt vor allem auch mit dem geforderten Detaillierungsgrad der zu erstellenden Pläne zusammen.

Eine Vielzahl von *Beschaffungswegen* steht zur Verfügung. Ein Großteil der Informationen kommt normalerweise direkt vom Kaufobjekt. Allerdings können auch indirekte Wege genutzt werden, was insbesondere in der Vorfeldphase bei der strategischen Datensammlung opportun ist, wenn das Kaufobjekt noch nicht kontaktiert wurde. Hier können z. B. alle Instrumente der Wettbewerberanalyse verwendet werden (vgl. dazu im Detail Abschn. 5.1.2). Es können auch gezielt Wirtschaftsdetekteien engagiert werden, die Erkundigungen einziehen und nicht als Mitarbeiter des kaufinteressierten Unternehmens zu erkennen sind. Investment-Banker, die häufig gute Kontakte in der Branche haben, können als Informationsbeschaffer ebenfalls eingesetzt werden.

Dabei ist den Beteiligten am M&A-Prozess des eigenen Unternehmens deutlich zu machen, dass grundsätzlich jeder Informationsbeschaffer ist. Zwar ist es durchaus sinnvoll, ein kleines Team mit der Informationsbeschaffung als eigenständige Aufgabe zu betrauen, insbesondere bei großen Projekten. Allerdings kommen viele Informationen, gerade auch solche auf direktem Weg und mit hoher Qualität spontan zustande, so dass sich jeder bemühen muss, möglichst viele Informationen zu bekommen.

Die *Beschaffungsinstrumente* sind abhängig vom gewählten Weg. Mündliche Befragungen, Interviews, Dokumentenanalyse, Internet-Recherche aber auch Reverse Engineering, also die Zerlegung und Auswertung der Produkte des Zielobjekts, sollten genutzt werden.

Der letztmögliche *Beschaffungszeitpunkt* richtet sich nach der Abfolge der Prozessschritte und dem dadurch entstehenden Informationsbedarf. Wichtig ist aber eine proaktive Beschaffung, da die Einleitung von Beschaffungsaktivitäten erst dann, wenn der Bedarf auftritt, zu erheblichen Verzögerungen führen kann. Proaktiv heißt in diesem Zusammenhang, dass die Informationsbedarfe, so wie sie in den nachfolgenden Abschnitten erläutert werden, vorher identifiziert und die Aktivitäten bei der Informationsbeschaffung entsprechend strukturiert werden.

Damit verbunden ist die wichtige Frage der *Dokumentation der beschafften Informationen* oder allgemeiner ausgedrückt des „*Wissensmanagements*" in Zusammenhang mit dem M&A-Projekt. Es empfiehlt sich, spätestens ab dem Schritt der Vorverträge, wenn also das Projekt eine gewisse Wahrscheinlichkeit der Realisierung hat, einen zentralen Informationspool einzurichten. Dieser Pool, im einfachsten Fall bestehend aus einem Computer-Laufwerk und einem Ordnerschrank z. B. in der Strategieabteilung, enthält die gesammelten Informationen über das Kaufobjekt und später auch die intern erstellten

Auswertungsdokumente wie z. B. Absatzschätzungen oder Unternehmensbewertungen. Dieser Pool stellt zumindest sicher, dass die Informationen auf den Schreibtischen bzw. in Computern der vielen Beteiligten zusammengeführt werden und deren Potential für andere Prozessschritte genutzt wird (vgl. im Detail zur Steuerung und zum Wissensmanagement im M&A-Prozess Abschn. 6.1.4.1).

Zu beachten ist bei der Informationsbeschaffung, dass es rechtliche Restriktionen gibt, was die Beschaffungswege und –inhalte betrifft, die nicht verletzt werden sollten. Bestechung von Mitarbeitern des Kaufobjekts zur Herausgabe von internen, geheimen Informationen wie z. B. Vorstandsprotokolle, die die Minimalkaufpreisforderung enthalten, gehören auf jeden Fall zu den auch strafrechtlich relevanten Tatbeständen. Der Einsatz von Wirtschaftsdetekteien kann im Graubereich liegen. Bei den Inhalten ist darauf zu achten, dass kartellrechtlich relevante Informationen (vgl. auch Abschn. 4.2.7) nicht ausgetauscht werden.

In den nächsten Abschnitten werden, wie bei den folgenden Unterstützungsprozessen auch, die wichtigsten Aktivitäten in ihren Inhalten beschrieben und es wird jeweils deutlich gemacht, worin die Funktion des behandelten Prozesses im Hinblick auf die Zuarbeit zu den Kernprozessen besteht.

### 5.1.2 Strategische Datensammlung

Ziel der strategischen Datensammlung im M&A-Prozess ist es, jegliche Art von Informationen, die für die strategische Einschätzung der Transaktion relevant sein können, zu sammeln, ggf. zu verdichten und in den Entscheidungsprozess einfließen zu lassen. Es kommt also hier weniger darauf an, Detailinformationen über das Zielobjekt was spezifische Einzelrisiken betrifft, zu finden. Dies wird in der Due Diligence erledigt. Hier ist es wichtig, strategische, d. h. grundlegende Informationen z. B. über die Marktpositionierung des Kaufobjekts zu generieren. Dieses Arbeitspaket ist entsprechend vor allem in der Planungsphase aktiv.

Die strategische Datensammlung für den M&A-Prozess baut auf den Informationen und Analysen auf, die für die strategische Planung im Käuferunternehmen unabhängig vom konkreten M&A-Fall ohnehin vorliegen (sollten). Hiermit sind z. B. Informationen und darauf aufbauende Analysen gemeint, die von einer Branchenstrukturanalyse bis hin zu Marktattraktivitätsdaten und –analysen für regionale oder produktbezogene Auslandsmärkte reichen. Sind diese Daten nicht vorhanden, müssen sie erhoben und gesammelt bzw. ergänzt werden.

Die Informationsbeschaffung im Rahmen der *Basisstrategie* (vgl. Abschn. 4.1.2) ist damit als Teil der Strategieplanung, die noch ohne direkten Bezug auf ein Akquisitionsobjekt erfolgt, zu sehen. Es gelten die Instrumente und Inhalte, wie sie generell bei der strategischen Planung zur Gewinnung von Informationen angewendet werden (vgl. im Detail dazu z. B. David, 2011, Kap. 3 und 4, Hungenberg, 2012, Teil 2, Kap. 2.2 und 2.3). Wichtig ist, dass die Informationsbeschaffung zur Wahl der optimalen Alternative, also internes oder externes Wachstum (vgl. im Detail dazu Abschn. 1.2.1) sowohl unternehmensbezogene als auch marktbezogene Informationen berücksichtigt. So sollte zunächst die Ressourcenanalyse des eigenen Unternehmens im Mittelpunkt stehen. Gemäß dem Kernkompetenzansatz (vgl. z. B. Prahalad & Hamel, 1990), sind Informationen über die Quantität und die Qualität der Potentiale des eigenen Unternehmens zu eruieren und im Hinblick auf den Einsatz zum Auf- bzw. Ausbau eines Geschäfts zu bewerten. In einem zweiten Schritt kommen Informationen über das marktliche Umfeld hinzu, insbesondere über die technologischen, wettbewerbsbezogenen und kundenbezogenen Veränderungen. Ziel ist es dann, aufbauend auf den Informationen, mögliche Lücken in der Kompetenz des eigenen Unternehmens für den Aufbau des Geschäfts zu finden. Diese können z. B. technologischer aber auch vertriebsbedingter Natur sein.

Wesentlich zielorientierter und spezifischer ist die strategische Datensammlung für das Arbeitspaket *Screening* (vgl. Abschn. 4.1.3): Die Qualität des Screening steht und fällt mit den Input-Informationen für die einzelnen Auswahlstufen, insbesondere was die Bestimmung des strategischen Fit betrifft (vgl. zum Screening-Prozess Abb. 4.8). Das Kennzeichen des Informationsprozesses beim Screening ist die Bezogenheit auf das Kaufobjekt bzw. die potentiellen Kaufobjekte. So besteht der Inhalt der Kandidatenauswahl im Rahmen des „Strategic Fit" im Wesentlichen darin, strategische Variablen wie z. B. regionale Ausrichtung oder Abdeckung des technischen Marktsegments des Kandidaten mit den eigenen strategischen Kennzahlen zu vergleichen (vgl. z. B. Abb. 4.10). Sinnvolle Aussagen können aber nur generiert werden, wenn die notwendigen Informationen über den/die Kandidaten vorliegen. Schwierig gestaltet sich die Informationsbeschaffung in dieser Phase insbesondere weil in den meisten Fällen der Kandidat noch nicht kontaktiert werden darf und weder er noch Analysten das mögliche Kaufinteresse entdecken sollen. Dementsprechend müssen bei der Qualität der beschafften Informationen häufig Abstriche gemacht werden. Dies gilt in verstärktem Maße für die Bereitstellung von Informationen zum Abgleich der kulturellen Stimmigkeit. Primärindikatoren sind ohnehin für das Konstrukt selbst bei Zugang zu allen Informationen kaum zu bestimmen. Aber auch die Sekundärindikatoren (vgl. dazu Abb. 4.12) sind interne Daten des Zielobjekts und deshalb nur schwer zu beschaffen. Die Festlegung der Punktausprägung im Nutzwertverfahren zur Bestimmung des am besten geeigneten Kandidaten (vgl. Abb. 4.11) muss deshalb zumindest teilweise auf einer nur schwachen Informationsbasis erfolgen. Von der Grundidee her sind hier alle Instrumente der Wettbewerberanalyse, bezogen auf das Zielunternehmen, anwendbar (zur strukturierten Vorgehensweise bei der Wettbewerberanalyse vgl. z. B. Buchholz, 2009, S. 182–190; Alter, 2011, S. 122–135). Im Rahmen eines Wettbewerberprofils, das entsprechend zu einem Zielunternehmensprofil umgewandelt wird, können strukturiert und systematisch wichtige strategische Informationen über das Zielunternehmen gesammelt werden (für ein Beispiel vgl. z. B. Bausch, 2006, S. 210; Alter, 2011, S. 124). Gemeinsame Kunden, Lieferanten, Wettbewerber, Branchenverbände, Marktberichte, Branchen- und Finanzanalysen und Länderanalysen sowie persönliche Kontakte z. B. zu Mitarbeitern oder Managementmitgliedern des Kaufobjekts sind in vielen Fällen ergiebige Quellen (zu Methoden der strategischen Informationsgewinnung vgl. z. B. Hungenberg, 2012, S. 164–180).

Angesichts der Informationsprobleme ist die Neigung bei einigen Managern groß, den Instrumenten einen generellen Nutzen abzusprechen. Trotz dieser informatorischen Unsicherheiten, die besonders stark vor der offiziellen Kontaktierung des Kaufobjekts auftreten, sollten die vorgestellten Instrumente des Screenings aber auf jeden Fall eingesetzt werden. Ein wesentlicher Aspekt beim Einsatz dieser Instrumente ist darin zu sehen, dass die Annahmen explizit dokumentiert werden müssen. Werden die Informationen im Laufe des Prozesses besser, so können die Veränderungen in die bestehenden Verfahren eingepasst werden. Es kann genau nachverfolgt werden, ob die neue Information im Vergleich zu den bisherigen Annahmen zu einer Verbesserung oder zu einer Verschlechterung der Einschätzung zur Eignung des Kandidaten führt.

Die gesammelten strategischen Daten werden im Business Case (vgl. Abschn. 4.1.4) verdichtet. Ähnlich wie in der allgemeinen Informations- und Datensammlung im Rahmen der strategischen Planung gehen die Informationen in die Erstellung eines Business Plans, in diesem Fall eben zur Übernahme des Zielobjekts, ein. Der strategischen Datensammlung kommt die Aufgabe zu, dafür zu sorgen, dass alle relevanten Informationen, die bis dahin vorhanden sind, in die planerische Groberstellung der integrierten Einheit eingehen. Dem Informationsprozess bzw. dem Team, das für die Beschaffung und Verwaltung der vorhandenen Daten zuständig ist, kommt damit auch eine Controlling-Funktion hinsichtlich der Verwertung der beschafften Informationen zu. Die verbesserte Informationslage in der Transaktionsphase nach der Due Diligence erlaubt, diesen Business Case informatorisch zu einem Business Plan zu detaillieren.

Der erste direkte Kontakt zum Kaufobjekt tritt bei der *Sondierung* (vgl. Abschn. 4.2.2) auf. In dieser Stufe ist es das Ziel, die Informationsbasis über das Kaufobjekt zu verbessern. Zu den indirekten Beschaffungswegen kommt nun explizit der direkte Beschaffungsweg. Das letztendliche Ergebnis wurde oben beschrieben: die bisher zugrunde gelegten Annahmen bei der Kandidatenauswahl und dem Business Case sollen durch die neuen Informationen verifiziert bzw. neu gesetzt werden. Auf Basis dieser Annahmen sind dann Entscheidungen zu fällen, ob im M&A-Projekt weitergemacht oder abgebrochen werden soll.

Zum ersten Mal taucht das Problem auf, wie die Qualität der direkt vom Kaufobjekt gelieferten Informationen einzuschätzen ist. Der Verkäufer hat, wie oben bereits erwähnt, ein Interesse daran, das eigene Unternehmen möglichst günstig darzustellen. In seiner Informationspolitik kann sich das so äußern, dass negative Informationen nicht oder in einer geschönten Form mitgeteilt werden. Diese Vorgehensweise wird als „Window Dressing“ bezeichnet. Es gibt verschiedene Möglichkeiten für das Käuferunternehmen, sich dagegen abzusichern. Zum einen können von Seiten des Verkäufers Marktinformationen, z. B. was den Marktanteil oder die regionalen Aktivitäten betrifft, mit den eigenen Informationsquellen verglichen werden. Zeigen sich große Divergenzen, so können diese im Gespräch mit dem Verkäufer geklärt werden, indem z. B. Berechnungsmodalitäten offengelegt werden oder auch nur auf die eigenen, anderslautenden Berechnungen hingewiesen wird. Eine weitere Möglichkeit ergibt sich bei gesicherten Informationen. Wurde z. B. im Rahmen eines Reverse Engineering die technische Leistungsfähigkeit eines Produkts des Kaufobjekts getestet und macht der Verkäufer andere Angaben, so kann auch direkt widersprochen bzw. darauf hingewiesen werden, dass hier offensichtlich unterschiedliche Interpretationen bestehen.

Wie oben beschrieben, ist die strategische Datensammlung vor allem in der Planungsphase relevant, um die notwendigen Informationen insbesondere für die Arbeitspakete im Kernprozess Strategie zu beschaffen. Die Strategieüberprüfung und die strategische Nachschau, die in der Transaktionsphase und der Integrationsphase platziert sind, profitieren dann schon von den Ergebnissen der Due Diligence, die im Rahmen der Commercial Due Diligence ebenfalls wichtige strategische Informationen sammelt (vgl. Abschn. 4.1.6).

### 5.1.3 Vendor Due Diligence

Die Vendor Due Diligence (VDD) steht für eine Unternehmensprüfung, die vom Verkäufer veranlasst wird und das zum Verkauf stehende Target zum Untersuchungsziel hat. Diese kann stattfinden, wenn der Vorstand über den Verkauf der zur Disposition stehenden Unternehmenseinheit entschieden hat. Ausgewählte Ergebnisse der Vendor Due Diligence werden den Kaufinteressenten zur Verfügung gestellt. Durch eine Vendor Due Diligence wird der Prozess der Veräußerung des Targets optimiert und gleichzeitig entwickelt der Käufer mit der Bewertung durch einen unabhängigen Dritten das notwendige Vertrauen für einen reibungslosen Vertragsabschluss. Chancen und Risiken eines möglichen Investments werden für potenzielle Investoren transparent – dies vergrößert den Kreis der Interessenten und erhöht die Attraktivität eines Auktionsprozesses. Die Risiken einer Vendor Due Diligence liegen bei der Haftung, die der Verkäufer gegebenenfalls eingeht, wenn er damit z. B. Versprechungen zur Performance und zur Werthaltigkeit des Targets macht.

Die VDD wird von unabhängigen Wirtschaftsprüfern, Rechtsanwälten und Steuerberatern durchgeführt. Der Vendor Due Diligence Report wird den Kaufinteressenten meist in einem virtuellen Datenraum zur Verfügung gestellt. Die VDD ist damit Teil der Vorbereitung eines Targets zum Verkauf, denn sie soll dem Verkäufer Schwachstellen beim Target offenlegen, um diese möglichst noch vor dem Verkaufsprozess zu bereinigen. Auf diese Weise will sich der Verkäufer auch gegen Überraschungen absichern, die durch eine Käufer Due Diligence aufkommen würden.

Eine VDD ist üblich vor Auktionsverfahren, die den Kaufinteressenten keine Gelegenheit zu einer eigenständigen Pre-Closing-Käufer-DD geben würden. Außerdem ist eine VDD sinnvoll, wenn das Unternehmen einer größeren Anzahl von Kaufinteressenten angeboten werden soll, da hierdurch der Aufwand für zahlreiche Einzel-Due Diligences reduziert wird und sich die Käufer in ihrer Unternehmensprüfung auf spezielle, für den Einzelnen relevante Themen konzentrieren können. Aufgrund der zu unterschiedlichen Interessenlagen der möglichen Käufer, insbesondere zwischen Finanzinvestoren und Strategen, ist die Vendor Due Diligence meist umfangreicher als die Buy Side Due Diligence. Sie ist aber auch fokussierter und konzentriert sich in der Regel auf die „klassischen" Themen wie Finanzen, Recht und Steuern. Zunehmend werden aber auch strategisch-operative und personalbezogene Themen adressiert. Aufgrund der unterschiedlichen Untersuchungsschwerpunkte möglicher Erwerbertypen besteht bei der Durchführung einer VDD aber ein Zielkonflikt zwischen der fokussierten Darstellung und der Adressierung relevanter Informationen für unterschiedliche Erwerbertypen. Weitere zahlreiche Vorteile einer VDD in Verbindung mit einem virtuellen Datenraum sind:

- mehrere potenzielle Käufer können sich gleichzeitig die Unterlagen durchsehen,
- beschleunigter Ablauf der VDD-Prüfung durch die Käufer,
- der Verkäufer behält die Kontrolle über vertrauliche Informationen, denn es werden keine Unterlagen vorgelegt, sondern nur das Ergebnis der VDD-Prüfung,
- die Prüfer der Käufer müssen nicht vor Ort in einem physischen Datenraum sein,
- potenzielle Erwerber sparen sich Zeit und Geld für die Prüfung,
- der Verkäufer kann entdeckte Schwachstellen korrigieren,
- der Verkäufer kann Schwachstellen pro-aktiv gegenüber potenziellen Käufern offenlegen, plausibilisieren oder kaschieren („Window Dressing") – Diskussionen über Kaufpreisminderungen in der Vertragsverhandlung gegenüber dem Letter of Intent werden dadurch minimiert,
- der Verkäufer behält die Kontrolle, welche Personen sich im elektronischen Datenraum welche Informationen durchsehen und kann dieses Wissen in Vertragsverhandlungen nutzen,
- wertbeeinträchtigende Faktoren werden im Vorfeld identifiziert,
- Transaktionskosten und die Belastung der Mitarbeiter werden reduziert,
- der Zeitraum von der Veräußerungsentscheidung bis zum Vertragsabschluss wird minimiert.

Insgesamt wird also der Informations- und Angebotsprozess deutlich verschlankt. Die VDD bringt in kurzer Zeit sämtliche Kaufinteressenten auf den gleichen Informationsstand. Mit der Bereitstellung der Ergebnisse der Vendor Due Diligence an alle potenziellen Käufer vor Vergabe des Exklusivrechts wird die Wettbewerbsintensität erhöht und Kaufinteressenten können auf Basis des Vendor-Due-Diligence-Berichts ein verbindliches Angebot abgeben.

### 5.1.4 Käufer Due Diligence

#### 5.1.4.1 Informations-Wettbewerb

Bei einem M&A-Projekt hat der Verkäufer über lange Strecken die besseren Karten. Der Käufer kann allerdings versuchen, durch gute Recherchen, gute Verhandlung und durch Führung eines geordneten Informationsprozesses, Nachteile wett zu machen und vielleicht sogar einen Informationsvorsprung vor dem Verkäufer zu erringen. Siemens hatte zum Beispiel in den 80er Jahren daran gedacht, die schwächelnde AEG oder Teile von ihr zu erwerben. Dazu wurde in einem kleinen Team der zentralen Unternehmensstrategie eine systematische Analyse der meist mit Siemens überlappenden Geschäftsfelder gemacht. Aus der relativen Wettbewerbsposition und den Erträgen der Siemens-Geschäfte wurde simuliert, wie in etwa die Ertragslage der AEG in den einzelnen Geschäften aussehen würde. Am Ende standen Daten zur Verfügung, die das gesamte Portfolio der AEG darstellten sowie eine Prognose zum Gesamtgeschäft, die wahrscheinlich belastbarer war als es die Pläne der AEG selber. Aufgrund dieser Analyse wurde keine Übernahme durchgeführt, die damals kartellrechtlich wohl noch möglich gewesen wäre. AEG wurde dann von Daimler-Benz übernommen – und es wurde ein Desaster für den Automobilbauer.

Heute sollte man grundsätzlich davon ausgehen, dass Verkäufer sehr gut wissen, wo die Schwachstellen ihrer Unternehmen sind und wie man diese kaschiert. Insbesondere wenn bei großen Projekten ein Investment-Banker vom Verkäufer eingeschaltet ist oder wenn bei kleinen Projekten ein mittelständisches Transaktionshaus mit von der Partie ist, dann kann man sicher sein, dass alle schlauen Tricks angewendet wurden, um Schwachstellen zu verdecken und „die Braut hübsch zu machen". Insofern ist man gut beraten, mit M&A erfahrene Experten an Bord zu haben, die nicht nur Bilanzen und GuV-Rechnungen interpretieren können, sondern die sich auch gut auskennen im „Schönen" von Geschäftsdaten.

#### 5.1.4.2 Tricks der Verkäufer

Sehr wichtig ist, sich die Konsistenz von vergangenen Werten und Zukunftsplanungen anzusehen und sich die Frage zu stellen, ob es Verschiebungen in den einzelnen Positionen gibt, die sich nicht mit der allgemeinen Entwicklung des Marktes und der Wettbewerbsposition erklären lassen. Insbesondere sollte man auf sogenannte „Hockeystickplanungen" achten und sich die Frage stellen, ob eine positive Umkehrung eines Ergebnistrends auch konsistent mit dem Markt und der verbesserten relativen Wettbewerbsposition ist. Denn viele Unternehmen werden verkaufsreif dargestellt, indem etwa langfristig wirksame Kosten gemindert werden, wie etwa für Marketing oder für F&E. Dadurch lässt sich manchmal in der Periode der ersten fünf diskret zu planenden Geschäftsjahre eine günstige Ergebnisentwicklung aufzeigen. Diese Periode sollte man sich genau ansehen, denn sie ist entscheidend für die Net Cash-Flow-basierte Bewertung (vgl. Abschn. 5.3.2.2). Sehr beliebt ist auch, notwendige Investitionen – etwa in eine neue Fertigung – nicht in der Fünf-Jahres-Periode aufscheinen zu lassen, sondern jenseits der fünf Jahre, in der Periode, die für den sogenannten „Terminal Value" herangezogen wird und in der man normalerweise einen Pauschalansatz für die Bewertung nimmt, z. B. die „ewige Rente", die auf dem fünften Planjahr basiert, ohne die besonderen Investitionen zu berücksichtigen.

Wenn man diese Tricks nicht aufdeckt, dann kann man sein blaues Wunder erleben. Dann schlagen sich die fehlenden Marketingaufwendungen nieder, dann fehlen z. B. die notwendigen Nachfolgeprodukte, dann ist die Fertigung nicht mehr wettbewerbsfähig und dann kippt das Unternehmen endgültig in die roten Zahlen und wird ein Sanierungs- oder Konkurskandidat.

#### 5.1.4.3 Bewertungstricks

So sehr zu begrüßen ist, dass das Net Present Value-Verfahren, basierend auf dem Cash-Flow, zum Standard für Bewertungen geworden ist (vgl. dazu Abschn. 5.3.2.2), so sehr ist davor zu warnen, Planungen und Bewertungen so hinzunehmen, wie sie vom Verkäufer angeboten werden. In der Regel werden zu hohe Werte errechnet, insbesondere weil der „Terminal Value" zu hoch ist – häufig macht er 80 % und mehr des gesamten Unternehmenswertes aus. Auch der sogenannte „Tax Shield", basierend auf den steuerlich absetzbaren Zinsen für Fremdkapital, ist zu hinterfragen. Je höher die Verschuldung, desto größer erscheint die Steuerersparnis und desto mehr treibt dieser den Wert in die Höhe. Aber Achtung! – eine hohe Verschuldung erhöht das Konkursrisiko, wenn sich der Markt dreht und wenn die Kapitalkosten größer werden. Entsprechende Bewertungsverfahren berücksichtigen das spezifische Konkursrisiko und kommen zum Schluss, dass es ein „Tax Shield" infolge Verschuldung nur in sehr geringem Maße und nur bei geringer Verschuldung gibt.

#### 5.1.4.4 Gefahren einer isolierten Due Diligence

Zweck einer Due Diligence ist vor allem, realitätsferne Geschäftspläne, Schwachstellen und Unplausibilitäten in der Planung aufzudecken. Wenn aber eine Financial Due Diligence isoliert abgefahren wird, dann ist das Risiko groß, dass fehlerhafte Annahmen nicht entdeckt werden. Deshalb sollte die „klassische" Financial Due Diligence ergänzt werden durch Konsistenzprüfungen am Markt und Wettbewerb, durch Hinterfragung der Kompetenzen und Prüfung der Kapazitäten und Aufwendungen, um die Erfolge einzufahren. Denn die Marktposition bestimmt die Marge und das Marktwachstum treibt die Umsatzsteigerungen. Eine auf operativen Fakten aufsetzende Due Diligence ist ein erster Schritt zur Verbesserung der Datenqualität, um die Konsistenz zwischen Vergangenheits- und Planzahlen zu prüfen und um den Geschäftstrend und die Werthaltigkeit des Geschäftsplans zu verifizieren. Man bedenke aber, unter welchem Druck – bewusst vom Verkäufer geschürt – der potenzielle Käufer gesetzt wird, wenn er etwa nur zwei Wochen Zeit bekommt, um in einem Datenraum nach Schwachstellen und Inkonsistenzen zu suchen. Man sollte davon ausgehen, dass die Daten so schön aufbereitet sind, dass man nicht ohne weiteres auf die Schwachstellen kommt. Dies betrifft z. B. die Situation in Schwellenländern, in der die Informationslage über den Markt und den Wettbewerb schwach ist. Man sollte deshalb folgern, dass gerade in Regionen, in denen man nicht zuhause ist, eine umfangreiche Markt-Recherche notwendig ist, die es erforderlich macht, dass spezielle im lokalen Markt verankerte Berater zur Datenbeschaffung ausgesendet werden müssen.

#### 5.1.4.5 Die Datenraum-Philosophie

Zentrum der Due Diligence ist der Datenraum, der vom Verkäufer zur Verfügung gestellt wird, und in dem der Verkäufer entscheidet, was gezeigt wird und was nicht. Dem sollte der Käufer einen Datenraum entgegen stellen, zu dem alle Projektbeteiligten auf der Käuferseite Zugang haben und der zum Zeitpunkt der Due Diligence schon so reichlich mit

Informationen bestückt ist, dass der Käufer bereits in der Lage ist, eigene Szenarien zum Geschäft und zur Entwicklung des Targets durchzurechnen. Es ist eine Geschmacksfrage, ob man diesen Datenraum als „Strategic Database“ oder als „War Room“ bezeichnen möchte. Er kann sowohl als physischer Datenraum angelegt werden oder als virtueller Datenraum auf Basis eines Intranets, zu dem alle Projektbeteiligten unbeschränkten Zugang haben und verpflichtet werden, ihre Daten dort auch zu hinterlegen (vgl. Lucks, 2013, S. 101–112).

Wichtig ist die vollumfängliche Datensammlung und keine Sektor-Sammlung, die eine ganzheitliche Sicht verbaut. Es ist nämlich gerade wichtig, die Sektor-übergreifende Konsistenz prüfen und nutzen zu können. Es macht zum Beispiel keinen Sinn, den Anwälten die strategischen Daten vorzuenthalten. In unserer Welt, in der sich die Märkte weltweit öffnen, konsolidieren und in denen eine Handvoll Konzerne 80 % des Weltmarktes innehaben können, ist es außerordentlich wichtig, dass Anwälte die strategische Datenbasis nutzen, um daraus frühzeitig Schlussfolgerungen für die kartellrechtliche Genehmigungsfähigkeit des gesamten Vorhabens zu ziehen. Dann ist es möglich, ein Vorhaben frühzeitig zu stoppen und verlorene Kosten und Zeit zu begrenzen. Durch ihr aktives Mitwirken kann ein Projekt auch gedreht werden, indem ein Geschäft breiter definiert wird und indem eine breitere Geschäftsfelddefinition gewählt wird, die es erlaubt, dass das Vorhaben später die kartellrechtlichen Hürden überwinden kann.

#### 5.1.4.6 Spektrum der Due Diligence

Wie gezeigt wurde, ist der Informationsprozess ein Prozess, der alle Kernprozesse (Strategie & Planung, Dealmaking, Structure & Change) unterstützt und die Due Diligence ist ein untrennbarer Bestandteil des Informationsprozesses. Die Due Diligence sichert also auch die Quer-Konsistenz der Kernprozesse ab. Die Quer-Konsistenz drückt sich auch während der Due Diligence aus durch eine vollumfängliche Prüfung des Kandidaten sowie der Strategie und der Zusammenführung der Käufer- und der Target-Organisation.

Von übergeordneter Wichtigkeit ist vor allem, dass es sich um eine strategische und implementierungsorientierte Due Diligence handelt, die sämtliche „harten“ und „weichen“ Faktoren im Auge hat und damit vollumfänglich ist. Wegen des Risikos des Zerfalls in Einzelaspekte sollte diese Phase aus einer Hand geführt werden. Während der eigentlichen (im physischen oder virtuellen Datenraum stattfindenden) Due Diligence ist streng darauf zu achten, dass die Ressourcen gut eingeteilt werden: 80 % der Kräfte sind auf jene 20 % der Werttreiber zu konzentrieren, die wiederum 80 % des Wertes des M&A-Falles ausmachen. Das erfordert in einer „physischen“ DD, dass die Teams sich jeden Tag innerhalb einer etwa 14 Tage dauernden „physischen“ DD austauschen müssen. Hervorzuheben sind aber auch die in der Due Diligence relevanten kartellrechtlichen Grenzen des Informationsaustausches und die möglichst frühzeitige Erkennung kartellrechtlicher Risiken des Zusammenschlusses.

Für die Gliederung der einzelnen Sektoren einer Due Diligence hat sich kein einheitliches Modell durchgesetzt. Die Begriffe und Grenzen werden unterschiedlich gelegt. Im vorliegenden Buch wird eine Gliederung vorgeschlagen, die alle relevanten Themen abdeckt und die sich für große M&A-Projekte als sinnvoll herausgestellt hat.

#### 5.1.4.7 Die „klassischen" Gebiete der Due Diligence und Compliance

Zu den „klassischen" Due Diligence-Fächern gehören die „Legal DD", „Financial DD" und „Tax DD". Als **Legal Due Diligence** wird der Prozess der Zusammenstellung, Prüfung und Dokumentation der rechtlichen Situation und Beziehungen des Zielunternehmens bezeichnet. Die zentrale Funktion besteht in der Information des Bieters über die wesentlichen rechtlichen Gegebenheiten des Zielunternehmens. Die Informationsgewinnung soll den Bieter in die Lage versetzen, die mit dem Target verbundenen rechtlichen Risiken abzuschätzen und damit einen wichtigen Beitrag zur Bewertung des Unternehmens zu liefern. Die Durchführung einer Legal DD ist heute Bestandteil fast jeder Transaktion. Das auf der Seite des Bieters verantwortliche Management und die mit der DD unmittelbar betrauten Personen haben meist schon in Hinblick auf ihre Sorgfaltspflichten und die daraus resultierenden Haftungsrisiken für die Durchführung einer angemessenen Legal DD Sorge zu tragen. Zwischen der Offenlegung von Informationen und den Geheimhaltungsinteressen des Verkäufers besteht jedoch ein Spannungsverhältnis, das nicht immer leicht aufzulösen ist. Vom Veräußerer und seiner Geschäftsleitung erfordert dies eine sorgfältige Abwägung der Interessen der Betroffenen und die Prüfung der offen zu legenden Informationen (vgl. Bortfeld, 2013).

Die **Financial Due Diligence** ist seit gut zwei Jahrzehnten fester Bestandteil im Rahmen eines nahezu jeden Transaktionsprozesses. Sie orientiert sich in erster Linie an der Bereitstellung von Daten und Analysen zur Bestimmung der Parameter für den Unternehmenswert und der Kaufpreisermittlung. Grundlage dazu sind die am Markt etablierten Bewertungsverfahren, vor allem das Multiplikatorverfahren und die Discounted Cash-Flow-Methoden (vgl. dazu im Detail Abschn. 5.3.2). Insofern fokussiert sich die Financial Due Diligence auf die Analyse der historischen und zukünftigen Profitabilität und den Cash-Flow des Kaufobjektes. Die Analyse der operativen Profitabilität beinhaltet insbesondere die Aufbereitung einer um Sonder- und Einmaleffekte bereinigten Gewinn- und Verlustrechnung (GuV) zur Darstellung einer konsistenten und nachhaltigen Ertragslage. Besondere Aufmerksamkeit ist dabei auf die Konsistenz von historischen zu zukünftigen Werten zu legen, um eventuelle Hockeystickplanungen aufzudecken. Die Analyse der Free Cash-Flows zielt auf eine weitestgehend steuer- und finanzierungsneutrale Darstellung des Unternehmens ab. Angesichts der Bedeutung des Terminal Value für den Gesamtwert des Unternehmens, ist hier ein Analyseschwerpunkt zu legen. Bei Verkäufern beliebt ist z. B. das „Verstecken" von großen notwendig werdenden Investitionen in der „Terminal Value-Phase" – diese gilt es aufzudecken und einzuplanen (vgl. Hollasch, 2013). Eng verknüpft ist die Financial Due Diligence mit der Operational & Market Due Diligence, die den Hintergrund für die Annahmen der Geschäftsdaten im Vergleich zu Markt und Wettbewerb liefert (vgl. Abschn. 5.1.4.8).

Die **Tax Due Diligence** muss bei der Planung bereits die Dealstruktur, die Besonderheiten des Transaktionsprozesses (insbesondere: Share Deal oder Asset Deal) und die

Anforderungen an die Untersuchungsschwerpunkte berücksichtigen (vgl. allgemein zu Steuerrecht bei M&A Transaktionen Haase, 2015). Die Ergebnisse der Tax DD fließen ins Investitionsmodell, in die Kaufpreisfindung und in die Ausgestaltung des Unternehmenskaufvertrages ein. Im Rahmen der Buy Side Due Diligence werden neben historischen Steuerrisiken auch Informationen zur steueroptimierten Strukturierung des Unternehmenskaufs, der Planung zukünftiger Steuerbelastungen und der Ermittlung von Transaktionssteuern, z. B. Grunderwerbsteuern, gewonnen. Untersuchungsschwerpunkte sind z. B. gesellschaftsrechtliche Reorganisationen mit der Fragestellung, ob diese steuerneutral durchgeführt werden können. Das Vorliegen der Voraussetzungen für die Steuerneutralität ist von zentraler Bedeutung, denn wenn der Vorgang als steuerneutral deklariert wurde, obwohl die Voraussetzungen nicht vorliegen, dann drohen hohe Steuerlasten, weil zum Beispiel stille Reserven des zu übertragenen Geschäftes aufzudecken und zu versteuern sind. Auch Organschaftsfragen sind zu überlegen. Das Konzept der Organschaft führt dazu, dass Gewinne und Verluste über Gesellschaftsgrenzen hinweg verrechnet werden können. Wenn die Finanzverwaltung eine Organschaft nicht anerkennt, dann drohen bei im Organkreis verrechneten Verlusten erhebliche Nachzahlungen. Bei internationalen Transaktionen spielt auch die Verrechnungspreis-Problematik eine große Rolle. Konzerninterne Geschäfte müssen unter steuerlichen Gesichtspunkten zu marktüblichen Konditionen abgerechnet werden. Das betrifft zum Beispiel zentralisierte Forschung und Entwicklung, die nicht zu Lasten einer Landesorganisation gehen darf, wenn die zuständige Steuerbehörde dagegen eine Verschiebung von Gewinnen vermutet. Die Ergebnisse der Tax DD fließen in das sogenannte Tax Model, die Kaufpreisfindung sowie in die Formulierung der Steuerklausel ein (vgl. Brauer, 2013).

Als ein Sonderthema der Legal Due Diligence hat sich in den letzten Jahre die **Compliance und Integrity Due Diligence** herausgeschält. Unter „Compliance" ist die Einhaltung von unternehmensrelevanten Regeln zu verstehen, die sich aus Gesetzen und internen Handlungs- und Verhaltensregeln ableiten. Daher steht im Rahmen einer Compliance und Integrity Due Diligence die Auseinandersetzung und Bewertung von Risiken im Zusammenhang mit Wirtschaftskriminalität, Integritätsschwächen und Schwachstellen im Compliance Management System im Vordergrund. Steigende gesetzliche und regulatorische Anforderungen hinsichtlich Transparenz und Überwachung der Geschäftstätigkeit können den Erfolg einer M&A-Transaktion durch unentdeckte Compliance-Risiken negativ beeinflussen, ja – im Extremfall – die Rückabwicklung des gesamten Deals veranlassen. Compliancekritische Aktivitäten der Vergangenheit reichen meist in die Zukunft eines Unternehmens, da in vielen Fällen Altgesellschafter und Organe auch nach der Transaktion aufgrund ihres Netzwerks und ihres Know-hows im Unternehmen verbleiben. Im Wesentlichen geht es hier um Korruptionsrisiken. Die Analyse von Korruptionsrisiken richtet sich im Wesentlichen nach der compliancekritischen Risikostruktur des Geschäftes. In einer ersten Analysestufe wird ein Risikoprofil erstellt, das sich nach den Rahmenbedingungen und dem rechtlichen Umfeld des betreffenden Unternehmens ausrichtet. Risikobereiche für Korruption liegen beispielsweise in der Auftragsgewinnung, bei der Teilnahme an Ausschreibungen, Aufträgen der Öffentlichen Hand, bei der Nutzung von externen Vertriebsvermittlern (Sales Agents oder Consultants) insbesondere in korruptionskritischen Ländern sowie Aktivitäten in korruptionskritischen Geschäften, in schnell wachsenden Märkten und Regionen. In einer zweiten Stufe werden, basierend auf dem Ergebnis des Risikoprofils, die Daten und Dokumente des für die Financial, Legal und Tax Due Diligence bereit gestellten Datenraumes ausgewertet. Hierauf werden im Rahmen einer „Anfälligkeitsanalyse“ risikobehaftete Prozesse identifiziert und bewertet. Dazu sind Geschäftsabläufe anhand von Kontrollsystemen zu durchleuchten, Dokumentationen von Prozessen und Organigrammen zu sichten, System- und Unterschriftsberechtigungen sowie Berichtswege zu prüfen. Die Ergebnisse der Compliance und Integrity Due Diligence sind hinsichtlich ihrer Auswirkung auf Kaufvertrag, Kaufpreis, Kosten und Risiken zu bewerten. Dabei sind die Ergebnisse aus Financial, Legal und Tax Due Diligence mit einzubeziehen (vgl. Andras & Tesch, 2013). Schließlich ist die Frage zu prüfen, ob die Compliance-Struktur und -Kultur des Targets mit der eigenen Compliance zur Deckung gebracht werden kann (vgl. dazu auch Abschn. 6.1.6.5).

Damit sind die „klassischen“ Gebiete der Due Diligence zusammengefasst. Auf dem Wege einer Evolution wurden diese Gebiete zunehmend breiter definiert, sodass neue Themen einbezogen wurden. An dieser Stelle soll auf diese Entwicklung nicht näher eingegangen werden, sondern die Gebiete werden nachfolgend als separate Titel behandelt

#### 5.1.4.8 Der strategisch-technische Bereich der Due Diligence

Die **Operational Due Diligence** ist in jüngerer Zeit zu einem wichtigen Baustein einer ganzheitlichen Betrachtung einer Unternehmensakquisition geworden. Sie beschäftigt sich insbesondere mit strategischen Akquisitionen, in deren Mittelpunkt Restrukturierungsprogramme, Expansionen, Separationen/Carve-Outs, Integrationen oder die Realisierung von Synergien geplant sind. Drei Schwerpunkte deckt die Operational DD dabei ab: 1) Operative Risiken und Leistungssteigerungspotenziale, 2) Problemstellungen und Kosten von Carve-Outs und Separationen sowie 3) Fusionssynergien und Herausforderungen bei der Integration. In einem ersten Schritt wird typischerweise ein Stresstest der im Geschäftsplan des Verkäufers prognostizierten operativen Performance durchgeführt. Dazu gehört zum Beispiel, ob die geplante Volumensteigerung auch mit den vorgesehenen Fertigungskapazitäten realisierbar ist. Im Folgeschritt sind realistische Optimierungspotenziale entlang der Wertschöpfungskette zu identifizieren. Zum besseren Einstieg empfehlen sich dazu Investment-Hypothesen. Der Vorteil dieses Prozesses liegt darin, dass von Anfang an eine quantifizierte Betrachtung der Einflussfaktoren auf das EBITDA vorliegt. In einem weiteren Schritt sind diese Hypothesen sogenannten Stresstests zu unterziehen, die ein Verwerfen dieser Hypothesen nach sich ziehen würden. Das Resultat dieser Iterationen sollte ein belastbarer Investment-Plan sein, der den Banken zur Finanzierung vorgelegt werden kann. Die Qualität dieser Übung basiert auf der operativen Nähe, mit der die Hypothesen und Stresstests angesetzt werden. Es empfiehlt sich deshalb 1) die Schaffung von Gesprächsgrundlagen auf Basis aller verfügbaren Daten, 2) Informationsaustausch mit dem örtlichen Management, 3) direkte Unterstützung durch das Management-Team, 4) Besuch der Werke während der Spitzenlastzeiten, 5) echtes Interesse am operativen Geschäft und 6) Besuch auch der problembehafteten Werke. Ziel der Übung muss sein, eine optimierte Planung zu entwickeln, die in allen ihren Stadien belastbar ist, insbesondere auch in der Phase der Abtrennung von der Muttergesellschaft, mithilfe eines Separationsplans, der realistische Annahmen mithilfe Transitional Service Agreements (TSAs) und deren Ablösung beinhaltet. Letztere können – aufgrund von Volumenverlusten – teurer werden als geplant (vgl. Yamada, 2013).

Die **Commercial Market & Technical Due Diligence** setzt sich aus Markt- und Technik-Due Diligence zusammen. Die Market Due Diligence beurteilt die derzeitige und künftige Marktentwicklung und die voraussichtliche Leistungsfähigkeit des Unternehmens im Markt. Dies beinhaltet die Zusammenschau von innerer Perspektive (Strategie, Umsatz, Produktportfolio, Kunden, Marketing, Vertrieb…) sowie externe Faktoren (Markt, Wettbewerb, Lieferanten…). Die technische Due Diligence behandelt die Produkte und Produktionstechnologien in ihrem Lebenszyklus mit unterschiedlichen Ertrags- und Kostensituationen. Hierbei sind nicht nur technisches Potenzial und Markt sondern auch Humankapital, Innovationsfähigkeit und Qualität von Forschung und Entwicklung zu beurteilen. Hierbei ist die Qualität im Vergleich mit dem Wettbewerb zu quantifizieren. Bei der Umsetzung der Commercial Technical Due Diligence kommt es zu Überschneidungen mit anderen Disziplinen der DD, z. B. Operational, Environmental, HR, IP oder Legal Due Diligence. Dies erfordert ein abgestimmtes Vorgehen und regelmäßigen Informationsaustausch. Zu den Kernaufgaben der Commercial Technical DD gehört eine Produktionsstätten-Beurteilung mit einer entsprechenden Erstellung von Leistungsprofilen. Dazu gehören die Bewertung der geografischen Aufstellung des Unternehmens (Strategic Footprint der Standorte) sowie die Beurteilung der aktuellen Make-or-Buy-Strategien der Locations. Zu den Arbeitspaketen der Technical DD gehören die Beurteilung der Patente/Intellectual Property (vgl. allg. zu Intellectual Property im M&A-Prozess Ulrich, 2013), die Beurteilung der Produkt-Pipeline, die Analyse der Produkte und die Quantifizierung von Synergien aus den Produktportfolios von Käufer und Target. Best-Practice-Empfehlungen sind: 1) eine klar strategische Ausrichtung als Maßstab, 2) eine weitgefasste Analyse mit tiefem Produktverständnis, 3) stabile und konsistente M&A-Teams und 4) eine einheitliche Verantwortung für die Due Diligence (vgl. Lofink, Nackmayr & Orendi, 2013a, 2013b)

Die **IT Due Diligence** widmet sich der Durchsetzbarkeit der Umsetzung einer IT-Separierung und Zusammenführung des Targets mit dem Käuferunternehmen. Dies betrifft die Applikationen (Geschäftsprozesse), die Infrastruktur (Anpassung an die Erfordernisse des Geschäftsmodells der NewCo), die Verträge (Lizenzen, Transitional Service Agreements –TSAs) und die Daten (Sicherstellung der Trennung von der abgebenden Einheit, Zusammenführung mit dem Übernehmer). Dabei sind zwei Aspekte zu berücksichtigen, nämlich 1) die Abbildung der Geschäftsprozesse durch die IT und 2) der IT-Struktur selber. Deshalb ist die IT Due Diligence aufs engste verzahnt mit der Operational DD und der Technical Commercial DD. In der IT Due Diligence geht es vor allem darum herauszufinden, wie der Prozess einer IT-Separierung des Targets von seiner Mutter zu gestalten ist und wie die Zusammenführung mit dem Käufer-Unternehmen aussehen soll. Damit ist die

IT-DD vor allem prozessorientiert. Die IT-Separierung bedeutet meist, IT aus einem bestehenden Unternehmenskontext herauszulösen und die IT-seitige Unterstützung für das abgespaltene Unternehmen sicherzustellen. Hier geht es um die Stufen 1) Separierung der IT, 2) Stand-Alone der IT, meist durch Transitional Service Agreements (TSAs) und 3) Optimierung der IT (weiteres vgl. Abschn. 6.2.3 IT-Carve-Out). Typischerweise wird die IT eines separierten Unternehmens nicht optimal den neuen Anforderungen gerecht, da diese nach Maßgabe des abgebenden Mutterunternehmens ausgeprägt ist. Aus der Warte des Übernehmers kann dies über- oder auch unterdimensioniert sein. Ist der Übernehmer ein Konzern, der einen Mittelständler übernimmt, dann verlangen die umfangreicheren Reporting-Anforderungen deutlich höhere IT-Aufwendungen pro Arbeitsplatz (und zentrale, stark vernetzte Systeme), was sich in hohen negativen Synergien auswirken kann. Es gilt hier, Lösungen bereitzustellen, die einerseits die Reporting-Anforderungen erfüllt, andererseits aber die Kosten niedrig hält. Dazu gehört bei kleinen Akquisitionen, das Target nicht voll in die IT-Landschaft des Konzerns zu integrieren sondern z. B. eine vereinfachte Stand-Alone-Lösung auf Basis Laptop und Excel-Liste mit monatlicher Kurzbericht-Erstellung anzubieten.

#### 5.1.4.9 Die personalbezogene Due Diligence

Die **Human Resources Due Diligence** dient dazu, sämtliche HR-Aspekte zu erfassen und zu untersuchen, um die damit verbundenen kurz- und langfristigen Kosten für das Käuferunternehmen darzustellen, insbesondere 1) Durchschnittsalter der Belegschaft, 2) durchschnittliche Betriebszugehörigkeit, 3) Ausbildung, 4) Verteilung der Mitarbeiter auf die Standorte, 5) eine umfassende Analyse der Vergütungsbestandteile (fix, variabel), 6) der Nebenleistungen (Firmenwagen, Versicherungen…), 7) der Pensionspläne, 8) alle zusätzlichen finanziellen Leistungen des Unternehmens an die Mitarbeiter (z. B. Schichtzulagen, Rufbereitschaft) sowie 9) sonstige Vereinbarungen wie Urlaubstage und Abfindungsregelungen. Die Informationen dazu sind oft lückenhaft, deshalb ist es nötig, aus Erfahrungswerten und Marktpraxis Sachverhalte zu interpretieren und Risiken zu erkennen. Der effizienteste Einstieg in eine HR DD ist, sämtliche Daten im (realen oder virtuellen) Datenraum schnellstmöglich auf HR-relevante Inhalte zu scannen, um dann Daten nachzufordern oder den (risikobehafteten) Weg der Hochrechnung oder Interpretation zu beschreiten. Fehlende Informationen stellen ein wesentliches Risiko dar. Die Datenanalyse sollte zuerst eine detaillierte Erfassung aller kostenrelevanten HR-Fakten beinhalten. Dabei sollten die geschäftsstrategischen Ziele berücksichtigt werden, z. B. ob es sich um die Übernahme eines Wettbewerbers im Lande handelt (Kostensynergien!) oder um einen Kandidaten aus einem Schwellenland (Wertschöpfung, Umsatzausweitung…). Angesichts der Datenmengen, die es zu bewältigen gilt, sollte ein pragmatischer Weg vor Details gehen. Da die Daten vom operativen HR-Management zu beschaffen sind, ist mit personellen Engpässen zu rechnen. Hinsichtlich der Harmonisierung von HR-Systemen und Prozessen wird häufig der „Best-of-Both"-Weg beschritten. Kurzfristig kann es auch hilfreich sein, bestehende Systeme als Übergangslösung weiterzuführen. Grundsätzlich empfiehlt sich, externe „Best-Practice-Ansätze" zu verfolgen und im Zweifel Prozesse vollständig neu aufzusetzen. Eine Neuorientierung ist für Mitarbeiter oftmals einfacher zu akzeptieren als der Streit um das vermeintlich Bessere aus der Vergangenheit (vgl. Uder & Geiger, 2013a).

Die **Betriebliche Altersversorgung Due Diligence** dient dazu, die Risiken und den wirtschaftlichen Wert von Versorgungszusagen zu ermitteln, damit er bei der Kaufpreisfindung richtig berücksichtigt werden kann. Dazu ist es erforderlich, in der Due Diligence alle Gestaltungselemente der Altersversorgung zu erfassen. Dabei sind die arbeitsrechtlichen Rahmenbedingungen sehr komplex. Sie bedürfen deshalb einer besonderen Analyse. Relativ einfach sind die Verhältnisse bei einem Share Deal. Für die betriebliche Altersversorgung bedeutet dies, dass der Käufer in alle Verpflichtungen gegenüber den derzeitigen und früheren Mitarbeitern, einschließlich der Rentenempfänger, eintritt. Anders stellt sich dies bei einem Asset Deal dar, bei dem ein Betriebsübergang nach § 613 a BGB stattfindet. Hier tritt der Erwerber dem Gesetzeswortlaut nach „in die Rechte und Pflichten aus den im Zeitpunkt des Übergangs bestehenden Arbeitsverträgen ein". Somit sind nur aktive Mitarbeiter betroffen. Leistungsempfänger und mit unverfallbarer Anwartschaft ausgeschiedene, ehemalige Mitarbeiter verbleiben beim Veräußerer. Somit sind deren Versorgungsansprüche nicht zu berücksichtigen. In Deutschland betrifft dies die Direktzusagen, bei denen der Arbeitgeber die Leistungen direkt an den Versorgungsberechtigten auszahlt. Daneben gibt es hierzulande Unterstützungskassen, Direktversicherungen, Pensionskassen und Pensionsfonds. Im Ausland gibt es daneben zahlreiche andere Programme, die den Charakter von Leistungszusagen haben und entsprechende langfristige Verpflichtungen und Risiken beinhalten. Eine zentrale Bedeutung hat die Frage, ob der Erwerber die beim Verkäufer bestehenden Pensionsverpflichtungen übernimmt, ob diese bei ihm verbleiben oder auf einen Dritten, z. B. auf ein Versicherungsunternehmen, übertragen werden sollen. Bei einem Share Deal kann der Übergang der Verpflichtungen nur durch Maßnahmen vor dem Verkauf – etwa durch den Transfer auf eine andere rechtliche Einheit – vermieden werden. Im Fall eines Asset Deals hat sich das „deutsche Modell" in einigen Ländern durchgesetzt, indem aufgelaufene Verpflichtungen aus dem Arbeitsverhältnis dem Mitarbeiter folgen und per Gesetz auf den Betriebserwerber übergehen (vgl. Hepperle & Schmandt, 2013). Andere Länder folgen dem nicht. Insofern sind besonders in einem Asset Deal landesspezifische Regelungen im Kaufvertrag erforderlich.

Die **Kulturelle Due Diligence** dient der Erkundung organisationskultureller Unterschiede und der Identifikation von Pfaden, wie diese zum größtmöglichen Nutzen für das zu fusionierende Unternehmen in Einklang gebracht werden können (zum Überblick dazu z. B. Brenner, 2014). Somit sollte das Ziel einer Kulturellen Due Diligence sein, die Kulturprofile der an einem Zusammenschluss beteiligten Unternehmen zu erheben und aufzuzeigen, wie sich diese zueinander verhalten. Die Unternehmenskultur muss als ein sehr kritischer Faktor bei der Umsetzung von Unternehmensstrategien bei M&A-Transaktionen betrachtet werden. Trotzdem wird eine entsprechende Kulturelle Due Diligence kaum oder wenn, dann oft zu spät durchgeführt. Dazu sollte bei den Top-Führungskräften beider Unternehmen erhoben werden, ob diese die Kulturen der Merger-Kandidaten gleich einschätzen und wie die künftige Idealkultur des fusionierten Unternehmens aussehen soll. Darauf aufbauend soll die Abweichung der Ist-Kulturen der beiden Unternehmen im Verhältnis zur identifizierten zukünftigen Kultur ermittelt werden, um darauf die Neugestaltung der Kulturen auszurichten. Kultur wird dabei als ein greifbares und analytisch messbares Phänomen angesehen (vgl. dazu auch Abschn. 4.1.3 zur Messung des „Cultural Fit"). Es gibt zahlreiche Instrumente, mit denen Kultur gemessen und die Kulturprofile zweier Unternehmen einander gegenüber gestellt werden können. Als erfolgversprechend für eine Integration hat sich eine Reihe von Faktoren herausgestellt. So sollten kulturelle Aspekte so früh wie möglich im Transaktionsprozess behandelt werden. Die unternehmerische Ausrichtung soll so erfolgen, dass sie die Motivation fördert. Change Management–Aktivitäten sind detailliert zu planen. Führungskräfte müssen als Vorbilder fungieren (vgl. Uder & Geiger, 2013b).

#### 5.1.4.10 Die Durchführung der Käufer Due Diligence vor dem Signing

Die Käufer Due Diligence (DD) vor dem Signing ist die „eigentliche" Unternehmensprüfung und Grundlage für den Kaufvertrag. Angesichts der Haftungsrisiken, die der Käufer durch die Übernahme des Targets eingeht, ist eine Käufer Due Diligence ein „Muss" für eine M&A-Transaktion. Insbesondere für die Käufer Due Diligence empfiehlt sich eine vollumfängliche Prüfung. Bei Auktionen ist das Spektrum der DD meist eingeschränkt, bei feindlichen Übernahmen ist eine Due Diligence gar nicht möglich. In diesem Fall empfiehlt sich eine Confirmatory Due Diligence nach dem Signing (vgl. Abschn. 5.1.5).

Wegen der Kürze der verfügbaren Zeit und wegen der Überlappungen und Schnittstellen empfiehlt sich in der Praxis die Vergabe der Due Diligence an einen einzigen Dienstleister bzw. an einen Anwalt und einen Wirtschaftsprüfer, die die zu beurteilenden geografischen Räume abdecken. Bei internationalen Deals werden also weltweit tätige Anbieter benötigt. Lediglich Sonderthemen, die sich gut abgrenzen lassen, sollten an Spezial-Unternehmer einzeln vergeben werden, sofern diese spezielle Stärken und einen besonderen Fit für den infrage kommenden Fall vorweisen können.

Die Durchführung der Due Diligence wird in der Regel in mehrere Phasen gegliedert:

- Vorbereitung des physischen oder virtuellen Datenraumes (verkäuferseitig),
- Vorbereitung des Due Diligence Teams (käuferseitig),
- Abstimmungen zwischen Verkäufer und Interessenten über den Inhalt des Datenraumes,
- Sicherstellung seitens des Käufers, dass der Datenraum auch mit den zugesagten Informationen bestückt ist,
- Besuch des Datenraumes (bei physischen Datenräumen meist über einen Zeitraum von 2 Wochen),
- Management Audit (Gespräche mit dem Management des Targets, um Aufklärung zu offenen Fragen zu erhalten und um sich ein Bild über das Management zu machen),
- täglicher Erfahrungsaustausch und Bericht (käuferseitig),
- abschließender Due Diligence Report (vgl. zu den Details der Erstellung eines DD-Reports z. B. Berens, Hoffjan & Strauch, 2013, S. 141–143).

Anstelle von physischen Datenräumen werden heute vermehrt virtuelle Datenräume in speziellen Intranets von Datenraum-Anbietern genutzt. Aufgrund der in den letzten Jahren gesunkenen Kosten für die Vorbereitung (z. B. Einscannen von Unterlagen) und Führung virtueller Datenräume kann man grob sagen, dass sich virtuelle Datenräume bezahlt machen, wenn mehr als zwei Interessenten diesen Datenraum nutzen wollen. Bei zwei Interessenten kann davon ausgegangen werden, dass ein physischer Datenraum reicht, den beide Kandidaten nacheinander besuchen können. Die Vorteile virtueller Datenräume gegenüber physischen Datenräumen sind:

- Zugänglichmachung spezieller Informationen nur für speziell freigeschaltete Nutzer,
- Verfolgung des Zugriffs zu speziellen Daten,
- Dokumentation des Informationsstandes der Datenraum-Nutzer,
- parallele Nutzung des virtuellen Datenraumes durch mehrere Interessenten,
- Möglichkeit der Offenhaltung des virtuellen Datenraumes über längere Zeit, z. B. bis zum Signing.

### 5.1.5 Confirmatory Due Diligence

Eine **Confirmatory DD** (bestätigende Due Diligence) ist eine DD, die nicht bereits vor Vertragsschluss, sondern erst nach Vertragsschluss (Signing) durchgeführt wird. Diese Form von DD kommt in Betracht, wenn der Verkäufer dem Käufer vor der Unterzeichnung keine Due Diligence erlauben will bzw. kann, also etwa bei einer Auktion. Dem Käufer wird dann häufig ein Rücktrittsrecht für den Fall eingeräumt, dass in der Confirmatory Due Diligence erhebliche Risiken aufgedeckt werden, sogenannte Deal Breaker. Das Spektrum der Confirmatory Due Diligence entspricht der Käufer Due Diligence (vgl. Abschn. 5.1.4.6). Es gibt jedoch bedeutende Unterschiede zwischen einer (frühen) Käufer DD vor der Verhandlungsfreigabe und einer Confirmatory DD zum späten Zeitpunkt nach dem Signing: diese liegen im viel tiefer gehenden Informationsstand nach dem Signing, infolge der fortgeschrittenen Dealmaking- und Strukturprozesse. Auf der einen Seite liegen durch die Verhandlungen und Verträge nun viel mehr Informationen vor, auf der anderen Seite ist der Informationsbedarf aufgrund des abgeschlossenen Integrationskonzeptes (vgl. Abschn. 4.3.3) und HR Change Konzeptes (vgl. Abschn. 4.3.4) nun sehr viel deutlicher. Deshalb sind die Fragen, die der Käufer hat, nun auch viel spezifischer. Dazu kommt, dass die Confirmatory Due Diligence nun nur einen Interessenten (nämlich den vertraglich zugesicherten Käufer) zum Ziel hat, also nicht auf eine mehr oder weniger große Menge von unterschiedlich interessierten Kandidaten ausgerichtet werden muss. Deshalb liegt die Ausrichtung einer Confirmatory Due Diligence im diametralen Gegensatz zur Vendor Due Diligence, die dadurch geprägt ist, dass unterschiedliche Interessen von potenziellen Käufern, insbesondere die unterschiedlichen Interessenlagen von Private Equity Investoren versus strategischen Käufern, zu berücksichtigen sind. Zudem können im Kaufvertrag nun spezielle Themen adressiert werden, die es gilt, in der Confirmatory

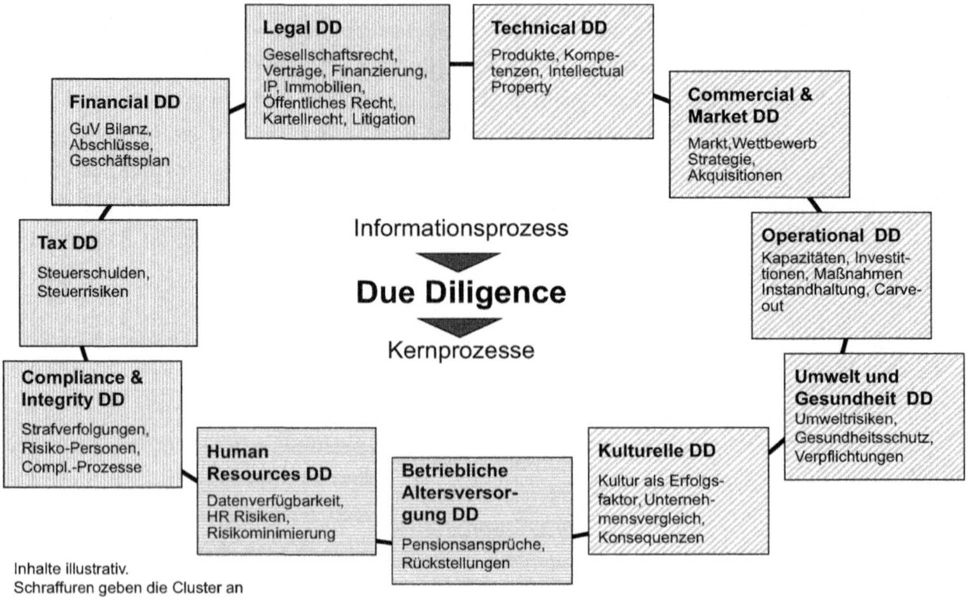


**Abb. 5.2** Vollumfängliche Due Diligence – die verwendeten Gliederungen und Definitionen

Due Diligence zu klären. Deshalb ist eine Confirmatory DD nicht nur speziell auf einen Kandidaten (den Käufer) auszurichten, sondern auch noch auf dessen spezielle Problemfelder, insbesondere dessen – im Geschäftsplan ersichtlichen – Werttreiber. Diese können auf allen in Abb. 5.2 dargestellten zwölf Gebieten liegen. Der gewünschte Tiefgang bei den Fragestellungen kann es auch erforderlich machen, nun ein Clean Team einzusetzen, das wettbewerblich oder kartellrechtlich kritische Themen analysiert und die summarischen Ergebnisse an den Käufer durchreicht. Denn eine Hürde ist zwischen dem Signing und dem Closing noch zu bewältigen: die kartellrechtliche Genehmigung. Bevor diese vorliegt, dürfen keine wettbewerbs- oder kartellrechtlich kritischen Informationen an den Käufer gelangen.

### 5.1.6 Post Closing Due Diligence

Häufig kommt es auch vor, dass der Verkäufer unmittelbar nach dem Closing eine nochmalige Unternehmensprüfung ansetzt. Diese wird manchmal gleichfalls als „Confirmatory Due Diligence", besser aber als „Post Closing Due Diligence" bezeichnet, läuft sie doch ganz anders ab. Sie richtet sich nicht mehr am 360-Grad-Ansatz der Käufer Due Diligence aus (vgl. Abb. 5.2), sondern sie konzentriert sich im Wesentlichen auf die angetroffene Mitarbeiter- und Infrastruktur des Targets (insbesondere Fertigungseinrichtungen) und auf jene vertraglichen Vereinbarungen, die eine Minderung des Kaufpreises möglich machen. Da nunmehr der volle Zugang zum Target gegeben ist, wird ein spezielles Due Diligence-

Team eingesetzt, das alle Annahmen und Ergebnisse aus den vorhergehenden „externen" Prüfungen nochmals vor Ort und im Vergleich zu den physisch zugänglichen Assets (Maschinen und Mitarbeitern) untersucht. Hierbei werden zum Beispiel die Buchwerte der Anlagen nach den Ergebnissen der Käufer Due Diligence vor dem Signing verglichen mit den strategischen Werten der einzelnen Fertigungseinrichtungen. Das heißt: entsprechen diese noch dem letzten Stand der Technik? Wenn sich neue Fertigungstechniken in kurzer Zeit etabliert haben, dann kann der strategische Wert einer Fertigungseinrichtung unter dem (abgeschriebenen) aktuellen Buchwert liegen. Bei der Einsetzung eines Post Closing Due Diligence-Teams ist darauf zu achten, dass die Arbeit möglichst komplementär zum Integrations-/Implementierungsteam erfolgt und dass beim Target nicht der Eindruck entsteht, ein Team kontrolliere das andere.

General Electric macht zum Beispiel routinemäßig eine derartige Post Closing Due Diligence mit einem gesonderten Team, das parallel zum Integrationsteam tätig wird. Siemens hat sich gegen eine derartige zusätzliche Prüfung durch ein gesondertes Team ausgesprochen, da die Präsenz zweier unabhängiger Teams (Post Closing Due Diligence Team und Integrationsteam) eine weitere Belastung der Mitarbeiter des Targets darstellt. Stattdessen führt das Integrationsteam in den ersten 90 Tagen ein Self Assessment durch, dessen Bericht an den Vorstand gegeben wird.

### 5.1.7 Erfolgsfaktoren des Teilprozesses Information und Verbindung zu anderen Teilprozessen

Der Informationsprozess in einem M&A-Projekt ist dann als erfolgreich anzusehen, wenn alle relevanten Informationen in hoher Qualität zur richtigen Zeit an den jeweiligen Stellen im M&A-Gesamtprozess bzw. den Entscheidungsträgern zur Verfügung stehen. Dieser so definierte Erfolg wird von mehreren Erfolgsfaktoren determiniert.

Einer dieser Erfolgsfaktoren ist die *Bereitstellung von ausreichend Kapazität* zur Informationsbeschaffung über den gesamten Prozess hinweg. Die Hauptanforderung, was die Kapazität betrifft, ist bei der Due Diligence zu sehen. Dort wird, eigens institutionalisiert, ein Team zur gezielten Datenbeschaffung eingesetzt. Allerdings birgt die Due Diligence die Gefahr, dass durch einen zu starken Fokus auf dieses Ereignis die mindestens genauso wichtige Informationsbeschaffung in den anderen Phasen des Projekts vernachlässigt wird. Deutlich wird das z. B. beim Screening (vgl. Abschn. 4.1.3). Fehlende oder falsche Informationen führen zu einem falschen gewählten Zielobjekt, was die ganze Transaktion als problematisch erscheinen lässt. Aber auch bei der Post Merger Integration (vgl. Abschn. 4.3.7) sollten die vorhandenen Informationen zur zielgenauen Identifikation der geeigneten Integrationsmaßnahmen erhoben und ausgewertet werden. Die Kapazität zur Informationsbeschaffung kann dabei sowohl unternehmensintern als auch –extern zur Verfügung gestellt werden.

Neben der Kapazität ist aber auch der durchgängige *Wille zur Informationsbeschaffung* als Erfolgsfaktor zu nennen. Es ist zu beobachten, dass die Schwelle der Zufriedenheit mit den erhobenen Informationen oftmals schnell erreicht ist, da Zeitdruck und auch Kosten weitere Anstrengungen als ineffizient erscheinen lassen. Auch wenn die Kosten-Nutzen-Relationen weiterer Informationen natürlich beachtet werden müssen, so sollte aber gerade in wichtigen Phasen wie dem Screening, den Verhandlungen und der Due Diligence nicht zu schnell auf weitere, ggf. dann auch detailliertere Informationsbeschaffungsaktivitäten verzichtet werden.

Ein zentraler Erfolgsfaktor ist der *Zugang zu Informationen.* Die technische Infrastruktur bildet hier eine wichtige Voraussetzung. Da Online-Infrastruktur inzwischen faktisch überall vorhanden ist, gibt es von dieser Seite her keine Probleme mehr. Sicherzustellen ist aber, dass z. B. Zugang zu relevanten Datenbanken mit Firmeninformationen besteht, um auch das ganz Potenzial der über Internet grundsätzlich verfügbaren Informationen nutzen zu können. Eine systematische Suche kann hier oft überraschend wichtige und detaillierte Informationen generieren. Problematischer ist die Frage nach dem Zugang zu grundsätzlich nicht öffentlich zur Verfügung stehenden Informationen. Jegliche Art von illegalen Aktivitäten wie Bestechung von Mitarbeitern des Zielunternehmens oder Industriespionage verbietet sich. Allerdings können exerne Dienstleister wie Wirtschaftsdetekteien durchaus wichtige, legal beschaffte Informationen liefern, die in den Prozess eingehen. Das Spektrum der zugänglichen Informationen erweitert sich durch diese Dienste.

Werden Informationen in großer Menge beschafft, ist der nächste Erfolgsfaktor die *interne Organisation der Aufbereitung und Aggregation* dieser Informationen zu entscheidungsrelevanten Daten. Eine Projektdatenbank, die z. B. gegliedert nach Due Diligence-Feldern oder Arbeitspaketen des M&A-Prozesses (vgl. dazu auch Abschn. 6.1 zum M&A-Management) Informationen von Beginn an sammelt, kann hier hilfreiche Dienste leisten.

Allerdings hilft es wenig, wenn die Daten zwar vorhanden sind, aber nicht genutzt werden. Die *projektinterne Kommunikation* i. S. einer zielgerichteten Verfügbarkeit der relevanten Informationen ist deshalb ein weiterer Erfolgsfaktor (vgl. dazu im Detail Abschn. 5.2.3).

Bei der Beschreibung der einzelnen Arbeitspakete und vor allem der Erfolgsfaktoren ist deutlich geworden, dass die *Verbindung zu den anderen Teilprozessen* des M&A-Projekts sehr eng sein sollte. Die Versorgung der Arbeitspakete der anderen Teilprozesse mit Informationen aber auch die Anforderung von zusätzlichen Daten, die relevant sind für eine Entscheidung durch die Arbeitspakete, führen zu einer permanenten Interaktion.

## 5.2 Der Kommunikationsprozess

### 5.2.1 Einordnung und Ziele des Kommunikationsprozesses

Als zweiter Unterstützungsprozess wurde der Teilprozess „Kommunikation" definiert (vgl. Abb. 3.13). Wichtig ist dabei die Unterscheidung zum Informationsprozess (vgl. Abschn. 5.1). Information bedeutet in diesem Zusammenhang die Beschaffung von Daten zur besseren Entscheidungsvorbereitung und Einschätzung von Situationen im Rahmen des

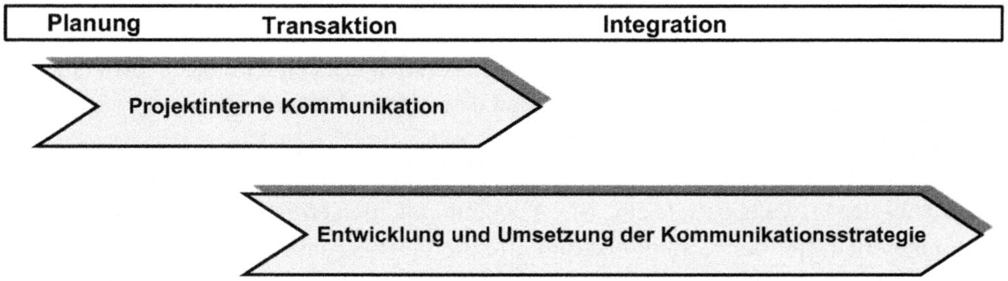


**Abb. 5.3** Die Arbeitspakete des Unterstützungsprozesses Kommunikation

M&A-Projekts. Kommunikation zielt auf die Abgabe von Informationen und im Idealfall auf einen Dialog mit Interessengruppen ab, die direkt oder indirekt an dem M&A-Projekt beteiligt sind (vgl. allgemein zu Kommunikation als Managementaufgabe Schatz, 2001). Kommunikation ist damit inhaltlich breiter und auch weniger planbar als die reine Informationsbeschaffung.

Der Kommunikationsprozess wurde in Abb. 3.13 in drei Arbeitspakete aufgeteilt: in die projektinterne Kommunikation, die Entwicklung einer Kommunikationsstrategie und die eher projektexterne Umsetzung der Kommunikation mit den Stakeholdern (vgl. Abb. 5.3).

Es ist zu beachten, dass die Arbeitspakete, anders als Abb. 3.13 dargestellt, durchaus auch über mehrere Phasen, bis hin zum Gesamtprozess relevant sein können. Insofern sind in Abb. 3.13 nur die Schwerpunkte der jeweiligen kommunikativen Aktivitäten abgebildet. Es kann im Einzelfall in der Praxis auch schwierig sein, die projektinterne von der projektexternen Kommunikation zu trennen, da die extern abgegebenen Inhalte auch den intern Beteiligten zur Verfügung gestellt werden müssen und es auch vorkommen kann, dass nur intern abgegebene Inhalte über ein Leck an Externe geraten (vgl. Vogel, 2002, S. 191). Allerdings sind die Ziele und auch die Rahmenbedingungen für diese beiden Kommunikationsrichtungen so unterschiedlich, dass eine getrennte Behandlung Sinn macht. Als idealtypischer Fall wird eine freundliche Übernahme unterstellt. Bei einer feindlichen Übernahme ergeben sich grundsätzlich andere Kommunikationserfordernisse und auch -inhalte (vgl. dazu z. B. Kebbel, 2013, S. 369–370).

Grundsätzlich kann man konstatieren, dass die Kommunikation in den letzten Jahren als Erfolgsfaktor für eine M&A-Transaktion an Relevanz gewonnen hat. M&A, gerade wenn es sich um größere Transaktionen handelt, stellen ein für die Medien interessantes Objekt der Berichterstattung dar. Wichtige ökonomische Implikationen, die ein Deal haben kann, aber auch Geld, Macht, Spannung, wer „gewinnt" zu welchem Preis und welche Strategien werden angewandt, zeigen bei M&A-Transaktionen alle Zutaten für eine spannende „Story". Ein weiterer Grund ist das gestiegene Informations- und Kommunikationsbedürfnis der beteiligten Interessengruppen. Eine transparente Informationspolitik und ein offener Dialog werden als Teil einer geforderten Corporate Social Responsibility angemahnt (vgl. dazu auch Abschn. 6.1.4.3). Diese hohe Relevanz wird bei den M&A-Managern auch erkannt, allerdings wird gleichzeitig ein Defizit in der praktischen Umsetzung diagnostiziert (vgl. die Studie von Gutzy, 2013, S. 102). Insbesondere wird von den

Befragten bemängelt, dass eine explizite Kommunikationsstrategie häufig fehlt und die Kommunikation deshalb eher improvisiert wird. Ähnlich kritisch wird das Fehlen einer an den Inhalten der jeweiligen Interessengruppe orientierten Kommunikation gesehen (vgl. Gutzy, 2013, S. 103–105).

Bevor auf Vorschläge zur Lösung dieser zwei Defizite eingegangen wird, ist es sinnvoll sich zu überlegen, welche Ziele eine M&A-Kommunikation erreichen soll. Abgeleitet von dem generellen Ziel der Kommunikation, die die Leistung und den Nutzwert eines Unternehmens gegenüber allen seinen Stakeholdern dokumentieren und anschaulich machen soll (vgl. Wirtz, 2012, S. 625), kommt es bei einem M&A-Projekt darauf an, die spezifischen Vorteile, die die Akquisition oder die Fusion haben, deutlich zu machen. Letztendlich verfolgt die M&A-Kommunikation das Ziel, Probleme und Konflikte, die den Ablauf des Gesamtprozesses bzw. der einzelnen Teilprozesse behindern oder verzögern würden, durch gezielten Einsatz von kommunikativen Mitteln zu beseitigen bzw. gar nicht entstehen zu lassen. Aus diesem übergeordneten Ziel lassen sich aus Sicht des Käuferunternehmens folgende Einzelziele ableiten (vgl. Kebbel, 2013, S. 360–361; Gutzy, 2013, S. 106; Vogel, 2002, S. 192):

- Minimierung der aus dem Deal resultierenden Unsicherheit insbesondere bei Kunden und Mitarbeitern, auch um Vertrauen zu schaffen,
- positive Beeinflussung der Reputation des Käuferunternehmens, auch um Schlüsselpersonal nicht zu verlieren,
- faktenorientierte Berichterstattung der Medien fördern und Vermeidung von zu hohen positiven oder zu negativen Erwartungen bei den Interessengruppen,
- Verhinderung von imageschädigenden Gerüchten,
- Verbesserung der eigenen Informationsposition durch den Dialog mit Interessengruppen,
- bei öffentlichen Übernahmen sollen die Aktionäre des Zielunternehmens überzeugt werden, ihre Aktien zum gebotenen Preis zu verkaufen,
- Einhaltung der rechtlichen Vorschriften, insbesondere bei öffentlichen Übernahmen.

Aus Sicht des Verkäufers ist es wichtig, das Verkaufsobjekt auch in den Medien positiv darzustellen, um eine Wertmaximierung zu erreichen. Zusätzlich könnten politisch und regulatorische Entscheidungen evtl. über eine geeignete Kommunikationsstrategie positiv beeinflusst werden (vgl. Kebbel, 2013, S. 361).

Bedenkt man, dass M&A-Transaktionen ohnehin Projekte mit einer hohen Komplexität sind, da die Inhalte schwierig und unsicher sind, es interne und externe Interessengegensätze gibt und auch die Steuerung der internen und externen Beteiligten schwierig sein kann, dann wird angesichts der oben genannten vielfältigen Ziele deutlich, dass eine erfolgversprechende M&A-Kommunikation einer expliziten Planung in Form der Entwicklung einer M&A-Kommunikationsstrategie bedarf. Bevor auf eine solche Planung eingegangen wird (vgl. Abschn. 5.2.4), macht es Sinn, sich zunächst die Zielgruppen einer M&A-Kommunikation im Detail anzusehen.

### 5.2.2 Zielgruppen einer M&A-Kommunikation

Je nach Art und Konstellation einer M&A-Transaktion kann die Relevanz der verschiedenen Stakeholder als Zielgruppe der Kommunikation sehr unterschiedlich sein (vgl. Abschn. 2.2; für einen Überblick z. B. Freiland, 2013, S. 118). Allerdings ergeben sich einige, für die jeweilige Gruppe typische Kommunikationsbedarfe, die befriedigt werden sollten.

**Eigentümer und Fremdkapitalgeber des Zielunternehmens**
Eine wichtige Unterscheidung ist hier, ob es sich bei dem Angebot um die Übernahme eines börsennotierten Unternehmens, also um ein öffentliches Übernahmeangebot handelt, oder ob ein nicht börsennotiertes Unternehmen gekauft werden soll (vgl. dazu Abschn. 2.1.5). Im ersteren Fall, also bei einer Kapitalmarktkommunikation, sind wichtige Regularien zu beachten, die sicherstellen sollen, dass keine Aktionärsgruppe bevorzugt wird. Auch sind in diesem Fall Intermediäre wie z. B. Finanzanalysten oder auch Organisationen, die Anlegerinteressen schützen, einzubeziehen und evtl. direkt anzusprechen (vgl. Kebbel, 2013, S. 362–363). Bei nicht-börsennotierten Unternehmen gestaltet sich die Kommunikation unkomplizierter und kann evtl. auch im Rahmen der M&A-Verhandlungen erfolgen. Die Aktionäre des Zielunternehmens sind daran interessiert, Informationen über den angemessenen Verkaufspreis zu bekommen. Ertrags- und Wertprognosen, inkl. der angestrebten Synergien, sind hier interessante Kennzahlen.

Die Fremdkapitalgeber des Zielunternehmens sind daran interessiert, dass sich ihre Risikoposition durch die Transaktion nicht verschlechtert. Informationen über die Bonität und evtl. ein mit Finanzierungsquellen unterlegter Zahlungsplan im Hinblick auf die gegebenen Darlehen, evtl. auch ergänzt durch einen Plan zur Weiterführung der Geschäftsbeziehung mit den Fremdkapitalgebern, wirkt hier beruhigend und kann Banken, die sich ein außerordentliches Kündigungsrecht für ein Darlehen („Change of Control-Provision") haben einräumen lassen, zum Verbleib bewegen.

**Eigentümer und Fremdkapitalgeber des Käuferunternehmens**
Diese Gruppe will vor allem wissen, ob die Transaktion aus strategischer und finanzieller Sicht zu einer Wertschaffung beiträgt. Wettbewerbsvorteile, Synergiepotenziale, Finanzierung bis hin zur Besetzung wichtiger Positionen sind Informationen, die die Investoren benötigen, um sich eine Meinung zu der Transaktion zu bilden. Auf Seiten des Käuferunternehmens ist, falls es sich um ein börsennotiertes Unternehmen handelt, auch zu prüfen, ob über die Kaufabsicht nicht unmittelbar über eine Adhoc-Mitteilung zu informieren ist oder ob die Voraussetzungen für eine Befreiung vorliegen (vgl. dazu z. B. Borowicz, 2014, S. 71–72). Die „alten" Fremdkapitalgeber sind ebenfalls an diesen Informationen interessiert, da sie einschätzen müssen, ob sich ihre Risikoposition verschlechtert.

**Mitarbeiter**
Hier sind primär die Mitarbeiter des Zielunternehmens gemeint, aber auch diejenigen aus dem Käuferunternehmen, die von der Integration der gekauften Aktivitäten betroffen sind.

Auf die Unsicherheiten bei dieser Gruppe („Merger Syndrom“) und mögliche Gegenmaßnahmen wurde im Teilprozess Struktur detailliert eingegangen (vgl. z. B. Abschn. 4.3.4). Vom Grundsatz her wollen die Mitarbeiter wissen, ob sie zu den Gewinnern oder Verlierern zählen werden (vgl. Nagel, 2010, S. 70). Hier zeigt sich eine schnelle und transparente Kommunikation über geplante Organisationsänderungen bis hin zu Entlassungen als erfolgskritischer Faktor. Besonders wichtig ist hier, Multiplikatoren wie z. B. den Betriebsrat oder andere Repräsentationsorgane bei internationalen Übernahmen einzubeziehen. Standortplanungen, Arbeitsplatzsicherheit, Änderungen in Lohnstrukturen, Anreizsystemen und Arbeitszeiten sind hier notwendige Kommunikationsinhalte. Ebenfalls von gesteigerter Bedeutung ist bei dieser Zielgruppe der Zeitpunkt der Kommunikation. Es ist besser, wenn die Betroffenen von den Maßnahmen durch Vertreter des Unternehmens als durch die Medien erfahren.

Bei der Kommunikation mit den neuen Mitarbeitern, aber nicht nur dort, stellt sich auch die Frage nach dem „Ton“, in dem die Nachricht von der Akquisition/Fusion verbreitet wird. Im Gegensatz zu dem in der Praxis häufig gewählten Weg rät Gross dazu, nicht die „Pose des Siegers“ (vgl. 1998, S. 320) einzunehmen, sondern ganz bewusst auf die Unwägbarkeiten und auch auf die Risiken des Projekts hinzuweisen. Seiner Meinung nach würde diese Haltung sowohl bei (potentiellen) Investoren als auch bei den Mitarbeitern eine wesentlich größere Glaubwürdigkeit schaffen und bei Rückschlägen wird nicht sofort das ganze Projekt in Frage gestellt. Gerade bei der Unterstützung des kulturellen Wandels sollen Kommunikationsmittel mit persönlicher, direkter Kommunikation eingesetzt werden und die Möglichkeiten der inhaltlichen Steuerung des kulturellen Wandels im Rahmen des Personalveränderungsprozesses (vgl. Abschn. 4.3.9) ergänzen (vgl. Chromy & Storck, 1999).

In diesem Zusammenhang ist auch die Schaffung eines *Leitbilds* und einer Vision für das neue Unternehmen zu nennen. Zeitlich und inhaltlich sollte diese Aktivität der Kommunikationsabteilung zwar spätestens bei der Erstellung des Integrationskonzepts vorbereitet werden. Die wichtigste Auswirkung hat das Leitbild aber für den kulturellen Wandel. Wenn eine Beteiligung der Mitarbeiter an der Leitbilderstellung vorgesehen ist, was zumindest bei großen M&A-Projekten sinnvoll ist, kann die Formulierung des Leitbilds ohnehin erst in den Umsetzungsphasen erfolgen. Obwohl die Wirkung von Leitbildern durchaus umstritten ist, bergen sie aber gerade in der Ausnahmesituation M&A das Potential, eine Klammer für die Mitarbeiter des kaufenden und des gekauften Unternehmens zu sein. Um jedoch das Leitbild nicht zum „stille[n] Grab für schöngeistige Prosa“ (Wirtz, 2012, S. 644) werden zu lassen, müssen konkrete Maßnahmen und Aktionen damit einhergehen. Diese Maßnahmen sollten sich im Idealfall aus den Integrationsplänen des Strukturprozesses ergeben und müssen in Einklang mit diesen stehen. Die Erstellung des Leitbilds unter Mitwirkung der Mitarbeiter führt auf der einen Seite zu einem Zeitverlust, was die Integrationsgeschwindigkeit betrifft. Andererseits kann sie die Akzeptanz der Akquisition deutlich erhöhen (zur Erstellung eines Leitbilds bei M&A vgl. z. B. Wirtz, 2012, S. 644–646). Die Leitbilderstellung umfasst im Übrigen auch Maßnahmen zur Stärkung der Corporate Identity, die bis hin zur schnellen Einführung eines neuen Logos oder von gleichen Briefköpfen reichen.

**Kunden**

Häufig vergessen, aber sehr wichtig sind die Kommunikationsbelange der Kunden. Durch die Unsicherheit und die Beschäftigung der beiden fusionierenden Unternehmen mit sich selbst während der Integrationsphase wird die Kundenbindung gefährdet (vgl. Homburg, 2000, S. 80). Z. B. das Kappen von persönlichen Beziehungen im Vertriebsbereich, das durch Zusammenlegung der Vertriebsorganisationen entstehen kann, macht eine aktive Kommunikation mit wertvollen Kunden sehr wichtig, um diese auch zum neuen Unternehmen loyal zu halten (vgl. Fischer, 2008, S. 277–293). Kunden können bei einer Akquisition ihrer Zulieferer positive Effekte wie z. B. ein verbessertes Produktprogramm erwarten. Allerdings könnte eine erhöhte Marktmacht des Zulieferers zu einer Verschlechterung der Konditionen oder auch der Qualität oder des Services führen. Der frühe Kontakt vor allem zu Schlüsselkunden über die Vertriebsmitarbeiter oder Mitglieder des oberen Managements können hier Unsicherheiten vermindern. Schwieriger wird die Kommunikation, wenn das Zielunternehmen an sehr viele Kunden, die evtl. datentechnisch gar nicht erfasst sind, liefert. In diesem Fall muss über die allgemeinen Medienkanäle eine Informationsversorgung stattfinden. Ein aktuelles Beispiel über verunsicherte Kunden zeigt sich bei der Übernahme von WhatsApp durch facebook. Das Thema Datensicherheit und die Nichtweitergabe von Kundendaten durch WhatsApp war ein wichtiges Nutzungsargument für viele Kunden. Hier bestand ein zentrales Informationsbedürfnis für Kunden bei der Übernahme, da facebook ein solches Versprechen nicht abgegeben hat.

**Lieferanten**

Lieferanten müssen ebenfalls befürchten, dass sie Opfer einer gesteigerten Marktmacht ihres Kunden in Form erhöhter Preise werden. Evtl. verändern sich auch technische Anforderungen oder Lieferbedingungen, wenn z. B. der Käufer ein Just-in-time Lieferkonzept umsetzen will. Problematisch auch, wenn ein Lieferant ausgelistet werden soll, da der Übernehmer seinen bisherigen Lieferanten auch mit der Belieferung des gekauften Unternehmens betrauen will. Die Kommunikation von Seiten des neuen Eigentümers des Zielunternehmens wird hier darauf ausgerichtet sein, möglichst Synergien auf der Zulieferseite zu realisieren, was die Unsicherheit auf Seiten der Lieferanten erhöhen wird.

**Regulierungsbehörden, Staat, Kommunen**

In bestimmten Industrien wie z. B. Militärtechnik oder auch Medien sind in vielen Ländern Genehmigungen durch die Behörden nötig. Regelmäßig ist eine Genehmigung durch das zuständige Kartellamt, vor allem bei horizontalen Transaktionen, Voraussetzung für das Closing. Die Kommunikation hier erfolgt normalerweise im Rahmen von festgelegten Verwaltungsprozessen. Diese können aber durch eine frühzeitige und zielgerichtete Kommunikation erleichtert und evtl. beschleunigt werden. Dabei ist hier nicht nur an nationale Behörden zu denken, sondern auch an die betroffenen Kommunen, insbesondere wenn an die Verringerung von Produktionskapazität zur Synergierealisierung gedacht wird. In Einzelfällen und vor allem bei großen Transaktionen im Ausland kann es ratsam sein, auch Medienkampagnen zu fahren, die auf eine positive Beeinflussung der allgemeinen Öffentlichkeit abzielen, um Ressentiments gegenüber einem ausländischen Käufer zu vermindern.

### 5.2.3 Projektinterne Kommunikation

Im Rahmen des Informationsprozesses (vgl. Abschn. 5.1) wurde auf die hohe Relevanz der projektinternen Kommunikation hingewiesen. Für die effiziente Abwicklung des M&A-Projektes ist diese sehr wichtig, da aufgrund der großen Zahl der Beteiligten aus unterschiedlichen Fachdisziplinen, der relativ hohen Komplexität und der häufig gegebenen Zeitrestriktion eine zielgerichtete Kommunikation zur Beschleunigung und zur Vermeidung von Fehlentscheidungen beitragen kann.

Projektinterne Kommunikation umfasst dabei alle Informationsflüsse und die informative Koordination innerhalb der an dem Projekt Beteiligten. In Abschn. 2.2 wurden die internen und externen Projektbeteiligten und deren Steuerung im Detail erläutert. In den Abschn. 6.1.5 und 6.1.9.5 wird im Kontext der Gesamtprojektführung auf die Thematik der projektinternen Kommunikation und damit zusammenhängend der Koordination eingegangen. Im Folgenden wird das Arbeitspaket mit seinen Zielen, Inhalten und Beteiligten phasenbezogen grundlegend erörtert. Wie Abb. 3.13 zeigt, ist das Arbeitspaket „Projektinterne Kommunikation“ sowohl in der Planungs- als auch in der Transaktionsphase relevant.

Das *Ziel* des Arbeitspaketes „Projektinterne Kommunikation“ ist der zielgerichtete Austausch von inhaltlich wichtigen und entscheidungsrelevanten Informationen zwischen den Projektbeteiligten, so dass die für eine Entscheidung benötigten Informationen zum richtigen Zeitpunkt beim jeweiligen Nachfrager der Information in einer verwertbaren Form vorliegen.

In der *Planungsphase* ist die Anzahl der Beteiligten noch relativ überschaubar, wie Abb. 3.8 zeigt. Der *Hauptkommunikator* wird diejenige Stelle bzw. Abteilung sein, die das Projekt initiiert bzw. federführend vorantreibt. Dies wird häufig der Geschäftsbereich sein, in dessen operative Tätigkeit das Zielobjekt fällt. Aber auch eine Zentralabteilung, vor allem die strategische Abteilung kann z. B. im Rahmen des Portfoliomanagements (vgl. Abschn. 4.1.2.1) das M&A-Projekt vorantreiben. Wichtige Kommunikationsbeteiligte in dieser Phase sind auch Mitglieder des Top-Managements, sei es aus dem Vorstand, den Regionalgesellschaften oder den beteiligten Geschäftsbereichen.

Die *Kommunikationsstruktur* wird hier, vor allem vor der Projektvorlage (vgl. dazu Abb. 3.2), eher informell und selbstorganisatorisch sein. Da es (noch) keine feste Projektstruktur für die Transaktion gibt, werden die im Rahmen der M&A-Organisationsrichtlinien des Unternehmens vorgesehenen Personen und Stellen eingebunden werden. Als zentrale Kommunikationsplattform kann ein regelmäßig stattfindendes Treffen zwischen den grundsätzlich an M&A-Projekten Beteiligten sein. Dieses Treffen wird normalerweise in der Zentrale unter Einbindung wichtiger Entscheidungsträger als „Jour Fix" stattfinden, wenn es regelmäßig geplante M&A-Projekte, oder in dieser Phase wohl treffender als „M&A-Ideen" zu bezeichnen, zu besprechen gilt. Daneben kann es anlassbezogene Treffen zwischen den Zentralabteilungen und den Geschäftsbereichen geben, die sich mit zunehmendem Fortschritt in der Planungsphase häufen werden.

Als *Kommunikationsmittel* werden die bekannten Telekommunikationswege verwendet. Da in dieser Phase die meisten Projekte einer Geheimhaltung unterliegen, sind die nicht-öffentlichen Kommunikationswege und –mittel z. B. intranetbasiert zu nutzen. Für eine projektbezogene Kommunikationsinfrastruktur wie z. B. einen eigenen Kommunikationsbereich im Intranet ist es von der Quantität der Inhalte und der Beteiligten her normalerweise noch zu früh.

Die *Inhalte der Kommunikation in der Planungsphase* sind im Wesentlichen strategiegeprägt. Die Herausarbeitung der strategischen Gründe für eine mögliche Akquisition (vgl. dazu Abschn. 4.1.2) sind, auch in der gemeinsamen Diskussion zwischen den Hierarchieebenen, zu erörtern. Die Überlegungen aus der Basisstrategie (vgl. Abschn. 4.1.2), die Ergebnisse des Screenings (vgl. Abschn. 4.1.3) aber auch die ersten Abschätzungen im Rahmen des Business Plans sind die wichtigsten Inhalte. Die Einschätzungen der Beteiligten, was die Ergebnisse der genannten Arbeitspakete betrifft, und die auch interessengeleitete Argumentation bilden den normativen Teil der kommunikativen Inhalte. Diese werden gegen Ende der Planungsphase niedergelegt im Projektantrag, der das wesentliche Instrument der Kommunikation mit dem Gesamtvorstand darstellt. Die Ergebnisse dieser Kommunikation sind entscheidend für die Fortführung bzw. den Stopp des Projektes.

Wird das Projekt, sichtbar durch die Unterzeichnung der Vorverträge, fortgeführt, so ergeben sich in der dann beginnenden *Transaktionsphase* ganz andere Rahmenbedingungen der projektinternen Kommunikation. Die Rolle des wichtigsten *Kommunikators* kommt dem Projektleiter zu. Er fungiert als zentraler Koordinator der Kommunikationsströme. Unterstützt wird er dabei ggf. von einem Kernteam, das unter anderem auch die technische Infrastruktur für die projektinterne Kommunikation, wie z. B. eine Chat Group oder die zentrale Verwaltung von Dateien und Daten, etabliert und betreibt. Eine der wichtigsten Aufgaben ist hier die zielgerichtete Verteilung der Informationen im Gesamtteam. Dabei ist auch die Kontrolle der Informationsströme i. S. v. „wer soll was wann wissen" zu leisten. Die bilaterale Kommunikation mit einzelnen Teammitgliedern wiederum wird für den Projektleiter auch in seiner Rolle als Problem- und Konfliktlöser wichtig.

Die *Kommunikationsstruktur* ist wesentlich geprägt von der etablierten Projektorganisation (vgl. dazu Abschn. 4.3.1). Zwar kommt dem Projektleiter bzw. dem Kernteam eine zentrale koordinierende Rolle auch bei der Kommunikation zu (siehe oben). Allerdings sind die inhaltlichen Interdependenzen und der damit notwendige Informationsaustauch zwischen den einzelnen Arbeitspaketen des Gesamtprozesses nicht adäquat über eine rein zentrale Koordination der Kommunikation abzubilden. Deshalb kommt gerade bei M&A-Projekten der dezentralen, direkten und selbstorganisatorischen Kommunikation eine große Rolle zu. Diese horizontale Kommunikation muss durch geeignete technische Infrastruktur und durch teaminterne Maßnahmen wie regelmäßige Treffen unterstützt werden. Die Voraussetzungen auf personeller Seite, also das Wissen um die Notwendigkeit des Informationsaustausches und auch die Bereitschaft dies zu tun, müssen gefördert werden. Eine Haltung von einzelnen Gruppenmitgliedern, die eher auf die Schaffung von „Herrschaftswissen" durch Zurückhalten von Information und Nicht-Kommunikation abzielt, sollte entsprechend negativ sanktioniert werden durch den Projektleiter.

Was die *Kommunikationsmittel* betrifft, so sind zentrale Kommunikationsplattformen wichtig, da zumindest bei Kategorie „A" Projekten (vgl. Abschn. 6.1.3) die Anzahl der Teammitglieder groß sein kann. Über Intranet kann hier die technische Infrastruktur geschaffen werden. Z. B. bei Übernahmen von börsennotierten Unternehmen ist streng auf die Sicherheit der Kommunikationswege zu achten und Kommunikationslecks sind zu vermeiden. Neben der technischen Seite hat diese Notwendigkeit aber auch einen personellen Aspekt. Das Kommunikationsverhalten, also die Art und Weise der Kommunikation, darf nicht zu einem Informationsfluss an Unberechtigte führen. Dies kann erhebliche rechtliche Konsequenzen haben, die auch zu einem Scheitern des Projekts führen können.

Die *Inhalte der Kommunikation* in der Transaktionsphase sind stark heterogen. In den einzelnen Arbeitspaketen werden Informationen über das Zielunternehmen gewonnen, die z. B. technischer, ökonomischer und personeller Art sind. Es werden originäre Informationen z. B. in der Unternehmensbewertung oder im Projektcontrolling geschaffen. Die vielfältige multidirektionale Kommunikation muss also auch noch mit heterogenen Inhalten zurechtkommen, was die projektinterne Kommunikation zusätzlich erschwert.

Diese so durchgeführte projektinterne Kommunikation wiederum muss spätestens nach dem Closing ergänzt werden durch eine projektexterne Kommunikation, deren Strategie auf der internen Kommunikation aufbaut.

### 5.2.4 Entwicklung und Umsetzung einer Kommunikationsstrategie

Bevor auf die konkrete Strategieentwicklung eingegangen wird, soll zunächst auf einige wichtige Grundprinzipien der Kommunikation verwiesen werden, da diese gerade in dem komplexen Umfeld einer M&A-Transaktion von großer Bedeutung sein können. Wichtige Grundregeln der Kommunikation, angewendet auf M&A, sind demnach (vgl. ähnlich Mündemann & Helzler, 1998):

**Eindeutigkeit der Kommunikation**
Auf jeden Fall zu vermeiden sind inkonsistente oder sich gar widersprechende Aussagen z. B. zur strategischen Zielsetzung des M&A-Projekts oder zu den Restrukturierungsmaßnahmen. Die Inhalte der internen und der externen Kommunikation müssen übereinstimmen. Organisatorische Eindeutigkeit bei der Kommunikation bedeutet, dass für die Interessengruppen auch ein eindeutiger Ansprechpartner zur Verfügung steht.

**Klarheit der Aussagen**
Die Inhalte der Aussagen, die getätigt werden, sollen keine Interpretationsspielräume lassen, sondern möglichst klar und evtl. auch mit Zahlen hinterlegt sein und z. B. die Personalfreisetzungen oder die zu erreichenden Umsatzziele der neuen Einheit bis zu einem bestimmten Zeitpunkt enthalten. Dies entzieht Spekulationen den Boden.

**Interne vor externer Kommunikation**
Obwohl der Kommunikation mit externen Gruppen eine bedeutende Rolle zukommt, sollte unbedingt darauf geachtet werden, dass die Mitarbeiter nicht über Dritte, also z. B. die Presse, über beschlossene Maßnahmen erfahren, sondern am besten über eine direkte Kommunikation mit dem Top-Management über die Veränderungen unterrichtet werden.

**Persönliche Kommunikation ist effektiver als mediale Kommunikation**
Eine direkte Kommunikation, vorzugsweise zwischen Mitgliedern des Top-Managements und den Interessengruppen, ist normalerweise überzeugender als die Kommunikation über die verschiedenen Medien wie z. B. Newsletter. Natürlich können aus Kapazitätsgründen die Kommunikationsaufgaben nicht alle vom Top-Management übernommen werden. In der Transaktions- und vor allem in der Integrationsphase müssen genügend Kapazitäten beim Kommunikationsteam eingeplant werden, um zumindest die anfängliche Kommunikation möglichst persönlich zu gestalten.

Unter Berücksichtigung dieser Grundregeln, der Ziele einer M&A-Kommunikation und der Zielgruppen kann eine explizite Kommunikationsstrategie für M&A-Transaktionen entwickelt werden. Wesentliche Bestandteile einer solchen Strategie sind:

- Formulierung von konkreten Kommunikationszielen für die Transaktion,
- Festlegung von Kernbotschaften und der zielgruppenorientierten Inhalte der Kommunikation,
- Auswahl der Kommunikationsinstrumente,
- Auswahl der Kommunikationsträger,
- Festlegung der zeitlichen Struktur der Kommunikation und Umsetzung.

Bezogen auf eine konkrete M&A-Transaktion können die *Kommunikationsziele* sehr unterschiedlich sein. Je nach strategischer Richtung, nach Struktur und Phasen einer Transaktion kann die Beeinflussung einer spezifischen Interessengruppe (vgl. vorherigen Abschnitt) mit bestimmten Kommunikationsmaßnahmen oder auch die Schaffung eines generell positiven Klimas in der Öffentlichkeit das kommunikative Transaktionsziel sein (vgl. für ein Beispiel Vogel, 2002, S. 203–206).

Vor der Ankündigung der Transaktion sind *Kernbotschaften*, die auf den Kommunikationszielen aufbauen, zu formulieren und in zentralen Kommunikationsdokumenten niederzulegen (vgl. Kebbel, 2013, S. 365). Diese Kernbotschaften sind evtl. auf einzelne Zielgruppen zu spezifizieren. Auf die Zielgruppen und ihre spezifischen Informationsbedarfe wurde in Abschn. 5.2.2 schon eingegangen. In Abb. 5.5 werden in Frageform exemplarisch solche Inhalte gezeigt.

In der Planungsphase tritt ein Problem auf, das sich über die ganze Vorfeld- und Transaktionsphase hinzieht und wichtige Implikationen für den Erfolg des Projekts hat: die Geheimhaltung der Gespräche oder zumindest des Stands der Gespräche. Um Mitarbeiter aber auch Kunden in einer frühen und damit, was den Abschluss der Verträge betrifft, noch sehr unsicheren Phase nicht zu beunruhigen, empfiehlt sich in den meisten Fällen die Geheimhaltung, auch um den Wettbewerbern die Informationen erst möglichst spät zukommen zu lassen. Hinzu kommt, dass die Kapitalmärkte, insbesondere die Aktienmärkte bei börsennotierten Unternehmen, auf Akquisitionen häufig heftig reagieren. Kommt es nicht zum Abschluss der Verträge, kann es zu volatilen Reaktionen der Kurse kommen.

Trotz diverser Maßnahmen der Geheimhaltung wie z. B. Treffen an Orten außerhalb der Firmenzentralen oder der Einbeziehung von so wenig Mitarbeitern wie möglich, kann in vielen Fällen jedoch nicht verhindert werden, dass es zu Gerüchten und darauf aufbauend Pressemeldungen mit spekulativem Charakter kommt. Nicht zu vernachlässigen ist deshalb die Konzeption vorbereitender Maßnahmen zur Reaktion auf vorzeitiges Bekanntwerden der Transaktionspläne. Eine solche „Leak-Kommunikationsstrategie" ist vor allem bei öffentlichen Übernahmen essentiell. Es sollte vorbereitet und bei einer freundlichen Übernahme mit der Gegenseite abgestimmt werden („Holding Statement"), wie reagiert wird. So kann z. B. mit „Kein Kommentar" oder mit einem Vorziehen der Ankündigung geantwortet werden (für einen Überblick vgl. Kebbel, 2013, S. 365–366). Pauschale Erklärungen wie „Zu Spekulationen geben wir grundsätzlich keinen Kommentar" führen eher zu weiteren Spekulationen. Erklärungen wie „in unserer Branche spricht jeder mit jedem" könnten als indirekte Bestätigung aufgefasst werden. Eine allgemein gültige Empfehlung, wie hier im Einzelfall zu verfahren ist, ist kaum möglich.

Für die Auswahl der *Kommunikationsinstrumente* ist zunächst eine Wirkungseinschätzung der einzelnen Instrumente erforderlich. In Abb. 5.5 werden interessengruppenspezifische Vorschläge für den Einsatz der Instrumente gemacht (vgl. dazu auch Borowicz & Förster, 2008, S. 59–61). Die Auswahl der Medien hängt im Wesentlichen davon ab, ob die Kommunikation schriftlich/mündlich, allgemein/persönlich, einseitig/zweiseitig und werblich oder redaktionell erfolgen soll. Speziell im Hinblick auf M&A sind folgende Kommunikationsinstrumente von besonderer Relevanz (zu einem Überblick über die grundsätzlich zur Verfügung stehenden Mittel vgl. z. B. Wirtz, 2012, S. 650; Salecker, 1995, S. 189, 194; für eine zielgruppenbezogene Wirkungsanalyse Förster, 2006, S. 307):

**Betriebsversammlung**

Als persönliches Kommunikationsinstrument wird die Betriebsversammlung insbesondere kurz nach dem Closing zur Information über den Vollzug der Akquisition bzw. der Fusion und zu den ersten Maßnahmen der Integration eingesetzt. Auf der Veranstaltung sollte unbedingt die Unternehmensleitung auftreten. Eine Abstimmung mit dem Betriebsrat ist empfehlenswert. Problematisch ist der genaue Zeitpunkt. Zum einen ist es ratsam, die Veranstaltung möglichst am Tag eins nach dem Closing durchzuführen, um die interne Kommunikation auf persönlicher Ebene in Gang zu setzen. Andererseits liegen kurz nach dem Closing, wenn der Post-Closing-Integration-Plan gerade in seine endgültige Form gebracht wird, noch keine konkreten oder gar quantifizierten Maßnahmen vor, so dass die oben beschriebene Grundregel der Eindeutigkeit und Klarheit schwer zu erfüllen ist. Bei internationalen Akquisitionen sind diese Versammlungen umso wichtiger, als bei ihnen die „akquirierten" Mitarbeiter zum ersten Mal in Kontakt mit der Kultur und den Werten des kaufenden Unternehmens kommen. Allerdings ist der zeitliche und finanzielle Aufwand abzuschätzen, den Versammlungen unter Top-Management-Beteiligung an allen Niederlassungen, die evtl. global verteilt sind, mit sich bringen. Evtl. können hier Videos oder Videokonferenzsysteme eingesetzt werden.

**Treffen in kleinen Gruppen**
Insbesondere zur Information und zum Kennenlernen des mittleren Managements sind Treffen, die eher Besprechungscharakter haben, zu empfehlen. Diese Treffen sollten vor allem auch dazu benutzt werden, den Meilensteinplan der Integration deutlich zu machen und Verantwortlichkeiten zu verteilen als auch Anregungen für eventuelle Veränderungen des Integrationsplans aufzunehmen.

**Telefonservice**
Ein gebührenfreier Telefondienst für die Mitarbeiter stellt eine individuelle, für die persönlichen Belange einzelner Mitarbeiter nutzbare Kommunikationsplattform dar. Ein Mitglied der Kommunikationsabteilung beantwortet sofort oder nach Klärung die gestellten Fragen. Dieses mit relativ niedrigem Aufwand verbundene Mittel kann gerade auch bei internationalen Akquisitionen eingesetzt werden, um den regional verteilten Mitarbeitern einen Ansprechpartner zu geben und Unsicherheiten möglichst frühzeitig zu vermeiden (vgl. Gerpott, 1999, S. 76).

**M&A-Newsletter; Nutzung von Sozialen Medien**
Eine in regelmäßigen Zeitabschnitten herausgegebene Zeitschrift informiert zwar in unpersönlicher Weise und dient auch nur der einseitigen Kommunikation. Allerdings besteht hier die Möglichkeit, eine permanente Informationsbasis bzgl. der Integration zu schaffen, die z. B. durch Leserbriefe zumindest teilweise individualisiert werden kann. Es empfiehlt sich, soziale Medien z. B. im Intranet des Unternehmens zu nutzen, um eine schnelle Verfügbarkeit und eine hohe Reichweite der Informationen zu sichern.

**Persönliche Briefe, E-Mails**
Bei dieser Form der Kommunikation werden normalerweise gleiche Inhalte mit einem persönlichen Anschreiben verschickt. Es kann dadurch der Eindruck vermittelt werden, dass die individuellen Belange des einzelnen Mitarbeiters beachtet werden. Außerdem kann die individuelle Rückmeldung unterstützt werden.

Was die Kommunikation mit den externen Gruppen betrifft, so müssen hier andere Instrumente eingesetzt werden. Z. B. für Anteilseigner bzw. Analysten bieten sich an:

**Analystenkonferenzen**
Bei diesem Instrument der Kommunikation ist inhaltlich der Fokus eindeutig auf die strategischen und die daraus resultierenden finanziellen Auswirkungen des M&A-Projekts zu legen. Die Rechtfertigung des Kaufpreises, die erwarteten Synergien und konkrete Maßnahmen zur Realisierung der Synergien sind hier ebenso wichtig wie Aussagen zu den technologischen und marktlichen Veränderungen, die die Akquisition mit sich bringt. Wichtig bei diesem Mittel ist die Möglichkeit der zweiseitigen Kommunikation.

**Pressekonferenzen, Telefonkonferenzen**
Die Zielgruppe ist hier grundsätzlich weiter gefasst, beinhaltet aber auch die Aktionäre. Bzgl. der Aktionäre sind ähnliche Inhalte wie bei der Analystenkonferenz zu vermitteln, allerdings in einem deutlich geringeren Detaillierungsgrad.

**Briefe an die Aktionäre**
Liegen Namensaktien vor, so können in einer persönlichen Ansprache auch gezielt die Aktionäre, ohne den Umweg über die Presse mit den damit verbundenen kommunikativen Streuverlusten, erreicht werden. Natürlich müssen die Inhalte konsistent sein mit den Mitteilungen der oben beschriebenen Mittel, so dass der Vorteil hier bei der persönlichen Ansprache, weniger bei der Veröffentlichung neuer Informationen, liegt.

**Soziale Medien, Internetauftritt**
Allgemeine Informationen für Externe, die mit großer Reichweite gestreut werden sollen, können über allgemein zugängliche Internetmedien gestreut werden.

**Anzeigen**
Dieses Instrument hat im Wesentlichen werblichen Charakter, z. B. auch was die Verbreitung eines neuen Namens betrifft. Der Fokus liegt auf der Schaffung einer breiten Akzeptanz speziell mit der Zielgruppe (potentieller) Aktionäre. Die Zielsetzung liegt hier weniger bei der Vermittlung komplizierter Inhalte, als vielmehr bei einer positiven Beeinflussung des Images der neuen Gesellschaft.

Die nächste Komponente der Kommunikationsstrategie stellt die Festlegung der *Träger der Kommunikation* dar. Interessanterweise sind in den weitaus meisten Fällen die Strategieabteilung, eine Stabsstelle auf Vorstandsebene und/oder die Unternehmenskommunikationsabteilung maßgeblich an der Kommunikation mit Bezug auf M&A-Transaktionen beteiligt (vgl. Gutzy, 2013, S. 106–107). Als Kommunikationsträger kommt der Vorstandsebene und hier insbesondere dem Vorstands- bzw. Geschäftsführungsvorsitzenden eine zentrale Rolle zu (vgl. Vogel, 2002, S. 201). Die hohe Relevanz der Information, die häufig bei M&A-Deals gegeben ist, aber auch das Signal an die betroffenen Gruppen, dass die Transaktion eine hohe Aufmerksamkeit von Seiten des Käuferunternehmens erfährt, sprechen für eine aktive Beteiligung der Unternehmensspitze. Der Kommunikationsabteilung kommt die Aufgabe der mediengerechten Formulierung der Inhalte zu, die von der Strategie- bzw. M&A-Abteilung formuliert werden. Sie bereitet die Kommunikationsdokumente vor, so wird z. B. die *Begrüßungsemail* des Vorstandsvorsitzenden für die neuen Mitarbeiter aus dem gekauften Unternehmen konzipiert. Die Kommunikationsabteilung, so es denn eine im Unternehmen gibt, übernimmt auch die Rolle der Prozessführung und –koordination. Besonders hervorzuheben ist hier die notwendige Abstimmung der Kommunikationsabteilungen der beteiligten Unternehmen, auch wenn natürlich aufgrund der Unsicherheit bzgl. des Zustandekommens des Vertrags noch Vorbehalte da sind. Dies gilt vor allem auch bei internationalen Projekten. So muss speziell überlegt werden, wer die Kommunikation im Heimatland des gekauften Unternehmens durchführt und wie dies im Detail getan wird. Ist, wie bei kleinen und mittleren Unternehmen üblich, keine eigene Kommunikationsabteilung vorhanden, so kann auch eine Stabsstelle der Unternehmensleitung damit befasst sein oder es werden externe Kommunikationsberater beauftragt. Was die Kapazität betrifft, die zur Kommunikation bereitgestellt werden soll, so gilt generell für Projekte, die in die Planungsphase kommen, dass die Kommunikationsabteilung ihre Kapazitätsplanung so flexibel gestalten sollte, dass ein kurzfristiger Einstieg in das Projekt, falls es in die Transaktionsphase geht, möglich ist. Für das Vorfeld wäre allerdings die Etablierung eines eigenen Kommunikationsteams noch verfrüht.

Mit Eintritt in die Transaktionsphase steigen auch die Kapazitätsanforderungen an die Kommunikation. Es ist zu überlegen, welche und wie viele Ressourcen in Form von Finanzbudget und Mitarbeitern für die Kommunikationsarbeit zur Verfügung stehen sollten. Wirtz empfiehlt, dass „[f]ür die interne Kommunikation … nach einer Faustregel rund 500 Euro pro Mitarbeiter der NewCo im ersten Jahr der Post-Merger-Integration und rund 300 Euro im zweiten Jahr zu investieren [sind]“ (2012, S. 638). Der Finanzmittelbedarf der externen Kommunikation dürfte ungefähr auf gleichem Niveau liegen.

Träger der Entwicklung der Kommunikationsstrategie sollte eine eigene Task Force sein, die sich speziell und ausschließlich mit dem Thema Kommunikation für das M&A-Projekt beschäftigt. Sie rekrutiert sich aus der Kommunikationsabteilung, evtl. verstärkt durch Kollegen aus den Landesgesellschaften zur Konzeption der regionalen Kommunikationsstrategien.

Der letzte Schritt bei der Entwicklung einer Kommunikationsstrategie besteht auch in der *zeitlichen Strukturierung* der beschriebenen inhaltlichen und institutionellen Komponenten. Während der Planungs- und Transaktionsphase hängt der Zeitpunkt der Kommunikation stark vom Fortgang und auch der Struktur der Transaktion ab. Kritisch ist die Bestimmung des Kommunikationszeitpunkts, der normalerweise mit der offiziellen Information der jeweiligen Gruppe über das Projekt gleichzusetzen ist. Grundsätzlich gilt hier, dass das Closing („Day One“), also der Zeitpunkt der Vertragsunterzeichnung, relevant ist. Ab diesem Zeitpunkt haben die Unternehmen rechtsverbindliche Positionen eingenommen. Es gibt allerdings Ausnahmen. Bei Akquisitionen oder Fusionen, die einen grundlegenden Einfluss auf die Geschäftstätigkeit haben, ist die Genehmigung der Aktionäre nötig, weswegen dementsprechend früher kommuniziert werden muss. Die Mitarbeiter sollten zu Beginn der Integrationsphase informiert werden. Wie im Personalveränderungsprozess ausgeführt, ist damit die Unsicherheitsphase am kürzesten. Sollte die Akquisition bzw. Fusion zu erheblichen Nachteilen für Teile der Belegschaft führen, so muss gemäß

| Maßnahmen | Day One | + 1 Woche | + 2 Wochen | + 3 Wochen | ... | Verantwortlicher Kommunikationsträger |
|---|---|---|---|---|---|---|
| E-Mail an die Mitarbeiter | x | | | | | Kommunikationsabteilung, Absender: Unternehmensleitung |
| Pressemitteilung | x | | | | | Kommunikationsabteilung, Absender: Unternehmensleitung |
| Betriebsversammlung | | x | | | | Personalabteilung, Kommunikationsabteilung, Unternehmensleitung |
| Pressekonferenz | | x | | | | Kommunikationsabteilung, Unternehmensleitung |
| Analystenkonferenz | | x | | | | Kommunikationsabteilung, Unternehmensleitung |
| Führungskräftetreffen | | | x | | | Unternehmensleitung, Personalabteilung |
| Telefonservice | | | x | | | Kommunikationsabteilung |
| Newsletter | | | | x | | Kommunikationsabteilung |

**Abb. 5.4** Zeitplan für Kommunikationsmaßnahmen

§ 111 BetrVG der Betriebsrat offiziell über Umfang und Inhalte der geplanten Veränderungen unterrichtet werden. Für Kunden und Lieferanten sollten schon konkrete Inhalte der Integration vorliegen, weswegen es hier opportun erscheint, während der Integrationsphase zu informieren. Die Veröffentlichung sollte aus Kommunikationssicht grundsätzlich nach der kartellrechtlichen Prüfung durchgeführt werden. Die breite Öffentlichkeit sollte erst bei absoluter Sicherheit, dass akquiriert/fusioniert wird, informiert werden.

Die Hauptträger der Kommunikation, also normalerweise die Kommunikationsabteilung, müssen sicherstellen, dass die vorbereitenden Maßnahmen, also die Festlegung der Kernbotschaften bis hin zur angesprochenen Leak-Strategie, bei Bedarf zur Verfügung stehen. Für die Integrationsstrategie bietet Abb. 5.4 exemplarisch Hinweise, wann welche Maßnahmen ergriffen werden können.

Im Einzelfall ist vermutlich ein detaillierteres Zeit- und Maßnahmenraster nötig (vgl. dazu z. B. Kebbel, 2013, S. 364, 368). Entsprechend dem Fortgang der Transaktion sind dann die entwickelten Einzelmaßnahmen von den Trägern umzusetzen. Wie bei allen Strategieplänen ist sicherzustellen, dass eine hohe Flexibilität bei Eintreten unvorhergesehener Ereignisse vorhanden ist.

Damit sind die einzelnen Komponenten einer Kommunikationsstrategie besprochen. Abbildung 5.5 fasst diese Komponenten einer Kommunikationsstrategie exemplarisch zusammen.

| Interessengruppen | Kommunikationsbedarf/-inhalte | Kommunikationsmittel | Kommunikationsbeginn |
|---|---|---|---|
| Mitarbeiter | • Ist ein Abbau von Arbeitsplätzen geplant? Wenn ja: Wie viele Arbeitsplätze werden in welchen Bereichen abgebaut?<br>• Wie werden sich die Arbeitsbedingungen verändern?<br>• Welcher Beitrag wird von einzelnen Mitarbeitern erwartet? | • Betriebsversammlungen mit Top-Management-Mitgliedern<br>• Telefonservice<br>• Präsentationen, z.B. auf Abteilungsebene<br>• Newsletter, evtl. über Intranet | Closing |
| Anteilseigner/ Finanzanalysten | • Was sind aus strategischer Sicht die Gründe/Ziele des M&A-Projekts?<br>• Wie hoch sind die Synergiepotentiale?<br>• Welches sind die Risiken des Projekts und der Geschäftsentwicklung? | • Pressekonferenzen<br>• Analystentreffen<br>• Brief an die Aktionäre<br>• Anzeigen | Closing, evtl. Vorabgenehmigung, falls die Akquisition/Fusion nicht durch Geschäftsführungsauftrag des Vorstands gedeckt ist |
| Kunden | • Wird die Akquisition die Qualität und/ oder die Kosten des Produkts beeinflussen?<br>• Sind bestehende Verträge betroffen? | • Besuche von Mitgliedern des Top-Managements bei Hauptkunden<br>• Einladungen zu Präsentationen an Kunden<br>• Informationsbrief | Integrationsphase |
| Lieferanten | • Wird sich die Geschäftsbeziehung zu dem integrierten Unternehmen verändern?<br>• Müssen die Prozesse beim Lieferanten verändert werden?<br>• Wird das neue Unternehmen die größere Verhandlungsmacht ausnutzen? | • Informationsbrief<br>• Persönliche Gespräche mit wichtigen Lieferanten<br>• Einbeziehung wichtiger Lieferanten in den Integrationsprozeß | Integrationsphase |
| Staat/Behörden/ Öffentlichkeit | • Ist das Projekt kartellrechtlich relevant?<br>• Gibt es Auswirkungen des M&A-Projekts auf lokale/regionale/nationale ökonomische Aktivitäten?<br>• Bringt die Konzentration Vorteile für die Gesellschaft als Ganzes? | • Informationen/Präsentationen für das zuständige Kartellamt<br>• Präsentationen für lokale/ kommunale Entscheidungsträger<br>• Werbeanzeigen | Kartellamt zur kartellrechtlichen Prüfung;<br>Closing |

**Abb. 5.5** Komponenten einer Kommunikationsstrategie

Grundsätzlich gilt, dass bei international tätigen Unternehmen bzw. Unternehmen, die einen beachtenswerten Anteil internationaler Investoren haben, die Erstellung des Kommunikationsplans regional differenziert erfolgen muss. Diese regionale Differenzierung kann Auswirkungen auf Inhalte aber vor allem auch auf die Intensität der Kommunikation besonders mit externen Gruppen haben.

Eine weitere wichtige inhaltliche kommunikative Festlegung in dieser Phase ist die Namensgebung für die neue Gesellschaft, die bereits beim Closing der Öffentlichkeit mitgeteilt werden sollte. Die Vorteile eines neuen Namens liegen insbesondere in dem nach außen deutlich gemachten „Neustart“ und dem nach innen vermittelten Gefühl, dass auch die „aufgekauften“ Mitglieder des neuen Unternehmens gleichberechtigt sind. Allerdings besteht die Gefahr, dass beim Untergang des alten Namens der Markenwert („Brand Equity“), der zwar schwer quantifizierbar ist, aber doch einen erheblichen Vermögensgegenstand des Unternehmens darstellen kann, entwertet wird.

### 5.2.5 Erfolgsmessung einer Kommunikationsstrategie und Verbindung zu anderen Teilprozessen

Die Wirkung der Kommunikation im Rahmen von M&A-Prozessen, das haben die obigen Ausführungen gezeigt, sind vielfältig je nach Inhalt und Zielgruppe. Das macht die Erfolgsmessung entsprechend schwierig. Deshalb ist es auch nicht zweifelsfrei zu klären, welche Investition in die Kommunikation und welche Maßnahme sich im Einzelnen lohnen und welche keinen Wertbeitrag zur Transaktion bringen. Grundsätzlich sind Kommunikationswirkungen schwer zu messen. Hinzu kommt, dass das Messinstrumentarium den Besonderheiten einer M&A-Transaktion angepasst sein muss (vgl. Borowicz & Förster, 2008, S. 61; für einen Überblick über mögliche Messgrößen vgl. Gutzy, 2013, S. 110–111).

Orientiert am übergeordneten Ziel der M&A-Kommunikation (vgl. Abschn. 5.2.1) müsste die Kommunikation sicherstellen, dass Probleme und Konflikte, die den Ablauf des Gesamtprozesses bzw. der einzelnen Teilprozesse behindern oder verzögern würden, schnell beseitigt werden bzw. gar nicht erst entstehen. Im Einzelfall kann hier für eine Transaktion die Erfolgswirkung eines Maßnahmenpakets bei einem auftretenden Konflikt versucht werden zu messen. Generell kann eine Medienresonanzanalyse und die Auswertung der Analystenkommentare verwendet werden, um zu überprüfen, ob die Überzeugungsarbeit gelungen ist und die Kernbotschaften transportiert wurden. In der Integrationsphase kann über die Messung der Mitarbeiterzufriedenheit und/oder die Nutzung der bereitgestellten Kommunikationsmedien wie z. B. soziale Medien oder auch durch individuelle Feedbacks von Betroffenen zumindest eine indirekte Wirkung der Kommunikationsmaßnahmen abgefragt werden.

Bleibt zum Schluss der Ausführungen zum Teilprozess Kommunikation noch die Verbindung zu den anderen Teilprozessen. Abbildung 5.6 zeigt schematisch die Zusammenhänge.

**Abb. 5.6** Schnittstellen des Kommunikationsprozesses mit anderen Arbeitspaketen

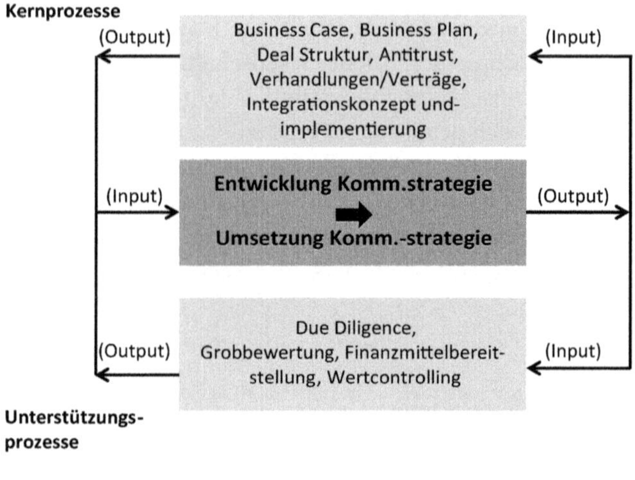

Naturgemäß beziehen die Träger der Kommunikation viele Informationen von verschiedensten Arbeitspaketen. Der Business Case z. B. liefert die strategische Logik hinter dem Deal, was für Shareholder und Finanzanalysten wichtig ist, genauso wie der Business Plan. Die Deal-Struktur gibt wichtige Hinweise auf die Konstellation des integrierten Unternehmens, was spätestens bei der offiziellen Ankündigung als Information für die Zielgruppen wichtig ist. Für die Weiterentwicklung der Leak-Strategie ist es von Vorteil, wenn die Kommunikationsträger über den aktuellen Stand der Gespräche und Vertragsverhandlungen und insbesondere auch über die Problempunkte informiert sind. Zentral ist der Input für die Kommunikation von Seiten des Integrationskonzepts, da hier der vermutlich größte Informationsbedarf nach dem Signing gegeben sein wird.

Was Informationen aus den Unterstützungsprozessen betrifft, so gibt es hier durchaus unterschiedliche Haltungen. Eine gute und aktuelle Informationsversorgung aus der Due Diligence, aus den Gesprächen über die Finanzmittelbereitstellung und der Unternehmensbewertung kann ein proaktives Handeln der Kommunikation zur Verhinderung von Problemen unterstützen. Andererseits muss aber auch verhindert werden, dass teilweise sensible Daten breiter gestreut werden und die Kommunikationsträger, z. B. die Kommunikationsabteilung überfordert wird mit der Masse an zur Verfügung gestellter Information. Interessant ist aber für die Kommunikation das Ergebnis des Wertcontrollings, da häufig gerade von Finanzanalysten Nachfragen zum Erfolg der Transaktion gestellt werden.

Insgesamt gesehen sollte es gelingen, dass die Kommunikation als „Zentripetalkraft" des M&A-Prozesses den Auflösungs- und Unsicherheitserscheinungen in einer solchen Ausnahmesituation entgegenwirkt (vgl. Wirtz, 2012, S. 628–629). Sie muss die Weiterverfolgung der Kern- und Unterstützungsprozesse fördern und Konflikte möglichst proaktiv beseitigen. Sie soll die Veränderungsbereitschaft, die sich bei einem M&A-Projekt normalerweise ergibt, nutzen, um die notwendigen Neustrukturierungen durchzusetzen.

## 5.3 Der Bewertungs- und Finanzierungsprozess

### 5.3.1 Einordnung und Ziele des Bewertungs- und Finanzierungsprozesses

Der für ein Unternehmen gezahlte Kaufpreis ist wohl die auch nach außen hin markanteste Kennzahl einer M&A-Transaktion. Dabei wird häufig übersehen, dass für den Käufer der „Wert" des gekauften Unternehmens die wichtigere Größe darstellt. Die Relation dieses Werts des Unternehmens zum Kaufpreis (zur Unterscheidung Preis vs. Wert siehe unten, insbesondere Abb. 5.19; vgl. auch Behringer, 2013, S. 174–179) entscheidet über den ökonomischen Erfolg des M&A-Projekts. Der Teilprozess „Bewertung" beschäftigt sich explizit mit „Wert" als der zentralen, zu quantifizierenden Größe des M&A-Prozesses.

Eng zusammenhängend mit der Thematik Wertfindung/Kaufpreisfestlegung ist die Frage nach der Finanzierung der M&A-Transaktion. Der Kaufpreis muss, nach verhandelter Struktur der Kaufpreiszahlung, in Form von Assets bezahlt werden. Die erste Problematik

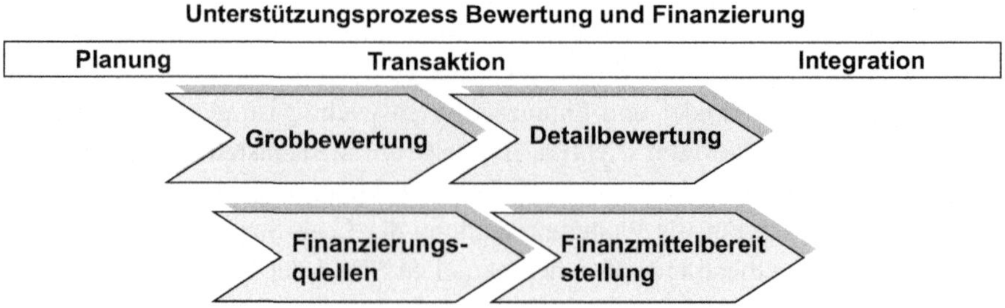


**Abb. 5.7** Die Arbeitspakete des Bewertungs- und Finanzierungsprozesses

besteht in der Fähigkeit des Käuferunternehmens diese (Finanz-)Mittel überhaupt in dem geforderten Volumen bereitstellen zu können (vgl. dazu auch Prüfung des Financial Fit im Rahmen des Screening, vgl. Abschn. 4.1.3). Des Weiteren bestimmt die Art und Weise der Bereitstellung der Finanzmittel zur Begleichung des Kaufpreises die mit dem Deal verbundenen Finanzierungskosten und ist damit eine wichtige erfolgsrelevante Variable. Aufgrund dieses engen Zusammenhangs empfiehlt es sich, die beiden Komponenten Bewertung und Finanzierung in einem Unterstützungsprozess zusammenzufassen. Abbildung 5.7 zeigt diesen Unterstützungsprozess im Überblick.

Im Folgenden wird zunächst der Bewertungsprozess erläutert, bevor auf die Detailüberlegungen der Finanzmittelbereitstellung eingegangen wird.

## 5.3.2 Der Bewertungsprozess: Grob- und Detailbewertung

### 5.3.2.1 Die „Wert-Brücke" – Wertkomponenten eines Zielunternehmens

Die Frage nach dem „richtigen" Unternehmenswert wurde und wird unabhängig von M&A schon seit Jahrzehnten intensiv in der Betriebswirtschaftslehre diskutiert. Verfahren und Instrumente der Unternehmensbewertung haben sich im Laufe der Zeit modebedingt oder auch aufgrund von Fortschritten in finanztheoretischen und -mathematischen Erkenntnissen deutlich verändert.

Die historische Entwicklung und die Diskussion über die zahlreichen Varianten der Verfahren zur Unternehmensbewertung soll hier nicht nachvollzogen werden (vgl. im Detail dazu z. B. Drukarczyk & Schüler, 2009). Im Folgenden wird auf diejenigen Verfahren eingegangen, die sich in der Theorie der Unternehmensbewertung und der Praxis des M&A-Prozesses als wichtigste und allgemein angewandte Verfahren etabliert haben. Aufgrund der internationalen Ausrichtung dieses Buchs wird dabei den Methoden der Vorzug gegeben, die sich im internationalen Bereich durchgesetzt haben.

Die Bewertung von Unternehmen kann aus unterschiedlichen Anlässen erfolgen, so kann bei einem Börsengang, aus steuerrechtlichen Gründen oder auch bei der Umwandlung des Unternehmens in eine andere Rechtsform die Bestimmung des Werts eines Unternehmens nötig sein (vgl. Behringer, 2013, S. 147; Glaum & Hutzschenreuter, 2010,

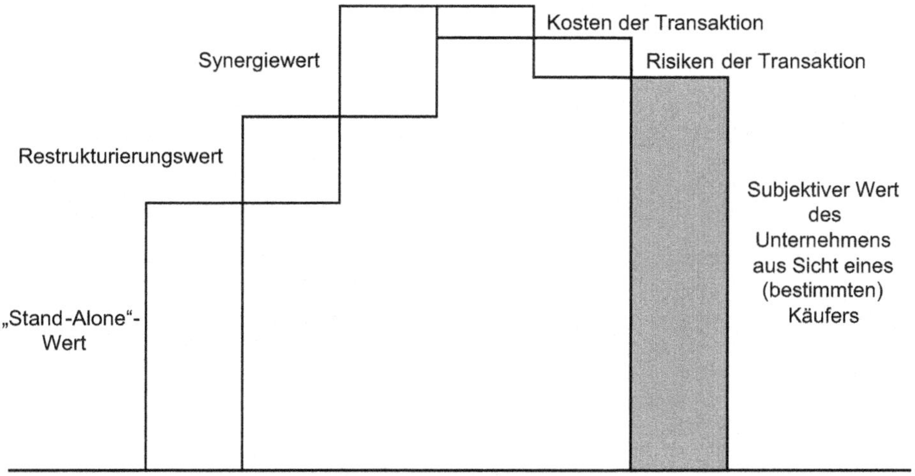


**Abb. 5.8** Wertkomponenten eines zu akquirierenden Unternehmens

S. 131–133). In diesem Abschnitt wird die Bewertung speziell für den Fall M&A behandelt. Es wird zunächst die Sicht des Käufers eingenommen, der für sich einen Wert ermitteln will, den das zu kaufende Unternehmen für ihn hat. Bei M&A handelt es sich um einen transaktionsbezogenen, nicht-dominierten Anlass (vgl. Stefani & Bleibtreu, 2013, S. 80), da jede Partei die aus der Wertbestimmung resultierenden Verhandlungen abbrechen und den Status quo beibehalten kann.

Ziel der Bewertung des Zielunternehmens ist damit die Wertbestimmung aus Sicht des Käufers. Dieser „subjektive Wert" kann sich von dem Wert, der für einen anderen Käufer gilt, unterscheiden, da Komponenten eine Rolle spielen, die nur für diesen einen Käufer den berechneten spezifischen Wert haben. Bei der Unternehmensbewertung für eine M&A-Transaktion können mehrere Wertkomponenten identifiziert werden, die insgesamt gesehen den Wert des zu akquirierenden Unternehmens aus Sicht eines bestimmten Käufers ergeben. Abbildung 5.8 zeigt die einzelnen Komponenten (vgl. auch Coenenberg & Jacoby, 2000, S. 196).

Durch Berechnung dieser einzelnen Komponenten ergibt sich für einen Käufer ein Wert des Zielunternehmens, der für ihn die spezifische und individuelle Preisobergrenze darstellt. Die folgenden Abschnitte beschäftigen sich mit den einzelnen Komponenten des Wertes eines Zielunternehmens und erläutern mögliche Verfahren zu Wertbestimmung.

#### 5.3.2.2 Bewertungsverfahren zur Berechnung des „Stand-Alone-Werts" des Zielunternehmens

Der „Stand-Alone"-Wert, auch objektivierter Wert genannt, ist unabhängig vom Käufer zu sehen. Er ist die erste und häufig größte Komponente des Gesamtwerts des Zielunternehmens. Es wird der Wert unter der Prämisse bestimmt, dass das zu kaufende Unternehmen ohne irgendeine Einflussnahme des potentiellen Käufers oder auch eines anderen Kaufinteressenten weitergeführt wird. Hier liegt der Fall einer klassischen Unternehmensbe-

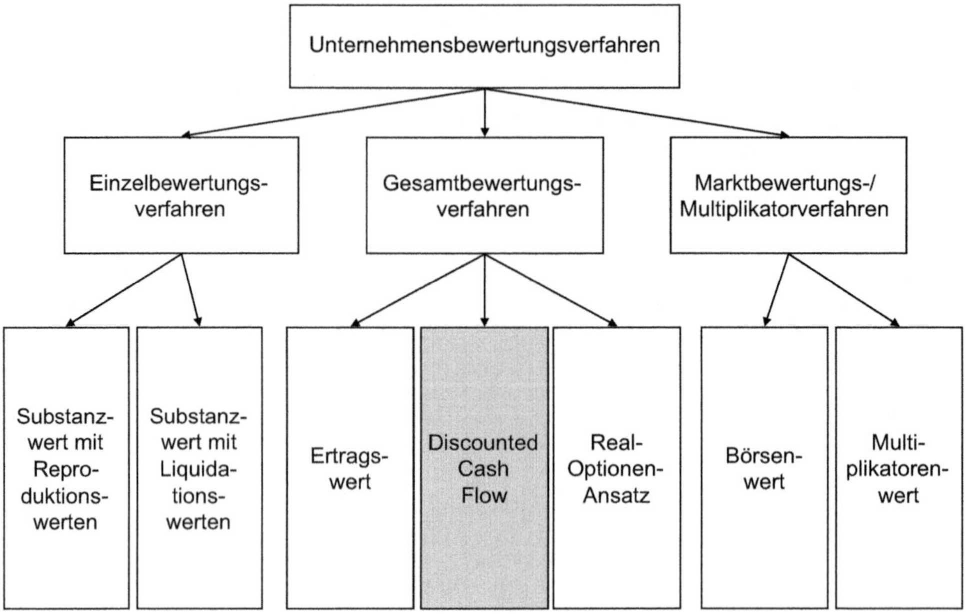


**Abb. 5.9** Verfahren zur Bestimmung des Stand-Alone-Werts

wertung vor. Für solche Bewertungen stehen mehrere Verfahren zur Verfügung, die in Abb. 5.9 aufgelistet sind.

Die *Einzelbewertungsverfahren* zeichnen sich dadurch aus, dass einzelne Vermögensgegenstände und die Schulden des betrachteten Unternehmens die Ausgangsbasis für die Bewertung darstellen.

**Substanzwertverfahren**

Der *Substanzwert mit Reproduktionswerten* als eine Variante der Einzelbewertungsverfahren wird ermittelt durch Summieren aller Vermögensgegenstände des zu kaufenden Unternehmens zu Wiederbeschaffungskosten (vgl. Suckut, 1992, S. 102–103). Die Idee dieses Substanzwerts besteht darin, dass der potentielle Käufer ein identisches Unternehmen auch selbst errichten könnte, wofür er diesen Substanzwert investieren müsste. Die Buchwerte als Ansatz zu verwenden hat den Vorteil, dass die Ermittlung des Werts dann sehr einfach möglich ist. Allerdings sind Buchwerte durch bilanzpolitische Spielräume verzerrt und eignen sich für den hier vorgesehenen Zweck deshalb nicht. Das generelle Problem des Substanzwerts mit Reproduktionswerten liegt in seiner ausschließlichen Vergangenheitsorientierung. Die zukünftige Geschäftsentwicklung wird nicht berücksichtigt. Außerdem bereitet die Bewertung immaterieller Vermögensgegenstände, die nicht bilanziell erfasst werden, Schwierigkeiten. Der Wert eines Markennamens, von Patenten oder einer bestimmten Reputation des Unternehmens im Markt kann nicht abgebildet werden.

Ähnliche Kritikpunkte gelten für den *Substanzwert mit Liquidationswerten*. Hier werden die Vermögensgegenstände des Unternehmens zu Veräußerungswerten bewertet und addiert. Von dem sich ergebenden Wert werden die Schulden und die Abwicklungskosten subtrahiert. Es wird damit unterstellt, dass das Unternehmen nicht weitergeführt wird, was normalerweise der Absicht des potenziellen Käufers bei M&A nicht entspricht. Der Liquidationswert fungiert als absolute Preisuntergrenze für den Verkäufer (vgl. Coenenberg & Jacoby, 2000, S. 189). Zu diesem Wert wäre das Unternehmen durch Einzelverkäufe der Vermögensgegenstände jederzeit zu veräußern.

Die Einzelbewertungsverfahren werden in der Theorie der Unternehmensbewertung gegenüber den unten geschilderten Gesamtbewertungsverfahren generell abgelehnt.

Bei den *Gesamtbewertungsverfahren* (vgl. Abb. 5.9) werden nicht einzelne Vermögensgegenstände betrachtet. Vielmehr wird das Unternehmen bzw. der Erfolg des Unternehmens in seiner Gesamtheit, also summarisch, bewertet. Wichtig dabei ist, dass der Erfolg des Unternehmens in der Zukunft als Maßstab für die Wertfindung verwendet wird. Dabei stellt sich natürlich die Frage, welche Größe als Indikator für den Erfolg des Unternehmens am besten geeignet ist. Diese in der Vergangenheit durchaus kontrovers geführte Diskussion konzentriert sich auf den Ertrag bzw. den Cash-Flow als relevante Größen für die Bestimmung des Unternehmenswerts.

**Ertragswertverfahren**

Der Ertrag wird verstanden als der bilanziell ausschüttbare Erfolg des Unternehmens für die Eigentümer (vgl. Drukarczyk & Schüler, 2009, S. 86, 195–198). Der Unternehmenswert basiert damit auf den den Eigentümern zufließenden Mitteln, wobei zu beachten ist, dass diese für das Unternehmen auch finanzierbar sein müssen. Diese künftigen Erträge werden auf den aktuellen Zeitpunkt diskontiert und summiert (vgl. im Detail dazu Stefani & Bleibtreu, 2013, S. 83; Behringer, 2013, S. 203–234).

Das Ertragswertverfahren stellt ein in Theorie und Praxis anerkanntes Verfahren dar, das die Sicht des Eigentümers einnimmt (Equity-Ansatz) und sich somit von den Entity-Verfahren abgrenzt (s. u.). Wie bei anderen zukunftsorientierten Verfahren auch, ergibt sich ein Prognoseproblem bei der Bestimmung der zukünftigen Erträge. Zusätzlich wird darauf hingewiesen, dass die strategische Zielsetzung eines Unternehmens, die mit dem Kauf verbunden ist und die langfristig wirkt, bestenfalls indirekt über die unendliche Zahlungsreihe eingehen und damit nicht adäquat berücksichtigt werden (vgl. Behringer, 2013, S. 229–230).

**Discounted Cash-Flow Verfahren (DCF-Verfahren)**

Insbesondere auf internationaler Ebene und bei Transaktionen, wie bei M&A, ist das Discounted Cash-Flow Verfahren die Standardbewertungsmethode zur Bestimmung des Wertes eines Zielunternehmens, weswegen auf dieses Verfahren detaillierter eingegangen wird.

Wie der Name sagt, sind Cash-Flows zahlungsorientierte Größen. Der Wert eines Unternehmens wird hier bestimmt durch die Höhe der erzielbaren Einzahlungsüberschüsse (vgl. Suckut, 1992, S. 25). Allerdings lässt sich beweisen, dass sich bei richtiger Anwendung zwischen Ertragswert- und DCF-Verfahren identische Ergebnisse zeigen (vgl. Born, 1996, S. 1889; Kengelbach, 2000, S. 19; Richter, 1996, S. 1076).

Innerhalb der *Discounted Cash-Flow-Methode* wird unterschieden zwischen dem sogenannten Netto-Ansatz („Equity-Approach") und dem Brutto-Ansatz („Entity-Approach") (für eine detaillierte Beschreibung der Verfahren vgl. Drukarczyk & Schüler, 2009, 6. Kapitel; Glaum & Hutzschenreuter, 2010, S. 143–153; für ein fallbezogenes Berechnungsbeispiel z. B. Berk & DeMarzo, 2011, Kap. 18). Beim Netto-Ansatz werden die dem Eigentümer zufließenden Zahlungen betrachtet, wodurch dieser Ansatz sich an die oben beschriebene Ertragswertmethode annähert. Beim Brutto-Ansatz wird zunächst der Gesamtunternehmenswert durch Verwendung der Cash-Flows vor Zinsen ermittelt, wovon dann der Wert des Fremdkapitals subtrahiert wird. Als Ergebnis zeigt sich wiederum der Wert des Unternehmens für die Eigentümer (vgl. Kengelbach, 2000, S. 21; Nestler, 2013, S. 57–63).

Der Cash-Flow als Erfolgsgröße weist einige Eigenschaften auf, die ihn als besonders geeignet für die Berechnung eines Unternehmenswerts erscheinen lassen. Er repräsentiert das Geldvolumen, das vom Unternehmen erwirtschaftet wird. Zudem ist er unabhängig von der periodenbezogenen Erfolgsrechnung mit ihren bilanzpolitischen Möglichkeiten. Aus internationaler Sicht ist besonders vorteilhaft, dass die länderspezifischen Bilanzierungspraktiken nahezu spurlos an der Berechnung des Cash-Flows vorbeigehen. Eine internationale Vergleichbarkeit ist dadurch gegeben (vgl. Scholz, 2000, S. 278). Insgesamt gesehen eignet sich deswegen der Cash-Flow als Zielgröße für ein wertorientiertes Management. Er ist damit auch für dieses Buch, das als oberste Zielsetzung von M&A die Wertsteigerung definiert (vgl. Abschn. 1.1.2), als Maßstab zur Unternehmensbewertung am besten geeignet.

Eine Wertsteigerung des Unternehmens ist unabdingbar verbunden mit einer Erhöhung oder einer Vorverlagerung des Cash-Flows. Geht man von zeitlich nicht verschiebbaren Cash-Flows aus, bedeutet dies für die Akquisition, dass aus dem Kauf des Unternehmens insgesamt eine Erhöhung des Cash-Flows resultieren muss, die den Kaufpreis mindestens rechtfertigt (vgl. dazu auch Abb. 5.19). Die Definition des Cash-Flows, der für die Bewertung zu verwenden ist, ist nicht eindeutig geklärt. Vor allem in der Praxis der Investmentbanken hat sich der Free Cash-Flow jedoch durchgesetzt. Abbildung 5.10 zeigt das Berechnungsschema nach der indirekten Methode (für die direkte Methode vgl. z. B. Bühner, 1994, S. 15).

Der Free Cash-Flow hat gegenüber dem Brutto Cash-Flow den Vorteil, dass er auch wirklich nur die verfügbaren im Sinne von entziehbaren Gelder repräsentiert. Außerdem sind die Branchen- oder Unternehmensspezifika, z. B. was die Investitionsnotwendigkeiten betrifft, eliminiert, so dass eine Vergleichbarkeit über diese Grenzen hinweg möglich ist.

Als weiteres Charakteristikum der DCF-Methode ist, wie oben kurz erwähnt, festzuhalten, dass sie rein zukunftsorientiert ist. Entscheidend sind die in Zukunft erzielbaren Cash-Flows, nicht diejenigen aus vergangenen Perioden. Um nun die zukünftigen periodenbezogenen Cash-Flows zu einer Zahl aggregieren zu können, wird der Gegenwartswert dieser Cash-Flows berechnet. Abbildung 5.11 skizziert das Vorgehen.

Folgende Schritte sind zur Berechnung des Unternehmenswerts nach diesem Ansatz nötig (vgl. dazu z. B. Volkart, 2010, S. 55–74):

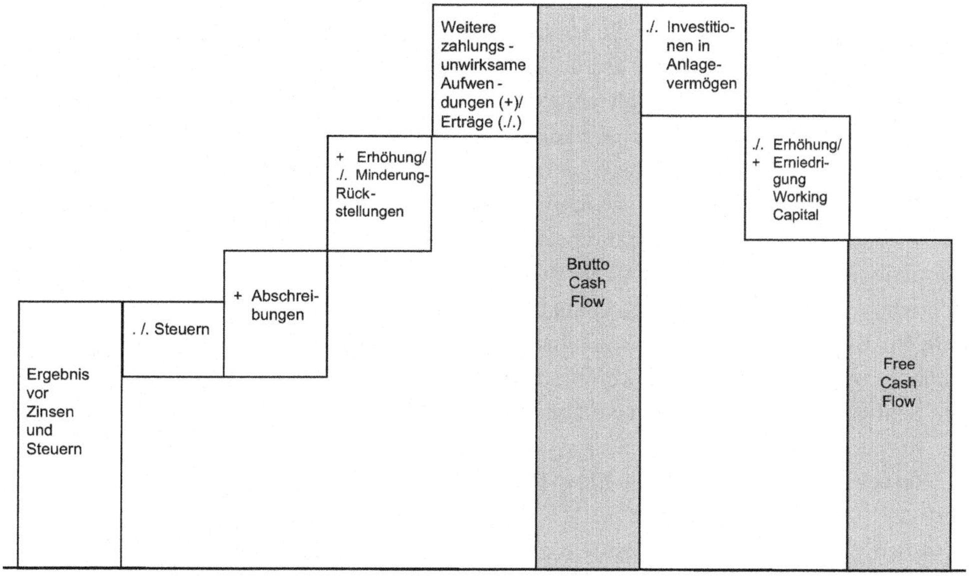


**Abb. 5.10** Ermittlung des Free Cash-Flows

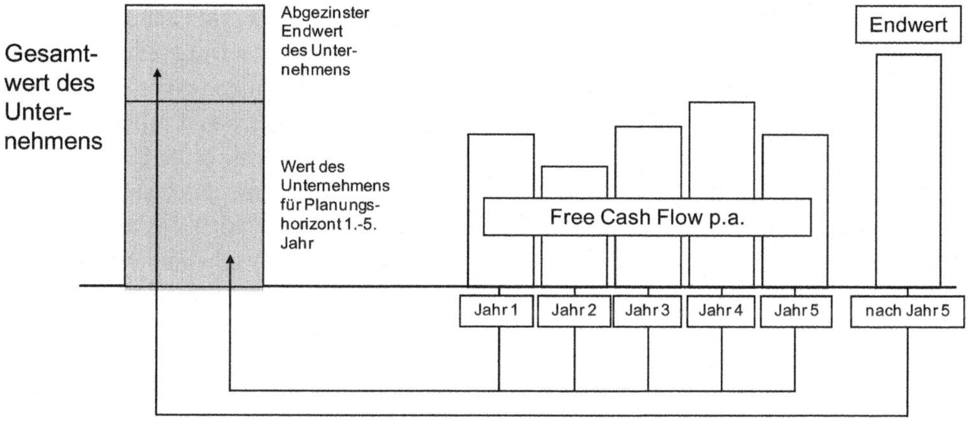


**Abb. 5.11** Berechnung des Gegenwartswerts der Cash-Flows

1. **Erstellung eines Stand-Alone-Geschäftsplans unter der Weiterführungsprämisse**

Basis der Berechnung ist eine zu schätzende Cash-Flow-Reihe. Diese kann nur ausgehend von detaillierten Geschäftsplänen generiert werden. Die Geschäftspläne stellen im Kern eine Plan-Bilanz und Plan-GuV für das zu kaufende Unternehmen dar. Es müssen hier alle Informationen eingehen, die über das Kaufobjekt vorhanden sind. Die in den Verhandlungen oder bereits bei der Vorfeldsondierung präsentierten Geschäftspläne von Seiten des Verkäufers sollten nicht unkritisch übernommen werden. Vielmehr müssen, basierend auf eigenständigen Überlegungen, die zukünftigen Geschäftsaussichten des Kaufobjekts, wie gesagt Stand-Alone, also ohne Berücksichtigung von Synergien, geschätzt werden (vgl. dazu Abschn. 4.1.4). Der Realitätsnähe dieser Schätzungen kommt für die Bewertung eine geradezu entscheidende Bedeutung zu. Auch wenn der Methodenstreit über das zu wählende Verfahren zur zukunftsbezogenen Unternehmensbewertung in der Literatur hohe Wellen schlägt, sind die weitaus wichtigeren Einflussfaktoren auf den Unternehmenswert die Zahlen, mit denen die Verfahren „gefüttert" werden. Es wird deutlich, dass dem Informationsprozess und insbesondere der Due Diligence, die im vorherigen Abschnitt beschrieben wurden, eine wichtige Funktion zukommt. Das nicht-betriebsnotwendige Vermögen, also das Vermögen, das zur Erzielung der beschriebenen Cash-Flow Reihe nicht benötigt wird, ist separat zu bewerten, naheliegenderweise mit dem Liquidationswert, und am Schluss dem Unternehmenswert zuzurechnen (vgl. Nestler, 2013, S. 58–59, 62–63).

2. **Berechnung der Free-Cash-Flow-Reihe**

Aus den Plan-Überlegungen aus dem ersten Schritt können die Free Cash-Flows berechnet werden. Normalerweise wird so vorgegangen, dass für die ersten fünf Perioden, häufig Jahre, die Nettozahlungen einzeln geschätzt werden (vgl. Abb. 5.11). Die Sicherheit der Vorhersage nimmt natürlich mit der Länge des Planungshorizonts ab. Sie ist branchenspezifisch und hängt vor allem von der Länge des Produktlebenszyklus ab. Ab Periode fünf wird häufig mit konstanten Cash-Flows oder mit Cash-Flows, die eine konstante Wachstumsrate aufweisen, gearbeitet. Dabei wird in vielen Fällen von einer unendlichen Lebensdauer des Unternehmens ausgegangen. Dies hat erheblichen Einfluss auf den Unternehmenswert. Eine alternative Vorgehensweise besteht darin, in Periode fünf den geschätzten Liquidationswert anzusetzen. Dies impliziert aber, dass das Unternehmen in dieser Periode aufgelöst wird. Auch könnte, wenn schon grundsätzlich von einer unendlichen Lebensdauer ausgegangen werden soll, eine Insolvenzwahrscheinlichkeit mit eingebaut werden (vgl. dazu im Detail Lobe & Hölzl, 2012).

3. **Diskontierung der Free Cash-Flows**

Gemäß der Kapitalwertformel ergibt sich folgendes Berechnungsschema für den Unternehmenswert:

$$UW = \sum_{t=1}^{n} \frac{CF_t}{(1+i)^t} + \frac{RW_n}{(1+i)^n}$$

$UW =$ Unternehmenswert (Stand-Alone-Wert)
$CF_t =$ Cash-Flow der Periode t
$i =$ Diskontierungssatz
$RW =$ Restwert in Periode n mit $RW_n = \frac{CF_{n+1}}{i}$ und konstantem $CF_t$ ab Periode $n+1$

Der Restwert („Terminal Value“) ergibt sich als der abgezinste Wert aller Cash-Flows ab der sechsten Periode. Dieser Barwert des Restwerts muss ebenfalls auf die Ausgangsperiode diskontiert werden.

4. **Addition des Barwerts der Free Cash-Flows und des Restwerts**

Aus der Addition der Einzelwerte, also des diskontierten Wertes des Cash-Flows und des Restwertes, ergibt sich der Unternehmensgesamtwert. Der Anteil des Restwertes am Gesamtwert ist häufig sehr hoch und kann bis zu 100 % ausmachen, was einen erheblichen Kritikpunkt am DCF-Verfahren darstellt. Um zum Eigenkapitalwert bei einem Brutto-Ansatz zu kommen, muss, wie oben erwähnt, der Wert des Fremdkapitals noch abgezogen und gegebenenfalls der Wert des nicht-betriebsnotwendigen Vermögens hinzugerechnet werden.

Anhand der obigen Gleichung können die aus dem Verfahren resultierenden wertbeeinflussenden Faktoren gut identifiziert werden. Dies ist zum einen der Planungshorizont, auf dessen Rolle bereits eingegangen wurde.

Des Weiteren ist der im Diskontierungsverfahren verwendete Kalkulationszinssatz wichtig. Die ökonomische Idee, durch die dieser Zinssatz begründet ist, ist die Verzinsung, die sich aus einer alternativen Anlage, die der Käufer wahrnehmen könnte, ergibt. Der Anlagezinssatz für festverzinsliche Wertpapiere kann als Referenzgröße verwendet werden. Allerdings ist damit das Risiko, das der Käufer bei der Akquisition eingeht, nicht berücksichtigt. Da der Kauf eines Unternehmens ein höheres Risiko als die Anlage in festverzinsliche Wertpapiere darstellt, will der Käufer eine Risikoprämie für seine Investition in das Unternehmen.

Eine Möglichkeit zur quantitativen Erfassung dieses Risikos stellt das Capital Asset Pricing Model (CAPM) dar (vgl. im Detail dazu z. B. Drukarczyk & Schüler, 2009, S. 55–59; Scholz, 2000, S. 40–45). Bei diesem Modell wird zwischen einem systematischen Risiko, das den Gesamtmarkt betrifft, und einem unsystematischen Risiko, das für das einzelne Unternehmen gilt, unterschieden. Da das unsystematische Risiko durch Portfoliobildung eliminiert werden kann, wird nur das systematische Risiko in Form einer Risikoprämie „bezahlt“. Um nun das „individuelle systematische Risiko“ (Scholz, 2000, S. 42) eines Unternehmens bestimmen zu können, muss die Entwicklung der Rendite bei einer Investition in dieses Unternehmen im Vergleich zur Rendite des Gesamtmarkts gesehen werden. Diese Messung geschieht auf der Basis einer Regressionsanalyse, bei der der Regressionskoeffizient ß errechnet wird. Mit Hilfe dieses ß kann die Risikoprämie ermittelt werden, die zu der sicheren festverzinslichen Anlage addiert werden muss, um eine aus Investorensicht angemessene Verzinsung des investierten Kapitals bei Kauf des Unternehmens zu erhalten. Für die im amerikanischen S&P-Index enthaltenen Unternehmen wurde langfristig eine durchschnittliche Risikoprämie von 8–9 % ermittelt (vgl. Scholz, 2000, S. 42).

Das CAPM ist aber aufgrund der idealisierenden Annahmen, die für seine Anwendung nötig sind, durchaus in der Kritik. Allerdings stellt es ein wissenschaftlich fundiertes

Verfahren dar, das den Bewerter eines Unternehmens davon befreit, mehr oder weniger willkürliche Aussagen über eine angemessene Risikoprämie für eine Akquisition machen zu müssen.

Zu beachten ist die Verwendung eines gewichteten Kalkulationszinssatzes, der aus der geforderten Verzinsung des Eigenkapitals und der Verzinsung des Fremdkapitals errechnet werden muss (sog. WACC: Weighted Average Cost of Capital), da bei Bruttoverfahren das Fremdkapital in dieser Phase des Modells noch im Kalkül enthalten ist. Die Gewichtung erfolgt im Verhältnis der Marktwerte von Eigenkapital und Fremdkapital, die noch ermittelt werden bzw. dem CAPM zugrunde liegen. Eine Zielkapitalstruktur kann hier eine alternative Lösung sein.

Ergebnis dieser vier Schritte ist ein Unternehmenswert UW, der nach dem DCF-Verfahren den Stand-Alone-Wert des zu kaufenden Unternehmens darstellt. Allerdings werden auch einige Schwachstellen des DCF-Verfahrens sichtbar (vgl. dazu auch Glaum & Hutzschenreuter, 2010, S. 153–155):

- Die Prognoseunsicherheit ist der Zukunftsorientiertheit des Verfahrens geschuldet und beeinflusst die Größenordnung des Ergebnisses erheblich.
- Für die nachvollziehbare Berechnung der Free Cash-Flows ist ein hoher Aufwand nötig, da die zukünftigen Jahresabschlüsse in ihren wichtigsten Bestandteilen geplant werden müssen.
- Die Ermittlung der Kapitalkosten ist keinesfalls unstrittig. Das CAPM basiert auf Annahmen, wie z. B. dem effizienten Kapitalmarkt, die in der Realität nicht gegeben sind. Auch ergeben sich hier Übertragungsprobleme bei nicht börsennotierten Unternehmen, wie es gerade in Kontinentaleuropa häufig der Fall ist. Hier ist insbesondere auch auf die stimmige Berücksichtigung des Verschuldungsgrads zu achten.
- Der in vielen Fällen hohe Anteil des Restwerts am Gesamtunternehmenswert aufgrund der Unendlichkeitsannahme birgt ein erhebliches Risiko für den Käufer, da die langfristige Prognoseunsicherheit sehr hoch ist und schon kleine Abweichungen zu einer erheblichen Korrektur des Wertes führen können.

**EVA-Verfahren**

Das EVA-Konzept (Economic Value Added) ist eine weit verbreitete Variante der Residualgewinnkonzepte, das von Stern Stewart maßgeblich geprägt und propagiert wurde (vgl. Stewart, 1991). Originär wird das EVA-Konzept vor allem als Steuerungskonzept im Rahmen der wertorientierten Unternehmensführung eingesetzt. Es kann aber auch zur Unternehmensbewertung verwendet werden. Die EVA-Methode betrachtet als Erfolgsgrößen nicht die Einzahlungsüberschüsse, sondern sogenannte Residualgewinne. Das Residuum ergibt sich als Gewinngröße nach Abzug der Kosten für das eingesetzte Kapital. Mit dieser Sichtweise bilden Residualgewinnkonzepte die methodische Grundlage für die wertorientierte Unternehmensführung. Bei geeigneten Annahmen ergeben sich aber zumindest theoretisch die gleichen Ergebnisse wie bei den DCF- bzw. Ertragswertverfahren (vgl. dazu im Detail Stefani & Bleibtreu, 2013, S. 102–103).

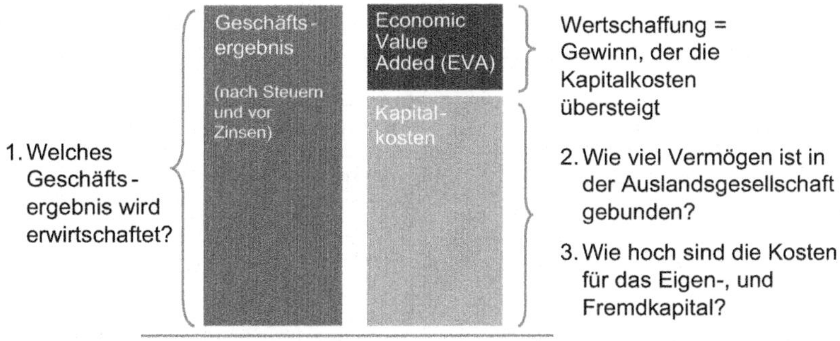


**Abb. 5.12** Das EVA-Konzept. (Quelle: Stern Stewart & Co., 2006)

Der EVA ist definiert als (vgl. Glaum & Hutzschenreuter, 2010, S. 155–156)

$$NOPAT_t - (NOA_{t-1} * WACC)$$

wobei NOPAT (Net Operating Profit After Tax) das Geschäftsergebnis der Periode t darstellt. NOA (Net Operating Assets) repräsentiert das betriebsnotwendige Vermögen in t-1, also das eingesetzte Kapital und der WACC, wie oben beim DCF- Verfahren, den Kapitalkostensatz (Abb. 5.12).

Damit sind für die EVA-Berechnung drei Komponenten zu ermitteln. Der WACC wird analog der Vorgehensweise beim DCF-Verfahren ermittelt. Abbildungen 5.13 und 5.14 zeigen die Berechnung des NOPAT bzw. der NOA nach verschiedenen Methoden (vgl. Stefani & Bleibtreu, 2013, S. 100–101).

Die Anpassungen („Conversions") dienen z. B. dazu, außergewöhnliche Gewinne und Verluste und auch Erträge aus nicht-betriebsnotwendigem Vermögen zu eliminieren (für eine Übersicht und Begründung nahezu aller denkbaren Conversions vgl. Young & O'Byrne, 2001). Um Konsistenz herzustellen, sind die Anpassungen sowohl im NOPAT als auch in den NOA zu berücksichtigen (vgl. Stefani & Bleibtreu, 2013, S. 101).

**Direkte Methode**

| | |
|---|---|
| | Umsatz |
| - | Operative Aufwendungen |
| = | **Operatives Ergebnis** |
| + | Anpassungen |
| - | Steuern |
| = | NOPAT |

**Indirekte Methode**

| | |
|---|---|
| | Jahresüberschuss/-fehlbetrag |
| + | Anpassungen |
| = | **Modifizierter Jahresüberschuss/-fehlbetrag** |
| + | Fremdkapitalzinsen |
| - | Steuervorteil aus Fremdkapitalfinanzierung |
| = | NOPAT |

**Abb. 5.13** Die Ermittlung des NOPAT. (Quelle: Stefani & Bleibtreu, 2013, S. 100)

**Aktivische Methode**

| | |
|---|---|
| | Umlaufvermögen |
| - | Kurzfristige Verbindlichkeiten |
| = | **Working Capital** |
| + | Anlagevermögen |
| = | **Nettovermögen** |
| + | Anpassungen |
| = | **NOA** |

**Passivische Methode**

| | |
|---|---|
| | Eigenkapital |
| + | Fremdkapital |
| = | **Bilanzsumme** |
| - | Unverzinsliche Verbindlichkeiten |
| + | Anpassungen |
| = | **NOA** |

**Abb. 5.14** Die Ermittlung der NOA. (Quelle: Stefani & Bleibtreu, 2013, S. 101)

Damit ergibt sich der Unternehmenswert auf Basis des EVA aus der Formel:

$$UW_{EVA} = \sum_{t=1}^{n} \frac{\text{EVA}_t}{(1+WACC)^t} + \frac{RW_{n+1}}{(1+WACC)^n}$$

Die Vorteile des EVA-Konzepts sind in seiner klaren ökonomischen Ausrichtung an der Wertorientierung und seiner guten Vermittelbarkeit zu sehen (vgl. Glaum & Hutzschenreuter, 2010, S. 156). Die Konsistenz mit den zukunfts- und kapitalmarktorientierten DCF- und Ertragsverfahren bietet auch eine gute theoretische Basis für diese Residualgewinnkonzepte. Problematisch ist die Orientierung an Größen, die durchaus bilanzpolitisch motiviert „gesteuert", man könnte auch sagen manipuliert, werden können und für den externen Unternehmensbewerter, wie das bei M&A der Fall ist, schwierig nachzuvollziehen sind.

**Marktwert und Multiplikatorverfahren**

Eine weitere Gruppe von Verfahren zur Bestimmung des Stand-Alone-Werts stellen die *Marktwert- und Multiplikatorverfahren* dar (vgl. Abb. 5.9).

Das *Marktwertverfahren* findet dann Anwendung, wenn eine Marktbewertung des Eigenkapitals eines Unternehmens vorliegt. Das ist regelmäßig dann der Fall, wenn das Unternehmen börsennotiert ist. Die Börsenkapitalisierung, die sich aus dem Aktienkurs multipliziert mit der Anzahl der Aktien ergibt, ist allerdings in nur wenigen Fällen mit dem Kaufpreis gleichzusetzen. Normalerweise muss eine Übernahmeprämie bezahlt werden, die 30–40 % über der Börsenkapitalisierung liegen kann. Dieser Aufschlag ist als Kontrollprämie interpretierbar, die die Aktionäre des Zielunternehmens verlangen, wenn sie dem Käufer die Kontrolle über das Unternehmen überlassen.

Multiplikatorverfahren („Multiple Approach") werden vor allem zu Beginn des M&A-Prozesses eingesetzt, wenn eine Grobbewertung z. B. für die Bestimmung des Financial Fit (vgl. Abschn. 4.1.3) ausreicht. Ist ein Kaufobjekt nicht börsennotiert, was zumindest in Deutschland in der Mehrzahl der Fälle gegeben sein dürfte, fehlt eine Marktbewertung. Es besteht aber die Möglichkeit, ein vergleichbares börsennotiertes Unternehmen zu suchen und dadurch zumindest näherungsweise eine Marktbewertung für das Kaufobjekt zu erhalten (vgl. Coenenberg & Jacoby, 2000, S. 186). Um eine Vergleichbarkeit herzustellen, reicht es aber natürlich nicht aus, die Marktkapitalisierung des Vergleichsunternehmens einfach zu übernehmen, da die Wettbewerbsposition, die Managementqualität, die Größe und andere unternehmensspezifische Tatbestände nicht berücksichtigt würden.

Man behilft sich durch Bildung von Kennzahlen, die eine Vergleichbarkeit möglich machen. Deswegen werden diese Verfahren auch oft als Vergleichswertverfahren bezeichnet. Dazu wird zunächst die Kennzahl für das Vergleichsunternehmen oder für die Gruppe von Vergleichsunternehmen berechnet. Bezugsgröße ist normalerweise der Unternehmenswert, der aufgrund der Börsennotierung des/der Vergleichsunternehmen bekannt ist (sog. „Trading Multiples“). Diese Kennzahl wird dann als Multiplikator mit Bezug auf die relevante Kennzahl des zu bewertenden Unternehmens verwendet.

*Wert des Zielunternehmens = Multiplikator des / der Vergleichsunternehen*
** Kennzahl des Zielunternehmens*

Eine solche Kennzahl ist z. B. das Kurs-Gewinn-Verhältnis (KGV), das sich durch Division des Aktienkurses durch den Gewinn pro Aktie errechnen lässt. Die am häufigsten verwendeten Gewinngrößen sind dabei das EBIT (Earnings Before Interest and Taxes) und das EBITDA (Earnings Before Interest, Taxes, Depreciation and Amortization). Diese Kennzahl führt dann zu Aussagen wie: „Das Unternehmen ist mit dem 20-fachen des EBIT bewertet“. Mittels Durchschnittsbildung kann das für die ganze Branche bestehende KGV errechnet werden, evtl. differenziert nach Ländern bzw. Börsenplätzen, wodurch man dann eine Gruppe von Vergleichsunternehmen erhält. Ist die vergleichbare Gewinngröße des Kaufobjekts bekannt, so kann ein fiktiver Börsenwert auf Basis der verwendeten Kennzahl KGV errechnet werden, indem der Gewinn dann z. B. mit 20 multipliziert wird. Andere solche Kennzahlen sind das Kurs-Umsatz-Verhältnis (KUV) oder das Kurs-Buchwert-Verhältnis, die nach dem gleichen Prinzip berechnet werden (zu den Details der Multiplikatorenbewertung vgl. z. B. Bausch, 2000). Regelmäßig aktualisierte Multiples finden sich z. B. in „Corporate Finance“ in der Reihe von Hammer, Lahmann & Schwetzler (2013, „Multiples und Beta-Faktoren für deutsche Branchen“).

Auch bei den Multiplikatoren gibt es wieder die Möglichkeit den Gesamtunternehmenswert oder nur den Wert des Eigenkapitals zu berechnen (vgl. Glaum & Hutzschenreuter, 2010, S. 161–162). Entscheidend ist hier die Bezugsgröße. Wird eine Bezugsgröße verwendet, die den Eigenkapitalgebern zur Verfügung steht, wie Gewinngrößen nach Steuern und Zinsen, so errechnet sich daraus der Eigenkapitalwert. Steht die Größe auch zur Befriedigung anderer Gruppen wie dem Staat oder Fremdkapitalgebern zu Verfügung, wie z. B. das EBIT, so berechnet sich daraus der Gesamtunternehmenswert.

Solche börsenorientierten Vergleichsmultiplikatoren (sog. „Trading Comparables“) haben den großen Vorteil, dass sie sehr schnell und einfach und mit relativ geringem Informationsaufwand errechnet werden können. Gerade unter Investment-Bankern ist diese

Art der Bewertung sehr beliebt. Die Qualität der Ergebnisse beim Einsatz von „Trading Comparables“ steht und fällt natürlich mit der Vergleichbarkeit der gewählten Unternehmen. Implizit wird unterstellt, dass z. B. beim KUV jeder Euro Umsatz beim Vergleichsunternehmen den gleichen Werteffekt hat wie beim Zielunternehmen (vgl. Bausch, 2000, S. 455). Dies müsste aber zwingend voraussetzen, dass auch der leistungswirtschaftliche Bereich der Unternehmen sehr ähnlich ist. Analog gilt dies für die Kapitalstruktur, wenn die Berechnung des Eigenkapitalwertes gewählt wird. Man darf also nur Unternehmen vergleichen, die in ähnlichen Marktsegmenten und Regionen tätig sind, eine ähnliche Strategie verfolgen, vergleichbare Investitionsprogramme und generell eine vergleichbare Ertragslage und Kapitalstruktur haben. Gerade auch im Hinblick auf den Internationalisierungsgrad dürfte es ziemlich schwer fallen, Unternehmen zu finden, die diese Bedingungen erfüllen und noch dazu börsennotiert sind.

Durchschnitte über eine ganze Branche zu bilden, ist auch nur eine Näherungslösung. Vielversprechender sind Bandbreitenmodelle (vgl. Bausch, 2000, S. 455). Hierbei wird der Wert des Kaufobjekts nach mehreren Multiplikatoren berechnet. Es ergibt sich eine Bandbreite von Werten, die zumindest eine erste Einordnung des Wertes des Zielunternehmens erlaubt.

Neben den Vergleichswerten, die von börsennotierten Unternehmen stammen, kann auch ein Vergleich mit Werten, die bei anderen M&A-Transaktionen zugrundegelegt wurden, sog. *„Transaction Comparables“*, durchgeführt werden. Statt des Börsenwerts bei den „Trading Comparables“ werden in diesem Fall tatsächlich realisierte Kaufpreise bei abgeschlossenen M&A-Transaktionen zu Grunde gelegt. Auf Basis dieser Preise werden die „gezahlten“ EBIT-, EBITDA-, Umsatz- oder andere Multiplikatoren berechnet und auf das Zielunternehmen übertragen.

Vorteil bei dieser Methode ist, dass Übernahmeprämien im Vergleichswert enthalten sind (vgl. Coenenberg & Jacoby, 2000, S. 187). Inzwischen stehen auch genügend spezialisierte Medien zur Verfügung, die, aufgegliedert nach Regionen und Branchen, über die getätigten Transaktionen berichten.

Neben den Problemen der generellen Vergleichbarkeit, die oben schon geschildert wurden, stellt sich aber auch die grundsätzliche Frage nach der Sinnhaftigkeit der Vergleichsgröße. Während bei den „Trading Comparables“ als Begründungsargument für den Vergleich die Effizienz des Börsenmarkts akzeptabel ist, erscheint die Rationalität der Vergleichsgröße bei den „Transaction Comparables“ durchaus fraglich. Die Art und Weise, wie der Kaufpreis bei den Vergleichstransaktionen zustande gekommen ist, muss nicht unbedingt effiziente Bewertungsüberlegungen widerspiegeln. Deutlich wurde dies in den Jahren 1999 und 2000 im Bereich der Telekommunikationsausrüstung, wo, gemessen an den klassischen Kennzahlen wie KGV, extrem hohe Preise bei Unternehmenskäufen bezahlt wurden. Ein Jahr später hatten sich diese Kaufpreise auf einen Bruchteil des zuvor Gezahlten gesenkt. Des Weiteren kann in den Vergleichstransaktionen auch eine gänzlich andere Risikoverteilung als im vorliegenden Fall z. B. über Garantien vorgenommen worden sein, die dann auch den Kaufpreis und damit die multiples beeinflusst haben, von außen aber nicht ersichtlich sind.

Abschließend kann zu den Vergleichs-Multiplikatoren festgestellt werden, dass eine nur auf diese Verfahren basierte Bewertung zu kurz greift. Die Multiplikatorenbewertung sollte aufgrund der geschilderten Nachteile als „erster Wurf" verstanden werden, der einen sehr groben Einblick in die Größenverhältnisse des Werts des Kaufobjekts gibt. Der Multiplikatorbewertung sollte eine DCF-basierte Bewertung folgen, um die Unternehmensspezifika berücksichtigen zu können.

#### 5.3.2.3 Der Restrukturierungswert

Durch die oben beschriebenen Verfahren ist die Ermittlung des Stand-Alone-Werts (vgl. Abb. 5.8) abgeschlossen. Wie in Abb. 5.8 gezeigt, besteht der Wert des Kaufobjekts aus Käufersicht aber noch aus weiteren Komponenten. Der *Restrukturierungswert* beinhaltet im Wesentlichen zwei Überlegungen.

Ist sich der Käufer sicher, dass er durch ein besseres Management beim Zielunternehmen zusätzliche, über die dem Stand-Alone-Wert zugrundeliegenden Cash-Flows hinausgehende Ergebnispotentiale realisieren kann, so stellt dies ein zusätzliches Wertpotential dar. Diese zusätzlichen Ergebnispotentiale werden vom Institut der Wirtschaftsprüfer in Deutschland (IDW) als „unechte Synergien" bezeichnet (vgl. 2008, S. 10). Zum zweiten können nicht betriebsnotwendige Vermögensgegenstände beim Zielunternehmen vorhanden sein, die im Fall einer Übernahme verkauft werden können und damit auch werttragend sind. Der Wertbeitrag bestimmt sich hier nach der Summe der Liquidationserlöse für die jeweiligen Vermögensgegenstände. Der Wert des nicht-betriebsnotwendigen Vermögens kann aber nur hier angesetzt werden, wenn er nicht schon vorher in der Stand-Alone-Bewertung berücksichtigt wurde (vgl. Abschn. 5.3.2.2).

Es ist offensichtlich, dass mit dem Ansatz eines Restrukturierungswertes sehr vorsichtig umgegangen werden sollte. Nur wenn klar erkennbare Managementfehler begangen wurden und werden oder für das Geschäft überflüssige Vermögensgegenstände vorhanden sind, sollte von einem positiven Restrukturierungswert ausgegangen werden. Ein Beispiel wäre ein verbessertes Working Capital Management. Verspricht sich der potenzielle Käufer durch Implementierung z. B. eines Just-In-Time-Liefersystems, das bisher beim Zielunternehmen nicht existiert, eine Freisetzung von gebundenem Kapital, so könnte dies als Teil des Restrukturierungswerts angesehen werden. Allerdings sollte der Käufer sich bewusst sein, dass er vielleicht nicht alle Rahmenbedingungen, die zu dem aktuell suboptimalen Strukturen und Managementmaßnahmen beim Zielunternehmen geführt haben, kennt.

Es ist im Übrigen auch vorstellbar, dass der Restrukturierungswert negativ sein kann. Wenn der Käufer aus einem anderen Land kommt und erst noch Managementerfahrung in dem Land aufbauen muss, andererseits aber die einheimischen Leistungsträger das Zielunternehmen verlassen, so kann die Qualität des Managements zumindest temporär sinken.

Das Berechnungsschema des Restrukturierungswertes lehnt sich an das in Abb. 5.11 gezeigte Schema an. Die Auswirkungen des verbesserten Managements auf die Cash-Flows sind zu quantifizieren und entsprechend zu diskontieren. Bei Veräußerung von Vermö-

**Synergien:** Zusätzliche positive und negative Ergebnis-/Cash-Effekte, die nach Übernahme und (Teil-)Integration auftreten.

| Arten von Synergien | Beispiele |
|---|---|
| • Umsatz-Synergien | + Zusatzumsätze durch Komplementarität im Produktspektrum bzw. in Regionen<br>- Abschmelzverluste |
| • Kosten-Synergien | + Kosteneinsparungen durch Volumeneffekte im Überlappungsbereich (Produkte, Regionen, Wertschöpfungsstufen)<br>+ Restrukturierungsgewinne (z.B. „Asset Stripping", bessere Führung)<br>- Restrukturierungskosten (z.B. Mitarbeiter-Abbau) |
| • Vermögens-Synergien | + Wirkungen Asset-Management<br>- zusätzliche Kapitalbindung (Anlagevermögen, Working Capital) |

**Abb. 5.15** Arten von Synergien

gensgegenständen sind die Erlöse in Periode 1 zu quantifizieren und in die Diskontierung einzubeziehen. Die Konsistenz in der Berechnung sichert, dass der Restrukturierungswert ohne Probleme zum Stand-Alone-Wert addiert werden kann.

#### 5.3.2.4 Der Synergiewert

Der in der Praxis am häufigsten und von der Höhe her oftmals größte Werttreiber aus Sicht des Käufers ist der *Synergiewert*. Durch die zu zahlende Übernahmeprämie ist es in vielen Fällen so, dass sich ein Kauf ohne die Realisierung von Synergien nicht rechnet (vgl. dazu Abb. 5.13). Was Synergien sind und wie sie identifiziert und realisiert werden können, wurde in Abschn. 4.3.1 im Rahmen des Strukturprozesses erläutert (vgl. insbesondere Abschn. 4.3.7). Die Synergien resultieren aus den im Pre-Closing-Integration-Plan entwickelten Maßnahmen.

Voraussetzung zur Berechnung des Synergiewerts ist die Quantifizierung der Synergien, wozu wiederum eine Einteilung und Klassifizierung sinnvoll ist. Es stellt sich also die Frage, was diese berühmt-berüchtigten Synergien genau sind und vor allem wie sie gemessen und realisiert werden können. Abbildung 5.15 zeigt eine mögliche Einteilung von Synergien (synonym dazu: Verbundeffekte), die sowohl positiver als auch negativer Art sein können.

Diese Arten von Synergien müssen durch entsprechende Maßnahmen bei der Integration realisiert werden (vgl. dazu z. B. Abschn. 4.3.3 im Strukturprozess). Abbildung 5.16 zeigt, gegliedert nach Funktionen, exemplarisch Maßnahmen, die zu solchen Synergien führen können (zu weiteren Maßnahmen und einer detaillierteren Einteilung von Synergien vgl. z. B. Meckl & Riedel, 2013; Horzella, 2010, S. 156–171; Riedel, 2010, S. 112–144).

| Funktionen | Maßnahmen (Beispiele) | Verantwortlicher und Termin | Barwert Jahre 1-5 | Zahlungsreihen | | | | |
|---|---|---|---|---|---|---|---|---|
| | | | | 1 | 2 | 3 | 4 | 5 |
| Einkauf | • Preissenkungen bei sich überlappendem Einkaufsvolumen in Werken<br>⋮ | | | | | | | |
| Produktion | • Volumen- und Rationalisierungseffekte durch Konzentration/Mehrauslastung von Produktionsstandorten<br>⋮ | | | | | | | |
| Vertrieb | • Volumensteigerung durch zusätzliche Vertriebswege<br>• Volumenabnahme durch Abschmelzverluste<br>⋮ | | | | | | | |
| Verwaltung | • Nutzung gemeinsam entwickelter DV-Verfahren<br>• zusätzliche Verwaltungskosten<br>⋮ | | | | | | | |
| ⋮ | | | | | | | | |

**Abb. 5.16** Quantifizierung von Synergien

Für jede Maßnahme ist eine Nettozahlungsreihe zu schätzen, in der die Aufwendungen aus der Umsetzung der Maßnahme mit den erwarteten Einspareffekten saldiert werden. Für die Erstellung der Zahlungsreihen sind die im Strukturprozess (vgl. Abschn. 4.3.3) definierten und im Business Plan (vgl. Abschn. 4.1.4) hinterlegten Maßnahmen zu verwenden. Beachtet werden sollte, dass Synergiemaßnahmen häufig nur zeitlich begrenzt wirken. Von unendlichen Zahlungsreihen ist deshalb abzuraten. Um eine Aggregation der Zahlen und eine Vergleichbarkeit und Verrechnung mit dem Stand-Alone-Wert zu erreichen, wird im zweiten Schritt eine Diskontierung der Einzelwerte aus der Zahlungsreihe vorgenommen. Als Diskontierungssatz sollte der gleiche Satz wie bei der Stand-Alone-Bewertung (vgl. Abschn. 5.3.2.2) verwendet werden, um die Konsistenz in der Gesamtrechnung zu erreichen. Allerdings ist dies streng genommen nur dann zulässig, wenn ein vergleichbares Risikopotenzial bei den Synergien vorliegt. Ist dies nicht der Fall, muss ein erhöhter Risikozuschlag eingesetzt werden. Es ergibt sich daraus für jede Maßnahme ein Barwert der erwarteten Einzahlungen, der sich aufgrund der Kosten der Maßnahmen ins Negative verkehren kann. Über eine Addition der Einzelwerte kann zunächst für jedes Funktionsfeld ein Synergiebarwert ermittelt werden, aus dem dann ein Gesamtwert der Synergien errechnet werden kann (vgl. auch Abb. 5.8).

Bei der Quantifizierung und Bewertung der Synergien ergibt sich die Schwierigkeit, die Synergien realitätsnah zu schätzen. Ein Problem besteht in der teilweise nur schwer möglichen Monetarisierung von Synergieeffekten, da die zu erwartenden Effekte mit einer hohen Unsicherheit in ihrer Quantität und auch zeitlichen Wirkung behaftet sind (vgl. Horzella, 2010, S. 163). Das Problem der Schätzung der Werte kann zumindest entschärft werden, wenn als Grundlage der Erfolg von Anpassungs- und Veränderungsprozessen in der Vergangenheit sowie die Ausprägung der Veränderungsbereitschaft der Unternehmen hergenommen werden (vgl. Tonscheidt-Gösstl & Stolzenburg, 1998, S. 39). Die Identifikation operativer Wertsteigerungspotentiale kann auch durch Benchmarking mit branchen- und größenmäßig vergleichbaren Unternehmen stattfinden. Letztendlich werden aber die einzelnen Funktionsteams auf das eigene Unternehmen bezogen nach Synergien suchen und diese durch detaillierte Maßnahmen belegen müssen. Der Informationsprozess, in dem im Verlauf der Transaktionsphase weitere Informationen über das Kaufobjekt gesammelt werden, stellt einen wichtigen Unterstützungsprozess für die Synergiebewertung dar (vgl. Abschn. 5.1).

Grundsätzlich ist aber festzuhalten, dass die Gefahr der Überschätzung der Synergieeffekte sehr groß ist, wie viele leidvolle Erfahrungen aus der Praxis zeigen (vgl. z. B. Sirower, 1997, S. 24–28). Die Gründe für diese Überschätzungstendenz sind vielfältig:

- ungenaue Informationen über das Kaufobjekt,
- falsche Einschätzung des zeitlichen und finanziellen Aufwands von Prozessveränderungen,
- unklare Vorstellungen von Einsparpotentialen,
- Unterschätzung bzw. Vergessen von Kostenblöcken, die zwar nach der Restrukturierung eigentlich nicht mehr benötigt werden, aber dennoch nicht schnell abgebaut werden können („Remanenzen"),
- bewusste, sehr optimistische Einschätzung der Synergierealisierung durch Befürworter der Transaktion,
- mangelndes Umsetzungsmanagement.

Eine Lösung für dieses Überschätzungsproblem bei Synergien ist allgemein gültig nicht zu finden. Es bleibt im Wesentlichen nur der Appell an die „Synergieberechner" mit einer eher skeptischen Haltung an die Identifikation und Berechnung heranzugehen. Wichtig ist, dass die Synergierealisierung regelmäßig einem wertorientierten Controlling unterzogen wird, um nötigenfalls früh gegensteuern zu können (vgl. dazu auch die Ausführungen in Abschn. 5.4 zum Teilprozess Controlling).

Wählt man die Vorgehensweise wie in Abb. 5.16 gezeigt, erhält man eine periodenbezogene Netto-Zahlungsreihe, die durch Diskontierung zu einem Synergiewert zusammengefasst werden kann. Der so berechnete Wert passt von der Bewertungssystematik her in das oben beschriebene Bewertungsverfahren zur Ermittlung des subjektiven Unternehmenswerts (vgl. Abb. 5.8), so dass der Synergiewert einfach zum Stand-Alone-Wert addiert werden kann.

#### 5.3.2.5 Kosten und Risiken der Transaktion

Abbildung 5.8 zeigt noch zwei negative Wertkomponenten der Wert-Brücke zur Ermittlung des subjektiven Unternehmenswerts.

Mit einem M&A-Projekt sind immer auch *Kosten der Transaktion* verbunden. Direkte Kosten treten auf in Form von Honoraren für Investment-Banker, Wirtschaftsprüfer, Steuerexperten bzw. generell für externe Berater und Dienstleister in Zusammenhang mit der M&A-Transaktion (vgl. genauer dazu Abschn. 2.2.2.2). Zu beachten ist, dass hier versunkene Kosten, also diejenigen Kostenbestandteile, die zum Zeitpunkt der Bewertung bereits angefallen sind, für die weitere Entscheidungsfindung nicht eingerechnet werden dürfen, da sie aufgrund ihres Charakters nicht mehr entscheidungsrelevant sind. Allerdings kann man aus informatorischen Gründen auch eine Schattenrechnung aufstellen, die diese Kosten integriert. Spätestens beim Gesamtprojektcontrolling wird diese Rechnung dann wieder relevant werden (vgl. dazu Abschn. 5.4.2).

Schwer zu beziffern, aber dennoch bemerkenswert sind die *Opportunitätskosten*, die durch die Beschäftigung interner Kapazitäten mit der Transaktion entstehen. Wenn sich die Unternehmensspitze oder das Top-Management eines Geschäftsbereichs über längere Zeit ausschließlich oder größtenteils mit einem M&A-Projekt beschäftigt, so leidet zwangsläufig das operative Alltagsgeschäft. Das Gleiche gilt für die Mitglieder des Managements auf unterer Ebene bis hin zu den ausführenden Stellen.

Bleibt noch die negative Wertkomponente *Risiken der Transaktion*. Bei der Erläuterung der Kernprozesse, insbesondere beim Strukturprozess (vgl. Abschn. 4.3) wurde immer wieder auf mögliche Risiken, vor allem in der Integration hingewiesen. Ein beispielhafter Punkt ist hierbei die in Abschn. 5.3.2.4 beschriebene Gefahr der Überschätzung von Synergien. Generell ergeben sich Risiken vor allem in der Integrationsphase durch:

- eine falsche Einschätzung der Situation des Zielunternehmens, sowohl was die marktliche Stellung als auch die Ressourcenqualität betrifft,
- ein Übersehen von operativen und finanziellen Risiken in der Due Diligence, die zu Wertverlusten führen,
- eine falsche Einschätzung der Marktentwicklung,
- eine falsche Einschätzung der Synergiemöglichkeiten,
- eine verspätete Realisierung von Wertpotentialen in der Integration.

Teile dieser Risiken wurden allerdings bei der bisherigen Wertberechnung schon berücksichtigt. Bei der Erstellung der Geschäftspläne kann schon ein Risikoabschlag enthalten sein. Der Kalkulationszinssatz enthält bereits das unternehmerische Risiko. Die Synergiebewertung wurde, wie vorgeschlagen, vorsichtig vorgenommen. Trotz dieser risikobewussten Vorgehensweise zeigen aber Vergleiche von Wertberechnung mit dann tatsächlich eingetroffenen Werten, dass ein zusätzlicher Risikoabschlag in der Praxis gerechtfertigt ist. Allerdings ist darauf zu achten, dass Risiken nicht doppelt und dreifach in der Wertermittlung eingepreist werden.

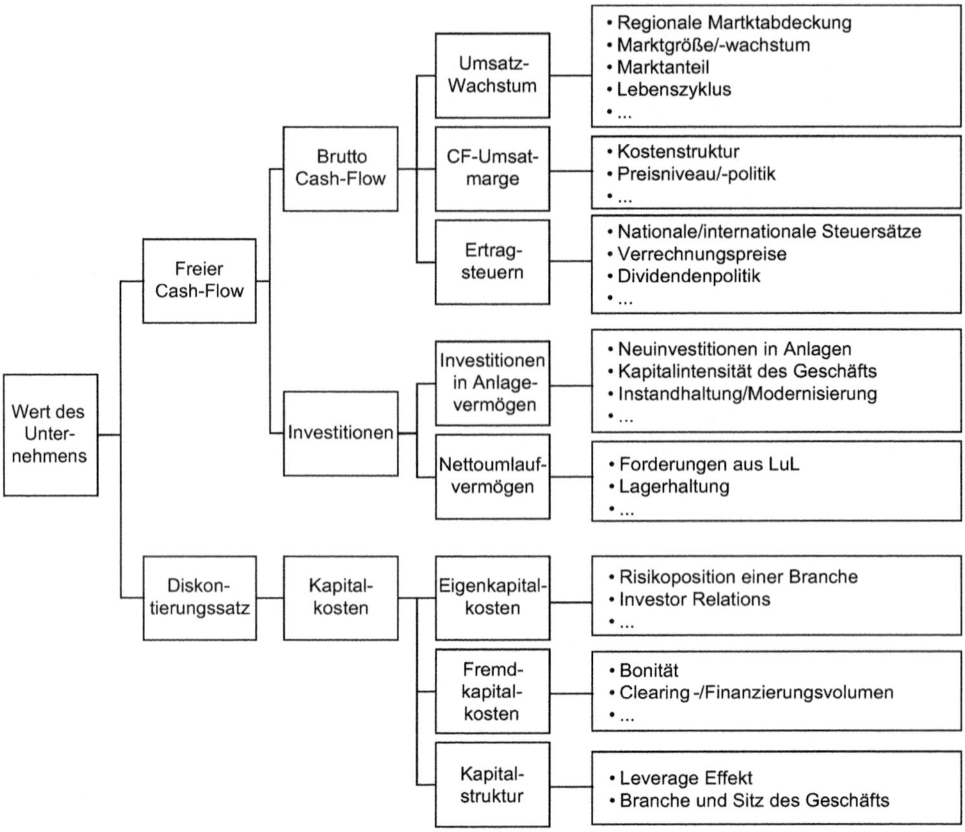


**Abb. 5.17** Werttreiberanalyse im DCF-Verfahren

Problematisch ist auch aus diesem Grund die Quantifizierung dieses Risikos. Von der Systematik her müsste die sich nach Stand-Alone-Bewertung, Restrukturierung und Synergien ergebende Cash-Flow-Reihe periodenbezogen reduziert werden. Der Barwert dieser Reduzierung stellt die in Abb. 5.8 gezeigte Risikokomponente dar. Allgemeine Vorschläge, wie z. B. 10 % Reduktion der ermittelten Cash-Flow-Reihen, sind zu pauschal. Eine Möglichkeit, ein Gefühl für die Risiken zu bekommen, besteht in der Durchführung von Sensitivitätsanalysen. Ziel dieser Analysen ist es, bzgl. bestimmter werttreibender Faktoren zu überprüfen, welche Auswirkungen ein (teilweiser) Wegfall dieser Faktoren für den Unternehmenswert hat. So sollte z. B. die Beeinflussung des Werts bei einer verspäteten Realisierung der Synergien simuliert werden. In den Geschäftsplänen könnte beispielsweise ein Szenario entwickelt werden, das einen Misserfolg in einer regionalen Marktbearbeitung abbildet. Auch sollten Veränderungen des Diskontierungssatzes geprüft werden. Abbildung 5.17 zeigt eine solche Werttreiberanalyse, die als Basis für die Sensitivitätsanalyse nötig ist.

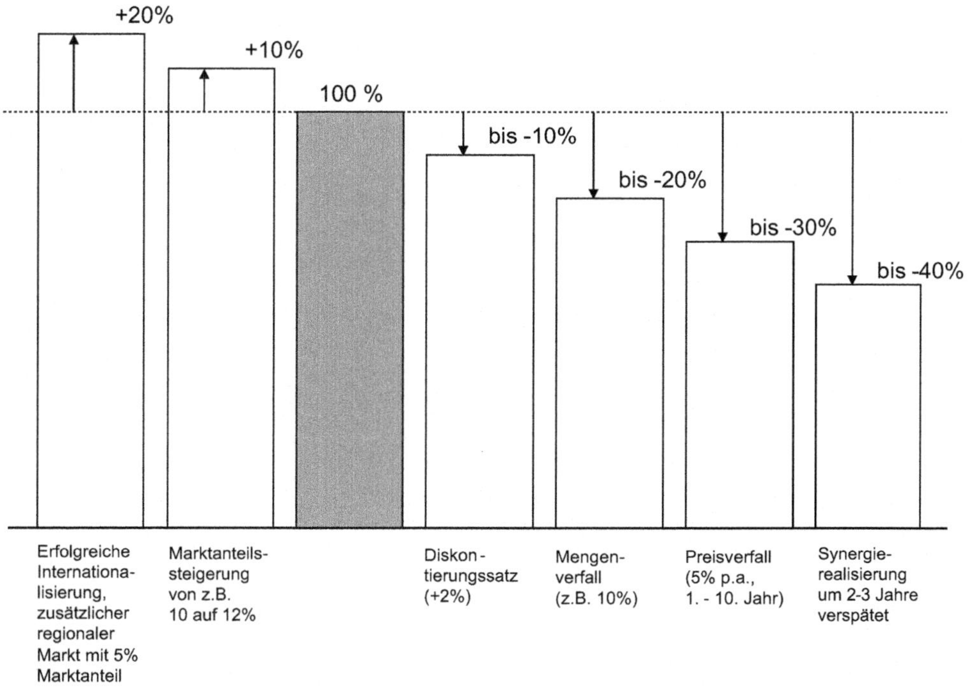


**Abb. 5.18** Sensitivitätsanalyse für Werttreiber

Aufbauend auf dieser Identifizierung wichtiger Größen für den Unternehmenswert zeigt Abb. 5.18 ein fiktives Beispiel für Sensitivitäten.

Angesichts der sich ergebenden Sensitivitäten fällt eine Einschätzung des Risikos, das mit dem bisher errechneten Wert verbunden ist, leichter. Dementsprechend kann die Risikokomponente besser eingeschätzt und ein Abschlag vom bisher errechneten Wert vorgenommen werden.

#### 5.3.2.6 Der subjektive Unternehmenswert vs. Kaufpreis

Addiert bzw. subtrahiert man alle Wertkomponenten, die in Abb. 5.8 aufgeführt sind, erhält man den Gesamtwert des Zielunternehmens aus Sicht des Käufers. Die käuferbezogene Subjektivität des Werts kommt dadurch zustande, dass zu dem objektiven Stand-Alone-Wert Komponenten addiert bzw. subtrahiert werden, deren Höhe auf spezifische Gegebenheiten des Kaufinteressenten zurückzuführen ist.

Dieser so berechnete subjektive Unternehmenswert dient als Referenzgröße für den Käufer in den Verhandlungen mit dem Verkäufer. Er hat damit eine wichtige Argumentationsfunktion (vgl. dazu Behringer, 2013, S. 183–187).

Wichtig ist die Unterscheidung zwischen dem Wert des Unternehmens und dem Kaufpreis. Während der Wert das Ergebnis des oben erläuterten Bewertungsprozesses darstellt, ergibt sich der letztendliche Kaufpreis als Ergebnis der Verhandlungen mit dem Verkäufer.

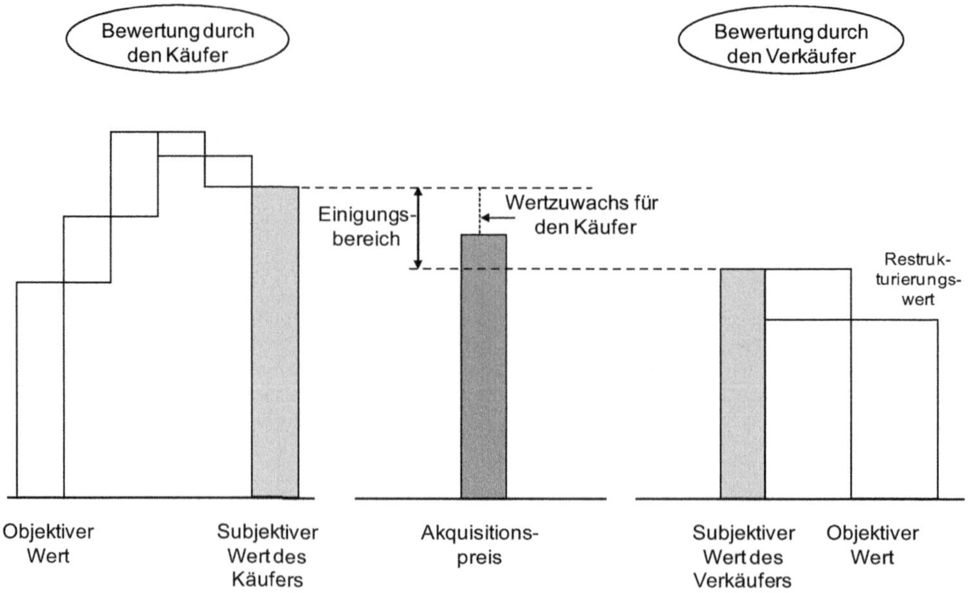


**Abb. 5.19** Preisbildung bei M&A-Transaktionen

Für den Käufer stellt der subjektive Unternehmenswert die absolute Obergrenze des Kaufpreises dar. Wird mehr bezahlt, so wird beim Käufer Wert vernichtet. Wenn genau der subjektive Unternehmenswert bezahlt wird, so werden alle Synergien, die vom Käufer ja erst noch erwirtschaftet werden müssen, an den Verkäufer abgegeben.

Der Verkäufer berechnet ebenfalls einen Wert des Unternehmens, das er verkaufen will. Anders als beim Verkäufer setzt sich dieser Wert nur aus zwei Komponenten zusammen. Zum einen wird auch der Stand-Alone-Wert analog zur Vorgehensweise des Verkäufers berechnet. In vielen Fällen wird aber der Verkäufer noch Wertsteigerungspotential z. B. durch Restrukturierung sehen, die er selbst durchführen könnte, so dass zu dem Stand-Alone-Wert noch ein Restrukturierungswert des Verkäufers dazukommt. Daraus ergibt sich ein für ihn subjektiver Unternehmenswert. Dieser subjektive Unternehmenswert aus Verkäufersicht stellt dessen Preisuntergrenze dar. Abbildung 5.19 zeigt den sich daraus ergebenden Verhandlungsspielraum (vgl. zur Darstellung auch Scholz, 2000, S. 51).

Liegt der subjektive Wert des Käufers über dem subjektiven Wert des Verkäufers, so ist eine Einigung grundsätzlich möglich. Dass dies der Fall ist, erscheint aber als nicht selbstverständlich. Selbst beim Stand-Alone-Wert können sich aufgrund der unterschiedlichen Bewertungsverfahren und Geschäftspläne schon erhebliche Unterschiede ergeben, wobei der Verkäufer natürlich ein Verfahren wählen wird, das günstig für ihn ist.

Wie sollte nun vorgegangen werden, wenn kein Einigungsbereich besteht? Häufig wird dann argumentiert, dass sich die Akquisition zwar nicht rechnet, aber trotzdem „aus strategischen Gründen" das Kaufpreisgebot erhöht und die Transaktion getätigt werden sollte (vgl. Eccles, Lanes & Wilson, 1999, S. 142). Gerade wenn ein bisheriger Wettbewerber gekauft werden soll, ist die Versuchung groß, über den subjektiven Unternehmenswert hinauszugehen. Den „strategischen Gründen“ muss aber insofern widersprochen werden, als die strategischen Argumente sich in den Free Cash-Flows bzw. den Synergien niederschlagen müssten. Eine Strategie als Selbstzweck sollte es in marktwirtschaftlich organisierten Unternehmen nicht geben. Falls es also wirklich aus strategischer Sicht große Vorteile bringt, z. B. den Wettbewerber vom Markt zu nehmen, dann zeigt sich das in entsprechend erhöhten Cash-Flows und ist damit im Bewertungskalkül enthalten.

Wo im Einigungsbereich der Kaufpreis dann genau liegen wird, hängt vom Verhandlungsgeschick und der Verhandlungstaktik der Beteiligten ab. Die Grundlagen zu M&A-Verhandlungen und Vorschläge zur konkreten Vorgehensweise wurden in Abschn. 4.2.6 erläutert. Allgemein gültige Empfehlungen abzugeben ist angesichts der Heterogenität der Verhandlungssituationen schwierig. Die Positionen von Verkäufer und Käufer werden im Wesentlichen durch die aktuelle ökonomische Situation des Ziel- sowie des kaufenden Unternehmens bestimmt. Dahinter steht die Verkaufs- bzw. die Kaufdringlichkeit der beteiligten Parteien. Hinzu kommt, ob das Angebot öffentlich oder nicht-öffentlich und vor allem ob es freundlich, also im Einverständnis mit dem Management des Zielunternehmens, oder feindlich unterbreitet worden ist. Auch die Anzahl der Interessenten für den Kauf ist von zentraler Bedeutung.

Wichtig ist aus Sicht des Käufers auch, dass die Möglichkeit von Nachbesserungsklauseln genutzt wird (vgl. dazu auch Abschn. 4.2.6). Nachbesserungsklausel bedeutet, dass ein Teil des Kaufpreises nur dann fällig bzw. nicht zurückgezahlt werden muss, wenn bestimmte Kennzahlen in den nächsten Jahren erreicht werden. Primär ist hier natürlich an Gewinn- oder auch Absatzkennzahlen zu denken. Durch Nachbesserungsklauseln gelingt es dem Käufer, einen Teil des Akquisitionsrisikos auf den Verkäufer zu übertragen. Das wiederum sollte positive Auswirkungen auf seinen subjektiven Unternehmenswert haben, da die Einschätzung des Risikos sinkt.

Erfahrungsgemäß dreht sich die bewertungsbezogene Diskussion um die Plausibilität der Geschäftspläne. Technische Details wie die Art des anzuwendenden Verfahrens oder auch die Behandlung von Risiken, die in der Due Diligence aufgetaucht sind, können häufig relativ schnell geklärt werden. Grundsätzlich empfiehlt es sich, bei der Diskussion der Geschäftspläne auf externe Daten von Dritten zurückzugreifen und z. B. andere, vergleichbare Wettbewerber als Benchmark zu verwenden. Dadurch können Daten von „unabhängigen Dritten“ z. B. dazu verwendet werden, unrealistische Renditeprognosen von Seiten des Verkäufers zu relativieren.

Solche „unabhängige Dritte“ können zur Wert- bzw. Kaufpreisfindung auch im Rahmen einer sog. „Fairness Opinion“ eingesetzt werden. Eine „Fairness Opinion“ ist eine schriftliche Stellungnahme eines unabhängigen Sachverständigen, die im Rahmen einer M&A-Transaktion zur finanziellen Angemessenheit eines Kaufangebots abgegeben wird (vgl. z. B. Schwetzler, Aders, Salcher & Bornemann, 2005, S. 107; Borowicz, 2005, S. 254; Klamar & Raab, 2013). Die ursprünglich aus den USA stammende Fairness Opinion wird inzwischen auch in Deutschland aufgrund der Internationalisierung der Kapitalmärkte und der Veränderungen in der Finanzmarktgesetzgebung häufig eingesetzt (vgl. Georgieff &

Weber, 2012, S. 12, 15). Neben der Erleichterung einer Einigung mit dem Verkäufer besteht die Funktion einer solchen Fairness Opinion auch in der Absicherung der Organe der beteiligten Unternehmen, was die Angemessenheit der Zahlung betrifft, gegenüber den Stakeholdergruppen, wie z. B. den eigenen Aktionären. Die Qualität und Akzeptanz einer solchen Opinion hängt wesentlich von der fachlichen Qualifikation und der Neutralität der Sachverständigen ab (vgl. allgemein zu Grundsätzen der Erstellung einer Fairness Opinion: Deutsche Vereinigung für Finanzanalyse und Asset Management, 2008). In den meisten Fällen sind Fairness Opinions Unternehmensbewertungen, die auf der Basis von plausiblen Business Plänen und einer Risikoeinschätzung mit gängigen Verfahren durchgeführt werden. Investment-Banker oder Wirtschaftsprüfungsgesellschaften kommen als Sachverständige meist in Betracht. Diese dürfen keine Interessenkonflikte aufweisen bzw. müssen diese dem Adressaten der Opinion offenlegen (für eine Übersicht möglicher Interessenkonflikte vgl. Borowicz, 2005, S. 257–258). Sind die fachlichen und institutionellen Voraussetzungen erfüllt, so kann die Fairness Opinion durchaus eine Möglichkeit sein, einen Kompromiss in den Verhandlungen zu erreichen.

Bei internationalen Akquisitionen ist die Beachtung des sozio-kulturellen Hintergrunds bei den Verhandlungen wichtig. Es bringt sicherlich Vorteile, wenn sich die Verhandlungsführer mit der Sprache, den kulturspezifischen Eigenarten einer Verhandlungsführung, den bewussten und unbewussten Signalen, den gewünschten Rahmenbedingungen und den sozio-kulturell bedingten „Do's and Don'ts" beschäftigen (zur interkulturellen Verhandlungsführung vgl. allgemein Bergemann & Sourisseaux, 2003; Heringer, 2012; exemplarisch für einen speziellen Fall Martin, 2001). Dies bedeutet natürlich nicht, dass man sich auf den Verhandlungsstil des anderen einlassen muss. Aber es hilft, Missverständnisse zu vermeiden und das Verhandlungsklima richtig einzuschätzen. Die Verhandlungserfahrung bezogen auf ein bestimmtes Land ist deswegen eine wichtige Erfolgsvariable.

Neben den sprachlichen und kulturellen Barrieren sind aber für die Verhandlungen auch die rechtlichen Rahmenbedingungen wichtig. Rechtliche Form- und Terminvorschriften z. B. können die Verhandlungsposition des ausländischen Käufers schwächen. Für diese Fälle empfiehlt sich die Einschaltung eines einheimischen Experten.

Ist eine Einigung über den Kaufpreis erreicht worden, so ist dieser in den Umsetzungsverträgen zu fixieren. Dies bedeutet nicht, dass in den Verträgen nur eine Summe genannt wird. Vielmehr werden normalerweise eine Vielzahl von Garantien, Risikoübernahmen und Bedingungen ebenfalls fixiert, die dann in ihrer Gesamtheit betrachtet erst eine Einschätzung des Kaufpreises erlauben (vgl. dazu auch die Ausführungen zur Due Diligence in Abschn. 5.1.4 und vor allem zur Vertragsgestaltung Abschn. 4.2.6.2).

#### 5.3.2.7 Internationale Aspekte der Bewertung von Zielunternehmen

Die in den vorherigen Abschnitten geschilderte methodische Vorgehensweise gilt sowohl für Akquisitionen im nationalen wie im internationalen Bereich. Allerdings gibt es bei der Bewertung von ausländischen Unternehmen noch einige Besonderheiten zu beachten, die sich durch andere Rahmenbedingungen in anderen Ländern ergeben (vgl. im Detail zur internationalen Unternehmensbewertung z. B. Ernst, Amann, Großmann & Lump, 2012). Folgende Punkte erscheinen hier wichtig:

**Diskontierungssatz**
Welcher Diskontierungssatz bei Auslandsakquisitionen verwendet werden soll, ist durchaus umstritten. So plädieren Copeland, Koller und Murrin dafür, den ausländischen Zinssatz zu verwenden, da er „die Opportunitätskosten des Kapitals im Ausland einschließlich der erwarteten Inflation und der marktbestimmten Risikoprämie widerspiegelt" (2002, S. 412). Allerdings überzeugt Kengelbachs Argument, dass sich „die Analyse der Vorteilhaftigkeit eines Zahlungsstroms an demjenigen zu orientieren [hat], der diesen Zahlungsstrom kaufen will, also dem inländischen Investor" (2000, S. 176), was für den inländischen Zinssatz sprechen würde.

**Internationale Besteuerung**
Über bilaterale Abkommen, die zwischen vielen Ländern abgeschlossen worden sind, soll verhindert werden, dass es zu einer doppelten Besteuerung von Erträgen bei grenzüberschreitenden Transaktionen kommt. Neben Vorhandensein und Inhalt eines solchen sog. Doppelbesteuerungsabkommens ist für das Zielland zu prüfen, wie dort Ertrags- und Kapitalsteuern ausgestaltet sind und den Cash-Flow verkürzen. Wichtig sind auch Regelungen über die Verrechnung von Verlustvorträgen bei ausländischen Tochtergesellschaften mit inländischen Gewinnen (vgl. allgemein zur Besteuerung von internationalen M&A-Transaktionen z. B. Fischer, 1999).

**Einfluss von Länderrisiken auf die Bewertung**
Das Länderrisiko besteht aus dem Transferrisiko, das durch die Nichtverfügbarkeit von Devisen in einem Land bedingt ist und aus dem politischen Risiko, das in einer Unwilligkeit des Landes zur Begleichung der Auslandsschulden besteht. Auch kann es politisch bedingt zu einer Einschränkung der Transferierbarkeit von Unternehmensgewinnen für ausländische Investoren bis hin zu faktischen Enteignungen kommen. Zur generellen Einschätzung von Länderrisiken liegen inzwischen Ratingskalen, die alle Länder enthalten, vor (vgl. z. B. www.beri.com). Allerdings ist es schwierig, hieraus konkrete Rückschlüsse für die Einzelbewertung zu ziehen. Es bleibt nichts anderes übrig, als dieses Risiko durch einen Abschlag in den Netto-Zahlungsreihen, einen Risikozuschlag beim Diskontierungssatz oder durch einen pauschalen Risikoabschlag vom Unternehmenswert (vgl. dazu auch Abb. 5.8) zu berücksichtigen.

**Einfluss von Währungsrisiken auf die Bewertung**
Die zu erwartenden Cash-Flows aus einer Auslandsakquisition sind in inländische Währung zu konvertieren, was zu einem Währungsrisiko führt. Eine Möglichkeit, solche Risiken generell zu vermeiden, liegt in der Absicherung der erwarteten offenen Währungsposition durch Finanzinstrumente wie z. B. Devisentermingeschäfte oder Optionen. Aller-

dings sind solche Absicherungen mit Kosten verbunden, die als Abschlag von den Cash-Flow-Reihen anzusetzen sind.

**Inflation**
Durch starke Preissteigerungen in einzelnen Ländern verliert die Rechnungslegung ihre Aussagekraft, da Scheingewinne ausgewiesen werden, womit Daten aus der Rechnungslegung nur mehr bedingt als Grundlage für die Unternehmensbewertung geeignet sind (vgl. Behringer, 2013, S. 259–260).

**Unterschiedliche Rechnungslegungsnormen**
Geeignete Anpassungen sind notwendig, um die relevanten Größen, wie z. B. den Free Cash-Flow auch richtig interpretieren zu können, wenn ein Unternehmen in einem Land akquiriert wird, dessen Free Cash-Flow Berechnung signifikant von den im eigenen Land geltenden Berechnungsgrundsätzen abweicht. Die Tendenz zur internationalen Vereinheitlichung der Rechnungslegungssysteme mindert dieses Problem (vgl. Behringer, 2013, S. 258–259).

Zusätzliche Kosten, die z. B. durch die Adaption von Produkten für den Auslandsmarkt entstehen, sollten bereits im Synergiewert als negative Cash-Flows enthalten sein und damit nicht spezifisch nochmals aufgenommen werden.

#### 5.3.2.8 Kritische Stellen im Bewertungsprozess und Verbindung zu anderen Teilprozessen

Inhaltlich und strukturell sind mehrere *kritische Aspekte im Bewertungsprozess* zu beachten. Die Qualität der Bewertung hängt entscheidend von der Richtigkeit der zugrunde liegenden Geschäftspläne ab. Natürlich ist die Wahl eines leistungsfähigen Bewertungsverfahrens wichtig. Die maßgeblichen Änderungen des Unternehmenswerts resultieren aber normalerweise nicht aus einem Wechsel des Verfahrens, sondern aus einer Änderung in den Geschäftsplänen und damit letztendlich aus einer Veränderung der erwarteten Cash-Flows. Die Schwachstelle liegt damit zumindest bei den zukunftsbezogenen Bewertungsverfahren wie der DCF-Methode in der Notwendigkeit der Schätzung unsicherer zukünftiger Größen. Dieses Grundsatzproblem ist vom Prinzip her nicht lösbar. Allerdings kann durch eine detaillierte Planung, die durch interne und externe Werttreiber untermauert sein sollte, die Unsicherheit zumindest teilweise verringert werden.

Ein weiterer Erfolgsfaktor liegt in der Anwendung mehrerer Verfahren. Wie oben erläutert hat sich das DCF-Verfahren aufgrund seiner Wertorientierung international durchgesetzt. Es empfiehlt sich aber, auch andere Methoden wie die Vergleichsverfahren heranzuziehen oder zur Bestimmung von Wertuntergrenzen auch den Substanz- bzw. Liquidationswert zu berechnen. Auch Mischverfahren, also z. B. die Mittelung der Werte aus zwei verschiedenen Verfahren können angewendet werden. Dadurch erhält man eine Bandbreite, die eine Einschätzung des „realistischen“ Wertes des Zielunternehmens erlaubt. Allerdings muss man sich von der Vorstellung lösen, dass der Unternehmenswert punktgenau in Form einer Zahl bestimmt werden kann.

Eine Schwachstelle bei der Bewertung kann die technisch richtige Anwendung z. B. des DCF-Verfahrens sein. Hier gilt es, Fehlerquellen, die das Ergebnis der Bewertung verfälschen können, zu vermeiden. Die Fehlerquellen reichen von der Verwendung falscher Zahlungsgrößen, über die mangelnde Berücksichtigung von Steuereffekten bis hin zu falschen Annahmen bei der Kapitalstruktur (eine Übersicht über die gravierendsten Fehler bei der Unternehmensbewertung geben z. B. Baecker, Gleißner & Hommel, 2007). Sollte im Unternehmen das erforderliche Know-how nicht oder nur ungenügend vorhanden sein, so empfiehlt es sich, externe Berater wie z. B. Wirtschaftsprüfer oder Investment Banker damit zu beauftragen.

Problematisch ist in jedem Fall die Bestimmung des Stand-Alone-Werts von jungen Unternehmen vor allem aus dem High-Tech-Bereich (vgl. z. B. Schwetzler, 2000, 2001). Es fällt sehr schwer, in diesem Fall die Cash-Flows realistisch zu schätzen. Wenn das Unternehmen noch kein Produkt sondern bestenfalls ein Patent, vielleicht auch nur das technologische Expertenwissen einiger Mitarbeiter hat, so ist die Investition in das Unternehmen mit einem hohen Risiko belastet, was sich in einer unsicheren Unternehmensbewertung widerspiegelt. Je unreifer eine Technologie bzw. je marktferner eine Produktentwicklung, desto höher muss ein Risikoabschlag sein. So ist es z. B. entscheidend, ob der Praxistest bei einem Leitkunden schon bestanden ist oder noch nicht, wie die Produktentwicklung im Zeitwettbewerb mit den Wettbewerbern liegt und ob belastbare Aussagen über Marktvolumina vorhanden sind. Sind alle diese Faktoren nicht gegeben, so ist ohnehin größte Vorsicht bei der Akquisition angebracht.

Beim Kauf von jungen Unternehmen, die noch keine hohen Assets haben, ergibt sich ein weiteres Problem in extremer Form, das aber auch beim Kauf von etablierten Unternehmen auftreten kann. Wird ein Kaufpreis bezahlt, der über dem Substanzwert liegt, was ja der Normalfall sein dürfte, so muss als Ausgleich der derivative Firmenwert, der sog. *Goodwill* eingebucht werden. Dieser Goodwill wird als Position im Anlagevermögen vermerkt. Er wird nicht, wie früher üblich, linear auf maximal 15 Jahre abgeschrieben. Die IFRS-Vorschriften sehen vor, dass jährlich im Rahmen des sog. „Impairment Tests" überprüft wird, ob sich der Wert des gekauften Unternehmens so verändert hat, dass eine Sonderabschreibung vorgenommen werden muss (vgl. im Detail dazu Pellens, Fülbier, Gassen & Sellhorn, 2014, S. 302–304, 774–781). Diese Bilanzierungsregel sieht damit den Goodwill nicht als abnutzbaren Vermögensgegenstand. Die Folge dieser jährlichen Prüfung ist, dass aufgrund einer unvorhergesehenen Goodwill-Abschreibung die Planziele für die nächsten Jahre nicht erreicht werden können. Die Unsicherheit in der Planung steigt.

Im Sinne eines Gesamtprozessmanagements ist zum Schluss die *Verbindung des Bewertungsprozesses zu anderen Teilprozessen* zu spezifizieren. Der Bewertungsprozess liefert einen maßgeblichen Input für die wichtigen Arbeitspakete der Kern- und Teilprozesse der M&A-Transaktion (vgl. Abb. 5.20; vgl. zur generellen Übersicht über den M&A-Gesamtprozess Abb. 3.13).

Wie in Abb. 5.7 dargestellt wurde, wird der Bewertungsprozess in zwei Arbeitspakete aufgeteilt. Die Grobbewertung, die in der relativ frühen Phase der Transaktion erfolgt, soll

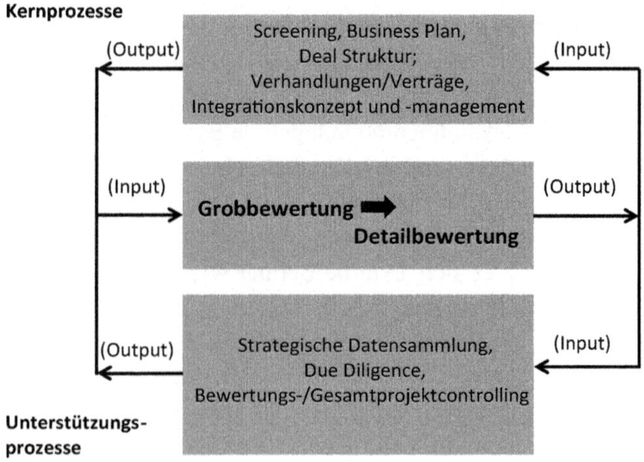


**Abb. 5.20** Schnittstellen von Grob- und Detailbewertung mit anderen Arbeitspaketen

eine Bandbreite von Werten liefern, die als realistisch für den Abschluss angesehen werden können. Diese dienen z. B. zur Überprüfung des strategischen Fit (vgl. Abschn. 4.1.3) im Rahmen des Screening. Das Verfahren der Wahl für diese Anwendung sind die oben dargestellten Multiplikatorverfahren (vgl. Abschn. 5.3.2.2), da diese eine schnelle und wenig aufwändige Ermittlung eines groben Werts des Zielunternehmens erlauben. Die fehlende Exaktheit kann in dieser Phase der M&A-Transaktion akzeptiert werden.

Basis für die Bewertung sind die erstellten Business Pläne, die auch für das Zielunternehmen Stand-Alone im Rahmen der Simulation erstellt werden. Die Simulation wiederum liefert erste Daten für die Bewertung der Gesamteinheit. Bereits in der Vorfeldphase, noch wesentlich stärker in der Transaktionsphase, ist der Bewertungsprozess auf einen qualitativ hochwertigen Input aus dem Informationsprozess, insbesondere von den Arbeitspaketen „Datensammlung“ und vor allem der „Due Diligence“, angewiesen. Schon bei der Vorbereitung der Due Diligence müssen die für die Bewertung nötigen Daten identifiziert werden. Es muss im Rahmen der Commercial und der Financial Due Diligence (vgl. Abschn. 5.1.4.7) gezielt nach diesen gesucht werden. In der Commercial Due Diligence sind Marktpositionierungen und Deckungsbeiträge wichtiger Produkte, in der Financial Due Diligence Nettofinanzverbindlichkeiten oder Pensionsverpflichtungen Beispiele für solche Daten (für weitere Beispiele vgl. Nestler, 2013, S. 66–69; zum detaillierten Zusammenhang von Bewertung mit Due Diligence und Kaufvertrag vgl. Feix, 2013, S. 220–221; Lehmann, 2011). Die Due Diligence bekommt wiederum als Input vom Bewertungsprozess Anfragen zu noch fehlenden Informationen, die für die Detailbewertung benötigt werden.

Mit zunehmender Konkretheit der zur Verfügung stehenden Informationen über das Zielunternehmen und dem Fortschritt der Verhandlungen muss diese Bandbreite durch eine Detailbewertung deutlich eingegrenzt werden, um so eine Basis für die Deal Strukturierung (vgl. Abschn. 4.2.5) und die Kaufpreisverhandlungen (vgl. Abschn. 4.2.6) zu haben. Insbesondere für die Kaufpreisverhandlungen und die Vertragsentwicklung muss ein Wert des Zielunternehmens als maximaler Kaufpreis vom Bewertungsprozess geliefert und auch regelmäßig aktualisiert werden.

Das letztendliche Ziel des Bewertungsprozesses ist die möglichst exakte Ermittlung des Werts des zur Disposition stehenden Unternehmens aus Käufersicht und in den anschließenden Verhandlungen die Durchsetzung eines Kaufpreises, der aus Sicht des Käufers unterhalb des ermittelten Wertes liegt.

Das Bewertungscontrolling nimmt die Ergebnisse des Bewertungsprozesses und stellt durch steuernde Maßnahmen sicher, dass die Ergebnisse im M&A-Prozess berücksichtigt werden und die dahinter stehenden Annahmen auch weiter gültig sind (vgl. im Detail dazu Abschn. 5.4.3). Eine zentrale Bedeutung hat die Bewertung für das Gesamtprojektcontrolling. Die quantifizierten Größen aus der Bewertung sind als Soll-Größen für das Gesamtprojektcontrolling zu sehen. Die einzelnen Wertkomponenten (vgl. Abb. 5.8) bis hinunter zu den konkreten Maßnahmen, die im Restrukturierungs- und im Synergiewert bewertet worden sind, sind ex post vom Controlling auf ihre letztendliche Umsetzung und ihre wertschaffenden Eigenschaften hin zu überprüfen. Dies gilt auch für das Ausmaß der eingetretenen Risiken bei der Akquisition und für die Kosten der Transaktion. Die realisierten Werte werden als Ist-Größen mit den Vorgaben aus der Bewertung verglichen (vgl. genauer dazu Abschn. 5.4.1). Sollten sich Abweichungen ergeben, so müssen Korrekturmaßnahmen eingeleitet werden.

## 5.3.3 Der Finanzierungsprozess: Finanzquellen und -mittelbereitstellung

### 5.3.3.1 Optimale Kapitalstruktur und „strukturierte Finanzierung" bei M&A Transaktionen

Im Rahmen der Grob- und Detailbewertung werden, wie in Abschn. 5.3.2 beschrieben, die Obergrenzen für den Kaufpreis bestimmt. Dieser Kaufpreis muss vom kaufenden Unternehmen bereit gestellt werden, was zur Frage führt, woher und wie die Finanzmittel beschafft werden sollen, um den Kaufpreis bezahlen zu können. Die Ziele des Finanzierungsprozesses bei einer M&A-Transaktion können damit definiert werden als die kosten- und risikominimale Bereitstellung von genügend Kapital zur Begleichung des Kaufpreises.

Vom Grundsatz her stellt eine M&A-Transaktion ein Investitionsprojekt dar, das wie viele andere auch finanziert werden muss. Insofern finden grundsätzlich alle Überlegungen zur optimalen Finanzierung von Investitionsprojekten im Unternehmen Anwendung (vgl. Glaum & Hutzschenreuter, 2010, S. 215; für einen Überblick zur Finanzierung von Investitionsprojekten vgl. z. B. Drukarczyk, 2008, S. 18–25). Allerdings gibt es einige Spezifika von M&A-Transaktionen, die zu Besonderheiten bei der Finanzierung führen.

**Hohe Investitionsvolumina**
Regelmäßig sind Akquisitionen mit einem im Vergleich zu normalen Investitionsprojekten hohen Finanzmittelvolumen verbunden (vgl. Glaum & Hutzschenreuter, 2010, S. 215–216). Es stellt sich die Frage, ob das Käuferunternehmen diese Mittel überhaupt aufbringen kann (vgl. dazu auch Prüfung des „Financial Fit“ in Abschn. 4.1.3).

**Komplexe Finanzierungsstrukturen**
Falls das Aufbringen der Finanzmittel grundsätzlich möglich ist, müssen für hohe Volumina häufig andere Finanzierungsstrukturen gefunden werden, die eine erhöhte Komplexität aufweisen (vgl. dazu auch Abschn. 5.3.3.2 bis 5.3.3.4 zu den Instrumenten der Akquisitionsfinanzierung). Entsprechendes Know-how auf der Finanzierungsseite und Beziehungen zu potenziellen Financiers sind deshalb von Bedeutung.

**Kurzfristigkeit und Geheimhaltung**
Ist die Transaktion nicht Ergebnis eines länger angelegten strategischen Plans (vgl. Abschn. 4.1.2), sondern eher opportunistisch initiiert, so ist die Vorlaufzeit für die Finanzmittelbereitstellung häufig gering, was hohe Anforderungen an die Flexibilität des Finanzmanagements des Käuferunternehmens und auch der potenziellen Geldgeber stellt. Bestimmte Finanzierungsformen, wie z. B. eine Eigenkapitalerhöhung sind dann nur schwer möglich (vgl. Abschn. 5.3.3.2). Hinzu kommt, dass, insbesondere wenn ein börsennotiertes Unternehmen gekauft werden soll, die Geheimhaltung eine große Rolle spielt, was die Ansprache potenzieller Geldgeber weiter erschwert.

**Auswirkungen auf die Bilanzstruktur**
Aufgrund des hohen Volumens und des Risikoniveaus einer M&A-Transaktion kann es zu Auswirkungen auf die Finanzstruktur, insbesondere die Eigenkapitalquote kommen. Eine Verschlechterung über das Optimum hinaus führt zu negativen Einschätzungen von Kapitalgebern, was sich z. B. durch ein verschlechtertes Rating zeigen kann, was wiederum zu einem Anstieg der Eigenkapitalkosten führt.

**Auswirkungen auf die Einschätzung der Transaktion durch Dritte**
Eine erfolgreiche Finanzierung mit Banken und evtl. anderen Geldgebern, die so viel Vertrauen in die Transaktion haben, dass sie Risiken als Fremdkapitalgeber eingehen, stellt ein positives Signal für andere von der Transaktion betroffene oder beteiligte Gruppen dar, die dann auch selbst eher bereit sind, dem Deal zuzustimmen.

Vor diesem Hintergrund stellt sich die Frage, wie eine Transaktion im Hinblick auf das Verhältnis Eigenkapital/Fremdkapital finanziert werden soll. Natürlich spielen hier einzelfallspezifische Gegebenheiten gerade bei einer M&A-Transaktion eine große Rolle. Allerdings können einige grundsätzliche Überlegungen Hilfestellung leisten, bevor auf die konkreten Instrumente zur Finanzierung in den nächsten Abschnitten eingegangen wird. Dazu lohnt sich ein Blick in die theoretischen Grundlagen zur Optimierung der Kapitalstruktur (für einen Überblick vgl. z. B. Perridon, Steiner & Rathgeber, 2012, S. 518–520; Hermanns, 2006; Baker & Powell, 2005, S. 369–400).

Ausgangspunkt der theoretischen Überlegungen ist die *Irrelevanzthese der Kapitalstruktur* für den Unternehmenswert von Modigliani-Miller (vgl. Modigliani & Miller, 1958). Unter der Annahme eines vollkommenen Kapitalmarkts, was unter anderem keine Transaktionskosten, keine Steuern, vollständige Markttransparenz und rationale Entscheidungen der Anleger impliziert, ist die Kapitalstruktur eines Unternehmens nicht von Bedeutung, somit gibt es auch keine optimale Kapitalstruktur. Modigliani/Miller begründen dies damit, dass der Anstieg der Eigenkapitalkosten bei zunehmender Verschuldung die Differenz von Fremd- und Eigenkapitalkosten ausgleicht, was zu einer Konstanz der Gesamtkapitalkosten führt (vgl. Glaum & Hutzschenreuter, 2010, S. 229–231; ausführlich zu Modigliani/Miller z. B. Drukarczyk & Schüler, 2009, S. 112–118).

Die Irrelevanzthese bewegt sich in einer idealen Welt, die in der Realität nicht vorliegt. Aus diesem Grund haben sich anwendungsorientiertere Ansätze zur Optimierung der Kapitalstruktur gebildet. Ein schon relativ alter und weit verbreiteter Ansatz, der deshalb auch als *„traditioneller Ansatz"* bezeichnet wird (vgl. Glaum & Hutzschenreuter, 2010, S. 228–229), argumentiert, dass Eigenkapital- und Fremdkapitalkosten bis einem noch zu bestimmenden Verschuldungsgrad unabhängig voneinander sind, da unterhalb dieser Schwelle das Risiko aus der Kapitalstruktur für beide Gruppen sehr gering sei. Da aufgrund des risikotragenden Charakters ihrer Einlage die Eigenkapitalgeber eine höhere Renditeforderung als die Fremdkapitalgeber stellen, macht es in diesem Bereich der Verschuldung Sinn, teures Eigenkapital durch billigeres Fremdkapital zu ersetzen, da dann die Gesamtkapitalkosten sinken. Dieser „Leverage-Effekt" führt dann zu steigenden Unternehmenswerten, da die Gesamtkapitalkosten als Diskontierungsfaktor bei der Unternehmensbewertung dienen (siehe Abschn. 5.3.2.2 Berechnung des WACC). Erst wenn die fiktive Verschuldungsschwelle überschritten wird, passen beide Gruppen ihre Kapitalkostenforderungen nach oben an, was den Leverage-Effekt kompensiert. Der traditionelle Ansatz argumentiert plausibel und durchaus empirisch gestützt. Problematisch ist hier die exakte Bestimmung des Schwellenwerts, also des Optimums der Kapitalstruktur und des Ausmaßes des Anstiegs der Kapitalkosten ab dieser Schwelle (vgl. Glaum & Hutzschenreuter, 2010, S. 228–229). Für die M&A-Finanzierung bleibt festzuhalten, dass einem zu hohen Fremdfinanzierungsanteil (vgl. dazu auch Abschn. 5.3.3.3, Abschn. 2.1.3.2 insbesondere LBOs) theoretisch Grenzen gesetzt sind.

Optimierungsüberlegungen mit einem gänzlich anderen theoretischen Hintergrund bildet die seit einigen Jahren in der Literatur stark diskutierte Pecking-Order-Theorie (vgl. dazu im Detail z. B. Brealey, Myers & Allen, 2014, S. 467–472 und die grundlegende Arbeit von Myers & Majluf, 1984). Ausgehend von der Prinzipal-Agenten-Theorie (vgl. im Detail z. B. Erlei et al., 2007, S. 69–170) werden unterschiedliche Ziele von Managern und potenziellen Kapitalgebern und eine asymmetrische Informationsverteilung zwischen den Managern und diesen Gruppen angenommen (vgl. Glaum & Hutzschenreuter, 2010, S. 231–232). Als typische Ziele der Manager werden dabei die Möglichkeit des selbstständigen Handelns ohne Einflussnahme anderer Gruppen und die Bewahrung der eigenen

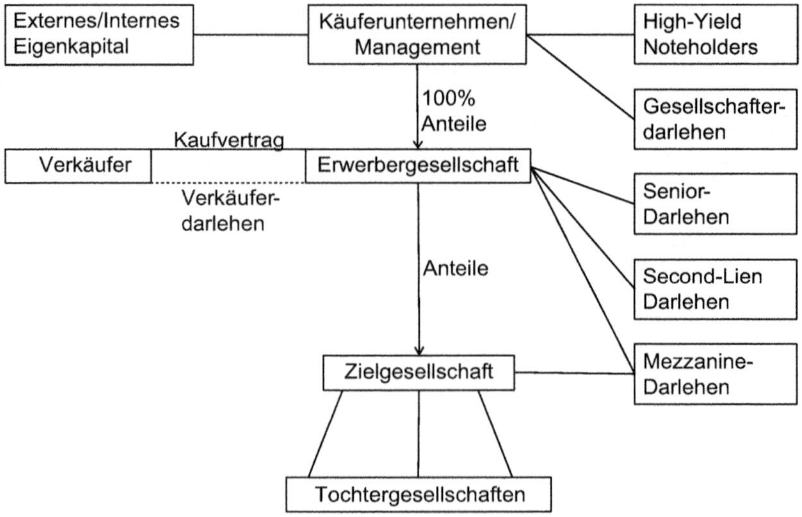


**Abb. 5.21** Beispiel für die Grundstruktur einer Akquisitionsfinanzierung (in Anlehnung an Heemann, 2013, S. 499)

Informationsvorsprünge bzgl. der Entwicklung des Unternehmens angenommen. Diese Ziele können auch bzw. gerade für M&A-Transaktionen unterstellt werden (vgl. dazu im Detail bei den Motiven für M&A in Abschn. 1.1.3 die persönlichen Zielsetzungen der Manager bei M&A). Aus dieser Präferenzstruktur lässt sich eine Präferenzordnung von Managern für Finanzierungsstrukturen für M&A ableiten. Generell kann unterstellt werden, dass Innenfinanzierung von Managern bevorzugt wird. Reichen diese Mittel nicht aus, so werden gemäß dieser „Pecking-Order" zuerst Fremdfinanzierungsinstrumente eingesetzt, Mezzanine-Strukturen und externes Eigenkapital stehen erst am Ende dieser Liste (vgl. auch Glaum & Hutzschenreuter, 2010, S. 231–232).

Damit hat man mehrere Hinweise auf ein Optimum der Kapitalstruktur, die allerdings nicht eindeutig bestimmbar ist. Diese fiktive Größe stellt die Zielgröße für die Finanzierung einer M&A-Transaktion dar. Um diese zu erreichen sind im Normalfall der Einsatz von Eigen- und Fremdkapital geboten. Gerade auf der Fremdkapitalseite haben sich für M&A eine ganze Reihe von Finanzierungsformen und –instrumenten herausgebildet. Insgesamt gesehen spricht man dann von einer „strukturierten Finanzierung" (vgl. Diem, 2013, S. 8, Rn. 19; Bock, 2013, S. 407) der Transaktion, die die verschiedenen Instrumente der Finanzierung des Deals auf der Eigen- und Fremdkapitalseite definiert. Diese Strukturierung bestimmt letztendlich auch die für das Käuferunternehmen anfallenden Kapitalkosten und hat damit auch Rückwirkung auf die Unternehmensbewertung (vgl. Abschn. 5.3.2). Im folgenden Abschnitt werden häufig verwendete und in der Praxis relevante Instrumente der Finanzierung, getrennt nach Eigenkapital, Mezzanine-kapital und Fremdkapital erörtert. Abbildung 5.21 gibt einen grundlegenden Überblick über eine solche strukturierte Finanzierung. Die Finanzierungsinstrumente können dabei einzeln oder auch integriert eingesetzt werden.

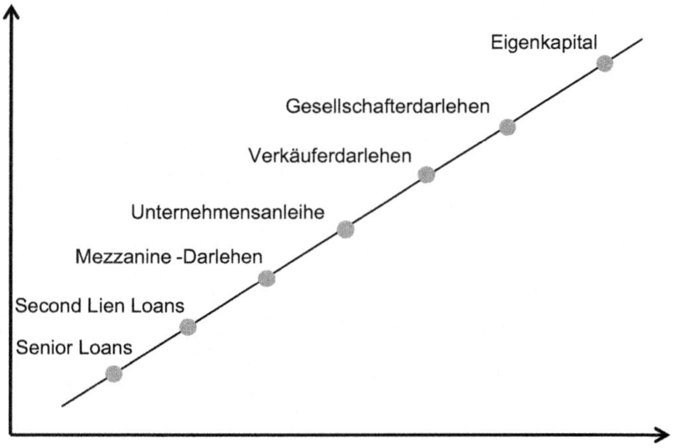


**Abb. 5.22** Rendite-Risiko-Linie für M&A-Finanzierungsinstrumente (in Anlehnung an Mittendorfer, 2007, S. 164; Raupach 2010, S. 215)

Im Hinblick auf die oben beschriebene Optimierung der Kapitalstruktur ist eine Einschätzung der hier behandelten Instrumente bzgl. ihrer Risiko-Rendite-Position für die nachfolgenden Erläuterungen hilfreich. Abbildung 5.22 zeigt eine solche exemplarische Positionierung. Es bleibt allerdings festzuhalten, dass die relative Positionierung, gerade was das Mezzanine-Kapital betrifft, von der einzelfallspezifischen Ausgestaltung des Instruments abhängt (vgl. dazu auch nachfolgenden Abschn. 5.3.3.4).

### 5.3.3.2 Eigenkapitalbasierte Finanzierungsinstrumente

Als erste Kategorie bei der Eigenkapitalfinanzierung kann das *externe Beschaffen von Eigenkapital* genannt werden. Bei Aktiengesellschaften werden neue Aktien ausgegeben und damit eine Kapitalerhöhung mit oder ohne Ausschluss des Bezugsrechts für Altaktionäre durchgeführt. Bei anderen gesellschaftsrechtlichen Formen wie z. B. bei der GmbH werden bestehende Anteile erhöht oder neue Gesellschafter aufgenommen (vgl. allgemein zur Durchführung von Kapitalerhöhungen bei verschiedenen Rechtsformen z. B. Drukarczyk, 2008, S. 320–372).

Grundsätzlich sind solche Kapitalerhöhungen nicht zweckgebunden. Allerdings kann gezielt zur Finanzierung einer Übernahme neues Eigenkapital eingesammelt werden. Der Vorteil des externen Eigenkapitals liegt in der grundsätzlichen Verfügbarkeit von risikotragendem Kapital, das definitionsgemäß keine festen Zinsverpflichtungen aufweist, was vor allem in Verlustphasen von Vorteil ist und auch langfristig zur Verfügung steht. Die Verbesserung der Bilanzkennzahlen erlaubt, Fremdkapital im Rahmen einer strukturierten Finanzierung des M&A-Deals (vgl. Abschn. 5.3.3.3) zu niedrigeren Kosten zu generieren. Lässt sich der Vorstand von der Hauptversammlung ein genehmigtes Kapital einräumen (vgl. dazu im Detail Drukarczyk, 2008, S. 363–364; vgl. auch Glaum & Hutzschenreuter, 2010, S. 222–223), so kann er auch schnell und flexibel reagieren, ohne auf eine neue Hauptversammlung warten zu müssen, wenn eine Transaktion akut wird. Auch bietet sich durch die Ausgabe neuer Aktien an den Verkäufer die Möglichkeit, den Kaufpreis (teilweise) mit eigenen Aktien zu bezahlen (vgl. dazu Abschn. 4.2.5), was auch liquiditätsschonend wirkt.

Problematisch ist aus Sicht der Altaktionäre die Verwässerung ihrer Anteile, insbesondere wenn das Bezugsrecht ausgeschlossen wird, was nötig ist, wenn die neuen Aktien zur Begleichung des Kaufpreises eingesetzt werden. Hinzu kommen detaillierte Berichtspflichten bzw. Offenlegungspflichten bei der Kapitalerhöhung und generell die Aufnahme neuer Eigenkapitalgeber mit ihren vielfältigen Rechten. Bringt die Übernahme des Zielunternehmens keinen deutlich positiven Beitrag zur Unternehmensperformance, so können sich die eigenkapitalbezogenen Kennzahlen des Unternehmens wie z. B. die Eigenkapitalrendite verschlechtern, was gerade bei börsennotierten Käuferunternehmen zu einem Druck auf den Anteilswert führen kann. Angesichts der problematischen Erfolgsträchtigkeit von M&A-Deals (vgl. Abschn. 1.2.2) ist dies ein durchaus realistisches Risiko.

Die zweite Kategorie der Eigenkapitalfinanzierung von Übernahmen besteht in der Verwendung *von internem Eigenkapital.* Innenfinanzierung bedeutet, dass die Mittel zur Begleichung des Kaufpreises aus dem aktuellen Saldo von vereinnahmten Leistungsentgelten und gezahlten Faktorentgelten stammen, wobei die Hauptquellen des Innenfinanzierungsvolumens Abschreibungen, Rückstellungen und Gewinnthesaurierung darstellen (vgl. Drukarczyk, 2008, S. 381–402).

Wie oben erwähnt, stellt diese Variante die, zumindest aus theoretischer Sicht, präferierte Alternative der M&A-Finanzierung aus Sicht des Managements dar. Im Wesentlichen wird dies mit der Unabhängigkeit der Entscheidung begründet, da Dritte nicht beteiligt werden müssen. Gleichzeitig erhöht sich die Kreditwürdigkeit durch Verbesserung der eigenkapitalbasierten Kennzahlen, was wieder positive Effekte für die strukturierte Finanzierung hat. Die größten Probleme liegen in der Verfügbarkeit der Mittel und der eingeschränkten Flexibilität (vgl. Sieger, 2008, S. 18). Abschreibungen und Rückstellungen können nicht beliebig gebildet werden, der Gewinnthesaurierung steht der Wunsch der Anteilseigner nach Ausschüttungen entgegen.

Weitere Möglichkeiten im Rahmen der Innenfinanzierung zur Kaufpreisfinanzierung bieten sich durch kurzfristige Maßnahmen der Liquiditätsschöpfung. Darunter fällt das „Asset Stripping", also der Verkauf von nicht-betriebsnotwendigen Vermögensgegenständen bis hin zu ganzen Geschäftsbereichen, die nicht im strategischen Kernfeld des Käuferunternehmens stehen (vgl. Mittendorfer, 2007, S. 166–168). Weitere Maßnahmen zur Liquiditätserhöhung wie der Verkauf von Forderungen oder Sale-Lease-Back-Arrangements können auch für die Aufbringung des Kaufpreises bei M&A eingesetzt werden (vgl. Mittendorfer, 2007, S. 168–170), wobei hier die Kurzfristigkeit der Kaufpreiszahlung das größte Problem in der Praxis darstellen dürfte.

Eine spezielle und nur für den M&A-Fall gegebene Finanzierungsvariante, die zumindest indirekt auch der Innenfinanzierung zugerechnet werden kann, stellt der Zugriff auf das Finanzierungspotenzial des gekauften Unternehmens dar. Insbesondere deshalb werden Unternehmen mit einem hohen Bestand an liquiden Mitteln, mit einer relativ niedrigen Marktbewertung oder einem geringen Verschuldungsgrad immer wieder als Übernahmeziele gehandelt (vgl. Glaum & Hutzschenreuter, 2010, S. 218). Auch der Verkauf von Teilen des Zielunternehmens fällt hierunter. Gerade Finanzinvestoren, wie Private Equity-Unternehmen (vgl. dazu Abschn. 2.1.3.2), benutzen diese Variante, um schnell eine Refinanzierung des Kaufpreises zu erreichen. Bei dieser speziellen Variante der Innenfinanzierung wird aber regelmäßig eine Brückenfinanzierung, bis der Kauf rechtlich vollzogen ist, benötigt. Diese kurzfristig angelegte Brückenfinanzierung bedient sich in den meisten Fällen der fremdkapitalbasierten Finanzierung von Übernahmen, die im Folgenden geschildert werden.

#### 5.3.3.3 Fremdkapitalbasierte Finanzierungsinstrumente

Traditionell spielt Fremdkapital eine zentrale Rolle bei der Finanzierung von M&A-Transaktionen (vgl. allgemein zu Fremdkapital z. B. Drukarczyk, 2008, Kap. 7). Nicht zuletzt in der letzten M&A-Welle 2007 (vgl. Abschn. 1.1.1 zur historischen Entwicklung von M&A) haben sich in diesem Bereich sehr ausdifferenzierte Instrumente und Finanzierungsinnovationen herausgebildet, die zu einer großen Vielfalt von fremdkapitalbasierten, strukturierten Finanzierungen geführt haben. Während dieser M&A-Welle wurden gerade auch von Finanzinvestoren wie Private Equity-Unternehmen sogenannte Leveraged Buy Outs (LBO) durchgeführt, bei denen der Kaufpreis fast ausschließlich durch Fremdkapital finanziert wird (vgl. Abschn. 2.1.3.2; zu den Grenzen der Fremdfinanzierung bei M&A Transaktionen vgl. z. B. Eayrs & Gleißner, 2010). Der Eigenkapitalanteil beträgt bei LBOs nur ca. 25–35 % (vgl. Diehl, 2013, S. 525). Diese LBOs bedienen sich verschiedener Arten von Fremdkapital um das notwendige Volumen aufzubringen. Im Folgenden werden einige grundlegende Formen und Instrumente der Fremdkapitalfinanzierung von M&A vorgestellt.

Das zentrale ökonomische Unterscheidungskriterium ist dabei die *Risikoposition*, die der Fremdkapitalgeber bei dem jeweiligen Instrument eingeht (vgl. auch Abb. 5.22). Dabei gilt, dass je höher das Risiko, desto höher auch die Kosten des Fremdkapitaltyps. Diese Risikoposition wird bestimmt durch Rangstellung des Finanzierungsinstruments. Im Vergleich zum Erstrang kann ein zeitlicher, ein struktureller und vertraglicher Nachrang bestehen (vgl. Bock, 2013, S. 408–411; Heemann, 2013, S. 500–510). Ein zeitlicher Nachrang liegt vor, wenn die Bedienung des Finanzierungsinstruments zeitlich nach der Befriedigung der Ansprüche aus anderen Instrumenten liegt. Ein Nachrang aus der gesellschaftsrechtlichen Struktur („struktureller Nachrang") ergibt sich, wenn neben dem Akquisitionsvehikel eine Zwischengesellschaft gegründet wird, die nur den Zweck hat, Kredite zur Finanzierung des M&A-Deals aufzunehmen und damit nachrangig zur Bedienung des aufgenommenen Fremdkapitals des Akquisitionsvehikels steht (vgl. Bock, 2013, S. 409–410). Beim vertraglichen Nachrang wird explizit zwischen verschiedenen Gläubigern die Rangstellung zur Befriedigung ihrer Ansprüche geregelt. Neben den genannten Rangstellungen ist des Weiteren die Qualität der Sicherheiten und die Stellung in der Verwertungshierarchie der Sicherheit, mit denen ein Kredit unterlegt ist, von Relevanz für die Risikoposition, die mit einem Fremdfinanzierungsinstrument einhergeht (vgl. Heemann, 2013, S. 502–503; für einen Überblick über Kreditsicherheiten vgl. Drukarczyk, 2008, S. 227).

Die klassische Form der Fremdfinanzierung von M&A stellt das vorrangige Fremdkapital, der sogenannte *Senior Kredit* dar (vgl. Abb. 5.22; im Detail zur rechtlichen Ausgestaltung z. B. Diem, 2013, Teil B). Senior-Kredite zeichnen sich dadurch aus, dass sie für den Kreditgeber ein relativ niedriges Risikoniveau aufweisen. Dies wird dadurch erreicht, dass diese Senior-Darlehen als erstrangige Darlehen, die mit erstrangigen Sicherheiten besichert sind, konzipiert werden (vgl. Bock, 2013, S. 407). Um das Fremdfinanzierungsvolumen einer M&A-Transaktion mit Senior-Krediten einschätzen zu können, werden häufig Kennzahlen gebildet, die das Volumen des Fremdkapitals in Relation zu betriebswirtschaftlichen Größen setzen. Vielfach berechnet werden hier z. B. das Verhältnis von Senior-Krediten zum EBITDA, was z. B. bei 3,5 oder bis zu 4,5 liegen kann (vgl. Bock, 2013, S. 406).

Typischerweise wird ein Senior-Kredit nach Tranchen aufgeteilt (für einen detaillierten Überblick vgl. z. B. Mittendorfer, 2007, S. 141). Die A-Tranche wird normalerweise durch Pflichttilgungen während der Laufzeit bedient. Die B- und C-Tranchen weisen demgegenüber einen zeitlichen Nachrang auf und werden endfällig bedient (vgl. Bock, 2013, S. 408–409). Die A-Tranche wird in der Praxis häufig von Banken aufgebracht, während die anderen Tranchen vorzugsweise von institutionellen Investoren wie Versicherungen aber auch Family Offices gezeichnet werden.

Die Senior-Kredite und hier insbesondere die A-Tranche werden gerade bei größeren Volumina im Rahmen eines Kreditkonsortiums vergeben. Dazu schließen sich mehrere Banken zusammen und bringen gemeinsam das Kreditvolumen auf, um ein zu großes Einzelrisiko in einer Bankbilanz zu vermeiden. Je nach Ausgestaltung des internen Verhältnisses der Banken untereinander und der vertraglichen Regelungen mit den Kreditnehmern werden verschiedene Formen des Kreditkonsortiums unterschieden (vgl. im Detail zur Konsortialfinanzierung bei M&A-Transaktionen Raupach, 2010, S. 274–277). Bei Akquisitionsfinanzierungen erfreuen sich sogenannte Club-Deals (vgl. zu den Details Seibt & Hüther, 2012) zunehmender Beliebtheit, bei denen zwar Einzelkreditverhältnisse der Banken mit dem Schuldner bestehen. Diese sind aber über innerkonsortiale vertragliche Abreden miteinander verbunden.

In den Verträgen zu Senior-Kredit-Tranchen sind in den meisten Fällen sogenannte „Covenants" enthalten. Diese Covenants, auch als Negativklauseln bezeichnet, sind vertragliche Nebenabreden in den Kreditverträgen. Der Kreditgeber formuliert Nebenbedingungen, die das zukünftige Verhalten des Schuldners regulieren sollen, um zu vermeiden, dass das Kreditrisiko über eine definierte Schwelle steigt. Dazu werden dem Schuldner Berichtspflichten über die relevanten Covenants auferlegt. Verletzungen der Covenants ziehen Neuverhandlungen der Kreditverträge nach sich (vgl. Drukarczyk, 2008, S. 238–239), die zu einer Erhöhung der Zinszahlungen bis hin zur Kündigung der Verträge führen können. Typische Covenants im M&A-Bereich umfassen Kennzahlen für die NewCo, die einen Hinweis auf die Fähigkeit der termingerechten Bedienung des Fremdkapitals geben. Eine absolute Höhe des EBIT oder auch Cash-Flow-Größen sind typische Beispiele für M&A-Covenants. Ein Beispiel für eine relationale Kennzahl wäre EBITDA/Zinskosten, die eine festgelegte Schwelle nicht unterschreiten darf. Aber auch Verhaltensbeschränkungen wie das Verbot der Ausschüttung von Gewinnen oder Restriktionen bei Investitionsentscheidungen können Gegenstand von Covenants sein (für einen Überblick über typische Covenants vgl. z. B. Raupach, 2010, S. 267–268).

Im Vergleich zu den A-, B- und C-Tranchen des Senior-Kredits weist der *Second-Lien-Loan* (in einigen Literaturquellen auch als D-Tranche bezeichnet) eine höhere Risikoposition auf (vgl. Abb. 5.22). Diese resultiert im Wesentlichen aus einem Sicherheitennachrang (vgl. Heemann, 2013, S. 502–503). Der Second-Lien-Gläubiger wird dabei aus dem Verwertungserlös einer Sicherheit erst bedient, wenn die erstrangigen Gläubiger aus den vorgelagerten Tranchen des Senior-Kredits ihre Ansprüche befriedigen konnten. Entsprechend ist aber auch das Zinsniveau des Second-Lien-Loans höher.

Große Unternehmen mit einer Kapitalmarktorientierung haben auch die Möglichkeit, eine *Unternehmensanleihe* speziell zur Finanzierung einer Akquisition auszugeben. In den letzten Jahren ist dieses Instrument zunehmend beliebt geworden. Die Finanzierung der Übernahme von Thomas & Betts in 2012 durch ABB durch eine solche Anleihe ist nur ein Beispiel. Da diese Unternehmensanleihen in den meisten Fällen aufgrund ihrer Risikostruktur einen relativ hohen Zinskupon aufweisen, wird dieses Finanzierungsinstrument auch als „High-Yield-Bond" bezeichnet. Die hohe Risikoposition ergibt sich aus der Nachrangigkeit dieser Anleihen gerade gegenüber den Seniorkrediten (vgl. Heemann, 2013, S. 519). Dieses Instrument steht nur großen Unternehmen zur Verfügung, die den Investoren am Anleihemarkt bekannt sind und z. B. über ein Rating verfügen. Die teilweise problematischen Erfahrungen mit Mittelstandsanleihen, die grundsätzlich auch zur M&A-Finanzierung eingesetzt werden können, unterstützen diese These. Die hohen Kosten einer Anleiheemission rechtfertigen diese Art der Fremdkapitalaufnahme auch nur bei großen Volumina.

Eine interessante und M&A-spezifische Finanzierungsvariante stellt das *Verkäuferdarlehen* („Vendor Loan") dar. Der Verkäufer verlangt keine aktuelle Begleichung des Kaufpreises sondern vergibt ein Darlehen an den Käufer in Höhe des Kaufpreises oder in Höhe eines Anteils davon. Regelmäßig sind diese Verkäuferdarlehen „[z]utiefst nachrangig" (Diehl, 2013, S. 531) und weisen damit eine relativ hohe Risikoposition auf (vgl. Abb. 5.22), gerade auch im Vergleich zu den Senior-Krediten. Aus ökonomischer Sicht stellt sich die Frage, warum der Verkäufer zur Vergabe eines solchen Darlehens und damit zur Stundung der Zahlung bereit ist. Falls der Verkäufer keine alternativen Investitionsmöglichkeiten für die Liquidität aus dem Kaufpreis hat, so kann er das Verkäuferdarlehen als zinsbringende Anlage der Mittel ansehen, was angesichts eines durch Niedrigzinsen geprägten Kapitalmarktumfelds Sinn machen kann. Insbesondere ist der Verkäufer auch gut informiert über die Rückzahlungspotenziale des Käufers auf Basis des erworbenen Unternehmens, was zu einer guten Risikoeinschätzung beiträgt.

Die *Gesellschafterdarlehen* weisen schon eine große Nähe zum Eigenkapital auf, da es bei Vorliegen bestimmter Bedingungen auch zu Eigenkapital umqualifiziert werden kann, weswegen es auch höhere Zinszahlungen vorsieht. Dieses Instrument kommt eher bei kleineren Transaktionen im Small Cap-Bereich zum Tragen.

Wie oben erwähnt, haben sich in den letzten Jahren gerade die fremdkapitalbasierten Finanzierungsinstrumente bei M&A stark ausdifferenziert, um für jeden Kapitalgeber eine maßgeschneiderte Risikoposition herstellen zu können, weswegen hier nicht alle verwendeten Konstrukte erläutert werden konnten (vgl. zum Überblick Mittendorfer, 2007).

#### 5.3.3.4 Mezzaninkapitalbasierte Finanzierungsinstrumente

Mezzanine-Kapital ist ein nicht genau abgegrenzter Begriff. Er bezeichnet Finanzierungskontrakte, die von ihren Eigenschaften eine Mittelposition zwischen reinem Eigenkapital und reinem Fremdkapital einnehmen (vgl. Drukarczyk, 2008, S. 409). Wandelanleihen, Optionsanleihen, Genussrechte und stille Beteiligungen werden typischerweise als Mezzanin-Instrumente charakterisiert (vgl. zum Überblick z. B. Drukarczyk, 2008, S. 410; Glaum & Hutzschenreuter, 2010, S. 226; Rudolph, 2006, Kap. 9), wenngleich die Zuordnungen in der Literatur nicht immer eindeutig sind. Auch die oben bei der klassischen Fremdfinanzierung genannten Verkäuferdarlehen können mezzaninen Charakter haben, wenn z. B. die Höhe der Zinszahlungen am EBIT-Wachstum der verkauften Geschäftsaktivitäten orientiert sind (vgl. Drukarczyk, 2008, S. 411). In diesem Fall ähneln sie den Earn-Out-Vereinbarungen (vgl. Abschn. 4.2.4).

Die genannten Mezzanine-Instrumente haben denn auch unterschiedliche Risikopositionen, je nachdem, ob sie näher am Eigenkapital (z. B. bei Optionsanleihen) oder eher beim Fremdkapital liegen (z. B. nachrangige Darlehen). Insofern ist die Positionierung in Abb. 5.22 als vereinfachend anzusehen.

Allerdings ist bei Mezzanin-Kapital immer gegeben, dass es nachrangig gegenüber z. B. den Senior-Krediten ist und damit ein höheres Risiko trägt. Entsprechend sind die erwarteten Rückflüsse der Gläubiger höher. Dabei müssen es, wie an den genannten Mezzanine-Instrumenten zu sehen, nicht nur wie bei Fremdkapital üblich, feste Zinszahlungen sein, die bei Mezzanine-Kapital zu einer relativ hohen Rendite führen. Auch die Aussicht über einen sogenannten „Equity-Kicker" am Unternehmenserfolg im Sinne einer Steigerung des Unternehmenswerts zu partizipieren, kann Bestandteil der Rendite sein (zu Möglichkeiten der Konstruktion eines Equity-Kickers vgl. z. B. Raupach, 2010, S. 297). Deutlich wird dies am Beispiel der Wandelanleihe.

Mezzanines Kapital weist gerade für die Finanzierung von Unternehmensübernahmen Vorteile auf. Die Flexibilität in der Ausgestaltung erlaubt es, den interessierten Investorengruppen je nach Risikopräferenz eine maßgeschneiderte Position zu geben. Der Equity-Kicker macht es möglich, mit der Aussicht auf Partizipation an der Wertsteigerung des Eigenkapitals ein upside-Potenzial darzustellen, das auch risikobereitere Kapitalgeber anlockt. Auch kann eine langfristige Finanzierung mit entsprechenden Laufzeiten dargestellt werden.

#### 5.3.3.5 Ablauf einer typischen Akquisitionsfinanzierung und Verbindung zu anderen Teilprozessen

Abbildung 5.7 zeigt den Bewertungs- und Finanzierungsprozess mit den einzelnen Arbeitspaketen. Dementsprechend kann der Finanzierungsprozess in zwei aufeinanderfolgende Aktivitäten, der Identifizierung der Finanzierungsquellen und der letztendlichen Finanzmittelbereitstellung unterteilt werden (für einen typischen Ablauf des Finanzierungsprozesses aus rechtlicher Sicht vgl. z. B. Rossbach, 2015, S. 665–672).

Betrachtet man diese beiden Arbeitspakete genauer, so stellt sich der typische Ablauf einer Akquisitionsfinanzierung folgendermaßen dar. Am Beginn der Identifikation von *Finanzmittelquellen* wird vom Käuferunternehmen oder auch von beauftragten „Financial Advisors" eine optimierte Kapitalstruktur für die Übernahme entworfen. Für die darin vorgesehenen Eigen-, Mezzanin- und Fremdkapitalanteile werden dann im Rahmen der Entwicklung der strukturierten Finanzierungen für den Deal mögliche Instrumente, wie sie in den vorangegangenen Abschnitten erläutert wurden, identifiziert und hinsichtlich der zu erwartenden Finanzierungskosten verglichen und ausgewertet. Je nachdem, welche Instrumente ausgewählt werden, werden im Folgenden dann die entsprechenden Investorengruppen angesprochen.

Für den Fremdkapitalanteil wird, wenn es sich um ein größeres Volumen handelt, ein Arrangeur angesprochen. Normalerweise werden mehrere Banken gebeten, ein Angebot für die Entwicklung einer strukturierten Finanzierung vorzulegen. Auswahlkriterien sind die Kosten des Arrangements, aber auch die Einschätzung bzgl. der Fähigkeit der Bank das Kreditvolumen in der erwünschten Zeit auch wirklich generieren zu können (vgl. Mittendorfer, 2007, S. 179–180). Dieser Arrangeur („Lead Bank") strukturiert den Fremdkapitalteil der Transaktion und stellt ein Kreditkonsortium zusammen (vgl. Diem, 2013, S. 4, Rn. 2). Viele Finanzinvestoren, wie z. B. Private Equity Häuser, lassen auch die gesamte Finanzierungsstruktur vom Arrangeur entwickeln. Der Arrangeur prüft die Transaktion hinsichtlich der für die Tragfähigkeit einer Finanzierung wichtigen betriebswirtschaftlichen Größen. Der Verschuldungsgrad des Käufers und des Zielunternehmens, das Vorhandensein von unbelastetem Vermögen, das als Sicherheiten verwendet werden kann, die Erfahrung und die Qualifikation des Managements und die Prognose des Cash-Flows sind wichtige Prüfkriterien (vgl. Diem, 2013, S. 5–6, Rn. 5–8). Wichtige Informationen kommen dabei aus der Due Diligence (vgl. im Detail dazu Abschn. 5.1.3 und 5.1.4). Hier ist das Ziel, Risiken für die Realisierung der entworfenen Finanzierungsstruktur zu finden und zu berücksichtigen (vgl. Mittendorfer, 2007, S. 179).

Die letztendliche *Finanzmittelbereitstellung* hängt von der Entscheidung der Lead Bank bzw. des Konsortiums ab, ob sie die Finanzierungszusage geben. Nur wenn diese Kreditzusage vorliegt, kann der Käufer ein verbindliches Kaufpreisangebot vorlegen (zu den Grenzen der Finanzmittelbeschaffung vgl. z. B. Raupach, 2010, S. 213–214). Andernfalls muss er das Angebot mit einem Gremienvorbehalt, also vorbehaltlich der Zustimmung der Kreditgeber, abgeben. Parallel zur Kaufvertragsunterzeichnung werden die Kredit- und Sicherheitenverträge, die mit der strukturierten Finanzierung verbunden sind, von den Anwälten und den Banken ausgearbeitet und zur Unterschrift vorgelegt (vgl. Mittendorfer, 2007, S. 180). Mit dem Closing werden die Finanzmittel dann bereitgestellt.

Besonderheiten ergeben sich bei der Finanzierung von grenzüberschreitenden Akquisitionen. Bedingt durch andere Rechtsvorschriften z. B. was die Sicherheitenstellung betrifft, wird die Finanzierung eines Cross-Border Deals komplexer als eine Transaktion

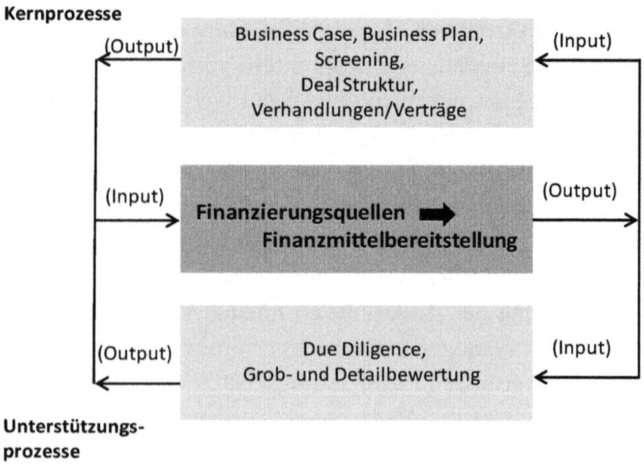


**Abb. 5.23** Schnittstellen des Finanzierungsprozesses mit anderen Arbeitspaketen

im nationalen Rahmen. Falls ein Unternehmen mit Tochtergesellschaften im Ausland erworben wird, müssen evtl. nationale Erwerbergesellschaften durch den Käufer gegründet werden, um z. B. die Rangstellungen der verschiedenen Gläubiger sicherzustellen. Ein weiterer Aspekt ist die Währung, in der die Finanzierung erfolgt. Ist der Kaufpreis in einer ausländischen Währung zu bezahlen, müssen entsprechende Finanzierungen auch in dieser Währung erfolgen oder gegen Wechselkursrisiken abgesichert werden. Dienen Zahlungsströme in ausländischer Währung als Sicherheiten für Kredite, so können diese Kredite auch in dieser Währung begeben werden, um eine Absicherung zu erreichen (vgl. dazu und allgemein zur Problematik von grenzüberschreitenden Akquisitionsfinanzierungen Mittendorfer, 2007, S. 94–97).

Der oben beschriebene typische Ablauf des Finanzierungsprozesses ist eingebettet in die Gesamtprozessstruktur eines M&A-Projektes. Abbildung 5.23 zeigt die wichtigsten Schnittstellen zu anderen Teilprozessen.

Wie oben beim Ablauf eines typischen Finanzierungsprozesses erläutert, muss zunächst eine Identifikation der Finanzmittelquellen erfolgen. Hier sind Informationen aus der Grobbewertung bereits in der Planungsphase wichtig, um eine Bandbreite für das notwendige Finanzierungsvolumen zu finden. Der Business Case und vor allem der Business Plan liefern wichtige Informationen bzgl. der zu erwartenden Zahlungsströme und generell zum ökonomischen Risiko, das mit der Übernahme verbunden ist. Auf Basis der Grobbewertung, der Zahlungsströme und der Risikobewertung resultiert eine Einschätzung, ob das prognostizierte Volumen finanzierbar ist und welche Finanzierungsquellen zur Verfügung stehen. Diese Information geht in das Screening im Rahmen der Prüfung des „Financial Fit" ein (vgl. Abschn. 4.1.3).

Eine zentrale und komplexe Interdependenz besteht zwischen dem Finanzierungsprozess und der Deal Strukturierung sowie den Verhandlungen/Verträgen. Hier muss eine sehr enge inhaltliche und zeitliche Abstimmung erfolgen. In der Dealstrukturierung und dann in den Verhandlungen werden z. B. die Modalitäten der Kaufpreiszahlung festgelegt bzw. ausgehandelt. Die Höhe des Kaufpreises ist maßgeblich für das Finanzierungvolumen. Die Zusammensetzung der Kaufpreiszahlung, also z. B. die Frage, ob nur Cash oder auch in Aktien bezahlt werden kann, ist eine wesentliche Vorgabe für die Strukturierung der Finanzierung. Aber auch aus dem Finanzierungsprozess gibt es wichtigen Input für die Dealstrukturierung und die Verhandlungen/Verträge. Die Möglichkeit der Darstellung des nötigen Volumens als Eigen- oder Fremdkapital und die sich daraus ergebenden Kapitalkosten und Auswirkungen auf die Bilanzstruktur müssen in der Deal-Struktur und dann in den Verhandlungen eingebracht werden, um eine Optimierung aus Käufersicht zu erreichen. Die letztendliche Kreditzusage der finanzierenden Banken und sonstigen Investorengruppen ist eine wichtige Information für die Angebotsabgabe bzw. für die Vertragsunterzeichnung.

In der Transaktionsphase stehen die Interdependenzen mit dem Informationsprozess, insbesondere der Due Diligence im Vordergrund. Die Financiers, z. B. die oben erwähnte „Lead Bank", müssen eine detaillierte Risikoeinschätzung vornehmen, wenn sie die strukturierte Finanzierung entwickeln. Die Überlegungen aus dem Business Plan müssen hierzu um weitere Informationen ergänzt werden, die zu einem guten Teil aus der Due Diligence stammen. Aus dem Finanzierungsprozess wiederum kommen spezifische Anforderungen an Informationen an die Due Diligence. Die Detailbewertung als weiteres Arbeitspaket liefert über die Detaillierung der zu erwartenden Zahlungsströme aus dem Business Plan und die Präzisierung des maximalen Kaufpreises weitere finanzierungsrelevante Daten.

## 5.4 Der M&A-Controlling prozess

### 5.4.1 Einordnung und Ziele des Controllingprozesses

Der letzte Teilprozess im Rahmen des M&A-Projekts ist dem Controlling vorbehalten. In den bisherigen Abschnitten zur Beschreibung des Gesamtprozesses M&A wurde die Komplexität eines solchen Gesamtprojekts deutlich. Eine Vielzahl von erfolgsrelevanten Faktoren, deren Wirkung noch dazu in vielen Fällen unsicher ist, muss berücksichtigt und gegenüber dem Verkäufer durchgesetzt werden. Die Komplexität und die Vielschichtigkeit des Projekts machen ein Controlling unabdingbar. Insofern ist es überraschend, dass sowohl in der wissenschaftlichen als auch der praxisnahen Literatur das Thema M&A-Controlling eher stiefmütterlich behandelt wird. Wenn überhaupt wird das Thema lediglich in der Post Merger Phase betrachtet, was aber der Komplexität des Gesamtprozesses nicht gerecht wird.

Es stellt sich damit die Frage, wie Controlling in dem speziellen Fall des „M&A-Controlling" vor dem Hintergrund des in den vorherigen Abschnitten entwickelten M&A-Prozesses konzipiert werden muss. Abbildung 5.24 zeigt die Arbeitspakete, die einen solchen M&A-Controllingprozess charakterisieren (für den Gesamtüberblick vgl. Abb. 3.13).

Auf diese Arbeitspakete wird in den folgenden Abschnitten eingegangen. Zunächst müssen dazu aber Grundlagen des M&A-Controllings gelegt werden. Generell werden

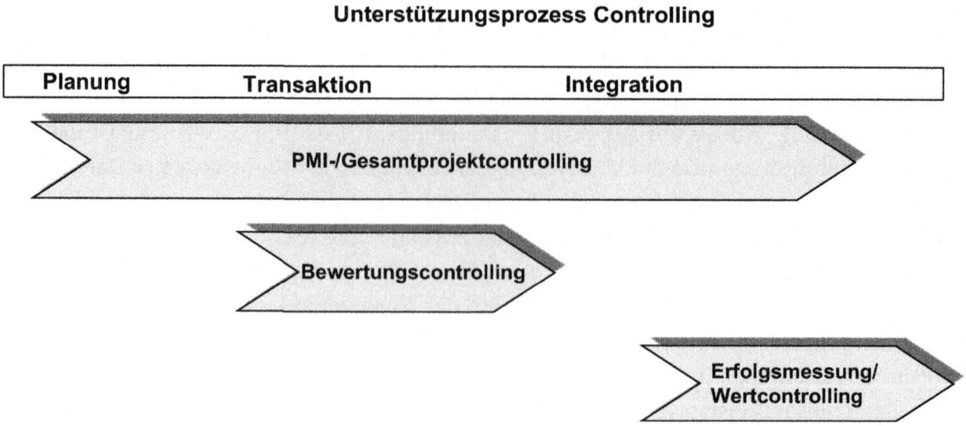


**Abb. 5.24** Die Arbeitspakete des Unterstützungsprozesses Controlling

Controllingsysteme anhand der Dimensionen Ziel, Gegenstand, Inhalte und Instrumente beschrieben (vgl. allgemein zu Controlling z. B. Küpper, 2008; Weber & Schäffer, 2011). Diese Dimensionen werden auch im Folgenden verwendet, um im Überblick die Konstruktion des M&A-Controllings zu erläutern.

Was die *Ziele des M&A-Controllings* betrifft, so haben sich diese an den übergeordneten Unternehmenszielsetzungen zu orientieren. Als letztendliches Ziel für die M&A-Transaktionen wurde die Steigerung des Unternehmenswerts definiert (vgl. Abschn. 1.1.3). Damit kann als Ziel des Controllingprozesses die Sicherstellung der Wertschaffung des M&A-Projekts festgelegt werden. Ein dazu untergeordnetes Ziel aus Sicht des Risikomanagements liegt in der Senkung des Risikos im Gesamtprojekt durch Identifikation von nicht gesehenen bzw. unterschätzten Risiken, womit das M&A-Controlling eine wichtige Unterstützung für die Entscheidungsträger im M&A-Projekt darstellt.

Um dieses Ziel erreichen zu können, müssen vom Controllingprozess zwei Ebenen betrachtet werden. Zum einen muss eine Messung und anschließende Bewertung des Gesamterfolgs im Sinne einer Wertschaffung durch ein M&A-Projekt erfolgen. Diese Forderung erscheint unstrittig. Das Arbeitspaket „Erfolgsmessung/Wertcontrolling" trägt dem Rechnung (vgl. Abb. 5.24). Diese Erfolgsmessung hat am Schluss des Prozesses zu erfolgen (vgl. im Detail zu diesem Arbeitspaket Abschn. 5.4.4), wodurch dieses Arbeitspaket den Abschluss des gesamten M&A-Prozesses bildet.

Die ex post Messung des Wertbeitrags alleine würde aber zu kurz greifen. Um noch werterhöhend in das Projekt eingreifen zu können, muss das Controlling auch die Einzelmaßnahmen im Rahmen der Abarbeitung des M&A-Prozesses begutachten. Es lassen sich als *Controllinggegenstände* somit das Projekt als Ganzes sowie die einzelnen Arbeitspakete des M&A-Prozesses identifizieren.

Aus pragmatischen Gründen empfiehlt es sich aber, die Controllingaktivitäten auf besonders relevante und controllinggeeignete Arbeitspakete zu fokussieren. Beim Kernprozess Strategie sind die beiden Aspekte gegeben (vgl. Abschn. 4.1). Allerdings wurden in dem Kernprozess eigene Arbeitspakete „Strategieüberprüfung“ und „Strategische Nachschau“ definiert (vgl. im Detail dazu Abschn. 4.1.5). Diese stellen faktisch ein strategisches Controlling dar und könnten auch dem Teilprozess M&A-Controlling zugeordnet werden, was aber aus Konsistenzgründen im Hinblick auf die Zusammenfassung aller strategischen Aktivitäten in einem Prozess nicht geschieht. Singuläre Controllingaktivitäten im Rahmen anderer Arbeitspakete werden bei den Erläuterungen des Gesamtprojektcontrollings abgearbeitet (vgl. Abschn. 5.4.2).

Zwei weitere, besonders relevante und auch controllinggeeignete Arbeitspakete stellen die Bewertung und vor allem die Post Merger Integration (PMI) dar. Auf diese beiden Arbeitspakete konzentrieren sich denn auch die Ausführungen in diesem Abschnitt, wobei das PMI- und das Gesamtprojektmanagement zusammengefasst werden, da sich hier starke instrumentelle und inhaltliche Interdependenzen ergeben (vgl. die Abschn. 5.4.2 und 5.4.3).

Wie sind angesichts des Ziels und des Gegenstands die *Inhalte des M&A-Controllings* zu definieren? Generell definiert sich Controlling inhaltlich als die Kontrolle und Steuerung von erfolgsrelevanten Variablen. Um dies durchführen zu können, müssen für die Variablen Soll-Größen identifiziert werden. Aus den diversen Plänen und Zieldefinitionen des M&A-Prozesses können diese Soll-Größen bestimmt werden, was eine wesentliche inhaltliche Aufgabe des Gesamtprojektcontrollings darstellt. Angesichts der Vielschichtigkeit des Prozesses werden die Soll-Größen unterschiedlichen Charakter, was Skalierung und Messbarkeit betrifft, haben. Als zweites sind die Ist-Größen zu ermitteln. Die Erhebung der Ist-Größen setzt voraus, dass der Controller Zugang zu den relevanten Daten im Prozess hat. Treten beim Vergleich der Größen Abweichungen auf, so muss der Controller über die nötige Machtposition verfügen, um Korrekturen auch wirklich initiieren zu können.

Die Tätigkeiten der Erhebung der Soll- und Ist-Größen und der Vergleich werden generell als Kontrolle bezeichnet, die Einleitung von Korrekturmaßnahmen als Steuerung (vgl. Meckl, 2000, S. 209). Für die Kontrollaktivitäten sind verschiedene Typen zu unterscheiden (vgl. zu Instrumenten und Struktur von Kontrolle auch Küpper, 2008, Teil I, Kap. 3; Weber & Schäffer, 2011, S. 256–259, 285–303, 330–334, 375–390):

**Prämissenkontrolle**
Die einer Berechnung oder einer Planung zugrundeliegenden Annahmen werden auf Plausibilität und Konsistenz überprüft (vgl. Horváth, 2011, S. 169). Im Zeitablauf werden Indikatoren beobachtet, die die Annahmen als überholt erscheinen lassen könnten. Falsche bzw. veraltete Annahmen führen zu Soll-Größen, die den Anforderungen einer aktuellen Planung nicht entsprechen. Das Controlling muss die Neuberechnung bzw. -planung mit den modifizierten Annahmen initiieren oder selbst durchführen und deren Auswirkungen überprüfen. Die Controllingkomponenten des Strategieprozesses sind typische Beispiele für diese Inhalte (vgl. Abschn. 4.1.3).

**Durchführungskontrolle**

Bei dieser Art der Kontrolle sind zwei Aspekte für das Controlling relevant. Der erste Aspekt betrifft die methodische Durchführung der einzelnen Aufgaben im Rahmen des M&A-Prozesses. Die korrekte Anwendung der richtigen Instrumente und Methoden muss durch das Controlling sichergestellt werden. Der zweite Aspekt der Durchführungskontrolle umfasst die inhaltliche Komponente. Das Controlling muss sicherstellen, dass die im Verlauf des Prozesses gemachten Festlegungen und beschlossenen Maßnahmen mit den ursprünglich gesetzten Zielen übereinstimmen. Ist dies nicht der Fall, muss korrigierend eingegriffen werden. Das Post Closing Contract Management (vgl. Abschn. 4.2.10) ist ein gutes Beispiel für diese Art der Kontrolle.

**Fortschrittskontrolle**

Gerade im M&A-Prozess sind die einzelnen Schritte, vor allem in der Transaktions- und der Integrationsphase, in ein Zeitraster eingebunden. Wie wichtig die Einhaltung dieses Rasters für den Gesamterfolg ist, wird an der Synergierealisierung in der Integrationsphase deutlich. Verspätet realisierte Synergien können einen erheblichen, negativen Einfluss auf den subjektiven Unternehmenswert haben (vgl. Abschn. 5.3.2.6). Das Controlling vergleicht die Soll-Größe des Zeitrasters für die Abarbeitung verschiedener Maßnahmen mit den tatsächlichen Fortschritten und greift dort beschleunigend oder auch bremsend ein, wo es zu Abweichungen kommt. Durch diese Tätigkeit trägt das Controlling auch zur Koordination des Gesamtprozesses bei.

**Ergebniskontrolle**

Diese klassische Art der Kontrolle setzt ex post an und vergleicht die erreichte Ist-Größe nach Beendigung einer Maßnahme mit der zu Beginn der Maßnahme postulierten Soll-Größe. Obwohl bei einer negativen Abweichung nicht mehr direkt in den Prozess eingegriffen werden kann, gibt es zwei in diesem Fall wertsteigernde Ansatzpunkte für das Controlling. Zum einen kann versucht werden, über einen Neubeginn des Prozesses beim zweiten Versuch ein besseres Ergebnis zu erreichen. Diese Möglichkeit besteht aber nicht in allen Fällen, vor allem nicht bei M&A. Wichtig ist zum zweiten die Auswertung und Dokumentation der Erfahrungen, die bei einem bestimmten Prozess, im hier vorliegenden Fall z. B. bei einem Teilprozess des M&A-Projekts, gemacht wurden. Lernprozesse für spätere, ähnliche Vorhaben werden so institutionalisiert und können durch das Controlling auf nachfolgende M&A-Vorhaben übertragen werden (vgl. dazu auch Sudarsanam, 2010, S. 747–751). Im Rahmen des Arbeitspakets Erfolgsmessung/Wertcontrolling wird grundsätzlich so vorgegangen.

Bleiben als letztes Beschreibungsmerkmal für Controlling die verwendeten *Instrumente*. Als erstes denkt man an die Erfassung, Aufbereitung und Auswertung von finanziellen Kennzahlen, aus denen Rückschlüsse über die Wertschaffung abgeleitet werden können (vgl. allgemein zu Kennzahlen im Controlling Reichmann & Hoffjan, 2011). Und in der Tat werden vor allem auch im M&A-Controlling, wie in den folgenden Abschnitten zu sehen sein wird, Kennzahlen eingesetzt.

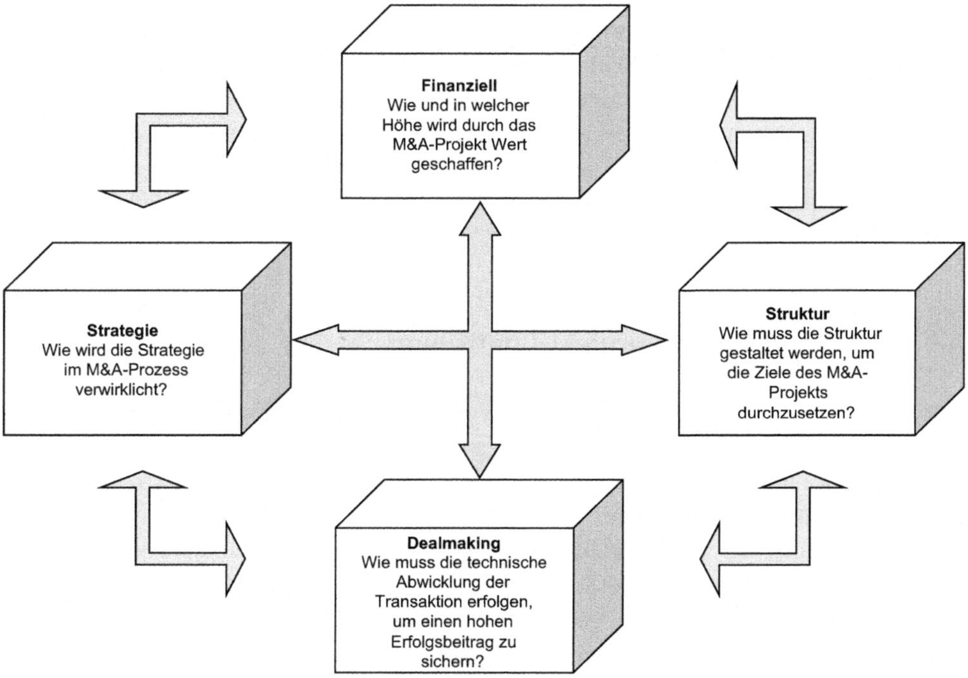


**Abb. 5.25** Die M&A Balanced Scorecard

Damit allein wäre die Komplexität des M&A-Prozesses instrumentell aber nicht abgedeckt. Die Kernprozesse zeigen, dass die Strategie, die Struktur und auch das Dealmaking den letztendlich entscheidenden Einfluss auf den Erfolg und damit auf die Finanzkennzahlen in Zusammenhang mit dem M&A-Projekt ausüben. Auch Kennzahlen und Entwicklungen aus diesen Bereichen müssen berücksichtigt werden. Als modernes Kennzahlensystem des Controllings, das explizit über die rein finanzielle und kostenmäßige Betrachtung hinausgeht, wurde von Kaplan und Norton die Balanced Scorecard (BSC) entwickelt (vgl. 1997, vgl. auch Weber & Schäffer, 2011; Buchholz, 2009, Kap. 3.4). Allerdings müssen die in der Scorecard zusammengefassten Controllingfelder an die M&A-Erfordernisse angepasst werden anzupassen (vgl. als Beispiele für eine solchen M&A BSC Meckl & Hawranek, 2007; Jansen, 2008, S. 331). Abbildung 5.25 zeigt die M&A-Balanced Scorecard als Controllingkonzept für ein Akquisitionsvorhaben, wie es hier prozessorientiert konzipiert wurde (eine detaillierte Ausformulierung einer wertorientierten M&A-Balanced Scorecard findet sich z. B. bei Horzella, 2010, S. 376–377).

Die M&A-BSC orientiert sich grundsätzlich an den Kernprozessen einer Transaktion. Der ursprünglichen Idee der BSC folgend, kulminieren diese Überlegungen alle im finanziellen Aspekt, der hier als Wertschaffung des M&A-Projekts definiert wird. Gemäß der Vorgehensweise der BSC werden im Folgenden die Arbeitspakete des M&A Controllingprozesses erläutert, wobei zu den einzelnen M&A-BSC-Feldern jeweils Ziele und Instrumente wie Kennzahlen abgeleitet werden. Die Felder Strategie, Struktur und Dealmaking werden im Rahmen eines Gesamtprojektcontrollings abgehandelt, um die Interdependenzen aufzeigen zu können. Die Scorecard in Abb. 5.25 macht deutlich, wie eng die einzelnen Komponenten miteinander verwoben sind und dass eine Schwäche in einem Bereich zwangsläufig zu einem schlechteren Ergebnis des gesamten Projekts führt (vgl. dazu auch Abschn. 3.2.2 zur Interdependenz der Teilprozesse). Das Ergebnisfeld „Erfolg", mit seiner gesonderten Bedeutung für das M&A-Controlling, wird in den Abschnitten zum Bewertungscontrolling und Erfolgsmessung (vgl. Abschn. 5.4.3 und 5.4.4) behandelt.

## 5.4.2 PMI- und Gesamtprojekt-Controlling

Aus Übersichtlichkeitsgründen empfiehlt es sich, bei der Erläuterung der einzelnen Arbeitspakete des M&A-Controllings ein Gesamtprojektcontrolling zu entwickeln und im Rahmen dieses umfassenden, prozessbegleitenden Controllings den Schwerpunkt auf die Post Merger Integration zu legen.

Wie der Name sagt und auch die Abb. 3.13 zeigt, erstrecken sich die Aktivitäten des Gesamtprojektcontrollings grundsätzlich über den ganzen Prozessablauf, wobei sich aber auch inhaltliche Schwerpunkte ergeben. Im Folgenden wird nach M&A-Controllingaktivitäten entlang der Kernprozesse und damit den Feldern der M&A-BSC unterschieden.

**M&A-Controlling in der Planungs- und Transaktionsphase**

Ein Schwerpunkt des M&A-Controllings ist, wie oben angesprochen, der Kernprozess „*Strategie*" mit Schwerpunkt in der Planungsphase. Die Aufgabe des M&A-Gesamtprojektcontrollings besteht darin, die konsequente Orientierung an den strategischen Zielen im Prozess sicherzustellen. Zwar werden hier eigene strategische Controllingaktivitäten im Rahmen einer „Strategieüberprüfung" und einer „Strategischen Nachschau" durchgeführt (vgl. Abschn. 4.1.5). Allerdings liegen diese erst in den späteren Phasen und umfassen auch nicht alle strategisch relevanten Aktivitäten, so dass durchaus für das Controlling hier Handlungsbedarf besteht, insbesondere auch, weil hier getroffene Entscheidungen langfristige Wirkungen haben und später in vielen Fällen nur schwer zu korrigieren sind.

Der erste Anknüpfungspunkt des Controllingprozesses ist hier das Screening, da die Basisstrategie einem eigenen, von M&A unabhängigem Controlling unterliegt, auf das hier nicht näher eingegangen wird (vgl. allgemein dazu z. B. Alter, 2011, Kap. 3). Im Zuge einer Prämissenkontrolle kommt dem M&A-Controlling die Aufgabe der Überprüfung der im Screening gemachten Annahmen zu. Die später bei der Sondierung (vgl. Kernprozess Dealmaking, Abschn. 4.2), also im Kontakt mit dem Verkäufer offengelegten Informationen müssen mit den Prämissen der Kandidatenauswahl verglichen werden. Das Controlling muss sicherstellen, dass aus einer Abweichung der Prämissen auch die entsprechenden Konsequenzen gezogen werden. Diese können in einem Abbruch der Verhandlungen oder einer Modifizierung der Inhalte der Gespräche liegen. Bei dieser Prozessstufe wird die Überwachungsfunktion des Controllings deutlich. Ein Neudurchlauf der Kandidatenbewertung ist anschließend zu initiieren. Als Aspekt der Durchführungskontrolle ist auf die richtige und konsequente Anwendung der Selektionsinstrumente bei der Kandidatenauswahl zu achten.

Prämissen- und Durchführungskontrolle spielen auch bei der Überprüfung des *Business Case* und dann später des *Business Plans* eine wichtige Rolle. Die Realitätsnähe und Konsistenz der getroffenen Annahmen sind ein wichtiger Inhalt der Kontrolle. Die Art der Erstellung der Geschäftspläne in Form einer Plan-Bilanz und Plan-GuV ist auf Richtigkeit und Vollständigkeit zu kontrollieren. Hinzu kommt, dass das M&A-Controlling sicherstellen muss, dass die Art und Weise der Aufstellung des Business Plans den allgemeinen Vorgaben und Regeln der Planung eines Investitionsprojekts im Unternehmen entspricht. Dies insbesondere auch, weil der Business Plan eine wichtige Grundlage für die Grob- und dann später die Detailbewertung darstellt (vgl. Abschn. 5.3.2). Das „Nachrechnen" des Investment Case, auch im Hinblick auf die Genehmigungsvorlagen (vgl. Abschn. 4.2.3) ist hier geboten. An dieser Stelle wird deutlich, dass das M&A-Controlling aufgerufen ist, einen objektiven, neutralen Blick auf das Projekt zu werfen, um eine zu starke Subjektivität von Beteiligten am M&A-Projekt korrigieren zu können.

Im Kernprozess „*Dealmaking*" (vgl. Abschn. 4.2) spielt in der Planungsphase, wie oben erwähnt, die Informationsgewinnung und -überprüfung bei der Sondierung eine Rolle für das M&A-Controlling. Bei der Entwicklung des *Führungskonzepts* kommt dem Controlling die Aufgabe zu, die Finalität des Konzepts mit den ursprünglichen Zielen des M&A-Projekts sicherzustellen. Nach der Sondierung zeigt sich schnell sehr deutlich, welche Modelle mit dem Partner machbar sind und welche zu einem Abbruch der Gespräche führen würden. Angesichts dieser Beschränkungen könnten die Träger des Dealmakingprozesses geneigt sein, die Ziele des M&A-Projekts zu vernachlässigen und mehr Gewicht auf die Machbarkeit des Projekts zu legen. Das Controlling muss dies durch eine entsprechende Durchführungskontrolle und gegebenenfalls eine Korrektur der Modelle verhindern. In dieser Phase werden die Strukturen des „Deals" rechtsverbindlich festgelegt, wodurch sich die letzte Möglichkeit für das Controlling ergibt, ohne große Verluste korrigierend eingreifen zu können.

In der Transaktionsphase ergeben sich wichtige Controllingaktivitäten im Dealmaking-Prozess. Es ist hier vor allem die Aufgabe des M&A-Controllings, Risiken, die sich durch die Verhandlungen, die Deal-Struktur und die Verträge ergeben können, zu identifizieren und gegebenenfalls zu eliminieren. Im Zuge einer Prämissen- und Ergebniskontrolle ist insbesondere zu überprüfen, ob die verhandelte *Deal-Struktur* und die in den Vertragsentwürfen enthaltenen Vereinbarungen konsistent sind mit den Annahmen, die bisher gemacht worden sind. Hier ist auch eine Abstimmung mit den Controllingaktivitäten bzgl. der Bewertung wichtig (vgl. Abschn. 5.4.3). Als Teil des M&A-Controllings dieser Arbeitspakete kommt auch eine Prüfung der Genehmigungsfähigkeit schon in dieser Phase in Frage. Die Identifikation z. B. von kartellrechtlichen Problemen ist hier zu nennen. Eine Überprüfung der Einhaltung der Compliance-Vorgaben komplettiert die Inhalte des M&A-Controllings im Dealmakingprozess in der Transaktionsphase.

Ausgehend vom Führungskonzept sind das *Integrationskonzept* und daran anschließend die *Integrations-Vorbereitung* im *Strukturprozess* durch das M&A-Controlling kritisch zu beurteilen. Inhaltliche Konsistenz, Wahrscheinlichkeit der Umsetzung der Maßnahmen und die dazu nötige Zeitdauer sind wichtige Vorarbeiten für das Controlling der Synergierealisierung, das zentraler Bestandteil des Bewertungscontrollings ist (vgl. Abschn. 5.4.3). Zunächst muss darauf geachtet werden, dass die Integrationspläne nach einem einheitlichen Konzept erstellt werden, damit später die Aggregation der Teilpläne ohne Probleme möglich ist. Dann müssen die Pläne auf ihre Realitätsnähe hin überprüft werden. Die Erstellung der Pläne sollte eher konservativ in dem Sinne erfolgen, dass z. B. die Synergiehöhe niedrig angesetzt wird und nur Synergien mit hoher Wahrscheinlichkeit eingerechnet werden. Bei dieser Kontrolle muss das Controlling damit auch detailliert in die Inhalte einsteigen, was mit Schwierigkeiten wegen des hohen Zeitaufwands und der Komplexität der Inhalte verbunden sein kann. Im Sinne einer Fortschrittskontrolle ist auf die Vollständigkeit und die zeitliche Abstimmung der Teilpläne zu achten. Die Ergebniskontrolle muss gewährleisten, dass die Erkenntnisse aus der Erstellung des Integrationskonzeptes mit den strategischen und strukturellen Zielvorgaben kompatibel sind. Ergebnis dieser Stufe des Controllingprozesses ist ein inhaltlich und zeitlich auf Zielfinalität und Konsistenz geprüfter Integrationsplan, der ein wichtiger Lieferant für Soll-Größen besonders für die Integrationsphase ist. Generell sollte das M&A-Controlling mit Bezug auf die internen Genehmigungsanträge für die M&A-Transaktion im Rahmen der Überwachungsfunktion aufzeigen, wenn es zu einer Nichterfüllung der angestrebten (v. a. strategischen, aber finanziellen) Ziele mit einem Kandidaten kommen kann. Zum Zeitpunkt der Erstellung des Integrationskonzepts ist ein Abbruch des Projekts meist noch ohne große Verluste materieller oder immaterieller Art möglich.

Ein typisches Projekt aus dem Feld des Controllings des unternehmerischen Wandels ist die Überprüfung der Change-Konzepte. Hier gilt ähnliches wie bei den Integrationsplänen was Konsistenz, Dauer und Effektivität der geplanten Maßnahmen betrifft. Herausfordernd für das M&A-Controlling in diesem Feld ist die oftmals nicht gegebene Quantifizierbarkeit der Inhalte, was ein qualitatives Controlling nötig macht.

**Post Merger Integration-Controlling (PMI-Controlling)**

Bisher wurden die Planungs- und die Transaktionsphase mit ihren Arbeitspaketen betrachtet. Die Integrationsphase soll nun kernprozessübergreifend im Hinblick auf die Controllingaktivitäten betrachtet werden, da sich hier erhebliche Interdependenzen zwischen den einzelnen Arbeitspaketen ergeben.

Zu diesem Zweck kann als vorbereitende Maßnahme für die einzelnen PMI-Controllingfelder eine diesbezügliche Risikoeinschätzung vorgenommen werden. Gerds und Schewe (2011) bieten dazu eine Strukturierungshilfe an (zu Details siehe auch Claassen, Elbeshausen & Gerds, 2013), den PMI-Risiko-Index (vgl. Abb. 5.26).

Hier werden vier Risiko-Kategorien identifiziert und quantifiziert, die bei den folgenden detaillierteren Controllingaktivitäten besonders beobachtet werden sollten.

Die zentrale Aufgabe des Post Merger Integration-Controllings (PMI-Controlling) ist die Sicherstellung der effizienten Umsetzung der operativen Integration der gekauften Aktivitäten. Dazu sind die Arbeitspakete, die in der Integrationsphase im M&A-Prozess

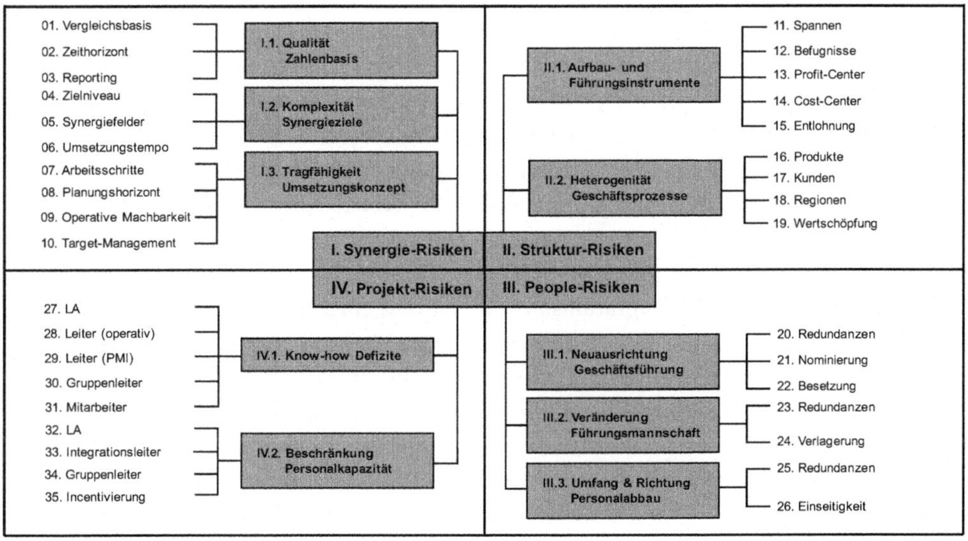


**Abb. 5.26** Der PMI Risiko Index. (vgl. Gerds & Schewe, 2011, S. 131)

anfallen, einer detaillierten Kontrolle zu unterziehen, um korrigierende Steuerungsmaßnahmen initiieren zu können. Vor allem eine Durchführungs- im Sinne einer Fortschrittskontrolle ist hier nötig, um überprüfen zu können, ob die im Integrationskonzept geplanten Maßnahmen auch wirklich umgesetzt werden. Die Erfolgsmessung der M&A-Transaktion wird, wie oben erwähnt, nicht als Teil des PMI-Controllings gesehen, da sie nicht die operative Umsetzung betrifft und deshalb in einem eigenen Abschnitt behandelt wird (vgl. Abschn. 5.4.4).

Das Controlling der *rechtlichen Umsetzung und des Post Closing Contract Managements* (vgl. Abb. 3.13) umfasst vor allem die Überprüfung der vom Verkäufer gemachten Angaben und Zusicherungen zu Wert beeinflussenden Faktoren. Informatorische Basis ist die Post Closing Due Diligence (vgl. Abschn. 5.1.6). Im Rahmen dieser sind hier Soll-/Ist-Vergleiche durchzuführen, die bei Abweichungen überführt werden müssen in eine Berechnung des Wertverlustes, der sich durch die nicht zutreffenden Aussagen ergibt. Entsprechend werden dann Korrekturmaßnahmen eingeleitet, die bis zum Zurückhalten von Tranchen von Kaufpreiszahlungen bis zur gerichtlichen Rückforderung von Teilen des Kaufpreises führen können. Vor allem hier stellt sich die Frage nach dem Träger des M&A-Controllings. Der Controller muss hier eine hohe juristische Qualifikation und gleichzeitig kaufmännische Kenntnisse haben, um die Aufgabe durchführen zu können.

Der Schwerpunkt des PMI-Controllings liegt im Strukturprozess bei der *Implementation*, der *Organisations- und Prozessanpassung* und des *Human Resource Change Managements*.

Bei der Implementierung kommt die Fortschrittskontrolle zum Zuge. Das Integrationskonzept aus der Transaktionsphase liefert die Soll-Vorgaben inklusive der zeitlichen Vorgaben. Der Vergleich und die Konsistenzprüfung der in diesem Plan festgelegten Maßnahmen mit den Umsetzungsaktivitäten führt gegebenenfalls zu Korrekturmaßnahmen oder zumindest zu einer Diskussion der Änderung. Die Überwachungs- und Korrekturfunktion des Controllingprozesses ist insbesondere bzgl. des zeitlichen Aspekts von Bedeutung. Verzögerungen in der Integration führen normalerweise zu Werteinbußen vor allem bei den Synergien. Verzögern sich die organisatorischen und die rechtlichen Integrationsmaßnahmen, so hat dies häufig auch negative zeitliche Konsequenzen für die weitere Integration. Es sollte deshalb ein konsequentes Meilensteincontrolling vorgenommen werden. Ein bewährtes Instrument ist das in Abschn. 6.1.9.3 ausgeführte Konzept des Härtegrades. Hier werden die einzelnen Integrationsmaßnahmen auf einer Skala hinsichtlich der Grades ihrer Umsetzung eingestuft, woraus ein Bild für den Controller entsteht, wie weit die Integration fortgeschritten ist. Dies wiederum liefert die Basis für einen Soll-/Ist-Vergleich.

Die sich anschließende Ergebniskontrolle bzgl. der neuen Organisations- und Prozessstrukturen hat das Ziel, die etablierten Strukturen auf ihre Konsistenz mit den Plänen und auf ihre Wirkung hin zu kontrollieren. Während die Konsistenzprüfung noch relativ einfach durch Vergleich möglich ist, muss bei der Wirkungsprüfung eine detaillierte Analyse vorgenommen werden, ob die eingerichteten Strukturen auch die Ziele erreichen, die beabsichtigt worden sind. Hier ist unter anderem eine Analyse bzgl. des Grads der Synergierealisierung durchzuführen (vgl. dazu im Detail Abschn. 5.3.2.4). Gegliedert nach den Einzelmaßnahmen, die Synergien bringen sollen, können wieder nach dem Soll-Ist-Prinzip die Erfüllungsgrade überprüft werden. Wird die vorgegebene Größe nicht erreicht, müssen zusätzliche Maßnahmen eingeleitet werden. Dies kann im Endeffekt zu einer deutlichen Änderung des Integrationskonzepts führen. Zu beachten ist, dass diese Überprüfung im Wesentlichen die operativen Aktivitäten betrifft. Eine Gesamtüberprüfung der Wertschaffung wird unter dem Punkt „Erfolgsmessung/Wertcontrolling“ vorgenommen.

Fehlt noch das Controlling des Arbeitspakets „Human Ressource Change Management“. Hier kommt es zunächst darauf an, die Prämissen, die der Integrationsplanung im Personalbereich zugrunde lagen, regelmäßig auf ihre Gültigkeit hin zu überprüfen. So muss z. B. die Zahl der unwillkommenen Kündigungen als Soll-Größe beobachtet werden. Liegt diese signifikant über den Erwartungen, müssen Gegenmaßnahmen eingeleitet oder die Beschaffungspläne geändert werden. Die Fortschrittskontrolle muss das vorab festgelegte Zeitraster sicherstellen. Wie im HR Change Konzept begründet (vgl. Abschn. 4.3.4), sollte die Unsicherheit z. B. beim Personaleinsatz möglichst schnell überwunden werden, was die Einhaltung der Zeitvorgaben als wichtig erscheinen lässt (vgl. auch die Ausführungen zum Merger Syndrom in Abschn. 4.3.4). Die Durchführungskontrolle hat analog zu den anderen Prozessstufen die Sicherstellung der instrumentellen Professionalität als Aufgabe.

Bei der Ergebniskontrolle ist die zentrale Soll-Größe die dem Personalbereich zugeschriebene Synergiehöhe. Die Wirkungen der personalwirtschaftlichen Maßnahmen müssen deshalb bzgl. ihrer Kostenwirkung analysiert und entsprechend mit den Vorgaben verglichen werden. Ein Fehler, der beim Controlling häufig gemacht wird und im Personalbereich besonders schwer zum Tragen kommt, ist die ausschließliche Fokussierung auf den Kosten- respektive Synergieaspekt. Genauso wichtig ist die Überprüfung der leistungswirtschaftlichen Auswirkungen der durchgeführten Maßnahmen. So muss überprüft werden, ob mit der neuen Personalstruktur die zugewiesenen Aufgaben auch wirklich erfüllbar sind. Evtl. wurden Personalkapazitäten qualitativ und/oder quantitativ falsch geplant und es kommt zu Behinderungen in der Ablauforganisation, die zu Ineffizienzen führen. Besonders beachtet werden muss diese Zielkonformität, falls weitere Personalreduzierungen, evtl. auf Veranlassung durch das Controlling, durchgeführt werden, um die gesteckten Synergieziele zu erreichen.

Eine besondere Problematik stellt sich für das Controlling im Bereich des kulturellen Wandels. Auch hier besteht die Notwendigkeit, durch die Prämissen-, Fortschritts-, Durchführungs- und die Ergebniskontrolle die Aktivitäten einer Prüfung auf Erfolgsträchtigkeit zu unterziehen. Hier kann wohl kaum auf quantifizierte Größen zurückgegriffen werden, denn solche Größen, die die Wirklichkeit auch hinreichend genau abbilden, zu finden, ist beim kulturellen Wandel schwierig. Die Messprobleme des Konstrukts Unternehmenskultur, evtl. verstärkt durch erhebliche sozio-kulturelle Unterschiede, sind nach wie vor ungelöst (vgl. Drumm, 1991). Der Vergleich zwischen einer Ausgangssituation und einer Soll-Unternehmenskultur fällt entsprechend schwer. Messansätze, wie beim Screening gezeigt (vgl. Abschn. 4.1.3), bieten lediglich einen groben Hinweis.

Das Controlling muss sich deswegen anderer als der klassischen Erhebungsmethoden und Kennzahlen bedienen. Mitarbeiterbefragungen und Interviews sind eine Möglichkeit, zumindest näherungsweise den Status und die Wirkungen der personalwirtschaftlichen Maßnahmen zu erheben und mit den intendierten Vorgaben zu vergleichen.

Ein zweiter Weg besteht darin, im Sinne eines Controllings der indirekten Einflussgrößen die Variablen genauer zu überprüfen, die einen wichtigen Einfluss auf den kulturellen Wandel haben. In Abschn. 4.3.9 wurde festgestellt, dass der Kommunikationsprozess eine gewichtige Rolle bei der Veränderung der „weichen" Faktoren spielt. Eine dezidierte Durchführungs- und Fortschrittskontrolle des Kommunikationsprozesses (vgl. Abschn. 5.2.4 zur Stakeholder-Kommunikation) kann zumindest mittelbar einen positiven Einfluss auf das Erreichen der Ziele in Zusammenhang mit dem kulturellen Wandel ausüben. Hier gelten wiederum die Prinzipien der Fortschrittskontrolle, ähnlich wie in der oben beschriebenen organisatorischen Umsetzung. Wichtig ist hier die Erstellung eines Kommunikationsplans (vgl. Abschn. 5.2.4) und die Überprüfung der Umsetzung dieses Plans.

### 5.4.3 Bewertungscontrolling

Bei der Schilderung des Gesamtprojektcontrollings im vorherigen Abschnitt wurde bewusst das Bewertungscontrolling ausgespart, um dezidiert und detailliert dieses zentrale Feld des M&A-Controllings in einem eigenen Abschnitt behandeln zu können. Das Bewertungscontrolling setzt nach der Ermittlung der einzelnen Werte im Rahmen der Bewertungsbrücke und der daraus resultierenden Gesamtwertfindung ein (vgl. im Detail dazu

Abschn. 5.3.2.1). Controllinggegenstand sind entsprechend die ermittelten Einzelwerte aus der Bewertungsbrücke.

Die Ziele des M&A-Controllings im Hinblick auf die Bewertung liegen in der Sicherstellung der methodisch und inhaltlich richtigen Durchführung der Bewertung.

Aus methodischer Sicht sollte durch das M&A-Controlling sichergestellt bzw. eingefordert werden, dass nicht nur ein, sondern mehrere Unternehmensbewertungsverfahren angewendet werden, um eine Bandbreite von Wertvorstellungen zu erhalten. Natürlich müssen die Verfahren strukturell und inhaltlich richtig angewendet werden. Dabei ist auch darauf zu achten, dass die eingesetzten Verfahren der Qualität der Datenlage angepasst sind.

Wesentlich für die Bewertung sind die Business Pläne, die als Basis genommen werden. Dem Controlling kommt die Aufgabe zu, alle Erkenntnisse, die durch die Überprüfung der Business Pläne oder auch der Deal Strukturen gewonnen werden konnten (vgl. Abschn. 5.4), in die Bewertung einfließen zu lassen. Dies kann z. B. durch die Einpreisung von zusätzlich erkannten Risiken erfolgen. Wichtig ist hier insbesondere der Abgleich der in den Plänen und der Bewertung jeweils getroffenen Annahmen. Diese Kontrolle der getroffenen Annahmen umfasst im Übrigen auch die regelmäßige Prüfung der Richtigkeit dieser Annahmen. In den Verhandlungen mit dem Verkäufer kommen immer wieder neue Informationen, deren Auswirkungen auf die Annahmensetzung überprüft werden müssen.

Diese implizit durchgeführte Prämissenkontrolle muss ergänzt werden durch eine Endkontrolle mit Bezug auf die Finanzierbarkeit des geplanten Vorhabens. Die Ergebnisse der Finanzmittelbereitstellung müssen vor allem im Hinblick auf die Finanzierungskosten mit den Ergebnissen der Bewertung in Einklang gebracht werden. Hier wird die koordinierende Rolle des M&A-Controllings deutlich.

In Abschn. 5.3.2.4 ist deutlich geworden, dass der Synergiewert ein zentraler Werttreiber und damit eine bestimmende Größe für die Wertschaffung der Transaktion ist. Gleichzeitig wurde deutlich, dass eine systematische Überschätzung dieser Wertkomponente regelmäßig vorkommt. Deswegen ist der Synergiewert ein wichtiger Gegenstand des M&A-Controllings. Im Folgenden werden Ansätze zum Controlling dieses Wertes aufgezeigt (vgl. Metz, 2002, S. 197–199).

Arten und Realisierungsmöglichkeiten von Synergien wurden ausführlich in Abschn. 5.3.2.4 erläutert. Das synergiebezogene M&A-Controlling muss sicherstellen, dass die getroffenen Annahmen bzgl. der Höhe der zu erwartenden Synergien realistisch sind, die notwendigen Maßnahmen zur Realisierung eingeleitet werden und der veranschlagte Zeithorizont eingehalten wird. Die typische und bewährte Vorgehensweise des Controllings besteht darin, ein geeignetes „Tool" zu entwickeln, das hilft, die genannten Ziele zu erreichen. Dies bietet sich auch beim M&A-Controlling für Synergien an. So entwickelt z. B. Horzella ein Synergie-Cockpit, das „die Steuerungsgrundlage für ein wertorientiertes M&A-Controlling bildet" (2010, S. 164) und liefert ein Beispiel für das Synergiecontrolling (vgl. allg. hierzu Mammen & Sassen, 2015) mit diesem Instrument (vgl. Abb. 5.27).

Das Beispiel betrifft die Instandhaltung von Maschinen. Die Synergie-Idee besteht darin, bei der Integration der gekauften Aktivitäten die Best-Practice Instandhaltungsphilo-

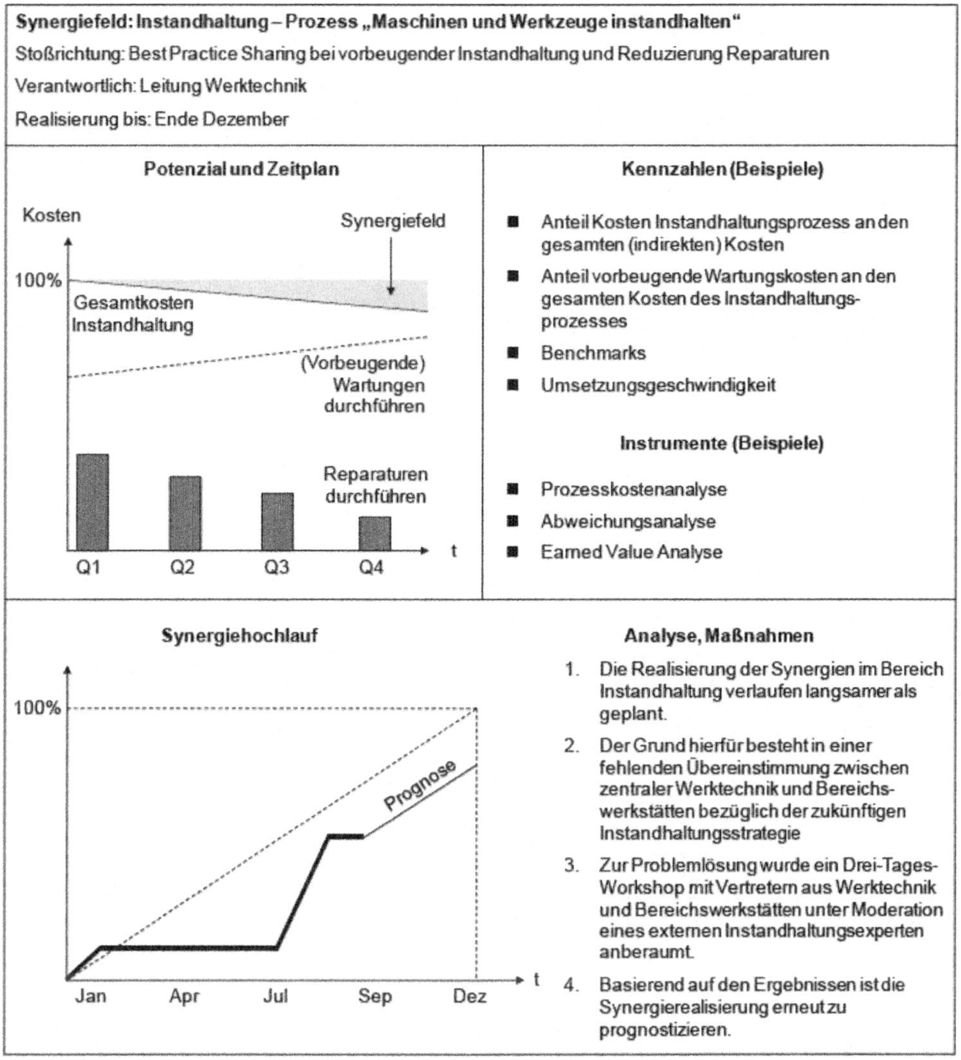


**Abb. 5.27** Das Synergie-Cockpit als Instrument des Synergiecontrollings. (vgl. Horzella, 2010, S. 165)

sophie des Zielunternehmens bzgl. vorbeugende Wartung und Reparaturen zu adaptieren und damit die Effizienz der Prozessausführung im Gesamtunternehmen zu verbessern. Dies führt zu Kosteneinsparungen, die als Kostensynergien interpretiert werden können. Die Identifikation des Synergiepotenzials, die Wirkungszusammenhänge und der Realisierungsgrad können dann mit dem in Abb. 5.27 dargestellten Synergie-Cockpit durch das M&A-Controlling verfolgt werden.

Aus der Überprüfung der einzelnen Wertkomponenten, insbesondere der Synergie-Komponente, ergibt sich der subjektive Unternehmenswert, der durch die Controllingaktivitäten durchaus abweichen kann von dem Wert, der im Arbeitspaket Detailbewertung abgeleitet wurde. Dieser subjektive Unternehmenswert beschreibt die Maximalausprägung des akzeptablen Kaufpreises und fungiert damit als obere Begrenzung einer Soll-Größe. Beim Vergleich mit den in den Verhandlungen diskutierten Kaufpreisen ist zum ersten Mal auf einer gesicherteren Datenbasis eine Einschätzung möglich, wann und in welcher Höhe das M&A-Projekt Wert schaffen kann. Im Zuge einer Ergebniskontrolle muss das Controlling sicherstellen, dass der vereinbarte Kaufpreis unterhalb des festgestellten subjektiven Wertes des Kaufobjekts liegt, also ein positiver Nettowert erzielt wird, was als letztendliches Ziel des Bewertungscontrollings angesehen werden kann (für die praktische Durchführung einer solchen M&A-Mehrwertberechnung vgl. Kesten, 2013).

### 5.4.4 Erfolgsmessung

#### 5.4.4.1 Erfolgsbegriff und -maße von M&A-Projekten

Das letzte Arbeitspaket für das M&A-Controlling und im M&A-Prozess überhaupt, ist die Messung des Erfolgs der Transaktion und das Wert-Controlling (vgl. Abb. 3.13 und 5.24). Ziel dieser Aktivität ist, dass durch das M&A-Controlling festgestellt wird, ob die Ziele, die mit der Transaktion verfolgt wurden, erreicht worden sind. Es ist schon darauf hingewiesen worden (vgl. Abschn. 1.2.2), dass M&A ein riskantes Geschäft und die Misserfolgsraten sehr hoch sind. Aus diesem Grund ist ein explizites Messen des Erfolgs einer Transaktion wichtig, auch um im Zuge eines Lernens aus gemachten Fehlern die Erfolgsaussichten für zukünftige Transaktionen zu erhöhen. Das M&A-Controlling ist der prädestinierte Träger einer solchen Erfolgsmessung.

Allgemein wird Erfolg als das Erreichen eines Ziels angesehen. Entsprechend ist als Erfolg von M&A-Aktivitäten deren Beitrag zur Verwirklichung der angestrebten Unternehmensziele zu bewerten (vgl. Bamberger, 1994, S. 9). Analog zur Verschiedenartigkeit von Unternehmenszielen herrscht jedoch hinsichtlich der Messung des M&A-Erfolgs weder in der Theorie noch in der Praxis Einigkeit (vgl. Gerpott, 1993, S. 18).

Als erstes ist bei der Erfolgsmessung von M&A zu klären, für wen bzw. aus wessen Sicht der Erfolg einer Transaktion betrachtet wird. Der „Stakeholder-Ansatz" spielt also auch hier eine Rolle, da die Erfolgseinschätzung stark von den Zielen der jeweiligen Interessengruppe abhängt. Für jede Stakeholdergruppe sind im zweiten Schritt Erfolgsmaße zu identifizieren und zu quantifizieren. Ausgehend von diesen Erfolgsmaßen würde ein M&A-Projekt dann als erfolgreich aus Sicht einer Interessengruppe bezeichnet, wenn bei einer oder bei mehreren Erfolgsgrößen ein ex ante definiertes Niveau durch das Projekt erreicht wird. Dieser Ansatz der Vorgabe von Soll-Niveaus setzt eine explizite Planung dieser Größen voraus.

Wie in Abschn. 2.2 ausgeführt, gibt es mehrere Interessengruppen in Zusammenhang mit einer M&A-Transaktion (vgl. dazu auch Sudarsanam, 2010, S. 87–88). Als erstes denkt man an die unternehmensinternen Gruppen, wie Anteilseigner, Manager oder Mitarbeiter. Aber auch externe Gruppen sind von M&A-Transaktionen betroffen. Deren Erfolgseinschätzung soll zunächst kurz betrachtet werden.

*Kunden* des Zielunternehmens z. B. sind an einer weiteren, preisgünstigen Versorgung mit Produkten des Unternehmens und einem guten Service interessiert. Preissteigerungen aufgrund einer höheren Marktmacht durch den Zusammenschluss ihrer Zulieferer würden dem widersprechen. Erfolg einer M&A-Transaktion für die Interessengruppe „Kunden" könnte also definiert werden als die Beibehaltung, evtl. sogar Verbesserung der Konditionen und des Services, des jetzt größeren Zulieferers. Für *Zulieferer* des Zielunternehmens oder auch des Käufers gilt ähnliches in umgekehrter Konstellation. Erfolg für diese Gruppe wäre, dass der Kunde weiter kauft und auch seine evtl. größeren Einkaufsmengen und seine bessere Verhandlungsmacht nicht ausnutzt, um den Zulieferer unter Druck zu setzen. *Staatliche Stellen*, z. B. das Kartellamt, haben das Ziel in Zusammenhang mit einer M&A-Transaktion, dass Wettbewerb auf den Märkten nicht eingeschränkt sondern eher noch erhöht wird, sodass ein Erfolg der M&A-Transaktion aus dieser Sicht dann gegeben wäre, wenn es zu einer Verbesserung der Marktmechanismen kommt.

Bei den internen Gruppen spielen die *Mitarbeiter* eine wichtige Rolle, da sie, zumindest in mitbestimmten Betrieben, durchaus auch Einfluss auf die Umsetzung einer M&A-Entscheidung nehmen können. Arbeitsplatzsicherheit, gute Entlohnung und Arbeitsbedingungen sind die typischen Erfolgsmaße dieser Gruppe. Hier können sich aber durch M&A durchaus Zieleinschränkungen ergeben. Eine Restrukturierung im Zuge der Realisierung von Synergien (vgl. Abschn. 5.3.2.4) bei der Post Merger Integration ist eine reale Gefahr für diese Interessengruppe, so dass der Erfolg einer M&A-Transaktion aus dieser Sicht in der Abwehr von M&A-induzierten Maßnahmen bestehen würde, die die Erfolgsmaße, also z. B. die Arbeitsplatzsicherheit kurz- und langfristig stören würden.

Interessant ist auch die Erfolgsbetrachtung aus Sicht des Managements. Mögliche Ziele von *Managern* in Zusammenhang mit M&A wurden in Abschn. 1.1.3 erläutert. Ausgehend von diesen Motiven wären eine Steigerung des Einkommens und der Machtposition und eine Minderung des Arbeitsplatzrisikos die Erfolgsmaße, die bei einer M&A-Erfolgsmessung zu überprüfen wären. Der Prestigegewinn durch Zukauf von internationalen Unternehmen oder Machtargumente z. B. bei Kauf eines langjährigen Konkurrenten fallen unter eine managerorienterte Zielkategorie, die aber unter normalen Umständen nicht als Erfolgskriterium für M&A-Projekte herangezogen werden sollten.

Eine wichtige Gruppe in der Praxis stellen die *Fremdkapitalgeber* dar. Die Risikoposition z. B. von Banken, die Kredite an das Zielunternehmen vergeben haben, kann sich negativ verändern, wenn der Käufer z. B. versucht, den gezahlten Kaufpreis durch Entzug von Eigenkapital aus dem gekauften Unternehmen zu verringern oder dieser eine schlechte Bonität aufweist. Das Ziel dieser Interessengruppe ist es, dass sich die eigene Risikoposition nicht verschlechtert, evtl. sogar verbessert. Dies kann durch den Co-Insurance-Effekt entstehen. Die Übernahme des Zielunternehmens durch einen Käufer mit höherer Bonität verbessert die Risikoposition der Fremdkapitalgeber des gekauften Unternehmens (vgl. z. B. Kürsten, 2003; Kürsten, Meckl & Krostewitz, 2007). Ähnliches gilt für die Gläubiger des Käuferunternehmens mit umgekehrten Vorzeichen.

Normalerweise wird in der Literatur und auch in der Unternehmenspraxis der Erfolg einer M&A-Transaktion aber primär aus Sicht der *Anteilseigner* als Eigentümer des Käufer- oder des Zielunternehmens bewertet. Die Ziele der Anteilseigner werden von diesem Shareholder-Value-Ansatz als prioritätisch angesehen und entsprechend sind die Entscheidungen im Rahmen einer M&A-Transaktion auf die Ziele dieser Gruppe auszurichten (vgl. allgemein zur Shareholder-Value-Diskussion Beck, 2003, Kap. 1; Stiefl & Westerholt, 2008, Kap. 2). Gerade bei M&A als punktuelle Verwendungsentscheidung über den Faktor Kapital mit direkten Auswirkungen auf die Vermögensposition der Anteilseigner, sind die Erfolgsmaße dieser Gruppe dominierend. Auch im Rahmen des in diesem Buch entwickelten M&A-Prozesses wurde bereits früh auf die Schaffung von ökonomischem Wert als die letztendliche Zielgröße der Anteilseigner abgestellt (vgl. Abschn. 1.1.3). Die im Folgenden beschriebene Erfolgsmessung und Wertkontrolle des M&A-Controllings wird aus dieser Sicht beschrieben.

Im Zentrum der Ziele des „Shareholders" steht der Wert des Unternehmens, der möglichst gesteigert werden soll, in unserem Fall durch die M&A-Transaktion. Im Zuge der zunehmenden Shareholder Value-Orientierung der Unternehmen ist dieser Unternehmenswert als Erfolgsmaßstab für Shareholder in den Vordergrund gerückt (vgl. dazu auch Glaum & Hutzschenreuter, 2010, S. 93; für einen Überblick auch Fechtel, 2001). In Abschn. 5.3.2 zur Bewertung des Zielobjekts wurden bereits ausführlich Konzepte zur Wertbestimmung beschrieben. Wie dort erläutert wurde, werden die durch den Unternehmenskauf generierten Cash-Flows mit einem risikoadjustierten Zinssatz diskontiert. Die Wertkontrolle durch das M&A-Controlling erfolgt sehr einfach durch eine Ergebniskontrolle: Von dem Wert inklusive der Synergien, der für die gekauften Aktivitäten ermittelt wurde, wird der Kaufpreis abgezogen. Ergibt sich ein positiver Nettowert, hat die „Investition in M&A" den Gesamtwert des Unternehmens gesteigert. Nur wenn dies zumindest langfristig eintritt, kann das M&A-Projekt als Erfolg im Sinne der Shareholder gewertet werden. Bei einer unterstellten Kapitalmarkteffizienz würde dann auch nur bei diesem Fall eine Steigerung des Börsenwerts eintreten. Dieses auf den ersten Blick einleuchtende und auch einfache Konzept entpuppt sich bei der Umsetzung und vor allem bei der Quantifizierung als durchaus schwierig.

Als konzeptionelles Problem stellt sich die Benchmarkfrage (vgl. Sudarsanam, 2010, S. 88–91) oder anders ausgedrückt: mit was vergleicht man den Nettowert? Die (geschätzte) Wertentwicklung des Käuferunternehmens (im relevanten Geschäftsbereich) ohne die Akquisition wäre naheliegend. Oder sollte der Nettowert verglichen werden mit der Wertentwicklung eines vergleichbaren Unternehmens, evtl. eines Wettbewerbers? Denkbar wäre auch der Vergleich mit der Summe der Wertzuwächse des Käufer- und des Zielunternehmens unter der Annahme, dass sie separat geblieben wären. Nimmt man die erste Variante, so müssen viele Annahmen über die hypothetische Entwicklung des operativen Geschäfts getroffen werden, um den geschätzten Stand-Alone-Wert, der sich ohne die Akquisition ergeben hätte, zu ermitteln. Wichtig ist außerdem die Frage, wann der Benchmarkvergleich durchgeführt wird.

Neben diesem eher konzeptionellen Problem ergeben sich aber auch Schwierigkeiten mit der operativen Umsetzung des oben beschriebenen Controlling-Ansatzes zur Ermittlung des geschaffenen Nettowertes. Diese werden im nächsten Abschnitt bei Methoden der Erfolgsmessung von M&A genauer beleuchtet.

Vorher aber noch der Hinweis auf die Zielkonflikte, die sich zwischen den beschriebenen Interessengruppen ergeben. Das Ziel der Arbeitsplatzsicherheit bei den Mitarbeitern kann dem Ziel der Wertsteigerung durch M&A der Anteilseigner entgegenstehen, wenn eine Synergierealisierung nur durch Zusammenlegung von Einheiten und Restrukturierung mit Entlassungen erreicht werden kann. Dies gilt auch für Managementpositionen. Synergien können im Beschaffungsbereich auch realisiert werden, indem die bisherigen Zulieferer der beiden beteiligten Unternehmen in einen härteren Wettbewerb gezwungen werden. Damit ist klar, dass „Erfolg von M&A" je nach Sichtweise durchaus sehr unterschiedlich eingeschätzt werden kann.

#### 5.4.4.2 Ansätze und Methoden der Messung des Erfolgs von M&A

Wie oben beschrieben, dominiert der Shareholder-Value-Ansatz auch die Erfolgsbestimmung bei M&A, weswegen als Erstes diese Sichtweise bei der Messung des M&A-Erfolgs thematisiert wird. Die ultimative Zielgröße für die Anteilseigner ist der Wert des Unternehmens, der sich bei börsennotierten Unternehmen in der Marktkapitalisierung widerspiegelt. Ein Ansatz, der sich das zunutze macht, ist das kapitalmarktorientierte Verfahren.

**Kapitalmarktorientierte Verfahren**

Vor allem im wissenschaftlichen Bereich werden im Rahmen der kapitalmarktorientierten Verfahren Ereignisstudien (Event Studies) verwendet (zur grundlegenden Vorgehensweise und Details zu den folgenden Ausführungen vgl. z. B. Theuerkorn, 2013, S. 188–190; Glaum, 1996, S. 239–248; Wirtz, 2014, S. 426–428). Als Ereignis wird die Ankündigung der M&A-Transaktion definiert. Es wird dann gemessen, wie sich die Marktkapitalisierung des Käuferunternehmens, errechnet aus Anzahl x Kurs der Aktien, verändert. Da sich aber der Aktienkurs auch ohne die Transaktion ändern würde, muss eine „normale" Aktienkursentwicklung definiert werden, mit der die transaktionsbeeinflusste Kursentwicklung verglichen wird. Die von dieser normalen Entwicklung abweichende Entwicklung, die dann auf die M&A-Transaktion zurückgeführt werden kann, wird als „abnormale Rendite" bezeichnet und berechnet sich aus:

$$AR_{it} = R_{it} - E(R_{it})$$

mit

$AR_{it}$: abnormale Rendite der Aktie i zum Zeitpunkt t
$R_{it}$: Rendite der Aktie i zum Zeitpunkt t
$E(R_{it})$: normale Rendite der Aktie i zum Zeitpunkt t.

In den meisten Fällen wird zur Bestimmung der normalen Rendite ein Index als Benchmark verwendet, der die Branchen- oder die Gesamtmarktentwicklung repräsentiert. Im einfachsten Fall dient die ex post gemessene durchschnittliche Entwicklung des Aktienkurses einer Branchenvergleichsgruppe als Benchmark. Anspruchsvoller, aber theoretisch sauberer ist die Schätzung des Gesamtmarktindexes mit Hilfe des Marktmodells, das auf dem Capital Asset Pricing Model (vgl. dazu z. B. Abschn. 5.3.2.2) beruht. Dazu wird mit Hilfe einer Regression vergangenheitsbasiert die zukünftige Rendite einer Aktie, die annahmegemäß mit der Gesamtmarktentwicklung zusammenhängt, geschätzt. Es gilt:

$$r_i = \alpha_i + \beta_i r_m + u_i$$

Die beiden Koeffizienten $\alpha$ und $\beta$ werden mit Vergangenheitsdaten geschätzt, so dass die abnormale Rendite berechnet werden kann:

$$AR_{it} = R_{it} - (\alpha_i + \beta_i r_{mt} + u_i)$$

Wesentlich aussagekräftiger als eine punktuelle Messung ist die Kumulierung über einen Zeitraum hinweg, so dass man normalerweise die kumulierte abnormale Rendite als Instrument zur Erfolgsmessung verwendet.

$$CAR_{it} = \sum_{t=1}^{T} AR_{it}$$

mit

$CAR_{it-T}$: kumulierte abnormale Rendite der Aktie i vom Zeitpunkt t bis T.

Unter messtheoretischen Gesichtspunkten macht es Sinn, mehrere Zeiträume für die Bestimmung der CAR zu betrachten. Ein sehr kurzer Zeitraum (2–3 Tage) erlaubt die aktuelle Einschätzung der Marktteilnehmer hinsichtlich der Sinnhaftigkeit der angekündigten Transaktion zu messen, wohingegen ein längerer Zeitraum, der durchaus auch einige Monate umfassen kann, die Einschätzung der operativen Umsetzung der Transaktion, vor allem auch der PMI, einschließen würde.

Ist die $CAR_{it-T}$ positiv, erhöht sich der Marktwert des Käuferunternehmens, der Unternehmenswert steigt also aufgrund der M&A-Transaktion, wodurch das übergeordnete Ziel der Shareholder erreicht wird. Die Investoren nehmen offensichtlich an, dass der zukünftige Cash-Flow des Unternehmens durch die Übernahme ansteigen wird. Bei einer negativen $CAR_{it-T}$ ist das Gegenteil der Fall.

Wie oben erwähnt, erfreut sich gerade bei M&A-Forschern diese Methode großer Beliebtheit, auch, weil kapitalmarktorientierte Datenbanksysteme die notwendigen Informationen für eine Analyse zur Verfügung stellen und eine objektive Messung der benötigten

Größen gut möglich ist. Allerdings gibt es einige, durchaus kritische implizite Annahmen, die der Ansatz benötigt.

Grundsätzlich werden die Erwartungen der Marktteilnehmer und nicht die wirkliche Entwicklung der Cash-Flows gemessen, was eine Annahme über eine hohe Informationseffizienz des Kapitalmarkts voraussetzt, die in der Realität nicht gegeben sein muss. Gilt die Annahme aber nicht, so sind die Ergebnisse des ereignisorientierten Ansatzes wenig aussagekräftig. Hinzu kommt, dass insbesondere bei einem längeren Beobachtungszeitraum die Interferenz anderer Ereignisse eine große Rolle spielt. Hat beispielsweise das Unternehmen weitere Akquisitionen getätigt, so kann die Kursentwicklung nicht mehr eindeutig zugeordnet werden. Dasselbe gilt für alle Arten von kursbeeinflussenden Ereignissen, wie z. B. dem Wechsel von Vorstandsmitgliedern. Des Weiteren ist die Erfolgsbestimmung mit diesem Ansatz bei nicht-börsennotierten Unternehmen nicht möglich, was vor allem für kontinentaleuropäische Länder mit einem niedrigeren Anteil börsennotierter Unternehmen ein Problem darstellt.

**Jahresabschlussorientierte Verfahren**

Als Basis der Beurteilung des Erfolges können von einem M&A-Controlling, aber auch von Externen, die Jahresabschlüsse der an einer M&A-Transaktion beteiligten Unternehmen, insbesondere natürlich des Käuferunternehmens analysiert werden (vgl. Theuerkorn, 2013, S. 184). Dieser Ansatz ist nicht so stark auf die Shareholder als Interessengruppe fokussiert wie der oben beschriebene wertorientierte Ansatz zur Erfolgsmessung. Vor allem Gläubiger, also Fremdkapitalgeber, sind an den Auswirkungen einer Transaktion auf die zentralen Kennzahlen eines Jahresabschlusses interessiert (vgl. dazu auch die Ausführungen in Abschn. 5.3.3 zur Finanzierung von M&A-Transaktionen).

Ziel der jahresabschlussorientierten Erfolgsmessung von M&A ist die Identifikation von Effekten der Transaktion auf ausgewählte Kennzahlen, die dann einen Rückschluss auf operative Performance und finanzielle Erfolgsgrößen einer M&A-Transaktion zulassen (vgl. Glaum & Hutzschenreuter, 2010, S. 95–96, allgemein zu den Auswirkungen von M&A auf den Jahresabschluss S. 264–267). Eine ganze Reihe operativer und finanzieller Größen sind als Kennzahlen denkbar. Umsatzentwicklung, evtl. bezogen auf eine Ergebnisgröße wie z. B. das Ergebnis der gewöhnlichen Geschäftstätigkeit sind genauso denkbar wie Eigen- oder Gesamtkapitalrentabilitäten. Interessant ist auch die Beobachtung der Entwicklung des Free Cash-Flows, hat man so doch einen Bezug zur Grundlage der Bewertung des Zielobjekts (vgl. dazu Abschn. 5.3.2.2).

Eine generelle Empfehlung, welche Kennzahlen zu verwenden sind, ist kaum sinnvoll. Wichtig ist bei der Auswahl der Kennzahlen den Bezug zu den mit der Transaktion verfolgten (strategischen) Zielen herzustellen.

Die Methodik bei dieser Art der Erfolgsmessung ist denkbar einfach. Es werden die ausgewählten Kennzahlen aus den Jahresabschlüssen vor und nach der Transaktion verglichen. Allerdings, hier ist das interne Controlling den externen Analysen überlegen. Auch sollten verzerrende Einflüsse, die nicht auf die Übernahme zurückzuführen sind, eliminiert werden.

Damit ist auch bereits ein Kritikpunkt an dieser Art der Erfolgsmessung angesprochen. Es muss unterstellt werden, dass ein Jahresabschluss auch im Hinblick auf die Transaktion ein objektives Bild der Realität vermittelt. Bilanzpolitische oder andere Einflüsse wie z. B. die Veränderung von Rechnungslegungsvorschriften wirken hier verzerrend. Auch ist nicht klar, ob die identifizierten Änderungen der Kennzahlen auch wirklich auf die Transaktion zurückzuführen sind (vgl. Meyer, 1994, S. 95). Die Vergangenheitsorientierung der Abschlüsse macht diese Art der Erfolgsmessung nur ex post anwendbar. Erschwerend kommt hinzu, dass die Rechnungslegungsdaten das erhöhte Risiko und die damit verbundenen höheren Rentabilitätsforderungen nicht berücksichtigen können (vgl. Glaum & Hutzschenreuter, 2010, S. 96).

**Managementorientierte Verfahren**

Wie oben dargelegt, erlaubt die jahresabschlussorientierte Erfolgsmessung zumindest teilweise einen Rückschluss auf die operative Performance des Deals. Allerdings können aus den Jahresabschlüssen bestenfalls indirekt und auch nicht alle marktseitigen Effekte, die auch den Erfolg einer M&A-Transaktion ausmachen können, erfasst werden, weswegen eine explizite Messung des Erfolgs anhand operativer Managementkennzahlen, die z. B. strategischer Natur sind, als Ergänzung sinnvoll ist. Auch hier gilt, dass der Bezug zu den strategischen Zielen entscheidend ist.

Zu den hier relevanten Erfolgsgrößen zählen Kennzahlen wie Marktanteile, der Zugang zu regionalen Absatz- oder Beschaffungsmärkten, die internationale Wettbewerbsfähigkeit oder die strategische Positionierung als Nummer eins oder Nummer zwei in einem Markt. Als spezielle Erfolgskriterien werden auch die Erhöhung von implizitem oder explizitem Know-how bzw. der Zukauf von Technologien oder von Management-Kapazität definiert (vgl. Jansen & Körner, 2000, S. 6). Aber z. B. auch eine Kennzahl, die die Verbesserung der Innovationsfähigkeit anzeigt, also z. B. die Anzahl der Patente oder die Höhe der F&E-Ausgaben in Bezug zum Umsatz sind hier zu nennen. Vertriebskennzahlen wie z. B. die Anzahl der erreichbaren Kunden oder der Auslastungsgrad des Vertriebssystems sind weitere Beispiele.

Die Erhebungsmethodik hängt stark von der gewählten Kennzahl ab. Marktanteile und ähnliche Kennzahlen können evtl. der internen Berichterstattung entnommen werden oder müssen separat berechnet werden. Erfolgsgrößen, die nicht oder nur schwer zu quantifizieren sind, wie z. B. Reputationseffekte im Markt oder Fortschritte beim PMI-Management, sind auch durch Befragung von an der Transaktion beteiligten Personen zu ermitteln (vgl. Wirtz, 2014, S. 430–432). Manager, Mitarbeiter und interne/externe M&A-Experten können vom Controlling nach der Entwicklung und subjektiven Einschätzung von erfolgsrelevanten Variablen der verschiedensten Art befragt werden. Die Ergebnisse können beim aktuellen Controlling zur Initiierung von Verbesserungsmaßnahmen verwendet werden. Problematisch sind hier die subjektiven Verzerrungen, die bei der Beurteilung der Situation z. B. im PMI zwangsläufig bei der Beantwortung eine Rolle spielen. Außerdem entstehen Einschätzungsprobleme, wenn die gekaufte Einheit auf eine unternehmensinterne

Einheit verschmolzen worden ist, so dass die isolierte Betrachtung nach einiger Zeit kaum mehr sinnvoll möglich ist.

Einschränkend ist bei dem operativen Erfolgsmessungsansatz zu sagen, dass sich letztendlich die Verbesserung der operativen Kennzahlen in einer Verbesserung der Finanzkennzahlen und damit des Jahresabschlusses zeigen sollte, womit man bei der oben beschriebenen jahresabschlussorientierten Analyse wäre. Allerdings ist es für die tätigen Manager und vor allem für das M&A-Controlling wichtig, solche Subziele zu bilden und deren Erreichungsgrad zu messen, um Hinweise auf erfolgreiche und vor allem weniger erfolgreiche Entwicklungen zu bekommen und entsprechend gegensteuern zu können.

### 5.4.5 Wertcontrolling

Angesichts der oben beschriebenen verschiedenen Ansätze der Erfolgsmessung stellt sich die Frage, wie das M&A-Controlling ein letztendliches Wertcontrolling durchführen sollte. Das Ziel des Wertcontrollings als letzte Aktivität im M&A-Prozess (vgl. Abb. 3.13) besteht darin, zu einem Gesamtergebnis bei einer spezifischen M&A-Transaktion im Hinblick auf ihren Erfolg zu kommen. Um zu diesem Ergebnis zu kommen, stehen grundsätzlich die oben beschriebenen Methoden der Erfolgsmessung zur Verfügung.

Die managementorientierten Verfahren sind eher geeignet, im Rahmen des Gesamtprojekt- und PMI-Controllings eingesetzt zu werden (vgl. Abschn. 5.4.2). Allerdings kann es, wenn primär nicht-finanzielle Ziele verfolgt werden, durchaus sinnvoll sein, einzelne Kennzahlen im Rahmen dieses Verfahrens zu erheben und im Hinblick auf die Zielerreichung auszuwerten. Wird z. B. ein Zielunternehmen primär gekauft, um ein Patent und damit Technologie-Know-how zu erwerben, so kann geprüft werden, ob und wie das Patent in den später entwickelten Produkten eingesetzt wird und wie es zu dem Produkterfolg beiträgt. Die Möglichkeit, ein Produkt unter Zuhilfenahme des Patents und damit unter Vermeidung von eigenen F&E-Ausgaben auf den Markt zu bringen, ist als Erfolg zu werten.

Die jahresabschlussorientierte Erfolgsmessung kann für das Wertcontrolling einer einzelnen Transaktion dann problematisch sein, wenn es sich um eine im Vergleich, z. B. zum Gesamtumsatz, eher kleine Transaktion handelt, da dann die Auswirkungen auf den am Jahresabschluss gemessenen Erfolg wohl nur gering sein und durch andere Variablen überlagert werden, so dass dieses Instrumentarium nur im Einzelfall, insbesondere bei großen Deals, sinnvoll erscheint.

Wie die Namensgebung „Wertcontrolling" aber schon impliziert, sind wertorientierte Ansätze, also im weitesten Sinn kapitalmarktorientierte Modelle, für eine Erfolgsbestimmung am Ende einer Transaktion sinnvoll. Dies auch deswegen, weil, wie gesagt, in diesem Buch die Steigerung des Wertes des Käuferunternehmens, also die Zielsetzung (aus Sicht der Shareholder) als oberstes Ziel einer M&A-Transaktion postuliert wird. Damit ist man methodisch nahe am Bewertungscontrolling (vgl. Abschn. 5.4.3). Ziel ist auch beim Wertcontrolling die Ermittlung des Nettowertes, also der Wert der gekauften Aktivitäten abzüglich des Kaufpreises. Allerdings wird der Nettowert nicht hypothetisch mit Bezug auf die Business Pläne errechnet. Vielmehr wird zu einem bestimmten Zeitpunkt (zur Diskussion dazu siehe unten) der Wert der Aktivitäten festgestellt und mit dem bezahlten Kaufpreis verglichen. Für diese Wertbestimmung stehen die verschiedenen, im Arbeitspaket Detailbewertung (vgl. Abschn. 5.3.2.2), vorgestellten Ansätze zur Verfügung. Es spricht aber einiges für die Residualgewinnkonzepte, wie das EVA-Verfahren (vgl. Abschn. 5.3.2.2). Ex post sind dazu Gewinngrößen wie das NOPAT und die Kapitalkosten für die zu bewertenden Geschäftsaktivitäten zu ermitteln und gemäß dem in Abschn. 5.3.2.2 beschriebenen Vorgehen in eine Wertzahl zu überführen, die dann mit dem Kaufpreis verglichen werden kann. Noch einfacher ist das Vorgehen, wenn bereits für die Detailbewertung das EVA-Verfahren verwendet wurde. Problematisch wird dieses Vorgehen allerdings, wenn die gekauften Aktivitäten so stark integriert wurden, dass für sie die notwendigen Daten nicht mehr erhoben und auch nicht sinnvoll geschätzt werden können. Eventuell müssen auch Anpassungen wie z. B. die Bereinigung um zusätzliche Investitionsmittel vorgenommen werden. Sind diese Schwierigkeiten überwindbar, so schafft das M&A-Controlling die Möglichkeit, den wertschaffenden oder -vernichtenden Effekt einer Transaktion darzustellen.

Bleibt noch, den Zeitpunkt des Wertcontrollings zu thematisieren. Es ist kaum möglich, einen konkreten Zeitpunkt anzugeben im Sinne von ein Jahr oder zwei Jahre nach dem Closing, da jede Transaktion hier Spezifitäten aufweist. Offensichtlicher Zeitpunkt wäre kurz nach Abschluss der Integrationsmaßnahmen, wenn also auch das M&A-Projekt als abgeschlossen bezeichnet werden kann. Dagegen spricht aber, dass zu diesem Zeitpunkt die Wertbestimmung mit noch großen Unsicherheiten bzgl. der Wirkung der Integrationsmaßnahmen belastet ist. Zwar ist die Kostenseite der synergieschaffenden Maßnahmen wie z. B. Personalfreisetzungen schon relativ gut bekannt. Ob sich die integrierte Einheit aber auf dem Markt bewährt, muss zu einem guten Teil immer noch geschätzt werden. Man könnte also den Berechnungszeitraum weiter „nach hinten" verlagern. Ein häufiges Problem dabei besteht in intervenierenden Variablen, die mit der M&A-Transaktion nichts zu tun haben, z. B. die Cash-Flow-Reihe und damit das NOPAT aber dennoch beeinflussen, so dass es schwieriger wird, die verzerrenden Einflüsse rauszurechnen.

### 5.4.6 Erfolgsfaktoren des M&A-Controllings und Verbindung zu anderen Teilprozessen

Abbildung 5.28 zeigt, wie bei den anderen Prozessen auch, die Verbindung des Teilprozesses M&A-Controlling mit den anderen Arbeitspaketen des M&A-Prozesses.

Naturgemäß greift das Controlling auf nahezu alle anderen Aktivitäten im M&A-Prozess zu, so dass Abb. 5.28 nur die wichtigsten Schnittstellen enthält. Wie vor allem beim Gesamtprojektcontrolling ausgeführt, stellt die Basisstrategie mit den strategischen Zielvorgaben wichtige Outputs für das Controlling zur Verfügung, die als Soll-Vorgaben Verwendung finden. Ähnliches gilt für die Deal Struktur und die vertraglichen Festlegungen,

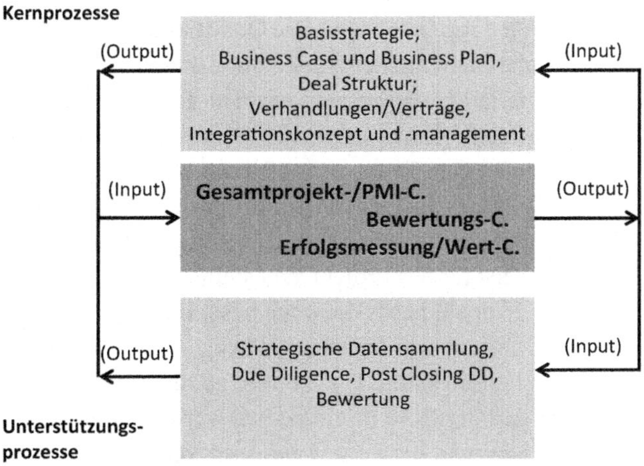


**Abb. 5.28** Schnittstelle des M&A-Controllingprozesses mit anderen Arbeitspaketen

die im Hinblick auf ihre Vereinbarkeit mit den ursprünglichen Zielsetzungen geprüft werden. Das Integrationskonzept und dessen Umsetzung sind wesentliche Datenlieferanten für das PMI-Controlling.

Bei den Unterstützungsprozessen sind diejenigen Arbeitspakete, die Informationen sammeln, ganz zentrale Datenlieferanten für das Gesamtprojektcontrolling. Die strategische Datensammlung und die Due Diligence fallen hierunter. Für das Bewertungscontrolling bilden die Grob- und Detailbewertung die zentralen Ansatzpunkte.

Ein zentraler *Erfolgsfaktor des Controllingprozesses* liegt in der regelmäßigen Anwendung des Controllinginstrumentariums. So reicht es nicht, wenn punktuell die Prämissen oder die Fortschritte überwacht werden. Ein M&A-Projekt ist so komplex, dass eine permanente Überprüfung und Involvierung des Controllings notwendig ist, um Fehlentwicklungen frühzeitig erkennen und Gegenmaßnahmen rechtzeitig einleiten zu können. Das Gesamtprojektcontrolling ist entsprechend prozessbegleitend konstruiert.

Um seiner Aufgabe gerecht werden zu können, muss der Controller Zugang zu allen wichtigen Informationen und Entwicklungen haben. Deshalb empfiehlt es sich, dass die Träger des Controllings frühzeitig, d. h. also schon in der Vorfeldphase, in das Projekt eingebunden und an den wesentlichen Sitzungen und Besprechungen beteiligt werden.

Ein weiterer zentraler Erfolgsfaktor liegt in der Qualifikation des/der Controller(s). Sie müssen zum einen in der Lage sein, das spezifische Instrumentarium, das bei M&A-Projekten zur Anwendung kommt, genauso gut zu beherrschen wie die Anwender der Instrumente in den spezialisierten Abteilungen. Zum anderen müssen sie aber auch das Gesamtprojekt mit seinen vielen Beteiligten überblicken und die vielen Informationen und Daten richtig verarbeiten und einsetzen können. Des Weiteren muss die Sozialkompetenz des Controllers sehr gut ausgeprägt sein. Seine Aufgabe bringt es mit sich, dass er als „Bedenkenträger“ oder „Aufpasser“ schnell in Konflikte mit den Trägern des eigentlichen Controllingprozesses gerät. Seine Konfliktlösungs- und Überzeugungsfähigkeiten müssen deshalb sehr ausgeprägt sein. Die Qualifikation der beteiligten Controller ist deshalb auch als mögliche Schwachstelle des Controllingprozesses im Auge zu behalten.

Damit ist auch die Frage nach den Trägern des Controllingprozesses angesprochen. Ein „Selbstcontrolling" der Beteiligten am M&A-Prozess scheidet wohl aus, da gerade die Distanz zu dem Prozess eine Neutralität sichert, die eine korrigierende Steuerung bis hin zur Befürwortung eines Abbruchs der M&A-Transaktion leichter erscheinen lässt. Eine Möglichkeit besteht darin, dass Mitglieder der „normalen" Controllingabteilung des Unternehmens für das Projekt abgestellt werden und das spezielle Akquisitionscontrolling betreiben. Hier sind aber die oben beschriebenen Nebenbedingungen bzgl. der Qualifikation des Controllers zu beachten. Dies gilt noch verstärkt für die Variante, dass Mitarbeiter, die bisher nichts mit Controlling zu tun hatten, für das M&A-Projekt als Verantwortliche für das Controlling eingesetzt werden. Externe Dritte als Controller einzusetzen, erscheint aufgrund der Eigeninteressen, die diese Gruppe haben kann, insbesondere bzgl. einer Fortführung des Projekts, als nicht zielführend.

Ein Vorwurf, der dem Controlling generell gemacht wird, liegt in der „Aufpasserrolle", die ein eng definiertes Controlling einnimmt. Auch für das M&A-Controlling gilt aber, dass nicht nur auf Missstände aufmerksam gemacht, sondern auch, falls dies fachlich möglich ist, Verbesserungsvorschläge mitgeliefert werden sollten. Baetge geht sogar so weit, dass er dem Controller die Aufgabe zuschreibt, ungenutzte Potentiale im akquirierten Unternehmen zu identifizieren, die aufgrund der Akquisition nutzbar gemacht werden können (vgl. 1997, S. 450).

Mit dieser Überlegung ist die sensible Problematik der Kompetenzen des Controllers in Beziehung zu den eigentlichen Trägern des M&A-Prozesses angesprochen. Hat das Controlling lediglich Vorschlags- oder gar ein bindendes Vetorecht? Kann der Controller auch gegen den Widerstand der Beteiligten den M&A-Prozess stoppen oder ist er der Projektleitung unterstellt? Bei den meisten Unternehmen sind diese Fragen so gelöst, dass das Controlling als Stabsstelle des für das Projekt verantwortlichen Mitglieds der Geschäftsleitung fungiert. Um Entscheidungen gegen die Mitglieder des M&A-Projekts durchsetzen zu können, muss der verantwortliche Vorstand überzeugt werden.

Teil der Frage nach der Entscheidungskompetenz ist auch das Problem, wer die durch das Controlling identifizierten Korrekturen bzw. Neudurchläufe von Planungen vornimmt. Im klassischen Controlling wird dies durchaus auch von den Controllern selbst durchgeführt. Beim speziellen M&A-Controlling liegt aber eher die Variante nahe, dass die instrumentelle Seite von den Experten im M&A-Prozess durchgeführt wird und das Controlling lediglich die Konsistenz der Anwendung überprüft. Damit wird auch die Kapazität der M&A-Controllingabteilung nicht über Gebühr beansprucht.

Zusammenfassend bleibt festzuhalten, dass dem Controllingprozess als Teilprozess des M&A-Projekts eine wichtige, komplexe Aufgabe zukommt, die mit der Größe des Projekts deutlich schwieriger wird. Aufgrund der Korrektur- und auch teilweisen Koordinationsfunktion, die das Controlling übernimmt, sollte aber gerade bei großen und vielschichtigen Projekten nicht darauf verzichtet werden.

## Literatur


Alter, R. (2011). *Strategisches Controlling: Unterstützung des strategischen Managements*. München: Oldenbourg.

Andras, G., & Tesch, F. (2013). Compliance und Integrity Due Diligence. In K. Lucks (Hrsg.), *M&A-Projekte erfolgreich führen. Instrumente und Best Practices* (S. 133–139). Stuttgart: Schäffer-Poeschel.

Baecker, P. N., Gleißner, W., & Hommel, U. (2007). Unternehmensbewertung: Grundlage rationaler M&A-Entscheidungen?: Eine Auswahl zwölf wesentlicher Fehlerquellen aus praktischer Sicht. *M&A Review, 18*(6), 270–277.

Baetge, J. (1997). Akquisitionscontrolling: Wie ist der Erfolg einer Akquisition zu ermitteln? In C. P. Claussen, O. Hahn, & W. Kraus (Hrsg.), *Umbruch und Wandel. Herausforderungen zur Jahrhundertwende: Festschrift für Prof. Dr. Carl Zimmerer zum 70. Geburtstag* (S. 448–468). München: Oldenbourg.

Baker, H. K., & Powell, G. E. (2005). *Understanding financial management: A practical guide*. Malden: Blackwell Pub.

Bamberger, B. (1994). *Der Erfolg von Unternehmensakquisitionen in Deutschland: Eine theoretische und empirische Untersuchung*. Bergisch Gladbach: Eul.

Bausch, A. (2000). Die Multiplikatormethode in Akquisitionsprozessen –. *Finanz-Betrieb, 2*(7/8), 448–459.

Bausch, A. (2006). Branchen- und Wettbewerbsanalyse im strategischen Management. In D. Hahn & B. Taylor (Hrsg.), *Strategische Unternehmungsplanung, strategische Unternehmungsführung. Stand und Entwicklungstendenzen* (9. Aufl., S. 195–214). Berlin: Springer.

Beck, R. (2003). *Erfolg durch wertorientiertes Controlling: Entscheidungen unterstützende Konzepte. Grundlagen und Praxis der Betriebswirtschaft: Bd. 73*. Berlin: Schmidt.

Behringer, S. (2013). *Unternehmenstransaktionen: Basiswissen – Unternehmensbewertung – Ablauf von M&A. ESVbasics*. Berlin: Schmidt.

Berens, W., Hoffjan, A., & Strauch, J. (2013). Planung und Durchführung der Due Diligence. In W. Berens, H. U. Brauner, J. Strauch, & T. Knauer (Hrsg.), *Der Betrieb. Due Diligence bei Unternehmensakquisitionen* (7. Aufl., S. 101–148). Stuttgart: Schäffer-Poeschel.

Bergemann, N., & Sourisseaux, A. L. J. (Hrsg.). (2003). *Interkulturelles Management* (3., vollst. überarb. und erw. Aufl.). Berlin: Springer.

Berk, J., & DeMarzo, P. (2011). *Grundlagen der Finanzwirtschaft: Analyse, Investition und Finanzierung. Pearson Studium – Economic BWL*. München: Pearson Studium.

Bock, S. (2013). Bedeutung des Seniorkredits für den M&A-Prozess. In C. Schalast & L. Raettig (Hrsg.), *Grundlagen des M&A-Geschäftes. Strategie – Recht – Steuern* (S. 401–427). Frankfurt a. M.: Frankfurt School.

Born, K. (1996). Überleitung von der Discounted Cash Flow-Methode zur Ertragswertmethode bei der Unternehmensbewertung. *Der Betrieb, 49*(38), 1885–1889.

Borowicz, F. (2005). Fairness Opinions: Feigenblatt oder ernstzunehmendes Gutachten?: Zu den Inhalten, Zielen und der Unabhängigkeit des Sachverständigen. *M&A Review, 16*(6), 253–258.

Borowicz, F. (2014). Mergers & Acquisitions: heiße Zeit für die Finanzkommunikation. *Controlling & Management Review,* (Sonderheft 2), 68–73.

Borowicz, F., & Förster, K. (2008). M&A-Kommunikation im Spannungsfeld von Mitarbeitern und Financial Community. In F. Keuper & F. Neumann (Hrsg.), *Finance Transformation. Strategien, Konzepte und Instrumente* (S. 49–70). Wiesbaden: Gabler.

Bortfeld, F. (2013). Legal Due Diligence. In K. Lucks (Hrsg.), *M&A-Projekte erfolgreich führen. Instrumente und Best Practices* (S. 113–120). Stuttgart: Schäffer-Poeschel.

Brauer, M. (2013). Tax Due Diligence. In K. Lucks (Hrsg.), *M&A-Projekte erfolgreich führen. Instrumente und Best Practices* (S. 128–132). Stuttgart: Schäffer-Poeschel.

Brealey, R. A., Myers, S. C., & Allen, F. (2014). *Principles of corporate finance* (11. Aufl.). Boston: McGraw-Hill.

Brenner, C. (2014). Bedeutung einer Cultural Due Diligence als kritischer Erfolgsfaktor im Rahmen einer Unternehmensakquisition – eine Analyse unter Berücksichtigung relevanter psychologischer Aspekte. In C. Schalast (Hrsg.), *Banking & Finance aktuell: Vol. 51. Aktuelle Aspekte des M&A-Geschäftes. Jahrbuch 2014* (S. 61–100). Frankfurt a. M.: Frankfurt School.

Buchholz, L. (2009). *Strategisches Controlling: Grundlagen – Instrumente – Konzepte*. Wiesbaden: Gabler.

Bühner, R. (1994). *Der Shareholder-Value-Report: Erfahrungen, Ergebnisse, Entwicklungen.* Landsberg: Moderne Industrie.

Chromy, B., & Storck, A. (1999). Die Veränderung von Unternehmenskultur als Grundlage einer erfolgreichen Fusion. In M.-E. Henckel von Donnersmarck & R. Schatz (Hrsg.), *Fusionen. Gestalten und Kommunizieren* (3. Aufl., S. 133–147). Bonn: InnoVatio.

Claassen, F., Elbeshausen, H., & Gerds, J. (2013). Post Merger Integration. In C. Schalast & L. Raettig (Hrsg.), *Grundlagen des M&A-Geschäftes. Strategie – Recht – Steuern* (S. 543–572). Frankfurt a. M.: Frankfurt School.

Coenenberg, A. G., & Jacoby, S. (2000). Akquisition und Unternehmensbewertung. In W. Busse von Colbe, A. G. Coenenberg, P. Kajüter, & U. Linnhoff (Hrsg.), *USW-Schriften für Führungskräfte: Bd. 30. Betriebswirtschaft für Führungskräfte. Eine Einführung in wirtschaftliches Denken und Handeln für Ingenieure, Naturwissenschaftler, Juristen und Geisteswissenschaftler* (S. 177–206). Stuttgart: Schäffer-Poeschel.

Copeland, T. E., Koller, T., & Murrin, J. (2002). *Unternehmenswert: Methoden und Strategien für eine wertorientierte Unternehmensführung (3., völlig überarb. und erw. Aufl.). Management.* Frankfurt a. M.: Campus.

David, F. R. (2011). *Strategic management: Concepts* (13. Aufl.). Boston: Prentice Hall.

Deutsche Vereinigung für Finanzanalyse und Asset Management. (2008). *Fairness Opinions für Vorstand und Aufsichtsrat von Zielgesellschaften („Fairness Opinion"): Grundsätze für die Erstellung im Zusammenhang mit einer Stellungnahme nach [section] 27 WpÜG. DVFA-Finanzschriften: 07/08.* Dreieich: DVFA.

Diehl, O. (2013). Leverage Buyout-Strukturen. In C. Schalast & L. Raettig (Hrsg.), *Grundlagen des M&A-Geschäftes. Strategie – Recht – Steuern* (S. 523–539). Frankfurt a. M.: Frankfurt School.

Diem, A. (2013). *Akquisitionsfinanzierungen: Kredite für Unternehmenskäufe; Handbuch* (3. Aufl.). München: Beck.

Drukarczyk, J. (2008). *Finanzierung: Eine Einführung mit sechs Fallstudien (10. Aufl.). UTB für Wissenschaft Uni-Taschenbücher Betriebswirtschaftslehre, Volkswirtschaftslehre: Vol. 1229.* Stuttgart: UTB.

Drukarczyk, J., & Schüler, A. (2009). *Unternehmensbewertung* (6., überarb. und erw. Aufl.). München: Vahlen.

Drumm, H. J. (1991). Probleme der Erfassung und Messung von Unternehmenskultur. In E. Dülfer (Hrsg.), *Organisationskultur. Phänomen, Philosophie, Technologie* (2. Aufl., S. 163–171). Stuttgart: Poeschel.

Eayrs, W., & Gleißner, W. (2010). Grenzen der Fremdfinanzierung bei M&A-Transaktionen: Ein Fallbeispiel. *BewertungsPraktiver, 2*, 20–27.

Eccles, R. G., Lanes, K. L., & Wilson, T. C. (1999). Are you paying too much for that acquisition? *Harvard Business Review, 77*(4), 136–146.

Erlei, M., Leschke, M., & Sauerland, D. (2007). *Neue Institutionenökonomik* (2. Aufl.). Stuttgart: Schäffer-Poeschel.

Ernst, D., Amann, T., Großmann, M., & Lump, D. (2012). *Internationale Unternehmensbewertung: Ein Praxisleitfaden. Pearson Studium – Economic BWL.* München: Pearson Studium.

Fechtel, A. (2001). *Wertorientiertes, strategisches Management von Mehrgeschäfts-Unternehmungen. Gabler Edition Wissenschaft.* Wiesbaden: Dt. Univ.-Verl.

Feix, T. (2013). Der Bewertungsprozess bei einem Strategen. In K. Lucks (Hrsg.), *M&A-Projekte erfolgreich führen. Instrumente und Best Practices* (S. 216–226). Stuttgart: Schäffer-Poeschel.

Fischer, L. (Hrsg.). (1999). *Forum der internationalen Besteuerung: Bd. 17. Besteuerung des internationalen Unternehmenskaufs.* Köln: Schmidt.

Fischer, L.-J. (2008). *Wertorientiertes Kundenmanagement bei M&A-Transaktionen. Reihe: Planung, Organisation und Unternehmungsführung: Bd. 120.* Lohmar: Eul.

Förster, K. (2006). Integrierte Unternehmenskommunikation bei M&A. In F. Borowicz & K. Mittermair (Hrsg.), *Strategisches Management von Mergers Acquisitions. State of the Art in Deutschland und Österreich* (S. 297–311). Wiesbaden: Gabler.

Freiland, D. (2013). Verhalten im Akquisitionsprozess. In N. Klamar, U. Sommer, & I. Weber (Hrsg.), *Der effiziente M&A Prozess. Die Aquisition Value Chain* (S. 107–125). Freiburg: Haufe.

Georgieff, A., & Weber, R. (2012). *Fairness Opinions: Entwicklung, Bedeutung und aktuelle Praxis unter besonderer Berücksichtigung der Stellungnahme von Vorstand und Aufsichtsrat gemäß § 27 WpÜG. Studien des Deutschen Aktieninstituts: Vol. 52.* Frankfurt a. M.: Deutsches Aktieninstitut.

Gerds, J., & Schewe, G. (2011). *Post-Merger-Integration: Unternehmenserfolg durch Integration Excellence* (4. Aufl.). Heidelberg: Springer.

Gerpott, T. J. (1993). *Integrationsgestaltung und Erfolg von Unternehmensakquisitionen.* Stuttgart: Schäffer-Poeschel.

Gerpott, T. J. (1999). Personalwirtschaftliche Unterstützung von Akquisitionen – Unterstützungsfunktionen des Personalbereichs bei Unternehmensakquisitionen unter besonderer Berücksichtigung der Informationspolitik. *Personalführung,* (5), 70–78.

Glaum, M. (1996). *Internationalisierung und Unternehmenserfolg. Neue betriebswirtschaftliche Forschung: Bd. 162.* Wiesbaden: Gabler.

Glaum, M., & Hutzschenreuter, T. (2010). *Mergers & Acquisitions – Management des externen Unternehmenswachstums.* Stuttgart: Kohlhammer.

Gross, P. (1998). Das kommunikative Management von Fusionen. In H. Siegwart & G. Neugebauer (Hrsg.), *Mega-Fusionen. Analysen – Kontroversen – Perspektiven* (S. 315–335). Bern: Haupt.

Gutzy, J. (2013). Kommunikation bei Fusionen und Übernahmen: Anspruch und Wirklichkeit klaffen vielfach noch weit auseinander. *M&A Review, 24*(3), 102–111.

Haase, F. (2015). Steuerrecht. In S. R. Göthel (Hrsg.), *Grenzüberschreitende M&A-Transaktionen. Unternehmenskäufe, Umstrukturierungen, Joint Ventures, SE* (4. Aufl., S. 719–805). Köln: RWS.

Hammer, B., Lahmann, A., & Schwetzler, B. (2013). Multiples und Beta-Faktoren für deutsche Branchen. *Corporate Finance biz, 4*(6), 351–354.

Heemann, M. (2013). Mezzanine, Second-Lien- und High-Yield-Finanzierung. In C. Schalast & L. Raettig (Hrsg.), *Grundlagen des M&A-Geschäftes. Strategie – Recht – Steuern* (S. 493–521). Frankfurt a. M.: Frankfurt School.

Hepperle, G., & Schmandt, E. (2013). Betriebliche Altersversorgung Due Diligence. In K. Lucks (Hrsg.), *M&A-Projekte erfolgreich führen. Instrumente und Best Practices* (S. 155–158). Stuttgart: Schäffer-Poeschel.

Heringer, H. J. (2012). *Interkulturelle Kompetenz.* Tübingen: Francke.

Hermanns, J. (2006). *Optimale Kapitalstruktur und Market Timing: Empirische Analyse börsennotierter deutscher Unternehmen.* Wiesbaden: Dt. Univ.-Verl.

Hollasch, K. (2013). Financial Due Diligence im Wandel. In K. Lucks (Hrsg.), *M&A-Projekte erfolgreich führen. Instrumente und Best Practices* (S. 121–127). Stuttgart: Schäffer-Poeschel.

Homburg, C. (2000). Kotau vor den Analysten. *Manager-Magazin, 30*(1), 80–82.

Horváth, P. (2011). *Controlling (12. Aufl.). Vahlens Handbücher der Wirtschafts- und Sozialwissenschaften*. München: Vahlen.

Horzella, A. (2010). *Wertsteigerung im M&A-Prozess: Erfolgsfaktoren, Instrumente, Kennzahlen*. Wiesbaden: Gabler.

Hungenberg, H. (2012). *Strategisches Management in Unternehmen: Ziele – Prozesse – Verfahren* (7., aktualisierte Aufl.). Wiesbaden: Springer Gabler.

Institut der Wirtschaftsprüfer in Deutschland e. V. (2008). *Grundsätze zur Durchführung von Unternehmensbewertungen: (IDW S 1 i. d. F. 2008)* (3. Aufl.). Düsseldorf: IDW.

Jansen, S. A. (2008). *Mergers & Acquisitions: Unternehmensakquisitionen und -kooperationen; eine strategische, organisatorische und kapitalmarkttheoretische Einführung* (5., überarb. und erw. Aufl.). Wiesbaden: Gabler.

Jansen, S. A., & Körner, K. (2000). *Fusionsmanagement in Deutschland: Eine empirische Analyse von 103 Zusammenschlüssen mit deutscher Beteiligung zwischen 1994 und 1998 unter spezifischer Auswertung der Erfolgswirkungen des Typus der Fusion, der (Inter)Nationalität, der Branche und der Unternehmensgröße*. Witten: Univ., Inst. for Mergers Acquisitions.

Kaplan, R. S., & Norton, D. P. (1997). *Balanced scorecard – Strategien erfolgreich umsetzen. The balanced scorecard dt.* Stuttgart: Schäffer-Poeschel.

Kebbel, P. (2013). Erfolgsfaktor M&A-Kommunikation. In K. Lucks (Hrsg.), *M&A-Projekte erfolgreich führen. Instrumente und Best Practices* (S. 359–371). Stuttgart: Schäffer-Poeschel.

Kengelbach, J. (2000). *Unternehmensbewertung bei internationalen Transaktionen. Betriebswirtschaftliche Studien Rechnungs- und Finanzwesen, Organisation und Institution: Bd. 48*. Frankfurt a. M.: P. Lang.

Kesten, R. (2013). Erfolgskontrolle von M&A-Transaktionen durch Abweichungsanlyse des M&A-Mehrwerts. *M&A Review, 24*(11), 447–455.

Klamar, N., & Raab, H. (2013). Fairness Opinion. In N. Klamar, U. Sommer, & I. Weber (Hrsg.), *Der effiziente M&A Prozess. Die Aquisition Value Chain* (S. 157–170). Freiburg: Haufe.

Küpper, H.-U. (2008). *Controlling: Konzeption, Aufgaben, Instrumente* (5., überarb. Aufl.). Stuttgart: Schäffer-Poeschel.

Kürsten, W. (2003). Synergetische Merger, Co-Insurance and Shareholder Value – Oder: Wer profitiert von ‚wertschaffenden' Fusionen? *Die Betriebswirtschaft, 63*(3), 239–256.

Kürsten, W., Meckl, R., & Krostewitz, A. (2007). Value-Based M&A-Management – der M&A-Prozess im Lichte des Shareholder Value-Prinzips. *Die Unternehmung, 61*(2), 157–178.

Lehmann, C. (2011). Kaufpreis-Ermittlung in der M&A-Praxis und ihre Abbildung im Unternehmenskaufvertrag. *Corporate Finance Law, 2*(1), 31–35.

Lobe, S., & Hölzl, A. (2012). Ewigkeit, Insolvenz und Unternehmensbewertung: Globale Evidenz. In Corporate Finance, B. Schwetzler, & C. Aders (Hrsg.), *Jahrbuch der Unternehmensbewertung. Fachbeiträge, Bewertungskennzahlen, Unternehmensprofile* (S. 287–296). Düsseldorf: Fachverlag Verlagsgruppe Handelsblatt.

Lofink, O., Nackmayr, J., & Orendi, G. (2013a). Commercial Technical Due Diligence in der Praxis: Typisierte Bausteine. In K. Lucks (Hrsg.), *M&A-Projekte erfolgreich führen. Instrumente und Best Practices* (S. 191–199). Stuttgart: Schäffer-Poeschel.

Lofink, O., Nackmayr, J., & Orendi, G. (2013b). Commercial, Market & Technical Due Diligence. In K. Lucks (Hrsg.), *M&A-Projekte erfolgreich führen. Instrumente und Best Practices* (S. 182–190). Stuttgart: Schäffer-Poeschel.

Lucks, K. (2013). Der Informationsprozess und Due Dilligence. In K. Lucks (Hrsg.), *M&A-Projekte erfolgreich führen. Instrumente und Best Practices* (S. 101–112). Stuttgart: Schäffer-Poeschel.

Mammen, A., & Sassen, R. (2015). Aufbau und Einsatz eines Synergiecontrollings im Rahmen von Unternehmenstransaktionen. In J. Wollersheim & I. Welpe (Hrsg.), *Forum Mergers & Acquisitions 2014. Beiträge aus rechts- und wirtschaftswissenschaftlicher Sicht* (S. 421–436). Wiesbaden: Springer Gabler.

Martin, G. S. (2001). *German-Irish sales negotiation: Theory, practice and pedagogical implications. Forum Linguisticum: Vol. 36.* New York: Peter Lang.

Meckl, R. (2000). *Controlling im internationalen Unternehmen: Erfolgsorientiertes Management internationaler Organisationsstrukturen.* München: Vahlen.

Meckl, R., & Hawranek, F. (2007). Eine M&A-Balanced-Scorecard – Konzept, Anwendung und Entwicklung. *Zeitschrift für Finance & Controlling, 2007*(6), 271–275.

Meckl, R., & Riedel, F. (2013). Synergien und ihre Identifizierung, Quantifizierung sowei Realisierung im Rahmen von M&A-Transaktionen. In K. Lucks (Hrsg.), *M&A-Projekte erfolgreich führen. Instrumente und Best Practices* (S. 233–244). Stuttgart: Schäffer-Poeschel.

Metz, M. (2002). *Controlling des Integrationsprozesses bei Mergers & Acquisitions.* Wiesbaden: Dt. Univ.-Verl.

Meyer, C. (1994). How the right measures help teams excel. *Harvard Business Review, 72*(3), 95–103.

Mittendorfer, R. (2007). *Praxishandbuch Akquisitionsfinanzierung: Erfolgsfaktoren fremdfinanzierter Unternehmensübernahmen.* Wiesbaden: Gabler.

Modigliani, F., & Miller, M. H. (1958). The cost of capital, corporation finance and the theory of investment. *The American Economic Review, 48*(3), 261–297.

Mündemann, T., & Helzler, H. U. (1998). Kommunikation in M&A-Prozessen. *M&A Review, 10,* 407–416.

Myers, S. C., & Majluf, N. S. (1984). Corporate financing and investment decisions when firms have information that investors do not have. *Journal of Financial Economics, 13*(2), 187–221.

Nagel, K. (2010). *Ausnahmefall: Unternehmenskommunikation in Sondersituationen. Mit 10 Fallbeispielen.* Wien: Linde international.

Nestler, A. (2013). Unternehmensbewertung. In C. Schalast & L. Raettig (Hrsg.), *Grundlagen des M&A-Geschäftes. Strategie – Recht – Steuern* (S. 51–69). Frankfurt a. M.: Frankfurt School.

Pellens, B., Fülbier, R. U., Gassen, J., & Sellhorn, T. (2014). *Internationale Rechnungslegung: IFRS 1 bis 13, IAS 1 bis 41, IFRIC-Interpretationen, Standardentwürfe* (9., überarbeitete Auflage). Stuttgart: Schäffer-Poeschel.

Perridon, L., Steiner, M., & Rathgeber, A. W. (2012). *Finanzwirtschaft der Unternehmung (16. Aufl.). Vahlens Handbücher der Wirtschafts- und Sozialwissenschaften.* München: Vahlen.

Prahalad, C. K., & Hamel, G. (1990). The core competence of the corporation. *Harvard Business Review, 5/6,* 79–91.

Raupach, G. (2010). Finanzierung. In W. Hölters (Hrsg.), *Handbuch Unternehmenskauf. Bewertung, Finanzierung, Steuern, Arbeitsrecht, Kartellrecht, Vertragsgestaltung, öffentliche Übernahmen; Besonderheiten bei Aktiengesellschaften, Immobilien, Insolvenz und im internationalen Rechtsverkehr; Vertragsbeispiele und Checklisten* (7. Aufl., S. 211–307). Köln: Schmidt.

Reichmann, T., & Hoffjan, A. (2011). *Controlling mit Kennzahlen: Die systemgestützte Controlling-Konzeption mit Analyse- und Reportinginstrumenten* (8., überarb. und erw. Aufl.). München: Vahlen.

Richter, F. (1996). Die Finanzierungsprämissen des Entity-Ansatzes vor dem Hintergrund des APV-Ansatzes zur Bestimmung von Unternehmenswerten. *Zeitschrift für betriebswirtschaftliche Forschung, 48*(12), 1076–1097.

Riedel, F. (2010). *Value-based Mergers & Acquisitions-Management: Die Steigerung des Shareholder Value durch M&A. Schriftenreihe Finanzmanagement: Vol. 73.* Hamburg: Kovač.

Rossbach, O. (2015). Akquisitionsfinanzierung. In S. R. Göthel (Hrsg.), *Grenzüberschreitende M&A-Transaktionen. Unternehmenskäufe, Umstrukturierungen, Joint Ventures, SE* (4. Aufl., S. 655–718). Köln: RWS.

Rudolph, B. (2006). *Unternehmensfinanzierung und Kapitalmarkt. Neue ökonomische Grundrisse.* Tübingen: Mohr Siebeck.

Salecker, J. (1995). *Der Kommunikationsauftrag von Unternehmen bei Mergers & Acquisitions: Problemdimensionen und Gestaltungsoptionen der Kommunikation bei Unternehmensübernahmen. St. Galler Beiträge zum integrierten Management: Bd. 5.* Bern: Haupt.

Schatz, R. (Hrsg.). (2001). *Strategisches Informationsmanagement: Die Erfolgsfaktoren interne und externe Kommunikation* (2., erw. Aufl.). Bern: InnoVatio-Verlag.

Scholz, J. (2000). *Wert und Bewertung internationaler Akquisitionen. mir-Edition.* Wiesbaden: Gabler Verlag.

Schwetzler, B. (6 März 2000). Klassische Bewertungsmethoden greifen zu kurz. *Frankfurter Allgemeine Zeitung,* B12.

Schwetzler, B. (2001). Bewertung von Wachstumsunternehmen. In A.-K. Achleitner & A. Bassen (Hrsg.), *Handelsblatt-Bücher. Investor Relations am Neuen Markt. Zielgruppen, Instrumente, rechtliche Rahmenbedingungen und Kommunikationsinhalte* (S. 61–96). Stuttgart: Schäffer-Poeschel.

Schwetzler, B., Aders, C., Salcher, M., & Bornemann, T. (2005). Die Bedeutung der Fairness Opinion für den deutschen Transaktionsmarkt. *Finanz-Betrieb, 7*(2), 106–116.

Seibt, C., & Hüther, M. (2012). Club Deal-Finanzierungen: Marktbericht, Vertragsdokumentation und Entscheidungsparameter für die Unternehmensleitung. *Corporate Finance Law, 3*(2), 66–77.

Sieger, P. (2008). Ein Leitfaden für den Finanzierungs-Entscheidungsprozess von M&A. *IO New Management, 11,* 16–20.

Sirower, M. L. (1997). *The synergy trap: How companies lose the acquisition game.* New York: Free Press.

Stefani, U., & Bleibtreu, C. (2013). Unternehmensbewertung. In N. Klamar, U. Sommer, & I. Weber (Hrsg.), *Der effiziente M&A Prozess. Die Aquisition Value Chain* (S. 79–106). Freiburg: Haufe.

Stern Stewart & Co. (2006). *Economic Value Added: wertorientierte Unternehmensführung mit EVA – ein Ansatz von Stern Stewart Co.*

Stewart, G. B. (1991). *The quest for value: The EVA management guide.* New York: HarperBusiness.

Stiefl, J., & Westerholt, K. von. (2008). *Wertorientiertes Management: Wie der Unternehmenswert gesteigert werden kann.* München: Oldenbourg.

Suckut, S. (1992). *Unternehmensbewertung für internationale Akquisitionen: Verfahren und Einsatz. DUV: Wirtschaftswissenschaft.* Wiesbaden: Dt. Univ.-Verl.

Sudarsanam, S. (2010). *Creating value from mergers and acquisitions – The challanges* (2. Aufl.). Essex: Pearson.

Theuerkorn, K. (2013). *Corporate Social Responsibility als Erfolgsfaktor bei M&A-Transaktionen.* Lohmar: Eul.

Tonscheidt-Gösstl, D., & Stolzenburg, J. H. (1998). Fusions-Fallen. *Personalwirtschaft, 11,* 36–43.

Uder, H. L., & Geiger, D. (2013a). HR Due Diligence. In K. Lucks (Hrsg.), *M&A-Projekte erfolgreich führen. Instrumente und Best Practices* (S. 140–145). Stuttgart: Schäffer-Poeschel.

Uder, H. L., & Geiger, D. (2013b). Kulturelle Due Diligence. In K. Lucks (Hrsg.), *M&A-Projekte erfolgreich führen. Instrumente und Best Practices* (S. 146–154). Stuttgart: Schäffer-Poeschel.

Ulrich, N. (2013). Geistiges Eigentum in M&A-Prozessen. *M&A Review, 24*(6), 260–266.

Vogel, D. H. (2002). *M&A – Ideal und Wirklichkeit.* Wiesbaden: Gabler.

Volkart, R. (2010). *Unternehmensbewertung und Akquisitionen* (3., vollst. überarb. Aufl.). Zürich: Versus.

Weber, J., & Schäffer, U. (2011). *Einführung in das Controlling* (13., überarb. u. aktualisierte Aufl.). Stuttgart: Schäffer-Poeschel.

Wirtz, G. (2012). Interne und externe Unternehmens-Kommunikation. In G. Picot (Hrsg.), *Handbuch Mergers & Acquisitions. Planung, Durchführung, Integration* (5. Aufl., S. 624–655). Stuttgart: Schäffer-Poeschel.

Wirtz, B. W. (2014). *Mergers & Acquisitions Management: Strategie und Organisation von Unternehmenszusammenschlüssen* (3., aktualisierte u. überarb. Aufl.). Wiesbaden: Springer Gabler.

Yamada, M. Y. (2013). Operational Due Diligence. In K. Lucks (Hrsg.), *M&A-Projekte erfolgreich führen. Instrumente und Best Practices* (S. 171–181). Stuttgart: Schäffer-Poeschel.
Young, S. D., & O'Byrne, S. F. (2001). *EVA and value based management: A practical guide to implementation.* New York: McGraw Hill.

## Weiterführende Literatur

Berens, W., Brauner, H. U., Strauch, J., & Knauer, T. (Hrsg.). (2013). *Der Betrieb. Due Diligence bei Unternehmensakquisitionen* (7. Aufl.). Stuttgart: Schäffer-Poeschel.
Koch, W. (2011). *Praktiker-Handbuch Due Diligence: Ganzheitliche Analyse und Bewertung von Unternehmen* (3., vollständig überarb. Aufl.). Stuttgart: Schäffer-Poeschel.

# Integrales M&A-Management 6

## 6.1 M&A-Management

### 6.1.1 Einführung

Ein zentraler Grund für den Erfolg oder das Scheitern von M&A-Projekten liegt in der Qualität der Projektführung. Diese beinhaltet das grundlegende Projekt-Design und die konsistente Umsetzung der Prozesse, der darin enthaltenen Working Packages sowie der zugrunde zu legenden Instrumente (vgl. zu den Details der M&A-(Teil-)Prozesse Kap. 4 und 5). In ihrer wirksamen Zusammenführung liegt die Kunst (oder Wissenschaft?) von M&A. Die Haupt-Fehlerquellen bei M&A sind über den Prozess ungleich verteilt. Der formale Kern von M&A, die Transaktion, trägt zum geringsten Teil zu den Problemen von M&A-Projekten bei, weil hier die Vorgehensweisen am meisten reguliert und standardisierbar sind. Die Strategie liegt noch im mittleren Fehler-Bereich. Vor allem ist es aber die Implementierung, auf die die meisten Probleme bei M&A zurückgehen. Die Fehler beginnen schon vor dem eigentlichen M&A-Projekt an. Der (vorlaufenden) Strategieentwicklung wird zu wenig Aufmerksamkeit geschenkt. Der Aufsetzpunkt für ein M&A-Projekt ist zumindest ein belastbarer Strategie-Check. Deshalb fangen wir im vorliegenden Buch mit dem M&A-Prozess auch an dieser Verbindungsstelle an (vgl. Kap. 4). In die M&A-Strategie wird häufig auch zu wenig investiert, insbesondere wenn man weiß, welches hohe Kapitalrisiko mit einem M&A-Projekt verbunden ist, nicht nur der Kaufpreis sondern auch die Transaktionskosten und die (zu kalkulierenden) daraus folgenden „Downside-Szenarien", bis zum Totalverlust des gesamten Kaufpreises oder dem „Desaster", das wir als vielfachen Verlust des Kaufpreises definieren. So sieht die Praxis häufig aus: der Turnaround kommt nicht, die Verluste werden größer, die Komplexitätskosten steigen (zum Beispiel wegen höherer IT- und Reporting-Kosten in einem Konzernverbund, verglichen mit den schlanken Strukturen im Mittelstand, aus dem das Target häufig kommt),



K. Lucks, R. Meckl, *Internationale Mergers & Acquisitions*,
DOI 10.1007/978-3-662-46896-8_6

es wird nach dem Closing zu spät gehandelt, die Probleme eskalieren. Schließlich muss „repariert" werden – und nach einigen Jahren ist das Zehnfache (!) des Kaufpreises verbrannt: keine Seltenheit sondern leider eine immer wiederkehrende Erfahrung bei M&A.

Wir beobachten bei der Entwicklung von M&A verschiedene Strömungen. Zuallererst ist auffällig, dass die Herausforderungen an M&A immer größer werden: die „einfachen" Targets mit Stand-Alone-Verbesserungspotenzial gibt es praktisch nicht mehr. Die – relativ einfachen – Inlandsprojekte werden weniger, Vorhaben in fernen Ländern nehmen zu; der Zukauf von neuen Technologien steht immer mehr auf der M&A-Speisekarte und damit das Heben von „exotischen" Synergien. Dies alles erfordert ein viel tieferes Eindringen in die M&A-Fälle. Leider wird dieses Thema in der Literatur nicht ausreichend ernst genommen. Aber auch die Praxis zeigt, dass die M&A-Herausforderungen insbesondere bei der Strategieentwicklung und in der Implementierung nicht ausreichend bedacht werden. Das ist auch der Grund, weshalb wir in der Performance von M&A – trotz einer regelrechten Explosion bei Regularien in der juristischen Literatur – nicht wesentlich weiter gekommen sind. Immer noch sind rund die Hälfte der M&A-Projekte Fehlschläge, bei großen und komplexen Vorhaben liegt die Fehlerquote deutlich höher (vgl. dazu Abschn. 1.2.2).

Um die Anzahl der Fehlschläge zu senken, wird im Folgenden ein Gesamtprojektmanagement für M&A entwickelt, das zum einen die vorherigen Ausführungen, insbesondere aus Kap. 4 und 5, integriert und zum anderen konkrete Empfehlungen für die M&A-Abwicklung gibt.

### 6.1.2 M&A-Käufertypen

Um sinnvolle Empfehlungen für ein M&A-Gesamtmanagement ableiten zu können, sollte nach verschiedenen Käufertypen differenziert werden. Die Unternehmen, die bei M&A aktiv sind, kann man in folgende Gruppen aufteilen:

1. Einzelkäufertypen: selten bei M&A aktiv, M&A besteht aus Einzelprojekten,
2. Serienkäufer: einheitliche Targets,
3. Vielfaltskäufer: regelmäßige M&A-Deals mit sehr unterschiedlicher Ausrichtung.

**Die Einzelkäufer (Kategorie 1)** tun sich mit M&A schwer: In dieser Kategorie findet sich jede Größenordnung von Unternehmen und jede Größe von Targets. Häufig sind hier Mittelständler zu finden, aber auch mittlere Konzerne und Großunternehmen. Immer handelt es sich um Unternehmen, die einmal in mehreren Jahren eine Übernahme tätigen. Dementsprechend – das hat die Arbeit im Bundesverband Mergers & Acquisitions gezeigt – treten diese Käufer in der Regel ohne Screening an einen Kaufkandidaten heran. Sie haben vielmehr von vornherein einen speziellen Wunschkandidaten ins Auge gefasst. Sie tun sich bereits mit der Transaktion ausgesprochen schwer, weil sie keine Erfahrung haben und sie nicht immer fachlich beschlagene Berater haben bzw. im Umgang mit Beratern nicht geübt sind. Ihr Verhalten ist durch Misstrauen geprägt, was die Verhandlungen mit ihnen erschwert. Besonders schwer tun sie sich auch in der Integration/Implementierung, weil hier keine Vorstellungen über den Umgang mit dem Target bestehen. Mit dem M&A-Projekt werden Erfahrungen gewonnen, die aber weder niedergelegt noch genutzt werden. Wenige Monate nach dem M&A-Projekt werden die betreffenden Projektteams wieder „abgebaut" und es bleibt kein stetiges M&A-Wissen im Haus. Sollte einmal ein weiteres M&A-Projekt kommen, dann muss alles wieder von vorn aufgebaut werden. Dieser Käufertyp nutzt kaum die Gelegenheit, M&A-Erfahrung aufzubauen. Häufig geht M&A bei dieser Käuferkategorie schief und führt zu einem Wertverlust.

**Die Serienkäufer (Kategorie 2)** zeichnen sich aus durch regelmäßige Erwerbungen und durch relativ einheitliche Übernahme-Targets. Dies gibt den Serienkäufern Gelegenheit einen M&A-Stab aufzubauen, der regelmäßig in Aktion tritt und der die Möglichkeit hat, M&A-Wissen zu kultivieren, niederzulegen und für weitere Projekte zur Wiederverwendung bereit zu halten. Dies betrifft naheliegenderweise kleinere bis mittlere Projekte, da Großprojekte erfahrungsgemäß Einzelvorhaben sind und in ihren Ausprägungen sehr unterschiedlich ausfallen. Hier ist wegen der M&A-Frequenz und der relativen Einheitlichkeit das Erfahrungspotenzial groß, sodass sich ein M&A-Wissensmanagement anbietet. Zu dieser Kategorie an Käufern gehört z. B. das US-Nachrichtentechnik-Unternehmen Cisco, die grundsätzlich Technologie-Neugründungen übernehmen und dabei einheitliche Prozeduren entwickelt haben, etwa bei der Integration.

Der Technologiekern wird unter der Leitung des (Gründer-)CEOs separiert aufgehängt, während Verwaltung, Vertrieb und Marketing in die entsprechenden Support-Einheiten von Cisco integriert werden. Aufgrund der Einheitlichkeit in Strategie, Transaktion und Integration sowie der hohen M&A-Frequenz konnte viel M&A-Erfahrung aufgebaut werden und demzufolge hat Cisco eine gute durchschnittliche M&A-Performance.

**Vielkäufer mit heterogenem M&A-Programm (Kategorie 3)** haben große Herausforderungen zu bewältigen. Auf der einen Seite haben sie eine hohe Frequenz von kleinen und mittleren Übernahmen, für die die Regel der „M&A-Erfahrungskurve" gilt. Das heißt, hier macht es Sinn, die wesentlichen M&A-Spezialisten im Haus vorzuhalten. Sie sind in der Lage, die höherfrequenten kleinen und mittleren M&A-Projekte selber abzuwickeln und darüber hinaus als Kompetenzzentrum für M&A-Wissensmanagement zu fungieren. Erfahrungsgemäß werden für die großen Projekte externe Berater hinzugezogen, da die internen Ressourcen a) für die erforderlichen großen Kapazitäten nicht ausgelegt sind und b) funktionale Spezialitäten aus fremden Regionen, wie Marktforschung, Recht und Personal, oft nicht intern abgedeckt werden können. Zu dieser Kategorie (3) gehört Siemens. Zum M&A-Projektportfolio gehören Großprojekte als Einzelvorhaben, die sich schwer standardisieren lassen, mittlere Projekte mit höherer M&A-Frequenz und mittlerem Standardisierungspotenzial sowie Kleinprojekte in hoher Frequenz und mit hohem Standardisierungspotenzial (vgl. Abb. 6.1).

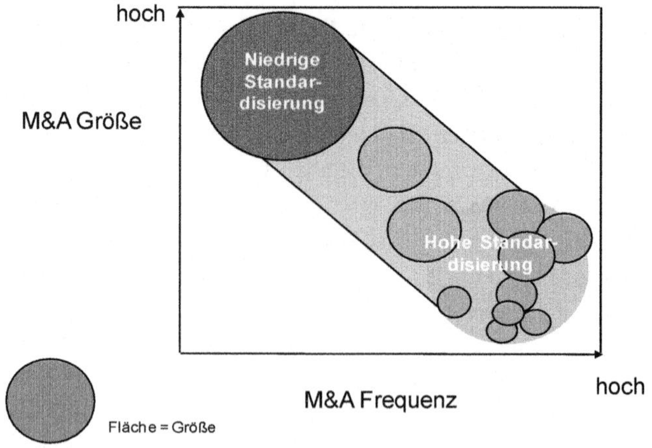


**Abb. 6.1** Standardisierungsgrad von M&A-Projekten

### 6.1.3 M&A-Projektkategorien

Nachdem die Käuferkategorien beleuchtet wurden, ist eine nähere Betrachtung der Projektkategorien erforderlich. Dies kann nur innerhalb der jeweiligen Käuferkategorien erfolgen, wobei zu den „M&A-orientierten" Dimensionen zahlreiche Geschäftsspezifika hinzukommen. Aus Platzgründen wird dies exemplarisch für die *Vielfaltskäufer* (*Kategorie 3*) vorgenommen. Siemens ist ein gutes Beispiel, denn die Vielfalt liegt hier nicht nur in der unterschiedlichen Größenordnung der M&A-Projekte, sie liegt auch in der Unterschiedlichkeit der Branchen, der Geschäftsarten (z. B. Produkt-, Komponenten-, System- und Anlagengeschäft), der Regionen und der Vielfalt der (in der Regel hohen) Wertschöpfung. Die schlechtere Performance der Vielfaltskäufer bei kleineren Projekten ist zuvorderst auf zu geringe Aufmerksamkeit, zu niedrige organisatorische Aufhängung und mangelhafte professionelle Betreuung zurückzuführen. Es ist noch nicht lange her (bis ca. zum Jahr 2000), da wurde die erforderliche Breite der M&A-Kompetenz/Erfahrung (von der spezifischen M&A-Strategie über die Transaktion bis zur Integration und Langzeit-Nachbetreuung) noch gar nicht gesehen. Mitarbeiter wurden primär zu Ausbildungszwecken zu den M&A-Abteilungen versetzt und wegversetzt. Als eigener Karrierepfad wurde M&A erst spät erkannt. Zu den „klassischen" drei Karrierepfaden, also Geschäft (CEO), Regionalgesellschaft (Head of Regional Companies, RCs) und Stabsabteilungen, hat sich M&A innerhalb letzter Gruppe als ein sehr vielfältiger „Pfad" herausgebildet. So verfügt Siemens als „Vielfaltskäufer" über rund 35 Stabsabteilungen, die bei M&A einzuschalten sind. Viele davon decken Spezialaktivitäten ab, die im „non-M&A-Tagesgeschäft" eine große Rolle spielen, aber auch einen wichtigen Beitrag zu M&A liefern, wie z. B. ein Referat „Marke und Name" und eine spezielle Abteilung für § 613a BGB für Betriebsübergänge. Während diese Abteilungen rund 10–30 % ihres Einsatzes bei M&A finden, gibt es Abteilungen, die zu 100 % auf M&A ausgerichtet sind, wie etwa „M&A-Transaktion"

und „M&A-Integration“. Die zunehmende fachliche Kompetenz, die in diesen Abteilungen gefordert wird, hat dazu geführt, dass diese Abteilungen nicht mehr nur Durchlaufstationen auf einem Karrierepfad sind, sondern auch eigene Karriere-Perspektiven bis zur Leitung dieser wichtigen Abteilungen bilden, als „Managing Director“, „Project Director“ oder „Senior Vice President“. Für die „Durchlaufzeiten“ von Mitarbeitern, die sich auf einem anderen Karrierepfad befinden, gilt, dass diese eine Mindest-Verweilzeit bei M&A von drei Jahren einplanen sollten, denn im ersten Jahr werden die Basis-Kompetenzen aufgebaut, im zweiten Jahr können sie selektiv selbstständig als Leiter kleiner Module in einem Projekt tätig werden und im dritten Jahr sind sie selbstständig einsetzbar als Leiter von kleineren M&A-Projekten bzw. als Verantwortlicher für Projektmodule bei großen Vorhaben.

#### 6.1.3.1 Kleine und kompakte Projekte (C-Kategorie)

Im Kontext der großen „Vielfaltskäufer“ sind (relativ auf die Konzerngröße bezogen) kleine oder kompakte M&A-Projekte zu sehen, die als „Kategorie C“ bezeichnet wird. Hier besteht die Gefahr einer unterdurchschnittlichen Performance, weil diese Projekte häufig auf zu geringe Aufmerksamkeit, zu niedrige organisatorische Aufhängung und mangelhafte professionelle Betreuung treffen. Diese Projekte stehen häufig unter nicht ausreichender M&A-fachlicher Beobachtung und werden unmittelbar von der relativ niedrigen operativen Ebene geführt, die keine M&A-Erfahrung besitzt. Vielfach handelt es sich um mittelständische Strukturen oder technologische Neugründungen, deren Integration in einen Konzernverbund ohnehin schwierig ist. Unter den M&A-Projektführungsmodellen wird hier häufig nach dem String-of-Pearls-Ansatz vorgegangen (vgl. Abb. 3.3), indem ein einfaches Führungsmodell wiederholt wird. Als besonders geeignet für kompakte kleine Projekte hat sich das Hybridmodell hervorgetan (vgl. Abb. 3.5), bei dem es sich auf der einen Seite um einfach definierte Arbeitsstufen handelt, auf der anderen Seite um fachfunktionale Verantwortungen. Dieser Verantwortungsbereich besteht aus Funktionsträgern mit M&A-Hintergrund, insbesondere bei dem „Legal Process“, der Maßnahmenplanung, der Bewertung, der Kommunikation und dem Controlling. Es sollte das Ziel der M&A-Verantwortlichen sein, diese kleinen/kompakten Projekte mit der entsprechenden M&A-Expertise auszustatten. Hinzu kommt, dass kleine Unternehmen, die vormals selbstständig waren, kurze Entscheidungswege und große Sichtbarkeit bei der darüber liegenden Managementebene erwarten. Die M&A-Expertise kann bei großen Konzernen durch spezielle M&A-Dienstleister gegeben sein oder durch Delegierte bzw. „Abgänger“ der M&A-bezogenen Abteilungen. Für die „Sichtbarkeit“ und Betreuung hat das unmittelbar über der M&A-Projektebene liegende Management zu sorgen. Ist dieses gegeben, dann sollte die Performance von kleinen/kompakten M&A-Projekten eigentlich im wünschenswerten Rahmen liegen.

#### 6.1.3.2 Die mittlere Projektkategorie (B-Kategorie)

Bei den mittelgroßen, „Klasse B“-Projekten wurde bereits gesagt, dass sie aufgrund ihrer Sichtbarkeit gegenüber dem Vorstand eine erhöhte Aufmerksamkeit genießen und

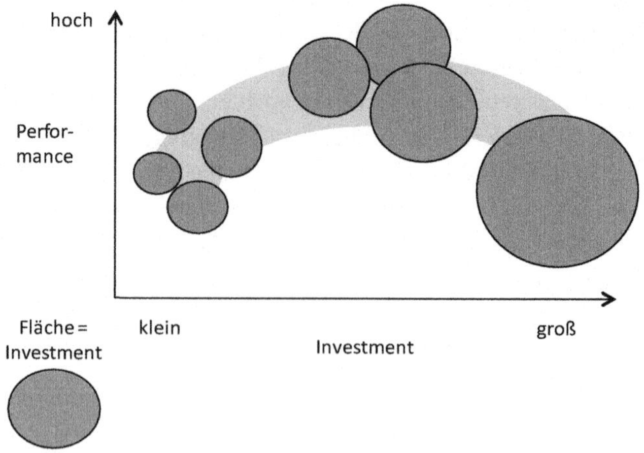


**Abb. 6.2** Die U-Kurven-Hypothese der M&A-Performance

andererseits noch so klein sind, dass ihr Project Owner in der Hierarchie mindestens eine Ebene niedriger angesiedelt ist, als der Konzernvorstand. Damit kann die oberste Führungsebene einen ausreichenden Performance-Druck ausüben. Im Übrigen sind diese Projekte von ihrer Komplexität in der Regel noch so aufgestellt, dass es zu keinen spezifischen Komplexitätsrisiken kommt. Diese Projekte sind also von Natur aus diejenigen, die im Schnitt die beste Performance abliefern. Man könnte die These aufstellen, dass bei der M&A-Performance eine umgekehrte „U-Kurve" vorliegt (vgl. Abb. 6.2).

Zum Management dieser „mittelgroßen" M&A-Projekte im Konzernverbund bietet sich das Matrixmodell (Aufbauorganisation) in der Ausprägung als Teilprojekte an, das sogenannte „Phasen-Drehungs-Konzept" (vgl. Abschn. 3.1.3.2, Abb. 3.3). Bei diesem Modell wird das Interim-Team zu Beginn des Projektes festgelegt („horizontale" Organisation), deren Glieder dann schrittweise in die vertikale (dauerhafte) Organisation des betreffenden Geschäftes überführt werden. Die Komplexität der Umsetzung ist damit reduziert, die Übertragung der Verantwortung auf das zukünftige Management kann schrittweise und nach Projektfortschritt erfolgen. Das Standardisierungspotenzial für derartige Projekte ist mittelgroß. Als Beispiel wurde das Projekt Siemens-Alstom Industriekraftwerke genannt (vgl. Abb. 3.6; Abschn. 3.1.4.3).

#### 6.1.3.3 Komplexe und Megaprojekte (A-Kategorie)

Bei den komplexen (großen und Mega-) Projekten („Kategorie A") liegen die Herausforderungen im adäquaten M&A-Management und in der Rolle des Vorstandes, bei der es (allzu) häufig zu Fehlverhalten und Missverständnissen kommt. So ist festzustellen, dass CEOs ihre Großprojekte häufig als „ihr persönliches Baby" sehen und in die Teams und Verhandlungen willkürlich eingreifen und so die Prozesse der internen wie externen Fachleute stören, um das Projekt voranzubringen. Dafür gibt es viele negative Beispiele, wie DaimlerChrysler – aber es gibt auch Gegenbeispiele wie Linde-BOC, die vom CEO hervorragend geführt wurden (vgl. im Detail zu dieser Problematik Sellmann, 2013). Zusammenfassend ist festzustellen, dass die Performance von Groß- und Megaprojekten nach unserer Erfahrung deutlich unter derjenigen von mittelgroßen Projekten liegt. Dies auch unter der Messlatte „relativer“ Größe: in Bezug auf die Größe des kaufendenden Unternehmens.

Wie bereits erläutert, ist bei diesen Projekten die größte Vielfalt gegeben und damit das geringste Standardisierungspotenzial. Wegen ihrer relativ geringen Frequenz und ihrer Einzigartigkeit, kann bei Großakquisitionen weniger Erfahrung aufgebaut werden, als bei den häufigeren mittelgroßen Vorhaben, insbesondere wenn sie relativ ähnlich sind. Hier wird auch die größte Menge Geld versenkt: es gibt zwar immanente Fehler auch bei kleineren und mittleren Projekten, die großen Verluste kommen jedoch von den großen und Mega-Projekten, die zwar (aus der Gesamtzahl der Projekte) einen geringen Teil ausmachen, mit denen aber nicht nur große Unternehmenswerte vernichtet werden, sondern die auch zum negativen Image von M&A nachhaltig beitragen. Denn: die ganz großen und hochkomplexen M&A-Projekte erfordern in hohem Maße Erfahrungen, Führungssysteme und erprobte Tools.

Zur Lösung der vielfältigen Herausforderungen empfehlen wir hierfür das Prozess-Modell mit den nach Teilprozessen gegliederten Arbeitspaketen (vgl. Abb. 3.3, rechts unten). Die geringere Standardisierbarkeit heißt somit nicht, dass gar nichts standardisiert werden kann, sondern dass auf Standard-Module zurückgegriffen werden kann. Diese Standardmodule (Kern- und Unterstützungsprozesse auf der Ebene 1, Arbeitspakete auf der Ebene 2) können nach Zeitbedarf und Kapazität angepasst und im Ablauf so „verschoben“ werden, dass daraus – flexibel und schnell – die Organisation für Folgeprojekte vorgenommen werden kann. Zu Beginn des Projektes müssen die erforderlichen Kapazitäten und Kompetenzen ermittelt werden, die für die Abwicklung erforderlich sind (vgl. dazu Abschn. 3.1.5). Die drei Haupttreiber sind hierbei reine Größe, Komplexität und Restrukturierungstiefe (vgl. Abschn. 3.1.5). Die besonderen Ausprägungen von Groß- und Megaprojekten wurden in Abschn. 6.1.3 vorgestellt.

Zurückkommend auf die Ausgangsfrage nach professionellem und erfolgversprechendem M&A-Projektmanagement ist zu sagen, dass die eigentlichen M&A-Management-Herausforderungen bei den Großprojekten liegen. Bei ihnen bündeln sich nicht nur alle Probleme von „mittleren“ M&A („Kategorie B“), bei ihnen fehlen nicht nur die Hebel durch „serielles M&A“, sondern bei ihnen kommen zudem alle Herausforderungen hinzu, die aus a) Größe, b) Komplexität und c) Höhe der angestrebten Verbesserung resultieren. Insofern besteht hier der größte Handlungsbedarf zur Wahl eines professionellen M&A-Management-Modells. Das vorgestellte Prozessmodell (vgl. Abschn. 3.1.3.3) ist für ein breites Spektrum von M&A-Projekten geeignet: es eignet sich vom Megaprojekt bis zu den mittelgroßen Vorhaben. Die Arbeitspakete können als Wissensmodule auch für kompakte Projekte herangezogen werden. Da erfahrungsgemäß ein Downscaling nur begrenzt sinnvoll ist, empfehlen wir jedoch bei kleinen und kompakten Projekten das Hybridmodell (vgl. Abb. 3.5), das die Vorteile einer einfachen (Stufen-)Struktur mit denen durchgängiger Prozesse verbindet.

### 6.1.4 Aufbau eines M&A-Kompetenzmanagements

#### 6.1.4.1 M&A-Strukturen

Studien zeigen, dass – auch bei hoher M&A-Frequenz – die Performance von M&A-Projekten bei Vielkäufern nicht automatisch besser wurde (vgl. dazu z. B. auch Kengelbach, Klemmer & Schwetzler, 2012; Hansell, Walker, & Kengelbach, 2014). Eine Besserung ergab sich erst dann, wenn es einen etablierten Lernprozess von Projekt zu Projekt gab. Bei sehr großen transatlantischen Vorhaben zwischen den USA und Deutschland konnte darüber hinaus festgestellt werden, dass die mittlere Performance im Durchschnitt signifikant niedriger lag, wenn das Vorhaben besonders mitarbeiterintensiv war. Vor diesem Hintergrund macht es grundsätzlich Sinn ein „System" für M&A-Wissensmanagement aufzusetzen – jedenfalls für solche Unternehmen, die in überschaubaren Abständen mit M&A planen. Jedes Unternehmen muss dabei eigene Wege gehen, die dem Modell entsprechen, das für M&A verfolgt werden soll (also etwa nach den oben angegebenen Kategorien der Serienkäufer (Kategorie 2) oder der Vielfaltskäufer (Kategorie 3)).

Aufbauen sollte man auf den vorhandenen Stäben, die mit M&A befasst sind. So hat Siemens gut 30 Abteilungen in der Münchener Konzernzentrale, die in fachlicher Richtung einzuschalten sind (vgl. Abb. 6.3).

Das Vorhalten interner Fachabteilungen, die bei M&A herangezogen werden müssen, wird in jedem einzelnen Fall durch Regularien zu bestimmen sein. Die Anzahl dieser Abteilungen und der Tiefgang ihrer Einschaltung richten sich nach der M&A-Frequenz und den M&A-Typen. So realisierte Siemens in den 2000er Jahren rund 50 Projekt-Closings pro Jahr, mit jeweils meist mehreren Gesellschaften. Allein die VA-Tech-Übernahme beinhaltete 240 Gesellschaften. Die Fachabteilungen in der Konzernzentrale rekrutieren sich aus den Hauptabteilungen Unternehmensentwicklung (Corporate Development), Finanzen (Corporate Finance) und anderen, zentralen, Stellen (Corporate Centers). In besagtem Zeitraum gab es zwei Abteilungen, die sich die Verantwortung für den M&A-Prozess teilten, einmal die Abteilung „Mergers & Acquisitions", die als „hausinterne Investmentbank" für die Transaktion zuständig war und die zur Unternehmensentwicklung gehörige Abteilung für „Group Strategies, M&A-Integration", die für das M&A-Vorfeld bis zur Verhandlungsfreigabe verantwortlich war sowie für die Integration, bestehend aus Pre-Closing Integrationsvorbereitung und Post Closing Integration. Letztere wurden auch unter dem Namen „Center of Competence M&A-Integration" geführt. Diese beiden Abteilungen sorgten auch für die Einschaltung der anderen Fachabteilungen, sofern die Project Owner in den Konzernbereichen diese nicht schon angesprochen hatten. Die Ansprache der einzelnen Abteilungen war natürlich in Regularien festgelegt, jedoch gab es immer wieder Probleme und Verzögerungen, weil einzelne Fachabteilungen zu spät oder gar nicht eingeschaltet wurden oder weil die Fachabteilungen sich unkoordiniert auf die M&A-Kandidaten stürzten. Aus diesem Grunde wurde die Verantwortung für die beiden Genehmigungsstufen der Abteilung „Group Strategies" (für die „Verhandlungsfreigabe") und „Mergers & Acquisitions" (für die „Investitionsfreigabe") übertragen und es wurde geregelt, welche Fachabteilung zu welchem dieser Zeitpunkte noch hinzugezogen werden

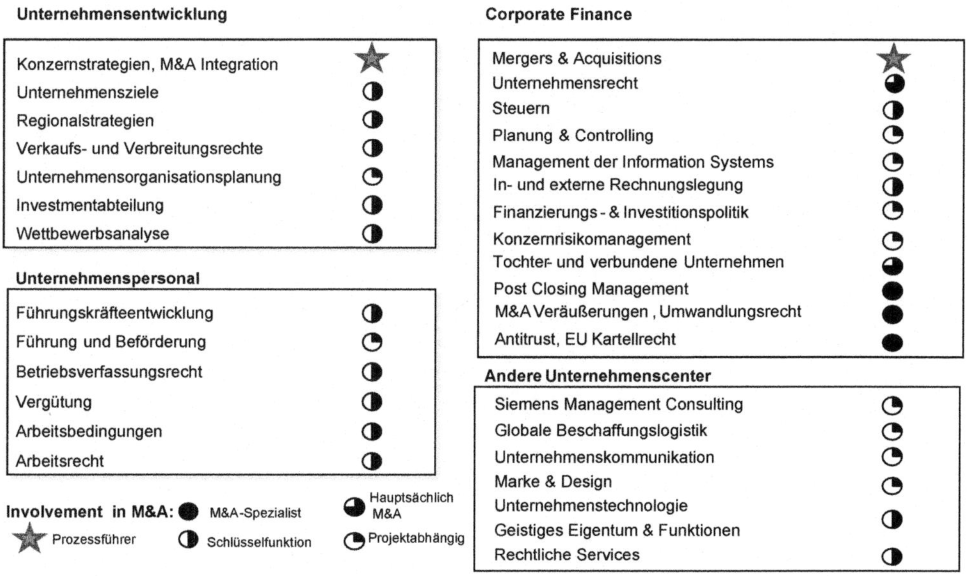


**Abb. 6.3** M&A-orientierte Fachabteilungen

muss. In summa konnte jedoch festgestellt werden, dass diese „punktuellen" Lösungen für einen durchgängigen M&A-Prozess nicht ausreichten. Deshalb beschloss der Zentralvorstand im Jahr 1999 die Bildung des „Centers of Competence M&A-Integration", das die M&A-bezogenen Prozesse definieren und dafür sorgen sollte, dass die Prozesse konzernweit kommuniziert und auch umgesetzt werden. Grundlage dafür waren jährliche konzernweite Workshops zum M&A-Erfahrungsaustausch, die in den Jahren zuvor bereits mit Erfolg von der Abteilung Group Strategies gemeinsam mit der Abteilung Mergers & Acquisitions praktiziert wurden. Daneben wurden von diesen Abteilungen per Zentralvorstands-Dekret pro Jahr die wichtigsten M&A-Projekte zur zwei-Jahres-Nachschau vorgelegt, bei der der Erfolg von und die Lehren aus den einzelnen Projekten evaluiert und dem Zentralvorstand berichtet wurden. Dies führte zu einem geschlossenen Lern-Kreislauf, der Grundlage für das Center of Competence (CoC) für M&A-Integration (vgl. Abb. 6.4) war.

Im Mittelpunkt des M&A-Erfahrungsmanagements steht das M&A-Projekt – sei es ein Stufenkonzept oder Prozessmodell. Die Einbindung in das Führungssystem erfolgt durch das Top-Management, das die Vorgaben für die Führung gibt und dem die Projekt-Reports vorgelegt werden. Die Nachschau bringt zwei Reports hervor, nämlich 1) den Performance-Report, der a) die wirtschaftlichen Erfolge, b) die Erfüllung der Strategie und c) die Umsetzung der Maßnahmen beinhalten sowie 2) den Input für die Performance-Statistik. Hier wird das Projekt nach seinen Beiträgen zur Wertgenerierung für den Konzern, die Gründe für den Erfolg und für den Misserfolg eingeordnet. Daraus werden pro Projekt die „Lehren" abgeleitet. Die Reports werden über eine „Lern-Schleife" an die Wissensplattform gegeben. Dort ist das Wissens-Netzwerk angedockt, bestehend aus den Erfahrungs-

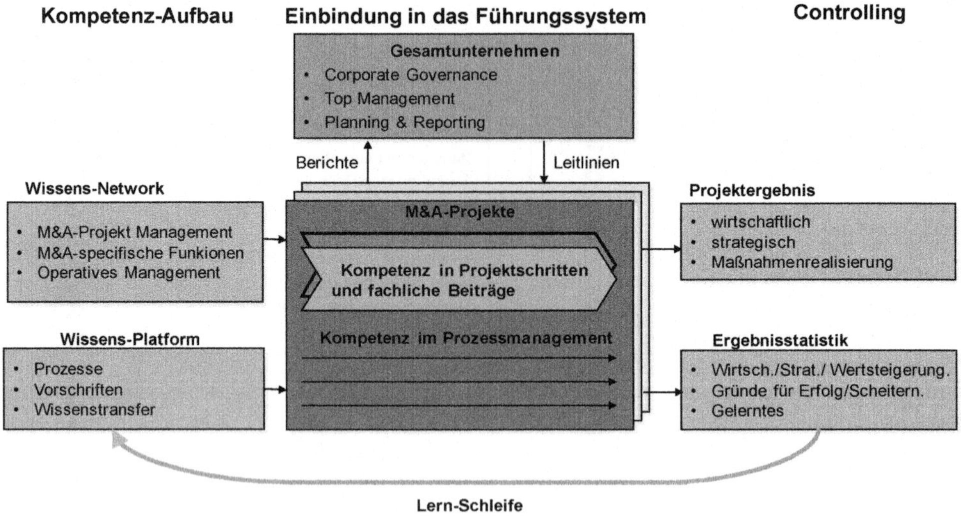


**Abb. 6.4** M&A-Erfahrungsmanagement

trägern in den Fachabteilungen und in den Geschäften. Auf dieser Basis wurden dann konzernweit Erfahrungsstatistiken entwickelt mit Aussagen, welche Geschäftsart, welcher Geschäftsbereich und welche Region wie erfolgreich bei M&A waren.

Aufbauend auf diesem Grundmodell wurden im CoC M&A-Integration sogenannte Wissensmodule generiert. Hierzu wurden die in Abb. 6.3 angegebenen Fachabteilungen eingebunden, die Geschäftsbereiche mit ihren M&A-Erfahrungsträgern sowie die Erfahrung von Unternehmensberatungen, die bei M&A-Projekten beauftragt worden waren. Diese wurden in Form einer „Wissens-Pyramide" zusammengestellt (vgl. Abb. 6.5).

Auf vier Ebenen wird hier das Wissensmanagement repräsentiert. Die oberste Ebene 1 beinhaltet allgemeine Informationen, insbesondere eine Kurzfassung über Prozesse und Inhalte zum M&A-Wissensmanagement, womit ein Geschäftsführer oder Vorstand in zehn Minuten eine Erstinformation über Struktur und Nutzen der Wissensplattform erhält. Die Ebene 2 ist für das Projektmanagement bestimmt, das hier einen vertiefenden Einblick in die verschiedenen Projektkategorien erhält. Angesichts der verschiedenartigen Projekte vom kleinen Serienprojekt (Kategorie C) bis zum individuellen Großvorhaben (Kategorie A) werden hier verschiedene Führungsansätze vorgestellt. Deshalb ist diese Ebene auch als „Projekt*rahmen*" aufgefasst, mit der Möglichkeit, aus verschiedenen Führungsansätzen zu wählen. Die Ebene 3 umfasst die eigentlichen Wissensmodule, wobei zwischen dem Projektrahmen im Kontext des Konzerns und dem eigentlichen M&A-Integrationsmanagement (Vorbereitung und Umsetzung) unterschieden wird. Die unterste Ebene ist den Wissensträgern gewidmet. Das waren rund 1300 Mitarbeiter weltweit, in allen relevanten Fachabteilungen, allen Geschäften und allen Regionen. Diese galt es gleichzeitig auszubilden und für die Nutzung der Wissensplattform in Intranet freizuschalten. Die Nutzer der Wissensplattform wurden einzeln von den Vorständen und Geschäftsführungen

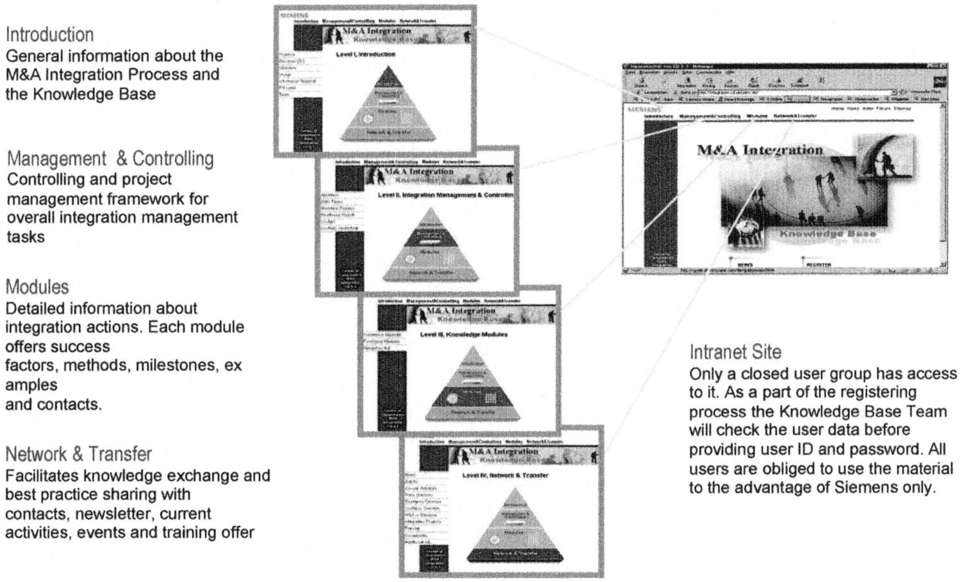


**Abb. 6.5** Siemens-Wissensplattform M&A-Integration

benannt. Der Zugang zur Intranet-Plattform wurde auf den Nutzerkreis beschränkt, um sicherzustellen, dass dieses Wissen nicht an den Wettbewerb fließt.

Zurückkommend auf die Frage, nach einem M&A-Wissensmanagement im Allgemeinen, kann gesagt werden, dass ein einheitliches Projektmodell (für String of Pearls, ...) oder ein einfacheres Führungsmodell (vgl. Abschn. 3.1) auch einfachere M&A-Wissensmanagement-Modelle implizieren. Unternehmen, die wenig M&A betreiben, bzw. mit größeren Abständen Projekte durchführen, werden geringere Fachkompetenzen aufbauen und sich stärker auf das Outsourcing von M&A-Dienstleistungen verlassen müssen. Dennoch ist es auch hier erforderlich, interne Kompetenzträger zur Verfügung zu haben, und sei es, um die Vergabe (Beauty Contests, ...) und das Controlling von externen Kräften sicherzustellen.Die Mitarbeit im Bundesverbandes Mergers & Acquisitions (BM&A, www.bm-a.de) in Deutschland, seinen 13 Arbeitskreisen und an die 45 Veranstaltungen pro Jahr, hat sich für viele Einkäufer als Weg herausgestellt, M&A-Wissen zu erlangen und am Leben zu erhalten. Hinsichtlich externer Unterstützung ist auch zu empfehlen, dass man längerfristige Beziehungen mit M&A-Dienstleistern pflegen sollte, mit denen man gemeinsam Erfahrung generieren und ein Vertrauensverhältnis aufbauen kann. Man kann auch über Coaching-Modelle nachdenken oder Wissens-Management-Workshops, wie es das MMI Merger Management Institut (www.merger-mi.de) anbietet. Das Investment in M&A-Wissen ist jedenfalls angesichts des großen Potenzials an Performance-Verbesserungen im M&A-Feld gut angelegtes Geld.

### 6.1.4.2 KPIs für M&A-Abteilungen

Beim Aufbau eines M&A-Kompetenzmanagements spielt die Führung und die Steuerung bzw. die Kontrolle der M&A-Abteilung eine wesentliche Rolle. In der Unternehmenspraxis liegt die Führung der M&A-Abteilung meist bei einem Vorstandsmitglied. Allerdings lässt sich auch empirisch nicht eindeutig bestimmen, ob dies nun eher unter strategischen Gesichtspunkten gesehen werden sollte, womit eine Zuordnung zum CEO nahe liegen würde, oder ob die Zuordnung eher mit Blick auf die Transaktionsdurchführung erfolgen sollte, womit der CFO das zuständige Vorstandsmitglied wäre (vgl. Meckl, Linke, & Theuerkorn, 2011, S. 170).

Was die Führung und Steuerung der M&A-Abteilung aus Sicht des zuständigen Vorstandsmitglieds betrifft, ist konsequenterweise anzunehmen, dass diese auch mit dem Ziel einer Wertsteigerung durch die M&A-Abteilung erfolgen. Zur wertorientierten Führung der M&A-Abteilung kann ein wertorientiertes Performance Measurement-System konzipiert werden, welches die Messung der Leistung der M&A-Abteilung ermöglicht (vgl. hierzu und im Folgenden detailliert Müller, 2014, S. 221–234). Anhand eines Zielmaßstabes und einer Abweichungsanalyse kann über Erfolg oder Misserfolg der Aktivitäten der M&A-Abteilung entschieden werden (vgl. für eine wertorientierte Zielgröße und die Einordnung in ein Balanced Scorecard-Konzept zur Steuerung einer M&A-Abteilung Müller, 2014, S. 117–123). Bei der Definition des Erfolgsbegriffs ist darauf zu achten, dass der Erfolg von M&A nicht mit dem Erfolg der M&A-Abteilung gleichgesetzt werden kann. Die M&A-Abteilung kann nur einen Teil von M&A beeinflussen und deshalb nur bedingt für den Erfolg des ganzen Projektes verantwortlich sein. Der Erfolgsmesszeitpunkt ist auch eher das Signing bzw. das Closing. Die für den Erfolg des gesamten M&A-Projektes so wichtige Integrationsphase liegt in den allermeisten Fällen außerhalb des Verantwortungsbereiches der M&A-Abteilung (vgl. Meckl et al., 2011, S. 168). Trotzdem ist der Erfolg der M&A-Abteilung nicht völlig losgelöst vom Gesamterfolg der M&A-Transaktion zu sehen. Dies schlägt sich in den Operationalisierungsgrößen des Erfolges der M&A-Abteilung nieder (vgl. Abschn. 1.1.4 und 5.4.4).

Des Weiteren sind die verschiedenen Ebenen der Aktivitäten und deren wertorientierte Beurteilung zu definieren und im Performance Management System abzubilden. Die Perspektiven des für die M&A-Abteilung spezifisch zu entwickelnden Performance Measurement-Modells sind das Gesamtprozessmanagement, das Management von Einzelaktivitäten sowie die individuelle Leistung jedes Mitarbeiters in der M&A-Abteilung. Jede Perspektive kann mit einem Pool aus Kennzahlen gefüllt werden. Aus diesem Pool werden die besonders geeigneten Kennzahlen ausgewählt. Sie fließen anschließend als Key Performance Indicator (KPI) in das Performance Measurement-System ein. Im Folgenden werden einige beispielhafte KPIs für jede Perspektive vorgestellt und anhand ihrer Vor- und Nachteile in Bezug auf ihre Leistungsfähigkeit bewertet.

Für die Perspektive *Gesamtprozessmanagement* eignen sich bspw. die Produktivität der Abteilung oder auch der Einsatz externer Dienstleister (Tab. 6.1).

Die Produktivität der Abteilung ermittelt das wesentliche Input-Output-Verhältnis einer M&A-Abteilung. Sie setzt die eingesetzten Kosten ins Verhältnis zu den tatsächlich

**Tab. 6.1** Exemplarische KPI für die Perspektive „Gesamtprozessmanagement“. (Quelle: In Anlehnung an Müller, 2014, S. 136)

| KPI | Definition und Operationalisierung |
|---|---|
| Produktivität der Abteilung | Gesamtkosten der Abteilung/Gesamtzahl der abgeschlossenen Deals |
| Einsatz externer Dienstleister | Anzahl und Kosten externer Berater im Vergleich zur internen Besetzung der M&A-Abteilung und zu Durchschnitts- und Erfahrungswerten |

abgeschlossenen Deals. Die Kosten, die durch eine Abteilung über ein Jahr verursacht werden, müssen in Relation zu ihrem Output gesetzt werden. Fraglich ist, welche Output-Zielgröße vorliegt. Es muss nicht zwingend positiv sein, wenn eine Abteilung in einem Jahr möglichst viele Deals abschließt. Qualität ist hier nicht mit Quantität gleichzusetzen. Es ist bspw. denkbar, dass konjunkturelle Entwicklungen in einem Jahr dem Unternehmen aus finanziellen Gründen keinen Spielraum zum Kaufen eines Unternehmens liefern. Es besteht aber auch die Möglichkeit, dass das Unternehmen zwar finanziell in der Lage ist, M&A zu tätigen, sich aber kein geeignetes oder preislich adäquates Zielobjekt auf dem Markt befindet. Aufgabe der M&A-Abteilung ist schließlich auch die Blockierung von nicht erfolgversprechenden Transaktionen. Die Kennzahl ist also zwar inhaltlich sinnvoll, muss aber in jedem Fall durch weitere Indikatoren relativiert werden, um die gerade beschriebenen Probleme abzumildern oder zu eliminieren.

Die Kosten des Einsatzes externer Dienstleister sind ebenfalls ein wichtiger Indikator zur Einschätzung der Performance der M&A-Abteilung. Sie zeigen an, wie hoch das Einsatz- und Kostenverhältnis von internen zu externen Mitarbeitern an einem M&A-Projekt ist. Speziell für den Kostenfaktor gibt es Erfahrungswerte, die sich auch nach Branche und Volumen der Transaktion richten. So sind bspw. für Investmentbanken feste Prozentsätze vom Dealvolumen bei Abschluss der Transaktion üblich. Diese sind nicht nur unternehmensintern, sondern auch unternehmensextern sehr gut vergleichbar. Eine M&A-Abteilung muss sich für den CFO im Vergleich zu einer Investmentbank rentieren. Es handelt sich also um eine klassische Make-or-Buy-Entscheidung, die Kosteneinsparungen möglich macht.

Für die Perspektive *Management von Einzelaktivitäten* könnten die Qualität der strukturellen Beurteilung sowie die Schaffung der rechtlichen Rahmenbedingungen als KPIs herangezogen werden (Tab. 6.2).

Die Qualität der strukturellen Beurteilung bezieht sich auf Beurteilung der Genehmigungsfähigkeit der Transaktion bei Behörden wie bspw. dem Kartellamt. Bei internationalen Transkationen erhöht sich der Komplexitätsgrad signifikant und die Auswirkungen können schwerwiegend sein: ein juristischer Formfehler kann zum Scheitern des gesamten Projektes führen. Eine Überprüfung der Qualität der strukturellen Beurteilung ist meist recht einfach möglich. Fehler in den Anträgen oder gar nicht gestellte Anträge werden von den Behörden in der Regel schonungslos aufgedeckt. Auch das Risiko- bzw. Schadenspotential lässt sich verhältnismäßig einfach anhand von Strafzahlungen oder Verzögerungen messen.

**Tab. 6.2** Exemplarische KPI für die Perspektive „Management von Einzelaktivitäten". (Quelle: In Anlehnung an Müller, 2014, S. 150–151)

| KPI | Definition und Operationalisierung |
|---|---|
| Qualität der strukturellen Beurteilung | Anzahl und Risikopotential der in der Beurteilung nicht identifizierten Vorschriften auf nationaler, regionaler und lokaler Ebene in Bezug auf die Genehmigungsfähigkeit der Transaktion (jeweils gegliedert nach Heimat- und Zielland) |
| Schaffung der rechtlichen Rahmenbedingungen | Anzahl und Risikopotenzial der für die Verhandlungen nicht beachteten rechtlichen Form- und Terminvorschriften |

**Tab. 6.3** Exemplarische KPI für die Perspektive individuelle Leistung. (Quelle: In Anlehnung an Müller, 2014, S. 174)

| KPI | Definition und Operationalisierung |
|---|---|
| Mitarbeiterzufriedenheit | Mitarbeiterfluktuation (allgemein und auf Key Employees bezogen) Mitarbeiterzufriedenheitsindex (360 Grad Feedback) |
| Weiterbildung | Maßnahmenhäufigkeit und Ausbaurate der Qualifikationsprofile |

Für die Schaffung der rechtlichen Rahmenbedingungen im In- und Ausland können die Ausführungen zu Rate gezogen werden, die bereits im Rahmen der Qualität der strukturellen Beurteilung getätigt wurden. Bei Nichteinhalten der rechtlichen Rahmenbedingungen sind immer entsprechende Konsequenzen von Seiten der Behörden zu verzeichnen. Diese sind in ihrer Art und auch in ihrem Risiko- und Schadenspotential deutlich sichtbar.

Zur Beurteilung der *individuellen Performance* eines jeden Mitarbeiters in der M&A-Abteilung können u. a. folgende KPIs Verwendung finden (Tab. 6.3):

Die Mitarbeiterzufriedenheit stellt einen wichtigen Beurteilungsfaktor für eine Führungskraft dar. Da M&A-Abteilungen in der Regel kleine Teams mit hochqualifizierten Mitarbeitern sind, welche häufig attraktive Karrierepläne und hohe Gehälter aufweisen, ist häufig zu beobachten, dass ein Ausscheiden aus der Abteilung meist deswegen stattfindet, weil sich der betreffende Mitarbeiter nicht mit dem Führungsstil und der Arbeitsatmosphäre identifizieren kann. In regelmäßigen Abständen ist eine positive Mitarbeiterzufriedenheitsanalyse durchzuführen um Verbesserungspotential rechtzeitig erkennen und einer übermäßigen Fluktuation mittels geeigneter Maßnahmen vorbeugen zu können. Wie auch bei anderen Index-Kennzahlen, ist ein 360-Grad-Feedback das Mittel der Wahl. Man erhält differenzierte Ergebnisse, die erfahrungsgemäß gute Schlüsse auf die Führungsqualitäten eines Vorgesetzten zulassen. Mitarbeiterzufriedenheit lässt sich folglich gut messen. Anhand der vergangenen Jahre lässt sich gut ein üblicher Wert ermitteln, der den Normbereich der Fluktuation anzeigt.

M&A-Professionals müssen sich regelmäßig weiterbilden, um wirtschaftlich und rechtlich auf dem aktuellen Stand der Entwicklungen zu bleiben. Weiterbildung ist deshalb ein unverzichtbarer Bestandteil der individuellen Leistung. Dabei ist zum einen das Engagement jedes Mitarbeiters gefragt, sich eigenverantwortlich durch Lektüre weiterzubilden. Zum anderen hat auch das Unternehmen die Verpflichtung, entsprechende Weiterbildungsleistungen anzubieten. Die Anzahl der durchgeführten Maßnahmen zeigt, dass das Thema Weiterbildung in einer M&A-Abteilung ernst genommen wird. Außerdem lässt sich in diesem Fall sagen, dass eine hohe Maßnahmendichte zumindest ein erster Indikator für die inhaltliche Qualität der Weiterbildung ist. Die Ausbaurate der Qualifikationsprofile soll anzeigen, wie sich die Weiterbildungsmaßnahmen bei den Mitarbeitern niederschlagen. Maßnahmen, die den Teilnehmern bei erfolgreicher Teilnahme ein Zertifikat verleihen, sind meist professionell strukturiert und vermitteln zielorientiert Inhalte. Dies soll für die Qualität dieser Programme sprechen. Außerdem können Führungskräfte besser erkennen, in welchen Bereichen der Mitarbeiter gut gebildet ist, wo gegebenenfalls Defizite zu verzeichnen sind und wie stark sich der Mitarbeiter engagiert.

Bei der Betrachtung der KPIs zeigt sich, dass eine Variable sich als wichtig für die Beurteilung erweist: die Komplexität der bearbeiteten Projekte. Um der hohen Heterogenität und deren Auswirkung auf die Performance Rechnung tragen zu können, bietet es sich an, Komplexitätsklassen und KPI-Anrechnungsfaktoren in das Performance Measurement-System einzuführen (vgl. Abschn. 6.1.3 zu Projektkategorien). Die Komplexitätsklassen dienen dazu, die Projekte nach Komplexität einzuteilen. Je komplexer ein Projekt eingestuft wird, desto stärker müssen die dadurch gesteigerten Anforderungen an die M&A-Abteilung bzw. die individuellen Mitarbeiter auch in der Beurteilung z. B. durch die oben genannten KPIs berücksichtigt werden. Folgende Kriterien können zur Einteilung von M&A-Projekten in Komplexitätsklassen dienen:

- Gesamtwirtschaftliche Entwicklung im Land des Käufers bzw. des Verkäufers
- Globaler M&A-Marktverlauf
- Größe des Targets (absolut und in Relation zum Käufer)
- M&A-Form (vgl. Abschn. 2.1)
- Ausmaß der Grenzüberschreitung und der kulturellen Distanz
- Form des Zusammenschlusses
- Leistungswirtschaftlicher Zusammenhang der Transaktion
- Anzahl der zu managenden Schnittstellen.

Für jede Variable ist zu bestimmen, ob sie auf eine hohe/mittlere/niedrige Komplexität hinweist (für eine Einteilung vgl. z. B. Müller, 2014, S. 241–249). Entsprechend ist ein M&A-Projekt einer solchen Ebene zuzuordnen und die KPIs entsprechend anzupassen. Diese Einteilung nach Komplexität sorgt dafür, dass die einzelnen Beurteilungsebenen möglichst realitätsgetreu abgebildet werden können und somit eine hohe Kontroll- und Anreizwirkung gegeben ist.

#### 6.1.4.3 Corporate Social Responsibility (CSR) und M&A

Provoziert durch Bilanzierungs- und Bestechungsskandale, durch intransparente und extrem hohe Managervergütungen in einzelnen Branchen, durch inakzeptable Arbeitsbedingungen in der internationalen Zulieferkette und ähnlich problematische Vorfälle hat sich in den letzten Jahren in den Medien und auch in der Politik eine Diskussion entwickelt, die die gesellschaftliche Verantwortung von Unternehmen betont. Diese Diskussion wird unter dem Oberbegriff Corporate Social Responsibility, kurz CSR, geführt (vgl. zur ausführlichen Darstellung von CSR z. B. Theuerkorn, 2013, S. 21–62).

Aus Sicht von M&A stellt sich die Frage, ob und ggf. wie dieses auch weiterhin an Bedeutung gewinnende Thema M&A-Transaktionen beeinflusst. Es lassen sich einige wenige Studien zu der Thematik finden, die Hinweise auf die Erfolgsrelevanz geben (vgl. z. B. Deloitte, 2009; Guenster, 2010). Eine Untersuchung von KPMG ergab, dass ein Drittel der 105 untersuchten Unternehmen signifikante Health, Safety, Social und Environmental Risks (HSSE) innerhalb des M&A-Prozesses entdeckten (vgl. KPMG, 2004). Obwohl bereits 70 % aller Befragten eine explizite Umweltprüfung während der Transaktionsphase durchführen, gaben dennoch zwei Drittel der Unternehmen an, weitere HSSE-Risiken nicht rechtzeitig erkannt zu haben. Dies führte in 42 % der Fälle zu signifikant höheren operativen Kosten im Zuge des Transaktionsgeschehens. 21 % der befragten Unternehmen teilten mit, dass die identifizierten HSSE-Risiken zu einer direkten Wertminderung geführt hatten. Unternehmen, die frühzeitig HSSE-Themen berücksichtigten, konnten hingegen in 64 % der Fälle den Kaufpreis neu verhandeln; für 67 % der jeweiligen Unternehmen resultierte aus der Identifikation von HSSE-Themen sogar die Abkehr vom Transaktionsvorhaben. So interpretiert ist die Beschäftigung mit CSR eine Maßnahme des Risikomanagements in Zusammenhang mit einer Transaktion.

Zwei Ebenen des Managements von CSR im Rahmen von M&A-Transaktionen lassen sich unterscheiden. Zum einen ist es der Umgang mit den Interessengruppen (vgl. Abschn. 2.2). Zum anderen ist es die Überprüfung von CSR-Risiken beim Zielunternehmen, die negative Auswirkungen auf den Unternehmenswert haben könnten. Im Folgenden werden, geordnet nach den Phasen des M&A-Prozesses, diese beiden Ebenen beleuchtet (zu den folgenden Ausführungen vgl. im Detail Meckl & Theuerkorn, 2013; zu den einzelnen Instrumenten und Möglichkeiten eines solchen CSR/M&A-Risikomanagements in den Prozessphasen vgl. Theuerkorn, 2013, S. 118–178).

Beim Screening in der Vorfeldphase (vgl. Abschn. 4.1.3) z. B. kann der strategische, kulturelle und finanzielle „Fit" ergänzt werden um einen „Responsibility Fit". Durch Vergleich eines CSR-Anforderungsprofils mit dem vorliegenden Ist-Profil eines Zielunternehmens können gegebenenfalls Defizite und damit Risiken schon in der Vorfeldphase identifiziert werden. Es können Ausschlusskriterien beim Kandidatenscreening auf Basis von CSR definiert werden, die bei Vorliegen zu einer nicht weiteren Berücksichtigung eines spezifischen Unternehmens führen. Abbildung 6.6 zeigt, wie ein solches Vorgehen im CSR-Screening angelegt sein kann.

In der Transaktionsphase ist im Rahmen der Due Diligence (vgl. Abschn. 5.1.4) zu überlegen, ob ein eigener CSR-Due Diligence-Report erstellt wird. Die CSR-Due Dili-

I. Ausschlusskriterien (Muss-Kriterien)

| | |
|---|---|
| **Firma** | |
| **Branche** | |
| **Land** | |

| | **Eigenschaften, die nicht vorliegen dürfen** | **erfüllt** | **nicht erfüllt** |
|---|---|---|---|
| Strategische Dimension | | | |
| Finanzielle Dimension | | | |
| Kulturelle Dimension | | | |
| CSR Dimension | Kinderarbeit<br>Korruptionsvorfälle<br>Schlechter Ruf<br>Umweltschädigende Produktionsprozesse<br>Gesetzesverstöße | | |

**Abb. 6.6** CSR im Kandidatenscreening. (Quelle: in Anlehnung an Theuerkorn, 2013, S. 144)

gence wäre hier als Sammelbecken von z. B. Integrity, Compliance und Environmental Due Diligence zu sehen, die in der Praxis schon durchgeführt werden. Wie bei einer klassischen Due Diligence üblich, kann hier eine Liste von Themenfeldern abgearbeitet und in ihren Risikoimplikationen eingeschätzt werden. Abbildung 6.7 zeigt beispielhaft eine solche Liste für eine CSR-Due Diligence.

Unternehmensinterne Berichte zu den Themen, etwa, falls vorhanden, ein Nachhaltigkeitsbericht aber vor allem auch unternehmensexterne Quellen wie z. B. themenbezogene Datenbanken bis hin zu Interviews von Stakeholdergruppen, können hier ebenfalls interessante und wichtige Ergebnisse liefern.

Der nächste Schritt ist die Überführung der meist qualitativ vorliegenden Daten und Erkenntnisse in eine quantifizierte Beeinflussung der Bewertung des Zielunternehmens. Dies ist zwangsläufig mit einer teilweise hohen Unsicherheit verbunden. Die Environmental-Shareholder-Matrix von Figge & Hahn (2002) bietet hier ein geeignetes Vorgehen (vgl. Abb. 6.8).

**CSR Due Dilligence Report**

| |
|---|
| **1 Social Rating** |
| **1.1 Staff and Suppliers** |
| 1.1.1 staff |
| 1.1.1.1 freedom and association |
| 1.1.1.2 work-life balance |
| 1.1.1.3 safeguarding of jobs |
| 1.1.1.4 health & safety |
| 1.1.1.5 equal opportunities |
| 1.1.1.6 training & education |
| 1.1.2 subcontractors/suppliers |
| **1.2 Society and Product Responsibility** |
| 1.2.1 society |
| 1.2.1.1 human rights |
| 1.2.1.2 community |
| 1.2.1.3 political donations |
| 1.2.1.4 taxes and subsidies |
| 1.2.1.5 stakeholder dialogue |
| 1.2.2 customer and product responsibility |
| **1.3 Corporate Governance and Business Ethics** |
| 1.3.1 corporate governance |
| 1.3.1.1 board independence/effectiveness |
| 1.3.1.2 shareholder democracy |
| 1.3.1.3 executive compensation |
| 1.3.1.4 shareholder structure |
| 1.3.2 business ethics |
| **2 Environmental Rating** |
| **2.1 Environmental Management** |
| 2.1.1 environmental policy |
| 2.1.2 environmental management system |
| 2.1.3 external reporting |
| 2.1.4 environmental performance indicators |
| 2.1.5 climate change strategy |
| 2.1.6 travel transport |
| **2.2 Products ans Services** |
| 2.2.1 resource consumption and emissions |
| 2.2.2 materials and substances used |
| 2.2.3 recycling |
| 2.2.4 environmental strategies |
| 2.2.5 environmental controversies |
| **2.3 Eco-efficiency** |
| 2.3.1 energy use |
| 2.3.2 water usw |
| 2.3.3 GHG emissions |
| 2.3.4 totalwaste |
| 2.3.5 waste water |

***1.1.1.6 Training and education***

*1.1.1.6.1 Training and education policy and management*

- the company has implemented a clear policy on continued employability and strategic skills management
- unfortunately, only rare information available about methods for valuation and monitoring of requirements, effectiveness and progress

- The companies personnel planning determines the future demand for specific competencies; staff is scrutinised with regard to employees who could provide these competencies thanks to acquired skills or completed trainings
- the company offers its employees demand-driven education programmes with a lifelong learning perspective on both professional and social skills
- interviews with superiors are arranged regularly to discuss career objectives

***1.1.1.7 Performance indicators on training and education***

*1.1.1.7.1 Average hours of training per year per emplyoee (2011-2012)*

- annual training days per employee have been decreasing over the last three years: 1.8 (2009), 1.9 (2010), 1.6 (2011)
- web-based training and efficiency of training increased during this period

*1.1.1.7.2 Transparency on average training hours per year per employee by employee categorie*

- no information disclosed regarding training hours per employee categorie

**Abb. 6.7** Exemplarische Prüfungsfelder einer CSR-Due Diligence. (Quelle: Meckl & Theuerkorn, 2013, S. 156)

| Wert-treiber / Umwelt-aspekt | Dauer der Wertsteigerung | Umsatz-wachstum | Betriebs-gewinnmarge | | Effektiver Steuersatz | Investitionen | Kapitalkosten | Total |
|---|---|---|---|---|---|---|---|---|
| | | | Preise | Kosten | | | | |
| xyz | ++ | ++ | ++ | - | 0 | - | - | - |
| | | | | | | | | |

Notation: ++ stark wertsteigernder Einfluss, + wertsteigernder Einfluss; 0 neutral, - wertsenkender Einfluss, -- stark wertsenkender Einfluss

**Abb. 6.8** Die Environmental-Shareholder-Matrix. (Quelle: Figge & Hahn, 2002, S. 9)

Die in Abb. 6.7 enthaltenen Prüffelder der CSR-Due Diligence können entsprechend dem in der Matrix vorgeschlagenen Vorgehensweise analysiert und zumindest teilweise überführt werden in wertbeeinflussende, quantifizierte Größen, die dann wiederum in die Unternehmensbewertung einfließen (vgl. Abschn. 5.3.2).

In der Integrationsphase liegt ein wichtiger Schwerpunkt der CSR bei der personalwirtschaftlichen Integration, also insbesondere im Umgang mit der Stakeholder-Gruppe „Mitarbeiter", wobei hier sowohl die neu dazu gekommenen als auch die eigenen Mitarbeiter gemeint sind (vgl. zur personalwirtschaftlichen Integration im Detail Abschn. 4.3.9). Ziel ist es in diesem Zusammenhang, durch CSR-konformes Verhalten das Merger-Syndrom (vgl. Abschn. 4.3.4) möglichst zu vermindern durch Schaffung von Vertrauen durch Bezug auf ein auch kommuniziertes CSR-basiertes Verhalten. Im übertragenen Sinn gilt dies auch für die anderen Stakeholder-Gruppen wie z. B. Kunden und Lieferanten, aber auch staatliche Stellen, deren Unsicherheit in Zusammenhang mit der M&A-Transaktion (vgl. dazu auch Abschn. 2.2) mithilfe einer glaubwürdigen CSR-Historie des kaufenden Unternehmens vermindert werden kann.

Bleibt am Schluss noch die Beantwortung der Frage nach der möglichen Erfolgsrelevanz von CSR für M&A. Anders formuliert müsste die These überprüft werden, ob ein Käuferunternehmen mit hohen CSR-Standards sowohl in der Behandlung der Stakeholdergruppen als auch der Durchführung von M&A-Transaktionen eine höhere Erfolgsquote hat, als Unternehmen mit niedrigen Standards. Die Studie von Theuerkorn zeigt, dass direkte Erfolgswirkungen hier nur zum geringen Teil nachzuweisen sind, sich allerdings Tendenzen für eine zunehmende Relevanz ergeben (vgl. im Detail zu den Ergebnissen Theuerkorn, 2013, S. 233–267).

### 6.1.5 Rollen, Rollenteilung und ihre Funktionen

Ein M&A-Vorhaben bindet über längere Zeit erhebliche Kapazitäten (vgl. zur Kapazitätsbetrachtung Abschn. 3.1.5). Zudem sind die erforderlichen Kompetenzen des M&A-Diskontinuitätsmanagements andere als die zur Führung von Geschäften im Kontinuitätsmodus. Einer der Hauptgründe für das Scheitern von M&A-Projekten geht demnach auf das Fehlen von entsprechenden Zusatz-Kapazitäten und -M&A-orientierten Kompetenzen zurück. Diesen beiden Aspekten kommt deshalb im integralen M&A-Management eine große Bedeutung zu.

#### 6.1.5.1 Rollenteilung: Day-to-Day-Business vs. Implementations-Team

Im Projektvorfeld bindet M&A nur geringe Kapazitäten, das ändert sich aber mit dem Fortschritt des Projektes in erheblichem Maße (vgl. Abb. 3.8). Häufig wird dieses Problem noch gar nicht virulent, wenn es um den Größensprung zwischen Projektvorfeld (Planungsphase) und Transaktionsphase geht, weil letztere besonders durch die Arbeit von Transaktionsfachleuten geleistet wird, insbesondere durch Anwälte, Wirtschaftsprüfer, Steuerberater und Transaktionshäuser (Investmentbanken bzw. M&A-Boutiquen), also die Zusatzarbeit für das Management des Übernehmers noch gar nicht so entscheidend ansteigt. Der auf das Management zukommende zusätzliche Arbeitsaufwand zeigt sich erst richtig nach dem Closing, wenn der Peak an Arbeitslast zutage tritt. Wir haben eine große Zahl von M&A-Vorhaben beobachtet, bei denen dieser Effekt nicht berücksichtigt wurde. Durch die Zusatzarbeit, der das Management unmittelbar vor dem Signing ausgesetzt war, war das Managementteam so ausgelaugt, dass nach Signing (bzw. nach Closing, sofern es die Integrationsvorbereitung betraf) eine längere „Verschnaufpause" eingelegt wurde, statt dass mit großer Kraft die ersten Tage der Integration/Implementierung in die Hand genommen wurden. Das Fehlen zusätzlicher Implementierungs-Kapazitäten schlug sich auch dadurch nieder, dass das Management zum Zeitpunkt des Signings/Closings erkennen musste, dass das eigene Geschäft mangels ausreichender Betreuung aus dem Ruder lief. Anstatt sich also mit der Integration/Implementierung beim Target zu beschäftigen, wurden „Reparaturarbeiten" am eigenen Geschäft stand-alone erforderlich. Dies ist einer der wichtigsten Gründe für das Schieflaufen von M&A-Projekten, insbesondere von M&A-Integrationen, denn spätere Reparaturen am Target fallen meistens viel teurer aus und sind schwerer umzusetzen, als zum frühestmöglichen Zeitpunkt unmittelbar nach dem Closing, wenn die Mitarbeiter eine besondere Bereitschaft zum Wandel haben, weil sie wissen, dass der Wandel ohnehin kommt.

#### 6.1.5.2 Der Project Owner

Die Schlüsselfigur schlechthin im M&A-Projekt ist der bereits vielfach genannte „Project Owner" (Projekteigentümer; Teamleiter), also der Geschäftsführer der unternehmerischen Einheit, die ein Zielunternehmen erwerben will. Der Project Owner ist in den meisten Fällen auch der eigentliche Urheber des M&A-Vorhabens, es sei denn, der Vorstand hat das Projekt initiiert oder es ist der unmittelbare Ausfluss einer systematischen Analyse über Vorwärtsstrategien im Portfolio eines Konzerns. Zu einem sehr frühen Zeitpunkt tritt der Project Owner in Aktion, meist als Chef des Sondierungsteams (vgl. Abschn. 4.2.2), es sei denn das Vorhaben ist so hoch aufgehängt, dass der Vorstand selber die Sondierungen führt. Der Project Owner fungiert als der eigentliche Unternehmer in der Sache M&A. Im Dealmaking-Prozess nimmt er an den Arbeitspaketen im Vorfeld (Planungsphase) aktiv teil, im Strukturprozess spielt er die zentrale Rolle im Lenkungsausschuss (vgl. Abschn. 6.1.5.4), denn ihm berichtet der Integrations-/Implementierungsmanager (vgl. Abschn. 6.1.6.1). Der Project Owner bildet auch die Brücke zwischen dem Kontinuitätsmanagement und dem Diskontinuitätsmanagement. Er verantwortet in der Planungs- und Transaktionsphase stand-alone das M&A-orientierte Geschäft des Übernehmers (Kontinuitätsmanagement), während der Transaktionsphase ist er der oberste Ansprechpartner für das Management des Wandels (harte und weiche Faktoren), das heißt, ihm berichtet das Integrations-/Implementierungsteam (vgl. Abschn. 6.1.5.1). Nach dem Closing ist er (in den meisten Fällen) gleichzeitig der Geschäftsführer der übernehmenden/initiierenden Unternehmenseinheit und des Targets, ohne dass diese bereits operativ integriert sind. Nur in den Fällen eines Reverse Takeovers kommt es selten einmal vor, dass der Chef des Targets zum Gesamtchef des fusionierten Unternehmens und damit zum eigentlichen Project Owner wird.

### 6.1.5.3 Die Konzernebenen und die Projektkategorien

Grundsätzlich stellt sich die Frage, wie hoch ein M&A-Projekt in einem Konzern „aufzuhängen“ ist. Die Antwort ist im Grunde gegeben durch die vormalige Stellung der übernehmenden oder fusionierenden Einheit in der Hierarchie eines Unternehmens. Dies kann am Beispiel eines großen Konzerns erläutert werden. Hier gibt es Projekte, die auf „Augenhöhe“ mit dem übernehmenden Konzern ablaufen, wo es also darum geht, einen ganzen Konzern zu übernehmen, oder einen seiner wesentlichen Teile, sodass es zu einer „Konzernfusion“ auf oberster Ebene kommt. Bei Siemens war dies zweimal der Fall, und zwar bei der Übernahme des VA Tech-Konzerns aus Österreich mit 19.500 Mitarbeitern und 240 Gesellschaften. Die VA Tech war tätig auf den Gebieten der Industrie, der Infrastruktur, der Energieerzeugung und des Eisenbahnwesens. Sie deckte damit wesentliche Teile der Siemens AG ab. Die Energieerzeugung (Wasserkraft) musste aus kartellrechtlichen Gründen weitergegeben werden. Als weitgehend neues Geschäft kam die Ausrüstung von Stahlwerken („kalte Seite“) hinzu. Über die „heiße Seite“ verfügte Siemens bereits. Das zweite Projekt, das die Übernahme eines ganzen Konzerns beinhaltete, war die Übernahme der ATECS, die Industriesparte von Mannesmann, die 1999 im Zuge der Konzentration der Mannesmann AG auf den Telekommunikationsbetrieb als rechtlich selbstständige Aktiengesellschaft entstanden war. Vodafone hatte die Mannesmann-Telekomsparte feindlich übernommen und ATECS sollte an die Börse gebracht werden. Dazu kam es jedoch nicht. Siemens bildete stattdessen mit Bosch ein Übernahmekonsortium, das die Aufteilung der ATECS vorsah. Die Mannesmann Automatisierungssparte Rexroth ging an Bosch, an Siemens gingen die Dematic (Logistik), die Demag (Kranbau, Hafen- und Handling-Ausrüstungen), die Krauss Maffei (Lokomotivbau, Wehrtechnik, Kunststofftechnik), die VDO (Automobilelektronik) und Mannesmann Sachs (Automobilkomponenten: Kupplungen und Stoßdämpfer). Das strategische Interesse von Siemens konzentrierte sich auf die VDO, Krauss Maffei Lokomotiven, Kompressorentechnik (Demag Delaval) und die Dematic. Die übrigen Geschäfte wurden weitergereicht. Beide Projekte, VA Tech und ATECS, repräsentierten bei Siemens zweifellos die komplexeste Kategorie von M&A-Projekten, zumal – neben der Diversität, der Globalität, der Größe und der hohen Wertschöpfung – auch unterschiedlichste Formen von Integrationen eine Rolle spielten. Diese Projekte sind typische „Kategorie A-Projekte“. Zu diesen konzernbreit diversifizierten Projekten kommt die Übernahme von Kandidaten, die ganze Branchen abdecken: die Übernahme der US-Company Sylvania durch die seinerzeitige Siemens-Tochter Osram, der Kauf der Power Generation Business Unit von Westinghouse für den Siemens-Bereich Energieerzeugung und der Erwerb der schweizerischen Elektrowatt Gebäudetechnik. Diese Übernahmen waren zwar branchenrein, standen wegen ihrer Komplexität, Wertschöpfung, Globalität, Restrukturierung und Integration jedoch in nichts nach. Auch diese Projekte lassen sich also der „Klasse A“ zuordnen.

Deutlich abzusetzen davon waren mittelgroße bis große Projekte, die branchenspezifisch waren und einen deutlich geringeren Restrukturierungsbedarf hatten. Diese, im Siemens-Konzern unter einer „großen Kategorie B“ zusammenfassbaren Projekte, waren z. B. die Übernahme des General-Motors-Standortes Huntsville für die Siemens-Automotive-Sparte (2. Unternehmensleitungsebene) und der Erwerb der Alstom Industriekraftwerksparte für die Siemens Industriekraftwerke. Zweitens war deutlich einfacher als ein „Kategorie-A-Projekt“, weil die Restrukturierung beim Verkäufer lag und die Alstom Industrie nur ein Geschäftsgebiet (3. Unternehmensleitungsebene) bei Siemensbetraf. Überdies war das Projekt aber – was die Integration betraf – recht komplex, denn es ging hier um die Integration von gleich drei Geschäften, der Kompressoren von Mannesmann, der Industrieturbinen von Alstom und Siemens. Die Unterscheidung dieser Projektkategorien lässt sich am besten an der Größe und Dauer der Projektteams ablesen: das Westinghouse-Projekt dauerte (einschließlich Vorfeld) rund fünf Jahre mit einer Spitzenkapazität von 300 Mitarbeitern (kumuliert 200 Mannjahre), während das Alstom-Projekt eineinhalb Jahre in Anspruch nahm mit einer Spitzenlast von 70 Vollzeit-Köpfen. Kleine Projekte der „Klasse C“ umfassen eine Kapazität von fünf bis zehn Mitarbeitern für das Integrationsteam (vgl. Abschn. 6.1.6). Hier liegt der Project Owner auf der 4. Unternehmensleitungsebene, der sogenannten Geschäftszweige.

#### 6.1.5.4 Das Steering Committee

Die operativen Mitglieder des Lenkungsausschusses sollten ihrer hierarchischen Stellung nach eine Ebene höher angesiedelt sein, als das Management des übernehmenden Geschäftes. Damit ist der Project Owner in einer Zwitterposition, denn er ist „direkter Untergebener“ von anderen Mitgliedern des Lenkungsausschusses, hat aber einen Sitz in demselben Gremium und ist „Chef“ der operativen (übernehmenden) Einheit und zukünftiger „Chef“ der integrierten Einheit. In dieser „Mechanik“ ist auch bei den mittelgroßen „Klasse B“- und kleineren „Klasse C“-Projekten zu verfahren, indem der „Klasse C“- Project Owner ein Geschäftszweigleiter ist und das Steering Committee sich auch den Vertretern der darüber liegenden Geschäftsgebietsleitung zusammensetzt. Neben den „senioren“ operativen Mitgliedern (=nächsthöhere Managementebene) und dem Project Owner werden zunehmend auch die Leiter der relevanten M&A-Abteilungen in den Lenkungsausschuss delegiert, um die fachfunktionale Kompetenz „M&A-Integration“ dieses Gremiums zu stärken. So verfuhr man zum Beispiel bei der Siemens-Alstom-Integration, in die der Leiter der zentralen Abteilung Group Strategies, M&A-Integration entsendet wurde. In einer Sondersituation befinden sich die großen konzernübergreifenden „Klasse A“-Projekte, bei denen es kein höheres Gremium als den Vorstand gibt, abgesehen vom Aufsichtsrat.

Eine genauso wichtige Entscheidung wie die Besetzung der Lenkungsausschüsse (LA‘s) ist der *Lenkungsprozess*, insbesondere der Rhythmus der LA-Tagungen. Die Erfahrung zeigt, dass es einer Präsenzsitzung nur einmal monatlich, in Spitzenzeiten aber mindestens alle 14 Tage bedarf, idealerweise beginnend mit dem Signing, (bei dem der LA zunächst nur einseitig vom Übernehmer besetzt ist). Mit dem Closing können in besonderen Fällen Mitglieder des Targets in den LA aufgenommen werden, insbesondere wenn auf der Target-Seite eine übergeordnete Unternehmensstruktur mit übernommen wurde. Dies war bei Siemens in den Projekten ATECS und Elektrowatt der Fall, bei denen Vorstände beibehalten wurden, die ihren Sitz dann in den entsprechenden LA's fanden. Der Grund für eine relativ lange Periode zwischen den physischen LA-Sitzungen ist der enorme Vorbereitungsaufwand seitens des Integrations-Projektleiters und seines Teams, insbesondere des Project Office. Mit dem monatlichen Rhythmus soll vermieden werden, dass das Project Office praktisch nur Folien für die LA-Sitzungen produziert. In den Wochen zwischen den physischen LA-Sitzungen sollten wöchentliche Telefonkonferenzen zwischen dem LA-Vorsitz (= Project Owner und ein Vorsitzender aus der nächsthöheren Ebene) und dem Integrationsprojektleiter (mit seinem Project Office) geschaltet werden, in denen die Fortschritte und der zu erwartende Stand in der nächstfolgenden Sitzung abgesprochen werden. Eine Ausnahme vom monatlichen Rhythmus der LA-Sitzungen sollte es nur in der Closing-Phase, insbesondere unmittelbar nach dem Closing, geben, in der der LA sich eventuell zu einem mehrtägigen Workshop zurückzieht. Dieser Workshop kann ausgeweitet werden auf führende Vertreter beider Parteien. Im Fall Siemens-VATech wurde dies unter Teilnahme von 70 Spitzenfunktionären gemacht. Inhalt des Post-Closing-Teils dieses Meetings war die Präsentation des Merger-Konzeptes von der übernehmenden (Siemens-) Seite und der Einholung der Anregungen/Kritikpunkte der Target-Unternehmer. Ziel dieser Sitzung war es, einen Konsens in wichtigen Punkten zu erzielen und offene Baustellen zu lokalisieren, in denen gemeinsame Teams nach Lösungen suchen sollten.

Damit sind Teile des Management- und Controlling-Prozesses erläutert. Eine sehr wichtige Entscheidung ist die Durchdringungstiefe des Management- und Controlling-Prozesses durch den LA. Es empfiehlt sich, von vornherein eine Projektstruktur aufzusetzen (vgl. Abb. 3.3) und dabei auch zu fixieren, welche Projektteams grundsätzlich vor dem LA vortragen sollen. Wenn wir zum Beispiel das „Phasen-Drehungs-Konzept" für mittlere (Kategorie B)-Projekte heranziehen, dann sollten alle Verantwortlichen für die Fachfunktionen (horizontale Ebene) und alle zukünftigen Manager (vertikale Ebene) vortragen. Sie müssen nicht alle jedes Mal gehört werden, sollten jedoch grundsätzlich bereit stehen und sich im Hintergrund, den Projekt-Meilensteinen entsprechend, vorbereiten. Der Vorteil dieses Führungsmodells ist die schrittweise Übergabe an das Management. Die Meilensteine sollten vor dem Closing entworfen und unmittelbar nach dem Closing mit den Vertretern des Targets abgestimmt werden. Die Meilensteine können generisch definiert werden, etwa nach dem von Siemens vertretenen Härtegrad- („Percentage-of-Completion") -Konzept (vgl. Abb. 4.48, vgl. auch Abschn. 6.1.9.3). Stattdessen können auch pragmatisch Einzelteams gebildet werden und jedes Team definiert (in Abstimmung mit der Projektleitung, dem Project Owner) die Meilensteine, die auf der Zeitstrecke abzuliefern sind. Dieses sehr einfache Verfahren empfiehlt sich für „Klasse C-Projekte" ebenso wie für mittelgroße Projekte, die von ihrer Grundstruktur eher einfach sind. Dazu gehört die Übernahme der Bonus Wind aus Dänemark, bei der es nicht um eine Integration im engeren Sinne handelte: Siemens hatte zum damaligen Zeitpunkt keine Windkraftanlagen, sondern nur ein Projektentwicklungsgeschäft für Windparks in den Niederlanden

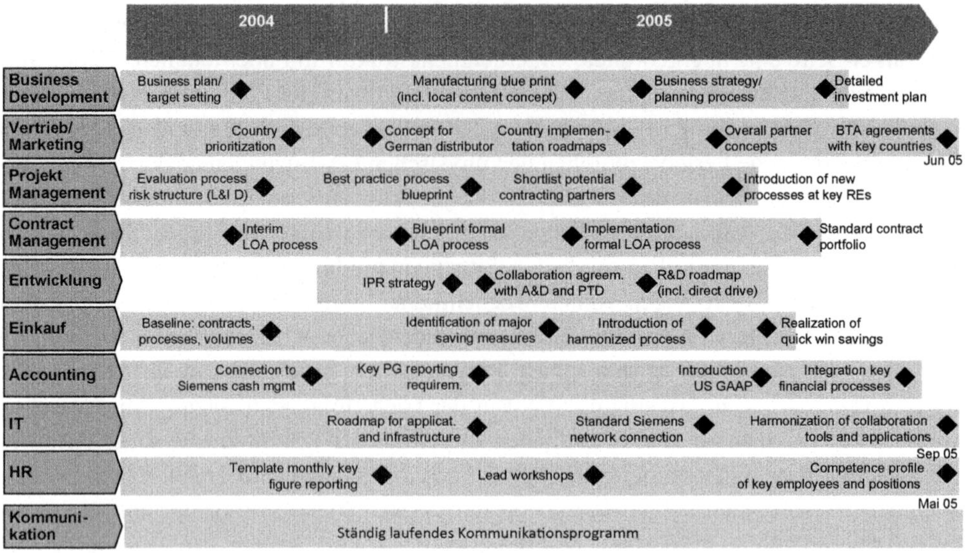


**Abb. 6.9** Siemens Bonus Wind-Implementierungsprogramm

sowie ein Komponentengeschäft für Generatoren und elektronische Getriebe im Bereich Industrie. Dennoch musste das Geschäft in die Siemens AG eingefügt werden und es gab Meilensteine zu entwickeln, denn letztlich stand auf dem Programm, das Geschäft zu globalisieren und auf dem Weg hierzu eine Fertigung in den USA aufzuziehen, praktisch baugleich mit der Fertigung beim Stammhaus in Dänemark. Zur näheren Erläuterung der Meilensteine des Teams sei das Originalbild für das Implementierungs-Programm beigelegt (vgl. Abb. 6.9), das diese Vorgehensweise hinreichend mit insgesamt zehn Teams illustriert. Dieses Projekt ist aufgrund seiner einfachen Grundstruktur zu den größeren Ausprägungen der „Kategorie C" (Siemens-Einordnung) zuzuordnen. Ein vergleichbares Projekt in einem kleineren Konzern könnte auch der „Klasse B" zugeordnet werden können. Wie bereits erläutert, ist ja die Klassifizierung an den Maßstäben des jeweiligen Unternehmens zu messen.

### 6.1.6 Das Implementierungs-/Integrationsteam

Der Begriff „Implementierungsteam" wird als übergeordnete Bezeichnung für das Team zur Maßnahmenplanung (vor dem Closing) und der Umsetzung (nach dem Closing) verwendet, also sowohl für den Stand-Alone-Kauf („Acquisition") durch Finanzinvestoren als auch für den Synergiekauf durch Strategen. Für den Fall eines Kaufes zum Zweck der Zusammenführung zweier Unternehmen/Unternehmensteile („Merger") sprechen wir vom Integrationsteam als untergeordnete Bezeichnung. Beide Begriffe bezeichnen ein temporäres (Interim-)Projektteam, das die Arbeiten des bestehenden Managements

(Managementteams) ergänzt. Das Implementierungs- oder Integrationsteam ist für das Veränderungsmanagement verantwortlich: im Stand-Alone-Fall für einen Turnaround, im Merger-Fall für die Restrukturierung im Zuge der Unternehmenszusammenführung.

Das Implementierungs- resp. das Integrationsteam ist rechtzeitig vor dem Signing aufzusetzen, sodass das Team mit den Vorbereitungen zum Closing fertig ist („Readiness at Closing"), damit das Änderungsmanagement ohne Zeitverzug mit dem „Day One" nach dem Closing beginnen kann. Dabei ist zu berücksichtigen, wie viel Zeit zwischen Signing und Closing für die fusionsrechtliche Prüfung anzusetzen ist, denn diese bestimmt die verfügbare Zeit. Wenn es sich um ein Großvorhaben mit fusionsrechtlicher Prüfung handelt, kann zwischen Signing und Closing ein Zeitraum von ein bis sieben Monaten liegen. Bei kleineren Vorhaben ohne fusionsrechtliche Relevanz können theoretisch Signing und Closing zusammenfallen (weiteres vgl. Abschn. 4.2.7 zu Antitrust). Der Zeitbedarf für ein Integrationsteam ist größer anzusetzen, als der für ein Stand-Alone-Implementierungsteam. Ein Merger-Vorhaben der „Kategorie A" ist arbeitsaufwändiger als ein „B"- oder „C-Projekt". Entscheidend für den Kapazitätsbedarf sind in allen Fällen die Treiber für die Projekt-Herausforderungen. Dies sind in allen Projektkategorien a) die reine Größe der Unternehmenseinheit/Fusionskandidaten, b) die Komplexität des Falles und c) die Tiefe der Restrukturierung (weiteres dazu vgl. Abschn. 4.3.5 Integrationsvorbereitung). Wenn es sich um ein Projekt hoher Komplexität unter Zusammenführung zweier Unternehmen mit Turnaround handelt, dann sollte das Integrationsteam bereits mit der Verhandlungsfreigabe („Negotiation Application") aufgesetzt werden, da dies etwa der Zeitpunkt ist, bei dem die Konzeption der Integration beginnt (vgl. Abb. 3.13 und Abschn. 4.2.2). Bei einfacheren Stand-Alone-Übernahmen kann auch die Bildung eines eigenen Implementierungsteams entfallen, wenn das Management des Targets in Übereinkunft mit dem Übernehmer handelt (etwa durch Vereinbarungen und Incentives zur Erreichung von strategischen und finanziellen Zielen). Dabei kann zum Beispiel auch ein vom Investor kommender Beirat (oder bei AGen der Aufsichtsrat) die Rolle des Implementierungsleiters übernehmen und der Beirat/Aufsichtsrat in toto als LA für die Phase des unternehmerischen Umbaus fungieren. Ein zentraler Meilenstein für das Implementierungs-/Integrationsteam ist das Closing. Bis dahin arbeitet das Team des Übernehmers standalone, nach dem Closing wird es „angereichert" durch die Mitglieder des Targets, die spiegelbildlich in die Organisation des (nun gemeinsamen) Teams aufgenommen werden. Dadurch erhöht sich nochmals die Gesamtkapazität für das Projekt: der Peak wird unmittelbar nach dem Closing erreicht und in der Regel nach den ersten 100 Tagen nach dem Closing schrittweise zurückgeführt. Aus Gründen der Vereinfachung wird im Folgenden nur vom Integrationsleiter und Integrationsteam gesprochen. Dies gilt jedoch analog zum Implementierungsleiter/-team.

#### 6.1.6.1 Der Integrations-Projektleiter

Eine Schlüsselfunktion im M&A-Projekt hat der Integrations-Projektleiter inne. Er sollte mit der Verhandlungsfreigabe (Negotiation Application) benannt werden, um bereits an der Due Diligence teilzuhaben. Das Besetzungs-Profil verlangt einen erfahrenen Manager, idealerweise aus dem betreffenden Geschäft und mit vorlaufenden M&A-Kenntnissen.

Ein solcher wird in dieser Kombination in vielen Fällen nicht verfügbar sein, weshalb auf die Komplementarität des Wissens im Integrationsteam mit dem Lenkungsausschuss zu achten ist. In diesen Gremien sollte die M&A-Kompetenz ausreichend vertreten sein. Wenn der Integrations-Projektleiter zum Beispiel keine M&A-Vorerfahrung hat, dann sollte im Lenkungsausschuss oder im Project Office ausreichend M&A-Wissen vorhanden sein, sodass das Projekt in professioneller Weise durchgeführt werden kann. Hilfreich ist hier wieder das besagte M&A-Kompetenzmanagement (Center of Competence) mit einem unternehmensweiten Netzwerk von Kompetenzträgern, aus denen idealerweise Kandidaten für die Projektleitung oder für das M&A Project Office (s. u.) rekrutiert werden können. Wenn dies nicht in der Breite gegeben ist, dann sollte eine zentrale M&A-Abteilung greifbar sein, aus der Vertreter für die Projektleitung oder Projektunterstützung in das jeweilige M&A-Projekt delegiert werden können. Es bietet sich zum Beispiel an, einen M&A-Junior als Assistenten für den (senioren) M&A-Projektleiter in das M&A-Projekt zu entsenden. Wenn das Unternehmen über sehr geringe oder gar keine M&A-Expertise verfügt, dann sollte man auf externe Kräfte zurückgreifen, also einen Projektleiter oder Projekt-Assistenten von einer Unternehmensberatung einkaufen. Es muss im Gesamt-Set-Up auf alle Fälle der richtige Mix an Kompetenzen vorhanden sein, wobei die Kompetenzen „Geschäft, Branche", „allgemeines Projektmanagement" und „spezifisches M&A-Projektmanagement" in ausreichender Menge und Seniorität erforderlich sind. Gerade letzteres ist notwendig, denn der Integrationsprojektleiter, der primär für Veränderungen verantwortlich ist, soll sich auch gegen gestandene („Kontinuitäts-") Manager durchsetzen können. Eine günstige Lösung ist etwa, wenn der Projektleiter von seiner beruflichen Seniorität dem Management gleichgestellt ist, damit er auf Augenhöhe verhandeln und sich gegebenenfalls auch durchsetzen kann. Diese Überlegungen sind frühzeitig (zur Verhandlungsfreigabe) anzustellen, da es mitunter einige Zeit dauert, bis man die Wunschkandidaten für das Projekt freigestellt bekommt.

#### 6.1.6.2 Das Project Office

Für große und komplexe M&A-Projekte hat sich als sinnvoll herausgestellt, dass verschiedene Funktionen zentralisiert werden, da die Interims-Arbeit beträchtlichen Umfang erreichen kann und da M&A-spezifische Fertigkeiten gefordert sind. Bei kleinen und mittleren Projekten hingegen kann man auf einen gesonderten Stab verzichten, da die Teams überschaubar sind und die Leitungsspanne so gering ist, dass der Integrations-Projektleiter direkt auf die Teammitglieder zurückgreifen kann. Im Project Office sollten vor allem solche Funktionen zusammengefasst werden, die koordinierende und (methodisch) unterstützende Funktionen haben. Am Beispiel der Übernahme des österreichischen VA Tech-Konzerns durch die Siemens AG kann dies gut erläutert werden (vgl. Abb. 6.10). Hier wurden fünf Funktionen im zentralen Stab für den Projektleiter zusammengefasst.

**Zu (1) Projektsteuerung und Verwaltung.** Kern dieser Aufgabe ist die operative Umsetzung der Prozesse und Arbeitspakete nach dem Gesamtablaufplan (vgl. Abb. 3.13). Zunächst muss ein Meilensteinplan entwickelt werden, der die Abläufe in den einzelnen

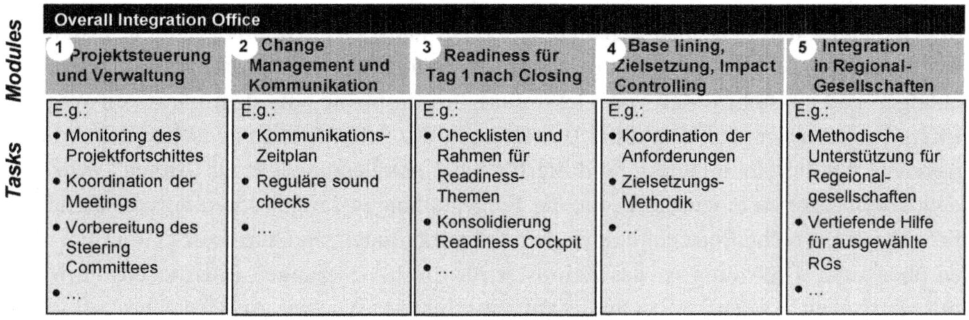


**Abb. 6.10** Das Project Office im Siemens-VA Tech-Projekt

Prozessen und Arbeitspakten widerspiegelt. Bei kleinen und mittleren Projekten kann dies einfacher ablaufen als in unserem Modell mit den Kern- und Unterstützungsprozessen. Im Fall Siemens-Bonus Wind (vgl. Abb. 6.9) wurde eine eindimensionale Projektgliederung in zehn Teams gewählt. Im Project Office wurde demnach auf eine weitere Bündelung verzichtet und nur ein Unterstützungs-Stab bereitgestellt, der das Raster für die Präsentationen im Steering Committee vorgab und dafür auch noch Produktionskapazitäten bereithielt. Die Inhalte der Präsentationen wurden im Vorfeld der Steering Committee-Sitzungen mit dem Projektleiter abgestimmt, der im Übrigen als direkter Ansprechpartner und Coach für die einzelnen Teams fungierte. Die viel komplexere Organisation der VA Tech-Übernahme (240 Gesellschaften, zahlreiche Regionen, mehrere Branchen) sah hingegen vor, dass die Projektsteuerung und Verwaltung vor allem eine vereinheitlichende Funktion hatten. Das heißt: in der „Peri-Closing-Phase" (unmittelbar vor bzw. nach dem Closing) wurden die Profile und Templates für die Präsentationen entwickelt, diese mit den Einzelteams vereinbart und nach dem Closing geprüft. Ein zentraler Punkt für große bis kleine Projekte ist die Festlegung der Meilensteine für den Meilensteinplan. Dies muss in Abstimmung mit den Einzelteams geschehen und dies ist auch ein Querschnittsthema in das alle Teams im Integration Office einzubinden sind. Zu den Einzelaufgaben ist bei den jeweiligen Teams zu berichten. Im Zuge der Integrations-Vorbereitung (vgl. Abb. 3.13) sollten die Haupt-Meilensteine festgelegt werden und zwar Top-down für das Gesamtziel und für die identifizierten Haupt-Hebel (wie gezeigt wurde: nach Wertschöpfungsstufen, nach Produkten oder Regionen). Erst wenn die Meilensteine festliegen, dann kann das vom Projektsteuerungsteam zu verfolgende Monitoring (in Bezug auf den relativen Projektfortschritt) durchgeführt werden. Zu unterscheiden ist noch, dass der Projektfortschritt – wie bereits berichtet wurde (vgl. z. B. Abschn. 5.4.2) – nach dem Closing in mehreren Dimensionen darzustellen ist. Auf der mittleren Managementebene müssen dazu die vorgenannten Haupthebel identifiziert, quantifiziert und gegengezeichnet werden. Die „Vermaßung" (im Zuge der Härtegrad-Methodik) geschieht im Team 4, die Sammlung mit dem Monitoring des Gesamtprojektfortschrittes ist Aufgabe des Teams 1. Eng in Verbindung dazu steht eine weitere zentrale Aufgabe, nämlich die Koordination der Meetings, denn es sind hier Iterationen und logische Abläufe zu beachten. Immerhin ist die Führung dreidimensional (nach den oben genannten Hebeln: nach Wertschöpfungsstufen, Produkten und Regionen). Die Komplexität des Prozesses erfordert eine Vielzahl von Einzelbesprechungen und ein hohes Maß von Flexibilität, um Probleme auf „dem kürzesten Weg" zu lösen. Hinzuweisen ist hier auf die Bewältigung der Schnittstellen zwischen den Arbeitspaketen. Wie bereits erläutert, sind hierfür Schnittstellenmanager als „Boten" zwischen den Arbeitspaketen einzusetzen, die die Fragestellungen zeitnah lösen. Grundsätzlich ist festzuhalten, welche Entscheidungen dem LA vorzutragen sind, um dieses Gremium nicht zu überlasten. Frühzeitig ist das Zeitraster für die LA-Sitzungen festzulegen, im Mittel mit physischen Treffen im Rhythmus von zwei bis vier Wochen. Auf den Zielkonflikt von zeitnaher Information und Genehmigung mittels Steering Committee und dem Zeitaufwand zur Vorbereitung dieser Treffen wurde bereits hingewiesen. Der Maßnahmenverfolgung im Einzelnen dient das Einzelmaßnahmen-Verfolgungsblatt (vgl. Abb. 4.47). Die Sitzungen des Steering Committee sollten sich auf zwei Themen konzentrieren, nämlich auf die 1) Berichterstattung, ob die Einzelteams im Zeitrahmen der vordefinierten Meilensteine liegen oder nicht. Dazu ist auf das Management-Cockpit zu verweisen mit der rot-gelb-grün-Systematik (vgl. Abschn. 6.1.9.6), die im Weiteren zu erläutern ist und die 2) Vorlage wichtiger Entscheidungen, unter Aufbereitung von Handlungsoptionen, Handlungsempfehlungen und unter Aggregation von Einzelmaßnahmen auf ein Steering-Committee-adäquates Niveau.

**Zu (2) Change Management und Kommunikation** Wie gezeigt wurde, ist auf der Basis eines Übersichts-Strategiepapiers ein Kommunikationsplan zu entwickeln (vgl. Abschn. 5.2). Um sicherzustellen, dass die verschiedenen Gesellschaften, Geschäftsgebiete und Regionen einheitlich informiert werden, ist dies zu zentralisieren. Darüber hinaus muss die Kommunikation mit den externen Stakeholdern zentral geführt werden, damit alle Medien mit denselben Botschaften versorgt werden. Die „Hoheit" über die Kommunikation hat der Gesamtvorstand des übernehmenden Konzerns, das heißt, die Gesamtkommunikation ist von diesen Gremien zu genehmigen und die Ansprache der obersten Stakeholder-Ebenen erfolgt durch die Vorstände selber, insbesondere für die Sozialpartner und die Politik (bei „A"-Projekten) bzw. kann (bei „B"- bzw. „C"-Projekten) auf niedrigere Managementebenen delegiert werden. Das Kommunikationsprogramm fängt spätestens mit dem Signing an. Deshalb ist spätestens zu diesem Zeitpunkt ein Projektverantwortlicher für die Kommunikation zu benennen, je nach Projektkategorie der Kommunikationschef selber oder ein Vertreter aus seinem Stab, der im Project Office des M&A-Projektes zu verankern ist (vgl. dazu Abschn. 5.2). Neben ihm agiert der oberste Change-Manager für das Projekt im Project Office, in enger Abstimmung miteinander. Der Change-Manager wird gleichfalls bereits vor dem Closing tätig, und zwar so früh wie möglich zur Vereinbarung über Pulse Checks auch beim Target. Solche Befragungen kann vor dem Closing natürlich nur der Eigentümer des Targets bei seinen Mitarbeitern durchführen. Diese sind aber wichtig, um frühzeitig Werte über die Stimmung bei den Mitarbeitern des Targets zu bekommen. Sie bilden dann die Grundlage für weitere Befragungen nach dem Closing, da man vor allem Trends in den Meinungsbildern erkennen möchte.

Innerhalb des Teams 2 (vgl. Abb. 6.10) ist das Gesamtprogramm für Change Management und Kommunikation zu entwickeln und sind die zentralen Veranstaltungen bzw. Medien-Offensiven anzustoßen. Bei sehr großen Projekten kann es sinnvoll sein, Sub-Teams auszubilden und auf den Weg in die Organisation zu entsenden. Auch dies geschieht im zentralen Integration Office. Deshalb kommen dieser Stelle vier grundlegende Aufgaben zu, nämlich 1) Aufsetzung des Programms, 2) Interne Abstimmung Change versus Kommunikation, 3) Durchführung der zentralen Maßnahmen (z. B. die „Wellen" der konzernweiten Pulse Checks) sowie 4) Transfer in die Organisation, insbesondere die Ausbildung der Sub-Teams.

**Zu (3) Readiness für „Tag 1" nach dem Closing** Wie bereits erläutert, spielt der „Day One" eine zentrale Rolle im M&A-Projekt. Die Tätigkeiten sind vielfältig und variieren zwischen Sicherstellung der Kontinuität des laufenden Geschäftes (Anpassungen des Management Teams…) und Diskontinuitätsmanagement mit den Sofortmaßnahmen und Aufsetzung des gemeinsamen Integrationsteams. Die Vorbereitung auf den Tag 1 beginnt im Zeitraum zwischen der Verhandlungsfreigabe und dem Signing und sollte nicht zu spät gelegt werden, wenn das Closing wegen kurzfristiger Freigabe durch die Behörden frühzeitig kommen kann. Bei großen Organisationen sind in jeder rechtlichen und jeder regionalen Einheit am Tag 1 Veranstaltungen abzuhalten und gegebenenfalls mehrtägige anschließende Workshops. Zu letzteren gehören zum Beispiel Management-Meetings, bei denen die Führungen der operativen Einheiten mit den regionalen Leitungen (oder Regionalholdings) zusammenkommen, noch bevor die rechtliche Zusammenführung stattgefunden hat, um sich über die von der Übernehmerseite angedachten regionalen/sektoralen Fusionsmodelle und ihre Implikationen für das Geschäft und für die Führung auszutauschen. Für alle „Readiness"-Themen sollte eine Checkliste und ein Zeitraster entwickelt werden, die für das Fusionsprojekt weltweite Gültigkeit haben. Um die weltweite Einheitlichkeit der Vorgehensweise und Modelle sicherzustellen ist eine zentrale Aufhängung im Overall Integration Office sinnvoll. Die Einheitlichkeit der Prozesse, die weltweit zeitgleiche Abarbeitung und die einheitlichen Zielmodelle sollten es dann erlauben, die Konsolidierung der Einzelbaustellen in das Gesamtmodell sicherzustellen. Zur Zielverfolgung kann dazu ein spezielles „Readiness Cockpit" entwickelt werden, das Aussage trifft, ob alle Einheiten zum Zeitpunkt des Closings richtig aufgestellt sind. Die Praxis hat gezeigt, dass dies bei großen und komplexen Projekten ein ehrgeiziges Vorhaben ist. Naheliegenderweise können die Ziele und Zielstrukturen zum Zeitpunkt des Closings nur in begrenzter Tiefe angegeben werden. So wird es zum Closing maximal möglich sein, an allen wichtigen Standorten sogenannte Town Hall Meetings abzuhalten, bei denen die Mitarbeiter einen ersten Eindruck über Ratio und Ziele des Mergers bekommen – insofern beinhalten die Meetings Versprechen auf das Kommende. Es hat sich gezeigt, dass damit in der Breite der Mitarbeiter große Erwartungen erzeugt werden, die erfüllt werden müssen. Für die Folgeschritte hier den Takt zu schlagen, das ist eine der wichtigsten Aufgaben des zentralen Overall Integration Office.

**Zu (4) Baselining, Zielsetzung, Impact Controlling** Wie gezeigt wurde sind Benchmarking und Baselining die zentralen Instrumente zur Zielableitung am Wettbewerb und zur Dynamisierung der Ziele. Nach Ableitung des dynamischen Gesamtziels (Top-down Baselining) sind die entsprechenden Maßnahmen Bottom-up zu entwickeln und nach einem Härtegrad-Konzept umzusetzen (vgl. Abb. 4.48 und 4.49). Dazu ist das Gesamtkonzept zu erstellen, sind die Maßnahmen mit den jeweiligen operativen Einheiten zu identifizieren und mit einem Härtegrad-Meilensteinprogramm zu hinterlegen. In der Folge sind die Meldungen über die Fortschritte der einzelnen Maßnahmen zu sammeln und zu aggregieren. Dies kann nur an einer zentralen Stelle erfolgen; dafür bietet sich das Overall Integration Office an. Zur Verfolgung der Umsetzung im Vergleich mit den gesetzten Meilensteinen sind Übersichten, gegliedert nach Wertschöpfung, Produkten und Standorten erforderlich. Diese werden der Projektsteuerung und -verwaltung (Team 1 des Integration Office) als eine der Grundlagen für das Monitoring des Projektfortschrittes übergeben.

**Zu (5) Integration in Regionalgesellschaften** Die unternehmerischen Einheiten des Targets müssen bei Internationalem M&A in die jeweiligen regionalen Einheiten (Landesgesellschaften, Holdings…) eingegliedert werden. Das ist eine Aufgabe, für die die zentrale Organisationsabteilung des Übernehmers zuständig ist. Darüber hinaus sind alle organisatorischen Änderungen und alle Maßnahmen auf der regionalen Ebene abzubilden. Zum Beispiel sind Ziele auf regionale Einheiten herunterzubrechen oder dort neue organisatorische Einheiten aufzubauen. Hier ist ein flächendeckender Ansatz erforderlich, der für die „Verteilung" der Maßnahmen sorgt. Auch dies ist ein Thema, das aus der „Zentrale" des M&A-Projektes zu steuern ist, wofür sich das Project Office anbietet. Daneben kann es regionale Einheiten geben, die besonderen Herausforderungen ausgesetzt sind, weil hier beispielsweise Teams des Targets „angedockt" werden sollen. Das Team 5 des Integration Office kann hier selektive Unterstützung leisten oder bei Bedarf moderierend eingreifen.

#### 6.1.6.3 Management des Überganges vom Stand-Alone-Modus zum integrierten Modus

Eine der Weichenstellungen, die am „Day One" gelöst werden muss, ist die Sicherstellung des laufenden Geschäftes durch Fortsetzung der Tätigkeiten des bestehenden Managementteams bzw. durch Einsetzung von Managern, wo Vakanzen entstanden sind (vgl. dazu auch den Abschn. 4.3.4). Mit dem Closing wird das Target zunächst im „Stand-Alone-Modus" übernommen. Die Zusammenführung kann erst in der nachfolgenden Phase durchgeführt werden. Erforderliche Neubesetzungen sollten nach Möglichkeit durch die Due Diligence und die zugehörigen Management-Präsentationen identifiziert sein. Dies kann der Fall sein, wenn der Verkäufer beabsichtigt, bestimmte Führungspositionen vakant zu lassen (etwa weil die entsprechenden Führungskräfte beim Verkäufer verbleiben möchten) bzw. wenn der Käufer von vornherein bestimmte Posten durch seine Leute besetzen will. Derartige Besetzungen können auch temporärer Natur sein. Jedenfalls ist es erforderlich, wenige Tage nach dem Closing mit einer vollständigen Führungsmannschaft zu starten.

Zeitgleich beginnt nach dem Closing die Arbeit des Integrationsteams – als Task Force für das Diskontinuitätsmanagement. Wie bereits erläutert wurde, wird hier nach dem Closing das Maßnahmenprogramm entwickelt. Sobald Maßnahmenpakete für einzelne zusammenzuführende Organisationseinheiten für den „integrierten" Modus geschnürt sind, kann die definitive Besetzung der entsprechenden Führungspositionen erfolgen. Dazu sind zwei weitere Voraussetzungen erforderlich, a) die Vor-Auswahl der Kandidaten für die entsprechenden Führungspositionen, b) das Bestehen eines Management-Assessments der Kandidaten und c) die Unterschriften der Führungskader unter die integrierten Ziele. Sind diese drei Voraussetzungen erfüllt, dann kann die entsprechende Besetzung der Führungsposition(en) erfolgen. Damit ist der Startpunkt für das Management der integrierten unternehmerischen Einheit gesetzt. Das Integrationsteam kann seine Aufgaben an dieser Stelle auf das neue Management-Team für die nunmehr integrierte Einheit übertragen und das entsprechende Interim-Team auflösen. Auf diese Weise werden Schritt für Schritt die neuen Abteilungen gebildet und das Integrationsteam immer weiter zurückgefahren bis es auf die wenigen Aktivitäten reduziert ist, die langfristig fortgesetzt werden müssen, wie etwa das kontinuierliche Verbesserungsprogramm und das Change Management.

Das hier vorgestellte Übergangsmodell ist angemessen für größere und komplexere M&A-Projekte, wie es am Beispiel des Alstom-Industriekraftwerke-Geschäftes erläutert wurde und bei denen sowohl eine hohe Überlappung der Geschäftsaktivitäten festzustellen ist, als auch grundlegende Reorganisationen (vgl. dazu Abb. 3.6). Bei einfacheren Übernahmen, wie beispielsweise der Bonus Windenergie durch Siemens, bei der ein für Siemens ganz neues Geschäft übernommen wurde, kann das Management von Anfang an weitgehend bestätigt werden, insbesondere weil hier eine vollständige Komplementarität vorlag. Insofern ist es hier möglich, mit einer weitgehend „statischen" Teamaufstellung für das Interim-Team zu starten (vgl. Abb. 6.9), das thematisch weitgehend deckungsgleich mit der dauerhaften organisatorischen Aufstellung ist. Der Grundgedanke dieser Übernahme war ja, mittels Bonus Wind Stand-Alone in ein neues Geschäft einzusteigen und dieses Geschäft in der Folge durch „Kopieren" der Fertigungsressourcen in neuen Zielregionen wie den USA zu globalisieren.

Die eigentliche Management-Herausforderung liegt darin, das Stand-Alone-Kontinuitätsmanagement so lange wie nötig aufrecht zu erhalten und zeitgleich die Diskontinuitäten vorzubereiten, ohne dass dazwischen ein Konflikt entsteht. Das ist machbar, indem das Management beider Kandidaten in die Steering Committee-Sitzungen und deren Vorbereitungen eingebunden wird, durch Zuarbeit, oder auch durch „Patenschaften" für die einzelnen Interim-Teams. Zu einer erfolgreichen M&A-Arbeit gehört jedenfalls, dass die Betroffenen im Vorfeld von Leitungskreissitzungen angehört werden und dass sie sich mit ihren Ratschlägen in den Präsentationen wiederfinden.

#### 6.1.6.4 Intern oder extern? – die Beraterrolle

Vielkäufer und Serienkäufer halten – wie gezeigt wurde – zahlreiche M&A-Spezialisten vor, und sie sind damit in der Lage, kleinere bis mittlere Projekte ganz aus eigener Kraft zu bewältigen. Wie sieht es nun mit Groß- und Megaprojekten aus und wie bewältigt man M&A-Projekte, wenn man zu den „Sonntagsjägern" gehört?

In beiden Fällen sollte man spezielle M&A-Berater einbinden, und zwar vom Projektvorfeld über die Transaktion bis in die Implementierung (vgl. dazu auch Abschn. 2.2.2.2). Es hat sich herausgestellt, dass zum Beispiel der „Hausanwalt", der nie eine M&A-Transaktion durchgeführt hat, kein guter Helfer in einem M&A-Projekt ist. Dafür hat sich das M&A-Gebiet zu speziell entwickelt, insbesondere durch Übernahme von Anglo-amerikanischen Usancen im weltweiten M&A-Geschäft. Selbst bei nationalen (deutsch-deutschen) Übernahmen setzen sich immer mehr englischsprachige Verträge durch, da etwa die finanzierenden Parteien internationale Banken sind. Der Transaktionsprozess ist weitgehend reguliert, insofern gibt es hier weniger Freiräume in der Gestaltung der Prozesse und in der Einschaltung externer Fachkräfte wie Wirtschaftsprüfer, Steuerberater und Anwälte, zum Beispiel für das Kartell- und Fusionsrecht. In der Frage nach Einschaltung spezieller Transaktionsberater ist man weitgehend frei. Es empfiehlt sich jedoch, einen Transaktionsberater (im Mittelstand: eine M&A-Boutique, bei Großvorhaben eine Investmentbank) einzuschalten, wenn die Gegenseite einen entsprechenden Berater einschaltet – auch wenn man selber nicht unbedingt einen Transaktionsberater bräuchte. Die „symmetrische" Aufstellung erlaubt direkte Gespräche zwischen den Beratern, wenn dies zur Förderung des Prozesses von beiden Auftraggebern erwünscht ist. Untersuchungen haben gezeigt, dass sich der Einsatz externer Kräfte stark auf die Transaktionsphase konzentriert und dass die Problembeiträge in dieser Phase am geringsten sind. Im M&A-Vorfeld sollte man besonders darauf achten, dass eine belastbare M&A-Strategie vorliegt. Im Zweifelsfall sollte man hier in externe Beratung investieren, denn eine fehlgeleitete Strategie ist einer der Hauptgründe für das Fehlschlagen von M&A-Projekten. Die riskanteste Phase ist jedoch das Post Closing Management, in der statistisch am wenigsten externe Kräfte eingeschaltet werden. Hier besteht also hoher Nachholbedarf, insbesondere für die genannten Großprojekte (deren Performance im Schnitt schlechter liegt als mittelgroße Projekte) und für die „Sonntagsjäger". Die Großkonzerne verfügen in der Regel über hinreichende Ressourcen, um kleine bis mittlere Projekte mit eigener Kraft abdecken zu können. Der Kapazitätsbedarf und die speziellen (regionalen, branchenspezifischen…) Anforderungen machen es jedoch nötig, bei diesen Projekten auf externe Kräfte zurückzugreifen.

Beim Einschalten Externer ist es jedoch nötig, auf gewisse Effekte einzugehen. Zum einen ist es notwendig, dass Externe auch von intern gesteuert werden können. Es ist „*interne Steuerungskompetenz*" erforderlich, also eine eigene Projektführungskompetenz, die hier zur Beraterauswahl („Beauty Contests"…) zum Zuschnitt des Projektes, zur Steuerung und zum Projektcontrolling einzusetzen sind. Ein zweiter Effekt bei der Einschaltung von Beratern ist deren Tendenz, immer mehr Leistung an sich zu ziehen, durch Zusatzfragen, „Rucksack-Aufträge" und zusätzliche (angeblich notwendige) Projektmodule. Dadurch bläht sich das Beratungsvolumen zusätzlich auf. Nur ein geschicktes und erfahrenes internes Projektmanagement kann dies ausgleichen. Durch gutes Verhandeln und Zuschneiden der Aufträge auf das Nötige lassen sich Beraterkosten ohne großen Wertverlust und ohne Anwachsen des Projektrisikos um 30 bis 50 % reduzieren.

Dies betrifft insbesondere Integrations-Berater. Hinzu kommt der berühmte „Schneeballeffekt", wenn zwei Berater sich gegenseitig hochschaukeln. Dies haben wir beispielsweise bei der Kartellberatung beobachtet, bei der die Kartellanwälte beider Verhandlungspartner sich gegenseitig die Bälle so zugespielt haben, dass der Beratungsaufwand ins Maßlose eskalierte. In der Folge schalteten die Verhandlungsparteien einen gemeinsamen Anwalt ein, der die Anforderungen der beiden Kartellanwälte prüfte und genehmigen musste. Ein wichtiges Feld für die Einschaltung externer Berater ist das Gebiet kartell- oder fusionsrechtlich relevanter Themen. Hier bietet sich die Bildung von sogenannten *Clean Teams* an, die naheliegender Weise von externen Kräften getragen werden. Aber dies ist nicht immer unbedingt notwendig: wenn interne „Firewalls" funktionieren, dann können Clean Teams auch von internen Ressourcen bestückt werden, etwa von hausinternen Unternehmensberatungen, von Stabsabteilungen der Strategie oder vom Qualitätsmanagement.

Ein weiteres, bisher wenig beleuchtetes Einsatzfeld für externe Kräfte ist der *„Projekt Coach*". Hier ist der Einsatz von sehr erfahrenen M&A-Managern gefragt, die das hausinterne M&A-Team unterstützen („coachen"), ohne dass die „technischen" Beratungsleistungen eines ganzen Teams mit ihrem Back Office in Rechnung gestellt werden müssen. Das M&A-Coaching kann bei der Strategieentwicklung ansetzen, etwa in der Durchführung von Strategie-Workshops, beim Change Management, zur Durchführung von „Beauty Contests" bis hin zu regulären Hintergrund-Gesprächen für den Project Owner, den zuständigen Vorstand und für das Steering Committee. Dieses Einsatzfeld ist vielfältig, verspricht einen hohen Wirkungsgrad und ein großes Einsparungspotenzial. Es ist noch wenig entwickelt, weil aus Beratersicht wenig umsatzträchtig bei Einsatz hochqualifizierter Kräfte und weil die hausinternen M&A-Protagonisten externe Konkurrenz befürchten. Dies muss jedoch gar nicht sein, denn der Coach sollte sich ganz im Hintergrund halten. Ein anderes Argument hingegen ist schlagkräftiger, nämlich die Rolle des „Bad Guy". Bei kaum einem M&A-Projekt lassen sich unangenehme Aufgaben vermeiden, insbesondere wenn es um Verlagerung, Zusammenlegung und Schließung von Ressourcen geht. Die schlechten Nachrichten kann man – ohne Gesichtsverlust – externen Kräften überlassen, um dann als „Good Guy" bremsend oder „rettend" wieder einzugreifen.

Zusammenfassend kann gesagt werden, dass das Einsatzpotenzial für externe Kräfte und ihr Hebel groß sind und dass der Einsatz insbesondere in der Vorfeld- und Implementierungsphase weit unterbewertet ist. Der Markt für externe M&A-Beratung ist darüber hinaus in Bewegung und stark umkämpft, was den Corporates einen guten Hebel für Verhandlungen gibt. Die Einschaltung Dritter als Coach und Hebel ist noch nicht sehr verbreitet. Sie bietet jedoch einen attraktiven „dritten Weg" zu M&A, in der Mitte zwischen „Do-it-Yourself" (wofür oft die Kompetenzen und Kapazitäten nicht ausreichen) und einer Berater-Beauftragung (was teuer und kapazitätstreibend sein kann). Als zentrale Botschaft für die Einschaltung Dritter kann gesagt werden, dass es von Vorteil ist, wenn vor einem M&A-Fall schon eine längere Zusammenarbeit zwischen Corporate und Berater stattgefunden hat, sodass der Berater die Chance hatte, das Unternehmen strukturell und kulturell kennen zu lernen. Die erfolgreichsten Fälle waren Projekte, in denen im Vorfeld lange zusammengearbeitet wurde. Siemens konnte das an zwei (Mega-) Projekten zeigen, an der Übernahme von Sylvania durch die Siemens-Tochter (bis 2013) Osram, bei der McKinsey für die M&A-Integration eingeschaltet wurde. McKinsey hatte Osram Jahre zuvor strategisch beraten. Der andere Fall war Boston Consulting Group, die bei Power Generation (vormals KWU Kraftwerk Union) jahrelang im strategischen Geschäft waren und dann mit großem Erfolg die Projekte der Integration von Westinghouse Power Generation Business Unit und der Industriekraftwerksparte von Alstom betreuten.

#### 6.1.6.5 Das Compliance-Management

In Abschn. 6.1.4 wurde auf die Entwicklung eines Systems zum M&A-Kompetenzmanagement hingewiesen. Die Entwicklung eines Kompetenzmanagement-Systems für M&A entbindet den Vorstand nicht von seinen Pflichten zur ordnungsgemäßen Führung jedes einzelnen M&A-Projektes. Compliance spielt deshalb bei M&A eine wichtige Rolle (vgl. allgemein dazu Andras & Kirstan, 2014). Daher muss das „System" eines CoC M&A mit seinen Wissensmodulen diesen Pflichten entsprechen. Insbesondere ist hinzuweisen auf die Innenhaftung des Organmitglieds (Vorstand, Geschäftsführer) gegenüber der eigenen Gesellschaft. Als Anspruchsgrundlage bei Vorstandsmitgliedern gilt lt. § 93 Abs. 2 Satz 1 AktG, als Anspruchsgrundlage bei Geschäftsführern gilt § 43 Abs. 2 GmbHG. Eine Pflichtverletzung liegt nicht vor, wenn das Vorstandsmitglied bei einer unternehmerischen Entscheidung vernünftigerweise annehmen durfte, auf der Grundlage angemessener Information zum Wohle der Gesellschaft zu handeln (Business Judgement Rule). Dies setzt voraus: 1) gute strategische Entscheidungsbasis, überhaupt M&A in Erwägung zu ziehen sowie 2) sich angemessen über den Kandidaten und den damit verbundenen Geschäftsplan zu informieren. Dazu gehören tiefgehende Due Diligences mit Plausibilisierung der Geschäftsplanung; wenn keine Due Diligence möglich ist, dann sollte zumindest eine Simulation aufgrund belastbarer Markt- und Geschäftspositions-Daten durchgeführt werden. Der Vorstand resp. die Geschäftsführung kann sich nicht herausreden, dass das CoC-System so präzise gestrickt ist, dass eine Einzelfallprüfung nicht erforderlich war. Gerade deshalb ist das „Rahmenwerk" (Framework-)System für M&A-Management zu empfehlen, das im Einzelfall den Raum für individuelle Planungen und Handlungsimperativen gibt. Dies betrifft insbesondere die unternehmerische Entscheidung hinsichtlich von „Serienkäufen" (String of Pearls), die häufig auf einen Sammelbeschluss des Vorstandes zurückgehen. Eine schuldhafte Pflichtverletzung des Geschäftsführers wird in diesem Fall vermutet, wenn die Geschäftsführung bzw. der Vorstand sich nicht im Einzelnen mit jedem M&A-Vorhaben auseinandersetzt; der Geschäftsleiter muss sich im Einzelfall also exkulpieren – er kann sich nicht auf den „Automatismus" eines „M&A-Systems" berufen, vielmehr muss dies beinhalten, dass die Grundsätze ordnungsgemäßer Unternehmensführung (insbes. also Due Diligence, Simulationen etc.) bereits in der CoC-M&A-Wissensplattform enthalten sind. Die Entscheidung, ein Unternehmen zu kaufen oder nicht zu kaufen bleibt – trotz CoC M&A – also immer eine unternehmerische Entscheidung. Soweit möglich ist immer eine Due Diligence, ein vom Käufer erstellter Business Plan und eine darauf beruhende Unternehmensbewertung erforderlich – ersatzweise basierend auf einer plausiblen Simulation, wenn es sich z. B. um eine Auktion handelt und keine tiefergehende Due Diligence möglich war. Zur Absicherung der Unternehmensbewertung kann eine „Fairness Opinion" eingeholt werden. Diese sollte nicht von dem eingeschalteten Investment Banker (Transaktionshaus) durchgeführt werden, weil eine Interessenkollision vermutet werden kann (vgl. im Detail Abschn. 5.3.2.6). Das Transaktionshaus wird ja auf der Basis einer Erfolgsprovision für das Zustandekommen des Deals bezahlt und wird die Bewertung auf eventuell das Zustandekommen der Transaktion ausrichten (vgl. dazu Abschn. 2.2.2.2). Das Framework eines CoC M&A-Management ersetzt nicht die unternehmerische Entscheidung eines Geschäftsführers. „Eine Haftungsprivilegierung eines Geschäftsführers einer GmbH im Rahmen des ihm zustehenden Ermessens setzt voraus, dass das unternehmerische Handeln auf einer sorgfältigen Ermittlung der Entscheidungsgrundlagen beruht; das erfordert, dass er in der konkreten Entscheidungssituation alle verfügbaren Informationsquellen tatsächlicher und rechtlicher Art ausschöpft und auf dieser Grundlage die Vor- und Nachteile der bestehenden Handlungsoptionen sorgfältig abschätzt und den erkennbaren Risiken Rechnung trägt" (BGH Beschluss vom 14. Juli 2008, Az II ZR 202/7, Leitsatz 1). Dies erfordert, dass alle in unserem Prozess angesprochenen Schritte, insbesondere die Arbeitspakete der Kernprozesse in Bezug auf Informationsbeschaffung (Strategieentwicklung, Screenings, Sondierungen, Due Diligence…) und Informationsauswertung (Business Plan, Sondierungen, Simulationen, Bewertungen,…) sorgsam durchgeführt werden. Logischerweise muss sich dies in den Regularien für die M&A-Prozesse, insbesondere für die M&A-Implementierung/-Integration niederschlagen. Dazu gehört auch, dass der Vorstand nicht unvorteilhaft in die Prozesse seiner Fachabteilungen eingreifen darf (vgl. Sellmann, 2013). Diesbezüglich müssen die M&A-Regularien also auch eine Begrenzung der Rechte des Vorstands bzw. der Geschäftsführung beinhalten.

## 6.1.7 Die Unternehmensfunktionen und -prozesse

### 6.1.7.1 Supply Chain Management

In unserer zentralen Prozessdarstellung (vgl. Abb. 3.13) haben wir nicht zwischen den verschiedenen Geschäftsprozessen unterschieden, da sich die Komplexität hierdurch erheblich vergrößern würde. Da aber aus M&A-Gesamtprojektmanagementsicht durchaus relevante Aspekte mit grundlegenden Geschäftsprozessen (Supply Chain Management, Customer Relationship Management und Product Lifecycle Management) verbunden sind, werden diese im Folgenden aus M&A-Sicht erläutert.

Eine Übersicht zu Supply Chain Management (SCM) im Kontext von M&A bietet z. B. Drozak, 2013. Bei Produktionsunternehmen sind heute Materialquoten von 50 % und mehr zu verzeichnen und Logistikkosten in der Größenordnung von 7 bis 15 %. Dies bietet bei einer Fusion ein erhebliches Potenzial, das es zu heben gilt. Im M&A-Kontext konzentriert sich diese Aufgabe auf das Arbeitspaket Integrations-Vorbereitung (vgl. Abschn. 4.3.5) und Implementierung (vgl. Abschn. 4.3.7). Um die Hebel aus Kostensenkung und Performance zu nutzen, gilt es, die Synergiepotenziale aus den Bereichen Einkauf und

Logistik zu heben (vgl. allgemein zu Synergien Abschn. 5.3.2.4). Hierbei geht es nicht nur um reine Bündelung oder Wechsel der Partner (Switching). Vielmehr sind auch organisatorische und prozessuale Veränderungen unverzichtbar.

**Einkauf**

Zu unterscheiden sind die operativen und die strategischen Aspekte des Einkaufs. Der operative Einkauf, der sich mit der Bestellung von Materialien und Dienstleistungen beschäftigt, gehört zum Kernprozess der Leistungserstellung. Der strategische Einkauf mit der Auswahl der Lieferanten, Vereinbarung von Preisen und Konditionen schafft die Rahmenbedingungen für den operativen Einkauf. Bei M&A steht vor allem der strategische Einkauf im Fokus.

Die Chancen von M&A beim Einkauf liegen in der Erschließung der Bündelungs- und Produktivitätspotenziale. Sinnvollerweise können im M&A-Kontext drei Stufen der Verbesserungen unterschieden werden: 1) Bundling, 2) Switching und 3) Design-to-Cost. Die erste Stufe ist rein auf die Konzentrationseffekte von Zulieferungen aus einer Lieferquelle ausgerichtet, also auf einen von zweien der Hauptzulieferer der beiden Kandidaten. Dadurch können Volumeneffekte realisiert werden. Das Switching beinhaltet darüber hinaus den Umstieg auf einen anderen Lieferanten, woraus Volumeneffekte und Verhandlungsvorteile zugleich realisiert werden können. Design-to-Cost beinhaltet einen anderen Weg. Hier ist das Produktdesign so zu gestalten, dass es – bei optimaler Performance – die günstigsten Fertigungskosten und damit die günstigsten Preise verspricht. Die wichtigsten Partner, die in ein erfolgreiches M&A-Projekt im Einkauf von Fertigungsmaterial eingebunden werden müssen, sind somit die Entwicklung, die Fertigung und die Qualitätssicherung. Bei der Bildung des M&A-Projektteams ist also nicht nur darauf zu achten, dass beide Einkaufsabteilungen, also des Übernehmers und des Targets, vertreten sind, sondern auch Vertreter der jeweiligen Entwicklung und Fertigung. Die Einbindung dieser Fachabteilungen erfolgt je nach Bedarf im Rahmen von bilateralen Gesprächen und gemeinsamen Workshops. Die Bündelungs- und Produktivitätspotenziale müssen durch eine detaillierte Analyse des Einkaufsvolumens der beiden zusammenzuführenden Unternehmen bewertet werden. Im ersten Schritt, der Erfassung und Analyse, geht es um die Identifikation von Bündelungs- und Produktivitätspotenzialen. In der nachfolgenden Konzeptentwicklung ist der Plan zur Erschließung der identifizierten Potenziale abzuleiten. Die Umsetzung zielt mithilfe von Umsetzungsprojekten und einem Program Office zur Koordination, Erfolgskontrolle und Support auf die zu planenden Kostensenkungen. Zu unterscheiden sind interne Bündelung und externe Bündelung. Bei der internen Bündelung geht es darum, gemeinsame Bedarfe für die Produktion zusammenzufassen. Gibt es in beiden Unternehmen gleiche Materialgruppen, werden diese entsprechend ihrer wertmäßigen Bedeutung gruppiert und einer detaillierten Analyse unterzogen, um die Gemeinsamkeiten zu konkretisieren. Die externe Bündelung zielt darauf ab, in Abhängigkeit der Strategien für die Materialgruppen das intern gebündelte Volumen auf eine kleinere, definierte Zahl von Lieferanten zu verteilen. Bei technischen und logistischen Fragen ist die Einbindung von jeweiligen Fachexperten erforderlich. Wenn es sich um Katalogteile handelt, dann sollte eine interne Prüfung eines Lieferantenwechsels ausreichen. Bei zeichnungsgebundenen Teilen sind jedoch umfangreiche Abstimmungen mit dem neuen Lieferanten erforderlich. Bei der Umsetzung der gemeinsamen Beschaffungsstrategie geht es auch um die organisatorische Verankerung der Strategie, also wie die Veränderung nachhaltig implementiert werden kann. Dazu sind geeignete Instrumente zu integrieren, wie eine gemeinsame Beschaffungsstrategie und gemeinsame Gremien, z. B. Einkaufs-Boards. Zur Produktionssteigerung über die Integration der beiden Einkaufsorganisationen geht es vor allem um die Harmonisierung der in der Analyse identifizierten Doppelfunktionen und -aufgaben. Dabei geht es um Kern- und Unterstützungsfunktionen, die jeweils möglichst überschneidungsfrei in einer gemeinsamen Einkaufsorganisation abzubilden sind. Das Einkaufs-Controlling, stellvertretend für eine Unterstützungsfunktion, lässt sich meistens in einer Abteilung zusammenführen. Ein gemeinsames Materialgruppenmanagement als Kernaufgabe des strategischen Einkaufs, muss sich an der neuen Materialgruppenstruktur orientieren. Produktivitätspotenziale lassen sich hierbei ableiten aus 1) IT-Systemen für die Administration der Einkaufsprozesse, 2) Wahl der Datenbanken für Beschaffungsmarkt- und Lieferantenrecherchen, 3) Art der Pflege und Dokumentation in den einzelnen Materialgruppen, 4) Systematik der Lieferantenbewertung und 5) Gestaltung des gemeinsamen Claim-Managements. Zur Umsetzung müssen entsprechende Projekte aufgesetzt werden, mit Projektplänen, die auf der angestrebten Bündelung und Produktivitätssteigerung beruhen. Dafür ist innerhalb des Integrations-/Implementierungsteams ein „Subteam Einkauf & Logistik" aufzubauen, dessen Mitglieder möglichst schon seit der Konzeptionsphase (Due Diligence) mit an Bord sind. Im gemeinsamen Lenkungsausschuss ist über die Fortschritte zu berichten.

**Logistik**

Aufgabe der Logistik ist die Organisation, Steuerung, Bereitstellung und Optimierung von Prozessen entlang der gesamten Wertschöpfungskette. Dies bedeutet für ein produzierendes Unternehmen die Steuerung der Material- und Informationsströme, vom Rohstoff- und Kaufteile-Lieferanten über die eigene Fertigung bis hin zur Belieferung der Endkunden. Die Bedeutung der Logistik wird bei M&A weitgehend unterschätzt. Das EBIT-Verbesserungspotenzial allein der Logistik liegt außerhalb von M&A-Projekten bei unverändertem bzw. verbessertem Service-Level bei 1–2 %-Punkten. Bei einem M&A-Projekt treten weitere Produktivitätseffekte durch Zusammenschluss ein, infolge von Zusammenführung der Logistikleitung, gemeinsamer Nutzung von Lägern, Umschlagpunkten, Transportkapazitäten bei Beschaffung und Distribution, gemeinsamer Nutzung von ERP-Systemen, einheitlichem Logistikcontrolling sowie standardisierter Lager- und Materialflusstechnik. Die Cash-Flow-Verbesserungspotenziale der Logistik sollten möglichst schon während der Konzeption der Integration (vgl. Abschn. 4.3.5) identifiziert werden. Dies beinhaltet eine standardisierte Ist-Aufnahme aller Standorte zur Abbildung eines Standortatlasses der Logistik. Pro Standort ist ein Assessment durchzuführen hinsichtlich Stärken und Schwächen. Die Logistikperformance ist jeweils zu messen nach 1) Bestandshöhen, 2) Durchlaufzeiten, 3) Liefertreue, 4) Produktionsrückstand, 5) Anzahl und Höhe von Sonderfahrten, 6) Wartezeiten auf Material, (7) Stillstandzeiten, 8) ungeplanten Umplanungen des Produktionsprogramms, 9) Inventurabweichungen sowie 10) Höhe und Anzahl von Korrekturbuchungen über alle Bestandsarten. Die Logistikkosten sind dabei detailliert nach Kostentreibern zu erfassen. Die Kosten- und Performance-Kennzahlen sind pro Standort zu interpretieren und in ein Stärken- und Schwächen-Profil zu übertragen. Dieses erlaubt bei einem M&A-Projekt mit vielen Standorten einen Standortvergleich der Logistik-Kennzahlen durchzuführen und Best Practices zu erkennen. Des Weiteren wird hierdurch ermöglicht, Kostensenkungspotenziale pro Standort abzuleiten. Diese müssen auf Handlungsfelder übertragen werden, mit Einzelmaßnahmen pro Standort. Daraus ist – Bottom-up – ein Umsetzungsplan mit Umsetzungszeitpunkten und Verantwortlichkeiten zu erstellen. Der Umsetzungsfortschritt ist vor dem Lenkungsausschuss regelmäßig vorzutragen und im Vergleich einem vorzugebenden Soll-Fortschritt zu stellen, etwa in der unten beschriebenen Rot-Gelb-Grün-Systematik.

Als Ergebnisse eines M&A-Teams „Einkauf und Logistik" sind folgende Fakten festzuhalten: 1) Kostensenkungspotenziale aus Bündelung, Produktivitäts- und Performanceverbesserung, 2) Verabschiedung von Konzepten zur Erschließung der identifizierten Potenziale, 3) Umsetzungspläne mit Realisierungsschritten, etwa nach dem Härtegrad-Konzept (vgl. dazu Abschn. 4.3.7), 4) Start- und Zielzeitpunkte der Umsetzungsprojekte. Vorrang vor kurzfristigen Ergebnissen, etwa „billigerem Einkauf" sollten nachhaltige Erfolge haben. Deshalb sind die Entscheidungen sorgsam abzuwägen. Ein Lieferantenwechsel, bei dem Qualitäts- und Logistikaspekte nicht ausreichend berücksichtigt wurden, kann zu erheblichen Folgebelastungen führen.

#### 6.1.7.2 Customer Relationship Management

Qualität und Ausbau der Kundenbeziehungen gehören zu den wichtigsten Wert- und Wachstumstreibern von Unternehmen. Die Beeinträchtigung von Kundenbeziehungen ist einer der wesentlichen Ursachen, warum Potenziale von M&A-Transaktionen nicht gehoben werden. Die Beschäftigung mit der M&A-Transaktion, insbesondere mit der Integration, führt häufig zur Ablenkung der Aufmerksamkeit vom Tagesgeschäft und von der Pflege der Kundenbeziehungen (vgl. im Detail zu dieser Problematik Fischer, 2008). In der Folge entsteht kundenseitig Unsicherheit über die Geschäftsbeziehungen. Dies wird häufig noch durch Wettbewerber verstärkt, die sich Phasen der Unsicherheit zunutze machen und versuchen wichtige Kunden und Mitarbeiter abzuwerben. Darüber hinaus verstellt die Konzentration auf kurzfristige Kostensenkungsprogramme den Blick für die Kundenperspektive. Bei einem M&A-Projekt sollte die Aufmerksamkeit primär auf den Kunden ausgerichtet sein, da Umsatz und Umsatzsynergien einen größeren Einfluss auf den Gewinn haben als die Kosten (vgl. Homburg & Bucerius, 2005, S. 109; Rothenbücher & Schrottke, 2008). Infolgedessen kommt der Vertriebs- und Marketingintegration eine zentrale Bedeutung zu. Sie ist hochkomplex, findet sie doch auf den Ebenen Strategie, Kultur und Struktur statt. Marketing und Vertrieb sind darüber hinaus das Sprachrohr zum Kunden, um etwa die Vorteile der Transaktion zu erklären. Intransparenz und mangelnde Mitarbeitermotivation führen dagegen zur Abwanderung von Kunden, verstärkt durch negative Gerüchte, die von Wettbewerbern ausgestreut werden. Externe Effekte, wie etwa Verzögerungen durch kartellrechtliche Prüfungen, verstärken diesen Effekt. Ein effizienter Integrationsprozess muss solche Störungen durch angemessene Maßnahmen verhindern. Dies geschieht am besten aus dem Integration Office heraus, das als zentrale Instanz für Change Management und Kommunikation fungiert (vgl. Abb. 6.10).

Im ersten Schritt geht es bei einem M&A-Projekt immer um die Absicherung des Wertes der Fusionskandidaten. Bereits vor Bekanntgabe einer Transaktion sollte ein Kommunikationsplan vorliegen, der die Mitarbeiter und Kunden zum Fokus hat (vgl. Abschn. 5.2.4). Der Vertrieb spielt dabei eine zentrale Rolle, seine Motivation schlägt sich direkt auf den Kunden durch. Ziele und Vorteile der Transaktion sind deutlich zu machen und es sollte eine positive Aufbruchstimmung erzeugt werden, die vom Vertrieb zum Kunden transportiert wird. Zu diesem Zweck sind unmittelbar nach dem Signing die wichtigsten Mitarbeiter mit Kundenschnittstellen in das Projekt einzubinden und auf die Kunden zu schalten. Die Einschaltung des Vertriebes in das M&A-Projekt beginnt bereits mit dem Integrationskonzept (vgl. Abschn. 4.3.3) Bei B2B-Geschäften sind zum Beispiel die wichtigsten Key Account Manager in die Due Diligence einzubinden. Der Umfang der persönlichen Abordnungen ist jedoch abhängig von der Größe, die das unmittelbare Due Diligence Team verträgt. Sind zu viele Key Accounts zu berücksichtigen, dann ist ein Hintergrund-Team zu bilden, dem das Due Diligence Team Bericht zu erstatten hat und das dem DD-Team Vorgaben für die Recherche macht. Die schwierigste Phase, in der Verwerfungen mit den Kunden auftreten können, ist die Zeit zwischen Signing und Closing, die von der fusionsrechtlichen Prüfung bestimmt wird, da hier die Unsicherheit am größten ist. Es kann jedoch z. B. im Rahmen eines Clean Teams (vgl. Abschn. 4.2.2), das mit Unternehmensberatern besetzt ist 1) die Datenbeschaffung für die Geschäftsplanung und das Kartellverfahren, 2) die Ermittlung von Synergiepotenzialen, insbesondere deren Ziele und 3) die Integrationsplanung für Marketing und Vertrieb nach dem Closing vorbereiten. Letzteres impliziert auch eine Evaluierung der Kundenbasis und ein Kunden-Entwicklungsprogramm. Die Pre-Closing Integrations-Vorbereitung (vgl. Abschn. 4.3.5) sollte einen klaren Pfad für die Zusammenführung der Marketing- und Vertriebsfunktionen beinhalten. Dabei ist zu klären, welche Accounts wie angegangen werden und welche Vertriebsstrukturen das kombinierte Unternehmen aufweisen soll. Als Grundlage dazu sollte eine Segmentierung der Kunden vorgenommen werden, mit Aussagen, wie das kombinierte Produktportfolio weiterzuentwickeln ist. Dies kann in den Grundzügen bereits mit dem Business Case vorgelegt werden und ist im Zuge des Integrationskonzeptes und der Integrationsvorbereitung zu verfeinern. Dabei ist auch die Zusammenführung der Kundenbeziehungen der beteiligten Unternehmen zu planen. Da während der Transaktions- und Integrationsphase besondere Risiken des Verlustes von Kundenbeziehungen bestehen, kann es erforderlich werden, zur kurzfristigen Verteidigung der Kundenbeziehungen für die Peri-Closing-Phase zusätzliche Zielvorgaben zu definieren und zu vergüten. Bereits unmittelbar nach dem Signing sollte der Vertrieb aktiv auf seine Kunden zugehen und die zukünftigen Perspektiven aufzeigen. Ein auf den Kunden ausgerichtetes Kommunikationsprogramm sollte über die künftige Entwicklung, Preise, Leistungen und Ansprechpartner informieren (vgl. allgemein zur Kommunikation Abschn. 5.2). Es sollte verdeutlicht werden, welche Vorteile die Transaktion für die künftige Geschäftsbeziehung haben wird. Als Instrumente bieten sich Kundenbeiräte, Roadshows und Informationskampagnen an. Dadurch sollte es auch möglich sein, gezielten Abwerbemaßnahmen von Wettbewerbern zuvorzukommen.

Nach dem Closing gilt es, das Momentum der Transaktion aufrecht zu erhalten. Die aufbereiteten Kundendaten sollten nach dem Closing für die Ansprache der Kunden genutzt werden. Frühzeitig ist hierbei mit einer Stimme zu sprechen, mit der des „integrierten" Unternehmens. Dabei gilt grundsätzlich, die Kundenperspektive nicht aus den Augen zu verlieren. Gerade in der unsicheren Zeit vor und nach dem Closing sollte man ambitionierte Ziele für die Kundenbindung setzen und die Leistungen messen. Durch Einholen von Feedback („Pulse Checks" beim Kunden) können Maßnahmen zur Verbesserung der Kundenzufriedenheit identifiziert werden, um die bestehenden Beziehungen zu intensivieren. Neben der Verteidigung der Kundenbeziehungen sollte der Schwerpunkt auf die Erschließung weiterer Kundenpotenziale gelegt werden. Dazu ist das kombinierte Kundenspektrum hinsichtlich Möglichkeiten zum „Cross Selling" zu untersuchen. Dies kann auf zusätzlichem Produkt-/Serviceangebot liegen, ergänzender Absatzkanäle oder regionaler Marktabdeckung. Zur Umsetzung ist ein Implementierungsplan aufzustellen, mit Benennung von Verantwortlichen und Konzepten zur Kommunikation des neuen Angebotes. Zusätzliche Fortbildungsmaßnahmen sollen sicherstellen, dass der Vertrieb in der Lage ist, das neue gemeinsame Produktportfolio zu vermarkten. Zusätzlich zur Zusammenführung des bestehenden Produkt- und Serviceangebotes muss die Fähigkeit der zusammengeführten Organisation entwickelt werden, neue Produkte und Dienstleistungen hervorzubringen. So sind unternehmensübergreifende Teams aufzustellen, um Kernkompetenzen, Wettbewerbsvorteile und Best Practices im kombinierten Haus zu identifizieren. Die Kompetenzen bei F&E und Produktentwicklung sind zu integrieren und auszubauen. Dabei kann es zu Einsparungen bei überlappendem F&E kommen, die für Neuprodukte eingesetzt werden, um damit Innovationen schneller an den Markt zu bringen oder das Produktportfolio auszuweiten. Dies kann ein wesentlicher Entscheidungsfaktor von Kunden sein, um auf neue Angebote des nunmehr integrierten Unternehmens zu setzen. Um dies abzusichern ist das Feedback von Kunden erforderlich, mithilfe derer die Entwicklungs- und Innovationsbereiche priorisiert werden, um die Weiterentwicklung möglichst marktgerecht zu gestalten. Weniger erfolgversprechende Angebote können nach solcher Praxis auch vom Markt genommen werden.

Zusammenfassend kann gesagt werden, dass den Kundenbeziehungen großes Gewicht beigemessen werden sollte, denn sie sind extrem verwundbar und haben eine höhere Ergebnissensibilität als die Kosten. Ein M&A-Fall stellt für die Kunden eine hohe Unsicherheit dar. Deshalb ist es unerlässlich, einen detaillierten Kommunikationsplan zu entwickeln, der ab Tag 1 umgesetzt wird und ein hohes Momentum erzeugt.

### 6.1.7.3 Product Lifecycle Management

Ein häufiges Hauptmotiv für Unternehmensübernahmen liegt im Produktangebot des Targets. „Produkt" ist hierbei weit zu fassen, von Hardware und Software von Komponenten, Produkten, Dienstleistungen, Systemen und Anlagen. Die Produkte der beiden Fusionskandidaten können sich voll und teilweise in den Marktsegmenten überlappen oder auch komplementär liegen. Alle Produkte unterliegen einem technischen und wirtschaftlichen Lebenszyklus. Entscheidend für die Marktstellung eines Unternehmens ist sein Produktportfolio im Lebenszyklus von der Phase der Entstehung (Entwicklung) über die Markteinführung, Wachstumsphase, Reifephase (Schrumpfung) bis zur Sättigung des Marktes und seinem Verschwinden. Neben der Betrachtung der Kostensynergien sind Unternehmenszusammenschlüsse vor allem auf das kombinierte Produktportfolio hin zu betrachten. Kernfragen richten sich auf die Ausgewogenheit des kombinierten Produktportfolios, nach dem technischen Produktlebenszyklus und seiner Fortentwicklung: beschleunigt oder bremst der Zusammenschluss die Entstehung von neuen Produkten? Daraus ergeben sich die strategischen Fragen nach Eliminierung nicht passender Produkte und Entscheidung über Make or Buy bereits hergestellter und noch zu ergänzender Produkte. Diese Fragen ziehen sich durch den gesamten M&A-Prozess.

Bereits im Kandidatenscreening (vgl. Abschn. 4.1.3) ist auf die Kombinierungseffekte im Produktportfolio abzuheben: welcher Kandidat bietet die passendste Ergänzung? Bei der Strategieentwicklung ist für jedes Produkt die Positionierung im Wettbewerb vorzunehmen. Mögliche Strategievarianten sind die Kostenführerschaft bei me-too-Produkten und die Technikführerschaft bei sogenannten Flaggschiffprodukten. Bei der Entwicklung einer M&A-Strategie ist eine Aufnahme und Bewertung der Produktsituation nach den Dimensionen Marktnachfrage, Wettbewerbsangebot, Innovations-Pipeline, Produktions- und Entwicklungskompetenz und vorhandene versus wünschenswerte Technologien vorzunehmen. Sobald der zu priorisierende Kandidat festliegt und (exklusive) Verhandlungen geführt werden, sind dann für den konkreten Business Case Produkt-Portfolio Simulationen durchzuführen (vgl. Abschn. 4.1.4). Dies muss in einer frühen Phase mittels Annahmen erfolgen. Die Due Diligence sollte dazu belastbare Daten liefern (vgl. Abschn. 5.1.4). Dazu ist eine technische Due Diligence durchzuführen, bei der die verschiedenen Produktgruppen nach ihrer Stellung im Markt, technischen Güte, Position im Wettbewerb und möglichen Substitutionsprodukten zu bewerten sind. Auch die Positionierung der Produkte in ihrem Lebenszyklus sollte erfasst werden: welchen Deckungsbeitrag liefern sie heute und in der Zukunft? Wie belastbar sind die Umsatzplanungen, nicht nur aus kaufmännischer Sicht sondern auch aus Technologie- und Marktbetrachtung? Neben den bestehenden Produkten ist die Pipeline der Neuentwicklungen zu erfassen. Diese Analysen bilden die Basis für eine „technische" Bewertung des Targets. Der Schritt zur Integrationsplanung beinhaltet die Betrachtung des kombinierten Produktportfolios. In einer Matrix aus Wettbewerbsfähigkeit und Produktattraktivität lassen sich die Produkte beider Fusionskandidaten darstellen. Hierin sind nunmehr die geplanten Richtungen zur Entwicklung der Produkte darzustellen. Die Handlungsoptionen liegen bei a) Eliminierung schwacher Produkte b) Zusammenführung von Produktlinien im Überlappungsbereich beider Kandidaten zur Verbesserung der Geschäftsposition und c) Positionsausbau von Produkten mit hoher Wettbewerbsfähigkeit und hoher Produktattraktivität durch gezielte Entwicklung und Investitionen.

Um diese Schritte nachhaltig absichern zu können, ist es nötig, das Know-how zu behalten, insbesondere durch Bindung von Human Capital. Dabei kann es nötig werden, die innere Einstellung zu ändern, zum Beispiel wenn der Vertrieb plötzlich die Produkte des ehemaligen Wettbewerbers vermarkten muss. Ebenso wichtig ist die Forschung und Entwicklung, die der Portfolioentwicklung nun die Produktphilosophie des Übernehmers mit den Technologien des Wettbewerbers vereinen muss. Dies kann bei gutem Willen gelingen oder auch nicht, weil die Produktarchitekturen sich technisch einfach nicht integrieren lassen. Ein typischer Fall ist die Akquisition des Telefonsystem-Anbieters Rolm von IBM durch die Siemens AG. Hier gelang es aufgrund der unterschiedlichen Halbleiter-Architekturen nicht, die Produktlinien zusammenzuführen und gleichzeitig eine globale Produktplattform zu entwickeln. Dabei beruht eine Unternehmensintegration im Wesentlichen auf der Integration der Produkte, weniger auf der Zusammenführung der Verwaltung.

Die Produktintegration wirkt sich auf fast alle Unternehmensfunktionen aus: der Einkauf muss seine Lieferanten konzentrieren, die Forschung und Entwicklung muss sich auf ein integriertes Produktportfolio einstellen, die integrierten Produktfamilien müssen modular aufgebaut sein, damit die Produktion sich auf eine weltweite Komponenten-, System- und Produktfamilie einstellen kann, die zu geringsten Kosten führt und weltweit die Bedürfnisse der Kunden optimal erfüllen kann. Voraussetzung dazu ist eine systematische Beschreibung des aktuellen und künftigen Produktportfolios. Die Integration des Produktportfolios beginnt bereits in den ersten Tagen nach dem Closing. Vor dem Hintergrund der Vision der Ziel-Produktfamilie sind im 100-Tage-Programm die ersten Quick Wins zu realisieren, etwa durch Konzentration des Produktportfolios, Beschränkung der Lieferanten und Fokussierung der Forschung und Entwicklung auf die nächste „kombinierte" Produktgeneration. Zu den Quick Wins, der Hebel mit den geringsten Widerständen und der größten Wirkung gehören 1) konsolidierte Einkaufsverträge für Materialien und Energie, 2) Vertriebssynergien bei den Top 10-Kunden, 3) Abbau von Überlappungen bei den Zentralfunktionen, 4) Synergien in jungen Geschäftsfeldern wegen geringer kumulierter F&E und großem Ergebnishebel, 5) Transfer von Best Practices aus dem Produktionsbereich einschließlich Orientierung an ersten Design-to-Cost-Erkenntnissen. Im Zuge der Quick-Wins-Offensive ist auch die Optimierung der Integrationsgeschwindigkeit angesagt (vgl. allgemein dazu auch Homburg & Bucerius, 2006). Hinsichtlich der Fertigung der Produkte ist frühzeitig zu entscheiden, welche Produkte und Fertigungen nicht integriert, sondern eigenständig fortgeführt werden sollen und welche Produkte/Wertschöpfungsstufen auf kontinentaler oder globaler Ebene zu harmonisieren sind. Die dazu anzustellenden Grundüberlegungen zielen auf die zeitliche und regionale Reichweite der Produkte bzw. auf das langfristig auszurichtende globale Produktportfolio. Wenn feststeht, welche Produkte in ein „globales Fertigungsfamilienkonzept" zu überführen sind, dann ist zu entscheiden, ob dies quasi „aus dem Stand" passieren soll oder in einem abgestimmten mittelfristigen Migrationspfad. Schnelligkeit bedeutet a) Nutzung der Unsicherheiten am Beginn des Prozesses und 2) Steigerung des Net Present Value. Eine kontrollierte mittelfristige Migration ermöglicht ein grundlegenderes Kennenlernen, Vertrauensaufbau, Vermeidung von Überforderungen durch zu viele Änderungen in zu kurzer Zeit und die „organische“ Entwicklung einer gemeinsamen Strategie.

Wie in Abb. 3.1 „Weichenstellungen“ gezeigt wurde, führen die Alternativen zu grundsätzlich unterschiedlichen Pfaden der Umsetzung nach dem Closing. Wichtig dabei ist, dass beide Pfade –kurz versus bedächtig – auch gleichzeitig nebeneinander gefahren werden können, je nach kurz- bzw. langfristigem Beitrag für das Produktportfolio. Die Detailarbeit im Aufbau einer integrierten Produktfamilie erfolgt in den ersten ein bis eineinhalb Jahren. Hierbei ist jedoch auch noch zu berücksichtigen, wie lang die Produktlebenszyklen der Branche sind und unter welchem zeitlichen Wettbewerbsdruck sich die Fusionskandidaten hinsichtlich der Führung von neuen Produkten in die Marktreife befinden. Dabei sind auch Engpässe einzukalkulieren. Nicht selten verschlingen die auf kurz- und mittelfristig ausgerichteten Kostensenkungsmaßnahmen so viel Zeit und Energie, dass die langfristig entscheidende, aber zeitintensive Konsolidierung des Produktportfolios ins Hintertreffen gerät. Der Umsatzhebel ist dabei der längere Hebel. Kostensynergien spielen zwar eine notwendige Rolle, bei Produktionsunternehmen liegen aber die Wertsteigerungspotenziale primär in der Geschäftsausweitung, insbesondere in der zeitlich vorgezogenen Vermarktung neuer und leistungsfähigerer Produkte. Hier ist auch die Rolle des „First Movers“ auszuspielen; im Elektronikproduktgeschäft ist zum Beispiel der größte Ergebnis- und Wertbeitrag im ersten Halbjahr der Vermarktung zu erzielen. Ein Rückstand von einem halben Jahr bedeutet, dass mit dem entsprechenden Produkt über die kumulierte Gesamtlebensdauer kein Gewinn mehr erzielt werden kann. Auch das Ende des Produktlebens ist eine aktive Planungsaufgabe: unter welchen Bedingungen, unter welcher Feature- und Preispolitik kann sich das Unternehmen ergebnisoptimal von Produktlinien, Fertigungsstraßen und Know-how trennen? Exit-Überlegungen können kurzfristig bereits bei der Planung des neuen Produktportfolios angebracht sein, zum Beispiel wenn bestimmte Produktlinien des gemeinsamen Portfolios nicht weitergeführt werden sollen. Bei dieser Entscheidung sollte jedoch mit Bedacht vorgegangen werden. Siemens hatte zum Beispiel bei der Übernahme der Westinghouse Power Generation Business Unit ursprünglich vor, die von Westinghouse für den Europäischen Markt gefertigte 50-Herz-Gasturbine unmittelbar vom Markt zu nehmen, weil Siemens bereits eine neue Generation von Turbinen dieser Klasse vor der Markteinführung hatte. Dann stellte sich aber heraus, dass die Westinghouse-Produktfamilie zwar einen geringeren Wirkungsgrad hatte, jedoch – über die langjährige Fertigung und Vermarktung – als sehr zuverlässig bekannt war. Im Resultat verwarf Siemens die Beendigung der Vermarktung der Westinghouse-Turbine und ließ die beiden Produktfamilien mittelfristig nebeneinander bestehen: mit großem Erfolg, denn die Kunden segmentierten sich entsprechend und mit beiden Produkten konnte ein Großteil des Marktes abgedeckt werden. Zusammenfassend kann gesagt werden, dass die Grundlage für eine erfolgreiche Post Closing-Produktplanung eine integrale Betrachtung des Product Lifecycles des gesamten Portfolios ist. Dies betrifft den gesamten M&A-

Prozess, insbesondere 1) eine Markt und Technologie-Due Diligence, 2) eine tiefe Analyse des Produktportfolios einschließlich Untersuchung der Handlungsoptionen und 3) eine Post-Closing-Planung unter Fokussierung auf Umsatzausweitung und dem Erreichen einer Führungsposition in der Fortentwicklung des Produktportfolios.

#### 6.1.7.4 Die Management- und Supportprozesse

Zu den oben erläuterten drei unternehmerischen Kernprozessen kommen noch die eigentlichen Management-Prozesse als „Leitfunktionen" eines Unternehmens sowie die unternehmerischen Unterstützungsprozesse („Support"-Funktionen) als zentrale Dienstleister im Unternehmen hinzu. Wichtig ist, dass diese Prozesse von den in diesem Buch behandelten Kern- und Unterstützungsprozessen für M&A (vgl. Abb. 3.13) auseinander gehalten werden. Wichtig ist aber auch, dass hier Überlappungen zu beobachten sind.

Zunächst ist daran zu erinnern, dass die M&A-Kernprozesse *M&A-spezifische* Prozesse sind. Die M&A-Unterstützungsprozesse sind – wie mehrfach unterstrichen wurde – *quer-funktional,* das heißt: jeder M&A-Unterstützungsprozess unterstützt *alle* Kernprozesse, darf also in keinem Fall als „Besitz" eines Kernprozesses angesehen werden. Für ein M&A-Projekt kommen zu diesen M&A-Unterstützungsprozessen die drei oben beschriebenen *unternehmerischen Kernprozesse* hinzu und zwar zugleich als tätiger Teil (deren Vertreter sind im Lenkungsausschuss, im Interim-Team präsent) und als Teil der zu fusionierenden Einheiten (da ja all diese Funktionen, die diese Prozesse umfassen, auch das Ziel der Fusion darstellen, wie zum Beispiel Einkauf und Logistik als Teil des Supply Chain Managements).

Diese Doppelrolle nehmen auch die Management- und Support-Funktionen wahr. Auch sie sind Täter und Zielobjekt zugleich. Als solche sind sie auch zu behandeln und zu unterscheiden. Somit sind auch sie *funktionale Unterstützungsprozesse* – wenn auch nicht primär quer-funktional. Hierbei gibt es naturgemäß besondere Überlappungen mit den M&A-Prozessen. Am Beispiel der Unternehmens-Leitfunktionen sei dies erläutert. Die unternehmerische Leitfunktion *Strategisches Management & Controlling* ist im M&A-Projekt verantwortlich für den *Kernprozess Strategie*, aber sie vertritt viel mehr als nur den M&A-Prozess sondern auch alle organischen Prozesse der *strategischen Unternehmensführung*. Daneben ist das strategische Management & Controlling auch Zielobjekt, das heißt, diese Funktion kommt beim Übernehmer (bzw. bei dessen zu integrierender Unternehmenseinheit) und beim Target vor, und muss infolgedessen auch integriert werden. In dieser Integration geht es um drei „Dimensionen", nämlich um die Integration der organisatorischen Einheiten, um die Integration der damit verbundenen Prozesse und die Integration der dazu gehörigen Abbildung auf der IT-Ebene, konkreter: des relevanten *E*nterprise *A*rchitecture *M*anagements (EAM). Daraus resultieren natürlich auch Konflikte, weil die Täter auch Ziel der Restrukturierung sind. So werden die (ausgewählten) Vertreter im Interim-Team sich selbst bevorzugen, wenn es um die Besetzung der Schlüsselfunktionsträger für die relevanten unternehmerischen Leitfunktionen geht, hier also um die Gesamtleitung „Strategie" im fusionierten Unternehmen, sowie um Präferenz für deren Prozesse, deren Software und deren IT-Backbone. In demselben Konflikt stehen auch die anderen unternehmerischen Leitfunktionen, namentlich: *Financial Management & Controlling* (im M&A-Projekt vertreten durch den Unterstützungsprozess „Controlling"), *Enterprise Management* (der Stab für die zentrale operative Führung) sowie *Internal Audit* (die hauseigene Unternehmens-Revision), jeweils wieder mit ihrer Organisation, ihren Prozessen und dem zugehörigen EAM. Aus Platzgründen soll dies an dieser Stelle nicht vertieft werden. Es gilt analog das zum Strategic Management & Controlling Gesagte.

Gleiches gilt für die Unternehmens-Support-Funktionen, die Täter, Ziel, Organisationseinheiten sowie Prozesse sind und ihre Abbildung im EAM-System haben. Hier sind zu nennen: Qualitätsmanagement, Umwelt & Gesundheit, Intellectual Capital (Property) Management, Personal (HR), Financial Management (für die Service-Funktionen, nicht zu verwechseln mit der hoheitlichen Funktion Finanzmanagement & Controlling), Procurement (Beschaffung als Dienstleistung für eigene Zwecke) Process & Information Management (IT mit EAM), Kommunikation, Verwaltung und Infrastruktur sowie Organisationsentwicklung als Dienstleistungsfunktion.

### 6.1.8 Risikomanagement bei M&A/Risk Assessment

#### 6.1.8.1 Grundelemente des Risk Assessments im Allgemeinen

Nach der Norm ISO 31000 (2009) (vgl. im Detail dazu Meier, 2013) ist Risikomanagement eine Führungsaufgabe, in der die Risiken einer Organisation und von deren Prozessen identifiziert, analysiert und bewertet werden. Hierzu sind übergeordnete Ziele, Strategien und Politik der Organisation zum Risikomanagement festzulegen. Im Einzelnen betrifft das die Festlegung von Kriterien, nach denen die Risiken eingestuft und bewertet werden, die Methoden der Ermittlung von Risiken, die Verantwortlichkeiten bei Risikoentscheidungen, die Bereitstellung von Ressourcen zur Risikoabwehr, die interne und externe Kommunikation über die identifizierten Risiken (Reporting) sowie die Qualifizierung des Personals für das Risikomanagement (vgl. allgemein zu Risikomanagement Denk, Exner-Merkelt, & Ruthner, 2008; zu Risikomanagement bei M&A Keller, 2002). Risikomanagement ist als ein fortlaufender Prozess zu verstehen, in dem Planung, Umsetzung, Überwachung und Verbesserung kontinuierlich stattfinden. Es soll über die gesamte Lebensdauer einer Organisation zur Anwendung kommen und eine Kultur der Risikolenkung in der Organisation entstehen lassen.

Die in der Norm ISO 31000 beschriebenen Grundsätze und Verfahren zum Risikomanagement gelten allgemein. Sie können in allen Bereichen, wo Risiken existieren, angewendet werden und sind nicht auf eine spezifische Branche oder Applikation (M&A…) zugeschnitten. Das Risikomanagement (Risikofrüherkennnungssystem), orientiert sich an den Anforderungen des Kontroll- und Transparenzgesetzes (KonTraG). Ziel ist es, bestandsbedrohende Risiken frühzeitig zu erkennen und nachvollziehbar zu überwachen. Oft wirken Kombinationseffekte mehrerer Einzelrisiken bestandsbedrohend. Deshalb wird eine Aggregation der Einzelrisiken zur Bestimmung des Gesamtrisikoumfangs gefordert (Risikoaggregation). Der ökonomische Mehrwert des Risikomanagements liegt in der Reduzierung der Wahrscheinlichkeit bestandsbedrohender Krisen durch mehr Risikotransparenz. Als weitere Vorteile eines leistungsfähigen Risikomanagements sind eine Verbesserung der Planungssicherheit und eine Reduzierung der Risikokosten zu nennen. Im Einzelnen umfasst der Risikomanagement-Prozess (vgl. dazu auch Meckl & Horzella, 2010:

- Identifikation der Gefahren, Beschreibung ihrer Art, der Ursachen und Auswirkungen
- Analyse der identifizierten Gefahren hinsichtlich ihrer Eintrittswahrscheinlichkeiten und möglichen Auswirkungen
- Risikobewertung durch Vergleich mit zuvor festzulegenden Kriterien der Risiko-Akzeptanz (z. B. aus Standards und Normen)
- Risikobewältigung/Risikobeherrschung durch Maßnahmen, die Gefahren und/oder Eintrittswahrscheinlichkeiten reduzieren oder die Folgen beherrschbar machen
- Risikoüberwachung mit Hilfe von Parametern, die Aufschluss über die aktuellen Risiken geben (Risikoindikatoren)
- Risikoaufzeichnungen zur Dokumentation aller Vorgänge, die im Zusammenhang der Risikoanalyse und -beurteilung stattfinden.

Risikomanagement in Projekten beschäftigt sich mit allen Tätigkeiten, welche zur Verhinderung von oder zum Umgang mit ungeplanten Ereignissen durchgeführt werden können.

#### 6.1.8.2 Bewältigung des Risk Managements bei M&A

Es ist eine Philosophiefrage, ob man bei hoch differenzierten Projektführungsmodellen wie dem vorgestellten Prozessmodell noch ein explizites Risikomanagement – etwa im Sinne eines Risk Assessment Teams – benötigt. Wir empfehlen, außerordentliche und spezielle Risk Assessments dann vorzunehmen, wenn besondere Risikosituationen auftreten oder wenn besonders risikobehaftete Projekte vorliegen. M&A ist ein riskantes Unterfangen. In unserem Prozessansatz für M&A-Projekte ist deshalb die Absicherung gegen Risiken vielfach enthalten. Dabei ist die *Risikoabsicherung* durch Redundanz (z. B. sich wiederholende Prozesse) und Diversität (verschiedene Pfade, zum Beispiel zwingende Erfolgskriterien hinsichtlich finanzieller Erfolge und strategischer Erfolge) sichergestellt. So kann zum Beispiel nach dem Closing eine spezielle Post Closing Due Diligence durch ein separates Team (Redundanz) und mit besonderen Verfahren (Diversität) durchgeführt werden.

Risikomanagement bei M&A ist vor allem eine Führungsaufgabe. Diese beginnt beim Vorstand und umschließt den Project Owner, den (Integrations-)Projektleiter und das Management der Fusionskandidaten. Diese Führungen sind zwar teilweise diversitär (Geschäftsführung für Kontinuitätsmanagement, Integrationsteam für Diskontinuitätsmanagement) aufgestellt, durch diese Diversität und ihre Kombination (Vorstand – Lenkungsausschuss – Integrationsteam – operative Geschäftsführung) erhöht sie jedoch in der Zeit des hohen Arbeitsaufkommens nicht nur die erforderliche Arbeitskapazität (Summe aus Tagesgeschäft und Integration) sondern sie kontrollieren sich auch gegenseitig, auch durch Einbindung/Schaffung mehrerer Hierarchieebenen. Dabei ist zwischen Risiken aus der Aufbauorganisation und aus den Prozessen zu unterscheiden. Auch hier bieten wir Redundanz und Diversität, in Form von nebeneinander bestehenden Organisationen für Tagesgeschäft versus Implementierung sowie durch die stetige Verfeinerung der Erkenntnisse im Zuge des frühzeitigen Angehens von Herausforderungen und des Projektfortschrittes durch sukzessive Detaillierung (eingebaute Iterationen).

Zahlreiche Instrumente dienen der *Risikoermittlung*, beispielsweise die frühzeitige Identifikation des M&A-Pfades (vgl. Abb. 3.2) mit den sich ergebenden Handlungszwängen. Die Risikoermittlung findet sich wieder in einem durchgängig quantitativen Ansatz, etwa der Gesamtzielermittlung, dem Top-down-Herunterbrechen in die Verbesserungshebel und die Bottom-up-Verifikation durch die Maßnahmenentwicklung. All dies erlaubt im gesamten Prozess, stets Risikoentscheidungen zu fällen und Risiken abzuwehren. Hier geht es nicht nur um die Absicherung der Konsistenz in der Zeitachse sondern auch die stetige quer-funktionale Konsistenzprüfung zwischen den Prozessen. Dabei haben wir auch ganz bewusst eine gewisse Redundanz eingebaut, nämlich die Unterstützungsprozesse, die vornehmlich von unabhängigen Fachleuten (für Bewertung, Controlling, Informationsbeschaffung…) geführt werden. Sie stellen damit den stärker management- und machtorientierten Führern der Kernprozesse ein komplementäres Gewicht gegenüber.

Eine Schlüsselfunktion im Risikomanagement kommt dem *Risikoreporting* zu. Dies findet vor dem Lenkungsausschuss statt, zur Vermeidung von Überlast durch Details gefiltert durch das Management Cockpit (siehe unten). Die Qualifizierung des Personals für M&A ist eine Schlüsselfunktion, die nicht nur für das Einzelprojekt vorzuhalten ist, sondern die eine „lernende M&A-Organisation" voraussetzt, mit einer für das ganze Unternehmen geltenden Richtlinie bzw. einem Wissensmanagement-System, das den Aufbau von M&A-Kompetenz fördert und den Einsatz von Erfahrungsträgern im konkreten Projekt sicherstellt. Durch fortwährendes Kumulieren von M&A-Erfahrungen sollte ein Unternehmen in der Lage sein, seinen Bestand auf Dauer abzusichern. Die Praxis zeigt leider, dass stattdessen immer wieder Brüche auftreten und ganze (Projekt-)Organisationen und Glieder im Wissensmanagement zerfallen, weil Mitarbeiter lieblos versetzt werden, ohne auf die erforderliche Stetigkeit von Schlüsselfunktionen wie M&A-Transaktion und Integration zu achten. Desaster bei M&A entstehen nicht durch zufällige einzelne Fehler sondern durch grundlegende Fehlsteuerung (etwa bei der Strategie, bei der Integration) und durch ein Zusammentreffen vieler Fehler. Die Risikoaggregation ist also ein Phänomen, dem man begegnen muss. Wir haben versucht dies durch die durchgängige Best Practice-Orientierung zu lösen. Der Risikominimierung dient unser Grundansatz, dass das M&A-Projekt in jeder Stufe abgebrochen werden kann, wenn sich grundlegende Fehlentwicklungen erkennen lassen. Das frühzeitige Angehen von grundlegenden Fragen und die ständigen Simulationen aufgrund von mangelnden Informationen erlauben stets eine Vorausschau von Ereignissen, die sich erst später materialisieren. Hier haben wir durch die vorgenannte Vorausschau von Entscheidungspfaden, die Simulationen und Iterationen ein fein strukturiertes System der Früherkennung von Risiken eingebaut. Dadurch kann ein M&A-Projekt noch relativ früh umgesteuert oder notfalls völlig gestoppt werden, zu einem Zeitpunkt, bei dem dies noch „relativ billig" machbar ist, denn die Kosten für M&A steigen exponentiell mit dem Projektfortschritt. Das durchgängige Modell der Kern- und Unterstützungsprozesse, das für jedes Projekt durchgehalten werden muss, erzeugt auch ein hohes Maß an Disziplin, eine Kultur der Risikolenkung. Damit treten wir auch dem „M&A-GaU" (= *G*rößter *a*nzunehmender *U*nfall) entgegen, der immer durch eine Kumulation von Risiken (Risiko-Aggregation) entsteht. Mit diesem Methoden-Arsenal können die wesentlichen Projektrisiken erkannt und bewältigt werden, von denen die wichtigsten Erscheinungen sind: 1) fehlerhafte Zeitpläne, 2) Inflation von Anforderungen (Spezifikationskollaps), 3) geringer Produktivität und 4) Gruppendruck (Lemming-Effekt).

Zusammenfassend kann konstatiert werden, dass das Prozessmodell ein Risikomanagement-System umfasst, bestehend aus a) ständiger Gefahrenabwehr, b) durchgängiger Risikobewertung durch Orientierung an Best Practice, c) proaktivem Risiko-Ausschluss durch das Vorziehen von Entscheidungen via Entscheidungsbäumen und Iterationen, d) Risikobewältigung durch Reduktion von Eintrittswahrscheinlichkeiten, etwa durch das Härtegrad-Konzept bei der Maßnahmenverfolgung sowie e) der Risikoüberwachung durch die komplementär wirkenden Gremien von Vorstand, Lenkungsausschuss und Managementteam.

### 6.1.9 Das M&A-Gesamtprojektmanagement im Prozessmodell

#### 6.1.9.1 Die Phaseneinteilung im Prozessmodell

Die Gliederung in große Projektphasen erlaubt eine klare Übersicht, in welchem Reifegrad sich das betreffende Projekt befindet (vgl. Abschn. 3.1.2, insbesondere Abb. 3.13). Wir haben eine Gliederung in drei Hauptphasen vorgenommen, wie wir sie vor zehn Jahren propagiert hatten. Dies ist mittlerweile zum Industriestandard geworden. Die Gliederung der Hauptphasen richtet sich nach den jeweils führenden Protagonisten im Projekt. So wird die Planungsphase von den Strategen dominiert, die Transaktionsphase von den „Dealmakern" (Anwälten, Transaktionshäusern…) und die Integrationsphase vom operativen Management. In einem gewissen (aber gewollten) Spannungsverhältnis steht die durchgängige „End-to-End"-Verantwortung der Hauptprotagonisten über alle drei Haupt-Projektphasen. Das Hauptargument für die durchgängige Verantwortung ist das Konsistenzmanagement über die Zeit. Dies ist bei großen und komplexen Projekten eine besondere Herausforderung, da die Gefahr besteht, sich in tausenden von Details zu verlieren.

Das ist auch einer der Gründe, weshalb wir im vorliegenden Buch keine Checklisten favorisieren, sondern Zusammenhänge, also Prozesse. „Allumfassende" Checklisten führen bei großen Projekten zu einer Atomisierung der Probleme, wodurch der Blick für die Zusammenhänge verloren geht. Der Sinn (zusätzlicher) Checklisten (ob grob gegliedert oder fein) soll damit nicht abgestritten werden. Da vernünftige Checklisten jedoch hierarchisch gegliedert werden müssen, führen „generische" (für alle Branchen, Unternehmenstypen und M&A-Fälle) Checklisten zu unnötigem Umfang und sie verstellen den Blick für das Wesentliche im Einzelfall. Checklisten sind also mehr auf das individuelle Unternehmen in seinem besonderen Umfeld auszurichten und damit auf die branchen- und regionalspezifischen Hauptbaustellen, die jedes Mal anders liegen. Unser Prozessmodell ist so angelegt, dass es für alle Branchen und Regionen geeignet ist. Es ist auch als ein flexibler Rahmen zu verstehen, denn die Arbeitspakete können anders gegliedert und zeitlich verschoben sein. Im vorliegenden Buch geben wir lediglich ein Modell vor, das sich als ein in sich konsistentes Modell versteht. Wie bereits mehrfach erwähnt, haben wir dabei größere bis große und „Mega"-Projekte im Auge, bei denen das Management eine besondere Herausforderung darstellt. In seinen Grundzügen – etwa der Gliederung in drei Hauptphasen – ist das Modell jedoch auch für mittlere und kleine M&A-Projekte zu empfehlen.

Eine der großen Herausforderungen zur erfolgreichen Umsetzung des 3-Phasen-Modells ist das Hauptproblem, Prozessmanager zu finden, die geeignet sind, ein Projekt „End-to-End" zu führen. Diese Schwierigkeit wird jedoch durch die unterschiedlichen Schwerpunkte in den Projektphasen gemildert. Anzufordern sind jedoch Prozessmanager, die drei Bedingungen erfüllen: sie sollten 1) für die gesamte Projektlaufzeit zur Verfügung stehen, 2) in Grundzügen das Prozessmanagement verstehen und im Falle eines Einsatzes bei großen Projekten bereits Vorerfahrung mit kleineren Projekten gewonnen haben und 3) eine Seniorität haben, mit der sie sich qua Berufsjahren auch gegenüber dem Linienmanagement durchsetzen können.

#### 6.1.9.2 Die Ebenen des Prozessmodells

Wir haben das Prozessmodell in drei Ebenen gegliedert, in 1) die Kern- und Unterstützungsprozesse, die 2) Arbeitspakete (vgl. Abb. 3.13) und 3) in Workstreams, die Arbeitspaket-übergreifend sind (vgl. Abb. 4.26).

Um die drei *Kernprozesse* gliedert sich eine Reihe von „quer-funktionalen" *Unterstützungsprozessen*. Die Aufteilung in die drei Kernprozesse „Strategie", „Dealmaking" und „Struktur" hat sich nach zehnjähriger Praxis in der deutschen Industrie als besonders praktikabel für große und mittlere Projekte erwiesen. Die Definition der „quer-funktionalen" Unterstützungsprozesse haben wir so vorgenommen, dass hier die wichtigsten Kernprozess-übergreifenden Fachfunktionen ihre Heimat finden. Dies ist der Informationsprozess mit der (immer bedeutender und breiter werdenden) Due Diligence, die aufgrund von Compliance und Basel-III-Regularien eine immer größere Bedeutung erlangt. Hinzu kommt der Kommunikationsprozess wegen der immer komplexer werdenden Anforderungen zum Stakeholder-Management. Denn anders als sogenannte „Kundenprojekte" hat M&A mit einer viel größeren Anzahl von Stakeholdern zu tun und darin solche, die sich nicht hierarchisch unterordnen lassen sondern ihren eigenen Regeln und Gesetzen (im wahrsten Sinne des Wortes) gehorchen. Des Weiteren haben wir als Unterstützungsprozess den Bewertungs- und Finanzierungsprozess herausgehoben sowie den Controllingprozess. Sie erfüllen alle die Bedingung der „Quer-Funktionalität", das heißt: sie dienen alle und immer mehreren Kernprozessen, sind also kein „Eigentum" eines Kernprozesses. Diese Eigenschaft darf nicht unterschätzt werden, denn in der „klassischen" M&A-Definition mit der Transaktion als der „eigentlichen" M&A-Aktivität, wurden einzelne Unterstützungsfunktionen nur einem Kernprozess untergeordnet, also die Bewertung zum Beispiel dem Dealmaking. Dabei ist es heute eine Selbstverständlichkeit, dass jede Strategie einen „Wert“ besitzt. Demzufolge sind auch in der Planungsphase Bewertungen durchzuführen. Das gleiche gilt für die Integration (Stand-Alone „Implementierung“), deren Performance und demzufolge deren Wert-Generierung unterschiedlich erfolgreich sein kann.

Die *Arbeitspakete* haben darin die Rolle von „Produkten“ mit konkreten Zielen, Leistungsinhalten, speziellen darauf ausgerichteten Instrumenten („Tools“) und Ergebnissen. Damit sind sie überschaubar, können leichter definiert und leichter vom Ergebnis kommend in ihrer Performance bewertet werden. Jeder Prozess-„Owner“ hat also eine definierte Anzahl von „Produkten“ abzuliefern, die aufeinander aufbauen und in konkreten Beziehungen zueinander stehen. Diese Ebene ist ganz entscheidend für das Risikomanagement. Die Arbeitspakete sind so zu „paketieren“, dass sie 1) in ihrer Aufgabendefinition unmittelbar einsichtig sind, 2) vom Ergebnis her eine Einheit darstellen, 3) ihnen typische Tools und Templates zugeordnet werden können, 4) die Hintereinanderschaltung eine sukzessive Verfeinerung und Iteration darstellt und das Ende eines Working Packages auch eine „Sollbruchstelle“ erlaubt, zu der das gesamte Projekt abgebrochen, auf eine frühere Sollbruchstelle zurückgestellt werden kann oder das gesamte Vorhaben „back to Square One“ positioniert wird – also in der Praxis: Wechsel des M&A-Kandidaten. Damit ist ein wichtiges Instrument zur Risikominimierung gegeben, indem nachlaufende Kosten und zusätzlicher Zeitverlust vermieden werden. Wie gesagt, ist dies das „Design“ für große und komplexe Projekte, die wir an anderer Stelle mit „Kategorie A“ bezeichnet haben (vgl. Abschn. 6.1.3.3) – meist in der Größenordnung von einer Mrd. EUR Investment und einem Vielfachen, sowie verbunden mit einer Integration. Geeignet ist unser Modell auch für mittelgroße „B“-Projekte in der Größenordnung von 500 Mio. EUR Investment, hoher Wertschöpfung und Integration. Für durchgängige Sub-Aufgaben bei komplexen Projekten haben wir speziell für die „Spitzenlast-Phase“ zusätzlich die Ebene der Methoden-orientierten *Workstreams* eingeführt. Die Workstreams sollen die Durchgängigkeit der Aufgabenstellungen von Arbeitspaket zu Arbeitspaket sicherstellen und die schrittweise Verfeinerung von Arbeitspaket zu Arbeitspaket ermöglichen. Sie zeichnen sich durch eine durchgängige Verwendung einzelner Methoden bzw. durch logische Schrittfolgen besonderer Vorgehensweisen aus (vgl. Abb. 4.26).

Zum Downscaling, also bei kleineren „B“- und „C“-Projekten kann man einzelne Ebenen ausblenden, etwa die Workstreams. Bei noch übersichtlicheren Projekten lassen sich die Arbeitspakete zu Workstreams verbinden. Bei kleinen Projekten bietet sich jedoch kein Downscaling mehr an, weil Downscaling in der Regel an Grenzen stößt und bei kleinen Einheiten zu relativ komplexen Lösungen führt. Hier bietet sich die Wahl eines anderen Modells an, nämlich des bereits vorgestellten Hybridmodells bestehend aus standardisierbaren Arbeitsschritten in Verbindung mit durchgängigen funktionalen Prozessen oder (an ihrer Statt) „Baustellen“, das heißt ganz individuellen Haupt-Themengebieten, aus denen im konkreten Einzelfall der größte Wert („80-20-Regel“) gezogen werden kann. Ein Beispiel dafür ist der Fall Siemens-Bonus Wind, eine überschaubare Stand-Alone-Akquisition (weil Siemens auf diesem Gebiet vormals nicht als Windkraft-Anlagenbauer tätig war) im Multi-Hundert-Millionen-Bereich. Wie erkennbar ist, wurde dieses Projekt in zehn Funktionsprozessen geführt, die hier exakt (funktional) mit individuell festgelegten Meilensteinen aufgesetzt wurden (vgl. Abb. 6.9).

#### 6.1.9.3 Das Meilenstein-Management

M&A ist ein riskantes Vorhaben und zielt auf grundlegenden Umbau des Unternehmens. Dementsprechend ist M&A eine Angelegenheit des Vorstandes. Dessen Einbindung muss in einem Führungsmodell grundlegend geregelt werden. Wir haben dafür sieben Haupt-Meilensteine definiert, zu denen der Vorstand zu involvieren ist (vgl. Abschn. 3.1.2; Abb. 3.2; die Meilensteine werden dort als „Gates“ bezeichnet). Je nach Größe und Gewichtung des Projektes kann dieses Involvement direkt erfolgen (der Vorstand ist selber im Lenkungsausschuss vertreten) oder diese Aufgabe kann auf die nächst niedrigeren Managementebenen delegiert werden. Da auch kleinere M&A-Vorhaben eine große Auswirkung auf das Gesamtunternehmen haben können, sollte der Vorstand auch bei kleineren Vorhaben eingebunden werden, etwa durch Berichterstattungen zu den Meilensteinen oder durch entsprechende Anträge und Vorstandsvorlagen. Dies muss nicht bei allen der Haupt-Meilensteine stattfinden. Bestimmte Einschaltungen haben sich jedoch als „Industriestandard“ durchgesetzt.

Der erste der Haupt-Meilensteine ist der offizielle Projektstart. Die Quelle von M&A-Projekten liegt häufig auf der operativen Ebene und geht auf Aktivitäten von Geschäftsführern und ihren Vertrieben zurück. Am Rande von Kongressen, bei Branchentreffen und Tagungen werden oft erste Ideen zu M&A-Projekten generiert. Die dabei entwickelten Ideen werden in der Organisation oft lange verfolgt und sie verschlingen kontinuierlich Aufmerksamkeit und Geldmittel. Um dies in den Griff zu bekommen, ist ein „offizieller“ Projektstart erforderlich, der es erst erlaubt, bestimmte M&A-Ideen weiterzuverfolgen. Mit solch einem Meilenstein können dann auch formelle Prozesse aufgesetzt werden, wie etwa ein Strategieprojekt oder ein Kandidatenscreening. Der Vorstand sollte von allen M&A-Vorhaben Kenntnis besitzen, auch wenn sie sich im frühen Vorfeld befinden. Von der (zentralen) Strategie- oder M&A-Abteilung sollte kontinuierlich eine „Long List“ aller Vorhaben entwickelt und den jeweils zuständigen Vorständen regelmäßig vorgestellt werden. Die „Schwelle“, wann Vorhaben aus dem informellen Prozess in die Projektliste übernommen werden, ist der offizielle Projektstart. Neben dem „informellen“ Anfang gehen M&A-Projekte natürlich auch auf offizielle Pfade zurück, etwa auf jährliche Planungsrunden oder zu veranstaltende Geschäftsdurchsprachen beim Vorstand, bei denen Vorwärtsstrategien über M&A beschlossen und Screeningprojekte angestoßen werden.

Der nächste Haupt-Meilenstein ist die Verhandlungsfreigabe durch den Vorstand. Dies setzt eine Vorstands-Vorlage voraus, in der das Vorhaben erläutert wird. Diese beinhaltet 1) das strategische Konzept, 2) Gründe für die Auswahl des Kandidaten, 3) die strategischen und finanziellen Ziele, 4) erste Eckpunkte zum Geschäftsplan (Umsatz und EBIT), 5) erste Bewertungsansätze, 6) Führungs- und Integrationskonzept sowie 7) Benennung des Verhandlungsführers. Vor der Verhandlungsfreigabe dürfen Sondierungen vorgenommen werden, die unverbindlich sind und unter dem Vorbehalt der Zustimmung des Vorstandes laufen. Es dürfen jedoch noch keine verbindlichen Zusagen getroffen werden. So ist – streng genommen – ein non binding Letter of Intent möglich, jedoch kein Binding Letter. Erst nach der Verhandlungsfreigabe dürfen Verhandlungen geführt und Due Diligences durchgeführt werden. Es sollte das Grundprinzip des Meilensteinkonzeptes sein, dass keine Verpflichtungen eingegangen werden, die über die aktuelle Projektphase hinausgehen: das Vorhaben muss zu jedem Haupt-Meilenstein abbrechbar sein, ohne dass Kosten aus der nächsten Projektphase entstehen. Mit der Verhandlungsfreigabe endet auch die Planungsphase und es beginnt die Transaktionsphase. Die Meilensteine definieren also zum Großteil die Projektphasen.

Nach erfolgreicher Due Diligence, einer Grobbewertung, Vorstellungen zur Finanzierung, Business Plan und Deal Struktur ist der nächste Meilenstein fällig: die Investitionsfreigabe. Auch für diese ist ein Antrag vor dem Vorstand fällig, der neben den genannten Punkten auch Integrationsmodelle beinhaltet sowie die Benennung des Integrations-Projektleiters, sofern dieser nicht schon zum Beginn der Due Diligence bestimmt wurde (dies wäre die bessere Lösung). Mit der Verhandlungsfreigabe und der Investitionsfreigabe verfügen wir über einen zweistufigen Genehmigungsprozess. Auch dies ist mittlerweile Industriestandard. Diese beiden Schritte stellen neben dem Closing die wichtigsten Meilensteine dar, für die unbedingt der Vorstand einzubeziehen ist.

Der nächste Haupt-Meilenstein ist das Signing. Insofern ist dieser Zeitpunkt anders gelagert, als dass seitens des Vorstandes keine weitere Genehmigung (Vorstandsvorlage) ausgesprochen werden muss. Der Vorstand muss in der „Peri-Signing-Phase" jedoch aktiv werden, weil nun das Vorhaben bekannt gemacht wird und er für die Information der Stakeholder auf höchster Ebene zuständig ist.

Das Closing ist gleichfalls ein Zeitpunkt, bei dem im engeren Sinne keine Genehmigung für das M&A-Projekt ausgesprochen werden muss. Dies ist dennoch der wichtigste Meilenstein im M&A-Projekt, weil das Target nun auf den Käufer übergeht. Für den Vorstand ist dies entsprechend wichtig, denn er muss nun im Zuge des „Readiness at Closing" aktiv werden und als oberste Instanz die Übernahme des Targets orchestrieren, das Change Management anstoßen und das gemeinsame Integrationsteam auf den Weg bringen. Die Haupt-Meilensteine haben überdies die Aufgabe, die Projektphasen zu definieren. So sind der Startpunkt und die Verhandlungsfreigabe Anfang und Ende der Planungsphase. Die Transaktionsphase wird durch Verhandlungsfreigabe (Anfang) und Closing (Ende) definiert.

Der Meilenstein nach den ersten hundert Tagen ist ein wichtiger Zeitpunkt zum Interim-Reporting an den Vorstand und erlaubt einen Rück- und Ausblick nach den unmittelbaren Maßnahmen, die dem Closing folgten. Hier wird berichtet über die ersten Erfahrungen in der Zusammenarbeit mit dem Target (Koordination der beiden noch Stand-Alone geführten Einheiten), den ersten Integrationsschritten (z. B. Gegenüberstellung der Lieferantenlisten) und Maßnahmen („Low Hanging Fruit") sowie der Post Closing Due Diligence sofern eine durchgeführt wurde. Der Vergleich der Performance-Kennzahlen Umsatzentwicklung und EBIT mit den Werten vor der Verhandlungsfreigabe (im Zuge des Integrationskonzeptes) und nach dem Signing (zur Integrationsvorbereitung) erlaubt eine erste Trend-Aussage, wie sich der Erfolg des Vorhabens im Vergleich zur Planung entwickelt.

Ein Jahr nach dem Closing wird der „One Year Report" an den Vorstand fällig. In den meisten Fällen ist das Projekt nun abgewickelt. Damit kann eine erste belastbare Analyse über die Erfolge und Misserfolge des Projektes abgeliefert werden, mit der Maßgabe, nun bei Bedarf noch Korrekturen einzuführen. Lediglich Langzeit-Aktivitäten wie Post Closing Contract Controlling, Reste des Maßnahmen-Umsetzungsprogramms und das Langzeit Change Management sind noch aktiv. In der Regel können die Projektaktivitäten spätestens nach zwei Jahren abgeschlossen werden. Diese sind bis dahin an das operative Management übertragen und in laufende Programme überführt, wie das kontinuierliche Verbesserungsprogramm und das Nachhalten im Change Management.

Die Haupt-Meilensteine definieren somit weitgehend das Führungsraster auf der jeweils höchsten Projektebene. Wie bereits erläutert wurde kann dies der Vorstand sein (komplexe „A"-Projekte), das obere Management (mittelgroße „B"-Projekte) oder kleinere sogenannte „C"-Projekte, für die das mittlere Management als Lenkungsausschuss verantwortlich ist. Die Haupt-Meilensteine können dabei als Tausender-Meilensteine bezeichnet werden, mit Hunderter-Meilensteinen für die „Baustellen" darunter für die Ziele zwischen den Hauptmeilensteinen und Zehner-Meilensteine für Maßnahmen-Cluster, bis zu den Einzelmaßnahmen (entsprechend Einer-Meilensteinen).

#### 6.1.9.4 Das Schnittstellen- und Informationsmanagement

Das Modell der „End-to-End"-Prozesse und Prozessverantwortungen soll die Konsistenz des M&A-Projektes von den Anfängen bis zum Ende sichern. Daneben gilt es, die parallel laufenden Prozesse zu koordinieren, also für die „Quer-Konsistenz" Sorge zu tragen. Hier gibt es zahlreiche Schnittstellen, nicht nur am Anfang und am Ende der Arbeitspakete sondern auch zwischendurch (vgl. zum Überblick für M&A-Schnittstellenmanagement Hawranek, 2004, S. 66). Zur *Sicherstellung* dieser Schnittstellen sind für jedes Arbeitspaket sogenannte Schnittstellen-Manager zu bestimmen, die jeweils von einem Arbeitspaket (Prozess) auf ein anderes Arbeitspaket eines anderen Prozesses geschaltet sind. Bei komplexen Prozessen können auch Schnittstellen-Verantwortliche zwischen parallel laufenden Arbeitspaketen eines Prozesses benannt werden, wie zum Beispiel zwischen Integrations-Vorbereitung und Change Plan (beides im Struktur-Prozess). Die Schnittstellen-Manager haben Hol- und Bringschuld, damit ist eine doppelte Absicherung der Schnittstellen gegeben. Die Aufgabe des Schnittstellen-Managers kann als Haupt- oder als Nebenfunktion erteilt sein. Auf die konkreten Aufgaben im jeweiligen Schnittstellenmanagement wurde bei den Teilprozessen hingewiesen.

Das bis hier dargestellte Gesamtmodell, bestehend aus Prozessen, Meilensteinen, Schnittstellenmanagement, Working Packages und Workstreams scheint zwar aufwändig, hat sich in der Praxis jedoch sehr bewährt, um ein integrales und reproduzierbares Führungsmodell für ein komplexes M&A-Projekt (Kategorie „A" oder „B") bestehend aus Akquisition und Integration aufsetzen zu können.

#### 6.1.9.5 Das Informationsmanagement

Das *Informationsmanagement* besteht aus Informations-Generierung und Informations-Vermittlung. M&A ist ein Informationswettbewerb zwischen dem Käufer und dem Verkäufer (vgl. Abschn. 5.1). Der Käufer muss schnellstmöglich das Informationsniveau des Verkäufers über das Target erreichen oder übertreffen. Zu unterscheiden ist die externe Informationsbeschaffung und das „Intra-Projekt-Informationsmanagement"- beide sind eng miteinander verzahnt. Durchgängig über das gesamte M&A-Projekt sollte ein zentraler Datenraum (einschließlich eines virtuellen Datenraumes) zur Verfügung gestellt werden, in dem alle Daten strukturiert gesammelt werden und zu dem im Wesentlichen alle Projektmitarbeiter den Zugriff haben (in Einzelfällen wegen Vertraulichkeit beschränkte Zugangsrechte). Über das gesamte Projekt ist ein Informations-Netzwerk zu legen, bestehend aus Institutionen (z. B. Lenkungsausschuss, Vorstände, Interim Team, Management…), Prozessen (Kernprozesse, Unterstützungsprozesse, Arbeitspakete, Workstreams) den Schnittstellen-Verantwortlichen mit ihren Kontakten und Aktivitäten sowie einer angemessenen IT-Lösung, zum Beispiel eine Intranet-Plattform für große/mittlere Projekte (Kategorie A und B) oder auf PC-/Server-Basis für Kategorie C. Das Informations-Netzwerk kann teilweise Subjekt beim M&A-Projekt (zur Projektstruktur gehörig) oder auch Objekt sein (Teil der Organisation, die es zu fusionieren gilt). Diese Rollen gilt es auseinander zu halten. In beiden Rollen ist Vorkehrung zu treffen, dass es sich um Organisationen im Übergang handelt. Diese Organisationen sind über den gesamten M&A-Prozess lebens- und handlungsfähig zu halten. Dabei spielt der Carve-Out eine Rolle, in Verbindung mit dem IT-Carve-Out (vgl. Abschn. 6.2.3). Dazu sind Transitional Service Agreements (TSAs) vorzusehen, die der Verkäufer temporär (meist begrenzt auf 9–12 Monate) für das Target leistet, bis der Käufer diese Leistungen übernehmen kann. Durch Kompetenzmanagement und Vorhaltung notwendiger Kapazitäten ist die Vollständigkeit/Professionalität der Informationsbeschaffung und des Informationsaustausches sicherzustellen, z. B. die sogenannte 360-Grad-Due Diligence (vgl. Abschn. 5.1.4).

#### 6.1.9.6 Projektsteuerung: Das M&A-Cockpit

In einem M&A-Projekt sind detaillierte, dynamische und diffuse Informationen zu handhaben und Aktivitäten zu steuern. Als zentrales Leitungsinstrument für ein M&A-Projekt haben wir dazu das M&A Integration Cockpit entwickelt (vgl. Abb. 6.11). Dieses stellt quasi „die Spitze des Eisberges" an Informationen und Vorgaben dar und erlaubt – einem Flugzeug ähnlich – das (komplexe) M&A-Projekt zu navigieren. Es hat sich als sinnvoll herausgestellt, das Cockpit mit sechs „Instrumenten" auszurüsten, wobei diese Instrumente nicht jeweils für sich stehen sondern vielfältig miteinander vernetzt sind.

„**Scope & Goals**" bezeichnet das strategisch-wirtschaftliche Gesamtziel der Transaktion mit seinen Hebeln, in Verbindung mit der Wertschöpfungstiefe („Scope"). Diese Verbindung ergibt sich aus einer gewissen Korrelation, indem eine höhere Wertschöpfung das Potenzial für einen größeren Wertbeitrag beinhaltet. Der Scope ist weiterhin wichtig, weil bei vielen Akquisitionen, nicht nur die gewünschten Wertschöpfungen „im Warenkorb" liegen sondern auch Nebenthemen übernommen werden müssen, wie etwa Auftragsfer-

**Abb. 6.11** Das M&A Steuerungs-Cockpit

tigungen für Kunden anderer Branchen, um die (überhöhte) Werkskapazität auszulasten. Diese sollten nicht mit übernommen werden oder sind notgedungen Bestandteil des Deals. Im Rahmen der Due Diligence ist es wichtig, die dazu gehörigen Infrastrukturen, Leistungen und Ergebnisbeiträge zu erfassen. Dies wird häufig vernachlässigt, insbesondere bei großen und komplexen Transaktionen, weil hier ein ganzes Bündel an Geschäftsaktivitäten zusammenkommt. „Scope & Goals“ ist demzufolge eng verbunden mit dem Business Plan und der Bewertung.

Die **Bewertung** („Valuation“) ist ein zentraler Indikator für jedes M&A-Projekt in jeder Phase des Vorhabens. Sie ist ein dynamischer und stark fachlich getriebener Prozess, weshalb wir für die Bewertung einen eigenen Unterstützungsprozess angesetzt haben (vgl. Abschn. 5.3.2). Je nach Zweck, Fortschritt und Verfügbarkeit sind verschiedene Bewertungsmethoden anzusetzen (z. B. Multiple-Verfahren, Vergleichswerte, Net Cash-Flow-Verfahren…) unter verschiedenen Szenarien (z. B. Simulationen), mit fortschreitender Vertiefung (Belastbarkeit) und unter Berücksichtigung des Target Stand-Alone bzw. der erwarteten Synergien und unter Abzug von Risiken. Mittels einer Fair-Value-Betrachtung sollte aus dem Wert der Akquisition der (faire) Kaufpreis abgeleitet werden, unter Einbezug der Gesichtspunkte des Käufers und des Verkäufers. Der Gesamtwert eines Vorhabens aufgrund des Gesamtverbesserungspotenzials ist (Top-down) herunterzubrechen in die Wert-Hebel und (Bottom-up) abzusichern durch die Summe der Werte der einzelnen Maßnahmen. Im Zuge des Projektfortschrittes kann geprüft werden, wie sich der Wert der Akquisition verschiebt und ob das Projekt noch tragfähig ist. Die Bewertung ist aufs Engste vernetzt mit dem Business Plan, dem Aktionsplan sowie Scope & Goals.

Der **Business Plan** ist das zentrale Instrument zur Abbildung des M&A-Vorhabens in seiner zeitlichen Perspektive und deshalb in mehreren Arbeitspaketen unseres Prozessmodells zu finden. Durchgängig über alle Projektphasen sind Business Pläne zu entwickeln, in der Planungsphase durch Simulation von Eckpunkten (Umsatz, EBIT) dann diskret (nach Möglichkeit über 5 Jahre) geplant, nach der Due Diligence durch substanzielle Daten hinterlegt. Der Business Plan referenziert auf die strategische Position, die das Zielunternehmen gemeinsam mit dem zu fusionierenden Unternehmensteil des Käufers erreichen soll, indem zum Beispiel Umsatzwachstum und Marktwachstum in einer plausiblen Beziehung stehen müssen und der Zielumsatz mit dem Ziel-Marktanteil in enger Verbindung steht. Damit kommt dem Business Plan auch eine gewichtige Rolle zur Plausibilisierung der Planung zu, einerseits im Übergang von den historischen Daten zu den Plandaten (Hockey Stick?) und andererseits in der Beziehung zwischen der Wettbewerbsposition und der Ertragsposition. Dies beinhaltet auch die Position der Marke und die Technologieposition im Wettbewerb. Der Business Plan ist eng verbunden mit der Bewertung, Scope & Goals.

Der Rahmen für die **Aktionspläne** wird gelegt durch die Bestimmung des strategischen, finanziellen und operativen Gesamtziels, sowie der daraus (Top-down) abzuleitenden Hebel. Die Aktionspläne bestehen aus der Summe der Einzelmaßnahmen, definiert nach den darin enthaltenen Aktionen, der Zeitpunkte von Start der Planung bis zur Wirksamkeit. Die Aktionen werden von Mitgliedern des Managements verantwortet. Die Besetzung der Managementpositionen richtet sich nach dem Willen des einzelnen Kandidaten, sich zur Erfüllung der Ziele und Aktionen zu verpflichten. Die Aktionspläne beinhalten neben den „harten" Maßnahmen die sogenannten „weichen" Faktoren, hinter denen Maßnahmen zur Kommunikation und zum kulturellen Wandel stehen. Deshalb bilden die Aktionspläne auch die Brücke zwischen den vorgenannten Instrumenten und der Kultur & Kommunikation und sind verankert in den Arbeitspaketen des M&A-Prozesses.

**Culture & Communication** gelten als genauso wichtig wie die „harte" Seite von M&A, werden jedoch häufig unterschätzt und vernachlässigt (vgl. Abschn. 4.3.4, 4.3.6, 4.3.9 und 5.2). Umso wichtiger ist, dass das Kultur- und Kommunikationsthema auf oberster (Lenkungsausschuss- und Vorstands-)Ebene adressiert und berichtet wird. Die Kommunikation richtet sich an alle Stakeholder (Beteiligte) intern wie extern. Sie widmet sich sowohl der Übermittlung und Verständlichmachung der „harten" Maßnahmen als auch der Schaffung der „kulturellen Balance" zwischen Maßnahmen und Mitarbeitermotivation. Die Maßnahmen und die Ergebnisse von „Kultur & Kommunikation" sind messbar, die Instrumente (z. B. „Pulse Checks", Town Hall Meetings) allgemein bekannt und unternehmensweit einsetzbar. Die engste Beziehung hat „Culture & Communication" mit dem Instrument „Teams & Terms"; enge Verbindungen bestehen jedoch auch mit den Aktionsplänen.

**Teams & Terms** betrifft den Haupteinsatzfaktor für M&A, den Menschen. Dies umfasst im Engsten das temporäre Implementierungsteam für die Stand-Alone-Akquisition bzw. das Integrationsteam für die Fusion. Hinzu kommen die Management-Teams der beiden zusammenzubringenden organisatorischen Einheiten sowie das kombinierte Management-Team nach der Fusion und nach Auswahl der besten Kandidaten. „Terms" bezeichnet die Aufgabenbeschreibungen für alle Betroffenen auf der Managementebene, wobei den temporären Teams die Aufgabe zukommt, das Design der zukünftigen Managementpositionen mit zu bestimmen. Die Aufgabenbeschreibungen für die interimistischen wie für die dauerhaften Funktionen sind wichtige Instrumente zur Führung des Projektes. Hier sind auch mögliche (temporäre) Überlappungen bzw. Konflikte zu lösen. Der Auswahl- und Besetzungsprozess ist eine der obersten Managementaufgaben. Deshalb gehört das

Instrument „Teams & Terms“ in das Überwachungsportfolio für den Lenkungsausschuss und den Vorstand. Die engste Verbindung dieses Instruments besteht mit „Culture & Communication“, die erst dann reibungslos funktionieren können, wenn alle Managementpositionen in einem transparenten und fairen Prozess besetzt sind.

#### 6.1.9.7 Das Zeitmanagement

Der Gesamt-Zeitbedarf für ein M&A-Projekt richtet sich stark nach der Größe und Komplexität des jeweiligen Projektes, nach dem Projekttyp und nach dem Erfahrungsstand des kaufenden Unternehmens. Über die Größe und Komplexität eines M&A-Projektes wurde in diesem Buch bereits verschiedentlich geschrieben. Auf die Gliederung nach Projektkategorien in die Klassen „A“, „B“ und „C“ sei nochmals hingewiesen (vgl. Abschn. 6.1.3). Die Unterscheidung der „Herausforderungs-Klassen“ ist nicht trivial und nicht marginal und es lohnt sich, vor dem Beginn mit einem größeren Projekt über die voraussichtlichen Kapazitäten, Kompetenzen und den Zeitbedarf nachzudenken. Es ist einer der großen Fehlerquellen, im Vorfeld nicht für ausreichende Kapazitäten und Zeitabläufe zu planen. Allzu oft werden der erforderliche starke Kapazitätsanstieg und die Dauer des Projektes nach dem Closing unterschätzt. Häufig passiert auch ein „Fadenriss“ nach dem Closing, indem nicht nahtlos von der Integrations-Vorbereitung auf die Integrations-Umsetzung übergeleitet wird. Ist erst mal ein Bruch eingetreten, dann ist der Fehler später kaum noch zu reparieren beziehungsweise sind große Zusatzkapazitäten zur „Reparatur“ erforderlich. Was den Zeit- und Kapazitätsbedarf betrifft sind verschiedenartige Projekte auch unterschiedlich zu handhaben (vgl. Abb. 3.8).

Neben dieser Unterscheidung kommt auch ein anderer Hauptgesichtspunkt hinzu, nämlich die Frage, ob eine (zu integrierende) Einheit im Überlappungsbereich des Übernehmers arbeitet (selbe Technologien, selbe Region…) oder ob diese komplementär sind. Überlappen sich die Aktivitäten, dann gilt es, vorwiegend Kosten zu senken. Dies erfordert besonders hohe Kapazitäten über einen beträchtlichen Zeitraum, denn die betreffenden Aufgaben werden vornehmlich im Interim-Integrationsteam zu lösen sein. Handelt es sich zum Beispiel um eine Zusammenführung komplementärer Produktpaletten oder Technologien, dann erfordert dies ein langes Zusammenwachsen, weil es darum geht, aus zwei Produktfamilien eine zu machen. Dies kann vollständig erst mit der nachfolgenden Generation geschehen und erfordert in der Regel den Zeitraum von ein bis zwei Produktgenerationen – je nachdem, in welcher Phase (Reife oder Initialphase des Produktlebenszyklus) die Unternehmen zusammenkommen. Noch anzumerken ist, dass sich zeitliche Verkürzungen nicht allein durch Kapazitätsaufstockungen lösen lassen. Der Engpass liegt bei der Verfügbarkeit von Mitarbeitern und bei der Tragkraft des Führungssystems, das nicht für beliebiges „Upscaling“ geeignet ist.

Die dritte Unterscheidung hinsichtlich Zeit- und Kapazitätsbedarf ist im Erfahrungsschatz des jeweiligen Käufers zu suchen, vor allem bei der M&A-Integration. Bei kleinen und mittleren Akquisitionen mit relativ hoher M&A-Kompetenz lassen sich Erfahrungen durch ein gutes M&A-Wissensmanagement aufbauen. Aber dies funktioniert nicht automatisch sondern muss gezielt angesteuert werden. Die bereits mehrfach zitierte

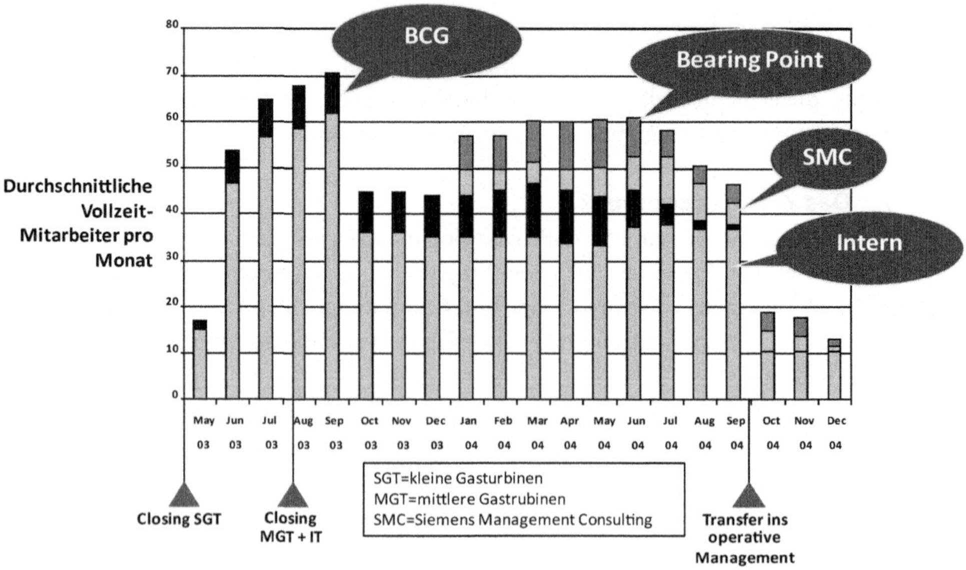


**Abb. 6.12** Kapazitätsverlauf Siemens-Alstom-Projekt

entsprechende McKinsey-Studie zeigt, dass nicht das kumulierte M&A-Volumen die Performance verbessert sondern gezielte Lernprogramme. Solche Lernprogramme können auch große und besonders komplexe M&A-Projekte umfassen, wie Siemens eindrucksvoll bewiesen hat (vgl. Abb. 4.41). Relativ wenig Erfahrung bei „A"-Projekten wurde ausgeglichen durch große Projektteams und reichliche Einschaltung von Beratern. Das herausragende Beispiel schlechthin war die Übernahme der Westinghouse Power Generation Business Unit für die Siemens-Kraftwerksparte, in der die Spitzenkapazität für das Interim-Team nach dem Closing bei 300 Mitarbeitern lag, davon rund 100 Berater, mit einer Gesamt-Kapazität über die Projektlaufzeit von 200 Mannjahren (Gesamt-Laufzeit 5 Jahre einschließlich Vorfeld). Dass es sich hier nicht um marginale Unterschiede bei den Projektkapazitäten handelt, zeigen die Vergleichswerte: das im „oberen Mittelbereich" angesiedelte Siemens-Projekt mit der Übernahme der Alstom-Industriekraftwerke hatte eine Kapazitätsspitze von 70 Mitarbeitern (mit einer Spitzenlast von 25 Beratern verschiedener Häuser) und dauerte 1 ½ Jahre (vgl. Abb. 6.12).

Die Stand-Alone-Übernahme von Bonus Windräder durch Siemens wurde mit einer Kapazität von 24 Mitarbeitern (darin 4 Berater) abgewickelt über einen Zeitraum von 7 Monaten nach dem Closing. Dabei hatte das Integrationsteam auch Aufgaben abgearbeitet, die nicht unmittelbar integrationsbezogen waren. Ein großer Teil der Arbeit war beispielsweise die Planung der Kapazitätserweiterungen der Werke, die unmittelbar nach der Übernahme erforderlich wurden. Insofern sind die hier angegebenen Werte ohnehin unter dem Vorbehalt der Abgrenzbarkeit vom Geschäft des Management-Teams nach der Integration zu sehen. Ein kleines (Standard-)Projekt der Klasse „C" dauert nach dem Closing in der Regel drei bis sechs Monate mit einer Post-Closing-Spitzenlast von Größenordnung fünf bis zehn Mitarbeitern für das Integrationsteam. Nicht gerechnet bei diesen Zahlen sind einzelne „Nachläufer" wie Langzeitprogramme, etwa für Change Management und Maßnahmencontrolling.

#### 6.1.9.8 Tools & Templates

Instrumente („Tools") und Formblätter („Templates") sollten – wenn sie einmal für ein Projekt entwickelt wurden – in einem „Waffen-Arsenal" der Wissensplattform hinterlegt werden, um sie bei Bedarf wieder verwenden zu können. Dies gilt besonders auch für Checklisten. Eine Übersicht der wesentlichen Instrumente und ihrer Lokalisierung in den Arbeitspaketen/Workstreams findet sich in der Abb. 4.26. Dies zeigt, dass die Tools & Templates ein inhärenter Bestandteil des Führungssystems für M&A-Projekte sind. Wie erläutert, muss jedes Unternehmen „sein" spezielles Grundkonzept zur Führung von M&A-Projekten entwickeln, ein „Rahmenwerk" in das die einzelnen M&A-Projekte einzubetten sind. Dadurch ist einerseits sichergestellt, dass der vereinheitlichende Rahmen Wiederholungs- und Lerneffekte sicherstellt, aber andererseits genügend Freiraum für das individuell unterschiedliche Projekt geschaffen wird.

Die Hinterlegung der Tools & Templates auf einer Wissensplattform und der Zugriff durch die Teammitglieder ist ein wichtiges Instrument für das Wissensmanagement für M&A. Die Anwendung der hinterlegten Tools erfordert jedoch Übung und sollte nicht jedem Neuling frei überlassen werden. Deshalb empfiehlt sich ein Center of Competence für M&A-Integration, das für den Einsatz der Tools verantwortlich ist (siehe unten). Hier sollten die Anwendungen der Tools gesammelt und die Benutzer registriert werden. Idealerweise wäre ein „Owner" für die jeweiligen Instrumente zu benennen, der persönliche Erfahrung mit dem Tool hat und Projektnutzer einweisen kann. Dies kann auch in einer Coaching-Funktion für das jeweilige M&A-Projekt gelöst werden. Dazu ist es sinnvoll, das CoC für M&A(-Integration) förmlich in das jeweilige M&A-Projekt einzubinden, sei es, indem der Leiter als Mitglied oder Advisor in den Lenkungsausschuss aufgenommen wird oder indem ein Mitarbeiter des CoC als Berater in das Projektteam delegiert wird. Dabei geht es auch um die Rollendefinition des CoC. Dies sollte zwei Funktionen umfassen, nämlich auf der einen Seite als Facilitator funktionieren, indem Wissenselemente generiert werden (Prozesse, Arbeitspaktete, Workstreams, Tools & Templates), die für die M&A-Projekte zur Verfügung gestellt werden. Die Zur-Verfügung-Stellung sollte keinesfalls auf eine Homepage-Funktion begrenzt werden, sondern beinhaltet vielmehr persönliche Beratungsdienstleistung. Bei der Siemens AG wird das CoC M&A-Integration hauptsächlich als ein derartiger „Facilitator" definiert, von dem aus die Mitarbeiter ausschwärmen, um Projektunterstützung und Wissenstransfer für die M&A-Projekte zu leisten. Dabei haben wir uns auf Kernkompetenzen konzentriert, in denen ein solches CoC spezielle Erfahrung aufbauen kann und somit schneller, besser, also effektiver arbeiten kann. Ein Beispiel für eine derartige Leistung ist die Unternehmensbewertung über den M&A-Prozess, vom Start eines Projektes weg bis zur Post Closing Nachschau. Hierbei hat es sich als sinnvoll erwiesen, nicht als „bezahlter Berater", also als Dienstleister aufzutreten, sondern in einer

„hoheitlichen" Funktion, mit der Haupt-Zielrichtung, dass alles richtig gemacht wird und Tricks vermieden werden. Der Aufbau von Kompetenz und spezieller M&A-Erfahrung an einer zentralen Stelle im Konzern ist auch ein wichtiger Hebel, um in die M&A-Projekte „eingeladen" zu werden. Insofern unterscheidet sich ein so aufgestelltes CoC deutlich von einem (hausinternen) M&A-Berater, der für seine Leistungen bezahlt wird und somit nicht unabhängig arbeiten kann. Für letztere Funktion steht bei Siemens die interne Siemens Management Consulting (SMC) zur Verfügung, die ein Team für M&A unterhält, das spezielle M&A-Dienstleistungen anbietet, die zeitaufwändiger sind (also zum Beispiel Entwicklung einer gemeinsamen Produktfamilie, Maßnahmen-Entwicklungsprogramme usw.), für die ein Unternehmen ohne eigenen Beratungs-Dienstleister externe Berater einsetzen würde. Damit grenzt sich ein CoC M&A von internen (und externen) Dienstleistern ab und kommt nicht in einen Konflikt zwischen Kontrolle und Dienstleistung. Denn: die zweite Schlüsselfunktion eines CoC M&A ist das Performance-Controlling der M&A-Projekte. Das Haupt-Instrument, das bei Siemens hierfür geschaffen wurde, ist die Kommentierung (Begutachtung) aller M&A-Vorhaben. Mit der Gründung des CoC M&A-Integration bei der Siemens AG wurde das CoC als Teil der zentralen Abteilung „Business Area & Group Strategies" etabliert. Eines der wichtigsten „Controlling"-Instrumente (vgl. Abschn. 5.4) und gleichzeitig ein „Facilitating"-Instrument ist das Abfassen von Kommentaren zu den M&A-Projekten zum Meilenstein der Verhandlungsfreigabe („Negotiation Application"). Durch die Maßgabe, dass die Mitarbeiter der seinerzeitigen Abteilung „Business Area/Group Strategies/M&A-Integration" (letzteres firmierend als CoC M&A-Integration) gleichzeitig für die Bereichsstrategien und für M&A-Integration verantwortlich waren, konnten die Mitarbeiter der Abteilung als „Bereichsreferenten" praktisch ständig Präsenz in den Geschäftsbereichen zeigen und wurden damit in den gesamten Strategieentwicklungsprozess und den gesamten M&A-Prozess involviert. Sie unterstützten die Geschäftsbereiche über den gesamten Strategie- und M&A-Prozess, schrieben die Kommentare zur Verhandlungsfreigabe und sorgten als Ansprechpartner der Bereiche für das CoC M&A-Integration für die Vermittlung bei Tools & Templates. Die Federführung zur Kommentierung bei der Investitionsfreigabe lag bei der M&A(-Transaktions)-Abteilung, unterstützt vom CoC M&A-Integration, sodass eine Beteiligung der zentralen Abteilung für Bereichsstrategien/M&A-Integration über den gesamten Prozess sichergestellt war. Zu einem späteren Zeitpunkt wurde das CoC M&A-Integration der M&A-Abteilung zugeschlagen und damit zur zentralen Abteilung „M&A & Post Closing Management" (MAP) aufgewertet. Hier soll nicht gewertet werden, welche Lösung besser ist. Sie funktionieren beide: wesentlich ist, dass sich die Mitarbeiter als „Facilitator" und weniger als „Controller" verstehen; damit gewinnen sie Akzeptanz im jeweiligen M&A-Projekt. Im Wesentlichen geht es um eine Schnittstellenverschiebung. Entscheidend ist die Tatsache, ob die zentralen für M&A verantwortlichen Abteilungen ihren Aufgaben als „Facilitator" für M&A-Projekte nachkommen und die fachgerechte Prozessführung, die Anwendung der Tools & Templates in einer Coaching-Funktion sicherstellen. Wie bereits betont wurde, muss jedes Unternehmen seinen Weg zum M&A-Management finden, bei geringerer M&A-Frequenz unter Einbezug von mehr externer Dienstleistung.

#### 6.1.9.9 Projektende und Nach-Betreuung

„Nach M&A ist vor M&A“ – diese Devise gilt für alle Unternehmen, für die M&A relevant ist zum Aus- und Umbau des Geschäftes. Wie bereits erläutert wurde, lässt sich das Ende eines M&A-Integrationsprogrammes nicht immer klar definieren. Das Bonus-Wind-Beispiel zeigt vielmehr, dass auch operative Vorbereitungsmaßnahmen für den weiteren Ausbau des Geschäftes in das Arbeitsspektrum des M&A-Projektteams fallen können und umgekehrt kann es bei einfach liegenden Projekten der Fall sein, dass mit dem Closing alle operativen Führungsfunktionen besetzt, alle operativen Abteilungen definiert und damit alle Post Closing-Aktivitäten an das operative Management übertragen werden können. Somit kann sich im besonderen Fall ein eigenes Post Closing „Interim Team“ erübrigen, insbesondere wenn der Kandidat nicht tiefer integriert sondern wegen Komplementarität „nur“ an die bestehende Organisation „angehängt“ werden soll. Dennoch sind die hier notwendigen besonderen Aktivitäten nicht zu unterschätzen. Es hat sich zum Beispiel gezeigt, dass der Mitarbeiterstab, bei dem nur geringe Integrationsmaßnahmen zu tätigen sind, negativ reagiert, wenn man sich nicht ausreichend explizit um ihn kümmert. Allein der Verlust des bisherigen Unternehmensnamens, allein das Einordnen in eine größere Organisation erfordert kulturelle und organisatorische Maßnahmen, die man nicht allein dem (bestehenden) operativen Management überlassen sollte. Zumindest sollte dem Management eine Sichtbarkeit auf höherer Ebene gewährt werden, durch Installation eines Steering Committees und es sollte ihm eine (wenn auch geringe) Kapazität für das Maßnahmen-Management und das kulturelle Change Management zur Seite gestellt werden.

Jede Übernahme erfordert besondere Aufmerksamkeit für das Stand-Alone-Geschäft und sollte durch ein Maßnahmen- und Kulturprogramm begleitet werden. Deshalb ist zu prüfen, wo typische zentrale Funktionen des Projektmanagements aufgehängt und wie sie kapazitätsmäßig abgedeckt werden sollten. Dies gilt insbesondere für die Projektsteuerung, das Change Management, die Kommunikation, das Maßnahmen-Controlling sowie die Integration in die verschiedenen regionalen Einheiten. Obiges gilt für kleine Übernahmen geringer Komplexität („Klasse C“). Bei mittleren Vorhaben sind für die eigentlichen Projektdauer („Klasse B“) drei bis sechs Monate anzusetzen und große Vorhaben benötigen sicherlich ein Jahr und mehr. Allen Vorhaben gleich ist die Tatsache, dass einzelne Aktivitäten über die Projektlaufzeit hinaus weitergeführt werden sollten. Dieses sind typischerweise Programme, die in das operative Geschehen „nach“ dem eigentlichen M&A-Projekt übergehen (und deshalb die scharfe Abgrenzung zwischen „M&A-Projektteam“ und operativem Tagesgeschäft schwer machen). Dazu gehört 1) das kontinuierliche Verbesserungsprogramm, das Bestandteil jeder dynamischen Organisation sein sollte, 2) das Human Resources Change Programm und 3) Weiterverkäufe in der Folge der Übernahme eines größeren M&A-Komplexes.

Wie bereits im Zusammenhang mit den Tools & Templates erläutert wurde, reicht es nicht aus, Instrumente „aus der Kiste“ zu holen sondern es sind Erfahrungsträger erforderlich, die mit ihrer praktischen Umsetzung vertraut sind und diese weitergeben können oder die selber langfristig zur Verfügung stehen. So sieht es mit dem kontinuierlichen Verbesserungsprogramm aus, das zum Beispiel auf Grundlage des Härtegrad-Konzeptes abzuwickeln ist. Dies kann mehrere Jahre Nachhaltung nach dem Closing erforderlich machen, etwa wenn Produktfamilien mit längeren Lebenszyklen zusammengeführt werden müssen. Auch das Change Management erfordert mehrjähriges Nachhalten, nicht nur bei komplexen Projekten sondern auch bei mittleren und kleinen Vorhaben, denn es gilt, den Tendenzen zum Wieder-Auseinanderfallen entgegen zu wirken. Für beide Funktionen mag es ausreichen, jeweils eine Person über mehrere Jahre verantwortlich zu machen. Dies sollte nach Möglichkeit eine Vollzeitstelle beinhalten – bei kleinen Projekten kann dies eine Nebenaufgabe werden, dann sollte dazu aber ein konkretes operatives Programm vereinbart werden, damit auch etwas passiert und die Dinge nicht so ohne Weiteres „ausgephast" werden können. Abschließend sei darauf hingewiesen, dass das Portfolio, das mit einem größeren M&A-Projekt erworben wurde und das in einer fusionierten Unternehmenseinheit besteht oder geschaffen wurde, permanent infrage zu stellen ist. Dazu gehört auch, welche Aktivitäten stillgelegt werden sollten oder von welchen man sich durch externe Maßnahmen trennen sollte. Damit ist wieder M&A gefragt und eines der vielen Argumente, warum sich eine lernende M&A-Organisation lohnt (vgl. Abschn. 6.1.4).

## 6.2 IT-Management in M&A-Projekten

### 6.2.1 Einführung

Die zentrale Bedeutung von IT für den Arbeitsablauf in fast jedem Unternehmen muss nicht mehr extra begründet werden. Und so stellt für eine M&A-Transaktion das IT-Management aus zweierlei Perspektiven einen hochrelevanten Erfolgsfaktor dar: zum einen muss das M&A-Projektmanagement auf eine leistungsfähige IT-Infrastruktur zurückgreifen können. Zum anderen, und das ist noch wichtiger, muss eine reibungslose IT-Integration Ineffizienzen im Arbeitsablauf der zu integrierenden Einheit minimieren. Der Erfolg von M&A-Projekten (vgl. Abschn. 1.1.4 und 5.4.4) ist damit auch maßgeblich abhängig vom Erfolg der IT-Workstreams (vgl. Weber, Weiss, & Brinkmann, 2014, S. 3). Aufgrund dieser Relevanz des IT-Managements wird im Folgenden ein IT-Prozess auf der *Verkäuferseite* mit weiträumigen Vorbereitungen gezeigt, um so möglichst viele Aspekte abdecken zu können.

Ein funktionierendes IT-System ist eine Grundvoraussetzung für den reibungslosen Fluss der Geschäftsprozesse. Dies gilt für alle Phasen eines M&A-Projektes: im Vorfeld für beide Fusionskandidaten als Bestandteil der Mutter-Organisationen, nach der Separierung des/der Partner im Stand-Alone-Status zur Vorbereitung der Fusion und nach dem Closing für die integrierte Unternehmenseinheit. Ein Ausfall der IT kann dramatische Folgen haben, etwa wenn Mitarbeiter längere Zeit nicht per E-Mail erreichbar sind. Genauso fatal wäre es, wenn die IT-Verbindung zur ehemaligen Mutter mit dem Closing nicht unmittelbar abgeschnitten wird und der ehemalige Eigentümer damit Einblicke in das verkaufte Target oder sogar in die Käufergesellschaft nehmen könnte. Dies kann nicht nur das Geschäft schädigen sondern es könnte daraus auch ein gravierender Kartellverstoß resul-

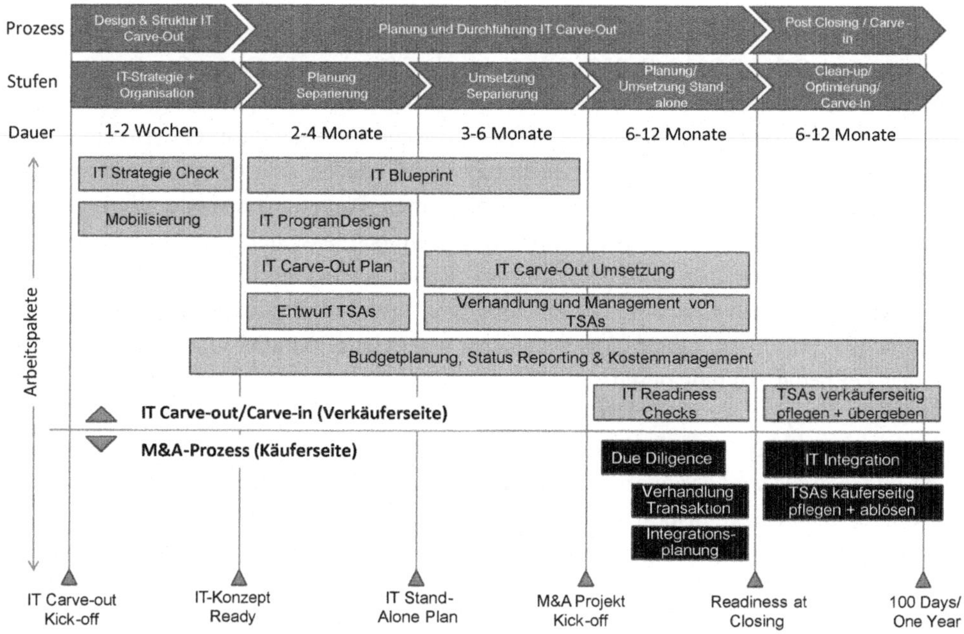


**Abb. 6.13** Führung eines komplexen IT-Carve-Out- und Carve-In-Projektes

tieren. Das – quasi lückenlose – Abschneiden der alten IT, die Stand-Alone-Funktionsfähigkeit nach dem IT-Carve-Out und der wiederum lückenlose Carve-In des M&A-Targets in die übernehmende Gesellschaft stellen hohe Anforderungen an das IT Carve-Out und an das IT-Carve-In-Management. Dieser Doppelschritt ist typisch für den Fall, in dem – aus Gründen der zeitlichen Optimierung – ein IT-Separationsprozess dem eigentlichen M&A-Prozess vorgeschaltet ist. Das heißt, bis zum M&A-Kick-Off ist im ungünstigen Fall der Käufer nicht bekannt und alle Planungen und Maßnahmen haben sich an einem modellhaften Käufer zu orientieren. Darüber hinaus kann es sich beim IT-Carve-Out und Carve-In um die Zusammenführung von Unternehmensteilen handeln, die im Konzern in verschiedenen Gesellschaften und regionalen Einheiten weit versprengt sind und die nicht vollständig vertikalisiert sind. Dies ist der schwierigste Fall eines IT-Carve-Out und -Carve-In. Besonders herausfordernd sind vor allem Unternehmensteile, deren Geschäft stark von der IT geprägt ist, also wissensbasierte Branchen wie Elektro, Elektronik, Chemie, Pharma und die besonders IT-intensiven Branchen, wie dem Online-Geschäft. Dieser Rahmen wird dem vorliegenden Kapitel zugrunde gelegt. Entsprechend aufwändig ist der Prozess (vgl. Abb. 6.13). In einfacher gelagerten Fällen, insbesondere wenn der Käufer frühzeitig bekannt ist, können – gegenüber dem vorgestellten Modell – Arbeitspakete zusammengefasst, noch stärker parallelisiert und verkürzt werden.

Der IT Carve-Out- und Carve-In-Prozess läuft inhaltlich parallel und verbunden mit dem organisatorisch-rechtlichen Carve-Out-Prozess (vgl. Abschn. 4.3.2). Die IT ist für einen großen Teil der Synergien in einem M&A-Projekt verantwortlich: bis zu 60 % der aus der Wertschöpfung kommenden Synergien werden erst durch Unterstützung durch die IT realisiert (vgl. Schaaf, 2013, S. 359). Der Zeitbedarf für einen IT-Carve-Out-Prozess kann so groß sein, dass er weiträumig vor dem eigentlichen Start des M&A-Projektes anzusetzen ist. In Einzelfällen, bei denen die organisatorische Einordnung in einen Weltkonzern mit zahlreichen regionalen Geschäften unter verschiedenen Zwischenholdings gegeben ist und in denen Geschäftsrümpfe zusammenkommen, kann auch das operativ-rechtliche Carve-Out länger dauern als das IT-Carve-Out. Dennoch lässt sich der IT-Carve-Out und -Carve-In kaum standardisieren. Hier wird ein Rahmen vorgestellt, innerhalb dessen sich ein IT-Projekt bewegen kann. Es handelt sich hier um ein komplexes IT-Projekt als Prozessmodell, dessen Aufgaben (Arbeitspakete) weitgehend parallel abgewickelt werden, um den Zeitbedarf zu reduzieren.

Um die *Komplexität* eines IT-Carve-Out-Projektes abschätzen zu können, müssen im Vorfeld des Projektes die Eckpunkte festgelegt werden, vor allem der *informationstechnische Integrationsgrad* der auszugliedernden Einheit und der angestrebte Zielzustand für das Carve-Out-Projekt, insbesondere die *Stand-Alone-Fähigkeit* (interimistisch oder final) beziehungsweise die Zielstruktur für die Zusammenführung mit einer anderen Unternehmenseinheit und die dabei gewünschte Tiefe der IT-bezogenen Integration. Da die Informationstechnik letztlich sämtliche *Geschäfts- und Managementprozesse* abbildet, nimmt der IT-Carve-Out eine Sonderstellung ein, indem dieser Bereich die größten Interdependenzen zu den anderen Prozessen aufweist. Er muss deshalb als wesentlicher Faktor bei der übergreifenden Projektplanung berücksichtigt werden. Um die sich daraus ergebende Komplexität zu bewältigen, empfiehlt sich der Einsatz einer in der Praxis bewährten Systematik (vgl. Ratzer & Schiller, 2013, S. 505, Wendsche, 2013, S. 418). Die damit verbundenen Änderungen bei den *Systemen und Applikationen* sind nur mit ausreichend langer Vorlaufzeit realisierbar. Deshalb ist eine frühe Einbeziehung der IT in die Separationsplanung erforderlich.

### 6.2.2 Ebenen der IT

Der IT-Carve-Out und -Carve-In beinhaltet drei Ebenen, 1) die IT-Organisation und -Prozesse, 2) die Applikationen und Systeme sowie 3) die IT-Infrastruktur und -Sicherheit. Daraus resultieren unterschiedliche Risiken und Synergieszenarien.

Die IT-Organisation und ihre Prozesse bezeichnen die Typen, wie die Leistungen und Prozesse, die innerhalb eines Unternehmens organisiert sind. Der konkrete Aufbau hängt vom einzelnen Unternehmen, seiner geschäftlichen Gliederung, den Geschäftsprozessen und von den Anforderungen der Fachabteilungen ab. Die IT-Organisation spiegelt im Optimalfall die Aufbau- und Ablaufstrukturen des jeweiligen Unternehmens. Hieraus leitet sich ein Zielkonflikt ab, nämlich einerseits die Anforderungen der Geschäfte optimal zu erfüllen und andererseits kostenminimierend zu arbeiten. Letzteres läuft häufig auf eine Zentralisierung der IT hinaus und dies bestimmt auch das zu erwartende Synergiepotenzial. Deshalb sollte geprüft werden, welche IT-Dienstleistungen intern bereitgestellt werden sollten und welche kostengünstiger von externer Seite bezogen werden können.

Die zweite Ebene betrifft die Applikationen und Systeme. Erstere sind im Wesentlichen Anwendungssoftware. Dies sind im weitesten Sinne Programme zur Unterstützung des IT-Nutzers, zum Beispiel Textverarbeitungsprogramme wie Microsoft Word. Abzugrenzen davon ist die Systemsoftware. Sie ist für die Steuerung der Abläufe beim Betrieb eines Computers verantwortlich und bildet die Brücke zwischen der Hardware und der Anwendungssoftware. Dazu gehören Betriebssysteme wie zum Beispiel Microsoft Windows.

Beim Handling von Applikationen und Systemen ist vorausschauend Sorge zu tragen, dass die zukünftige gemeinsame Applikations- und Systemlandschaft zwischen dem (auszugliedernden) Target und dem Käuferunternehmen auf die Geschäftsmodelle und Geschäftsprozesse des Käufers zugeschnitten sind. Synergiepotenziale bieten sich hierbei insbesondere beim IT-Hosting, IT-Lizenzen und beim IT-Support.

Pro System und Applikation der zu übernehmenden Einheit ist festzulegen, wie damit künftig zu verfahren ist. So können die Dienste des Verkäufers weiter genutzt oder in eine Applikation oder ein System des Käufers integriert werden. Wenn kein Bedarf mehr besteht, können diese Dienste auch ganz eingestellt werden. Meistens dürften die Applikationen und Systeme der gekauften Einheit auf diejenigen des Käufers übertragen werden. Aber es geht auch anders: die Applikationen und Systeme der gekauften Einheit können für den Käufer attraktiv sein. Damit bietet sich durch einen „Best-Practice-Ansatz“ an, hier – quasi als „*Reverse Integration*“ in die gekaufte Einheit – zusätzliche Potenziale zu heben.

Die IT-Infrastruktur steht für die komplette IT-Landschaft eines Unternehmens, mit Data-Centers, IT-Anlagen, Netzwerken (Internet und Intranet) sowie E-Mail-Systemen. Die IT-Sicherheit bezeichnet den Schutz von Programmen, Systemen und Daten vor Ausfällen oder dem Zugriff Dritter. Letzteres hat bei Unternehmensübergaben zunehmend an Bedeutung gewonnen. Beim IT-Carve-Out und -Carve-In ist die Gefahr besonders groß, dass sensitive Daten nicht ausreichend geschützt sind, weil alles im Stadium des Überganges ist. IT-Sicherheit hat deshalb bei jeder Unternehmensübergabe einen hohen Stellenwert. Daneben ist gegen Ausfälle des IT-Systems Sorge zu tragen, wie beispielsweise durch Notfallpläne. Die zugehörigen Maßnahmen zur IT-Sicherheit sind zum Beispiel Daten-Backups, Firewall-Regeln, User-ID-Management und Richtlinien zur mobilen Datennutzung.

### 6.2.3 Durchführung des IT-Carve-Outs

Die strategischen Voraussetzungen für ein IT-Carve-Out-Projekt und die erforderlichen Beschlüsse gelten analog zu dem allgemeinen Carve-Out (vgl. Abschn. 4.3.2).

*Aufwand* und *Komplexität* eines IT Carve-Out-Projektes leiten sich maßgeblich vom bestehenden *Integrationsgrad* zwischen dem abgebenden Unternehmen und der auszugliedernden Einheit (*Carve-Out-Objekt*) ab sowie vom Zielzustand im Stand-Alone-Fall beziehungsweise der *Eingliederungstiefe* in das aufnehmende Unternehmen. Das *Stand-Alone-Szenario* tritt dann in Kraft, wenn zum Beispiel ein Finanzinvestor die auszugliedernde Einheit übernimmt und ohne große Verbindung mit der Eigentümergesellschaft (Reporting…) als rechtlich selbstständige Einheit (NewCo) weiterführt. Auch ein *Börsengang* (IPO) kann zu einer derartigen Stand-Alone-Stellung führen.

Die grundsätzliche Alternative dazu ist das *Integrationsszenario*, wobei die Carve-Out-Einheit in die betreffende geschäftliche Einheit des Käufers eingebunden wird. Hier wiederum ist der *Tiefgang der IT-Integration* entscheidend. In diesem Zusammenhang ist die Frage zu stellen, ob das Carve-Out-Objekt sich voll an die Strukturen (*Reporting, Sicherheit, Compliance, Software, Systeme…*) des Übernehmers anzupassen hat oder ob der Übernehmer seinerseits Anpassungen an die Strukturen des Carve-Out-Objekts vornimmt (*best-of both*). Letzteres ist häufiger der Fall, wenn die Carve-Out-Einheit im Verhältnis zur übernehmenden Gesellschaft relativ groß ist. Insbesondere bei einem *Reverse Takeover* (in diesem Fall ist die übernehmende Gesellschaft in der Regel erheblich kleiner als die Carve-Out-Einheit) dürfte diese Lösung zu empfehlen sein. Dabei ist die Ebene der Übernahme zu berücksichtigen.

#### 6.2.3.1 IT-Strategie und Organisation des IT Carve-Outs

Zum eigentlichen Start des IT-Projektes ist die *IT-Strategie* aus der übergeordneten Geschäftsstrategie abzuleiten sowie die *IT-Projektorganisation* mit den Besetzungen und Kapazitäten des Teams festzulegen. Die IT-Strategie ist somit ein IT-bezogenes Destillat aus der übergeordneten Geschäftsstrategie, analog zum „*Strategy Check*" am unmittelbaren Start des M&A-Projektes. Die IT-*Projektdauer* und der *Kapazitätsbedarf* für das Team werden durch die Komplexität des Projektes bestimmt. Die komplexitätstreibenden Faktoren sind:

- Absolute Größe des Carve-Out-Targets (Anzahl der Mitarbeiter, Wertschöpfungstiefe, Differenzierungsgrad der Organisation),
- Komplexität und Tiefe des IT-Systems und der
- Grad der Einbindung des Targets in die übergeordnete Organisation.

Die Aktivitäten im Einzelnen sind:

- Festlegung der IT-Vision (Stand-Alone-Selbstständigkeit, Integrationsfähigkeit in ein Zielunternehmen),
- Festlegung finanzieller IT-Ziele und die
- Definition der Top-Level-Führung der neuen IT.

Sofern alle Voraussetzungen erfüllt sind, insbesondere die einer belastbaren *M&A-Strategie*, ist mit einem Zeitaufwand von 1–2 Wochen für die Zusammenfassung der IT-Strategie und Bildung der Projektorganisation (Teamaufbau und Ablauf) zu rechnen.

Analog zur M&A-Integration und für das operativ-juristische Carve-Out ist für das *IT Carve-Out ein Interim-Team* aufzusetzen, das zu Beginn des Projektes (hier zu Anfang des *IT-Designs* und der *Carve-Out-Struktur*) tätig wird und mit dem final Handover schrittweise aufgelöst wird. Dieses Team berichtet an einen *IT-Carve-Out-Lenkungsausschuss*, der zu besetzen ist 1) vom übergeordneten Corporate-IT-Leiter, 2) vom Leiter des operativ-juristischen Carve-Out-Teams und vom 3) Geschäftsführer der vom Carve-Out betroffenen Einheit. Gegebenenfalls treten hinzu 4) der Geschäftsstratege, der die gesamtstrategische Maßnahme zu vertreten hat, 5) der Vertreter der Rechtsabteilung, der den juristischen Carve-Out vertritt sowie einem Vertreter von Corporate Communication, um die Kommunikation zu den betroffenen Mitarbeitern zu kanalisieren und ein gegebenenfalls aufzustellendes Kommunikationsteam zu steuern.

Ein IT-Carve-Out muss durch erfahrene *Kompetenzträger* durchgeführt werden, etwa durch eine *Corporate IT-Abteilung*. In der Regel wird diese Abteilung durch das Tagesgeschäft ausgelastet sein, sodass die IT-Fachleute nicht in ausreichender Zahl zur Verfügung stehen. Nur große Konzerne mit hoher M&A-Frequenz leisten sich eine eigene Corporate IT Carve-Out-Abteilung. Insofern wird ein Unternehmen im Regelfall auf externe Hilfe, auf IT-Carve-Out spezialisierte IT Beratungsunternehmen, angewiesen sein.

Diese sollten auf *empirische Daten* zurückgreifen können, um *Methodenansatz* und *Aufwand* abschätzen zu können. Sie sollten *Standardinstrumente* nutzen, z. B. *Checklisten* und über skalierbare und kopierbare Vorgehensweisen verfügen. Die Rollen, Aufgaben und Weisungsbefugnisse sollten klar formuliert sein (IT-Projektleiter, Module…). Die *Schnittstellen* in der Kommunikation mit den Geschäftsverantwortlichen und den Teams für das operativ-juristische Carve-Out sind zu regeln. Das Vorgehen und die Entscheidungen müssen klar, objektivierbar und nachvollziehbar sein. Es hat sich an der Optimierung der IT für die Carve-Out-Einheit zu orientieren, ohne die Belange der abgebenden Einheit zu vernachlässigen. Gemeinsam mit dem operativ-juristischen Carve-Out ist ein *integratives methodisches Vorgehen* gefordert. Es kann eine IT Due Diligence vorgeschaltet werden – dies ist insbesondere dann zu empfehlen, wenn das IT-System historisch gewachsen und durch viele Einzellösungen geprägt ist. Basis für eine Carve-Out Initiative sollte eine *Rahmenwerk* (Framework) sein, das alle Handlungsoptionen beinhaltet: *Insourcing, Shared Services* (zwischen abgebender Einheit und Carve-Out-Target), *Outsourcing* und *Outtasking*.

Um den richtigen *Sourcing-Mix* zu identifizieren, sollten drei Dimensionen ins Auge gefasst werden, die 1) Kooperationstiefe mit externen Partnern, 2) die regionale Allokation (Onshoring, Offshoring, Nearshoring) und 3) das Sourcing Modell (Make or Buy). Klar definierte und stabile Prozesse sind eine Grundanforderung. So sind die IT-Prozesse und -Aktivitäten hinsichtlich „Sourcing" und „Prozesskosten" einander gegenüberzustellen. Im Falle eines Neudesigns eines In-/Outsourcing müssen die Prozesskosten dauerhaft gemessen und kontrolliert werden. Entsprechend dem Startpunkt der Einführung kann die Restrukturierung oder Adaption eines prozessbasierten Systems nötig werden (vgl. Transformation Consulting International GmbH, 2011).

Für den Fall der temporären Stand-Alone-Stellung ist bei komplexen Projekten je nach Integrationsgrad des Projektes mit einer Gesamtdauer des IT-Carve-Out bis zum Closing von der Größenordnung 11 bis 22 Monaten bis zum Closing zu rechnen. Die Komplexität wird wesentlich durch unterschiedliche organisatorische Herkünfte der auszugliedernden Einheit (zum Beispiel aus verschiedenen Landesgesellschaften und mehreren strategischen Einheiten) getrieben.

Die IT-Carve-Out-Maßnahmen sind aufgrund ihrer langen Vorlaufzeit vor einem M&A-Deal die ersten Maßnahmen einer zukünftigen Transaktion, mit denen die Mitarbeiter von einem vorgesehenen Deal Kenntnis bekommen. Die *Mitarbeiter-Mobilisierung* ist entscheidend für das Mitziehen zur Erreichung der Ziele. Insbesondere ist auf die Verunsicherung zu achten, die die Perspektiven einer Stand-Alone-Stellung des betreffenden Geschäftes und ein zu erwartender Verkauf mit sich bringen (vgl. dazu auch Abschn. 4.3.4 zum Merger Syndrom). Zu Beginn des Vorhabens ist ein Kommunikationskonzept auf der Grundlage der einzuschlagenden Gesamt- und IT-Strategie zu entwickeln und in den Unterstützungsprozess Kommunikation zu integrieren. Entscheidend ist, ob das operative oder das IT-Carve-Out früher beginnt. Das Kommunikationsprogramm ist mit dem Prozess zu starten, der frühzeitiger beginnt, da die Mitarbeiter auf die ersten Signale, die einen Carve-Out verheißen, besonders sensibel und mit Abwehr reagieren. Darin sollten die Handlungsoptionen und -zwänge und die Vorteile, die eine Ausgliederung und Weitergabe des Geschäftes an einen passenden Eigentümer mit sich bringen verdeutlicht werden. Ziel dabei ist, den einzuschlagenden Pfad so plausibel zu machen, dass die Mitarbeiter inhaltlich dahinterstehen. Wenn Richtungsänderungen oder weitere Maßnahmen geplant sind, dann sind diese zu kommunizieren und durch regelmäßige *Pulse Checks* die Mitarbeiter-Reaktionen einzufangen. Dazu hat sich zu Beginn des Prozesses ein monatlicher Rhythmus als sinnvoll herausgestellt, der mit dem IT Carve-Out-Plan (vgl. Abb. 6.13) in eine 60- oder 90-Tages-Frequenz überführt werden kann.

#### 6.2.3.2 Budgetplanung, Status Reporting und Kostenmanagement

Die Budgetplanung sollte bereits in der Strategie- und Mobilisierungsphase ansetzen. Die IT-Projektleiter haben alle Anforderungen aus den Funktionsbereichen zu dokumentieren, wie etwa F&E, Einkauf, Fertigung, Marketing, Vertrieb und Qualitätsmanagement. Daraufhin werden die teilweise heterogenen Anforderungen, wie etwa die Einführung einer standardisierten SAP-Lösung versus Beibehaltung existierender Individualsoftware erhoben, konsolidiert und daraus ein zeitkritischer Pfad identifiziert. Dafür empfiehlt es sich, ausgehend vom Börsengang/Stand-Alone-Readiness zurück zu rechnen, um zu prüfen, welche Anforderungen zeitlich überhaupt realisierbar sind und für welche Anforderungen sich lediglich Interimslösungen, wie etwa *Transitional Service Agreements* als machbar erweisen (TSAs, vgl. dazu Abschn. 6.2.3.5).

Wenn die IT-Integrationsstrategie definiert ist und wenn dem Integrationsteam die IT-Kostenstrukturen der zu kaufenden Einheit vorliegen, dann lassen sich die Synergiepotenziale und -kosten bestimmen. Zu beachten ist, dass es dabei nicht nur um die „reinen" IT-Kostenpotenziale geht sondern auch um die Synergien der Wertschöpfungsstufen und

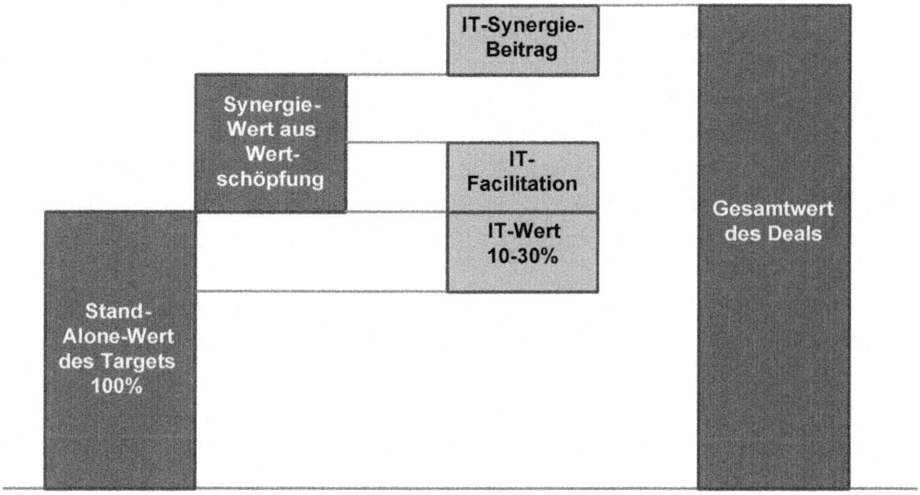


**Abb. 6.14** Wert-Konzept und IT-Einfluss

Fachfunktionen, die durch die IT abgebildet und ermöglicht werden. Für beide Fälle sind die Effekte auf die jeweiligen Gewinn- und Verlustpositionen bzw. auf das EBIT für einen bestimmten Zeithorizont zuzurechnen. Zu berücksichtigen ist insbesondere, ob IT-Investitionen notwendig sind, um das Stand-Alone-Business beziehungsweise die Synergien zu realisieren. Für die Schätzung der Höhe der IT-Integrationskosten und der möglichen Synergien sind *Industrie-Benchmarks* heranzuziehen.

Erfahrungswerte zeigen, dass innerhalb der IT bis zu 30 % der möglichen Gesamtsynergien erzielt werden können (vgl. Schaaf, 2013, S. 361). Zu unterscheiden sind drei Fälle von Synergiebeiträgen durch die IT (vgl. Abb. 6.14). Einerseits trägt die IT zum Stand-Alone-Wert des Targets bei. Dazu kommen die operativen IT-Synergien, die in der Wertschöpfungskette zwischen dem zu veräußernden Unternehmensteil und dem Geschäft des Käufers, in das der zu veräußernde Teil integriert werden sollen. So können zum Beispiel Shared Service Center in den Fachbereichen effektiver betrieben werden, wenn die IT einheitliche Applikationen und Systeme zur Verfügung stellt. Auch einheitliche Datenbasen können Synergien ermöglichen. So ist im Einkauf zum Beispiel die Bündelung von Beschaffungsvolumen bei einem gemeinsam genutzten Lieferanten möglich oder im Vertrieb Cross Selling an Kunden. Diese Synergien in der Wertschöpfungskette können unter Umständen nur durch Einsatz *homogenisierter IT* gehoben werden. Schließlich erzeugt die IT zusätzliche Synergien zum Gesamtdeal der Transaktion.

Synergien ergeben sich insbesondere bei den Personal-, Hardware-, Hosting- und Lizenzkosten. Durch Konsolidierung und Zentralisierung von Systemen und Services besteht hier ein signifikantes Einsparungspotenzial. Für Personal- und Hardwarekosten, die in der IT anfallen, kann gegebenenfalls auch Outsourcing sinnvoll sein, wenn durch die IT-Integration eine kritische Größe erreicht wird. Skaleneffekte können unter Umständen auch bei den Lizenzen die Kosten senken.

#### 6.2.3.3 IT Blueprint und IT Programm Design

In Abb. 6.13 wurden mit dem IT-Blueprint und dem Programm Design verschiedene Arbeiten in der Durchführung des IT-Managements bei M&A genannt. Das IT Programm Design setzt das Assessment (Situationsaufnahme) des Umfeldes, aus dem der *IT-Blueprint* abzuleiten ist, voraus. Der Blueprint beinhaltet grundsätzlich alle Programmpunkte, die für die Stand-Alone-Positionierung der IT notwendig sind und die – unabhängig von dem später noch zu definierenden Käufer – als Integrationsmaßnahmen durchzuführen sind.

„IT Governance als Steuerungselement der IT ist inzwischen ein wesentlicher Bestandteil der Unternehmensführung. Mit der Verabschiedung von Richtlinien, Vorschriften und Gesetzen wie z. B. Basel II oder dem Sarbanes-Oxley-Act (SOX) wird nicht nur das Unternehmensmanagement in die Verantwortung genommen, auch die IT-Organisation muss inzwischen einen Beitrag zur Erfüllung dieser Vorgaben leisten. Die Verzahnung von Geschäftsprozessen und Informationstechnologie ist mittlerweile so eng, dass eine Einhaltung der gesetzlichen Anforderungen nur unter Mithilfe der IT zu schaffen ist. Die regelmäßige Kontrolle und Verbesserung der IT-Prozesse ist daher unerlässlich“ (ncc Management Consultants GmbH, 2014).

Für die IT-Organisation und Prozesse werden dazu zunächst die gegenwärtig genutzten unternehmerischen Einheiten und deren Aufgabenverteilungen analysiert. Dies schließt auch die Subunternehmer und die IT-Ressourcen in den Fachabteilungen mit ein. Anschließend wird eine Ziel-Organisation festgelegt, die eine genaue Beschreibung der Verantwortlichkeiten und Rollen der Protagonisten enthält. Daraus werden die erforderlichen Schritte zur Zielerreichung abgeleitet. Für die IT-Prozesse und Dokumentationen werden ebenfalls die zukünftigen Standards und Schritte definiert, mit deren Hilfe die Ziele zu erreichen sind. Industriestandards wie Cobit, ITL oder PMI dienen dabei häufig als Maßstab.

Der IT Blueprint resultiert auch aus dem Anforderungskatalog des operativ-juristischen Carve-Out. Mit ihm wird das Rahmenwerk entwickelt. Er umfasst die Bereiche

- IT-Strategie und Sicherheit sowie
- IT-Handlungsoptionen,
- IT-Infrastruktur und Applikationen und
- IT-Services und Lizenzen.

Für diese Arbeit ist ein Zeitaufwand von 5–10 Monaten zu veranschlagen.

Um den gesteckten Rahmen des IT Blueprints zu erreichen, muss ein detaillierter Carve-Out-Plan (s. u.) erstellt werden, der die Anforderungen der verschiedenen Funktionsbereiche berücksichtigt.

In einem konkreten Beispiel war für einen führenden Technologiekonzern die vollständige Ausgliederung eines Geschäftsbereiches vorgesehen, um diesen für einen Börsengang vorzubereiten. Die besondere Herausforderung lag hierbei in dem fix vorgegebenen

Zeitpunkt für das Datum des Börsenganges und dem daraus resultierenden hohen Zeitdruck bis zur Realisierung von nur vier Monaten (vgl. Ratzer & Schiller, 2013, S. 508).

Um dies umsetzen zu können empfiehlt sich die gleichzeitige Entwicklung des IT Programm Designs und des IT Carve-Out Plans.

Der Aufwand für das *IT Programm Design* ist in starkem Maße abhängig von der Anzahl der zu bewältigenden *Workstreams* (funktionale Prozessen). Um einen engen Zeitplan durchzusetzen, können alle Workstreams parallel durchgeführt werden (Wendsche (2013) zählt 25 IT-relevante Prozesse). Dies erfordert eine übergreifende, *IT-weite Programmsteuerung* mit einem eigenen *IT Carve-Out Management Office*. Der Zeitaufwand für diese Aufgabe kann damit auf 2 bis 4 Monate beschränkt werden.

#### 6.2.3.4 IT Carve-Out-Planung und -Umsetzung

Auf der Basis des IT Blueprint und des Programm Designs ist parallel der IT Carve-Out-Plan zu realisieren, für den unter den vorab beschriebenen Voraussetzungen gleichfalls eine Dauer von 2–4 Monaten anzusetzen ist.

Für die einzelnen Bereiche der IT-Infrastruktur und –Sicherheit wird jeweils der Status Quo der Einheiten festgelegt, bevor der zukünftige Standard definiert wird. Bei der Integration von Data Centern hat das Team in der Regel zwei Möglichkeiten: entweder betreibt die zum Verkauf stehende Unternehmenseinheit weiterhin ihre Data-Center, gegebenenfalls unter Berücksichtigung der Betriebsstandards des Käufers soweit dieser zum Entscheidungszeitpunkt bereits festliegt oder es werden Netzwerke gebildet. Hier ist es wichtig, Konzepte für die Interimsperiode bis zum Abschluss der Integration zu entwerfen. Für die Mitarbeiter der übernommenen Unternehmen oder Unternehmensteile werden häufig separate User-IDs und VPN-Tunnel eingerichtet, damit sie bereits am Tag 1 nach dem Closing auf Applikationen und Systeme des Käufers zugreifen können. Damit die Mitarbeiter der übernommenen Unternehmenseinheit ab dem Closing ihre neuen E-Mail-Adressen nutzen können, unter den alten aber noch erreichbar sind, müssen neue E-Mail-Accounts und Weiterleitungsfunktionen eingerichtet werden.

Durch das Programm Design und Blueprint wird die Grundlage für das strategische Modell der IT gelegt. Darauf aufbauend folgt die *Umsetzung der Separierung* mit dem Ziel der Herauslösung aus den alten Strukturen.

Als allgemeine Regel sollte die Umsetzung der Separierung so schnell wie möglich durchgeführt werden, idealerweise innerhalb von 3 bis 6 Monaten. Bei komplexeren Projekten ist mit 9 bis 18 Monaten zu rechnen. Zu einem möglichst frühen Zeitpunkt sollte eine komplette Evaluierung auf Basis des Blueprints erfolgen. Dies sollte Zusatzthemen abdecken wie Prozesse und Anwendungen. Unterschiedliche Größen und Komplexitäten von M&A-Deals entscheiden über den Aufwand. Eine enge Zusammenarbeit des *Interim IT Carve-Out-Teams* mit den IT-Abteilungen der Geschäftseinheiten und eine konsistente Verfolgung der IT der Tochtergesellschaften sollte gesucht werden. Dabei ist sorgfältig darauf zu achten, dass die ursprünglich definierte IT-Strategie eingehalten wird. Insofern sind die IT-Arbeiten, die in den Geschäftseinheiten und in den (regionalen) Tochtergesellschaften durchgeführt werden, sorgfältig aus dem Gesichtspunkt der Optimierung der

Ziele der abgebenden Einheit und der Carve-Out-Einheit zu beobachten. Konflikte können entstehen weil die Auffassungen verschiedener Stakeholder sich nicht immer decken müssen.

Während der Umsetzung des Carve-Out Plans beziehungsweise der Integrationsplanung empfiehlt es sich, in regelmäßigen Abständen Tag 1 IT Readiness Checks durchzuführen bei denen auch die Carve-Out Budgets sowie der Umsetzungsstatus der einzelnen Maßnahmen mit den Planwerten abzugleichen sind. Kritische Aspekte sollten dabei an die IT Carve-Out-Projektleitung berichtet werden, um bei Verzögerungen oder Budgetabweichungen schnellstmöglich Verbesserungsansätze oder Ersatzlösungen zu entwickeln. Gegen Ende des Umsetzungsprozesses können die IT-Readiness Checks parallel laufen.

Spätestens mit dem Signing beginnt die Vorbereitung für Tag 1 nach dem Closing. Entscheidend ist, dass vorhergesehen werden kann, wie lang die – vor allem durch den Kartellprozess bedingte – Periode zwischen Signing und Closing ist, das und ob diese wirklich ausreicht, damit die IT-relevanten Tätigkeiten mit der notwendigen Sorgfalt ausgeführt werden können. Im Zweifelsfall ist deutlich vor dem Signing mit der Integrationsplanung zu beginnen. In jedem Fall muss der zeitkritische Pfad für die Integrationsplanung ausreichen. Wenn die zu realisierenden IT-Standards sowie deren Kosten und Risiken feststehen, dann wird in einem Folgeschritt für jedes Gebiet und für jede Komponente zunächst der Status Quo überprüft und im Anschluss alle Maßnahmen festgelegt um die Zielgrößen zu erreichen.

In der Regel ist es nicht möglich, alle Integrationsschritte bis zum Tag 1 nach dem Closing festzulegen. Deshalb gilt es für einige Gebiete Interimsperioden zu definieren und Maßnahmen festzulegen, wie das Unternehmen Übergangsfristen überbrücken kann. Dabei ist es wichtig, nicht nur das angestrebte Ziel, sondern auch alle in diesem Zusammenhang umzusetzenden Schritte detailliert zu dokumentieren. Entscheidend für den Erfolg einer Integration ist nicht nur eine umfassende Planung und Dokumentation, sondern auch die Einbindung aller relevanten Fachgebiete und Ebenen des Unternehmens in die Umsetzung. Eine Schlüsselrolle sollte dabei der Chief Information Officer (CIO) spielen.

#### 6.2.3.5 Entwurf Transitional Service Agreements (TSAs)

Üblicherweise werden IT-Dienste 1) intern geliefert, 2) bei *Shared Services* angesiedelt oder 3) durch *Service Provider* verfügbar gemacht. Bei der Separierung und der Umsetzung im Rahmen des Carve-Outs müssen die nötigen TSAs, die die auch nach dem Closing zu erbringenden IT-Leistungen des Verkäufers für die verkaufte Einheit regeln, geplant und abgeschlossen werden (vgl. allg. zu TSA z. B. Deggelmann, 2015; Franzke, 2015, S. 5–6).

Bei der zunächst nötigen Erfassung der bestehenden Leistungen und Strukturen trifft man erfahrungsgemäß auf große Defizite. Typischerweise fehlen:

- eine IT Roadmap basierend auf einer Geschäfts-Strategie,
- eine IT-Strategie und -Architektur,
- ein Serviceportfolio,

- ein Rechnungswesen für die benötigten Dienste,
- Prozessdefinitionen,
- eine Organisation für das Projektmanagement,
- Klärung von Details wie SLA (Service Level Agreements), OLA (Outsourcing Level Agreements), Help Desk, Servicebedarf-Management und die
- Erfahrung zur Vorgehensweise: deshalb sind erfahrene Kompetenzträger aus Beratungen zu beauftragen.

Nach der Erfassung der relevanten Leistungen ist zu entscheiden, welche im Rahmen der TSA relevant sind. Dies ist einzelfallspezifisch und hängt auch stark von der bisher praktizierten Organisation ab.

Auf drei Hauptziele bei der Verwendung und dem Management von TSAs soll hier hingewiesen werden: 1) Garantie der Effizienz der IT, 2) Realisierung einer effektiven Service-Provider-Kontrolle und 3) Erreichung von Kostenreduzierungen. Die Garantie einer möglichst hohen *Effizienz der IT* ist erreichbar durch eine optimale Verteilung und Nutzung von internen und externen Ressourcen. Alle Lösungsvorschläge/Alternativen intern versus extern durch Dritte sind deshalb einem konsequenten Benchmarking von Leistungen und Kosten zu unterziehen. Darüber hinaus soll IT die Voraussetzungen für optimales Skill Management in der Abbildung der Stabs- und Linienfunktionen liefern. Die Realisierung einer effektiven Service Provider-Kontrolle wird durch die Schaffung von Transparenz im Vergleich möglicher Service Provider-Szenarien mit den aktuell bestehenden Verträgen geliefert. Ein Schlüssel dazu ist eine maximal mögliche Reduktion der Anzahl der Lieferanten, um Komplexitätskosten zu mindern sowie Skaleneffekte und dadurch bessere Kaufkonditionen realisieren zu können. Das ermöglicht auch die Rückführung der Kosten für Vertragsmanagement und Kontrolle der IT-(Sub)-Lieferanten und TSA-Provider.

Der Zeitaufwand für die Verhandlungen und das Management von TSAs ist praktisch unbegrenzt und abhängig, wie lange der Käufer der betreffenden Unternehmenseinheit auf die IT-Ressourcen des Verkäufers zurückgreifen will. Insbesondere beim Verkauf an Private Equity-Unternehmen werden häufig Laufzeiten über die gesamte Haltedauer des Targets beim Private Equity vereinbart. Diese werden dann erst durch den (strategischen) Folgekäufer abgelöst. Es wird in diesen Fällen mit TSA-Laufzeiten von bis zu zehn Jahren gerechnet. Für den Zeitraum bis zum Closing ist mit einem Zeitaufwand von 9 bis 18 Monaten zu rechnen.

#### 6.2.3.6 Käuferseitige IT Due Diligence und -Integration

Im Rahmen der käuferseitigen Due Diligence (vgl. Abschn. 5.1.4) ist auch eine spezielle IT Due Diligence durchzuführen. Dabei geht es darum, sich einen Überblick über die IT-Landschaft zu verschaffen. Zu diesem Zeitpunkt sollte der Käufer bereits Grundzüge für eine IT-Integrationsstrategie entwickeln, die mit der Gesamtintegrationsstrategie Hand in Hand geht. Insbesondere ist zu entscheiden, welche *Integrationstiefe* angestrebt werden soll. Wenn die IT-Organisation, die -Prozesse und -Systeme separat gehalten werden sollen, dann spricht man von einem „Stand-Alone-Szenario". Solches empfiehlt sich zum Beispiel, wenn ein Unternehmen oder ein Geschäftsfeld als temporäre Finanzanlage erworben wird. In diesem Fall findet im Grunde keine Integration statt.

Im anderen Fall können IT-Systeme, -Organisationen und -Prozesse teilweise („*Partial Integration*") oder vollständig („*Complete Integration*") integriert werden. Diese tiefgreifenden IT-Strategien werden regelmäßig dann gewählt, wenn das erworbene Unternehmen mittel- oder langfristig in das operative Geschäft des Käufers eingebunden werden soll. Je höher der Integrationsgrad, desto größer sind die Synergiepotenziale, die gehoben werden können. Dies betrifft naturgemäß nicht nur die IT selbst, sondern auch die Prozesse und Systeme, die durch IT unterstützt werden. Mit zunehmender Tiefe der Integration steigt allerdings auch der Integrationsaufwand. Um die Effizienz der IT-Integration abzusichern, sind Aufwand und Nutzen sorgfältig abzuwägen (vgl. Schaaf, 2013, S. 360).

Im Bereich der Applikationen und Systeme müssen die Schritte der Integration detailliert geplant werden, denn eine IT-Integration bietet nicht nur Synergiepotenziale sondern auch Risiken. Das ist insbesondere bei der Vorbereitung zur Integration der Applikationen und Systeme zu beachten, denn diese kann den Geschäftsablauf des Unternehmens gefährden. Gegenmaßnahmen, die im Notfall zu ergreifen sind, sollten in jedem Fall Teil der Integrationsplanung werden. In den meisten Industrien lassen sich die Risiken mit vertretbarem Aufwand reduzieren. In einer IT-intensiven Branche wie dem Online-Handel kann aber das Gefahrenpotenzial einer IT-Integration der Schlüssel zur Entscheidung über Kauf oder Nicht-Kauf eines Unternehmens werden. Bereits mit der IT-Strategie ist festzulegen wie mit den Applikationen und Systemen verfahren werden soll, die der zum Verkauf stehende Unternehmensteil bislang genutzt hat. Hier ist es zum Beispiel möglich, die Applikationen und Systeme in eine vergleichbare Applikation oder in ein vergleichbares System des Käufers zu integrieren, sie selbstständig weiter zu nutzen oder ihren Betrieb ersatzlos einzustellen (vgl. Schaaf, 2013, S. 362).

Während der Integrationsplanung sind auch die zugrundeliegenden IT-Lizenzen und -Serviceverträge zu sichten und eventuelle Kündigungs- und Anpassungstermine festzulegen.

Wenn die Integrationsaktivitäten aller Bereiche feststehen, ist ein Zeitplan zu erstellen. Einige Maßnahmen müssen dabei noch vor dem Closing durchgeführt werden. Für die weiteren sind jeweils Fristen festzulegen, die idealerweise in einem 30-Tage-Rhythmus ab Closing zu unterteilen sind. Das bedeutet, dass einige der Aufgaben bereits mit dem Closing abgeschlossen sein müssen, andere aber erst nach 30, 60 oder 90 Tagen zu folgen haben.

Die grundlegenden Tätigkeiten wurden bereits im Blueprint hinterlegt. Wie bereits erwähnt helfen diese nunmehr dem Projektmanagement, den Fortschritt der IT-Integration zu überwachen. Der stetige Vergleich mit dem Blueprint des Verkäufers kann dabei einer fortlaufenden Performance-Kontrolle für die Umsetzung der IT-Integration dienen.

Am „Day One" nach dem Closing beginnt die Umsetzung und Nachverfolgung der Maßnahmen. Dazu gehören die „Stand-Alone-IT-Maßnahmen", die „IT Facilitation", die zur Realisierung der operativen Synergien erforderlich sind und die reinen IT-Synergien (vgl. Abb. 6.14). Zentraler Punkt nach dem Closing ist die Anhängung und Eingliederung der IT in den übernehmenden Konzern. Zeitgleich werden die letzten Optimierungen vorgenommen. Je nach Größe der zu verschmelzenden Unternehmensteile und nach Tiefgang der IT-Integration kann die Integration mehrere Wochen oder auch mehrere Jahre in Anspruch nehmen, zumal die Effekte auch erst nach Jahren sichtbar werden können. Deshalb sollten die Verantwortlichkeiten für die IT klar geregelt sein. Bei der Überprüfung und Nachverfolgung der Synergien dürften unvorhergesehene Ereignisse die geplanten Ergebnisse beeinflussen. Diese Effekte sind bei der Nachverfolgung zu separieren. Es empfiehlt sich, zur Planung und Nachverfolgung entsprechende Tools zu nutzen.

Eine besondere Schwierigkeit besteht darin, dass vor dem Closing keine oder nur wenige Möglichkeiten gegeben sind, die Wissens- und IT-Experten der anderen Seite zu kontaktieren. Idealerweise findet nach Signing und vor dem Closing bereits eine regelmäßige Kommunikation zwischen Carve-Out- und *Carve-In-Teams* statt, sofern Letztere bereits aktiv sind. Starkes Projektmanagement (regelmäßiges und diszipliniertes *Reporting* und *Verfolgung von Meilensteinen* und Aktivitäten) ist hierbei gefordert. Bei aller Planbarkeit und Umsetzungstreue lassen sich jedoch Störgrößen nicht vermeiden. Insofern sind diese einzuplanen und bei der Teamkapazität und -Aufgabenstellung mit zu berücksichtigen.

Dem Bereich „Applikationen und Systeme" ist auch nach dem Closing besondere Beachtung zu schenken: wenn es sich um ERP- (ERP = Enterprise Resource Planning) Systeme handelt, bestehen bis zur vollständigen Integration der Systeme Berichtsanforderungen des übernommenen Unternehmens an die Käuferseite. Die dazu gehörigen Anforderungen lassen sich unter Umständen nicht direkt aus den Applikationen der gekauften Einheiten ableiten. Dazu gehören die Gewinn- und Verlustrechnung, Bilanzberichte für Monats- und Jahresabschlüsse oder Berichte mit Einkaufs- und Verkaufsdaten. Je nach Anforderungen und den zugrunde liegenden Datenarchitekturen können für eine Interimsperiode technische Anpassungen nötig werden, zum Beispiel Extrakt- und Konversionsprogramme aus den Applikationen der gekauften Einheiten. Die zugrunde liegenden Stammdaten werden dabei auf die Strukturen des Käufers übersetzt. Dazu kann gegebenenfalls ein zentrales Stammdatensystem behilflich sein, das der Käufer nutzt (vgl. Schaaf, 2013, S. 363).

#### 6.2.3.7 Verhandlung und Verträge

Die Verhandlung der IT zum Abschluss von Verträgen und zur Vorbereitung der Transaktion ist Bestandteil der Gesamtverhandlungen. Um Zeit zu sparen kann dies konsekutiv mit dem Fortschritt der IT-Integrationsplanung durchgeführt werden. Wesentlicher Bestandteil für die Vertragsgestaltung ist die Kaufpreisfindung, in die die Kosten und Nutzen des gewählten IT-Pfades eingehen. Hierbei ist auf das Bewertungsschema zu verweisen, bei dem die IT sowohl eine Unterstützungsfunktion für die operativen Maßnahmen (für das Stand-Alone Target und die Synergien) als auch eine selbstständige Quelle für Synergiewerte darstellt (vgl. Abb. 6.14). Die Homogenität der IT-Landschaft impliziert als Transaktionsform eher einen Share Deal als einen Asset Deal. Wenn die unterstützenden

Funktionen der IT jedoch exakt den jeweiligen Asset-Positionen zugeordnet werden können, dann spricht auch nichts gegen einen Asset-Deal. Wie bekannt, ist der Umfang der Verträge bei einer solchen Lösung erheblich größer als bei einem Share Deal.

Um Transferperioden bei der Integration von Applikationen und Systemen zu überbrücken, kann es geboten sein, dass die Verkäuferseite Applikationen und Systeme vorübergehend weiter zur Verfügung stellt, zum Beispiel durch Hosting und Support. Dies geschieht auf Basis von Transitional Service Agreements (vgl. Abschn. 6.2.3.5), die parallel zur Integrationsplanung abgeschlossen werden. Wenn sich entsprechende Größenvorteile und damit Kostenvorteile anbieten, dann können auch Leistungen von Dritten bezogen werden. Dies ist keine punktuelle Maßnahme sondern ein kontinuierlicher Prozess, der nach Bedarf zu justieren ist. Dabei sollte es das Ziel sein, die Applikationslandschaft und die IT-Infrastruktur so an die Geschäftsziele anzupassen, dass kontinuierlich eine optimale Unterstützung gegeben ist.

Mit dem Closing sind die IT-Dienste nun selbstständig in der Carve-Out-Einheit vorhanden oder als Transitional Service Agreements (TSAs) angelegt. Die TSAs müssen nun für die Dauer des Carve-In gepflegt und schrittweise abgelöst werden, da in vielen Funktionsbereichen nur Interimslösungen realisiert werden konnten. Interimslösungen, die der Käufer ab „Day One" nicht selbst erbringen kann, müssen entweder durch Dritte (Outsourcing) oder weiterhin durch den Verkäufer erbracht werden. Die befristeten TSAs haben typischerweise Laufzeiten von mehreren Monaten. Sie umfassen detaillierte Leistungskataloge, insbesondere den Service Level, Kosten und die Beschreibung der zur Leistungserbringung notwendigen IT-Systeme und -Applikationen den Service Level, Kosten und die Beschreibung der zur Leistungserbringung notwendigen IT-Systeme und Applikationen. Für das Post Closing Carve-In, die Pflege und Ablösung der TSAs rechnet man in der Regel zwischen 6 und 12 Monaten.

Es kommt vor, dass Käufer Transitional Service Agreements mit Laufzeiten von über zehn Jahren abschließen, etwa wenn eine Unternehmenseinheit an einen Private Equity Investor verkauft wird. Das macht deutlich, dass die Pflege und Beendigung von TSAs während derartig langer Laufzeiten aktiv gesteuert werden müssen. Darüber hinaus haben Käufer und Verkäufer in der Regel divergierende Vorstellungen an TSAs. Verkäufer ziehen in der Regel kurze Laufzeiten vor, während Käufer lieber längere Laufzeiten fordern, weil ihnen dies Planungssicherheiten gibt und den Handlungsspielraum erweitert.

### 6.2.4 Resümee

Das IT-Carve-Out und das Carve-In ist ein vielschichtiger und komplexer Prozess. Er umfasst die Bereiche IT-Organisation und -Prozesse, Applikationen und Systeme sowie IT-Infrastruktur und IT-Sicherheit. Sorgfältig sind die verschiedenen Stadien des IT-Carve-Out und Carve-In zu unterscheiden: die noch integrierte Phase beim Verkäufer, die Stand-Alone-Phase nach der Separierung und die zunehmende Integration in die IT-Architektur des Übernehmers. Eine frühzeitige und umfassende Planung ist eine Grundbedingung, dass der zu veräußernde Unternehmensteil während der Übergangsphase vor dem Closing und nach dem Closing reibungslos funktioniert. Daneben ist ein konsequentes Projekt- und Kostenmanagement unabdingbar. Die IT-Integration ist zwar nur ein Teilaspekt der gesamten operativ-rechtlichen Integration, sie sichert jedoch bis zu 30 % des Stand-Alone-Wertes der zu übernehmenden Einheit und bis zu 30 % der zu realisierenden Synergien aus der operativen Wertschöpfung ab. Darüber hinaus leistet die IT einen selbstständigen Synergiebeitrag über die operativ-rechtlichen Synergien hinaus.

Die Stand-Alone-IT-Absicherung der zu übernehmenden Einheit und die IT-gestützten Synergien bergen jedoch auch Gefahrenpotenziale, denen das Integrationsteam begegnen muss. Hier ist insbesondere die IT-Sicherheit von Bedeutung. Während einer Integration ist die Gefahr groß, dass zum Beispiel sensible Daten nicht ausreichend vor dem Zugriff von außen geschützt sind. Der IT-Sicherheit ist also in allen Phasen ein hoher Stellenwert beizumessen (vgl. im Detail dazu Schroebler, 2015).

Das IT-Carve-Out hat in der Regel den höheren Zeitbedarf als das juristisch-operative Carve-Out, ist also zeitkritisch und die Prozesse hierfür müssen entsprechend frühzeitiger angeschoben werden. Die IT hat – da alle Geschäftsprozesse eine IT-Abbildung erfahren können – eine Sonderstellung im Carve-Out. Zum IT-Carve-Out sind die genannten praxiserprobten und flexiblen Carve-Out-Methodiken zu verwenden. System- und Applikationsänderungen und ein Konzept zur Trennung sind nur mit ausreichend langen Vorlaufzeiten realisierbar. Ein ständiger Austausch zwischen den Teams für die Geschäftsprozesse und dem IT-Workstream fördern die Flexibilität und die Qualität für die Umsetzung. Die Schnittstellen zwischen operativem Carve-Out und IT-Carve-Out sind zu bestimmen und Verantwortliche dafür sind dazu auf beiden Seiten zu benennen. Ein professionell geführter IT-Workstream in Verbindung mit regelmäßigem Reporting trägt wesentlich dazu bei, dass der Zeitplan und das gesetzte IT-Carve-Out Budget eingehalten werden können.

## Literatur


Andras, G., & Kirstan, T. (2014). Compliance und Governance im Rahmen von M&A-Aktivitäten. In C. Schalast (Hrsg.), *Banking & Finance aktuell: Vol. 51. Aktuelle Aspekte des M&A-Geschäftes. Jahrbuch 2014* (S. 39–60). Frankfurt a. M.: Frankfurt School.

Deggelmann, R. L. (2015). Schlüssel für eine erfolgreiche Desinvestition: Transition Service Agreements, eine Make-or-Buy-Entscheidung. In J. Wollersheim & I. Welpe (Hrsg.), *Forum Mergers & Acquisitions 2014. Beiträge aus rechts- und wirtschaftswissenschaftlicher Sicht* (S. 391–402). Wiesbaden: Springer Gabler.

Deloitte. (2009). How green is the deal? The growing role of sustainability in M&A. www.deloitte.com/assets/Dcom-United-States/Local%20Assets/Documents/US_MA_How_Green_Is_The_Deal_Jan09.pdf. Zugegriffen: 12. Jan. 2015.

Denk, R., Exner-Merkelt, K., & Ruthner, R. (2008). *Corporate Risk Management: Unternehmensweites Risikomanagement als Führungsaufgabe* (2. Aufl.). Wien: Linde Verlag Wien.

Drozak, J. (2013). SCM – Supply Chain Management: Einkauf und Logistik. In K. Lucks (Hrsg.), *M&A-Projekte erfolgreich führen. Instrumente und Best Practices* (S. 467–479). Stuttgart: Schäffer-Poeschel.

Figge, F., & Hahn, T. (2002). *Environmental Shareholder-Value Matrix: Konzeption, Anwendung und Berechnung*. Lüneburg: CSM.

Fischer, L.-J. (2008). *Wertorientiertes Kundenmanagement bei M&A-Transaktionen. Reihe: Planung, Organisation und Unternehmungsführung: Bd. 120*. Lohmar: Eul.

Franzke, E. (2015). Carve-out erfolgreich gestalten: Eine gesamtheitliche Perspektive. *M&A-Review, 26*(1), 2–8.

Guenster, N. (2010). *The effect of differences in corporate social responsibility between bidder and target on stock returns around the announcement date of mergers and acquisitions 2010*.

Hansell, G., Walker, D., & Kengelbach, J. (2014). Lessons from successful serial acquirers: Unlocking acquisitive growth. https://www.bcgperspectives.com/content/articles/mergers_acquisitions_unlocking_acquisitive_growth/. Zugegriffen: 12. Jan. 2015.

Hawranek, F. (2004). *Schnittstellenmanagement bei M&A-Transaktionen. Gabler Edition Wissenschaft*. Wiesbaden: Dt. Univ.-Verl.

Homburg, C., & Bucerius, M. (2005). A marketing perspective on mergers and acquisitions: How marketing integration affects postmerger performance. *Journal of Marketing, 69*(1), 95–113.

Homburg, C., & Bucerius, M. (2006). Is speed of integration really a success factor of mergers & acquisitions? An analysis of the role of internal and external relatedness. *Strategic Management Journal, 27*(4), 347–367.

Keller, G. (2002). *Risikomanagement bei Unternehmensakquisitionen: Konzeptionelle Grundlagen und Elemente eines Instrumentariums zur Identifikation, Evaluation und Steuerung von Akquisitionsrisiken. Schriftenreihe zum Finanz-, Prüfungs- und Rechnungswesen*. München: Florentz.

Kengelbach, J., Klemmer, D. C., & Schwetzler, B. (2012). Kapitalmarktorientierte Wertschaffung mit M&A aus der Käuferperspektive: Teil 2: Erfolgsfaktoren von Serienkäufern. *M&A Review, 23*(1), 1–5.

KPMG. (2004). Impact – A survey on environmental due diligence. http://www.kmpg.co.uk/pubs7208251.pdf. Zugegriffen: 13. Jan. 2015.

Meckl, R., & Horzella, A. (2010). Wertorientiertes Controlling im M&A-Prozess: Erfolgsfaktoren – Instrumente – Kennzahlen. *Controlling, 22*(6), 314–321.

Meckl, R., & Theuerkorn, K. (2013). Corporate Social Responsibility als Erfolgsfaktor bei M&A. *M&A Review, 24*(4), 152–159.

Meckl, R., Linke, A., & Theuerkorn, K. (2011). Organisation von M&A-Aktivitäten in Unternehmen. *M&A Review, 22*(4), 165–170.

Meier, P. (2013). Die Umsetzung von Risikomanagement nach ISO 3100. TÜV Media GmbH. http://ebooks.ciando.com/book/index.cfm/bok_id/482045. Zugegriffen: 10. Dez. 2014.

Müller, A. M. (2014). *Wertorientierte Führung von M&A-Abteilungen*. Bisher unveröffentlichte Dissertation.

ncc Management Consultants GmbH. (2014). IT Governance mit COBIT® 5. Von: http://www.ncc-education.com/cobit-5-seminare.html. Zugegriffen: 10. Dez. 2014.

Ratzer, P., & Schiller, E. (2013). IT Carve-Outs. In K. Lucks (Hrsg.), *M&A-Projekte erfolgreich führen. Instrumente und Best Practices* (S. 505–509). Stuttgart: Schäffer-Poeschel.

Rothenbücher, J., & Schrottke, J. (2008). To get value from a merger, grow sales. *Harvard Business Review, 86*(5), 24–25.

Schaaf, S. (2013). IT als kritischer Erfolgsfaktor im Rahmen einer M&A-Integration. *M&A Review, 24*(9), 359–363.

Schroebler, S. (2015). Informationssicherheit und IT-Compliance beim Carve-out. *M&A Review, 26*(1), 9–15.

Sellmann, J. (2013). M&A bei Rotwein und Zigarre oder Die Rolle des Topmanagements bei M&A-Transaktionen. In K. Lucks (Hrsg.), *M&A-Projekte erfolgreich führen. Instrumente und Best Practices* (S. 68–73). Stuttgart: Schäffer-Poeschel.

Theuerkorn, K. (2013). *Corporate Social Responsibility als Erfolgsfaktor bei M&A-Transaktionen.* Lohmar: Eul.
Transformation Consulting International GmbH. (2011). experts know how – Unternehmensentwicklung in sich schnell verändernden Märkten. http://www.tci-parners.com. Zugegriffen: 12. Dez. 2014.
Weber, J., Weiss, D., & Brinkmann, M. (2014). The value of IT in M&A transactions. *Deloitte M&A Forum,* (2), 2–18.
Wendsche, S. (2013). Information Technology. In K. Lucks (Hrsg.), *M&A-Projekte erfolgreich führen. Instrumente und Best Practices* (S. 414–424). Stuttgart: Schäffer-Poeschel.

## Weiterführende Literatur

Chang, R., Curtis, G., & Lenk, J. (2002). *Keys to the kingdom: How an integrated it capability can increase your odds of M&A Success.*
Curtis, G., & Chanmugam, R. (2005). Reconcilable differences: IT and post merger integration. *Outlook – An Accenture Publication,* (2), 81–85.
Erhard, A., Reichling, J., & Burmeister, C. (2013). Die Bedeutung der Kundenbeziehung – Optimierung des Kundenpotenzials in M&A-Transaktionen. In K. Lucks (Hrsg.), *M&A-Projekte erfolgreich führen. Instrumente und Best Practices* (S. 433–441). Stuttgart: Schäffer-Poeschel.
Gursch, J., Schulz, C., & Seitz, S. (2013). Management von IT Wissen bei Mergers & Acquisitions: Ein Blick in die Praxis. *Wirtschaftsinformatik & Management,* (2), 72–79.
Lofink, O., Nackmayr, J., & Orendi, G. (2013). Management von Produktportfolios und -lebenszyklen im M&A-Prozess. In K. Lucks (Hrsg.), *M&A-Projekte erfolgreich führen. Instrumente und Best Practices* (S. 450–466). Stuttgart: Schäffer-Poeschel.
Lucks, K. (2005). Management of Complex M&A Projects. In K. Lucks (Hrsg.), *Transatlantic mergers & acquisitions. Opportunities and pitfalls in German-American partnerships* (S. 246–259). Weinheim: Wiley (distributor).
Matthes, F., Schneider, A. W., & Schulz, C. (2012). *IT carve-out guide.* Munich: TU München.

# 7 Emerging Multinational Corporations und M&A: Die BRIC-Länder

Derzeit findet jede vierte M&A-Transaktion in den Emerging Markets statt, mit steigender Tendenz. Motor dieser Entwicklung sind vor allem die BRIC-Staaten, auf die wegen ihrer Wachstumsperspektiven weit über die Hälfte der Emerging-Market-Deals entfallen (Mergermarket). Der Anteil der BRIC-Staaten an der globalen Wirtschaftsleistung wuchs in der Summe von 2003 bis 2013 von 18 auf 27 %, wobei dies fast allein auf das Wachstum Chinas zurückzuführen ist (von 9 auf 16 %) und in geringem Maße auf Indien (von 4 auf 6 %). Brasilien und Russland wuchsen mit dem Weltmarkt (jeweils stabile 3 % der globalen Wirtschaftsleistung).

Gut die Hälfte der deutschen Targets wird ins Ausland verkauft (vgl. Mergermarket, 2014, Targets mit Umsatz größer 25 Mio. EUR). Die BRIC-Länder haben dabei einen nur sehr geringen Anteil bei der Übernahme von deutschen Unternehmen. China und Indien kommen zahlenmäßig in 2013 gerade mal auf 2 % (vgl. Sittel, 2014, S. 10–11), Brasilien und Russland liegen bei deutlich unter 1 %. Die USA dominieren mit 10 % Anteil bei der Übernahme deutscher Unternehmen, gefolgt von Großbritannien, Frankreich, der Schweiz, Schweden und Italien mit einem Anteil von 3 bis 4 % (vgl. Sittel, 2014, S. 10–11). Von einer „bedrohlichen" Welle von Übernahmen aus den BRIC-Ländern sind wir also weit entfernt. Dies zeigt auch die Betrachtung von Gesamt-Europa: aus China kamen die Käufer bei weniger als 1 % der Targets. Öffentlichkeitswirksame Übernahmen, etwa von Putzmeister, Kion oder Kiekert, überhöhen die Bedeutung, die die Chinesen im deutschen M&A-Markt aktuell tatsächlich haben. Allerdings ist für 2014 eine deutliche Zunahme der Käufe chinesischer Unternehmen in Deutschland zu verzeichnen (vgl. Sun & Kron, 2015).

Die Emerging Markets sind aber dabei sich im M&A-Markt ein Gewicht zu verschaffen, das ihrer volkswirtschaftlichen Bedeutung entspricht. Spannend ist auch die Tatsache, dass in den Schwellenländern selber Konsolidierungen via M&A stattfinden, die die ohnehin starken organischen Wachstumsraten der dominierenden Spieler nochmals nach oben drücken. Dies ist in allen BRIC-Ländern der Fall, denn das nationale M&A ist bei allen weit größer als Inbound und Outbound M&A. Die Anzahl der „Global Player" aus den



K. Lucks, R. Meckl, *Internationale Mergers & Acquisitions*,
DOI 10.1007/978-3-662-46896-8_7

Schwellenländern wird also zunehmen. Allerdings erst auf lange Sicht. Derzeit verhindern prozedurale Gründe ein noch stärkeres Vorankommen durch Outbound M&A. Zunächst ist dies die noch mangelhafte Kompetenz bei den M&A-Prozessen, die – im Vergleich mit den Industrieländern – aufgrund fehlender Erfahrung langsam und schleppend verlaufen und nicht den Standard der Industrieländer haben. Daneben sind sprachliche, kulturelle und regulatorische Hemmnisse die wichtigsten Gründe für die Beschwerlichkeit der Prozesse. Dies betrifft vor allem den Verkauf von Unternehmen in der Krise und Insolvenz, bei denen verkürzte Prozesse gefragt sind. Doch in jüngster Zeit wurden hier große Fortschritte erreicht, wie die Übernahmen des Gleisschwellen-Herstellers Rail One (2013 an die indische PCM), des Automobilzulieferers Tekfor (2013 an die indische Amtek) oder der Raffineriebetreiber Petroplus (2012 an den russischen Gunvor-Konzern) zeigen. Der Wissens-Transfer um die M&A-Prozesse verläuft jetzt schneller, nicht zuletzt getriggert durch Consultingunternehmen mit westlicher Herkunft und Präsenz in den BRIC-Staaten (vgl. allgemein zum Erfolg von M&A von Unternehmen aus Emerging Markets Weusthoff, 2014).

Im Folgenden werden die M&A-Märkte und ihre Rahmenbedingungen für die einzelnen BRIC-Länder erörtert, um dem Leser eine Einschätzung dieser in dem zukunftsträchtigen „M&A-Spielfeld" zu ermöglichen.

Dem Fokus des vorliegenden Buches entsprechend konzentriert sich dieses Kapitel auf das integrations-orientierte M&A in der ganzen Breite seiner Einzelprozesse, also auf die komplexeren – und meist größeren – Projekte. Da die internationalen Datenbanken im unteren Wertbereich von M&A-Transaktionen zunehmend ungenau werden und auch „Directors Deals" beinhalten, wurde die Untergrenze des betrachteten Transaktionsspektrums auf 50 Mio. USD gesetzt. Damit werden solche Artefakte weitgehend ausgeschlossen. Zudem betrachten wir nur Mehrheitsübernahmen, für die sich vorwiegend die Integrationsfrage stellt. Folglich ergibt sich ein unterschiedliches Bild im Vergleich zu anderen Datenbank-Auswertungen. So rutscht Indien wegen seines andernorts erfassten hohen Anteils kleiner Transaktionen in unserer Betrachtung nach hinten (vgl. Hoyningen-Huene & Rothenbücher, 2011, S. 326).

## 7.1 China

### 7.1.1 Markt und wirtschaftliche Rahmenbedingungen

China ist nicht nur das bevölkerungsreichste Land sondern es hat unter den BRIC-Staaten auch die höchsten Wachstumsraten mit 9–10 % vom BIP in den letzten vier Jahren, wobei die tatsächlichen Werte wohl niedriger liegen. Damit ist China der wichtigste Wachstumsmarkt der Welt. Zahlreiche deutsche Firmen haben sich durch Zukäufe Zugang zum chinesischen Markt gesichert. Deutsche Erwerber standen im ersten Quartal 2013 mit 20 größeren Zukäufen in China hinter Hong Kong und den USA an dritter Stelle. China hat durch ein nationales Programm seinen Anteil an internationalem M&A ausbauen können. Die dahin gehenden Aktivitäten werden offensiv in den Fünf-Jahres-Plänen formuliert. Der Fokus liegt einerseits auf der Erschließung von Rohstoffen und Landwirtschafts-Ressourcen durch Kauf und Beteiligung an Energie- und Rohstoff-Konzernen und Pacht von Agrarland in anderen Schwellen- und Entwicklungsländern sowie in der Eroberung von Technologie-Märkten durch Akquisition von High Tech-Unternehmen aus den Industrieländern.

China ist „eine Welt für sich“, mit zahlreichen regionalen Programmen, die auf M&A und organischen Ausbau auf der Basis von Foreign Investment einen hohen Einfluss haben. So gibt es 200 wirtschaftliche und technische Entwicklungszonen, 53 High-Tech-Industrieentwicklungszonen, 15 Border & Economic Cooperation Zones, 59 Exportbearbeitungszonen, 15 Freihandelszonen und zahlreiche Zonen auf lokaler Ebene (vgl. Roraius, Xueli & Wöffen, 2014, S. 21).

## 7.1.2 M&A-Markt China

Der chinesische Gesamtmarkt für M&A ist bei weitem der größte unter den BRIC-Ländern. Er ist fast 10-mal so groß wie der indische Markt und hatte seinen Peak in 2010 mit 437 M&A-Deals über jeweils 50 Mio. USD Investment (Datenbasis hier und alle folgenden: Standard & Poors Capital IQ Anzahl der angekündigten Deals mit je über 50 Mio. USD Investment). Der M&A-Markt verzeichnete in den Jahren von 2004 bis 2010 einen rasanten Wachstumstrend, wobei allein der Inlandsmarkt fast um Faktor 30 wuchs. Seit 2010 verzeichnet der Markt eine Konsolidierung, ähnlich dem M&A-Weltmarkt. Der Inlandmarkt ist etwa 2,5-mal so groß wie der Inbound M&A-Markt. Das zeigt, wie stark die nationale Konsolidierung des chinesischen Marktes ist. Wenn man die immer noch große Wachstumsrate des chinesischen Marktes hernimmt (8–9 % p.a.) und die Konsolidierung über M&A hinzuzählt, erhält man einen Eindruck über die Wachstumsraten der großen nationalen Player, die zu Weltmarktspielern der Industrieländer aufschließen (vgl. Abb. 7.1).

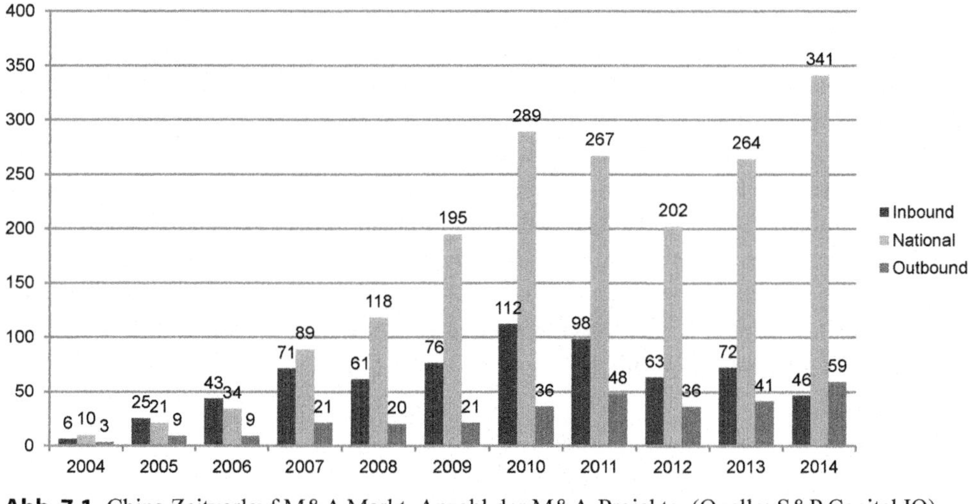


**Abb. 7.1** China Zeitverlauf M&A Markt, Anzahl der M&A-Projekte. (Quelle: S&P Capital IQ)

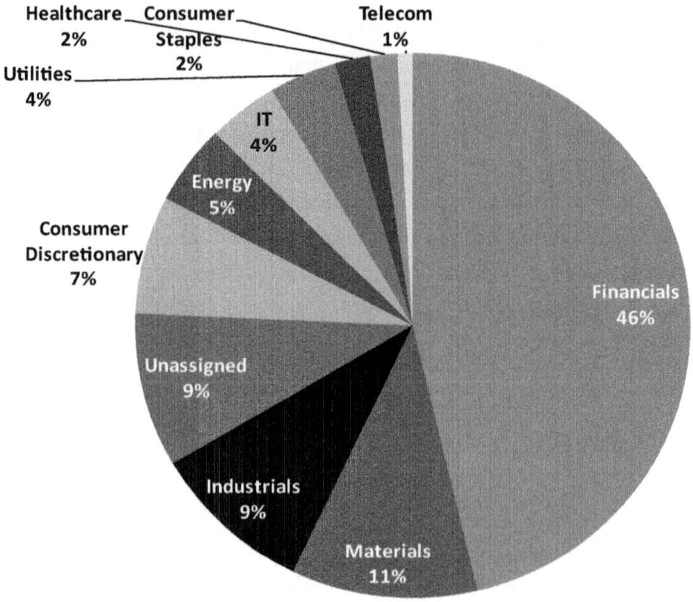


**Abb. 7.2** China, nationaler M&A-Markt. (Quelle: S&P Capital IQ); Basis: Anzahl Transaktionen mit Investment > 50 Mio. US-$

China kommt im internationalen M&A-Wettbewerb rasant voran. Das Verhältnis zwischen Inbound M&A zu Outbound M&A lag in 2010 noch bei Faktor 3:1, in 2013 liegt es bei Faktor 2 und in 2014 kehrte es sich um. Hinsichtlich der Branchenverteilung im nationalen M&A überrascht die starke Dominanz des Finanzsektors, der fast die Hälfte aller M&A-Deals der Größenordnung von über 50 Mio. USD Investment repräsentiert (vgl. Abb. 7.2). Die weiteren Branchen liegen bei Rohstoffen (Materials 11 %) und Industrie (9 %), gefolgt von Konsumgütern, Energie und IT.

Das chinesische M&A-Programm sieht einen Ausbau der Auslandsbeteiligungen sowohl der umfangreichen Staatsunternehmen als auch der großen chinesischen Privatunternehmen vor. Die Geschäfts- und Investitionspläne der Beteiligungen müssen vorab dem Staat vorgelegt und von ihm genehmigt werden. Dies ist eine erhebliche Schwelle für M&A-Engagements. Erst kürzlich wurde dazu die Genehmigungsgrenze heraufgesetzt. Auslandsbeteiligungen von chinesischen Staatsunternehmen benötigen nur noch eine Genehmigung des NDRC (National Development & Reform Commission), wenn das Investment über 1 Mrd. USD liegt. Bei Privatunternehmen liegt die Grenze bei über 300 Mio. USD. Darunter bedürfen sie nun nicht mehr der Genehmigung durch die staatlichen Stellen, was eine weitere Beschleunigung des chinesischen Auslands-Beteiligungs-Marktes zur Folge haben dürfte.

China hat mit seinen Beteiligungen in den Industrieregionen insgesamt keine gute Hand gehabt. Aus der Sicht der Staatsunternehmen ging es mehr um den Besitz von Unternehmen in den Industrieregionen per se denn um sinnvolle und belastbare Strategien. Daneben dominierte der Gedanke, Unternehmen „billig" einzukaufen. Deshalb übernahmen chinesische Unternehmen in Deutschland gern Konkursbetriebe, auch außerhalb des angestammten Produktportfolios, mit dem Resultat, dass die Beteiligungen häufig keinen strategischen Sinn machten. Darüber hinaus waren sie auch dauerhaft defizitär, weil das Hineinwirken in ein ausländisches Managementteam aus chinesischer Warte mit den gegebenen Sprachproblemen und dem Mangel an Turnaround-Kompetenz außerordentlich schwierig war. Dies führte dazu, dass die M&A-Performance der Chinesen geradezu sprichwörtlich schlecht war. Letztlich nahm sich das Zentralkomitee dieses Problems an und forderte grundsätzlich die Einreichung der bereits genannten Businesspläne ein. Wenn Chinesen sich eine Sache vornehmen, dann machen sie es konsequent – und so ist es nicht zu verwundern, dass daraus ein Schwenk in Richtung strategisch orientierter Beteiligungen und besserer M&A-Performance wurde.

Der chinesische M&A-Markt wird zu 65 bis 75 % von nationalen Deals dominiert (vgl. Capital IQ 2011 bis 2014), hinter denen sowohl Chinesen als auch Ausländer mit chinesischen Niederlassungen stehen. Der hohe Anteil nationaler Deals impliziert, dass in China Konsolidierer mit hoher Geschwindigkeit heranwachsen, denn sie kombinieren Teilhabe an dem immer noch schnell wachsenden chinesischen Märkten (organisches Wachstum) und zusätzliches Wachstum durch M&A. Wir werden uns daran gewöhnen müssen, in Zukunft neue Namen aus den Schwellenländern zur Kenntnis zu nehmen, die sich auf dem globalen Markt nach vorn geschoben haben. Viele nationale Märkte in China sind überbesetzt und der mangelnde Schutz geistigen Eigentums fällt hier nicht nur den Ausländern auf die Füße sondern ruiniert auch die Investitionen der technologieorientierten nationalen Marktführer. Bekanntestes Beispiel der jüngsten Zeit ist die Solarbranche, in der die chinesischen Wettbewerber verschiedener Kantone gewaltige Kapazitäten aufgebaut haben und den nationalen und internationalen Markt überschwemmen. Damit zerstören sie nicht nur die Ertragsbasis aller deutschen Wettbewerber sondern sie liefern sich einen – von der Zentralregierung unkontrollierten – ruinösen Wettbewerb im chinesischen Inland.

### 7.1.3 Der M&A-Prozess in China

**Inbound M&A nach China**

Der *Inbound M&A-Markt* hatte mit 112 Deals über 50 Mio. USD Investment gleichfalls seinen Peak in 2010 und bis 2013 über die Hälfte nachgelassen, während Outbound M&A nahezu stabil blieb. Auch hier dominiert der Finanzsektor, jedoch nicht so stark (36 %), gefolgt von Einzel-Konsumgütern (Consumer Staples, 12 %) und Rohstoffen (9 %) (vgl. Abb. 7.3).

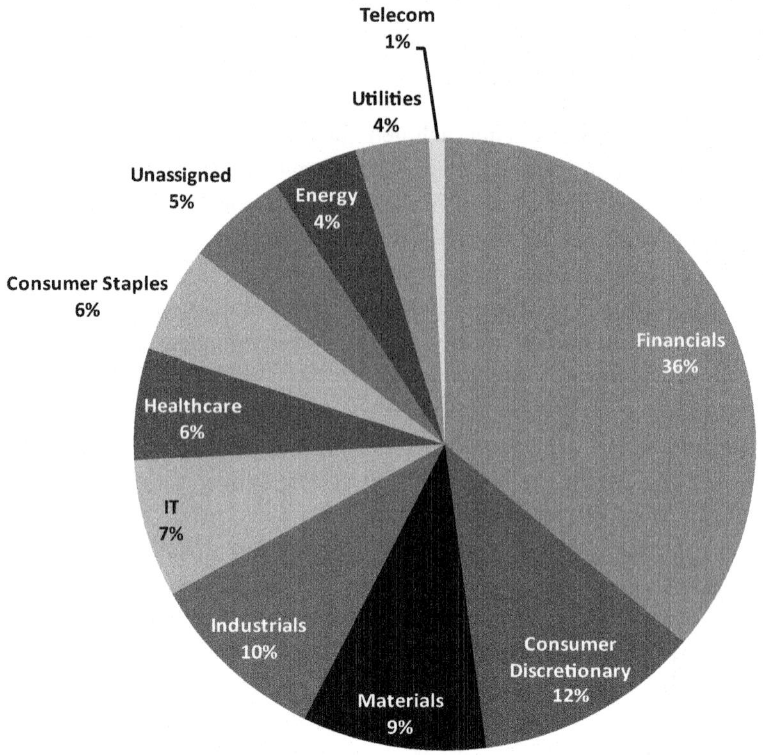


**Abb. 7.3** China Inbound M&A-Markt. (Quelle: S&P Capital IQ); Basis: Anzahl Transaktionen mit Investment > 50 Mio. US-$

**Barrieren Inbound**

Die rechtlichen Regelungen und die institutionellen Rahmenbedingungen für Käuferunternehmen aus dem Ausland sind als durchaus komplex zu bezeichnen. Aus wirtschaftspolitischen Erwägungen heraus sind die Regelungsdichte und auch das Protektionsniveau branchenspezifisch. Dies hat Auswirkungen auf die M&A-Strategie der ausländischen Investoren. Abbildung 7.4 zeigt eine schematische Einordnung.

Wichtig ist zu beachten, dass die Genehmigungsbehörden „encouraged, permitted, restricted und prohibited investments" im Rahmen von M&A unterscheiden. Abbildung 7.2 gibt einen ersten Hinweis, in welchen Branchen welche dieser Investments zu finden sind. Entscheidend für den rechtlichen Teil des M&A-Prozesses ist der „Guidance Catalogue" für ausländische Investitionen aus dem Jahr 2011 (vgl. dazu auch Etgen, 2013, S. 164–176). Hier sind insbesondere die notwendigen einzuholenden Genehmigungen enthalten.

Betrachtet man die einzelnen Arbeitspakete aus dem M&A-Prozess (vgl. Abb. 3.13), so ist in China die Due Diligence als besonders relevant einzustufen. Dies hängt vor allem damit zusammen, dass Dokumentationen und Nachweise, z. B. was die Übertragung von Anteilen in der Vergangenheit betrifft oder auch steuerliche oder personalwirtschaftliche Unterlagen nicht immer als vollständig und inhaltlich nachvollziehbar bezeichnet werden

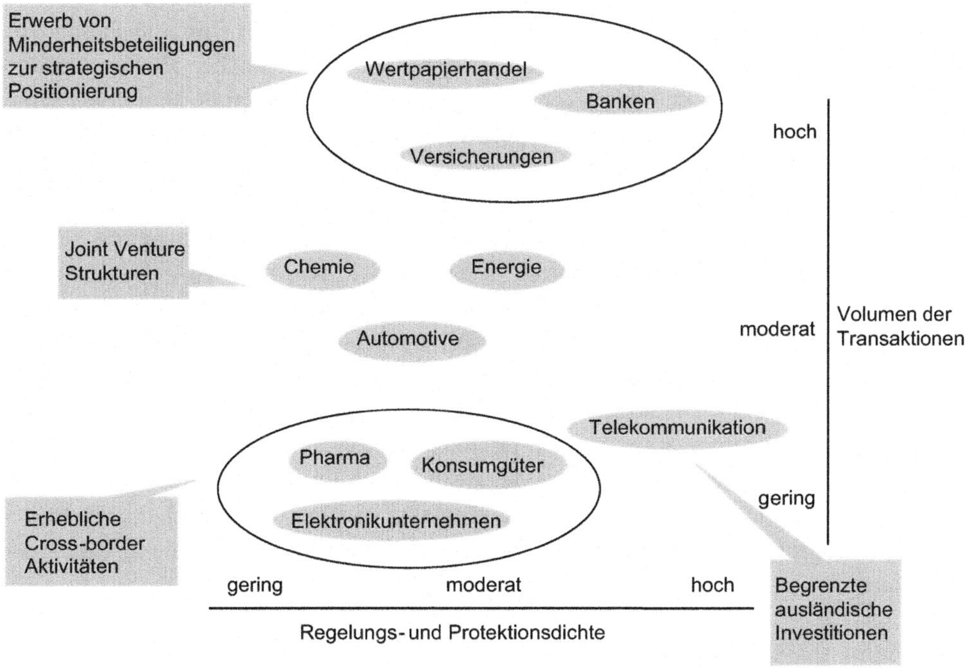


**Abb. 7.4** Regelungsdichte im chinesischen M&A-Markt. (vgl. Etgen, 2013, S. 164)

können. Um Risiken diesbezüglich zu vermeiden, müssen entsprechend detaillierte Analysen durchgeführt oder Garantien verhandelt werden. Besondere Vorschriften gilt es zu beachten, wenn Staatsunternehmen bzw. Teile davon gekauft werden (für einen generellen Überblick über die Inbound M&A-Vorschriften in China vgl. Etgen, 2013). Aus Sicht des M&A-Prozessmanagements sind unterschiedliche Managementkulturen und mangelnde Bereitschaft zum Verkauf des Unternehmens als die größten Barrieren für das Zustandekommen eines Deals anzusehen. Stringente M&A-Meilenstein-Prozesse sind nicht die Regel. Vielmehr sind bilaterale Verhandlungen, die auf langjähriger Vertrauensbasis geführt werden, die gängige Praxis. Die Entscheidungsstrukturen sind meist streng hierarchisch. Abgrenzungen zwischen kritischen und unkritischen Punkten sind nur schwer verständlich zu machen. Prozess-Fortschritte werden zunichte gemacht, indem bereits vereinbarte Verhandlungspunkte wieder geöffnet werden. Verhandlungen mit chinesischen Verkäufern werden vor diesem Hintergrund als zäh und langwierig wahrgenommen. Die Genehmigungsprozesse stellen besondere Anforderungen an das Projektmanagement. So ist es unüblich, im Vorfeld zu klären, ob ein Vorhaben genehmigungsfähig ist. Damit unterliegt der Verkäufer zwischen Signing und Closing erheblichen Unsicherheiten. Mit dem Signing konzentriert sich die Verhandlung zwar auf einen Bieter – damit ist jedoch keineswegs gewährleistet, dass das Projekt auch erfolgreich die Genehmigungsprozesse durchläuft.

Eine große Hürde ist weiterhin das besondere Rechtssystem in China, insbesondere, dass chinesische Unternehmen ihr Geschäft in zwei unterschiedlichen Büchern niederlegen, dem „offiziellen" und dem „echten". Damit ist auch eine große „kulturelle" Barriere verbunden: wenn Chinesen einmal persönlichen Kontakt aufgebaut haben, dann gilt das gesprochene Wort als verbindlich, insbesondere bei einer geäußerten Kaufabsicht und Preisindikationen. Wenn danach eine Due Diligence durchgeführt wird, sind darauf basierende Preisanpassungen schwer durchzusetzen, weil ja vorher ein Bezugspreis genannt wurde. Dies betrifft auch Beraterhonorare. Wenn sich das Mengengerüst ändert, dann sind Chinesen meist nicht bereit, die Mehrkosten zu übernehmen, denn auch hier gelten Stundensatz und Menge als vorgegeben. „Cost Overruns" werden also meist nicht vergütet.

Die kürzlich verabschiedeten neuen Investmentregeln könnten deshalb einen Meilenstein markieren (s. o.). Die staatlichen Genehmigungsverfahren waren ein wesentlicher Hemmschuh in Bieterprozessen. Zur Professionalisierung ist es dennoch ein weiter Weg. Während in Europa klare vertragliche Meilensteine den Fortschritt des M&A-Projektes markieren, ist in China noch der persönliche Kontakt („Guanxi") der entscheidende Faktor und finale Verträge werden lediglich als Zusammenfassung der Verhandlungsergebnisse angesehen.

**Outbound M&A aus China**

Auffallend am Outbound M&A aus China ist die nahezu gleiche Verteilung über eine Reihe von Branchen, angeführt von Finanzdienstleistungen (19 %) über Rohstoffe (Materials 18 %), Industrie (14 %), Energie (12 %) und Einzel-Konsumgüter (11 %) (vgl. Abb. 7.5).

Ernst & Young zählt 2013 darunter 120 Akquisitionen absolut in Europa, wobei 25 der Akquisitionen als Target-Region Deutschland haben (vgl. Sun & Kron, 2015). Es liegt

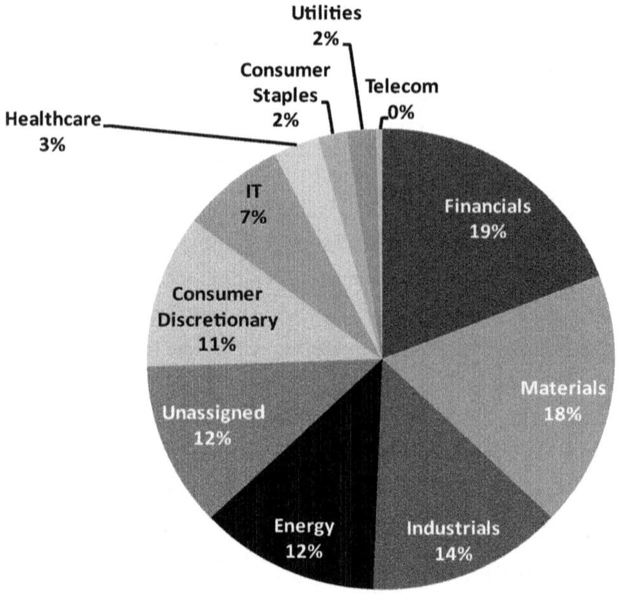


**Abb. 7.5** China Outbound M&A Markt. (Quelle: S&P Capital IQ); Basis: Anzahl Transaktionen mit Investment > 50 Mio. US-$

damit gleichauf mit Großbritannien, das hinter den USA zu den beliebtesten Zielmärkten Chinas zählt. Chinesen interessieren sich in Deutschland vor allem für mittelständische Industrieunternehmen und darin vor allem für den Maschinenbausektor und für die Automobil-Zulieferindustrie. Im Fokus stehen vor allem Fahrzeug-Kernkomponenten, von der Hydraulik bis zu den Getrieben, von Motorteilen bis zur Elektronik. Chinesische Zulieferer finden damit auch am schnellsten Zugang zu deutschen Premiumherstellern. Die meisten chinesischen Investoren wollen in Deutschland neue Kunden erschließen und nicht nur Billigware aus China exportieren. Immer häufiger kaufen sich Chinesen in deutsche Firmen ein, um Produktionen an deutschen Standorten auszubauen und damit den chinesischen Markt zu beliefern. Akteure sind Staatsunternehmen und Private in gleichem Maße.

Auf das staatlich entwickelte Ausbauprogramm für Direktinvestitionen im Ausland, das auch M&A umfasst, wurde bereits hingewiesen. Dementsprechend werden Outbound M&A von den chinesischen Behörden grundsätzlich positiv gesehen. Dies ist von Bedeutung, da ein chinesisches Unternehmen die Genehmigung braucht, im Ausland akquirieren zu dürfen. Meistens sind sogar mehrere Genehmigungen, je nach Transaktionsvolumen und Branche nötig (für einen Überblick vgl. Hiort & Hummitzsch, 2013, S. 155–160). Wenngleich die Genehmigungsvorschriften gelockert worden sind, z. B. was die Genehmigungsschwellen betrifft, so können diese Notwendigkeiten doch zu Unsicherheiten und Verzögerungen auf Seiten des chinesischen Käufers führen.

Darüber hinaus sind im Managementprozess weitere Spezifika zu beobachten, die sich teilweise mit den Erfahrungen bei Inbound M&A nach China (siehe oben) decken. Abbildung 7.6 zeigt eine Gegenüberstellung.

| | **China** | **Deutschland** |
|---|---|---|
| Transaktions-struktur | ▪ Twe. informell und nicht klar strukturiert<br>▪ Twe. langer und undurchsichtiger Transaktionsprozess<br>▪ Twe. subjektive„ Bewertung des Transaktionsobjektes (ohne Due Diligence oder Bewertungsmodell) | ▪ Formeller Prozess<br>▪ Zeitplan und Transaktionsprozess stark durchstrukturiert<br>▪ Due Diligence und professionelle Bewertung als Grundlage für Transaktionen |
| Rechtlicher Übergang | ▪ Transaktionen oft per Handschlag vereinbart<br>▪ Vertrauen ist zentral für den erfolgreichen Deal und Unternehmensübergabe<br>▪ Verträge oft weniger kompliziert als im deutschen Rechtsraum üblich | ▪ Professionelle Rechtsberatung ist unabdingbar für eine Transaktion<br>▪ Meist komplexe Vertragswerke notwendig für Eigentumsübergang |
| Beteiligte Behörden | ▪ Event. State Council<br>▪ NDRC<br>▪ MOFCOM<br>▪ SAFE<br>➔ Behörden stark vernetzt mit Unternehmen<br>➔ Geldströme aus China unterliegen strikten Kontrollen | ▪ Privatunternehmen sind nicht eng mit Behörden vernetzt. Oft, wenn überhaupt, nur Freigabe durch Kartellbehörden notwendig |

**Abb. 7.6** Deutsch-Chinesischer Vergleich von M&A-Prozessen. (vgl. Hiort & Hummitzsch, 2013, S. 160)

Der größte Unterschied liegt wohl in der Stringenz der Prozessführung. Inhaltliche und instrumentelle Flexibilität (Unternehmensbewertung!) auf chinesischer Seite steht eine logisch strukturierte und instrumentell meist festgelegte Prozessführung auf deutscher Seite gegenüber.

Die bei chinesischen Auslands-M&A immer noch häufig anzutreffenden Probleme sind auch sprachlicher Natur: zu wenige Chinesen sprechen Englisch und noch weniger sind dabei verhandlungssicher, kaum jemand spricht deutsch. Deshalb ist man auf Übersetzer angewiesen und dies behindert den Aufbau der für die Chinesen so wichtigen zwischenmenschlichen Beziehungen. Deutschland wird von Chinesen als ein offenes, stabiles Land mit hervorragenden Arbeitskräften und hoher Management-Kultur angesehen. Chinesen bemängeln jedoch das komplexe Steuersystem und die starke Regulierung der Arbeitswelt. Die meisten Käufer bei großen Deals sind Staatsunternehmen und diese sind „der Staat in einer anderen Farbe". Deren Prozesse sind besonders lang. Rechnet man für eine – heute weitgehend standardisierte - Due Diligence in Deutschland im Milliarden-Bereich normalerweise 6 bis 8 Wochen so brauchen Chinesen für einen vergleichsweise einfacheren Fall 5 bis 6 Monate. Dabei sind Chinesen besonders auf das Anlagevermögen fokussiert, weniger auf die betriebswirtschaftlichen Ergebnishebel. Damit verbauen sich die Chinesen viele Chancen. Chinesen gelten auch als „beratungsresistent" – sie sind wenig offen für das was der Consultant als nötig und nicht nötig ansieht.

Günstig für die Übernahmen von Unternehmen entwickelten sich die Finanzierungsbedingungen. Die meisten M&A-Transaktionen aus China werden von in Hongkong ansässigen Investmentbanken begleitet. Finanzierungen im Ausland stellen momentan keine große Hürde dar. Als neuer Weg zur Weiterentwicklung von Auslandsakquisitionen wird zunehmend die Option eines zukünftigen Börsengangs ins Auge gefasst.

Vor fünf Jahren wurde noch vorwiegend Fertigungskapazität gesucht, es wurden Fabriken gekauft, demontiert und in China wieder aufgebaut. Das erwies sich als wenig erfolgversprechend, denn auf diese Weise verlor man die Auslandsmärkte, die durch reine Fertigungen in China und Aushöhlung der Marke verschlossen blieben.

Doch auch im Outbound M&A (von China ins Ausland) sind Fortschritte zu beobachten. Seit 2011 haben sich die Prozesse der Chinesen sehr professionalisiert. Wurden die Chinesen zuvor noch als „reiche Ausländer mit dicken Taschen" angesehen, ist ihr Motiv nunmehr der wirtschaftliche Erwerb. Immer mehr Chinesen haben bei ihren Einkaufstouren einen Investmentbanker dabei. In jüngster Zeit haben sich die M&A-Vorstöße deutlich erhöht. Es wurden sehr viel mehr Due Diligences von deutschen Firmen als Target im Auftrag von chinesischen Interessenten durchgeführt. Zunehmend betrachten Chinesen ihre Erwerbungen in den alten Industrieländern als strategischen Einstieg in neue Technologien und investieren in die Targets, um neue Marktsegmente, zum Beispiel im chinesischen Inlandmarkt, zu erschließen (vgl. Strack & Schwarzer, 2014). Dabei belassen sie die Forschung und Entwicklung im Target. Mittlerweile ist den Chinesen klar geworden, dass ohne motivierte deutsche Mitarbeiter jeglicher technologische Vorsprung in Deutschland in kurzer Zeit verloren geht. In einzelnen Fällen wurde darauf aufbauend eine Fertigung in

China aufgezogen, um die in Deutschland entwickelten Produkte im chinesischen Markt zu verkaufen.

Anders als noch vor etwa fünf Jahren konzentriert sich das chinesische Interesse heute auf Spitzentechnologien. Die Targets, auf die China heute zielt, liegen zum Beispiel bei Zulieferern von Luft- und Raumfahrt sowie bei High-End Manufacturing.

Nur wenige chinesische Manager haben Kompetenzen für internationales Management. M&A-Integration ist für Chinesen im Ausland eines der unbewältigten Probleme. Deshalb hat man sich darauf eingelassen, erworbene Unternehmen weitgehend Stand-Alone weiterzuführen und als Technologiequelle für den chinesischen Markt zu nutzen, wobei dazu auch in den Aufbau lokaler Fertigungen im „Mainland China" investiert wird. Dies führt zu „Win-Win-Situationen", die auch bei den deutschen Targets beliebt sind.

### 7.1.4 Zukünftige Entwicklungen

China wandelt sich von einer Export-getriebenen zu einer Konsum-orientierten Gesellschaft. Im M&A-Fokus stehen deshalb nicht mehr nur Technologie-Unternehmen sondern auch *Markenhäuser*. Aktuelle M&A-Trends lassen sich wie folgt zusammenfassen:

- Das ehrgeizige Entwicklungsprogramm Chinas mit Verdoppelung des Bruttosozialproduktes bis 2020 wird einen großen weiteren Schub an chinesischem Outbound M&A auslösen.
- Chinesische Käufer sind in Europa zunehmend willkommen, weil sie den globalen Ausbau des Geschäftes in Aussicht stellen.
- Die zunehmende Professionalisierung der M&A-Prozesse von Chinesen wird dazu führen, dass Käufer aus China zukünftig auch bei großen Bieterprozessen den Zuschlag bekommen werden.
- Das Zielspektrum der Chinesen wird breiter, in den Fokus der Investoren geraten demnächst auch neue Branchen und Markenunternehmen.
- Von den erleichterten Übernahme-Regularien werden zunehmend auch chinesische Privatunternehmen profitieren.
- Zunehmend interessant erscheint die Kombination von M&A-Transaktionen mit späterem Börsengang (Interview James Murphy, Deloitte China-Desk, 11.7.2014).

Wenn auch die aktuellen M&A-Perspektiven Chinas positiv sind so sind die langfristigen Aussichten aber unsicher. Die Umweltprobleme hat China trotz starkem Ausbau der Kerntechnik und Solarindustrie noch nicht im Griff. Das Altlasten-Problem ist noch lange nicht bewältigt. Die (zunehmend gelockerte) Ein-Kind-Politik wird dazu führen, dass in 15 bis 20 Jahren nicht genügend Chinesen berufstätig sind, sodass die Pensionen nicht mehr bezahlt und die Alten nicht mehr betreut werden können. Chinesen werden in großem Umfang Gastarbeiter benötigen, um die Wirtschaft zu schultern. Bereits jetzt können viele internationale Management-Positionen nur noch mit Ausländern besetzt werden, weil inländische Kandidaten mit interkultureller Erfahrung und Sprachkenntnissen fehlen. Das treibt die Managementkosten in die Höhe.

### 7.1.5 M&A-Projektbeispiele China

**Größte Deals**

Die – für alle BRIC-Länder – nachfolgende Aufstellung von exemplarisch zwei großen Deals soll auf Großunternehmen hinweisen, die – soweit sie es nicht schon sind – in den nächsten Jahren als „Global Players" auftreten und in die globale Riege der weltweit größten Unternehmen ihrer Branche aufgenommen werden (für Beispiele vgl. z. B. Lawless, 2014; Tab. 7.1, 7.2 und 7.3).

**Tab. 7.1** National China: (inkl.Transaktionen zwischen Hongkong und Mainland China)

| Angekündigt | Target | TA-Wert | Käufer | Verkäufer |
|---|---|---|---|---|
| 06.02.2008 | China Netcom Group Corporation (Hong Kong) Limited | 32,95 Mrd. USD | China Unicom (Hong Kong) Limited (SEHK:762) | AllianceBernstein L.P.; Shanghai Alliance Investment Ltd.; Telefónica Internacional, S.A.U.; China Network Communications Group Corporation |
| 03.20.2012 | China Mobile Communications Corp., CDMA Network Assets | 13,79 Mrd. USD | China Mobile Limited (SEHK:941) | China Mobile Communications Corporation |

**Tab. 7.2** Inbound China: (Transaktionen aus Hongkong, exkl. Aktionärstausch und Immobilien)

| Angekündigt | Target | TA-Wert | Käufer | Verkäufer |
|---|---|---|---|---|
| 07.11.2011 | Hsu Fu Chi International Ltd. | 1,78 Mrd. USD | Nestlé S.A. (SWX:NESN) | Arisaig Partners (BVI) Ltd.; Baring Private Equity Asia; Arisaig Asia Fund Ltd. |
| 08.15.2013 | Magic Holdings International Limited | 636 Mio. USD | L'Oreal SA (ENXTPA:OR) | Umfangreiche Gruppe um die Hua Han Bio-Pharmaceutical Holdings Ltd. (SEHK:587) |

**Tab. 7.3** Outbound China

| Angekündigt | Target | TA-Wert | Käufer | Verkäufer |
|---|---|---|---|---|
| 22.08.2005 | Petro Kazakhstan Inc. | 4,41 Mrd. USD | CNCPC International Ltd. | Gruppe um Central Asia Industrial Holdings N.V. |
| 06.20.2006 | Open Joint-Stock Company Udmurtneft (RTS:UDMN) | 2,90 Mrd. USD | China Petroleum & Chemical Corp. (SEHK:386) | Open Joint Stock Company RN Holding (MICEX:RNHS) |

## 7.2 Indien

### 7.2.1 Markt und wirtschaftliche Rahmenbedingungen

Indien ist weltweit hinter China mit 1,1 Mrd. Einwohnern das zweit-bevölkerungsreichste Land der Welt. In wenigen Jahren wird es China, gebremst durch die Ein-Kind-Politik, überholt haben. Unter den BRIC-Staaten hatte Indien lange Zeit, gleichfalls hinter China, die zweitgrößte Wachstumsrate mit einer Bandbreite von 6 bis 8 %, aber deutlich sinkender Tendenz. In den letzten zwei Jahren lag das BIP-Wachstum lediglich bei 4,5 % (2013) bzw. 4,7 % (2014). Die indische Wirtschaft wird stark von der Landwirtschaft geprägt (67 % des BIP), gefolgt von der Industrie (19 % des BIP) und der Service-Industrie (14 % des BIP). Am stärksten hat der Einbruch die Autoindustrie getroffen. Der wirtschaftliche Einbruch betrifft alle Sektoren: Landwirtschaft, Industrie und Dienstleistungen. Der Industriesektor hat den ersten Rückgang seit 30 Jahren zu verzeichnen. Eines der Hauptprobleme Indiens ist die Inflation, die zuletzt bei 9,5 % lag (Consumer Price Index 2013/2014). Die Indische Rupie ist im letzten Jahr um 30 % verfallen, das bedeutet, dass Outound M&A-Deals entsprechend teurer geworden sind. Die Bekämpfung der Inflation ist eines der Hauptziele der Wirtschaftspolitik. Dank anti-inflationärer Finanzpolitik ist das Vertrauen der Investoren in Indien zurückgekehrt. So steht der indische Aktienindex SENSEX im Juni 2014 auf Höchststand. Insgesamt verbessern sich die Perspektiven, messbar etwa in einem zurückgehenden Haushaltsdefizit und eines sich verringernden Handelsdefizits bei anhaltend hohen Investitionen aus dem Ausland (vgl. Deloitte, 2014). Öl-Importe, als das wichtigste Einfuhr-Gut, belasten die Handelsbilanz und die Preise. Als die wichtigsten wirtschaftlichen Risiken sind zu nennen:

- Politische und regulatorische Unsicherheiten
- Verzögerungen in der Rechtsprechung
- Verzögerungen bei Genehmigungen durch nicht-juristische Behörden
- Korruption
- Lange Pipeline regulatorischer Reformen
- Wachsende Inflation und Bevölkerung

- Schwierigkeiten des Tagesgeschäftes
- Verantwortung von Geschäftsführungen
- Reputations-Risiken
- Medien-Risiken.

Ein Meilenstein in der Verbesserung der rechtlichen Rahmenbedingungen war die Novellierung des Companies Act 2013, die das archaische Companies Act von 1956 ersetzte. Darunter fallen auch Erleichterungen für M&A, Real Estate, alternative Investment Fonds, Private Equity und Hedgefonds (vgl. Nishit Desai Associates, November 19, 2013).
Den Länderrisiken in Indien stehen große Chancen gegenüber, die da sind:

- Starkes Konsum-Wachstum
- Sich verbessernde wirtschaftliche Perspektiven, abnehmende Inflation
- Steigende Einkommen, verbesserte Krankenversicherung
- Zunehmende Auslandsinvestitionen dank kürzlicher Reformen
- Perspektiven angesichts der prognostizierten Nummer 5 unter den weltweiten Volkswirtschaften in 2020
- Bedeutung der IT-Branche, in der 75 % des Umsatzes Exporte sind
- Verkehrs-Infrastruktur-Investitionen von 1000 Mrd. USD 2013–2018.

Indien gilt als die Software-Schmiede der Welt. Dies geht auf die günstigen Lohnkosten, auf die preiswerte Logistik für diese Branche (Internet) und die weltweiten Standards zurück. Allerdings hat dies weniger zu großen M&A-Fällen geführt, sondern mehr zu Verlagerungen von Dienstleistungen (Offshoring), nicht nur bei großen Konzernen, sondern mittlerweile auch bei mittleren und kleinen Unternehmen der westlichen Welt.

Der Anteil für Auslands-Investitionen nach Indien („Inbound") wurde in 2012 in mehreren kritischen Branchen angehoben. Dies betrifft die Zivilluftfahrt (Auslandsanteil von null auf 49 % angehoben, Rundfunk und Fernsehen (Auslandsanteil von 49 auf 74 % angehoben), Multi-Brand-Einzelhandel (Foreign Direct Investment FDI von null auf 51 %), Einzelmarken-Einzelhandel (FDI von 51 auf 100 %) Versicherungen (FDI von 49 auf 74 % angehoben) (vgl. Deloitte, 2012).

Eine große Bedeutung in Indien haben die Sonderwirtschaftszonen. Sie dienen der sukzessiven Öffnung des indischen Marktes. Besonders erfolgreich ist die Zone Gujarat. Des Weiteren zu nennen ist die Zone Chennai, im Südosten des Landes, mit einem Tiefseehafen. Hier haben sich viele deutsche Unternehmen angesiedelt, Bosch-Siemens-Hausgeräte hat hier zum Beispiel seinen Hub für Fernost gegründet.

### 7.2.2 M&A-Markt Indien

Der indische M&A-Markt (bei M&A-Deals von über 50 Mio. USD) ist von der Größenordnung nur 1/10 des chinesischen M&A-Marktes und immer noch halb so groß wie

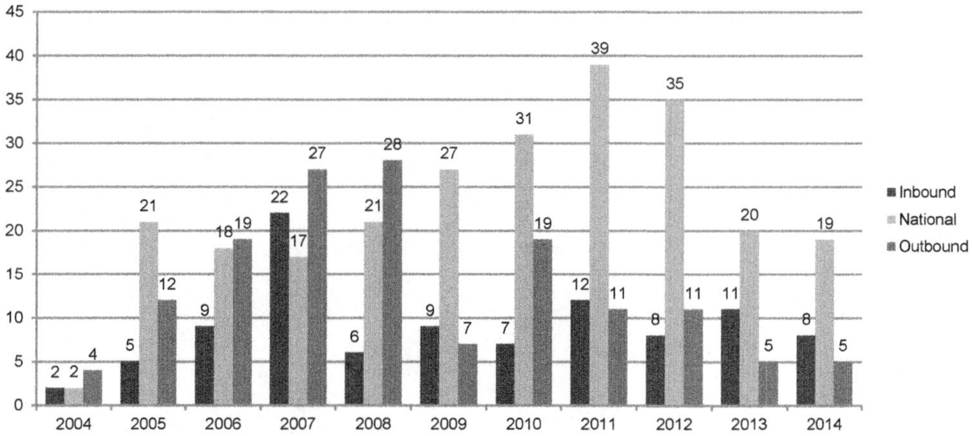


**Abb. 7.7** Indien Zeitverlauf M&A-Markt, Anzahl der M&A-Projekte. (Quelle: S&P Capital IQ)

der russische M&A-Markt. Er entwickelte sich seit 2004 relativ gleichmäßig bis 2011, um dann – entsprechend dem Weltmarkt M&A – deutlich zurückzugehen (vgl. Abb. 7.7). Auch in Indien dominiert die nationale Konsolidierung durch M&A gegenüber Inbound und Outbound M&A. Im Spitzenjahr 2011 machten nationale Deals rund 63 % aller Deals (einschließlich Inbound/Outbound Indien) aus.

Wie in China liegt im nationalen M&A-Markt die Finanzbranche vorn, bei Indien mit 30 % der Deals. Dem schließen sich in dichter Folge an: Rohstoffe (Materials 13 %), Einzel-Konsumgüter (Consumer Discretionary 10 %), Industrie mit 10 % und Healthcare/IT mit jeweils 8 % (vgl. Abb. 7.8). Indien hat damit eine viel gleichmäßigere Verteilung der M&A-orientierten Branchen als China. Überraschend ist, dass die IT-Branche mit 8 % vom nationalen M&A relativ weit hinten liegt, jedoch beim Inbound M&A viel weiter vorn (15 %). Angesichts der deutlich größeren Anzahl nationaler M&As ist die absolute Zahl der nationalen M&A-Konsolidierungen bei IT in Indien aber immer noch größer als die Zahl der Inbound-IT-Deals. Die IT-Branche in Indien kommt – insbesondere unter Einrechnung der organischen Wachstumsrate – schneller voran als die Zukäufe aus dem Ausland nach Indien.

Der Agrarsektor ist bislang noch der größte Wirtschaftszweig in Indien, in dem noch 80 % der Bevölkerung auf dem Lande leben. In diesem Bereich findet auch die größte Konsolidierung statt. Treiber des wirtschaftlichen Fortschritts sind jedoch die großen Konglomerate, wie Tata (Stahl, Kfz, Rohstoffe…) Wipro, die mit Sonnenöl angefangen haben und heute zu den führenden IT-Anbietern gehört oder Kingfisher die von Fluglinen bis Brauereien eine breite Palette von Industrien betreiben.

Um wirksame Markteintrittsstrategien zu entwickeln sind genaue Kenntnisse der Industrielandschaft erforderlich, sowie enge Beziehungen mit dem Target aufzubauen. Auktionen sind zu vermeiden, individuelle (Undercover-)Vorgehensweisen sind vorzuziehen. Im Falle von Carve-Outs sind Synergieanalysen essenziell. Für Greenfield-Investitionen

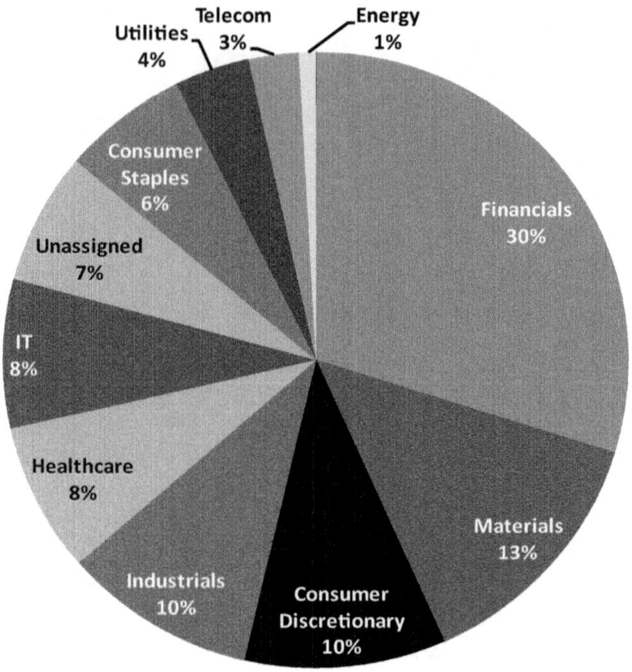


**Abb. 7.8** Indien nationaler M&A-Markt. (Quelle: S&P Capital IQ); Basis: Anzahl Transaktionen mit Investment > 50 Mio. US-$

sind genaue Kenntnisse der Lokalitäten erforderlich. Incentives dazu können mit Provinzregierungen ausgehandelt werden, auch Steuer-Arbitragen. Empfohlen wird die Entwicklung unabhängiger Geschäftspläne, Pläne aus der Sicht des Targets sind abzulehnen. Stress Tests sollten durchgeführt werden.

### 7.2.3 Der M&A-Prozess in Indien

**Inbound M&A nach Indien**

Der Inbound M&A-Markt machte im Spitzenjahr 2011 rund 31 % des nationalen M&A-Marktes aus. In selbigem Jahr war Inbound M&A zahlenmäßig nahezu gleichstark wie Outbound M&A. Im Jahr davor wurde fast dreimal so viel im Ausland erworben wie im Inland durch Ausländer. 2013 fiel Outbound M&A gegenüber dem Vorjahr wieder um fast die Hälfte gegenüber dem Vorjahr. Damit dominiert wieder Inbound M&A. Der Markt ist also stark von jährlichen Schwankungen geprägt (vgl. Abb. 7.7). Dominiert wird der Inbound M&A-Markt von der Industrie mit 20 % aller Deals im Zeitraum 2005 bis 2014. Dem folgen der Finanzsektor mit 16 %, IT mit 15 % und Massen-Konsumgüter (Consumer Staples) mit 12 % (vgl. Abb. 7.9).

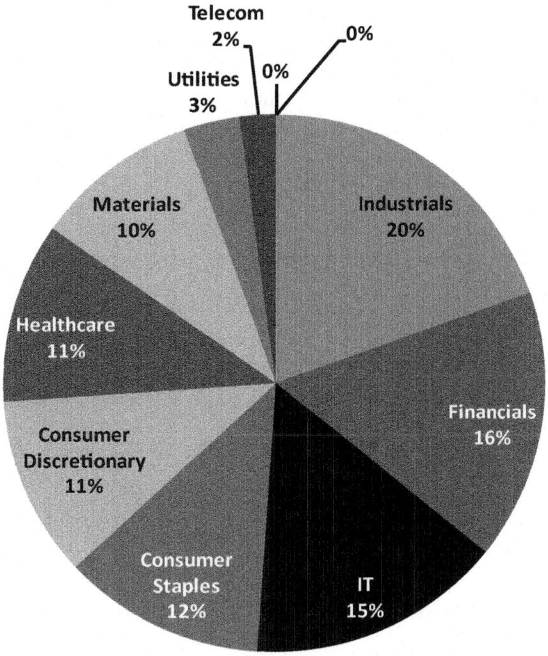


**Abb. 7.9** Indien Inbound M&A Markt. (Quelle: S&P Capital IQ); Basis: Anzahl Transaktionen mit Investment > 50 Mio. US-$

In Indien werden – vor allem wegen des angelsächsischen Einflusses – die M&A-Prozesse nach internationalen Standards geführt. Dank des Einflusses internationaler Beratungsunternehmen finden die M&A-Prozesse auf der Basis der Process Letters der Berater statt – oder es wird auf ein Projekt verzichtet (!). So bringen die großen Beratungshäuser ihre standardisierten Due Diligence Request Lists mit und die Datenräume sind grundsätzlich elektronisch („virtuell"). Die großen Konglomerate verfügen alle über professionelle M&A-Abteilungen. Entsprechend der stark ausgeprägten indischen Bürokratie finden für M&A umfangreiche Checklisten Anwendung, wobei 600 Seiten Umfang nicht unüblich sind. Hier greifen auch indische Besonderheiten, die mit Compliance zu tun haben. Indien gehört, was Korruption betrifft, zu den weniger entwickelten Ländern. Dies hat in den M&A-Prozessen die Konsequenz, dass die Due Diligence viel tiefer greift und dass dabei Polizei und Privatdetektive eingeschaltet werden. Der Rechteschutz (v. a. Intellectual Property) ist in Indien allerdings gegeben.

Der „Day One" hat auch im indischen M&A-System eine zentrale Bedeutung. Hier ist besonderes Augenmerk zu richten auf die Funktionen Finanzen und Vertrieb, Sicherung der Mitarbeiter und Unterstützung durch Expatriates. Bei Outbound-M&A-Aktivitäten findet zur Integration regulär ein Austausch des CFO durch einen Vertrauten (Inder) des Übernehmers statt. Als Empfehlungen, speziell für Inbound M&A nach Indien sind zusammenfassend zu nennen:

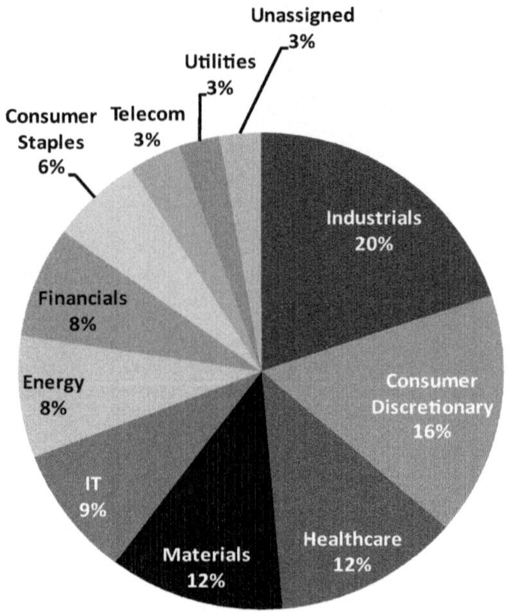


**Abb. 7.10** Indien Outbound M&A-Markt, (Quelle: S&P Capital IQ); Basis: Anzahl Transaktionen mit Investment > 50 Mio. US-$

- Lokale Verankerung, um persönliche Beziehungen aufzubauen
- Lokale Unterstützung nach der Transaktion für das lokale Geschäft
- Vereinbarung einer grundlegenden Deal Struktur, aber Flexibilität in kleineren Einzelheiten
- Gewöhnung an Arbeit unter beschränkten Informationen, basierend auf dem Business Plan
- Identifikation von Schlüsselthemen bei Deals und Konsensbildung darüber
- Dokumentation der Transaktion, des Fahrplans der Umsetzung und von laufenden Veränderungen
- Bereitstellung von Deal Support Teams und Transaktionsberatung (ggf. externe Berater, vgl. Deloitte, November 19, 2013).

**Outbound M&A aus Indien**

Ein anderes Gesamtbild als bei Inbound bietet die Branchenverteilung bei Outbound M&A. Die Finanzbranche rückt hier weit nach hinten (8 %). Angeführt wird die Rangliste wiederum von der Industrie mit 20 %, gefolgt von Einzel-Konsumgütern (16 %) sowie Gesundheitswesen und Rohstoffe mit jeweils 12 % der zahlenmäßigen Deals über 50 Mio. USD Transaktionswert (vgl. Abb. 7.10).

Die indische IT-Industrie ist deutlich weniger mit Übernahmen in die DACH-Region aktiv als von Fachleuten prognostiziert. Vielmehr waren indische Käufer im deutschsprachigen Raum vor allem aus traditionellen Branchen wie der fertigenden Industrie und den Gesundheitsbereich aktiv. Hierbei steht Know-how-Generierung als M&A-Motiv deutlich vor der Erschließung der DACH-Region als Absatzmarkt (vgl. Bäumer, Kreutter, & Rothauge, 2010, S. 592–594). Auffallend bei der indischen IT-Industrie ist der hohe Anteil von Asset-Deals, insbesondere die Übernahme von F&E-Zentren und Rechenzentren bei deutschen Unternehmen. Es wird davon ausgegangen, dass dies auch in Zukunft von hoher Relevanz sein wird. Der Hebel, den Inder bei derartigen Übernahmen haben, liegt im Rückgriff auf billige Ressourcen in ihrem Heimatland.

International auftretende Käufer sind meist die großen Konglomerate, selten indische Mittelständler. Inder sind gute Kaufleute, sie kaufen nicht über Wert. Dank Englisch als zweiter Amtssprache ist die Ausbildung der im globalen Geschäft tätigen Inder international. Viele haben die weltweit renommierten Business Schools in den USA und Großbritannien besucht. Jeder Kaufpreisermittlung wird ein Geschäftsplan mit DCF-Bewertung zugrunde gelegt. Es wird nur bezahlt, was sich rechnet. Strategische Prämien, die über den ermittelten Kaufpreis hinausgehen, sind seltene Ausnahmen und nur dann zu finden, wenn etwa spezifische Technologien geboten werden, die woanders nicht zu haben sind. So finden sich Inder selten unter den Höchstbietenden. Häufiger zu finden sind Übernahmen von Restrukturierungsfällen, auch wenn es um den Kauf reiner Technologien geht. Bei hochpreisigen Bieterverfahren sind Inder selten anzutreffen. Durch den Rupien-Verfall sind internationale Cash-Deals teuer geworden. Die großen Konglomerate halten jedoch eigene Aktien, mit denen sie als Tauschwährung gern Übernahmen finanzieren. Fremdkapital-Finanzierungen sind unbeliebt, wenn doch, wird in internationalen Festwährungen finanziert.

### 7.2.4 Zukünftige Entwicklungen

Indien durchlebt derzeit – für seine Verhältnisse – eine längere Flaute, denn das BIP stieg zuletzt mit 5 % p. a., hatte es doch in den Jahren um 2009, vor und nach der weltweiten Rezession, noch bei 10 % gelegen. Die Perspektiven von Indiens Wirtschaft sehen dementsprechend mau aus. Dies wird sich zunächst weiter auf die M&A-Aktivitäten auswirken. Die Inflation muss gedämpft und das Staatsdefizit gemindert werden. Als unmittelbare Sanierungsmaßnahmen wird im Sommer 2014 beschlossen, Subventionen für Treibstoff, Dünger und Lebensmittel zu senken und die Steuerbasis zu verbreitern. Bessere Haushaltsdisziplin, die Öffnung für mehr Investitionen aus dem Ausland und der Ausbau der Infrastruktur sollen der angeschlagenen Wirtschaft des Subkontinents wieder auf die Beine helfen. Das könnte auch Inbound M&A, der zuletzt immer schwächer ausfiel, wieder nach vorn bringen. Auch die weitere Öffnung für ausländische Direktinvestitionen soll die Wirtschaft befeuern. In der Versicherungs- und Rüstungsbranche sollen dazu die Obergrenzen für Beteiligungen aus dem Ausland von 26 auf 49 % angehoben werden (Regierungsprogramm Premierminister Modi im Juli 2014).

### 7.2.5 M&A-Projektbeispiele Indien

In den Tab. 7.4, 7.5 und 7.6 sind Beispiele für M&A-Projekte in Indien dargestellt.

**Tab. 7.4** National Indien

| Angekündigt | Target | TA-Wert | Käufer | Verkäufer |
|---|---|---|---|---|
| 25.02.2012 | Sterilte Industries (India) | 14,83 Mrd. US | Sesa Sterilte Limited | Gruppe um Life Insurance Corporation of India |
| 05.21.2010 | Piramal Healthcare Ltd., Domestic Formulations Business | 3,82 Mrd. USD | Abbott Healthcare Pvt. Ltd. | Piramal Enterprises Limited (BSE:500302) |

**Tab. 7.5** Inbound Indien

| Angekündigt | Target | TA-Wert | Käufer | Verkäufer |
|---|---|---|---|---|
| 11.2.2007 | Vodafone India Limited | 12,69 Mrd. USD | Vodafone International Holdings B.V., Ndl. | Hutchinson Telecommunications International Limited |
| 2.7.1013 | Agila Specialties Private Limited | 1,85 Mrd. USD | Mylan Inc. (NASDAC) | Strides Acrolab Ltd. |

**Tab. 7.6** Outbound Indien

| Angekündigt | Target | TA-Wert | Käufer | Verkäufer |
|---|---|---|---|---|
| 20.10.2006 | Corus Group Limited (Stahl, GBR) | 14,85 Mrd. USD | Tata Steel Ltd | Konsortium um Alliance Bernstein L.P. |
| 16.02.20110 | Bharti Airtel Africa B.V. Ndl. | 10,67 USD | Bharti Airtel Limited | Mobile Telecommunications Company KSC (KWSE:ZAIN) |

## 7.3 Russland

### 7.3.1 Markt und wirtschaftliche Rahmenbedingungen

Russlands Bevölkerung sank bis 2007 leicht und liegt 2010 bei 142 Mio. Einwohnern. Beim BIP-Wachstum liegt Russland mit 3–4 % p. a. unter dem Durchschnitt der BRIC-Staaten. Die Quelle von Russlands Wohlstand sind vor allem die beträchtlichen Vorräte an Öl und Erdgas. Viele Industrieeinrichtungen stammen noch aus Sowjetzeiten und sind kaum wettbewerbsfähig auf dem internationalen Markt. Dies betrifft fast den gesamten mechatronischen Bereich, z. B. die Medizintechnik. Auf Russlands Weg zu einer marktwirtschaftlichen Ordnung sehen Beobachter mittlerweile Rückschritte. Die russische Wirtschaftsordnung wird derzeit schlagwortartig unter anderem als „staatlicher Monopolkapitalismus" gekennzeichnet. Hintergrund dafür ist vor allem, dass in der russischen Wirtschaftspolitik Kräfte Einfluss gewinnen, die verstärkte Eingriffe des Staates in die Wirtschaft befürworten. Die Entwicklung in strategisch wichtigen Wirtschaftssektoren, insbesondere in der Energiewirtschaft, soll maßgeblich vom Staat bestimmt werden. Die ausländischen Direktinvestitionen in Russland sind zwar trotz dieser Belastungen des Investitionsklimas weiter gestiegen. Sie blieben im internationalen Vergleich aber weiterhin gering. Das bremst die notwendige Modernisierung der Wirtschaft.

Die russische Wirtschaftspolitik steht insbesondere vor der Herausforderung, die Produktions- und Exportstruktur auf eine breitere Basis zu stellen. Will Russland weniger von den Entwicklungen auf den internationalen Rohstoffmärkten abhängig sein, müssen Branchen außerhalb des Energie- und Rohstoffsektors stärker entwickelt und international wettbewerbsfähig gemacht werden. Dazu gehört auch der Aufbau eines leistungsfähigen unternehmerischen Mittelstandes. Der starke Preisverfall Ende 2014 hat die hohe Abhängigkeit der russischen Wirtschaft vom Ölpreis und die daraus resultierenden Schwächen schonungslos offen gelegt. Eine breite Diversifizierung der Produktion und des Exports gelang bisher aber nicht. Eine fundamentale Schwäche blieben auch zu geringe Investitionen. Öffentliche Infrastruktur und das Anlagevermögen der Unternehmen sind oft überaltert. Der Anteil kleiner und mittlerer Unternehmen an der gesamtwirtschaftlichen Produktion ist nach wie vor gering. Ein schwieriges Feld ist auch die Reform der sogenannten „natürlichen" Monopole (Strom, Gas, Eisenbahn).

Fortschritte wurden bei der Liberalisierung im Elektrizitätssektor und bei der Reform der Eisenbahn mit einer stärkeren Beteiligung privater Betreiber im Schienentransport erreicht. Der teilprivatisierte Strommonopolist soll in einen nationalen Netzbetreiber und regionale Produktions- und Verteilungsgesellschaften aufgespalten werden.

### 7.3.2 M&A-Markt Russland

Der russische M&A-Markt ist – überraschend – rund doppelt so groß wie der indische M&A-Markt, nach Anzahl der Deals (vgl. Abb. 7.11). Der nationale M&A-Markt hatte Peaks kurz vor der Finanzkrise in 2007, und noch stärker in 2011, nach dem der nationale M&A-Markt sowie der Inbound M&A-Markt gleichmäßig zurückgingen. Der nationale M&A-Markt dominiert im Spitzenjahr 2011 den Gesamtmarkt (einschließlich In- und Outbound 104 Einheiten) mit 68 %. Inbound M&A ist zwei-(2010) bis sechsmal (2013) so groß wie Outbound M&A. Wenn man vom Spitzenjahr 2011 absieht, dann bewegt sich der nationale M&A-Markt auf einem gleichmäßigen Niveau, während bei Inbound M&A seit 2007 eine abnehmende Tendenz zu beobachten ist, mit niedrigen Ausreißern in 2009 und 2010.

Der nationale M&A-Markt wird deutlich dominiert vom Energiesektor (21 %) und von der Industrie (17 %). Dem folgen der Finanzbereich (14 %) sowie die Branchen für Roh-

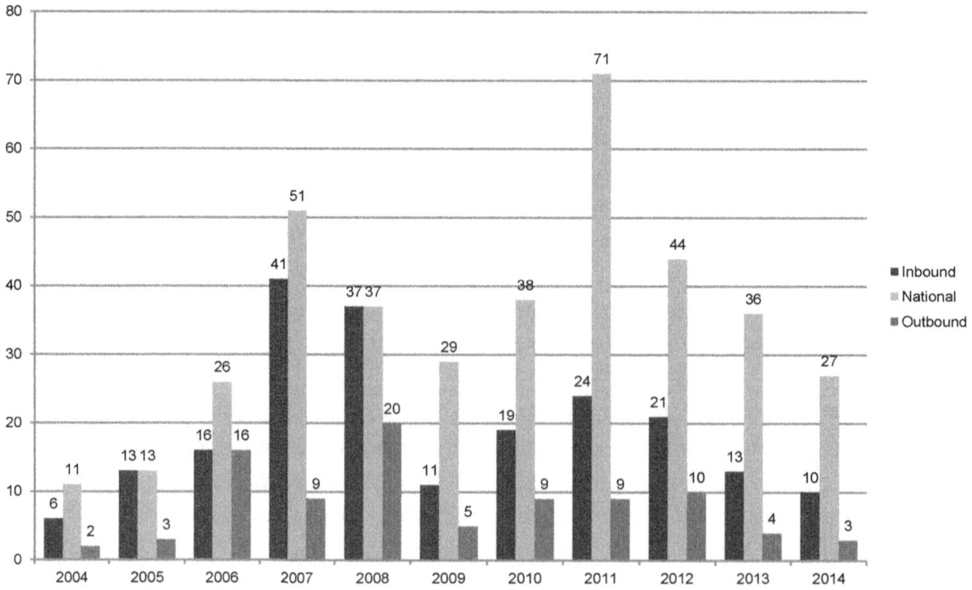


**Abb. 7.11** Russland Zeitverlauf M&A-Markt, Anzahl der M&A-Projekte. (Quelle: S&P Capital IQ)

stoffe (Materials), Einzel-Konsumgüter und Telekom mit jeweils 9 % von der Gesamtzahl an Transaktionen (vgl. Abb. 7.12).

Die russische Politik beabsichtigt, M&A für die Ziele der Modernisierung und Diversifizierung der Wirtschaft zu nutzen. Mit der Aufhebung der Beschränkungen für russische

**Abb. 7.12** Russland nationaler M&A-Markt. (Quelle: S&P Capital IQ); Basis: Anzahl Transaktionen mit Investment > 50 Mio. US-$

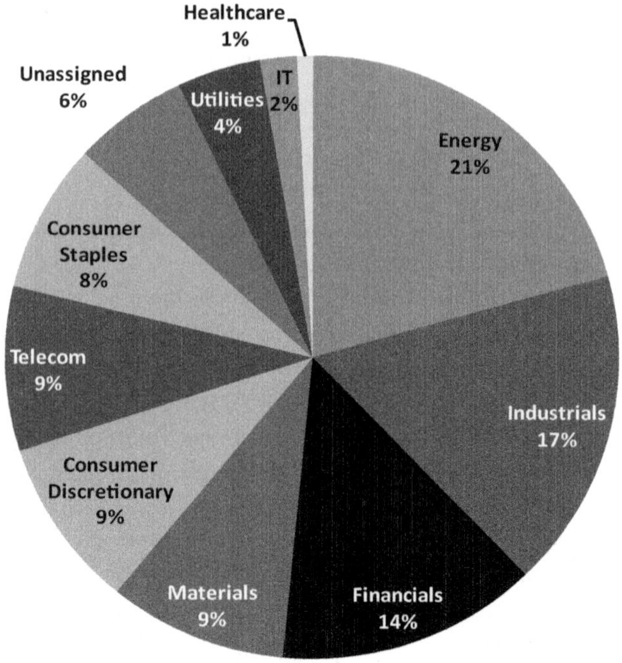

Unternehmen, Anteile an ausländischen Börsen anzubieten (2012), werden Voraussetzungen für eine höhere Liquidität der Märkte sowie für den Zufluss ausländischen Kapitals geschaffen. Mit der Schaffung besonderer Organisationsformen für Private Equity-Investoren sollen die Voraussetzungen für Investitionen in innovative Technologien verbessert werden. Die von der EU und anderen Ländern in 2014 wegen der Ukrainekrise verhängten Sanktionen hemmen diese Investitionsstrategien allerdings erheblich.

### 7.3.3 Der M&A-Prozess in Russland

**Inbound M&A nach Russland**

Der Inbound M&A-Markt hatte Spitzenwerte in 2007/2008 mit 41 bzw. 37 Einheiten. Im Jahr 2008 lag der Inbound M&A-Markt gleichauf mit dem nationalen M&A-Markt (vgl. Abb. 7.11). Im Betrachtungszeitraum 2004 bis 2013 lag Inbound M&A mit 201 Einheiten um Faktor 2,4 größer als Outbound M&A mit 83 Einheiten.

Was die Branchen betrifft liegt der Finanzsektor mit 25 % der Inbound Deals weit vorn. Auf vergleichbarem Niveau liegen Energie (15 %), Einzel-Konsumgüter (14 %) und Konsumer-Massenware (13 %). Ihnen folgen die Branchen für Rohstoffe und Industrie mit jeweils 9 % der Deals (vgl. Abb. 7.13).

Größter Investor ist mit großem Abstand Europa, sowohl nach Zahl als auch nach Wert der Transaktionen. Mit 16 % Anteil ist die USA stark vertreten, insbesondere in den Bereichen Energie, Konsumgüter, Technologie/Medien/Telekommunikation (TMT). Unter den asiatischen Transaktionen sticht eine kasachische Übernahme heraus, nämlich der Erwerb von Polius Gold durch die Kazakh Gold Group (vgl. Heidemann, 2012, S. 309–310).

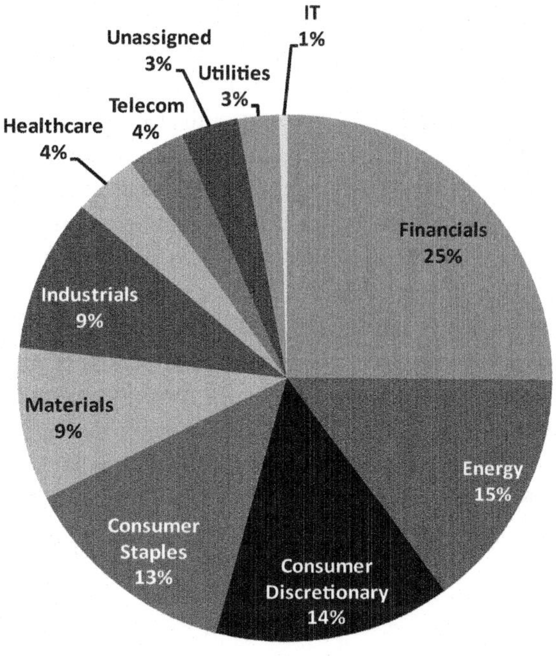


**Abb. 7.13** Russland Inbound M&A Markt. (Quelle: S&P Capital IQ); Basis: Anzahl Transaktionen mit Investment > 50 Mio. US-$

Der gesamte M&A-Prozess ist in Russland durch besondere nationale Herausforderungen geprägt. Das Geschäftsleben ist durch Intransparenz hinsichtlich Strukturen, Hierarchien und Weisungsbefugnissen bestimmt. Verlässliche Daten über die Geschäfte und den juristischen Zustand sind schwer zu bekommen. Die Due Diligence führt häufig nicht zu zufriedenstellenden Ergebnissen. Die Buchhaltung ist fiskalisch ausgerichtet und liefert kein verlässliches Bild über den wirtschaftlichen Zustand eines Unternehmens. Der Übergang von einem sozialistischen System zu einer gewinnorientierten Marktwirtschaft hat den vollständigen Umbruch des wirtschaftsrechtlichen Regelwerkes notwendig gemacht. Den Änderungen der Gesetze folgten nicht immer die Anpassungen des Umsetzungs-Regelwerkes. Juristische Sachverhalte wurden nicht immer angemessen dokumentiert. Zum Teil war dies auch nicht erwünscht, da das Wirtschaften im Graubereich die Beschaffung persönlicher Vorteile ermöglicht.

Nicht minder schwierig ist das Gesellschaftsrecht. Es gelang in Russland nicht, Formen zu schaffen, die den Anforderungen z. B. an Joint Ventures Genüge tun. Vereinfachte Strukturen für Start-Ups stoßen – kaum eingeführt – wieder an Grenzen der Umsetzung. Die gebräuchlichen Formen der Aktiengesellschaft und GmbH sind problematisch, da die Beziehungen der Gesellschafter letztlich nicht mit Sicherheit zu regeln sind. Dadurch bleibt unklar, welche Vereinbarungen zulässig sind und welche nicht. Dies hat auch Defizite in der Gestaltung von Leitung und Kontrolle russischer Unternehmen zur Folge. Aus deutscher Sicht problematisch ist die Stellung des Generaldirektors, der die Gesellschaft nach innen und nach außen allein vertritt und dessen Vertretungsbefugnis kaum zu beschränken ist. Damit kann eine wirksame Kontrolle nicht installiert werden.

Bürokratische Hemmnisse erschweren bzw. verunmöglichen praktische Lösungen. So werden aus kleinen Problemen unüberbrückbare Schwierigkeiten. Dies vergrößert noch die Korruptionsanfälligkeit des Systems und schlägt sich zum Beispiel bei der Registrierung eines Unternehmens als juristische Person nieder. Von Gesetzes wegen haben die Behörden kaum noch eine inhaltliche Prüfungsbefugnis. Durch exzessive Kontrolle der Formalien in den Verträgen und Übersetzungen füllen sie diese Lücke aus. Zu alldem gehen sie über ihre Kompetenzen hinaus und stellen Anforderungen auf, die gesetzlich nicht begründbar sind. Daneben ist die Durchsetzung von Rechten, insbesondere auf gerichtlichem Wege, schwierig. Nach mehrfacher Reformation wurde das russische Gerichtssystem beträchtlich verbessert, insbesondere hinsichtlich Durchlaufzeit durch die Instanzen. Bei entsprechender Interessenlage kann der Prozess jedoch beliebig verzögert werden.

Als ein erheblicher Stolperstein im deutsch-russischen Rechtsverkehr hat sich die fehlende Vollstreckbarkeit von Urteilen staatlicher Gerichte im jeweils anderen Land erwiesen. Derjenige, der sich den Gerichtsstand hat abverhandeln lassen, hat sich praktisch damit rechtlos gestellt. Der einzige Ausweg ist damit der Gang zum Schiedsgericht, weshalb diese in den Rechtsbeziehungen einen bedeutenden Platz einnehmen.

Dennoch ist eine selektive Professionalisierung der M&A-Prozesse in Russland unübersehbar. Bei Cross-Border-Deals werden zunehmend internationale Kanzleien eingeschaltet. Bei nationalen Deals mit Inländern verlässt man sich dagegen auf eigene Leute.

Es gibt nur wenige echte Bieter-Prozesse. Die Einschaltung eines Transaktionsberaters ist eher selten. Insgesamt wird im M&A-Prozess wenig Wert auf gründliche Vorbereitung gelegt: man nimmt sich zu wenig Zeit, dafür muss nachher umso mehr korrigiert werden. In kartellrechtlichen Fragen ist der Antimonopoldienst einzuschalten, der eine sehr weitreichende Prüfung auf niedrigen Schwellenwerten durchführt. Wie international üblich, sind Genehmigungen vor dem Closing erforderlich. Es kommen kaum Fälle vor, die aus inhaltlichen Gründen nicht zur Genehmigung kommen, immer sind es formale Gründe.

M&A-Integration findet mit russischen Unternehmen eher selten statt. Es wird Stand-Alone erworben und Stand-Alone geführt. Eine positive Ausnahme ist der Zusammenschluss des Siemens-Gasturbinengeschäftes mit Power Machines (siehe nachfolgender Kasten). Überhaupt sind – besonders bei großen und internationalen Deals – starke Verbesserungen zu beobachten.

Ein großer Unsicherheitsfaktor ist allerdings die aktuelle Ukraine-Krise mit der Folge von Glaubwürdigkeitsverlust der Regierung, internationalen Sanktionen und Gegensanktionen Russlands. Dies hat bereits zu einem starken Einbruch der Wirtschaft, zu einem Wertverlust des Rubels geführt und wird sich im internationalen M&A-Markt dämpfend auswirken. Eine nachhaltige, wohl über Jahre gehende Beeinträchtigung der Wirtschaft und damit des nationalen und internationalen M&A-Geschehens wird die Folge sein (Stand: Februar 2015).

**Outbound M&A aus Russland**

Der Outbound M&A-Markt Russland ist durch hohe Volatilität bestimmt. Dies wird auf die allgemeine Marktsituation in Russland und auf die problematische Situation des europäischen Bankensystems zurückgeführt. So standen starken Jahren (2006, 2008) ausgesprochen schwache Jahre (2005, 2007, 2009) gegenüber. Seit 2010 hielt sich der Outbound M&A-Markt auf niedrigem Niveau stabil, um 2013 plötzlich auf 2 Deals einzubrechen (vgl. Abb. 7.11). Dabei machen Outbound M&As im Spitzenjahr 2011 nur rund 13 % von den nationalen Deals aus. Unter den Outbound M&A-Deals fällt wiederum auf, dass die Finanzbranche mit 12 % relativ weit hinten liegt. Ganz weit vorn lagen im Zeitraum 2004 bis 2014 die Rohstoffe mit 29 % der Transaktionen. Ihnen folgten etwa gleichstark die Branchen Energie (15 %), Industrie (14 %) und Einzel-Konsumgüter (12 %) (vgl. Abb. 7.14).

Russische Investoren kauften vor allem im High Tech-Bereich, Biotechnologie und IT erheblich zu. Zielregionen waren vor allem die USA und Großbritannien. Außerhalb des High Tech-Bereiches fällt auf, dass Akquisitionen vor allem bei den osteuropäischen Nachbarn stattfanden, auch auf dem Balkan und in Südosteuropa. So hat TNK-BP in 2012 im Energiebereich eine wesentliche Übernahme in Brasilien getätigt. Es wird damit gerechnet, dass russische Investoren sich zukünftig in diesem Sektor noch stärker engagieren werden und dass die russischen Investoren ihre Zurückhaltung aufgeben werden (vgl. Heidemann, 2012, S. 311). Die aktuelle Krise um die Ukraine wird allerdings ihre Spuren hinterlassen (s. o.).

**Abb. 7.14** Russland Outbound M&A-Markt. (Quelle: S&P Capital IQ); Basis: Anzahl Transaktionen mit Investment > 50 Mio. US-$

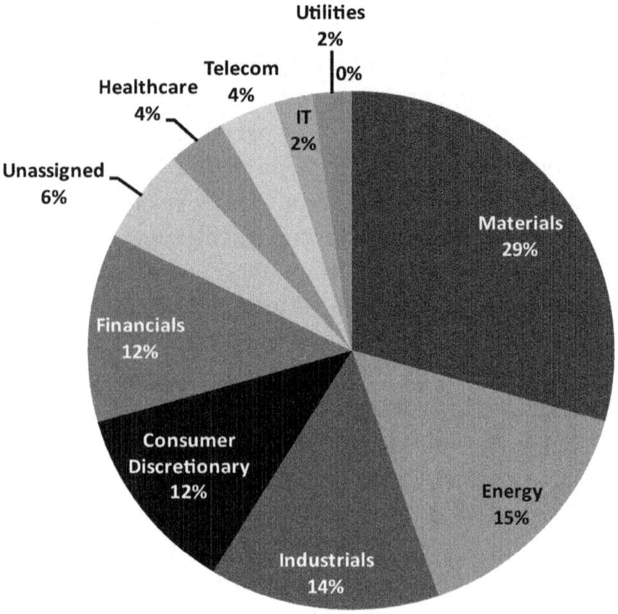


Unter den Investorenländern in Russland rangiert Deutschland weit abgeschlagen mit 1 % an der Gesamtzahl der Transaktionen. Dies überrascht angesichts der umfangreichen Aktivitäten deutscher Unternehmen in Russland. Offensichtlich werden die starken und historisch lange gewachsenen Positionen vornehmlich organisch ausgebaut durch Greenfield- und Brownfield Investments. Dabei konzentrieren sich deutsche Investments auf den industriellen Bereich, bei dem es offensichtlich an geeigneten Zielgesellschaften fehlt. Dies betrifft in gleichem Maße deren technologische Position als auch deren Markt- und Management-Kompetenzen.

Besondere Beachtung verdient der *Automotive Sektor*, der sich in stürmischer Entwicklung befindet. Nach einer anfangs zögerlichen Entwicklung sind die Weltmarktspieler mittlerweile fast vollständig in Russland vertreten. Mit St. Petersburg, Kaluga, Nischi Nowgorod und Togliatti haben sich vier Zentren der Automobilproduktion herausgebildet. Dabei wurde die russische Industrie, wie in anderen Branchen (z. B. Medizintechnik) auch, weit zurückgedrängt. Durch die Gesetzgebung hat die russische Regierung starken Einfluss auf die lokale Ansiedlung genommen, insbesondere durch Importsteuern und Zollvorteile bei Montagefertigungen. 2011 brachte Russland eine zweite Welle von Lokalisierungsvorschriften auf den Weg. Dabei wurden Zollvergünstigungen und Produktionskapazitätserhöhungen versprochen, wenn die lokale Wertschöpfung erhöht und lokale Zulieferungen einbezogen werden. Da es unter Russlands angestammten Zulieferern kaum leistungsfähige Unternehmungen gab, führt dies zu einer Ansiedlung westlicher und fernöstlicher Zulieferbetriebe. Trotz des russischen WTO-Beitritts wird die Steuerung über Zollvergünstigungen weiter bestehen bleiben, da Russland weitreichende Übergangsfristen durchgesetzt hat.

### 7.3.4 Zukünftige Entwicklungen

Deutsche Investoren haben in Russland lange historische Wurzeln. Die lokalen Besonderheiten, die vielfachen Hürden, insbesondere die Verwaltung, das Rechtssystem, die mangelhaften Kontrollmöglichkeiten die „eingebaute" Korruption haben so manches Gemeinschaftsunternehmen und manche Übernahme zu Fall gebracht. Das berechtigte staatliche Interesse an lokaler Wertschöpfung wird deshalb auch in Zukunft schwerpunktmäßig bei Neugründungen sowie bei organischem Aufbau durch Greenfield- und Brownfield-Investitionen beantwortet werden. Insbesondere im Technologiebereich werden angestammte russische Unternehmen an den Rand gedrängt, wenn es ihnen nicht gelingt, durch Übernahmen aus dem Ausland Technologie-Zugang zu erreichen. Für eine positive Entwicklung ist die Überwindung der Ukrainekrise unerlässlich.

### 7.3.5 M&A-Projektbeispiele Russland

In den Tab. 7.7, 7.8 und 7.9 sind Beispiele für M&A-Projekte in Russland dargestellt.

**Tab. 7.7** National Russland (erstes Beispiel: Auktion)

| Angekündigt | Target | TA-Wert | Käufer | Verkäufer |
|---|---|---|---|---|
| 28.06.2010 | Joint Stock Company Institute for Research and Development of Tractors NATI | 41,23 Mrd. USD | ZAO InzhMontazhKomplekt | Russische Föderation (offene Auktion, freundliche Übernahme) |
| 17.10.2012 | Rosneft Limited | 28,0 Mrd. USD | Open Joint Stock Rosneft Oil Company | Access Industries Inc. und das Alfa Group Konsortium. |
| 28.09.2005 | Joint Stock Company Gazprom Neft (MICEX:SIBN) | 14,59 Mrd. USD | Open Joint Stock Company Gazprom (MICEX:GAZP) | Millhouse Capital UK Limited |

**Tab. 7.8** Inbound Russland

| Angekündigt | Target | TA-Wert | Käufer | Verkäufer |
|---|---|---|---|---|
| 4.4.2007 | 100% der OAO Arktikgaz, Urengoil Inc. Neftgaztechnologia, 20% von OAO Gazprom Neft und Minderheitsanteile | 5,82 Mrd. USD | Enel SpA. Ita. | Yukos Corp. |
| 21.12.2007 | Golden Telecom Inc. | 4,66 Mrd. USD | VimpelCom Ltd. (NASDAC gelistet) | Gruppe um Long-Distance and international Telecommunications Rostelecom |

**Tab. 7.9** Outbound Russland

| Angekündigt | Target | TA-Wert | Käufer | Verkäufer |
|---|---|---|---|---|
| 3.5.2007 | Lion Ore Mining International Ltd. (Australien) | 5,89 Mrd. USD | Open Joint Stock Company „Mining and Metallurgical Company Norilsk Nickel“ | Lion Ore Mining International Ltd., Canada |
| 8.06.2012 | Denizbank Anonim Sirketi (Türkei) | 3,76 Mrd. USD | Sberbank | Dexia Participation Belgique S.A. |
| 11.20.2013 | Arctic Russia B.V. (Niederlande) | 2,94 Mrd. USD | Joint Stock Company Gazprom Neft (MICEX:SIBN); OAO Novatek (MICEX:NVTK) | Eni SpA (BIT:ENI) |

**Beispiel Siemens Russland: „Strategische Reorganisation des Gasturbinengeschäftes durch einen M&A-Deal[1]“**

Dr. Igor Yakimovich

Anfang 2011 haben sich Siemens AG und Power Machines AG entschieden, ihre langjährige Kooperation im Gasturbinengeschäft zu reorganisieren. Diese Entscheidung führte am Ende desselben Jahres zur Gründung des Joint Ventures Siemens Gas Turbine Technologies (SGTT). Vom Prozess her ist diese Transaktion als Teil-Kauf durch die Siemens AG zu strukturieren, da letztendlich eine Anteilserhöhung vorgenommen wurde. Das Unternehmen ist als eine wirtschaftlich unabhängige, juristische Person (ähnlich einer GmbH) in St. Petersburg nach dem russischen Recht ins Handelsregister eingetragen. Siemens hält 65 % und Power Machines 35 % der Anteile an SGTT.

**Siemens AG** (Berlin und München) ist ein weltweit führendes Unternehmen der Elektronik und Elektrotechnik. Der Konzern ist auf den Gebieten Industrie, Energie sowie im Gesundheitssektor tätig und liefert Infrastrukturlösungen, insbesondere für Städte und urbane Ballungsräume. Siemens steht seit mehr als 165 Jahren für technische Leistungsfähigkeit, Innovation, Qualität, Zuverlässigkeit und Internationalität.

**Power Machines AG** ist ein führendes Unternehmen in Russland im Bereich Kraftwerkengineering. Die internationale Tätigkeit des Unternehmens erfasst Design, Produktion und Lieferung integrierter Solutions für thermale, nukleare, Wasser- und Gaskraftwerke. Seit mehr als 150 Jahren steht Power Machines für Effizienz, Innovationen und Zuverlässigkeit.

[1] *Dieser Beitrag gibt eine persönliche Meinung des Autors wieder und lässt nicht auf innerhalb der Siemens AG und der Power Machines AG verfolgte Konzepte und Aktivitäten schließen.*

Ein strategisches Ziel der JV-Partner war, einen signifikanten Wettbewerbsvorteil im Rahmen der Modernisierung des russischen Energiesektors mit gemeinsamer Entwicklung und Produktion von technologisch hoch innovativen Gasturbinen bei gleichzeitiger Realisierung eines hohen Lokalisierungsgrades zu erlangen. Zur Erreichung dieses Ziels wurde ein Investitionsprogramm in der Höhe von EUR 275 Mio. aufgelegt. Ein wesentlicher Teil des Investitionsvolumens sollte in den Bau eines neuen modernen Produktionswerkes in Gorelovo (St. Petersburger Region) fließen mit anschließender Integration in das globale Produktionsnetzwerk von Siemens. Neben dem Bau des Werkes haben die JV-Partner entschieden, die Geschäftsaktivitäten von SGTT auf die gesamte Wertschöpfungskette auszudehnen: F&E, Vertrieb, Montage sowie Produktion, Inbetriebnahme und Service für alle Gasturbinentypen mit einem Output über 60 MW. Dieses Vorhaben befindet sich in der Umsetzung und läuft nach Plan.

Aus M&A Perspektive lassen sich bei dieser Transaktion die folgenden drei klassischen Phasen eines M&A Prozesses identifizieren: Vorfeldphase, Transaktionsphase und Integrationsphase. In jeder Phase gab es allerdings einige Besonderheiten, die nachfolgend kurz dargestellt sind.

**Vorfeldphase**

Im Jahr 1991 gründeten Siemens und Power Machines in St. Petersburg ein Joint Venture - Interturbo GmbH, wobei Siemens die Majorität und Power Machines die Minorität der Anteile hielten. Gleichzeitig hielt Siemens eine Minorität an Power Machines (25 % + eine Aktie). Daher kannten sich die Partner über die Jahre schon sehr gut. Zwischen 1991 und 2011 montierte und verkaufte Interturbo erfolgreich zahlreiche Gasturbinen. Aus diesem Grund wurde Interturbo als eine exzellente Plattform für die von Siemens und Power Machines angestrebte Reorganisation der langjährigen Kooperation betrachtet. Diese Erkenntnis führte im Juli 2011 zur Unterschrift eines Kaufvertrages. Gemäß diesem Vertrag verpflichtete sich Siemens, durch den Erwerb der Anteile bei Power Machines ihre Beteiligung an Interturbo zu erhöhen und dadurch ein Majoritätsgesellschafter zu werden. Power Machines sollte durch eine Teilveräußerung der Anteile an Siemens ihr Engagement als Minoritätsgesellschafter fortsetzen. Der Vertrag sah weiterhin vor, direkt nach dem Closing den Namen Interturbo durch den Namen Siemens Gas Turbine Technologies zu ersetzen. Wegen der langjährigen Geschäfts- und Gesellschafterbeziehungen zwischen den Partnern wurden die typischen Aktivitäten der Vorfeldphase, wie etwa Entwicklung einer Akquisitionsstrategie, Kandidatenbewertung und -auswahl, Finanzsimulation usw. nur in einem begrenzten Umfang, wenn überhaupt, durchgeführt.

**Transaktionsphase**

Zwischen Juli 2011 und dem Closing im Dezember desselben Jahres wurden die typischen Aktivitäten dieser Phase durchgeführt: Due Diligence, Bewertung, Verhandlungen und so weiter. Insbesondere war erforderlich, die kartellrechtliche Genehmigung nicht nur in Russland, sondern auch in Deutschland, Österreich und der Ukraine zu erhalten. Die Prüfung der Kartellbehörden entwickelte sich zu einer der kritischsten Aktivitäten in der Transaktionsphase. Unmittelbar nach dem Signing wurde ein Integrationsteam gebildet. Die wichtigste Zielsetzung des Teams war somit, die Strategie für die Integration von SGTT in Siemens zu entwickeln, einen Integrationsumfang für jede Unternehmensfunktion festzulegen und die Verfügbarkeit der Ressourcen für die Umsetzung der Integrationsstrategie sicherzustellen.

**Integrationsphase**

Die Integrationsphase dauerte zwei Jahre, vom Dezember 2011 bis Dezember 2013. Diese Phase wurde durch eine Aufteilung in vier Unterphasen mit der Dauer 90, 180, 360 und 720 Tage verfeinert. Der wichtigste Grund für die Aufteilung und Planungstiefe des Integrationsvorhabens war die Intention, das Integrationsteam auf die ständigen Änderungen der Integrationsprioritäten zu fokussieren und den Ressourceneinsatz entsprechend anzupassen.

Die wichtigsten Zielsetzungen der Integrationsaktivitäten innerhalb der 90 Tage nach dem Closing waren die kontinuierliche Verifizierung der Integrationsstrategie und Sicherstellung der kritischsten Prozesse der Finanzbuchhaltung mit Fokussierung auf die Budgetierung und Konzernkonsolidierung, die Adjustierung und Verfeinerung der Organisationsstruktur sowie Besetzung der kritischen Positionen im Personalbereich, der Aufbau der erforderlichen IT Infrastruktur und eine IT- Unterstützung für die Kerngeschäftsprozesse im IT Bereich. Diese Unterphase war durch einen intensiven Einsatz sowohl interner als auch externer Ressourcen gekennzeichnet.

Zwischen dem 90. und 180. Tag nach dem Closing wurden die Integrationsaktivitäten für die Finanzbuchhaltung, den Personalbereich und der IT fortgesetzt. Allerdings lagen die Schwerpunkte bei der Integration der Kernprozesse, Organisationsstrukturen und IT-Anwendungen für die primären Geschäftsfunktionen, wie etwa Vertrieb, Einkauf, F&E und Produktion. Der Ressourceneinsatz stieg bei dieser Unterphase im Vergleich zu den ersten 90 Tagen nochmals an. Auch in der zweiten Hälfte des ersten Integrationsjahres standen die primären Geschäftsfunktionen im Mittelpunkt des Integrationsvorhabens. Der Integrationsumfang wurde erweitert, jedoch war er durch weniger kritische Prozesse der Finanzbuchhaltung und im Personal- sowie IT-Bereich erweitert.

Zwischen dem 360. und den 720. Tag nach dem Closing konzentrierte sich das Integrationsteam sowohl auf Stabilisierung der Geschäftsprozesse, Organisationsstruktur, IT und weiteren Elementen des SGTT Geschäftsmodells des ersten Integrationsjahres, als auch auf die Durchführung der Integrationsaktivitäten für solche Elemente des Geschäftsmodells, die bisher nicht Gegenstand des Integrationsvorhabens waren. Der Einsatz von internen Ressourcen war diesmal hingegen begrenzt. Die externen Ressourcen wurden nur noch in einem begrenzten Umfang involviert und ausschließlich auf solche fachspezifischen Themen ausgerichtet, für die SGTT zu dieser Zeit kein eigenes Knowhow zur Verfügung stehen hatte.

Während der gesamten Integration wurden zahlreiche Controlling-Instrumente, wie Reviews, Audits, Statusmeetings, etc., angewendet. Das Controlling sollte sicherzustellen, dass mit der erforderlichen Qualität die Integrationsstrategie im vollen Umfang sowie im Rahmen des vorgegebenen Budgets und Zeitplans umgesetzt wird.

## 7.4 Brasilien

### 7.4.1 Markt und wirtschaftliche Rahmenbedingungen

Mit einem Bruttoinlandsprodukt (BIP) von rd. 2.2 Mrd. USD (2013) ist Brasilien die sechstgrößte Volkswirtschaft der Welt. Das Pro-Kopf-Einkommen beträgt rund 11.300 USD. Die wirtschaftliche Struktur Brasiliens ist gekennzeichnet durch die Kernsektoren Dienstleistungen mit über 65 %, Industrie mit rd. 21 % und Agrarwirtschaft mit ca. 6 % BIP-Anteil (vgl. Auswärtiges Amt, 2014). Hohe Wachstumsraten und solider Beschäftigungszuwachs erhöhten bis vor wenigen Jahren signifikant das globale wirtschaftspolitische Interesse an Brasilien. Ein erheblicher Beschäftigungszuwachs war auf dem formellen Arbeitsmarkt (umfasst 50 % der Beschäftigungsverhältnisse) mit 2.2 Mio. Personen und insgesamt niedriger Arbeitslosenquote von 6 % (2012) zu verzeichnen. Auch dank der Steigung der weltweiten Rohstoffpreise, steigender Löhne und eines verbesserten Zugangs zu Verbraucherkrediten konnte das BIP kräftig expandieren; zwischen 2004 und 2011 lag das Wirtschaftswachstum im Schnitt bei 4,3 %.

Brasilien exportiert neben Rohstoffen (Eisenerz, Kupfer, Soja, Mais und Kaffee) auch technologisch anspruchsvolle Produkte. Hierzu zählen etwa Mittelstrecken- und Militärflugzeuge von Embreaer, dem viertgrößten Flugzeughersteller der Welt. Aufgrund substanzieller Erdölfunde könnte Brasilien in den nächsten Jahren von einem Energieimporteuer zu einem bedeutenden erdölexportierenden Land aufrücken.

Der lateinamerikanische M&A-Markt wird von Brasilien dominiert. Brasilien war ein wirtschaftlich unbeständiges Land, 1994 zum Beispiel mit einer Inflation von 916 %. Seit Ende der 90er Jahre hat Brasilien jedoch eine Reihe von Veränderungen durchlaufen, die die Wirtschaft strukturell verändert haben.

Seit 2012 hat sich das Wachstum der brasilianischen Wirtschaft jedoch wieder deutlich abgeschwächt. 2013 lag es bei 2,3 %. Mit über 200 Mio. Einwohnern bleibt der starke Binnenmarkt mit über 80 % Anteil am BIP der Haupt-Konjunkturmotor. Die Außenwirtschaft spielt mit rd. 20 %-Anteil am BIP eine vergleichsweise geringe Rolle. Für das mäßigere BIP-Wachstum und die rückläufige Wettbewerbsfähigkeit der Industrie dürften insbesondere strukturelle Probleme verantwortlich sein, die in Folge der internationalen Wirtschaftslage verstärkt hervortreten. Außerdem spielen der Rückgang der Rohstoffpreise und die sehr niedrige Investitionsquote von nur 18 % eine Rolle. Größter Exportmarkt blieb mit einem Anteil von fast 20 % die EU vor China mit 19 %. Rückgängig war 2013 vor allem der Export halbfertiger Industrieprodukte. Insgesamt ist der Rohstoffanteil am Export in den letzten Jahren auf fast über 50 % gestiegen (vgl. Auswärtiges Amt, 2014).

### 7.4.2 M&A-Markt Brasilien

Die M&A-Aktivitäten von Brasilien liegen nach Anzahl der Deals (Investment über 50 Mio. USD) in etwa auf der Höhe von Russland, weit hinter China aber etwa doppelt so

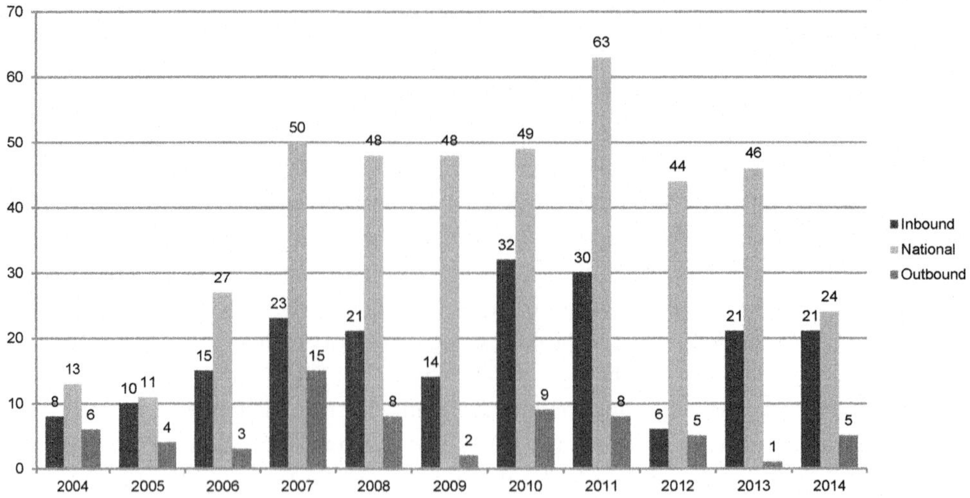


**Abb. 7.15** Brasilien Zeitverlauf M&A-Markt, Anzahl der M&A-Projekte. (Quelle: S&P Capital IQ)

hoch wie Indien. Nach einer starken Aufschwungphase zwischen 2004 und 2007 stabilisierte sich das nationale M&A von 2008 bis 2011 (=Spitzenjahr) auf hohem Niveau, um dann in einen Abschwung zu münden, der bis heute anhält (vgl. Abb. 7.15). Dies ist auch etwa konsistent mit der Konjunktur, der Brasilien unterliegt. Die aktuell schwächelnde Wirtschaft lähmt auch den M&A-Markt.

Hinsichtlich der Branchen liegt der Finanzsektor beim nationalen M&A weit vorn: jede vierte Transaktion war finanzbezogen. Dem folgen vier Wirtschaftsbereiche mit fast gleicher Größe, nämlich Konsum-Massenware (13 %), Infrastrukturanlagen (13 %), Konsum-Einzelgüter (11 %) sowie Rohstoffe und Industrie mit jeweils 10 % (vgl. Abb. 7.16).

Die wichtigsten Reformen waren die Inflationszielvorgaben, der Schuldenabbau und Corporate Governance-Reformen. Diese bildeten die Grundlage für die Beschleunigung der M&A-Aktivitäten. Als Ziele wurden erreicht:

- Verringerung der Inflation, seit 2005 bei stabilen 4,3 und 6,5 %
- Öl-Selbstversorgungsstatus 2006
- Wandel von einem hochverschuldeten Land in einen internationalen Kreditgeber
- Erlangung des Investment Grades 2008/2009 von allen großen Agenturen
- Vergrößerung der Mittelklasse der Gesellschaft zwischen 2003 und 2011 um über 50 %
- Verringerung der Arbeitslosigkeit von 11 % (2005) auf 4,6 % (Januar 2013).

Im Jahr 2000 wurde unter dem Namen „Novo Mercado" eine Reihe von Rechtsreformen durchgeführt, die die brasilianischen Corporate Governance-Standards den europäischen und US-amerikanischen Standards anglichen. Davor waren die brasilianischen Kapitalmärkte Illiquide, ihre Unternehmen wurden als weitgehend unattraktiv angesehen und

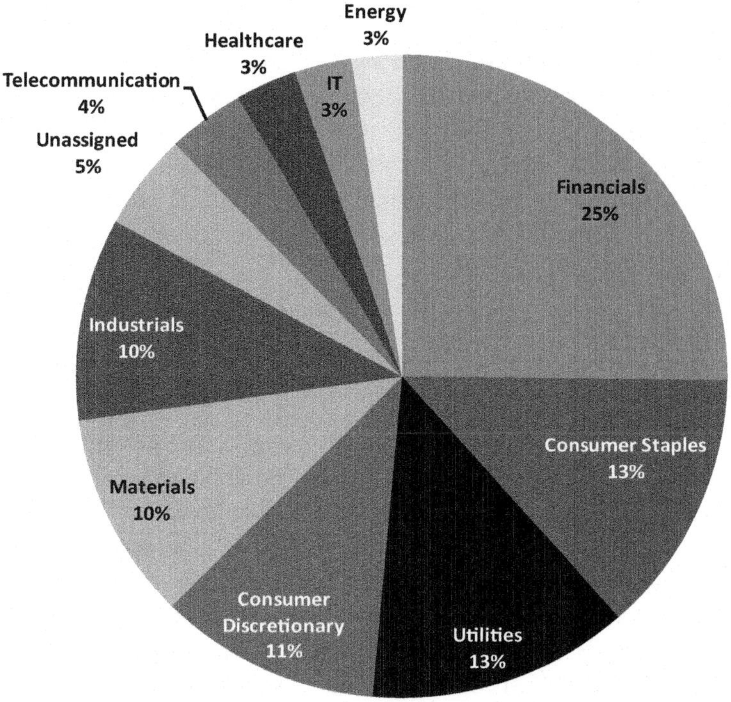


**Abb. 7.16** Brasilien nationaler M&A-Markt. (Quelle: S&P Capital IQ); Basis: Anzahl Transaktionen mit Investment > 50 Mio. US-$

die Minderheitsaktionäre waren weitgehend schutzlos. Es wurden drei Listingsegmente geschaffen mit mehr Offenlegungspflichten (Level 1), darüber hinaus zusätzlichen Aktionärsrechten (Level 2) und zusätzlich ein Segment ausschließlich mit Aktien mit Stimmrecht (vgl. Santana, Ararat, Alexandru & Yurtoglu, 2008). Dies führte zu einem Schub an MBOs, dem wiederum eine Beschleunigung des M&A-Marktes folgte. In den 90er Jahren bewegten sich die Deals noch um Werte von 300 bis 400 Mio. USD. Mit dem neuen Jahrtausend erreichten große Deals nun den Milliardenbereich, da die Unternehmen stetig wuchsen und sich der Zugang zu Kredit- und Kapitalmärkten wesentlich verbesserte. Eine weitere Steigerung stellten in 2006 die Fusion der Brauereiriesen ABMEV mit Interbrew (Inbev) dar sowie der Kauf der kanadischen Inco Ltd. durch den brasilianischen Minengiganten Vale für 13,3 Mrd. USD. Dies ermutigte auch andere Branchen und Unternehmen zur Internationalisierung und führte zu einem Schub an M&A, mit zunehmend unterschiedlichen Transaktions- und Finanzstrukturen.

Die Strukturreformen wurden im Mai 2012 durch ein neues Wettbewerbsgesetz fortgesetzt, das Brasilien an die europäischen und US-amerikanischen kartellrechtlichen Regeln angleicht. Dazu gehören:

- feste Anmeldeschwellen für das brasilianische Kartellamt (eine Partei z. B. 220 Mio. USD Umsatz in Brasilien, die andere Partei 16 Mio. USD Umsatz)
- festgelegte Zeitpläne und Prozesse (Frist von 330 Tagen für das brasilianische Kartellamt, um eine Freigabe abzuschließen)
- ein kartellrechtliches Schnellverfahren von bis zu vier Monaten für spezielle Transaktionen: neue Marktteilnehmer, Joint Ventures usw.
- ein fester Bußgeldkatalog auf Basis des Bruttojahresumsatzes im Jahr vor Vollzug der wettbewerbsfeindlichen Handlung.

### 7.4.3 Der M&A-Prozess in Brasilien

Die M&A-Strukturen sind stark vom brasilianischen Steuerrecht geprägt – das ist besonders der deutsche Eindruck, weil zwischen beiden Ländern kein Doppelbesteuerungsabkommen besteht. Insofern werden für deutsch-brasilianische M&As häufig Zwischenholdings in Österreich oder in den Niederlanden gebildet, weil es mit diesen Ländern Doppelbesteuerungsabkommen gibt. Die M&A-Prozesse (insbes. Due Diligence) und -Verträge werden heute nach dem international üblichen anglo-amerikanischem Muster realisiert. Treiber ist hier auch ein Misstrauen gegenüber der brasilianischen Rechtsprechung. Zwingender Regelungsbedarf besteht auch bei der Gemeinverbindlichkeit, d. h. bei Regelungen die Dritte betreffen, etwa bei Lizenzverträgen oder Transitional Service Agreements (TSAs). Beim M&A-Prozess gibt es graduelle Unterschiede zur deutschen Vorgehensweise. Insgesamt hat sich bei den international erfahrenen Großunternehmen die angloamerikanische Vorgehensweise mit den Arbeitsmodulen durchgesetzt, die auch bei uns etabliert sind. Bei der Entwicklung von Geschäftsplänen und Strategien ist die Kurzfrist-Orientierung auffällig. Dies ist wohl auf die Jahre der Hyperinflation zurückzuführen. Bei der Transaktion fällt auf, dass die Verhandlungen ungleich länger dauern als bei uns. Wenn ein Prozess bei uns sechs Wochen dauert, dann dauert ein vergleichbarer Vorgang in Brasilien durchaus sechs Monate. Dies geht auf rechtliche Unwägbarkeiten zurück und betrifft besonders die kleineren Familienunternehmen, bei denen der Aufbau persönlichen Vertrauens im Laufe des Prozesses eine sehr wichtige Komponente ist. Die Verhandlungen mit Brasilianern sind ein Balanceakt zwischen geschäftsbedingter Effizienz und dem Management kultureller Unterschiede. Dies bedingt auch unbedingte persönliche Präsenztelefonkonferenzen sind dabei weniger zielführend. Treiber für den hohen Zeitbedarf ist auch das komplexe Steuersystem. Behördliche Zulassungen dauern erheblich länger als bei uns. Das Rechtssystem ist unserem vergleichbar, da es sich stark an das deutsch-schweizerische System angelehnt hat. Dennoch sind die Behörden formalistischer als bei uns. Das System ist sehr abgeschottet. Es ist z. B. für ausländische Kanzleien schwer, Fuß zu fassen.

Bei der Unternehmensintegration geht man in Brasilien eher vorsichtig vor. Die erfolgreichen Integrationen in Brasilien bestanden darin, das brasilianische „System" aufzunehmen und ein Überstülpen des deutschen Führungssystems zu vermeiden. Es empfiehlt sich, den Alteigentümer an Bord zu halten, denn seine Vernetzung ist erfolgsrelevant. Dies betrifft nicht nur die Kundenkontakte sondern auch dessen Beziehung zu Behörden, denn wenn man dort etwas erreichen will, muss man persönlich vorstellig werden. Bei allen Maßnahmen und Verhandlungen ist darauf zu achten, dass der Geschäftspartner keinen Gesichtsverlust erfährt. Anderenfalls ist das Vorhaben „tot" – selbst wenn man Recht behält. Ansonsten sind Deutsche in Brasilien hochwillkommen und sie erfahren viel Sympathie und Wertschätzung.

**Inbound M&A nach Brasilien**

In den Spitzenjahren kam Inbound M&A auf Werte von 65 bis 82 % des Wertes für nationales M&A (2010 bzw. 2012). Hier ist eine Anstiegsphase zu erkennen (2004 bis 2007), eine Hochphase mit Ausreißern nach unten (2008 bis 2012) und danach ein Abklingen, vor allem bedingt durch die schwächelnde Wirtschaft. Dreiviertel des Inbound M&A-Marktes ist fast gleichmäßig verteilt (vgl. Abb. 7.17).

Dieser dominierende Teil rekrutiert sich aus den Branchen Rohstoffe (20 %), Massen-Konsumgüter (18 %), Einzel-Konsumgüter (14 %), Finanzdienstleistungen (13 %) und Industrie (13 %).

Deutsche Unternehmen halten in Brasilien eine breite Präsenz, angeführt von Volkswagen, BASF, und Daimler. Sie beschäftigen mehr als 100.000 Mitarbeiter und sind vor allem in der Metropolregion Sao Paulo angesiedelt. Unter den brasilianischen Ent-

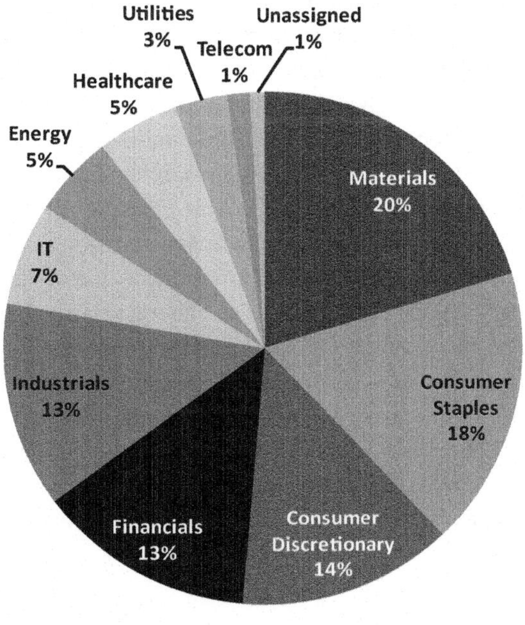


**Abb. 7.17** Brasilien Inbound M&A-Markt. (Quelle: S&P Capital IQ); Basis: Anzahl Transaktionen mit Investment > 50 Mio. US-$

scheidungsträgern genießen deutsche Unternehmen eine hohe Reputation. Andererseits gelten Deutsche als zu formell, starrsinnig und zu ergebnisorientiert. Kooperationen mit deutschen Partnern und Investitionen in deutsche Unternehmen gelten aufgrund ihrer Zuverlässigkeit und Stabilität in Brasilien als außerordentlich attraktiv. Allianzen und Joint Ventures zwischen deutschen und brasilianischen Unternehmen profitieren von den komplementären Kernkompetenzen der Partner, auf deutscher Seite durch die Produktqualität, Effizienz und Innovationen, auf brasilianischer Seite durch Marktzugang und deren Netzwerke.

Diverse global operierende deutsche Konzerne tätigten wichtige Akquisitionen in Brasilien, darunter unter anderem die Übernahme von Panpharma durch Celesio, E.ONs Kauf seines Anteils an MPX und die Übernahme von Petroflex durch Lanxess. Angesichts der Attraktivität des brasilianischen Marktes sowie der strukturellen und regulatorischen Verbesserungen, die bis jetzt stattgefunden haben, wird diese Entwicklung voraussichtlich mittel- bis langfristig anhalten. Weitere Verbesserungen in der Infrastruktur, dem Steuersystem sowie der Arbeitsproduktivität könnten langfristig ein zusätzliches Wertsteigerungspotenzial für Unternehmen der DACH-Region, die Anteile in Brasilien akquirieren, mit sich bringen.

**Outbound M&A aus Brasilien**

Dank der Transformation Brasiliens und der starken Position in ihrem Heimatmarkt treten brasilianische Unternehmen zunehmend selbstbewusst auf, um durch internationale Akquisitionen und organische Investitionen ihre regionalen Absatzmärkte zu diversifizieren. Im ersten Jahrzehnt dieses Millenniums stand die Expansion in die südamerikanischen Nachbarländer sowie der USA im Vordergrund. Nun rücken immer mehr europäische und speziell auch deutsche Unternehmen in den Fokus. Das Outbound M&A Brasiliens kommt im Zeitraum 2004 bis 2013 mit 61 Fällen auf 29 % des Inbound M&As (211 Fälle). Während die Jahre von 2004 bis 2008 recht stark waren, fällt der Outbound-Markt ab 2009 eher schwach aus mit deutlich rückläufiger Tendenz seit 2010. Die beiden Spitzen-Branchen sind – wie beim Inbound-M&A – Rohstoffe (hier 32 %) und Konsum-Massenware (16 %). Ihnen folgen im Bereich von 10 bis 11 % die Bereiche Energie, Industrie und Konsum-Einzelgüter (vgl. Abb. 7.18).

*Staatsunternehmen,* die auch international aktiv sind, prägen die brasilianische Wirtschaft und auch das Outbound M&A-Geschehen. Die beiden größten Banken, Banco de Brasil und Caixa Economica Federal gehören mehrheitlich dem Staat. An Petrobras, einem der weltgrößten Erdölkonzerne ist der brasilianische Staat mehrheitlich beteiligt. Neben dem Stromkonzern Elektrobrás sind viele nationale und lokale Versorgungsunternehmen in brasilianischer Hand und erwerben zunehmend Beteiligungen im Ausland.

*Brasilianische Privatunternehmen* haben seit Gründung der Freihandelszone Mercosur in erster Linie in Südamerika und in den USA expandiert. Bedingt durch den wirtschaftlichen Aufschwung und der Größe des Inlandmarktes steigt nun aber auch das Interesse

**Abb. 7.18** Brasilien Outbound M&A-Markt. (Quelle: S&P Capital IQ); Basis: Anzahl Transaktionen mit Investment > 50 Mio. US-$

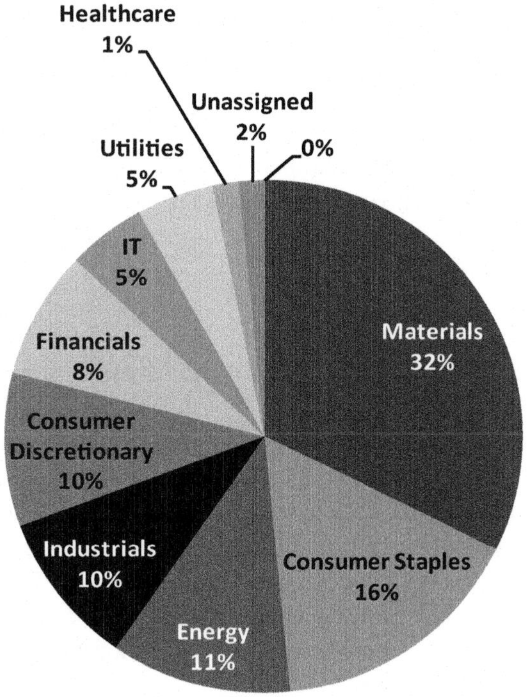


brasilianischer Investoren an deutschen Unternehmen. Beispiele hierfür sind der Aufkauf von Stahlwerk Thüringen durch CSN im Januar 2012, die Übernahme von Burkhardt & Weber Fertigungssysteme durch Indústrias Romi im Dezember 2011, der Aufkauf von Watt Drive GmbH durch WEG im November 2011, Braskems Akquisition der Dow Chemicals Polypropylene-Werke in Schopkau und Wesseling im Juli 2011 sowie der Aufkauf der RHI AG durch Magnesita (vgl. Sträter, 2013, S. 269; Commerzbank, TaylorWessing & KPMG, 2013). Obwohl die Outbound M&A-Aktivitäten in den letzten Jahren abgeflacht sind, wird Deutschland und die gesamte DACH-Region weiterhin als attraktives Terrain für Übernahmen angesehen, insbesondere weil brasilianische Unternehmen mehr Vertrauen in internationale Akquisitionen gewinnen und an neuen Technologien und der Globalisierung ihres Betriebes arbeiten. Bei der Investitionsentscheidung brasilianischer Unternehmen steht die Erweiterung des Produktportfolios und der regionalen Reichweite im Vordergrund. Bei Übernahmen spielen die technische Expertise, das Renommee sowie die Effizienz der Zielgesellschaft eine bedeutende Rolle. Mehrheitsübernahmen, um maßgebliche Kontrolle über das Unternehmen zu bekommen, sind die Regel. Ein eher lockeres Integrationsmodell wird dabei bevorzugt, etwa in der Führung als weitgehend selbstständige regionale Tochtergesellschaft.

*Die behördlichen Genehmigungen* sind in Brasilien liberal. Im Gegensatz zu Transaktionen mit indischen oder chinesischen Targets bestehen in Brasilien keine zwingenden

Zustimmungsvoraussetzungen oder Devisenbeschränkungen für ausländische Käufer. Lediglich der Abschluss eines Devisengeschäftsvertrages mit einem Kreditinstitut, das durch die brasilianische Zentralbank autorisiert ist, muss vorgelegt werden. Bestimmte, vom Gesetz als strategisch erachtete Bereiche sind eingeschränkt oder untersagt, zum Beispiel Kernkraft, Kommunikation, Erdöl oder Immobilien. Eine wesentliche Voraussetzung für den Vollzug von Beteiligungen ist das brasilianische Kartellrecht, dessen Prozesse so aufwändig sind, dass sie den kritischen Zeitpfad bei multinationalen Transaktionen darstellen können.

### 7.4.4 Zukünftige Entwicklungen

Die Boomzeit bis 2012 ist zweifellos vorbei. Zur Zeit stehen andere lateinamerikanische Länder im internationalen M&A-Fokus, insbesondere Mexiko und Chile. Hintergrund ist, dass Ausländer, besonders Deutsche, in Brasilien in großer Zahl präsent sind und sich deshalb auf organischen Ausbau der Geschäfte kaprizieren können. Berichtet werden auch schlechte Erfahrungen mit brasilianischen Targets, sodass Ausländer einem M&A mit einem brasilianischen Partner auch schon einmal aus dem Wege gehen. Die aktuellen Lead Tables zeigen denn auch, dass derzeit relativ wenig deutsche Unternehmen mit M&A in Brasilien unterwegs sind.

Dennoch ist der brasilianische Markt insgesamt weiterhin hoch attraktiv. Aus deutscher Sicht zu nennen ist z. B. die Medizintechnikbranche. Größter Nachholbedarf besteht bei der öffentlichen Infrastruktur, von der nur 25 % des Programmes, das zur Fußball-Weltmeisterschaft geliefert werden sollte, fertiggestellt ist. Dies hat zu den bekannten Unruhen in der Bevölkerung geführt. Waren im anspruchsvollen Stadienbau auch viele deutsche Unternehmen beteiligt, so werden dies bei der Abarbeitung der ausstehenden Verkehrsinfrastruktur nur begrenzt Ausländer sein, da Brasilien über leistungsfähige Baufirmen verfügt und gegenüber Vertretern aus Drittländern Barrieren aufgebaut werden. So bestehen große Chancen für global operierende Zulieferer, etwa bei Bahnprojekten, bei denen auch Deutschland (Siemens und Bombardier) zum Zuge kommen können, möglicherweise in Verbindung (M&A, Konsortien) mit nationalen Spielern.

Des Weiteren ist zu beobachten, dass die Immobilienpreise in Brasilien in den letzten 10 Jahren enorm gestiegen sind, berichtet wird von Faktor 3 etwa in der Region Sao Paulo. Eine Blasenbildung ist nicht auszuschließen. Das treibt auch die Unternehmenspreise, die als „hoch" einzustufen sind und den Markt dämpfen. Jetzt, nach der FIFA-Weltmeisterschaft, ist nicht mit großen Wachstumsraten zu rechnen. Auch die anstehende Olympiade wird keinen Boom hervorrufen. Derzeit werden 2,5 % des BIP für die Infrastruktur ausgegeben. Beobachter sagen, es müssten 5 % sein für Straßen, Brücken, Flughäfen und die Schiene. In 2015 ist Wahljahr, da wird also auch nicht viel passieren. Kenner schätzen das BIP-Wachstum in den kommenden Jahren bei bescheidenen 1,5 %, doch auf längere Sicht ist man wieder optimistischer. Brasilien bleibt ein Land mit großen Perspektiven.

### 7.4.5 M&A-Projektbeispiele Brasilien

In den Tab. 7.10, 7.11 und 7.12 sind Beispiele für M&A-Projekte in Brasilien dargestellt.

**Tab. 7.10** National Brasilien

| Angekündigt | Target | TA-Wert | Käufer | Verkäufer |
|---|---|---|---|---|
| 24.05. 2011 | Tele Norte Participacoes S.A | 31,51 Mrd. USD | Oi SA (BOVESPA:OIBR4) | Konsortium bestehend aus Portugal Telecom, SGPS S.A., Black Rock Inc. und Telemar Participacoes S.A |
| 25.03.2011 | Vivo Participacoes S.A | 17,3 Mrd. USD | Telefonica Brasil, S.A. (BOVESPA:VIVT4) | Konsortium aus der Telefónica S.A., der SP Telecomunicacoes Participacoes Ltda, TBS Celular Participacoes Ltda. und Portelcom Partic S.A. |

**Tab. 7.11** Inbound Brasilien

| Angekündigt | Target | TA-Wert | Käufer | Verkäufer |
|---|---|---|---|---|
| 8.9.2009 | Global Village Telecom (Holding) S.A. | 4,92 Mrd. USD | Vivendi Société Anonyme (Frankreich) | Konsortium um Merrill Lynch Ventures, LLC PEC Israel Economic Corp |
| 05.02.2010 | Mehrheiten an der Companhia de Alumina, Alumina do Norte und Aluminio Brasilieiro S.A. | 4,63 Mrd. USD | Norsk Hydro ASA (Norwegen) | Vale S.A. (BOVESPA:VALE) |

**Tab. 7.12** Outbound Brasilien

| Angekündigt | Target | TA-Wert | Käufer | Verkäufer |
|---|---|---|---|---|
| 14.08.2006 | Vale Canada Limited | 14,91 Mrd. USD | Vale S.A. (BOVESPA:VALE) | Teck Resources Limited |
| 2.3.2004 | Labatt Brewing Company Limited | 6,33 Mrd. USD | AMBEV Companhia de Bebidas das Américas | Anheuser Busch InBev |

**Beispiel Brasilien: Grupo Gerdau**

Ein herausragender Fall der brasilianischen Schwerindustrie ist die Übernahme der Ameristeel durch die Gerdau Gruppe, die vor 110 Jahren von einem deutschen Auswanderer gegründet wurde. Dieses 45 Tsd. Mitarbeiter umfassende Unternehmen wird heute in der fünften Generation von der Familie geführt und steht mittlerweile auf Platz 16 der weltweit größten Rohstahlhersteller und weltweit Nummer 2 bei Langstahl hinter dem Weltmarktführer Arcelor Mittal (Indien). Heute ist Gerdau in 14 Ländern aktiv. Zur Firmenphilosophie gehört das Recyceln von Stahl, bei dem Gerdau weltweit führend ist. Die Übernahme der Ameristeel markiert auch die Probleme einer ehemals stolzen Branche in den USA, die durch Lohn- und Strukturkosten in die Krise geraten ist und unter jahrzehntelanger Unterlassung von Produktivitätsinvestitionen litt.

**Die Stahlbranche**

Es gibt zwei Typen von Stahlherstellern: traditionelle, integrierte Stahlwerke auf Eisenerzbasis und sog. Minimills, die mit Elektrolichtbogenöfen auf Schrottbasis arbeiten. Beide decken den gesamten Stahlherstellungsprozess ab. Erstere verfügen über einen Hochofen, der mit Eisenerz, Kalk und Koks beschickt wird und die entsprechende Mixtur in geschmolzenes Eisen umwandelt. In Sauerstoffschmelzöfen wird das Roheisen durch Reduzieren des Kohlenstoffgehaltes und Eliminieren unerwünschter Begleitelemente, wie Schwefel und Phosphor, sowie durch entsprechendes Legieren in Stahl umgewandelt. Hieran schließt sich der Gießprozess an, wo der Stahl über sog. Stranggussanlagen zu Knüppeln oder Brammen gegossen wird. In den frühen 1990er Jahren nutzten die sog. Minimills, insbesondere in den USA, das kontinuierliche Dünnbrammengießverfahren (Thin Slab Casting), um den Prozess der Brammenherstellung zu umgehen und direkt Warmband bis zu einer Dicke von 1,2 mm herzustellen. Die Vorteile dieses Verfahrens liegen in einer viel höheren Produktivität sowie einem verbesserten Ausbringen, bei gleichzeitig niedrigeren Verarbeitungskosten. Allerdings ist dieses Verfahren weitgehend nicht im oberen Qualitätsspektrum anwendbar.

Die zunehmende Industrialisierung in China sowie in anderen Schwellenländern, wie z. B. Indien oder Brasilien, und der damit verbundene Boom der Rohstoffe führten zu erheblichen Investitionen Anfang der 2000er Jahre im Bereich der Stahlindustrie. Nachdem es in den 1990er Jahren zu wesentlichen Konsolidierungsbewegungen (z. B. zwischen Thyssen Stahl und Krupp Hoesch Stahl) kam, haben die Investitionen, vor allem in Asien, zu erheblichen Überkapazitäten geführt, so dass die Stahlindustrie nach der Finanzkrise von 2008/2009 einem immensen Preisdruck ausgesetzt ist. Die notwendigen Restrukturierungen, insbesondere in den alten westlichen Industrienationen, gestalten sich aufgrund politischer und sozialer Rahmenbedingungen schwierig.

**Der Brasilianische Markt**

1999 gab es in Brasilien 14 Stahlhersteller. Die Flachstahl-Branche wurde dominiert von CSN, die vor ihrer Privatisierung zur staatlichen Siderbras-Gruppe gehörte. Gerdau war der Marktführer bei Langstahl-Produkten. Gerdaus hohe Diversifikation, ihre Dezentralisierung und die Lokalisierung der Werke in den Haupt-Abnehmergebieten sicherte ihr Vorteile gegenüber den Wettbewerbern.

**Gerdaus Vormarsch: organisch und M&A**

Gerdau hat immer Unternehmen akquiriert, die in einem schlechten Zustand waren. Die M&A-Historie begann 1948, als Gerdau die in finanziellen Schwierigkeiten stehende Siderurgica Rio Grandense (SRG) erwarb. SRG war das erste Unternehmen, das in Lateinamerika das Minimill-Konzept verwendete. Bis 1979 erwarb Gerdau vier weitere Stahlwerke. Mithilfe des Minimill-Konzeptes konnte Gerdau die führende Kostenposition sichern, wenn es um die geografische Nähe zu den Hauptkunden ging. Die Dezentralisierung schlug sich geschäftlich nieder, indem Gerdau sich zum führenden Schrottverwerter entwickelte. Darüber hinaus forcierte Gerdau den Stahlhandel mit 120.000 Einzelhandels-Kunden. Die Boomjahre in den 70er Jahren verhalfen Gerdau zu einem hohen organischen Wachstum, dem die große Rezession in den 80er Jahren folgte. Ab 1997 erwarb Gerdau schrittweise die privatisierte Acominas, einen der weltweit effizientesten Hersteller von hochqualitativem Halbfertig-Stahl. 1981 folgte der Erwerb der Siderurgica Laisa in Uruguay. Die Konzentration auf Lateinamerika machte der Gerdau-Führung jedoch Sorgen, gerade aus den Erfahrungen in den Rezessionsjahren. Weitere Akquisitionsziele wurden gesucht, jedoch keines für Wert befunden, die Internationalisierung nach vorn zu bringen und das Regionalrisiko signifikant zu senken. Da bot sich die Übernahme der kanadischen Courtice Steel an. Das Angebot kam durch eine Investmentbank in England. Courtice hatte in den letzten Jahren Verluste gemacht und musste einem harten Turnaround unterzogen werden, insbesondere in der Positionierung hin zu Spezialprodukten. Weitere Akquisitionen folgten 1993 mit der Siderurgica Aza in Chile und 1997 der Puntana S.A. in Argentinien. In dieser Zeit verfolgte Gerdau kontinuierlich die Ziele zum verbesserten Kapitalzugang und zur Kostensenkung.

**Führungsmodell**

Das Muster der Übernahmen war immer ähnlich: Gerdau machte jeweils eine kleine Eigenkapital-Investition und lieh sich den größten Teil im lokalen Finanzmarkt. 1995 unterzog sich Gerdau einer umfassenden Restrukturierung, da der Unternehmensaufbau mit den zahlreichen Akquisitionen zu komplex geworden war. Gerdau wurde immer „Hands-On"-geführt, mit einem hart arbeitenden Familien-Management. Für die Due Diligences wurden keine externen Berater eingesetzt sondern die besten Leute aus dem eigenen Hause. Zentrales Ziel die Steigerung des langfristigen Marktanteils.

**Ameristeel-Übernahme**

Die Ameristeel-Übernahme war eine neue Erfahrung und hatte eine andere Dimension gegenüber den vorherigen Übernahmen. Ameristeel hatte eine installierte Kapazität von von 3,5 Mio. t Rohstahl und Walzstahl, wogegen Gerdau damals über 4,6 Mio. t verfügte. Ameristeel platzierte Gerdau in einen der wettbewerbsintensivsten Märkte der Welt, den USA. Die Finanzierung sprengte das bisher Dagewesene: Gerdau nahm 270 Mio. USD zur Finanzierung auf, etwa 25 % des Eigenkapitals von 1998. Jorge Gerdau, der damalige Präsident der Gruppe, war jedoch optimistisch: „Ich bin zuversichtlich, dass wir in den USA wettbewerbsfähig sind, wo der Stahlsektor nicht State of the Art ist. Wir sehen, was die Japaner tun und wir denken, wenn sie es können, dann können wir es auch.“ Ameristeel führte vier gewerkschaftsfreie Minimills und eine Reihe anderer Werke. In 1999 hatten sie operative Assets der Brocker Rebar und der Milton Rebar Coating Company erworben. 1992 war die Vorgänger-Gesellschaft „Florida Steel Corp.“ von Kyoei Steel Ltd. gekauft worden und 98 in Ameristeel umbenannt worden. Wegen der Probleme im Stahl-Weltmarkt häufte Ameristeel hohe Verluste auf. Laufende Kooperationsgespräche mit Gerdau mündeten dann in Übernahme-Verhandlungen und schließlich in den Kauf von Ameristeel.

**Die Zeit danach, Resümee**

Heute ist die Gerdau-Gruppe global aufgestellt, Schwerpunkt Amerika, jedoch auch mit Standorten in Spanien und Indien bei einer Jahreskapazität von 18 Mio. t Rohstahl (2013; vgl. Abb. 7.19). Der Markt ist nach wie vor schwierig und der Preisdruck hoch wegen großer Überkapazitäten, vor allem aus China. Gerdau ist der weltweit größte Schrottverwerter, kauft zum Beispiel auch Schrott in den USA und importiert Schrott zur Verarbeitung nach Brasilien. Gerdau ist weiter gewachsen. Die Erfahrungen aus Akquisitionen werden für weitere Vorhaben genutzt, vor allem auch bei der Integration, die kulturell immer schwierig ist und meist langsamer als geplant verläuft. Seit der Übernahme von Ameristeel wurde das Geschäft organisch und durch zahlreiche weitere Zukäufe ausgebaut. Dazu gehören der Erwerb der Catersville Plant in den USA (2001). In dieses Jahr fällt auch die Fusion von Gerdau und Co-Steel in Nordamerika

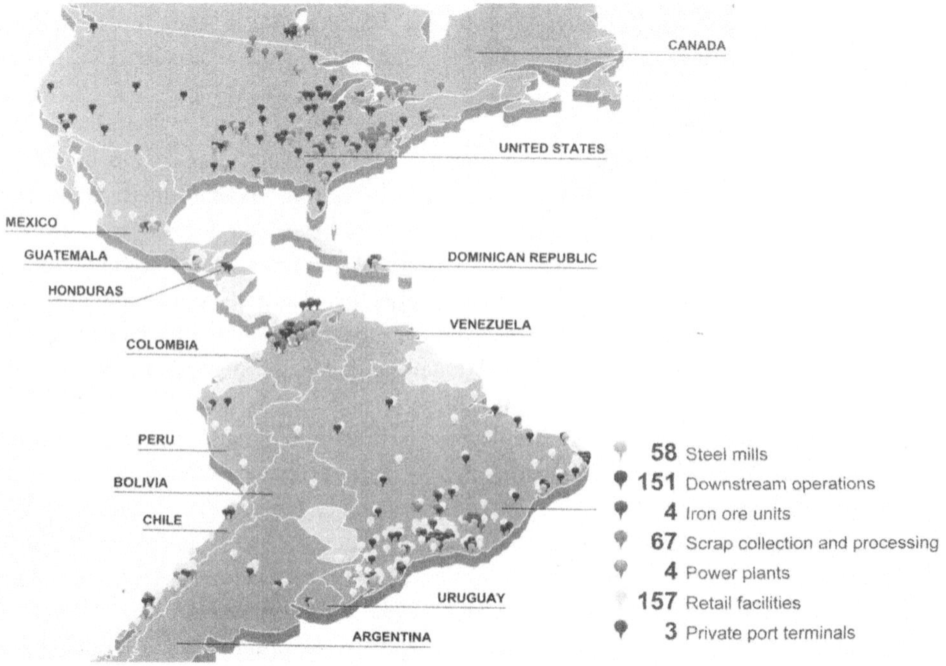


**Abb. 7.19** Gerdau-Standorte

zur Gerdau Ameristeel. In 2004 wurden Diaco (Kolumbien) und North Star Steel (USA) übernommen. 2005 folgte die Expansion nach Europa durch Übernahme von 40 % der Sidenor (Spanien). Im Folgejahr reihen sich mehrere Akquisitionen ein, die Siderperu (Peru), die Sheffield Steel, die Callaway Building Products und das Joint Venture Pacific Coast Steel (alle USA). 2008 wird ein 30 %-Anteil an der Corporación Centroamericana de Acero in Guatemala übernommen, ein 51 %-Anteil an der Cleary Holding (Kolumbien) und die Macsteel Operations in den USA, ein Hersteller von Spezialstählen. 2010 folgen die Übernahme von Tamco (USA), sowie die Restübernahmen von Ameristeel und Cleary. Die weltweite Präsenz ist aus Abb. 7.19 zu ersehen.

## Literatur

Auswärtiges Amt. (2014). Homepage. www.auswaertiges-amt.de. Zugegriffen: 4. Nov. 2014.

Bäumer, U., Kreutter, P., & Rothauge, F. (2010). Higher Hanging Fruits – Zielsegmente und Strategien indischer IT- und Technologieunternehmen in der DACH-Region. *M&A Review, 21*(12), 590–596.

Commerzbank, TaylorWessing, & KPMG. (2013). *Deutsch-Brasilianische Geschäftspartnerschaften: Kooperationen und M&A-Transaktionen*. Frankfurt.

Deloitte. (2012). *Doing mergers & acquisitions in India: The action ist here*. München: Deloitte.

Deloitte. (2013). *Investitionschancen Indien: Wenn nicht jetzt, wann dann?* München: Deloitte.

Deloitte. (2014). *State of the Indian economy: Coherent strategy for survival*. München: Deloitte.

Etgen, B. (2013). M&A-Transaktionen ausländischer Unternehmen in China. In Corporate Finance & R. Meckl (Hrsg.), *Jahrbuch des Unternehmenskaufs. Rahmenbedingungen, Strategie und Transaktionsabwicklung von M&A* (S. 163–176). Düsseldorf: Fachverlag der Verlagsgruppe Handelsblatt.

Heidemann, T. (2012). M&A in Russland – was bewegt den Markt? *M&A Review, 23*(7–8), 309–314.

Hiort, M. J., & Hummitzsch, E. (2013). Die M&A-Landkarte wird größer - Unternehmensverkäufe an chinesische Unternehmen. In Corporate Finance & R. Meckl (Hrsg.), *Jahrbuch des Unternehmenskaufs. Rahmenbedingungen, Strategie und Transaktionsabwicklung von M&A* (S. 153–162). Düsseldorf: Fachverlag der Verlagsgruppe Handelsblatt.

Hoyningen-Huene, J. von, & Rothenbücher, J. (2011). M&A: Der Aufstieg der Emerging Markets. *M&A Review, 22*(7–8), 324–331.

Lawless, R. (2014). Chinesische Investments in Deutschland bei Inkrafttreten des 12. Fünfjahresplans. In C. Schalast (Hrsg.), *Banking & Finance aktuell: Vol. 51. Aktuelle Aspekte des M&A-Geschäftes. Jahrbuch 2014* (S. 281–311). Frankfurt a. M.: Frankfurt School.

Mergermarket. (2014). Homepage. http://www.mergermarket.com/info/. Zugegriffen: 8. Dez. 2014.

Nishit Desai Associates. (November 2013). *Evolving Indian regulatory environment*. München: Nishit Desai Associates.

Roraius, N., Xueli, R., & Wöffen, T. (2014). *Standortwahl und Investitionsentscheidungen in China* (Luther Newsletter – Foreign Law and Investments). Köln.

Santana, M. H., Ararat, M., Alexandru, P., & Yurtoglu, B. B. (2008). *Novo Mercado and its followers: Case studies in corporate governance reform*. Global Corporate Governance Forum, Focus 5. Washington.

S&P Capital IQ. https://www.capitaliq.com/CIQDotNet/Login.aspx. Zugegriffen: 8. Dez. 2014, 8. Juni 2015.

Sittel, T. (2014). The world is flat? Cross-border M&A in Deutschland sowie Erfahrungen mit Investoren aus den Schwellenländern. *M&A Review, 25*(1), 8–16.

Strack, V. & Schwarzer, M. (2014). Chinesische Investoren – Die neuen Weißen Ritter? *M&A Review, 25*(1), 2–7.

Sträter, O. (2013). Ein neuer M&A-Brennpunkt in Lateinamerika: Folgt Mexiko Brasilien? *M&A Review, 24*(6), 267–274.

Sun, Y., & Kron, A. (2015). *Chinesische Unternehmenskäufe in Europa*. Düsseldorf: Earnst & Young.

Weusthoff, S. (2014). *Motive und Erfolg von M&A durch Emerging Multinational Corporations in entwickelten Staaten*. Bayreuth: Verlag für Nationalökonomie, Management und Politikberatung.

## Weiterführende Literatur

Dohna, Y., & Kunisch, S. (2009). Entzückendes Mütterchen Russland oder argwöhnischer Bär? M&A in Russland – Rahmenbedinungen und Motive des Going East. *M&A Review, 20*(11), 498–506.

Holtbrügge, D., & Friedmann, C. (2012). Mergers & Acquisitions in Indien. *M&A Review, 23*(1), 13–16.

Lichter, K., Caldas, F., & Fernandez, R. (2011). Was Private Equity heute in Brasilien bietet. *M&A Review, 22*(4), 171–174.

Yermolin, V. (2012). Die größten Fusionen in Russland – Übersicht ausgewählter Transaktionen. *M&A Review, 23*(7–8), 315–319.

# Sachverzeichnis




K. Lucks, R. Meckl, *Internationale Mergers & Acquisitions*,
DOI 10.1007/978-3-662-46896-8

Printed by Printforce, the Netherlands